LIGHTING HAND BOOK

조명
핸드북

照明学会 編
건축전기설비기술사
조계술 · 양준석 · 서범관 監譯
박한종 · 이도희 譯

BM 주식회사 성안당
도서출판
日本옴사 · 성안당공동출간

Lighting Handbook
조명 핸드북

Original Japanese edition
SHOUMEI HANDBOOK(Compact ban)
by Shoumei Gakkai
Copyright © 2006 by Shoumei Gakkai
published by Ohmsha, Ltd.

This Korean language edition is co—published by Ohmsha, Ltd. and SUNG AN DANG, Inc.
Copyright © 2010
All rights reserved.

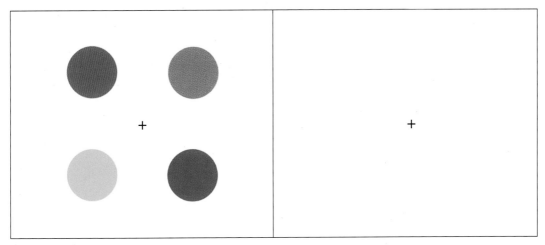

① 4편 제3장 3.1.1
그림 3.1 보색 잔상

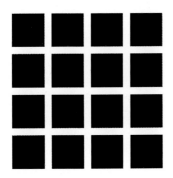

② 4편 제3장 3.1.1
그림 3.2 하만 그리드 효과

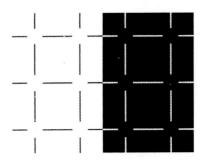

③ 4편 제3장 3.1.1
그림 3.3 에렌슈타인 효과

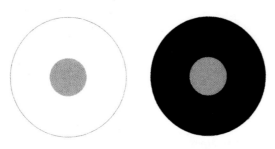

② 4편 제3장 3.1.1
그림 3.4 명암대비

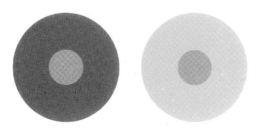

⑤ 4편 제3장 3.1.1
그림 3.5 색상대비(색상차 소)

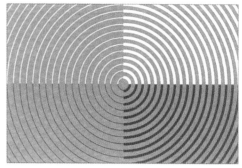

⑧ 4편 제3장 3.1.1
그림 3.8 명도의 동화
[川崎秀昭 씨 제공]

⑥ 4편 제3장 3.1.1
그림 3.6 색상대비(색상차 대)

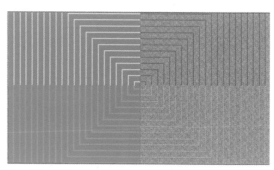

⑨ 4편 제3장 3.1.1
그림 3.9 색상의 동화·채도의 동화
[川崎秀昭 씨 제공]

⑦ 4편 제3장 3.1.1
그림 3.7 채도대비(생상차 대)

⑩ 4편 제3장 3.1.1
그림 3.12 진출색·후퇴색

⑪ 10편 제3장 3.6.1
　그림 3.5 에메랄드 그린의 해수면

⑫ 10편 제1장 1.1.7
　그림 1.3 점등상태인 조명상태의 능숙한 사진표현 방법

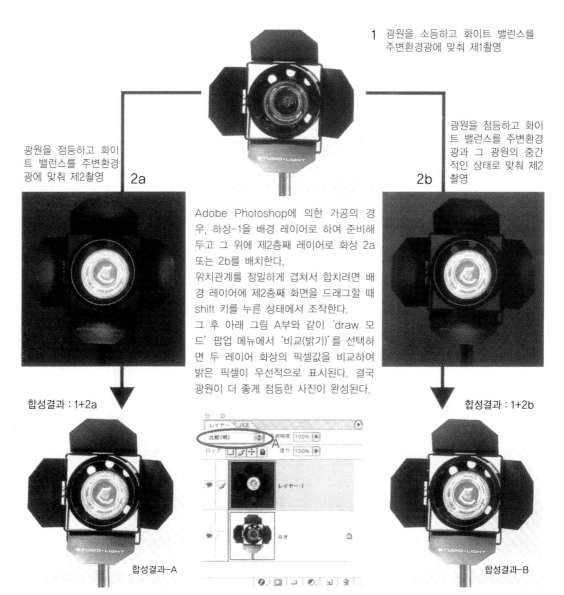

1 광원을 소등하고 화이트 밸런스를
　주변환경광에 맞춰 제1촬영

광원을 점등하고 화이
트 밸런스를 주변환경
광에 맞춰 제2촬영　2a

광원을 점등하고 화이
트 밸런스를 주변환경
광과 그 광원의 중간
적인 상태로 맞춰 제2
촬영　2b

Adobe Photoshop에 의한 가공의 경
우, 하상-1을 배경 레이어로 하여 준비해
두고 그 위에 제2층째 레이어로 화상 2a
또는 2b를 배치한다.
위치관계를 정밀하게 겹쳐서 합치려면 배
경 레이어에 제2층째 화면을 드래그할 때
shift 키를 누른 상태에서 조작한다.
그 후 아래 그림 A부와 같이 'draw 모
드' 팝업 메뉴에서 '비교(밝기)'를 선택하
면 두 레이어 화상의 픽셀값을 비교하여
밝은 픽셀이 우선적으로 표시된다. 결국
광원이 더 좋게 점등한 사진이 완성된다.

합성결과 : 1+2a

합성결과 : 1+2b

합성결과-A

합성결과-B

⑬ 10편 제1장 3.1.1
그림 1.4 실내의 조명환경 사진 표현 방법

자연광촬영 : 실내광을 소등하고 창의
블라인드를 열어 제1촬영

인공광촬영 : 실내광을 점등, 화이트
밸런스를 맞춰 제2촬영
(왼쪽 3분의 1은 화이트
밸런스를 미조정 시)

자연광+인공광 합성 결과
자연광 화상을 배경 레이어로 준비해 두고 그 위에 제2층째 레이
어로 인공광 촬영 화상을 배치한다.
그 후 'Draw 모드' 팝업 메뉴에서 '비교(밝기)'를 선택하고 두
화상을 합성한다. 각 화상 레이어에 대해 별도의 '조정 레이어'로
'레벨 조정'이나 '컬러 밸런스 조정'을 하여 합성 시의 자연스러
운 관점을 조정한다.

⑭ 10편 제1장 1.1.7
그림 1.5 실외 조명설비의 사진 표현 방법

[A] 일몰 직후에
푸른 하늘 부분
(동그라미 표시)
을 망원 렌즈로
스폿 노출 측정,
광각 렌즈 촬영.
하늘과 건물 및
관람차 광원부의
휘도차가 크기
때문에 공중부분
이외에는 적적한
밝기가 되지 않
는다.

[B] 충분히 어두
워지고 나서 관
람차 중앙의 네
온사인에 노출을
맞춰 촬영. 이 부
분은 적정하게
기록되지만 하늘
과 건물, 기타 광
원부는 적정한
밝기가 아니다.

하늘 부분이 어느 정도 어두워져 네온사인의 고휘도부와의 노출
차가 2~2.5 조리개가 되는 시각, 즉 사진 A와 사진 B의 중간
시각대에 촬영. 관람차의 광원이 지워져 버리지 않으며 하늘과
건물 부분도 더 좋은 밝기로 기록되었다.

발간에 즈음하여

에디슨이 카본 전구를 발명한 것이 1879년, 미우라준이치(三浦純一)가 이중 코일 전구를 고안해 낸 것이 1921년, 그리고 인만이 형광 램프를 발명한 것이 1938년이었는데 미국의 제너럴 일렉트릭(General Electric : GE)사에서 처음 만들었고 그 후로도 다시 개량이 계속되어 밝고 에너지 효율이 좋은 램프가 야간만이 아니고 주간에도 우리 주위를 밝게 조명하게 되었다.

램프가 진보됨에 따라 광을 제어하는 조명기구도 성능이 향상되고 디자인도 우수한 것이 설계되어 일을 하거나 생활하는 데 쾌적한 밝기를 제공하고 있다.

또한 배선기구, 배전공사 방법 등의 발달에 의해 건축 환경과 이용 환경에 적응된 조명 설계의 자유도가 증가하여 일이나 생활에 편리한 공간의 구성이 용이해졌다. 또한 센싱 기술과 제어 기술의 진보에 의해 이용 상황의 변화에 대응해서 조명 환경을 제어, 소비 에너지를 절감하여 지구 환경을 배려한 관리도 가능해졌다.

이와 같은 조명공학의 발달은 관련되는 학술·기술·예술의 진보에 의거하는 바이지만 조명에 관련되는 분야는 수학·물리·화학·전기전자공학부터 생리·심리·색채·디자인·환경에까지 이르는 넓은 영역을 포함하고 있어 조명에 종사하고 있는 분들은 이와 같은 다양하고 광범위한 기술을 종합적으로 이용하여 일을 함으로써 사회 발전에 공헌하고 있다.

일본조명학회는 전등 조명 발전을 목적으로 1916년에 창립되어 오늘날까지 여러 활동을 통해서 조명에 관한 학술·기술·예술 향상과 그 보급을 지원하고 또 조명 산업계 진흥과 사회 발전에도 공헌해 왔다.

조명학회 및 관련학회에는 조명 및 관련 기술에 관한 광범위한 분야의 전문가들이 있는데 이들 저명한 분들의 조명공학에 대한 열의와 기대를 받아 편집된 것이 이 「조명 핸드북」이다.

광과 시각(視覺)에 관한 기초사항부터 실용적인 광원·회로 및 기구와 조명제어, 또한 조명설계와 환경설계 그리고 또 전기공사과 보수관리까지 내용이 총합적으로 게재되어 있어 여러 분야의 조명 관계자에게 더없이 유익한 도서가 될 것으로 믿는다.

사단법인 조명학회 회장
이케다 고이치(池田紘一)

머리말

20세기가 과학과 기술의 100년이었다면 우리들에게 있어서 이번 21세기는 지구의 인구 증가와 환경부하 증대에 대한 새로운 생활방식과 기술이 요구되는 100년이 될 것이라고 말하고 있다. 조명, 즉 광의 발생과 응용에 관한 학술·기술의 발전은 우리들 생활을 안전하고 또한 편리하며 쾌적한 환경으로 바꾸는 데 성공한 것으로 보고 있다. 그러나 계속해서 광응용기술은 종래의 조명을 중심으로 해서 인간의 생명과 건강, 생체나 여러 물질에 대한 광방사의 효과를 포함한 영역에까지 확대되려고 하고 있다.

일본조명학회는 1916년 발족한 이래 일본 조명의 학술·기술의 발전에 크게 기여해 왔다. 그리고 그 사이에 연구·개발·설계·시공 등에 유용한 여러 핸드북류를 편집, 발간하여 연구자나 기술자에게 최신 정보를 정리하여 제공해 왔다.

그런데 이번에 21세기 최초의 조명 핸드북 출판이 기획되어 최신의 학문이론, 연구개발 성과, 설계시공 기술의 진보를 포함한 실무에 편리한 핸드북을 만들기로 방침을 새운 바 있다. 이를 위해 조직된 편찬위원회에서는 기초분야는 어느 정도 생략하고 그림이나 표를 많이 사용하여 읽기 쉽고 이해하기 쉬운 것에 주안점을 두고 작업을 진행하기로 하였다. 새로운 기술로서는 IT(정보기술)의 조명설계와 화상기록으로의 응용이 보급되기 시작했기 때문에 이것을 넣기로 하였다. 그리고 또 조명시설에 불가결한 배선설계, 배선기구 등에 관한 항목을 상세히 기술하였다.

책 이름도 여러 가지 안이 있었지만 친숙한 「조명 핸드북」이라는 이름을 부활시켜 앞으로도 개정을 계속하여 읽혀지기를 바라면서 「조명 핸드북(2판)」으로 하기로 하였다.

앞으로 우리 사회는 고령자·장애자 등이 살기 좋은 복지형 사회로의 실현을 이상으로 하고 있으며 배리어 프리(barrier free) 또는 유니버설 다자인과 같은 방식이 조명분야에도 요구되고 있다. 21세기의 우수한 조명 환경을 형성하기 위해 본 도서가 많이 활용되기를 바라고 있다.

사단법인 조명학회

「조명 핸드북」 편찬위원회 위원장

노구치 토오루(野口 透)

編纂機関
（50音順）

照明ハンドブック（第2版）編纂委員会

〈委員長〉
野口　透　前 摂南大学

〈幹事〉

池田　紘一	東京理科大学	古賀　靖子	九州大学
磯村　稔	日本大学	太刀川　三郎	社団法人照明学会
井上　昭浩	福井工業高等専門学校	田淵　義彦	山口大学
入倉　隆	芝浦工業大学	土井　正	大阪市立大学
大谷　義彦	日本大学		

〈編主任〉

池田　紘一	東京理科大学（8編）	大谷　義彦	日本大学（2編）
磯村　稔	日本大学（1編）	太刀川　三郎	社団法人照明学会（付録）
井上　昭浩	福井工業高等専門学校（3編）	田淵　義彦	山口大学（4,5編）
入倉　隆	芝浦工業大学（付録）	土井　正	大阪市立大学（6,7,9,10編）

〈執筆者〉

甘利　徳邦	東芝ライテック株式会社	遠藤　吉見	東芝ライテック株式会社
飯塚　昌之	東京工芸大学	大谷　義彦	日本大学
池田　紘一	東京理科大学	大西　雅人	松下電工株式会社
石神　敏彦	ハリソン東芝ライティング株式会社	岡野　寛明	ヤマギワ株式会社
石川　昇	株式会社日建設計	奥野　郁弘	松下電器産業株式会社
石崎　有義	東芝ライテック株式会社	奥村　裕弥	北海道立函館水産試験場
磯村　稔	日本大学	海宝　幸一	株式会社日建設計
市川　重範	三菱電機照明株式会社	笠井　享	インフォーツ株式会社
一ノ瀬　昇	早稲田大学	片山　就司	松下電工株式会社
伊藤　武夫	松下電工株式会社	蒲生　等	岩崎電気株式会社
稲森　真	岩崎電気株式会社	河合　悟	前中京大学
入倉　隆	芝浦工業大学	川上　幸二	岩崎電気株式会社
岩田　利枝	東海大学	菊池　一道	松下電工株式会社
上谷　芳昭	京都大学	木下　忍	岩崎電気株式会社
植月　唯夫	津山工業高等専門学校	木村　芳之	株式会社日建設計
遠藤　哲夫	岩崎電気株式会社	向阪　信一	松下電工株式会社
遠藤　充彦	ヤマギワ株式会社	古賀　靖子	九州大学

小林 靖昌	株式会社日建設計	
小山 敦夫	社団法人日本照明器具工業会	
小山 恵美	京都工芸繊維大学	
齊藤 一朗	独立行政法人産業技術総合研究所	
斎藤 満	株式会社大林組	
齋藤 良徳	松下電工株式会社	
坂本 隆	小糸工業株式会社	
塩見 務	松下電工株式会社	
鹿倉 智明	東芝ライテック株式会社	
白尾 和久	松下電工株式会社	
鈴木 久志	株式会社設備計画	
須藤 諭	東北文化学園大学	
側垣 博明	女子美術大学	
高橋 貞雄	福井工業大学	
田口 常正	山口大学	
詫摩 邦彦	小糸工業株式会社	
多田村克己	山口大学	
太刀川三郎	社団法人照明学会	
田中 清治	株式会社メック・ビルファシリティーズ	
田淵 義彦	山口大学	
塚田 敏美	岩崎電気株式会社	
角津 敏之	小糸工業株式会社	
手塚 昌宏	ヤマギワ株式会社	
土井 正	大阪市立大学	
戸沢 均	株式会社トプコン	

内藤慎太郎	株式会社日建設計	
永井 渉	小糸工業株式会社	
中川 靖夫	前埼玉大学	
中島 龍興	有限会社中島龍興照明デザイン研究所	
中島 吉次	日本電池株式会社	
中村 守保	東北文化学園大学	
中村 芳樹	東京工業大学	
西岡 奏朗	株式会社日建設計	
西村 広司	松下電工株式会社	
野口 透	前摂南大学	
花田 悌三	社団法人日本電球工業会	
東 忠利	ウシオ電機株式会社	
福田 邦夫	前女子美術大学	
洞口 公俊	ヤンマー株式会社	
本多 敦	株式会社日建設計	
牧井 康弘	岩崎電気株式会社	
松島 公嗣	松下電工株式会社	
真辺 憲治	松下電工株式会社	
村上 克介	大阪府立大学	
谷治 環	埼玉大学	
山田 尚登	医療法人回精会北津島病院	
吉浦 敬	小糸工業株式会社	
依田 孝	株式会社小糸製作所	
渡辺 忍	株式会社日本設計	
渡部 隆夫	株式会社小糸製作所	

차 례

3장　시각계의 작용

4장 색의 보임과 표시

2편 측광량과 광의 계측

1장 광방사의 계측

2장 조명계산

3편 광원과 조명기구

1장 광 관련 재료·광 디바이스

2장 광원과 점등 회로

3장 조명 기구

4장 주광 조명

4편 조명 계획

1장 시환경과 조명

2장 조명의 요인과 파급효과

3장 색채 계획

4장 컴퓨터 그래픽스와 그 응용

5장 시환경의 평가

6장 옥내 조명 기준

5편 옥내 조명

1장 오피스

4장 상업 시설

5장 주택

6장 극장·무대

7장 항공기 실내

8장 비상등 · 유도등

6편 옥외 조명

1장 옥외 조명의 기본적 사고방식

2장 옥외 조명 설계

3장 도로 및 교통 조명

4장 항공조명

5장 방범 및 방재 조명

7편 스포츠 조명

1장 기본적인 사고방식

2장 설계의 실제

8편 조명 시스템과 제어 시스템

1장 조명설비의 위치 설정과 전기설비

2장 배전 시스템

3장 제어 시스템

4장 에너지 절약과 조명설비

5장 조명설비의 시공

6장 보수관리

7장 조명시설의 경제성

9편 광방사의 응용

4장 광방사가 끼치는 피해와 피해 규제

10편 디지털 사진촬영의 조명과 컬러 매니지먼트

1장 디지털 카메라에 의한 사진촬영

2장 디지털 사진처리의 실제

3장 디지털 화상의 컬러 매니지먼트

1편
조명의 기초

제1장

조명의 역할

1.1 조명의 목적

1.1.1 조명의 정의

(1) 시각 정보

일상적으로 우리가 생활과 행동을 하는 데 있어서 환경으로부터의 '정보'는 상당히 중요하다. '정보'라는 용어의 정의는 다양하지만 여기서는 우리들의 행동의 원인이 되는 외계(外界)로부터의 신호(자극)로 생각한다. 이른바 5감(시각, 청각, 후각, 미각, 촉각)을 통해서 받아들여지는 외계의 자극은 뇌에 전달되고 이것을 받은 뇌는 신호 내용을 판단 또는 취사선택 등과 같은 처리를 하여 그 다음의 행동을 지령 제어한다. 이 때의 판단, 지령에 유용한 신호(자극)를 정보라고 칭하고 있다. 그리고 이들 5종의 감각 중 시각을 통해서 받아들여지는 정보(시각 정보)의 양은 극히 많으며 일상적인 생활 행동에 크게 기여하고 있다.

대량의 시각 정보를 정확하고도 고속으로 받아들이기 위해서는 양호한 인공조명이 필요하다. 적절한 조명에 의해 생활 행동의 시간적·공간적인 제약을 할 수가 있다. 옛날에 인류가 불을 사용하기 시작한 이래 광(등)의 기술은 그 후의 문명·문화 발달에 공헌해 왔다.

새삼스럽게 말할 것도 없이 조명 기술에서는 그 공간의 사용 목적에 대응한 설비의 설계·시공과 운용 계획이 중요시된다. 조명의 역할을 충분히 이해하여 생활환경의 질을 높이는 것이 중요하다.

(2) 조명의 정의

여기서 몇 가지 용어집[1~3]에 게재되고 있는 '조명'의 정의를 들어본다.

조명(lighting illumination) : 광을 사람의 생활과 활동에 이용할 것을 목적으로 하여

① 물체와 그 주변을 보이게 하도록 광을 비추는 것.
② 사람의 감정, 기분에 작용하도록 광을 사용하는 것.
③ 신호, 표지, 간판, 전기 사인 등에 의해 정보가 전달되도록 광원 그 자체를 보이는 것. 상기한 것 이외에 방사(放射)를 사람의 생활과 활동에 이용하도록 하는 것을 목적으로 하여
④ 가시(可視)방사만이 아니고 자외 방사, 적외 방사를 응용하는 것.

상기 ①, ②가 통상적인 좁은 의미에서의 조명의 정의이며, 보고자 하는 것(視對象)이 정확하게 보이도록 하는 것 또는 분위기 형성에 광을 이용하는 것인데 광범위하게는 시각(視覺)과 광 정보, 자외선, 가시, 적외선를 포함하는 방사의 여러 물질, 생체, 생물에 대한 효과의 응용까지 포함된다.

1.1.2 조명 공학과 조명 기술

전항의 '조명'의 정의에서 볼 수 있듯이 조명은 사람의 시각을 도와주며 그 능력을 증강시켜 시각 정보를 확실하게 받아들이는 것에 기여한다. 즉 시각의 원조 기술이라고 할 수가 있다.

그 기초가 되는 학문 분야는 조명 공학이고 실제로의 응용이 조명 기술이다.

조명은 광의 이용이며 그 이용 주체는 우리들 인간이다. 따라서 조명의 계획부터 운용까지 모든 장면에서 인간의 특성을 잊어서는 안된다. 또한 우리들이 살아가고 있는 환경의 보전을 에너지 절감, 자원 절감이라는 관점에서 항상 검토를 할 필요가 있다.

조명은 과학 기술의 진보에 지지되어 발달해 왔다. 관련되는 주요 학문 분야는 (1) 인간의 행동·생활에 관련되는 생리학, 심리학, 인간 공학, (2) 조명 시설에 관련되는 건축학이나 토목 공학, (3) 광의 발생·배분 등에 관한 물리학, 화학, 기계 공학, 전기 공학, 전자 공학, 그리고 또 (4) 이용·운용·제어에 관한 정보 공학 등이다.

또한 관련 기술 분야로서 (5) 전기 설비 기술, (6) 의료, 농수산 외에 각종 산업에서의 광 방사 응용 등이 있다.

이와 같이 상당히 광범위한 분야와 관련되고 있는 것은 조명이 시각 정보 전달의 원조 수단(援助手段)이기 때문이다.

1.2 조명의 발달 역사

인류의 역사에 있어서 사람이 다른 동물들과 구별되는 큰 특징은 도구의 발명과 불의 사용이다. 특히 불은 그 열과 광으로 인류의 발전을 뒷받침해 왔다. 초기의 연소염(燃燒炎)의 광은 인류의 활동 시간을 야간에까지 넓히고 그 후 현재 볼 수 있듯이 지하나 대규모 건축 등의 공간 이용을 가능케 하기에 이르렀다.

1.2.1 광원의 변천

오늘의 조명을 실현시킨 것은 광원의 연구 개발이다. 수지(樹脂)를 많이 포함한 목재의 연소염이 최초의 조명용 광원이었다. 그 후 연소염을 이용하는 시대가 오래 계속되었지만 보다 쾌적한 연료를 탐구하여 연소 방법을 개량하면서 동식물 유지로부터 석유 연료의 이용, 조명용 석탄가스 공급사업의 개시를 거쳐 19세기 후반에는 전기 공급 사업의 개시, 발전·송전·배전 기술의 빠른 발달에 의해 대량의 광이 경제적으로 이용되게 되었다.

일본의 20세기 광원에 대해서는 일본전구공업사[4], 메이지(明治)·다이쇼(大正) 시대를 거쳐 제2차 세계대전 종료(1945년)까지의 조명 공학의 역사에 대해서는 특별히 조명 기술을 중심으로 기술된 기록[5]이 있다.

광원(光源)은 태양이나 달과 같은 자연광으로부터 여러 가지 연소 광원으로, 조명용 에너지의 공급과 일체화된 가스등, 백열전구 등의 조명 시스템, 그리고 여러 가지의 방전 램프나 최근의 반도체 광원에 이르기까지 관련된 과학 기술의 진보와 더불어 발달해 왔다. 광원의 연구 개발 목표는 항상 고효율화와 고연색화(高演色化였)다. 특히 양립이 곤란시 되고 있던 효율과 연색성 문제가 색각(色覺)의 연구 성과를 응용하여 적합하는 협대역(狹帶域) 발광 형광체 개발에 의해 해결되어 3파장형 형광 램프가 출현하였다. 또한 조명 기구와의 조합으로 광속(光束)의 이용 효율을 올리기 위해 방전 램프의 세관화(細管化)·소형화가 진행되는 한편 저전력 HID 램프나 반도체 램프의 출현 등에 의해 광속의 배분·제어에 관련되는 조명 기구나 조명 방식도 극히 변화가 많아졌다.

1.2.2 권장 조도의 변천

전기에 의한 조명의 실현으로 광이 비교적 염가로 이용되게 되자 실내 밝기의 승강에 관한 요구는 점차 강조되어 전기 요금의 인하, 조명 기기의 개량 등과 함께 보다 높은 조도의 조명을 이용할 수 있게 되었다.

조명에 관한 사고방식도 환경의 안전을 주로 하는 단순한 어둠의 구축으로부터 시작업(視作業)의 효율, 생활 행동의 능률 향상을 지향하는 고조도화와 또한 이에 부수되는 글레어 문제의 해결, 그리고 또 에너지 절감 지향의 현재까지 예를 들면 사무실 조명의 경우 그림 1.1과 같은 변천을 거쳐 왔다.

이것들은 그 장소의 사용 목적에 따라 보이기를 좋게 하기 위한 조도를 그 때마다의 기술로 경제적으로 얻어지는 값을 나타낸 것으로, 이른바 조도 기준이라든가 권장 조도라고 하는 것이다. 20세기의 수 십년간 일반사무실(전반 조명)의 권장 조도(照度)값은 10년마다 약 2배의 속도로 증가해 왔다. 일단은 1,000~1,500 lx와 같은 고조도까지 도달했지만 그 후의 시각 정

보 전달에 관한 연구나 에너지 절감 조명 기법의 개발 등에 의해 현재는 적정 조도로 500~750 lx가 권장되고 있다. 개인차에 의한 부족분은 국소 조명으로 보충하는 방법 등이 채용되게 되었다.

1.2.3 효율과 경제성

조명 설비의 경제를 생각할 때 그 운용에 드는 경비의 대부분이 전기료이다. 조명의 효율이 최대가 되도록 종합적인 판단이 필요하다. 또한 단순히 코스트만이 아니고 효율은 지구 환경 문제와도 관련된다. 1970년대부터 예상되는 인류의 증가와 생활 레벨의 향상에 따라 자원 유한론, 이용 가능 에너지의 한계, 자원·에너지 이용에 수반되는 환경오염 등이 논해지게 되었고 조명 분야에서도 진지하게 고려되고 있다.

광원의 효율(광속/전력)을 개선하고 시각계의 특성 연구나 조도와 생산 능률과의 관계를 재검토하여 조도 향상에 의한 코스트 삭감도 고려하면서 환경과의 조화를 도모한 조명 기술의 개발이 진행 중이다. 공조 설비나 건축 설계와 조명의 협조도 설계 단계부터 이용되어 쾌적한 환경 형성을 위한 비용 등을 포함한 종합적인 경제성을 시야에 둔 시설이 점차 증가하고 있다.

1.3 조명의 양과 질

1.3.1 광 환경의 소요 조건

(1) 조명 환경 레벨

우리들 인간이 생활하는 환경에서는 안전하고 쾌적할 것이 불가결한 조건이다. 그러나 여러 가지 사회적 조건, 경제적·기술적 조건에 따라 달성할 수 있는 환경 레벨에 차이가 생기는 것은 불가피하다. 개체의 생명 유지라는 최저

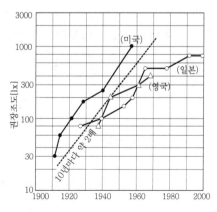

그림1.1 권장조도의 변천(일반사무실)
(照明學會, 1983[6])

표 1.1 조명의 발달역사 연표

년	조명기술	관련 과학기술
1799		볼타 전지 발명
1802	가스등을 공장조명에 사용(마독)	영국에서 도시가스회사 설립(1812)
1808	탄소아크등(데이비)	
1826		옴의 법칙 발견
1831		전자유도현상 발견(패러데이)
1861		맥스웰의 전자방정식, 전자파의 존재예언
1876	전기초(야브로치코프)	(~1864)
1878	工部大學校 대홀에서 듀보스크식 아크등을 공개 점등. 전원은 그로브 전지. 이 3월25일이 후에 전기기념일이 된다.	
1879	실용탄소전구(에디슨)	
1881	조명용 전력공급을 위한 화력발전사업 개시(에디슨)	
1883	東京電燈會社(현 東京電力) 설립	
1890	백열사(현 東芝) 일본 최초의 백열전구 제조	
1900		고체의 열방사이론(플랑크)
1901	수은방전 램프(쿠퍼-휴이트)	
1908	인선 텅스텐 전구	
1909	국내 전등수가 가스등수를 초과	
1913	가스입 텅스텐전구(랑뮤어)	조명학회 창립
1916		
1921	이중 코일 전구	
1924		표준화 시감도
1925	내면무광택전구	
1930	저압 나트륨 램프, 고압 수은 램프	
1931		스펙터 3자극값(2° 시야)
1935	초고압 수은 램프, 광전지조도계	
1936		전계발광(EL)(데트리오)
1938	열음극 형광 램프(인만,기타), 점등관	
1940	法隆寺 金堂벽면 모사용에 20 W 주광색 형광 램프 136등 점등	
1947	銀座 資生堂 형광등 조명	
1950	EL(일렉트로 루미네선스) 램프	
1953	래피드 스타트형 형광 램프·안정기, 주택에 형광등이 보급되기 시작. 원형 형광 램프	NHK 텔레비전 본방송 개시
1955	형광등 조광장치	
1956	실드 빔 전구	
1958		東京타워 준공
1959	할로겐 전구	
1960		루비 레이저 발진, NHK 컬러 텔레비 방송개시
1961		He-Ne 가스 레이저
1963	고압 나트륨 램프	名神 고속도로 개통
1964		東海道 신간선 영업개시, 東京 올림픽
1967		발광다이오드
1968	메탈 할라이드 램프	霞ケ關빌딩 준공
1970	시스템 천장	일본만국박람회
1973		OPEC 석유생산삭감(1차 석유위기)
1975	3파장형 형광 램프	
1978	형광등용 전전자화 안정기	
1980	전구형·콤팩트형 형광 램프	
1983	적외반사막응용 할로겐 전구	
1991	고주파점등(인버터 안정기) 전용세경 형광 램프	
1996	세라믹·메탈 할라이드 램프,백색발광 다이오드	

[照明學會, 1978[8)];照明學會, 1991[9)];電氣設備學會, 1991[10)]]

표1.2 조명 환경의 레벨과 효과

레벨	조명효과	효과사례
안전	이동공간 장해·위험예지	가로조명, 도로조명
안심	범죄예방, 치안확보	방범조명
능률	명시환경, 시작업능률 향상	일반조명, 작업조명
쾌적	편안, 평온	광에 의한 분위기 형성

조건부터 심신 공히 전여 스트레스가 없는 안락한 상황까지 생각할 수 있으며 표 1.2에 나타내듯이 조명 환경에 대응시킬 수가 있다. 또한 앞으로의 고령화 사회에 있어서는 고령자의 생활 행동에 대응한 충분한 시각 원조 수단의 확보가 요망된다.

(2) 순응 현상

조명의 시각에 대한 직접적인 작용은 밝기 감각이다. 심리물리량으로서 계측 가능한 조도 및 휘도가 기초가 되지만 실제 밝기의 느낌은 시각의 순응 특성 때문에 대폭 변동한다. 즉, 시각계에는 시야의 명암에 대한 순응 작용이 있으며 그 감도 조절(응답) 시간의 뒤짐 때문에 밝기 감각이 변화하여 안전을 손상시키는 경우가 생기는 일이 있다. 글레어나 극단적인 휘도 분포도 보이기에 크게 영향을 준다. 시선이 이동하는 경우도 시야내 명암 분포의 양상에 의한 순응 현상을 고려할 필요가 있다.

1.3.2 심리적 효과

시각을 통해서 들어오는 광은 시야의 적당한 휘도 분포에 의한 긴장감이나 활력감을 발생하고 반대로 조도를 억제하면 진정 효과가 기대된다. 또한 색채의 심리적 효과는 상당히 크다. 색채 정보로서 정확한 색을 재현시키거나 강조시키거나 할 수 있는 것은 조명의 중요한 역할이다. 특히 점포 조명으로 대표되는 광과 색으

로 고객에게 상품 정보를 제시하는 경우는 정확한 정보 전달과 구매 의욕 증진을 도모하는 조명 방법이 불가결하다. 편안함과 평온함을 주목적으로 하는 주택 조명, 정확한 정보를 주고 또 시각 피로가 적은 사무나 제조의 작업장 조명 등 그 장소의 사용 목적에 대응한 조명 설계를 배려하지 않으면 안된다. 다목적실에 있어서는 여러 가지 요구에 대응할 수 있는 조명 설비를 구비하고 있어야 한다.

조명 환경의 쾌적성에는 미적 요소도 포함된다. 실내 장식과 조화된 조명, 옥외 건조물 등의 경관 조명 등에는 기술자에게 예술적 센스가 요구된다.

1.3.3 글레어

시야(視野)내 일부에 극단적으로 휘도가 높은 광원 또는 투과·반사광이 존재하면 기타 부분이 잘 보이지 않게 된다. 이른바 글레어에 의한 보이기의 감퇴이며 조명 효과를 손상시키게 된다. 글레어 정도가 아닌 광택 또는 빛남은 우리들에게 활기나 기쁨을 주는 광이지만 시작업(視作業)에서는 방해 요소가 되는 경우가 많다. 특히 컴퓨터 화상 등 시작업 대상 표면에서의 반사 글레어의 영향은 매우 크므로 글레어 억제에 의한 양호한 보이기 확보를 유념할 필요가 있다.

1.3.4 광과 색

반복해서 기술한 바와 같이 조명의 역할은 시대상(視對象)을 정확하게 볼 수 있게 하는 것이다. 시각은 휘도 식별과 색 식별의 감각(색각)을 함께 가지고 있다. 유색 물체 조명에는 색채 이론에 입각한 색 보이기에 관한 지식이 필요하다. 사용하는 광원의 분광 분포(分光分布), 시대상(視對象) 분광 반사율·투과율 그리고 이것을 보는 인간의 색각 특성이 색의 인식에 영향

을 준다. 조명의 효과를 충분히 발휘하기 위해서 광원의 연색성이나 시각의 색 순응에 대해서 주의를 하지 않으면 안 된다.

색채의 재현·강조 외에 광원의 광색(반사광의 색 온도)과 분위기의 관계가 있다. 저색온도(장파장) 광의 온난과 고색온도 (단파장) 광의 냉량감(冷涼感), 계절이나 시각에 대응한 자연광의 색온도 변화 등 색의 심리적 효과를 고려하여야 한다.

1.3.5 광과 그림자

3차원의 물체, 예를 들면 인물상을 조명하는 경우 광의 조사 방향, 표면의 조도나 휘도의 분포로 보이기와 느끼기가 여러 가지로 변화한다. 입체의 정확한 표현에는 복수 광원에 의한 조명으로 적절한 음영을 줄 필요가 있다. 인물의 표정을 좋게 보이기 위한 이른바 광에 의한 모델링도 양호한 조명 환경의 하나의 요소이다.

1.4 조명 기술과 지구 환경 문제

21세기의 중요한 과학 기술상의 과제는 에너지, 자원 그리고 자연 환경 보전이다. 이것들은 지구적 규모로의 인구 증가와 경제 활동의 진전에 수반하여 발생하는 문제이다. 조명 분야에 있어서도 아래와 같은 것들에 많은 배려가 요망되고 있다.

1.4.1 조명과 에너지

주요 선진국에서 조명용으로 사용되는 전기 에너지는 총 발전량의 약 15 %로서 우리나라도 예외는 아니다. 일본의 경우는 1차 에너지 기준으로 약 8 %에 상당한다. 사용 전력을 더욱 절감하면서 최대의 조명 효과를 실현시키기 위해서는 조명 기기의 효율화, 조명 시설 운용의 최적화, 손실 광속 저감 등의 기술 개발이 중시되고 있다.

(1) 광원·조명 기구의 고효율화

기술적으로 안정된 것으로 보이는 종래의 광원에서도 전력부터 출력 광속으로의 변환 효율의 개선이 서서히 진행되고 있다. 예를 들면 형광 램프의 고주파 점등, 형광체의 개량, 세관화(細管化)가 있으며 HID 램프의 세라믹 방전관 채용 등이 있다.

(2) 점등 회로·제어 시스템의 최적화

조명에 있어서의 에너지 절감 방책은 과잉 조도와 광속 손실을 피하는 것이 제일 중요하다. 조명 개소의 시간적 및 구역적 사용 상황을 검토하여 조명 방식, 조명 기구의 배광, 점등 회로의 구분, 조광(調光) 등의 제어 시스템, 주광이용, 각종 센서의 조합 등 많은 방법이 생각된다. 앞으로는 에너지 절감 조명의 분야에서 정보 기술의 응용이 진전될 것으로 예상된다.

옥외 조명에 관해서 도로·가로등의 상반구 광속(上半球光束) 제한은 광속의 이용률 증가와 함께 글레어를 감소시키고 보이기 개선에도 기여한다.

(3) 조명 설비의 보수·관리

아무리 우수한 설비라도 시간의 경과와 더불어 그 성능(효율)은 열화해 나간다. 광원의 광속 감퇴·수명 한도 도달이나 광색 변화, 조명 기구나 실내 각 부분의 오손 등에 의한 광속의 손실은 무시할 수 없을 정도로 많다. 광원의 유효 수명과 램프 교환 시기, 기구 청소 간격 등을 설계시에 운용 지침으로 명시하여야 한다.

1.4.2 조명과 자원

조명 설비에는 많은 종류의 무기·유 재료가 사용된다. 배전용의 도체·절연체, 광원의 열 방사나 루미네선스의 발광 물질, 밸브나 방전관과 각종 봉입물, 조명 기구의 반사·투과·구조재, 점등 회로의 반도체 재료 등이다. 희소한 물질도 있고 폐기에 따르는 환경 오염이 우려되는 것도 있다. 기기의 재이용, 재료의 재사용을 고려한 제품 개발이 계속되고 있다.

광원의 소형화·세관화는 기구의 소형 경량화와 연결되며 자원 절약에 기여하는 동시에 배광 제어가 용이해진다. 백열전구를 콤팩트 형광 램프로 바꿈으로써 보다 수명이 긴 광원의 이용도 가능해진다. 물론 설비·기기의 장수명화가 가장 효과적일 것이다.

1.4.3 조명과 환경 보전

문명의 발달은 한편으로 지구 환경 열화를 초래한다. 21세기는 환경 보전 기술의 시대라고 하고 있다. 지구 온난화의 원인이 되는 이산화탄소 농도 증가에 관해서 조명용 설비 기기의 원재료부터 제품, 시공, 운용, 폐기에 이르기까지의 각 단계에서 에너지 사용에 수반되는 이산화탄소의 발생량을 추정 평가하는 방법이 논의되고 있다. 에너지의 효율적인 사용, 조명 기기의 수명 연장, 에너지 절감화는 모두 지구 환경의 악화 방지에 필요한 기술이며 조명 관계자에게 부과된 문제이다.

이상을 종합하면 조명의 역할을 발휘시키고 그 효과를 최대로 하기 위해서는 인간의 특성을 잘 이해하여 조명의 목적에 적합한 계획, 설계, 시공, 운용을 할 필요가 있다. 구체적으로는 다음 장 이하에서 상세히 기술된다.

[野口 透]

참고문헌

1) 文部省編集：学術用語集・電気工学編
2) 電気学会：電気専門用語集
3) 国際照明委員会（CIE）技術用語集
4) 日本電球工業会：日本電球工業史
5) 関 重広：照学誌, 51 巻, 8 号, pp. 22-35（1967）
6) 照明学会編：大学課程照明工学, p. 80 図 5.1, オーム社（1983）
7) 照明学会編：エネルギーの有効利用から見た照明, 特別研究委員会報告書（1993）
8) 照明学会編：照明ハンドブック, オーム社（1978）
9) 照明学会編：照明学会誌年報特集号, 照明学会 75 年史（1991）
10) 電気設備学会編：電気設備技術史（1991）

제2장

광의 발생

2.1 기초 개념

2.1.1 광의 본질

광이란 전파나 X선 등과 마찬가지로 전자파의 일종으로서 파장 380~760 nm의 전자파는 눈에 입사하여 밝기를 느끼게 하기 때문에 광 또는 가시광(可視光)이라고 한다. 또한 광의로 해석하면 방사(放射)와 같은 의미로 사용되며 자외, 가시, 적외 방사를 포함해서 광 또는 광 방사라고 부르기도 한다. 광은 파동성과 입자성의 이중의 성질(이중성)을 가지고 있으며 일상 경험하는 광의 물리 현상은 파동적 성질과 입자적 성질에 의해 설명된다.

2.1.2 광의 기본적인 성질[1)]

(1) 광의 직진
광은 균질한 매질 안에서는 직진한다.

(2) 반사·굴절
광은 상이한 매질의 경계면에서는 반사·굴절하고, 반사광과 굴절광은 입사광과 경계면의 입사점에서의 법선으로 만드는 평면(입사면)에 포함된다.

(3) 투과·흡수
광은 투명한 매질의 경계면에서 광의 일부가 경계면에서 반사되며 나머지 광은 매질 내부를 통과하고 다시 또 다음 경계면에서 통과한 광의 일부가 반사되고 나머지 광이 매질 밖으로 출사된다.

이 때 광의 일부가 매질 내를 통과하는 현상을 투과라고 한다. 또 광의 일부가 매질 내부에 흡수되어 변환되는 현상을 흡수라고 한다.

(4) 간섭·회절
광에는 코히렌트(동일 주파수의 두 광파의 위상 차가 시간과 더불어 변화하지 않는 광)의 두 광파(光波)가 중합된 결과 두 광파의 위상 관계로 광의 세기가 강해지거나 약해지거나 하는 현상이 있다. 이 현상을 광의 간섭이라고 한다. 또한 전파할 때 작은 장해물 후방에 약간의 광이 돌아들어가는 현상이 있는데 이 현상을 광의 회절이라고 한다.

(5) 편광
광은 전자파의 일종으로서 그 진행하는 방향에 대해서 수직으로 진동하면서 진행하는데 평균적으로 볼 때 어느 방향에 대해서도 동일 세기로 진동하면서 진행하고 있는 광을 자연광이라든지, 기울지 않는 광이라고 한다. 그런데 투명한 물체에 광이 어느 각도로 입사(入射)하면 그 반사광은 광의 진행을 포함한 1개 면의 진동밖에 하지 않게 된다. 이 상태를 편광(偏光)이라고 한다.

2.1.3 방사량
방사량(放射量)이란 공간에 방사되는 광이 갖

는 방사 에너지량(방사가 갖는 에너지)에 대해서 공간·시간·파장(주파수)을 고려한 물리량이다. 방사량에는 방사 에너지, 방사속(放射束), 방사 조도, 방사 발산도, 방사 강도, 방사 휘도, 방사 밀도가 있다(2편 1.1.1 참조).

2.1.4 측광량에 관한 여러 법칙

측광량(測光量)이란 방사를 시각의 특성에 따라 평가하기 위해 방사량에 파장에 대해서 무게를 주어 만든 양이다.

측광량에 관한 기본적인 법칙에는 조도와 광원의 광도의 관계를 주는 '역제곱의 법칙'(조도는 점광원의 광도에 비례하고 거리의 제곱에 반비례한다)과 조도와 광의 입사각의 관계를 주는 '입사각의 코사인(cosine) 법칙'(어느 면의 조도는 광의 입사각(면의 법선과 입사각의 방향이 이루는 각)의 코사인에 비례한다)이 있다(2편 2.2.2 참조). [磯村 捻]

2.2 열방사 ● ● ●

물체를 구성하는 입자(원자, 분자, 이온 등)의 절대 온도 T[K]와 구조에 대응해서 열 에너지를 방사 에너지로 변환하여 방출되는 방사를 열방사라고 한다. 따라서 모든 물질은 그 온도가 절대 영도가 아닌 한 열방사를 방출하고 있다.

이 절에서는 자연계의 모든 물질이 방출하고 있는 열방사에 관한 방사 법칙 및 그것을 취급하는 데 필요한 물리량인 방사율과 여러 가지 온도에 대해서 개설한다.

2.2.1 열방사의 여러 법칙

열방사에 관한 법칙으로서는 일반적으로 열평형(熱平衡)에 있는 열방사의 에너지 밀도와 온도와의 관계를 나타내는 법칙이 있다. 공동(空洞)방사에 대해서는 플랑크의 방사칙, 그 적당한 조건에서의 근사로서 윈의 방사칙이 있다. 그리고 이로부터 유도되는 윈의 변위칙과 스테판-볼츠만의 법칙이 있다. 그 밖에 열방사를 하는 물체에는 일반적으로 키르히호프의 법칙이 성립된다.

(1) 플랑크의 방사칙

열방사의 강도는 온도의 상승과 더불어 증대하는데 동 온도의 물체 중 최대의 열방사를 발하는 이상적인 물체를 흑체(또는 완전방사체)라고 한다. 플랑크는 진동수 ν의 방사는 $h\nu$의 에너지를 갖는 입자로서 방출 또는 흡수되는 것으로 생각하고 흑체(黑體)의 분광 방사 발산도의 식을 유도하였다. 이것을 플랑크의 방사칙(또는 법칙)이라고 한다. 진동수로 바꾸어 파장 λ를 변수로 한 분광 방사 발산도의 식을 다음에 든다.

$$M_e(\lambda,\ T) = \frac{c_1}{\lambda^5}\frac{1}{\exp(c_2/\lambda T)-1}\ [\text{W}\cdot\text{m}^{-3}]$$

$$(2.1)$$

여기서 c_1, c_2를 각각 플랑크의 제1 상수, 제2 상수라고 하며 다음 값으로 표시된다.

$c_1 = 2\pi hc^2 = 3.74150\times10^{-16}$ $[\text{W}\cdot\text{m}^2]$

$c_2 = hc/k = 1.4388\times10^{-2}$ $[\text{m}\cdot\text{K}]$

또한 단위 면적당 단위 입체각으로 나와 있는 분광 방사속인 분광 방사 휘도로 고치려면 π로 나누면 된다. 그림 2.1에 몇 가지 온도에 대해서 분광 방사 휘도 $M_e(\lambda,\ T)$의 파장 분포를 나타낸다.

근사적인 흑체는 주위의 벽이 방사를 완전히 통하지 않고 일정한 온도로 유지되는 공동(空洞)의 벽에 그 벽에 비해서 대단히 작은 구멍을

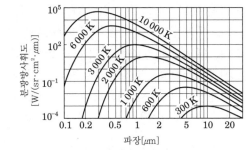

그림 2.1 흑체의 분광 방사발산휘도

[照明學會, 1987[2]]

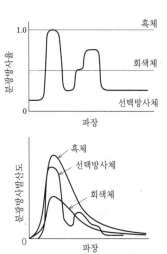

그림 2.2 흑체, 회색체 및 선택방사체의 방사율과
방사발산도

[赤外線技術硏究會, 1991[3]]

뚫어 실현시킬 수가 있으며 이것을 흑체로(黑體
爐)라고 한다.

(2) 윈의 변위칙

식 (2.1)의 분광 방사 발산도 $M_e(\lambda, T)$가 최대
가 되는 파장 λ_m는 $dM_e(\lambda, T)/d\lambda=0$에서 다음
관계식이 얻어지며 최대가 되는 파장은 절대 온
도에 반비례한다.

$$\lambda_m T = \frac{c_2}{4.9651} = 2.8978 \times 10^{-3} \quad [\text{m·K}]$$

(2.2)

이 관계를 윈의 변위칙이라고 한다. 식 (2.2)
를 식 (2.1)에 대입하면 다음 식이 얻어진다.

$$M_e(\lambda, T) = 1.2865 T^5 \times 10^{-5} \; [\text{W·m}^{-3}] \quad (2.3)$$

(3) 스테판-볼츠만의 법칙

흑체의 단위 표면적에서 반공간으로 방출되
는 전반사(全放射)인 방사 발산도 $M_e(T)$는 분광
방사 발산도 $M_e(\lambda, T)$를 전파장에 걸쳐 적분함
으로써 얻어지며 절대 온도의 4승에 비례한다.

$$M_e(T) = \int_0^\infty M_e(\lambda, T)d\lambda = \sigma T^4 \; [\text{W·m}^{-2}]$$

(2.4)

여기서 계수 σ는 스테판-볼츠만 상수라고 하
며 다음 값이다.

$$\sigma = 5.67051 \times 10^{-8} [\text{W·m}^{-2}\text{·K}^{-4}] \quad (2.5)$$

2.2.2 방사율

(1) 분광 방사율

실제의 물체에서 방사되는 열 방사는 동일한
온도의 흑체에서 방출되는 열 방사보다 적다.
동일 파장에서의 분광 방사 강도의 비를 그 물
체의 분광 반사율이라고 한다. 즉 흑체의 분광
방사 발산도를 $M_e(\lambda, T)$, 어느 물체의 분광 방
사 발산도를 $M_e{}'(\lambda, T)$라고 하면 분광 방사율
$\varepsilon(\lambda, T)$는 다음 식으로 표시되며 $1 > \varepsilon(\lambda, T) > 0$
의 값을 취한다.

$$\varepsilon(\lambda, T) = \frac{M_e{}'(\lambda, T)}{M_e(\lambda, T)} \quad (2.6)$$

일반적으로는 분광 방사율 $\varepsilon(\lambda, T)$는 파장과
온도에 따라 변화하는데 표면 상태나 방사 방향
에도 의존한다. 분광 방사율이 파장에 관계없이
일정값을 취하고 또 표면이 확산성인 것을 회색
체라고 하며 파장에 의존하는 것을 선택 방사체
라고 한다.

그림 2.2에 대표적인 열 방사체의 분광 방사
율과 분광 방사 발산도를 나타낸다. 그림과 같

이 선택 방사체도 좁은 파장 범위에서는 분광 방사율이 일정에 가까운 경우가 많고 그 파장 범위에서는 회색체로서 취급을 간단히 할 수가 있다.

(2) 방사율

파장에 대해서 적분한 방사 발산도에 대해서도 동일하게 실체 물체의 방사 발산도 $M_e'(T)$와 동일 온도의 흑체의 방사 발산도 $M_e(T)$의 비를 방사율(또는 전방사율) $\varepsilon(T)$라고 하며 다음 식으로 표시된다.

$$\varepsilon(T) = \frac{M_e'(T)}{M_e(T)} = \frac{\int_0^\infty \varepsilon(\lambda,\ T) M_e(\lambda,\ T) d\lambda}{\int_0^\infty M_e(\lambda,\ T) d\lambda} \quad (2.7)$$

또한 방사체의 분광 방사율 $\varepsilon(\lambda,\ T)$는 항상 그 분광 흡수율 $\alpha(\lambda,\ T)$와 같다. 이것을 키르히호프의 법칙이라고 한다.

$$\varepsilon(\lambda,\ T) = \alpha(\lambda,\ T) = [1 - \rho(\lambda,\ T)] \quad (2.8)$$

여기서 $\rho(\lambda,\ T)$는 분광 반사율이다.

2.2.3 등가 온도

모든 물질은 그 온도가 절대 영도가 아닌 한 열 방사를 방출하고 있다. 물질의 온도(진온도)는 정밀한 온도계를 사용하면 직접 측정할 수 있지만 직접 온도를 측정하지 않고 물질로부터의 방사를 측정하여 얻어지는 온도를 등가 온도라고 한다. 여기서는 방사 발산도, 분광 방사 휘도, 색도 또는 분광 분포를 사용해서 견적되는 등가 온도에 대해서 개설한다.

등가 온도는 비접촉의 측정을 전제로 하고 있으므로 원격, 고온 및 대면적의 측온(測溫)이 가능하다.

(1) 방사 온도

진 온도 T의 방사체의 방사 발산도가 온도 T_r의 흑체(실용적으로는 흑체로)의 방사 발산도와 같을 때 T_r를 그 방사체의 방사 온도라고 한다. 그 방사체의 방사율을 $\varepsilon(T)$라고 하면 방사 온도 T_r와 진온도 T의 관계는 다음 식과 같이 된다.

$$\sigma T_r^4 = \varepsilon(T)\sigma T^4 + \{1 - \varepsilon(T)\}\sigma T_0^4 \quad (2.9)$$

$$\therefore \quad T = \sqrt[4]{\frac{T_r^4 - \{1 - \varepsilon(T)\} T_0^4}{\varepsilon(T)}} \quad (2.10)$$

$T_r \gg T_0$(T_0 : 주위 온도)일 때

$$T \approx \frac{T_r}{\sqrt[4]{\varepsilon(T)}} \quad (2.11)$$

실제로는 방사 온도의 측정은 전파장역의 방사가 아니고 방사계에 사용된 광전검출기 재료의 응답 파장역의 방사의 비교가 된다.

(2) 휘도 온도

어느 파장 λ에서의 진온도 T의 방사체의 분광 방사 휘도가 온도 T_b의 흑체(흑체로)의 분광 방사 휘도와 같을 때 T_b를 그 방사체의 휘도 온도라고 한다. 광고온계에 의한 시감 측정에서는 파장 655 nm 부근의 적색광이 사용된다.

방사체의 휘도 온도 T_b와 진온도 T와의 관계는 플랑크의 방사칙에 의해

$$\frac{c_1}{\lambda^5\{\exp(c_2/\lambda T_b) - 1\}}$$
$$= \varepsilon(\lambda,\ T)\frac{c_1}{\lambda^5\{\exp(c_2/\lambda T) - 1\}} \quad (2.12)$$

$$\therefore \exp\left(\frac{c_2}{\lambda T}\right) = \varepsilon(\lambda,\ T)\left\{\exp\left(\frac{c_2}{\lambda T_b}\right) - 1\right\} + 1 \quad (2.13)$$

이상과 같이 방사율 $\varepsilon(T)$나 분광 방사율 $\varepsilon(\lambda,\ T)$를 알면 실측된 방사 온도나 휘도 온도에서 진온도를 구할 수가 있다.

(3) 색온도와 분포 온도

어느 물체의 방사(광)의 색도가 온도 T_c의 흑체의 색도(본편 4장 참조)와 같을 때 T_c를 이 방사(광)의 색온도라고 한다. 또한 흑체가 아닌 발광의 색온도를 근사적으로 나타낸다는 의미에서 상관 색온도라고 하며 색온도와 동일하게 취급한다.

또한 어느 방사의 가시 파장역에 있어서의 상대 분광 분포가 온도 T_d의 흑체의 분광 분포와 같거나 또는 근사하고 있을 때 T_d를 이 방사의 분포 온도라고 한다. 분포 온도는 열방사와 같이 흑체의 방사에 가까운 분광 분포를 가진 방사에 대해서만 사용된다.

텅스텐 필라멘트의 경우에는 진온도 T와 색온도 T_c, 휘도 온도 T_b, 방사 온도 T_r간에는 $T_c > T > T_b > T_r$의 관계가 성립된다.　[谷治 環]

2.3 루미네선스 ● ● ●

2.3.1 방전 발광

방전관 내에 봉입하는 기체의 압력이 10^5 Pa 이상이면 고기압 방전, 약 10^3 Pa 정도 이하의 압력이면 저기압 방전이다. 비교적 안정된 전류 영역의 발광을 글로 방전이라고 하며[4], 조명용 광원 및 플라스마 디스플레이 패널은 이 발광 상태를 이용한다. 가열된 필라멘트에서 방사된 열전자를 전계에 의해 가속, 유리관이나 알루미나관에 봉입된 원자 또는 분자의 증기를 여기(勵起)하여 여기 상태에서 보다 낮은 상태로 돌아갈 때 그 에너지 차에 대응한 발광 파장의 전자파(광)를 방출한다. 이것을 방전 발광이라고 한다.[5] Hg 원자가 봉입된 방전 램프의 발광 원리의 개략도를 그림 2.3에 나타낸다.

저압 방전 램프에는 저압 나트륨 램프나 형광 램프 등이 있다. 형광 램프는 Ar 가스가 포함된 저압 수은 증기방전관이며 Hg의 자외 방사(253.7 nm)를 형광체의 여기에 이용하여 광 변환을 함으로써 백색광을 얻고 있다.[6] 고압 방전 램프에는 고압 수은 램프, 초고압 수은 램프, 고압 나트륨 램프, 메탈 할라이드 램프 등이 있다. 이것들은 고휘도 방전 램프이며 HID(High Intensity Discharge) 램프라고 불리고 있다.

2.3.2 방사 루미네선스

에너지가 큰 광자(光子)에 의해 결정(반도체, 절연체, 어모퍼스 등)의 전자를 여기하여 전자와 정공(正孔)을 생성하고 재결합 과정에서 에너지가 작은 광자를 방사하는 발광 형상을 방사 루미네선스(photoluminescence)라고 한다. 여기를 중지하면 순시에 발광을 끝내는 것을 형광, 한참 계속 빛나는 것을 인광으로 구별한다. 어느 파장의 루미네선스를 일으키게 하는 데 어느 정도의 광자 에너지가 효율적인가를 나타내는 스펙터를 여기 스펙터라고 한다. 발광 스펙터와 여기 스펙터의 에너지 차를 스토크스 시프트(Stokes shift)라고 한다.

반도체에 고에너지의 광을 조사하면 과잉 전

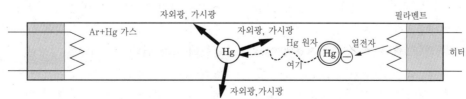

그림 2.3 Hg증기의 방전 발광의 원리

[高野·千葉, 1971[5]]

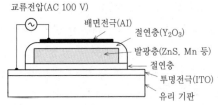

그림 2.4 이중절연무기박막 EL 소자의 기본 구조
[塩谷 외, 1984[7]]

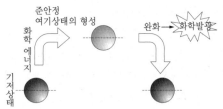

그림 2.5 화학 루미네선스의 원리

자 및 정공(正孔)이 생겨 전자·정공대(여기자)가 되어 재결합하거나 불순물이나 고유 결함 등의 발광 중심을 거쳐 재결합하여 광으로서 밖으로 방출된다. 자외광에 의해 여기된 형광체의 발광, 루비 레이저의 발광 등도 방사 루미네선스이다.

2.3.3 음극 루미네선스

진공 중에서 전계에 의해 가속된 전자 빔을 고체나 발광체에 조사하여 루미네선스를 야기시킨다. 이것을 캐소드 루미네선스(cathode luminescence)라고 한다. 이 명칭은 음극에서 나오는 전자 빔이 음극선(cathode ray)이라고 불리고 있었기 때문이다.[6] 브라운관은 이 원리를 이용한 것으로서 형광체는 7~30 kV의 가속 전자선으로 여기된다. 한편 10~50 V의 저속 전자선으로 형광체를 여기시켜 발광을 얻는 형광표시관이 있다.[7]

2.3.4 전계 발광

ZnS계의 형광체에 강한 전계를 가했을 때 발광이 얻어지는 것이 1936년 데트리오(Destriau)에 의해 발견되었다.[7] 이 현상을 일렉트로 루미네선스라고 하며 EL이라고 불리고 있다. 반도체의 EL에는 이 전압 여기형의 이른바 EL 패널과 pn 접합에 전압을 인가하여 순방향 전류를 흘리는 주입형의 발광 다이오드(light emitting diode : LED)가 있다. EL 패

널에는 분말 분산형 패널과 그림 2.4와 같은 이중 절연 구조를 한 박막 EL 패널이 있다.[7] 전계 여기형 EL 재료의 조건은 가시역(可視域)에 발광이 있을 것과 여기에 필요한 10^6 V/cm 정도의 고전계가 인가 가능하여야 한다. 이 때문에 EL 재료에는 적당한 활성제를 발광 중심으로서 첨가한 비교적 밴드 갭이 큰 반도체 재료가 사용된다. 계기용 패널의 인디케이터, 표시용 디바이스 등으로서 이용되고 있다.

2.3.5 화학 루미네선스

화학 반응에 의해 여기 상태를 형상하여 발광시키는 것을 화학 루미네선스(chemiluminescence)라고 한다. 그림 2.5와 같이 화학 반응에 의해 분자가 여기(麗起) 상태가 되고 그곳으로부터 기저(基底) 상태로 복귀하는 과정에서 광이 방출된다.[8] 대표적인 케미칼 루미네선스는 루미놀계와 지오키세탄계의 두 종류가 있다.

물질의 산화, 시약과의 반응, 열분해 등 여러 가지 반응계에서 생기기 때문에 발광을 고감도로 잡음으로써 종래의 방법으로는 모르던 물질의 변화를 빨리 잡을 수가 있다.[9] 생체 내에서 일어나는 생화학 반응이나 그것에 대한 약품의 영향에 따라 변화하는 미약한 발광을 검출하는 방법이 의학, 약학, 식품학 등의 분야에서 이용되고 있다. 가까이 있는 것으로서 형광,[6] 응용으로는 낚시 도구의 빛나는 낚시찌, 다이빙용

케미컬 라이트 등이 있다.

2.4 레이저 발광 ● ● ●

2.4.1 가스 레이저

가스 레이저는 凹면경 또는 평면경 2매로 구성된 광학계(공진기) 간에 기체 원자 또는 기체 분자를 충만시키고 전자적으로 가스 방전시켜서 여기 상태를 만든다[10]. 거울 면에 수직으로 경간 거리가 파장의 정수배가 되는 광은 양면의 거울로 다중 반사하여 발진 에너지가 손실을 초과했을 때 레이저 발진을 일으킨다. 파장 632.8 nm(적색)를 내는 He-Ne 레이저는 계측용, 레이저 프린터용에 사용되고 있다. 탄산가스 레이저는 CO_2와 N_2의 혼합 가스로 구성되고 10.6 μm의 레이저 광을 내며 대출력(CW로 1 kW)용으로서 레이저 가공에 사용된다. 엑시마 레이저($XeCl$, ArF_2 등)는 자외선의 대출력 레이저로서 광여기 프로세스, 리소그래피에 사용되고 있다.[11]

2.4.2 액체 레이저

색소를 유기 용매에 녹인 용기를 여기하여 반전 분포 상태를 만들어낸다. 2매의 평행경으로 끼면 레이저 발진한다. 색소 레이저는 여러 가지 색소를 사용하고 또 그 발광 파장폭의 넓이를 이용해서 희망하는 파장을 잡아낼 수 있다.[10] 여기용 광원은 일반적으로 YAG, 엑시마 레이저가 사용된다. 연속 발진은 Ar, Kr 이온 레이저, 펄스 발진은 루비, 질소, 플래시 램프, 동증기 레이저가 사용되고 있다. 발진 파장은 330~1,300 nm로서 필요한 파장에 대해서 적절한 색소를 사용한다. 하나의 색소로 유효한 범위는 20 nm 정도이다. 연속 파장 가변, 단(短)펄스 발진이 가능하다. 용도로는 분광 광원에 널리 사용된다. 최근 의료용(적색 반점 치료)에도 사용되고 있다.

2.4.3 고체 레이저

천이 금속 이온이나 희토류 이온을 발광 중심으로 하여 결정(루비는 $Al_2O_3 : Cr^{3+}$, YAG(yttrium aluminum garnet) $Y_3Al_5O_{12} : Nd^{3+}$)나 인산 유리 등의 유리에 분산시켜 레이저 매질로 한다.[11] 고체의 반전 분포 물질을 2매 평행경으로 끼운 구성이 기본이다. 보통 크세논 램프 등의 자외 광원을 여기원으로 한다. 다이오드 레이저 여기에서는 모드를 제어하여 높은 빔 질을 얻기 위해 세로 여기를 한다. 빔 질보다 고출력을 구하는 경우에는 가로 여기가 이용되고 있다. 실용되고 있는 레이저에는 Nd : YAG나 Nd : YLF, Nd : 유리, Nd^{3+} 레이저, 루비 레이저($Cr : Al_2O_3$), 알렉산드라이트 레이저($Cr : BeAl_2O_4$), 티탄 사파이어 레이저($Ti : Al_2O_3$) 등이 있다. 용도로는 레이저 가공, 의료, 바이오, 광 일렉트로닉스 분야와 같이 널리 이용되고 있다.

2.4.4 반도체 레이저

반도체 레이저(laser diode : LD)는 10^{18} cm^{-3} 이상의 전자와 전공(正孔)의 주입에 의해 전도대와 가전자대 간에 반전의 분포 상태를 만들고 벽개면 등의 거울에 의해 공진기를 구성하여 레이저 발진을 행하게 한다.

반도체 레이저는 다른 레이저와 비교했을 때 초소형, 저전압·저전류 동작, 고효율, 고속 직접 변조, 광파장 선택 범위, 장수명 등 우수한 특징을 가지고 있다. 반도체 레이저 구조에는 크게 나누어 동성(同性) 접합, 싱글 헤테로 접합, 더블 헤테로 접합(double heterojunction : DH) 및 양자(量子) 우물구조의 4종류가 있다.[12] 통상적으로는 한계값 전류를 작게 하는 DH 접합을 사용한다. 활성층에 유효한 전자와 정공을 가두어 넣기 위해 양측을 밴드 갭이 큰 반도체 재료(클라드층)로 끼워 넣는다.

이것은 굴절률이 작기 때문에 광을 잡아넣는 효과도 하고 있다. 현재 실용화되고 있는 반도체 레이저는 GaAs와 AlGaAs계를 사용한 0.7~0.9 μm, InP와 GalnPAs계의 1.2~1.6 μm, GalnP와 AlGaAs계의 0.66 μm, AlGalnP계의 0.58 μm 및 GaN와 InGaN계의 0.41 μm이다.[12),13)] 용도는 광통신, 광기록, DVD용 등이다.

2.5 고체 발광

2.5.1 무기 EL 소자와 유기 EL 소자

EL 소자에는 발광층이 무기화합물인 무기 EL소자(이하 무기 EL로 표기)와 유기화합물인 유기 EL소자(이하 유기 EL로 표기)가 있다. 일렉트로 루미네선스(electroluminescence)란 형광체와 절연체의 적층 구조에 고전압을 인가함으로써 발광하는 형상이다. 발광체 박막과 절연층이 접촉하고 있는 계면(界面) 부문에는 전자가 트랩되고 있다. EL 소자(그림 2.4,그림 2.5)에 전압을 가하면 그 계면 부분에 강한 전압이 생기며 트랩되고 있던 전자가 가속되어 형광 물질의 발광 중심에 충돌하여[14),15)] 형광 물질의 종류에 따라 녹·청·청 등의 광을 발한다. 유기 EL은 LED와 같이 주입형의 발광 기능에 의하고 있는 것으로 생각되고 있다. 그림 2.6에 이중 구조의 저분자 유기 박막 EL 소자를 나타낸다. 알루미키노리놀 착체(錯體 : Alq₃) 저분자 EL과 PPV 고분자 EL이 연구되고 있다.[16)]

무기 EL은 분산형과 박막형으로 분류된다. 현재 실용화되고 있는 무기 EL은 교류로 동작하는 것이 많으며 휘도는 전압과 주파수에 의존한다. 한편 유기 EL은 전자 수송성의 것과 정공(正孔) 수송성의 것으로 분류할 수가 있다. 이것은 반도체의 n형과 p형에 각각 상당한다. 그림 2.7은 발광층을 전자 수송층과 정공 수송층으로 끼운 더블 헤테로 접합 구조의 소자를 나타낸다. 유기 EL은 외부에서 전자와 정공을 주입하여 그들 재결합 에너지에 의해 발광시킨다.

유기 EL과 무기 EL의 특징을 표 2.1에 나타낸다. EL 소자의 발광 효율은 그다지 높지 않지만 형상의 자유도가 높으며 발열도 소비 전력도 적다. 응답 시간이 빠르고 시인성(視認性)이 좋으며 내구성과 방수성이 높은 등의 이점을 가지고 있다. 표시등, 지시등, 야간의 시큐어리티용 광원, 장식 광원이나 일루미네이션, 광 팬시 상품이나 인텔리어 상품, 휴대 전화·퍼스컴·게임기·시계 등의 백라이트 등에 이용되고 있다.

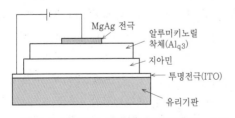

그림 2.6 이중구조 저분자 유기박막 EL 소자

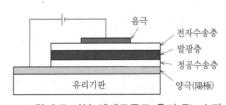

그림 2.7 더블 헤테로구조 유기 EL 소자

표 2.1 무기 EL과 유기 EL의 특징

	무기 EL	유기 EL
대표적인 재료	ZnS : Mn	Alq₃/디아민류 PPV 유도체
구동방법	교류전압(100~200 V)	직류전압(5~10 V)
소자구조	이중절연박막 구조	적층구조 더블헤테로 구조
발광효율	황등색 10 lm/W R, G, B는 이 값 이하	황등색 5 lm/W 녹색 16~20 lm/W 청색 3 lm/W

2.5.2 LED

LED는 Light Emitting Diode의 약자로서 발광 다이오드라고 불린다. 반도체의 pn 접합에 순방향 전류를 흘리면 전자와 정공이 주입되어 재결합에 의해 발광(자연 방사)하는 소자이다. 광의 폐입(閉入)과 전류 협착(狹窄)을 일으키기 때문에 통상적으로는 활성층(발광층)을 금지 대폭(E_g)이 큰 반도체로 구성되는 pn접합으로 끼워 넣은 더블 헤테로(DH) 접합 및 활성층을 더 얇게 한(수 십 Å 정도) 양자 우물(QW) 구조를 사용한다. 그림 2.8에 GaAs와 AlGaAs로 구성되는 DH 구조와 그 밴드도를 나타낸다. 발광 파장($h\nu$)은 활성층의 금지대폭(E_g)을 사용하여 개략 $1.24/E_g[\mu m]$로 부여된다. LED의 발광 효율 η_{WP}(wall·plug efficiency)는 다음 식으로 구해진다.[17]

$$\eta_{WP} = \eta_v \cdot \eta_{int} \cdot \eta_e$$

여기서 η_v는 전압 효율, η_{int}는 내부 양자 효율, η_e는 광 인출 효율이다. 일반적으로 사용되는 외부 양자 효율은 η_{int}와 η_e의 곱($\eta_{int} \cdot \eta_e$)인데 전류 의존성을 나타낸다.

가시광 LED는 GaAs, GaP, GaN계 Ⅲ-Ⅴ족 화합물 및 혼정(混晶) 반도체로 제작되고 있다. 고효율 적색·엄버(umber)색·녹색·청색·및 근자외 LED가 제품화되고 있다. 표 2.2에 현재 제품화되고 있는 가시광의 각 파장 LED

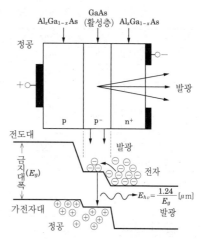

그림 2.8 GaAs, AlGaAs를 예로 한 더블헤테로 접합 (DH)LED

의 특성을 나타낸다. AlInGaP 4원 혼정 반도체로는 610 nm의 황등색 LED로 발광 효율 100 lm/W 이상의 것이 개발되고 있다. InGaN을 사용한 척색·녹색 LED가 상품화되어 풀 컬러 표시가 가능해졌다. 고광도 청색 LED와 형광체(YAG : Ce)의 조합을 사용한 백색 LED도 개발되어 차세대 에너지 절감 표시·조명 광원으로서 각광을 받고 있다. 단파장의 자외 영역으로 발광하는 근자외선(near ultraviolet : UV) LED에 대해서도 외부 양자 효율 40 % 이상의 근자외 LED(380~400 nm)가 실현되었다.[17] 300 nm 이하의 자외선 LED도 연구되고 있다. 가시광 및 백색 LED는 각종 디스플레이용 광원 및 장식, 조명 광원으로 이용되고 있다. 적외 LED는 GaAs계 광센서, 리모컨용, AlGaAs계 광 공간 전송 시스템용, 와이어리스 헤드폰용으로 이용되고 있다. 적외선 공간 전송 시스템용으로서 InGaAs계 LED(0.95 μm)도 제품화되고 있다.[17]

[田口 常正]

표 2.2 제품화되고 있는 LED의 특성(실온, 20 mA로 측정)

색	소재	발광파장[nm]	광도[cd]	광출력[μW]	외부양자효율[%]	발광효율[lm/W]
적	GaAlAs	660	2	4,800	30	20
황	AlInGaP	610~650	10	>5,000	50	100
등	AlInGaP	595	2.6	>4,400	>20	60
록	InGaN	520	12	3,000	>20	40
청	InGaN	450~475	>2.5	>100,000	>20	20
근자외	InGaN	382~410		>16,000	24~43	
자외	InGaN	371		500	7.5	

2.6 광전 변환 ● ● ●

이 절에서는 광-전기 변환 및 전기-광 변환에 대해서 주요 종류와 그 변환 기구 및 용도에 대해서 기술한다.

2.6.1 광전 변환 기구의 종류

그림 2.9는 이 절에서 취급하는 광전 변환 기구의 종류를 나타냈는데 광→전기 변환과 전기→광 변환으로 대별된다.

일반적으로 광→전기 변환은 광전검출기에 이용되고 있다. 광전검출기는 광전 효과를 이용

한 양자형(量子形) 검출기와 열전 효과를 이용한 열형 검출기로 분류된다.

양자형 검출기는 광이 고체에 흡수됨으로써 고체 내에 발생한 광 여기 캐리어(전자 또는 정공)를 전기 신호로서 검출하는 것이다. 이 검출기의 특징은 검출 능력이 높고 응답 시간도 짧지만 사용할 수 있는 파장역이 재료의 밴드 갭 또는 일 함수의 크기로 결정되어 버린다.

여기서 밴드갭을 E_g[eV]라고 하면 응답하는 한계 파장 λ_0(nm)는

$$\lambda_0 = \frac{1,240}{E_g} \ [nm] \qquad (2.14)$$

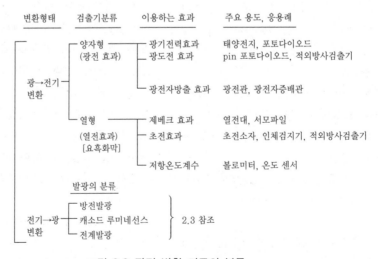

그림 2.9 광전 변환 기구의 분류

가 되며 λ_0보다 긴 파장에는 응답하지 않는다.

또한 광전 효과는 광기전력 효과, 광도전 효과 및 광전자 방출 효과로 나누어진다. 이 절에서는 주로 이 3개 광전 효과를 취급한다.

열형 검출기는 광이 고체에 흡수되는 것에 의해 고체 내에 발생한 흡수열에 의한 온도 상승을 전기 신호로서 검출하는 것이다. 이 검출기의 특징은 일반적으로 광을 흡수하는 흑화막(黑化膜 : 광흡수막)에 온도 검출 소자를 접촉시키는 구조로 되어 있기 때문에 좋은 흑화막을 사용하면 자외역에서 적외역에 걸치는 넓은 파장역의 광방사를 검출할 수 있지만 검출 능력이 낮고 응답 시간이 길다. 열형 검출기에 대해서는 여기서는 취급하지 않는다.

그림 2.10에 광전검출기의 분광 응답 특성을 나타낸다. 응답도 s란 검출기에 입사된 광방사 파워 P[W]에 대한 응답 출력 I(통상 전류[A]) 또는 전압[V]의 비이고 분광 응답도 $s(\lambda)$란 단색 방사에 대해서 구한 응답도의 파장적인 연결을 나타낸다. 응답도 s는 광전 검출기의 광전 변환 계수이다.

전기→광 변환은 발광 소자에 이용되고 있다. 광전 발광 소자는 주로 저압·고압 가스 방전 발광, 캐소드 루미네선스 및 전계 발광으로 분류

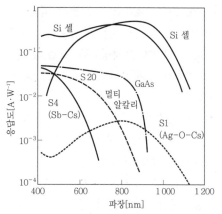

그림 2.10 광전검출기의 분광응답특성
(S1, S4, S20은 광전자방출기)
[照明學會, 1990[19]]

된다. 이들 발광 원리와 용도 등에 대해서는 본장 2.3, 2.4, 2.5에 상술되고 있으니 참고하기 바란다.

2.6.2 광전자 방출 효과
(photo-electron emission effect)

광전자 방출 효과는 진공 내의 금속 또는 반도체에 광을 조사하면 그 표면에서 전자가 방출하는 현상이다. 광전자의 방출은 조사광이 어느 진동수 ν_0[Hz](대응하는 파장을 한계 파장 λ_0라고 한다) 또는 어느 에너지 이상일 때 일어난다.

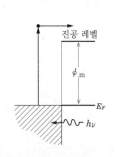
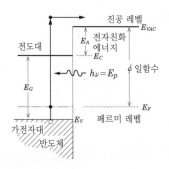

(a) 금속의 경우   (b) 고밀도로 도브된 축퇴 p형 반도체의 경우

그림 2.11 광전자방출 광응답특성
[先端電子材料事典編輯委員會, 1991[20]]

(1) 금속 표면으로부터의 광전자 방출

그림 2.11(a)에 나타내듯이 금속에서는 일 함수 ϕ_m[eV] 이상의 조사광 에너지 $h\nu$[eV]가 필요하며 방출되는 광전자의 에너지 E[eV]는 다음 식으로 부여된다.

$$E = h\nu - e\phi_m \qquad (2.15)$$

여기서 e는 전자 전하량이다.

금속에서는 알칼리 금속의 일 함수가 2 eV 전후에서 가장 작고 가시광 영역에서 광전자 방출이 일어난다. 대부분의 금속의 일 함수는 2~3 eV 이상이다.

(2) 반도체 표면으로부터의 광전자 방출

그림 2.11(b)와 같이 반도체의 경우로 그 반도체가 p형 반도체일 때를 생각하면 조사광의 에너지가 전자 친화 에너지 E_A[eV]와 밴드 갭 E_g의 합보다 클 때 광전자 방출이 일어난다. 일반적으로 반도체의 경우는 E_A가 4~5 eV이며 E_g도 수 eV이기 때문에 이 에너지는 자외역에 대응한다. 따라서 실제의 디바이스에서는 예를 들면 적외역에 감도를 주기 위해 p-GaAs 표면에 Cs 등의 원자를 흡착시켜 일 함수를 저감하는 방법이 취해지고 있다.

광자에 의해 외부에 방출되는 광전자의 비(比)인 양자 효율은 단일 금속이나 반도체에서는 10^{-5} 정도로서 대단히 작지만 상기한 바와 같은 멀티알칼리면(S25)이나 GaAs/Cs면에서는 0.3~0.4에 이르는 높은 양자 효율이 얻어지고 있다.

광전자 방출 효과를 이용한 디바이스로서는 광전광, 광전자증배관, 촬영관 등이 있다. 특히 광전자증배관은 광전관에 2차 전자증배면을 집어넣어 전자를 다단 증폭할 수가 있으며 그 증배 이득은 10^6이나 된다. 거대한 이득에도 불구하고 잡음은 거의 늘지 않고 또 암전류도 작게 할 수 있기 때문에 상당히 높은 검출 능력이 필요한 포톤 카운팅 시스템 및 최근에는 X선 여기 광전자 분광법(XPS)이나 진공 자외 광전자 분광법(UPS) 등 물질 표면의 분석에 이용되고 있다.

2.6.3 광도전 효과
(photoconductive effect)

광도전 효과는 반도체나 절연체에 광을 조사하면 캐리어가 증가하는 결과 도전율이 증가하여 전류가 흐르기 쉬워지는 현상이다. 벌크의 도전율 변화를 이용하는 것과 pn접합 등을 이용하는 것으로 나눌 수 있다.

(1) 벌크 도전율의 변화를 이용하는 것

그림 2.12(a)에 나타내듯이 기본적으로는 반도체 양단에 옴(ohm)으로 측정하는 전극을 단 구조를 생각할 수 있다. 진성 반도체에서는 밴

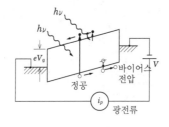

(a) 벌크 도전율의 경우

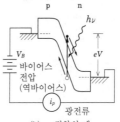

(b) pn접합의 예

그림 2.12 광도전 효과의 기구

[先端電子材料事典編輯委員會, 1991[21]]

드 갭보다 큰 에너지의 광이 조사되면 전자-정공대가 생성된다. 또한 불순물 반도체에서는 도너 준위에서 전자가 여기되는 경우와 억셉터 준위에 전자가 여기되고 정공이 생성되는 경우가 있다. 소자에 광을 조사했을 때의 도전율 증가 $\Delta \sigma$[V/A]는 다음 식으로 구해진다.

$$\Delta \sigma = eg(\mu_n \tau_n + \mu_p \tau_p) \qquad (2.16)$$

여기서 g는 단위 체적, 단위 시간당의 전자-정공대의 생성 비율, μ_n[cm²/Vs], μ_p는 각각의 전자와 정공의 이동도, τ_n[s], τ_p[s]는 각각의 전자와 정공의 수명이다. $\mu\tau$적이 큰 것일수록 도전율 변화가 크다. 예를 들면 n형의 광도전 소자에 대해서는 다음 식과 같이 표시된다.

$$\Delta \sigma = eg\mu_n \tau_n \qquad (2.17)$$

광도전 소자의 이득 G는 다음 식과 같이 정의된다.

$$G = \frac{\tau_n}{t_R} \qquad (2.18)$$

단 t_R[s]는 전극간의 전자 주행 시간이다. 전극간 거리를 l[cm], 인가전압을 V[V]라고 하면 $t_R = l^2/V\mu_n$이므로

$$G = \frac{\mu_n \tau_n V}{l^2} \qquad (2.19)$$

가 된다. 따라서 $\tau_n/t_R > 1$일 때 광도전 이득이 있다. 예로서 CdS를 취하면 $\mu = 300$ cm²/Vs, $\tau = 10^{-3}$s, $l = 0.1$ cm, $V = 100$ V일 때 $G = 3 \times 10^3$과 같은 큰 값이 된다.

CdS 등이 광도전 셀로서 카메라 노출계나 촬상관에 이용되고 있다. PbS와 HgCdTe는 적외역용의 강도전 셀로서 널리 이용되고 있다.

(2) pn 접합 등을 이용하는 것

대표적인 pn 접합 포토다이오드의 원리를 원리를 그림 2.12(b)에 나타낸다. 역 바이어스한 pn 접합에 광을 조사하면 전자-정공대가 공핍층내에 생성되고 전류가 된다. 이 pn 접합 포토다이오드의 응답 시간은 겨우 1 μs까지이다. 이 결점을 개량하기 위해 진성 영역((I 영역)을 설치한 pin 포토다이오드가 개발되고 있다. pin 포토다이오드는 pn 접합 포토다이오드에 비해서 공핍층을 두껍게 할 수 있기 때문에 광흡수 계수가 작은 파장대로도 상당히 높은 양자효율 및 빠른 응답 속도(0.1 ns 정도)가 얻어진다.

pn 접합 포토다이오드에는 Si, Ge 및 Ⅲ-Ⅴ족 화합물 반도체가 사용되고 있다. pin 포토다이오드는 장파장 광 파이버 통신용 광전검출기로서 0.85 μm 파장대로 주로 Si가, 1.3~1.6 μm의 파장대로 Ge 및 GaInAs/InP가 사용되고 있다.

2.6.4 광기전력 효과

광기전력 효과(photovoltaic effect)는 그림 2.13에 나타내는 pn 접합(또는 쇼트키 장벽)에 광을 조사하면 전자-정공대가 생기고 내부 전

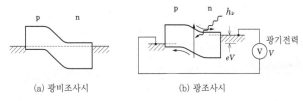

(a) 광비조사시   (b) 광조사시

그림 2.13 광기전력 효과의 기구

[先端電子材料事典編輯委員會, 1991[21]]

계에 끌려 이들 캐리어는 상호 반대 방향으로 드리프트, 광기전력을 발생하는 현상이다.

이 효과는 외부 전원이 불필요하기 때문에 태양전지와 같은 에너지 변환 장치에 사용된다. 태양전지의 전류－전압 특성을 그림 2.14에 나타낸다 광을 조사함으로써 외부에 끄집어 내어지는 전력은 사선으로 표시되는 동작 전압 V_m[V]와 동작 전류 I_m[A]의 곱이 된다. 부하 저항 R_L[Ω]을 조정함으로써 최대 전력이 얻어진다. 이 최대 전력을 입사광 방사 에너지로 나눈 값을 태양전지의 에너지 변환 효율이라고 한다.

현재 가장 많이 이용되고 있는 태양전지 재료는 다결정 실리콘(Si)으로서 주택용이나 산업용 태양광 발전 모듈로서 신뢰성이 높으며 최대 변환 효율은 17 % 정도이다. 이어서 단결정 Si가 위성 탑재용 태양전지나 산업용으로 이용되며 최대 변환 효율은 22 % 정도이다. 어모퍼스 (amorphous) Si도 전자계산기·시계·가로등 등과 같은 민생용 태양전지에 이용되고 있다. 그 밖에 GaAs계의 위성 탑재용 고효율 태양전지로 이용되었있다. 그 밖에 GaAs계가 위성탑재용 고효율 태양전지로서 이용되고 있다.

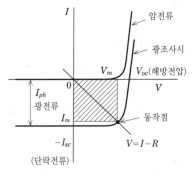

그림 2.14 태양전지의 전류－전압특성
[先端電子材料事典編輯委員會, 1991[22]]

[谷治 環]

참고문헌

1) 照明学会編：照明ハンドブック，pp. 9-10，オーム社 (1978)
2) 照明学会編：ライティングハンドブック，p. 11，図 2・5 (1987)
3) 赤外線技術研究会：赤外線工学，p. 19，オーム社 (1991)
4) 金田輝男：気体エレクトロニクス，pp. 207-220，コロナ社 (2003)
5) 高野知彦，千葉二郎：電気工学基礎講座 18 電力応用 I―照明・電熱―，pp. 19-34，朝倉書店 (1971)
6) 針生 尚：光エレクトロニクスデバイス，pp. 55-90，培風館 (1989)
7) 塩谷，豊沢，国府田，桟元編：光物性ハンドブック，pp. 523-531，朝倉書店 (1984)
8) 山本直紀：カソードルミネセンス薄膜の界面構造/組成および物性評価技術，p. 74-83，第 27 回薄膜・表面物理基礎講座，一宮編，応用物理学会 (1998)
9) 三浦，土谷，長島，今井：基礎編化学発光測定における基本的知識，Application Note，No. 6，pp. 1-8，Fujifilm 編 (1997)
10) 平田照二：わかる半導体レーザの基礎と応用，pp. 35-37，CQ 出版 (2001)
11) 針生 尚：光エレクトロニクスデバイス，pp. 75-90，培風館 (1989)
12) 塩谷，豊沢，国府田，桟元編：光物性ハンドブック，pp. 541-555，朝倉書店 (1984)
13) Nakamura, S. and Fasol, G. : The blue laser diode, pp. 224-312, Springer, Berlin (1997)
14) 小林洋志：発光の物理，pp. 147-155，朝倉書店 (2000)
15) 塩谷，豊沢，国府田，桟元編：光物性ハンドブック，pp. 525-526，朝倉書店 (1984)
16) 大森 裕：次世代の光材料とデバイス，有機発光ダイオードの研究開発と情報機器への応用，pp. 36-49，新技術協会 (2002)
17) 田口常正：LED ディスプレイ，照学誌，Vol. 87，No. 1，pp. 42-46 (2003)
18) 奥野保男：発光ダイオード，pp. 159-173，産業図書 (1993)
19) 照明学会編：光の計測マニュアル，p. 38，日本理工出版会 (1990)
20) 先端電子材料事典編集委員会編：先端電子材料事典，p. 316，シーメムシー (1991)
21) 先端電子材料事典編集委員会編：先端電子材料事典，p. 317，シーメムシー (1991)
22) 先端電子材料事典編集委員会編：先端電子材料事典，p. 552，シーメムシー (1991)

제3장

시각계의 작용

3.1 시각계의 구성

시각계(視覺系)는 시야 내의 대상으로부터 광을 받아들여 그 형체를 망막 상에 맺는 광학계 및 형상의 광의 강약과 색의 상위를 생리적 전기 신호로 변환하는 광 수용기 등의 망막 신경 조직을 포함하는 안구, 변환된 시각 신호를 전송하는 시신경계, 전송 신호를 중간에서 처리하여 중계하는 외측슬상체(外側膝狀體), 그리고 또 전송된 시각 신호를 처리하여 밝기, 색, 형태, 움직임 등을 인식하고 판단하는 대뇌 시각령(有線野)으로 구성되어 있다. 이 전체 구성을 그림 3.1에 나타낸다.[1]

3.1.1 안구의 구조

안구는 전후의 크기가 대략 24 mm, 상하와 좌우의 폭이 22 mm의 약간 앞부분이 나온 구형으로 되어 있고 그 구조는 그림 3.2와 같다.[2]

외계로부터 입사한 광은 각막 및 수정체를 통과하여 안구 후방에 있는 망막 상에 형상을 맺는다. 망막에 도달하는 광의 양은 수정체 전방에 있는 홍채에 의해 조절된다. 홍채의 안지름, 즉 동공의 크기는 어두운 경우에는 최대 8 mm, 밝은 경우에는 최소 2~3 mm가 된다.

수정체는 투명한 단백질로 된 凸형 렌즈 형태를 하고 있으며 수정체의 두께 또는 초점 거리는 주변에 있는 모양체근(毛樣體筋)의 수축과 이완에 의해 자동적으로 조절되어 망막 상에 외계의 형상을 맺게 한다. 통상 이 조절에 의해 안구의 전방 15 cm 정도부터 무한원에 있는 시대상의 상을 망막 상에 결상시키는데 근시의 경우에는 조절 범위가 가까이의 대상으로, 그리고 원시의 경우에는 원방의 대상으로 치우친다.

안구 결상계(結像系) 전체의 굴절력은 평균적인 값으로서 59Dptr(디옵터, 초점 거리 17 mm

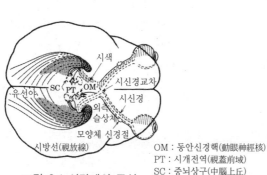

OM : 동안신경핵(動眼神經核)
PT : 시개전역(視蓋前域)
SC : 중뇌상구(中腦上丘)

그림 3.1 시각계의 구성
[Homans, 1941[1]]

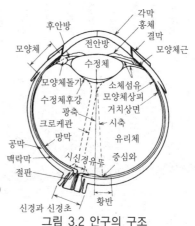

그림 3.2 안구의 구조
[Waals, 1942[2]]

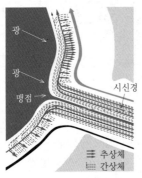

그림 3.3 망막의 구조

=0.017 m의 역수)인데 그 중 각막의 굴절력은 43Dptr(초점 거리 23 mm)이며 나머지 16 Dptr(초점 거리 53 mm)를 수정체가 맡고 있다.

수정체를 통과한 광은 다시 또 유리체 안을 통과해서 안구 후방의 망막에 도달한다. 이 경우 망막의 중심과 수정체 중심을 맺는 시축과 수정체 광축과는 일치하지 않고 약 5도의 각도를 이루고 있다. 망막 상에 결합된 형상의 정보는 그 광의 강약 및 스펙터 분포의 상위에 대응해서 그림 3.3과 같이 망막 뒤쪽에 있는 광수용기에 의해 생리적 전기 신호로 변환된다.

3.1.2 망막

망막에는 광을 생리적 전기 신호로 변환하는 간상체(桿狀體) 및 추상체(錐狀體)라고 하는 광수용기, 생리적 신호를 처리하여 전송하는 수평세포, 쌍극 세포, 신경절 세포 등이 다수 존재한다. 망막의 구조는 그림 3.3 및 그림 3.4와 같다.[3] 망막의 시축과 교차하는 곳의 근방, 시각으로 약 2도 이내 부분에는 중심와(中心窩)라고 하는 움푹 팬 개소가 있다.

중심와에서는 시시경이 광수용기에 들어가는 광을 방해하지 않도록 주변에서 들어가며 추상체라고 하는 광수용기가 조밀하게 존재하고 있는데 주로 여기서 시대상을 보고 있다.

광수용기의 수는 전체로 1억 개 이상 있는데 중심와라고 불리는 시야로 하여 2도 범위의 망막 중심부(황반부)에서는 추상체의 밀도가 가장 높다. 중심와에는 약 500만 개의 추상체가 밀집해 존재하며 시대상의 명암, 색, 형상 등을 분별하는 데 중요한 역할을 수행하고 있다.

중심와에서 주변으로 옮기는 데 따라 그림 3.5와 같이 추상체의 수는 점차 감소하고[4] 간상체라고 하는 종류의 광수용기의 수가 증가한다.

간상체는 시야 주변에서 움직이는 대상을 인식하는 능력이 우수하며 또 감도가 추상체 보다 높기 때문에 어두운 곳에서 대상을 보는 데 역

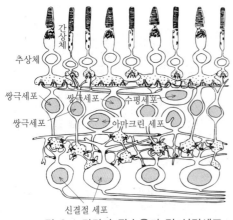

그림 3.4 망막과 광수용기 및 신경세포

[Dwling, et al., 1966[3]]

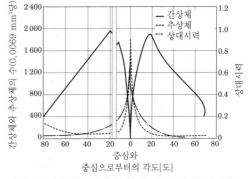

그림 3.5 간상체와 추상체의 분포 및 상대시력

[Woodson, 1954[4]]

할을 하지만 색을 구분하는 능력은 없다.

중심와에서 약 16 도 내측(코 방향)인 곳에는 시신경 및 혈관이 들어가는 개소가 있는데 이 근방에는 시세포가 없기 때문에 광을 느낄 수는 없다. 이 부분을 마리오트(Edme Mariotte)의 맹점(시신경 유두)이라고 한다. 망막에 존재하는 간상체와 추상체 및 그 뒤로 이어지는 세포는 이곳부터 들어간 혈액에 의해 영양 보급을 받아 활동한다.

추상체 또는 간상체에 의해 생리적 전기 신호로 변화된 시각 신호는 시냅스를 통해서 쌍극 세포와 수평 세포로 전달된다. 쌍극 세포에서 무축색 세포와 신경절 세포로 전달된 신호는 안구 외부에 유도되어 외측슬상체에서 중계된 후 대뇌 시각령(有線野)으로 전달된다.

3.1.3 추상체와 간상체

망막 안에는 그 형상에 의해 간상체 및 추상체라고 불리는 두 종류의 광수용기가 있으며 동공을 통과한 광이 하방으로부터 광수용기에 입사한다. 간상체는 그 이름과 같이 원통 형상을 한 광수용기로서 중심와 부분에는 그 수가 상당히 적고 중심에서 20도 떨어진 주변에서 가장 수가 많아지고 있다.

간상체 내부에는 층 형상의 원판이 존재하는데 이 원판 내에는 그림 3.6과 같이 로돕신(rhodopsin)이라고 불리는 광화학 반응을 일으키는 물질이 매입되어 있다. 로돕신에 결합한 11-시스-레티널은 광이 입사하면 극히 단시간 (0.1 ps)에 트랜스-레티널로 변화하여 로돕신에서 분리한다. 계속해서 로돕신은 구조 변화를 일으켜 오프신이라고 하는 단백질이 되는데 그 반응의 과정에서 다른 분자를 활성화하고 세포막의 이온 채널을 닫게 하여 그림 3.7과 같이 세포내의 전위를 저하시킨다.

간상체는 암소시(暗所視)라고 불리는 어둔 환경 아래서 작용하여 광에 대한 감도가 상당히 높은데 광의 에너지가 양자 단위로 하여 1~3개 정도로 광각(光覺)을 발생한다고 한다.

그러나 그 종류가 1종류뿐이기 때문에 색을 식별하는 능력은 없다. 또한 간상체와 접속하는 시신경의 수가 적고 하나의 시신경에 많은 간상체가 연결되어 있기 때문에 시대상의 세부를 구분하는 능력은 일반적으로 떨어진다.

추상체는 원추형에 가까운 형상을 하고 있는데 중심와 부분에서는 밀접해서 존재하기 때문에 약간 가늘고 긴 형태를 하고 있고 주변으로 가는 데 따라 바닥이 넓어진 형태가 된다.

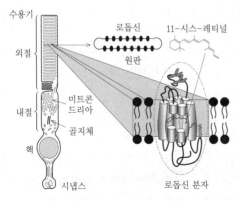

그림 3.6 간상체 내의 원반에 매입된 로돕신
(로돕신에 11-시스-레티널이 결합되고 있다)

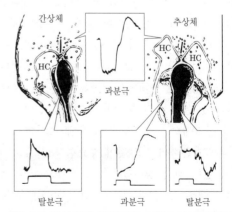

그림 3.7 간상체와 추상체의 시냅스의 신호전달

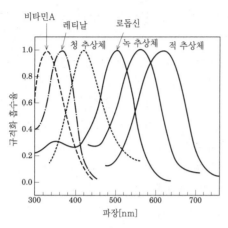

그림 3.8 망막의 수용기에서 얻어진 분광흡수곡선

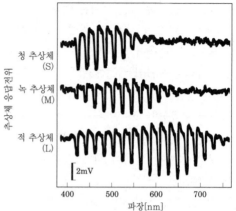

그림 3.9 코이의 망막에서의 추체의 전위응답
[Tomita, 1955[5]]

추상체 내부에도 원판이 층형상으로 겹쳐 있고 이 원판 안에는 광이 입사하면 광화학 변화를 일으키는 물질이 존재한다. 그 화학 구조는 간상체의 로돕신과는 다르지만 역시 레티날이라고 하는 광에 민감하게 반응하는 분자와 단백질이 결합된 것으로서 광을 받으면 극히 단시간에 광화학 변화를 일으킨다.

레티날의 분광 특성은 결합되고 있는 단백질의 종류에 따라 변화를 한다. 이 레티날 단체 및 간상체와 추상체의 단백질과 결합된 상태에서의 분광 흡수 특성을 레티날의 기본이 되는 비타민 A의 흡수 특성과 함께 그림 3.8에 나타낸다. 또 추상체의 광화학 반응에 의한 전위 변화를 조사하기 위해 미소한 전극을 추상체에 삽입하여 스펙트럼 전위 응답을 측정하는 연구가 근년에 실시되었다. 그 결과 그림 3.9와 같이[5] 코이의 망막 추상체에서 3종류의 전위 변위를 나타내는 분광 응답 곡선이 얻어지고 있다.

이 결과에서 3종류의 분광 응답 특성이 다른 추상체가 존재하고 그것이 중요한 역할을 수행하고 있는 것이 생리학적으로 명확해져 영-헬름홀츠(Young-Helmholtz)의 고전적인 색각의 3원색설을 측면에서 지지하는 큰 생리학적

근거가 되고 있다.

중심와 부분에 있어서는 이 추상체가 높은 밀도로 존재하고 또 추상체에 대해서 시신경이 1대1의 비율로 접속되고 있기 때문에 시대상의 세부를 식별하는 데 중요한 역할을 하고 있으며 통상 우리들은 이 중심와(中心窩)부분에 존재하는 추상체의 작용으로 시대상을 보고 있다.

3.1.4 수평 세포의 응답

추상체 및 간상체에서 발생한 생리적 전기 신호는 부(負)의 전위 변화인데 그림 3.7에 든 세포간의 시냅스 결합을 통해서 수평 세포와 쌍극 세포에 전달된다.

간상체로부터의 신호는 극성이 반전하여 (+)의 전위 변화로서 전달되는데, 추상체의 신호에는 (+)의 전위로서 전달되는 것과 (-)의 전위로서 전달되는 것이 있다. 이들 신호가 수평 세포 안에서 처리된 후에 피드백 되어 재차 시냅스를 통해서 쌍극 세포에 전달된다.

그림 3.7에서 HC라고 표시된 곳이 수평 세포와의 신호를 수수하는 시냅스 결합이다.

이와 같은 신경 조직간 신호의 피드백 처리에는 시간적 처리와 공간적 처리가 있으며 망막

내에서 가로 방향으로 연결된 세포간의 연락에 의한 기여가 있다고 생각된다.

공간적인 처리의 가장 중요한 동작은 색 식별에 관한 것이며, 전술한 추상체로부터의 3종의 스팩트럼 응답을 망막 내 세포간의 시냅스 결합을 통해서 가산 또는 감산하여 밝기에 관한 신호, 색 식별에 관한 신호를 분리해서 시신경에 전달하고 있다.

이 생리학적인 실례로서 코이 망막에 단색 스펙트럼광을 조사하여 그 파장을 순서적으로 바꾼 경우에 망막 내에 있는 세포에서 검출되는 S전위라고 하는 전위의 변화를 그림 3.10에 나타낸다.[5]

위의 그림은 파장에 의하지 않고 항상 (−)의 응답을 나타내는 예로서 밝기의 지각에 관계되고 있다. 가운데 그림은 파장 640 nm 이하에서는 (−), 그 이상의 파장에서는 (+)와 같이 2상성의 응답을 나태내고 아래 그림은 파장 560~640 nm 범위에서 (+), 그 이외의 파장역에서 (−)와 같이 3상성의 응답을 하고, 모두 색 식별에 역할을 하고 있다고 생각된다.

이 S전위는 수평 세포에서 생긴다는 것이 근년의 전기 생리학적 연구의 성과로서 보고되고 있으며, 추상체에서의 스펙트럼 응답이 신경 세포간의 신호 피드백 처리에 의해 변환을 받아 스펙트럼 파장에 따라 (+) 또는 (−)와 같이 반대 응답을 나타내고 있다.

이것은 색의 식별이나 인식이 광 수용기의 스펙트럼 응답에 기인할 뿐만 아니라 그 후에 계속되는 세포에서 상반되는 응답에 의존하고 있는 것을 나타내고 있으며 헤링(Hering)이 제창한 반대색설을, 그리고 1면에서 지지하는 생리학적 근거가 되고 있다.

현재는 상술한 두 과정을 통해서 밝기나 색의 지각이 생긴다고 생각되고 있으며 이 둘을 총합

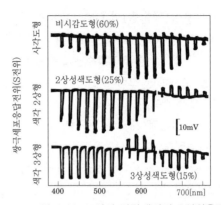

그림 3.10 코이의 망막에서의 S전위응답
[Tomita, 1955[5]]

한 단계설이 널리 인정되고 있다.

3.2 시각계의 정보 처리 기구 •••

망막의 추상체 및 간상체에서 변환된 신호는 시냅스 결합을 통해서 수평 세포 등에 전달되어 처리를 받은 후 피드백 되어서 원신호와 함께 쌍극 세포를 경유하여 신경절 세포에 전송된다.

이 처리 과정에서신호의 극성 반전, 가산, 감산, 비선형 압축 등의 여러 가지 정보 처리가 행하여진다.

또한 이 시냅스 결합에 의한 정보 교환 기구는 신호 처리만이 아니고 추상체와 간상체를 포함하는 신경 세포의 활동의 활성화, 억제, 레벨 조정 등의 망막내신경계 기능의 제어도 하는 것이 최근의 연구에서 해명되고 있다.

신경절 세포를 경유해서 대뇌에 전달되는 시각 신호는 이와 같은 다양한 처리를 받은 복수의 광수용기로부터의 신호가 합성된 것으로서 신경절 세포 응답에는 다수의 추상체 및 간상체의 출력이 기여하고 있다.

3.2.1 수용야(受容野)와 ON-OFF 응답

개개의 신경절(神經節) 세포에 대해서 이것과 연결된 중심 및 그 주위의 광수용기에 광을 보내 반응을 조사하면 그림 3.11과 같은 응답을 나타내는 예가 관측되고 있다.

이 하나의 신경절 세포에 신호를 보내는 광수용기의 범위를 수용야(受容野)라고 하는데, 이것은 시각 정보를 처리하는 공간적인 단위로 되고 있으며 이것이 신경절 세포의 수만큼 집합하여 시야 내의 시각 정보를 합성하고 있다.

또한 여기서 주의해 두지 않으면 안 되는 것은 중심와 부분에 있어서는 추상체와 신경절 세포의 수가 거의 같기 때문에 하나의 추상체는 바로 아래의 신경절 세포에 신호를 전달할 뿐만 아니라 주위의 신경절 세포에도 수평 세포 등과의 시냅스 결합을 통해서 신호를 전달하고 있어 수용야는 극히 밀접하게 상호 겹쳐지고 있는 것이다. 즉 개개의 추상체마다에 그 추상체가 주접속을 하는 신경절 세포가 있고 그 추상체-신경절 세포의 모임을 중심으로 하는 각각의 수용야가 있다고 봐도 틀림이 없다.

다수의 수용야가 집합해서 겹치고 각각이 신호를 전달하고 있는 모양을 개념적으로 그림 3.12에 나타낸다. 수용야에는 중심에 광이 닿으면 (+)의 응답을, 주변에 광이 닿으면 (−)의 응답을 나타는 ON형이라고 하는 것과, 반대로 광이 닿으면 중심에서는 (−)의 응답을, 주변에서는 (+)의 응답을 나타내는 OFF형이라고 불리는 것이 존재한다.

OFF형은 광이 닿지 않으면 중심에서는 (+)의 응답을, 주변에서는 (−)의 응답을 나타내고 반대로 ON형은 광이 닿지 않으면 중심에서는 (−)의, 주변에서는 (+)의 응답을 나타내므로 광이 닿지 않아 어둡다는 관점에서 보면 ON형과 OFF형의 관계는 반대가 된다. 즉, '명-암 ON형과 OFF형'은 '암-명 OFF형과 ON형'이 된다. 이와 같이 상반되는 두 종류의 응답의 존재가 밝기만이 아니고 어둠을 지각하는 요인이 되고 있어 광이 없다는 감이 아니고 어둡다는 인상을 부여한다.

ON형과 OFF형 수용야에는 주변의 순응 휘도보다 밝은 광이 닿으면 응답하는 '명-암 ON형(암-명 OFF형)', 주변보다 어두워지면 응답하는 '명-암 OFF형(암-명 ON형)' 그리고 또 색의 응답에 관해서 '적-녹 ON형(녹-적 OFF형)' '적-녹 OFF형(녹-적 ON형)' '황-청 ON

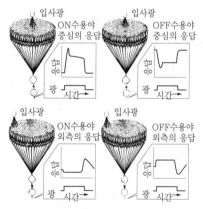

그림 3.11 신경절세포의 응답과 수용야

[Hurvich, 1981[6]]

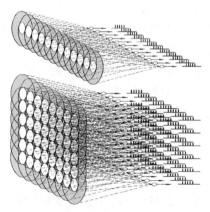

그림 3.12 수용야의 겹침과 신호전달

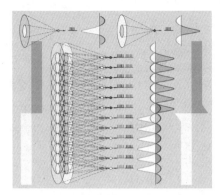

그림 3.13 수용야의 신호합성에 의한 명암강조

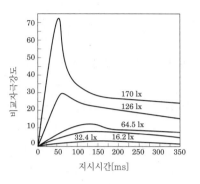

그림 3.15 브로카-술저 효과
[Broca, et al., 1902[8]]

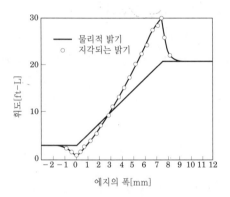

그림 3.14 마하 효과의 측정예
[Lowry, et al., 1961[7]]

형(청-황 OFF형)' 및 '황-청 OFF형(청-황 ON형)'의 6종류가 존재한다.

3.2.2 측억제와 윤곽선 강조

세포간의 상호 억제 결과 수용야 중심부와 주변에서는 역극성의 신호가 생기는데 이것이 명암이나 색채가 변화를 하는 경계에서 겹쳐지면 경계 양측에서 신호가 반전하기 때문에 경계에 가까운 밝은 곳은 보다 밝게, 어두운 곳은 보다 어두워져 명암이 강조되어 윤곽이 뚜렷하게 보이는 형상이 생긴다. 이 효과를 수용야의 응답의 겹침 모델을 이용해서 그림 3.13에 나타낸다.

이 현상은 예전부터 마하 효과(Mach effect)로 알려져 있으며 시각계의 해상도를 향상시켜 문자의 판독이나 도형 인식의 정밀도를 올리는 효과를 수행하고 있다.

마하 효과의 측정 예를 그림 3.14에 나타낸다.[7] 이것은 그림의 실선과 같이 명암이 변화를 하는 패턴에 인접해서 좁은 슬릿을 설치하여 이곳에 밝기(휘도)를 바꿀 수 있는 비교용의 광을 제시하고 이 휘도를 그 패턴의 밝기와 동일하게 보이는 레벨로 조절하여 그 휘도를 패턴이 지각되는 밝기로 보고 기록한 것으로서 그림의 백색 원이 실험 결과를 나타내고 있다.

밝은 곳은 보다 밝게, 어두운 곳은 보다 어둡게 보여 밝기의 변화의 구배가 심해져 경계가 뚜렷하게 보이는 결과가 얻어지고 있다.

3.2.3 과도적인 밝기의 지각

광의 양이 적어져 피드백에 의한 억제가 작용하지 않는 범위에서는 통상적인 밝기의 쏠림이 생기지만 또 광의 지속 시간이 짧아 피드백에 의한 억제가 쫓아가지 못하는 경우에는 피드백의 뒤진 시간의 범위 내에서 광이 강하여도 과도적인 쏠림이 생긴다. 이것이 단시간의 섬광이 정상 광보다 밝게 보이는 원인이며 예전부터 브로카-술저 효과(Broca-Sulzer effect)로 알려지고 있다.

이 효과를 측정한 예를 그림 3.15에 나타낸다.[8]

지속 시간이 짧은 경우 광의 세기(이 실험에서는 조도) L에 광의 지속 시간 t를 곱한 입사 광량 $L \times t$에 대응해서 지각되는 밝기가 증대하지만 이 실험에서는 증가의 기울기가 입사 광량에서 예측되는 값보다 커지고 보다 밝게 지각되는 결과가 얻어지고 있다. 이 기울기는 입사광의 세기에 따라서도 다르지만 광이 약한 경우에는 1.2 정도이고 광이 강해지면 5를 초과하는 값이 된다.

또한 본래 시간이 짧은 섬광이 지각되는 밝기는 지속 시간이 길어지고 정상 광이 됐을 때의 밝기를 초과하지 않을 것인데 이 보다 훨씬 밝게 지각되는 것 같은 과대 쏠림 효과라고 볼 수 있는 밝기의 오버슈트가 생기고 있다. 또 이 효과가 지속하는 시간은 광의 세기에 따라 다르며 광이 약한 경우에는 100 ms 이상이지만 광이 강해지면 50 ms 정도가 된다.

이것은 부(負)귀환이 시신경에 걸릴 때까지의 단시간 내에 다량의 광이 입사하면 억제가 듣지 않기 때문에 과도적으로 과잉 쏠림이 생기기 때문이며 입사광이 강하면 더 현저하게 나타나는 경향이 있다.

3.2.4 섬광의 실효 광도

섬광이 지각되는 밝기는 쏠림 효과에 의해 높아지는데 이것을 같은 밝기로 보이는 정상광의 광도로 나타내고 섬광의 실효 강도(effective intensity)라고 칭한다.

이 실효 광도 I_e를 섬광의 적분 광량을 이용해서 나타내는 식이 많은 실험 데이터를 기본으로 다음과 같이 제안되고 있다.

$$I_e = \frac{\int_{t_1}^{t_2} I(t)\, \Delta t}{(t_1 - t_2) + 0.21} \qquad (3.1)$$

여기서 t_1과 t_2는 I_e가 최대가 되도록 정한다.

이 식은 더글러스의 식[9](Douglas' equation)이라고 하는데 섬광 시간이 짧으면 다음과 같이 약기된다.

$$I_e = \frac{\int_{t_1}^{t_2} I(t)\, \Delta t}{0.21} \fallingdotseq \int_{t_1}^{t_2} I(t)\, \Delta t \qquad (3.2)$$

즉, 실효 광도는 적분된 입사 광량의 대략 5배가 되는데 이것은 브로카-술저 효과를 나타내는 곡선의 기울기에서 예측된 값과 거의 같다.

또한 섬광 시간을 $t_1 - t_2 = T$라고 표기하면 섬광의 파형이 구형인 경우에는 근사적으로 다음 식으로 표현된다.

$$I_e = \frac{I(t)T}{T + 0.21} \qquad (3.3)$$

이것은 초기에는 섬광이 지각되는 밝기를 실험적으로 조사한 블론델과 레이가 제안한 식으로서 블론델-레이의 식(Blondel-Ray's equation)이라고 한다.

다만 더글러스의 식이나 블론델·레이의 식에서는 I_e의 값이 $I(t)$을 초과하는 일은 없지만 실제의 측정 결과에서는 그림 3.15의 브로카-술저의 효과에서 볼 수 있듯이 입사광이 강해지면 I_e의 값이 $I(t)$보다 높아지는 일이 있으며[11] 이들 식의 재검토가 필요하다.

3.3 대뇌 시각령에서의 정보 처리 ●●●

망막 내에서 처리된 수용야의 시각 신호는 그림 3.1과 같이 신경절 세포를 통과하여 시신경

교차로 좌우로 나누어지고 다시 또 외측 슬상체를 경유하여 대뇌 시각령으로 전해진다. 이 경우 우측 눈과 좌측 눈의 망막 우측 부분의 신경절 세포는 우측 뇌 신경 세포로, 또 좌측 부분은 좌측 뇌 신경 세포로 연결되어 좌우의 시각 정보는 분리해서 각각 좌우의 뇌로 전달된다.

3.3.1 시각령에의 정보 전송

외계의 시야와 망막상의 시야는 상호 상하 좌우가 반전하고 있기 때문에 우측 뇌에는 외계의 좌시야가, 좌측 뇌에는 외계의 우시야가 투영되게 된다.

망막상의 시야가 시각령의 시야에 어떻게 투영되고 있는가를 그림 3.16의 상부와 중간에 나타낸다.

그림의 기호 A-F 및 A'-F'가 각각 대응하는 시야의 위치와 시각령의 부위를 나타내고 있다.

시야의 상하가 반전하고 있지만 망막의 시야가 내시경으로 들여다 본 것과 같이 전부 전송되고 있고 외계의 상도 그 형태를 유지한 상태로 투영되고 있다.

여기서 우측으로 쏠린 점선으로 포위된 범위는 우측 눈의, 그리고 좌측으로 쏠린 범위는 좌측 눈으로 보이는 범위의 시야를 나타내고 양쪽 눈에 공통으로 보이는 시야는 내측의 점선으로 포위된 영역이 된다.

또한 전송된 좌우의 눈의 망막으로부터의 신호가 시각령에 있어서 어떻게 분포하고 있는가를 그림 3.16 아래에 나타낸다. 우측 눈의 신호와 좌측 눈의 신호가 줄무늬 모양으로 되어 있으며 여기서 상호 정보 교환이 이루어지고 있다.

이 같이 해서 신경절 세포에 전달된 수용야의 신호는 시각령에 전달되고 있고 여기서 수용야

신호가 합성되어 밝기와 색, 선분의 경사, 도형의 형상, 시대상의 움직임 등이 검출되고 또 이 이후의 과정에서 문자와 도형의 의미 인식 등 고도의 처리가 행하여진다.

3.3.2 원근거리 지각

시(視)대상을 보는 경우 대상이 가까우면 크게 보이고 멀면 작게 보이는데 그것만이 아니고 양 눈이 대상을 볼 때의 내향각(內向角)이 가까우면 크게, 멀면 작아지며, 이에 의해 대상까지의 거리, 즉 원근거리를 판단하는 근거로 하고 있다. 두 눈이 대상을 보기 위해 내향이 되는

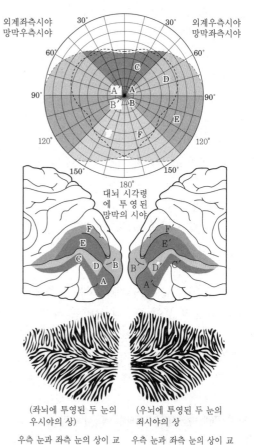

(좌뇌에 투영된 두 눈의 우시야의 상)　(우뇌에 투영된 두 눈의 좌시야의 상)

우측 눈과 좌측 눈의 상이 교호로 줄무늬상으로 존재한다　우측 눈과 좌측 눈의 상이 교호로 줄무늬상으로 존재한다

그림 3.16 시각령에서의 시야 및 양안상의 줄무늬 모양

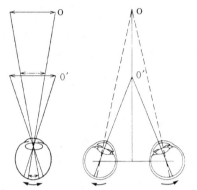

(a) 시대상을 보는 시각(視角)   (b) 시대상을 보는 광각(光角)

그림 3.17 시대상의 시각과 광각 및 거리 지각

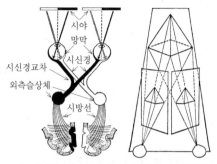

(a) 시각령에서의 양안 시야 (b) 양안 시차와 입체시

그림 3.18 양안 시야와 양안 시차 및 입체시

것을 내향각이라고 하고 그 내향각을 광각(光角)이라고 한다.

또한 가까운 것은 상호 떨어져 거칠게 보이고 먼 것은 접근해서 촘촘하게 보이는데 이 조밀을 '결'이라고 하며 결의 상태에 의해서도 원근거리를 판단하고 있다.

시대상까지의 거리의 상위에 의한 시각 크기와 광각의 변화 상태를 그림 3.17에 나타낸다.

3.3.3 입체시

우측 눈의 시야의 상(像과) 좌측 눈의 시야의 상은 시각령에 전송되어 그림 3.18과 같이 여기서 합성된다.

그림 3.16과 같이 시각령에서는 우측 눈의 상과 좌측 눈의 상이 줄무늬 모양이 되어 인접해 있고 여기서의 신경 세포간의 정보 교환에 의해 2개의 상의 상위를 검지하여 시대상이 원근거리를 가진 입체가 어떤가를 판단하고 있다.

이와 같은 좌우 눈의 망막상의 상위를 양안 시차(兩眼視差)라고 하며 이 시차의 정도에 따라 시대상까지의 거리나 그 원근거리 등을 판단하는 단서로도 하고 있다.

또한 시차에 의해 입체적인 인식을 얻을 뿐만

아니라 그림자 등에 의한 명암의 변화나 그 방향에 의해서도 입체적인 인상을 받는 일이 있는데 이것은 흠에 의해 조명하는 광이 위쪽으로부터 시대상을 조사하고 있다고 무의식적으로 생각하고 있기 때문인데 사진 등의 상하를 바꾸거나 명암을 반전시키면 원근거리가 역전한다.

3.4 시감도

추상체와 간상체는 각각 명소시 및 암소시로 주로 작용하는데 이들 광의 분포 스펙트럼에 대한 응답을 시감도(視感度 : spectral luminous efficacy)라고 한다.

이 분광 감도에는 밝기가 동등하게 지각된다고 하는 관점에서 구해진 밝기 감도, 즉, 심리 물리학적으로 구해진 감도이고 또 추상체 및 간상체의 분광 흡수 특성에서 추정된 생리학적인 감도가 있다.

시감도에 대해서는 많은 연구 성과가 보고되고 있는데 그 분광 감도 곡선은 3종류의 추상체 및 간상체의 분광 응답을 반영한 것으로서 닮은 형상으로 되어 있다.

생리학적인 측정 데이터는 눈의 광에 대한 응답의 메커니즘을 검증하는 데 있어서 기초적인 역할을 하고 있지만 분광학적인 측정치의 확실성에 대해서는 심리·물리적 측정 데이터 쪽이 신뢰성이 높다.

이 감도의 최대 감도에 대한 상대치는 특히 비시감도(比視感度 : spectral luminous efficiency)라고 불리고 있으며, CIE(국제조명위원회)에 의해 밝기가 동등하게 지각되고 있다고 하는 심리·물리적 측정 데이터를 기본으로 명소시 및 암소시의 비시감도가 표준으로 정해지고 있다.

3.4.1 시감도 측정법

시감도 측정법에는 역치(閾値)에 의한 방법과 밝기 맞춤에 의한 방법이 있고 특히 후자에는 직접 비교법, 단계적 비교법, 교조법(交照法)이 있다. 직접 비교법은 기준이 되는 광과 나란히 놓고 비교용의 단색 스펙트럼광을 제시하여 양자의 밝기가 동등하게 지각되도록 한쪽의 광에너지를 조절, 그때의 기준의 광에너지의 단색 스펙트럼광의 에너지에 대한 비를 측정하여 시감도를 구하는 방법이다. 이 방법은 기준광과 단색 스펙트럼광 간에 색의 차가 존재하여 밝기만을 동등하게 맞추는 데는 곤란이 생긴다.

단계 비교법은 색의 상위에 의한 밝기 맞춤의 곤란을 제거하기 위해 기준이 되는 광을 단색 스펙트럼광으로 하여 그 파장을 비교용 단색 스펙트럼광 파장에 가깝게 선택하고 또 비교용 단색 스펙트럼광의 파장이 바뀜에 따라 순차 기준의 광파장도 바꾸어 밝기 맞춤을 하는 방법이다. 이 방법은 색의 차가 작아지기 위한 밝기 맞춤은 용이하게 할 수 있지만 기준의 광파장을 바꾸기 위한 실험 조작이 복잡해지고 또 에너지 측정의 오차가 증대하지 않도록 주의하지 않으면 안 된다.

교조법(交照法)은 기준의 광과 비교용의 광을

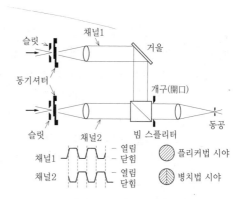

그림 3.19 시감도 측정계의 개념도
· 플리커법의 경우는 광을 시간적으로 교호로 제시한다.
· 비교법의 경우는 시야를 둘로 나누어 기준광과 비교광을 병치한다.

동일 장소에 교호로 제시하여 양자 간의 어른거림이 최소가 됐을 때 밝기가 일치하고 색의 차만 남아 있다고 생각하고 밝기 맞춤을 하는 방법이며, 동일하게 이때의 에너지비에서 비시감도를 구한다. 이 방법은 광을 교호로 제시하는 단위 시간당의 횟수를 적게 하면 판단이 곤란해지고 또 너무 많으면 양자가 융합해서 구별을 할 수 없게 되므로 적당한 횟수를 선택할 필요가 있다.

시감도 측정법의 개념적인 구성을 그림 3.19에 나타낸다. 통상적으로는 밝기의 어른거림에는 민감하지만 색의 어른거림은 알기 어려운 주파수가 선택된다.

이 교조법이 밝기 맞춤의 방법으로서는 가장 용이하고 측정에서의 오차도 적으며 많은 데이터가 얻어지고 있다.

3.4.2 명소시(明所視)의 시감도(視感度)

암소시의 시감도는 주로 추상체계의 특성에 따라 정해지기 때문에 측정 시야를 2도 시야로 하고 망막의 중심와 부분에 광이 닿도록 하여 측정된다. CIE는 1931년에 주로 교조법으로 얻어진 데이터를 기본으로 비시감도의 평균적인 값을 정하고 이것을 명소시에 있어서의 2도 시야의 표준 비시감도(표준 분광 시감 효율)로 하고 또 이 같은 비시감도를 가진 관측자를 표준 관측자로 하여 권고하고 있으며 국제적으로 이 비시감도가 기준이 되고 있다. CIE이 정한 표준 비시감도를 그림 3.20에 나타낸다.

표준 비시감도는 파장 555 nm에 피크를 갖는다. 일반적으로 측광량을 측정하는 데는 이 표준 비시감도가 국제적으로 사용되고 있다.

이 같이 해서 정해진 비시감도에서 최대 시감도를 알면 각각의 단색 스펙트럼에 대한 절대 감도가 정해진다. 최대 시감도는 광도의 정의에서 역산을 하여 구해지지만 CIE에서는 명소시에서 감도가 최대가 되는 파장 555 nm(주파수 540 THz)에 있어서의 단색광의 절대 시감도 K_m을 683 lm/W로 정하고 있다.

이 절대 시감도의 분광 특성을 그림 3.21에 나타낸다.

또한 CIE가 1951년에 권고한 암소시에 있어서의 10도 시야의 표준 비시감도를 그림 3.20에 나타낸다. 이것은 최대 감도가 되는 파장이 507 nm의 곡선으로서 단파장측의 감도가 높아지고 있다. 또한 CIE에서는 암소시에 있어서도 파장 555 nm(주파수 540 THz)에 있어서의 단색광의 시감도를 683 lm/W로 한다고 규정하고 있는데 이에 의한 암소시의 절대 시감도를 그림 3.21에 나타낸다.

이 경우 암소시의 최대 시감도는 1,700 lm/W가 되는데 이것은 파장 555 nm에서의 시감도를 무리하게 명소시와 동일하게 했기 때문이고 실제의 암소시에 있어서의 절대 시감도는 순응 레벨에 따라서도 다르지만 이 보다 훨씬 높은 값이 되는 것을 알고 있다.

3.5 순응과 휘도 대비

시각계는 시대상(視對象)을 보는 경우 시대상 및 주변에서 눈에 입사되는 광의 양과 스펙트럼 조성에 대응해서 그 응답의 감도를 바꾼다. 이 현상을 총칭해서 순응이라고 하는데, 특히 밝기에 관한 순응 중 밝은 상태에서 어두운 상태로 시각계가 따라가는 것을 암순응(暗順應), 반대의 현상을 명(明)순응, 그리고 스펙트럼 조성의 상위에 대응해서 색의 보임을 일정하게 유지코자 하여 분광 감도가 바뀌는 현상을 색(色)순응이라고 한다.

3.5.1 암순응(暗順鷹)
밝은 곳에서 어두운 곳으로 들어가면 한참 동

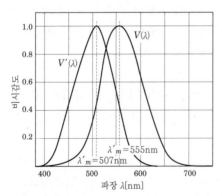

그림 3.20 명소시 및 암소시의 표준비시감도

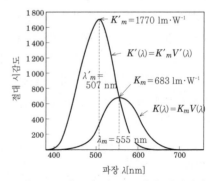

그림 3.21 명소시 및 암소시의 절대시감도

안은 시(視)대상이 전혀 보이지 않거나 또는 잘 보이지 않지만 한참 지나면 점차 눈의 감도가 상승하여 시대상이 보이게 된다. 이와 같은 시각계의 감도의 상승을 암순응이라고 한다.

암순응의 모양은 그 이전에 시각계가 순응하고 있던 상태, 즉 전순응 상태의 배경 휘도에 따라 상이하다. 상당히 밝은 상태에서 상당히 어둔 상태로 순응하는 경우에는 우선 추상체계의 감도가 상승하고 그것이 완료한 후에 계속해서 간상체계 감도가 상승하기 시작하여 점차 최종 상태에 도달하는 과정을 약 30분 정도 걸려 종료한다. 전순응 상태가 그리 밝지 않거나 또는 순응 후의 배경 휘도가 그리 어둡지 않은 경우에는 암순응에 요하는 시간은 더 짧아진다.

순응 전의 휘도가 다른 경우의 암순응 곡선의 예를 그림 3.22에 나타낸다.[12]

곡선의 좌측 부분은 추상체의 순응을 나타내고 그것에 이어지는 우측 부분이 간상체의 순응을 나타내고 있다. 간상체는 짧은 파장의 광에는 감도가 높고 긴 파장의 광에는 감도가 낮기 때문에 황색, 녹색과 청색의 광에 대해서는 낮은 레벨까지 순응이 진행하지만 적색 광에 대해서는 거의 순응하지 않는다.[12]

암순응이 진행하고 주로 간상체계만 기능하고 있는 상태를 암소시(暗所視)라고 한다. 통상 배경 휘도가 0.01~0.005 cd/m² 이하면 암소시로 생각된다.

암소시에 있어서는 색이 인식되지 않고 또 시대상의 세부를 식별하는 능력은 명소시에 비해 떨어진다. 또한 중심와(中心窩) 부분에는 거의 간상체가 없기 때문에 암소시에서는 중심와 부분은 그 기능이 저하하여 시선을 비키어 주변에서 대상을 보는 것이 잘 인식할 수 있다고 하는 사태가 생긴다.

3.5.2 명순응(明順應)

어둔 곳에서 밝은 곳으로 갑자기 나갔을 때 최초에는 대단히 눈부시게 느끼거나 심할 때는 눈앞이 캄캄하여 안 보이게 되거나 하지만 한참 있으면 눈이 적응하여 시대상이 잘 보이게 된다. 이것은 우선 홍채가 축소하고 동공지름이 작아져 눈에 들어가는 광을 제한하는 응답이 생기고 이어서 망막내의 광수용기 중 간상체가 그 기능을 상실하고 또 추상체계 및 시신경계의 응답 감도가 저하해서 적당한 곳으로 안정되는 현상이다. 그 시간적 경과는 그림 3.23과 같다.[13]

이와 같이 시대상 또는 주위의 밝기의 증가에 대응해서 시각계의 감도가 저하하는 현상을 명

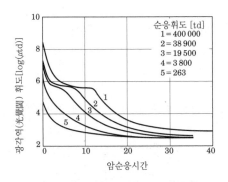

그림 3.22 초기순응휘도와 암순응
상이한 밝기에 순응한 후 자색광으로 측정한 암순응 레벨 변화
-1[td](트로랜드)=1[mm²]의 인공동공을 통해서 1[cd/m²] 휘도의
대상을 보는 경우의 망막면 조도-

[Hect, et al., 1937[12]]

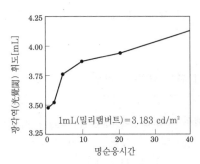

그림 3.23 명순응 곡선
[Muller, 1931[13]]

순응이라고 한다.

명순응에 요하는 시간은 통상 5~15 분 정도로서 비교적 짧다. 명순응하여 주로 추상체계가 기능하고 있는 상태를 명소시라고 하는데 이것은 배경 휘도가 대략 2 cd/m² 이상인 경우에 대응한다.

3.5.3 박명시

명소시와 암소시의 중간 상태, 즉 배경 휘도가 0.01~2.0cd/m²로서 추상체계와 간상체계가 함께 작용하고 있는 경우를 박명시(薄明視)라고 한다. 이 상태에서는 양쪽 계가 작용하기 때문에 밝기에 대한 감도가 명소시의 경우나 또 암소시의 경우와도 다르며 양쪽을 적당히 겹친 시감도에 가까워지는 것으로 생각되지만 그 정확한 것은 아직 확실히 규명되고 있지 않다.

박명시 상태에서는 명소시에 가까운 경우에는 추상체의 기여가 크고 반대로 암소시에 가까운 경우에는 간상체의 기여가 크며 중간에서는 매끄럽게 그것들 기여의 비율이 바뀐다는 것이 확실하다. 그에 따라 시감도가 최대가 되는 파장이 어두워짐에 따라 555 nm에서 507 nm로 단파장측으로 바뀌는 현상이 생긴다.

이 때문에 어두워짐에 따라 단파장 성분을 많이 반사하는 청색 대상이 밝게 보이고 반대로 적색 대상이 어둡게 보이게 된다. 이와 같은 현상을 푸르키녜 현상(Purkinje phenomena)이라고 한다.

3.5.4 휘도 대비의 식별

시감도, 즉 광이나 색을 지각할 수 있는 감도에 대해서 기술했는데 일반적으로 시각계가 시대상을 인식하는 경우에는 다만 단순히 밝기나 색의 존재를 알 수 있을 뿐만 아니라 그것들의 변화 양상을 지각할 수 있지 않으면 안 된다.

이들 중 밝기의 변화 정도를 휘도의 비로 표시한 것을 특히 휘도 대비라고 하고, 또 겨우 상위를 식별할 수 있는 휘도의 증가분을 식별역이라고 한다. 식별역이 작을수록 많은 휘도 단계를 식별할 수 있게 되고 시대상에서 얻어지는 정보는 많아지지만 반면 극히 적은 휘도의 변화도 신경이 쓰이게 되므로 적당한 값을 취하는 것이 바람직하다.

휘도 대비의 식별역은 순응 휘도(배경 휘도), 시대상의 크기, 색, 관측 시간 등에 따라 다르며 일반적으로 시대상의 휘도가 높을수록, 클수록, 그리고 또 관측 시간이 길수록 그 식별역은 작아진다. 휘도 대비의 식별역을 측정하는 방법의 개념도를 그림 3.24에 나타낸다.

배경 휘도에 대해서 시대상의 휘도를 조금씩 증가시킨 경우 그 차를 식별할 수 있는 확률은 증가분이 작으면 낮고 증가분이 커짐에 따라 높아져 결국 완전히 차를 알 수 있게 된다. 이 경우 식별할 수 있는 확률이 50 %가 될 때의 증가분의 값을 통상 식별역이라고 한다.

이것은 일반적으로 양이나 질의 차를 식별하는 경우의 정확도 가지차이(正確度可知差異 : (just noticeable difference : jnd)에 상당한다.

이 식별역과 기준이 되는 휘도의 비

$$\frac{L'-L}{L} = \frac{\Delta L}{L} \qquad (3.4)$$

이 전술한 휘도 대비의 jnd에 있어서의 값이

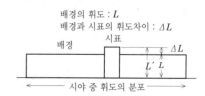

그림 3.24 배경 중 시표의 휘도차이 식별

다. 이것은 베버비(Weber ratio)라고 한다. 휘도와 베버비의 관계를 그림 3.25에 나타낸다.[14]

휘도가 낮은 곳에서는 베버비가 크고 휘도 대비의 식별 감도가 나쁜 것을, 그리고 또 곡선의 곡률이 밝은 부분과 다른 것을 알 수 있는데 이 부분은 주로 간상체의 작용으로 밝기 및 그 차를 지각하고 있는 것으로 생각된다.

휘도가 높아지면 점차 추상체가 작용하여 웨버비가 작아지며 명소시 상태에서는 거의 일정한 값을 취한다.

$$\frac{\Delta L}{L} = C \text{ (일정)} \tag{3.5}$$

C의 값은 관측 조건에 따라 다르지만 통상적으로는 0.01~0.05의 값이 된다.

이것이 밝기의 식별에 관한 베버의 법칙이다. 이 식별역에 대응해서 지각되는 밝기가 일정량 증가한다고 생각하면

$$\Delta B = \frac{K \Delta L}{L} = KC \tag{3.6}$$

와 같은 관계가 성립된다. 단 B는 밝기의 증가분이다. 윗식을 절대역 L_t에서 L까지 적분하면

$$B = K \int_{L_t}^{L} \frac{\Delta L}{L}$$
$$= K(\log L - \log L_t) = K \log\left(\frac{L}{L_t}\right) \tag{3.7}$$

이 되고 지각되는 밝기는 휘도의 대수에 비례

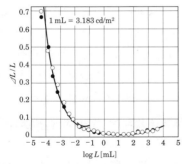

그림 3.25 베버비와 순응휘도
[Hecht, 1934[14]]

한다고 하는 잘 알려진 법칙이 유도된다.

이것을 제창자의 이름을 따라 페히너의 법칙(Fechner's law), 또는 베버–페히너의 법칙(Weber–Fechner's law)이라고 한다.

가장 인간이 지각하는 밝기가 이와 같은 형식으로 표현되는가의 여부에 대해서는 더 검토할 필요가 있고 그 밖에 제곱법칙, 또는 대수의 대수를 취하는 설 등이 제안되고 있다.

3.6 시력과 공간 분해능

시대상을 정확하게 인식하기 위해서는 대상의 명암이나 색의 상위를 세부에 거쳐 식별하는 능력이 필요하다.

세부 식별 능력, 즉 공간 분해능에 영향을 주는 요인으로는 안구의 광학계에 의한 것과 망막의 기능에 의한 것 및 안구 운동에 기인하는 것이 있다. 여기서는 이것들을 포함해서 생각해 보기로 한다.

3.6.1 공간 분해능의 종류

시각계의 세부 식별 능력, 즉 공간 분해능은 기본적으로는 그림 3.26과 같이 식별 가능한 시대상이 눈에 대해서 펼쳐지는 시각(視角)에 의해 정의된다.

이 분해능은 시대상 또는 배경의 휘도, 배경과의 대비, 대상의 형상 및 색 등의 조건에 따

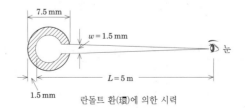

란돌트 환(環)에 의한 시력

그림 3.26 공간 분해능의 정의 예

라서 다르다.

또 그 표시에 대해서도 광학계의 특성을 나타내는 데 자주 사용되는 공간 주파수 특성을 사용하는 방법, 란돌트환 개구(開口)의 폭 역수를 사용하는 방법, 기타 도형의 식별 특성을 이용하는 방법 등 많은 방법이 있다.

이 식별 능력을 분류하면 다음과 같다.

(1) 시대상의 존재를 지각할 수 있는 최소 크기를 가지고 정의되는 시인역(視認閾) 또는 검지역(檢知閾) : 시대상의 형상, 휘도 대비 및 배경 휘도 등에 따라 다르지만 백색 배경에 흑색 점의 경우, 시각으로 하여 1/2분, 반대의 경우 1/6분, 또 백색 배경의 흑색 선분의 경우 1/60분, 반대의 경우 1/60 이하이다. 또한 일정한 배경 안에서 점광원을 보는 경우에는 대상이 펴는 시각이 제로에 가까워도 인식할 수 있다. 이것은 시각계의 분해능과는 관계가 없고 광원에서 눈에 들어오는 광 밝기의 식별역을 초과하고 있으면 지각된다.

(2) 복수의 시대상을 분리해서 지각하는 데 필요한 시대상간의 최소 거리로 정의되는 분리역 : 시대상의 형상이나 휘도 대비 등에 의해 영향을 받지만 점과 점의 경우 1~2분, 선분과 선분의 경우 0.6~1분, 란돌트환의 경우 0.5~1분이다.

(3) 선분의 어긋남 등 도형의 규칙성에서의 변형을 지각하는 데 필요한 최소변위로 정의되는 식별역 : 부척 시력이라고 하며 마이크로미터의 부척 눈금 판독 등에 사용되고 있다. 그 식별 한계는 1/60분에 달하는 일이 있으며 상당히 분해능이 좋다.

(4) 문자, 기호 또는 도형을 인식하거나 판독하거나 하는 데 필요한 시대상의 최소의 크기를 가지고 정의되는 인식역 또는 가독역 : 이것은 휘도나 대비 외에 도형의 형상에 의해서도 영향을 받고 그 역치(閾値)는 시대상마다 다르지만 도로 표지의 판독 등 실용상으로는 중요하다.

이상의 각각에 대응하는 분해능을 검사하기 위한 시표(視標)의 예를 그림 3.27에 나타낸다. 그림 (d)가 란돌트환이라고 하는 도형인데 선의 폭과 개구의 폭이 같고 외측의 직경은 그 폭의 5배로 정해지고 있다.

3.6.2 배경 휘도와 시력

분해능의 정의에는 상기한 바와 같이 여러 가지가 있지만 통상적으로는 그 정의의 명확성, 측정의 용이성 등에 의해 (2)의 분리역의 정의가 채용되며 분해능의 측정을 위한 시표로는 란돌트환이 세계적으로 사용되고 있다.

란돌트환의 개구의 폭이 눈에 대해서 펼쳐지는 시각(視角)을 (분)으로 표시하는 경우 그 역수를 가지고 정의되는 것이 많이 알려진 시력이고 다음 식으로 정의된다.

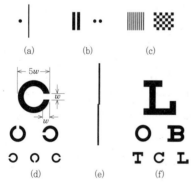

(a) 점 또는 선(시인역)
(b) 2점 또는 2선(분리역)
(c) 격자 줄무늬 또는 지그재그 격자(분리역)
(d) 란돌트환(분리역)
(e) 어긋난 선분(부척시력)
(f) 스넬 문자((인식역) 선폭이 분자 높이의 1/5

그림 3.27 공간분해능 측정용 시표의 예

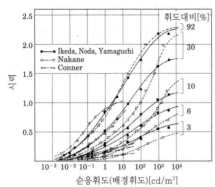

그림 3.28 휘도대비 및 배경휘도와 시력(실험값)
[池田, 외 1983[16)]]

$$V_A = \frac{1}{60 \times 57.3\tan(w/L)} \quad (3.8)$$

여기서 V_A는 시력, w는 란돌트환 개구의 폭, 그리고 L은 관측 거리이다.

시력 검사 기준에 의하면 란돌트환과 배경의 휘도 대비는 90 % 이상, 그리고 배경의 밝기는 500 rlx(159 cd/m²)로 정해지고 있고 관측 거리는 일반적으로 5.0 m가 채용되고 있다. 관측 거리는 일반적으로 개구의 폭 1.5 mm가 시력 1.0에 상당한다.

시력 측정의 표준의 배경 휘도는 상기와 같이 규정되어 있지만 인간은 항상 이와 같은 조건하에서 대상을 본다고 할 수는 없다. 그러므로 배경 휘도가 다른 조건에서의 시력을 조사해 두는 것이 좋다. 지금까지 많은 실험이 실시되고 있는데 여러 측정 예[16)]를 그림 3.28에 나타낸다. 이것들은 측정시의 시야 내 조건이 각각 표준 조건과 다른 것도 포함되고 있으므로 측정값이 약간씩 다르지만 대략 신뢰할 수 있는 것으로 생각된다.

시력 검사 기준에 입각해서 일본에서 시행된 측정에 대해서 통계 해석을 실시, 통상적인 란돌트환에 의한 시력을 배경 휘도의 함수로서 표시해 보면 다음 식과 같이 된다.

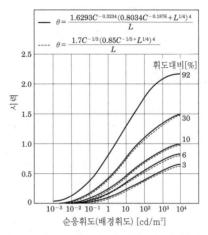

그림 3.29 휘도대비 및 배경휘도와 시력(계산식)
[池田, 외 1983[16)]]

$$V_A = \frac{L}{0.3775(0.344+L^{1/4})^4} \quad (3.9)$$

또한 휘도 대비가 $C(\%)$의 시표에 대해서 동일하게 통계적으로 실험치와 적응하는 식을 구하고 또 이것을 간략화한 표식으로 바꾸면 다음 식과 같이 된다.[16)]

$$V_A = \frac{L}{1.7C^{-1/3}(0.85C^{-1/5}+L^{1/4})^4} \quad (3.10)$$

여기서 V_A는 시력, $L(\text{cd/m}^2)$은 순응 휘도, 그리고 $C(\%)$는 시표의 휘도 대비이다.

이 식을 사용하면 임의의 배경 휘도 하에서의 임의의 휘도 대비의 시표에 대한 시력을 추정할 수가 있다.

순응 휘도 및 휘도 대비와 시력과의 관계를 수량화하여 그림 3.29에 나타낸다.[16)] 밝아질수록 시력은 좋아지지만 순응 휘도 1,000 cd/m² 이상에서는 포화된다. 또한 배경 휘도가 0.1 cd/m² 이하인 곳은 주로 간상체가 작용하는 영역이기 때문에 시력은 전반적으로 낮아진다.

이 시력은 공간의 방향에 따라서도 다르며[16)] 그림 3.30에 나타내듯이 란돌트환의 개구의 분리 방향(개구 위치의 방향과는 직각)이 종 및 횡 방향에 대해서는 약간 분해능이 높고 경사 방향에서는 약간 분해능이 떨어진다.

3.6.3 연령과 시력

시력은 시각계의 기능과 관련이 있으며 연령과 함께 점차 저하하는데 특히 50세를 지나면 백내장에 의한 수정체의 혼탁 및 망막 기능의 저하에 의해 그 저하가 커지게 되어 배경 휘도를 올려도 높은 시력을 얻는 것은 어려워진다.

배경 휘도가 2.91에서 300 cd/m²인 경우의 연령과 시력의 관계를 그림 3.31에, 그리고 이것들을 종합한 연령마다의 배경 휘도에 의한 시력의 변화를 그림 3.32에 나타낸다. 20세에서 50세까지는 시력의 변화가 완만하지만 50세가 지나면 시력 저하가 현저하게 나타나고 있다.

실험 데이터를 통계적으로 해석해서 연령에 의한 시력 저하를 나타내는 수식을 구하면 다음과 같이 된다.

$$V_X = \frac{6V_A}{(X/50)^4 + 6} \qquad (3.11)$$

여기서 X는 관측자의 연령, V_A는 식 (3.10)으로 표시되는 일반적인 시력, V_X는 X세인 사람의 시력이다.

3.6.4 시대상의 움직임과 시력

시대상(視對象)이 움직이는 경우 천천히 움직이는 것은 잘 보이지만 그 속도가 빨라지면 보기가 어려워지고 그 속도에 따라 시력은 저하한다. 이 겨우 움직이는 시대상의 속도 그 자체가 직접 보임에 관계하는 것이 아니고 그 내상의 망막상의 형상의 이동 속도의 빠르고 느림이 보이는 데 직접 영향을 준다.

시표(視標)의 조도를 파라미터로 하고 각속도로 표시한 시표의 움직임에 대한 시력의 변화 상태를 그림 3.33에 나타낸다.

시대상의 각속도에 반비례해서 시력이 저하

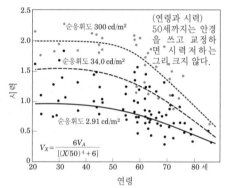

그림 3.31 연령과 근거리 시력

−배경휘도 2.91, 34.0, 300 cd/m²−

[新時代의 照明環境研究調査委員會, 1985[17]]

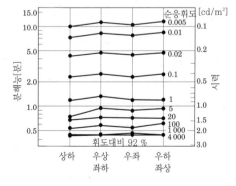

그림 3.30 란돌트환의 방향과 시력

[池田, 외 1983[16]]

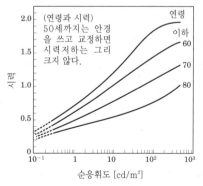

그림 3.32 연령 및 배경휘도와 시력

[新時代의 照明環境研究調査委員會, 1985[17]]

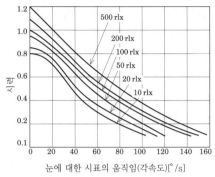

그림 3.33 시표의 움직임과 시력과의 관계

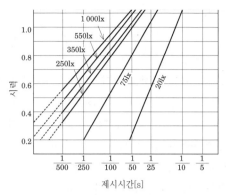

제시시간[s]

그림 3.34 시표의 제시시간과 시력과의 관계

눈에서 35 cm 떨어진 곳에서의 공간 주파수[개/mm]

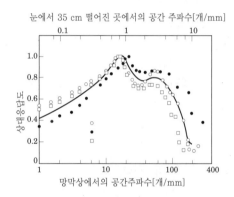

망막상에서의 공간주파수[개/mm]

그림 3.35 공간 주파수 특성
–에지의 분해능에서 얻어진 사인파에 대한 응답–
[Lowry, et al., 1961[17]]

하고 또 시표의 조도가 낮을수록 시력이 낮아지는 것을 알 수 있다.

또 시력은 대상물의 밝기 및 그것을 보는 시간에도 관계한다. 인쇄물을 1/500초의 노출 시간으로 셔터를 통해서 보면 인쇄물의 면이 순간 빛을 발하여 보일 뿐이고 문자나 그림을 시인(視認)할 수는 없다. 셔터 속도를 1/50초 정도로 늦게 하면 문자나 그림의 구별이 겨우 되며 더욱 셔터 속도를 늦추어 1/10초 정도로 하면 문자나 그림이 잘 시인되게 된다.

시표를 시인하는 데 요하는 최단 시간을 t라고 하고 그 역수 $1/t$을 시속도라고 한다. 이 경우 보임은 대상물의 밝기에 따라서도 변화한다.

그림 3.34는 시표의 조도를 파라미터로 하여 시표의 제시 시간에 대한 시력의 변화를 나타낸 것이다.

시표의 밝기가 어두울 수록 일정 시력으로 시인하는 데 필요한 제시 시간(提示時間)이 길어지고 또 시표의 밝기에도 의하지만 약 1/10초 이하의 제시 시간에 있어서는 시간에 비례해서 시력이 상승한다. 제시 시간이 1/10초를 초과하면 장시간 제시를 하여도 시력은 거의 변하지 않고 시력에 관한 시간적 축적 효과가 적어진다.

3.6.5 공간 주파수 특성

시각계의 분해능에 있어서는 상기한 것 외에 다시 또 사인파상으로 명암이 변환하는 격자 줄무늬를 사용하여 줄무늬의 농담(濃淡)과 단위폭 당의 격자 줄무늬의 개수, 즉 공간 주파수를 바꾸어 그 식별 특성을 조사하여 이것을 표시하는 방법이 있는데 공간 주파수 특성이라고 하고 있다. 이것은 렌즈의 특성을 나타내는 데 사용되는 MTF(Modulation Transfer Function)에 대응하는 것인데 시각계에 대해서는 망막과 그 이후의 정보 처리 과정에 있어서의 특성도 관여한 복잡한 특성으로 되어 있다.

공간 주파수 특성의 측정 예를 그림 3.35에

나타낸다.

이와 같이 시각계의 밴드패스 필터를 닮은 특성을 가지고 있는 것은 상당히 흥미가 있으며 시각계의 교묘한 정보 처리 과정을 시사하고 있다. 마하 현상 등도 이 밴드패스 특성에 의하는 것으로 생각된다. 공간 주파수 측정은 시각계의 공간 특성에 관한 많은 정보를 주지만 측정이 번잡하여 그리 사용되고 있지 않다.

일반적으로 시력이나 공간 주파수 특성은 그림 3.5에 나타낸 바와 같이 망막의 부위에 따라 상이하며 중심와(中心窩)에서 주변으로 가는 데 따라 그 특성이 저하한다. 공간 분해능은 주변에서는 떨어지지만 움직이는 대상을 검지하는 능력은 주변에 있어서도 높은 것이 최근의 연구에서 밝혀지고 있다.

3.7 문자의 가독역

문자를 인식하려면 문자를 구성하는 선분(線分)을 식별할 수 있어야 하므로 가독역(可讀閾)과 선분을 구분하기 위한 시력 간에는 확실한 대응 관계가 있다.

시력을 측정하는 경우와 동일한 조건으로 여러 가지 서체의 문자에 대해서 순응 휘도와 가독역의 관계를 시각 실험을 실시하여 조사한 연구가 보고되고 있다. 이 실험에서 사용된 고딕체, 명조체, 행서체 및 펜글씨체의 서체 예를 그림 3.36에 나타낸다.

子 代 東 員 都 場 間 電 激 締
子 代 東 員 都 場 間 電 激 締
子 代 東 員 都 場 间 電 激 締
子 代 東 員 都 場 間 電 激 締

그림 3.36 가독역 측정에 쓰이는 문자 시표의 서체예
[IKEDA, et al., 1984[19]]

3.7.1 문자의 요소수와 가독역

배경 휘도 100 cd/m²의 조건 하에서 시력 측정과 동일한 거리 5 m에서 관측한 경우에 대해서 각각의 서체 문자의 가독역에 있어서의 문자의 요소수(문자를 구성하는 선의 수)와 크기(문자의 높이)의 관계를 조사한 결과를 그림 3.37에 나타낸다.

문자의 서체에 따라 다르지만 일반적으로 문자의 요소수가 많아질수록 복잡한 문자가 되는 데 따라, 판독할 수 있는 문자의 높이는 커지지만 요소수가 적은 간단한 문자는 작아도 인식할 수 있다.

요소수가 4 이하인 문자와 그 이상의 문자로 나누어 배경 휘도와 가독역에서의 문자 크기를 조사해 보면 어느 서체의 문자에 있어서도 특히 요소수가 4 이하인 문자는 그 이상의 문자에 비교해서 작아도 잘 판독할 수 있는 것을 알 수 있다. 이것은 숫자, 알파벳, 일본어 글자 등의 단순한 문자는 용이하게 인식할 수 있는 것을 나타내고 있다.

3.7.2 순응 휘도와 문자의 가독역

각각의 서체 문자에 대해서 배경 휘도와 가독역의 문자 크기의 관계에 관한 실험 결과를 그

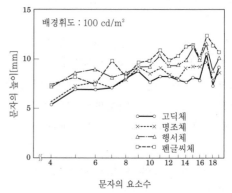

그림 3.37 문자시표의 요소수와 가독역에서의
문자의 높이

림 3.38에 나타낸다. 고딕체의 문자가 가장 읽기 쉽고 이어서 명조체, 행서체 순이 되며 펜글씨가 가장 읽기 어려운 결과가 되지만 어느 문자나 시력의 경우와 비슷하게 배경 휘도가 높아지는 데 따라 판독할 수 있는 문자 크기는 점차 작아진다.

일반적으로 널리 사용되고 있는 고딕체와 명조체 문자에 대해서 순응 휘도와 가독역에 있어 서체의 문자 크기(문자의 높이를 시각으로 환산한 값)의 관계를 시력의 경우와 같게 해서 실험식으로서 나타내면 다음과 같이 된다.

- 고딕체 문자의 가독역에 있어서의 문자 높이의 시각(視角)

$$H = \frac{3.514(0.3394 + L^{1/4})^4}{L} [분] \quad (3.12)$$

- 명조체 문자의 가독역에 있어서의 문자 높이의 시각

$$H = \frac{3.590(0.3485 + L^{1/4})^4}{L} [분] \quad (3.13)$$

여기서 H[분]은 판독할 수 있는 문자 높이를 시각으로 표시한 값이고 또 L(cd/m²)은 배경 휘도이다.

시력에 대응한 분리할 수 있는 시각의 크기를 대략 10배해서 같은 그래프 내에 표시하고 있는데 이 값은 가독역에서의 문자 높이를 나타내는 시각과 거의 같다. 이것은 문자 높이의 1/10 정도의 세부를 분리해서 구분할 수 있으면 그 문자를 인식할 수 있는 것을 표시하고 있다. 즉 순응 휘도에 따라 시력이 변화하면 그 분해능에 대응해서 판독할 수 있는 문자의 크기도 바뀐다. 어두운 곳에서는 큰 문자가 아니면 판독할 수 없지만 밝아지는 데 따라 작은 문자도 읽을 수 있게 된다.

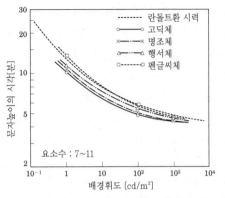

그림 3.38 배경휘도와 가독역에서의 문자높이
[IKEDA, et al., 1984[19]]

3.7.3 문자의 잘못 읽음과 문자 형상

문자의 가독역 검사 과정에서 관측자가 문자를 올바르게 읽지 못하고 틀리게 인식한 겨우 어느 문자를 어떻게 틀렸는가, 그리고 또 어느 정도의 확률로 틀렸는가를 정리하여 그림 3.39에 나타낸다. 화살표의 시작이 바른 문자, 끝이 틀리게 답한 문자이고 숫자는 틀린 확률(%)을 나타내고 있다.

틀리기 쉬운 문자에는 서체에 의하지 않고 전체의 형상이 유사하다, 구성 요소수가 가깝다 등과 같은 공통된 경향을 볼 수 있다. 그러나 틀리는 방향이나 그 확률은 서체에 따라 약간의

Gothic style	力 $_{8}^{6}$ 万 未-10→東 者 $_{6}^{9}$ 省 後 $_{12}^{5}$ 援 開-12→間 $_{9}^{6}$ 関
Ming style	万-6→力 未-8→東 長-5→貝 売-6→発 者 $_{5}^{8}$ 省 援-9→後 間-16→開 $_{12}^{6}$ 関
semi-cursive style	子-5→十 万-5→力 未-24→東 貝-9→長 者 $_{2}^{9}$ 省 発-14→売 後 $_{24}^{5}$ 援 開-12→間 $_{6}^{5}$ 関
pen-written style	十 $_{12}^{9}$ 子 力 $_{12}^{6}$ 万 十 ^{5} 未-16→東 売 $_{6}^{5}$ 発 者 $_{6}^{5}$ 省 後 $_{24}^{5}$ 援 健-12→建 間-6→開 $_{10}^{9}$ 関 〔%〕

그림 3.39 가독역의 검사에서 잘못 읽은 확률
[IKEDA, et al., 1984[19]]

상위가 있는 것으로 예를 들면 '万'과 '力'은 고딕체에서는 서로 틀리고 있지만 명조체에서는 한 쪽으로만 틀리고 있다. 또 '間'과 '関'에 있어서도 고딕체에서는 상호 잘못 읽었지만 명조체에서는 틀리지 않고 있다. 한편 '長'과 '員'은 고딕체에서는 틀리지 않지만 명조체에서는 잘못 읽는 일이 있다.

행서체와 펜글씨체에 있어서는 전반적으로 틀리는 확률이 높아지고 있어 '子'와 '十'과 같은 극히 단순한 문자에서도 잘못 읽는 일이 생기고 있다.

전반적으로는 고딕체가 작은 문자라도 읽기 쉽고 잘못 읽는 일도 비교적 적지만 문자에 따라서는 명조체가 읽기 쉬운 경우가 있으므로 정보를 전달하는 경우에는 그 내용에 따라 적합한 서체를 선택하는 것이 좋다.

3.8 어른거림

시각계(視覺系)는 광의 점멸 주기가 수 Hz 정도면 그 명멸(明滅)을 느낄 수 있지만 점멸의 주파수를 높여 수십 Hz 정도 이상으로 하면 광의 명멸을 느끼지 않게 되어 일정한 밝기의 광으로 지각하게 된다.

광의 점멸의 주파수가 비교적 낮은 경우에 그 명멸을 지각하는 것을 어른거림(flicker)을 느낀다고 하며 또 점멸의 주파수가 높아져 어른거

림이 소멸하고 연속된 일정한 광으로 느끼게 되는 것을 융합한다고 한다. 정확히 융합했을 때의 광의 점멸 주파수를 어른거림 값(flicker value) 또는 임계 융합 주파수(Critical Fusion Frequency : CFF)라고 한다.

그림 3.40과 같이 휘도 L_1의 광이 t_1(초), 다음에 휘도 L_2의 광이 t_2(초) 계속해서 명암을 반복할 때 융합된 상태로 느끼는 밝기는

$$L = \frac{L_1 t_1 + L_2 t_2}{t_1 + t_2} \qquad (3.14)$$

로 표시되는 휘도 L의 정상광의 밝기와 같아진다. 이 법칙을 탈보트-플라터의 법칙(Talbot-Plateau's law)이라고 한다.

어른거림 값(CFF)은 시력과 동일하게 시대상의 휘도나 그 크기에 따라 변화하고 또 광이 망

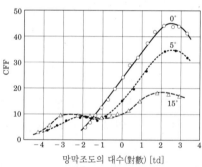

그림 3.41 시대상의 위치와 CFF

[Hect, et al., 1933[20]]

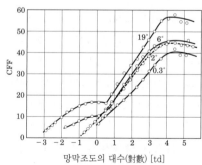

그림 3.42 시대상의 크기와 CFF

[Hect, et al., 1936[21]]

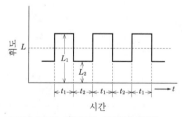

그림 3.40 휘도의 시간적 변화

(L : 어른거림이 융합했을 때 느끼는 밝기)

막상의 어느 위치에 있는가에 따라 영향을 받는다.

그림 3.41은 시대상의 광이 닿는 망막상의 위치,[20] 그림 3.42는 시대상의 광원의 크기를 파라미터로 하여[21] CFF의 변화를 시대상의 휘도(망막 조도)의 함수로 하여 측정한 결과를 나타낸 것이다.

일반적으로 시대상이 클수록, 또한 중심와에 가까울수록 CFF가 높고 휘도의 상승에 따라 커지는 경향이 있다. 그러나 극히 낮은 휘도의 시대상에 있어서는 망막 주변부의 CFF가 중심부의 CFF보다 높아지는 현상을 볼 수 있는데 이것은 주변시(視)가 주로 간상체의 기여에 의하기 때문이라고 생각된다.

명소시(추상체시)와 암소시(간상체시)에서는 경향이 다르지만 어느 범위에서도 CFF는 시대상의 휘도의 대수에 거의 비례하므로 이 관계는 다음 식으로 근사된다.

$$F = a\log L + b \qquad (3.15)$$

여기서 F는 어른거림 값(CFF), L은 시대상의 휘도, a, b는 상수이다. 상수 a의 값은 포터에 의하면 추상체시에서 10~15, 간상체시에서 1~2라고 하고 있다.

식 (3.15)로 표시되는 관계는 페리-포터의 법칙(Ferry-Porter's law)이라고 한다.

밝기의 어른거림과는 별도로 광의 색이 시간적으로 변화할 때 색의 어른거림이 느껴질 때가 있는데 이 색의 어른거림이 융합할 때의 주파수를 임계색융합 주파수(臨界色融合 周波數 : Critical Color Fusion Frequency : CCFF)라고 한다. 통상 CCFF의 값은 CFF 보다 낮아지는데 이 현상을 이용하면 색이 다른 두 광의 휘도를 비교할 수가 있다.

색이 다른 두 광을 교호로 제시하면 비교적 낮은 교조(交照)주파수에서 색의 어른거림이 소멸하고 휘도의 상위에 의한 밝기의 어른거림만이 남게 되므로 다시 더 휘도를 같게 하면 밝기의 어른거림도 소멸한다.

교조측광기(flicker photometer)는 이 원리를 이용한 것으로서 색이 다른 광의 밝기를 비교하는 이색측광(異色測光 : heterochromatic photometry)에 사용된다.

3.9 글레어(눈부심)

시야 내에 그림 3.43과 같이 휘도가 높은 대상이나 과대한 휘도 대비가 존재하면 불쾌감이 생기거나 시각 기능의 저하를 야기시키거나 하는데 이 현상을 글레어라고 한다. 글레어(눈부심)가 일어나는 생리적 이유로서

(1) 고휘도 자극 때문에 망막 내의 광수용기 반응이 포화, 응답이 불완전해진다.
(2) 망막 내 신경 조직이 과대 입력 때문에 제어불능이 되고 기능이 불완전해진다.

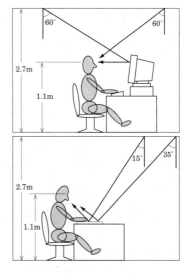

그림 3.43 글레어가 생기는 요인과 종류

(3) 각막, 수정체, 유리체 등에 의한 산란광 때문에 안구 내에서 광막이 형성되어 시대상에 겹쳐진다.

(4) 고휘도의 자극에 의해 동공이 과도하게 축소되거나 하여 제어계의 응답이 흐트러진다.

등을 들 수 있다.

고휘도 광원에 의해 생기는 글레어의 특징은

(1) 주위가 어둡고 시각계의 순응 휘도가 낮다.

(2) 대상 휘도가 높다.

(3) 대상의 외관상의 면적이 넓다.

(4) 밝은 대상의 위치가 주시선(注視線)에 가깝다.

(5) 밝은 대상의 수가 많다.

등 현저해지는 것이다.

글레어는 시각계에의 영향의 상위에 의해 불쾌 글레어(discomfort glare)와 감능 글레어(불능 글레어라고도 한다. disability glare)의 두 종류로 나누어 취급되지만 글레어가 생기는 물리적인 요인으로 특히 반사 글레어나 광막 글레어라고 하며 별도로 취급하는 일도 있다.

3.9.1 불쾌 글레어

시각 내에 순응 휘도보다 현저히 높은 휘도의

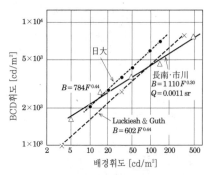

그림 3.44 글레어 광원의 BCD 휘도
-광원의 입체각 0.001 1sr(시각2°)-
[佐佐木 외, 1979[23]]

대상이 나타난 경우 시각의 능력이 반드시 저하하지는 않지만 번거롭게 생각되거나 눈부시다고 느끼거나 또한 피로를 느끼거나 하는 일이 있다. 이와 같은 심리적 요인에 기인하는 글레어가 불쾌 글레어이다. 글레어에 의해 불쾌를 느끼는가 아닌가의 경계의 휘도를 BCD(Borderline Between Comfort and Discomfort) 휘도라고 한다. 불쾌 글레어의 정도를 측정하는 것은 곤란하므로 일반적으로는 BCD 휘도가 글레어 지표가 된다.

시대상의 크기가 입체각으로 0.0011 sr(시각 2°)인 경우에 배경의 휘도와 시대상의 BCD 휘도의 관계를 측정한 예를 그림 3.44에 나타낸다.[23] 배경 휘도와 대상의 BCD 휘도의 관계를 실험 데이터를 기본으로 나타내는 표식이 루키시(Luckiesh)와 구스(Guth)에 의해 제안되고 있는데[24] 다음 식으로 표시된다.

$$L = cF^{0.44} \qquad (3.16)$$

여기서 L(cd/m^2)는 대상의 BCD 휘도, F(cd/m^2)는 배경 휘도, c는 환경 조건에 의해 정해지는 정수이다.

계수 c의 값은 보고되는 연구마다 다르며 300에서 800 정도의 값이 지금까지 보고 되고 있다. 덧붙여서 c에 중간적인 값 600을 채택하면 배경 휘도가 100 cd/m^{2}인 경우 BCD 휘도는 대략 5,000 cd/m^{2}가 된다. 배경 휘도가 높으면 글레어의 대상 휘도가 어느 정도 높아도 불쾌감을 일으키지 않지만 형광 램프의 휘도가 대략 7,000 cd/m^{2}이므로 이 경우는 220 cd/m^2 정도의 배경 휘도가 필요해진다. 이것은 조도로 환산하면 대략 700~1,000 lx의 값이 된다.

실제 조명 시설에 있어서 불쾌 글레어의 정량적 평가를 하는 것은 중요한 문제지만 아직 국제적으로 통일된 평가법은 확립되고 있지 않다.

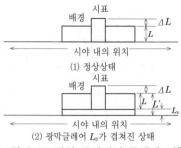

그림 3.45 광막 글레어의 존재에 의한
휘도대비의 저하

3.9.2 반사 글레어

조명의 방법이 적절하지 않으면 광원의 광이 디스플레이 표면이나 지면에 방사하여 눈에 들어가 대상이 겹쳐서 빛나고 있는 것 같이 보이고 시대상이 잘 안 보이게 되는 현상이 생긴다. 이 원인은 대상에 의한 경면 반사 때문에 배경과 시대상 간의 휘도 대비가 감소하기 때문이다. 이와 같은 반사를 광막 반사(光幕反射 : veiling reflection)라고 한다.

광막 반사가 없는 상태에서의 배경과 시대상의 휘도를 그림 3.45와 같이 각각 L 및 $L+\Delta L$ 이라고 하면 그 휘도 대비 C는 다음 식으로 표시된다.

$$C = \frac{\Delta L}{L} \tag{3.17}$$

이것에 광막 반사에 의한 휘도 L_v가 겹쳐지면 휘도 대비가

$$C' = \frac{\Delta L}{L + L_v} \tag{3.18}$$

로 저하 한다.

이 휘도 대비의 대비 저하량을 다음 식으로 나타내며 이것을 CRF(Contrast Rendition Factor)라고 한다. 광막 반사에 의한 보이기의 저하를 평가하기 위해 이 CRF가 사용된다.

$$\mathrm{CRF} = \frac{C'}{C} = \frac{L}{L + L_v} \tag{3.19}$$

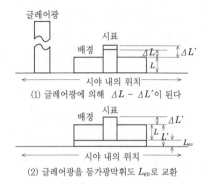

그림 3.46 글레어광 존재에 의한
휘도차 변별역의 영향

3.9.3 감능(減能) 글레어

야간에 자동차 헤드라이트광이 눈에 들어오거나 야구장의 투광 조명을 직접 봤을 때 등에는 눈앞이 캄캄해져 대상이 잘 안 보이게 되는 경우가 있다. 이와 같이 눈부신 광에 의해 시각 능력의 저하를 일으키는 글레어를 감능(減能) 글레어라고 한다. 감능 글레어의 영향 정도는 그것이 없을 때의 휘도차변별역(輝度差辨別閾) ΔL(배경과 시표 간의 지각할 수 있는 최소 휘도차)가 글레어에 의해 $\Delta L'$로 증가한 경우 동일한 효과를 미치는 광막 휘도의 크기로 환산하여 평가한다.

그림 3.46과 같이 시야 내에 글레어광을 제시하고 배경 휘도 L에 대한 휘도차변별역 $\Delta L'$를 측정한다. 다음에 글레어 광을 제거하면 눈의 감도가 변화하기 때문에 전과 동일한 휘도차변별역 $\Delta L'$를 얻는 데 배경 휘도를 L_{ev}만큼 높여 L'로 할 필요가 있다고 한다.

$$L' = L + L_{ev} \tag{3.20}$$

여기서 L'를 등가 배경 휘도(equivalent background luminance), L_{ev}를 등가 광막 휘도(equivalent veiling luminance)라고 한다. 이 식은 글레어광이 휘도차변별역에 미치는

효과를 L_{ev}로 환산하여 표현한 것이다.

이 글레어 광원에 의한 등가 광막 휘도를 계산하는 식이 다음과 같이 제안되고 있다.[25]

$$L_{ev} = \frac{9.2E_o}{\theta(\theta+1.5)} \qquad (3.21)$$

여기서 $L_{ev}[\text{cd/m}^2]$는 등가 광막 휘도, $E_o[\text{lx}]$는 글레어 광원에 의한 눈 위치에서의 조도, 또한 θ(도)는 글레어 광원의 방향이 시선과 이루는 각도이다.

[池田紘一]

참고문헌

1) Homans, J. : A textbook of surgery (5 th ed.), Springfield, Illinois, C. C. Thomas (1941)
2) Walls, G. L. : The vertebrate eye, Bloomfield Hills, Michigan, Cranbrook Institute of Science (1942)
3) Dwling, J. E. and Boycott, B. B. : Organization of the primate retina, electron micro-scopy, Proc. Roy. Soc. (London), 166 B, pp. 80-111 (1966)
4) Woodson, W. E. : Human engineering guide for equipment designers, University of California Press (1954)
5) Tomita, T. : Electrophysiological study of the mechanisms subserving color coding in the fish retina, Cold Spring Harbor Symp. Quant. Biol., 30, pp. 559-566 (1965)
6) Hurvich, Leo M. : COLOR VISION, Sinauar Associates Inc. (1981)
7) Lowry, E. M. and De Palma, J. J. : Sine-wave response of the visual system, I. The Mach phenomenon, J. Opt. Soc. Amer., 51, pp. 740-746 (1961)
8) Broca, A. and Sulzer, D. : La Sensation Lumineuse en Function du Temps, Jorr. De Physio. Et de Pathol. Gener, pp. 632-640 (1902)
9) Douglas, C. A. : Computation of Effective Intensity of Flashing Lights, Illum. Eng., Vol. 52, pp. 641-646 (1957)
10) IKEDA, K., FUJII, K., NAKAYAMA, M. and OBARA, K. : Effective Intensity of Colored Flashing Light, PROSEEDINGS 1 st LUX PACIFICA, Vol. 1, pp. 22-25 (1989)
11) IKEDA, K. and OBARA, K. : Appearance of Monochromatic Flashing Light as Visual Signal, PROCEEDINGS 22 nd SESSION OF THE CIE Melbourne, Vol. 1 (2), pp. 24-25 (1991)
12) Hecht, S., Haig, C. and Chase, A. M. : The influence of light adaptation on subsequent dark adaptation of the eye, Journal of General Physiology, 20, pp. 831-850 (1937)
13) Müller, H. K. : Über den Einfluss verschieden langer Vor-belichtung auf die Dunke ladaptation und auf die Fehler grösse der Schwellenreitzbestimmung Während der Dunke-lanpassung, Arch. Ophth., 125, pp. 624-642 (1931)
14) Hecht, S. : Version II. The nature of the photo receptor process, Handbook of general experimental psychology, pp. 704-828, Clark University Press (1934)
15) 池田紘一, 野田貢次, 山口昌一郎：均一な背景の下における順応輝度とランドルト環視力, 照学誌, 64 巻, 10 号, pp. 591-597 (1980)
    IKEDA, K., NODA, K. and YAMAGUCHI, S. : A Relation between Adaptation Luminance and Visual Acuity for the Landolt Ring under the Uniform Background, J. Light and Visual Environment, Vol. 4 (2), pp. 22-31 (1980)
16) 池田紘一, 野田貢次, 山口昌一郎：ランドルト環視標の輝度対比および順応輝度と視力との関係, 照学誌, 67 巻, 10 号, pp. 527-533 (1983)
    IKEDA, K., NODA, K. and YAMAGUCHI, S. : Visual Acuity as a Function of Luminance Contrast of Landolt Rings and Adaptation Luminance, J. Light and Visual Environment, Vol. 7 (1), pp. 28-36 (1983)
17) 新時代の照明環境研究調査委員会：新時代に適合する照明環境の要件に関する調査研究報告書, 照明学会 (1985.3)
18) Kurita, K., Ikeda, K., Chonan, T. and Iwata, J. : Formulation of Visual Acuity as a Function of Adaptation Luminance, Luminance Contrast and Human Age, PROCEEDINGS 22 nd SESSION OF THE CIE Melbourne, Vol. 1 (1), pp. 61-62 (1991)
19) IKEDA, K., NODA, K. and OBARA, K. : The Relation between the Just Readable Threshold of Chinese Characters of Various Styles and Adaptation Luminance, J. Light and Visual Environment, Vol. 8 (2), pp. 40-47 (1984)
20) Hecht, S. and Verrijp, C. D. : Intermittent stimulation by light III, The relation between intensity and critical fusion frequency for different retinal location, Journal of General Physiology, 17, pp. 251-265 (1933)
21) Hecht, S. and Smith, E. L. : Intermittent stimulation by light VI, Area and the relation between critical fusion frequency and intensity, Journal of General Physiology, 19, pp. 979-991 (1936)
22) Hecht, S. and Smith, E. L. : Intermittent stimulation by light VI, Area and the relation between critical frequency and intensity, Journal of General Physiology, 19, pp. 979-989 (1936)
23) 佐々木嘉雄, 室井徳雄：均一背景輝度における光源の位置と快・不快の限度輝度, 照学誌, 63 巻, 9 号, pp. 542-548 (1979)
24) Luckiesh, M. and Guth, S. K. : Brightness in visual field at borderline between comfort and discomfort (BCD), Illum. Eng., Vol. 44(11), pp. 650-670 (1949)
25) Fry, G. A. : A re-evaluation of the scattering theory of glare, Illum. Eng., Vol. 49(2), pp. 98-102 (1954)

4.1 색의 3원색설과 반대색설 •••

무지개의 7색이라고 하듯이 태양의 광을 분광해서 스펙트럼 성분으로 분류하면 적, 등, 황, 녹, 청, 남, 자 및 이것들의 중간색 등 여러 가지 색으로 나누어진다.

색이 광의 스펙트럼 분포에 의해 생기는 것을 프리즘을 사용해서 처음 확인한 것은 17세기의 과학자 뉴턴(Newton)인데 광과 색에 대해서 다음과 같이 말하고 있다. "광선 그 자체에 색이 있는 것이 아니다. 즉 광선에는 이러한 색이라든가 저러한 색과 같은 감각을 일으키게 하는

힘이나 성질이 있을 뿐이다."

즉 색이란 광이 인간의 눈의 감각기를 자극했을 때 생기는 심리 현상이고 분광 조성에 의해 시각계의 응답이 상이하기 때문에 여러 가지 색으로 보이는 것이다.

4.1.1 심리학적인 색 지각 가설

(1) 3원색설

19세기 초에 영(Young)이, 그리고 19세기 중반에 헬름홀츠(Helmholtz)가 그림 4.1 좌상에 보이는 것 같이 적과 녹과 청을 적당한 비율로 합성하면 여러 가지 색이 만들어지기 때문에 눈의 망막에는 우상의 그림과 같이 적, 녹 및 청

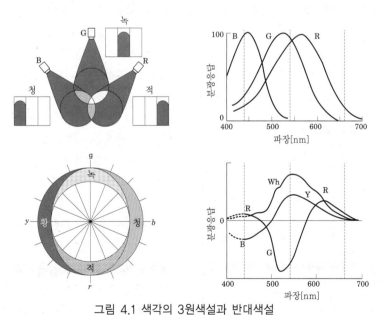

그림 4.1 색각의 3원색설과 반대색설
좌상 : 3원색 혼색, 우상 : 3원색 스펙트럼 응답, 좌하 : 반대색 개념, 우하 : 반대색 스펙트럼 응답
[Hurvich, 1981[1]]

으로 느끼는 3종류의 수광기가 있으며 이것들이 어떠한 비율로 자극을 받는가에 따라 색의 보임이 정해진다고 생각하였다. 이것을 영-헬름홀츠의 3원색설이라고 한다.

그러나 이 설은 왜 적녹색이나 청황색과 같은 색으로 보이는 것이 없는가 하는 색 지각상의 현상이 충분히 설명되지 않기 때문에 다시 다음과 같은 생각이 출현하였다.

(2) 반대색설

19세기말에 심리학자인 헤링(Hering)이 인간의 색각 기구에는 그림 4.1 좌하에 보이듯이 적과 녹 또는 청과 황을 반대의 색으로서 지각하는 반대색 메커니즘이 존재한다고 하는 반대색설을 제창하였다.

이 설에 대해서는 허비치(Hurvich)와 제임슨(Jameson)[1]이 단색 스펙트럼에 대해서 반대색 응답을 조사한 바 그림 4.1 우하에 나타내듯이 적-녹, 황-청의 응답이 관측되어 색의 심리적인 보임과 대응하고 있는 것이 확인되고 있다.

(3) 단계설

이들 두 가지 설은 각각 색의 보임을 부분적으로는 바르게 기술하고 있고 어느 것도 타당하다고 생각되는 점이 있다. 그래서 20세기초 본 크리스(von Kries)는 눈 속에는 양쪽 기능을 갖는 메커니즘이 존재한다고 하는 단계설을 제창하였다. 즉 광을 받는 단계에서는 3종류의 수광기가 작동하고 그것들의 응답이 다음 단계에서 가감산되어 반대색 응답이 생긴다고 생각하는 설이다. 현재는 3원색설과 반대색설을 조합한 단계설이 시각계의 색각 기구에 대응한다고 생각되고 있다.

4.1.2 생리학적인 색 지각의 메커니즘

망막에서는 적, 녹 및 청의 광에 반응하는 3종류의 추상체가 동작하고 있고 광수용기의 단계에서는 영-헬름홀츠의 3원색설에 대응한 기구가 존재한다.

또한 수평 세포에 있어서는 3종류의 추상체로부터의 신호가 광의 파장에 의하지 않고 항상 부(−)의 응답을 표시하는 1상성(一相性)의 밝기 응답, 파장이 길어짐에 따라 부(−)에서 정(+)으로 응답이 바뀌는 2상성(二相性)의 황청색 응답 및 응답이 부(−)에서 정(+), 또 부(−)로 바뀌는 3상성(三相性)의 적녹색 응답으로 변환되고 이것들이 피드백되어 쌍극 세포에 전달된다.[2]

피드백된 신호는 극성이 순방향의 정응답과 극성이 반전한 부응답으로 재변환되어 쌍극 세포에서 신경절 세포로 전달된다. 이를 받은 신경절 세포의 수용야(受容野)에서는 주변의 순응휘도보다 밝은 광이 닿으면 응답하는 '명-암 ON형(암-명 OFF형)', 주위보다 어두워지면 응답하는 '명-암 OFF형(암-명 ON형)'의 응답이, 또한 색의 응답은 '적-녹 ON형(녹-적 OFF형)' '적-녹 OFF형(녹-적 ON형)', '황-청 ON형(청-황 OFF형)', '황-청 OFF형(청-황 ON형)'의 반대색 응답이 출력 신호로서 나타

표 4.1 색의 모드와 색의 속성

색의 모드 (색의 보임)	색의 속성 (색의 표시)
개구색	지각색(지각되는 측면)
물체색	심리물리색 (심리물리적 측면)
표면색	보임색(색순응을 고려한 색의 보임)
공간색	대응색 (표준의 순응상태에서 동등하게 지각되는 색)
광원색	지각적 심리물리색 (색지각에 근접시킨 심리물리적 측면)
(정상색)	기억색(기억된 색지각)
(명멸색)(섬광색)	

난다.[3]

수용야의 6종류(명/암/적/녹/황/청)의 반대색 신호는 시(視)신경을 통해서 외측 슬상체를 경

유, 대뇌에 전송되어 시각령에서 밝기와 어두움의 지각 그리고 적색, 녹색, 황색 및 청색의 색지각을 발생시킨다. 즉, 그림 4.2와 같이 망막

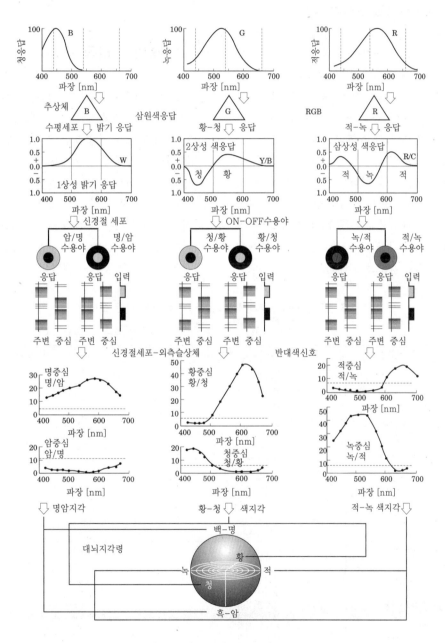

그림 4.2 생리학적 3원색−반대색변환기구

3원색 스펙트럼 응답→밝기·2상성 및 3상성색응답. ON−OFF 수용야 응답→명/암·적/녹·황/청의 반대색지각

[Hurvich, 1981[1];Tomita, 1965[2];De Valois, et al., 1966[3]]

에는 헤링의 반대색설에 대응한 기구도 존재, 단계설에 대응한 동작을 하고 있다.

4.1.3 색의 나타남과 색의 속성

(1) 색의 나타남이란 그 색이 평면적·입체적·공간적인가, 원근감·심도감을 갖는가, 발광하고 있는가·비발광인가, 정상광·명멸광 또는 섬광인가 등과 같은 색의 공간적 또는 시간적 측면에 대한 상태를 나타내는 것으로서 색의 모드라고 불리는 일이 있다.

(2) 색의 속성이란 그 색이 몇 가지 색으로 보이는가 하는 것을 나타내는 것으로, 색명·색상·명도·채도 등으로 심리적 측면에서 나타내는 경우와 3자극값 X, Y 및 Z, 휘도 L 또는 반사율 Y와 색도(x, y), 균등색 공간에서의 메트릭량 등으로 표시하는 경우가 있다.

색의 기술에 있어서는 이들 두 가지 개념을 혼동하지 않도록 구별을 하여 취급하지 않으면 안 된다.

4.2 색의 심리적 표시

색을 표시하는 방법에는 심리 현상, 즉 색지각(色知覺) 그 자체를 언어, 기호 또는 수치로 바꾸어 표시하는 방법과 색지각을 발생시키는 광의 물리적 성질에 인간의 시각계 특성을 고려한 것을 정량적으로 나타내는 방법이 있다.

전자를 심리적 표시, 그리고 후자를 심리 물리적 표시라고 하는데 심리 물리적 표시에 수학적 변환을 하여 심리적 표시에 근접시켜 색을 표시하는 균등색 공간도 개발되고 있다.

표 4.2 관용색명·계통색명과 색의 3속성에 의한 표시

관용색명 : 관용적인 호칭으로 표시한 색명
계통색명 : 모든 색을 계통적으로 분류해서 표현할 수 있도록 한 색명

관용색명	대응하는 계통색명에 의한 표시	대표적인 색의 3속성에 의한 표시(참고)
올드 로즈	칙칙한 적	1R6/6.5
로즈	선명한 적	1R5/14
스트로베리	선명한 적	1R4/14
산호색	밝은 적	2.5R7/11
핑크	엷은 적	2.5R7/7
복숭아색	칙칙한 적	2.5R6.5/8
홍매색	칙칙한 적	2.5R6.5/7.5
보르도	어두운 회적	2.5R2.5/3
주홍(연지)색	선명한 적	3R4/14
베비 핑크	엷은 적	4R8.5/4
시그널 레드	선명한 적	4R4.5/14
카민(또는 카마인)	선명한 적	4R4/14
연지	적	4R4/11
다목나무	칙칙한 적	4R4/7
꼭두서니색	진한 적	4R3.5/11
마룬	어두운 적	5R2.5/6
주색(또는 버밀리온)	선명한 황색적	6R5.5/14
스칼릿	선명한 황색적	7R5/14
홍적	선명한 황색적	7R5/14
연단색	황색적	7.5R5/12
서몬 핑크	엷은 황색적	8R7.5/7.5
팥(소두)색	칙칙한 황색적	8R4.5/4.5
철단색	어두운 황색적	8R3.5/7
새우색	어두운 회적	8R3/4.5
소리개색	어두운 회적	8R3/2

(주) 3속성에 의한 표시기호는 수정 먼셀계의 기호를 사용하여 색상, 명도 및 크로마 순으로 표기되고 있다. (JIS Z 8102)[16]

4.2.1 색명

옛날부터 일상 생활에서는 하늘색, 다색, 올리브색 등과 같이 색명으로 표시하는 일이 많은데 통상 이것으로 상대에게 색의 정보를 전달할 수가 있다.

색명에는 경험에 입각해서 붙여진 관용색명과 순서적인 표시를 고려한 계통색명이 있다. 산업상으로는 다시 또 정확을 기하기 위하여 각각에 그 적용 범위가 먼셀 표색계의 색상 H, 명도 V 및 크로마 C와 대비시켜 공업규격에 정해지고 있다. 그 예를 표 4.2와 그림 4.3에 나타낸다.[16]

(1) 관용 색명

관용 색명(慣用色名)은 일상적으로 보는 동식물, 광물, 자연 현상 등과 연결된 명칭으로서 친숙하고 이해하기 쉬운 것이지만 시대와 더불어 의미가 바뀌거나 또한 지역, 집단에 따라 대상의 색 범위가 약간 다르거나 하고 또 두 가지 색의 상위를 비교할 때는 양적인 표현이 애매하며 불편하기도 하다.

(2) 계통색명

계통색명(系統色名)(일반 색명)은 이와 같은 적용 범위의 상위를 피하고 질서 있는 표시를 위해 미국 색채연합협의회(ISCC)와 미국 표준국(NBS)에 의해 1955년에 발표된 것으로서 대응하는 색표집(色票集)도 1964년에 간행되었다.

일본 규격(JIS Z 8102)도 이것을 따라 1957년에 제정되었다.

계통색명은 색을 나타내는 데 색상의 이름과

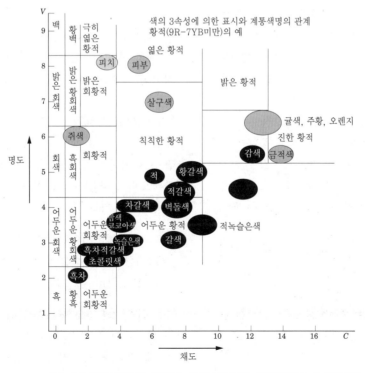

그림 4.3 계통색명의 표현과 색의 명도 및 크로마(JIS Z 8102)[16]

밝기 및 크로마(채도)를 나타내는 형용사를 조합해서 사용한다. 오렌지 계통의 색에 대해서 이들 형용사와 먼셀의 명도 및 크로마와의 관계 예를 그림 4.3에 나타낸다.

4.2.2 먼셀 표색계

양적인 부정확성을 개선하고 색을 계통적으로 표시코자 미술학교 교사였던 먼셀(Munsell)이 고안한 색의 표시 체계를 먼셀 표색계라고 한다.[4)~7), 17)]

이 표색계는 그림 4.4와 같이 상하 방향으로 명도의 척도를 취하고 무채색을 나타내는 중심축 상에는 흑, 회, 백을 순서적으로 10등분하여 배열하고 중심축 하단은 $V=0$, 즉 시감 반사율 0 %의 이상적인 흑을 표시하고, 상단은 $V=10$, 시감 반사율 100 %의 이상적인 백을 나타내고 있다.

중심축 주위의 원주(색상환) 위에는 적, 황적, 황, 황녹, 녹, 청녹, 청, 청자, 자, 적자의 10색상을 배치하고 또 각각의 색상을 10등분하여 1~10의 눈금을 달아 색상환(色相環)을 100 등분하고 있다.

또한 반경 방향에는 크로마(채도)를 취하여 중심축 상의 무채색을 $C=0$으로 하고 축에서 멀어지는 색이 선명해지는 데 따라 그 값은 커진다. 이 경우 명도의 변화 $\Delta V=1$과 크로마의 변화 $\Delta C=2$가 같은 지각 상의 차가 되도록 크로마의 눈금이 새겨져 있다.

먼셀 표색계의 기호를 사용하여 색을 표시할 때 무채색에 대해서는 무채색의 기호 N과 명도를 나타내는 수를 병행해서 $N6$ 등으로 표하고 또 유채색에 대해서는 색상, 명도 및 채도를 순서적으로 기입하여 5YR8/6 등과 같이 표기한다.

먼셀 표색계는 색상, 명도 및 채도의 지각되는 차가 각각에 대해서 등간격이 되도록 구성되어 있으며 지각되는 측면을 간격 척도적으로 표시하는 체계로 되어 있지만 인간의 심리적 판단에 기초하고 있기 때문에 수량적인 표시에 어느 정도 애매함이 남는 것은 피할 수 없다.

4.3 색의 심리 물리적 표시

대부분의 색은 적, 녹 및 청의 3원색(원자극)을 섞어서 합성할 수 있다.

또한 합성이 안 되는 경우는 그 색의 3원색의 하나를 가해 보면 그것이 다른 두 원색을 합친 것에 의해 합성되는 것이 경험적으로 알려져 있다. 이 경우 원색끼리 합친 색은 정(+)의 양, 원래색에 가한 원색은 부(−)의 양으로 본다고 하면 모든 색을 3원색의 조합에 의해 나타낼 수가 있다.

이 색의 합성을 등색(等色)이라고 하며 등색했을 때의 세 가지 원자극의 양, 즉 3자극값을 가지고 색을 표시한다.

4.3.1 RGB 표색계

적 R, 녹 G 및 청 B의 3원색을 사용해서 등색 조건을 표시하는 방법이다. CIE에서는 3개의 원자극으로서 다음 조건을 만족시키는 단색 스펙트럼를 채용하고 있다.

$$\left.\begin{array}{l} R : 700.0[nm] : 243.9[W] \\ G : 546.1[nm] : 4.66[W] \\ B : 435.8[nm] : 3.38[W] \end{array}\right\} \quad (4.1)$$

이들 원자극의 기초 단위는 단위파장폭 1 nm 당의 에너지가 1/18.910 W의 등 에너지 백색 W_E(기초 자극)와 등색하는 데 필요한 양으로서 정해지고 있으며 원색 단위라고 불린다.

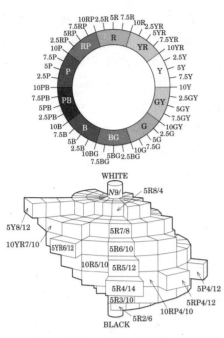

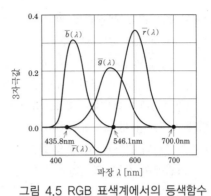

그림 4.5 RGB 표색계에서의 등색함수
(3자극값)
에너지 1 W의 단색 스펙트럼과 동색하는 데 필요한 원색단
위를 기초로 한 원자극 R, G 및 B 의 양
[WyszecKi, et al.m 1982[9]]

그림 4.4 먼셀 표색계의 색상환과 색입체
중심축은 백, 회, 흑의 무채색을 나타낸다.
색상환상의 색상은 10색상으로 100등분되어 있다.
[JIS Z 8021][17]

이와 같이 기초 단위를 정한 것은 R의 단위량
에 최대 시감도 $K_m = 683$ lm/W를 곱한 것이
그대로 측광량이 되도록 고려됐기 때문이다.

이 경우 R, G 및 B의 측광량은 원색 단위에
비시감도 V_λ와 K_m을 곱하여 다음과 같이 표시
된다.

$$\left.\begin{array}{l} R : 1.0000 \times K_m = L_R \times K_m \text{ [lm]} \\ G : 4.5907 \times K_m = L_R \times K_m \text{ [lm]} \\ B : 0.0601 \times K_m = L_B \times K_m \text{ [lm]} \end{array}\right\} \quad (4.2)$$

R, G 및 B가 각각 원자극의 기초 단위량을
표시한다고 하면 각각을 R 단위, G 단위 및 B
단위 혼합해서 등색(等色)된 색 C는 다음과 같
이 구해진다.

$$C \equiv R \cdot R + G \cdot G + B \cdot B \qquad (4.3)$$

여기서 R, G 및 B는 3자극값이라고 불린다.

여기에서 2° 시야의 개구를 통해서 제시된 파
장 λ[nm], 에너지 1 W의 단색 스펙트럼과 등색
하는 데 필요한 R, G 및 B의 값을 특별히 $\overline{r}(\lambda)$,
$\overline{g}(\lambda)$ 및 $\overline{b}(\lambda)$라고 표기하여 이들을 파장 λ의 함
수로 보고 등색 함수라고 한다. CIE가 표준으
로서 권장하고 있는 등색 함수를 그림 4.5에 나
타낸다.[9]

모든 색에 대해서 3자극값 R, G 및 B를 그때
마다 측정하는 것은 큰 작업이 되기 때문에 일
반적으로는 그 색의 분광 조성 $P(\lambda)$에 등색 함
수 $\overline{r}(\lambda)$, $\overline{g}(\lambda)$ 및 $\overline{b}(\lambda)$로 하여 각 단색 성분의
3자극값을 구하고, 다시 또 선형 가법성(線形加
法性)을 가정하여 파장에 관한 적분을 해서 그
색의 3자극값 R, G 및 B를 구하는 방법이 이
용되고 있다.

또한 실제의 색 표시에는 다음 식으로 정의되
는 3자극값을 규격화한 색도가 사용된다.

$$\begin{array}{l} r = R/(R+G+B) \\ g = G/(R+G+B) \qquad (4.4) \\ b = B/(R+G+B) \\ r+g+b = 1 \end{array}$$

r과 g를 직교 좌표에 취하여 색을 표시하는 그림을 (r, g) 색도도라고 하는데 이 색도 도상에 단색 스펙트럼의 3자극값 $\overline{r}(\lambda)$, $\overline{g}(\lambda)$ 및 $\overline{b}(\lambda)$를 식 (4.4)에 대입하여 얻어진 (r, g) 좌표의 궤적을 그림 4.6에 나타낸다. 그래프의 곡선 부분이 단색 스펙트럼 색도의 궤적이다.

이와 같이 3개의 원자극 R, G 및 B를 사용해서 등색 조건에서 색을 표시할 수가 있는데 RGB 표색계의 등색 함수 $\overline{r}(\lambda)$, $\overline{g}(\lambda)$, $\overline{b}(\lambda)$에는 부($-$)의 양이 포함되기 때문에 적분 계산이 불편하고 또 산출된 3자극값도 부($-$)가 되는 일이 있다. 이러한 불편을 없애기 위해 RGB 표색계에 좌표 변환을 하여 부($-$)의 양을 포함하지 않는 새로운 계가 고안되었다.

4.3.2 XYZ 표색계

CIE는 1931년에 RGB 표색계를 선형 변환한 XYZ 표색계를 권장했는데 이 계는 다음 조건을 충족시키도록 구성되어 있다.[8]

(1) 새로운 원자극 X, Y 및 Z 중 X와 Z의 밝기의 측광량을 제로로 하고 Y의 자극값 Y를 밝기의 측광량에 대응시킨다.

(2) 등색 함수 $\overline{x}(\lambda)$, $\overline{y}(\lambda)$ 및 $\overline{z}(\lambda)$, 따라서 3자극값 X, Y 및 Z를 전부 정의 값으로 한다.

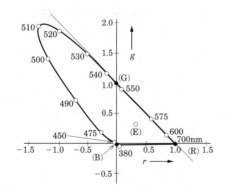

그림 4.6 RGB 표색계의 색도도
외주는 에너지 1 W의 단색 스펙트럼의 궤적
녹에서 청에 거쳐 r의 값이 크고 부($-$)로 되어 있다.
[Wyzecki, et al., 1982[9]]

(3) 등에너지 백색과 등색하는 데 필요한 3개의 원자극 X, Y 및 Z의 양을 기초 단위로 하여 선택하고 등에너지 백색의 색도 좌표를 (0.333, 0.333)으로 한다.

이상의 조건을 충족시키도록 XYZ 표색계를 구성했을 때의 기초 자극 W_s는 단위 파장폭 1 nm당의 에너지가 다음 식으로 표시되는 등에너지 백색이 된다.

$$W_s = \frac{W_E \text{의 에너지}}{(L_R + L_G + L_B)} = \frac{1.0}{106.8566}$$
$$= 0.009358W \quad (4.5)$$

또한 그 측광량은 다음 값으로 표시된다.

$$K_m \Sigma W_s V \lambda \Delta \lambda = K_m \times 1.0 = 683 \text{ lm} \quad (4.6)$$

이 기초 자극 W_s와 등색하는 데 필요한 X, Y 및 Z의 양을 XYZ 표색계 원자극의 기초 단위라고 정하면 Y에 K_m을 곱한 것이 측광량을 표시하고 또 W_s의 색도 좌표가 (0.333, 0.333)이 된다.

이 경우의 동일한 색에 대한 3자극값 X, Y, Z와 R, G, B 간의 관계를 표시하는 식은 9변수의 연립방정식을 풀어서 구해지며 다음 식으로 표시된다.

$$\left. \begin{array}{l} X = 2.7689R + 1.7517G + 1.1302B \\ Y = 1.0000R + 4.5907G + 0.0601B \\ Z = \qquad\quad\ 0.0565G + 5.5943B \end{array} \right\} \quad (4.7)$$

여기서 당연한 일이지만 Y를 표시하는 식의 우변의 계수는 각각 L_R, L_G 및 L_B와 같고 또 각각의 식의 계수의 합은 전부 $L_R + L_G + L_B = 5.6508$이 되고 기초 자극의 비에 대응하고 있다.

또한 XYZ 표색계의 등색 함수 $\overline{x}(\lambda)$ $\overline{y}(\lambda)$ 및 $\overline{z}(\lambda)$는 역시 파장 λ[nm], 에너지 1W의 단색 스펙트럼과 등색하는 데 필요한 원자극 X, Y 및

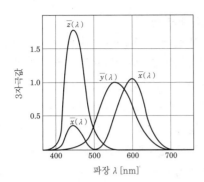

그림 4.7 XYZ 표색계에 있어서의 등색함수
에너지 1 W의 단색 스펙트럼과 동색하는 데 필요한 원자극 ,X, Y 및 Z의 양, 즉 3자극값
[JIS Z 8701[18];Wyszecki, et al., 1982[9]]

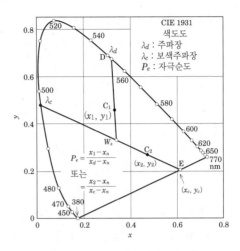

그림 4.8 XYZ 표색계의 (x, y) 색도도
에너지 1 W의 단색 스펙트럼의 궤적 및 기초자극 W_s
색 C_1, C_2의 주파장 λ_d(보색주파장 λ_c) 및 자극순도 P_e
[JIS Z 8701][18]

Z의 양, 즉 3자극값으로 정의되고 RGB 표색계의 등색 함수 $\bar{r}(\lambda)$, $\bar{g}(\lambda)$ 및 $\bar{b}(\lambda)$, 즉 동일한 단색 스펙트럼의 이 계의 3자극값에서 동일하게 식 (4.7)의 변환에 의해 구해진다. 이것을 파장 λ의 함수로 하여 표시한 것을 그림4.7에 나타 낸다.[9],[18]

이들 등색 함수를 사용하면 RGB 표색계의 경우와 동일하게 하여 분광 분포 $P(\lambda)$를 갖는 광으로 조사된 분광 반사율 $\rho(\lambda)$ 대상의 색의 3자극값은 각 스펙트럼 성분의 3자극값을 적분 함으로써 구해진다.

$$\left.\begin{array}{l} X=K \int P(\lambda)\rho(\lambda)\,\bar{x}\,(\lambda)d\lambda \\ Y=K \int P(\lambda)\rho(\lambda)\,\bar{y}\,(\lambda)d\lambda \\ Z=K \int P(\lambda)\rho(\lambda)\,\bar{z}\,(\lambda)d\lambda \end{array}\right\} \quad (4.8)$$

여기서 K는 임의성이 있는 상수인데 $K=1$로 하면 지금까지의 정의에 의한 3자극값을 표시 한다. 또 $K=K_m$으로 최대 시감도와 같게 하면 Y의 값이 그대로 측광량이 되는 이점이 있기 때문에 실용적으로는 이 값이 사용되는 일도 있 다. 또한 반사 물체의 색에 대해서는 다시 K의 값을

$$K=\frac{100}{\int P(\lambda)\,\bar{y}\,(\lambda)d\lambda} \quad (4.9)$$

으로 하여 3자극값 X, Y 및 Z를 구하도록 공업 규격(JIS Z 8701)에서 정하고 있다.[18]

K의 값을 식 (4.9)에 의해 정하는 것은 Y의 값이 그대로 시감 반사율이 되도록 하기 위해서 이다.

여기서 3자극값을 그대로 색 표시에 사용하 면 광의 세기에 따라 값이 바뀌기 때문에 다음 식으로 정의되는 3자극값을 규격화한 색도가 사용된다.

$$x=\frac{X}{X+Y+Z}$$

$$y=\frac{Y}{X+Y+Z} \quad (4.10)$$

$$z=\frac{Z}{X+Y+Z}$$

$$x+y+z=1$$

x와 y의 값이 구해지면 z는 마찬가지로 정해 지기 때문에 색 표시에는 x와 y만을 사용하면 된다.

x와 y를 직교 좌표로 잡아 색을 표시하는 그 림을 (x, y) 색도도라고 하는데 이 색도상에

단색 스펙트럼의 색도 좌표의 궤적, 즉 $\bar{x}(\lambda)$, $\bar{y}(\lambda)$ 및 $\bar{z}(\lambda)$를 식 (4.10)에 대입하여 얻어진 (x, y) 좌표의 궤적을 그림 4.8에 나타낸다. 곡선 부분이 스펙트럼 궤적을, 그리고 장파장단과 단파장단을 연결하는 직선이 순자 궤적(純紫軌跡)을 나타낸다.

모든 색의 색도 좌표는 이들 궤적 내부의 점의 좌표로 표시되고 항상 정(+)의 값을 취한다.[18]

그림의 W_s는 기준이 되는 광(기초 자극 또는 색을 조명하는 광), C_1 및 C_2는 예로서의 색을 나타낸다. W_s와 C_1을 연결하는 직선이 스펙트럼 궤적과 교차되는 D지점의 파장을 주파장 λd라고 하고 이것이 색 C_1의 색상에 대응하는 심리 물리적 표시가 된다. 색 C_2와 같이 W_s와 연결한 직선이 반대측에서 스펙트럼 궤적과 교차하는 경우는 이 파장을 보색 주파장 λ_c라고 하며 이 스펙트럼이 색 C_2의 보색에 대응한다. 또 거리 $\overline{W_sD}$에 대한 $\overline{W_sC_1}$의 비 P_e를 자극 순도라고 하는데 이것은 색 C_1의 크로마에 상당하는 심리 물리적 표현으로 되어 있다. 색 C_2의 경우는 거리 $\overline{W_sE}$와 $\overline{W_sC_2}$의 비를 동일하게 자극 순도로 한다.

4.3.3 표준광

여기서 물체를 조명하는 광에 여러 가지의 것을 사용하면 동일한 물체에 대해서 각기 다른 색도 좌표가 부여되어 상호 비교를 할 수 없기 때문에 CIE에서는 조명을 위한 광으로서 A, B, C 및 D_{65} 등의 기호로 표시되는 표준광을 사용하도록 권장하고 있는데 일본공업규격(JIS Z 8720)에도 규정되어 있다. 이들 광의 분포 분광을 그림 4.9에 나타낸다.[9),20)]

표준의 광 A는 색온도 2,85 6K의 백열전구의 광을 표시한다. B는 색온도 4,874 K의 태양의 직사광, 또한 C는 색온도 6,774 K의 북쪽 하늘의 광에 근사하며 무두 A의 광에 용액 필터를 붙여 얻어지는 광이다.

표준 주광 D_{65}는 색온도 6,504 K의 주광을 대표하는 광으로서 국제적인 실측치에 입각해서 정한 것인데 현재는 주로 이 광이 물체색의 3자극값 계산에 사용되고 있다.

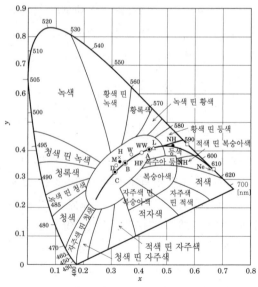

그림 4.10 (x, y)색도와 색명 및 광원의 좌표
각각의 색도와 색명에 대응하는 색도 범위
중앙의 곡선은 흑체방사의 색도 궤적
A, B, C, D는 표준 광의 색도좌표

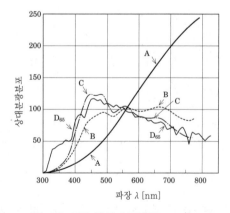

그림 4.9 표준 광의 분광분포(JIS Z 8720)[20)]
[WyszecKi, et al., 1982[9)]]

4.3.4 색명과 먼셀 색표의 (x, y) 색도

XYZ 표색계의 좌표가 부여 됐을 때 그것이 어떻게 보이는 색을 표시하고 있는가를 알기 위해서는 색도와 심리적인 색의 표시와의 대응 관계를 명확하게 하여 둘 필요가 있다. 또 색의 색명에 대응하는 (x, y) 색도 좌표의 범위를 그림 4.10의 색도도에 나타내었다. 그림의 중간 정도의 곡선은 흑체 방사의 색도 궤적을 나타내고 있고 A, B, C 및 D는 각각 표준의 광 색도를 나타내고 있다.

또한 먼셀 색표의 3자극값은 표준의 광 C의 분광 분포를 사용하여 계산되고 있는데 명도 $V=6$의 색표 예에 대해서 먼셀 기호와 (x, y) 색도의 대응 관계를 미국 광학회가 검토한 결과를 그림 4.11에 나타낸다.

먼셀 공간에 있어서의 원이 약간 찌그러진 계란형으로 되어 있어 색지각 공간이 균등하게는 표시되고 있지 않은 것을 알 수 있다.

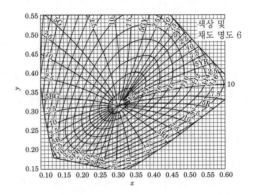

그림 4.11 먼셀 색표의 (x, y) 색도(JIS Z 8021)[17]

4.4 색의 심리 계측적 표시

심리적 표시인 색명이나 먼셀 기호는 인간이 본 색의 성질을 직감적으로 잘 나타내고 있고 알기 쉬운 것이지만 양적인 정확성이 떨어진다. 한편 심리 물리적 표시인 XYZ 표색계는 3자극값 또는 색도에 의해 수량적으로 정확한 색의 표시를 할 수가 있지만 수치를 본 것만으로는 그것이 어떠한 색으로 보이는가는 알 수 없다.

또한 심리 물리적 색 공간에 있어서의 거리는 심리적인 거리에 대응하고 있지 않으므로 수치가 다른 색의 차가 눈에 보였을 때 어느 정도 다른가도 명확하지 않다.

이와 같은 점들을 개선하기 위한 3자극값 X, Y 및 Z에 좌표 변환을 하여 색의 지각되는 속성과 심리 물리적인 좌표와의 대응 관계를 개선하도록 고안된 것이 심리 계측적인 척도를 도입한 균등색공간(色空間)이다.

4.4.1 $L^*u^*v^*$ 균등색공간

미소한 색의 차를 식별할 때의 심리적인 거리와 색공간에 있어서의 거리와의 대응 관계를 보다 좋게 하는 것을 목적으로 하고 매캐덤 (MacAdam)이 측정한 색의 판별에 관한 장원군(長圓群)[10]이 색공간 위에서 동일한 크기의 원에 가까워지도록 XYZ 좌표를 사형(射影) 변환하여 심리 계측적 척도를 구성한 것이 CIE1976 $L^*u^*v^*$ 공간이다.[8],[19] X, Y 및 Z에서의 변환은 다음 식으로 표시된다.

$$
\begin{aligned}
L^* &= 116\left(\frac{Y}{Y_n}\right)^{1/3} - 16 \\
u^* &= 13L(u' - u_n') \\
v^* &= 13L(v' - v_n') \\
u' &= \frac{4X}{X + 15Y + 3Z} \\
u_n' &= \frac{4X_n}{X_n + 15Y_n + 3Z_n} \\
v' &= \frac{9Y}{X + 15Y + 3Z}
\end{aligned}
\quad (4.11)
$$

$$v_n' = \frac{9Y_n}{X_n + 15Y_n + 3Z_n}$$

여기서 X, Y 및 Z는 대상으로 하는 색의 3자극값, X_n, Y_n, Z_n은 백색 배경으로부터의 반사광 또는 광원으로부터의 광의 3자극값이다.

4.4.2 $L^*a^*b^*$ 균등색공간

애덤스(Adams)와 닉커슨(Nickerson)의 생각을 기본으로 하여 먼셀 색표의 색도도상에서의 좌표가 가능한 한 같은 간격으로 배열되도록, 그리고 또 간편한 식으로 표현할 수 있도록 고안된 것이 CIE 1976 $L^*a^*b^*$ 공간이다.[8),19)] 이 공간을 나태내는 좌표는 X, Y 및 Z좌표에 의해 다음 식에 따라 계산된다.

$$\left. \begin{array}{l} L^* = 116\left(\dfrac{Y}{Y_n}\right)^{1/3} - 16 \\[2mm] a^* = 500\left[\left(\dfrac{X}{X_n}\right)^{1/3} - \left(\dfrac{Y}{Y_n}\right)^{1/3}\right] \\[2mm] b^* = 200\left[\left(\dfrac{Y}{Y_n}\right)^{1/3} - \left(\dfrac{Z}{Z_n}\right)^{1/3}\right] \end{array} \right\} \quad (4.12)$$

동일하게 X, Y 및 Z는 대상으로 하는 색의 3자극값, X_n, Y_n, Z_n은 하얀 배경으로부터의 반사광 또는 광원으로부터의 광의 3자극값이다.

4.5 새로운 균등색공간 ● ● ●

인간은 언제나 주광으로 조명되는 표준 상태에서 색을 본다고는 할 수 없다. 조명하는 광이 바뀌면 동일한 대상의 색에 대해서도 그 지각되는 양상이 다른데 이것은 조명하는 광의 분광 조성에 대응해서 대상으로부터 반사해서 눈에 들어가는 광의 분광 조성이 변하는 것과 또 배경에서 입사하는 광에 의해 시각계의 순응 상태가 바뀌기 때문이다. 따라서 새로운 순응 상태에서의 색의 보임을 양적으로 표현하는 방법을 생각하지 않으면 안 된다.

또 시각계의 수용야의 반대색 응답 과정은 비선형이고 비대칭이기 때문에 단순한 선형 연산으로 이것을 나타낼 수는 없고 비선형 응답을 고려할 필요가 있다.

4.5.1 NC-Ⅲ C 균등색공간

CIE의 $L^*a^*b^*$ 균등색공간은 시각계 추상체의 비선형 응답을 1/3승으로 근사시키고 이들 응답의 차분을 취하여 반대 색응답으로 변환하는 표식을 사용, 색표시를 시도한 것인데 이 표식에는 두 가지 문제점이 있다.

한 가지는 표식을 간단하게 하기 위해 a^*의 식 중에서 3자극값의 하나인 Z의 항을 생략했기 때문에 적-녹 응답축과 황-청 응답축이 직교하지 않게 된 것이다.

두 번째는 반대 색응답 과정에서의 비선형성을 무시하고 단순한 뺄셈으로서 선형의 식으로 한 것이다.

이와 같은 점들을 개량하여 반대 색응답 과정에 있어서의 비선형성을 표식에 집어넣은 균등색공간이 색의 표시 및 색차의 평가를 위해 개발되고 있다.[15)] 새로운 색광간의 표식을 다음에, 그리고 또 구성의 개념도를 그림 4.12에 나타낸다.

$$L^* = 116\left(\frac{Y}{Y_n}\right)^{1/3} - 16$$

$$a^\dagger = k_1 k_2 a' \quad \text{(비선형 R-G 응답)}$$

$$a^\dagger = k_1 k_2 b' \quad \text{(비선형 Y-B 응답)}$$

$$a' = K\Gamma\left[\left(\frac{X}{X_n}\right)^{1/3} - \left\{r\left(\frac{Y}{Y_n}\right)^{1/3} + (1-r)\left(\frac{Z}{Z_n}\right)^{1/3}\right\}\right]$$

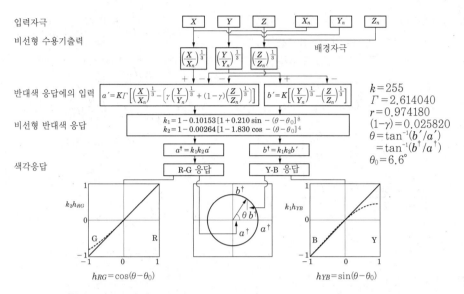

그림 4.12 시각계의 비선형응답을 고려한 새로운 균등색공간 NC-ⅢC의 구성
[IKEDA, et al., 1996[14], IKEDA, 2001[15]]

$$b' = K\left[\left(\frac{Y}{Y_n}\right)^{1/3} - \left(\frac{Z}{Z_n}\right)^{1/3}\right]$$

$\Gamma = 2.614040,\ r = 0.974180,$

$1 - r = 0.025820$

$k_1 = 1 - 0.10153[1 + 0.210\sin(\theta - \theta_0)]^8$
    (Y−B)

$k_2 = 1 - 0.00264[1 + 1.830\cos(\theta - \theta_0)]^4$
    (R−G)

$K = 255,\ \theta_0 = 6.6°,\ \theta = \tan^{-1}\left(\frac{b'}{a'}\right) = \tan^{-1}\left(\frac{b^\dagger}{a^\dagger}\right)$

여기서 X, Y 및 Z는 대상으로 하는 색의 3자극값, X_n, Y_n, Z_n은 하얀 배경으로부터의 반사광 또는 조명하는 광의 3자극값이다.

위의 표식에 나온 k_1과 k_2가 각각 황−청 응답 및 적−녹 응답의 비선형성을 표시하는 함수이다.

NC-ⅢC 균등색공간을 나타내는 수식에 있어서 $K = 200$, $\Gamma = 2.5$, $r = 1.0$, $k_1 k_2 = 1.0$(상

수)로 하면 $L^*a^*b^*$ 균등색공간과 동일한 표식이 되므로 NC-ⅢC 균등색공간은 CIE의 균등색공간 좌표축의 기울기를 보정하여 반대 색응답 과정에서의 비선형성을 바르게 나타내도록 개량한 공간인 것을 알 수 있다.

4.5.2 헌트(Hunt) 색지각 모델

헌트(Hunt) 모델은 조도, 배경의 명도를 고려하여 RGB 추상체의 비선형 응답을 $f_n(C)$라고 하는 함수로 표시하고 반대 색응답의 크기 보정에 '색채의 세기(chromatic strength)'라고 하는 개념을 도입하여 e_m이라고 하는 보정함수를 사용하는 색공간이다.

이 공간의 구조는 다음 식으로 표시된다.[11]

$$Y_b = 30,\ Y_w = 100,\ L_A = \frac{E_0}{\pi}\frac{Y_b}{Y_W} : (V = 6)$$

$$N_c = 1.0(통상),\ 0.95\ (TV),\ 0.75(흑배경)$$

$$F_t = \frac{L_A}{L_A + 0.1} : N_{cb} = N_{bb} = 0.725\left(\frac{Y_W}{Y_b}\right)^{0.2}$$

$$R = 0.38971X + 0.68898Y - 0.07868Z$$
$$C = -0.22981X + 1.18340Y + 0.04641Z$$
$$B = \qquad\qquad\qquad 1.00000Z$$

$$h_r = \left(\frac{3R_W}{R_E}\right) \Big/ \left(\frac{R_W}{R_E} + \frac{G_W}{G_E} + \frac{B_W}{B_E}\right)$$

$$h_g = \left(\frac{3G_W}{G_E}\right) \Big/ \left(\frac{R_W}{R_E} + \frac{G_W}{G_E} + \frac{B_W}{B_E}\right)$$

$$h_b = \left(\frac{3B_W}{B_E}\right) \Big/ \left(\frac{R_W}{R_E} + \frac{G_W}{G_E} + \frac{B_W}{B_E}\right)$$

$$k = \frac{1}{5L_A + 1}$$

$$F_L = 0.2k^4(5L_A) + 0.1(1-k^4)^2(5L_A)^{1/3}$$

$$F_R = \frac{1 + L_A^{1/3} + h_r}{1 + L_A^{1/3} + (1/h_r)}$$

$$F_G = \frac{1 + L_A^{1/3} + h_g}{1 + L_A^{1/3} + (1/h_g)}$$

$$F_B = \frac{1 + L_A^{1/3} + h_b}{1 + L_A^{1/3} + (1/h_b)}$$

$$R_{BF} = \frac{10^7}{10^7 + 5L_A(R_W/100)}$$

$$G_{BF} = \frac{10^7}{10^7 + 5L_A(G_W/100)}$$

$$B_{BF} = \frac{10^7}{10^7 + 5L_A(B_W/100)}$$

$$f_n(C) = 40\left[\frac{C^{0.73}}{C^{0.73} + 2}\right]$$

$$R_D = f_n\left(\frac{F_L F_G Y_b}{Y_W}\right) - f_n\left(\frac{F_L F_B Y_b}{Y_W}\right)$$

$$G_D = 0$$

$$B_D = f_n\left(\frac{F_L F_G Y_b}{Y_W}\right) - f_n\left(\frac{F_L F_B Y_b}{Y_W}\right)$$

$$R_m = R_{BF}\left[f_n\left(\frac{F_L F_R G}{R_W}\right) + R_D\right] + 1$$

$$G_m = G_{BF}\left[f_n\left(\frac{F_L F_G G}{G_W}\right) + G_D\right] + 1$$

$$B_m = B_{BF}\left[f_n\left(\frac{F_L F_B G}{B_W}\right) + B_D\right] + 1$$

$$C_1 - \frac{C_2}{11} = R_m - \left(\frac{12}{11}\right)G_m + \left(\frac{1}{11}\right)B_m$$

$$C_2 - C_3 = R_m + G_m - 2B_m$$

$$M_{RG} = 100\left[C_1 - \frac{C_2}{11}\right]\left[e_m\left(\frac{10}{13}\right)N_c N_{cb}\right]$$

$$M_{YB} = 100\left[\left(\frac{1}{2}\right)\frac{C_2 - C_3}{4.5}\right]\left[e_m\left(\frac{10}{13}\right)N_c N_{cb} F_t\right]$$

$$A = 2R_m + G_m + \left(\frac{1}{20}\right)B_m - 3.05 + 1$$

$$e_m = e_1 + \frac{(e_2 - e_1)(h_m - h_1)}{(h_2 - h_1)}$$

$$h_m = \tan^{-1}\left[\left(\frac{1}{2}\right)\left(\frac{C_2 - C_3}{4.5}\right)\Big/\left(C_1 - \frac{C_2}{11}\right)\right]$$

	red	yellow	green	blue
h_m	20.14	90.00	164.25	237.53
e_m	0.8	0.7	1.0	1.2

이상의 식에서 기호의 의미는 다음과 같다.

X, Y 및 Z : 3자극값, R, G 및 B : XYZ에서 위의 식에 따라 변환된 3원색 응답, E_0 : 조도, L_A : 배경 휘도, Y_b : 배경의 반사율, Y_w : 기준 백색의 반사율, 첨자 "$_E$"는 등에너지 백색, "$_w$"는 조명하는 광(백색 배경)에 대응하는 양인 것을 나타낸다.

등에너지 백색인 경우에는 $X = Y = Z = 100$이므로 $R_e = G_e = B_e = 100$이 된다. 또한 h_m : 색상각(色相角), e_m : 색채의 세기, M_{RG} : 적록 응답, M_{YB} : 황청 응답, A : 밝기 응답이다.

또한 여기서의 예는 명도 $V = 6(Y_b = 30)$으로 하고 있다.

4.5.3 나야타니 색지각 모델

나야타니(納谷) 모델은 추상체의 비선형 응답을 표시하는 데 대수함수를 사용하고 반대색 응답의 보정에는 헌트 모델과 동일한 색채의 세기라고 하는 방식을 채용하고 있는데 그 보정 함수에는 NC-ⅢC 공간과 동일하게 $E_s(\theta)$로 표시되는 함수를 채용하고 있다.[12]

$$L_0 = \frac{Y_0 E_0}{100\pi}, \ L_{or} = \frac{Y_0 E_{or}}{100\pi}$$

$$R = 0.40024X + 0.70760Y - 0.08081Z$$

$$G = -0.22630X + 1.16532Y + 0.04570Z$$

$$B = \qquad\qquad\qquad 0.91822Z$$

$$\xi = \frac{(0.48105x_0 + 0.78841y_0 - 0.08081)}{y_0}$$

$$\eta = \frac{(-0.27200x_0 + 1.11962y_0 + 0.04570)}{y_0}$$

$$\zeta = \frac{0.91822(1 - x_0 - y_0)}{y_0}$$

$$R_0 = \frac{Y_0 E_0 \xi}{100\pi} = L_0\xi : G_0 = L_0\eta : B_0 = L_0\zeta$$

$$\beta_1(R_0) = \frac{(6.469 + 6.362 R_0^{0.4495})}{(6.469 + R_0^{0.4495})}$$

$$\beta_1(G_0) = \frac{(6.469 + 6.362 G_0^{0.4495})}{(6.469 + G_0^{0.4495})}$$

$$\beta_2(B_0) = \frac{0.7844(8.414 + 8.091 B_0^{0.5128})}{(8.414 + B_0^{0.5128})}$$

$$\beta_1(L_{or}) = \frac{(6.469 + 6.362 L_{or}^{0.4495})}{(6.469 + L_{or}^{0.4495})}$$

$$T = \left(\frac{488.93}{\beta_1(L_{or})}\right)E_s(\theta)$$

$$\times \left[\beta_1(R_0)\log\left(\frac{R+1}{Y_0\xi+1}\right)\right.$$

$$\left. -\left(\frac{12}{11}\right)\beta_1(G_0)\log\left(\frac{G+1}{Y_0\eta+1}\right)\right.$$

$$\left. +\left(\frac{1}{11}\right)\beta_2(B_0)\log\left(\frac{B+1}{Y_0\zeta+1}\right)\right]$$

$$P = \left(\frac{488.93}{\beta_1(L_{or})}\right)E_s(\theta)$$

$$\times \left[\left(\frac{1}{9}\right)\beta_1(R_0)\log\left(\frac{R+1}{Y_0\xi+1}\right)\right.$$

$$\left. +\left(\frac{1}{9}\right)\beta_1(G_0)\log\left(\frac{G+1}{Y_0\eta+1}\right)\right.$$

$$\left. -\left(\frac{2}{9}\right)\beta_2(B_0)\log\left(\frac{B+1}{Y_0\zeta+1}\right)\right]$$

$$Q = \left(\frac{41.69}{\beta_1(L_{or})}\right)\left[\left(\frac{2}{3}\right)\beta_1(R_0)e(R)\log\left(\frac{R+1}{20\xi+1}\right)\right.$$

$$\left. +\left(\frac{1}{3}\right)\beta_1(G_0)e(G)\log\left(\frac{G+1}{20\eta+1}\right)\right)$$

$$L^* = 41.69 e(Y)\log\left(\frac{Y+1}{21}\right) + 50$$

$$e(R) = 1.758 \text{ for } R \geq 20\xi, = 1.0 \text{ for } R < 20\xi$$

$$e(G) = 1.758 \text{ for } G \geq 20\eta, = 1.0 \text{ for } G < 20\eta$$

$$e(Y) = 1.758 \text{ for } Y \geq 20, \quad = 1.0 \text{ for } Y < 20$$

$$E_s(\theta) = 0.9394 - 0.2478\sin\theta - 0.0743\sin 2\theta$$

$$+ 0.0666\sin 3\theta - 0.0186\sin 4\theta$$

$$- 0.0055\cos\theta - 0.0521\cos 2\theta$$

$$- 0.0573\cos 3\theta - 0.0061\cos 4\theta$$

상기한 식의 기호 의미는 아래와 같다.

X, Y 및 Z : 3자극값, R, G 및 B : 변환된 3원색 응답, E_{or} : 기준 조도, E_0 : 조도, L_{or} : 기준 휘도, L_0 : 배경 휘도, Y_0 : 반사율[%], 첨자 "0"는 조명하는 광(배경 백색)에 대응한 양인 것을 표시한다. 그리고 T : 적록 응답, P : 황청 응답, Q : 밝기 응답, L^* : 명도, $E_s(\theta)$: 색채의 세기 보정 함수이다.

4.5.4 CIECAM97s

CIE에서는 헌트 공간과 나야타니(納谷) 공간의 특성을 채택한 새로운 공간을 CIECAM97s로서 권장하고 있는데 이 구조는 다음 식으로 표시된다.[13]

$$c=0.69, N_c=1.0, F=1.0, F_{LL}=1.0, n=\frac{Y_b}{Y_W}$$

$$Y_b=30 : (V=6), Y_W=100, F_A=\frac{E_0}{\pi}\frac{Y_b}{Y_W}$$

$$k=\frac{1}{(5L_A+1)}$$

$$D=F+\frac{F}{[1+2L_A^{1/4}+(L_A^2/300)]}$$

$$F_L=0.2k^4(5L_A)+0.1(1-k^4)^2(5L_A)^{1/3}$$

$$N_{bb}=N_{cb}=0.725\left(\frac{1}{n}\right)^{0.2}$$

$$sz=1.0+F_{LL}n^{1/2}$$

$$R=0.8951\left(\frac{X}{Y}\right)+0.2664-0.1614\left(\frac{Z}{Y}\right)$$

$$G=-0.7502\left(\frac{X}{Y}\right)+1.7135+0.0367\left(\frac{Z}{Y}\right)$$

$$B=0.0389\left(\frac{X}{Y}\right)-0.0685+1.0296\left(\frac{Z}{Y}\right)$$

$$P=\left(\frac{|B_W|}{1.0}\right)^{0.0834}$$

$$R_C=\left[D\left(\frac{1.0}{R_W}\right)+1-D\right]R$$

$$G_C=\left[D\left(\frac{1.0}{G_W}\right)+1-D\right]G$$

$$B_C=\left[D\left(\frac{1.0}{|B_W|^P}\right)\left(\frac{B_W}{|B_W|}\right)+1-D\right]\left[|B|^P\left(\frac{B}{|B|}\right)\right]$$

$$R'=0.683162R_cY+0.296681G_cY$$
$$+0.020099B_cY$$

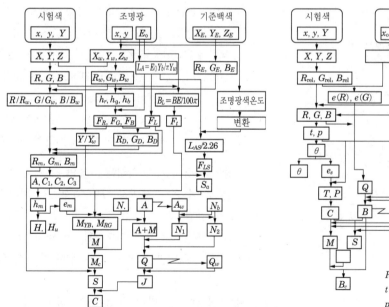
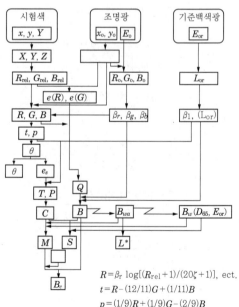

그림 4.13 헌트 공간과 나야타니 공간의 구성 개념도
(좌측 : 헌트 공간, 우측 : 나야타니 공간)
[Nayatani, et al., 1990[12]]

$$G' = 0.284373R_cY + 0.649080G_cY$$
$$+ 0.066518B_cY$$
$$B' = -0.008529R_cY + 0.040043G_cY$$
$$+ 0.968487B_cY$$

$$R_a' = \frac{40(F_LR'/100)^{0.73}}{[F_LR'/100)^{0.73} + 2]} + 1$$

$$G_a' = \frac{40(F_LG'/100)^{0.73}}{[F_LG'/100)^{0.73} + 2]} + 1$$

$$B_a' = \frac{40(F_L|B'|/100)^{0.73}(B'/|B'|)}{[F_L|B'|/100)^{0.73}(B'/|B'|) + 2]} + 1$$

$$a = R_a' - \left(\frac{12}{11}\right)G_a' + \left(\frac{1}{11}\right)B_a' \quad (\text{적}-\text{녹 응답})$$

$$b = \frac{1}{9}(R_a' + G_a' - 2B_a') \quad (\text{황}-\text{청 응답})$$

$$A = \left(2R_a' + G_a' + \frac{B_a'}{20} - 2.05\right)N_{bb} \quad (\text{밝기 응답})$$

$$J = 100\left(\frac{A}{A_w}\right)^{0.69SZ}$$

$$s = \frac{50(a^2 + b^2)^{1/2}100e_m(10/13)N_cN_cb}{[R_a' + G_a' + (21/20)B_a']}$$

$$C = 2.44s^{0.69}\left(\frac{J}{100}\right)^{0.67n}(1.64 - 0.29^n)(\text{크로마})$$

$$M = CF_L^{0.15} \quad (\text{컬러풀네스})$$

표 4.3 심리적 척도, 심리물리적 척도 및 심리계측적 척도

심리적 척도	심리물리적 척도	심리계측적 척도
색상 H	주파장 λ_d	메트릭 색상각 H^*
명도 V	반사율 Y	메트릭 명도 L^*
크로마 C	자극순도 P_e	메트릭 크로마 C^*
밝기 B	휘도 L	메트릭 밝기 A

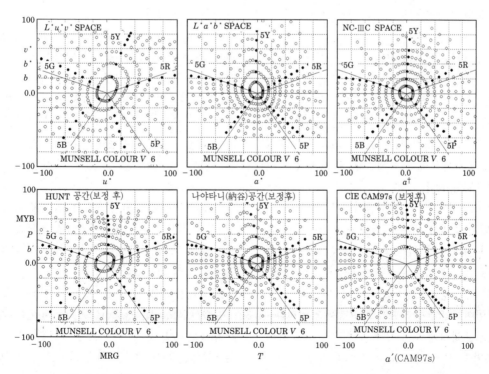

그림 4.14 먼셀 색표의 각종 균등색공간에서의 좌표(먼셀 색표의 명도는 $V = 6$)

$$a' = \frac{aC}{(a^2+b^2)^{1/2}}, \quad M_{RG} = \frac{aCF_L^{0.15}}{(a^2+b^2)^{1/2}} \quad (적록)$$

$$b' = \frac{bC}{(a^2+b^2)^{1/2}}, \quad M_{RG} = \frac{bCF_L^{0.15}}{(a^2+b^2)^{1/2}} \quad (황청)$$

$$e_m = e_1 + \frac{(e_2-e_1)(h_m-h_1)}{(h_2-h_1)} \quad (색채의 세기)$$

$$h_m = \tan^{-1}\left(\frac{b}{a}\right) = \tan^{-1}\left(\frac{b'}{a'}\right) = \tan^{-1}\left(\frac{M_{YB}}{M_{RG}}\right)$$
$$(색상각)$$

	red	yellow	green	blue
h_m	20.14	90.00	164.25	237.53
e_m	0.8	0.7	1.0	1.2

또한 CIECAM97s의 표식 내의 기호 의미는 헌트 공간의 경우와 같고 통상적으로는 조도 $E_o = 1,000$ lx, 배경 명도 $V = 5(Y_b = 20)$로 하지만 위의 예에서는 $V = 6$으로 하고 있다.

4.5.5 먼셀 색표의 균등색공간에 있어서의 좌표

CIE의 (x, y) 색도도로는 색이 지각되는 측면, 즉 색상, 명도 및 크로마를 균등하게 표시할 수 없고 또 지각되는 색차도 정확하게 표현할 수 없기 때문에 균등색공간 및 색지각 모델이 개발되어 왔다.

균등색공간과 색지각 모델이 어느 정도 색이 지각되는 측면을 바르게 표현하고 있는가를 확인하기 위해 먼셀 색표의 이들 색공간에 있어서의 좌표를 그림 4.14에 나타낸다.

또한 이들 공간에 있어서의 색차는 각각의 공간에 있어서의 유클리드적 거리로서 정의된다.

XYZ 표색계에 좌표 변환을 함으로써 지각되는 측면과 심리 물리적 측면과의 대응 관계가 (x, y) 색도도에 의한 표시에 비하면 개선되어 균등색공간 및 색지각 모델의 좌표를 사용해서 색이 지각되는 측면을 근사적이긴 하지만 표현할 수가 있다.

$L^*a^*b^*$ 공간 및 $L^*u^*v^*$공간에는 아직 약간 색의 표시에는 일그러짐이 남아 있지만 다른 공간에서는 색상환의 형이 원형에 근접, 균등성이 개선되고 있는 것을 알 수 있다.

특히 NC-ⅢC 공간에 있어서는 색상환이 깨끗한 원형이 되고 등크로마(등채도 : 等彩度)의 색은 원점으로부터의 등거리 원주상의 좌표점으로 표시되어 있는 것과, 또 색상의 변화 방향과 크로마의 변화 방향이 상호 직교하고 있는 것을 이 그림에서 읽을 수 있다.

반대색 응답 과정에 있어서의 비선형성을 도입한 색공간에 있어서는 색상, 크로마 및 명도를 상호 직교한 형으로 표시할 수가 있으므로 먼셀 공간의 색을 원주 좌표계 안에서 정연하게 표시할 수가 있다.

또 이 공간에 있어서는 상호의 좌표축이 직교하고 있는 것 때문에 색의 상위, 즉 색차를 표시하는 경우에도 그 색차를 색상, 크로마, 명도를 표시하는 성분으로 분리해서 표시하고 또 각각의 성분으로 독립해서 중점을 주어 개별적으로 취급할 수 있기 때문에 색차 평가를 개개의 성분마다 정확히 할 수 있다고 하는 이점이 있다.

또한 먼셀 공간에서의 척도는 심리적 척도 또는 지각 척도, XYZ 표색계에서의 척도는 심리 물리적 척도, 균등색공간에서의 척도는 심리 계측적 척도라고 불린다.

이들 대응 관계를 표 4.3에 나타낸다.

여기서 색상 H, 명도 V 및 크로마 C에 각각 대응하는 메트릭 색상각 H^*, 메트릭 명도 L^* 및 메트릭 크로마 C^*는 다음 식으로 정의된다.

$$H^* = \tan^{-1}\left(\frac{v^*}{u^*}\right) = \tan^{-1}\left(\frac{b^*}{a^*}\right) = \tan^{-1}\left(\frac{b^\dagger}{a^\dagger}\right)$$

$$= \tan^{-1}\left(\frac{M_{YB}}{M_{RG}}\right) = \tan^{-1}\left(\frac{P}{T}\right) = \tan^{-1}\left(\frac{b'}{a'}\right)$$

$$L^* = 116\left(\frac{Y}{Y_n}\right)^{1/3} - 16 : J = 100\left(\frac{A}{A_W}\right)^{0.69SZ}$$

$$= 41.69e(Y)\log(\frac{Y+1}{21}) + 50$$

$$C^* = (u^{*2} + v^{*2})^{1/2} = (a^{*2} + b^{*2})^{1/2}$$

$$= (a^{\dagger 2} + b^{\dagger 2})^{1/2} = (M_{YB}^2 + M_{RG}^2)^{1/2}$$

$$= (T^2 + P^2)^{1/2} = (a'^2 + b'^2)^{1/2} \qquad (4.13)$$

균등색공간 또는 색지각 공간에서의 심리 계
측적 척도를 사용하면 색의 3속성인 색상, 명도
및 크로마를 근사적이긴 하지만 지각되는 속성
에 대응시켜서 표시할 수가 있다. 또한 심리 계
측적 척도 외에 지각되는 측면을 정량적으로 보
다 더 잘 표시하는 척도로서 심리 계량적 척도
를 새로 고안할 필요성이 헌트에 의해 제창되고
있으며 색지각 모델은 이를 지향해서 고안된 것
이지만 아직 반대색응답의 비선형성을 정확하
게 표시하고 있지는 못하다. 이 때문에 시각계
의 반대색응답 및 색순응에 관한 정확한 특성을
가진 새로운 구조의 색공간을 개발할 것이 요망
되고 있다.

[池田紘一]

참고문헌

1) Hurvich, Leo M. : COLOR VISION, Sinauar Associates Inc. (1981)
2) Tomita, T. : Electrophysiological study of the mechanisms subserving color coding in the fish retina, Cold Spring Harbor Symp. Quant. Biol., Vol. 30, pp. 559–566 (1965)
3) De Valois, R. L., Abramov, I. and Jacobs, G. H. : Analysis of response patterns of LGN cells, J. Opt. Soc. Amer., Vol. 56, pp. 966~977 (1966)
4) Munsell, A. H. : A Color Notation, Munsell Color Company, 1 st edition (1905), 8 th edition (1936)
5) Munsell, A. H. : Atlas of the Munsell Color System, Wadsworth-Howland & Company (1915)
6) Munsell Book of Color, Munsell Color Company, standard edition (1929), pocket-size edition (1929)
7) Newhall, S. M., Nickerson, D. and Judd, D. B. : Final Report of the O. S. A. Subcommittee on the Spacing of the Munsell Colors, Jour. Opt. Soc. Amer., Vol. 33 (7), pp. 385-418 (1943)
8) CIE : COLORIMETRY-second edition-, Publication CIE, No. 15. 2 (1986)
9) Wyszecki Gunter and Stiles, W. S. : COLOR SCIENCE, John Wiley & Sons (1982)
10) MacAdam, D. L. : Visual sensitivity to color differences in daylight, J. Opt. Soc. Amer., Vol. 32, p. 247 (1942)
11) Hunt, R. W. G. : Revised Colour-Appearance Model for Related and Unrelated Colours, Color Res. & Appl., 2 (2), 55 (1991)
12) Nayatani, Y., et al. : Comparison of Color-Appearance Models, Color Res. & Appl., 15 (5), pp. 272-284 (1990)
13) The CIE 1977 Interim Colour Appearance Model (simple Version) CIECAM 97 s : CIE TECHINICAL REPORT CIE 131 (1998)
14) IKEDA, K., YAMASHINA, H. and ICHIHASHI, A. : Colour rendering properties of light sources, New colour space for evaluation, Lighting Research and Technology, Vol. 28 (2), pp. 97-112 (1996)
15) IKEDA, K. : Non-Linear Uniform Colour Space Considering Non-linearity and Non-symmetry in Opponent Colour Response Mechanisms, J. Light and Visual Environment, Vol. 25 (1), pp. 49-59 (2001)
16) JIS Z 8102 : 1985 物体色の色名
17) JIS Z 8721 : 1993 色の表示方法—三属性による表示
18) JIS Z 8701 : 1995 色の表示方法—XYZ 表色系及び $X_{10}Y_{10}Z_{10}$ 表色系
19) JIS Z 8729 : 1994 色の表示方法—$L^*a^*b^*$ 表色系及び $L^*u^*v^*$ 表色系
20) JIS Z 8720 : 1983 測色用の標準の光および標準光源

2편
측량광과 광의 계측

제1장

광방사의 계측

1.1 광의 표준과 측광량 • • •

광을 취급하는 분야에서 사용되는 표준은 아래 세 가지로 분류할 수 있다.

(1) 광원·방사원에 입각한 표준 : 광도, (전)광속, 조도, 휘도, (전)방사 강도, (전)방사속, (전)방사 조도, (전)방사 휘도 등

(2) 수광기·검출기에 입각한 표준 : 조도, (분광)방사 조도, (분광)응답도 등

(3) 물질 특성에 입각한 표준 : (분광)투과율, (분광) (경면, 확산)반사율 등

이들 세 가지 표준을 사용해서 조립함으로써 측정 대상에 대응한 최적 형태의 표준을 만들어 실제의 측정 장소에서 사용한다.

1.1.1 방사량과 측광량

방사량과 측광량의 상위는 방사량은 양(와트

[W], SI 기본 단위에 의한 표현에서는 [$m^2 \cdot kg \cdot s^{-3}$)]을 사용하며 절대량으로서 표시되는 양이고, 측광량은 방사량에 국제조명위원회(CIE)가 물리 측광에 사용하는 것을 목적으로 하여 정한 명소시(名所視)에 있어서의 사람 눈의 감도에 상당하는 분광 시감 효율($V(\lambda)$, 그림 1.1 참조)[1]이라고 하는 필터를 건 양으로서, 고유의 단위 명칭을 가진(휘도를 제외) 측광량과 방사량의 상관과 단위를 표 1.1에 든다.

국제 단위계에서는 기본 단위·조립 단위 및

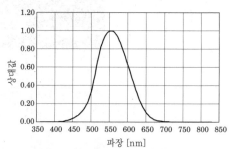

그림 1.1 분광 시감효율 $V(\lambda)$

표 1.1 측광량과 방사량과의 상관

측광량			방사량		
양	명칭	기호	양	명칭	기호
광도[1]	칸델라	cd	방사강도[5]	와트매스테라디안	W/sr
광속[3]	루멘	1m	방사속[3]	와트	W
조도[3]	럭스	lx	방사조도[4]	와트매평방미터	W/m²
휘도[2]	칸델라매평방미터	cd/m²	방사휘도[5]	와트매평방미터 매스테라디안	W/(m²·sr)
입체각[6]	스테라디안	sr			

[1] 기본단위
[2] 기본단위를 사용해서 표현되는 SI조립단위
[3] 고유의 명칭을 갖는 SI조립단위
[4] 고유의 명칭을 사용해서 표현되는 SI조립단위
[5] 보조단위를 사용해서 표현되는 SI조립단위
[6] 보조단위

보조 단위로 분류되며, 광도는 기본 단위, 휘도는 기본 단위를 사용해서 표현되는 SI 조립 단위, 방사속·광속·조도는 고유 명칭을 가진 SI 조립 단위, 방사 조도는 고유의 명칭을 사용해서 표현되는 SI 조립 단위, 입체각은 보조 단위, 방사강도·방사 휘도는 보조 단위를 사용해서 표현되는 SI 조립 단위이다. 이 단위 외에 검출기의 응답도로서 검출기에 입사하는 방사([W])와 검출기의 출력 ([V] 또는 [A])과의 관계에서 [V/W] 또는 [A/W]가 사용된다. 방사량을 파장의 관점에서 보면 어느 파장 대역 전반의 방사량을 평가하는 양(명칭 앞에 '전(全)'을 표시한다. 예를 들면 '전방사 조도')와 분광(分光)적으로 특정한 파장에 대응한 양으로 분류할 수가 있다.

1.1.2 측광의 기본 단위

국제 단위계(SI)의 기본 단위는 7개가 있다. 길이(미터 : [m]), 질량(킬로그램 : [kg]), 시간(초 : [s]), 전류(암페어 : [A]), 온도(켈빈 : [K]), 물질량(몰 : [mol]), 과 광도(칸델라 : [cd])이다. 이것들 중 광의 기본량인 '광도'는 인간의 감각에 의거하는 유일한 감각량이다.

현재의 광도의 정의는 1979년의 제16회 국제 도량형 총회에서 채택됐으며 "칸델라는 주파수 540×10^{12} Hz의 단위 방사를 방출하여 소정의 방향에 있어서의 그 방사 강도가 1/683와트 매 스테라디안인 광원의 그 방향에 있어서의 광도이다". (일본에서도 현행 계량법에 새 정의가 도입되었다.[2])옛날 정의에서는 백금 응고점의 온도에 있는 흑체로부터의 방사를 표준으로 하여 규정되고 있었다. 이것에 비해서 새로운 정의에서는 표준 광원, 표준 검출기와 같은 특정한 표준기에 의존하지 않고 주파수 540×10^{12} Hz(파장 약 555 nm)의 단색 방사에 대해서 다른 SI

단위에서 유도된 물리량(전기량)이 사용되어 엄밀한 계측을 할 수 있게 되었다. 그러나 555 nm 이외의 파장 또는 넓은 파장 분포를 갖는 광원의 광도를 구하는 데는 사람 눈의 분광 감도를 표준화·규격화한 분광 시감 효율 $V(\lambda)$를 병용하지 않으면 안 된다. 따라서 측정은 $V(\lambda)$라는 필터를 걸친 방사속 ϕ_e의 측정으로 생각된다. 실제로 측정되는 것은 인간의 시감 파장 영역 360~830 nm에 대해서 적분한

$$\Phi = K_m \int_{360nm}^{830nm} V(\lambda)\, \phi_e\, d\lambda, \quad \phi_e : 방사속[W]$$

$$K_m = 683 \text{ lm} \cdot \text{W}^{-1}$$

라고 하는 양으로서 이 양을 광속(光束)이라고 하고 다른 모든 측광량의 기본이 된다. 양으로서는 광속이 기본이지만 단위로서는 광도가 기본이 되고 있다. 측광량으로서는 기본 단위의 광도와 광속, 조도가 사용된다. 광도는 발광면을 정점으로 한 단위 입체각에 포함되는 원추형 내의 광속의 양[lm/sr]으로 표시된다. 광속의 단위는 모든 방향으로 1 cd의 광원을 갖는 광원이 단위 입체각 내에 방출하는 광속으로 정의되고 있다. 광을 받는 측(수광면)의 측광량인 조도는 그 점을 포함하는 단위 면적당 입사하는 광속의 양[lm/m²]으로 표시된다. 조도 1 lx는 면적 1m²당 광속 1 lm 비율로 광이 입사하고 있는 것을 나타내고 있다. 또 조도 E는 발광면과 수광면과의 거리 r[m]의 역2승의 법칙과 광도 I에서

$$E = \frac{I}{r^2}$$

로 나타낼 수가 있다.

이와 같이 측광량은 다른 SI 기본 단위와 달리 광도, 광속, 조도의 세 가지 단위가 상호 밀접한 관계로 결합되는 특수한 양이라고 할 수 있다. 여기서 말하는 광속은 어느 입체각 내(또

는 면적 내)를 통과하는 양이지만 측광량에서 일반적으로 말하는 광원의 광속은 전 공간(4π 공간)에 존재하는 광의 총량을 의미한다. 전자를 '광속', 후자를 '전광속'이라고 부르고 구분한다.

1.1.3 측광량의 표준

광도의 정의에 입각하여 광도 단위를 구현하는 데는 고온 흑체로(高溫黑體爐) 등의 방사원(放射源)을 사용하거나 또는 전력치환형 방사계 등의 검출기를 사용하는 등의 두 가지 방법이 있다. 흑체로는 온도 눈금의 정밀도의 영향을 받는 데 비해서 전력치환형 방사계는 입사 파워와 치환 전력과의 등가성이 문제가 된다. 그러나 캐비티를 극저온(액체 He 온도)으로 유지함으로써 양호한 등가성을 실현시킬 수 있기 때문에 각국의 표준 기관에서 광도 단위를 구현하기 위해 도입·사용되고 있다. 일본에서는 산업기술총합연구소가 극저온 방사계를 1994년에 도입하여 광도 단위는 물론 측광·방사 제단위 설정 기준에 이용하고 있다. 이 극저온 방사계를 사용해서 고정밀도의 분광 응답도에 입각한 새로운 광도·광속(여기서는 전광속을 의미한다) 단위가 설정되었다. 극저온 방사계의 외관을 그림 1.2에 나타낸다. 극저온 방사계의 절대분광 응답도를 기준으로 한 광도·광속 단위의 트레

이서빌리티 체계도를 그림 1.3에 나타낸다. 얻어진 광도의 측정 부정확성은 0.28 %(포함 계수 $k=1$), 광속의 부정확성은 0.34 %(포함 계수 $k=1$)이다.

국제도량형위원회(CIPM) 측광방사 측정자문위원회(CCPR) 주최로 기간 국제 비교(key comparison)의 일환으로서 광도(CCPR-K3a) 및 광속(CCPR-K4)의 국제 비교가 중앙국(독일연방 물리광학연구소, PTB)에서 1997~1999년에 실시되었다. 일본 産總硏(당시는 電總硏)은 새로 설정한 광도·광속 단위를 사용해서 국제 비교에 참가하였다. 참가 17개 기관 중 6개 기관이 극저온 방사계를 기준으로 해서 중계용 표준 전구에 값을 부여하였다. 동 국제 비교에는 CCPR 주최의 국제 비교로서 최초

그림 1.2 극저온 방사계

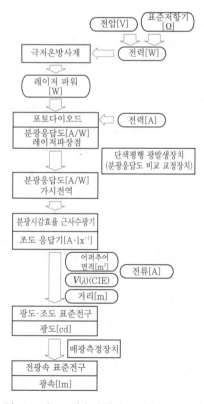

그림 1.3 광도·광속단위의 트레이서빌리티

로 key comparison reference value (KCRV)가 도입되었다. 電總研(ETL)의 KCRV로부터의 벗어남은 1999년 12월의 보고서[4]에 의하면 광도로 −0.09 %, 광속으로 +0.18 %이다. 각국의 결과를 그림 1.4에 나타낸다. 이 국제 비교의 결과는 CCPR에 있어서 등가성 승인 필로서 비교 결과를 이용할 수가 있다. 국제 비교에서 얻어진 결과를 일본 국내 공급치에 방영시키기 위해 계량법에 입각해서 공급되고 있는 광도·광속값을 2001년 3월 15일부로 개정하였다.

현재 측광량의 표준은 계량법 트레이서빌리티 제도(Japan Calibration Service System : JCSS)로 공급을 하고 있다. 産總研이 보유하는 특정 표준기구에 의해 실현시킨 광도 표준 및 광도 표준에서 배광 측정 장치에 의해 실현시킨 전광속 표준을 사용해서 지정 교정기관인 일본 전기계기검정소(JEMIC)가 보유하는 특정 부표준기로 값이 옮겨진다.

이 때의 産總研의 최고 교정 능력은 광도에서는 0.64 %(10~3,000 cd, 포함 계수 $k=2$), 전광속에서는 0.84 %(5~9,000 lm, 포함 계수 $k=2$)이다. 그리고 또 특정 부표준기에서 인정사업자가 보유하는 특정 2차표준기(법률상으로는 특정 표준기에 의해 교정된 표준기)에 표준치가 공급된다. 일반 유저(사용자)는 인정사업자에게 교정을 의뢰하여 JCSS 교정증명서를 취득할 수 있다. 2003년 1월 현재, 일본에서 광에 관한 인정사업자는 미놀타, 일본전기계기검정소, 토시바 라이테크, 톱콘, 하마마스 포토닉스, 마쓰시타 전기산업, 스가 시험기의 7기관이다.

[薺藤一朗]

1.2 기본량의 측정

1.2.1 측광량 [5],[6]

(1) 광속(光束)

광속이란 방사속을 표준 분광 시감 효율 $V(\lambda)$을 가지고 있는 눈의 밝기 감각으로 평가한 양으로서 파장 λ의 분광 방사속 $\Phi_e(\lambda)$에 의한 밝기 감각량을 가시 파장역 360~830 nm에 걸쳐 적분한 것이다. 광속의 기호는 Φ로서

$$\Phi = K_m \int_{360}^{830} V(\lambda)\Phi_e(\lambda)d\lambda \qquad (1.1)$$

단위는 루멘[lm]이다. 여기서 K_m은 최대 시감 효과도((분광 시감 효율 곡선의 최대치)로서 그 값은 555 nm에 있어서 683 lm/W이다.

(2) 광량(光量)

광량이란 방사 에너지를 시각의 밝기 감각으로 평가한 양으로서 광속의 시간 적분량이다.

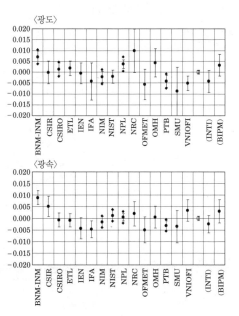

그림 1.4 광도·광속 국제비교(CCPR-K3a, K4) 참가국의 KCRV에서의 벗어남

광량의 기호는 Q이고

$$Q= \int \Phi dt \qquad (1.2)$$

단위는 루멘초[lm·s]이다.

(3) 조도(照度)

조도란 피조면(被照面)상(광원에 의해 직접적 또는 간접적으로 조사되고 있는 면)의 밝기를 평가하는 양으로서, 어느 면상의 임의의 점 P를 포함하는 미소 면적 요소의 면적에 입사하는 광속 $d\Phi$를 그 미소 면적 dA로 나눈 것으로서 그 기호는 E이고

$$E=\frac{d\Phi}{dA} \qquad (1.3)$$

단위는 럭스[lx]이다(그림 1.5(a) 참조).

(4) 광속 발산도

광속 발산도란 발광면에서 발산하는 광속 또는 피조면에서 반사되는 광속 $d\Phi$를 그 미소면적 dA로 나눈 것으로서 그 기호는 M이고

$$M=\frac{d\Phi}{dA} \qquad (1.4)$$

단위는 루멘매평방미터([lm/m²]이다(그림 1.5[6] 참조).

(5) 광도(光度)

광도란 광원의 밝기를 평가하는 양으로서 광원에서 나와 부여된 방향의 미소 입체각 요소 내를 통과하는 광속 $d\Phi$를 그 미소 입체각 $d\Omega$로 나눈 것으로서 그 기호는 I이고

$$I=\frac{d\Phi}{d\Omega} \qquad (1.5)$$

단위는 칸델라[cd]이다(그림 1.5(c) 참조).

(6) 휘도(輝度)

휘도란 광원이나 피조면의 빛남의 정도를 나타내는 양으로서 다음과 같은 두 가지 정의가 있다.

(1) 광원 표면상의 임의의 점 P에 있어서의 부여된 휘도란 그 점을 포함하는 미소 면적 요소의 부여된 방향의 광도 dI를 그 미소 면적 요소(그 미소면적은 dA)를 그 방향으로 수직인 평면상에 직각으로 투영한 면적 $dA·\cos \theta$로 나눈 것으로서 기호는 L이다

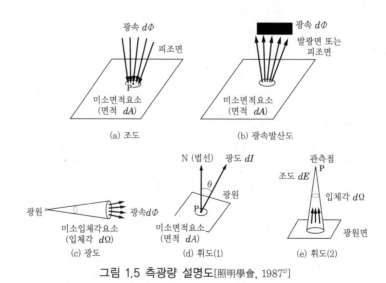

그림 1.5 측광량 설명도[照明學會, 1987[2]]

(그림 1.5(d) 참조).

$$L = \frac{dI}{dA \cdot \cos\theta} \qquad (1.6)$$

단위는 칸델라매평방미터[cd/m²]이다.

(2) 수광면 상의 임의의 점 P에서 본 광원의 휘도 L이란 이 점을 통과해서 보는 방향으로 수직인 면의 조도 dE를 이 점을 정점으로 하고 광원을 바닥으로 하는 추상체(錐狀體)의 입체각 $d\Omega$으로 나눈 것(단위 입체각 당의 조도)이다(그림 1.5(e) 참조).

$$L = \frac{dE}{d\Omega} \qquad (1.7)$$

단위는 칸델라매평방미터[cd/m²]이다.

1.2.2 방사의 기본량 측정[7),8)]

(1) 방사속(放射束)

방사속(放射束)의 절대 측정은 방사속을 직류 전력에 의해 바꾸어 놓는 등가(等價) 치환의 원리에 의하는 것이다. 등가 치환의 원리는 표면을 검게 한 금속 박판에 방사를 하여 가열한 경우와 이 금속 박판을 직류 전류에 의해 가열한 경우를 가지고 온도 상승을 비교하여 그 온도 상승이 같을 때 금속 박판에 흡수된 방사속의 크기는 가열에 소요된 전력 크기와 같다고 하는 것이다. 온도 상승 측정에는 절대 방사계 또는 분광 응답도에 파장 의존성이 없는 검출기를 사용한다.

(2) 방사 조도·방사 강도

방사 조도와 방사 강도는 물리량으로서는 상이하지만 측정 절차는 동일한데 실제로 측정하는 것은 방사 조도이다. 방사 조도는 방사속에 대한 응답도가 교정되고 또 수광 면적이 기지인 방사검출기를 사용해서 측정한다. 이와 같은 방

사검출기를 사용해서 특정 거리에서의 방사 조도가 눈금 표시되어 있는 방사조도 표준전구를 기준으로 하는 비교 측정이다.

(3) 방사 휘도

방사 휘도는 분광방사휘도 표준전구와의 비교에 의해 측정한다. 분광방사휘도 표준전구는 텅스텐 리본전구로, 그 석영창을 통해서 리본 면상의 중앙 부분의 분광방사휘도가 온도 기지인 흑체로와 비교 측정에 의해 결정된다.

1.2.3 광의 기본량 측정[4),8),9)]

(1) 광도(光度)

수평광도 표준전구와 피측정 전구와의 비교 측정에 의해 행한다. 표준 광원과 피측정 전구의 상대 분광 분포가 거의 같은 경우의 측광을 동색 측광, 상대 분광 분포가 상이한 경우의 측광을 이색 측광이라고 한다. 백열전구끼리의 비교 측정은 대부분 동색 측광이고 표준 전구와 형광 램프, HID 램프 등과의 비교 측정은 이색 측광이다.

전구의 경우는 측광 벤치의 이동 가대상에 지정된 점등 방향(표준 전구는 꼭지쇠를 아래로 하고 지정의 측광 방향을 측광기에 정대면 시킨다)으로 장착하고 측광축이 수평이 되도록 차광판(전구로부터의 직사광 이외의 기타 벽이나 배후로부터의 미주광을 제거하기 위해)과 수광기를 배치한다. 전구의 필라멘트 및 수광기의 수광면은 측광축에 대해서 수직이 되도록 주의한다. 이 때 전구의 광중심과 수광면과의 거리(측광 거리)는 전구의 유리공의 최대 치수의 10배 이상으로 잡는다. 표준 전구를 규정 전압으로 점등하여 수광기의 출력 i_s를 읽고, 다음에 피측정 전구를 표준 전구와 양자의 광 중심이 일치하도록 바꾸어 놓고 점등하여 수광기의 출력 i_t

를 판독한다. 표준 전구의 광도를 I_s라고 하면 피측정 전구의 광도 I_t는

$$I_t = k\frac{i_t}{i_s}I_s \qquad (1.8)$$

로 구해진다. 또한 동색 측광의 경우에는 색보정 계수 k는 1이다.

(2) 광속(光束)

전광속(全光束) 측정에는 적분구(積分球)를 사용하는 구형 광속계법과 고니오미터 등에 의한 배광 측정법이 있으며 구형 광속계법은 광원에서 발산하는 전광속 측정에 사용된다. 그러나 조명 기구와 조합한 광원의 전광속을 측정하는 경우에는 적분구를 사용할 수 없으므로 배광 측정법을 사용한다.

(3) 조도(照度)

조도 측정은 조명된 면의 특성, 즉 조명 환경을 측정하는 것이다. 이 조도 측정에 사용되는 측정기는 눈금 교정된 조도계이다. 조도계의 눈금 교정은 광도 I_s의 광도 표준전구에서 거리 r만큼 떨어진 점에 있어서의 측광 방향으로 수직인 면상의 조도 E는

$$E = \frac{I_s}{r^2} \qquad (1.9)$$

가 되므로 이 면의 조도를 조도계에 의해 측정함으로써 눈금을 교정한다.

(4) 휘도, 광속 발산도

① **휘도** 휘도 측정에 사용되는 측정기는 눈금 교정된 휘도계이다. 휘도계의 눈금 교정은 광도 I_s의 광도 표준전구와 반사율 ρ가 기지(旣知)인 백색 확산 반사판을 거리 r만큼 이격시켜 정대면 시켰을 때 반사판 상의 휘도 L은

$$L = \frac{\rho I_s}{\pi r^2} \qquad (1.10)$$

로 부여되므로 이 면의 휘도를 휘도계에 의해 측정함으로써 눈금을 교정한다.

② **광속 발산도** 광속 발산도는 발산하는 광속의 면적밀도이므로 일정한 면적에서 발산하는 전광속을 측정함으로써 광속 발산도가 구해진다. 발산하는 전광속은 전술한 구형 광속계법에 의해 측정하거나 또는 배광 측정법에 의해 그 배광을 측정하고 광속을 적산해서 구한다.

(5) 분광 분포, 분포 온도

① **분광 분포** 분광 분포 측정에는 절대 측정과 상대 측정이 있다. 절대 측정은 분광 분포의 알고 있는 표준 광원이 얻어지지 않는 경우에 분광측정기의 여러 계수를 아는 것에 의해 출력으로서의 설정 파장에 대한 응답에서 입력량인 방사량의 분광 밀도를 구하는 것이다. 상대 측정은 미리 분광 분포를 알고 있는 표준 광원과의 비교 측정에 의하는 것이다.

② **분포 온도** 분포 온도의 측정 방법은 일반적으로 분포 온도의 눈금 설정이 되어 있는 표준 전구와 시료 전구의 분광분포(실제로는 2파장의 방사의 비)를 비교해서 측정한다. 이 비교에는 분광측정기 또는 상이한 2파장을 중심으로 해서 비교적 좁은 파장대역에서 분광 응답도를 갖는 2개의 측광기를 사용, 표준 전구인 경우의 2파장의 응답의 비와 시료 전구인 경우의 2파장의 응답의 비를 비교하여 표준 전구의 응답의 비와 시료 전구의 응답의 비가 같을 때 양자의 분포 온도가 같다고 한다.

[磯村 捻]

1.3 분광 측광

방사가 물질에 흡수되거나 또는 물질에서 방사가 방출될 때 그 물질의 성질에 따라 파장에 의한 파장 선택성이 생긴다. 그 결과 방사원이면 파장에 의한 방사 에너지의 상위에서 고유의 분광 분포를 나타내고, 검출기이면 파장에 의한 흡수·반사 또는 에너지 준위(準位)의 상위에서 고유의 분광 응답도를 나타낸다

광방사의 분야에 있어서 광원·방사원 또는 수광기·검출기의 보다 정확한 평가를 하는 경우 표준값을 가진 방사원 또는 검출기를 기준으로 해서 분광 광학계를 사용한 비교 측정을 실시, 피교정물의 분광적인 참 모습을 얻는다. 또는 분광 측정에 의해 얻어진 결과를 사용해서 보정을 시행, 보다 엄밀한 평가를 할 필요가 있다.

1.3.1 측광에 있어서의 분광 측정의 역할

분광 시감효율($V(\lambda)$)에 입각해서 평가하는 측광량(광도, 조도, (전)광속)에 있어서도 CIE가 정한 $V(\lambda)$에 완전히 합치된 분광 응답도를 갖는 수광기를 얻는 것은 곤란하다. 예를 들면 조도 측정용의 수광기(측광기)의 경우 교정된 조도값에 의해 측정할 수 있는 광원은 그 수광기를 눈금 교정했을 때 사용한 광원에 가까운 분광 분포를 갖는 것에 한정된다(동색 측정). 분광 분포가 상이한 광원을 보다 정확하게 평가하는 데는 측정 대상이 되는 광원을 분광 측정함으로써 (상대) 분광 분포를 얻는다.

그리고 또 측정에 사용하는 수광기를 분광 측정에 의해 얻어진 (상대) 분광 응답도에서 보정 계수(색보정 계수)를 산출하여 측정값을 보정하는 것이 중요하다.

광도 측정을 예로 한 색보정 계수의 산출 방법을 아래에 든다. 피측정 전구와 표준 전구의 분광 분포(분포 온도)가 다른 경우 색보정 계수 k가 필요해진다. 광도 이외에도 조도, 전광속 등의 측광용 수광기에 적용할 수가 있다. 형광 램프 또는 방전 램프의 측정에서는 필요 불가결한 보정이다.

$$I_t = k \cdot \frac{i_t}{i_s} \cdot I_s$$

여기서 I_t : 피측정 광원의 광도, I_s : 표준 광원의 광도, i_t : 피측정 광원에 대한 수광기(측광기)의 지시, i_s : 표준 광원에 대한 수광기(측광기)의 지시

색보정 계수 k의 산출은 아래 식을 사용한다.

$$k = \frac{\int_0^\infty P_t(\lambda)V(\lambda)d\lambda}{\int_0^\infty P_s(\lambda)V(\lambda)d\lambda} \cdot \frac{\int_0^\infty P_s(\lambda)s(\lambda)d\lambda}{\int_0^\infty P_t(\lambda)s(\lambda)d\lambda}$$

여기서 k : 색보정 계수, $P_t(\lambda)$: 피측정 광원의 상대 분광분포, $P_s(\lambda)$: 표준 광원의 상대 분광분포, $s(\lambda)$: 수광기의 상대 분광 응답도, $V(\lambda)$: CIE 2° 시야 표준시감 효율

1.3.2 분광 분포 측정의 목적

1.3.1에서 기술한 바와 같이 측광량 측정에 있어서는 측정 대상이 되는 광원의 (상대) 분광 분포를 파악함으로써 측정값의 불확실성을 보다 작게 할 수가 있다. 다만 수광기의 상대 분광 응답도를 사전에 알고 있어야 한다. 수광기의 분광 응답도의 $V(\lambda)$로부터의 벗어남 f_1'가 2 근처보다 작은 값이면[10] 텅스텐 필라멘트를 사용한 광원[11]으로 한정하면 2,042~3,100 K 정도의 범위에서 색 보정계수는 1.0005 이내가 되어 광원의 분광 분포를 고려할 필요가 없다. 그러나 형광 램프나 방전 램프에 대표되는 라인 스펙트럼를 갖는 광원, LED에 대표되는 특정

한 파장 대역만을 갖는 광원에 대해서는 광원의 분광 분포를 측정하여 보정하지 않으면 안 된다. 이 경우의 분광 분포는 상대값으로서 얻어지면 된다.

사람의 피부에 대한 자외선의 영향에 의한 정량적인 데이터 수집, 태양전지 등이 평가에 사용되는 솔라 시뮬레이터의 분광적인 방사 에너지 교정에는 필요로 하는 방사량(예를 들면 분광 방사조도)에서 미리 교정된 표준 방사원을 사용하여 절대측정을 실시함으로써 방사원을 분광적인 견지에서 보다 정확히 평가할 수가 있다.

1.3.3 분광 분포 측정의 원리

측광 방사의 측정은 일반적으로 다음 원칙에 입각한다. 측정코자 하는 양 그 자체에 대해서 값을 알고 있는 표준이 존재하면 그 양과의 비교 측정에 의해 피측정(교정)물의 값을 얻을 수가 있다.

예를 들면 측광량의 경우는 $V(\lambda)$ 근사 수광기를 사용해서 표준값을 갖는 광원과 피측정 광원을 동일조건에서 비교 측정을 한다. 이것은 두 개의 물건 무게를 '천칭'을 사용하여 비교해서 구하는 것과 동일하며 수광기는 값을 가질 필요가 없다는 것을 의미한다. 분광 측정에 대해서

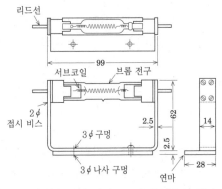

그림 1.6 분광 방사조도 표준전구의 구조

도 동일하게 생각할 수가 있다. 분광 측정에서는 전술한 수광기 대신 분광기와 검출기를 조합한 것이 '저울'에 상당한다. 표준 방사원과 피측정 방사원의 각 측정 파장에 있어서의 전기적 출력의 비를 얻어 그 값에 표준 광원이 갖는 표준값을 곱함으로써 피측정물의 각 파장마다의 값을 얻을 수가 있다.

이때 표준 방사원이 요구하는 특유의 공간 조건 등을 만족시킨 측정 방법이 가능하면 피측정물에 절대값을 사용할 수가 있다. 예를 들면 분광 방사조도 측정의 경우 분광 방사조도의 값은 정해진 어느 측정 거리에 의해 교정되고 있다. 이 조건을 충족시킨 상태로 비교 측정을 하면 각 파장에서의 분광 방사조도의 값을 절대값으로 얻을 수가 있으며 이것을 절대분광 측정이라고 한다.

또한 공간적 조건 등을 충족시킬 수가 없지만 다른 표준을 사용해서 상대 분광분포를 얻고자 하는 경우에는 다음과 같은 측정 방법이 사용된다. 예를 들면 분광 방사조도 표준전구를 사용해서 상대 분광 방사휘도의 값을 얻고자 하는 경우 백색 확산판 또는 확산 투과판 및 렌즈 광학계를 병용해서 이들 측정계(이 경우 각각의 절대치는 불필요)를 분광기·검출기와 동일하게 '저울'에 포함시킴으로써 분광 측정을 할 수가 있다. 다만 기본이 되는 양으로서의 차원이 다르므로 차원의 변환을 수반하지 않는 경우는 얻어지는 분광 방사휘도는 절대치를 갖지 않는다. 이것을 상대 분광측정이라고 한다.

1.3.4 분광 분포의 표준

방사원은 공동(空洞)구조(흑체)를 갖게 함으로써 방사 온도의 측정에서 플랑크의 식을 사용해서 계산에 의해 분광 방사 휘도로서 분광 분포의 값을 얻을 수가 있다. 그러나 방사 온도를

정확히 측정하지 않으면 분광 분포를 얻기가 어렵다. 또 온도 정점(溫度定點)을 이용하는 정점 흑체로는 동점(銅點)의 1,084.62℃가 최고이고 그 분포는 가시역의 단파장측에서 급격하게 저하한다. 또 응고점 온도의 유지 시간은 7분간 정도로서 넓은 파장역의 측정을 이 시간 내에 하는 것은 어렵다. 일본 국립표준연구소에서는 온도 정점을 기준으로 해서 3,000K를 초과하는 고온 흑체로를 운용하여 분광 분포의 1차 표준으로 하고 있지만 일반 사용자가 정상적으로 행하는 교정 작업에는 적합하지 않다.

비교적 손쉽게 이용할 수 있는 표준인 분광 방사조도 표준은 산업기술총합연구소가 표준을 정점 흑체로→고온 흑체로→표준 방사원의 일련의 흐름에 의해 확립하여[12] 개량을[13] 계속하고 있다. 이 표준의 공급에는 특별 제품인 브롬 전구(JPD-100V-500W-CS)[14]가 사용된다.

JCSS에 의해 일반 사용자가 입수 가능한 형태로 인정사업자에 의해 공급되고 있다. 분광 방사조도 표준전구의 구조를 그림 1.6에 나타낸다. 공급 파장범위는 250~2,500 nm(250~400 nm : 10 nm 간격, 400~800 nm : 20 nm 간격, 800~1,000 nm : 50 nm 간격,

1,000~2,500 nm : 100 nm 간격)이며 [W/m²/nm](실제로는 [μW/m²/nm])의 값이 눈금 표시되어 있다. 이 분광 방사 조도의 값은 전구대좌 전면(電球臺座 前面)으로부터 50 cm 에서 얻어진다.

1.3.5 분광 비교 측정의 장치

분광 비교 측정창치는 입사 광학계, 모노크로미터(분광기) 및 수광기 및 계기용 전자회로로 구성된다. 분광 방사 조도를 측정 대상으로 한 경우의 측정 장치에 대해서 설명한다.

(1) 입사 광학계

입사 광학계는 광원의 형상·배광에 관계없이 동일한 기하학 조건으로 분광기의 분산 소자(프리즘, 회절격자 등)를 조사할 필요가 있다. 구체적으로는 입사광을 확산 반사 또는 확산 반사시켜 분광기의 입사 슬릿에 유도한다. 확산에 사용하는 것으로 적분구, 확산반사판 및 확산투과판이 있다.

적분구, 확산 반사판의 확산 재료에는 황산바륨을 도포 또는 PTFE(폴리테트라 플로로에틸렌 수지) 분말을 압착 또는 압축 성형하여 사용한다. 확산 투과판 재료에는 젖빛 유리, 젖빛

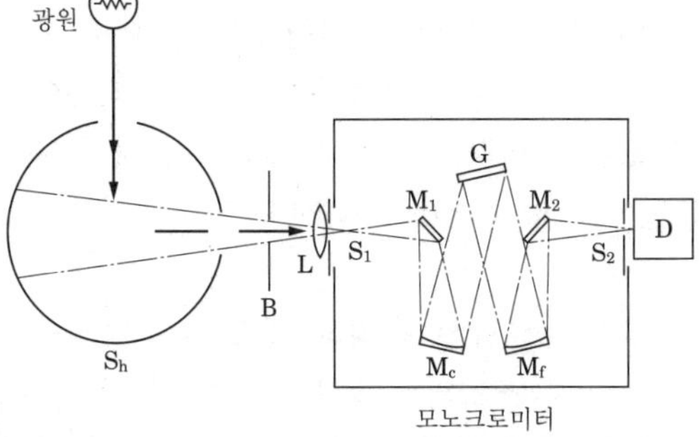

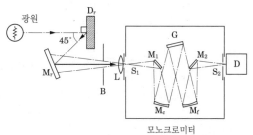

S_h : 적분구
S_1, S_2 : 입·출광 슬릿
M_c : 콜리메터 미러
D : 방사검출기
B : 차광 조리개

G : 회절격자
M_1, M_2 : 평면 미러
M_f : 포커싱 미러
L : 필드 렌즈

그림 1.7 입사 광학계에 적분구를 사용한 예

D_r : 확산반사면
S_1, S_2 : 입·출광 슬릿
M_c : 콜리메터 미러
D : 방사검출기
B : 차광 조리개

G : 회절격자
M_r, M_1, M_2 : 평면 미러
M_f : 포커싱 미러
L : 필드 렌즈

그림 1.8 입사 광학계에 확산반사판을 사용한 예

아크릴판 또는 편면 또는 양면을 연마 처리한 유리판을 사용한다. 그림 1.7에 적분구, 그림 1.8에 확산반사판, 그림 1.9에 확산투과판을 사용한 광학계의 예를 든다.

(2) 모노크로미터

분광측정 장치에는 회절격자 단체, 프리즘과 회절격자를 조합한 모노크로미터를 사용한다. 분광 광학계의 구성으로서 회절격자 하나를 사용하는 싱글 모노크로미터 또는 미광(迷光)을 저감시키기 위한 프리즘과 회절격자 또는 회절격자를 2매 조합한 더블 모노크로미터가 있다. 또한 측정하는 파장에 가장 분광 효율이 높은 회절격자를 사용하여 측정파장 범위를 구획지어 복수(최대 3매 정도)의 회절격자를 교환 가능한 구조로 하기도 한다. 측정하는 파장 범위 등을 고려하여 분광 광학계를 선택한다. 해당 측정파장 범위에 있어서 파장 눈금의 정밀도는 0.5 nm 이하이어야 한다. 또한 고차광의 제거, 미광(迷光)을 저감하기 위해 필터를 적당히 선택해서 사용한다.

(3) 수광기 및 계측용 전자회로

분광측정 장치의 수광기(검출기)는 측정하는 파장 범위에 따라 선택한다. 또 필요에 따라 복수의 검출기를 전환하여 사용한다.

통상 자외(200 nm~)로부터 가시역(~800 nm 정도)에 걸쳐서는 광전자 증배관을 사용한다. 사용에 있어서는 안정성이 양호한 것을 선택하고 인가하는 고전압은 최대 전압에서 충분히 여유를 둔 값으로 하는 동시에 측정중의 전압 설정은 일정하게 하는 것이 바람직하다. 가시역(400~1,000 nm 정도)에서는 실리콘 포토다이오드를 사용한다. 광전자 증배관과 비교하여 출력은 작지만 안정성 면에서는 우수하다. 근적외역(800~1,600 nm, 2,500 nm)에서는 InGaAs를 사용하거나 또는 초전형 검출기(PBS)를 사용한다. 단, 초전형 검출기로 직류 측정은 할 수 없다.

검출기로부터의 출력은 전류-전압변환 회로를 사용해서 전압으로의 변환 및 신호의 저임피던스화를 도모한다.

또한 필요에 따라 전압증폭 회로를 부가시킨다. 얻어진 전압 측정에는 직류 측정 또는 교류 측정 어느 것을 사용한다. 직류 측정의 경우는 멀티미터의 직류전압 측정기능을 사용한다. 교류 측정의 경우 초퍼 및 로크인 앰프가 필요하다.

분광 측정의 경우 측정파장점에 따라 얻어지는 데이터 수도 많다. 분광측정 장치 및 계측 장치에는 컴퓨터 제어를 전제로 한 인터페이스가 있어야 한다. 또 측정 프로그램 제작(자작 또는 외주의 선택)도 배려한다.

1.3.6 분광방사 측정의 실제

분광방사 조도의 측정을 포함한 다기능 분광 측정 장치[15]의 광학계 일례를 그림 1.10에 나타낸다. 프리즘-회절 격자(3매)의 더블 모노크로미터로 구성되며 측정파장 범위는 250~2,500 nm이다. 입사 광학계에는 확산반사판(황산바

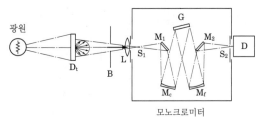

모노크로미터

D$_t$: 확산투과면　　　　　G : 회절격자
S$_1$, S$_2$: 입·출광 슬릿　　　M$_1$, M$_2$: 평면 미러
M$_c$: 콜리메이터 미러　　　M$_f$: 포커싱 미러
D : 방사검출기　　　　　　L : 필드 렌즈
B : 차광 조리개

그림 1.9 입사광학계에 확산투과판을 사용한 예

류 압착)을 사용하여 45° 입사−45° 반사로 하고 분광방사 표준전구와 피측정 광원을 확산반사판을 회전시킴으로써 전환한다. 검출기에는 광전자 증배관, 실리콘 포토다이오드 및 초전형 검출기를 사용한다. 출력 처리는 초퍼 및 로크인 앰프에 의한 교류 측정이다. 분광기의 제어, 광학계의 전환 등 전부가 외부에서 컴퓨터에 의해 제어 가능하다.

이 측정 장치를 사용해서 측정한 분광방사 조도 표준전구의 측정 결과 예를 그림 1.11에 나타낸다.

[薺藤一朗]

1.4 측정기와 측정법 ● ● ●

1.4.1 측광측색 기기의 기본 원리

측광측색 기기(測光測色 器機)는 사람 눈의 분광 특성에 맞춘 감도 특성으로 광을 평가하지 않으면 안 된다. 이를 실현하는 방법으로 자극

값 직독방법(直讀方法)과 분광 측광방법(測光方法)이 있다.

(1) 자극값 직독방법

그림 1.12와 같이 분광 응답도(분광 감도)가 $s(\lambda)$인 광전 소자(광을 전기 신호로 변환하는 소자, 실리콘 포토다이오드가 일반적) 전면에 분광 투과율이 $\tau(\lambda)$인 광학 필터(색 글라스 필터나 간섭 필터 등)를 두고 전체로서의 응답도(감도)를 목적하는 특성, 예를 들면 표준 분광 시감 효율(표준 비시감도) $V(\lambda)$에 맞추고자 하는 것이다.

이 같이 함으로써 전체로서의 분광 응답도 $\overline{f}(\lambda)$는 아래 식으로 표시된다.

$$\overline{f}(\lambda) \approx \tau(\lambda)s(\lambda) \qquad (1.11)$$

여기서 $\overline{f}(\lambda)$는 등색 함수 $\overline{x}(\lambda)$, $\overline{y}(\lambda)$, $\overline{z}(\lambda)$ 중의 하나의 함수로 생각하면 파장 특성(분광 분포)이 $P(\lambda)$인 광원으로 조명했을 때의 광전 소자로부터의 출력 신호는 다음 식으로 표시된다.

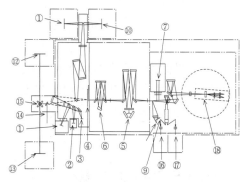

1 : 내장 할로겐 전구　　　　2 : 내장 크세논 램프
3 : 내장중수소 램프　　　　4 : 초퍼, 필터, 셔터
5 : 주분광기　　　　　　　6 : 전치 분광기
7 : 내장 포토말　　　　　　8 : 내장 PBS
9 : 내장 Si-PD　　　　　　10 : 분광방사휘도 표준전구
11 : 분광반사휘도 비교전구　12 : 분광방사조도 표준전구
13 : 분광반사조도 비교전구　14 : 백색 환산판
15 : 분광방사속 측정용 파이버 도입부
16 : 비교검출기　　　　　　17 : 표준 검출기
18 : 분광반사·투과특성 측정용 고니오미터

그림 1.10 분광조도 측정장치의 광학계 일례

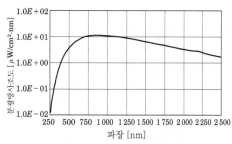

그림 1.11 분광 방사조도 표준전구의 측정예

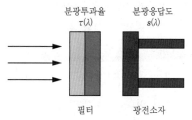

그림 1.12 자극값 직독방법의 원리

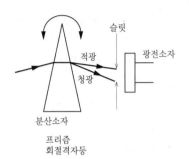

그림 1.13 분광측광방법의 원리

표 1.2 자극값 직독방법과 분광 측광방법의 비교

	자극값직독방법	분광측광방법	
		모노크로미터	폴리크로미터
색도정밀도		○	○ (기종에 따름)
가격	○		
측정시간	○		○ (밝기에 따름)
휴대성	○		
분광데이터		○	○

$$\int_{360}^{830} \overline{f}(\lambda)P(\lambda)d\lambda \qquad (1.12)$$

즉, 적분한 결과가 직접적으로 밝기 또는 색각(色覺)을 표시하는 광전 출력이 된다.

(2) 분광 측광방법

그림 1.13과 같이 프리즘이나 회절 격자와 같은 백색광을 단색 성분으로 분해하는 분산 소자를 사용함으로써 광을 각 파장 성분(단색 성분)으로 나누어 계측하여 입사한 광의 분광 분포 $P(\lambda)$를 구하고자 하는 방식이다.

$P(\lambda)$가 구해지면 $V(\lambda)$와 같이 수치로 부여되고 있는 $\overline{f}(\lambda)$와 곱해서 수치 적분을 함으로써

$$\Phi = \int_{360}^{830} f(\lambda)P(\lambda)d\lambda \qquad (1.13)$$

을 구할 수가 있다(Φ는 밝기나 색에 관한 양).

필터에 의한 $\overline{f}(\lambda)$의 근사(近似)에는 한계가 있

그림 1.14 조도계

으므로 일반적으로 분광 측광방법(分光測光方法)이 정밀도가 높다. 그림 1.13에 나타내는 방식을 모노크로미터 방식, 슬릿면에 리니어 이미지 센서를 배치하여 분산 소자를 회전시키지 않고 순시에 측정하는 방식을 폴리크로미터 방식이라고 한다.

(3) 자극값 직독방법과 분광 측광방법의 비교

표 1.2에 각 방식의 장점과 단점을 나타낸다. 폴리크로미터는 분광 측광방법으로서 색도 정밀도가 높지만 기종에 따라서는 반드시 색도 정밀도가 높다고는 할 수 없는 것도 있다. 또한 폴리크로미터는 미약광에 대해서는 전하(電荷)를 장시간(1~2분간) 축적함으로써 측정을 하므로 밝기 레벨에 따라서는 순시에 측정할 수가 없다.

1.4.2 조도계(照度計)의 원리

조도계의 원리를 그림 1.17에 나타낸다. 자극값 직독방법의 원리에 입각해서 분광응답도 특성을 표준분광 시감효율 $V(\lambda)$에 근사시키기 위한 필터가 내장되어 있다. $V(\lambda)$에 근사시키는 것을 시감도 보정 또는 시감도 맞춤이라고 한다.

그림 1.15 색채휘도계

그림 1.16 분광방사계

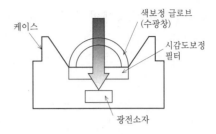

그림 1.17 조도계의 원리

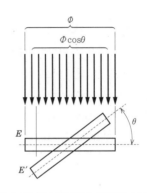

그림 1.18 경사입사광 특성의 평가

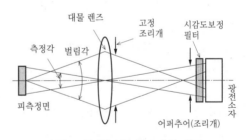

그림 1.19 렌즈식 휘도계의 원리

각보정(角補正) 글로브는 경사지게 입사하는 광을 바르게 평가할 수 있도록 하기 위해 짜 넣은 것이다. 조도계의 경사입사광 특성을 평가하는 방식을 그림 1.18에 나타낸다.

평행 광속 Φ에 대해서 조도계를 정대면 시켰을 때의 표시값을 E라고 하면 θ 경사시켰을 때의 조도 E'는 이론적으로 $E \cos \theta$가 된다. 실제의 조도계에서는 이론값부터의 오차가 있으며 이것을 경사 입사광 특성이라고 한다.

1.4.3 휘도계의 원리

그림 1.19를 가지고 렌즈식 휘도계의 원리에 대해서 간단히 알아본다. 시감도 보정이 되어 있는 것은 조도계와 동일하다. 측정 스폿의 면적은 어퍼추어(개구 조리개)에 의해 규정된다. 이 어퍼추어는 실제로는 파인더의 미러에 미소한 구멍을 뚫은 것이다. 그림에서는 생략하고 있지만 측정자는 파인더계에서 이 미러면을 관찰하고 있으며 어퍼추어 부분의 피측정면이 검게 빠져 보인다. 측정하는 스폿의 사이즈를 나타내기 위해 측정각이라고 하는 개념이 사용되고 있다.

휘도계에서 피측정물까지의 거리를 s, 측정각을 θ라고 하면 스폿 사이즈는 $s \cdot \tan \theta$로 근사된다. 고정 조리개는 '충분히 큰 면적을 가진 휘도가 일정한 확산면을 관측하는 한 측정 거리의 영향을 받지 않고 휘도 측정을 할 수 있는' 이라고 하는 휘도계의 기본 특성을 충족시키기 위한 것이다.

1.4.4 조도계·휘도계의 올바른 사용 방법

(1) 조도계·휘도계의 선정

조도계에 대해서는 JIS C 1609 조도계[16]의 일반형 AA급 상당의 것(통상 이 급의 조도계는 계량법에 입각한 형식 승인을 받고 있는 경우가 많다)의 사용을 권장한다(그림 1.14 참조). 휘도계에 대해서는 JIS 등의 규정이 없지만 대별하면

① 핸디타입의 휘도계, 색채휘도계(자극값 직독방법의 색채측정 기능을 가진 휘도계)
② 3각 부착형의 색채휘도계(보급형, 고감도형)(그림 1.15 참조)
③ 분광 방사(휘도)계(그림 1.16 참조)

가 있으므로 목적에 따라 선정한다.

(2) 정기 교정

조도계는 계량법 형식 승인품에 대해서 메이커 경유로 일본 전기계기검정소에 검정을 의뢰하는 방법(검정합격증이 조도계에 부착된다. 유효기한 2년)과 메이커 또는 JCSS 인정사업자에 의뢰하여 JCSS에 입각한 교정증명서를 받는 방법이 있다.

JCSS란 Japan Calibration Service System의 약자로서 계량법에 입각하는 계량 표준 공급제도이다. 이것은 일정한 기술 능력이 있는 업자를 정부가 인정하고 인정된 업자(인정사업자)는 국가를 대신해서 국가 계량표준을 공급할 수 있다. 바꾸어 말하면 인정사업자는 조도계의 교정(조도 표준의 공급)을 국가를 대신해서 할 수 있다는 것이다.

조명 장소의 측정 결과를 거래·증명에 사용하는 경우에는 검정이 권장된다. 한편 공장 내에서의 제품 관리 등과 같은 목적에는 ISO 9000 시리즈와의 관계도 있어 JCSS에 입각하는 교정증명서 취득이 권장된다.

휘도계는 계량법에서 정하는 특정계량기가 아니므로 검정하지 않으면 거래·증명에 사용할 수 없지는 않다. 메이커에 의뢰하여 교정증명서를 취득하게 된다.

(3) 측정시의 일반적 주의사항

일반적으로 조도 측정보다 휘도 측정이 측정에 영향을 주는 파라미터가 많아 주의가 필요하다. JIS C 7614 조명 장소에서의 휘도 측정방법에는 다음과 같은 조건을 기재해 두도록 권장하고 있다.

- 조명 조건 : 광원 및 조명 기구의 종류, 배치도, 사용 시간, 전원 전압, 주광 상황 등
- 측정 조건 : 휘도계의 종류, 측정각, 측정기준점, 계기의 종류
- 환경 조건 : 일기, 온도, 습도, 안개, 연기 등의 대기 상태, 벽, 천장, 바닥, 노면 등의 표면 상태
- 측정 일시 : 연월일, 개시 시각 및 종료 시각

이와 같은 조건이 측정 결과에 큰 영향을 준다. 조도계에는 직접 관계가 없는 것도 많지만 참고가 될 것이다.

(4) 색보정계수

색보정계수(色補正係數)란 교정에 사용한 광원과 다른 분광 분포의 광을 측정하는 경우에 측정값에 곱해서 사용하는 계수이다. 이 개념은 조도계도 휘도계도 동일하다. 이하, 색보정계수 산출 방법에 대해서 설명한다.

시감도 보정한 상태에서는 상대적으로 $V(\lambda)$에 맞고 있을 뿐이므로 조도 표준에 의해 교정을 한다. 조도 표준으로 교정을 한다는 것은 다음의 식 (1.14)에 있어서의 α_i를 구하는 것에 상당한다.

표 1.3 색보정계수의 계산 예(450~500 nm의 등에너지 대역광에 대해서)

	파장	$V(\lambda)$	$s(\lambda)$	$P_A(\lambda)$	$V(\lambda) \times P_A(\lambda)$	$s(\lambda) \times P_A(\lambda)$	$P_{samp}(\lambda)$	$V(\lambda) \times P_{samp}(\lambda)$	$s(\lambda) \times P_{samp}(\lambda)$
	380	0.0000	0.000	9.80	0.00	0.00		0.00	0.00
	385	0.0001	0.000	10.90	0.00	0.00		0.00	0.00
	390	0.0001	0.000	12.09	0.00	0.00		0.00	0.00
	395	0.0002	0.000	13.35	0.00	0.00		0.00	0.00
400	400	0.0004	0.000	14.71	0.01	0.00		0.00	0.00
	405	0.0006	0.000	16.15	0.01	0.00		0.00	0.00
	410	0.0012	0.000	17.68	0.02	0.00		0.00	0.00
	415	0.0022	0.000	19.29	0.04	0.00		0.00	0.00
	420	0.0040	0.000	20.99	0.08	0.00		0.00	0.00
	425	0.0073	0.000	22.79	0.17	0.00		0.00	0.00
	430	0.0116	0.000	24.67	0.29	0.00		0.00	0.00
	435	0.0168	0.002	26.64	0.45	0.05		0.00	0.00
	440	0.0230	0.005	28.70	0.66	0.14		0.00	0.00
	445	0.0298	0.008	30.85	0.92	0.25		0.00	0.00
450	450	0.0380	0.015	33.09	1.26	0.50	100	3.80	1.50
	455	0.0480	0.023	35.41	1.70	0.81	100	4.80	2.30
	460	0.0600	0.034	37.81	2.27	1.29	100	6.00	3.40
	465	0.0739	0.049	40.30	2.98	1.97	100	7.39	4.90
	470	0.0910	0.069	42.87	3.90	2.96	100	9.10	6.90
	475	0.1126	0.094	45.52	5.13	4.28	100	11.26	9.40
	480	0.1390	0.127	48.24	6.71	6.13	100	13.90	12.70
	485	0.1693	0.170	51.04	8.64	8.68	100	19.93	17.00
	490	0.2080	0.220	53.91	11.21	11.86	100	20.80	22.00
	495	0.2586	0.282	56.85	14.70	16.03	100	25.86	28.20
500	500	0.3230	0.352	59.86	19.33	21.07	100	32.30	35.20
	505	0.4073	0.428	62.93	25.63	26.93		0.00	0.00
	510	0.5030	0.510	66.06	33.23	33.69		0.00	0.00
	515	0.6082	0.598	69.25	42.12	41.41		0.00	0.00
	520	0.7100	0.676	72.50	51.47	49.01		0.00	0.00
	525	0.7932	0.775	75.79	60.12	58.74		0.00	0.00
	530	0.8620	0.828	79.13	68.21	65.52		0.00	0.00
	535	0.9149	0.895	82.52	75.50	73.86		0.00	0.00
	540	0.9540	0.954	85.95	82.00	82.00		0.00	0.00
	545	0.9803	1.000	89.41	87.65	89.41		0.00	0.00
550	550	0.9950	1.022	92.91	92.45	94.95		0.00	0.00
	555	1.0000	1.030	96.44	96.44	99.33		0.00	0.00
	560	0.9950	0.026	100.00	99.50	102.60		0.00	0.00
	565	0.9786	1.011	103.58	101.36	104.72		0.00	0.00
	570	0.9520	0.982	107.18	102.04	105.25		0.00	0.00
	575	0.9154	0.939	110.80	101.43	104.04		0.00	0.00
	580	0.8700	0.886	114.44	99.56	101.39		0.00	0.00
	585	0.8163	0.824	118.08	96.39	97.30		0.00	0.00
	590	0.7570	0.756	121.73	92.15	92.03		0.00	0.00
	595	0.6949	0.686	125.39	87.13	86.02		0.00	0.00
600	600	0.6310	0.615	129.04	81.42	79.36		0.00	0.00
	605	0.5668	0.545	132.70	75.21	72.32		0.00	0.00
	610	0.5030	0.476	136.35	68.58	64.90		0.00	0.00
	615	0.4412	0.411	139.99	61.76	57.54		0.00	0.00
	620	0.3810	0.350	143.62	54.72	50.27		0.00	0.00
	625	0.3210	0.298	147.24	47.26	43.88		0.00	0.00
	630	0.2650	0.250	150.84	39.97	37.71		0.00	0.00
	635	0.2170	0.208	154.42	33.51	32.12		0.00	0.00
	640	0.1750	0.172	157.98	27.65	27.17		0.00	0.00
	645	0.1382	0.140	161.52	22.32	22.61		0.00	0.00
650	650	0.1070	0.114	165.03	17.66	18.81		0.00	0.00
	655	0.0816	0.091	168.51	13.75	15.33		0.00	0.00
	660	0.0610	0.070	171.96	10.49	12.04		0.00	0.00
	665	0.0446	0.055	175.38	7.82	9.65		0.00	0.00
	670	0.0320	0.043	178.77	5.72	7.69		0.00	0.00
	675	0.0232	0.033	182.12	4.23	6.01		0.00	0.00
	680	0.0170	0.026	185.43	3.15	4.82		0.00	0.00
	685	0.0119	0.020	188.70	2.25	3.77		0.00	0.00
	690	0.0082	0.015	191.93	1.57	2.88		0.00	0.00
	695	0.0057	0.011	195.12	1.11	2.15		0.00	0.00
700	700	0.0041	0.009	198.26	0.81	1.78		0.00	0.00
	705	0.0029	0.005	201.36	0.58	1.01		0.00	0.00
	710	0.0021	0.004	204.41	0.43	0.82		0.00	0.00
	715	0.0015	0.002	207.41	0.31	0.41		0.00	0.00
	720	0.0010	0.001	210.36	0.21	0.21		0.00	0.00
	725	0.0007	0.001	213.27	0.15	0.21		0.00	0.00
	730	0.0005	0.000	216.12	0.11	0.00		0.00	0.00
	735	0.0004	0.000	218.92	0.09	0.00		0.00	0.00
	740	0.0002	0.000	221.67	0.04	0.00		0.00	0.00
	745	0.0002	0.000	224.36	0.04	0.00		0.00	0.00
750	750	0.0001	0.000	227.00	0.02	0.00		0.00	0.00
	755	0.0001	0.000	229.59	0.02	0.00		0.00	0.00
	760	0.0001	0.000	232.12	0.02	0.00		0.00	0.00
	765	0.0000	0.000	234.59	0.00	0.00		0.00	0.00
	770	0.0000	0.000	237.01	0.00	0.00		0.00	0.00
	775	0.0000	0.000	239.37	0.00	0.00		0.00	0.00
	780	0.0000	0.000	241.68	0.00	0.00		0.00	0.00

$$\int_{\lambda 1}^{\lambda 2} V(\lambda) \cdot P_A(\lambda) d\lambda = a_1 \int_{\lambda 1}^{\lambda 2} s(\lambda) \cdot P_A(\lambda) d\lambda \quad (1.14)$$

여기서 $V(\lambda)$: 표준 분광시감 효율, $P_A(\lambda)$: A광원(분포온도 2,856K의 전구광)의 분광 분포, $s(\lambda)$: 조도계의 분광 응답도

식 (1.14)의 의미를 언어로 표현한다.

$$\boxed{\begin{array}{c}\text{A광원에 대한}\\ \text{이상수광기의 출력}\end{array}} = a_1 \boxed{\begin{array}{c}\text{A광원에 대한}\\ \text{조도계의 출력}\end{array}}$$

한편, 시료 광원을 측정한 경우에는 동일한 a_1이 사용된다고는 한정되지 않고 a_2가 된다.

$$\int_{\lambda 1}^{\lambda 2} V(\lambda) \cdot P_{\text{samp}}(\lambda) d\lambda = a_2 \int_{\lambda 1}^{\lambda 2} s(\lambda) \cdot P_{\text{samp}}(\lambda) d\lambda \quad (1.15)$$

여기서 $P_{\text{samp}}(\lambda)$: 시료 광원의 분광 분포

식 (1.15)의 의미를 언어로 표현한다.

$$\boxed{\begin{array}{c}\text{시료광원에 대한}\\ \text{이상수광기의 출력}\end{array}} = a_2 \boxed{\begin{array}{c}\text{시료광원에 대한}\\ \text{조도계의 출력}\end{array}}$$

색 보정계수는 a_2/a_1이 되고 식 (1.14), (1.15)에 의해 아래 식이 유도된다.

$$\text{색보정계수} = \frac{\int_{\lambda 1}^{\lambda 2} V(\lambda) \cdot P_{\text{samp}}(\lambda) d\lambda}{\int_{\lambda 1}^{\lambda 2} V(\lambda) \cdot P_A(\lambda) d\lambda}$$

$$\times \frac{\int_{\lambda 1}^{\lambda 2} s(\lambda) \cdot P_A(\lambda) d\lambda}{\int_{\lambda 1}^{\lambda 2} s(\lambda) \cdot P_{\text{samp}}(\lambda) d\lambda} \quad (1.16)$$

일반 조명용 광원을 측정하는 한 색 보정계수에 의한 보정은 거의 불필요하다고 알 수 있지만 LED(발광 다이오드), 예를 들면 660 nm의 적색 LED와 같은 유색광을 측정하는 경우는 보정이 필요하다. 색보정계수는 취급설명서 등에 기재되어 있지만 이것은 어떠한 광원에 대해서 어느 정도의 보정이 필요한가, 하는 기준이고 실제로 적용하는 경우에는 측광기 메이커에서 분광 응답도의 데이터를 입수(유상)하여 색 보정계수를 산출할 필요가 있다.

색 보정계수의 계산은 각 분광 데이터(5nm 간격)를 입수하여 표 계산 소프트에 의해 간단히 계산할 수가 있다. 표 계산 소프트에 의한 계산 예를 표 1.3에 든다. $P_{\text{samp}}(\lambda)$, $s(\lambda)$는 식 (1.16)의 분모·분자에 나타나는 상대값으로 된다.

파장 λ_1의 단위광에 대한 색보정 계수를 계산하는 데는 표 1.3에 있어서 $P_{\text{samp}}(\lambda)$ 열의 파장 λ_1란에 100을 입력하여 다른 파장의 값을 삭제하면 된다.

(5) 미소면의 조도 측정

그림 1.20과 같이 조도계 수광창에 국부적으로 빔을 입사시켜 표시 값을 면적비(수광창 면적/빔 면적)로 보정하면 되는 방법이 있지만 권장할 수 없다. 조도계는 경사입사광 특성을 충족시키기 위해 각 보정 글로브 등이 짜 넣어져 있다. 이 때문에 빔을 수광부 어느 부분에 입사시키는가로 표시값이 변동한다. 따라서 상기한 바와 같은 비례 계산은 성립되지 않는다고 생각하는 것이 무난하다.

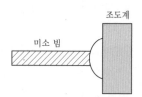

그림 1.20 수광창으로의 국부적인 빔 입사

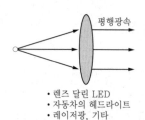

그림 1.21 평행광이 되어 균등확산하지 않는 예

이와 같은 경우에는 휘도계와 확산반사판을 사용해서 측정하면 된다. 빔을 한번 확산반사판에 대고 그 반사광을 휘도계로 측정한다. 아래식으로 휘도에서 조도로 환산한다.

$$E = \frac{\pi L}{\rho} \qquad\qquad (1.17)$$

여기서, E : 조도[lx], L : 휘도[cd/m²], ρ : 확산반사판의 휘도율, π : 원주율

여기서 휘도율이란 완전확산 반사판의 휘도에 대한 확산 반사면의 휘도의 비이다.

(6) 역제곱의 법칙에 관한 주의점

광원으로부터의 거리를 2배로 하면 조도는 1/4이, 3배로 하면 조도는 1/9이 된다고 하는 '역자승의 법칙'은 유명하지만 이것에는 전제조건이 있다. 즉 '광원이 균등 점광원일 것'이어야 한다. 균등 점광원이란 광원의 크기가 무시할 수 있을 정도로 작고 또 광이 모든 방향으로 균등하게 출사(出射)하고 있는 광원이다. 광원이 일반 전구면 측광 거리를 광 직경의 10배 이상으로 잡으면 균등 점광원으로 볼 수가 있지만 그림 1.21과 같이 광원에 렌즈나 반사 미러가 들어 있어 광을 평행으로 하고 있는 것은 '균등'이라고 할 수 없고 그림 1.22와 같이 면광원의 것은 '점광원'이라고 할 수 없으므로 주의가 필요하다.

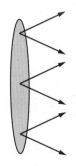

- 면광원(액정의 백라이트 등)
- 일반적으로 측정거리를 광원 크기의 10배 이상 잡으면 점광원으로 보인다.

그림 1.22 점광원이라고 할 수 없는 예

(7) 측정 거리를 바꾸어도 휘도는 불변

'역제곱의 법칙'이 너무 유명하기 때문에 광원에서 멀어지면 측광량이 감쇠한다고 생각하기 쉬운데 휘도는 (지향성이 강하지 않은 휘도 일정의 면이면) 측광 거리의 영향을 받지 않고 불변이다. 가까운 예로서 브라운식의 텔레비전이 있는데 관측 거리를 바꾸어도 밝기가 바뀌지 않는 것을 알 것이다. 휘도계의 감도가 모자라는 경우 피측정물에 근접시켜 측정하면 될 것으로 생각되지만 휘도계도 동일하게 측광 거리를 바꾸어도 휘도계에 입사되는광은 증가하지 않는다.

(8) 지향성이 강한 광의 휘도 측정

렌즈 달린 LED는 지향성이 강하여 대단히 측광이 어려운 피측정물이다. 측광 거리의 영향을 받지 않고 휘도계는 측정할 수 있다고 했지만 이것은 그림 1.23과 같이 휘도계가 렌즈계로 결정되는 벌림각 내의 평균 휘도에 응답하고 있기 때문이다.

지향성이 강한 경우에는 어느 범위의 벌림각 평균 휘도를 측정하는가에 따라 값이 변화해 버린다. 또한 휘도계의 벌림각은 기종에 따라서 다르기 때문에 동일한 측광 거리로 설정하여도 기종에 의존한 측정 결과가 된다. 이에 대한 대책으로 아래와 같은 두 가지 방법을 생각할 수 있다.

① 거래선과 기종 및 측광 거리를 통일해서 측정한다.

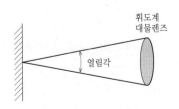

휘도계 대물렌즈

열림각

그림 1.23 휘도계의 벌림각

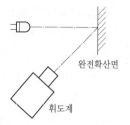

그림 1.24 확산판에 의한 지향성 해소

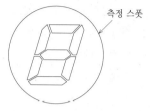

그림 1.25 7 세그먼트의 일괄 측정

② 그림 1.24와 같이 LED로부터의 광을 확산판에 대고 그 광을 휘도계로 측정한다. 확산판에 댐으로써 지향성이 해소되고 있으므로 어떠한 벌림각으로 측정하는가는 문제가 되지 않게 되어 기종 의존을 피할 수가 있다.

(9) 측정 스폿 내에서 동일하지 않은 광의 휘도 측정

7 세그먼트의 디스플레이 휘도를 측정하는 경우 개개의 세그먼트를 측정하는 것이 번잡하므로 그림 1.25와 같이 7 세그먼트를 일괄 측정하고 7 세그먼트의 합계 면적과 휘도계의 측정 스폿 면적의 비율에 따라 휘도 표시값을 보정해서 평균 휘도를 측정코자 하는 방법이 있다.

"측광기 일부에 광을 입사시켜 면적비로 보정한다."는 방식의 전제 조건으로서 "측광기의 감도가 동일, 즉 미소한 광원을 측정 스폿 내의 어느 위치에서 측정하여도 휘도 표시값이 일정하다."는 특성이 필요하다.

휘도계는 광원의 크기보다 작은 측정 스폿으로 사용하는 것이 기본 원칙이지만 이와 같이 일정하지 않은 광의 일괄 측정을 고려해서 광학계를 연구, 균등 감도를 다루고 있는 기종도 있으므로 이와 같은 측정을 하는 경우에 적용하면 좋다.

(10) 색채 휘도계에 의한 색도 측정

자극값 직독방식의 색채휘도계와 분광방사(휘도)계의 정밀도를 표 1.4에 든다. 표준 광원과 색 글라스 필터를 조합해서 만든 각종 색광

표 1.4 분광방사계와 색채휘도계의 색도 정밀도 비교 예

필터	기준색도좌표		분광방사계		색채휘도계	
	x	y	Δx	Δy	Δx	Δy
T-44	0.3760	0.3916	-0.0001	0.0002	-0.0009	-0.0009
V-44	0.1433	0.0770	-0.0013	-0.0018	-0.0018	-0.0071
B-46	0.1721	0.2588	-0.0010	-0.0003	-0.0021	-0.0099
Y-48	0.4918	0.4623	0.0010	0.0011	0.0023	0.0036
G-54	0.3182	0.6366	-0.0023	0.0014	-0.0124	0.0196
O-55	0.5939	0.4053	-0.0006	0.0005	-0.0042	0.0050
R-61	0.7051	0.2984	-0.0005	0.0005	-0.0059	0.0060
IRA-05	0.3950	0.4195	0.0000	0.0005	-0.0051	0.0017
A-73B	0.5710	0.4189	-0.0002	0.0000	-0.0013	0.0020
STD-A	0.4476	0.4074	0.0000	0.0000	0.0000	0.0000

을 자극값 직독방식의 색채휘도계와 분광방사계로 측정해서 오차 평가한 것이다. 색채휘도계는 두 자리째가 맞지 않는 경우가 있고 분광방사계는 세 자리째에 상위가 생기는 레벨로서, 약 한 자리 정밀도가 다르다.

따라서 자극값 직독방식의 색채휘도계는 아래와 같은 운용이 권장된다.

① 보정 없이 사용할 수 있는 경우 : 절대 정밀도가 중요시 되지 않는 아래와 같은 측정(비교 측정에 의한 색도 좌표의 차이 $\Delta x, \Delta y$ 로 평가)

- 양호품과의 비교에 의한 합부(合否) 판정
- 면광원·막대형상 광원의 색도 불일정 측정
- 관측 방향에 의한 색 불일정 측정
- 시료 온도에 의한 색도 변화

② 보정이 필요한 경우와 그 방법 : 카탈로그, 논문 등 대외 발표하는 색의 측정에 있어서는 절대 정밀도가 중요하며 보정이 필요하다. 색도 좌표 보정에는 교정에 사용하는 기준이 필요한데 여기서는 교정 기준 시료라고 하기로 한다. 교정 기준 시료에는 분광 측광에 의해 3자극값(또는 휘도와 색도 좌표)가 정해져 있는 것으로 한다.

교정 기준 시료의 3자극값을 X_0, Y_0, Z_0, 교정 기준 시료를 측정했을 때의 색채휘도계의 표시값을 X_m, Y_m, Z_m라고 하면 아래 식에 의해 3자극값 보정 계수 K_x, K_y, K_z가 미리 구해진다.

$$X_0 = K_x \cdot X_m \qquad (1.18)$$
$$Y_0 = K_Y \cdot Y_m \qquad (1.19)$$
$$Z_0 = K_Z \cdot Z_m \qquad (1.20)$$

이후, 샘플을 측정할 때마다 3자극값 측정값에 대해서 각각 K_x, K_y, K_z를 곱해서 보정한다. 이 보정에서는 교정 기준 시료와 샘플의 분광 분포가 거의 동등하다고 볼 필요가 있다. 즉, 적의 LED를 측정하는 경우에는 동종인 적의 LED의 교정 기준 시료를, 청의 LED를 측정하는 경우에는 동종인 청의 LED를 사용한 교정 기준 시료를 사용한다.

이와 같은 보정 계산은 색채 휘도계 자체 또는 퍼스널 컴퓨터용 어플리케이션 소프트에 내장되어 있다.

1.4.5 배광 측정, 전광속 측정

배광 측정이나 전광속(全光束) 측정은 램프 메이커나 조명 기구 메이커 등의 측광실에서 실시되는 한정된 분야의 측정이므로 여기서는 개요를 든다.

(1) 배광 측정의 기본 원리

광원의 각 방향에 대한 광도의 분포를 배광이라고 한다. 배광의 측정은 그림 1.26과 같이 수광기(예를 들면 조도계의 수광부)를 광원 주위

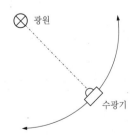

그림 1.26 배광측정의 기본원리

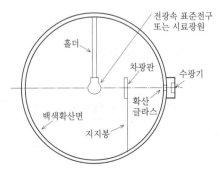

그림 1.27 전광속 측정의 기본원리

에 선회시켜 조도를 측정하고 역자승의 법칙을 사용해서 광도로 환산하면 된다. 측정시의 주의점은 다음과 같다.

- 측광 거리는 원칙적으로 광원 또는 수광면의 어느 큰 쪽의 최대 치수의 10배 이상으로 잡는다.
- 적이나 청의 색광에 대해서는 색 보정 계수를 적용한다.
- 1 lx 이하의 조도가 되는 경우 일반 조도계로는 감도 부족이 될 우려가 있다.

피측정물의 크기나 암실의 넓이 등에서 배광측정장치의 사양이 결정되는데 일반 조명기구를 측정하는 데는 반경이 5 m나 되어 이와 같은 장치는 일부 한정된 기관밖에는 없다. 배광측정장치를 제작하는 경우는 관련 문헌을 참고 바란다.

(2) 전광속 측정의 기본 원리

광원에서 모든 방향으로 나가는 광속의 총량을 전광속이라고 한다. 전광속 측정 방법으로는 구형 광속계에 의한 방법과 배광 측정에 의한 방법이 있지만 측광 현장에서 일상적으로 사용되고 있는 구형 광속계에 의한 방법에 대해서 기술한다. 구형 광속계는 그림 1.27과 같은 구조로 되어 있다.

적분구(積分球)라고 불리는 금속제의 구체(球體)가 있는데 피측정물의 크기에 따르지만 직경 50 cm부터 3 m 정도 사이즈의 것이 많이 사용되고 있다. 구면 내측에는 황산바륨 등에 의한

백색 도표가 칠해져 있어 확산 방사하도록 되어 있다. 구면 일부에는 수광기를 달기 위한 창이 있으며 이곳에 조도계 수광부가 부착된다. 내부에는 광원을 장치하기 위한 홀더, 광원으로부터의 광이 직접 수광기에 닿지 않도록 하기 위한 차광판 등이 장치되어 있다.

구형 광속계에 의한 전광속 측정은 아래와 같은 원리에 의하고 있다. "적분구 내의 벽면 조도는 내부의 광원(예를 들면 그 광원이 어떠한 형상을 하고 있어도) 그 전광속에 비례한다." 지금 전광속을 알고 있는 광원이 있다고 하고 그 값을 Φ_{ref}, 이 광원을 측정했을 때의 조도계 지시를 E_{ref}, 한편 시료 광원 전광속을 Φ_{samp}, 이 광원을 측정했을 때의 조도계 지시를 E_{samp}라고 하면 위의 원리에 의해 아래와 같이 된다.

$$\Phi_{samp} = \Phi_{ref} \cdot \frac{E_{samp}}{E_{ref}} \qquad (1.21)$$

실체의 측정에서는 색에 의한 오차, 자체 흡수에 의한 오차 등을 보정할 필요가 있다. 상세한 것은 문헌[18]을 참고 바란다.

1.4.6 분광 투과율 및 분광 반사율의 측정

분광 투과율이나 분광 반사율을 측정하기 위한 전용기로 각종 분광 강도계가 시판되고 있으며 충분히 실용적으로 사용할 수 있다. 여기서는 장치의 기본 원리를 소개한다.

(1) 분광 투과율 측정의 기본 원리

여기서는 광학 필터(색글라스 필터나 간섭 필터) 측정에 대해 그림 1.28을 가지고 설명한다.

모노크로미터를 사용하여 파장 λ의 단색광을 인출한다. 시료(試料)를 광로(光路)에서 뗐을 때의 광전 출력을 $i_{ref}(\lambda)$, 필터를 광로에 삽입했을 때의 광전 출력을 $i_{samp}(\lambda)$라고 하면 시료의 파장 λ에 있어서의 분광 투과율 $\tau(\lambda)$는 아래 식

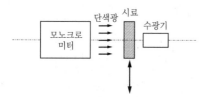

그림 1.28 분광투과율 측정의 기본원리

으로 부여된다.

$$\tau(\lambda) = \frac{i_{\mathrm{samp}}(\lambda)}{i_{\mathrm{ref}}(\lambda)} \qquad (1.22)$$

실체의 분광광도계에 있어서는 각 파장 마다 필터를 입출하지 않고 필터를 뗀 상태에서 필요한 파장 범위를 주사하여 필터 없을 때의 광전 출력을 기억하고 그 후 필터를 넣은 상태에서 파장 주사하여 분광 투과율을 구하고 있다.

측정상 유의점으로 아래와 같은 점을 들 수 있다.

① 편광 필터의 경우 필터 설치 방법에 따라 특성이 변화하므로 측정 후 90도 회전시켜 재차 측정하여 측정치를 평균한다.

② 투명하지 않은 시료에는 확산 작용이 있다. 또 렌즈 형상을 하고 있는 시료는 형상에 따라 집광 작용이나 확산 작용이 생긴다. 이와 같은 시료 측정시는 시료 뒤에 적분구(積分球)를 설치하여 투과광을 모으는 등의 대책이 필요하다.

(2) 분광 반사율 측정의 기본 원리

반사율이란 입사한 방사속과 물체에서 방사한 방사속과의 비인데 대부분의 물체는 확산 방사하기 때문에 방사광을 잡으려면 적분구가 필요해진다. 그림 1.29는 확산 반사율 측정장치의 일례이다.

표준 확산 반사판의 분광(확산) 반사율 $\rho_{\mathrm{ref}}(\lambda)$는 알고 있고 비교 측정에 의해 시료의 분광(확산) 반사율을 구한다. 단색광을 표준 확산 반사판에 조사(照射)했을 때의 수광기 출력을 $i_{\mathrm{ref}}(\lambda)$, 단색광을 시료에 조사했을 때의 수광기 출력을 $i_{\mathrm{samp}}(\lambda)$라고 하면 시료의 분광(확산) 반사율 $\rho_{\mathrm{samp}}(\lambda)$는 아래 식으로 부여된다.

$$\rho_{\mathrm{samp}}(\lambda) = \rho_{\mathrm{ref}}(\lambda) \cdot \frac{i_{\mathrm{samp}}(\lambda)}{i_{\mathrm{ref}}(\lambda)} \qquad (1.23)$$

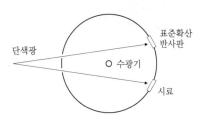

그림 1.29 분광 반사율 측정의 기본원리

분광광도계에 있어서의 파장 주사에 대해서는 분광 투과율 측정과 동일하다. [戸澤 均]

참고문헌

1) Publication CIE 18.2-1983 "The Basic of Physical Photometry"
2) 国際単位系：国際文書第7版 (1999年) 日本語訳, 日本規格協会 (1999)
3) 小貫英雄, 齊藤一朗, 蕗 洋司, 側垣博明, 三嶋泰雄：電総研彙報, 64, pp. 57-63 (2000)
4) Sauter, G. Lindner, D. and Lindemann, M.：CCPR key comparison K 3 a of luminous intensity and K 4 of luminous flux with lamps as transfer standars, PTB-Bericht, Opt-62 (1999)
5) 照明学会編：照明ハンドブック, pp. 109-110, オーム社 (1978)
6) 照明学会編：ライティングハンドブック, pp. 6-7, オーム社 (1987)
7) 照明学会編：光の計測マニュアル, pp. 18-19, 日本理工出版会 (2000)
8) 照明学会編：ライティングハンドブック, オーム社, p. 85 (1987)
9) 照明学会編：光の計測マニュアル, pp. 177-242, 日本理工出版会 (2000)
10) CIE Technical Report, "Methods of Characterizing Illuminance Meters and Luminance Meters", CIE 69-1987
11) 渡会吉昭, 中川靖夫, 三嶋泰雄, 大谷文雄：タングステンコイル電球の相対分光分布, 照学誌, 57,10, 632 (1973)
12) 鈴木 守, 南条 基, 羽生光宏, 長坂武彦, 上田 勇, 湊 秀幸：紫外・可視・近赤外領域における分光放射輝度・照度標準の確立, 電総研研報, 742 (1973)
13) 齋藤輝文, 羽生光宏, 香取寛二, 西師 毅, 長坂武彦, 小貫英雄, 電総研彙報, 55, 6 (1991)
14) 鈴木 守, 長坂武彦, 羽生光宏, 山村恭平, 西堀 稔：新しい分光放射照度用しゅう素電球, 照学誌, 57,8, pp. 528-535 (1973)
15) 齊藤一朗：分光放射輝度・照度測定装置の製作, 電総研彙報, 57,1, pp. 75-96 (1993)
16) JIS C 1609 照度計
17) JIS C 7614 照明の場における輝度測定方法
18) 照明学会編：光の計測マニュアル, 日本理工出版会 (1990)

제2장

조명계산

2.1 배광과 광속 계산

2.1.1 배광

광원의 각 방향에 대한 광도(光度)의 분포가 배광(配光)이고, 각 방향의 광도를 각각 화살표 길이와 방향으로 표시하며 화살표 선단을 뚜렷하게 연결한 면(포락면)을 배광 입체라고 한다.

그림 2.1과 같이 하나의 가상구(假想球) 중심 O에 크기가 있는 광원의 기하학적 중심을 맞추어 이것을 광중심으로 하고 광중심을 통과하는 연직선 LON을 등축(燈軸)으로 한다. 광원의 직하를 연직각 $\theta = 0°$로 하고 직상을 $\theta = 180°$로 한다. 또한 광중심을 통과하여 등축과 수직으로 교차하는 수평면 SMPQR상에 있어서 등축을 포함하는 하나의 기준 연직면 LSN과 다른 연직면 LMN이 이루는 각을 수평각 φ라고 한다. 이 연직면상의 배광을 연직 배광이라고 하며, 연직각 θ과 그 방향의 광도 $I(\theta)$의 관계를 나타낸다. 그림 2.2는 연직 배광 곡선(鉛直配光曲線)의 예이다.

또한 수평면상의 배광을 수평 배광이라고 하며 수평각 φ와 그 방향의 광도 $I(\varphi)$의 관계를 나타낸다.

연직 배광이 수평각 φ와 관계없이 일정한 배광을 대칭 배광이라고 하고, 연직 배광이 수평각에 따라 다른 배광을 비대칭 배광이라고 한다.

또 수평면 SMPQR보다 상부의 광속을 상반구 광속, 하부의 광속을 하반구 광속, 양자를 합쳐서 광원의 전광속(全光束)이라고 한다.

2.1.2 광속 계산법

(1) 전광속의 일반식

전광속(全光束)은 그림 2.3과 같이 광 중심 O를 중심으로 하는 반경 R의 가상 구면을 생각하고 그 내면에 직사하는 광속을 전부 가하는

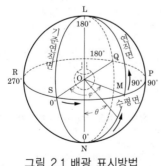

그림 2.1 배광 표시방법
[照明學會, 1997[3]]

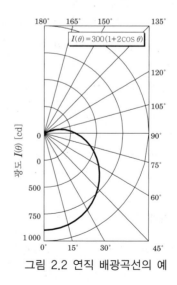

그림 2.2 연직 배광곡선의 예

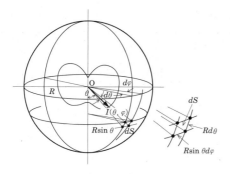

그림 2.3 광속계산용 가상구
[照明學會, 1997[3]]

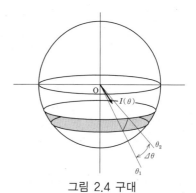

그림 2.4 구대

방법으로 계산한다.

즉, 어느 방향으로의 광속은 그 방향의 광도와 입체각의 곱으로 부여되므로 (θ, φ)방향의 광도가 $I(\theta, \varphi)$, 동방향의 가상 구면상의 면적이 $dS = Rd\theta \times R\sin\theta d\varphi = R^2\sin\theta d\theta d\varphi$이고 동방향의 입체각이 $d\Omega = dS/R^2 = \sin\theta d\theta d\varphi$가 되므로 (θ, φ)방향의 광속 $d\Phi$는

$$d\Phi = I(\theta, \varphi)d\Omega = I(\theta, \varphi)\sin\theta d\theta d\varphi \quad (2.1)$$

이고 가상 구면이 받은 광원의 전광속 Φ는

$$\Phi = \int_{\varphi=0}^{2\pi} \int_{\theta=0}^{\pi} I(\theta, \varphi)\sin\theta d\theta d\varphi \quad (2.2)$$

가 된다. 대칭 배광의 경우는 $I(\theta, \varphi)$가 $I(\theta)$가 되므로

$$\Phi = 2\pi \int_0^{\pi} I(\theta)\sin\theta d\theta \quad (2.3)$$

로 표시된다. 다소의 비대칭 배광의 경우도 몇 개의 연직 배광을 구하고 이들 평균 연직 배광을 식 (2.3)에 적용하면 전광속(全光束)을 개산(概算)할 수 있다.

(2) 구대(球帶) 계수법

대칭 배광의 경우 식 (2.3)의 적분으로 구하게 되지만 $I(\theta)$를 함수로 표시할 수가 없는데 그러나 그 변화가 완만하면 전광속 Φ를

$$\Phi = 2\pi \sum_{\theta=0}^{\pi} I(\theta)\sin\theta \varDelta\theta \quad (2.4)$$

로 하고 $\varDelta\theta$의 구대 내에서는 광도가 일정하다고 생각하고 그 구대 중간의 $I(\theta)$에 $2\pi\sin\theta \cdot \varDelta\theta$를 곱하여 가산하는 구대 계수법(球帶係數法)이 있다. 여기서 $2\pi\sin\theta \cdot \varDelta\theta = Z(\theta)$는 $\varDelta\theta$의 폭의 입체각에 상당하고 이것을 구대 계수라고 한다. 따라서

$$\Phi = \sum_{\theta} Z(\theta)\, I(\theta) \quad (2.5)$$

가 된다. 그림 2.4에 있어서 $\varDelta\theta$를 연직각 θ_1에서 θ_2까지의 폭으로 하면 그 사이의 구대 계수는

$$Z = 2\pi(\cos\theta_1 - \cos\theta_2) \quad (2.6)$$

으로 구할 수 있다. $\varDelta\theta = 10°$로 한 구대 계수를 표 2.1에 든다.

(3) 간이 계산식

① **야마노우찌식(山內式)** 평균법[1]에 있어서 전광속 Φ를 구하는 데 $n=6$인 경우의 각도(山內角)를 사사오입하여 사용하는 것이 식 (2.7)의 야마노우찌식이며 실용상 편리하다.

표 2.1 구대계수표(10° 간격)

θ [°]	0 180	10 170	20 160	30 150	40 140	50 130	60 120	70 110	80 100	90 90
$Z(\theta)$	0.02390	0.19018	0.37459	0.54762	0.70400	0.83900	0.94850	1.02918	1.07859	1.09523
θ [°]	5 175	15 165	25 155	35 145	45 135	55 125	65 115	75 105	85 95	
$Z(\theta)$	0.09546	0.28347	0.46286	0.62820	0.77445	0.89716	0.99262	1.05791	1.09106	

[照明學會, 1989[4]]

$$\Phi = 4\pi\frac{1}{6}\{I(30°)+I(60°)+I(80°)+I(100°)$$
$$+I(120°)+I(150°)\} \quad (2.7)$$

② **형광 램프에 대한 1조도법** 형광 램프와 같이 광원의 배광이 축대칭이고 그 평균 연직 배광이 순조로운 경우 수평 광도(연직각이 90°)가 $I(90°)$인 균등 확산 직선광원의 전광속 Φ 는

$$\Phi = \pi^2 I(90°) = 9.87 I(90°) \quad (2.8)$$

실제의 형광 램프 배광은 균등 확산보다 어느 정도 예리하므로 계수는 9.87 대신 9.3이 사용된다.

③ **형광 램프에 대한 3조도법** 램프 길이의 5배 이상 거리에서 연직각 45°, 90°, 135° 방향의 조도를 측정하여 거리의 역자승의 법칙에 의해 각 방향의 광도 $I(45°)$, $I(90°)$, $I(135°)$를 계산하여 식 (2.9)로 전광속 Φ를 구하는 방법으로서 측정 정밀도가 높다.

$$\Phi = 4.78 I(90°) + 3.60\{I(45°)+I(135°)\} \quad (2.9)$$

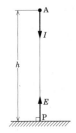

그림 2.5 역자승의 법칙[照明學會, 1989[4]]

2.2 직접 조도의 계산

2.2.1 점광원

점광원(點光源)이란 위치만이 정해지고 크기를 갖지 않는 광원이라고 정의되지만 실제로는 광원과 피조점(被照點)의 거리에 비해서 광원의 크기가 충분히 작은 광원을 점광원으로 취급하고 있다.

(1) 역제곱의 법칙

그림 2.5와 같이 점광원 A의 어느 방향의 광도가 I일 때 h 거리에 있어서의 광 방향으로 수직인 면상 P점의 조도 E는

$$E = \frac{I}{h^2} \quad (2.10)$$

이 되고 이를 거리의 역제곱의 법칙이라고 한다.

(2) 입사각의 코사인 법칙

그림 2.6과 같이 피조면 G에 대한 법선 PN

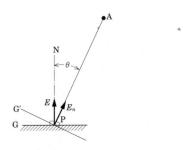

그림 2.6 입사각의 코사인법칙[照明學會, 1989[4]]

표 2.2 점광원에 의한 조도

	p와 θ	h와 θ	d와 θ	h와 d	E_n과의 관계
E_n	$\dfrac{I(\theta)}{p^2}$	$\dfrac{I(\theta)}{h^2}\cos^2\theta$	$\dfrac{I(\theta)}{d^2}\sin^2\theta$	$\dfrac{I(\theta)}{h^2+d^2}$	E_n
E_h	$\dfrac{I(\theta)}{p^2}\cos\theta$	$\dfrac{I(\theta)}{h^2}\cos^3\theta$	$\dfrac{I(\theta)}{d^2}\sin^2\theta\cdot\cos\theta$	$\dfrac{I(\theta)\cdot h}{(h^2+d^2)^{3/2}}$	$E_n\cdot\cos\theta$
E_{vq}	$\dfrac{I(\theta)}{p^2}\sin\theta$	$\dfrac{I(\theta)}{h^2}\sin\theta\cdot\cos^2\theta$	$\dfrac{I(\theta)}{d^2}\sin^3\theta$	$\dfrac{I(\theta)\cdot d}{(h^2+d^2)^{3/2}}$	$E_n\cdot\sin\theta$
$E_{v\varphi}$	$\dfrac{I(\theta)}{p^2}\sin\theta\cdot\cos\varphi$	$\dfrac{I(\theta)}{h^2}\sin\theta\cdot\cos^2\theta\cdot\cos\varphi$	$\dfrac{I(\theta)}{d^2}\sin^3\theta\cdot\cos\varphi$	$\dfrac{I(\theta)\cdot d}{(h^2+d^2)^{3/2}}\cos\varphi$	$E_n\cdot\sin\theta\cdot\cos\varphi$

이 광 방향 AP와 θ의 각도를 가질 때 피조면 G상 P점의 조도 E는

$$E = E_n \cos\theta \tag{2.11}$$

가 된다. 여기서 E_n은 광방향으로 수직인 면 G' 상 P점의 조도이다. 즉 어느 면상의 조도는 광의 입사각 θ의 코사인에 비례한다. 이것을 입사각의 코사인 법칙이라고 한다.

(3) 점광원에 의한 조도

그림 2.7과 같이 피조면상 높이 h에 점광원 A가 있는 경우 광원 직하의 점 Q에서 수평 방향으로 d만큼 떨어진 점 P의 조도는 역자승의 법칙, 입사각의 코사인 법칙에 의해 구해진다. 광 방향으로 수직인 면의 조도를 법선 조도 E_n, 수평면의 조도를 수평면 조도 E_h, 연직면의 조도를 E_v이라고 한다. 연직면 조도 중 Q 방향의 것을 E_{vq}, 그 방향과 각 φ를 이루는 것을 $E_{v\varphi}$로 나타낸다. 이들 조도는 광원 A에서 점 P로 향하는 광도를 $I(\theta)$로 하여 표 2.2와 같이 구할 수가 있다.

(4) 점광원으로 보는 한계

그림 2.8과 같은 점광원 A와 평원판 광원 B(직경 $d=2r$)에 있어서 각각의 광도 I를 동일하다고 하고 광원 직하 h 거리 점의 법선 조도 E_a, E_b를 구하면

$$\left.\begin{array}{l} E_a = \dfrac{I}{h^2} \\[2mm] E_b = \dfrac{I}{(r^2+h^2)} \end{array}\right\} \tag{2.12}$$

가 된다. 양자의 차의 비율은

$$\frac{(E_a - E_b)}{E_b} = \frac{r^2}{h^2} = \left(\frac{d}{2h}\right)^2 \tag{2.13}$$

이 되며 $h \geq 5d$라고 하면 이 평원판 광원을 점광원으로 보아도 실용상 충분하고 오차도 1 % 이하로 기대된다.

단, 주변에 발광 부분이 있는 원환(圓環) 광원이나 원대(円帶) 광원에서는 조도차의 비율이 각각 1.5배, 2배가 되므로 $h \geq 10d$로 하지 않으면 안 된다.

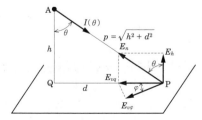

그림 2.7 점광원에 의한 조도[照明學會, 1989[4]]

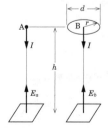

그림 2.8 점광원과 평원판 광원에 의한 조도 비교

[照明學會, 1989[4]]

2.2.2 원주 광원

그림 2.9와 같은 길이 l에 비해서 그 반경이 충분히 작은 균등 확산성의 원주 광원이 수평으로 있는 경우 광원의 한 끝을 포함하는 수직 평면 내의 섬 P에 있어시의 법선 조도 E_n, 수평면 조도 E_h, 연직면 조도(광원축에 연직) E_{vx}, 연직면 조도(광원면에 평행) E_{vy}는 각각 다음과 같이 구해진다.

$$E_n = \frac{I}{2p}(\alpha + \sin\alpha\cos\alpha) = \frac{I}{2p}\left(\frac{lp}{p^2+l^2} + \tan^{-1}\frac{l}{p}\right)$$

(2.14)

$$E_h = E_n\cos\theta = \frac{h}{\sqrt{h^2+d^2}}E_n \qquad (2.15)$$

$$E_{vx} = E_n\sin\theta = \frac{d}{\sqrt{h^2+d^2}}E_n \qquad (2.16)$$

$$E_{vy} = \frac{I}{2p}\sin^2\alpha = \frac{I}{2p}\frac{l^2}{p^2+l^2} \qquad (2.17)$$

여기서 I는 단위 길이당의 광원축에 수직인 방향의 광도이다. 그림 2.10과 같이 피조점 P가 광원단(光源端)을 포함하는 평면상에 없는 경우 광원 l_1, l_2로 나누어 조도를 계산하면 된다. 즉, 그림 (a)에서는

$$\left.\begin{array}{l} E_h = E_{h1} - E_{h2} \\ E_{vx} = E_{x1} - E_{x2} \\ E_{vy} = E_{y1} - E_{y2} \end{array}\right\} \qquad (2.18)$$

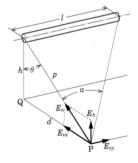

그림 2.9 원주(圓柱) 광원에 의한 조도
[照明學會, 1989[4]]

그림 (b)에서는

$$\left.\begin{array}{l} E_h = E_{h1} + E_{h2} \\ E_{vx} = E_{x1} + E_{x2} \\ E_{vy} = E_{y1} \\ E'_{vy} = E_{y2} \end{array}\right\} \qquad (2.19)$$

에 의해 구하면 된다. 또 광원이 연직에 있는 경우는 그림 2.9에 있어서 변 p, d, h를 갖는 면을 피조면으로서 취급하면 E_{vy}가 수평면 조도, E_{vx}, E_n, E_h가 연직면 조도가 된다.

2.2.3 평띠 모양 광원

그림 2.11과 같은 길이 l에 비해서 그 폭이 충분히 작은 균등 확산성의 평띠 모양 광원(平紐狀 光源)이 수평으로 있는 경우 광원의 한 끝을 포함하는 수직 평면 내의 점 P에 있어서의 법선 조도 E_n, 수평면 조도 E_h, 연직면 조도(광원축에 연직) E_{vx}, 연직면 조도(광원면에 평행)

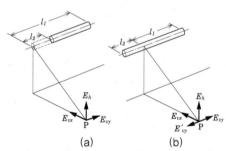

(a)   (b)

그림 2.10 피조점이 과원단을 포함하는 평면상에 없는 경우[照明學會, 1989[4]]

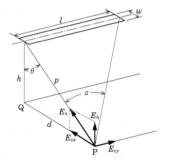

그림 2.11 평띠 모양 광원에 의한 조도[照明學會, 1989[4]]

Evy는 다음과 같이 구해진다.

$$E_n = \frac{Ih}{2p^2}(\alpha + \sin\alpha \cos\alpha) = \frac{Ih}{2p^2}\left(\frac{lp}{p^2+l^2} + \tan^{-1}\frac{l}{p}\right)$$
(2.20)

$$E_h = E_n \cos\theta = \frac{h}{\sqrt{h^2+d^2}}E_n \qquad (2.21)$$

$$E_{vx} = E_n \sin\theta = \frac{d}{\sqrt{h^2+d^2}}E_n \qquad (2.22)$$

$$E_{vy} = \frac{Ih}{2p^2}\sin^2\alpha = \frac{Ih}{2p^2}\frac{l^2}{p^2+l^2} \qquad (2.23)$$

여기서 I는 단위 길이당의 광원면 법선 방향의 광도이다. 피조점(被照点)이 광원단(光源端)을 포함하는 평면상에 없는 경우나 광원이 연직에 있는 경우의 조도 계산은 원주 광원(2.2.2 참조)과 동일하게 취급하면 된다.

2.2.4 면광원에 의한 직접 조도의 해법

여기서 취급하는 면광원은 휘도가 일정하고 균등 확산성의 것으로 한다.

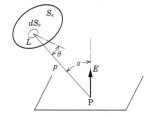

그림 2.12 면광원에 의한 조도
[照明學會, 1989[4]]

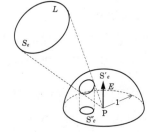

그림 2.13 입체각 투사의 법칙
[照明學會, 1989[4]]

(1) 기본식

그림 2.12에 있어서 광원면 S_e의 미소 부분 dS_e의 휘도를 L로 하고 면 dS_e의 법선과 피조점 P와 dS_e를 연결하는 직선이 이루는 각을 θ, P와 dS_e를 연결하는 직선과 점 P에 있어서의 법선이 이루는 각을 α, P와 dS_e간의 거리를 p라고 하면 면광원 S_e에 의한 점 P에 있어서의 조도 E는

$$E = \int_{S_e} \frac{L dS_e \cos\theta \cos\alpha}{P^2} \qquad (2.24)$$

가 된다.

(2) 입체각 투사법

그림 2.13에서 피조점 P를 정점으로 하고 면광원 S_e를 저면으로 하는 추상체(錐狀體)가 점 P를 중심으로 하는 반경 1의 반구에서 잘라 내는 면적을 S_e', 그리고 또 S_e' 피조면상으로의 정사영(正射影)을 S''_e라고 하면 점 P의 조도 E는

$$E = L S''_e \qquad (2.25)$$

로 구할 수가 있다. 이것을 입체각 투사의 법칙이라고 한다.

(3) 경계 적분의 방법

그림 2.14에 있어서 면광원 S_e 경계선의 미소 부분을 AB=dl로 하고 피조점 P를 중심으로 하는 반경 1의 반구와 △APB와의 교선을

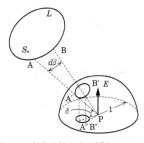

그림 2.14 경계 적분의 법칙[照明學會, 1989[4]]

A′B′=dl', 이것의 피조면상으로의 정사영을 A″B″=dl''로 한다. 여기서 dl의 P로 펴지는 각을 $d\beta$로 하면 $dl'=1 \times d\beta$이고 $\triangle A'PB' = dS_e' = 1 \times dl'/2 = d\beta/2$가 된다.

$\triangle APB$와 피조면이 이루는 각을 δ라고 하면 $\triangle A''PB''$는 $\triangle A'PB'$의 정사영이므로

$$\triangle A''PB'' = dS_e'' = \triangle A'PB' \times \cos \delta = \frac{d\beta}{2} \cos \delta$$
$$(2.26)$$

따라서 면광원 S_e가 반구면을 절취하는 부분 S_e'를 피조면에 정사영한 면적 S_e''는

$$S_e'' = \oint_{S_e} dS_e'' = \frac{1}{2} \oint d\beta \cos \delta \quad (2.27)$$

이고 식 (2.25)에서 점 P의 조도 E는

$$E = LS_e'' = \frac{L}{2} \oint_{S_e} d\beta \cos \delta \qquad (2.28)$$

가 된다. 즉 조도는 광원의 경계선을 따라 적분으로 표시되는 것을 나타내므로 이것을 경계 적분의 법칙이라고 한다.

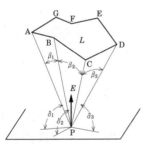

그림 2.15 다각형 광원에 의한 조도[照明學會, 1989[4]]

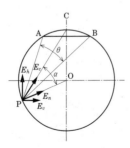

그림 2.16 등조도 구면상의 각 조도[照明學會, 1989[4]]

또 그림 2.15와 같은 휘도 L의 다각형 광원이면 그 각 변에 대해서는 $\cos \delta$가 일정하므로 조도 E는

$$E = \frac{L}{2} \sum \beta \cos \delta \qquad (2.29)$$

로 제시되며 변의 수만큼의 항을 합치면 조도가 구해진다.

(4) 등조도구

그림 2.16과 같이 AB를 휘도 L, 반경 r의 평원판 광원으로 하고 이 원판의 테두리를 그 면상에 갖는 구면을 생각하면 구면상의 법선 조도(구 중심 O를 향하는 방향의 조도) E_n은 어디서나 일정하고 구면상의 각 점에 있어서의 수평면 조도 E_h와도 같아진다. 이와 같은 구(球)를 등조도구(等照度球)라고 한다. 즉 $\angle APB = \theta$라고 하면

$$E_n = E_h = \frac{\pi L}{2}(1 - \cos\theta) = \pi L \sin^2 \frac{\theta}{2} \quad (2.30)$$

로 표시된다. 또 구의 천정을 C라고 하고 $\angle CPO = \alpha$라고 하면 점 P에 있어서의 PC 방향의 조도 E_c 및 연직면 조도 E_v는 각각

$$E_c = \frac{E_h}{\cos \alpha} \qquad\qquad (2.31)$$

$$E_v = E_c \sin \alpha = E_h \tan \alpha \qquad (2.32)$$

가 된다.

2.2.5 직각 삼각형 광원

그림 2.17과 같은 피조면에 평행인 휘도 L의 직각 삼각형 광원 ABC에 의한 A의 직하 P점의 조도 E는 경계 적분의 법칙에서 다음 식과 같이 된다.

$$E = \frac{L}{2}\beta_{bc} \cos \delta_{bc} = \frac{L}{2}\frac{a}{\sqrt{h^2 + a^2}}\tan^{-1}\frac{b}{\sqrt{h^2 + a^2}} \quad (2.33)$$

그림 2.18과 같은 직각이 아닌 삼각형 광원

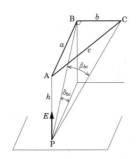

그림 2.17 직각삼각형 광원에 의한 조도
[照明學會, 1989[4]]

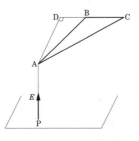

그림 2.18 직각이 아닌 삼각형 광원에 의한 조도
[照明學會, 1989[4]]

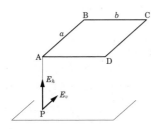

그림 2.19 장방형 광원에 의한 조도
[照明學會, 1989[4]]

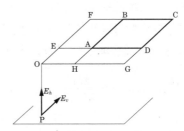

그림 2.20 장방형 광원에 의한 조도
(임의 피조점의 경우)[照明學會, 1989[4]]

ABC의 한 모퉁이 A 직하의 점 P의 조도 E는 우선 직각삼각형 광원 ADC에 의한 P점의 조도 E_{adc}를 구하고 다음에 직각삼각형 광원 ADB에 의한 P점의 조도 E_{adb}를 구하여 그 차를 취하면

$$E = E_{adc} - E_{adb} \qquad (2.34)$$

에 의해 구해진다.

2.2.6 장방형 광원

그림 2.19와 같은 피조면에 평행인 휘도 L의 장방형 광원 ABCD의 정점 직하의 점 P에 있어서 수평면 조도 E_h 및 연직면 조도 E_v는 각각

$$E_h = \frac{L}{2}\left(\frac{a}{\sqrt{a^2+h^2}}\tan^{-1}\frac{b}{\sqrt{a^2+h^2}}\right.$$
$$\left. + \frac{b}{\sqrt{b^2+h^2}}\tan^{-1}\frac{a}{\sqrt{b^2+h^2}}\right) \ (2.35)$$

$$E_v = \frac{L}{2}\left(\tan^{-1}\frac{a}{h} - \frac{h}{\sqrt{b^2+h^2}}\tan^{-1}\frac{a}{\sqrt{b^2+h^2}}\right)$$
$$(2.36)$$

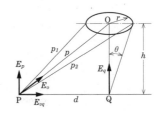

그림 2.21 평원판 광원에 의한 조도
[照明學會, 1989[4]]

가 된다. 그림 2.20과 같이 피조점 P가 광원의 정점 직하 이외에 있는 경우의 E_h 및 E_v는 각각

$$E = E_{ofcg} + E_{oach} - E_{ofbh} - E_{oedg} \qquad (2.37)$$

의 계산에 의해 구해진다.

광원이 연직에 있는 경우에는 E_v를 수평면 조도, E_h를 연직면 조도로 취급하면 된다.

2.2.7 평원판 광원

그림 2.21과 같이 휘도 L, 반경 r인 평원판 광원이 높이 h인 곳에 수평으로 있을 경우 광원 중심 직하의 점 Q의 수평면 조도 E_q, 광원 중심

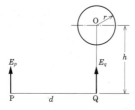

그림 2.22 구면 광원에 의한 조도[照明學會, 1989[4]]

직하에서 수평 방향으로 d만큼 떨어진 점 P에 있어서의 수평면 조도 E_p, 동일하게 연직면 조도 E_{vq}, 동일하게 광원의 중심 O 방향에의 법선 조도 E_o는 각각 다음과 같이 구해진다.

$$E_q = \frac{\pi L}{2}(1 - \cos 2\theta) = \frac{\pi L r^2}{h^2 + r^2} \qquad (2.38)$$

$$E_p = \frac{\pi L}{2}\left\{1 - \frac{h^2 + d^2 - r^2}{\sqrt{(h^2 + d^2 + r^2)^2 - 4(dr)^2}}\right\}$$

$$= \pi L \frac{4r^2 - (p_1 - p_2)^2}{4p_1 p_2} \qquad (2.39)$$

$$E_{vq} = \frac{\pi L h}{2d}\left\{\frac{h^2 + d^2 + r^2}{\sqrt{(h^2 + d^2 + r^2)^2 - 4(dr)^2}} - 1\right\}$$

$$= \frac{\pi L}{d} \frac{(p_1 - p_2)^2}{4p_1 p_2} \qquad (2.40)$$

$$E_o = \frac{\pi r^2 L}{p_1 p_2} \frac{h}{p} \qquad (2.41)$$

2.2.8 구면 광원

그림 2.22와 같이 휘도 L, 반경 r의 구면 광원이 높이 h에 있는 경우 광원의 중심 직하의 점 Q의 수평면 조도 E_q, 광원의 중심 직하로부

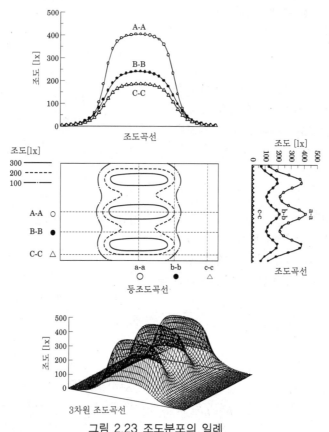

그림 2.23 조도분포의 일례

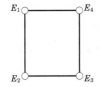

그림 2.24 4점법에 의한 평균조도 [JIS 7612[2]]

터 수평 방향으로 d만큼 떨어진 점 P에 있어서 수평면 조도 E_p는 각각 다음과 같이 구해진다.

$$E_q = \frac{\pi r^2 L}{h^2} \qquad (2.42)$$

$$E_p = \frac{\pi r^2 h L}{(h^2 + d^2)^{3/2}} \qquad (2.43)$$

2.2.9 조도 분포와 평균 조도

(1) 조도 분포

피조면상에 있어서의 임의점의 조도 값은 지금까지 기술한 방법으로 구해지지만 하나의 직선을 따라 이 계산을 반복해서(축점법이라고 한다) 그 결과를 정리하여 매끄러운 곡선으로 연결한 것이 조도 곡선으로서 일직선상의 조도의 분포 상태를 표시한다. 또 조도 값이 동등한 점을 합친 곡선이 등조도 곡선이며, 평면상의 조도 분포 상태를 나타낸다. 또한 조도 값을 외관 상의 높이 방향으로 잡아 그린 것이 3차원 조도 곡선으로서 상당히 알기 쉽게 분포 상태를 제시해 준다. 최근에는 계산 결과를 준비하면 거의 자동적으로 조도 곡선, 등조도 곡선 그리고 3차원 조도 곡선을 그리는 컴퓨터 소프트가 있으므로 이용하면 좋을 것이다. 그림 2.23에 조도 분포의 일례를 든다.

(2) 평균 조도[2]

피조면을 적당한 등면적의 단위 구역으로 나누고 우선 단위 구역마다의 평균 조도를 산출한 후에 그것들의 상가(相加) 평균값을 취하여 이것을 전체의 평균 조도로 한다. 단위 구역의 평

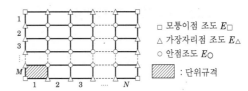

그림 2.25 다수의 단위구역이 연속할 때의 평균조도 [JIS 7612[2]]

균 조도 E_a는 원칙적으로 그림 2.24와 같은 4점법에 의해 코너 4점의 조도 E_i를 계산하여

$$E_a = \frac{1}{4} \sum_{i=1}^{4} E_i \qquad (2.44)$$

로 구한다. 단위 구역이 다수 연속되는 경우는 그림 2.25와 같이 평균 조도 E_a를 산출한다.

$$E_a = \frac{1}{4MN} \left(\sum E_\square + 2\sum E_\triangle + 4\sum E_\circ \right) \quad (2.45)$$

또한 조도와 모퉁이점(隅點), 가장자리점(邊點)의 조도 비가 4 이하이고 조도 분포가 모두 가까운 경우 또는 조도 계산점의 수가 100점을 초과하는 경우에는 전체 측정점의 조도의 단순 평균을 가지고 개수치(概數値)로 하여도 된다. 이때의 평균 조도 E_a는

$$E_a = \frac{1}{(M+1) \times (N+1)} \sum E_i \qquad (2.46)$$

로 구한다.

또한 실내 중앙에 광원이 1개 있는 경우의 평균 조도 E_a 산출은 그림 2.26의 5점법에 의해

$$E_a = \frac{1}{6} \left(\sum_{i=1}^{4} E_{mi} + 2E_g \right) \qquad (2.47)$$

로 구한다.

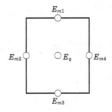

그림 2.26 5점법에 의한 평균조도 [JIS 7612[2]]

(3) 조도 균제도(照度均齊度)

어느 구역 내에 있어서의 조도 분포의 고르지 못한 정도를 표시하는 데 (조도) 균제도가 사용된다.

최소 조도를 E_0, 평균 조도를 E_a라고 히면 (조도) 균제도는 E_0/E_a로 표시하는 것이 일반적이다. 또 최대 조도를 E_m으로 하고 E_0/E_m, E_a/E_m, E_m/E_0 등으로 표시되는 경우도 있다.

[大谷 義彦]

2.3 상호 반사의 계산

2.3.1 폐공간과 상호 반사계

상호 반사의 계산이란 평행인 2평면간이나 닫힌 공간 등에서 광(또는 광속)이 반복해서 반사되는 경우 그 최종적인 영향이나 효과를 수식에 의해 정량적으로 취급하는 것이다. 예를 들면 실내에 광원(램프 달린 조명기구)을 설치하면 광원으로부터의 직접적인 조도와 광원으로부터의 광이 천장이나 벽 또는 집기류 등에 반사되어 작업면상 또는 지정 장소에 도달하는 간접적인 조도가 부가된다. 통상적으로 상호 반사에 기인하는 영향이나 효과로서 작업면상의 평균 조도 또는 특정한 장소의 조도나 휘도가 증가한다.

조명 공학 분야에 있어서의 상호 반사 이론과 계산 기법의 대상으로는 다음과 같은 것이 있다.

(1) 실내에 있어서의 조도·휘도의 예측이나 광속법에의 적용

(2) 조명 기구의 광학적인 특성 해석

(3) 적분구를 사용한 측광 기기에의 응용

(4) 투명 재료나 필터의 총합 투과율·총합 반사율의 예측

최근에는 상호 반사 방정식과 디지털 화상 처리를 응용한 실내 조명 설계·계획 기법(컴퓨터 그래픽, CG 응용 분야에서는 라디오시티법[5),6)]이라고 불리는 광속 발산도에 관한 상호 반사방정식)이 시각적이고 리얼한 평가 수단의 하나로서 적극적으로 도입되고 있다.

2.3.2 구면 내의 상호 반사

구면 내가 반사율 ρ를 가지는 완전 확산 반사면이라고 가정한다. 광속 Φ[lm]를 가지는 광원(램프)을 구면 내에 설치하면 구 내표면이 직접적으로 받아들이는 광속은 Φ[lm]이다. 이 광속이 표면에서 1회째의 반사 후에는 $\rho \times \Phi$가 되고 또 2회째 반사되면 $\rho \times \Phi(\rho \times \Phi)$가 되어 표면상에 도달한다. 이 과정을 구면 내에서 무한정 반복하는 경우에는 상호 반사의 결과로 구면 내에서 받아들이는 전광속(또는 총광속) Φ_t는 정식화된다.

$$\begin{aligned}전광속\ \Phi_t &= 직접광속\ \Phi \\ &\quad + 상호반사에\ 의한\ 확산광속\ \Phi_k \\ &= \Phi + [\rho \times \Phi + \rho \times (\rho \times \Phi) + \\ &\quad \rho \times \{\rho \times (\rho \times \Phi)\} + \cdots] \\ &= \Phi \times \{1 + \rho + \rho^2\rho^3 + \cdots\} \\ &= \frac{\Phi}{1-\rho}\ [lm] \qquad (2.48)\end{aligned}$$

구면 내의 상호 반사 후의 평균적인 전체 조도 E_t는 다음 식으로 표시된다.

$$E_t = \frac{\Phi_t}{S} = \frac{\Phi}{(1-\rho)\ \pi D^2} = \frac{E}{1-\rho}\ [lx] \qquad (2.49)$$

여기서 S : 구 표면적[m²], D : 구 직경[m], $E = \Phi/\pi D^2$: 구면 내의 직접 조도[lx], $0 < \rho < 1$

상호 반사에 의한 확산 조도 E_k는 다음 식으로 표시된다.

$$E_k = E_t - E = \left(\frac{\rho}{(1-\rho)}\right)E \ [\text{lx}] \quad (2.50)$$

만일 $\rho = 0.9$로 하면 $E_k/E = 9$, $\rho = 0.99$로 하면 $E_k/E = 99$가 되어 상호 반사의 영향이 현저해진다.

2.3.3 평행한 2평면간의 상호 반사

그림 2.27과 같은 대단히 넓은 공간, 즉 무한 평면간의 상호 반사 문제를 알아 본다.[7] 공간 내에 전광속 2Φ의 균등한 광도 분포를 가진 광원(램프)를 가정한다. 이 광원으로부터의 광속은 천장과 바닥에 각각 Φ의 광속을 입사한다. 천장에 직접적으로 도달하는 광속 Φ는 천장에서 광속 $\rho_c\Phi$만큼 반사하고 바닥을 향한다. 바닥에 입사한 이 광속은 바닥에서 반사하여 광속 $\rho_f(\rho_c\Phi)$가 천장을 향한다. 다시 또 천장에서 반사하여 광속 $\rho_c\{\rho_f(\rho_c\Phi)\}$가 바닥에 입사한다. 한편, 바닥에 직접적으로 도달하는 광속 Φ는 바닥에서 광속 $\rho_f\Phi$만이 반사되어 천장을 향한다. 천장에서 반사한 광속 $\rho_c(\rho_f\Phi)$가 바닥으로, 바닥에서 반사한 광속 $\rho_f\{\rho_c(\rho_f\Phi)\}$가 천장에 도달한다.

천장면에 입사한 전광속 Φ_c는 직접적인 입사 광속 Φ와 상호 반사에 입각한 확산 반사 광속 Φ_k의 합으로서 정식화(定式化)된다.

$$\Phi_c = \Phi\{1 + \rho_f\rho_c + \rho_f^2\rho_c^2 + \cdots\} \\ + \rho_f\Phi\{1 + \rho_f\rho_c + \rho_f^2\rho_c^2 + \cdots\}$$

$$= \frac{\Phi}{1-\rho_f\rho_c} + \frac{\rho_f\Phi}{1-\rho_f\rho_c} \\ = \left(\frac{1+\rho_f}{1-\rho_f\rho_c}\right)\cdot\Phi \quad (2.51)$$

마찬가지로 바닥면에 입사한 전광속 Φ_f는 다음 식으로 표시된다.

$$\Phi_f = \left(\frac{1+\rho_c}{1-\rho_f\rho_c}\right)\cdot\Phi \quad (2.52)$$

천장이나 바닥에 직접적으로 각각 입사한 광속은 Φ이므로 천장과 바닥 간에서 상호 방사에 입각한 증가분, 즉 확산 광속 Φ_{kc}와 Φ_{kf}는 각각 다음 식으로 표시된다.

$$\Phi_{kc} = \Phi_c - \Phi = \left(\frac{(1+\rho_c)\rho_f}{1-\rho_f\rho_c}\right)\cdot\Phi \quad (2.53)$$

$$\Phi_{kf} = \Phi_f - \Phi = \left(\frac{(1+\rho_f)\rho_c}{1-\rho_f\rho_c}\right)\cdot\Phi \quad (2.54)$$

만일 $\rho_c = 0.8$, $\rho_f = 0.3$이라고 하면 $\Phi_{kc}/\Phi = 0.71$, $\Phi_{kf}/\Phi = 1.37$이 되어 천장면보다 바닥면에서의 상호 반사의 효과가 현저해진다.

2.3.4 상호 반사계의 기초 방정식

그림 2.28과 같은 폐(閉)공간상의 임의의 i점의 상호 반사의 영향을 포함한 전조도 E_i는 i점의 직접 조도를 E_{oi}, 상호 반사에 의한 확산(또는 간접) 조도를 E_{ki}라고 하면 다음 식과 같이 정식화된다.[8]

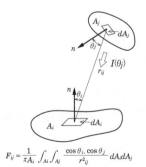

$$F_{ij} = \frac{1}{\pi A_i}\int_{Ai}\int_{Aj}\frac{\cos\theta_i\cdot\cos\theta_j}{r^2_{ij}}dA_idA_j$$

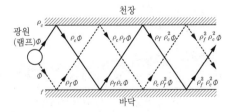

그림 2.27 무한평행 평면간의 상호 반사

그림 2.28 2면간의 형태계수 : F_{ij}

$$E_t = E_{oi} + E_{ki} \qquad (2.55)$$

폐공간은 균등 확산성의 반사율을 갖는다고 가정한다. 점 j의 반사율을 ρ_j, 전조도를 E_j라고 하면 미소면 dA_j에 의한 2차적인 광원의 광도는

$$I(\theta_j) = \frac{\rho_j E_j \cdot dA_j}{\pi} \cos \theta_j \qquad (2.56)$$

로 표기된다. i점의 확산 조도 E_{ki}는 역자승칙을 적용하면

$$E_{ki} = \int_{Aj} \frac{\rho_j E_j dA_j \cos \theta_j}{\pi r^2_{ij}} \cdot \cos \theta_j \qquad (2.57)$$

따라서 조도에 관한 상호 반사계의 기초방정식은 식 (2.55)에 의해 정식화된다.

$$E_i = E_{oi} + \int_{Aj} \frac{\rho_j E_j \cos \theta_i \cos \theta_j}{\pi r^2_{ij}} dA_j \qquad (2.58)$$

또한 식 (2.58)은 프레드홀름(Fredholm)형 제2종 적분방정식이라고 불린다.

상호 반사계의 기초방정식에 있어서 적분 영역 A_j를 유한한 n개로 분할하면 전조도는

$$E_i = E_{oi} + \sum_{j=1}^{n} \int_{Aj} \frac{\rho_j E_j \cos \theta_i \cos \theta_j}{\pi r^2_{ij}} dA_j$$

$$\qquad (2.59)$$

따라서 면 A_i에 입사하는 전광속 Φ_i는

$$\Phi_i = \int_{Aj} E_{oi} dA_j$$

$$+ \sum_{j=1}^{n} \int_{Ai} \int_{Aj} \frac{\rho_j E_j \cos \theta_i \cos \theta_j}{\pi r^2_{ij}} dA_i dA_j \qquad (2.60)$$

각 분할면의 반사율 ρ_j 및 전조도 E_j를 일정하다고 하면 광속에 관한 상호 반사계의 기초방정식은 다음 식으로 표시된다.

$$\Phi_i = \Phi_{oi} + \sum_{j=1}^{n} \rho_j \cdot E_j \cdot F_{ij} \cdot A_i$$

$$(j = 1, 2, \cdots, n : i = 1, 2, \cdots, n) \qquad (2.61)$$

여기서 Φ_{oi}는 면 A_i에의 직접(직사) 광속
F_{ij}는 면 A_i과 면 A_j 간의 형태 계수(form factor) 또는 고유 입사광속 계수라고 하며 다음 식의 이중적분 표시로 정의된다.

$$F_{ij} = F_{Ai-Aj}$$

$$= \frac{1}{\pi A_i} \int_{Ai} \int_{Aj} \frac{\cos \theta_i \cos \theta_j}{r^2_{ij}} dA_i dA_j \qquad (2.62)$$

상기한 F_{ij}는 F_{i-j}, F_{Ai-Aj} 또는 $F(i, j)$라고도 표기되며 일반적으로 상반 정리(相反定理) "$A_i \cdot F_{ij} = A_j \cdot F_{ji}$"와 폐공간 내의 대수합 "$\Sigma F_{ij} = 1$"이 성립된다. 식 (2.61)을 조도 형식으로 표시하면

$$E_i = E_{oi} + \sum_{j=1}^{n} \rho_j \cdot F_{ij} \cdot E_j (i = 1, 2, \cdots, n) \qquad (2.63)$$

식 (2.63)을 광속 발산도 형식으로 표시하면

$$M_i = M_{oi} + \rho_i \sum_{j=1}^{n} F_{ij} \cdot M_j (i = 1, 2, \cdots, n)(2.64)$$

여기서, $M_{oi} = \rho_i \cdot E_{oi}$, $M_i = \rho_i \cdot E_i$

만일 M_{oi}, F_{ij}, ρ_i등을 알고 있으면 상호 반사후의 평균 조도 E_i 또는 광속 발산도 M_i는 상기한 n원연립 1차방정식을 푸는 것에 의해 산출할 수 있다. 식 (2.64)에 의해 상호 반사계의 문제를 수치적으로 해석할 때 폐공간의 경우에는 형태 계수 $\sum_{j=1}^{n} F_{ij} = 1(i = 1, 2, \cdots, n)$이 성립된다. 식 (2.64)에 의한 최종 광속 발산도는 반사율, 형태 계수, 초기 광속 발산도 등을 알고 있다고 하고 다음 식과 같은 n원연립 1차방정식으로도 변형된다.

$$\begin{bmatrix} (1 - \rho_1 F_{11}) & -\rho_1 F_{12} & -\rho_1 F_{13} & \cdots & -\rho_1 F_{1n} \\ -\rho_2 F_{21} & (-\rho_2 F_{22}) & -\rho_2 F_{23} & \cdots & -\rho_2 F_{2n} \\ \vdots & & \vdots & & \vdots \\ -\rho_n F_{n1} & -\rho_n F_{n2} & -\rho_n F_{n3} & \cdots & (-\rho_n F_{nn}) \end{bmatrix} \cdot$$

$$\begin{bmatrix} M_1 \\ M_2 \\ \vdots \\ \dot{M}_n \end{bmatrix} = \begin{bmatrix} M_{01} \\ M_{02} \\ \vdots \\ \dot{M}_{0n} \end{bmatrix} \qquad (2.65)$$

여기서 M_{on} : 초기 광속발산도$[\text{lm}/\text{m}^2]$
M_n : 최종 광속발산도$[\text{lm}/\text{m}^2]$

2.4 광속법에 의한 조도 계산

2.4.1 전반 조명방식과 광속법

통상적으로 실내를 조명할 때는 전반(全般) 조명방식과 국부 조명방식이 사용되고 있다. 전자는 대상으로 하는 실내 전체를 일정한 휘도분포 또는 특정 면상의 조도를 일정하게 하기 위해 상호 반사계의 기초식을 직접적으로 적용하는 대신 광속법이 제안되고 있다. 후자는 작업이나 독서 등 필요한 개소를 효과적으로 조명하기 때문에 효과적이다.

전반 조명방식에 의한 조명 계획과 설계에서는 작업면상의 권장 조도가 미리 지정되어 있는 소요 조명기구 대수를 구하는 경우와, 미리 방의 크기, 조명 기구의 수나 위치 등을 지정하여 작업면의 평균 조도를 예측하는 경우가 있다. 전자의 경우에는 방의 크기를 고려해서 광원의 종류, 조명 기구의 수와 배치 등을 포함해서 필요한 광원(램프)의 총 광속을 계산한다. 한편, 후자의 경우는 방의 크기와 각 면의 반사율, 광원의 종류, 조명 기구의 수와 배치 등을 지정하여 작업면의 평균 조도를 예측한다.

광원에서 나온 광속은 조명 기구에서 일부는 흡수되고 나머지는 천장이나 벽, 집기류에서 반사되고 일부는 흡수된다. 실내에서의 상호 반사의 결과, 최종적으로 광속이 작업면에 입사된다.

작업면에 입사하는 총광속(전광속) $\Phi \times N$ 또는 평균 조도 E는 조명률 U나 보수율 M을 사용해서 다음 식으로 산출된다.

$$\Phi \times N = \frac{E \times A}{M \times U} \qquad (2.66)$$

$$E = U \times \Phi \times N \times \frac{M}{A} \qquad (2.67)$$

여기서 E : 평균 조도[lx], A : 작업면의 면적[m²], Φ : 광원(램프)의 광속, N : 광원(램프)의 수, U : 조명률, M : 보수율

위의 식에서 사용하는 조명률 U는 실(室)지수(방의 상대적인 크기), 조명 기구의 종류, 천장, 벽, 바닥의 반사율 등의 영향을 받는다.

광속법에 의한 조명 계획·설계를 위해 표 2.3과 같은 조명률표가 자료로서 조명 기구 메이커에서 제공되고 있다.

작업면이란 책상 또는 작업대를 포함한 수평면을 말하고 사무소·공장에서는 바닥 위 0.85 m, 가정 방에서는 바닥 위 0.4 m, 체육관·복도에서는 0 m(바닥)가 채용된다. 그리고 실 지

표 2.3 조명률의 일례

조명기구	보수율	반사율	천정	80%						70%						50%			
	최대기구간격		벽	70%	50%	30%	70%	50%	30%	70%	50%	30%	70%	50%	30%	50%	30%	50%	30%
			상	30%			10%			30%			10%			30%		10%	
		실지수		조명률															
40W 2등용 매입형 루버 부착	보수 상태 양 보통 불량 0.70 0.66 0.62	0.6	J	0.33	0.28	0.24	0.31	0.27	0.23	0.32	0.28	0.24	0.30	0.27	0.23	0.27	0.23	0.26	0.23
		0.8	I	.41	.36	.31	.38	.34	.30	.40	.36	.31	.38	.34	.30	.35	.31	.33	.30
		1.0	H	.49	.43	.37	.43	.39	.35	.45	.41	.37	.41	.38	.35	.39	.35	.37	.34
		1.25	G	.50	.46	.42	.45	.42	.39	.49	.45	.41	.44	.42	.39	.43	.40	.41	.38
	기구와 수직방향 1.1H	1.5	F	.55	.50	.45	.48	.45	.42	.53	.49	.45	.47	.45	.42	.47	.43	.44	.41
		2.0	E	.59	.55	.51	.53	.49	.46	.56	.53	.50	.50	.48	.46	.51	.48	.47	.45
		2.5	D	.63	.58	.53	.55	.51	.48	.59	.56	.53	.52	.50	.48	.53	.50	.49	.47
	기구와 평행방향 1.2H	3.0	C	.62	.59	.56	.54	.52	.50	.60	.57	.53	.51	.50	.50	.55	.52	.50	.49
		4.0	B	.64	.63	.59	.65	.54	.52	.63	.60	.57	.55	.53	.51	.57	.55	.52	.51
		5.0	A	.65	.64	.61	.57	.55	.54	.64	.62	.60	.56	.54	.53	.58	.57	.53	.52

수(室指數)는 다음 식으로 정의된다.

$$실지수\ K_r = \frac{XY}{(X+Y)H} \qquad (2.68)$$

여기서 X : 방의 폭[m], Y : 방의 안길이 [m], H : 작업면에서 광원까지의 높이[m]

2.4.2 조명률에 영향을 주는 여러 항목

조명률에 영향을 주는 여러 항목은 (1) 축대칭 조명기구의 배광 분포 $I(\theta)$, (2) 조명기구 효율 η, (3) 실지수(室指數) K_r, (4)방의 표면 반사율 ρ_i, (5) 조명기구간의 배치와 S/H비, (6) 보수율 M 등이다.

조명기구 효율은 (조명기구에서 나오는 전광속/그 램프만으로 점등했을 때 방사되는 전광속)× 100[%]로 하고, 또 보수율은 "조명 시설 내에서 어느 기간 사용한 후의 작업면 상의 평균 조도/동일한 조명 조건 하에서의 초기 조도"로 정의된다. 전반 조명방식에 의한 조명 설계·계획시에 광원의 경년 변화(램프 광속의 감소)를 고려한다. 또한 조명의 양보다 질적인 관점에서 모델 실험이나 CG 기법에 의한 시각적인 실내 환경의 평가도 중요하다.

실내에 집기류 등이 없는 이상화된 경우의 휘도 계산은 각 면의 균등 확산성을 가정하면 3종류의 측광량, 즉 광속 발산도 M_i, 조도 E_i, 휘도 L_i 간에서

$$M_i = \rho_i \times E_i = \pi \times L_i \qquad (2.69)$$

가 성립된다. 따라서 각 면상의 평균 휘도 L_i는 다음 식으로 간단히 계산된다.

$$L_i = \frac{\rho_i \times E_i}{\pi} = \frac{M_i}{\pi} \qquad (2.70)$$

2.4.3 CIE 규격 '옥내 작업장의 조명' (옥내 조명 기준)[10]

2001년 5월에 간행된 CIE(국제조명위원회) 규격 S 008 "Lighting of Indoor Work Places"가 2002년도에 ISO/CIE 규격이 되고 일본조명위원회에서 번역 출판되어 있다.

이 규격의 적용 범위는 작업자가 전체 작업 기간에 걸쳐 효율적으로 그리고 또 쾌적하고 안전하게 시(視)작업을 할 수 있기 위한 옥내 작업장의 조명 요건을 권장, 정하고 있다. 특히 조명요건 일람표에는 실, 작업, 활동 등의 종류별(계 31 분류)에 따라

(1) 특정면상의 평균 조도로 이 수치 이하면 안되는 것이 바람직한 하한값으로서 '유지 조도 E_m[lx]'

(2) 조명 설비에 대해서 허용 가능한 최대 UGR(Unified Glare Rating) 값으로서 'UGRL 제한값'

(3) 평균 연색 평가수 R_a의 최소값

등의 수치가 상세히 소개되고 있다.

[飯塚昌之]

참고문헌

1) 黒澤涼之助 : 最新照明計算の基礎と応用, pp. 54-58, 電気書院 (1963)
2) JIS C 7612 : 1985 照度測定法
3) 照明学会編 : 大学課程照明工学 (新版), オーム社 (1997)
4) 照明学会編 : ライティングハンドブック, オーム社 (1987)
5) Alan Watt, et al. : 3 D Computer Graphics (3rd ed.), Section 11, The radiosity method, pp. 306-341, Addison-Wesley (2000)
6) Mel Slater, et al. : Computer Graphics and Virtual Environments, Section 15, An introduction to radiosity, pp. 327-342, Addison-Wesley (2002)
7) 電気学会編 : 照明工学 (改定版), オーム社 (1988)
8) 照明学会編 : 大学課程照明工学, オーム社 (1989)
9) 電気学会編 : 電気工学ハンドブック (第6版), p. 1916, 表6, オーム社 (2001)
10) 日本照明委員会 : 屋内作業場の照明, ―JCIE 翻訳出版 No. 12, CIE 規格 S 008― (2002.12)

3편
광원과 조명기구

제1장

광 관련 재료·광 디바이스

1.1 광원용 재료

1.1.1 광 기능성 박막 재료[1]

(1) 투명 도전막 재료

투명 도전막(導電膜)은 디스플레이, 특히 액정 디스플레이를 지지하는 기초 재료이다. 투명 도전막 중에서도 주석을 도포한 산화 인듐(indium tin oxide : ITO) 박막은 수백 nm의 막 두께로 90 % 이상의 가시광(可視光) 투과율과 $10[\Omega/\Box]$ 이하의 시트 저항 값을 함께 갖기 때문에 액정 소자만이 아니고 조광 유리, 태양 전지 등의 투명 전극으로서도 폭 넓게 사용되기 시작하였다.

ITO가 SnO_2나 ZnO막과 달리 여러 분야에서 이용되게 된 것은 그 나름대로의 몇 가지 이유가 있다. 그것은 ① 저항률의 낮음, ② 유리 기판에 대한 견고한 부착력, ③ 투명도의 높음, ④ 적당한 내약품성, ⑤ 전기 화학적인 안정성

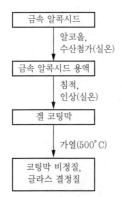

그림 1.1 졸-겔법에 입각한 디프 코팅 순서

등이다.

ITO 박막은 스패터링법, 이온 프레이팅법, CVD법, 졸-겔법 등에 의해 얻어진다. 여기서는 제막(製膜) 프로세스의 간단한 졸-겔법에 대해서 소개한다.

졸-겔법으로 투명 도전막을 제작할 때는 보통은 디프 코팅을 이용한다. 금속 알콕시드 또는 그 밖의 화합물을 포함한 용액을 사용하여 넓은 기판 전체에 걸쳐 균일한 코팅을 비교적 용이하게 할 수 있고 막이 얇기 때문에 값싼 재료비로 기판 성질을 획기적으로 개선하여 기계적·화학적 보호, 광학 특성, 전자기 특성과 같은 새로운 기능 특성을 기판에 부여할 수가 있기 때문에 대단히 유용하다. 대표적인 졸-겔법에 입각한 디프 코팅 순서를 그림 1.1에 나타낸다. 코팅 조작은 디핑, 인상, 가열의 3단계로 되어 있다.[2]

투명 도전막은 단일 금속산화물로 형성되지 않고 도판트로서 소량의 금속산화물이 첨가되고 있다. 졸-겔법의 원료로서는 알코올레이트가 일반적이다. 투명 도전막 제작에도 알코올레이트가 사용되는데 예를 들면 $In(O\text{-}i\text{-}C_3H_7)_3$나 $SN(O\text{-}i\text{-}C_3H_7)_3$ 등을 들 수 있다. 알코올레이트 이외의 원재료로 많이 사용되는 것으로 착체(錯體)가 있다. 배위자(配位子)로서 아세틸아세톤을 포함한 In이나 Sn의 착체가 주로 사용되고 있다. In의 아세틸아세트나드 착체는 $In(NO_3)_3$를 아세틸아세톤에 용해하여 그것을 리플럭스함으로써 합성된다.

In(NO₃)₃, SnCl₄, SbCl₃ 등의 금속염도 투명 도전막의 원재료로서 많이 사용된다. 이들 무기 염은 에타놀에 용해해서 가열 후 도포액으로 하고 있다. ITO 제작에는 무기염에서 만든 콜로이드액을 사용하는 경우도 있다.

알코올레이트를 출발 원료로 할 때는 알코올레이트를 알코올에 용해해서 여기에 H_2O와 산 (HNO₃나 HCl)의 혼합액을 첨가해서 가수 분해함으로써 졸액을 얻는다. 졸은 In이나 Sn 이온은 예를 들면 In-O-In과 같은 고분자 구조로 되어 있는 것으로 생각되고 있다. 무기 금속염을 사용하는 경우는 금속염을 알코올 용액에 용해하고 가열 처리를 한 후 도포액으로 사용되고 있다.

표 1.1 도포법에 이한 ITO 투명도전막의 성능 일람

In 원재료	Sn 원재료	기판	소성조건 (공기중)	아닐 조건	두께 [nm]	전기특성 저항률 [Ω·cm]	캐리어 농도 [/cm³]	이동도 [cm²/(V·S)]	문헌 번호
In(O-i-C₃H₇)₃	Sn (O-i-C₃H₇)₄	석영 유리	400~900℃/20분	–	–	500℃ Sn 8 at% 9×10^{-3}	–	–	3)
In(NO₃)₃·3H₂O +아세칠 아세톤	Sn금속을 아세틸아세톤과 질산의 혼합 용액에 용해	소다석회 유리(100~200nm두께의 SiO₂ 막붙이)	500℃/1시간	N₂ 중 300℃/1시간	약60	공기중소성후 Sn 7 wt% 1.7×10^{-3}	1.4×10^{20}	26	4)
						N₂아닐 후 0.4×10^{-4}	3.5×10^{20}	45	
In(NO₃)₃·2H₂O	SnCl₄	붕규산 유리	500℃/1시간	92%N₂+8% H₂ 500℃ /720분	273	아닐후소성후 Sn 8 wt% 1.01×10^{-3}	–	–	5)
In(NO₃)₃	Sn (O-t-C₃H₉)₄	코팅 유리	500℃/30분	진공 중 (5.4×10^{-4} Toor)500℃ /30분	–	공기중소성후 Sn 8 wt% 1100Ω/□ *	–	–	6)
						아닐 후 Sn 8 wt% 100Ω/□ *			
In-에틸헥산산	SnCl₄	소다석회 유리	550℃/2분~1시간	진공 중 (약10⁻³Toor) 550℃/10분 ~1시간	100~200	공기중소성후 Sn 1~3at% $(6\sim8) \times 10^{-3}$	–	–	7)
						아닐 후 $(3\sim5) \times 10^{-3}$			
In-아세틸 아세톤	SnCl₄	소다석회 유리	550℃/2분~1시간	진공 중 (약10⁻³Toor) 550℃/10분 ~1시간	50~70	공기중소성후 Sn4~10at% $(3\sim4) \times 10^{-2}$	–	–	
						아닐 후 $(3\sim5) \times 10^{-3}$			
In(NO₃)₃·3H₂O 에 암모니아수를 첨가한 수산화 인듐으로 구성되는 콜로이드 입자	SnCl₄	석영 유리	550℃/2~30분	진공 중 (약10⁻³Toor) 300℃/30분	–	공기중소성후 Sn14mol% 약500Ω/cm² *	–	–	8)
						아닐 후 Sn14mol% 100~200Ω/cm² *			
InCl₃+아세틸 아세톤	SnCl₄	석영 유리	400~800℃/1시간	–	–	공기중소성후 700℃ Sn 12 mol% 1.2×10^{-3}	1.2×10^{20}	7.0	9)

＊시트 저항값 단위 : Ω/□ 또는 Ω/cm²

도포액은 디핑에 의해 유리 기판상에 도포된다. 유리 기판에는 소다 석회 유리, 붕소규소산 유리나 석영 유리 등이 사용되고 있다.

소성(燒成)은 공기 내에서 소성하는 방법과 그 후 다시 N_2나 진공 내에서 아닐하는 방법이 있다. 투명 도전막 제작에서는 아닐이 많이 사용되는 방법이다. 이것은 N_2 내나 진공 내에서의 아닐로 산소 결손을 발생시켜 도전성을 향상시키기 때문이다 얻어지는 박막의 막 두께는 1회 도포당 약 100 nm 정도이므로 도포·소성을 여러 번 반복함으로써 보다 두꺼운 막이 얻어진다.

도포법에 의해 제작된 ITO 박막 제작방법과 도전 특성을 조합해서 표 1.1에 나타낸다. ITO 박막은 각종 원료를 사용해서 공기 내 500~700°C에서 소성함으로써 얻어진다. 저항률은 Sn의 도프에 의해 감소하지만 최적량은 제작 조건에 따라 다르다. 공기 내 소성의 ITO 저항률은 $1.2 \times 10^{-3} \sim 4 \times 10^{-2} \Omega \cdot cm$ 정도이다. 캐리어 농도는 $(1.2 \sim 1.4) \times 10^{20}/cm^3$ 정도이고 이동도는 $7.0 \sim 26 cm^2/(V \cdot s)$ 정도이다.

제작된 ITO 박막을 진공 내, N_2 내 또는 $N_2 + H_2$ 내 300~550°C에서 아닐하면 저항률은 $4.0 \times 10^{-4} \sim 1 \times 10^{-3} \Omega \cdot cm$까지 저하한다. 저항률이 $4.0 \times 10^{-4} \Omega \cdot cm$일 때 캐리어 농도는 $3.5 \times 10^{20}/cm^3$이고 이동도는 $45 cm^2/(V \cdot s)$이다. 아닐전에 비하면 저항률은 1자리수 내려가고 캐리어 농도 및 이동도는 약 2배로 증가한다.

스파터법 등 진공성막법에 의해 제작된 ITO 박막 저항률은 일반적으로는 $(1.3 \sim 2.0) \times 10^{-4}$ $\Omega \cdot cm$이고 캐리어 농도는 $6 \times 10^{20} \sim 1.5 \times 10^{21}/cm^3$, 이동도는 $30 \sim 40 cm^2/(V \cdot s)$ 정도이다. 도포법에 의한 ITO 박막의 저항률은 아닐 후에도 진공성막법에 의한 그것보다 약간 높고 캐리어 농도도 반 정도이다.

ITO 박막의 가장 대표적인 응용은 디스플레이 소자이다. 이 경우 투명 도전막은 글라스에 부착되어 사용된다. 디스플레이에 있어서 유리가 사용되는 것은 그 투명성과 강도 때문이고 또 투명성을 유지한 채로 도전성을 부여할 수 있어 전극으로서 또는 대전(帶電) 방지 기능을 갖게 할 수 있기 때문이다.

현재 디스플레이로서 세간에 널리 사용되고 있는 CRT(브라운관 텔레비전)나 LCD(액정 표시)는 물론 더 한층 현재 실용화가 진행하고 있는 PDP(플라스마 디스플레이) 및 EL(일렉트로루미네선스 디스플레이) 또 개발도상에 있는 FED(필드 이미션 디스플레이)나 PALC(플라스마 어드레스 액정 디스플레이) 등도 투명 도전

표 1.2 각종 디스플레이에 사용되고 있는 투명도전막 유리와 목적

디스플레이 종류		부위	목적	대표적 막구성	저항값 [Ω/□]	비고
CRT		패널 외표면	대전(帶電) 방지 전자파 차폐	도전미립자분산막 ITO, TiN 등	$10^{6 \sim 12}$ $10^{2 \sim 3}$	
		후부착 패널	저반사 전자차폐	ITO, TiN 등	$10^{2 \sim 3}$	
LCD		패널 유리	표시용 전극	ITO	$3 \sim$	STN, TFT와 다른 표면, 이면에서 다르다.
PDP		전면판 글라스 보호판	표시용 전극 전자파 차폐	ITO, SnO_2 금속계박막, 금속메시	$1 >$	ITO의 확산억제저반사 적외선 커트와 병용
유기 EL		전극유리	홀 주입	ITO 등	$5 \sim$	최적화 불충분
기타	PALC	전극유리	표시용	ITO 등		
	FED	전극유리표시용	표시용			

막을 단 글라스는 표 1.2와 같은 목적을 가지고 사용되고 있다.

ITO는 도전성 박막으로서 이미 25년 이상에 걸쳐 저저항화, 에칭 품질의 향상, 내열성 향상 등과 같은 고성능화가 정력적으로 도모되어 온 재료이다. 도전성의 면에서 보면 주목을 받은 1970년대 초부터 10년 정도 지나서 기록을 고쳐 쓰는 것과 같은 연구가 몇 번 발표 됐지만 생산품으로서의 ITO막의 저항률은 거의 20년에 걸쳐 $2 \times 10^{-4} \Omega \cdot cm$의 상태가 계속되었다. 이것이 1990년대를 지날 때부터 서서히 하강하기 시작하여 1999년 현재로는 $1.3 \times 10^{-4} \Omega \cdot cm$이다. ITO막의 구조적인 이해나 불순물 상태에 대한 이해가 증진한 결과라고 할 수 있지만 아직 해명해야 할 것도 많다.

(2) 적외 반사막 재료[10]

근년, 조명을 중심으로 한 광원 분야에서도 전력 절감화의 경향이 눈부신 바 있다. 특히 백열전구의 효율 개선은 헛되게 방출되는 적외 방사를 재이용하기 위해 적외 반사막을 사용해서 전력 절감을 실현시키고 있는 점에서 재료 기술상 주목된다.

적외 반사막으로서는 Au, Ag, Cu 등 금속 박막, SnO_2, In_2O_3 등 반도체막 그리고 또 $ZnS-MgF_2$, TiO_2-SiO_2 등 유전체 다층막 등 여러 가지의 것이 검토되어 왔지만 광원용으로서는 광학 특성 및 내열성이 우수한 TiO_2-SiO_2 유전체층막이 일반적이다. 적외 반사막을 석영 밸브 외면에 형성하여 약 15~20 % 고효율화한 일반용 편꼭지쇠 할로겐 전구를 위시해서 스튜디오용이나 복사기용 등 일반용 양꼭지쇠 할로겐 전구 등에도 이를 응용하여 고효율화가 달성되고 있다. 표 1.3에 다층 간섭막의 할로겐 전구로의 응용 분야를 나타냈다.

할로겐 전구에의 다층 간섭 코팅 방법으로서는 통상적인 성막법인 PVD법, CVD법, 딥법 등이 사용되고 있다. 이것들 중에서 딥법은 할로겐 전구의 밸브 등의 원통상물에의 코팅이 용이하고 공정·장치가 간단하며 코스트가 낮기 때문에 일반적으로 이용되고 있지만 이 방법의 문제점은 다층성에 한계가 있는 것과 복잡한 형상의 밸브에의 균일한 코팅이 곤란하다는 점을 수 있다.[11]

할로겐 전구에의 다층 간섭막에 요구되는 특성은 광학 특성으로서는 높은 가시 투과율 및 높은 적외 반사율, 즉 고굴절률층의 굴절률이 될 수록 높고 다층성이 양호한 것이다. 또한 그

표 1.3 다층 간섭막의 할로겐 전구에의 응용 분야

1. 가시광투과 적외반사막 ── 고효율화(전력절감, 고출력)
 • 일반조명용 편꼭지쇠·양꼭지쇠 할로겐 전구
 • 스튜디오용·복사기용 할로겐 전구
 • 할로겐 내장 PAR·반사 램프
 • 다이크로익 미러 달린 편꼭지쇠 할로겐 전구
 • 자동차용 할로겐 전구·저볼트 할로겐 전구

2. 가시선택 반사막 ──┬─ 고색온도화(광의 질 향상)
 • 일반조명용 편꼭지쇠·양꼭지쇠 할로겐 전구
 • 할로겐 내장 반사 램프
 └─ 선택가시광방사
 • 자동차용 할로겐 전구(황)
 • 복사기용 할로겐 전구(적 또는 청 커트)

밖에 막의 균일성, 내열성이 요구되고 있다.

이와 같은 용구들을 만족시키고자 많은 다층 간섭막재료가 검토되고 있는데 고굴절률층으로서는 TiO_2, Ta_2O_5가 주된 것이고 그 밖에 Si_3N_4, Nb_2O_5, CeO_2 등도 있다. 저굴절률층으로서는 내열성 면에서 거의 SiO_2만이다.

다층 간섭막의 할로겐 전구에의 응용은 원통 밸브의 딥 코팅법에 의한 적외 반사막 응용은 대강 되어 있고 다시 또 다층성 향상 등에 의한 효율 향상이 요망되고 있다. 또한 회전타원체나 구형 밸브의 이형 밸브(곡면)에의 다층막의 균일한 코팅 기술 개발에 의한 신규 고효율 할로겐 전구 개발도 진행되고 있다.

적외 반사막의 금후의 동향으로서는 더욱 내열성이 우수한 재료 개발, 광학 특성 개선, 보다 염가의 제조방법 개발이 더욱 활발해 질 것으로 예상된다. 적외 반사막은 할로겐 전구만이 아니고 다른 광원으로도 응용되어 나갈 것으로 생각된다.

적외, 가시, 적외역의 필요한 파장역만을 끄집어내어 이용하는 광학 박막 기술은 적외 반사막으로서의 개발 방향만이 아니고 장래의 광원 연구개발의 한 방향을 제시하고 있다고 생각된다.

1.1.2 발광관(發光管) 재료[12]

발광관 재료로 이용되는 것은 투광성 세라믹이다. 투광성 세라믹으로는 Al_2O_3, MgO, Y_2O_3, BeO, Gd_2O_3, $LiAl_5O_8$, CaO, ThO_2, $PLZT$ 등이 개발되고 있는데, 발광관으로서 실용되고 있는 것은 Al_2O_3계이고 현재 활발하게 개발되고 있는 것은 Y_2O_3계이므로 이것들에 대해서 소개한다.

Al_2O_3에 있어서의 투광성 세라믹은 코블 (Coble)에 의한 진비중 소결(眞比重燒結)의 연구에서 탄생된 것이며 그 후 GE사 연구원들의 협력에 의해 만들어진 것이다. 그 골자는 Al_2O_3와 같은 체적 확산을 소결의 주인(主因)으로 하는 물질에 있어서는 결정의 성장을 억제하는 작용을 가진 미량 첨가물이 효과적이라는 사고방식이다. 코블 등은 미량의 MgO를 포함하는 Al_2O_3를 성형하여 진공 또는 수소 환경 내에서 소결시킴으로써 투광성을 얻고 있는데 이 방법에 의해서 핫프레스법과 같은 형의 제약을 받지 않고 거의 임의의 형상의 투광성 세라믹을 얻을 수 있게 되었다. Al_2O_3에 있어서는 결정의 광학적 이방성과 첨가된 MgO에 의해 생성되는 스피넬상($MgAl_2O_4$)의 입계면 석출(粒界面 析出)에 의해 사파이어의 투명성은 없고 젖빛 유리 형상의 투광성을 나타내고 있는데 이 경향은 MgO가 많을수록 현저하다. 투명성이 요구되는 경우에는 가급적 MgO의 양을 제한할 필요가 있지만 완전한 투명체를 만드는 것은 본질적으로 불가능하다. 한편, 램프 재료와 같이 확산 투과광을 이용하는 경우에는 MgO의 상당히 많은 영역까지 높은 광 투과성을 유지할 수가 있다. 지금까지의 실험에 의하면 MgO는 10 wt% 정도 가해도 가시 파장역 입사광의 90 % 이상이 확산 투과하고 있어 적외 영역을 포함하면 더 큰 에너지 비율이 기대된다.

투광성 알루미나의 최대 특징은 가시 및 적외광의 양호한 투과성에 있은데 이 특성을 이용한 램프 발광관이 GE사에서 개발되었다. 고온·고압 상태에서의 나트륨 증기 내 방전에 의해 얻어진 발광을 이용하는 것으로서 그 높은 발광효율 때문에 장래 광역 조명의 기본이 되고 있다(본편 2.3.3 참조).

단결정에 필적하는 투광성 다결정체 YAG ($Y_3Al_5O_{12}$)는 기계적 특성이 우수하고 용융 금속에 대해서 상당히 우수한 내식성을 보이는 재료이다. 그 때문에 고체 레이저 호스트 재료나 발광관 재료 또는 각종 고온용 구조 부재의 응용으로서 기대되고 있다. 이것들의 실용화를 도모하는 데 있어서 투광성 등의 기능성과 함께 기계적 특성에 대해서 상세히 파악하여야 한다. 발광관 재료로서의 응용에 초점을 잡은 경우 램프 점등시의 발광관 내부에는 인장 응력이 작용하기 때문에 인장 응력하에 의한 고온 크리프 변형 거동에 대해서 검토할 필요가 있다. 또한 YAG 세리믹스의 변형 거동에 대한 소결조제(燒結助劑)의 첨가 효과 또는 복산화물 특유의 양 이온비의 영향에 대한 지식도 필요하다. 현상면에서 YAG 세라믹의 고온 크리프 특성, 변형 거동에 대한 소결조제의 첨가 효과 또는 양 이온비의 영향에 관해서는 이미 보고되고 있다.[14] 또한 YAG 세라믹의 고온 크리프 특성을 파악하기 위해 YAG 세라믹의 변형 거동에서 얻어진 확산 계수와 산소 및 양 이온 확산 실험에서 얻어진 확산 계수를 비교 검토하여 YAG 세라믹의 변형 거동에 관한 환산 계수 및 확산 경로에 대해서도 검토되고 있다.[15]

YAG 세라믹의 일반적인 제조법은 다음과 같다. YAG 분말제는 균일 침전법에 의해 이트륨염화물과 알루미늄염화물의 용액부터 합성한다. 합성한 YAG 분말체를 슬립 캐스트에 의해

형성하여 진공 내$(1.3\sim8.0)\times10^{-3}$Pa, 2,023K 온도로 소성한다. 얻어진 소결체의 상대 밀도는 99.9 % 이상이고 평균 입경(粒徑)이 $1.7\mu m$의 투광성 세라믹이다.

고압 나트륨 램프용 발광관으로서는 Na 가스에 대한 부식성도 문제가 되지만 YAG 세라믹은 그림 1.2와 같이 Al_2O_3에 비해 우수한 특성을 나타내고 있으며 가까운 장래에 실용화가 기대된다. 레이저 응용은 일반적으로 현상의 세라믹 합성 기술로 레이저 재료를 제작하는 것은 거의 불가능에 가깝다. 그러나 과학 기술의 진보에 따라서는 부정할 수 없는 측면도 있다. 세라믹의 재료적 시점에서 보면 (1) 글라스 나름으로 대형 형상의 제조 가능(거대 출력화), (2) 형광 원소의 고농도화와 균일화(고효율화)가 그 이점으로 들 수 있을 것이다. 또한 제조면의 이

표 1.4 단결정·다결정 YAG의 특성 비교

	다결정체	단결정체
밀도 [mg/m³]	4.55	4.55
비커스 경도(GPa)	12.8	12.6[*1]
굴절률[*3]	1.81	1.81[*1]
열전도율 [J/(cm·℃·s)][*2]		
at 20℃	0.105	0.107[*1]
at 200℃	0.067	0.067[*1]
at 600℃	0.046	0.046[*1]

[*1] $\langle 111\rangle$방향에서 측정
[*2] 레이저 프래시법으로 측정
[*3] 일립서미터로 측정

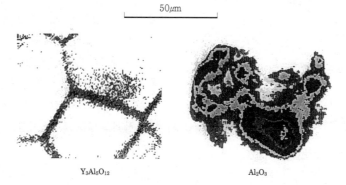

50μm

$Y_3Al_5O_{12}$　　　　　　Al_2O_3

그림 1.2 Na 가스 내에서의 세라믹의 부식성(1 μm 깊이의 Na 이온)

점은 (1) 제조 시간이 1/수~1/(수십) 정도, (2) 원료 소비의 비약적인 향상, (3) 제조의 유연도 향상(다품종 소량, 대량 생산 어느 것에도 대응 가능) 등을 생각할 수 있다. 만일 세라믹 레이저 재료가 실현되면 디스크형 레이저 발진기를 조립해 만드는 것에 의해 현재 기술의 10~100배(계산상)의 초고출력 레이저가 출현할 것도 생각하지 않을 수 없다.

최근 Ikesue 등[16]에 의해 합성된 세라믹은 단결정에 상당히 가까운 광학적 특성을 가지고 있는 것에 의해 세라믹 레이저에 대한 기대가 커지고 있다. 표 1.4에 단결정·다결정 YAG의 특성 비교를 들었다. 광투과율 스펙트럼은 그림 1.3과 같다.

1.1.3 광촉매 재료[18]

산화티탄(TiO_2)은 백색 안료나 자외 방사흡수 재료로서 페인트, 화장품 등의 원료로 널리 사용되고 또 식품 첨가물로 인정되고 있는 염가이고 안전한 재료이다. 한편 TiO_2는 n형의 반도체 특성을 나타내고 광전극이나 광촉매로서도 태양 에너지 변환 재료에의 응용이 예전부터 주목받고 있었다. 최근 TiO_2 박막을 코팅한 재료가 특별한 광원을 이용하지 않아도 방오 효과(防汚效果)가 있는 것이 알려져 화제가 되고 있다. 즉 광활성이 높은 TiO_2를 표면에 부여한 재료는 대단히 현저한 오염방지 효과(셀프클리닝 효과)을 나타내고 있다. TiO_2는 자외 영역에서만 흡수가 없기 때문에 무색이고 여러 가지 재료에 부여하는 경우 대단히 편리하다. 여기서는 광촉매로서의 TiO_2 박막을 중심으로 기술한다.

광촉매 연구는 대략 20 수년 전에 시작된 이래 연구 방향이 얼마큼 변천이 있었지만 현재 발전해 온 방향의 하나가 환경 정화에 대한 응용이다. 광촉매의 연구 역사를 더듬어 보면 광으로 물을 분해할 수 있다고 하는 발견에 이른다. 1970년대 초에 발견된 이 반응을 현재는 '혼다-후지시마 효과'라고 하고 있다.[19] 이 반응을 가능케 하는 것은 TiO_2라고 하는 반도체이다. TiO_2에 광을 쏘이면 그 표면에서는 광에너지가 화학 에너지로 변환되고 표면에 존재하는 물을 수소와 산소로 분해한다. 광촉매의 강력한 산화 분해력을 응용하면 항균, 방오, 탈취와 같은 환경 정화를 할 수 있게 된다.

일반적으로 TiO_2를 백색 안료 및 자외 방사흡수 재료로서 응용하는 경우는 결정 구조가 루틸형의 것을 사용하지만 광촉매 반응에서는 광활성이 높은 아나타제형 TiO_2가 사용된다.[20] 반도체를 그 밴드갭 이상의 에너지를 가진 파장의 광으로 여기(勵起)하면 그 내부에 전자-정공대(正孔對)가 생성된다. 태양전지에서는 이 전자를 회부 회로에 끄집어내어 전류를 얻고 있다. 이 전자나 정공을 외부 회로에 끄집어내지 않고 반도체 표면에서 흡착 물질과 반응시킬 수 있으면 산화환원 반응이 진행하게 된다. 이것이 광촉매 반응이다. TiO_2의 밴드갭은 약 3.2 eV이며 파장으로 고치면 약 380 nm로서 이에 의해 단파장의 자외광을 조사함으로써 반응은 진행한다.

TiO_2에 생기는 에너지를 열에너지와 비교하면 그 특징이 보다 명확해진다. 350 nm의 광

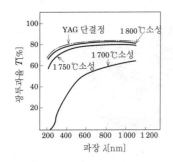

그림 1.3 YAG 세라믹의 광투과율 스펙트럼

자(光子)가 갖는 에너지는 36,000℃의 열에너지에 상당된다. 즉, 산화티탄에 광을 조사하면 표면이 36,000℃로 가열된 것과 동일한 상태가 된다고 생각된다. 이와 같은 고온에서는 유기 물질이 곧 산화되어 이산화탄소와 물이 될 것이다.

광촉매 반응은 이것을 상온으로 달성하고 있는 것이 된다. 반응의 첫 과정은 우선 표면의 흡착수가 정공(正孔)에 의해 산화되어 대단히 산화력이 큰 수산 라디칼(OH·)이 생성된다. 이 OH·가 유기물과 반응하는 것으로 생각된다. 한편 대가 되는 환원 반응은 수중 또는 공기중의 산소 환원이다. 생성된 슈퍼옥사이드 아니온(O^{2-})은 산화반응 중간체에 부가해서 과산화물을 형성하거나 또는 과산화수소를 거쳐 물이 되는 것으로 생각되고 있다. 그림 1.4에 반응의 모식도를 든다.

또 하나의 중요한 광촉매 반응의 특징은 표면 반응이라는 점에 있다. 즉, 표면에 흡착된 물질만이 반응한다. OH· 등의 불안정 중간체가 표면에서 이탈하는 것을 생각하지 않을 수 없지만 이것들은 대단히 반응성이 높기 때문에 공기에 존재하는 유기물과 반응해서 곧 소멸된다.

TiO_2의 셀프클리닝 기능을 재료에 부여하기 위해서는 TiO_2막으로 표면을 코팅한 것과 TiO_2 분말을 분산 함유시킨 것으로 대별된다. TiO_2막은 티탄 유기화합물의 용액을 유리 등에 딥코트하고 400~500℃로 열분해하여 얻어진다. 이 방법으로 대단히 투명성이 높은 막이 얻어진다. 한편 광활성이 높은 TiO_2 분말 기재 내에의 분산 유지를 가능한 한 억제하고 또 외기와 접촉하는 TiO_2 표면을 될수록 크게 할 필요가 있다

광촉매 TiO_2막의 조명 분야에의 응용으로 도로·터널, 조명 기구류가 검토되고 있다.[21] 이 기구는 전면 커버 글라스에 광촉매 작용을 가진 TiO_2막을 도포하여 램프에서 방사되는 광에 포함되는 자외 방사에 의해 촉매 효과를 발생시켜 기구의 커버 글라스 표면에 부착된 배가스 등의 오염을 분해(산화)시킴으로써 광속 저하를 대폭 저감시킨 것이다. 촉매 효과를 발생시키는 광의 성분은 램프나 태양광에서 방사되는 400 nm 이하인 파장의 근자외 부분 때문에 유용한 에너지를 소비하지 않고 또 특별한 장치도 필요하지 않다. 또한 촉매 효과를 이용하고 있기 때문에 그 효과가 반영구적으로 지속하고 환경에 좋은 기구로 되어 있다. 이 조명 기구의 실용화 시험[22]에서는 오염으로 인한 광속 저하를 반감시킬 수 있는 효과가 얻어지고 대폭 청소 횟수를 감소시키는 가능성이 표시되어 유지비의 대폭적인 저감이 기대되고 있다.

그리고 또 일반 실내에서 광촉매 달린 조명 램프를 사용하면 탈취(脫臭) 효과가 있는 것도 확인되고 있다. 그림 1.5는 반사판에 TiO_2를 도포한 형광등 기구의 소취(消臭)효과 실험으로서, 시판 공기청소기와 비교하고 있다.[23] 측정은 1.2 m³의 상자를 사용하여 2ppm의 포름알데히드를 넣고 작은 팬으로 교반한 상태에서 실시한 결과이다. 청소기와 같은 급속한 소취 능력은 없지만 공기의 흐름이 있는 상태에서는 충분히 소취 기능이 있다고 할 수 있다. TiO_2막은 가시광을 흡수하지 않고 자외 방사를 제거할 수도 있어 방오·소취 효과를 부여한 조명 램프로서 십분 실용성이 있다고 생각된다.

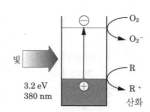

그림 1.4 산화 티탄 광촉매 반응의 모식도

광촉매 기술은 조명 분야 이외에도 다양한 분야에의 응용을 생각할 수 있는데 가장 주목해야 할 효과의 하나가 항균력이다.[24] 광촉매는 한번에 대량의 물질을 분해하는 데는 적합하지 않지만 세균이나 바이러스와 같이 최초에 적은 것이 서서히 증가하는 것 같은 물질에 대해서는 대단히 효과적이다. 지금까지 사용되어 온 은계 항균제 등의 경우 세균은 죽일 수 있어도 그 시체는 당연히 그대로 남는다. 그러나 산화티탄 광촉매는 단순히 세균을 죽일 뿐만 아니고 그 시체까지 분해해 버린다. 또 하나 다른 것은 예를 들면 대장균의 경우 균이 사멸된 후에 에톡신이라고 하는 독소가 생겨 발열을 일으키고 최악의 경우 죽음에 이르는 일도 있지만 광촉매는 살균과 동시에 이 독소도 분해할 수 있는 것을 알았다. 이것은 다른 항균제에는 없는 기능으로 주목받고 있다.

최근 광촉매 반응을 다른 면에서 응용하는 새로운 기술이 개발되어, 산화티탄 광촉매에 적당한 조성을 조합한 박막 표면은 최초에는 물과의 접촉각이 수십도 이상이지만 자외 방사를 쏘이면 접촉각이 감소하고 마지막에 거의 제로가 되어 전혀 물이 튀지 않게 되는(초친수화 : 超親水化) 것을 알았다.[25] 그 후 수십 년간은 자외 조사(紫外照射)를 하지 않아도 접촉각은 수도(數度) 정도를 유지한다. 예를 들면 접촉각이 커지더라도 재차 자외 조사하는 것만으로 초친수성(超親水性)이 회복된다. 이 초친수성을 이용하면 자동차 창 유리의 흐림이 방지되며 새로운 응용이 개척되는 것도 기대된다. 항균성이나 방오성이 우수한 광접촉 반응의 실용화를 생각할 때 건축 자재도 대단히 유력한 영역의 하나라고 할 수가 있다. 타일은 이미 신제품이 판매되고 있지만 알루미늄 제품에 대해서도 항균 새시 개발이 진행되고 있다.[26]

1.2 디스플레이 소자 재료

현재 플랫 패널 디스플레이의 대표격이라고도 할 수 있는 액정 디스플레이(LCD : Liquid Crystal Display)는 손목시계나 탁상계산기 등과 같은 소형 전자기기 표시 패널부터 시작하여 여러 개량을 거쳐 광범위한 분야에 응용되고 있다. 1991년 일본의 LCD 생산액은 약 3,000억円, 1992년은 약 3,800억円이라고 하고 있으며 가까운 장래에 1조円 산업이 될 것으로 예상된다.

이와 같은 액정 디스플레이 소자의 시장 확대에는 여러 가지 표시 모드의 제안, 소자 제조기술의 진전이 크게 기여하고 있는 것은 물론이다. 여기다가 이들 표시 소자 실현에 필요한 주변 재료의 개발과 또 액정 재료 개발에 의하는 바도 대단히 크다. 여기서는 디스플레이 디바이스로서 액정 디스플레이를 들고 그것에 사용하는 재료를 알아본다. 표 1.5에 대표적인 액정 표시 디바이스와 사용 재료를 들었다. 이 양자의 방식에 있어서 TFT의 구동소자 부분을 제외하면 양자의 기본 구성은 동일하다. 단, STN 방식에서 무채색 표시를 얻기 위한 위상차판이

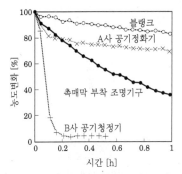

그림 1.5 광촉매막 부착 기구의 소취효과

표 1.5 대표적인 액정표시 디바이스와 사용재료

재료	TFT 방식	STN 방식
유리기판	무알칼리 유리	소다유리에 알칼리 확산방지막을 코트하여 사용
투명도전막	저온성막(180℃ 이하 등)	저저항막 (15Ω/□ 이하 등)
배향막	저온소성(180℃ 이하 등) 높은 전압유지율, ~3°의 프리칠트각	5°~의 프리칠트각
스페이서	입자의 균일성 적당한 경도	좌동
실제	양호한 내습성능 접착성능	좌동
컬러 필터 및 보호막	내광성	내광성 평탄성, 내열성
액정재료	높은 전압유지율등	전기광학특성의 급준성등
누출방지제	화학적 안정성등	좌동
위상차판	–	광학적 균일성
편광판	높은 편광도, 내광성	좌동

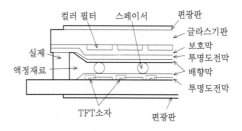

그림 1.6 TFT 액정표시소자의 구조

Na, K 등의 알칼리 금속은 Si-O 결합을 보다 많이 절단하기 때문에 알칼리 유리의 내열성은 가장 낮다. 세그먼트 타입이나 단순 매트릭스 방식의 LCD에는 소다석회 유리에 알칼리 용출을 방지하기 위한 실리카 코트를 시설한 기판이 많이 사용되고 있다.

나트륨 등의 알칼리 성분을 특히 기피하는 반도체 기술을 이용한 액티브 매트릭스 방식의 LCD에는 알칼리 성분을 거의 포함하지 않는 무알칼리 유리가 일반적으로 사용된다. 액티브 매트릭스 방식 중 특히 고온 프로세스를 필요로 하는 a-Si TFT 기판으로는 실리카 유리가 통상 사용되고 있다.

사용되고 있다. 그림 1.6에 TFT-LCD의 셀 단면 구조를 들었다.

표 1.5의 투명 도전막에 대해서는 본장 1.1.1에서 기술하였다. 여기서는 유리 기판 재료에 대해서 기술한다.

1.2.1 유리 기판 재료

현재 액정 디바이스용 우리 기판에 사용되는 유리는 표 1.6가 같이 분류된다.[27] 전체적으로 실리카와 알루미나 성분이 많아질수록 내열성이 높아지고 열팽창 계수가 감소하는 경향이 있다. 실리카 성분만으로 구성되는 석영 글라스는 견고한 Si-O 결합을 한 SiO_4 4면체가 네트워크를 만드는 3차원 망목구조로 구성되어 있기 때문에 가장 내열성이 높다. 규산염 유리에 BaO, CaO, MgO, SrO 등의 알칼리 토류 산화물을 망목수식 산화물로서 가하면 Si-O 결합의 일부가 절단되어 비가교 산소를 발생한다.

1.2.2 스페이서 재료

LCD의 개발 경향은 대형화, 고화질화, 컬러화의 동시 진행으로 되어 있다. 이들의 성능에 대해서는 액정층의 두께가 중요한 인자가 된다. 액정층의 두께를 제어하는 데 스페이서를 사용하는데 현재 시판되고 있는 스페이서의 종류는 폴리머 입자(眞球 입자), 무기구상(無機球狀) 실리카 및 막대 형상의 글라스 파이버의 3종류가 있다.[28]

본래 액정층의 두께를 스페이서 없이 일정하게 할 수 있으면 스페이서는 불필요하다. 그러나 현재의 기술로는 그것이 불가능하기 때문에 액정층의 두께를 제어하는 데 스페이서가 사용

표 1.6 액정표시 디바이스에 사용되는 유리 기판

유리 타입	소다석회	저알칼리	무알칼리	실리카
알칼리 함유량[wt%]	1.35	6.5	0	0
열팽창계수 [/℃] 50~350℃	87×10^{-7}	51×10^{-7}	45×10^{-7}	6×10^{-7}
왜곡점(℃)	513	527	624	1,000
굴절률	1.52	1.50	1.54	1.46
비중	2.49	2.41	2.62	2.20
영률 [kg/mm²]	7,500	7,050	8,060	7,340
전기저항률 [Ω·cm] log ρ at 250℃	6.6	8.0	14.6	11.4
유전손실 (tan δ) RT, 1MHz[×10⁻³]	9	8	1	0.1
유전율 RT, 1MHz	7.5	5.9	4.5	4
내구성 [mg/cm²] 물*¹ 산*² 알칼리*³	0.022 0.008 0.057	0.003 0.001 0.055	0.085 0.128 0.040	0.001 0.001 0.032

＊1 95℃, 40h
＊2 0.01 N HNO₃, 95℃, 20h
＊3 5% NaOH, 80℃, 1h

된다. 그림 1.6의 셀 단면 구조에서 스페이서 입경(粒徑)이 불균일하면 배향(配向)이나 표시가 고르지 못하게 되어 표시체 품질을 낮추게 된다. 현재 액정 표시 디바이스에 사용되고 있는 스페이서는 전술한 3종류이므로 이것들을 간단히 소개한다.

(1) **글라스 파이버** 1~10 ㎛ 정도의 글라스 파이버를 분쇄한 것이다. 배향막에 상처를 주기 쉽기 때문에 주변 실 이외는 거의 사용되고 있지 않다.

(2) **무기 입자** SiO₂를 주성분으로 하는 실리카 입자이다. 파괴 강도가 크고(10 % 파괴 강도 : 10~15kgf/mm²) 입경이 일정하기 때문에 폴리머 입자보다 적은 산포량 (1/3~1/5 정도)으로 된다. 산포량 조정이나 저온에서의 발포 특성 등 기술면에서의 주의가 필요하다.

(3) **폴리머 입자** 시판되고 있는 폴리머 입자로는 벤조그아나민·메라민·포름알데히드

축합체, 스티렌·지피닐 벤젠 공중합체, 스티렌계 중합체 등이 있는데, 모두 진구 입자(眞球粒子)이다.

1.3 발광소자 재료

근래 10년 정도 사이에 질화물을 사용한 자색, 녹색의 발광 다이오드(LED)나 레이저 다이오드(LD)의 기술 개발이 급격한 진전을 보이고 있다. 21세기에는 이들 소자를 베이스로 한 새로운 시장이 개척될 것으로 생각된다. 한편, 발광 소자로서의 형광체도 중요하다.

1.3.1 질화물 발광소자 재료[29]

현재와 같이 LED가 여러 분야에서 사용되게 된 것은 여러 가지 우수한 특성을 가지고 있기 때문이다. 즉, 백열전구나 형광 램프 등 다른 광원과 비교할 때 LED는 소형으로 진동에 강

표 1.7 각종 발광 다이오드의 특성

구분	재료	발광색	색도좌표		피크파장	반값폭	양자효율	시감효율
			x	y	[nm]	[nm]	[%]	[lm/W]
LED	InGaN/YAG	백 : 6,500K	0.31	0.32	460/55	–	7.0	10
	InGaN	청	0.13	0.08	465	30	7.8	5.0
	SiC	청록	0.18	0.23	470	70	0.02	0.04
	InGaN	청록 : 신호색	0.08	0.40	495	35	7.0	11
	InGaN	녹 : 신호색	0.10	0.55	505	35	6.6	14
	InGaN	녹	0.17	0.70	520	40	5.6	17
	GaP	황록	0.37	0.63	555	30	0.1	0.6
	GaP : N	황록	0.45	0.55	565	30	0.4	2.4
	AlInGaP	황록	0.46	0.54	570	12	1	6
	AlInGaP	황 : 신호색	0.57	0.43	590	15	5	20
	GaAsP : N	등	0.69	0.31	630	30	0.7	1
	AlInGaP	적 : 신호색	0.70	0.30	635	18	6	20
	GaAlAs	적	0.72	0.28	655	25	15	6.6
백열전구	가스입 텅스텐	백 : 2,856K	0.45	0.41	–	–	–	15
형광 램프	3파장 형광등	백 : 6,500K	0.31	0.33	–	–	–	90

(주) 표의 데이터는 순방향전류 20 mA, 주위온도 25℃ 조건에서 측정한 것.

하고 견고하며 안정되고 발열이 적으며 수명이 길다. 또 구동용 전원이 극히 간단하다고 하는 특징을 가지고 있다. 실용화된 당초에는 효율이 0.1 lm/W 이하로 상당히 낮고 발광색도 적색뿐이었으나 최근 급속히 다색화되어 거의 가시 전역에 걸쳐 실용화되고 있다.

또한 효율도 새로운 재료의 등장에 의해 백열전구의 15 lm/W에 필적하는 발광 효율이 거의 달성되었고 다시 또 상승할 기세를 보이고 있다.

LED에 사용되는 재료는 전부 화합물 반도체이며, 표 1.7과 같이 Ⅲ-Ⅴ족의 GaAs, GaP, GaAsP, GaAlAs, AlInGaP, GaN 및 Ⅱ-Ⅳ족의 ZnS, ZnSe, ZnCdSe, Ⅳ-Ⅳ족의 SiC 등 많은 종류가 있다.

다만 현재 실용화되고 시판되고 있는 것은 Ⅲ-Ⅴ족만이라고 생각하면 된다. 최근의 LED의 급속한 발전은 GaN계 질화물을 이용했기 때문이다. 또한 LED에 사용되는 반도체는 단결정 기판 상에 에피택셜 성장시킴으로써 합성된 단결정 박막이다.

상기와 같이 여러 가지 반도체 개발에 의해 광범위한 파장역을 커버하는 발광 디바이스가 실현되고 있는데 최근 단파장의 자외역으로의 확장이 시도되고 있다. 자외역의 단파장 광 디바이스는 광메모리의 고밀도화, 형광체 여기용 광원, 의료 응용, 환경 센서 등의 여러 분야에서 대망되고 있으며 차세대 광정보 기술에 불가결한 디바이스이다. 현용 광원으로서는 할로겐·중수소 램프나 엑시머 레이저, Nd : YAG 레이저 등의 조파 발생을 들 수 있지만 위험·대형·고가격·저효율 등과 같은 결점이 있다. 따라서 자외선을 직접 발생하는 반도체 발광 소자에 대한 기대는 크다.

근년, InAlGaN계 발광 다이오드는 비약적으로 발전하여 파장 300 nm 정도까지는 실현 가능할 것으로 보인다. 그러나 InAlGaN계는 단파장화 때문에 고 Al 조성비로 하면 p형 전도성 및 발광 효율이 저하하기 때문에 양질의 디바이스가 얻어지고 있지 않다. 일반적으로 와이드갭 반도체에서는 양질 결정의 성장과 도전성

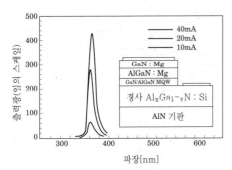

그림 1.7 여러 가지 구동전류로 측정한 UV-LED
발광 스펙트럼
- UV-LED는 Si를 도포한 경사 AlGaN층을 가진(0i12) AlN 단결
정기판상에 만들어져 있다. -

제어에 큰 과제를 안고 있으며 프로세스의 개선, 신재료의 개발이 요망되고 있다.

종래의 GaN계에서는 기판 재료에 사파이어나 SiC가 사용되어 왔지만 AlGaN과의 격자 부정합(不整合)이 커서 문제가 많았다. 최근 미국에서 AlN 단결정 기판을 사용해서 그림 1.7과 같은 구조로 360 nm 부근에 피크를 갖는 자외 LED가 얻어지고 있다.[30] AlN 단결정 기판은 차광성을 갖고 있고 또 Al 함유량에 관계없이 AlGaN과의 격자의 부정합이 없는 이상적인 기판이라고 할 수 있다.

또한 열전도율은 ~320W/(m·K)와 같이 크며 고전력용 LED용으로 적합하다. Al의 함유량을 증가시킴으로써 300 nm 이하의 LED도 가능해질 것이다.

한편 신재료로서는 산화아연(ZnO)이나 아이아몬드가 검토되고 있다. ZnO는 밴드갭 3.4 V의 직접 천이형의 반도체로 청색부터 자외역의 광디바이스용 재료로서 유망하다. ZnO는 전형적인 n형 반도체로서 p형을 만드는 것이 곤란하며 pn접합이 어렵다고 하고 있지만 p형화에의 연구도 정력적으로 수행되고 있고 또 p-SrCu$_2$O$_2$/(n-ZnO) 다이오드로 전류 주입에 의

해 실온에서의 자외 발광에 성공[31]하고 있어 가까운 장래에 새로운 디바이스도 기대되고 있다.

1.3.2 축광성 재료

축광성 재료(蓄光性 材料)가 탄생된 지 100년을 바라보고 있다. 여기서 말하는 축광성 재료란 태양광이나 전등의 광을 조사(照射)한 후에 암소(暗所)에서 발광하는 성질을 가진 재료를 말한다. 외관상 마치 광을 일시 축적해서 발광하는 것 같이 보이기 때문에 축광이라는 단어가 사용되고 있다. 학술적으로는 그 발광을 인광(燐光 : phosphorescence) 또는 잔광(殘光 : afterglow)라고도 한다. 종래 축광성 재료로서는 ZnS나 CaS 등 유화물이 사용되고 있었다. 이들 유화물은 잔광의 발광 시간이 짧거나 발광 휘도가 낮기 때문에 이것들에 방사성 물질을 가해서 그 방사선 에너지에 의해 그 결점을 보충하는 등의 방법으로 이용되어 왔다. 그러나 작금의 환경 문제 등으로 방사성 물질을 포함하지 않는 재료가 요망되게 되었다. 1993년 무라야마(村山)[32] 등에 의해 개발된 새로운 축광성 재료는 SrAl$_2$O$_4$나 CaAl$_2$O$_4$ 등 알칼리 토류 알루민 산염을 모체 결정으로 해서 유로븀(Eu^{2+})을 발광 중심으로 하고 디스프로슘(Dy^{3+})나 네오디뮴(Nd^{3+})을 포획 중심으로 한 장잔광성(長殘光性) 형광체이다. 신축광성 재료는 종래의 것에 비해서 아래와 같은 특징을 가지고 있다.

(1) 잔광 휘도, 잔광 시간 공히 10배 이상의 고휘도, 잔광성이다.
(2) 200 lx 정도의 저조도의 광조사라도 하루 밤 동안 빛나며 높은 시인성이 유지된다.
(3) 조사하는 광이 강할수록 빛을 잘 낸다.
(4) 단파장의 자외선이라도 빛을 잘 낸다.
(5) 내후성이 우수하여 옥외에서도 사용할 수 있다.

(6) 방사성 물질을 포함하지 않아 안정성이 높고 환경에 우수하다.

$SrAl_2O_4$: Eu, Dy 형광체의 잔광 특성은 활조제(活助劑)로서 첨가하는 3가의 희토류 원소에 의해 현저하게 영향을 받는다. 그림 1.8에는 Dy 또는 Nd를 활조제로서 첨가한 형광체의 잔광 특성을 활조제를 첨가하지 않은 것과 대비시켜 표시했다. 그림에서 활조제 첨가가 잔광 조도를 현저하게 향상시키고 있는 것과 또 Nd^{3+}보다 Dy^{3+}가 잔광 특성 향상에 미치는 효과가 크다는 것을 알 수 있다. 한편 표 1.8에는 여러 가지 축광성 재료의 잔광 특성을 들었다. 이 표에서도 알칼리 토류 알루민 산염 형광체는 종래의 유화물 형광체에 비해서 잔광 휘도도 잔광 시간도 10배 이상으로 각별히 우수한 잔광 특성을 가지고 있는 것을 알 수 있다.

새로운 축광성 재료의 용도는 여러 가지지만 그 주요 용도 예를 분야별로 분류해서 표 1.9에 들었다.

1.3.3 형광체 재료

광원용 형광체는 여러 가지의 것이 개발되어 실용화되고 있다(본편 2.2.2 참조). 여기서는 EL용 형광체와 나노테크놀로지를 사용한 유리 형광체에 대해서 기술한다.

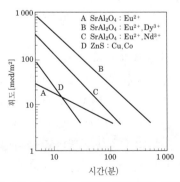

그림 1.8 $SrAl_2O_4$: EU계 형광체의 잔광특성

(1) EL용 형광체

일렉트로 루미네선스(EL : electroluminescence)란 전계(電界)에서 형광체가 발광하는 현상이다. EL은 60여년 전에 ZnS가 전계에서 발광하는 것이 발견된 오래전 현상이다. EL이라는 단어에는 넓은 의미에서는 발광 다이오드와 같은 전류 주입에 의한 발광도 포함되지만 통상적으로는 전기 저항이 높은 물질이 전계에서 발광하는 현상을 지칭하고 있다.[33] EL용 형광체로서는 종래 주로 ZnS계, 알칼리 토류 금속유화물, 치오가레이트계가 검토되어 왔지만

표 1.8 여러 가지 축광성 재료의 잔광특성

형광체 조성	발광색	발광피크파장 [nm]	잔광휘도 [mcd/m²] 10분후	잔광휘도 [mcd/m²] 60분후	잔광시간 (분)
$CaAl_2O_4$: Eu^{2+}, Nd^{3+}	자청	440	20	6	1000이상
CaSrS : Bi	청	450	5	0.7	약 90
$Sr_4Al_{14}O_{25}$: Eu^{2+}, Dy^{3+}	청록	490	350	50	2000이상
$SrAl_2O_4$: Eu^{2+}, Dy^{3+}	황록	520	400	60	2000이상
$SrAl_2O_4$: Eu^{2+}	황록	530	30	6	2000이상
ZnS : Cu	황록	530	45	2	약 200
ZnS : Cu, Co	황록	530	40	5	약 500

표 1.9 축광성 재료의 용도 예

분야	상품
전기기기관련	리모컨(텔레비전, 조명 등) 조명기구류 라디오, 전화기, 트랜시바 액정 백라이트
정밀기기관련	야광시계, 컴퍼스 카메라, 계기표시반
섬유관련	로프, 스트랩
문고관련	마카펜, 점토 실, 스티커
표지관련	유도표지, 안전표지 방재상품, 테이프
스포츠·레저 관련	체결구, 고정구, 낚시용품
인쇄관련	각종 인쇄물
장식품관련	매니큐어, 키홀더 네클리스, 펜던트

휘도, 수명 등이 불충분하여 실용화가 진보되고 있지 않다. 최근 Minami(南)[34] 등에 의해 발광 중심으로서 Mn을 도프한 Zn_2SiO_4, $ZnGa_2O_4$, $CaGa_2O_4$ 등의 3원화합물의 산화물 형광체를 사용하는 박막 EL소자로 실용에 충분한 고휘도 발광이 실현되는 것이 보고되고 있다.

박막 EL소자의 구조를 그림 1.9에 나타낸다. 고휘도, 안정성에는 기판겸 절연층 재료인 $BaTiO_3$ 세라믹이 효과적이고 그 유전율도 유효한 것 같다. 그들은 여러 가지의 산화물 형광체를 조사하여 표 1.10과 같은 특성을 얻고 있다. 현재로는 녹, 황색은 상당한 고효율의 것이 얻어지고 있지만 적, 청색은 아직 불충분하다. 특히 청색에 대해서는 먼저의 LED와 동일하게 한층 더 노력이 필요하며 청색이 완성되면 새로운 EL 시대가 올지도 모른다.

(2) 유리 형광체

디스플레이나 조명 광원의 고휘도화의 흐름 속에서 현상보다 훨씬 밝은 형광체 출현이 기대되고 있다. 한편, 근년 용액 중에서의 합성법이 발달하여 입경이 고르고 높은 발광 효과를 보이는 Ⅱ-Ⅳ족의 반도체 초미립자가 만들어지게 되었다.[35] 그러나 용액 중에서는 불안정하고 그대로는 응용에 적합하지 않다고 하는 난점이 있다. 그래서 새로운 타입의 형광체 제작을 지향하여 이 초미립자를 졸-겔법으로 유리 내에 유지하려는 연구가 진행되고 있다.[36]

발광은 결정 표면의 영향을 받는다. 나노 결정은 표면의 비율이 크기 때문에 특히 표면 상태에 민감하다. 예를 들면 직경 5 nm에서는 40 %의 원자가 표면에 있다. 이 입자의 표면을 잘 피복하면 응집과 무복사실활(無輻射失活)이 방지되어 그림 1.10에 나타내는 밴드 갭[37]을 반영한 파장으로 효율이 높은 발광이 얻어진다.

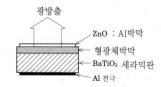

그림 1.9 박막 EL 소자의 구조

Ⅱ-Ⅳ족 반도체로는 자외광의 조사에 의해 입경에 대응해서 그림 1.11과 같이 청색에서 적색까지의 발광이 얻어진다. 발광의 수명에도 표면의 상태가 영향을 준다. 표면 결함에 의한 무복사실활이 많으면 외관상 수명이 짧아진다. 표면을 잘 피복한 나노 결정은 발광 수명이 대략 10 ns 정도이고 효율은 수 %부터 최대 50 % 정도라고 하고 있다.[38] 이것은 전형적인 색소의 것과 같은 정도로 큰 값이다.

반도체 초미립자의 표면 상태를 유지하면서 높은 농도로 유리 매트릭스 내에 유지하는 것으로 새로운 타입의 형광체가 검토되고 있으며 유기 알콕시란을 사용해서 벌크체의 유리 형광체가 시험 제작되고 있다.[39] 아미노기(基)를 갖는 경우는 초미립자 표면의 계면활용제와 화학 결합을 만들면서 유리 그물 무늬 구조를 생성하므로 초미립자의 응집이 방지된다. 또한 아미노산은 졸-겔 반응을 촉진하는 역할도 수행하여 단시간에 양질의 유리를 제작할 수 있다. 가까운 장래에 종래의 형광체와는 완전히 다른 고효율의 형광체가 출현할 것으로 생각된다.

1.3.4 전계 방출소자 재료

전계 방출소자는 역사적으로 보면 Spindt(스핀트)형이라고 하는 미소한 원추를 많이 만들어 넣은 냉음극이 대표적인 것이다. 미국에서 1960년대에 그 원리가 발명되고 나서 많은 연구가 시행됐지만 실용화가 늦어지고 있다.

그 이유로는 주로 ① 전자원 제조에 필요한 대

표 1.10 산화물 형광체 박막 EL소자의 발광개시 전압, 최고 휘도, 최고 발광효율, 발광색 및 CIE 색도좌표

산화물 형광체 박막 EL소자	발광개시 전압 V_{th}	최고휘도 L_{max} at1kHz(60Hz)	최고발광 효율 η_{max}	발광색	CIE 색도좌표	
					x	y
$Zn_2Si_{0.75}Ge_{0.25}O_4$: Mn	170	4220 (809)	0.75	green	0.272,	0.662
$Zn_2Si_{0.7}Ge_{0.3}O_4$: Mn	110	1751 (206)	2.53	green	0.271,	0.671
Zn_2SiO_4 : Mn	160	3020 (230)	0.78	green	0.251,	0.697
$CaGa_2O_4$: Mn	150	2790 (592)	0.25	yellow	0.479,	0.518
Ga_2O_3 : Mn	110	1018 (227)	1.7	green	0.198,	0.654
$ZnGa_2O_4$: Mn	155	758(235)	1.2	green	0.082,	0.676
$ZnGeO_4$: Mn	130	341 (39)	0.25	green	0.331,	0.645
$BeGa_2O_4$: Mn	70	162	0.091	green	0.121,	0.720
$ZnGeO_3$: Mn	110	27	0.026	green	0.263,	0.683
$ZnAl_2O_4$: Mn	130	21	0.006	green	0.150,	0.708
$SrAl_2O_4$: Mn	100	18	0.001	green	0.180,	0.709
$MgGa_2O_4$: Mn	160	14	0.001	green	0.109,	0.612
$BaAl_2O_4$: Mn	80	12	0.006	green	0.158,	0.707
$SrGa_2O_4$: Mn	125	8.7	0.003	green	0.127,	0.652
Mg_2GeO_4 : Mn	200	5.5	0.001	red	0.516,	0.463
$MgGeO_3$: Mn	260	14.6	0.004	red	0.667,	0.300
$CaGeO_3$: Mn	300	20.8	0.004	red	0.514,	0.377
$Ga_2Ge_2O_7$: Mn	200	135	0.03	red	0.593,	0.407
CaO : Mn	390	55	0.016	red	0.603,	0.391
Ge_2O_2 : Mn	180	7	0.018	red	0.521,	0.413
$ZnGa_2O_4$: Cr	250	196 (6)	0.02	red	0.584,	0.398
Ga_2O_3 : Cr	240	375 (34)	0.04	red	0.654,	0.293
Zn_2SiO_4 : Ti	280	15.8	0.017	blue	0.142,	0.115
CaO : Pb	470	5.5	0.001	blue	0.166,	0.113
$CaGa_2O_4$: Eu	225	215 (19)	0.026	red	0.687,	0.311
Y_2O_3 : Eu	130	144 (27)	0.14	red	0.573,	0.393
$ZnGa_2O_4$: Eu	175	62	0.009	red	0.584,	0.398
Ga_2O_3 : Eu	100	309 (53)	0.02	red	0.587,	0.385
$ZnSiO_4$: Eu	210	5.5	0.001	blue	0.208,	0.236
$Sr_2P_2O_7$: Eu	145	5.6	0.005	white	0.334,	0.270
$ZnGa_2O_4$: Tb	230	16	0.004	green	0.296,	0.669
$CaGa_2O_4$: Tb	230	16	0.002	green	0.361,	0.542
$CaGa_2O_4$: Dy	215	30	0.005	yellow	0.479,	0.518
$ZnGa_2O_4$: Tm	260	5.7	0.01	green	0.125,	0.585
Y_2SiO_5 : Ce	235	13.2	0.054	blue	0.176,	0.138
Zn_2SiO_4 : Ce	200	6.3	0.007	blue	0.149,	0.113

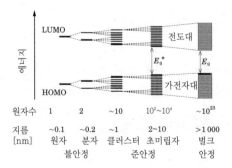

그림 1.10 입자 크기와 밴드 갭의 관계

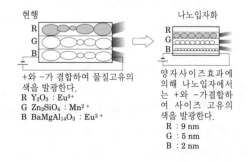

그림 1.11 입자 사이즈에 의한 발광색의 제어와 발광

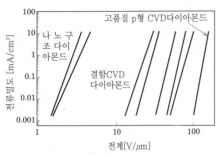

그림 1.12 여러 가지 다이아몬드 이미터의
전류·전압특성

면적화의 어려움, ② 고진공 봉함이 필요, ③ 집속 전극이 필요하다는 등의 과제를 들 수 있다. 반대로 말하면 이것들을 해결하면 전계 방출소자는 일약 플랫 패널 디스플레이의 전면에 진출할 수가 있다.

최근의 동향으로서는 부(負)의 전자 친화력 효과를 기대하여 다이아몬드, DLC(diamond like carbon)나 카본계 재료가 주목받기 시작했으며 미국, 일본이나 한국 등이 중심에 되어 여러 가지 연구가 진행되고 있다. 표 1.11에 각종 전계 방출소자를 들었다.[40] 이것들 중에서 다이아몬드에 대해서는 레이저 아블레이션으로 작성된 어모퍼스 박막으로 20 V/μm 이하의 전계로 전자 방출하여 100 mA/mm^2 정도의 전류 밀도가 얻어지고 있다.[41] 또한 CVD로 작성한 박막도 한계값 30~120 V/μm라는 데이터가 얻어지고 있다.[42] 나노 기술이 적용된 케이스로서 10~100 nm의 다결정 입자를 사용해서 3~5V/μm라는 저전계에서 10 mA/cm^{2}가 얻어지고 있다.[43] 이들 데이터를 그림 1.12에 들었다. 이와 같은 저전계로 동작하면 플랫 패널 디스플레이에의 응용도 가능하게 될 것으로 추정된다.

한편 카본 나노튜브는 크게 나누어 다층 카본 나노튜브(수십층의 원통형 흑연 구조의 시트가 들어간 직경이 수십 nm에 이르는 것. 이하 다층 나노튜브)와 단층 카본 나노튜브(원통형의 흑연 구조 시트가 1층으로 직경 1nm 정도의 것. 이하 단층 나노튜브)의 두 종류가 있다. 나노튜브 합성법에는 아크법, 레이저 아블레이션(laser ablation)법, 촉매분해법 등이 있는데 최근에는 대량 생산을 지향한 촉매분해법의 진보가 현저하다. 다층 나노튜브가 먼저 발견되어 합성·정제도 진보되고 물성 측정도 실시되어 산업적인 응용이 도모되는 시기가 왔다.

다층 나노튜브는 이론적으로 예언된 금속적인 물성을 갖지 않고 전기적 물성이 흑연에 비슷하기 때문에 학구적인 시점에서의 흥미를 상실하고 많은 연구가 단층 나노튜브 연구로 이행되었다. 그러나 다층 나노튜브는 물성적으로 새로운 것을 갖지 않지만 화학적 안정성, 기계적 강도 등에 있어서 단층 나노튜브보다 훨씬 우수하며 그 독특한 형상과 함께 전자방출 재료, 기계 재료로서 산업에의 응용에 큰 가능성을 가지고 있다. 특히 이 다층 나노튜브를 사용한 전계 방출 전자원은 그림 1.13과 같이 통상적인 열방출 전자원에 비해서 가열의 필요가 없어 에너지가 절약될 뿐만 아니라 방출 전자의 에너지 폭이 좁고 전류 밀도가 높은 등으로 고휘도의 집속 전자 발생의 조건을 구비하고 있어 고정세(高精細) CRT나 플랫 패널 디스플레이 등으로의 실용화가 기대된다.[44]

1.4 수광소자 재료

외계의 여러 가지 광에 응답하고 그것들을 검출하는 것이 수광소자이다. 여기서는 UV 수광센서 재료와 신틸레이터 재료에 대해서 소개한다.

1.4.1 UV 수광 센서 재료

태양광 스펙트럼에 의해 단파장의 자외 방사(<280 nm)를 선택하는 수광소자는 화염 점멸을 검출하는 화염 센서로서 이용할 수 있다. 그림 1.14에 화염의 발생과 태양광, 백열등의 스펙트럼을 나타낸다. 태양광의 스펙트럼 강도가 대략 제로가 되는 280 nm보다 단파장측에 화염 특유의 자외 발광이 있다. 이 자외 발광의 유무에서 화염의 점멸을 검출하는 센서(이하 화염 센서라고 한다)에는 표 1.12의 광전관이 사용된다. 이 밖에도 가정용 버너 등에 사용되는 열전대와 급탕기 등에 사용되는 플레임 이온 디텍터(flame ion detector : FID)가 사용되고 있다. 이것들의 화염 센서 중에서 광전관에 의한 자외방사 검출은 가장 고성능이지만 수명이 짧다고 하는 문제가 있다. 또한 주변 회로를 포함한 코스트가 많아지기 때문에 민간용에는 사용되지 않고 공업용 가열로·보일러 등과 같은 대형 버너 등에 이용되고 있다. GaN계 반도체를 사용하면 고온의 동작이 가능하고 양자 효과가 높은 수광소자가 실현 가능하여, 소형이고 간편한 화재 검지 시스템을 제공할 수 있는 가능성이 있다. 화재 센서에는 ① pW/cm² 정도의 낮은 조사 강도의 자외 방사에 응답하고 ②

태양광은 응답하지 않는다고 하는 요건이 있다. 이와 같은 과제들을 넘기 위해서는 GaN계 재료의 결정성과 조성 제어기술의 개선에 의해 암전류가 낮고 280 nm 근방에서 가파른 흡수단을 가진 수광소자를 실현시킬 필요가 있다.

그림 1.14(a)에 든 화재 발광의 스펙트럼 측정은 광자(光子) 계수로 측정한 것이다. 250~280 nm대의 화염 발광은 화염으로부터 20 cm 거리에서 약 1 nW/cm² 이하가 된다. 이것에 비해서 실외에서의 직사 일광은 10~100 mW/cm², 실내광(형광 램프로부터 1m)은 약 1nW/cm²의 조도이다. 따라서 280 nm보다 장파장측의 응답을 약 6자리 낮게 할 것(이하, 장파장 거절률이라고 한다)이 요망된다. 이러한 목적에 적합한 흡수 필터는 재료에 제한을 받아 적절한 것이 없다. 즉, 6자리의 장파장 거절률은 흡수단을 280 nm에 설정한 반도체 수광소자의 실현만으로 달성 가능한 수치이다. 이것을

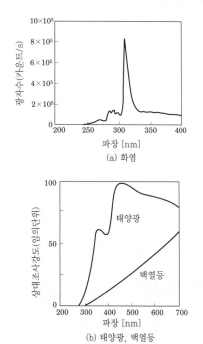

(a) 화염

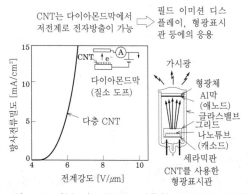

그림 1.13 카본 나노튜브를 사용한 전계방사전자원
[Heer, et al., 1997[49)] ; 齋藤, 1998[50)]]

그림 1.14 화염 발광과 태양광, 실내등의 스펙트럼

(b) 태양광, 백열등

표 1.11 각종 FED 기술의 비교

방식	BSD형	Spindt형	표면전도형	MIS형	MIM형	다이아몬드입자형	카본 나노튜브형
기본구조							
방사 메커니즘	반도체전도효과	고전계방출	MIM구조의 산란 터널전자의 인출	핫일렉트론의 터널 효과	핫일렉트론의 효과	고전계방출	고전계방출
동작전압	15~30 V	30~80 V	10~20 V	80~110V	10V (±5V)	3500V	수백 V~수 kV
방사전류	1mA/cm²	50 A/cm²(NEC)	2 mA/cm²	1.4mA/cm²	5.8mA/cm²	1mA/cm²	0.01~1 A/cm²
진공도 의존성	1~10 Pa까지 안정	10^{-5}Pa 이하 필요	10^{-6}Pa 정도	10^{-4}Pa	10^{-4}Pa	~4×10^{-5}Pa	10^{-5}a~10^{-6}Pa
전자류의 균일성	효평 없음.	효평 있음.	?	?	?	효평 있음.	?
재별	양극산화등	마이크로머시닝	스크린 인쇄	CVD 등	스퍼터, 양극산화등	마이크로파 PCVD	아크 방전, 스크린 인쇄등
방사효율	1%	?	최대 1 %	28%	0.5%	?	?
현상	2.6인치, 53×40화소, 펄티 컬러패널을 시험제작	·15인치, 240화소, 펄티 컬러제작(소니 & Candescent) ·15인치, 320× 240화소, 펄티 컬러패널 시험제작(PixTech)	10인치, 240× 240화소, 풀 컬러 패널을 시험제작	면발광확인 패널 시험제작	20×60화소, 컬러 패널 시험제작	면발광확인	디스플레이 시험제작 (Samsung, 한국)
개발기업	마쓰시다전공	Pix Tech, Candescent, Motorola, (USA)후다바전자, 소니, 후지쯔, NEC, 미쓰비시전기, 기타(일) Samsung(한국) ITRI(대만)	캐논·도시바(일)	마이오니아(일)	히타치(일)	마쓰시다전기(일) SI Diamond Tech. (미)	이세전자, NEC(일) Samsung(한국)

실현시킬 수 있는 재료로서는 GaN계 MgS, SrS계 등의 Ⅱa-Ⅳb족계 및 산화물이 후보가 된다. 최근의 연구로서는 발광 다이오드(LED)나 레이저 다이오드(LD)의 소자로 각광 받고 있는 GaN계가 주류이다.

화염 센서에는 화염의 발광 강도가 대단히 작은 것에 수반하는 특유한 과제가 있다. 센서 설치 장소에서의 화염의 조사 강도는 1 nW/cm² 정도이지만 확실하게 검출하기 위해 응답 감도를 1 pW/cm² 정도로 할 것이 필요하다. 이로부터 유도되는 큰 과제는 암전류가 크면 화염 발광에 의한 신호에 묻혀 화염 검출이 불가능하게 되는 것이다.

현재까지 핫 컨덕터나 pn 접합형 수광소자가 검토되고 있다. 더블 쇼트키의 핫 컨덕터로는 암전류도 1 nW/cm²의 검출 가능이 표시되고 Al₀.₄₃Ga₀.₅₇N의 핫 컨덕터는 흡수단 전후에서 3자리의 감도차가 달성되고 있다. pn 접합의 역 바이어스 암전류가 화염 조사에 의한 광전류보다 충분히 작아지면 핫 다이오드나 증폭이 취해지는 핫 트랜지스터 등의 pn 접합형 소자에 의한 화염 센서의 실현이 기대된다.

GaN/AlGaN계 핫 트랜지스터에 있어서의 I-V 특성을 그림 1.15에, 응답 감도를 그림 1.16에 나타낸다. 게인으로 10^5 이상, 감도로 10^8 이상의 것이 얻어지고 있다.[46]

1.4.2 신틸레이터 재료

신틸레이터는 방사선에 의해 가시광의 광을 발하는 물질이다. 방사선의 강도와 신틸레이터의 발광량과는 비례 관계에 있기 때문에 시틸레이터와 광검지기를 조합시킴으로써 방사선의 계측이 가능해진다. 주로 X선 CT 등의 의료 기기, 분석 기기, 방사선을 사용한 비파괴검사 장치, 방사선 누설검사 장치 등의 분야에 사용된다. 신틸레이터에 요구되는 특성으로는 방사선

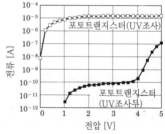

그림 1.15 GaN/AlGaN계 포토트랜지스터의 $I-V$ 특성

표 1.12 현행 화염 센서와 반도체 센서의 비교

	열전대	프레임 이온 디텍터	자외선 광전관	질화물 반도체 자외선 수광 센서
응답속도	늦다.	아주 빠르다.	아주 빠르다.	아주 빠르다.
열화요인	용단·산화	전연막 부착	전극수명	−
센서 헤드 수명	10년	10년	1~2년	10년 이상
턴 다운 추종성능	낮다.	낮다.	높다.	높다.
설치장소·방법	화염삽입에 준한다.	화염삽입에 준한다.	원격 검지	원격 검지
전원	−	35~100V	300V	5V(TTL)
센서 헤드 사용온도	−	−	100℃ 이하	500℃(목표)
비용	저가	저가	고가	고가를 기대
용도	가정용 버너	목욕탕 등 주로 민생용	대형 보일러, 공업로 등	민생용부터 공업용까지

에 대한 감도가 클 것, 재료의 균질성이 높을 것, 화학적으로 안정할 것 등을 들 수 있다. 또한 X선 CT와 같이 방사선의 강도 변화를 고속으로 검출해 나가는 장치에 사용되는 경우에는 잔광(방사선에 의한 여기를 정지한 후에도 계속되는 발광)이 작아야 하는 것이 중요해진다. 그런데 기존의 $CaWO_4$ 단결정 등의 시틸레이터는 잔광이 작은 것은 감도가 작아 신틸레이터에 대한 특성 요구를 충분히 만족시키고 있다고는 하기 어렵다.

　최근 이와 같은 요구들을 만족시키는 것으로서 $(V, Gd)_2O_3Eu$[47]이나 $Gd_2O_2S : Pr, (Ce, F)$[48]의 세라믹 재료가 개발되었다. 일례로서 $Gd_2O_2S : Pr, (Ce, F)$ 신틸레이터를 소개한다. 이것은 $Gd_2O_3S : Pr$ 형광체의 조성을 토대로 Ce 첨가에 의해 잔광을 저감하고 또 F 첨가에 의해 감도를 향상시킨 것이다. 그림 1.17에 기존의 신틸레이터와 $Gd_2O_2S : Pr, (Ce, F)$ 세라믹 신틸레이터의 잔광-감도 특성을 나타낸다. 이것은 감도가 크고 잔광은 작으며 특성 밸런스에 우수한 재료라고 할 수 있다. 새로운 세라믹

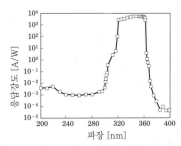

그림 1.16 GaN/AlGaN계 포토트랜지스터의 응답특성

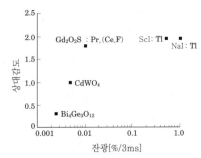

그림 1.17 각종 신틸레이터의 감도와 잔광특성

은 현재 X선 CT 검출기에 사용되어 해상도 향상을 실현시키고 있다.

　　　　　　　　　　　　　　　　[一ノ瀬 昇]

참고문헌

1) 日本学術振興会透明酸化物光・電子材料第166委員会編：透明導電膜の技術, オーム社 (1991)

2) 一ノ瀬昇, 尾崎義治, 賀集誠一郎共著：超微粒子技術入門, オーム社 (1988)

3) Mattox, D. M.: Sol-gel Derived, Air-baked Indium and Tin Oxide-Films, Thin Solid Films, Vol. 204, pp. 25-32 (1991)

4) 萩原 覚, 衣川清重：インジウムニトリルアセチルアセトナートの熱分解により形成された In_2O_3 系透明導電膜の特性, 窯業協会誌, Vol. 90, pp. 157-163 (1982)

5) Gallagher, D., Scanlan, F., Houriet, R., Mathieu, H. J. and Ring, T. A.: Indium-Tin Oxide Thin-Films by Metal-Organic Decomposition, J. of Mater. Res., Vol. 8, pp. 3135-3144 (1993)

6) Djaoued, Y., Phong, V. H., Badiersu, S., Ashrit, P. V., Girouard, F. E. and Tmong, V-V.: Sol-gel-prepared ITO films for Electrochromic Systems, Thin Solid Films, Vol. 293, pp. 108-112 (1997)

7) Furusaki, T., Kodaira, K., Yamamoto, M., Shimada, S. and Matsushita, T.: Preparation and Properties of Tin-Doped Indium Oxide Thin-Films by Thermal-Decomposition of Organometallic Compounds, Mat. Res. Bull., Vol. 21, pp. 803-806 (1986)

8) 古崎 毅, 高橋順一, 小平紘平：ゾル・ゲル法による ITO 薄膜の作製, 日本セラミックス協会学術論文誌, Vol. 102, pp. 200-205 (1994)

9) Nishio, K., Sei, T. and Tsuchiya, T.: Preparation and Electrical Properties of ITO Thin Films by Dip-coating Process, J. Mater. Sci., Vol. 31, pp. 1761-1766 (1996)

10) 一ノ瀬昇：光関連新素材の研究動向・総論, 照学誌, Vol. 77, pp. 4-8 (1993)

11) 川勝 晃, 石崎有義：多層干渉膜のハロゲン電球への応用, 平成6年度照明学会全国大会論文集, p. 372 (1994)

12) 一ノ瀬昇：透明なセラミック材料, まてりあ, Vol. 39, pp. 127-131 (2000)

13) 一ノ瀬昇：透光性セラミックスとその応用, セラミックス, 10, pp. 319-326 (1975)

14) 野沢星輝, 柳谷高公, 羽田肇, 平賀啓二郎, 中野恵司, 目義雄, 一ノ瀬昇：多結晶体 YAG の高温引張変形, 粉体粉末冶金協会平成 10 年度春季大会講演概要集, p. 28 (1998)

15) 野沢星輝, 柳谷高公, 羽田 肇, 田中英彦, 西村聡之, 一ノ瀬昇：YAG セラミックスにおける高温クリープの律促過程, 粉体粉末冶金協会平成 11 年度春季大会講演概要集, p. 38 (1999)

16) Ikesue, A., Furusato, I. and Kamata, K. : Fabrication of Polycrystalline, Transparent YAG Ceramics by a Solid-State Reaction Method, J. Am. Ceram. Soc., Vol. 78, pp. 225-228 (1995)

17) Ikesue, A., Kinoshita, T., Kamata, K. and Yoshida, K. : Fabrication and Optical-Properties of High-Performance Polycrystalline Nd-YAG Ceramics for Solid-State Lasers, J. Am. Ceram. Soc., Vol. 78, pp. 1033-1040 (1995)

18) 橋本和仁, 藤嶋昭編：酸化チタン光媒体のすべて, シーエムシー (1998)

19) Fujishima, A. and Honda, K. : Electrochemical Properties of Water at a Semiconductor Electrode, Nature, Vol. 238, pp. 37-38 (1972)

20) 橋本和仁, 藤嶋 昭：光触媒とは何か, O plus E, No. 211, pp. 75-81 (1997)

21) 藤嶋 昭：光触媒―照明分野への応用展開, 照学誌, Vol. 80, pp. 925-929 (1996)

22) 相馬隆治, 小島浩之, 中西 仁：光触媒応用トンネル器具の開発, 平成 8 年度第 14 回電気設備学会全国大会講演論文集, pp. 49-50 (1996)

23) 石崎有義：ここまで進んだ！ 酸化チタン光触媒 光触媒膜付き蛍光ランプによる防汚・消臭, 工業材料, Vol. 47, pp. 78-80 (1999)

24) 橋本和仁, 藤嶋 昭：光活性酸化チタンをコートしたセラミックス, ニューセラミックス, Vol. 9, No. 2, pp. 55-61 (1996)

25) Wang, R., Hashimoto, K., Fujishima, A., Chikuni, M., Kojima, E., Kitamura, M., Shimohigashi, M. and Watanabe, T. : Light-induced Amphiliphilic Surfaces, Nature, Vol. 388, pp. 431-433 (1997)

26) 藤嶋 昭：抗菌性, セルフクリーニング効果の著しい酸化チタン光触媒, アルミプロダクツ, Vol. 10, pp. 14-17 (1997)

27) 上村宏：ディスプレイ用ガラス基板とその表面処理, ニューガラス, Vol. 7(4), p. 301 (1992)

28) 林 孝司：液晶材料・液晶パネル構成部材のすべて 液晶パネル用ガラス基板, 電子材料, Vol. 32(7), pp. 37-42 (1993)

29) 坂東完治：発光ダイオード―高性能化が進む LED の最新技術動向一, 月刊ディスプレイ, Vol. 3, No. 11, p. 1 (1997)

30) www.compoundsemiconductor.net

31) Ohta, H., Orita, K., Hirano, M., Yagi, I., Ueda, K. and Hosono, H. : Electronic Strcture and Optical Properties of SrCu$_2$O$_2$, J. Appl. Phys., Vol. 91, pp. 3074-3078 (2002)

32) 村山義弘：世界一明るい夜行物質の誕生, 日経サイエンス, Vol. 5, pp. 20 (1996)

33) 野々垣三郎, 山元明著：ディスプレイ材料, 大日本図書 (1995)

34) Minami, T., Yamada, H., Kubota, Y. and Miyata, T. : Oxide Phosphors as Thin-film Electroluminescent Materials, SPIE, Vol. 3242, pp. 229-239 (1998)

35) Peng, X., Schlamp, M. C., Kadavanich, A. V. and Alivisatos, A. P. : Epitaxial Growth of Highly Luminescent (CdSe)CdS Core/Shell Nanocrystals with Photostability and Electronic Accessibility, J. Am. Chem. Soc., Vol. 119, pp. 7019-7029 (1997)

36) Dabbousi, B. O., Rodriguez-Viezo, J., Miku l ec, F. V., Heine, J. R., Mattoussi, H., Ober, R., Jensen, K. F. and Bawendi, M. G. : (CdSe)ZnS Core/Shell Quantum Dots : Synthesis and Characterization of a Size Series of Highly Luminescent Nanocrystallites, J. Phys. Chem., B 101, pp. 9463-9475 (1997)

37) 平尾一之編：ナノマテリアル最前線, p. 173, 化学同人社 (2002)

38) Gao, M., Kristein, S. and Helmuth Mohwald : Strogly Photoluminescent CdTe Nanocrystals by Proper Surface Modification, J. Phys. Chem., B 102, pp. 8360-8363 (1998)

39) 村瀬至生：半導体超微粒子をドープした蛍光体ガラス, New Glass, Vol. 17, pp. 36-39 (2002)

40) 菰田卓哉：FED の最新開発動向, 電子材料, Vol. 39 (12), p. 43 (2000)

41) Kumar, N., Schmidt, H. K. and Xie, C. : Diamond-Based Field-Emission Flat-Panel Displays, Solid State Technol., Vol. 38, pp. 71-73 (1995)

42) Zhu, W., Kochanski, G. P., Jin, S. and Seibles, L. : Electron Field Emission from Chemical Vapour Deposited Diamond, J. Vac. Sci. Tech., B 14, p. 2011 (1996)

43) Zhu, W., Kochanski, G. P. and Jin, S. : Low-Field Electron Emission from Undoped Nanostructured Diamond, Science 282, pp. 1471-1473 (1998)

44) Saito, Y., Uemura, S. and Hamaguchi, K. : Cathode Ray Tube Lighting Elements with Carbon Nanotube Field Emitters, Jpn. J. Appl. Phys., Vol. 37, L 346-348 (1998)

45) 平野 光：GaN 系受光素子の火炎センサーへの応用, 応用物理, Vol. 68, pp. 805-809 (1999)

46) Pernot, C., Hirano, A., Iwaya, M., Detchprohm, T., Amano, H. and Akasaki, I. : Low-intensity Ultraviolet Photodetectors based on AlGaN, Jpn. J. Appl. Phys., Vol. 38, L 487-489 (1999)

47) Greskovich, C. D., Cusano, D., Hoffman, D. and Reidner, R. : Ceramic Scintillators for Advanced, Medical X-RAY-Detectors, Am. Ceram. Soc. Bull., Vol. 73, pp. 1120-1130 (1992)

48) 山田敏旭：X 線 CT (コンピューテッドトモグラフィー) 用セラミックシンチレータ, 化学と工業, Vol. 46, pp. 606-608 (1993)

49) de Heer, W. A., Bonard, J.-M., Stöckli, T., Châtelain, A., Forró, L. and Ugarte, D. : Z. Phys., D 40, 418 (1997)

50) 斎藤弥八：表面科学, 19, 680 (1998)

제2장
광원과 점등회로

2.1 백열전구

백열전구는 텅스텐 필라멘트를 통전(通電) 가열하여 그 열방사를 이용하고 있는 광원으로서, 유명한 에디슨의 실용전구 발명으로부터 1세기 이상 지난 현재까지 여러 분야에서 사용되고 있다. 이것은 방사광이 연속 스펙트럼으로 연색성이 좋고 고휘도로 집광하기 좋으며 점등 회로가 필요 없이 전원에 연결하면 쉽게 점등되는 등의 이점이 있기 때문이다. 한편 발광 효과가 낮고 열선이 많다는 결점이 있기 때문에 최근에는 효율이 높은 다른 광원으로 많이 바뀌고 있기도 하다.

2.1.1 백열전구의 구조와 원리

(1) 일반조명용 전구의 구조

일반조명용 전구의 구조를 그림 2.1에 나타낸다. 둥근 유리구(球) 안에 필라멘트를 넣고 꼭지쇠를 단 단순한 구조이다. 필라멘트는 가는 텅스텐선을 단(單)코일이나 이중 코일로 한 것

그림 2.1 일반조명용 전구의 구조와 명칭

이다. 내부 도입선은 니켈 도금을 한 동 또는 철선이고 유리와의 봉착부는 유리에 열팽창 계수가 가까운 쥬메트선이 사용되고 있다. 외부 도입선의 1선은 동과 니켈 합금의 선이 퓨즈로서 들어가 있다. 유리구는 소다 석회 유리로서 젖빛유리형 전구는 휘도가 높은 필라멘트가 보이지 않도록 실리카 등의 백색 분말을 도포하여 글레어를 감소시키고 있다. 유리구 안에는 아르곤과 질소의 혼합 가스가 점등 중 거의 대기압이 되도록 봉입되어 있다. 이 봉입 가스는 필라멘트로부터의 텅스텐 증발을 감소시키고 전구의 수명을 길게 하는 것이 주목적인데 원자량이 큰 크립톤을 봉입하면 증발 속도가 억제되어 특성이 좋아진다.

(2) 할로겐 전구의 구조

할로겐 전구는 봉입 가스로 아르곤과 질소의 혼합 가스에 미량의 할로겐 가스를 가한 소형이고 효율이 높은 전구이다. 그림 2.2에 구조 예를 든다. 유리관은 내열성이 있는 석영 유리나 경질 유리(고규산 유리나 알루미노실리케이트 유리)가 사용되고 있으며 봉착부는 석영 유리에서는 열 팽창 계수가 작아 나이프에지를 갖는 두께 20~30 μm의 몰리브덴박이 사용되고 있다.

봉입 가스로서는 미량(0.05~0.3 %)의 할로겐 화합물 가스(염소, 브롬이나 요오드의 화합물)을 가한 불활성 가스가 1~4 기압 정도 봉입되고 있다.

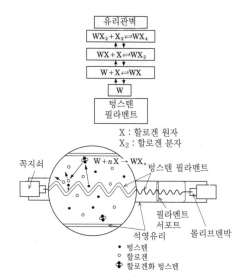

X : 할로겐 원자
X₂ : 할로겐 분자

• 텅스텐
○ 할로겐
✹ 할로겐화 텅스텐

그림 2.2 할로겐 전구의 구조와 할로겐 사이클
[照明學會, 1987[4]]

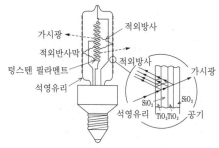

그림 2.3 적외반사막 응용 전구의 구조
[照明學會, 1987[4]]

(3) 할로겐 재생 사이클

백열전구는 봉입 가스의 압력을 높게 하면 텅스텐 증발을 억제할 수 있고 필라멘트 온도를 올려 효율을 좋게 할 수 있다. 일반 전구에서는 점등 중에 필라멘트에서 텅스텐 원자가 증발하여 유리관 내면에 부착, 검게 된다. 검게 된 부분의 유리구 온도가 상승하여 유리관이 부풀거나 깨지거나 한다. 이 문제에 대한 대책으로서 봉입 가스에 할로겐 가스를 넣은 것이 할로겐 전구이다.

할로겐 가스가 있으면 그림 2.2와 같은 할로겐 재생 사이클이라는 현상이 일어나 검게 되는 것을 방지할 수 있다. 증발된 텅스텐 원자는 유리관벽 가까이에서 할로겐 가스와 반응하여 할로겐화텅스텐 분자가 된다. 이 분자는 증발하기 쉽기 때문에 유리관의 온도를 어느 정도 높게 하면 유리관에 부착하지 않고 대류나 확산으로 고온의 필라멘트 가까이에 되돌아가 텅스텐과 할로겐 가스로 분해된다. 분해해서 만들어진 텅스텐 원자는 필라멘트 온도가 낮은 부분으로 석

출, 할로겐 가스는 재차 다른 텅스텐 원자와 반응을 반복한다. 이 사이클을 할로겐 재생 사이클이라고 하고 있다. 할로겐 전구에서는 이 반응이 안정되게 작용하도록 유리관 온도를 250℃ 이상으로 하여 용도에 맞추어서 할로겐 가스의 양이나 종류를 선택하고 있다.

(4) 적외반사막 응용 할로겐 전구의 구조와 원리[1]

백열전구는 가시광보다 많은 적외선을 방사한다. 이 적외 방사를 선택반사막에서 반사시켜 필라멘트에 되돌려 효율을 향상시킨 것이 적외반사막 응용 전구이다. 구조를 그림 2.3에 나타낸다.

외관은 일반 할로겐 전구와 동일하지만 유리관 외면에 고굴절률의 금속산화물(TiO_2 등)과 저굴절률의 금속산화물(SiO_2)을 교호로 형성한 다층 간섭 필터가 달려 있다(1.1.1 (2) 참조). 이 간섭 필터는 가시광을 투과하여 적외선을 반사하는 특성을 가지고 있다. 필라멘트에서 방사된 적외선 일부는 반사하여 필라멘트에 복귀, 필라멘트의 가열 에너지로서 재이용되어 효율이 향상된다. 반사된 적외선이 효율적으로 필라멘트에 복귀하도록 유리관 형상, 필라멘트 위치 등이 최적화되어 있다.

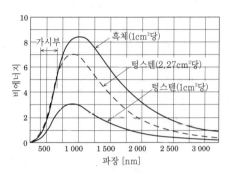

그림 2.4 3,000 K에서의 텅스텐과 흑체의
분광분포 비교
[IES, 1981[2]]

표 2.1 텅스텐의 온도와 효율, 증발속도

온도 T[K]	효율 [lm/W]	증발속도 [g/(cm²·s)]
1600	0.395	
1700	0.724	
1800	1.19	
1900	1.94	
2000	2.84	1.75×10^{-13}
2100	4.08	1.58×10^{-12}
2200	5.52	1.25×10^{-11}
2300	7.24	7.82×10^{-11}
2400	9.39	4.36×10^{-10}
2500	11.72	2.03×10^{-9}
2600	14.34	8.79×10^{-9}
2700	17.60	3.17×10^{-8}
2800	20.53	1.12×10^{-7}
2900	23.64	3.45×10^{-7}
3000	27.25	9.69×10^{-7}
3100	30.95	2.66×10^{-6}
3200	34.70	6.67×10^{-6}
3300	38.90	1.60×10^{-5}
3400	43.20	3.55×10^{-5}
3655*	53.10	2.28×10^{-4}

＊융점[Smithells, 1952[3]]

(5) 텅스텐 필라멘트의 성질

텅스텐은 융점이 3,382℃로서 고온에서의 증기압이 낮아 전구 필라멘트에 가장 적합한 금속이다. 백열전구에서는 고온 상태에서의 변형을 줄이기 위해 극미량의 금속산화물을 첨가한 가는 선(예를 들면 100 V·60 W용의 선 지름은 약 0.05 mm)을 사용하고 있다.

필라멘트에서 방사되는 광의 분광 분포는 흑체의 열방사와 유사하며 가시광 영역은 플랑크의 열방사칙으로 거의 근사된다. 단, 텅스텐은 선택방사체이므로 그림 2.4와 같이 흑체에 비해서 적외역 방사는 적다. 표 2.1에 텅스텐의 각 온도에 있어서의 효율과 증발 속도를 나타낸다. 증발 속도는 온도의 거의 39승에 비례하므로 효율보다 크게 변화한다.

(6) 유리구와 꼭지쇠

유리구의 재료는 전구의 종류에 따라 상이한데, 소다석회 유리, 붕규산 유리, 알루미노실리케이트, 석영 유리 등이 사용되고 있다. 석영 유리는 자외부 투과율이 높으며 필라멘트 온도가 높은 할로겐 전구에서는 방출되는 광에 유해 자외 방사가 포함되기 때문에 JIS에서 자외 방사량을 35 mW/klm(haz) 이하로 규정하고 있

다. 형상은 일반 전구는 서양배형(PS)이나 구형(G), 할로겐 전구는 관형(T)가 많다.

꼭지쇠 재료는 알루미늄이 많지만 니켈 도금을 한 황동 등도 사용되고 있다. 할로겐 전구에서는 꼭지쇠부의 온도가 높아지기 때문에 세라믹이 금속부와의 사이에 사용되고 있다. 형상은 일반 전구에서는 나사식(E)과 꽂임식(BA), 할로겐 전구에서는 핀식(G)이나 우묵 콘택트식(R) 등이 사용되며 JIS에 상세히 치수가 정해져 있다.

2.1.2 백열전구의 여러 특성

(1) 에너지 특성

일반조명용 전구의 입력에 대한 방사 에너지, 열 손실의 각 비율을 그림 2.5에 든다. 열선의 방사가 많고 가시광은 약 10 %이다.

가스 손실은 봉입한 아르곤 등의 가스에 의하므로 원자량이 많고 열 전도율이 작은 크립톤

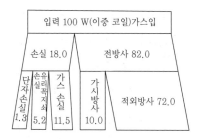

그림 2.5 일반전구의 입력에 대한 방사 에너지와
열손실의 비율[照明學會, 1987[4]]

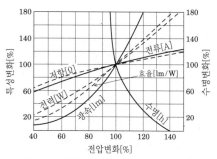

그림 2.6 전압에 대한 특성과 수명변화
[照明學會, 1987[4]]

등으로 하면 손실이 감소하며 효율이 좋아진다.

(2) 전압 특성

전원 전압을 정격에서 변화시키면 필라멘트 온도가 변화하고 광속, 수명, 소비 전력이 변화한다. 전구의 종류에 따라 약간 달라지지만 전압 변화가 90 %에서 110 % 범위에서는 이들 관계는 대략 다음과 같은 식으로 표시된다.

광속[lm] $\propto$ 전압[V]$^{3.4}$

수명[h] $\propto$ 전압[V]$^{-13}$

전력[W] $\propto$ 전압[V]$^{1.6}$

그림 2.6은 보다 넓은 전압 범위에서의 관계를 그래프로 나타낸 것이다.

(3) 수명 특성

전구는 점등 시간의 경과와 더불어 유리구 내면에 증발한 텅스텐이 부착하여 광흡수가 증가하고 또 약간이긴 하지만 필라멘트가 가늘어져 저항이 증가, 온도가 내려가기 때문에 밝기가 저하한다. 할로겐 전구에서는 유리관으로의 텅스텐 부착이 없기 때문에 광속 저하는 적다.

그림 2.7에 일반조명용 전구와 할로겐 전구의 수명 특성을 나타낸다.

(4) 점멸 응답 특성과 과도 전류

전구는 전압을 인가하고 나서 정격의 밝기가

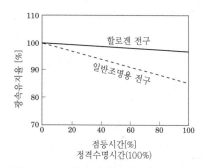

그림 2.7 일반전구와 할로겐 전구의 수명특성

되는 데 수백 ms 걸린다. 이것은 필라멘트 온도가 상승하여 일정하게 되기 위해 걸리는 시간으로서, 전원을 끊은 경우도 반대의 말을 할 수 있다. 필라멘트는 점등 전의 실온 상태에서는 전기 저항이 작아 전압 인가한 순간에 큰 전류가 흐르며 곧 안정 상태가 된다. 이 과도 전류는 이론적으로는 정격 전류값의 13~16배이고 실용 상태에서는 전원 회로의 임피던스 등에 의해 7~10배 정도이다. 반도체를 사용한 회로에 접속해서 사용하는 경우는 주의가 필요하다.

(5) 잔존율

백열전구의 수명은 필라멘트가 끊길 때까지의 점등 시간이다. 공표되고 있는 정격 수명은 JIS 등으로 정해진 시험 조건에서의 다수의 샘플에 대한 평균 수명으로서 실용 상태에서의 수명과 반드시 일치하지는 않는다.

그림 2.8은 잔존율 곡선의 예로서 정격 수명 시간에서는 50%가 끊긴다. 수명을 지배하는 주요 요인은 필라멘트 증발로서, 필라멘트의 결함이 수명 단축의 원인이 된다.

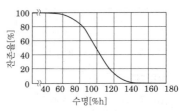

그림 2.8 전구의 수명 잔존율 곡선
[照明學會, 1987[4]]

(6) 점등 조건에 의한 영향

전구는 비교적 점멸에 강한 광원이지만 수백 ms에서 수 s의 점멸 사인과 같은 점멸 조건에서는 수명이 일반 전구로 대략 2~8% 짧아진다. 또한 점등중에 진동이나 충격이 가해지는 사용 조건에서는 상당히 수명이 짧아지므로 필라멘트 형상이나 지지 방법을 바꾼 내진형 전구가 사용되고 있다.

주위 온도는 필라멘트 자체에 직접 영향하지 않지만 온도가 높은 경우는 유리구에서 수분 등의 불순 가스가 방출되어 증발 이외의 화학 반응이 가해져 수명이 짧아진다. 또한 꼭지쇠 부분의 온도가 사용 한계를 넘으면 그 부분의 접착제 열화가 빨라진다. JIS에서는 일반 전구의 꽂지쇠 온도를 165℃를 넘지 않는 상태에서 점등하여야 한다고 규정하고 있다.

석영 유리 할로겐 전구에서는 봉착(封着)에 몰리브덴박을 사용하고 있는데 이 온도가 350~400℃ 이상이 되면 박(箔)의 산화가 급격히 진행되어 봉착부가 파손된다. 수명 100시간 미만의 전구는 400℃ 정도까지 허용되는 경우가 있지만 통상적으로는 350℃ 이하로 하지 않으면 안 된다.

2.1.3 백열전구의 종류와 특징

(1) 일반 전구

① **일반 조명용 전구** 2.1.1.(2)에서 기술한 바와 같이 예전부터 사용해 온 가지 모양 전구이다. 주로 일반 가정 등에서 사용되며 통상적으로는 조명 기구 안에 넣어 사용된다.

유리구의 백색 도장의 개량에 의해 5 % 또는 10 % 전력 절감화한 백색 박막도장 전구가 주류가 되고 있다. 봉입 가스를 크립톤으로 변경하여 수명, 효율, 사이즈를 개선한 소형 전구도 스탠드용도 등으로 증가하고 있다. 또한 백열전구는 원리적으로 대폭적인 효율 개선이 어려워 최근에는 보다 효율이 높고 에너지를 절감할 수 있는 전구형 형광 램프로 바뀌고 있다

② **점포 조명용** 이 분야에서는 할로겐 전구가 주류로서 편(片)꼭지쇠형이 많이 사용되고 있다. 적외선 방사막응용 전구나 열선의 방사를 줄이기 위해 가시광을 반사하여 적외선을 통과하는 다이크로익 반사경과 조합한 전구도 증가하고 있다. 또한 저 볼트(12 V가 많다)의 할로겐 전구도 치수가 작고 기구를 콤팩트하게 말들 수 있어 쇼케이스용에 사용되고 있다.

(2) 자동차용 전구

① **전조등용 전구** 전조등에는 고광도로서 밝기의 저하가 적은 할로겐 전구가 보급되고 있다. 12 V용과 24 V용이 있고 전력은 40~70 W, 색온도는 3,000~3,500 K의 것이 많다. 유리구에는 경질 유리가 사용되며 필라멘트가 1개인 것과 주행 빔용과 스쳐 지나가는 빔용의 2개의 필라멘트를 1개의 전구에 넣은 것이 있다. 후자에는 대향

차에의 글레어를 억제하기 위해 차광 도료가 정부(頂部)에 칠해져 있다.

② 소형 전구　방향지시등, 차폭등, 미등 등에 사용되고 있으며 종류도 많다. 모두 교통 안전상 중요한 것이므로 높은 신뢰성이 요구되고 특히 내진성, 내충격성이나 수명의 신뢰성을 고려한 구조로 되어 있다. 내부 표시용에는 꼭지쇠가 없는 웨지베이스 타입이 사용되고 있다.

필라멘트를 개량하고 봉입 가스를 크립톤이나 크세논으로 바꾼 고휘도·장수명 전구도 개발되고 있는데 성능 향상이 현저한 LED 사용도 증가하고 있다.

(3) 측광용 표준전구

백열전구는 다른 광원에 비해서 환경 온도, 점등 시간에 따른 밝기의 변화가 적고 전원을 안정화시키면 안정된 광속, 분광 분포의 광이 얻어지기 때문에 밝기의 표준으로서 사용되고 있다. CIE의 표준 광원 A로서 분포 온도 2,856 K의 전구가 지정되어 있고 그 밖에 전광속 측정용, 수평광도 측정용, 광고온도계용 등이 있다. 어느 것이나 안정성을 중시한 설계로서 제조 후 충분한 에이징을 하여 특성의 안정화를 도모하고 있다.

(4) 그 밖의 전구

백열전구는 역사가 오래고 널리 사용되고 있으며 교통신호기용, 손전등용, 표시용 등 품종이 많다. 또 스튜디오용, 복사기 노광용, 광학기기용, 비행장 활주로 표시등에는 할로겐 전구가 사용되고 있다. 이들 전구는 각각의 용도에 최적화되고 개량이 이루어지고 있지만 일부에서는 LED나 메탈 할라이드 램프 등 다른 광원으로의 교환도 진전되고 있다.

(5) 적외선 전구

조명용 전구는 적외선을 많이 방사하지만 필라멘트의 온도를 낮게 하여 보다 적외선 비율을 높게 한 것이 적외선 전구이다.

관형 히터 등과 구별하기 위해 JIS에서는 필라멘트 온도가 2,000~2,600 K의 것을 적외선 전구라고 하고 있다. 니크롬선 히터 등에 비해서 필라멘트 온도가 높기 때문에 적외선 방사 효율이 좋고 난방용, 공업 가열건조 등에 사용되고 있다.

[石岐有義]

2.2　형광 램프　●●●

형광 램프는 열음극 저압수은 증기방전으로부터의 자외 방사를 형광등으로 가시광으로 변환하는 광원으로서 1938년에 미국 GE사의 인만(Inman) 등에 의해 실용화되었다. 실용화 후 이미 반세기 이상이 지났지만 여러 가지로 특성이 개선되고 현재도 계속 광원의 주류를 차지하고 있다.

그것은 고효율, 고연색인 동시에 여러 가지 광색이나 형상의 램프가 용이하게 제공되고 경제성도 높으며 취급도 간단하기 때문이다. 상용 주파 점등에서 고주파 점등으로의 이행이나 전구형의 보급에 의한 고효율화/에너지 절감화 및 조명 설계를 보다 용이하게 하기 위한 콤팩트화가 현재도 계속 추진되고 있다.

2.2.1 구조

형광 램프의 구조 예를 그림 2.9에 나타낸다. 유리관의 치수는 램프의 전기 특성(전류, 소비 전력 등)을 기본으로 결정된다. 유리관은 각 용도에 대응시키기 위해 직선상, 환상, 굴곡 형상 등으로 성형되고 있다. 필라멘트는 텅스텐선을

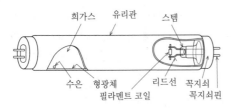

그림 2.9 형광 램프의 구조

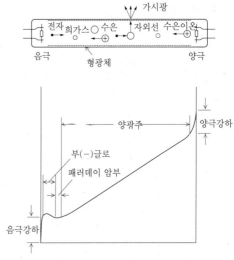

그림 2.10 형광 램프의 발광원리와 전위분포

사용해서 이중 또는 삼중 코일로 하고 표면에는 전자방출 물질(이미터)이 도포되고 있다. 유리관 내에는 희가스 예를 들면 아르곤 또는 그것과 크립톤이나 네온 등과의 혼합 가스와 포화 수은 증기압을 얻기 위한 액체 수은이 봉입되어 있다. 최근에는 환경을 배려하여 소량으로 보다 정밀도 좋은 수은을 봉입하기 위해 수은을 유리 캡슐 내에 봉입해서 램프 내에 도입하거나 아연 수은[5]이나 티탄수은 합금형으로 도입되고 있다. 또한 고주파 온도에서의 수은증기압의 과도한 상승으로 인한 발광효율 저하를 방지하기 위해 수은 아말감[6]을 봉입하는 경우도 있다. 유리관 내면에는 형광체가 도포되어 있고 유리관과 형광체 간에는 유리관과 수은의 화학 반응에 의한 광투과율 저하를 방지하기 위해 산화알루미늄 등의 이른바 보호막이 도포되는 경우가 많다.

2.2.2 발광 원리

형광 램프 내의 방전은 저기압 아크 방전에 속하며 직류 점등 또는 상용주파 점등의 반사이클에서의 전위 분포를 그림 2.10에 나타낸다. 이 전위 분포를 전위가 급격하게 변화하는 음극 영역과 양극 영역 그리고 또 그것에 비교적 완만한 양광주(陽光柱) 영역의 3영역으로 나눌 수 있다. 음극 영역은 양광주에 전자를, 양극 영역은 수은 이온을 각각 양광주 영역에 공급하는 기능을 가지고 있다.

음극에 도달한 수은 이온은 그 운동 에너지와

전리(電離) 에너지를 필라멘트에 부여하여 가열, 열전자를 방출시킨다. 수은 이온의 정(正)의 공간 전하에 의해 생기고 있는 음극 강하는 쇼트키 효과로 열전자 방출을 돕는 동시에 열전자를 가속해서 수은 원자를 충돌 전리시키고 그 전자수를 증대시켜서 양광주 영역에 공급한다. 한편 양극표면 근방에서 전자의 부(−)의 공간 전하에 의해 생기고 있는 양극 강하는 전자 자체를 가속해서 수은 원자를 충돌 전리시켜 발생한 수은 이온을 양광주에 공급한다. 점등 주파수가 10 kHz 이상인 이른바 고주파가 되면 앞의 반 사이클에서 음극이었을 때의 공간 전하의 수은 이온이 양극 사이클에서도 머물게 되어 그대로 양광주에 공급되게 된다. 따라서 양극 강하는 필요 없게 되어 소멸한다.

양광주 영역에서는 각각의 영역에서 공급된 전자와 수은 이온이 등량(等量) 존재하는 플라스마 상태를 제공한다. 이 영역에서는 에너지가 전자에서 거의 소비되는데 그것도 약 70 %가 수은의 공명선(파장 185 nm와 254 nm의 자외 방사) 여기(勵起)에 소비된다. 그 밖의 여기(그

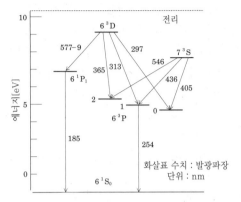

그림 2.11 수은원자의 에너지 준위

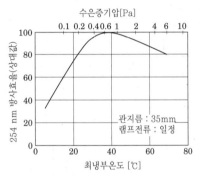

그림 2.12 최냉부 온도와 254 nm 방사효율

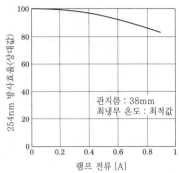

그림 2.13 램프 전류와 254 nm 방사효율

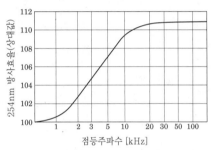

그림 2.14 점등 주파수와 254 nm 방사율

림 2.11 참조), 관벽에의 전자/수은 이온대의 손실을 공급하기 위한 전리(電離), 희(希)가스와의 탄성 충돌에도 소비된다.

양광주의 축 중심 가까이에서 발생한 수은의 공명성(共鳴線)은 여기/방사를 반복해서 관벽에 도달하는데 그 도달이 최대가 되는 반복 횟수가 존재한다. 바꾸어 말하면 공명선의 방사효율이 최대가 되는 (수은원자 밀도)×(유리관경)의 값이 존재한다.[7] 따라서 유리관경이 결정되면 수은원자 밀도에 최적값이 존재하게 된다. 수은원자 밀도는 수은 증기압에 비례하며 그 증기압이 수은 점등 중의 손실을 고려하여 항상 포화 형태로 되어 있기 때문에 최냉부 온도에 최적값을 갖게 된다(그림 2.12[8] 참조). 또한 유리관경이 작아지면 최적 최냉부 온도가 높아진

다고도 할 수 있다.

양광주에서는 전자가 전하 대부분을 운반하므로 그 전류 밀도가 높아지면 전자 밀도도 높아지고 전자와 공명선을 방사하는 여기 수은원자와의 충돌로 그 에너지가 전자의 운동 에너지로 변환되는 빈도가 커지며 공명선 반사 효율은 저하한다(그림 2.13[8] 참조). 따라서 형광 램프에서는 최냉부 온도와 전류 밀도가 공명선방사효율에 크게 영향을 주므로 이 양자를 고려해서 점등 조건을 설정하지 않으면 안 된다.

점등 주파수가 상용 주파의 50~60 Hz에서 10 kHz 가까이로 상승하면 공명선 방사효율이 약 10 % 높아진다(그림 2.14[9] 참조). 이것은 위에서 기술한 양극 강하의 소멸로 그 부분의 손실이 없어지기 때문이다. 형광 램프의 고주파 점등에 의한 고효율화는 이것을 기본으로 하고 있다.

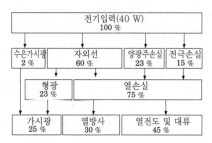

그림 2.15 형광 램프의 에너지 변환

관벽에 도달한 공명선은 관 내벽에 도포된 형광체를 여기한다. 형광체에서는 스토크스의 법칙에 의해 여기파장보다 발광파장이 길어지므로 원리적으로는 254 nm보다 긴 파장의 발광을 얻을 수가 있다. 많은 형광체는 그 양자 효율이 1 정도이므로 자외 방사의 약 4할이 가시광으로 변환된다.

그림 2.15[9]는 상용주파 점등시의 각 에너지

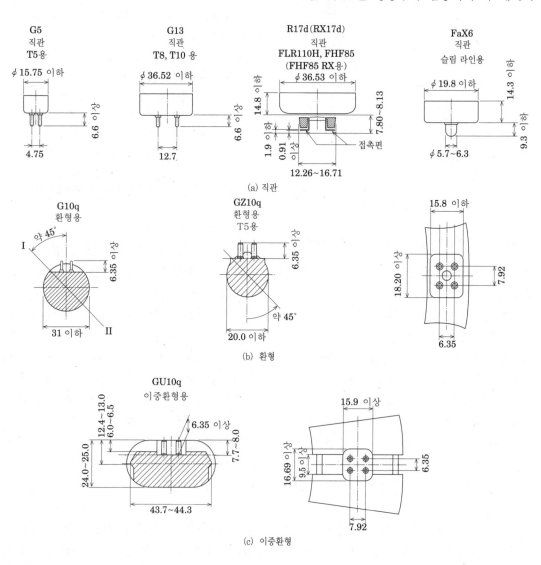

그림 2.16 형광 램프용 꼭지쇠의 예

변환을 보인 것으로서, 고주파 점등에서는 전극
손실이 반감하므로 약 7포인트 자외 방사가 증
가하고 최종적으로 가시광은 28 %가 된다.

2.2.3 종류

형광 램프는 그 용도에 따라 일반 조명용과
특수 조명용으로 대별된다.

(1) 일반조명용 형광 램프

오피스, 점포, 가정 등에서 일반적으로 사용
되는 형광 램프의 주력 램프로서, 그와 같은 응
용 분야에서는 발광 효율은 물론이고 사람이 보
기 쉽고 쾌적하게 느끼는 조명을 요구하게 된
다. 일반 조명용 형광 램프는 여러 용도에 맞추
어서 각각 설계되고 있는데 형상, 시동/점등방
식, 크기 구분/정격 소비전력, 광원색/연색성

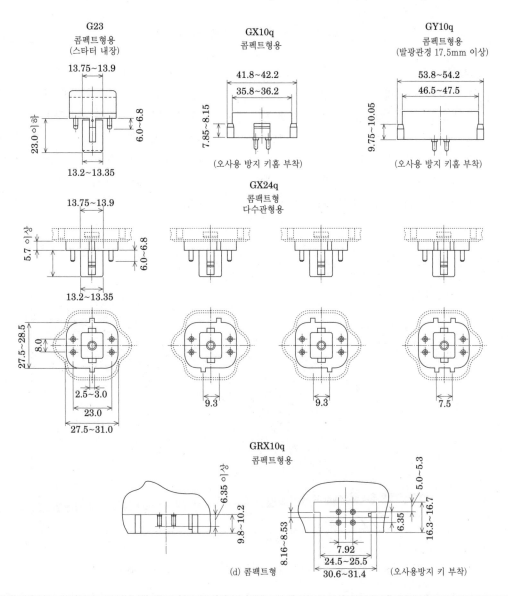

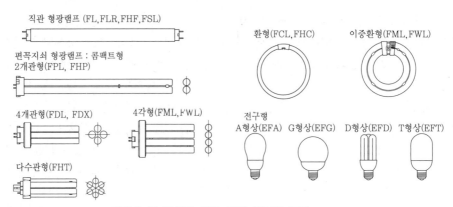

그림 2.17 형상에 의한 형광 램프의 분류

등으로 분류된다.

① **형상** 형상은 그림 2.17과 같이 분류되며 각각의 형상에는 그림 2.16과 같은 형광 램프용 꼭지쇠[11]가 사용되고 있고 각각에는 여러 가지 치수의 램프가 준비되고 있다.

4개관형, 다수관형 및 전구형은 형상을 백열전구에 근접시켜 전구를 대체함으로써 에너지 절감을 도모한 것으로서, 특히 전구형은 점등회로를 램프 자체에 내장하고 꼭지쇠도 전구용 꼭지쇠를 사용하여 백열전구용 조명기기에서의 사용도 가능케 한 것이다.

② **시동/점등방식** 표 2.2와 같이 필라멘트의 예열 방법, 램프에 주는 전압의 주파수나 파형, 시동 보조 방법 등에 따라 분류된다.

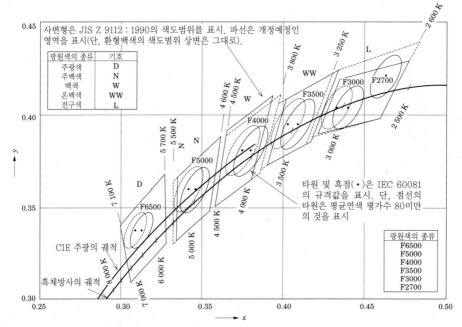

그림 2.18 xy 색도도상에서의 형광 램프 광원색의 색도범위[JIS규격 및 IEC규격]

표 2.2 점등주파수와 시동방식에 따른 형광 램프의 분류

점등주파수	종류	예열과 인가전압	기구/시동보조에 의한 분류	동작/특징
적용주파 (50Hz/60Hz)	스타터형	필라멘트 전극 예열후의 인덕턴스 역기전력에 의한 펄스 전압으로 시동	수동 스위치 방식	수동으로 스위치를 온·오프하여 예열과 전압인가를 한다.
			스타터 방식	글로스타터 또는 전자스타터로 스위치를 자동적으로 온·오프하여 예열과 전압인가를 한다.
	래피드 스타트형	필라멘트 전극의 예열과 동시에 전압을 인가해서 신속히 시동	발수(撥水)처리식(램프형식기호 A)	기구에 설치된 도체로 램프내 전계를 강화시켜 시동을 보조하고 발수처리에 의해 유리관 표면저항 저하에 기인하는 방전개시전압 상승을 방지.
			내면도전식 또는 외면도전식(램프형식기호 M)	내면도전성막이나 외면도전성 스트라이프 등에 의해 램프내 전계를 강화시켜 시동을 보조한다.
	슬림 라인형	필라멘트 전극의 예열 없이 자기누설 변압기에 의한 왜파고전압으로 순시에 시동	없음	냉음극 순시시동
고주파 (45kHz)	고주파 점등전용형	필라멘트 전극 예열의 시간과 에너지, 램프에의 인가전압을 전자회로로 양호한 정밀도로 부여하여 시동	없음	신뢰성 높은 시동
고주파 (2.7,13.5MHz)	무전극 형광 램프	없음	없음	발광관 외부로부터의 전계 또는 자계에 의해 방전개시시킨다.

전구형은 점등회로가 내장되어 있기 때문에 하나의 방식으로 분류할 수 없지만 발광관을 고주파 점등이나 무전극 점등하는 것이 많다.

③ 출력에 의한 분류 직관 형광 램프로 치수에 대한 출력의 비, 즉 관벽 부하에 따라 약 $0.3\ W/cm^2$의 표준형, 약 $0.5\ W/cm^2$의 고출력형 및 약 $0.9\ W/cm^2$의 초고 출력형으로 분류되는 일이 있다.

④ 정격소비 전력과 크기의 구분 형광 램프는 관례로서 정격소비 전력으로 분류하는 일이 많다. 이 경우 종래의 램프에 비해서 정격소비 전력을 저감시킨 이른바 전력 절감형은 종래의 조명 기구에 사용 가능하지만 별도의 분류가 된다. 이와 같은 불편을 방지하기 위해 치수와 점등 회로에 있어 호환성이 있는 램프 군을 JIS[12]에서는 '크기의 구분'으로 분류하고 있다.

⑤ 광원색과 연색성 형광 램프는 형광체의 종류를 바꾸거나 여러 종류의 형광체를 조합하거나 하여 여러 가지 분광 에너지 분포를 가진 발광을 얻을 수가 있다. 이 분광 에너지 분포에 의해 광원색과 연색성이 정해진다. JIS[13] 및 IEC[14]에서는 광원색을 색도좌표 범위로 구분하고 특히 JIS에서는 각각의 구분에 주백색(畫白色) 등의 광원색의 이름을 부여하고 있다(그림 2.18 참조). 한편 연색성에 대해서는 JIS에서는 분광 에너지 분포를 협대역 발광형과 광대역 발광형으로 대별하고 각각의 발광형으로 '연색성의 종류'를 정의하여 구분하고 있다. 표 2.3에 연색 평가수의 예를, 그림 2.19에 각종

표 2.3 각종 형광램프의 연색평가수의 예

광원색의 종류	연색성의 종류	기호	공칭상관색온도 [K]	색도 x	색도 y	평균연색평가수 R_a	특수연색평가수 적 R_9	황 R_{10}	녹 R_{11}	청 R_{12}	피부색 R_{13}	나뭇잎 R_{14}	동북아인 피부색 R_{15}	램프효율 (FL40형의 경우) (lm/W)
전구색	3파장역발광형	EX-L, EL	3000	0.435	0.401	84	3	57	81	59	94	69	95	96
	연색 AAA	L-EDL	2700	0.463	0.410	95	93	85	92	83	95	93	98	43
온백색	보통형	WW	3500	0.407	0.389	60	-100	38	32	39	53	95	40	75
	3파장역발광형	EX-WW	3500	0.407	0.393	84	4	55	75	60	97	70	95	-
백색	보통형	W	4200	0.378	0.388	61	-105	36	40	43	56	94	41	78
	3파장역발광형	EX-W, EW	4200	0.373	0.376	84	14	53	72	60	97	72	96	-
	연색 AA	W-SDL	4500	0.358	0.350	91	95	80	93	85	97	90	96	50
주백색	보통형	N	5000	0.341	0.357	72	-64	51	59	64	67	94	54	-
	3파장역발광형	EX-N, EN	5000	0.345	0.354	84	25	40	66	52	93	68	96	96
	연색 AA	N-SDL	5000	0.345	0.347	92	98	81	94	84	95	91	98	50
	연색 AAA	N-EDL	5000	0.347	0.352	99	97	97	98	98	98	99	99	56
주광색	보통형	D	6500	0.317	0.349	74	-61	56	63	71	70	95	56	68
	3파장역발광형	EX-D, ED	6700	0.310	0.322	88	28	52	72	64	94	75	95	91
	연색 AA	D-SDL	6500	0.308	0.319	94	90	86	96	88	97	93	98	49

(주) 3파장역 발광형의 램프 효율은 FL40SS/37

형광 램프의 분광 분포예를 각각 나타낸다. 3파장역 발광형은 협대역 발광형의 하나이고 다른 램프는 전부 광대역 발광형이다. 3파장역 발광형은 높은 평균 연색성 평가

표 2.4 형식의 표시방법

종류			1항	2항	3항	4항	5항	예
직관형광램프	스타터형		램프의 종류 및 형상을 표시하는 기호	크기의 구분을 표시하는 수치 및 유리관이 가는 것을 표시하는 기호	광원색 및 연색성을 표시하는 기호	정격램프전력을 표시하는 수치	-	FL20SS·DE/18
	래피드 스타트형					시동보조에 관한 구조상의 상위를 표시하는 기호	정격램프전력을 표시하는 수치	FLR 40S·EN/M/36
	고주파점등 전용형					-	-	FHF 16 EX-N
	슬림 라인형			램프 길이를 표시하는 기호	램프 지름을 표시하는 기호	광원색 및 연색성을 표시하는 기호	-	FSL 64 T 6 W
편꼭지쇠형광램프	스타터형	환형		크기의 구분을 표시하는 수치	광원색 및 연색성을 표시하는 기호	정격램프전력을 표시하는 수치	-	FCL 30W/28
		콤팩트형 (스타터 비내장)		정격램프전력을 표시하는 수치				FPL 36EX-WW
		콤팩트형 (스타터 내장)						FDX 13EX-N
	고주파점등 전용형	콤팩트형						FHT 16EX-N
		환형		크기의 구분을 표시하는 수치				FHC 34EN
		이중환형						FHD 100EN
	전구형 형광 램프			크기의 구분을 표시하는 기호	광원색, 연색성을 표시하는 기호	정격램프전력을 표시하는 수치	-	EFA 15EL/12

(주) 전구형은 제정 예정의 JIS표시 방식을 나타냄.

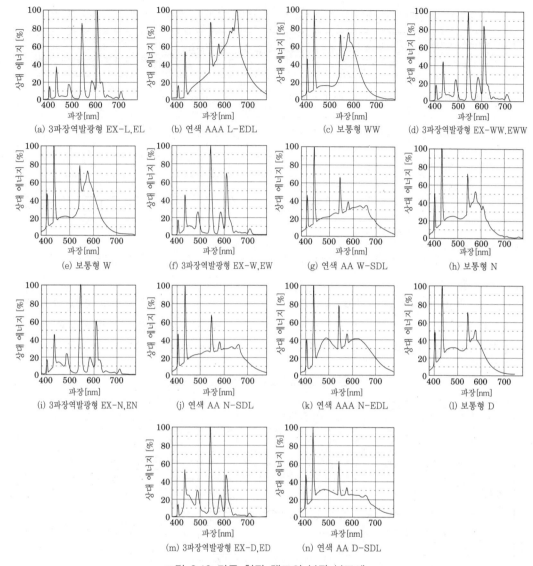

그림 2.19 각종 형광 램프의 분광 분포예

수에 더해서 높은 램프 효율이 얻어지기 때문에 널리 보급되어가고 있다.

⑥ **형식** 일반조명용 형광 램프의 종류는 상당히 많으며, 이를 구별하기 위해 JIS[15),16)] 및 JEL[17)]에서는 '형식', IEC[18)]에서는 'ILCOS' (International Lamp Coding System)를 사용하고 있다. JIS의 형식에 대한 정의

를 표 2.4에 나타낸다. 고주파 점등 전용형은 고주파 점등으로 하는 것에 부가해서 관지름의 축소나 방전로를 길게 함으로써 램프 효율을 향상시켜 에너지 절감을 도모한 것이다.

이것들의 램프 시방예를 표 2.5에 나타낸다.

표 2.5 고주파 점등전용형 형광램프의 시방예(5,000~5,200K, 전광속이 가장 큰 것)

종류	종별	치수[mm]		꼭지쇠	점등조건	정격램프 전력[W]	초특성		정격수명 [h]
		관경	길이 또는 환외경				램프전류 [A]	전광속 [lm]	
직관형	FHF 32	25.5	1198	G13	정격	32	0.255	3,520	12,000
					고출력	45	0.425	4,950	
환형	FHC 27	16	299	GZ10q	정격	27	0.215	2,490 / 2,610	9,000
					고출력	38	0.380	3,430 / 3,450	
이중환형	FHD 70	20	296	GU 10q	-	68	0.430	6,150 / 6,550	9,000
콤팩트형	FHT 32	12.3~12.5	129	GX 24q-3	-	32	0.320	2,400	10,000
	FHP 32	17.5	412	GY 10q-9	-	32	0.255	2,900 / 2,900	12,000

(주) 1. 복수 메이커가 발표한 램프의 시방예
   2. 종별은 형식의 2항까지 표시하고 치수 길이는 매입면을 기준으로 한다.
   3. 전광속은 주위온도 25℃에서의 값이고 2개의 수치인 경우는 좌측이 25℃, 우측이 35℃ 또는 40℃인 경우를 표시한다.

⑦ 기타의 일반조명용 형광 램프　관축(管軸)에 연해서 관 내벽 일부분에 반사막을 만들어 지름의 한 방향의 광을 강화시킨 반사형과 퇴색 억제효과가 있는 자외 흡수막 붙이 램프와 또한 램프가 파손된 경우 유리 파편이 비산되지 않도록 유리관을 특수한

표 2.6 특수용도용 형광 램프의 일례

용도		종별	분광분포	특징
생물 산업용	재배	식물육성용	460 nm 및 550 nm를 중심으로 한 형광	파면의 클로로필 흡광곡선에 적합시켜 청색광 및 적색광을 유효하게 방사
	해충방제	포충기용	360 nm를 중심으로 한 형광	곤충류의 주광성 반응곡선(365 nm 피크)에 적합
		저유충용	450 nm 이상에 발광역을 갖는 황색 램프	곤충의 주광성을 자극하지 않도록 또는 복안(腹眼)에 명순응성을 이용해서 조명개소에의 모임이나 야간활동을 억제
	살균	살균 램프	254 nm의 휘선	자외선투과유리(투과율 75 % 이상)을 사용 공기살균, 표면살균에 추가해서 물등의 용액살균에도 응용
	건강	건강선용	300 nm 부근에 피크를 갖는 형광	특수자외선 투과유리(254 nm 이하는 투과하지 않는) 사용 홍반작용 및 비타민D 합성작용이 있다.
광화학작용		복사용(지아조)	420 nm를 중심으로 한 형광	사용기기와의 조합에 의해 램프치수는 여러가지인데 초고출력이 많다.
		전자사진용	주로 510 nm 부근의 형광	원고면 조도를 높이기 위해 어퍼처형이 많다. 희가스 방전을 사용해서 상승을 개선한 타입도 있다.
		광화학용	370 nm를 중심으로 한 형광	광화학 반응용(유기합성등), 자외선 경화성 수지용
검사감별용 형광조명용		블랙 라이트	360 nm를 중심으로 한 형광	특수착색유리를 사용해서 가시관은 거의 커트하고 근자외광(300~429 nm)만을 방사
색평가용		색평가용	색온도 5,000K의 고연색성	평균연색 평가수 95 이상, 수은휘선을 억제
안전 라이트		황색 컬러드	500 nm 이하를 제외한 형광	500 nm 이하의 가시광이나 자외선을 제외한 광으로서 반도체공장의 노광공정에서의 감광을 방지하는 조명에 사용한다.

막으로 피복한 비산 방지형, 램프 표면에 부착된 유기물을 분해해서 소취(消臭)효과 등이 얻어지는 광 촉매막 부착, 소등 후에도 어떠한 광을 발하는 잔광형 등 여러 가지 기능을 부가시킨 램프가 실용화되고 있다.

(2) 특수조명용 형광 램프

일반조명용 형광 램프와 구조가 기본적으로 동일하고, 유리관 재료나 형광체 재료를 여러 가지 선택함으로써 여러 특수한 용도에 사용되고 있다. 그 예를 표 2.6에 나타냈다.

2.2.4 기본 특성

(1) 전원전압 특성

형광 램프는 정격의 전원 전압과 주파수로 특성이 표준값이 되도록 설계되어 있다. 그림 2.20에 전원 전압이 변동한 경우의 특성 변화 예를 나타낸다. 이 특성 변화는 안정기의 종류에 따라 크게 다르다.

(2) 주위온도 특성

무풍 상태에서의 주위 온도에 대한 특성 변화 예를 그림 2.21에 든다. 공기는 열 절연이 좋기 때문에 주위 온도와 램프의 최냉부(最冷部) 온도에는 온도차가 생기며 특성은 이 최냉부 온도

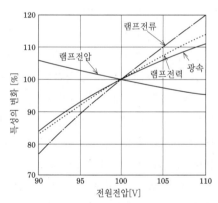

그림 2.20 전원전압 특성(FL40S의 경우)

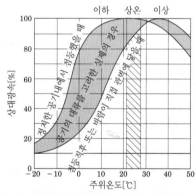

그림 2.22 통풍변화에 의한 광속의 주위온도 특성

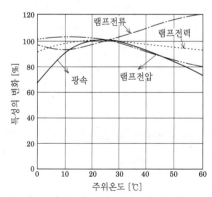

그림 2.21 주위온도 특성(FL/40S의 경우)

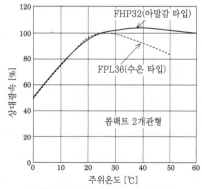

그림 2.23 주위온도-광속특성
(수은 타입과 아말감 타입의 비교)

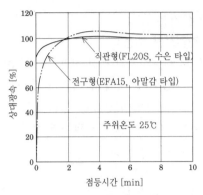

그림 2.24 광속상승 특성

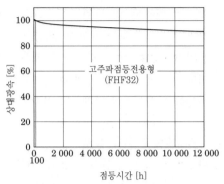

그림 2.25 광속유지율의 예

로 결정되는 것에 주의하지 않으면 안 된다. 이 온도차는 램프의 관벽 부하, 최냉부 방전으로부터의 거리 등의 영향을 받는다. 고주파 점등 전용형의 환형(環形) 및 이중 환형은 최냉부를 방전로에서 이격시켜 25℃ 이상의 고주파 온도로 최고 광속을 얻고 있다(표 2.5 참조). 바람이 있으면 최냉부 온도가 주위 온도와 가까워져 특성 전체가 고온도측으로 이동한다(그림 2.22).[10] 따라서 형광 램프에는 바람이 닿지 않도록 하는 것이 바람직하다.

고주파 온도나 고관벽(高管壁) 부하 대응을 위해서 수은 아말감을 사용하고 있는 콤팩트형이나 전구형은 수은 증기압이 최냉부 온도가 아니고 수은 아말감 온도로 결정되며 주위 온도에 대한 광속 변화는 액체 수은에 비해서 완만해진다(그림 2.23 참조).

(3) 상승 특성

형광 램프의 전광속 상승 특성 예를 그림 2.24에 나타낸다. 상승시는 램프 온도가 변화하고 그에 따라 최냉부 온도도 변화하므로 램프 온도가 일정해질 때까지 특성은 안정하지 않는다. 직관이나 환형 등의 일반적인 액체 수은이 들어 있는 램프에 비해서 수은 아말감을 사용하

고 있는 램프는 광속 상승이 느리다.

(4) 수명 특성

수명 시간은 점등 중에 이미터가 소실되어 점등 않게 되는 시간 또는 전광속이 규정 값 이하가 되는 시간의 어느 짧은 쪽의 시간이라고 정의되고 있다. 이미터 소실은 시동시에도 생기며 그 때의 예열 조건으로 그 소실량도 변화하므로 점멸 사이클과 시동 방식을 조건으로 그 시간이 정해진다. 따라서 JIS C 7601에서는 수명 시간을 점멸 사이클 3시간으로 규정하고 있다. 시동시의 이미터 소실은 주로 스패터에 원인이 있고 점등중은 증발에 원인이 있다. 스패터는 이미터 온도, 즉 필라멘트 온도가 너무 낮을 때나 또는 너무 증발이 클 때 전극 가까이의 흑화나 단수명으로서 문제가 되는 레벨이 된다.

이와 같은 문제들이 생기지 않는 최적의 필라멘트 온도 영역이 존재한다. 그것은 700~1,200℃로 되어 있다. 이 필라멘트 온도 T_h[K]는 그때의 필라멘트 저항 R_h와 상온 T_c[K]일 때의 필라멘트 저항 R_c와의 비에서 아래 식을 사용해서 계산된다.

$$T_h = T_c \times \left(\frac{R_h}{R_c}\right)^{0.814}$$

이것은 필라멘트 재료인 텅스텐에 있어서의

온도와 저항의 관계에서 얻어진 것이다. 필라멘트 저항을 측정함으로써 필라멘트 온도를 알 수가 있으므로 예열이나 조광(調光)의 조건을 결정하는 경우에 사용되고 있다.

전(全)광속 저하의 주원인은 형광체의 열화 및 수은과 유리관과의 화학반응에 의한 유기관 투과율 저하이다. 형광체의 열화는 그 종류에 따라 크게 다르고 희토류 형광체(3파장역 발광형용)에서는 열화가 적다. 스패터 또는 증발에 의한 이미터 소실은 이미터가 금속에 환원되어 필라멘트 근방의 형광체에 부착되어 생기는데 이것은 이른바 관단 흑화(管端黑化)의 원인도 되며 전광속 저하의 한 원인이기도 하다. 광속 유지율의 한 예를 그림 2.25에 나타낸다.

(5) 어른거림

사람 눈의 주파수 특성은 약 10 Hz에서 최대 이득을 나타내고 50~60 Hz를 차단 주파수로 하고 있다.[20] 따라서 50 Hz 또는 60 Hz의 상용주파 점등에서는 램프 중앙부의 광파형은 점등 주파수의 배인 100 Hz 또는 120 Hz의 기본주파수로 변화하므로 눈에는 이 변화는 느끼지 않는다. 그러나 전극 근방에서는 음극 사이클과 양극 사이클로 광출력이 다르기 때문에 50 Hz 또는 60 Hz의 기본 주파수에서 변화하여 눈에는 규칙적인 변화를 어른거림으로 느끼는 경우가 있다. 이와 같은 눈에 느끼는 규칙적인 어른거림을 플리커라고 한다. 양극강하 전압은 효율적인 전리(電離) 때문에 통상 수 kHz로 진동하고 있는데 이것을 양극 진동이라고 한다. 작은 전극의 램프에서 이 진동이 수 Hz~수십 Hz로 불규칙으로 발생했다가 소멸했다가 하는 경향이 있는데 이에 수반해서 램프 전압에서 램프 전류의 변화를 거쳐 램프 중앙부의 광이 불규칙적으로 변동하여 불규칙적인 어른거림을 느끼

는 일이 있다. 그러나 이것은 전극의 형상을 최적화함으로써 억제 가능하며, 콤팩트형 등에서 이러한 대책이 이루어지고 있다.

이상의 어른거림은 고주파 점등시에는 발생하지 않는다.

크립톤 등의 무거운 봉입 가스가 사용되고 있는 램프에서 저온시의 상승에 어른거림이 발생하는 일이 있다. 램프 전류가 줄었을 때 현저한데 이것은 이동 얼룩 현상에 의한 것으로서 사용 주위온도와 조광 정도에 주의할 필요가 있다.

[奧野郁弘]

2.3 HID 램프 ● ● ●

HID 램프란 High Intensity Discharge lamps의 약칭으로서 고압수은 램프, 메탈 할라이드 램프 및 고압 나트륨 램프의 총칭이다. 이 용어는 1970년경부터 북미에서 사용되기 시작하여 우리나라에도 정착되었다.

이들 램프는 고휘도, 고효율, 장수명으로서 형상, 외관, 용도 등에 많은 공통점이 있다.

2.3.1 고압 수은 램프[21],[22]

고압수은 램프는 1906년에 퀴히(Küch) 등에 의해 처음 만들어진 이래 주로 의료용이나 연구용으로 사용되어 왔는데 1930년에 이르러 조명용으로 발달하였다.

또한 1950년대에 와서 고압수은 램프에 적합한 형광체 물질의 개발로 연색성이 개선되었다. 1965년의 희토류 형광체의 채용에 의해 연색성만이 아니고 효율도 대폭 개량되었다.

(1) 동작 원리[21]~[23]

고압수은 램프는 수은 방전에 있어서 수은의

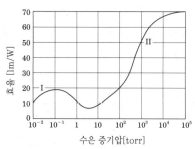

그림 2.26 수은 램프의 수은증기압과 효율의 관계
(수은 증기압이 높아지면 발광효율은 올라간다.
저압수은램프는 I의 영역, 고압수은 램프는 II의 영역)

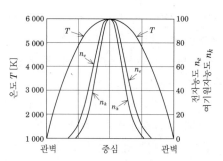

그림 2.27 고압수은 램프의 온도분포(T), 전자농도 분포(n_e) 및 여기원자 농도분포(n_k)(방전 중심 부에서 6,000 K에 달하고 관벽에서 1,000K 로 떨어진다.) [照明學會, 1978[9]]

증기압을 높게 하면 그림 2.26과 같이 가시 효율이 높아지는 것을 이용하고 있다. 수은의 증기압은 상온에서는 10^{-3} torr(1.33×10^{-1}Pa) 정도로 낮지만 방전이 시작되면 가열되어 서서히 높아진다.

고압수은 램프는 봉입한 수은이 전부 증발하여 $10^3 \sim 10^4$ torr($10^5 \sim 10^6$ Pa)가 되도록 설계되어 있다. 압력이 높아지는 데 따라 전자와 원자의 충돌 빈도가 증대하고 기체의 온도(T_g)는 전자 온도(T_e)에 접근하여 거의 동등해진다. 이 때 방전의 중심 온도는 약 6,000 K가 되고 기체와 전자간에 열 평형이 성립된다.

수은의 각 에너지 준위에 여기되고 있는 원자의 농도는 볼츠만의 식으로 성립되므로 온도와 천이 확률이 부여되면 각 스펙트럼선의 강도가 구해진다. 고압 수은 램프는 253.7 nm의 공명선은 흡수되고 가시선 강도가 증가한다. 주요 가시선은 7.73 eV의 준위로부터 천이에 의한 404.7 nm, 435.8 nm, 546.1 nm 및 8.85 eV의 준위로부터의 천이에 의한 577.0/579.0 nm 이다.

(2) 구조·재료

그림 2.28에 고압 수은 램프의 구조를 든다. 고압 수은 램프의 발광관은 고온·고압에 견딜 필요 때문에 투명 석영유리가 사용되며, 동작

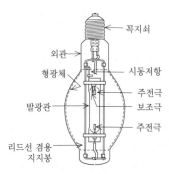

그림 2.28 고압수은 램프의 구조
[照明學會, 1978[9]]

중 완전히 증발하여 소정의 램프 전압을 나타내는 양의 수은과 20 torr(2,660 Pa) 정도의 아르곤이 봉입되어 있다. 발광관 양단에는 전극이 몰리브덴박(箔)을 거쳐 봉합되어 있다. 주전극은 텅스텐 제로서 전자방사물질인 알칼리 토류 산화물 등이 충전되어 있다. 또 시동을 용이하게 하기 위해 보조극이 사용되고 있다.

발광관을 둘러싸는 외관은 발광관의 보온, 금속 부품의 산화 방지, 유해한 자외선 차단의 역할을 하고 있다. 통상 수백 torr(수만 Pa)의 질소가 봉입되어 있다.

형광 수은 램프 외관(外管)에 도포되고 있는 형광 물질은 수은 스펙트럼에 부족하고 있는 적색역에서 발광하는 것이 많이 사용되고 있다.

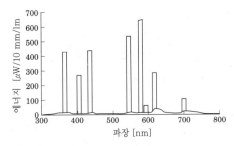

그림 2.29 형광 수은 램프의 분광분포
[照明學會, 1978[59]]

그림 2.30 고압 수은램프(투명형)의 에너지 배분
[照明學會, 1978[59]]

(3) 전기·광학적 특성[22]

램프에 전압이 인가되면 우선 주전극과 보조극 간에 글로 방전이 발생하여 순시에 주전극 간의 아크 방전으로 이행한다. 수은은 방전의 열로 서서히 증발해 나가 수 분에 전부 증발하고 안정된다. 고압 수은 램프는 한번 소등하면 램프가 냉각되어 수은 증기압이 저하할 때까지 재점등이 안 된다.

고압 수은 램프의 발광 효율은 단위길이 당의 입력을 증가시키면 높아진다. 형광 물질을 사용해서 자외 방사를 가시광으로 변환함으로써 효율을 높일 수가 있다. 예를 들면 $YVO_4 : Eu$ 형광체를 사용하면 효율은 10 % 정도 향상한다. 효율은 400 W 램프로 투명형 51 lm/W, 형광형 60 lm/W이다. 형광 물질을 도포하는 주요 목적은 램프의 연색성 개선이다

형광 수은 램프의 대표적인 분광 분포를 그림 2.29에, 에너지 배분을 그림 2.30[25]에 나타낸다. 고압 수은 램프의 수명은 관벽 흑화로 인한 광속 감퇴와 전극 소모로 인한 시동 전압의 상승 등에 의해 결정된다. 이것에는 점멸 횟수, 발광관 설계, 전류 파형 등이 복잡하게 관계된다.

(4) 램프 종류

① 일반조명용 고압 수은 램프 일반 조명에 사용되는 고압 수은 램프는 형광 물질의 유무에 따라 대별되고(H형, HF형), 형광 물질을 도포한 것을 형광 수은 램프라고 한다. 외관 내에 발광관과 직렬로 텅스텐 필라멘트를 내장한 안정기 내장형 수은 램프[26]도 있는데 외부에 안정기가 필요 없다.

② 일반 조명용 이외의 고압 수은 램프[27] 일반 조명용 이외에도 고압 수은 램프가 사용되고 있다. 복사용 수은 램프, 각종 검사나 광고, 디스플레이에 사용되는 블랙 라이트 수은 램프, 나일론 원료 등의 광합성에 사용되는 광 화학용 수은 램프, 자외선에 의해 도료, 잉크 등을 중합 건조시키는 자외선 경화용 수은 램프 등이 있다. 또 점광원에 가깝고 수은 압력이 높은 초고압 수은 램프는 자외 방사 광원으로서 반도체 노광 등에 사용되고 있다.

1995년에 이와 같은 초고압 수은 램프가 액정 프로젝터용으로 실용화되었다.[28]

2.3.2 메탈 할라이드 램프[29]

고압 수은 램프의 광색 및 연색성 개선의 시도로서 수은 아크에 별도의 금속이나 금속 할로

겐화물을 첨가하여 발광시키는 시도가 행하여 졌다. 1961년 미국의 레일링(Reiling)이 고압 수은 램프 발광관내에 각종 금속(Na, Tl 등) 할 로겐화물을 첨가함으로써 광색, 연색성, 발광 효율을 대폭 개선시킬 수 있는 것을 특허 출원 하였다.[30]

이를 계기로 해서 1964년에 NaI(요오드화나 트륨)-TlI(요오드화탈륨)-InI$_3$(요오드화인듐) 첨가 램프가 미국에서 실용화되어 효율 79 lm/W로 고압 수은 램프의 약 1.5배, 광속, 연 색성은 백색 형광 램프와 같았다. 일본에서는 1967년부터 각종 백색 메탈 할라이드 램프가 실용화되었다.[31]

당초에 메탈 할라이드 램프는 수은 램프보다 시동 전압이 높기 때문에 대형의 전용 안정기가 필요했지만 페닝 가스((네온과 아르곤 등)의 이 용, 글로 스타터 또는 바이메탈 스위치의 램프 외관으로의 내장에 의해 보다 염가의 고압 수은 램프용 안정기로 점등할 수 있는 저시동 전압형 메탈 할라이드 램프가 1977년에 실용화되고, 1980년에는 ScI$_3$-NaI계의 400 W로 효율은 100 lm/W에 달하였다.[32] 이 고압 수은 램프의 안정기로 점등할 수 있는 고효율의 저시동 전압 형 램프가 일본의 메탈 할라이드 램프의 주류가 되고 있다.

1980년대에 에너지 절약이라는 요청으로 옥 내 조명용 저 와트 메탈 할라이드 램프 개발이 추진되어 양쪽지쇠형 메탈 할라이드 램프 (75~150 W)가 유럽에서 실용화되었다. 이 램 프는 석영유리제의 외관을 가진 대단히 콤팩트 하고 연색성이 좋은 램프로서 일본에서도 점포 조명을 중심으로 보급되었다.

고 와트 타입으로는 1992년에 2 kW의 일중 관형(一重管形, 외관 없음) 고연색 쇼트 아크 메탈 할라이드 램프가 전용의 콤팩트한 투광기

와 함께 실용화되어 옥외 경기장에 사용되기 시 작하였다. 또 고연색 롱 아크 메탈 할라이드 램 프도 스포츠 조명에 널리 사용되고 있다.

오랜 동안 발광관 재료에는 석영이 사용되어 왔지만 이것을 투광성 알루미나로 하는 세라믹 메탈 할라이드 램프가 1994에 실용화되었다.[33]

1990년대에 들어 전극 안정형인 전극간 거리 가 수 mm인 쇼트 아크 메탈 할라이드 램프가 광범위한 분야에 응용되기 시작하였다. 오버헤 드 프로젝터 등의 광학기기용이나 무대 투광기 용, 액정 프로젝터 투사용[34] 등이 실용화되었다.

또한 35 W의 ScI$_3$-NaI계의 고효율 메탈 할 라이드 램프가 자동차 전조등용으로서 응용이 검토되어[35] 일본에서 1996년부터 실용화되었다. 롱 아크형의 메탈 할라이드 램프도 산업용으 로서 제판, 잉크·도료의 경화, 집어등, 식물육 성용 등에 사용되고 있다.[36]

(1) 발광 원리와 구조

메탈 할라이드 램프는 구조상으로는 고압 수 은 램프와 유사하지만 발광관 내에는 수은, 희 가스 외에 발광 금속이 할로겐화물(주로 요오드 화물)의 형태로 봉입되어 있다. 발광 금속을 할 로겐화물의 형태로 사용하면 다음과 같은 이점 이 있다.

ⓐ 금속의 발광을 얻으려면 방전관 내의 금속 증기압이 어느 정도 높지 않으면 안 되는데 일반적으로 금속에 있어서는 금속 단체(單 體)의 경우보다 할로겐화물 쪽이 증기압이 높아지는 것이 많다.

ⓑ 알칼리 금속과 같이 단체에서는 고온의 석 영 유리와 반응하기 쉬운 금속도 할로겐화 물로 함으로써 그 반응을 억제할 수가 있다.

그림 2.31[37]과 같이 일반적으로 금속 할로겐 화물은 수은보다 증발하기 어렵기 때문에 램프

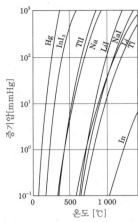

그림 2.31 금속 요오드화물의 증기압
[谷林, 외. 1966[37]]

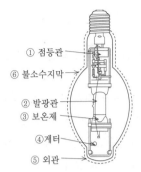

그림 2.32 메탈 할라이드 램프의 구조 예

① 점등관
⑥ 불소수지막
② 발광관
③ 보온제
④게터
⑤ 외관

동작 중인 금속 할로겐화물의 분압은 수은증기 압에 비해 훨씬 낮다. 따라서 아크 중심부의 발광 금속의 원자 밀도도 동일하게 수은의 원자 밀도보다 작지만 발광 금속에는 수은 스펙트럼의 여기 준위보다 낮은 여기 준위를 갖는 것이 선택되고 있기 때문에 방전에 의한 방사에서는 첨가 금속의 스펙트럼이 지배적이 되고 있다. 즉 메탈 할라이드 램프에 있어서는 수은 증기는 필요한 방전의 전위 경도를 얻기 위한 완충 가스의 역할을 하고 있는 것이다.

그림 2.32에 메탈 할라이드 램프의 주류가 되고 있는 고효율의 수은등 안정기 점등형 램프의 구조 예를 든다. 발광관은 고압 수은 램프의 경우와 같이 석영 유리로 구성되고 있으며 관단부(管端部)에는 최냉점 온도를 제어하기 위해 보온제가 시설되어 있다. 수은등 안정기로 점등하기 위해 외관에는 펄스 전압을 공급하는 점등관이 설치되어 있다. 외관은 내열성이 좋은 경질 유리를 사용하고 있으며 불소수지막을 도포하여 만일 외관이 파손되더라도 유리 파편의 비산을 방지한다. 외관(外管) 내에는 질소가 봉입되어 있다. 이 구조가 기본이지만 램프의 종류에 따라 여러 가지 변형이 있다. 그림 2.33[38](a)는 외관이 없는 형이고, (b)는 외관이 석영이고 콤팩트한 구조로 되어 있다. (c)는 전극이 발광관 편측(片側)에 있고 외관도 석영이며 또 콤팩트하게 되어 있다.

투광성 알루미나를 발광관 재료로 하는 세라믹 메탈 할라이드 램프는 단부(端部) 구조가 독

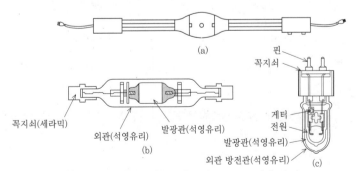

(a)

꼭지쇠(세라믹)
외관(석영유리)
발광관(석영유리)
(b)

핀
꼭지쇠
게터
전원
발광관(석영유리)
외관 방전관(석영유리)
(c)

그림 2.33 여러 가지 메탈 할라이드 램프의 구조[東芝 라이테크, 2002[38]]
[東芝 라이테크, 2002[38]]

특하다. 그 일례를 그림 2.34[34]에 든다.

(2) 메탈 할라이드 램프의 종류와 광학적 특성[39]

① **일반조명용** 메탈 할라이드 램프는 금속 할로겐화물의 조합에 의해 몇 가지 종류로 분류되는데 일반조명용 램프의 대표적인 종류로서 다음과 같은 조합이 있다.

ⓐ $NaI-TlI-InI_3$ [40]

ⓑ ScI_3-NaI [41]

ⓒ $DyI_3-TlI-InI_3$ [42]

ⓓ SnI_2-SnBr_2 [43]

ⓐ는 Na(589 nm), Tl(535 nm) 및 In(411, 451nm)의 강한 선 스펙트럼을 조합한 것이고 ⓑ 및 ⓒ는 각각 Na 및 Tl의 강한 선 스펙트럼과 Sc 및 Dy에 의한 가시 파장역 전체에 걸쳐 임립(林立)하는 다수의 약한 선 스펙트럼를 조합한 것이다.

이것들의 어느 조합에 의한 램프도 자외부에의 방사 비율은 고압 수은 램프의 경우보다 작고 램프 효율이 높아지는 동시에 가시부(可視部) 방사의 밸런스가 좋기 때문에 연색성도 우수한 것으로 되어 있다. 이들 각 램프의 분광 분포를 그림 2.35에 든다. 또한 HID 램프의 에너지 배분을 표 2.7[25],[44]에 나타낸다.

이상은 봉입 물질에 의한 분류이고 점등 방식 등에 의한 분류[39]는 다음과 같이된다.

ⓐ **수은등 안정기 점등형(저시동 전압형)** 저가의 일반형 수은등 안정기로 점등할 수 있도록 된 램프로서, 시동기를 램프 외관에 내장시킨 것이 많다. 형명에 L을 달기 때문에 L 타입이라고도 하고 각 메이커 호환성이 있다. 100~1,000 W, 60~110 lm/W, 수명은 6,000~12,000 시간이다. 색온도 약 3,800 K, R_a70이 표준적인 특성이다.

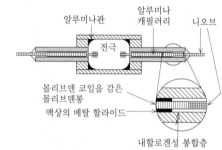

그림 2.34 세라믹 메탈 할라이드 램프의 단부구조
[Seinen, 1995[33]]

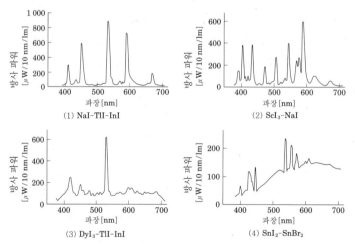

그림 2.35 일반조명용 메탈 할라이드 램프의 분광분포
[照明學會, 1978[59]]

표 2.7 HID 램프의 에너지 배분(외관 제외)

램프의 종류		전극손실 [W]	비방사손실 [W]	방사 [W]		
				자외 380 nm 이하	가시 380~760 nm	적외 760~2600 nm
고압 수은 램프		30	178	73	59	60
메탈 할라이드 램프	Na-Tl-In계	36	154	15	97	98
	Sc-Na계	38	142	46	136	38
	Dy-Tl계	36	108	24	128	104
	Sn계	40	148	12	92	108
고압 나트륨 램프		24	176	2	118	80

[照明學會, 1978[59]]

점포, 로비, 아케이드, 공장, 체육관, 그라운드 조명 등에 널리 사용되는 가장 일반적인 메탈 할라이드 램프이다. 발광관 재료를 알루미나 세라믹으로 한 램프도 실용화되고 있다.

ⓑ **일반형(전용 안정기형)** 이 타입은 700~2,000 W의 높은 와트 램프에 많다. 색온도, 연색성은 수은등 안정기 점등형과 유사하고 그라운드, 체육관 등의 스포츠 조명에 많이 사용되고 있다. 고와트형이 될수록 외관 밸브가 커지기 때문에 T형(직관형)으로 하여 외관 지름을 작게 한 램프도 있다.

ⓒ **고연색형** 연색성을 중시한 램프로서 일반적으로 R_a 80 이상이다. 125~2,000 W, 37~85 lm/W와 같이 폭이 있다. 점포, 홀 등의 용도에 400 W 이하가 많았지만 스포츠 조명용으로 높은 와트 램프가 실용화되고 있다. 외관이 없는 2 kW의 쇼트 아크 타입은 효율 100 lm/W, R_a 93이다.

ⓓ **콤팩트형** 일반 램프보다 외관 밸브가 콤팩트 형상을 한 램프이다. 양꼭지쇠형과 편꼭지쇠형이 있다. 편꼭지쇠형 중에는 전극이 한쪽 끝에 설치된 것도 있다. 70~250 W, 효율 60~80 lm/W, R_a 80~96 정도이다. 수명은 6,000 시간의 것이 많다. 전용의 안

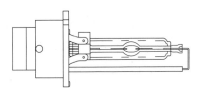

그림 2.36 자동차 전조등용 메탈 할라이드 램프의 구조 [太田 垣, 2001[29]]

정기와 조합해서 사용할 필요가 있다. 점포나 로비 등의 다운라이트 조명이나 스폿 조명에 사용된다.

ⓔ **콤팩트형 세라믹 메탈 할라이드 램프** 1994년 이후 실용화되었다. 투광성 알루미나 세라믹제 발광관을 사용한 타입이다. 20~150 W의 품종이 있다. 150 W에서는 석영제에 비해 약 20 % 효율이 높은 90 lm/W를 실현시켰다. 이것들의 대표적인 첨가물 조합과 특성의 대표 예를 표 2.8[29]에 나타낸다.

② **산업용**

ⓐ **액정 프로젝터용** 봉입물은 희토류 금속(Dy, Nd, Gd 등)의 할로겐화물을 주로 하고 있고 전극 간 거리 1.5~5 mm, 전광속 8,000~20,000 lm, 색온도 7,000 K 전후가 표준적이다.[45]

ⓑ **자동차 전조등용** ScI_3-NaI계의 35 W 메

표 2.8 메탈 할라이드 램프 특성의 대표 예

봉입물의 조합	크기의 범위 [W]	크기 (W) (특성값의)	효율 [lm/W]	평균연색평가수 [R_a]	색온도 [K]
1. NaI–TlI–InI	100~2,000	400	80	65~70	4,000~5,000
2. ScI$_3$–NaI(–ThI$_4$)	100~2,000	400	100	65~70	3,500~4,500
3. DyI$_3$–TlI(–NaI)	250~3,500	400	75	85~90	6,000
4. SnI$_2$(–SnBr$_2$,SnCl$_2$)	125~400	400	50	92	5,000
5. DyI$_3$–TmI$_3$–HoI$_3$–NaI–TlI	70~250	250	80	85	4,000~5,000
6. DyI$_3$–TmI$_3$–HoI$_3$–CsI–TlI	70~250	250	76	93	5,200
7. NaI–SnI$_2$–TlI–InI(–LiI)	35~150	70	67	76~80	3,000~3,500

[太田 垣, 2001[29]]

탈 할라이드 램프가 사용되며 급속히 보급되고 있다. 전광속 3,200 lm, R_a 65, 수명은 2,000 시간이다. 그림 2.36에 램프의 구조를 보인다.

ⓒ **제판용, 잉크 경화용** 근자외역에 발광 스펙트럼을 갖는 Ga계, Fe계의 메탈 할라이드 램프가 널리 사용되고 있다. 그림 2.37[36]에 이들 램프의 분광 분포와 제판에 있어서의 감광제 감도를 나타낸다.

(3) 기타 특성

① **시동 특성** 메탈 할라이드 램프는 다음과 같은 이유로 고압 수은 램프와 비교할 때 본질적으로 시동 전압이 높다.

ⓐ 전극의 전자방사성 물질로서 고압 수은 램프에 사용되고 있는 전자 방사성이 높

은 알칼리 토류금속의 산화물은 할로겐과 쉽게 반응하므로 사용할 수 없다.

ⓑ 금속 할로겐화물은 일반적으로 흡습성이기 때문에 제조시에 수분이 발광관내에 들어가기 쉬워서 수분 분해로 인한 수소 및 산소가 램프 시동에 나쁜 영향을 준다.

이 때문에 메탈 할라이드 램프 시동에는 고압 수은 램프의 경우와는 약간 다른 다음과 같은 방식이 채용되고 있다.

ⓐ 안정기의 무부하 2차전압을 고압 수은 램프의 경우보다 높게 한다.

ⓑ 안정기에 고전압 펄스가 발생하므로 시동 장치를 내장한다.

ⓒ 시동기를 램프 외관에 내장한다.

② **수명 및 수명 특성** 메탈 할라이드 램프는 고압 수은 램프의 경우보다 관벽의 동작 온

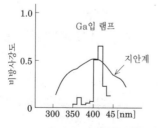
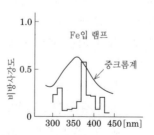

그림 2.37 제판용 메탈 할라이드 램프의 분광분포
[江崎, 외, 1993[36]]

도를 높게 하고 있기 때문에 동작중에 석영 유리의 함유 수분 등 불순 가스가 방출되기 쉽다.

또 금속 할로겐화물의 금속과 석영 유리와의 화학 반응이 서서히 진행, 할로겐이 유리되는 등으로 인한 시동 전압 상승으로 수명이 고압 수은 램프의 경우보다 짧다. 또한 전극에 사용되고 있는 전자방사성 물질의 성능이 달라 전극 물질의 증발과 비산이 고압 수은 램프의 경우보다 크고 전극 물질과 금속 할로겐화물과의 사이에 화학 반응이 일어나기 때문에 수명 특성도 고압 수은 램프 만큼 좋지는 않다.

③ **점등 위치** 고압 수은 램프의 경우와 달리 메탈 할라이드 램프의 경우는 램프의 점등 위치를 변화시켰을 때의 전기 특성 및 광학 특성의 변화가 크다.

이 때문에 메탈 할라이드 램프에는 꼭지쇠상 수직, 수평, 꼭지쇠하 수직과 같이 점등 위치를 지정한 것이 있어 지정 위치에서 최량의 특성이 얻어지는 구조로 설계되어 있다.

2.3.3 고압 나트륨 램프[29]

1961년 미국에서 고온 고압의 알칼리 증기에 견디는 투광성 알루미나 세라믹이 발명되어 고온 Na 증기에 견디는 봉합 구조의 개발과 완충 가스로서 수은과 Xe 가스의 이용 등에 대한 연구로 고압 나트륨 램프가 실용화되었다(1965년 K. Schmidt 등에 의함). 광색은 황백색으로 색온도 2,100K, 평균 연색 평가수 R_a은 25로 높지 않지만 400 W로 105 lm/W와 같이 효율이 높았다.[46]

일본에서도 1969년에 실용화되어 우선 고속도로 조명 등에 이용되었다. 당초에는 구미와 같이 대형의 전용 안정기로서 안정기에 내장한 고압 펄스 발생장치로 시동시키는 방식이었지만 1975년에는 수은등 안정기로 점등할 수 있는 Ne-Ar의 페닝 가스 시동방식이 실용화되었다. 1978년에 Xe 가스압을 높여 중도 소멸 특성과 발광 효율을 개선하고(360 W로 139 lm/W) 램프 외관 내에 필라멘트와 바이메탈의 직렬 회로로 구성되는 시동기를 내장한 시동기 내장형 고압 나트륨 램프가 실용화되어[47] 이 타입이 일본의 고압 나트륨 램프의 주류가 되고 있다.

1988년에 비선형 특성 세라믹 콘덴서를 이용한 펄스 발생기를 내장한 고압 나트륨 램프가 실용화되었다.

Na 증기압을 높게 하면 스펙트럼이 확산되어 효율은 떨어지지만 연색성은 개선된다. 1978년 일본에서 고연색형 고압 나트륨 램프가 실용화되었다.[48] 이 램프는 색온도 2,500~2,800 K, R_a 85, 효율 40~55 lm/W로서 효율은 높지 않지만 옥내 특히 점포 조명에 보급되어 왔다. 1980년 광색은 고효율형과 거의 같지만 연색성은 R_a 60인 연색 개선형 램프가 실용화되었다.[49] 고압 나트륨 램프는 봉입물이 과잉된 포화 증기압형이 보통이지만 점등시에 증발하는 만큼의 양을 봉입한 불포화 증기압형 램프도 실용화되었다.[50]

고압 나트륨 램프의 소형화는 1977년경부터 시작되어 35 W까지 실용화되고 있다. 또한 펄스 점등에 의해 광색이나 연색성 개선과 램프 전압을 일정하게 유지하는 하이브리드 안정기와의 시스템화가 추진되고 있다.

1992년에 1개의 외관 내에 2개의 발광관을 내장한 장수명형 고압 나트륨 램프가 실용화되었다. 광반응 용도에는 50 kW, 160 lm/W의 고압 나트륨 램프가 실용화되고 있다.[51]

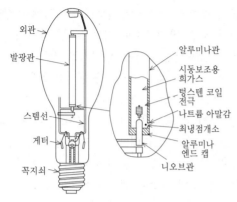

그림 2.38 고압 나트륨 램프의 구조
[照明學會, 1978[59]]

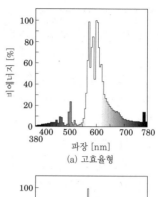

(a) 고효율형

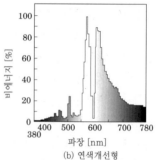

(b) 연색개선형

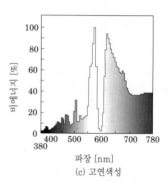

(c) 고연색성

그림 2.39 각종 고압 나트륨 램프의 분광분포
[東芝 라이테크, 2002[38]]

(1) 구조 및 동작[52]

그림 2.38에 램프의 구조를 들었다. 발광관 본체는 고온·고압의 나트륨 증기에 대해서 화학적으로 안정된 반투명의 다결정체 알루미나 세라믹관 또는 일부에 투명한 단결정 알루미나 세라믹관(사파이어관)이 사용되고 있다. 관 양 단에는 알루미나 세라믹의 엔드캡(니오브 금속인 것도 있다)이 $CaO-Al_2O_3-MgO$계의 시멘트에 의해 봉합되고 관내에는 발광 물질인 나트륨과 완충 가스로서 작용하는 수은이 나트륨 아말감의 형으로 과잉량 봉입되며 또 시동 보조용으로 Xe 또는 Ne-Ar 페닝 가스(단 저전압 시동형 램프)가 약 15~25 torr(1,995~3,325 Pa) 봉입되고 있다. 램프는 이와 같은 발광관이 진공으로 배기된 경질 유리 외관 내에 유지되고 있다.

(2) 램프 특성

① 발광 특성과 램프 효율 그림 2.39에 3종류의 램프 분광 분포를 나타낸다. 저압 나트륨 램프에서는 발광이 대부분 나트륨 D선(589.0 nm 및 589.6 nm)으로 구성되는 데 비해서 고압 나트륨 램프는 D선 근방의 발광이 자기 흡수에 의해 감소하고 대신 D선 양측에 연속 스펙트럼으로 구성되는 발광이 확대되고 있다. 이 발광의 확대는 나트륨 증기압 및 관 내경과 함께 증대한다.[53)~55]

일반적으로 이와 같은 발광의 확대는 나트륨 원자 상호의 충돌에 기인하는 공명 확대(resonance broadening)에 의한다고 하고 있다. 단, 나트륨 증기압이 높은 영역에서는 분자 형상의 나트륨 입자도 확대에 기여하는 것이 지적되고 있다.[54] 또한 관내에는 수은도 봉입되고 있지만 나트륨 증기 방전 때문에 방전 아크의 플라스마 온도가 관 중심상에서 약 4,000~4,600 K와 같이 낮고[56),57] 또 수은의 여기 전압이 나트륨에 비해서 높기 때문에 수은 스펙트럼은 거의 방사되지 않는다. 그러나 분광 분포 자체는 수은 증기압에도 좌우되며, 즉 수은 증기압이 높아지면 480~540 nm의 발광이 감소하고 한편 670 nm 부근의 발광(Na-Hg 분자가 관여[57])이 증대하여 광원색이 핑크 영역으로 이행한다.[54] 고압 나트륨 램프의 특징은 예를 들면 400 W 램프로 최대 139 lm/W라고 하는 고효율에 있다.

② **수명 특성** 개발 당초의 램프 수명은 발광관의 크랙 및 리크나 램프 전압 상승으로 인한 램프 중도 소멸 등 때문에 약 3,000시간과 같이 짧은 것이었다. 그 후 알루미나 관 및 전극산화물 재료의 개량이나 발광관 설계의 개선에 의해 12,000시간과 같은 긴 수명이 달성되었다.[58] 또한 알루미나관을 사용하고 있기 때문에 수은 램프 등에 비해서 광속 열화가 적다고 하는 특징을 가지고 있다.

(3) 램프 종류[39]

① **수은등 안정기 점등형** 발광관 내의 Xe압을 높임과 동시에 외관 내에 시동기를 내장시킨 램프이다. 80~1,000 W의 수은등 안정기에 비해서 75~940 W의 램프가 사용가능하다. 색온도 2,100 K, R_a 25 정도이지만 효율은 90~157 lm/W로서 일반조명용 백색 광원 중에서 가장 높다. 램프 수명은 9,000~12,000 시간으로 길고 광속 유지율이 좋다는 특징이 있다는 특징이 있다.

공장이나 도로, 가로등 등의 옥외 조명에 많이 사용되고 있다.

② **연색 개선형** Na 증기압을 올려 연색성을 개선한 것으로서 R_a 60의 램프이다. 180~660 W가 있다. 연색성이 개선되어 있기 때문에 효율은 수은등 안정기 점등형에 비해서 30 % 가까이 낮다. 수은등 안정기로 점등할 수 있으며 연색성이 어느 정도 요구되는 공장 등에 사용된다.

③ **고연색성** Na 증기압을 더 올려 R_a 85로 한 램프이다. 색온도도 2,500K로 오르고 광색도 백열전구와 비슷한 온난함이 있다. 50~400 W로서 전용 안정기가 필요하다. 효율은 50~57 lm/W 정도, 수명은 6,000~9,000시간으로 짧다. 그러나 백열전구에 비하면 효율은 3배 이상, 수명은 6배 이상으로서 점포나 로비 등에서 사용된다.

[石神 敏彦]

2.4 무전극 램프 시스템 ●●●

고주파 무전극 방전은 100년 이상 전에 발견된 현상이지만 조명용 광원으로서는 1960년대부터 본격적으로 연구되기 시작하였다. 그리고 1990년대가 되어 유도 전계에 의해 관내에 방전을 형상하는 무전극 형광 램프가 처음으로 실용화되었다. 또한 마이크로파에 의한 무전극 방전 램프는 자외 광원으로서 1970년대부터 상품화되고 있었지만 1990년대에 처음으로 조명용 광원(라이트 튜브용 광원)이 개발되었다. 그와 같은 과정으로 조명용 광원으로서 실용화되고 있는 것은 유도 결합형만이다.

2.4.1 무전극 방전의 원리와 형태

일반 방전 램프는 방전관 내에 전자를 방출하

는 전극이 있으며 이 전극을 통해서 외부 회로로부터 방전 공간에 전류를 흘리고 있다. 따라서 방전 전류의 크기나 램프 수명은 전극 성능에 크게 의존한다. 그러나 전극이 없어도 방전 공간에 진류를 유입하는 깃은 가능하다. 이 방전을 무전극 방전이라고 한다. 그리고 방전 공간에 전류를 유입하는 방법의 상위에 따라 무전극 방전의 형태가 구별된다. 무전극 방전의 형태는 바바트(Babat)[60]와 함비(Wharmby)[61] 등에 의해 '정전결합형 방전', '유도결합형 방전', '마이크로파 방전', '표면파 방전'으로 대별되고 있다. 이들 원리와 개발 상항(상품화되고 있는가의 여부 등)을 표 2.9에 들었다.

2.4.2 무전극 방전 램프 시스템의 특징

무전극 방전 램프 시스템의 큰 특징은 램프에 전극이 없다는 것이다. 이것이 일반 램프 시스템에 비해서 어떠한 이점이 있는가를 위에서 기술한 4개 각 방전 형태에 관해서 실명한다.

우선 '정전결합형 방전'은 자외 광원과 PPC 등의 판독용 광원에 이용되고 있다. 자외 광원에 대해서는 이 방전의 일종인 유전체 배리어 방전으로 엑시머를 발생하여 그 발광을 이용하고 있다.[62]

이 엑시머광을 효율적으로 방생시키는 것은 일반 광원(방전관 내에 전극이 있는 램프)으로는 대단히 어렵고 이 '정전 결합형 방전' 형태로

표 2.9 무전극방전의 원리와 형태

형태	대상 램프 (방전의 종류)	원리	원리도	상품화상황 ○상품화 ×미상품화
정전결합형 방전	형광 램프 (저압방전)	방전관벽에 금속박 등의 외부전극을 설치하고 관벽을 거친 정전결합에 의해 전류를 흘린다. 방전전류는 관벽의 정전용량으로 제한받으므로 실용적인 범위에서는 대출력이 얻어지지 않는다.		○자외광원 ○PPC판독용광원
유도결합형 방전	형광 램프 (저압방전)	방전관 외부에 의존하는 코일이 만드는 자력선에 의한 전자유도작용에 의해 방전관 내 가스 자체가 2차 코일로서 전자결합하여 폐루프 방전을 형성하며, 비교적 큰 출력의 방전 램프가 얻어진다.		○조명용광원 ○자외광원
	HID 램프 (고압방전)	원리는 형광 램프(저압방전)와 같지만 시동시에 보조방전관 등이 필요. 전극과의 반응이 원인으로 봉입되지 않았던 물질이 사용되므로 고성능(고효율, 광연색)이 기대된다.		×연구단계
마이크로파 방전	HID 램프 (고압방전)	마그네트론을 전원으로 사용하고 공동공진기 내에 수 cm의 구형상 방전관을 넣어 방전한다. 광속 상승이 빠르고 점멸에 강하지만 램프 시스템 수명이 마그네트론으로 결정되므로 장수명은 기대하기 어렵다.		○자외광원 (일부조명용)
표면파방전	형광 램프 (저압방전)	원주형상의 방전관 한쪽 끝에 표면파 론처라고 불리는 송전장치를 설치하여 플라스마 내부에 전력을 주입한다. 마이크로파 방전의 일부로 볼 수도 있다.		×연구단계

[吉岡, 1998[62] : 井上, 1997[63] : 兒玉, 외 1983[65]]

처음으로 실용화된 것이다. PPC 등의 판독용 광원에 대해서는 현재 주위 온도의 영향을 받지 않는 수은을 포함하지 않는 것이 많이 사용되기 시작하였다. 이 광원에 '정전 결합형 방전' 무전극 램프가 사용되는 것은 일반 램프와 달리 전극이 없기 때문에 '램프 수명이 길다(전극의 단선 등으로 인한 불점(不点) 등이 발생하지 않는다)', '(전극 예열이 불필요하기 때문에) 램프를 신속히 점등할 수 있다'와 같은 이점이 있기 때문이다.[63]

다음에 '유도 결합형 방전'에 대해서 기술한다. 현재 이 형태를 형광 램프(전압 방전)에 응용한 것이 조명용 광원에 이용되고 있다. 그 이유는 이 형태는 램프에 비교적 큰 전력을 공급할 수가 있으므로 주(主)조명에 이용하는 데 충분한 밝기를 제공할 수 있기 때문이다. 램프에의 전력 공급을 하는 코일에는 공심(空心) 타입과 페라이트코어 타입의 두 종류가 있다. 또 방전관 형상은 구형(球形)을 한 것과 'ㅁ'형상의 것이 있다. 이것들은 개발한 메이커의 설계 방법이 다르기 때문에 생긴 것이고 원리적으로 크게 다른 것은 없다. 이 램프는 전극이 없기 때문에 일반 형광 램프 시스템에 비해서 '램프 수명이 길다(전극 단선 등으로 인한 불점등이 생기지 않는다)', '점멸 제어가 용이하고 램프 수명에 나쁜 영향을 주지 않는다'와 같은 이점이 있다.

'유도 결합형 방전'의 HID 램프(고압 방전)에의 응용은 현재 연구중이다. HID 램프는 상당히 고온으로서 이것이 형광 램프와 다른 기술적인 곤란성을 주고 있기 때문에 상품화가 늦어지고 있는 것으로 생각된다.

'마이크로파 방전'의 특징은 공동공진기(空洞共振器)를 사용함으로써 미소 공간에 큰 전력을 공급할 수 있는 것이다. 그 때문에 HID 램프(고압 방전)에 이용되고 있다. 이점으로는 상술한 유도 결합형 HID 램프와 같이 일반 HID 램프에는 전극과의 반응에 의해 봉입할 수 없는 물질이 봉입할 수 있기 때문에 고출력·고효율의 램프 시스템이 가능한 것이다. 또 공동공진기를 잘 설계함으로써 HID 램프에 있어 곤란한 시동시의 급속한 광속 상승 및 순시 재시동이 가능해지는 것도 큰 이점이다. 이와 같은 램프는 조명용 광원으로서 일시 상품화[64],[65]됐지만 현재는 자외 광원만이다.

마지막으로 '표면파 방전'인데, 이 특징은 전자파가 플라스마를 통해서 램프에 공급되기 때문에 방전장이 전력에 의존한다는 것이다. 이것은 표 2.9에 들었지만 연구가 시작된 단계이다.

2.4.3 현재 상품화되고 있는 무전극 램프 시스템

(1) 정전결합형 방전

자외 광원(유전체 배리어 방전 엑시머 램프라고 한다)은 그림 2.40과 같은 두 종류의 방전관 타입이 있으며,[64] 그 출력은 봉입 가스의 상위에 의해 5종류가 있다.[66] 이것들은 그 용도에 따라 장치 내에 짜 넣은 형태로 상품화되고 있다.

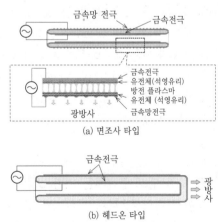

(a) 면조사 타입

(b) 헤드온 타입

그림 2.40 상품화되고 있는 자외선용 램프의 구조도
[菱沼, 1998[66]]

표 2.10 무전극 방전램프 시스템의 특징비교

코일		점등장치	입력 [W]	출력 [lm]	효율 [lm/W]	수명 [h]	광원유닛 치수[mm]	기타
외부 감기	공심	일체형	22.5	830	36.9	60000	φ130×160	예1
		별치형	64	4550	71.1		φ140×250	예2
내부 감기	페 라 이 트 코 어		100	8000	80		313×139×72	예3
			150	12000			414×139×72	
			55	3500	63.6		φ85×140.5	예4
			85	6000	70.6		φ111×180.5	
			165	12000	72.7		φ131×210	
		일체형	23	1100	48.7	15000	φ81.2×126	예5

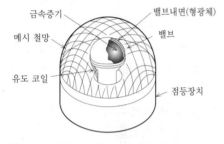

그림 2.41 처음 조명용도로 상품화된 무전극
방전램프〈예1〉[四宮, 1998[67]]

그림 2.42 외부감기 공심형 무전극램프〈예 2〉
[자료제공 : 松下電工]

그림 2.43 내부감기 무전극 방전램프〈예 4〉
[일본 필립스 제공]

(2) 유도결합형 방전

현재 상품화되고 있는 무전극 램프 시스템의 특징을 표 2.10에 정리하고 각각에 대해서 설명한다.

〈예 1〉그림 2.41에 나타내는 형상으로서 세계에서 처음 조명용으로 상품화된 구조이다.[67] 현재 가든 라이트 등에 사용되고 있다.

〈예 2·예 4〉그림 2.42(예 2), 그림 2.43(예 4)에 나타내는 형상으로 가장 많이 사용되고 있는 타입이며 몰 라이트 등에 사용되고 있다.

〈예 3〉그림 2.44와 같은 형상으로서, 무전극 방전 램프 중에서는 가장 효율이 높은 것이 특징이다. 현재 역의 플랫폼 조명에 이용되고 있다.

〈예 5〉그림 2.45와 같은 형상으로서, 이 램프는 전구 대체를 목적으로 하고 있기 때문에 수명이 다른 것에 비해서 짧다.

(3) 마이크로파 방전

실제로 상품화되고 있는 자외선용 광원의 점등 시스템 점등 장치의 모식 원리도(模式原理圖)를 그림 2.46에 나타낸다.[68] 현재 자외선 광

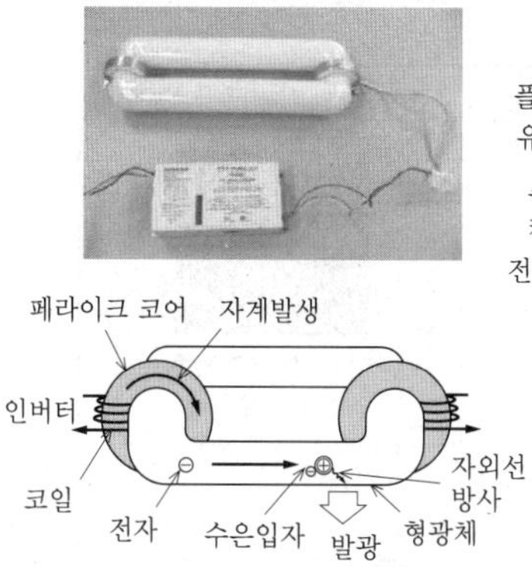

그림 2.44 외부감기 페라이트
코어형 무전극램프〈예 3〉

[三菱 오스람 제공]
[照明學會, 1999[70]]

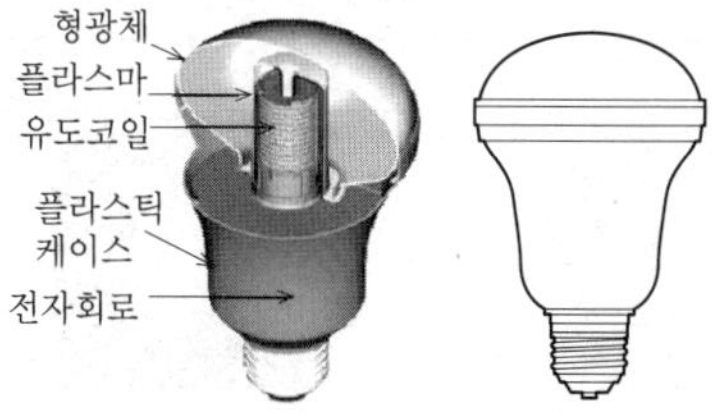

페라이크 코어　자계발생

인버터

코일

전자　수은입자　발광　형광체

자외선
방사

그림 2.45 내부감기 페라이트
코어 점등장치 일체형무전극
램프〈예 5〉

[GE Cosumer Products Tapan
제공]

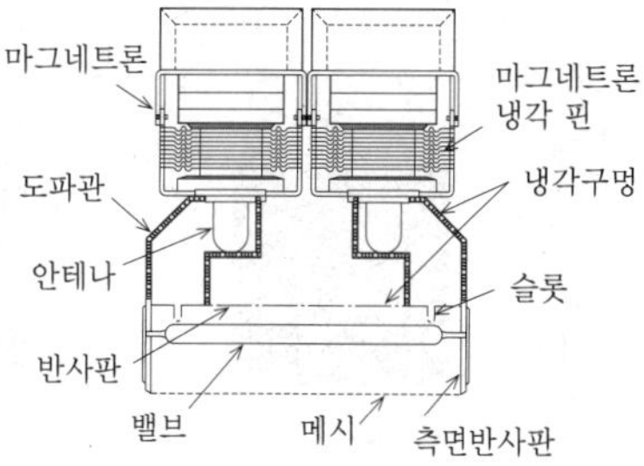

형광체
플라스마
유도코일
플라스틱
케이스
전자회로

그림 2.46 마이크로파 방전 점등
시스템

[照明學會, 1999[72]]

마그네트론
도파관
안테나
반사판
밸브　메시

마그네트론
냉각 핀
냉각구멍
슬롯
측면반사판

원 마이크로파 점등 시스템은 UV 경화 장치에 조립된 형태로 상품화되고 있다.

[植月唯夫]

2.5 LED

LED는 반도체의 pn 접합에 순방향 전류를 흘리면 활성층(발광층)에 전자와 전공이 주입되어 재결합에 의해 발광하는 소자이다. pn 접합의 확산 전압(V_d) 이상의 전압을 인가함으로써 전자를 p형 반도체에, 그리고 정공(正孔)을 n형

반도체에 주입한다. 이것을 소수 캐리어의 주입이라고 한다. 활성층에서 생긴 방사광은 그림 2.47의 개략도에 나타내듯이 LED 내부에서 표면, 배면, 단면의 모든 방향(6성분)으로 나간다.[71],[72] 그림 2.48에 포탄형 LED의 단면도를 들었다. LED 칩은 리드 프레임 상의 반사판 위에 놓이고 크기는 350 μm^2각이다.

LED의 특징을 종합해 보면 아래와 같다.[72]

(1) LED는 화합물 반도체의 적층 구조로 구성되고 에피택셜 성장법에 의해 제작된다.

(2) 광은 자연 방출 메커니즘에 의해 활성층 외부에 인출된다. 발광은 적층 구조 내에서 직접 또는 반사하면서 방사된다.

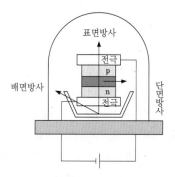

그림 2.47 DH구조 LED의 활성층에서 생긴 표면,
단면, 배면(반사)의 발광을 표시하는 모식도

표면방사
전극
p
n
전극
배면방사
단면방사

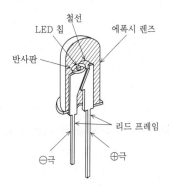

그림 2.48 포탄형 LED의 단면도

철선
LED 칩
에폭시 렌즈
반사판
리드 프레임
⊖극　⊕극

표 2.11 전형적인 LED의 종류와 특징

형	포탄형 LED	표면실장형 LED		칩 온 보드형 LED
외관	디스크리트 부품	파워형	고광속형	콤팩트한 다점광원형 (하이브리드형)
특징	• 에폭시수지 렌즈에 의한(3 mm φ /5 mm φ 사이즈) • 20~30 mA로 광속은 1~2 lm	• 최적 열대책 • 70 mA으로 약 4 lm 이상의 광속	• 충분한 열대책 • 400 mA 이상으로 20 lm 이상의 광속	• 충분한 열대책 • 1 A로 100 lm 이상의 광속 • 광학계가 필요 • 칩을 램프로 교환하는 것도 가능 • 커스텀화 가능

[田口, 2003[2] : 大久保, 2002[4]]

(3) 전구 등과 달리 단일의 비교적 발광대폭이 좁은 광이다. 발광 파장은 화합물 반도체 재료에 의해 결정된다.

(4) 현재 LED 제작에 가장 중요한 재료는 AlInGaP와 InGaN(또는 AlInGaN)계 반도체이며 고효율 적색, 녹색, 청색 및 자외 발광을 나타낸다.

(5) GaN계 근자외 또는 자외 LED와 형광체를 사용함으로써 모든 가시광과 백색광의 발광이 가능하다.

또한 LED는 표시용, 조명용 광원으로서 다음과 같은 우수한 특징을 가지고 있다.

(1) 전기(전류)–광변환 효율이 높기 때문에 소비전력이 적다(전구 1/8, 형광 램프 1/2).

(2) 작은 광원이기 때문에 소형화, 박형화, 경량화할 수 있다.

(3) 수명이 길다(전구 등의 50~100 배).

(4) 열적·방전적 발광이 아니기 때문에 예열 시간이 불필요하여 점등·소등에 대한 속도가 상당히 빠르다(수~수백 ns).

(5) 점등 회로·구동 장치 등의 기구를 간단히 할 수 있어 부속품이 적어도 된다.

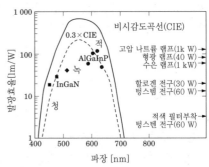

그림 2.49 발광파장과 각종 가시광 LED의 발광효율 및 백열전구, 형광 램프 등의 효율과 비교 (실선은 사람 눈의 비시감도 곡선, 점선은 30%값에 상당하는 효율곡선)

(6) 가스, 필라멘트가 없기 때문에 고장이 적고 충격에 강하다.

(7) 안정된 직류 점등방식이기 때문에 소비전력이 적고 고반복·펄스 동작이 가능하다.

(8) 디지털형의 조명 광원이다.

(9) 반영구적인 사용이므로 쓰레기를 만들지 않는다.

(10) 형광 램프와 같은 수은, 방전용 가스를 사용하지 않으므로 공해가 없는 안전한 광원이다.

표 2.12 백색광을 발생하는 LED의 두 방식

방식	여기원(勵起源)	발광재료 및 형광체	발광원리	특성	
				효율[lm/W]	R_e
멀티 칩형	청색 LED 녹색 LED 황등색 LED 적색 LED	InGaN, AlInGaP AlGaAs	R, G, B 3색의 LED를 하나로 하여 백색	20	80
원 칩형	청색 LED	InGaN/YAG : Ce	청색광으로 형광체를 여기하여 의사백색(황색발광)을 발광	>20	>80
		R, G, 형광색	R, G 발광과 합쳐서 R, G, B 3원색의 백색	>30	>70
	근자외, 자외 LED	InGaN/R, B G, 등 3~4종류의 형광체	형광 램프와 동일하게 자외광 으로 형광체 여기의 백색	>30	>90

[田口, 2003[2]]

그림 2.49는 고효율 가시광 LED와 종래의 조명용 광원의 발광 효율을 비교한 것이다. 사람 눈의 시감도 곡선도 표시하고 있다. 점선으로 표시한 곡선의 30 %의 값이 LED로 실현 가능하다고 생각되고 있다.

이것은 LED 소자 내부에서의 광의 흡수 효과에 의한 것이다. InGaN계 LED, AlInGaP계 LED의 성능은 이미 일반 백열전구나 할로겐 램프의 발광 효율을 상회하고 있다.

표 2.11은 전형적인 LED의 종류와 그 특징을 나타낸다. 포탄형 LED는 지향성이 강한 광을 방사하는 데 적합하고 시인성(視認性)이 좋다. 표면 실장형 LED는 방열 대책에 우수하고 고전류를 흐림으로써 고광속(수십 lm 이상)을 인출할 수가 있다. 또한 기판 상에 수십 개의 LED 칩을 탑재하여 콤팩트한 LED 집적화 광원을 제작하는 것도 가능하며 수백 lm 이상의 고광속 LED 광원을 제작할 수가 있다. 또한 유저의 요구에 대응할 수 있는 커스텀 LED도 제작되고 있다.

가시광 LED의 수명은 LED 자체의 전기적 광학적 특성의 열화에 의해 생기는 것으로 생각

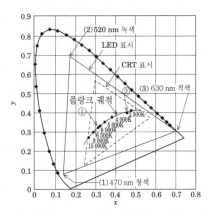

그림 2.50 InGaN계 청색, 녹색, 백색LED
(①과 ②)와 AlInGaP 적색LED의 색도도

하고 있지만 통상적인 20 mA의 정격 전류와 실온에서 정규 동작을 하고 있는 한 수명은 3만 시간 이상이 보증되고 있다.

LED 자체는 결정성장법의 개선에 의해 결함 밀도가 저감하고 또 소자 자체의 수명은 연장되고 있다. 고전압(예를 들면 청색 LED, 근자 외 LED에서는 수백 mA 이상)로 동작하는 경우는 결함이 증식하여 다크 라인이 관찰되고 있다. 포탄형 LED에서 생기는 열화는 대부분이 투명 에폭시 수지의 변색으로 인한 발광 강도의 저하

가 원인이다.

그림 2.50은 InGaN계 청색, 녹색, 백색 LED 및 AlInGaP계 적색 LED의 CIE 색도도의 좌표점을 나타낸다. 청색, 녹색, 적색은 각각 (1) (0.12, 0.08), (2) (0.18, 0.7), (3) (0.7, 0.3)이다. 3점을 연결하는 삼각형이 LED로 실현되는 색 표시이다. 비교를 위해 CRT 표시도 들었다. LED의 구동은 다이나믹 모드 및 스타틱 모드가 가능하지만[75] 발광 파장, 발광 강도, 발광 대폭이 변화한다.

LED를 사용해서 발광 효율 및 평균 연색 평가수 R_a의 높은 백색을 얻으려면 표 2.12과 같이 멀티 칩형과 원 칩형의 두 가지 방식이 있다. 전자는 적색·녹색·청색(R·G·B)의 3종류의 LED를 동시에 점등시키는 방식이고 후자는 청색, 자색이나 자외의 광을 방사하는 LED를 여기용 광원으로 사용하여 형광체를 여기(勵起)하는 방식이다. 전자의 방식은 각 LED의 구동 전압이나 발광 출력에 상위가 있고 또 온도 특성이나 소자 수명에도 상위가 있다. 한편, 후자의 방식은 소자가 1 종류로 끝나 구동 회로의 설계가 대단히 용이해진다.

일부 백색 LED는 LED의 백 라이트 등으로 이미 상품화되고 있다. 시판되고 있는 백색 LED는 청색 LED로 황색 발광 형광체(YAG : Ce)를 여기하는 방식이다(방식 ①). 최근 청색, 근자외 LED로 R, G, B 또는 R, G 형광체를 여기하여 백색을 얻는 방식도 실용화되어 일부는 시판되고 있다(방식 ②). 그림 2.50의 흑체 복사의 곡선(플랑크 궤적) 상에 2개 타입의 백색 LED(①과 ②)로 얻어진 백색광 색온도의 점을 표시한다. 표 2.12에는 효율[lm/W], 평균 연색 평가수 R_a의 값을 표시했다. LED에 의한 조명용 백색광의 '질'에 관해서는 3파장역 발광형 형광 램프와 동일하게 연색성이 높고 균일

조도의 '질'이 좋은 백색광이 요구되고 있다.

LED 광원의 구동은 직류, 교류, 펄스 모두 가능하지만 순방향 전압(V_f)은 고작 1.5~4 V 정도이기 때문에 고전압을 인가하면 LED가 파괴된다. 따라서 정전류 구동이 바람직한 IC도 직접 구동도 가능하다. 그러나 정격 전류 20 mA 이상 흘리면 발열로 인해 LED 접합부의 온도가 올라가 발광 강도가 급격하게 감소하는 일이 있다. LED를 다수 집적화한 유닛 모듈도 판매되고 있지만 구동 회로와 발열 대책에 연구가 필요하다. LED화에 의해 회로 구성 등이 간소화되어 LED식 교통신호등, 철도의 LED 신호등 보급이 재빨리 진행되고 있다.

[田口常正]

2.6 기타 광원

2.6.1 저압 수은 램프

수백 Pa의 희가스(주로 아르곤) 내에 0.9~4 Pa 정도의 수은 증기압을 발생시킨 방전 램프이다. 주요 용도로는 살균, 표면 처리, 사인용(네온사인과 동류) 등이 있다. 이들 용도에 따라 이용한 수은 스펙트럼선이 다르고 따라서 바람직한 수은 증기압, 방전관 용기, 전극의 방전 형태에 상위가 있다.

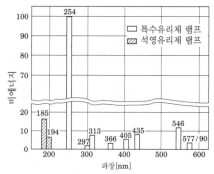

그림 2.51 특수유리제 및 석영유리제 살균 램프의 분광분포

[照明學會, 1987[85]]

살균 램프는 주로 수은 원자의 파장 253.7 nm의 자외 방사(공명선)를 이용하는 램프이다. 형광 램프에서 형광체를 제거한 램프에 상당하며 열 음극 동작이지만 방전관 용기에는 파장 253.7 nm의 자외선을 50 % 이상 투과하는 특수 유리 또는 석영 유리가 사용된다. 전력 4~60 W 정도의 램프가 있다. 그림 2.51에 특수 유리제 및 석영 유리제 살균 램프의 분광 에너지 분포의 예를 든다.

표면 처리용(사용자) 램프나 수처리용 램프는 일반적으로는 방전관 용기에 석영 유리가 사용되고 파장 253.7 nm의 자외선과 함께 파장 185 nm인 수은 원자의 자외선(공명선)을 발생시키도록 설계된다. 185 nm의 진공 자외선은 오존을 발생하므로 오존에 의한 살균세정 효과도 기대된다. 방전관은 직관, U자관, 나선형 등이 제작되며 100 W~2 kW 정도의 램프가 제품화되고 있다.

수은 사인 램프는 수은 원자의 청색 및 녹색 발광(파장 435.8 nm와 546 nm의 스펙트럼선)을 이용한 램프로서, 관 지름 10~30 nm 정도의 보통 유리의 긴 관에 수백 Pa의 아르곤을 봉입하고, 수 Pa 정도의 수은 증기를 발생시킨 방전 램프이다. 빈번한 점멸 동작을 하기 위해 전극은 음냉극이고 글로 방전의 램프이다. 수은 사인 램프 점등에는 네온 변압기라고 불리는 리케이지 변압기(자기 누설식 변압기)를 사용하여 수천 V의 전압을 인가하는데 전류는 20 mA 이하로 규제되고 있다.

2.6.2 저압 나트륨 램프

시동용 및 완충용 가스로서 아르곤을 1 % 혼합한 네온 가스 수백 Pa을 봉입, 점등시의 나트륨 증기압이 0.4 Pa이 되도록 관벽의 최저 온도부를 약 260℃로 한 방전 램프이다. 조명용의 저압 나트륨 램프는 U자형 방전관을 내면에 적외선 반사막(ITO막)을 도포한 원통형 외관에 봉입하여 외관과 방전관 간을 진공으로 한다. 방전관 내면에 다수의 오목부를 만들어 나트륨 금속의 부착 장소로 한다. 나트륨 원자의 파장 589.0/589.6 nm의 공명 스펙트럼선을 효율적으로 발광하기 때문에(최대 변환 효율~34 %) 정격 전력 180 W의 램프 효율은 175 lm/W에 달한다. 그림 2.52에 저압 나트륨 램프의 분광 에너지 분포를 표시한다. 35~180 W의 램프가 제품화되고 있다. 저압 나트륨 램프는 고효율이긴 하지만 연색성이 떨어지기 때문에 조명용으로서는 주간에 고조도가 필요한 고속도로용 터널 조명에만 사용되고 있다. 35 W 램프 이외의 램프는 수평 방향의 점등을 원칙으로 하고 ±20도 이내의 경사로 점등할 필요가 있다.

2.6.3 네온관, 네온 글로관

네온사인은 가늘고 긴 유리관에 저압의 네온을 봉입하여 글로 방전의 양광주(陽光柱)에 의해 네온 원자의 다수의 적색 스펙트럼선을 발광시키게 한 램프이다. 네온 변압기라고 불리는 고전압을 발생할 수 있는 자기누설식 변압기에 의해 점등된다. 점등 전류는 20 mA 이하로 규제되고 있다.

한편, 네온 글로관은 네온의 글로 방전의 부

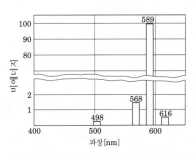

그림 2.52 저압 나트륨 램프의 분광분포
[照明學會, 1987[85]]

(負) 글로 발광을 이용하는 것으로서 지시등으로서 이용되며 점등 전류는 통상적으로는 수 mA 이하이다.

2.6.4 초고압 수은 램프

고휘도를 얻기 위해 점등시의 수은 증기압을 약 10기압 이상으로 하여 아크 길이당의 전력을 증대한 수은 램프를 특히 초고압 수은 램프라고 한다. 방전 중의 수은 증기압을 높게 하는 데 따라 가시 영역의 연속 스펙트럼이 증대한다. 이 모양을 그림 2.53에 든다. 초고압 수은 램프에는 쇼트 아크형 램프와 수냉식 롱 아크형 램프가 있다.

(1) 쇼트 아크형 램프

용도에 따라 아크 길이나 동작 수은 증기압이 선택된다. 파장 437 nm, 405 nm, 365 nm의 3개의 수은 원자선을 효율적으로 발광시키는 타입의 일반 광화학용 초고압 수은 램프에는 수은 동작압이 수십 기압이고, 아크 길이 0.5 mm의 100 W 램프도 있지만 일반적으로는 아크 길이

2.5 mm(200 W)~10 mm(10 kW) 정도의 램프가 제품화되고 있다. 그림 2.54에 대표적인 쇼트 아크형 초고압 수은 램프의 외관을 든다. 쇼트 아크형 초고압 수은 램프는 휘점의 안정을 위해 대부분은 직류 점등된다. 방전관 하부의 관벽 온도를 올리기 위해 통상적으로는 양극을 아래로 하여 직류로 점등되지만 양극을 위로 하여 점등하는 타입도 있다. 파장 300 nm 근변의 자외 영역의 분광 분포는 수은 증기압에 따라 상당히 변화한다.

반도체 리소그래피용 램프에서는 파장 435.8 nm(g선)의 수은선이나 파장 365 nm(i선)의 수은선을 좁은 파장선으로 발광시키기 위해 비교적 낮은 수은 증기압의 초고압 수은 램프가 사용된다. 아크 길이가 2~6 mm 정도의 전력 500 W~5 kW 정도의 램프가 있다.[80] 액정 패널 생산에는 10 kW급의 램프도 사용된다.

액정 화상 소자나 DMD(Digital Mirrow Device) 소자를 사용한 화상 투사(프로젝터)용 광원에는 수은 증기압을 150~200 기압 정도로 높여 연속 스펙트럼의 적색 성분을 충분히 발광시키게 한 초고압 수은 램프가 사용된다. 이 용도의 초고압 수은 램프에는 직류 점등형과 교류 점등형이 있다. 직류 점등 타입은 전력 130~

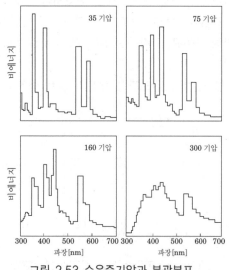

그림 2.53 수은증기압과 분광분포
[Elenbaas, 1951[79]]

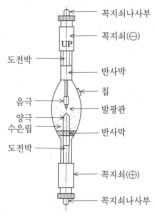

그림 2.54 초고압 수은 램프의 구조예

300 W 램프가, 교류 점등 타입은 100~250 W 정도의 램프가 제품화되고 있다. 아크 길이는 1 mm(100 W급)부터 1.4mm 정도(300 W)이다. 그림 2.55에 직류 점등형 초고압 수은 램프의 분광 분포의 예를 든다.

(2) 롱 아크형 램프

롱 아크형 초고압 수은 램프로서는 수냉식 램프가 제품화되고 있다. 수냉식 램프는 그림 2.56과 같이 방전관(발광관)에 외관을 설치하고 방전관과 외관 사이에 물을 흘려 발광관을 냉각시킨다. 세관 수냉식의 롱 아크형 초고압 수은 램프의 수은동작 증기압은 50~200 기압과 같이 높게 할 수 있다. 전력 2~5 kW 정도의 램프가 있다. 아크 길이는 2 kW 램프로 70 mm, 5 kW 램프로 170 mm 정도이다. 용도는 포토에칭이나 제판 굽기 등이다.

2.6.5 초고압 메탈 할라이드 램프

고효율·고연색성이 얻어지는 메탈 할라이드 램프를 점 광원형으로 하기 위해 초고압 수은

램프 내에 금속 할로겐화물을 봉입한 램프이다. 방전관(발광관)의 구조 예를 그림 2.57에 든다. 방전관은 반사경에 달거나 PAR형 밸브에 봉입하거나 하여 사용된다. 대표적인 봉입물에는 디스프러슘(Dy)계, 주석(Sn)계, 스칸듐(Se)-나트륨(Na)계 나트륨(Na)-탈륨(Tl)-갈륨(Ga)계 등이 있다. 고부하의 쇼트 아크형 램프는 금속 할로겐화물의 증기압을 높게 할 수 있어 고연색화·고효율화가 가능하고 디스프로슘계는 연색성 R_a 90 이상, 효율 90 lm/W 이상의 발광 특성도 얻어진다. 다른 봉입물은 효율 또는 연색성을 희생시키고 수명 특성을 우선시킨 램프가 된다. 수명은 수백 시간부터 수천 시간이다. 용도는 경기장·스튜디오용 투광기(575 W~18 kW)나 OHP 데이터 프로젝터용(80~600 W), 자동차 헤드라이트 램프(35W), 휴대용(21~24 W) 수은 등이다. 수은 동작 증기압은 10~50 기압 정도지만 자동차용 램프에서는 동시에 크세논을 고압력 봉입한다(무 수은화 시도도 있다). 광학기기용 램프는 일반적으로 전자 점등회로가 사용되며 구형파 교류 점등방식이 많으나 직류 점등방식의 경우도 있다.

2.6.6 크세논 램프

크세논 램프는 가시 파장역에 연속 스펙트럼을 발광하기 때문에 연색성이 우수한 광원으로 알려지고 있는데 쇼트 아크형 램프와 롱 아크형 램프가 있다.

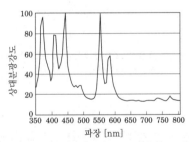

그림 2.55 액정 프로젝터용 초고압 수은 램프의 분광분포의 예(직류점등 200 W)
[東, 외, 2001[81]]

그림 2.56 롱 아크형 초고압 수은 램프의 외관

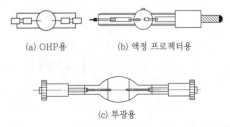

(a) OHP용　　(b) 액정 프로젝터용

(c) 투광용

그림 2.57 초고압 메탈 할라이드 램프의 외관예

(1) 쇼트 아크형 램프

고연색성을 이용한 대표적인 응용 예가 영화 영사용 및 스포트라이트용 쇼트 아크형 크세논 램프이다. 그림 2.58에 램프 외관을 든다. 크세논 가스는 상온에서 5~10 기압 정도의 높은 압력이 봉입되며 점등 중의 크세논 가스 압력은 30~50 기압 정도에 달한다. 따라서 점등 중은 물론 보관 중에도 쇼트 아크형 크세논 램프는 파손에 충분히 주의할 필요가 있다. 방전관은 통상적으로 석영 유리제이다. 정격 전력 75 W ~35 kW 범위에 많은 정격 전력의 램프가 제품화되고 있다.

그림 2.59에 300 W 쇼트 아크 크세논 램프의 입력전력을 변화시켰을 때의 분광 에너지 분포의 변화를 나타낸다. 입력 전력을 다소 변화시켜도 가시역의 상대 분광 에너지 분포의 변화가 적은 것이 특징이다.

그림 2.60에 쇼트 아크형 크세논 램프의 대표적인 휘도 분포의 예를 든다. 음극 휘점(陰極輝點)이 상당히 높은 휘도가 된다. 표준 백색

광원으로서도 사용되는 외에 고휘도나 자외부 출력의 크기를 이용해서 솔라 시뮬레이터, 서치라이트, 데이터 프로젝터용, 의료용 등 많은 용도가 있다. 크세논 램프를 수직 방향으로 점등하는 경우는 큰 양극을 위로 하고 작은 양극을 아래로 해서 점등하지만 수평 점등을 할 수 있는 기종도 있다. 전극을 수냉(水冷)함으로써 전력 15~35kW의 램프도 생산되어 대형 솔라 시뮬레이터나 대형 투광기 등에 사용되고 있다.

(2) 세라믹제 크세논 램프

크세논 램프는 파이버 조명용 광원에도 적합하고 비교적 소형인 석영 유리제 램프가 사용되는데 특히 의료용 파이버 조명 광원으로 세라믹제 램프가 제품화되고 있다. 그림 2.61에 램프의 구조 예를 든다. 그림의 아래 부분은 외관도이고 위는 단면도이다.

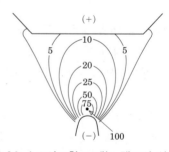

그림 2.60 쇼트아크형 크세논 램프의 상대휘도 분포의 예[照明學會, 1987[85]]

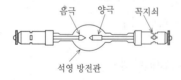

그림 2.58 쇼트 아크형 크세논 램프의 외관도

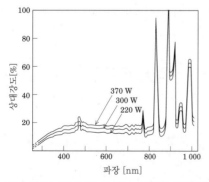

그림 2.59 300 W 크세논 램프의 분광분포

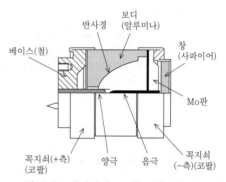

그림 2.61 세리믹제 크세논 램프의 구조도

세라믹제 크세논 램프는 내파열성(耐破裂性)에 특징이 있으며 150 W~1 kW 정도의 램프가 생산되고 있다. 회전 포물면경 또는 타원경의 반사경을 내장하고 있어 고가이지만 취급에는 편리하다.

(3) 롱 아크형 램프

크세논 램프의 고연색성의 또 하나의 대표적인 응용 예가 사진촬영용 플래시 램프이다. 일반적으로는 수십 J의 에너지를 수 ms 간의 펄스로서 방전시킨다. 펄스 점등에는 봉입 압력이 낮은 소형 램프로도 비교적 고효율이 얻어지는 장점이 있다(~50 lm/W). 1 펄스당의 에너지를 작게 해서 수십 Hz의 펄스로 연속 점등하는 것이 스트로보 램프이다. 크세논 플래시 램프는 YAG 레이저, 유리 레이저 등의 여기용(勵起用) 광원으로서도 사용하는 외에 광화학 반응, 제판, 반도체 처리, 신호용 등 많은 응용이 있다. 방전관의 형상도 직관, U자형, 환상, 나선상 등 많은 형상이 있다. 또한 YAG 레이저 연속 여기용 광원에는 스펙트럼선의 발광 파장이 적합한 크립톤 봉입 램프도 사용된다. 롱 아크형 램프의 봉입 크세논 가스의 압력은 상온에서 약 1 기압 이하로 비교적 낮다.

2.6.7 카본 아크

전극에 탄소(카본)를 사용하여 공기 내에서 방전시키는 광원이 카본 아크(등)이다. 카본 아크는 예전에는 영화 영사용 광원이나 스포트라이트로서 다용됐지만 현재는 크세논 램프로 대체되었다. 카본 아크의 현재의 주요 용도는 내광(耐光) 시험용이며 전극에 순수한 카본을 사용한 것과 카본 전극의 심에 여러 가지 금속을 첨가한 것이 있는데 후자는 태양광에 근사한 고연색성의 스펙트럼을 발광한다. 카본 아크는 특

히 자외 영역의 분광 에너지 분포가 점등 중에 변화하지 않는 것이 특징이다.

2.6.8 엑시머 램프

대표적인 것은 유리관에 희가스만 또는 수십 kPa의 희가스와 할로겐 가스의 혼합 가스를 봉입하고 적어도 한 쪽 전극을 유리관 외측에 배치하여 유리(유전체)와 기체를 통해서 전극 간에 수천 V의 고압을 인가해서 무전극 방전을 하게 함으로써 엑시머 발광시키는 램프이다. 엑시머(excimer)란 통상적으로는 분자를 형성하지 않는 희가스 원자가 여기됨으로써 동일한 희가스 원자와 또는 할로겐 등의 다른 원자와 결합, 여기 상태의 분자를 형성한 것을 말한다. 광을

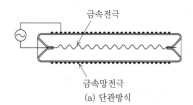
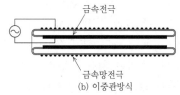

그림 2.62 엑시머 램프의 구조

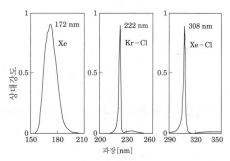

그림 2.63 엑시머 램프의 발광 스펙트럼
[松野, 1996[83]]

방출한 후에 해리(解離)하여 원자로 복귀한다.

그림 2.62에 구조를 나타낸다. 한쪽 전극을 단관(單管) 중심에 설치하는 타입과 이중관으로 해서 한쪽 전극을 내관 내측에 설치하는 타입이 있다. 봉입 가스로서는 주로 크세논(피크 파장 약 172 nm)이 사용되지만 그 밖에 Ar(126 nm), Kr(146 nm), Kr-Cl(222 nm), Xe-Cl(308 nm) 등의 혼합 가스가 있다.

그림 2.63에 Xe, Kr-Cl, Xe-Cl 램프에 대해서 각 발광 스펙트럼을 나타낸다. Xe의 엑시머 발광은 투과 재료로서 석영 유리를 사용할 수 있는 최단파장에 있으며 발광 효율이 좋고 비교적 수명이 긴 등의 장점이 있다. 이중관 램프는 구조가 간단하고 할로겐 봉입에 적합하다는 장점이 있다. 용도는 광 CVD, UV/오존 세정, 표면 개질, 살균 등이다. 복사기나 액정 백라이트에 사용되는 희가스(크세논) 형광 램프도 엑시머 램프의 응용이다.

2.6.9 스펙트럼선용 램프

분광기의 파장 교정용 광원으로서 나트륨 램프, 수은과 카드뮴을 혼합 봉입한 램프나 H_2, He, Ne, Ar, Kr, Xe 등과 같은 기체를 봉입한 램프가 있다. 전자는 열음극 방전을 이용한 이중관의 소형 램프로서 전용의 점등 회로를 사용한다. 후자는 냉음극 방전을 사용한 H자형 방전관으로서 네온 변압기로 점등한다.

2.6.10 중수소 램프

수백 Pa의 중수소 가스를 석영 유리 또는 자외선 투과 유리 안에 봉입한 램프로서, 핀홀로 방전을 졸라 고휘도화한 광을 이용한다. 중수소 분자의 $2(S^3 \sum_g^+ \rightarrow 2P^{3+}_u)$의 천이에 의해 파장 170~400 nm에 연속 스펙트럼 발광이 얻어진다. 또한, 90~168 nm의 파장역에는 중수소

원자의 스펙트럼선이 발광한다. 광의 인출창에는 파장 160nm 이상의 자외선용에는 합성 석영 유리가, 단파장에 대해서는 LiF(105 nm 이상)나 MgF_2(115 nm 이상)가 사용된다.

2.6.11 홀로캐소드 램프

냉음극 방전에 있어서 음극을 중공(中空)형상으로 하면 면적당의 전류를 크게 취할 수 있다. 이것을 홀로캐소드 효과라고 하는데 다시 더 큰 전류를 흘리면 스패터 때문에 음극 금속의 원자 스펙트럼이 관측된다. 홀로캐소드는 음극 금속의 원자 스펙트럼을 발광시키는 램프로, 주로 원자 흡광 분석에 사용된다. 통상적으로는 중공 음극의 내경을 2~3 mm 정도로 하고 10~20 mA 정도의 전류를 흘린다.

[東 忠利]

2.7 점등 회로의 기초

점등 회로는 전원과 광원 간을 전기적으로 접속하여 전기 에너지를 효과적으로 광 에너지로 변환하게 제어하는 것이다.

2.7.1 방전 램프의 성질과 안정기의 필요성
(1) 기체 방전현상의 기본적 특성

전극을 가진 저압 방전관의 전극 간에 전압을 인가하면 그림 2.64와 같은 전압-전류 특성을 보인다. A의 방전 개시 후 전류를 증가하면 전기(前期) 글로라고 하는 글로 방전으로부터 전류의 값에 관계없이 전압이 일정해지는 정규 글로 영역(B-C)을 통과하여 전류 증가에 따라 전압도 증가하는 이상(異常) 글로 영역(C-D)에 도달한다. 이 때 전류의 증가에 따라 전극 온도도 상승하여 열전자가 나오게 되면 천이역(遷移

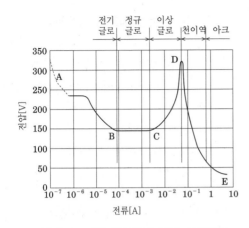

그림 2.64 네온 방전관의 전류-전압특성

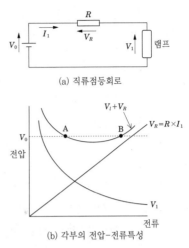

그림 2.65 방전 램프의 직류점등

域)을 통과하여 아크 방전으로 이행한다. 대부분의 방전 램프는 이 아크 방전 영역을 이용하고 있으며 전압과 전류의 특성이 부성(負性)저항 특성을 나타낸다.

(2) 방전 램프의 시동 방식

방전 램프를 점등시키려면 그림 2.64의 A부터 아크 방전 영역인 E로 동작점을 가지고 올 필요가 있다. 이것이 방전 램프의 시동이고 시동을 위해서는 피크인 D점을 넘게 되어 적어도 D점 이상의 전압을 램프에 인가할 필요가 있다. 그 때문에 전원 전압을 높게 하면 결과적으로 안정기의 전력 용량이 커져 치수, 중량이 증가하여 비경제적이다. 그래서 가능한 한 낮은 전압으로 시동시키기 위해 시동시에만 D점 이상의 전압을 주는 수단이나 D점을 등가적으로 저하시키는 시동 보조 수단 등이 생각되고 있다.

(3) 방전의 안정화 원리

그림 2.64의 아크 방전의 부성(−) 저항 영역에서 상용 전원과 같은 '정전압(定電壓)' 전원으로부터 전력을 공급하여 방전을 안정적으로 지속시키기 위해서는 정저항 특성을 가진 회로 요소로 전류를 제어할 필요가 있다. 그림 2.65 (a)는 정전압 전원으로 방전 램프를 점등하는 원리적 회로이고 R은 안정기로서 사용하는 저항이다. 그림 (b)는 그림 (a)에서 방전 램프를 점등했을 때의 회로 요소의 전압−전류 특성으로서 전기적으로 그림 (a)의 회로가 성립하기 위해서는 $V_l + V_R = V_o$가 조건이 된다. 이 조건이 성립하는 점은 A점과 B점이고 그 중 A점에서 램프에 전류가 흐르고 있다고 가정하면 어떠한 이유로 A점으로부터 전류가 적은 쪽으로 변화한 경우 $V_l + V_R > V_o$가 되어서 램프가 점등을 계속하기 위해서는 전원 전압이 부족하여 전류가 다시 더 감소하려고 하고 결국에는 램프가 꺼져 버린다. 또한 A점으로부터 전류가 많은 쪽으로 변화한 경우 $V_l + V_R < V_o$가 되어 전원 전압이 과잉이 되기 때문에 전류는 증가 방향으로 흐른다. 이 전류는 $V_l + V_R = V_o$가 될 때까지 계속 증가하여 결국에는 B점에 도달한다. B점으로부터 전류가 증가하려고 하면 $V_l + V_R > V_o$가 되고 전원 전압이 부족하여 전류는 감소 방향으로 변화하고 B점을 넘어 전류가 감소하려고 하면 $V_l + V_R < V_o$의 관계로 전원 전압이 과잉되고 전

류는 증가 방향으로 수정된다. 즉 램프가 안정되게 점등 유지하는 점은 B점만이라고 할 수 있게 된다.

2.7.2 점등 회로의 기본 방식

(1) 점등 회로의 기능

점등 회로에는 방전 램프를 시동시켜 안정된 점등을 유지시키는 기본 기능(필요 조건)과 입력 역률·입력 전류 왜곡·광의 플리커·조광 등과 같은 입출력 관계의 값을 적정히 유지하고 또 성능적으로 개선·개량하는 기능(충분 조건)이 요구된다.

(2) 방전 램프의 시동 방식

시동용 전압을 방전 램프에 인가하는 방식으로서 그림 2.66과 같은 수단이 사용된다. 또한 시동을 위해 방전 램프에 인가할 전압을 가능한 한 낮추는 방법으로서 표 2.13의 시동 보조 수단이 단독 또는 조합해서 사용된다.

① **전원 전압에 의한 시동** 그림 2.66 (a)는 전원 전압을 직접 또는 승압하여 램프에 인가하는 방법으로서, 형광 램프에서는 래피

드 스타트형 형광 램프에 적용된다. 그 경우 시동 전압의 인가와 동시에 표 2.13 (a)와 같은 예열 변압기를 사용한 필라멘트 예열을 병행해서 시행하여 시동 전압을 저하시키고 있다.

고압 방전 램프에서는 예를 들면 수은 램프는 그림 2.66 (a)의 방식으로 시동한다. 또한 수은 램프의 경우 그림 2.13 (b)와 같은 보조 전극을 설치하여 주전극과의 사이에서 글로 방전을 발생시킴으로써 주전극 간에서의 방전 개시를 용이하게 하여 결과적으로 필요한 시동용 전압을 전원 전압까지 저하시키고 있다.[85]

② **인덕션 킥 전압에 의한 시동** 그림 2.66 (b)는 우선 스위치 S를 넣어 인덕턴스 L에 전류를 흘려 두고 그런 다음에 S를 급격하게 열어 L에 $L \cdot di/dt$ 전압을 발생시켜 해당 펄스상 전압을 전원 전압과 중첩해서 램프에 인가하는 방식이다.

형광 램프에서는 스타터형 형광 램프에 적용되며 그 경우 S가 닫혀 있는 동안은 표 2.13 (a)와 같이 필라멘트 예열이 행하여지

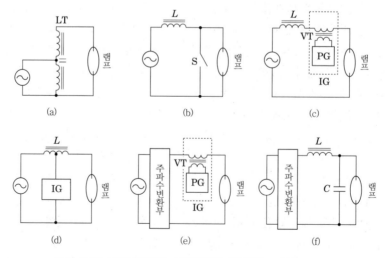

그림 2.66 방전 램프에 시동전압을 인가하는 수단

는 것 같은 교묘한 방법으로 되어 있다. 또한 S는 글로관 등이 그것에 해당된다. 글로관 전부 또는 일부를 전자화한 반도체 스타터도 있다.

고압 방전 램프에서는 예를 들면 수은등 안정기 점등형 고압 나트륨 램프에 표 2.13 (c)와의 조합으로 적용되고 있다. 그 경우 S는 램프 외관 내에 수납된 바이메탈 접점이 그 역할을 담당한다. 다른 고압 방전 램프에서는 S 위치에 비선형 콘덴서를 접속하여 바이메탈과 동등한 기능을 하도록 하고 있는 예도 있다.

③ **펄스 전압에 의한 시동** 그림 2.66 (c)는 안정기와 방전 램프 간에 방전 램프 시동용 고전압을 발생하는 스타터 IG를 개재시킨 것이다. 형광 램프에서는 스타터형 형광 램프에 사용된다. 또한 일반적으로 표 2.13 (a)에 든 예열 동작 기능을 갖는 것도 IG에 요구된다.

고압 방전 램프에서는 전용 안정기 점등

형 램프에 적용되며 VT는 수천 V의 펄스 전압을 발생한다.

그림 2.66(d)는 (c)에 있어서의 VT를 안정기 본체와 겸용한 것이다. (d)에서는 램프 시동용 고전압은 안정기 내에서 발생하므로 안정기와 램프 간의 배선에 의한 펄스 감쇠나 배선 자체의 내압에 주의하여야 한다.

그림 (e)는 그림 (c)의 전자식 안정기에의 적용 예이다.

④ *LC* **공진 전압에 의한 시동** 그림 2.66 (f)는 주로 전자식 안정기에 사용되는 방법으로서, 상용주파수의 점등과 달리 동작주파수의 임의 선택성에 착안하여 *LC* 직렬 공진에 의한 승압을 방전등의 시동용 전압으로 이용한 방식이다.

형광 램프에서는 이른바 인버터식 안정기에 있어서 양 필라멘트를 거쳐 *C*를 접속함으로써 예열을 하면서 *C*의 고전압을 인가하는 방법이 많이 사용된다. 고압 방전 램프를 수십 kHz로 점등하면 음향적 공명 현상(후

표 2.13 방전 램프의 시동전압을 낮추기 위한 보조수단

시동보조수단	구체 예
(a) 필라멘트를 가열하여 열전자를 발생	S를 닫는다.　변압기로 예열
(b) 주전극 근방에 보조전극을 달아 시동에 앞서서 주전극-보조전 극간에서 글로 방전을 발생	주전극 주전극 보조전극
(c) 근접도체를 발광관에 설치하여 발광관 내의 전계강도를 부분적으로 강하게 한다	근접도체

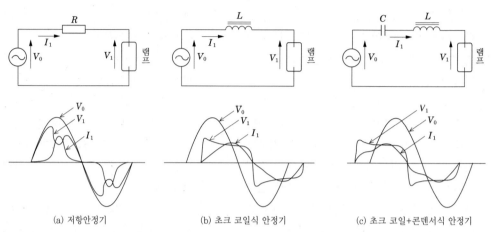

(a) 저항안정기 (b) 초크 코일식 안정기 (c) 초크 코일+콘덴서식 안정기

그림 2.67 방전 램프의 교류점등회로와 파형

술)이 발생하지만 램프 시동 전에는 그 우려가 없으므로 시동시만 고주파를 이용해서 공진 승압에 의해 램프를 시동시킬 수 있다.

(3) 방전 램프의 점등 방식

방전 램프를 안정적으로 점등시키는 조건은 점등 방식에 따라 다르다. 이하, 실용적인 안정기 방식의 분류마다 안정 점등에 관련되는 것을 기술한다.

① **상용전원용 안정기** 상용 교류로 방전 램프의 점등을 유지하기 위해서는 반 사이클마다의 재점호(再点弧) 전압에 대한 배려가 중요하다.

그림 2.67은 대표적인 (a) 저항안정기, (b) 초크 코일식 안정기, (c) 초크 코일+콘덴서식 안정기와 각각의 점등 파형이다. (a)의 경우는 상용교류 각 반사이클 초단의 전원전압이 낮기 때문에 램프 전류에 실질적인 휴지 기간이 생긴다. 또한 안정기로서의 전력손이 크기 때문에 실용적이지 못하다. (b)의 경우는 램프 전류는 전원 전압으로부터 위상적으로 뒤져서 흐른다. 점등 유지의 조건으로서는 램프 전류 각 반사이클의 전

류 흐름 개시의 전원 전압이 램프의 재점호 전압 이상일 것이 필요하다. 이것은 일반적으로는 전원 전압과 정격 램프 전압 실효값의 비의 값을 1.5~2로 잡는 것에 의해 달성된다.

(c)의 경우는 통상 초크 코일과 콘덴서의 임피던스 비를 1 : 2 정도로 잡고 있다. 이것은 램프 전류가 전원 전압에 비해서 위상적으로 앞서는 것을 의미한다. 다른 관점에서 이 방식을 생각하면 전원 전압과 콘덴서 전압의 합성을 전원으로 한 초크 코일식 안정기로 생각할 수 있고 이 중 콘덴서 전압은 상기 임피던스비에서도 알 수 있듯이 비교적 높아지므로 실질적으로 전원 전압과 정격 램프 전압 실효값의 비의 값을 1.3~1.4로 억제할 수가 있다.

다음에 실제로 안정기의 임피던스나 회로의 특성을 구하는 방법에 대해서 초크 코일식 안정기의 경우를 예로 들어 기술한다. 우선 간이적인 방법을 그림 2.68을 사용해서 설명한다. 그림 (a)의 회로에서 램프를 순저항으로 가정한 경우 (b)의 벡터 관계가 성립, 초크 코일의 전압은 흐르는 전류보다

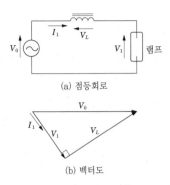

(a) 점등회로

(b) 벡터도

그림 2.68 초크 코일식 점등회로와 벡터도

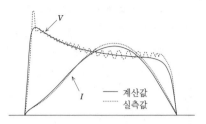

그림 2.69 점등파형의 실측값과 계산값의 비교

90° 앞서는 것에 의해 V_0, V_L, V_1간에는 $V_0^2 = V_L^2 + V_1^2$의 관계가 성립된다. 이 식에서 전원 전압 V_0, 램프 전압 V_1을 알면 초크 코일 전압 V_L을 구할 수가 있다. 간이적인 방법에서는 램프를 순저항으로 가정했지만 이 것은 그림 2.67의 파형도에서도 명확해지 듯이 실제와는 다르다. 그래서 좀 더 엄밀 하게 회로를 해석하는 경우에는 램프를 회로 부품으로 취급하여 램프 특성을 미분방 정식의 형으로 표현하는 방법이 흔히 사용된다. 시뮬레이션으로서의 방정식은 몇 가 지 제안되고 있지만 그림 2.69는 형광 램프 의 특성을 등가 컨덕턴스 g와 램프 전류 i로 표시하고 회로방정식

$$\frac{dg}{dt} = A_1 vi + A_2(vi)^2 - Bg \qquad (2.1)$$

여기서 A_1, A_2, B는 램프 고유의 상수

$$v_0 = \frac{1}{g} i + L \frac{di}{dt} + Ri \qquad (2.2)$$

여기서 v_0는 전원전압, L은 초크 코일의 인 덕턴스, R는 초크 코일의 저항성분

$$g = \frac{i}{v} \qquad (2.3)$$

를 푸는 것으로 얻어진 결과와 실제의 램프 전류, 전압 파형의 비교이다. 또한 최근에는

위의 식을 고주파 점등시나 조광시까지 확 대 사용할 수 있게 개량되고 있다.[86],[87]

② **고주파 점등용 안정기** 형광 램프를 수십 kHz로 고주파 점등하면 발광효율이 20~ 30 % 올라가고 광의 플리커도 없어진다는 것을 알고 있다. 고주파 점등을 위해서는 상용 교류를 일단 직류화한 후 고주파 변환을 하는 것이 일반적이다. 또한 고주파 점 등의 경우 램프 전류와 전압의 동적인 특성 은 순저항에 가까워지므로 상용 점등시와 같은 재점호 문제는 발생하지 않는다.

③ **저주파 구형파 점등용 안정기** 고압 방전 램프를 형광 램프와 동일하게 수십 kHz로 고주파 점등하면 고압 방전 램프 고유의 불 편이 생긴다는 것을 알고 있다. 즉, 고압 방 전 램프는 점등시의 발광관 내 압력이 높기 때문에 고주파 전력에 의해 정재파(定在波) 가 발생하고 해당 정재파가 발광관의 물리 적 형상 및 발광관 내의 동작 압력에 의해 결정되는 고유의 주파수(일반적으로 다수 존재)와 일치하면 음향적 공명 현상이라고 하는 현상이 발생하여 아크가 변형되거나 회전되거나 때로는 소멸되는 일이 있다. 그 와 같은 좋지 않은 상태를 피하기 위해 고 압 방전 램프의 전자 점등수단으로 수백Hz 와 같은 비교적 저주파의 구형파 점등이 채 용되고 있다. 그림 2.70은 그 블록도이다.

고주파 회로부에 한류 기능을 갖게 하는 것으로 안정기로서 소형화가 가능해진다. 또한 구형파 점등에 의해 광의 플리커가 없는 등의 이점도 있다. 전류 교번시의 램프 전류 상승·하강 시간을 본 경우 그 주파수 성분은 수 kHz가 되므로 실질적으로 재점호 전압이 발생할 우려가 적다.

④ **무전극 램프 점등용 안정기** 무전극 램프는 수백 kHz~수십 MHz, 경우에 따라서는 2.45 GHz로 점등된다. 그 때문에 구성은 고주파 점등용 안정기와 근사된 것이 된다. 램프에의 전력 전달이 전기적인 접속 없이 행하여지는 것이 상위점이다.

(4) 입력 역률과 입력 전류 파형 변형

입력 역률에 대해서 일본에서는 85 % 이상을 고역률, 그 미만을 저역률이라고 하며 구별하고 있다. 또 입력전류 파형 왜곡에 관해서는 전자 기기 증가에 따라 배전 계통에의 영향이 문제가 되어 규제 방향에 있다. 표 2.14는 그 규제 값의 예로서 특히 조명 기기 대부분이 이 표에 적합 되어야 한다.

① **상용 교류주파수 점등에 있어서의 입력역률과 입력전류 파형 왜곡** 가장 단순한 초크 코일식 안정기에 있어서는 그 인덕턴스 성분에 의해 입력 역률이 저역률이 된다. 이것을 85 % 이상의 고역률로 하는 데는 전원선 간에 콘덴서를 접속하는 것으로 가능

해진다.

초크 코일+콘덴서식 안정기는 총합적인 임피던스는 커패시티브가 되어 진상 저역률이 된다. 이를 85 % 이상의 고역률로 하려면 그림 2.71과 같은 구성으로 하고 이 구성에서 누설 변압기의 1차 권선에 흐르는 여자 전류가 뒤진 위상인 것을 이용해서 고역률로 하고 있다. 그림에서는 누설 변압기 중에서도 전력 용량을 저하시킬 수 있는 리드 피크형 안정기를 현실에 가까운 사례로 채택하고 있다.

또한 상용 교류주파수 점등에 있어서는 안정기로서 사용하는 부품은 L이나 C이고 입력전류 파형의 왜곡은 기본적으로 발생하기 어려운 구성으로 되어 있다. .

② **전자안정기에 있어서의 입력역률과 입력전류 파형 왜곡** 전자안정기의 입력역률은

표 2.14 입력전류파형 왜곡에 대한 규제 예

고조파차수 n	조명기기의 기본파 입력의 백분율로 표시되는 최대값[%]
	우수고조파
2	2
	기수고조파
3	$30 \times \lambda$*
5	10
7	7
9	5
$11 \leq n \leq 39$	3

＊λ : 회로의 역률
[1999년 10월, 일본 통산성, 자원 에너지청「家電汎用品高調波抑制 가이드 라인」〈표2〉 한도값 C에서]

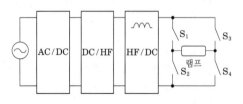

그림 2.70 저주파 구형파 점등회로 구성

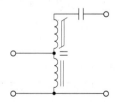

그림 2.71 리드 피크형 안정기

AC/DC 변환부의 구성에 의해 실질적으로 결정된다. 그림 2.72는 대표적인 AC/DC 변환부의 예인데, 그림 (c)의 구성인 경우만이 입력역률이 고역률이고 또 입력전류 파형 왜곡이 규제 값의 범위 내가 된다. 그림 (b)는 입력역률은 어떻게 85 % 이상으로 할 수 있지만 입력전류 파형 왜곡은 규제 값에서 벗어나는 경우가 많다. 또한 그림 (a)는 입력역률이 저역률이고 또 입력전류 파형 왜곡도 규제 값에서 벗어난다.

(5) 광의 플리커

광속의 순시값은 전력의 순시값과 거의 비례한다. 상용 주파 점등은 광이 사람 눈에는 100 또는 120 Hz로 점멸하는 것 같이 비친다. 이 광속의 변동을 플리커라고 하는데 플리커는 독서하는 경우나 회전하는 기계를 주시하는 경우 등에 지장을 주는 경우가 있다. 상용주파 점등시의 플리커를 경감할 목적으로 생각된 것이 플리커리스 안정기인데, 그 원리는 그림 2.67 (b)와 (c)와 같고 2등용 안정기를 구성하여 광속의 순시값의 딥 부분을 보완하는 것 같은 것이다.

한편, 전자식 점등 장치에 있어서는 기본적으로 플리커의 문제는 적다. 고주파 점등은 광속의 변동 주파수가 너무 높아서 사람 눈이 그 속도를 추종하지 못하고 또 저주파 구형파 점등은 전력파형이 거의 평평하기 때문에 어느 경우나 플리커 문제가 적다.

(6) 조광(調光)

조광(調光)에는 연속적으로 광출력을 변화시키는 연속 조광과 단계적으로 변화시키는 단계 조광이 있다. 조광 수단은 크게 나누어 전원전압 실효값을 가변(可變)으로 하는 방법과 한류(限流) 요소의 임피던스를 가변으로 하는 방법이 있다. 전원전압 실효값 가변의 대표 예로서

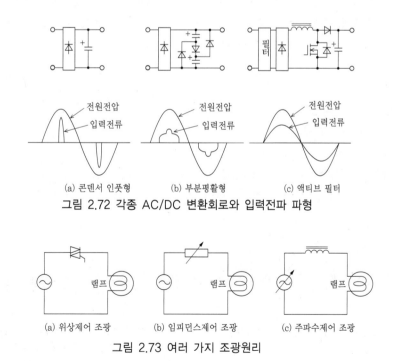

필터
전원전압
입력전류
전원전압
입력전류
전원전압
입력전류
(a) 콘덴서 인풋형
(b) 부분평활형
(c) 액티브 필터

그림 2.72 각종 AC/DC 변환회로와 입력전파 파형

램프
램프
램프
(a) 위상제어 조광
(b) 임피던스제어 조광
(c) 주파수제어 조광

그림 2.73 여러 가지 조광원리

전원 전압 반 사이클 중의 일부를 잘라냄으로써 실효적인 인가 전압을 저감하는 방법이 있다. 그림 2.73은 여러 가지 조광 원리를 설명하기 위한 그림으로서, 부하는 백열 램프로 표현하고 있지만 방전 램프와 안정기 조합으로 바꾸어도 본질적으로 달라지는 것은 없다. 그림 (a)는 전원 전압 반사이클의 일부를 잘라내는 수단으로 사이리스터를 사용한 것이다. 사이리스터는 일종의 스위치로서, 트리거를 부여하는 것으로 스위치를 통전시키고, 흐르는 전류가 반전하는 것으로 스위치를 비도통으로 할 수가 있다. 이 밖에도 전자 점등 회로 내의 DC 전원전압을 가변으로 하는 방법도 전원전압 실효치 가변의 범주라고 볼 수가 있다. 그림 (b)는 임피던스를 다이렉트로 가변하는 수단으로서, 특히 고압방전 램프의 단조광 분야에서 전환에는 릴레이 접점 등을 사용하는 것으로 실용화되고 있다. (c)는 전원의 주파수를 변화시키는 것으로 결과적으로 임피던스를 변화시키는 수단으로서, 고주파 점등회로에서 채용되고 있으며 주파수를 연속적으로 바꾸는 것으로 연속 조광에도 편리한 방법이다.

2.7.3 각종 램프의 점등 회로

(1) 형광 램프의 점등 회로·방식

① **스타터식** 그림 2.74는 예열, 시동, 점등 유지가 자동적으로 행하여지는 글로관을 사용한 스위치 스타터식 회로의 예이다. 전원

투입으로 글로관이 방전하고 그 방전 발열로 바이메탈의 가동 전극이 가열·변형하여 고정 전극에 접촉하는 것에 의해 예열 전류가 흐른다. 이 전극 접촉에 의한 방전 정지에 의해 전극 온도가 내려가고 전극끼리가 떨어질 때의 인덕션 킥으로 램프가 시동하며, 그 후는 램프 전압이 저하하여 글로관은 방전하지 않고 램프는 점등 상태를 유지한다.

② **반도체 스타트식** 그림 2.75는 펄스 변압기를 사용한 반도체 스타트식 회로의 예이다. 반도체 스타트식 회로는 짧은 시간의 시동이 가능하지만 반도체 스위치 소자가 매 사이클 도통·비도통 동작을 하므로 예열 전류의 확보가 연구되고 있다.

③ **래피드 스타트식** 그림 2.76은 누설 변압기를 사용한 래피드 스타트식 회로의 예이다. 전극 가열용 권선에 의해 예열을 하고 동시에 변압기의 2차 전압이 전극간에 인가되어 전극이 충분히 가열되면 시동한다. 전극 가열 전압은 점등 중에도 항상 인가된다. 우선 그림 2.71에 든 리드 피크형은 적

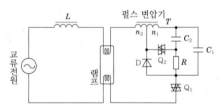

그림 2.75 펄스 변압기를 사용한 반도체 스타트식 회로도

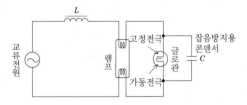

그림 2.74 글로관을 사용한 스위치 스타터식 회로도

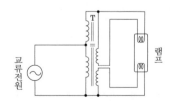

그림 2.76 누설 변압기를 사용한 래피드 스타트식 회로도

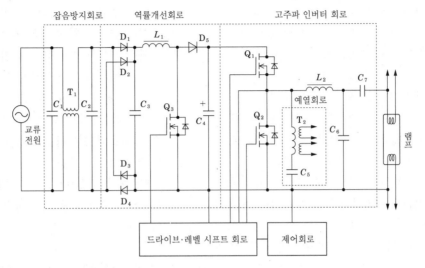

그림 2.77 고주파 점등회로도(초퍼+하프 브리지형)

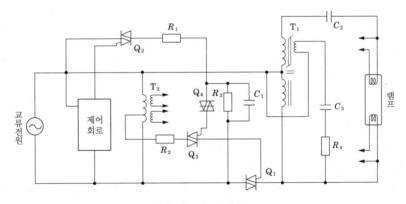

그림 2.78 형광 램프용 조광회로도

정하게 변형된 2차전압 파형과 진상(進相) 회로의 조합에 의해 램프 전류의 파고율을 개선할 수 있고 2차측에 국부 자기 포화를 일으켜 실효값을 올리지 않고 높은 피크 전압을 인가할 수 있어 경제적이기 때문에 널리 보급되고 있다.

④ **순시 시동식** 방전 전에 음극을 가열하지 않고 양 음극 간에 충분한 전압을 인가하여 시동하고 점등 중에는 램프 전류에 의해 음극을 가열하는 비예열 시동형 형광 램프용

으로서, 특수 용도용이다. 리케이지 변압기를 사용하여 변압기로 높은 2차 전압을 발생하기 때문에 순시 시동이 가능하다.

⑤ **고주파 점등 회로** 그림 2.77은 고주파 점등 회로의 예이다. 상용 교류 전원에서 직류 전압을 만들어 내어 입력의 전류 왜곡도 개선하는 초퍼 방식의 역률 개선 회로와 2개의 직렬 접속된 스위칭 소자의 교호 온·오프 동작으로 직류 전압을 고주파의 교류 전압으로 변환하여 램프 전류를 제어하는 하

프 브리지 방식의 고주파 인버터 회로에 의해 구성된다. 또한 최적 예열 전류를 확보하기 위한 예열 회로를 갖고 있다. 이 방식은 스위칭 소자 Q_1에의 구동 신호를 전달하는 레벨 시프트 회로가 필요하며 최근에는 직렬 접속된 양 스위칭 소자의 드라이브 회로와 레벨 시프트 회로를 원 패키지화한 고내압 IC 채용이 일반화되고 있다.

또한 입력 역률개선 기능과 고주파 전력변환 기능을 통합하여 회로 부품 점수를 삭감하여 저 코스트화를 도모하는 차지 펌프형 고주파 점등회로 방식이 있는데 동철안정기를 고효율의 고주파 점등 안정기로 대체하기 위한 유력한 회로 방식이다.[88]

⑥ **조광 회로** 그림 2.78은 형광 램프용 조광 회로의 예이다. 전원 반사이클마다의 트라이액 Q_1의 도통과 동시에 펄스를 발생하는 것에 의해 저광속까지의 안정된 점등 유지가 가능해지고 변압기의 여자 전류 작용에 의해 위상 제어 동작이 확실해진다.

또 그림 2.77과 같은 고주파 점등 회로로 조광하는 경우에는 고주파 인버터 회로의 스위칭 소자 Q_1, Q_2의 동작 주파수를 변화

하여 전원과 램프 간의 임피던스를 변화시키거나 양 스위칭 소자의 온 시간의 비율을 변화하여 부하 회로 내의 공진 에너지를 변화하는 등에 의해 실현시키고 있다.

⑦ **압전 변압기를 사용한 고주파 점등 회로** 그림 2.79는 압전 변압기를 사용한 고주파 점등 회로의 예이다. 이 회로는 주로 액정 백 라이트용의 냉음극 램프 점등에 사용되는데, 박형(薄型)이고 기계적인 진동을 이용해서 전력 변환을 하기 때문에 자기적 노이즈가 적다는 특징이 있다.[89]

(2) 고압 방전 램프의 점등 회로·방식

① **일반형 점등 회로** 램프 보조 전극 등의 방법에 의해 전원 전압으로 직접 방전을 개시할 수 있는 램프는 단일 초크 코일이나

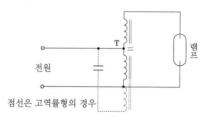

그림 2.80 일반형 점등회로(누설 변압기식)

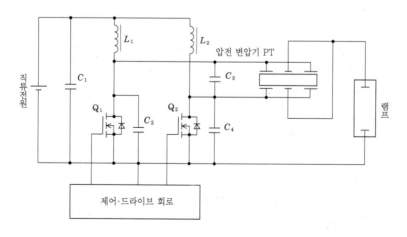

그림 2.79 압전 변압기를 사용한 고주파 점등회로도

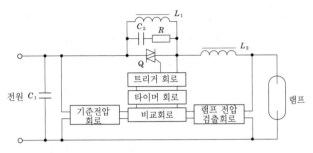

그림 2.81 정전력 점등회로(위상제어식)

그림 2.80과 같이 누설 변압기로 점등할 수
있다.

② **정전력형 점등 회로** 수은 램프용 정전력
형(定電力形) 점등 회로로서 그림 2.81에
든 리드 피크를 사용한 진상(進相) 회로의
정전류성을 이용한 것이 있다. 또한 그림
2.81은 보조안정기와 병행으로 부가시킨
트라이액을 사용하여 정전력이 되도록 위상
제어한 위상 제어형 점등 회로이다.

③ **반도체 이그나이터 방식** 메탈 할라이드
램프나 고압 나트륨 램프 시동에 반도체 이
그나이터가 많이 사용되고 있다. 그림 2.82
에 메탈 할라이드 램프용의 회로 예를 든다.

④ **저주파 구형파 점등 회로** 고압 방전 램
프 점등장치의 소형 경량화를 위해 전자 회

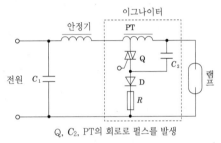

Q, C_2, PT의 회로로 펄스를 발생

그림 2.82 반도체 이그나이터 회로

로가 사용되고 있다. 그림 2.83은 고압 방
전 램프에 수십~수백 Hz의 저주파의 구형
파 전압을 인가하는 점등 회로의 대표 예이
다. 스위칭 소자 Q_2~Q_5가 저주파 구형파의
주파수를 결정한다. 또 고주파 스위칭 소자
를 저주파로 변조함으로써 회로를 간소화한
방식도 있다.[90]

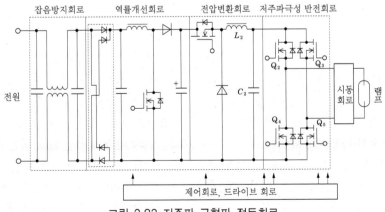

그림 2.83 저주파 구형파 점등회로

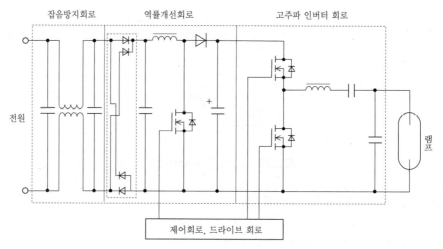

그림 2.84 고주파 점등회로

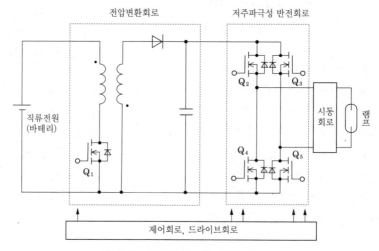

그림 2.85 헤드라이트용 점등회로

이들 회로는 저주파 점등이기 때문에 음향적 공명 현상이 생기지 않고 광 출력의 리플이 적다. 또한 전자 회로를 사용함으로써 여러 가지 기능을 용이하게 부가시킬 수 있어 최근에 많이 사용되게 되었다.

⑤ 고주파 점등 회로 그림 2.84는 형광 램프와 동일한 수십~수백 kHz의 고주파 점등 회로이다. 고압방전등을 이 주파수 영역

에서 점등시킨 경우 음향적 공명 현상이 발생할 가능성이 있고 설계가 곤란하기 때문에 실용화되고 있는 예는 적다.

⑥ 헤드라이트용 점등 회로 최근에 와서 광량의 증가와 주간에 가까운 발광색에 의해 야간 주행의 시인성을 높일 수 있어 자동차 헤드라이트에도 고압 방전 램프가 사용되기 시작하였다. 그림 2.85에 한 예를 든다. 점

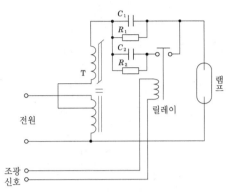

그림 2.86 정전력조광형 점등회로(리드 피크식)

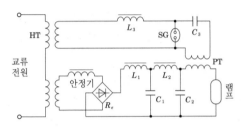

그림 2.87 크세논 쇼트 아크 램프 점등회로

등 방식은 일반적으로 저주파 구형파 점등
이다. 자동차에 사용하므로 순시 재시동과
신속한 광속의 상승을 하는 점등 제어가 필
수적이다.[91]

⑦ **조광 회로** 그림 2.86은 정전력형 회로의
콘덴서 변환에 의한 조광 방식이다. 또한
구형파 점등 회로나 고주파 점등 회로의 조
광은 고속 스위칭 소자의 스위칭 주파수나
온 시간과 오프 시간의 비율을 변화시킴으
로써 출력을 가변해서 행할 수가 있다.

(3) 무전극 램프의 점등 회로·방식

① **전자 유도 방식** 전극을 사용하지 않고 방
전을 발생시키는 방법으로서 코일에 고주파
전류를 흘려 전자 유도에 의해 플라즈마를
형성하는 것이 실용화되고 있다. 수백
kHz~수 MHz의 고주파에서는 램프 내측

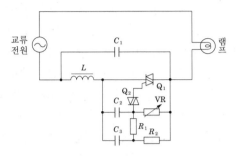

그림 2.88 백열 램프용 조광회로도

에 코일을 배치하고 또 수십 MHz의 고주
파에서는 램프 외측에 코일을 배치하는 것
으로 전자 유도를 하고 있다.

② **마이크로파 방전 방식** 무전극의 고압 방
전 램프 점등방법으로서 공동(空洞) 공진기
내에 램프를 두어 마이크로파를 램프에 조
사하는 방식이 실용화되고 있다.

(4) 저압 나트륨 램프용 점등 회로

일반적으로 그림 2.71의 리드 피크형 점등 회
로가 사용된다. 저압 나트륨 램프는 시동 과정
중에 최대 전력이 필요하며, 이를 얻기 위해 변
압기의 2차 전압을 정격 램프 전압의 2.5~5 배
정도까지 높게 하고 있다.

(5) 크세논 램프 점등 회로

그림 2.87에 크세논 쇼트 아크 램프의 점등
회로 예를 든다.

(6) 백열 램프용 점등회로 방식

그림 2.88은 백열 램프용의 조광 회로 예이
다. 이 회로는 위상 제어에 의해 조광하는 것이다.

(7) LED용 점등 회로

새로운 발광 소자로서는 EL이나 PDP 등 여
러 가지가 검토되고 있지만 그 중에서 백열 램

프나 형광 램프의 대체를 노린 시도가 활발한 것으로 LED가 있다. 그림 2.89는 LED용 점등 회로의 예이다. 그림 (a)는 LED가 1개인 경우의 가장 기본적인 구성으로서, LED의 순방향 전압보다 높은 직류 전압과의 사이에 저항을 접속하여 설정한 전류를 공급하는 것이다. 또 그림 (b)는 복수개를 점등하는 경우의 구성으로서, 정전류 회로를 사용함으로써 각 LED에 동일한 전류를 흘릴 수가 있기 때문에 LED의 순방향 전압이 각각 다른 경우라도 광출력의 오차를 보정할 수 있게 된다.

[西村廣司, 鹽見 務, 大西雅人]

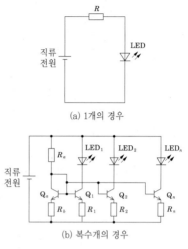

(a) 1개의 경우

(b) 복수개의 경우

그림 2.89 LED용 점등회로도

참고문헌

1) 本田, 他：赤外線反射膜応用ハロゲン電球, 東芝レビュー, 39, 3, 192 (1984)
2) IES：IES Lighting Handbook, p. 180 (1981)
3) Smithells, C. J.：Tungsten, Chapman & Hall (1952)
4) 照明学会編：ライティングハンドブック, オーム社 (1987)
5) Brumleve, T. R., et al.：Zn-Hg Amalgams for Fluorescent Lamps：Vapor Pressure, Thermodynamics and Lamp Performance, Preprint, High Temperature Lamp Chemistry III Symposium at the 184 th Meeting of the Electrochemical Society (1993)
6) Bloem, J., et al.：Some New Mercury Alloys for Use in Fluorescent Lamps, Illum. Engng. Soc., 6-3, pp.141-147 (1977)
7) Waysenfield, C. H., et al.：Scaling of Positive Column Hg-A Discharge toward Display Cells, The Society for Information Display 77 DIGEST, 7.5, pp. 82-83 (1977)
8) Elenbaas, W.：Fluorescent Lamps-2 nd Edition (Philips Technical Library), The Macmillan Press (1971)
9) The IESNA Lighting Handbook-Reference & Application -9 th Edition, IESNA, Chapter 6-Light Sources, pp. 6-21-6 -42 (2000)
10) 照明学会編：ライティングハンドブック, 7章「光源とその回路」, pp. 134-141, オーム社 (1987)
11) JIS C 7709-1：1997 電球類の口金・受金及びそれらのゲージ並びに互換性・安全性―第1部：口金
12) JIS C 7601：1997 蛍光ランプ (一般照明用)
13) JIS Z 9112：1990 蛍光ランプの光源色及び演色性による区分
14) IEC：Double-capped Fluorescent Lamps-Performance Specifications, IEC 60081-1997
15) JIS C 7617-2：2003 直管蛍光ランプ―第2部：性能規定

16) JIS C 7618-2：2003 片口金蛍光ランプ―第2部：性能規定 (環形を含む.)
17) 日本電球工業会：電球形蛍光ランプ (安定器内蔵形), JEL 201：1993
18) IEC：International Lamp Coding System, 2 nd Edition, Technical Specification TS 61231 (1999)
19) Mortimer, G. W.：Real-time Measurement of Dynamic Filament Resistance, J. Illum. Engng. Soc., 27-1, pp. 22-28 (1998)
20) 照明学会編：ライティングハンドブック, 3章「光と視覚」, pp. 29-79, オーム社 (1987)
21) Elenbaas, W.：The High Pressure Mercury Vapour Discharge (1951)
22) Elenbaas, W.：The High Pressure Mercury Vapour Lamps and their Application (1963)
23) Waymouth, J. F.：Electric Discharge Lamps (1971)
24) JIS C 7604：1970
25) Jack, A. G., et al.：J. Illum. Engng. Soc., 3-4, 323 (1974)
26) 高須啓次：GS News, 31-2, 134 (1972)
27) 森田政明：照学誌, 61-1, 4 (1977)
28) Fischer, E.：Proc. of 8th Int. Symp. on Sci. & Tech. of Light Sources, 36 (1998)
29) 太田垣芳男：照学誌, 85-1, 40 (2001)
30) Reiling, G. H.：USP 3234421
31) 東 忠利, 他：照学誌, 52-3, 152 (1968)
32) 石神敏彦, 他：東芝レビュー, 36-5, 483 (1981)
33) Seinen, P. A.：Proc. of 7th Int. Sym. on Sci. & Tech. of Light Sources, 101 (1995)
34) 杉浦 稔：光学, 19-9, 581 (1990)
35) 本田清和：照学誌, 77-12, 751 (1993)
36) 江崎真吾, 他：照学誌, 77-12, 741 (1993)

37) 谷林正誠, 他：東芝レビュー, 21-4, 401 (1966)

38) ランプカタログ, 東芝ライテック (2002)

39) 照明学会編：照明専門講座テキスト (2000)

40) 加納忠男, 他：東芝レビュー, 23-9, 1130 (1968)

41) 伊藤三郎, 他：新日本技報, 2-1, 89 (1968)

42) Dobrusskin, A.：Lichttechnik, 23-8, 447 (1971)

43) 野村誠夫, 他：東芝レビュー, 22-10, 1207 (1967)

44) Keefe, W. M.：J. Illum. Engng. Soc., 5-4 200 (1975)

45) 照明学会編：情報機器光源に関する研究調査委員会報告書 (1997)

46) Schmidt, K.：Bull. American Physical Society, 8, 58 (1963)

47) Iwai, I., et al.：J. Light. & Vis. Env., 1-1, 7 (1977)

48) 尾形芳郎, 他：National Tech. Rep., 27-3, 374 (1981)

49) Bhalla, R. S.：J. Illm. Engng. Soc., 8-3, 202 (1979)

50) 肥田康夫, 他：GS News, 38-2, 40 (1979)

51) 荒木建次, 他：照学誌, 77-2, 22 (1993)

52) Lauden, W. C., et al.：J. Illum. Engng. Soc., 60-12, 696 (1965)

53) Schmidt, K.：Proc. 6 th Intnl. Conf. Ion. Phen. in Gases, 3, 323 (1963)

54) 渡会吉昭, 他：照学誌, 57-8, 536 (1973)

55) 坪 秀三, 他：照学誌, 58-12, 658 (1974)

56) Teh-Sen Jen, et al.：J. Quant. Spectrosc. Radiant Transfer, 9, 487 (1969)

57) Schmidt, K.：Proc. 7 th Intnl. Conf. Ion. Phen. in Gases, 1, 654 (1965)

58) Hanneman, R. E., et al.：IES Preprint, 18 (1968)

59) 照明学会編：照明ハンドブック, オーム社 (1978)

60) Babat, G. I.：Electrodeless Discharges and Some Alied Problem, IEE, Part 3, 94, pp. 27-37 (1942)

61) Wharmby, D. O.：Electrodeless Lamps for lighting：a review, J. of IEEE Proc.-A, 140-6, pp. 465-473 (1993)

62) 吉岡正樹：外部電極型希ガス蛍光ランプ, ウシオライトエッジ, No. 15, p. 77 (1998)

63) 井上昭浩：次世代の新型ランプ, 電学誌, 117-3, pp. 155-158 (1997)

64) Dollan, J. T., et al.：A Noble High Efficacy Micro-wave Powered Light Source, LS 6, 74 L (1992)

65) 児玉, 吉沢, 正田, 大貫, 伴：マイクロ波放電光源装置とその応用, 三菱電機技報, Vol. 57-2, pp. 23-26 (1983)

66) 菱沼宣是：誘電体バリア放電エキシマランプ, ウシオライトエッジ, No. 15, pp. 78-80 (1998)

67) 四宮雅樹：無電極蛍光ランプ, 照学誌, 82-6, pp. 394-397 (1998)

68) 折笠輝雄, 須加昭雄：マイクロウェーブランプ, 光技術コンタクト, JOEM, Vol. 32-2, pp. 74-80 (1994)

69) 山本吉幸：フュージョンUVランプシステム, 月刊 Polyfile, pp. 46-47. 大成社, (2002)

70) 照明学会：新・照明教室光源, p. 101 (1999)

71) 田口常正：白色LEDと照明システム, Oplus E, Vol. 22, No. 8, pp. 1028-1034 (2000)

72) 田口常正：LEDディスプレイ, 照学誌, 87-1, pp. 42-46 (2003)

73) 奥野保男：発光ダイオード, pp. 160-161, 産業図書 (1993)

74) 大久保聡：日経エレクトロニクス, 10-7, pp. 59-66 (2002)

75) 石原孝幸：LEDインフォメーションディスプレイ, 光シリーズ, No. 2, 光ディスプレイ, pp. 32-38, オーム社 (2002)

76) 青野正司, 脇家慎介：多機能LEDの現状と今後, 光シリーズ, No. 2, 光ディスプレイ, pp. 41-45, オーム社 (2002)

77) 田村, 瀬戸本, 田口：InGaN系半導体白色LEDを用いた照明用光源の基礎特性, 電学誌 A, 120-2, pp. 244-249 (2000)

78) 瀬戸本, 内田, 田口：白色LED光源を用いた省エネルギー型太陽電池式街灯の開発と照度特性の評価, 照学誌, 85-8 A, pp. 577-584 (2001)

79) Elenbaas, W.：The High Pressure Mercury Vapor Discharge, p.128, North-Holland (1951)

80) 間山省一：超高圧水銀ランプ, ウシオライトエッジ, No. 15, p.50 (1998)

81) 東 忠利, 杉谷晃彦, 他：プロジェクタ用光源の現状と今後の展開, 月刊ディスプレイ, Vol. 7, No. 11, pp.94-100, テクノタイム社 (2001)

82) 平本立躬：「キセノンランプ」, 光源の特性と使い方, 村山精一編, p.37, 学会出版センター (1985)

83) 松野博光：新しいUVおよびVUVエキシマランプ光源の開発, ウシオ技術情報誌ライトエッジ, No. 8, p.47-57 (1996)

84) 岡垣 博：「重水素放電管」, 光源の特性と使い方, 村山精一編, p. 39, 学会出版センター (1985)

85) 奥村博昭, 祇園洪：National Technical Report, Vol. 23, No. 4, pp. 571-582 (1977)

86) Hiroshi Bo and Kazuyoshi Masumi：Analysis of operating circuits for discharge lamps by the simulation method, J. Illum. Engng. Soc., pp. 92-98 (1976)

87) 山内, 塩見, 奥出, 大西：調光特性を考慮した電子回路シミュレーション用蛍光灯モデルの一考察, 照明学会全大, p.58 (1999)

88) Minoru Maehara, et al.：A Current Source Type Charge Pump High Power Factor Electronic Ballast Combined with Buck Converter, IEEE PESC, pp. 2016-2020 (1998)

89) Masahiro Shoyama, et al.：Steady-State Characteristics of the Push-Pull Piezoelectric Inverter, IEEE PESC, pp. 715-721 (1997)

90) 永瀬, 西村, 内橋, 塩見：高圧放電灯用電子式点灯回路の研究, 照学誌, 第 72-2, pp. 19-24 (1988)

91) 塩見, 神原, 永瀬, 木戸：自動車用HID式ヘッドライト点灯装置, 松下電工技報, No. 74, pp. 13-19 (2001)

제3장

조명기구

3.1 배광·광속 계산

3.1.1 배광 분류

(1) 배광의 국제 분류

국제적으로 조명 기구의 배광(配光)은 하반구(下半球)와 상반구에 있어서의 광속 분포에 따라 표 3.1과 같이 분류된다. 또한 조명 방식의 분류에 대해서 표에 분류된 조명기구를 사용해서 하는 조명을 각각 직접 조명, 반직접 조명, 전반확산 조명, 반간접 조명, 간접 조명이라고 한다.[1]

(2) 시설용 형광 기구의 휘도 제한

JIS C 8106에서 정하는 시설용 형광등 기구에 대해서는 그 연직각 65°, 75°, 85°에 있어서의 휘도를 어느 값 이하로 제한함으로써 조명 기구로부터의 글레어가 제한된다.[2]

(3) 조명용 반사갓의 배광 구분

HID 램프를 사용한 조명용 반사갓은 배광의 확산 정도에 따라 특협조형(特狹照形), 협조형(狹照形), 중조형(中照形), 광조형(廣照形) 및 특광조형으로 구분되기도 한다.[3] 배광은 연직 배광 곡선의 극좌표로 표시된다.

(4) 투광기의 배광 구분

JIS C 8113에서 정하는 투광기는 빔의 개방(도) 정도에 따라 협각형, 중각형 확각형 및 기타로 구분된다.[4] 배광은 직각 좌표로 표시된다.

(5) 도로용 조명 기구의 배광 구분

JIS C 8131에서 정하는 도료 조명 기구의 배광은 2방향형 배광과 전방향형 (全方向形) 배광으로 구분된다. 2방향형 배광은 기준축(조명 기구의 배광을 측정할 때의 기준이 되는 축)을 포함하는 평면에 대해서 대칭(對稱)으로 도로축 근방에 강하게 집광되고 있다. 이 배광의 도로 조명 기구에는 글레어 규제의 점에서 컷오프형과 세미 컷오프형이 있으며 연직각 90° 및 80°의 광도(램프 광속 1,000 lm당의 [cd]값)의 크기로 구분된다.[5] 이들 배광은 사인 등광도도(等光度圖)로 표시된다.

전방향형 배광은 기준축에 대해서 대칭 또는 거의 대칭이다. 배광은 평균 연직 배광곡선으로 표시된다.

3.1.2 대칭 배광의 표시 방법

일반적인 옥내용 조명 기구의 연직 배광 곡선은 극좌표로 표시된다. 그림 3.1은 형광등 기구의 연직 배광 곡선이다. 연직각 θ에 대해서는

표 3.1 배광의 분류

분류	상대광속비	
	하반구광속	상반구광속
직접조명형	1.0~0.9	0.0~0.1
반직접조명형	0.9~0.6	0.1~0.4
전반확산조명형	0.6~0.4	0.4~0.6
반간접조명형	0.4~0.1	0.6~0.9
간접조명형	0.1~0.0	0.9~1.0

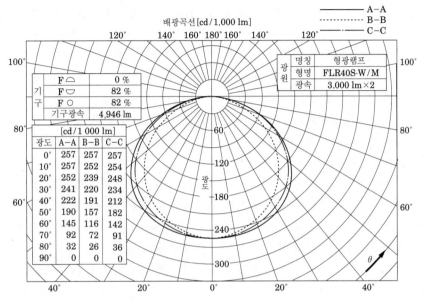

그림 3.1 하면개방형 형광등기구의 연직배광 곡선

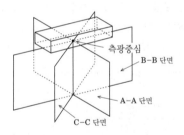

그림 3.2 조명기구의 배광을 표시하는 단면

연직 하방을 0°로 하여 원주상에 각도 눈금을 잡고 배광은 통상 그림 3.2와 같은 3개의 연직 단면 A-A, B-B 및 C-C면에 대해서 램프 전 광속 1,000 lm당의 광도값으로 표시된다.

연직 배광 곡선은 수평각 φ가 다를 때마다 무수히 있으며 그것들은 일반적으로는 전혀 동일하다고는 할 수 없다. 도로 조명 기구와 같이 크게 다른 경우는 비대칭 배광으로 취급하고 형광등 기구와 같은 비대칭 정도면 실용상 각 연직 배광을 평균해서 대칭 배광으로 취급한다. 이것을 평균 연직 배광 곡선이라고 한다. 평균 연직 배광 곡선은 형광등 기구의 조명률을 계산

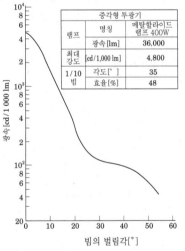

그림 3.3 투광기의 직각좌표 배광곡선

하는 경우에 사용된다.

(1) 직각 좌표 표시

투광기는 좁은 각도 범위에 많은 광속을 내므로 직각 좌표로 표시한다. 횡축에 빔의 벌림각 (도), 종축(통상적으로는 대수 눈금)에 광도를

취한다. 광도의 값에는 1,000 lm당의 광도치를 표시하는 경우가 있다.

그림 3.3은 투광기 배광 곡선의 일례(축 대칭의 경우)이다. 기준축 광도의 1/10의 광도를 주면 빔의 벌림(각도로 표시)을 1/10 빔각(기준축으로부터의 편측 각도의 2배)이라고 하며 그곳에 포함되는 광속을 1/10 빔 광속이라고 한다. 배광 곡선에 기준축으로부터의 누적 광속 곡선을 표시하는 경우가 있다.

축대칭 배광이 아닌 투광기의 경우도 배광 단면(A-A, B-B)마다 직각 좌표 표시된다. 특히 A-A 단면에서 아래쪽과 위쪽에서 배광이 다른 경우에는 1/10 빔각은 기준축에 대해서 아래쪽 및 위쪽 각각 별도로 구해진다.

(3) 간단한 기하학적 광원의 배광과 광속

표 3.2에 간단한 기하학적 광원의 연직 배광 곡선과 광도, 광속 등을 나타낸다.

표 3.2에 있어서의 면적의 어떤 광원의 휘도 L은 어느 방향에서 보더라도 일정하고 완전히 확산하고 있다고 가정하고 있다.

$$I(\theta) = L \cdot A(\theta)$$

여기서 $I(\theta)$: 연직각 θ 방향의 광도, $A(\theta)$: θ 방향에서 본 광원의 정사영(正射影) 면적.

직선 광원과 원환 광원의 경우에는 L은 광원의 단위 길이당의 광도이다

3.1.3 비대칭 배광의 표시 방법

(1) 등광도도(等光度圖)

비대칭 배광은 다수의 수평각을 모수(母數)로 하여 연직 배광 곡선의 극좌표로 표시할 수 있지만 배광의 전체 상(像)을 잡기 어렵기 때문에 통상적으로는 이와 같은 표시 방법은 사용하지 않고 등광도도(等光度圖)를 사용한다.

등광도도의 원리는 가상 구체의 중심에 광원을 놓고 단위 구면상에 수평각과 연직각으로 그 물눈을 만들어 그곳에 크기가 다른 몇 개 광원의 등광도선을 그리고 이 구면을 평면상에 전개

표 3.2 간단한 기하학적 광원의 배광과 광속

광원 성질	직선	원완	평면판 (하측만 빛난다)	원주	구면	반구면
광원의 축을 잡는 법						
연직배광 곡선						
배광의 분류	전반확산	전반확산	직접	전반확산	전반확산	반직접
$I(\theta)$ $I(\pi/2)$ $I(0)$	$I(\pi/2)\sin\theta$ hL 0	$I(\pi/2)E(K)$ * $4RL$ $2\pi RL$	$I(0)\cos\theta$ 0 SL	$I(\pi/2)\sin\theta$ $2\gamma hL$ 0	$I(\pi/2)=I(0)$ πR^2L πR^2L	$I(\pi/2)\times(1+\cos\theta)$ $\pi R^2L/2$ πR^2L
구면광도 I_0 하반면광도 상반구면광도	$\pi I(\pi/2)/4$ $\pi I(\pi/2)/2$ $\pi I(\pi/2)/2$	$\pi I(0)/4$ I_0 I_0	$\pi I(0)/4$ $I(0)/2$ 0	$\pi I(\pi/2)/4$ I_0 I_0	$I(\pi/2)\times I(0)$ I_0 I_0	$I(\pi/2)$ $3I(0)/4$ $I(0)/4$
전광속 F_0 하반구광속 상반구광속	$\pi^2 I(\pi/2)$ $F_0/2$ $F_0/2$	$\pi^2 I(0)$ $F_0/2$ $F_0/2$	$\pi I(0)$ F_0 0	$\pi^2 I(\pi/2)$ $F_0/2$ $F_0/2$	$4\pi I_0$ $F_0/2$ $F_0/2$	$2\pi I(0)$ $3F_0/4$ $F_0/4$

*$K=\sin\theta$, $E(K)$는 모수 K의 2종 완전타원적분, L은 단위 길이당의 광도 또는 휘도

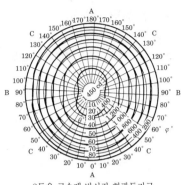

2등용 금속제 반사갓 형광등기구
(A, B, C는 배광단면의 위치를 표시)

그림 3.4 원등광도도 [照明學會, 1987[6]]

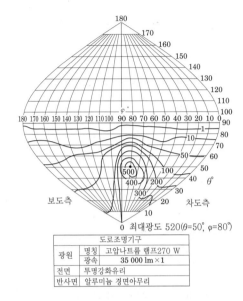

○ 최대광도 520(θ=50°, φ=80°)

도로조명기구		
광원	명칭	고압나트륨 램프270 W
	광속	35 000 lm×1
전면		투명강화유리
반사면		알루미늄 경면아무리

그림 3.5 사인 등광도도(단위:cd/1,000 lm)

$$횡축 : x = \frac{2a}{\pi} \sin \theta \cdot \left(\varphi - \frac{\pi}{2} \right)$$

$$종축 : y = \frac{2a}{\pi} \left(\theta - \frac{\pi}{2} \right) \quad (a : 임의의 \ 상수)$$

시킨다. 이때 그물눈의 면적이 입체각에 비례하도록 표시하고 수평각과 연직각을 눈금 표시한다. 등광도도상의 면적에 그 방향의 광도를 곱하면 그 방향의 광속이 구해진다. 주요 등광도도로 원등광도도, 사인 등광도도 및 장방형 등광도도가 있다.

(2) 원 등광도도
연직각 θ, 수평각 φ인 구면상의 점을
〈극좌표계〉

$$동경 : \rho = \sqrt{2}a \cdot \sin \frac{\theta}{2} \ (a : 임의의 \ 상수)$$

$$경각 : \phi = \varphi$$

으로 변환한 것으로서 전 구면이 원으로 전개된다. 꼭 광원 직상에서와 직하에서 구면을 바라본 것과 같은 것으로서, 하반구($90° \geq \theta \geq 0°$)와 상반구($180° \geq \theta \geq 90°$)의 2개의 원 등광도도로 1개의 광원 배광을 표시하게 된다. 상수 a는 원 등광도도의 반경이다. 그림 3.4는 원 등광도도(눈금 10°)의 일례이다.[6]

(3) 사인 등광도도
연직각 θ, 수평각 φ인 구면상의 점을 직각 좌표계

로 변환한 것으로서, 전체 구면은 종으로 이등분한 반구씩으로 표시된다. 많은 조명 기구의 배광은 반구의 한 쪽으로 표시하면 다른 반구는 이것과 대칭이므로 1매의 사인 등광도도로 표시된다. 정수 a는 사인 등광도도의 종·횡의 길이로서, 이 식에서는 서로 같다. 그림 3.5는 도로 조명 기구의 배광을 표시한 것이다.

도로 조명 기구는 실용상 상방으로 5° 또는 10°와 같이 경사시켜 설치하는 일이 있다. 도로상의 어느 점 P(광 중심을 원점(0, 0, 0), 횡단 방향 : x, 주로 방향 : y로 하고 P(x, y, $-z$)로 표시)를 향하는 광도가 설치 각도 γ[°] ($\gamma \geq 0$)에서는 0°일 때 비해서 어떻게 달라지는가 사인 등광도도상의 좌표 (θ, φ)로 표시하면 다음 식과 같이 된다. 이 좌표에서 광도가 설치 각도 γ[°]인 경우 점 P(x, y, $-z$)를 향하는 광도이다.

$$\theta = \tan^{-1}\frac{\tan^2\beta + \cos^2\gamma(\tan\alpha - \tan\gamma)^2}{\sqrt{\tan\alpha\sin\gamma + \cos\gamma}}\ [°]$$

$$\varphi = \tan^{-1}\frac{\tan\beta}{\tan\alpha\cos\gamma - \sin\gamma}\ [°]$$

$$\tan\alpha = \frac{x}{z}$$

$$\tan\beta = -\frac{y}{z}$$

(z : 조명기구 설치 높이($z < 0$))

(4) 장방형 등광도도

연직각 θ, 수평각 φ인 구면상의 점을 직각 좌표계

  횡축 : $x = a\varphi$, 종축 : $y = a(1 - \cos\theta)$

    (a : 임의의 상수)

로 변환한 것으로서, 구에 외접하는 원주에 정사영하여 전개시킨 것이다.[7,8] 상수 a는 장방형 등 광도도의 세로 전장의 1/2이다. 그림의 형태에 의해 직각 등광도도 또는 구형 등광도도라고 하기도 한다. 구의 북극과 남극에 상당하는 점이 복수점으로 표시되기 때문에 배광 표시에는 거의 실용되고 있지 않다.

그림 3.6은 장방형 등광도도의 일례이다.[6]

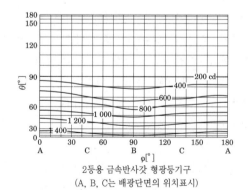

2등용 금속반사갓 형광등기구
(A, B, C는 배광단면의 위치표시)

그림 3.6 장방형 등광도도
[照明學會, 1987[6]]

3.1.4 3대 광속비(三對光束比)

조명 기구의 3대 광속비(三對光束比)란 하반구면(입체각 2π)을 등입체각으로 4등분하면 그림 3.7과 같은 아래 쪽으로부터 1개의 구모(球帽)와 3개의 구대(球帶)가 얻어진다. 이들 각각에 포함되는 광속을 F_1, F_2, F_3 및 F_4라고 하면 다음 식으로 얻어지는 α, β, γ를 3대 광속비(flux triplet)라고 한다.[6]

$$\frac{F_1}{F_1 + F_2 + F_3 + F_4} = \alpha, \quad \frac{F_1 + F_2}{F_1 + F_2 + F_3 + F_4} = \beta$$

$$\frac{F_1 + F_2 + F_3}{F_1 + F_2 + F_3 + F_4} = \gamma$$

3대 광속비는 연직 하방으로부터의 조명 기구 광속의 누적값이 입체각의 4차식에 근사시킬 수 있어 배광 $I(\theta)$가 코사인의 4차식으로 전개되어 다음과 같이 계산된다.[9]

$$I(\theta) = q_1 + q_2\cos\theta + q_3\cos^2\theta + q_4\cos^3\theta\ [cd]$$

$q_1, \cdots, q_4$는 배광의 측정값에서 계산된다.

$$(S_i) = \int_0^{\pi/2} I(\theta)\begin{pmatrix}1\\\cos\theta\\\cos^2\theta\\\cos^3\theta\end{pmatrix}\sin\theta d\theta \quad (i = 1, 2, 3, 4)$$

$$\begin{pmatrix}q_1\\q_2\\q_3\\q_4\end{pmatrix}$$

$$= \begin{pmatrix}16 & -120 & 240 & -140\\-120 & 1,200 & -2,700 & 1,680\\240 & -2,700 & 6,480 & -4,200\\-140 & 1,680 & -4,200 & 2,800\end{pmatrix}\begin{pmatrix}S_1\\S_2\\S_3\\S_4\end{pmatrix}[cd]$$

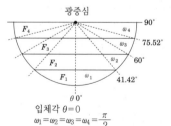

입체각 $\theta = 0$
$\omega_1 = \omega_2 = \omega_3 = \omega_4 = \dfrac{\pi}{2}$

그림 3.7 하반구의 등입체각 분할

$$\begin{pmatrix} F_1 \\ F_1+F_2 \\ F_1+F_2+F_3 \\ F_1+F_2+F_3+F_4 \end{pmatrix}$$

$$= \begin{pmatrix} \dfrac{1}{4} & \dfrac{7}{32} & \dfrac{37}{192} & \dfrac{175}{1024} \\ \dfrac{1}{2} & \dfrac{3}{8} & \dfrac{7}{24} & \dfrac{15}{64} \\ \dfrac{3}{4} & \dfrac{15}{32} & \dfrac{21}{64} & \dfrac{255}{1024} \\ 1 & \dfrac{1}{2} & \dfrac{1}{3} & \dfrac{1}{4} \end{pmatrix} \begin{pmatrix} q_1 \\ q_2 \\ q_3 \\ q_4 \end{pmatrix} \; [\text{lm}]$$

표 3.3에 표 3.2의 간단한 기하학적 광원의 3대 광속비의 계산 결과를 나타낸다

3대 광속비의 응용으로서 조명 시설의 직접 광속비 계산에 사용되는데 3대 광속비 그것에 의해 조명 기구의 하반구 광속의 공간으로의 배분이 보다 상세하게 분석·비교된다.

[高橋貞雄]

3.2 조명 기구의 종류와 용도 ●●●

3.2.1 조명 기구의 분류

조명 기구란 "주로 램프의 배광 및 광색을 변환하는 기능을 갖고 그들 램프를 고정하고 보호하기 위해서와 또 전원에 연결하기 위해 필요한 모든 부품을 가진 장치이며, 필요에 따라 점등용 부속 장치를 포함한다."고 JIS C 8105-1(조명기구-안전성 요구사항 통칙)에 정의되고 있는 것과 같이 쾌적한 조명 환경을 얻기 위해 램프에서 나오는 광을 제어·조정하는 광학적 기능이 있으며, 이 기능을 수행하기 위해 램프를 유지·보호하기 위한 기계적 기능과 전기 에너지를 공급·제어하는 전기적 기능을 함께 가지고 있다.

표 3.3 간단한 기하학적 광원 3대 광속비

광원	3대 광속비		
	α	β	γ
직선, 원주	0.145	0.404	0.671
원환	0.299	0.565	0.782
평면판	0.422	0.754	0.944
구면	0.253	0.510	0.738
반구면	0.316	0.591	0.807

조명 기구의 종류는 대단히 많으며 여러 갈래에 걸쳐 있어 일의적으로 분류하기가 곤란하기 때문에 여러 관점에서 분류되고 있다. 이하, 대표적인 분류를 하여 본다.

(1) 사용 램프에 의한 분류

사용되는 램프의 명칭에 따라 분류하는 방법으로서, 램프의 종류, 램프의 크기(W) 등으로 대략적인 분류를 하고 있다. 백열전구, 형광 램프, HID 램프(고휘도 방전 램프) 등을 사용한 기구가 있다.

(2) 기구 형상에 의한 분류

기구 형상에 의한 분류는 누구나 알기 쉽고 곧장 이미지 받기 쉬운 점에서 많이 사용된다. 대표적인 것으로서 실링 라이트, 펜던트, 브래킷, 스탠드, 샹들리에, 다운 라이트, 스포트라이트 등이 있다.

(3) 기구 설치 상태에 의한 분류

기구가 설치되는 상태에 따라 직부형, 현수형, 매입형, 벽걸이형, 바닥장치형 등으로 분류된다.

(4) 기구 기능에 의한 분류

기능에 의한 분류에는 광학적 특성에 의하는 것, 수분 침입에서 보호하는 정도에 의하는 것,

감전 보호의 정도에 의하는 것과 기타 기능에 의하는 것으로 구분된다.

① **광학 특성에 의하는 것** 조명 기구의 광학 특성에 의한 분류에는 다음과 같은 것이 있다. 투광기(JIS C 8113)는 배광의 종류로서 협각형, 중각형, 광각형, 기타로 분류하고 있다. 형광등 탁상 스탠드(JIS C 8112)는 탁상면 조도에 의한 구분으로서 A형, AA형이 있다. 도로 조명기구(JIS C 8131)는 수평면의 배광 형상에 따라 2방향형과 전방향형으로 나누고 2방향형에는 컷오프형, 세미 컷오프형이 있다.

② **수분 침입에서 보호하는 정도에 의하는 것** 물의 침입에 대한 보호에 따라 방적형(防滴形), 방우형(防雨形), 방말형(防沫形), 방분류형(防噴流形), 내수형(耐水形), 방침형(防浸形), 수중형(水中形) 및 방습형(防濕形)으로 분류된다. 이것들을 총칭해서 방수형(防水形)이라고 하고 있다. 이것들을 표시하는 심볼로서 IP번호가 있으며 제2 특성 숫자가 0~까지의 9 단계로 분류되고 있다.

③ **감전 보호의 정도에 의하는 것** 클래스 0(접지를 하지 않는 것), 클래스 I(접지를 하는 것), 클래스 II(이중 절연을 한 것), 클래스 III(안전 특별 저전압, 즉 도체 간 또는 도체와 대지 간이 교류 실효값 30V를 넘지 않는 전압으로 사용되는 것)로 분류되고 있다.

④ **기타의 기능에 의하는 것** 먼지·고형물 침입에서 보호하는 정도에 의하는 것의 심볼로서 IP 번호가 있다. 제1 특성 숫자가 0(보호 없음)~6(내진)의 7단계로 분류되고 있다. 또한 조명 기구에 요구되는 것으로서 디자인성과 광의 질(이중에는 물체를 아름답게 보인다·물체를 보기 쉽게 한다·분위기를 좋게 한다고 하는 세 가지 광의 질)이 있다. 그 때문에 용도에 따라 여러 가지 램프가 개발되고 그것을 사용해서 목적에 대응한 기구가 개발되어 왔다. 여기서는 공간을 주택 공간, 오피스 공간·점포 공간·옥외 공간·그 밖에 특수 공간으로 나누어 각각의 공간에 많이 사용되는 기구의 종류에 대해서 소개한다.

3.2.2 주택 공간의 조명 기구

주택 공간 내에는 여러 공간이 있으며 그 공간에 요구되는 기능을 가진 조명 기구가 선택된다. 또한 건축 양식에 따라 일본식과 서양식은 기구 선정도 달라진다. 여기서 사용되는 램프에는 형광 램프, 백열전구가 주이다.

(1) 실링 라이트

체인이나 파이프 등을 사용하지 않고 천장에 직접 부착하는 기구를 말한다. 천장과 일체가 되도록 얇은 형으로 한 것과 콤팩트한 사이즈의 것이 많은데 압박감이 적은 것이 특징이며 높은 위치에서 골고루 조사하므로 전체 조명에 적합하다. LD나 거실은 물론이고 현관이나 복도에도, 그리고 사이즈가 작은 것은 욕실이나 화장실 등에 사용되어 용도가 광범위한 조명 기구라고 할 수 있다.

LD나 거실용의 실링 라이트로 분위기에 따라 밝기를 조정할 수 있고 조작도 리모컨으로 간단

리모컨

그림 3.8 리모컨으로 밝기를 조정할 수 있는 이중환형 형광램프를 사용한 실링

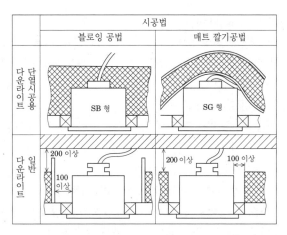

시공법		
	블로잉 공법	매트 깔기공법
다운라이트 단열시공용	SB형	SG형
다운라이트 일반	200 이상 / 100 이상	200 이상 / 100 이상

그림 3.9 단열시공용 다운라이트와 일반형 다운라이트의 시공법

히 할 수 있는 것도 있다(그림 3.8).

(2) 펜던트

코드나 체인, 와이어로 천장에서 현수하는 기구를 말한다. 천장 중앙부에 달아서 사용하는 전체 조명과 식당 테이블 등을 조사하는 부분 조명이 있고, 세이드나 커버의 소재는 플라스틱·나무·유리·금속·천 등 광범위하고 디자인도 풍부하다. 또 기구의 높이를 간단히 조절할 수 있는 기구도 있어 조사 범위나 책상면의 밝기를 바꿀 수 있고 기구 청소도 하기 쉬운 편리한 기구이다.

(3) 다운 라이트

천장에 매입하여 아래를 직접 조사하는 기구를 말한다. 기구 본체가 표면에 나오지 않으므로 공간이 깨끗한 이점이 있지만 건축 구조에 따라서는 기구 사이즈에 제한이 있어 사용할 수 없는 경우가 있으므로 기구 외경이나 높이에 주의할 필요가 있다.

다운 라이트의 종류에는 일반형 다운 라이트와 단열·차음 시공용 다운 라이트가 있으며, 후자는 난방, 냉방의 효율을 높이기 위해서와 외

부로부터의 차음을 위해 천장 뒤에 사용하는 단열재에 대응할 수 있게 되어 있다. 또 단열 시공용 다운 라이트에는 단열재가 롤 타입, 패드 타입의 매트 깔기 공법에만 대응할 수 있는 단열·차음 시공용 다운 라이트 SG형과 블로잉 공법에도 매트 깔기 공법에도 대응할 수 있는 단열·차음 시공용 다운 라이트 SB형이 있다. 그림 3.9에 일반형 다운 라이트와 단열·차음 시공용 다운 라이트 시공 방법을 든다.

① **일반형 다운 라이트** 일반적으로 단열재를 사용하지 않는 천장에 매입해서 사용하는 기구를 말한다. 광원에는 백열등이나 콤팩트 형광 램프가 사용되며 전반 조명용 또는 국부 조명용으로서 다종다양한 베리에이션이 있다. 통상적인 다운 라이트 외에 다음과 같은 다운 라이트가 있다.

ⓐ **천형(淺形) 다운 라이트** 천장 뒤의 공간이 적은 주택에도 시공할 수 있는 다운 라이트를 말한다. 일반적인 다운 라이트는 매입 깊이가 19cm 이상 필요하고, 천형 다운 라이트는 콤팩트 형광 램프를 수평으로 사용하여 27 W로 10 cm인 천장 뒤 공간에서 사용할 수 있는 다운 라이트

이다. 그림 3.10에 일반형 다운 라이트와 천형 다운 라이트의 비교를 들었다. 소형 전구를 사용한 다운 라이트는 60 W로 8 cm에 사용할 수 있는 것도 있다.

ⓑ **경사 천장용 다운 라이트** 경사진 천장 부분에 시공할 수 있는 다운 라이트를 말한다. 경사진 천장 부분에 일반 다운 라이트를 시공하면 램프가 직접 보여 글레어를 준다. 천장의 경사 각도에 맞추어서 램프, 반사판이 수직으로 보이도록 설계되어 있어 광이 직하로 확산되어 불쾌한 눈부심이 억제된다. 그림 3.11에 경사 천장용 다운 라이트와 일반 다운 라이트를 경사 천장에 설치했을 때의 비교를 든다.

② **단열·차음 시공 다운 라이트**

ⓐ **단열·차음 시공 다운 라이트 SG형** 주택용 인조광물 섬유단열재(JIS A 9521)의 롤 타입 또는 패드 타입을 깔고 단열·차음을 높이는 매트 깔기 공법에 사용

할 수 있는 기구를 말한다.

ⓑ **단열·차음 시공 다운 라이트 SB형** 취입용 섬유질 단열재(JIS A 9523)를 사용하여 시공하는 블로잉 공법과 매트로 싸는 매트깔기 공법 중 어느 방법으로 단열·차음 시공된 천장에도 사용 가능한 기구를 말한다.

(4) 샹들리에

장식적인 요소가 강하고 대접하는 장소에 적합한 기구를 말한다. 크리스털 유리를 사용한 호화로운 것부터 모던하고 심플한 것까지 디자인 폭이 넓은 것이 특징이다. 방 전체를 비추는 데 효과적인 것도 많고 체인이나 파이프로 현수하는 것과 천장에 직접 설치하는 것이 있어 천장 높이나 방 넓이에 따라 선택할 수 있다. 커서 중량이 나가는 기구의 장소는 천장 보강 공사가 필요한 경우가 있으므로 주의가 필요하다. 높은 천장용 샹들리에 등 높은 곳에 설치하는 기구에는 전동 승강 장치를 조합해서 설치하면 스위치 하나로 승강하여 램프 교환 등 보수가 용이하다.

(5) 센서 달린 조명 기구(현관 라이트, 화장실 라이트)

① **현관 라이트** 현관에 설치하는 기구를 말

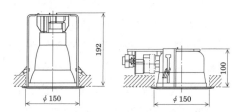

그림 3.10 일반형 다운 라이트와 천형(淺形) 다운 라이트의 비교

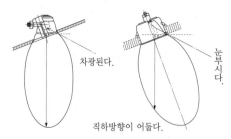

그림 3.11 경사천장용 다운 라이트와 일반 다운 라이트를 경사진 천장에 설치했을 때의 비교

그림 3.12 센서 달린 현관 라이트

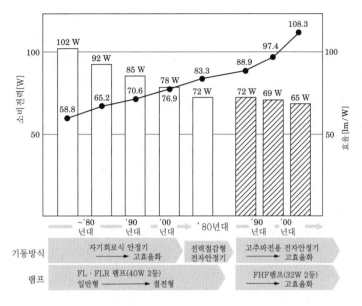

그림 3.13 직관형 형광등 시스템 효율의 변천

한다. 주택 입구의 안내나 방범이 목적으로, 기구는 방우형(防雨形)이고 내구성이 강하며 보수성이 양호한 것을 선택한다. 사람이 오면 감지하고 점등하는 것이나 침입자를 검지하여 방범용으로 자동적으로 점등하는 것도 있다(그림 3.12).

② **화장실 라이트** 화장실용 기구를 말한다. 밝고 청결한 이미지의 것으로,점등과 소등 빈도가 많기 때문에 순시에 점등하는 광원을 선택한다. 사람이 화장실에 오면 자동적으로 점등하고 떠나면 소등하는 기능을 가진 기구도 있다.

3.2.3 시설·오피스 공간의 조명 기구

(1) 형광등 베이스 라이트

사무실·학교·공장 등에 설치되는 기구를 말한다. 시설·사무실 공간용 조명 기구는 고효율의 관점에서 다른 광원과 비교할 때 램프 효율이 우수한 직관(直管) 형광등 기구가 주류가 되고 있다. 근년에는 더욱 고광속 고효율 성능을 추구하여 고주파 점등전용 형광 램프 'Hf 램프'와 전용의 인버터 점등 회로를 조합한 Hf 형광등 조명 기구가 주류가 되고 있다.

특히 에너지 절약성에 대해서는 고주파 점등 전용의 Hf 형광등과 인버터 밸러스트를 조합한 Hf 형광등 기구는 그 총합 효율이 최근 100~110 lm/W나 되어 원래 일본의 표준적인 형광 램프였던 'FLR 램프' 장착을 전제로 한 전기 회로 안정기식 조명기구와 비교하면 효율이 약 30 % 개선되고 있다.

그림 3.13에 점등 회로와 램프를 조합한 형광등 조명 기구에 있어서의 종합 효율의 변천을 보인다. 또한 기구 형태로서는 다음과 같은 것이 있다.

① **직부형 기구** 천장에 직접 부착하는 기구를 말한다. 대표적인 직부형 조명 기구로서 '후지형 기구(역후지형이나 V형이라고도 한다)'와 '갓 없는 기구(트로프나 홀더라고

도 한다)' 및 '갓 달린 기구'가 널리 사용되고 있다.

② **매입형 기구** 본체를 천장 뒤에 매입하는 기구를 말한다. 천장면이 매끈하기 때문에 사무소·병원·학교·공공시설·점포 등의 전반 조명으로 널리 사용된다. 근년, 사무소에서는 램프광이 직접 시야에 들어가지 않도록 차광한 기구(글레어리스 기구)(그림 3.14)나 OA 기기 도입에 대응하여 OA 기기의 CRT 화면에의 램프 입사를 없애도록 배려한 기구(그림 3.15)가 보급되고 있다.

(2) 비상용 조명 기구

시장·병원·극장·호텔 등 다수의 사람이 모이는 장소로서 화재 기타 불의의 사고로 정전됐을 때(비상시)에 사람들을 옥외로 피난시키기 위한 조도를 확보하기 위한 기구를 말한다. 설치 대상물이나 설치 장소, 필요 조도나 비상 점등 시간, 비상용 전원이나 배선, 조명 기구로서의 요구 성능 등은 건축기준법에 의해 규정되고 있다. 또한 비상용 조명 기구가 건축기준법에 합치되고 있는가를 확인하는 기관으로 일본 조명기구공업회에서는 자주(自主) 평정위원회를 설치하고 있으며 그곳에서는 건축기준법 및 비상용 조명기구 기술기준(JIL 5501)을 기본으로 평정을 하여 기준에 합치된 것에는 JIL 적합 마크 표시를 허가하고 있다. 비상용 점등시에 사용하는 예비 전원의 종류로서 조명 기구에 축전지를 내장하고 있는 전지 내장형과 축전지 설비나 자가발전 설비를 사용하는 전원 별치형이 있다.

전지 내장형의 내장 축전지는 일반적으로 니켈·카드뮴 축전지가 사용되고 있지만 근년 환경을 배려한 니켈 수소축전지를 탑재한 것도 발매되고 있다. 대표적인 기구의 형태는 전지 내장형의 형광등 비상용 조명기구(상시·비상시 겸용형)(그림 3.16), 전지 내장형의 미니 할로겐 비상용 조명기구(비상시 전용형)(그림

그림 3.16 전지 내장 형광등 비상용 조명기구

그림 3.17 미니할로겐 비상용 조명기구

그림 3.14 글레어리스 기구

그림 3.15 OA기기대응 기구

그림 3.18 전원별치 비상용 조명기구
(비상시 백열전구 조입형)

그림 3.19 유도등 인정증지

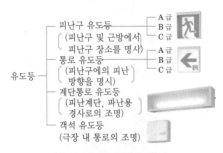

그림 3.20 유도등의 분류

그림 3.21 유도등의 크기 구분

3.17), 전원 별치형의 형광등 비상용 조명기구 (비상시 백열전구 조입형)(그림 3.18)이다.

■배광곡선 [cd/1 000 lm]
램프 : HF400X
　　　MF400.L/BU-P
　　　NH360F.L

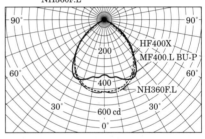

그림 3.22　축대칭 배광의 조명용 반사갓과 배광

(3) 유도등 기구

　점포·병원·극장·호텔 등 불특정 다수의 사람이 모이는 장소에서 화재나 기타 사고로 정전됐을 때 사람들을 신속하고 안전하게 피난시키기 위해서 비상구 위치나 방향을 표시하거나 피난에 필요한 조도를 확보하기 위한 기구를 말한다. 유도등 기구는 소방법에 의해 설치하여야 할 건물의 종류나 설치 장소 및 성능이 규정되어 있다. 일본에는 소방청 지정의 인정 기관으로서 일본 조명기구공업회의 유도등인정위원회가 있으며 기술 기준(JIL 5502)에 합치된 제품에는 인정증지(그림 3.19)가 부착되고 있다. 유도등은 설치 장소에 따라 피난구 유도등, 통로 유도등, 객석 유도등으로 분류된다. 표시면의 크기에 따라 A급, B급, C급의 크기 구분이 정해지고 있으며 건물의 용도나 크기에 따라 구분 사용되고 있다(그림 3.21). 종래 표시면의 형상은 장방형이었지만 최근에는 표시면 형상이 정방형의 유도등으로 바뀌고 있다. 그 광원에는 전력이 절감되고 수명이 긴 냉음극 형광 램프가 채용되고 있다. 또한 불특정 다수의 사람이 모이는 장소나 시청각에 장해가 있는 사람의 확실한 피난을 위해 크세논 램프의 섬광이나 유도 음성을 부가시킨 기구도 있고 연기 속에서도 높

■배광곡선 [cd/1,000 lm]
램프 : MF400.L/BU

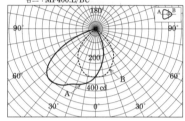

그림 3.23 비대칭 배광의 조명용 반사갓과 배광

그림 3.24 전동승강장치

그림 3.25 전동승강장치
-가드 달린 조명기구의 동작상태-

은 유도 효과가 있는 기구도 발매되고 있다.

(4) 고천장용 조명 기구

공장이나 체육관 등 천장이 높은 곳을 조명하는 경우 램프 광속을 효율적으로 작업면에 집중시키기 위한 반사갓을 가진 기구를 말한다.

고천장용 조명 기구에는 천장면에 균등 배치하여 전반 조명에 사용하는 램프 축에 대해서 축대칭 배광을 가진 조명용 반사갓과 벽면 등 경사지게 조명하는 램프 축에 대해서 비대칭 배광을 가진 이형(異形) 배광 반사갓이 있다. 그림 3.22는 축대칭 배광의 조명용 반사갓과 그 배광 곡선, 그림 3.23은 비대칭 배광의 이형 배광 반사갓과 그 배광 곡선을 나타낸다. 고천장용 조명 기구는 반사갓, 소켓, 본체로 구성되어 있는데, 반사갓은 알루미늄이고 반사면은 유리질 코팅 처리 등에 의해 반사율이 높은 경면으로 되어 있다. 최근의 반사갓의 특징은 반사면을 증반사막 처리하여 보다 효율적으로 조명할 수 있도록 한 것이 있으며, 고효율·장수명의 세라믹 메탈 할라이드 램프와의 조합에 의해 대폭적인 에너지 절감을 실현시킬 수 있다.

조명용 반사갓의 배광은 특광조(特廣照) 타입, 광조 타입, 협조 타입 등으로 분류되는데, 천장 높이, 램프 광속, 필요 조도에 따라 가장 적당한 배광의 반사갓을 선택하여 효율적인 조명 환경을 만들도록 계획할 필요가 있다.

체육관이나 경기장에 조명 기구를 설치하는 경우 공으로 인한 램프 파손이나 램프 또는 반사면의 글레어가 경기에 방해가 되는 경우가 있다. 이 때문에 반사갓 하면에 보호 가드 또는 루버를 설치할 수 있게 한 것이 많다.

또한 높은 천장에 설치된 조명 기구를 능률적으로 보수하기 위한 전동 승강 장치(그림 3.24)가 보급되고 있다. 스위치 조작으로 자동적으로 신속하게 조명 기구를 승강시켜 발판을 짜는 시간 등에 비해서 램프 교환이나 보수를 안전·확실·간단하게 할 수 있다. 고천장용 조명 기구 및 전동 승강 장치, 보호용 가드를 탑재한 조명 기구의 예를 그림 3.25에 나타낸다.

3.2.4 점포 공간의 조명 기구

(1) 물품 판매업의 조명 기구

물품 판매업에 있어서 조명 기구에는 '판매하고 있는 물품을 아름답게 보이게 하여 손님에게 구매 욕구를 일으키게 한다'는 기능이 요구된다. 그 때문에 전반 조명으로서의 베이스 라이트 기구와 상품을 돋보이게 하기 위한 스폿 조명 기구가 있다.

① 베이스 라이트 점포의 밝기를 확보하는 기본적인 기구를 말한다. 판매점의 베이스 조명은 점포의 레이아웃 변경에 대응할 수 있는 사각의 형광등 기구가 주류지만 HID(고휘도 방전 램프)의 다운 라이트를 베이스 라이트로 사용하고 있는 곳도 있다.

그림 3.26 콤팩트 형광 램프 36 W형 3등 베이스 라이트

어느 것이나 램프의 글레어가 눈에 들어가 전시물을 보는 데 지장을 주지 않도록 글레어를 방지한 구조로 되어 있는 제품이 많다.

ⓐ 형광등 베이스 라이트 천장에 매입하는 타입과 천장에 직접 부착하는 타입이 있으며, 글레어를 억제한 하면(下面) 개방형 기구와 조명 기구 하면을 젖빛 플라스틱이나 투명 프리즘으로 피복한 기구가 있다.

주류의 형광등 기구는 30~55 W형의 콤팩트 형광 램프를 2~4등 사용하며 사각형 기구로 되어 있다. 직광 형광 램프를 사용한 기구에 비해서 기구 사이즈가 콤팩트하고 하이파워 기구이다. 예를 들면 직관 형광 램프 40 W 3등의 기구에 비해 콤팩트 형광 램프 36 W형 3등의 기구(그림 3.26)는 면적은 1/3이지만 램프 광속은 동등하다.

ⓑ HID 다운 라이트 콤팩트하고 눈에 잘 띄지 않는 베이스 조명 기구로서 연색성이 좋고 효율이 높은 콤팩트한 HID 램프를 사용한 다운 라이트이다. 콤팩트 HID 150 W 다운 라이트는 콤팩트 형광 램프 27 W 다운 라이트와 기구 사이즈는 같지만 광속은 8배 이상이고 수명도 1.5배이다. 그림 3.27에 콤팩트 형광 램

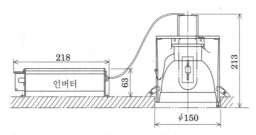

(a) 콤팩트 HID 150 W 다운 라이트   (b) 콤팩트 형광 램프 27 W 다운 라이트

그림 3.27 콤팩트 HID 150 W 다운 라이트와 콤팩트 형광 램프 27 W 다운 라이트의 비교

프 27 W 다운 라이트와 콤팩트 HID 150 W 다운 라이트의 비교를 든다.

② **스포트라이트** 점포에서 판매 전시물에 조명을 하여 그 전시물을 아름답게 보임으로써 손님에게 구매 의욕을 일으키기 위한 기구를 말한다. 그러므로 스포트라이트에 요구되는 기능으로서 광의 확산, 조도, 연색성 등이 요구되는데 이를 만족시키기 위해 용도에 대응한 램프의 종류와 W 수의 상위에 따라 여러 가지 기구가 개발되고 있다.

ⓐ **다이크로익 미러 부착 스포트라이트** 상품 판매의 연출 효과로서 국부적인 고조도화나 전구의 광질을 이용하는 것은 빼놓을 수 없는 것이다. 이 경우 전구의 조사 열에 의해 상품에 주는 영향이 문제가 된다. 이 문제를 해소하기 위해 유리제의 반사경에 적외선을 투과시켜 가시 광선을 반사시키는 코팅 처리를 한 것이 스포트라이트이다(그림 3.28). 표 3.4에 각종 광원의 1,000 lx당의 방사 조도를 보인다. 미니 할로겐 전구 100 W형(85W)을 사용한 다이크로익 미러 달린 스포트라이트는 동등한 조도의 경우 하이빔 전구에 비해서 조명열이 약 1/3이다.

그림 3.28 다이크로익 미러 달린
스포트라이트

다이크로익 미러

ⓑ **리플렉터 달린 HID 35 W 사용 스포트 라이트** 에너지 절약과 높은 효율이라는 관점에서 HID 램프의 저(低) 와트화가 진전되고 있는데, 백열전구에 비해서 수명이 길고 효율이 좋은 HID 램프가 개발되어 왔다. HID 35 W의 스포트라이트(그림 3.29)는 미니 할로겐 전구 150 W형(90 W)의 스포트라이트에 비해서 5배로 수명이 길고 보수에 대한 시간 절감과 코스트 삭감이 가능하며 소비 전력도 약 반으로 줄어 전기료도 삭감되는 기구이다.

(2) 음식·서비스업의 조명 기구

음식점의 객실 조명에 가장 중요한 것은 좋은 분위기를 만들어내는 것인데, 이를 위해서는 건축 구조와 분위기에 잘 매치된 광원과 조명 기구가 선정되어야 한다. 이 밖에 요리나 음식물의 색도 좋게 보여야 한다.

일반적으로 조도가 낮은 레벨에서는 색온도가 낮은 광원을 좋아하고 조도가 높아짐에 따라 백색광을 좋아하는 경향이 있지만 아늑하고 차분한 분위기의 음식점의 경우 색온도가 낮은 백열전구나 미니 할로겐 전구를 사용한 기구를 조광기를 사용해서 낮은 조도로 사용하고 있다.

표 3.4 각종 광원의 1,000 lx당의 방사조도

광원	방사조도 [(W/m²)/1,000lx]
하이 빔 전구 120 W	37
실리카 전구 100 W	57
미니 할로겐 전구 150 W	56
형광 램프 FL 40 W	10
수은 램프 HF 400 X	12
멀티 할로겐 램프 MF 400	10
다이크로익 미러달린 스폿	12

3.2.5 옥외 공간의 조명 기구

옥외 공간에서는 그 공간에 요구되는 기능을 가진 조명 기구가 선택된다. 자동차가 달리기 위한 도로 조명기구나 터널 조명기구, 그라운드와 같은 옥외 스포츠 시설을 위한 투광기, 거리에 적합한 경관이나 안전을 위한 가로등 등 사용되는 램프는 HID(고휘도 방전 램프) 광원이 주류가 되고 있다.

(1) 도로 조명기구

반사판이나 프리즘 유리 등에 의해 램프에서 방출되는 광을 제어하여 자동차 운전자가 안전하고 쾌적하게 주행할 수 있는 시환경을 확보하기 위한 기구를 말한다.

① **구체적 기구** 도로 조명기구는 도로의 여러 상황을 충분히 고려한 후에 선정할 필요가 있다. 도로 조명기구의 성능이나 특성은 JIS C 8131 등에서 규정되고 있다. 예를 들면 광 특성(배광)은 자동차 운전자에 대한 글레어로 규정되고 있으며, 그 종류로는 컷오프형과 세미 컷오프형이 있다(표 3.5).

표 3.5 도로 조명기구의 광 특성

광특성의 형식	광도 [cd/1,000lm]	
	연직각 90°	연직각 80°
컷오프형	10 이하	30 이하
세미 컷오프형	30 이하	120 이하

(주) 수평각 90°에서 적합할 것.

그림 3.29 HID 35W 스포트라이트

통상적으로 컷오프형은 도로 주위 환경이 비교적 어둔 장소에, 세미 컷오프형은 도로 주위 환경이 비교적 밝은 장소에 적합하다. 도로 조명용 기구의 설치 환경은 상당히 가혹하기 때문에 알루미 다이 캐스트나 스테인리스 강 등 견고하고 내식성이 있는 부재로 구성되어 있다.

또한 메인 스트리트 등에 설치되는 도로 조명기구는 디자인도 중요시되는 경우가 많다. 그림 3.30에 일반적인 도로 조명기구와 그림 3.31에 디자인을 중시한 도로 조명기구의 예를 든다. 도로 조명기구의 설치 장소 근방에 전답이나 주택이 있는 경우에는 도로 조명기구에서 조사된 광이 해를 주는 일이 있다. 그래서 차광 루버 등을 내장하여 전방이나 후방에 조사하는 유해한 광을 차광하는 경우도 있다.

그림 3.30 일반적인 도로 조명기구의 예

그림 3.31 디자인을 중시한 도로 조명기구의 예

그림 3.32 광해대책 도로 조명기구의 예

또한 최근에는 하늘 공간으로 누설되는 광이 문제시되어 일본 환경성에서 '광해대책 가이드 라인-양호한 조명환경을 위해-'가 제정되었고 건설 전기기술협회 발행 '도로·터널 주명기재 사양서'가 개정되어 상방 광속비 5 % 이하로 제한된 도로 조명기구가 규정되었다. 이에 의해 그림 3.32와 같은 광해대책 도로 조명기구가 급속하게 보급되고 있다.

(2) 터널등

터널 내 장해물의 시인성(視認性) 확보(기본 조명) 및 터널 내·외로의 이동시의 운전자의 시각 평형상태 유지(입구·출구 조명)를 목적으로 설치되는 기구를 말한다. 터널 조명은 기본 조명·입구 조명·출구 조명(일반 조명만)으로 대별된다.

① **조명 방법** 조명 방법은 아래와 같이 세 가지로 대별된다.

ⓐ **대칭 조명 방식**(그림 3.33(a) 도로 축에 대해서 대칭의 배광을 갖는 조명 기

(a) 대칭조명

실루엣이 된다.
(b) 카운터 빔조명

주행차를 비춘다.
(c) 추적조명

그림 3.33 조명방식의 종류

구에 의한 조명 방식. 노상의 장해물이나 선행 차의 시인성, 벽면 휘도의 확보 등 소요되는 조명 환경을 실현시키기 위한 균형 잡힌 조명 방식으로서, 종래부터 많이 사용되고 있다.

ⓑ **카운터 빔 조명 방식**(그림 3.33(b) 주로 입구 조명에 사용되며, 진행 방향과 마주보는 방향으로 최대 광도를 갖는 비대칭 배광의 조명 기구를 사용한 조명 방식. 대칭 조명 방식보다 높은 노면 휘도가 얻어지며 노상의 장해물에의 직사광의 입사가 적기 때문에 노면과의 대조가 증가하여 장해물 시인성이 향상된다.

ⓒ **추적 조명 방식**(그림 3.33(c) 진행 방향으로 최대 광도를 갖는다. 비대칭 배광의 조명 기구를 사용한 조명 방식. 선행차 배면을 적극적으로 조사하여 선행차의 시인성 향상을 도모하는 방식으로서, 운전자 시야의 대부분이 선행차에 점유되는 것 같은 설계 속도가 높은 터널에 적합하다.

② **구체적 기구** 터널 조명 기구는 터널 내의 매연이나 물, 동결 방지제로부터 전기 부품을 보호하여 장기간 그 성능을 발휘시키기 위해 높은 내식성이 요구되어 외각은 근년 개발된 스테인리스강의 프레스 일체 성형품으로 방분류(防噴流) 구조를 한 것이 많다. 기구 내부에는 전술한 배광을 실현시키기 위한 반사판과 광원을 점등시키기 위한 안정기가 내장되어 있다.

터널 조명용 광원으로서는 경제성 등 때문에 형광 램프, 고압 나트륨 램프, 저압 나트륨 램프 등을 들 수 있다. 종래는 고압 나트륨 램프, 저압 나트륨 램프가 주로 사용됐지만 최근에는 터널 시환경을 보다 개선

시키기 위해 고주파 점등 전용 형광 램프 (Hf 형광 램프)를 내장한 터널 조명 기구(그림 3.34)를 기본 조명에 사용하는 경우가 증가하고 있다. 또한 전용 제어반으로 초기 조도 보정이 가능한 것도 사용되기 시작하였다.

(3) 투광기

투광 조명을 위해 설계된 것으로서, 반사경 또는 렌즈를 사용하여 어느 방향으로 높은 광도가 얻어지는 기구를 말한다.

투광기는 주로 옥외 스포츠 시설이나 빌딩 벽면의 투광 조명에 사용되지만 최근에는 천장이 높은 공장이나 체육관에도 사용되고 있다.

투광기의 호칭은 투광기의 형상이나 광학 특성에 의한다. 형상으로는 원형 투광기(그림 3.35(a)), 각형 투광기(그림 3.35(b)가 있다. JIC C 8113 : 1999투광기에 의하면 배광의 형상에 의한 분류는 다음과 같다.

① **축대칭 배광** 기준축에 대해서 대칭으로 볼 수 있는 배광

② **2면 대칭 배광** 기준축을 포함해서 상호 직교하는 두 평면이 각각에 대해서 대칭으로 볼 수 있는 배광

③ **1면 대칭 배광** 기준축을 포함한 하나의 평면에 대해서 대칭으로 볼 수 있는 배광으로 축 대칭 배광이나 2면 대칭 배광이 아닌 것.

④ **비대칭 배광** 축대칭 배광이나 2면 대칭 배광, 1면 대칭 배광의 어느 것도 아닌 것.

투광기는 조명 설계를 하는 경우 피 조명면의 형상, 조명기둥 위치나 높이에 따라 표 3.6과 같이 분류하고 있다.

투광기의 배광 특성은 광도가 높기 때문에 그림 3.36과 같이 편대수(片對數) 그래프에 의해 각도에 대한 광도 값으로 표시된다.

투광기는 기종 선정이나 조사 각도의 설정에

그림 3.34 고주파 점등전용 형광등

(a) 환형 투광기   (b) 각형 투광기

그림 3.35 투광기의 종류

표 3.6 투광기의 종류

투광기 종류		빔의 펼침각도(°)	
		연직면상	수평면상
축대칭 배광	협각형 투광기	30 미만	
	중각형 투광기	30 이상 60 미만	
	광각형 투광기	60 이상	
2면 대칭 배광	협각형 투광기	50 미만	60이상
	중각형 투광기	30 이상 60 미만	60이상
	광각형 투광기	60 이상	60 이상

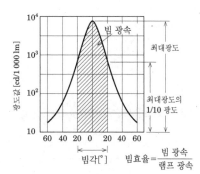

그림 3.36 배광 표시방법

따라 조사면의 조도 분포에 크게 영향을 준다. 피 조사면의 형상, 설계 조도, 조명 기둥의 위치 및 높이에 따라 적절한 투광기를 선정하지 않으면 안 된다. 투광기를 선정하는 기준으로서 조명 면적과 소요 조도에서 투광기의 종류를 결정할 수 있다(그림 3.37).

최근에는 텔레비전 방송의 하이비전화에 따라 대규모 스타디움이나 축구장용으로서 소형·하이 파워이고 또 연색성이 우수한 것(그림 3.38)이나 광해를 억제하고 조사면에 대해서 효율적으로 조명할 수 있게 설계된 것(그림 3.39) 등이 개발되고 있다.

(4) 가로등

가로, 공원, 광장 등 도시 환경용 조명을 하기 위한 기구를 말한다. 종래는 교통 안전이나 범죄 방지가 주목적이 되고 있었지만 최근에는 쾌적성에의 배려가 요구되고 있다.

가로등은 조명하는 장소의 크기에 따라 지상에서 3~6 m 높이에 설치하여 사용된다. 설치 방법은 자립된 조명 기둥에 설치하여 사용하는 것(그림 3.40)과 기설 전력주에 설치하여 사용한 것 등이 있다. 이것들은 모두 도시 경관에 조화되도록 여러 가지 디자인의 조명 기구가 선정된다.

가로등은 도시화나 교통망의 발달에 따라 많

은 장소에 설치된 결과 일상 생활이나 여러 가지 활동과 야생 동식물이나 농작물 등에 나쁜 영향을 주는 광해가 문제가 되고 있다. 이를 방지하기 위해 일본 환경성 제정 '광해 대책 가이드 라인-양호한 조명 환경을 위해서-'에 의해

그림 3.38 대규모 스타디움의 예

그림 3.39 광해억제용의 예

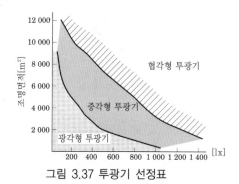

그림 3.37 투광기 선정표

그림 3.40 조명 기둥 부착용의 가로등

표 3.7 지역특성에 따른 조명환경 유형과 상방(上方) 광속비

조명환경 유형	조명환경 Ⅰ '안전'의 조명환경	조명환경 Ⅱ '안심' 조명환경	조명환경 Ⅲ '평온' 조명환경	조명환경 Ⅳ '즐거움' 조명환경
상방광속비	0 %	0~5 %	0~15 %[*1]	0~20 %[*2]
조명기구의 예				
대상 이미지	• 자연공원 • 지방·전원	• 지방·교외	• 지방도시 • 대도시 및 주변	• 도시중심부
CIE(국제 조명위원회)에 의한 환경지역	본래 어둔 장소를 수반하는 영역 : 국립공원, 뛰어난 자연경관을 가진 영역	주변의 휘도가 낮은 영역 : 일반적으로 시가지 및 전원지대 외측의 영역 (지역에 택지도로기준으로 조명되는 도로가 포함되는 경우)	주변의 휘도가 중간적인 영역 : 일반적으로 시가지	주변의 휘도가 큰 영역 : 일반적으로 택지와 상업지가 혼재하는 시가지로서 야간활동이 많은 영역

*1 조명환경 Ⅲ 및 Ⅳ의 상방 광속비율은 잠정적으로 허용되는 범위를 표시한다.
*2 조명환경 Ⅳ는 단기적인 대책에 한하고 장기적인 목표로서의 선택은 바람직하지 않다고 하고 있다.

계획할 필요가 있다.

'광해 대책 가이드라인'에는 조명 기구의 권장 기준으로 조명률, 상방 광속비, 글레어, 에너지 절감의 4개 항목이 설정되어 있다. 이 가이드 라인을 기본으로 지역 특성에 대응한 조명 환경 유형과 상방 광속비를 정리하면 표 3.7과 같다.

또한 에너지 절약·긴 수명·보수 절감을 실현시키기 위한 광원 개발이 진전되고 있으며 최근에는 무전극 방전 램프를 탑재한 가로등(그림 3.41) 채용이 증가하고 있다.

3.2.6 특수 공간용 조명 기구

(1) 위험 장소와 방폭 조명 기구

폭발 또는 연소의 우려가 있는 가스 증기, 분진, 석유류 등 위험물을 취급하는 장소에 설치하는 기구를 말한다. 조명 기구를 포함한 전기 기기의 선정이나 설치 방법, 방폭 구조가 노동 관계법으로 규정되어 있으므로 사용하는 위험물의 발화 온도나 폭발 등급에 따라 안전한 방폭 구조의 조명 기구를 사용하지 않으면 안 된다.

① 방폭 기구를 설치하지 않으면 안 되는 가스 증기 위험장소

ⓐ 0종 장소 위험 분위기가 통상적 상태로 연속 또는 장시간 지속해서 존재하는 장소로서, 조명 기구 등의 전기 기기는 사용할 수 없는 장소이다.

ⓑ 1종 장소 통상적인 상태에서 위험 분위기를 생성할 우려가 있는 장소로서, 폭발성 가스가 통상 상태에서 집적하여 위험한 농도가 될 우려가 있는 장소에는

그림 3.41 무전극 방전 램프를 탑재한 가로등

가스의 폭발 등급과 발화도에 적합한 내압 방폭구조(표시기호 d)의 조명 기구를 사용한다. 그림 3.42에 사례를 나타낸다.

ⓒ **2종 장소** 이상 상태에서 위험 분위기를 생성할 우려가 있는 장소로서, 용기 또는 설비가 사고 때문에 파손되거나 조작을 잘못한 경우에 폭발성 가스가 누출되어 위험한 농도가 되는 장소에는 내압 방폭구조(표시기호 d) 또는 안전증 방폭구조(표시기호 e)의 조명 기구를 사용한다. 그림 3.43에 사례를 든다.

② **분진 방폭 기구를 설치하지 않으면 안 되는 분진 위험장소**

ⓐ **폭연성 분진 위험장소** 폭연성 분진이 통상 상태에서 부유 또는 쌓이거나 또는 이상(異常) 상태에서 그 우려가 있는 장소에는 특수 분진 방폭 구조(표시기호 SDP)의 조명 기구를 사용한다.

ⓑ **가연성 분진 위험장소** 가연성 분진이 통상 상태에서 부유 또는 축적되거나 또는 이상 상태에서 그 우려가 있는 장소에는 보통분진 방폭구조(표시기호 DP)의 조명 기구를 사용한다.

(2) 클린 룸용 조명 기구

반도체 공장이나 제약 공장, 병원의 무균실 등 공기 내의 먼지를 제어하는 클린 룸이라고 하는 시설 공간에서 사용하는 기구를 말한다. 청정한 공기로 가압(양압)하여 외기 침입을 방지하거나 반대로 바이오해저드 클린 룸에서는 감압(음압)하여 공기가 누설되는 것을 방지하는 등의 설비가 도입되고 있다. 클린 룸용 조명 기구는 하면 패널·틀과 본체 및 천장면에서 각각 특수 패킹에 의한 밀폐 구조로 되어 있어 실내의 청정한 공기와 천장 뒤의 오염된 공기를 차단하게 배려되고 있다. 또한 본체는 세정제나 소독제에 의한 부식을 방지하기 위해 내식성이 우수한 재료를 사용하고 하면 패널에는 유리나 먼지가 부착하기 어려운 특수 대전방지 아크릴 패널 등을 사용, 클린 룸 사용에 적합한 조명 기구 구조로 하고 있다. 또한 클린 룸의 청정도 클래스나 공조 방식(표 3.8)에 따라 매입형 기구, 직부형 기구, 세단면형 기구 등이 있다(그림 3.44).

[眞邊憲治]

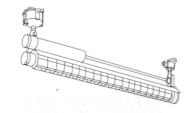

그림 3.42 내압방폭구조의 조명기구

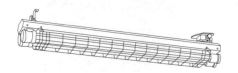

그림 3.43 안전증 방폭구조의 조명기구

표 3.8 클린 룸의 청정도 클래스·공조방식과 기구형상

클래스	공조방식	권장기구형상
0~100	수직층류식	세단면형 기구
1,000~100,000	수지층류식 또는 난류식	매입형 기구
100,000	난류식	직부형 기구

그림 3.44 크린 룸 매입기구

(3) 철도 차량 내부의 조명 기구

① 객실 형광 램프

ⓐ **형광 램프의 선정** 형광 램프는 JIS C 7601에 정해지고 있으며, 크게 나누면 종류, 크기 및 색으로 선택할 수 있다. 통상 차량 내부의 형광 램프로는 래피드 스타트형의 직관형(直管形)을 사용한다. 관 지름은 세관이 주류이다. 크기 및 색에 대해서는 차량의 디자인으로 좌우되므로 철도회사에 확인할 필요가 있다. 그리고 직접 보이는 등에는 비산(飛散) 방지형을 사용한다.

ⓑ **소켓의 선정** 소켓에는 형광 램프 설치 방법의 상위에 따라 2종류가 준비되고 있다. 그림 3.45는 형광 램프를 회전시켜서 설치하는 방법, 그림 3.46은 형광 램프를 꽂아서 설치하는 방법이다. 선정에 있어서는 취급 문제도 있으므로 철도회사에 확인할 필요가 있다. 또 소켓 설치에 대해서는 형광 램프의 치수 공차(公差)가 크므로 조정할 수 있는 구조가 바람직하다.

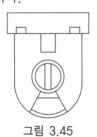

그림 3.45

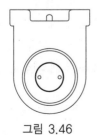

그림 3.46

ⓒ **안정기의 선정** 사용 전압, 주파수, 램프 크기, 점등 방식, 역률 등 일반적인 시방 외에 철도차량 부품의 진동시험 방법(JIS E 4031)을 만족하지 않으면 안 된다. 또한 방진, 방적(防滴) 그리고 사용 주위 온도에 대해서도 충분히 고려한다.

그리고 등의 설치는 낙하 등의 사고를 방지하기 위해 현수 구조는 극력 피하고 등체(燈體)에 올리는 구조로 한다.

ⓓ **사용 전선** 철도 차량의 배선용으로서 비닐 전선(WV0) 또는 가교 폴리에틸렌 전선(WL1)을 사용한다. 또한 지하철 차량 및 철도회사에서 지정이 있을 경우는 논할로겐 전선(TRWV0 또는 TRWL1)을 사용한다.

ⓔ **등체 및 글로브 틀의 구조** 등체와 글로브 틀의 구조를 그림 3.47에 나타낸다. 고정쇠는 보수(램프 교환, 글로브 청소) 등을 고려하여 취급하기 쉬운 것이어야 하지만 차량 진동 등으로 떨어지면 안 된다. 또 방진 대책으로는 등체와 글로브 틀 사이에 개스킷을 전체 주위에 설치한다. 글로브 틀과 글로브 간에는 스프링성을 가진 압판을 사용하여 글로브가 신축되더라도 깨지지 않는 구조로 한다.

ⓕ **글로브의 재료** 크게 나누어 메타크릴 수지판과 폴리카보네이트 수지판의 2종

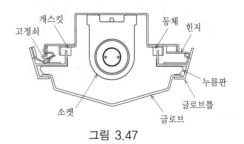

그림 3.47

류로 나눌 수 있다. 선정 기준은 지하철 차량 및 철도회사의 지정이 있을 경우는 폴리카보네이트 수지판(난연재)를 선택하고 그 외는 메타크릴 수지판(JIS K 6718)을 사용한다. 색조는 젖빛 반투명을 사용하고 전광선(全 光線) 투과율은 60 % 전후가 좋다. 또한 선팽창 계수가 7×10^{-5}℃로 다른 재료와 비교하면 크므로 연속 등구로 설계하는 경우는 십분 고려하여야 한다. 가공성은 메타크릴 수지판이 우위에 있다. 특히 조입 가공에서는 폴리카보네이트의 경우 주름 등이 발생하기 쉽다.

그 밖에 특수한 글로브의 재료로서는 강판(SPCC)을 선택하는 경우가 있다. 이것은 수출 차량에 있어서 수지가 해외 규격에 적합하지 않기 때문이다. 당연히 조도를 확보하기 위해 ㅁ·ㅇ로 뚫은 것을 가공하여 글로브로서 통합한다.

⑨ **도료** 반사율을 고려하면 백색 페인트가 60~80 %로 대단히 효율이 좋아 대부분의 등구가 백색(먼셀 기호 N9.2 상당색) 도장을 실시하고 있다. 도료의 종류로는 멜라민 수지계의 열처리 도료가 일반적이다. 최근에는 결로(結露) 등으로 인한 녹 발생을 막기 위해 분체 도료를 사용하기도 한다. 특징은 도막이 두껍고 도료가 잘 칠해지지 않는 세부도 잘 처리되어 막 두께가 균일해지는 것이다.

[角津敏之]

3.3 조명 기구의 설계

3.3.1 일반적 사항

조명 기구 설계자는 사용 목적, 사용 환경 그리고 사용 광원 등 많은 사항을 배려하지 않으면 안 된다. 조명 기구의 설계는

(1) 광원으로부터의 광을 목적에 대응한 배광으로 하기 위한 광학 설계

(2) 광원에 전기 공급을 안전하고 확실하게 하기 위한 전기 설계 또는 배선 설계

(3) 광원의 유지나 보호, 기구 설치 구조나 강도·열·내후(광)성 등 기구의 기능을 유지하기 위한 기계 설계나 열 설계

(4) 장식성, 기능미를 갖게 하기 위한 디자인과 같이 크게 네 가지로 분류된다. 작금 고주파 점등의 대두, 리사이클 사회, IT화 사회 적합화를 위한 법률·규격의 개정, 국제 규격과의 맞춤이 급속히 진행되고 있어 조명 기구의 설계에 있어서도 다음과 같은 사항에 대한 배려가 필요하다.

(1) 기구 효율

기구 효율은 일반적으로 광학 설계와 재료 선정으로 결정된다. 에너지 절약화에 대응한 기구 효율의 향상과 자원 절감화에 대응한 기구의 소형과·박형화에는 반사율이 90 %를 넘는 백색 도료, 알루미늄 표면에 여러 겹의 박막을 시설한 증(增)반사 알루미늄재,[23] 다이크로익 리플렉터[24] 등은 유효한 재료이다. 특히 반사율이 큰 재료는 기구 내에서 다중으로 반사하는 경우에는 기구 효율을 크게 개선할 수 있는 수단으로서 효과적이다.

또한 형광등 기구의 경우는 형광 램프의 광출력 특성이 주위 온도에 따라 변동하므로 기구

내에서의 공기 대류나 상정되는 사용 환경에 대응한 기구 구조의 배려가 필요하다.

(2) 고주파 점등

고주파 점등은 에너지 절약화, 밝기의 향상, 램프의 어른거림의 없음, 소음의 낮음, 경량화, 순시 점등, 전원주파수 공용화 등을 특징으로 하고 있지만 상용 전원을 한번 직류로 변환하고 그것을 고주파로 변환한 전력으로 램프를 점등시키고 있기 때문에 고주파 잡음을 발생시키기 쉽고 외부 잡음의 영향을 받기 쉽다.

기구 설계시는 점등 장치의 성능에 의하지만 전원에서 점등 장치로의 배선과 점등 장치에서 램프로의 배선의 속선(束線)을 극력 피하거나 배선 길이를 가능한 한 짧게 하여 최적화하는 등의 주의가 필요하다. 그 밖에 특수한 용도로 사용하는 경우는 기구 내에 잡음 방지 필터를 설치하거나 페라이트 코어 등으로 잡음을 억제하거나 하는 방법도 있다. 어떻게 하건 다른 기기로의 영향 및 다른 기기에서 받은 영향을 충분히 고려하여야 한다.

또한 높은 정밀도를 필요로 하는 기기나 높은 레벨의 잡음을 발생하는 기기 곁에 기구 설치가 계획되는 경우는 사전에 그 환경의 잡음 레벨을 확인할 필요가 있다.

(3) 진동

진동은 건축물이나 자연 환경에서 받는 진동, 지진 등의 재해시에 받는 진동이 있다. 전자는 사용시에 확실한 점등을 할 수 있는 것을 배려하여야 하고, 후자는 재해시에 2차 재해로 연결되지 않도록 하는 배려가 필요하다. 높은 천장용의 조명 기구는 들보 등을 타고 오는 진동이나 천장 뒤에서 불어오는 바람에 의한 진동이 배려된 기구 구조를 생각하는 것이 좋다. 또 특별한 진동이 생각되는 장소는 램프 선정도 중요하다. 가로등이나 도로등은 자동차 통행이나 바람에 의한 진동에 대한 배려로서 램프의 확실한 전기적 접속이 가능한 특별한 램프 소켓을 사용하기도 한다. 형광등 기구는 보조적인 진동을 억제하는 램프 홀더를 구비하고 램프 소켓을 특별한 것으로 할 필요가 있는 경우가 있다.

(4) 열 분배

매입형, 직접부착형, 현수형 등의 기구 형태에 따라 건축물에의 열 영향이 다르지만 재료의 가시역, 적외역의 반사율이나 흡수열을 숙지하면 각각의 기구 형상에 대응한 양호한 반사판이나 열 흡수재로서 선택할 수가 있다. 예를 들면 매입 기구로서 가시역에서 큰 반사율을 갖고 적외역에서 큰 흡수율을 나타내는 재료를 선정하면 거주 공간에 유효한 에너지를 조사하고 천장 뒤에 불필요한 열을 배열하는 효과적인 조명이 될 것으로 예상된다.

또한 재료의 선정에 따라 기구 내에 장착되는 부품에의 열 영향도 달라지므로 동일한 형상·구조의 기구라도 표면 처리나 재질의 상위에 의한 열 영향에 배려가 필요하다. 특히 할로겐 램프나 HID 램프 등의 고온이 되는 광원에 있어서는 다이크로익 리플렉터를 채용함으로써 효과적인 열 분배가 가능하다.

(5) 주위 환경

주위 환경의 요소로서는 주위 온도·습도·부식성 가스·전자장(방사)·공기 대류·태양광(자외 방사) 등이 있다. 조명 기구 설계자는 주위 환경에 따라 조명 기구가 해를 받지 않도록 배려할 필요가 있다. 또 불필요한 곳에 조명이 가지 않도록 하거나 조명광에 의해 조사물의 색이 변하지 않도록 주위 환경에 배려를 하여 조명

기구를 설계할 필요도 있다.

(6) 배광 제어(글레어)

광원을 그대로 노출시키면 가장 기구 효율이 높은 조명 기구가 된다. 그러나 조명하여야 할 장소에는 조명광이 그다지 도달하지 않고 결국 비효율적인 조명이 된다. 다시 또 불필요한 방향으로 조명광이 방출되면 글레어나 광해와 같은 폐해를 초래하는 결과가 된다. 배광을 적절하게 제어하는 것이야말로 조명 기구의 가장 중요한 요건이다. 이러한 관점에서의 조명 기구 설계는 설계할 기구에 요구되는 배광 성능, 즉 글레어 레벨이나 누설광 레벨을 파악하여 목표로 하는 배광을 명확히 정의하는 것부터 시작된다.

3.3.2 조명 기구 설계의 흐름

그림 3.48에 조명기구 설계의 플로 차트를 나타낸다. 조명 기구는 광 그 자체에 의해 기능을 발휘하는 것이므로 광학 설계는 조명 기구 특유의 요소이다. 광학 설계의 기본은 광원으로부터의 광이 반사판에 의한 반사나 프리즘에 의한 굴절 등을 거쳐 어느 방향으로 얼마 만큼 출사하는가를 작도 또는 계산으로 구하여 반사판이나 프리즘의 형상을 결정해 나가는 것이다.

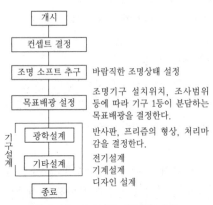

그림 3.48 조명기구 설계의 흐름

3.3.3 반사판의 설계

조명 기구에 사용하는 반사판으로서는 백색 마감 또는 배껍질 마감의 확산 반사판과 정(正) 반사판이 있는데 여기서는 배광 제어를 충분히 할 수 있는 정 반사판 설계에 있어서의 기본적인 사고방식을 기술한다.

(1) 회전체 반사갓

반사판은 광원으로부터의 광을 목표의 배광이 되도록 제어하는 것이다. 여기서 광원을 점광원이라고 생각하고 램프 배광을 개구각 θ_0, 상방 손실각 θ_L인 반사갓으로 목표 배광을 달성하는 경우를 생각한다(그림 3.49). θ 방향의 목표 배광의 광속 $F_k(\theta)$를 얻으려면 반사판에 의한 반사 광속 $F_r(\theta)$와 램프 직사 광속 $F_l(\theta)$의 합이 $F_k(\theta)$와 같아지도록 반사판의 형상, 경사를 결정하면 된다. θ 방향의 필요 반사 광속은

$$F_r(\theta) = F_k(\theta) - F_l(\theta)$$

로 표시된다. 한편 램프광 중, θ_R부터 $\theta_R + \Delta\theta_R$ 범위에서 θ 방향의 반사광을 분담한다고 결정하면

$$F_r = \rho \int_{\theta_{R1}}^{\theta_{R1}+\Delta\theta_R} I_l(\theta) \cdot 2\pi \sin\theta \, d\theta$$

$$= \{I_k(\theta) - I_l(\theta)\} \int_{\theta-\frac{\Delta\theta}{2}}^{\theta+\frac{\Delta\theta}{2}} 2\pi\sin\theta \, d\theta \quad (3.1)$$

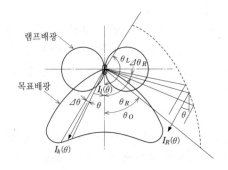

그림 3.49 회전체 반사판 설계개념도

가 된다. 여기서 ρ, θ, $\Delta\theta$, θ_R, $I_k(\theta)$, $I_t(\theta)$는 기지 또는 부여되므로 식 (3.1)을 만족시키는 $\Delta\theta_R$를 구하면 된다.

동일하게 하여 램프광 중 어느 범위의 광을 어느 방향으로 반사시키는가를 θ부터 θ_L 범위에서 차례로 결정하면 된다. 반사광의 방향은

① 목표 배광의 직하 방향의 광속을 램프 광속의 개구부측에서 가지고 오는가 소켓측에서 가지고 오는가

② 반사광이 중심축과 교차하는가 안 하는가에 따라 4종류가 있으며, 반사판의 형상은 그림 3.50을 생각할 수 있다. 조명 기구로서의 제약 조건(크기, 디자인 외)에 의해 종류를 결정하고 반사판 설계를 한다. 여기서 기구 효율의 간이적인 구법을 든다. 그림 3.51에 있어서 광원은 점광원이고 램프 배광은 $I_0\cos\alpha$, 반사판의 개구각 θ_0, 상방 손실각 θ_L, 반사판의 반사율 ρ일 때 반사판에 의한 산란의 영향을 무시할 수 있으면 기구 효율 η는 다음 식으로 구해진다.

• 소켓측의 광을 직하방향으로 반사한다.
• 반사광이 중심축과 크로스한다.
(a)

• 개구부측의 광을 직하방향으로.
• 반사광이 중심축과 크로스한다.
(b)

• 소켓측의 광을 직하방향으로.
• 반사광이 중심축을 크로스하지 않는다.
(c)

• 개구부측의 광을 직하방향으로.
• 반사광이 중심축과 크로스하지 않는다.
(d)

그림 3.50 기본적인 반사판의 종류

$$\eta=\frac{\text{램프직사광속}+\text{반사판에서의 반사광속}}{\text{램프의 전광속}}$$

$$=\frac{2\pi I_0\displaystyle\int_0^{\theta_0}\sin^2\theta\,d\theta+\rho 2\pi I_0\displaystyle\int_{\theta_0}^{\theta_L}\sin^2\theta\,d\theta}{2\pi I_0\displaystyle\int_0^{\pi}\sin^2\theta\,d\theta}$$

$$(3.2)$$

그림 3.52의 기구효율 간이계산 도표를 사용하면

$$\eta=\eta_{\theta_0}+\rho(\eta_{\theta_L}-\eta_{\theta_0}) \tag{3.3}$$

가 되어 간이적으로 구할 수가 있다. 다만 이 값은 반사광이 램프에 닿거나 반사광이 다시 또 다른 반사판에 닿는 등의 2차 이상의 반사를 발생하거나 하지 않을 때의 값이다.

(2) 홈통상 반사갓

예를 들면 직관 형광 램프와 같이 긴 선형상 광원일 때 사용하는 홈통형상 갓의 경우 램프축에 직각인 단면에 대해서 2차원적으로 생각하면 된다. 이 경우도 반사판 설계는 회전체 반사갓과 동일하다. 다만 구대계수(球帶係數)로서 입체각으로 하지 않고 단면의 평면각의 관계로 생각하면 된다. 따라서 이 때의 기구 효율은 간이적으로

$$\eta=\frac{\{\theta_0+\rho(\theta_L-\theta_0)\}}{\pi} \tag{3.4}$$

로 구해진다(목표 배광이 좌우 대칭일 때).

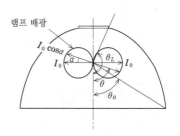

그림 3.51 점광원일 때의 반사판 기구효율을 구하는 설명도

(3) 축 비대칭 반사갓

이 경우도 사고방식으로서는 반사판에 의해 램프로부터의 광을 목표 배광이 되도록 재배분하는 것이다. 램프 배광 및 목표 배광에서 임의의 방향(수평각 ϕ_i, 연직각 θ_i)으로 필요한 광속량을 산출하여 이 광을 어느 위치의 반사판으로 얻는가를 결정하고 다음에 이 반사판 방향의 램프 광도와 앞의 필요 광속량에서 반사면의 입체각을 구하여 미소 반사면(예를 들면 광축이 ϕ, θ와 일치하는 회전 포물면의 일부)을 결정한다. 각 방향에 대해서도 동일한 순서로 시행하여 반사면을 구성할 수가 있다(그림 3.53). 이것들은 복잡한 계산이 필요하고 3차 곡선의 형성을 수반하지만 컴퓨터를 사용한 각종 시스템을 사용

함으로써 일부 가능해졌다.

(4) 투광기의 설계

스포츠 조명 등에 사용되는 투광기나 점포에서 사용되는 스포트라이트 등은 원거리에서 조사하거나 좁은 범위를 높은 조도로 조사하거나 하는 경우가 많으며, 목표 배광은 그림 3.54와 같이 된다. 이 경우 빔의 광도값이 램프 단독인 광도값의 수십 배부터 수백 배 정도 필요하기 때문에 (1)~(3)에 든 반사판 설계에 의하지 않고 회전 포물면을 사용하는 일이 많다. 포물면경에 있어서의 점 광원과 직선 광원에 대해서 광의 투사 상태를 그림 3.55에 나타낸다. 개구경이 같고 초점 거리가 다른 2개의 회전 포물면경에 있어서 광축 광도를 비교하면(그림 3.56) 점광원에서는 반사경에서 반사된 광이 전부 광축 방향을 향하므로 초점거리가 짧은 쪽(b)이 초점거리가 긴 쪽(a)에 비해서 반사경에서 받는

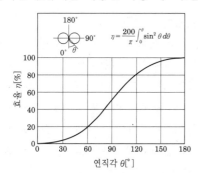

그림 3.52 점광원 기구효율 간이계산 도표

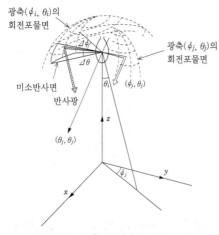

그림 3.53 축 비대칭 반사갓

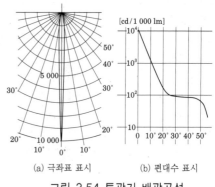

그림 3.54 투광기 배광곡선

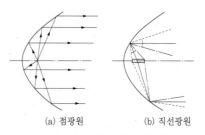

그림 3.55 포물면경에 의한 광의 투사

광속이 크고 광축 광도도 커진다.

그러나 실제의 광원에서는 크기를 갖기 때문에 반사광의 빔의 확산이 생긴다. 이것은 반사경과 광원의 거리에 따라 바뀌므로 예를 들면 초점거리가 짧은 쪽에서는 빔의 확산이 커지고 광축 광도에의 기여도 감소분과 반사경에서 받는 광속이 증대한 분이 상쇄하게 되어 축광도는 초점거리 장단에 그리 영향 받지 않게 된다.

3.3.4 프리즘의 설계[28]

조명 기구에서는 투명한 유리나 플라스틱을 사용하는 일이 많다. 이때 유리 또는 플라스틱에 프리즘을 설치하여 램프로부터의 직사광 또는 반사광을 굴절에 의해 제어할 수가 있다. 평판의 유리 등을 광이 통과할 때의 상태를 그림 3.57에 나타낸다(스넬의 법칙에 의한다).

제1경계면에서 $n_1 \sin i = n_2 \sin r$

제2경계면에서 $n_2 \sin i' = n_1 \sin r'$

여기서 n_1 : 제1매질(공기)의 굴절률, n_2 : 제2매질(유리 등)의 굴절률, i, i' : 입사각, r, r' : 굴절각

따라서 $i' = r$ $r' = i$

즉, 평판에서는 광은 거리 D 이동한 것 만이고 방향은 바뀌지 않는다.

그림 (b)는 전(全)반사를 나타내고 있다. 즉,

$n_2 \sin i_c = n_1 \sin r_c = n_1$ $(r_c = 90°)$

가 되는 i_c를 임계각이라고 하며, 이보다 큰 입

사각에서는 전반사를 발생하게 된다. 다음에 입사각 ϕ_1의 광선을 프리즘에 굴절시켜 출사각 ϕ_2로 하기 위한 프리즘의 정각 δ를 구한다. 그림 3.58에 표시하는 기호를 사용하면

$n_1 \sin \phi_1 = n_2 \sin \theta_1$ 그리고,

$n_2 \sin(\delta - \theta_1) = n_1 \sin(\delta - \phi_2)$

의 관계가 성립된다. 이에 의해

$$\delta = \tan^{-1} \left[\frac{n_1 \sin \phi_2 - n_2 \sin \phi_1}{n_1 \cos \phi_2 - n_2 \cos\{\sin^{-1}(\frac{n_1 \sin \phi_1}{n_2})\}} \right]$$
$$(3.5)$$

이 된다. 입사각 ϕ_1과 정각 δ를 알고 있을 때는 출사각 ϕ_2는

$$\phi_2 = \delta + \sin^{-1}\left(\frac{n_1}{n_2}\left[\sin \phi_1 \cos \delta \right.\right.$$
$$\left.\left. - \cos\{\sin^{-1}(\frac{n_1}{n_2}\sin \phi_1)\}\sin \delta\right]\right) \quad (3.6)$$

로 표시된다. 이것들의 광선 추적에 대해서는 작도에서 비교적 간단히 구할 수가 있다. 실제의 조명 기구에 있어서는 프리즘 패널에는 램프 직사광이나 반사광이 상이한 방향에서 입사하

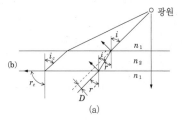

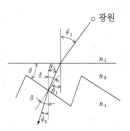

그림 3.57 평판유리의 광

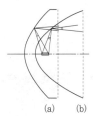

그림 3.56 개구경이 동일하고 초점거리가 다른 회전포물면경

그림 3.58 프리즘의 광

는 일이 있으므로 프리즘을 설치함으로써 불필요한 방향으로 광이 나가거나 하는 폐해가 없도록 확인이 필요하다.

3.3.5 컴퓨터에 의한 조명 기구의 광학 해석

광학 설계에는 복잡한 광선 추적이나 기하 광학에 의한 계산이 필요하기 때문에 컴퓨터를 사용한 해석이 행하여진다. 일반적으로는 2D/3D·CAD를 이용한 작도 툴을 사용하면서 조명 기구의 3차원 형상을 정의하고 광학 해석을 하여 3차원 형상으로 피드백을 거는 설계 검증을 한다.

(1) 결상계 해석과 비결상계 해석

광학 해석은 크게 결상계(結像系) 해석과 비결상계 해석의 둘로 나누어진다. 결상계 해석은 광학계에 사용되는 리플렉터나 렌즈를 거쳐 어떻게 상이 트레이스되는가를 해석한다. 조명 기구에 있어서는 광원으로부터의 광을 어떻게 분배하는가 또는 임의의 평면에 어떻게 광을 조사하는가를 사전에 검증할 필요가 있는데 일반적으로 비결상계 해석이 이용된다.

비결상계의 해석 소프트웨어에 있어서는 얻어진 3차원 형상 데이터를 유한 요소로 요소 분할하고 그 유한 요소의 휘도를 미리 데이터화되어 있는 재료 반사·투과 특성 데이터와 유한 요소에 입사하는 광속에서 구하여, 각각의 계산된 유한 요소의 휘도에서 구하는 방향의 광도값이나 임의 위치의 조도로 변환하여 해답을 얻는 것이 일반적이다.

(2) 램프 모델링[26]

램프 모델링은 정확한 해석을 하는 데 있어서 대단히 중요하다. 광원의 종류에 따라 여러 가지 모델링 방법이 논의되고 있지만 전구나 형광 램프의 경우는 비교적 안정된 램프 모델이 얻어지게 되어 있다.

할로겐 램프의 경우 조사면에 정확하게 필라멘트상을 해석하는 데 있어서는 그림 3.59과 같이 나선상 코일 형상(필라멘트)을 3D·CAD에 의해 모델링하고, 그 표면에서 어느 방사 특성(예를 들면 완전 확산하는 광속 발산)으로 방사하도록 정의한다. 그러나 대부분의 조명 기구는 코일상이 발생하는 것 같은 매끄러운 경면을 사용한 것은 없고 리플렉터는 다면체이거나 배껍질 등과 같은 표면 처리가 되어 있거나 한 것이거나 하므로 계산을 신속히 하기 위해서도 그림 3.60과 같이 측광에 의해 얻어진 데이터에서 주상(柱狀) 형상으로 에뮬레이트한 모델을 사용하는 것이 효과적이다. 형광 램프 모델은 그림 3.61과 같이 몇 개의 주상 모델로 광원을

그림 3.59 코일을 재현한 램프 모델

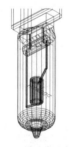

그림 3.60 기둥형상으로 표현한 램프 모델

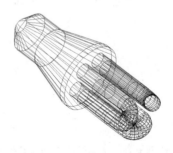

그림 3.61 소형 형광 램프의 모델링 예

형성하고 측광 데이터에 의해 각각의 주상 모델에 광의 방사 방식(예를 들면 각 면소의 휘도 특성)을 정의하는 것으로 생성된다.

클리어 밸브를 가진 HID 램프의 모델링은 점등 자세 등에 의해 발광관 내의 플라즈마 상태가 변환하기 때문에 귀찮지만 작금에는 램프 모델용 측광 장치가 개발되어 해석 소프트웨어와 함께 정보가 제공되게 되었다. 거창한 고가의 시스템을 사용하지 않고 HID 램프의 모델링을 하는 경우 HID 램프를 평면으로 투영하고 그 조도 내지는 휘도 데이터를 취득하여 그림 3.62와 같이 복수의 네스팅된 기둥 모양의 모델에 에뮬레이트하는[27] 것도 유효한 수단이다.

(3) 재료의 특성과 측정[30]

많은 조명 기구에 사용되는 재료의 반사나 투과 특성은 그림 3.63과 같이 복잡하다. 정확하게 해석하기 위해서는 각각의 광의 입사 방향에 대응해서 각각의 방향으로의 반사 또는 투과 데이터가 준비되어 있을 필요가 있다. 광학 해석에서는 이 다량의 데이터를 함수로서 취급하며 가장 일반적인 방식으로서 반사재의 경우에는 BRDF(bi-directional Reflectance Distribution Function), 투과재의 경우에는 BTDF(Bi-directional Transmittance Distribution Function)가 사용된다.

BRDF의 정보는 3축인 것이 일반적이다. 재료면에 대한 연직 방향의 광입사각과 반사광의 수평각과는 연직각이다. 이것은 재료의 반사 특성이 등방성인 것에 한정된다. 그리고 많은 광학 해석 소프트웨어는 등방성 재료로서 취급되고 있다. 따라서 재료면에 대해서 수평각 반향으로 광의 입사에 대해서 반사 분포가 상이한 이방성 재료를 취급하는 경우는 입사 방향의 데이터에 수평각 방향을 추가한 4축의 다량의 데이터를 취득할 것이 요구된다. 또한 이방성의 재료까지의 광학 해석에 대응하는 데는 기구의 시뮬레이션 모델에 있어서 재료의 방향성을 지정할 필요가 있어 해석자에게는 작업이 번잡해진다.

(4) 광학 해석의 한계

광학 해석을 범용적이고 또 정확하게 사용하는 데 있어 한계가 있다. 크게 나누어 해석의 전단계인 데이터 준비와 해석 단계에 있어서의 조건 설정에 한계가 있다.

데이터 준비 단계에서는

① 광학 부품의 기하 조건 : 해석에 사용하는 기구 모델링 데이터와 실제 제조물과의 형상의 차이에 의해 정확성이 상실된다.

② 광학 재료의 표면 특성 : 사용하는 재료의 특성 데이터가 없는 경우 유사품의 데이터 사용을 생각할 수 있다. 반사 특성의 정합성을 잘 확인해 둘 필요가 있다.

③ 램프의 종류와 모델링 : 전구나 형광 램프

그림 3.62 복수의 원기둥 모델로 표현된 HID 램프의 발광관

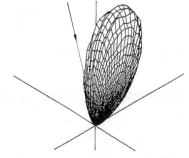

그림 3.63 재료의 반사형태의 3차원 표현

는 유사 모델을 개량해서 형상을 변경하는 것은 해석 결과에 영향이 있지만 유효하다. HID 램프는 점등 자세별의 데이터가 준비되는 것이 좋지만 상이한 점등 자세로 해석하는 경우는 아크 형상이나 위치의 이동에 의해 해석 결과에 영향을 준다.

등을 들 수 있다.

해석 단계에 있어서는

① 조명 기구의 방향 : 해석 소프트웨어의 좌표계와 실제의 조명 기구에 요구되는 측광축, 수평 방향이 대응하고 있을 필요가 있다.

② 광선의 해상도 : 해석에 사용하는 광선수와 반사 횟수의 설정에 따라 결과에 영향을 준다.

③ 각도 해상도 : 배광 데이터(광도 분포)의 경우는 계산하는 각도 피치. 평면의 조도 분포는 평면의 분할 수. 배광 데이터는 1도 스텝 이하의 해상도를 조명 기구에서는 요하는 일이 없지만 비결상계의 해석 소프트에는 계산 오차를 포함한 해상도에 한계가 있다.

등이 제한으로서 주어진다.

조명기구 설계자는 해석 모델과 실제의 것이 다르면 해석의 정확성에 영향을 주고 계산 조건의 설정에 따라 결과에 영향이 있는 등 해석 소프트웨어의 한계를 이해해 두지 않으면 안 된다.

[遠藤吉見]

3.4 조명 기구의 시험법

3.4.1 시험 방법의 국제규격과의 정합화의 동향

경제의 글로벌화의 진전에 따라 1995년에 체결된 WTO/TBT 협정(세계무역기관/기술적 장해에 관한 협정)에 입각해서 세계적인 규제 완화의 조류로서 강제 법규의 기술기준에 의한 규제나 일본공업규격(JIS) 등의 표준이 무역 장해가 되지 않도록 국제 규격을 사용하는 것이 국제적인 룰이 되고 있다. 따라서 일본의 강제 법규인 전기용품안전법 및 국가 규격인 JIS 등도 국제 규격과의 정합화 동향이 더 한층 촉진되고 있다. 여기서는 국제 규격과 정합화된 주요 시험 방법 및 국제규격에서 규정되고 있지 않은 일본 고유의 시험 방법에 대해서 개요를 소개한다.

3.4.2 시험 항목

조명 기구에는 사용 장소, 목적에 따라 옥내 조명용 등 일반 조명 기구 외에 비상시용 조명 기구·투광기·도로 조명 기구·수중 조명 기구·방폭형 조명 기구 등 여러 가지의 것이 있다. 이들 조명 기구는 일본공업규격 (JIS), 전기용품안전법, 전기설비공사 공통사양서, 공장전기설비 방폭지침 등 여러 가지 사양서에 의해 그 기본 구조·성능 등이 규정되고 있다. 이것들에 적합하고 또 사용 광원 및 점등 장치에 적합한 구조와 성능을 가진 것이 만들어지고 있다. 조명 기구의 시험은 여러 가지 사양서의 규정에 의해 요구되고 있는 구조와 성능을 충족시키고 또 통상적인 사용에서 안전하게 기능하고 사람 및 주위에 대해서 위험 원인이 되지 않도록 설계·제조되고 있는가의 여부를 확인하기 위해 시행되는 것이다.

3.4.3 시험 구분

시험 구분은 시험 성격상으로 분류하면 형식 시험, 인수인계 시험, 인정 시험의 세 가지로 분류된다.

(1) 형식 시험

형식 시험이란 각각의 규격 요구사항에 대해서 제품 설계의 적부를 판단하기 위해 여러 개의 공시품 또는 제품에 대해서 실시하는 시험을 말한다. 제조업자가 개발 단계에서 품질 확인을 위해 실시하는 시험 등이 이것에 속한다. 형식 시험에서의 합격·불합격은 제조업자의 모든 제품의 합격 여부를 보증하는 것은 아니다. 그러나 제조업자는 모든 제품의 적합성에 대한 책임이 있고 편차를 고려한 설계 품질의 확보 및 제조 품질의 확보가 필요하다. 형식 승인 외에는 일상적인 시험 및 품질 보증이 있다.

(2) 수수 시험

수수(授受) 시험이란 일상적인 품질 보증 수단의 하나로, 구입자가 실시하는 인수 검사와 제조업자가 시행하는 제품 검사 등이 이에 속하고, 검사 수량과 합격·불합격 조건은 수수 당사자 간이 협의한 후에 결정하게 된다.

(3) 인정 시험

인정 시험이란 지정된 시험 기관에 의한 시험을 말한다. 형식 인정 또는 내용 변경 인정을 위해 등록 사업자에 의해 제출된 시험품을 시험하여 합격 여부를 판정한다.

3.4.4 시험 내용에서 본 시험 항목

각종 시험 항목은 시험 내용으로 분류하면 안전에 관한 기계적·전기적 및 열적 요구사항에 대한 시험, 광학 특성에 대한 시험, 전파 장해에 대한 시험, 에너지 소비 효율에 대한 시험, 개별 성능 요구에 대한 시험의 다섯 가지로 분류된다.

(1) 안전에 관한 기계적·전기적 및 열적 요구사항에 대한 시험

조명 기구 및 조명 기구에 들어 있는 부품·재료가 기계적·전기적 및 열적 안전성 요구사항에 규정되고 있는 구조·성능인가의 여부를 확인하는 방법으로서

① 육안 검사에 의해 규정 요구사항을 만족시키는 구조·부품·재료인가의 여부를 조사
② 적절한 치수 측정구를 사용하여 각 부의 치수를 측정
③ 규정된 시험에 의해 확인

이 있다.

JIS C 8105 조명기구-제1부 : 안전성 요구사항 통칙에는 구조의 일반 요구사항으로서 '교환가능 구성부품', '전선경로', '램프소켓', '스타터소켓', '단자 및 전원접속', '스위치', '절연 라이닝 및 슬리브', '이중절연 및 강화절연', '전기적 접속 및 도전부', '나사, 기계적 접속 및 그랜드', '기계적 강도', '현수구 및 조절장치, 가염성 재료', 'F마크붙이 조명기구', '물빼기구멍', '내식성', '이그나이터', '러프서비스 조명기구', '보호실드', '할로겐전구', '램프 장착품', '준조명기구', '자외방사'가 규정되어 있다. 그리고 그 이외의 안전 요구사항에는 '표시', '외부 및 내부배선', '보호접지', '감전에 대한 보호', '먼지, 고형물 및 수분 침입에 대한 보호', '절연저항 및 내전압', '절연거리', '내구시험 및 온도시험', '내열성, 내화성 및 내트래킹성', '나사단자', '나사없는 단자 및 전기접속' 등이 규정되어 있다.

여기서는 그 일부의 시험 방법에 대해서 개요를 소개한다.

① **기계적 강도시험** 조명 기구는 통상 사용 시에 일어나는 거친 취급에 견딜 수 있는가의 여부를 확인하는 방법으로서 기계적 강도시험이 있다. 시험 방법은 JIS C 0046에

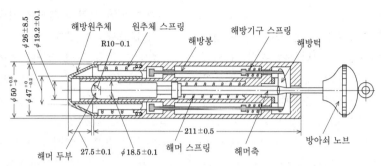

그림 3.64 내충격시험기

표 3.9 충격 에너지 및 스프링 압축길이

조명기구의 종류	충격 에너지(N·m)		스프링 압축(mm)	
	파괴되기 쉬운 부분	다른 부분	파괴되기 쉬운 부분	다른 부분
매입형 조명기구, 일반 정착등기구, 벽면설치형 이동등기구	0.2	0.35	13	17
바닥 및 책상용 이동등기구, 촬영용 조명기구	0.35	0.5	17	20
투광기, 도로 및 가로용 조명기구, 수중조명기구, 가반형 정원등기구, 유아기호 조명기구	0.5 (0.35)	0.7 (0.35)	20 (17)	24 (17)

(비고)　1. 조명기구 외형에서 돌출된 소켓 및 기타 부분은 시험을 한다. 통상 램프로 싸여 있는 소켓 전면은 시험하지 않는다.
　　　　2. 파괴되기 쉬운 부분이란 진애, 고형물 또는 수분 침입을 방지하고 있는 유리글로브 및 투광성 커버, 세라믹 또는 외곽에서 돌출한 26 mm 미만의 소돌기부분 또는 표면적이 4cm²이하의 돌기부분을 말한다.
　　　　3. 보호 실드는 파괴되기 쉬운 부분으로 본다.
　　　　4. 표시에 의한 분류가 타입 B인 것은 당분간 괄호내의 값을 적용할 수 있다.

규정된 충격시험 장치(그림 3.64) 또는 동등한 결과가 얻어지는 장치를 사용해서 표 3.9에 표시하는 충격값을 감전의 보호, 먼지·고형물·수분의 침입 보호 또는 램프 보호를 목적으로 한 개소에 추가한다. 충격 횟수는 가장 약하다고 생각되는 부분에 3회 실시한다. 단 파괴되기 쉬운 부분은 1회로 한다. 러프 서비스의 이동등 기구(휴대식)는 1m 높이에서 콘크리트 바닥에 4회 낙하시켜 안전을 손상시키는 손상 유무를 확인한다. 4회의 낙하는 낙하 충격면을 수평으로 해서 1회마다 90도 회전시켜서 실시한다.

② **현수기구 및 조절 장치의 시험** 기계적인 현수구(懸垂具)의 강도가 적절한 안전 계수를 가지고 있는가의 여부를 확인하는 시험으로 다음과 같은 시험 방법이 있다.

현수 조명기구는 정규 설치상태에서 조명기구 질량의 4배의 정하중(靜荷重)을 1시간 가하고 시행한다. 단 실링 글로짓을 사용한 조명 기구는 질량의 3배의 정하중으로 확인을 한다.

고정식 현수 조명기구는 정규 설치상태에서 시계 방향과 반시계 방향으로 각각 2.5 N·m의 토크를 1분간 가하고 시행한다.

고정식 현수 브래킷 조명기구는 기구를 설치하는 완목 선단부에, 모든 방향으로 작업장용 조명기구 등은 40 N, 주택용 조명기구 등은 10 N의 굽힘 모멘트를 1분간 가

표 3.10 조절장치의 시험

조명기구 타입	동작 사이클수
자주 조정하는 조명기구 예 : 제도용 조명기구	1,500
때때로 조정하는 조명기구 예 : 쇼윈도 스포트라이트, 탁상 스탠드	500
장치시만 조정하는 조명기구 예 : 투광기	45

[JIS C 8105-1 : 2000 참조]

하고 행한다.

클립 설치식 조명기구의 설치 유지력은 두께 10 mm 및 클립을 설치할 수 있는 최대 두께의 판유리제에 설치하여 클립에 대해서 가장 불리한 방향으로 코드에 20 N의 힘을 1분간 유지한다. 또한 관형상 설치를 할 수 있는 것은 직경 20 mm의 연마된 크롬 도금 금속봉에 설치하여 자중에 의한 회전 유무 확인 후에 클립에 대해서 가장 불리한 방향으로 코드에 20 N의 힘을 1분간 유지한다.

조절 장치(이음매, 승장장치, 조절식 완목, 신축자재관 등)가 있는 조명기구로서 코드 또는 케이블이 있는 조정장치 달린 조명기구는 표 3.10에 의해 동작시킨다. 동작의 1사이클은 1단에서 다른 단부까지 동작시켜 출발점에 복귀할 때까지의 동작으로 하여 1시간에 600 사이클 이하로 하고 그 후에 절연저항 시험, 내전압 시험 및 소선의 단선율 등을 확인한다.

③ 외부 배선용 단자에 대한 기계적 강도 시험 조명 기구의 외부 배선용 단자는 기구의 설치 공사, 배선 공사 등에 의해 가해지는 기계적 강도에 대해서 견딜 수 있어야 한다. 스프링식 단자가 있는 경우는 적합 전선의 최대 지름 다음에 최소 지름과 교호로 각 5회 접속·해제 조작을 한다. 5회째의 접속은 4회째 사용한 전선 도체를 사용해서

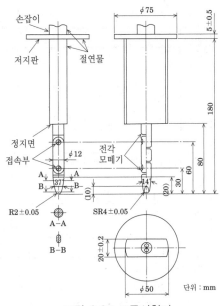

그림 3.65 표준시험지
[JIS C 0920 : 1993 참조]

접속한다. 그 후에 각 도선에 규정된 값의 인장력을 가해서 시험을 한다.

④ 풀 스위치 당김끈 설치부 및 당김끈 강도 시험 현수형 조명 기구의 풀 스위치 당김끈 설치부 및 당김끈은 조명 기구를 통상 사용 상태로 설치하고 당김끈도 설치부에 70 N의 인장 가중을 1분간 가하여 견디는가의 여부를 확인한 후, 다음에 당김끈 선단부에 150 N의 인장 하중을 1분간 가했을 때 당김끈이 절단되는가 또는 스위치에서 떨어지는가의 여부를 확인한다.

⑤ 먼지, 고형물 및 침수에 대한 시험 조명 기구의 먼지, 고형물 및 수분 침입에 대한 안전성 확인 시험은 조명 기구의 분류 및 조명 기구에 부여된 보호 등급을 나타내는 IP 번호(표 3.11 및 표 3.12)에 대해서 각각의 시험을 한다.

대표적인 시험을 들어 본다.

고형물의 침입을 방지한 조명 기구(IP 제

표 3.11 제1 특성 숫자로 표시하는 보호등급

제1특성숫자	보호등급	
	설명	외곽에서 배제하는 물체
0	무보호	특별한 보호 없음.
1	50 mm 이상의 고형물에 대한 보호	손과 같은 신체의 큰 표면(단 고의 접근에 대한 보호는 제외). 고형물은 직경이 50 mm를 넘는 것.
2	12 mm 이상의 고형물에 대한 보호	손가락 또는 길이 80mm를 넘지 않는 유사한 물체. 고형물은 직경이 12 mm를 넘는 것.
3	2.5 mm 이상의 고형물에 대한 보호	직경 또는 굵기가 2.5 mm 이상의 공구, 전선 등. 고형물은 직경이 2.5 mm를 넘는 것.
4	1.0 mm 이상의 고형물에 대한 보호	1.0 mm 이상 굵기의 철사 또는 세편. 고형물은 직경 1.0 mm를 넘는 것.
5	먼지 보호	장치의 만족한 운전을 저해할 정도인 양의 먼지침입은 없지만 먼지침입에 대해서 완전한 대책이 되어 있지 않은 것.
6	내진	먼지 침입이 전혀 없는 것.

[JIS C 8105-1 : 2000참조]

표 3.12 제2 특성 수자로 표시하는 보호등급

제2특성숫자	보호등급	
	설명	외곽에 의해 부여되는 보호
0	무보호	특별한 보호 없음.
1	떨어지는 물에 대한 보호	낙하하는 물(수직으로 낙하한다)이 유해한 영향을 주지 않는 것.
2	15° 까지 기울였을 때 떨어지는 물에 대한 보호	수직으로 낙하하는 물이 외곽을 통상상태에서 15° 까지의 임의 각도로 기울였을 때 유해한 영향을 미치지 않는 것.
3	살수에 대한 보호	수직에서 60° 까지 각도의 살수에 대해 유해한 영향이 없는 것.
4	물의 비말에 대한 보호	외곽에 대한 모든 방향으로부터의 물의 비말에 유해한 영향을 미치지 않는 것.
5	분류수에 대한 보호	모든 방향으로부터 외곽으로 향한 노즐의 분류수에 의해 유해한 영향이 없는 것.
6	격랑에 대한 보호	격랑 또는 강력한 분류수에도 유해한 양의 물 침수가 외곽 내에 없는 것.
7	침적상태에 대한 보호	외곽을 정해진 수압·시간에 수중에 넣었을 때 유해한 양의 물 침수가 없는 것.
8	수몰상태에 대한 보호	제조업자가 지정한 상태에서 수중에 연속적으로 수몰시키는 데 적합한 기기, 비고 : 통상 이것은 지기가 기밀 실되어 있는 것을 의미한다. 그러나 어떤 종의 기기는 물이 침입하여도 유해한 현상을 야기시키지 않는 방법이 취해지고 있는 경우가 있다.

[JIS C 8105-1 : 2000참조]

1특성 숫자 2)는 그림 3.65에 든 표준 시험 지로 10 N의 힘을 가하는 충전부 노출 확인시험, 고형물의 침입을 방지한 조명 기구(IP 제1특성 숫자 3 및 4)는 그림 3.66에 든 시험용 프로브에 그림3.66의 힘을 가하는 시험, 방진형 조명 기구(IP 제1특성 숫자 5) 및 내진형 조명 기구(IP 제1특성 숫자 6)는 탤크분에 의한 방진 시험, 방적형 조명 기구(IP 제2특성 숫자 1)는 JIS C 0920의 적수 시험, 방우형 조명 기구(IP 제2특성 숫자 3) 및 방말형 조명기구(IP 제2특성 숫자 4)는 그림 3.67의 살수(撒水) 시험장치에 의한 방우·방말 시험, 방분류형 조명 기구(IP 제2특성 숫자 5)는 수압 약 30 kN/m²

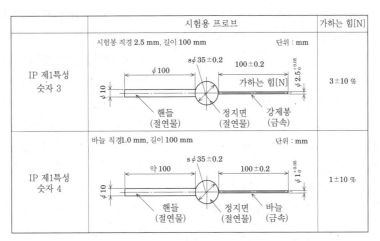

	시험용 프로브	가하는 힘[N]
IP 제1특성 숫자 3	시험봉 직경 2.5 mm, 길이 100 mm　　　　단위 : mm $s\phi 35\pm0.2$　　100 ± 0.2　$\phi 2.5^{+0.05}_{0}$ $\phi 100$　　가하는 힘[N] $\phi 10$ 핸들　　　정지면　　강제봉 (절연물)　(절연물)　(금속)	$3\pm10\ \%$
IP 제1특성 숫자 4	바늘 직경1.0 mm, 길이 100 mm　　　　단위 : mm $s\phi 35\pm0.2$　　100 ± 0.2　$\phi 1.0^{+0.05}_{0}$ 약 100 $\phi 10$ 핸들　　　정지면　　바늘 (절연물)　(절연물)　(금속)	$1\pm10\ \%$

그림 3.66 시험용 프로브

의 살수 시험 노즐을 사용한 방분류 시험, 방침형 조명 기구(IP 제2특성 숫자 7)는 조명 기구의 정상부가 적어도 수면하 150 mm 위치가 되도록 하고 조명 기구 최하부는 수두 1 m 이상의 수압을 받도록 한 방침 시험, 수중형 조명 기구(IP 제2특성 숫자 8)는 정격 최대 수몰 깊이에서 받는 압력의 1.3배의 수압하에서의 시험을 한다. 또 욕실 등에서 사용할 수 있는 방습형 조명 기구는 주위 온도 35℃ 이상, 상대 습도 90 % 이상의 환경내에서 점등 8 시간, 상온·상습에서 소등 16 시간을 1 회로 해서 10 회 반복 시험을 한다.

또한 내습성 시험으로서 조명 기구는 통상 상용 상태에서 일어날 수 있는 습도 상태에서 견디지 않으면 안 된다. 이 확인 시험은 20~30℃의 적절한 온도, 상대 습도 91~95 %로 유지된 미풍이 있는 고온조 내에 통상

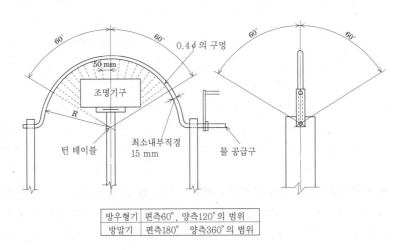

방우형기	편측60°, 양측120°의 범위
방말기	편측180°　양측360°의 범위

그림 3.67 살수시험장치 [JIS C 8105-1 : 2000 참조]

사용으로 가장 불리한 자세에서 48 시간 유지하여 그 후 절연저항 시험과 내전압 시험을 한다.

⑥ **절연저항 시험** 조명 기구의 절연저항 시험은 내습 시험 후 및 온도 시험(통상 동작) 후에 규정된 외곽 부분 등에 500 V의 직류 전압을 1분간 인가한 후에 측정한다.

⑦ **내전압 시험** 조명 기구의 내전압 시험은 50 Hz 또는 60 Hz의 주파수로 규정된 값의 사인파 전압을 규정된 절연 부분에 1분간 인가한다.

⑧ **내구성 시험** 조명 기구는 실용상 냉열 사이클에 견디지 않으면 안 된다. 백열등 기구의 경우는 사용 램프의 정격전력을 부여하는 전압값의 1.05±0.015 배, 형광등 및 기타의 방전등 기구의 경우는 정격 전압의 1.10±0.015 배의 전원 전압으로 21 시간은 점등하고 3 시간은 소등하는 것을 1 사이클로 하여 6 사이클까지는 통상 점등하고 7 사이클째는 이상 점등시켜서 총 시험 시간 168 시간의 시험을 한다. 자재형 이외의 정착형 백열등 기구 등의 이상 동작이 없는 조명 기구는 총 시험 시간을 240 시간으로 한다.

⑨ **온도 시험**(통상동작) 조명 기구의 통상 동작에 있어서의 각부의 온도 상승은 통상적인 사용 상태에서 주위 온도의 변화가 적은(±1℃ 이내) 풍방용기(風防容器)내 등에서 실시한다. 백열등 기구의 경우는 시험에 사용하는 램프에 그 정격 전력의 1.05 배의 전압을 인가한다. 형광등 기구 등 방전등 기구는 정격 전압의 1.06 배의 전압을 가하여 각 부의 온도가 거의 안정이 됐을 때 열전온도계 또는 저항온도계에 의해 각 부의 온도를 측정한다. 또한 조명 기구의 주위

온도는 10~30℃ 범위로 하지만 25℃가 바람직하다.

⑩ **온도 시험**(이상 동작) 조명 기구의 이상 동작은 다음과 같은 이상 상태가 일어날 가능성이 있는 경우는 안전성에 대해서 가장 악영향을 미치는 상태에서 시험을 한다. 다만 백열등 기구의 경우는 통상동작과 동일한 전압을 인가한다. 형광등 기구 등 방전등 기구는 정격 전압의 1.1 배의 전압을 가하여 각 부의 온도가 거의 안정되었을 때 각 부의 온도를 측정한다.

각 부의 온도 상승은 통상 동작과 동일하게 풍방용기 내 등에서 실시한다.

이상상태가 일어날 가능성이 있는 경우란

ⓐ 오사용 이외에 불안전한 동작 자세가 생긴다.

예 : 우연히 자재형 조명 기구가 30 N 이하의 힘으로 눌려 설치면에 접근

ⓑ 제조 불량 또는 오사용 이외에 불안전한 회로 상태가 일어난다.

예 : 램프 또는 스타터의 수명 말기에 생기는 회로 상태

ⓒ 특별한 전구를 사용하는 백열등 기구에 일반 조명용 전구를 사용

예 : 특수한 전구가 동일한 전력의 일반 조명용 전구로 교환되었다.

등을 말한다.

⑪ **내염성 및 내착화성 시험** 절연 재료로 구성되는 조명 기구의 부위 및 부품의 내염성(耐炎性) 및 내착화성을 확인하는 시험으로 니들 프레임 시험 및 글로 와이어 시험이 있다.

니들 프레임 시험은 조명 기구 충전부를 유지하는 절연물 및 감전 보호의 절연물 외곽에 대해서 순도 95 % 이상의 부탄 가스

표 3.13 조명기구의 광학특성시험 규격

1	JIS C 8105-3	조명기구-제3부 : 성능요구사항 통칙	조명기구의 배광방법
2	JIS C 8106	시설용 형광등기구	글레어 성능
3	JIS C 8112	형광등 탁상 스탠드	차광성, 조도시험
4	JIS C 8113	투광기	배광방법, 빔 개방, 주빔효율
5	JIS C 8131	도로조명기구	글레어 특성
6	일본조명기구공업회 규격 JIL 5501	비상용조명기구 기술기준	조도시험
7	일본조명기구공업회 규격 JIL 5502	유도등기구 및 피난유도 시스템용 장치 기술기준	휘도시험, 온도시험, 광속비
8	조명학회 학회기술기준 JIEC-003	배광측정의 학회 기술기준	조명기구의 배광방법

버너를 사용하여 시험염의 높이가 12mm±1 mm가 되도록 조정한 시험염을 제품 규격에 규정된 시간 시험품에 대고 제거한 후의 시험품, 그 주위 및 시험품 아래에 둔 포장용 박엽지의 착화 상태를 관찰한다.

글로 와이어 시험은 조명 기구에서 사용 중인 과잉 열응력 및 내부에서 생기는 화염 등에서 감전 보호를 하는 목적을 위한 절연물에 대해서 내화성을 가능한 한 충실하게 시뮬레이트하여 조사하기 위한 시험으로 글로 와이어 시험이 있다. 시험 방법은 JIS C 0075에 따라 650℃의 적열(赤熱)한 니켈크롬선을 사용한 적열봉을 시험품에 소정 시간 접촉시킨 후 적열봉을 제거한 후 소화될 때까지의 시간을 측정한다. 또 그 주위 및 시험품 아래에 둔 포장용 박엽지의 착화 상태를 관찰한다.

⑫ **내트래킹성 시험** 조명 기구 충전부를 유지하는 절연물 및 충전부에 접촉하고 있는 절연물이 전계하에서 오염된 수면에 표면이 노출됐을 때의 내(耐)트래킹성을 평가하기 위한 시험 방법으로 내트래킹성 시험이 있다.

시험 방법은 JIS C 2134의 5에 표시하는 시험 장치를 사용해서 JIS C 2134 5.4의 시험 용액 A를 PTI 175의 시험 전압으로 50방울까지 적하한다.

⑬ **표시에 대한 시험** 조명 기구 본체의 표시에 대한 내구성은 물에 적신 천 조각으로 15 초간 가볍게 문지르고 건조시킨 후에 석유 성분 용액(카우리 브타놀값 29 %, 방향족성분 용량비의 0.1 % 이하의 헥산 용액으로 된 것)에 적신 천 조각으로 15 초간 가볍게 마찰하여 내구성 시험을 완료한 후에 눈 관찰로 표시 상태를 확인한다.

(2) 광학 특성에 대한 시험

광학 특성 시험에는 조도 시험, 차광성 시험 등이 있으며, 표 3.13과 같이 규격화되고 있다. 여기서는 일본공업규격 JIS C의 부속서 '조명기구의 배광방법에 대해서'의 개요를 소개한다.

측정 조건은 점등용 전원의 전압 변동률은 정격치의 ±0.5 % 이내, 파형의 왜곡률은 3 % 이하가 좋고 주위 온도는 25±5℃(형광 램프는 ±2℃가 바람직하다)로 무풍에 가까운 상태로 유지한다. 광원 및 조명 기구의 점등 자세는 지정한 사용 상태로 지지하고 이것이 어려운 경우는 점등 자세의 상위에 의한 오차를 보정한다.

측정 장치의 수광기는 JIS C 1609 조도계에

서 지정하는 AA급 이상의 조도계 또는 이것과 동등 이상의 확실도를 가진 것을 사용하고 직선성은 사용 레벨 전반에 걸친 최대 출력의 ±1 % 이하, 측광계의 총합 분광 응답도가 표준 비시 감도에 근사하고 있고 광원 및 조명 기구로부터의 광만이 입사할 것.

측정 거리는 가능한 한 크게 잡고 측정 중 일정하게 한다. 일반적으로 조명 기구의 광속 발산부 최대 치수의 5 배 이상 잡는 것이 좋다.

광원의 광중심 및 조명 기구의 측광 중심은 측광 장치의 회전 중심과 일치하고 회전 장치 등의 각도 오차는 수평각 ±2 도 이하, 연직각 ±1 도 이하로 한다.

측정 범위 및 측정점은 표 3.14(투광기를 제외)에 든 값을 기준으로 하고 측정에 사용하는 램프는 전광속의 안정성이 ±1 % 이하, 재현성은 ±2 % 이하가 바람직하고 측정시에 사용하는 안정기는 실용의 안정기로 한다.

측정 순서는 원칙적으로 전구는 10 분간 이상, 방전 램프는 30 분간 이상 점등하여 5 분 간격으로 3 회 일정 방향의 광도를 측정, ±1 %

이하의 변화가 된 후에 측정을 개시한다.

광원의 전체 광속 및 조명 기구의 배광 곡선은 측정치에서 계산으로 구한다.

(3) 전파 장해에 대한 시험 방법

조명 기구에서 발생하는 잡음에 대해서는 일본에서는 현재 전기용품안전법의 전기용품의 기술상 기준을 정하는 성령(省令) 부속의 표의 2 '전기용품의 잡음 강도의 측정법'의 제7장(조명기구 등)에 규정되어 있다. 국제적으로는 CISPR Pub.15 '전기조명 및 유사기기의 무선 방해 특성의 한계치 및 측정법'에 규정되어 있는데 일본 내 정합을 위한 작업이 현재 진행 중이다. 여기서는 현재 일본 내에서 규정되고 있는 전기용품의 기술상의 기준을 정하는 성령에 대해서 개요를 설명한다.

조명 기구에서 발생하는 잡음은 이하의 잡음 전력과 잡음 단자전압의 2개 항목에 의해 규제되고 있다.

① **잡음 전력 시험** 잡음 전력 시험은 외부로부터의 전파 등을 차단하는 실드 룸에서 측정된다. 실드 룸 내의 시험대에 조명 기구를 놓고 흡수 클램프를 사용해서 그림 3.68과 같이 측정한다. 이때 접지해서 사용하는 조명 기구라도 접지 접속은 하지 않는다. 그리고 정격 전압으로 램프를 점등시켜 안정된 상태로 하고 흡수 클램프를 전원선을 따라 왕복시켜서 측정한다.

② **잡음 단자전압 시험** 잡음 단자전압 시험은 잡음 전력 시험과 동일하게 실드 룸에서 측정한다. 실드 룸 내의 시험대에 조명 기구를 놓고 전원선은 의사 전원 회로망을 거쳐 배선한다.

이때 조명 기구와 의사 전원 회로망 간은 80 cm 이격시켜 그림 3.69와 같이 측정한

표 3.14 조명기구의 배광측정 범위와 측정점

측정대상		수평각 ϕ[°]		연직각 θ[°]	
		측정범위	측정점	측정범위	측정점
광원		0~360	90마다	0~180	10마다
조명기구	축대칭배광	0~360	90마다	0~180	10마다
	2면대칭배광 1면대칭배광		45마다		
	비대칭배광		10마다		

(비고) 1. 조명기구는 표의 측정점(θ, ϕ)의 측정값을 기록한다. 단, 수평각(ϕ)의 측정 기점은 전구 또는 방전 램프를 측정했을 때의 기점과 동일할 것이 바람직하다.
2. 수평각(ϕ) 및 연직각(θ)의 측정점은 광도 변화가 심한 부분에서는 표의 각도보다 작게 잡고 명확하게 광이 나오지 않는 부분은 생략해도 된다.
3. 형광 램프 측정은 JIS C 7601에 규정하는 방법 또는 이에 준하는 것으로 하면 된다.

다. 접지해서 사용되는 조명 기구의 경우는 기구의 어스 단자로부터 0.1 μF의 콘덴서를 통해서 전원선의 1선에 접속한다. 그리고 정격 전압으로 램프를 점등시켜 안정된 상태에서 의사 전원회로망의 측정 단자로부터의 출력을 방해파 측정기를 사용해서 전원 단자에서 전도되는 잡음을 측정한다.

또한 반도체 소자를 내장하는 제어 장치의 부하 단자 및 보조 장자에서 전도되는 잡음에 대해서는 규정된 프로브를 사용하여 측정한다.

(4) 에너지 소비 효율에 대한 시험

에너지 절약법·특정 기기 '형광등 기구'의 적용을 받는 조명 기구의 에너지 소비 효율은 조명 기구에 장착되는 형광 램프의 '램프 정격 전광속값[lm]'에 '안정기 광출력 계수' 및 '램프 온도 보정계수'를 곱하여 얻은 값을 기구의 소비 전력[W]으로 나눈 값을 말하며 단위는 [lm/W]로 표시한다. 측정 방법은 정격 주파수의 정격 전압을 인가하고 주위 온도는 25 ± 2℃의 무풍 상태로 유지하여 램프 관벽 온도가 안정된 상태에서 측정한다.

(5) 개별 성능요구에 대한 시험

조명 기구에는 사용 장소, 목적 등에 따라서는 개별적 성능 요구가 규정되고 있는 경우가 있다. 여기서는 그 일부의 시험 방법에 대해서

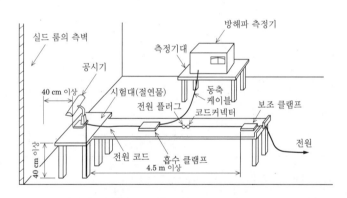

그림 3.68 잡음전력의 측정배치 예 [전기용품안전법 참조]

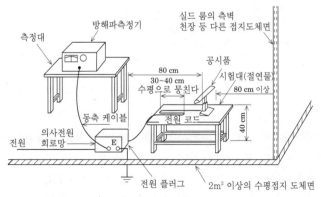

그림 3.69 잡음단자전압의 측정배치 예 [전기용품안전법 참조]

표 3.15 방폭조명기구의 시험항목

규격 *　　　　　　시험항목	분진방폭 (1)	가스 증기방폭 (2)	기술적기준 (3)	JIS (4) (5) (6) (7) (8) (9)
구조검사	○	○	○	○
폭발시험		○	○	○
발화시험		○	○	○
내압시험		○	○	○
불꽃점화시험		○	○	○
온도시험	○	○	○	○
내전압시험		○	○	○
기밀시험		△		
기능시험		△		
강구낙하시험	○	△		
낙하시험	○	△	△	○
인장강도	○	△		
굴곡시험	○	△		
열충격시험	○	△	△	○
살수시험		△		
방진시험	○			
충격시험			○	○
부싱 등의 토크 시험			○	○
인류(引留) 기능시험			○	○
농형회전자를 가진 전동기의 구속시험				○
나사식 소켓의 토크시험				○
용기 보호등급의 시험			○	○
플라스틱제 용기 등의 열안정성시험			△	○
플라스틱제 부품의 절연저항시험			△	○
소형부품의 점화시험				○
기계적 시험				○
△표의 시험은 특정부위에만 적용한다.				

＊(1) 공장전기설비 방폭지침 (분진방폭) 1982 산업안전연구소 기술지침
＊(2) 공장전기설비 방폭지침 (가스 중기방폭) 1979 산업안전연구소 기술지침
＊(3) 국제규격에 정합시킨 기술적 기준관계 1996 방폭구조 전기기계기구 형식검정 가이드
＊(4) 전기기기의 방폭구조총측 JIS C 0930 : 1993
＊(5) 전기기기의 내압방폭구조 JIS C 0932 : 1993
＊(6) 전기기기의 내압방폭구조 JIS C 0932 : 1993
＊(7) 전기긱기의 유입(油入)방폭구조 JIS C 0933 : 1993
＊(8) 전기긱기의 안전증방폭구조 JIS C 0934 : 1993
＊(9) 전기긱기의 본질안전 방폭구조 JIS C 0935 : 1993

개요를 소개한다.

① **시동 시험** 방전등 기구는 시험 주위 온도 20~27℃, 습도 65±20 %의 환경 내에서 정격 주파수의 정격 전압을 인가하여 점등할 때까지의 시간을 측정한다.

② **입력 시험** 형광등 기구 등은 시험용 램프를 장착하고 주위 온도 25±5℃에서 입력 단자 간에 정격 주파수의 정격 전압을 인가하여 입력측 전류와 전력을 측정한다.

③ **역률 시험** 형광등 기구 등은 입력 시험에 있어서의 전류값과 전력값에서 계산하여 백분율[%]로 표시한다.

④ **소음 시험** 형광등 기구 등은 점등 중에 안정기 등에서 발생하는 소음에 대해서 시험용 램프를 장착하고 입력 단자 간에 정격 주파수의 정격 전압을 가하여 기구에서 발생하는 소리를 보통소음계에 의해 측정한다. 탁상 스탠드의 경우는 두께 15~25 mm의 나무 탁자에 사용 상태로 놓고 정해진 소음 측정점에서 측정한다.

⑤ **비상등 및 유도등에 대한 개별성능 시험 항목** 화재 등과 같은 재해 발생으로 인한 정전시 심리적 동요를 억제하고 피난로를 명료하게 함으로써 안전하고 원활한 피난 행동을 가능케 하는 거실 및 피난구 및 통로에 설치하는 조명 기구에 요구되는 시험에는 다음과 같은 것이 있다.

비상용 조명 기구에는 일반 조명 기구에 요구되는 성능에 추가해서 140℃의 고온 상태하에서 비상 점등을 소정 시간 유지할 수 있는 것을 확인하는 고온 동작 특성, 전원 차단시 비상 점등을 개시할 때까지의 시간이나 작동 전압을 측정하는 전환 동작 특성, 축전지의 충전 전류를 측정하는 충전 전류 및 비상시의 유효 점등시간을 확인하기 위해 규정 시간에 축전지의 방전 전압을 측정하는 방전 기준전압 등이 있다. 이들 비상용 조명 기구의 요구 성능 및 그것을 확인하는 시험 방법은 JIL 5501에 기재되어 있다.

유도등 기구에는 일반 조명 기구에 요구되는 성능에 추가해서 비상용 조명 기구와 동일한 전환동작 특성, 충전 전류, 방전기준 전압 등 외에 유도등 표시면의 광학 특성(평균 휘도나 휘도비, 휘도 대비 등)을 측정하는 시험이 있다.

유도등에 관한 요구 성능 및 확인시험 방법은 JIL 5502 등이 있다.

⑥ **방폭 조명 기구에 대한 개별 성능시험 항목** 방폭 조명 기구의 시험 항목에 대해서는 표 3.15에 든 항목의 것이 JIS 및 산업안전연구소 기술지침에 제정되어 있다. 이 중에서 주요 시험 방법에 대해서 개요를 소개한다.

기계적 강도 시험 중에는 일정 중량의 강구(鋼球)를 기구의 약하다고 생각되는 부분에 일정 높이에서 낙하시키는 것이 있다. 폭발 시험은 폭발성의 혼합 기체를 기구 내부에 넣어 내부 폭발에 대한 강도 확인을 하는 것이다. 폭발 인화 시험은 그때의 화염 일주 유무를 조사하는 것이다. 내압 시험은 내압 방폭구조의 기구 내압이 안전하게 유지되는 것을 확인하는 것이다. 본질 안전 방폭구조의 기구는 사고시 등에 발생하는 불꽃 또는 아크가 대상으로 하는 폭발성 가스에 점화 않는 것을 확인하기 위한 불꽃 점화시험 장치에 의한 시험을 한다.

[菊池一道]

참고문헌

1) JIS Z 8113 : 1998 照明用語, p. 77 (1999)
2) JIS C 8106 : 1999 施設用蛍光灯器具, p. 5 (2000)
3) JIS C 8111 : 1971 照明用反射がさ (これは平成 4 年に廃止された)
4) JIS C 8113 : 1999 投光器, p. 4 (1999)
5) JIS C 8131 : 1999 道路照明器具, p. 4 (1999)
6) 照明学会編：ライティングハンドブック, オーム社 (1987)
7) 黒澤涼之助：最新照明計算の基礎と応用, pp. 59-65, 電気書院 (1963)
8) 照明学会編：新編照明のデータブック, pp. 209-211, オーム社 (1968)
9) 高橋, 石野, 西, 藤井, 黒澤：室内照明における照度予測の電子計算化, 照学誌, 54-12, pp. 697-707 (1970)
10) JIS A 9521 住宅用人造鉱物繊維断熱材
11) JIS A 9523 吹込用繊維質断熱材
12) 日本照明器具工業会：埋込み形照明器具 JIL 5002
13) 日本照明器具工業会：非常用照明器具技術基準 JIL 5501
14) 日本照明器具工業会：誘導灯器具及び避難誘導システム用装置技術基準 JIL 5502
15) 日本電気協会：内線規程 JEAC 8001-2000
16) JIS C 8105-1 : 2000 照明器具—第 1 部：安全性要求事項通則
17) JIS C 8113 : 1999 投光器
18) JIS C 8112 : 1999 蛍光灯卓上スタンド
19) JIS C 8131 : 1999 道路照明器具
20) JIS C 8105-2-3 : 1999 照明器具—第 2-3 部：道路及び街路照明器具に関する安全性要求事項
21) 環境庁 (現環境省) 光害対策ガイドライン〜良好な照明環境のために〜(1998.3)
22) 建設電気技術協会道路・トンネル照明器材仕様書 (2001)
23) 丸山：省電力化・高効率化がすすむ照明, 住まいと電化, Vol. 11-8, pp. 24-28 (1999)
24) 丸山, 佐藤：照明器具における光学薄膜技術の応用, 電気関係学会関西支部連大, p. 867 (1991)
25) Maruyama T., Sato K. : Development of an asymmetric reflector with new double arc HPS lamps using 3-D CAD/CAM, 2nd LUX Pacifica Conference, pp. B 34-B 39 (1993)
26) Jongewaard, M. : Guide to selecting the appropriate type of light source model, Proceedings of SPIE, Vol. 4775, pp. 86-98 (2002)
27) Yonenaga, M., Sato, K. : Innovative optical design of reflector considering luminance distribution of lamp, IES Annual Conference, pp. 457-483 (1992)
28) 照明学会 編：ライティングハンドブック, pp. 194-196 (1987)
29) 黒沢涼之助：照明器具の光学 (1)〜(3), 東芝レビュー, 11, 1〜3, 85/195/335 (1956)
30) Murray-coleman, J. F. and Smith, A. H. : The Automated Measurement of BRDFs and their application to Luminaire modelings, IES Annual Conference, pp. 568-597 (1989)
31) JIS C 8105-2-1 : 1999 照明器具—第 2-1 部：定着灯器具に関する安全性要求事項
32) JIS C 8105-2-2 : 1999 照明器具—第 2-2 部：埋込み形照明器具に関する安全性要求事項
33) JIS C 8105-2-4 : 1999 照明器具—第 2-4 部：一般用移動灯器具に関する安全性要求事項
34) JIS C 8105-2-5 : 1999 照明器具—第 2-5 部：投光器に関する安全性要求事項
35) JIS C 8105-2-6 : 2000 照明器具—第 2-6 部：変圧器内蔵白熱灯器具に関する安全性要求事項
36) JIS C 8105-3 : 1999 照明器具—第 3 部：性能要求事項通則
37) JIS C 8106 : 1999 施設用蛍光灯器具
38) JIS C 8115 : 1999 家庭用蛍光灯器具
39) JIS C 0920 : 1993 電気機械器具の防水試験及び固形物の侵入に対する保護等級
40) JIS C 0046 : 1993 環境試験方法—電気・電子—スプリングハンマー衝撃試験方法
41) JIS C 0061 : 2000 環境試験方法—電気・電子—耐火性試験ニードルフレーム (注射針バーナ) 試験方法
42) JIS C 0075 : 1997 環境試験方法—電気・電子—耐火性試験材料に対するグローワイヤー (赤熱棒押付け) 着火性試験方法
43) JIS C 2134 : 1996 湿潤状態での固定電気絶縁材料の比較トラッキング指数及び保証トラッキング指数を決定する試験方法
44) 日本照明器具工業会：省エネ法・特定機器「照明器具」のエネルギー消費効率測定方法, 技術資料 128-1999
45) 日本照明器具工業会：非常用照明器具技術基準, JIL 5501-2001
46) 日本照明器具工業会：誘導灯器具及び避難誘導システム用装置技術基準, JIL 5502-1999, 技術資料 126-1999
47) 通商産業省資源エネルギー庁：電気用品安全法令集II, 別表第八 (1977)
48) 労働省産業安全研究所：工場電気設備防爆指針 (防じん防爆) R II S-TR-82-1 (1982)
49) 労働省産業安全研究所：工場電気設備防爆指針 (ガス蒸気防爆) R II S-TR-79-1 (1979)
50) 産業安全技術協会：防爆構造電気機械器具型式検定ガイド (1996)
51) JIS C 0930 : 1993 電気機器の防爆構造総則
52) JIS C 0931 : 1993 電気機器の耐圧防爆構造
53) JIS C 0932 : 1993 電気機器の内圧防爆構造
54) JIS C 0933 : 1993 電気機器の油入防爆構造
55) JIS C 0934 : 1993 電気機器の安全増防爆構造
56) JIS C 0935 : 1993 電気機器の本質安全防爆構造
57) 照明学会：配光測定の学会技術基準, JIEC-003-1993

제4장

주광 조명

4.1 주광 광원

4.1.1 직사 일광

직사 일광의 강도는 대기층을 통과할 때 산란이나 흡수를 받아 감쇠한다. 대기층 직전의 태양광선에 수직인 평면상의 조도를 대기외 법선 조도(法線照度)라고 한다. 태양과 지구의 거리는 1년을 주기로 하여 변화하며 대기외 법선 조도의 값도 태양과 지구의 거리에 따라 변화한다. 태양과 지구가 평균 거리에 있을 때의 대기외 법선 조도를 태양 조도 상수라고 한다. 동일하게 태양과 지구가 평균 거리에 있을 때 태양광선에 수직인 평면상의 방사 조도를 태양 상수라고 한다. 태양 상수의 분광 분포에 관한 최근의 자료[1]와 표준 비시감도(比視感度)[2]에서 추정한 태양 조도 상수는 133,700 lx[2]이다. 태양과 지구의 평균 거리를 단위로 하고 임의 일의 태양과 지구의 비거리를 r이라고 하면 대기외 법선 조도 E_o와 태양 조도 상수 E_e와의 관계는 다음 식으로 표시된다.

$$E_o = \frac{E_e}{r^2} \tag{4.1}$$

태양과 지구의 비거리 값은 과학 연표 등에 기재되어 있다.

천정 방향의 대기의 단위 면적당의 전 질량에 대해서 직사 일광이 통과한 경로에 연하는 대기의 단위 면적당의 전 질량의 비를 대기 노정(路程)이라고 한다. 또 대기에 의한 직사 일광의 소산(消散) 정도를 나타내는 계수를 소산 계수라고 한다. 대기 노정을 m, 소산 계수를 a라고 하면 지표에 있어서의 직사 일광에 의한 법선 조도 E_n은 다음 식으로 표시된다(그림 4.1).

$$E_n = E_o \cdot e^{-am} \tag{4.2}$$

대기 노정에 대해서는 여러 가지 근사값과 근사식이 제안되고 있다. 태양 고도를 γ_s라고 하고 지구의 둥글기를 무시하면 $\csc \gamma_s$로도 근사되지만 $\gamma_s \leq 10°$로는 오차가 커진다. 키틀러(Kittler)는 다음 식을 제안하고 있다.[3]

$$m = \frac{2(\sqrt{\sin^2 \gamma_s + 0.0031465} - \sin \gamma_s)}{0.0031465} \tag{4.3}$$

태양이 천정(天頂)에 있을 때의 지표의 법선 조도를 E_z라고 하면 E_z/E_o에 의해 대기의 혼탁 정도를 나타낼 수 있다. 이것을 대기 투과율이라고 하며 맑은 하늘에 대해서 정의된다. 대기 투과율은 잘 개어 있을 때가 0.75~0.85, 보통의 맑은 하늘이 0.65~0.75, 연무가 많은 맑은 날이 0.55~0.65 정도이다. 태양이 천정에 있

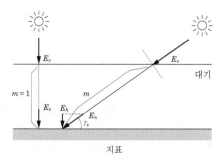

그림 4.1 직사일광에 의한 조도

을 때의 대기 노정은 1이므로 대기 투과율 P는 다음 식으로 표시된다.

$$P = \frac{E_z}{E_o} = e^{-a} \qquad (4.4)$$

이에 의해 지표의 직사 일광에 의한 법선 소도 E_n은 다음 식으로 표시된다.

$$E_n = E_o \cdot P^m \qquad (4.5)$$

4.1.2 천공광

(1) 천공 휘도 분포

주광 조명(晝光照明) 계획시에는 그 광원인 천공(天空)의 휘도 분포를 설정할 필요가 있다. 천공의 휘도는 결코 일정 분포가 아니다. 구름이 없는 쾌청한 청공(晴空)의 휘도 분포는 태양과 천정을 통과하는 선에 대해서 거의 좌우 대칭이고 태양 주변에서 가장 높으며 천정(天頂)을 끼고 태양과 약 90° 떨어진 부분에서 가장 낮다. 전체가 두꺼운 구름으로 싸인 천공의 휘도 분포는 방위에 관계없이 지평에서 천정을 향해서 높아지는 경향이 있다.

CIE는 1955년에 담천공(曇天空)에 대해서, 1973년에 청천공(晴天空)에 대해서 휘도 분포의 국제 표준을 정하였다. 그것들은 각각 CIE 표준 담천공, CIE 표준 청천공이라 불리며 1997년에 합쳐서 ISO/CIE 규격이 되었다.[4]

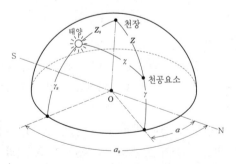

그림 4.2 천구상의 천공요소와 태양과의 위치관계

그러나 세계 각지에서 실제로 나타나는 천공의 휘도 분포는 이것들 두 가지 어느 것에도 해당되지 않는 것이 압도적으로 많다. 실제적인 천공 상태를 주광 조명 계산에 반영시키기 위해 중간 천공이나 평균 천공 등의 여러 가지 천공 휘도 분포 모델이 제안되었는데[5] 그 후 CIE는 2003년에 포괄적인 천공 휘도 분포 모델로 CIE 표준 일반 천공을 권장하였다.[6] CIE 표준 담천공은 임의의 천공 요소의 고도를 γ[rad], 그 휘도를 L_{oc}[cd/m²], 천정 휘도를 L_{zoc}[cd/m²]로 하여 다음 식으로 표시된다.(그림 4.2)

$$\frac{L_{oc}}{L_{zoc}} = \frac{1 + 2\sin\gamma}{3} \qquad (4.6)$$

CIE 표준 담천공에서는 천정 휘도 L_{zoc}[cd/m²]와 전천공 조도 E_{soc}[lx] 간에 다음과 같은 관계가 있다.

$$E_{soc} = \frac{7}{9} \pi L_{zoc} \qquad (4.7)$$

CIE 표준 청천공은 임의 천공 요소의 고도 γ[rad], 방위각 a[rad], 천정 휘도 L_{zcl}[cd/m²]이라 하고 다음 식으로 표시된다.

$$\frac{L_{cl}(\gamma_s, \gamma, x)}{L_{zcl}(\gamma_s)} = \frac{f(x) \times \phi(\gamma)}{f\left(\frac{\pi}{2} - \gamma_s\right) \times \phi\left(\frac{\pi}{2}\right)} \qquad (4.8)$$

여기서 x는 태양과 천공 요소와의 각거리이며 다음 식으로 표시된다.

$$x = \arccos[(\sin\gamma_s \times \sin\gamma) + (\cos\gamma_s \times \cos\gamma \times \cos|a_s - a|)] \qquad (4.9)$$

또 $f(x)$는 상대 산란 인디카토릭스라고 불리며 맑고 깨끗한 대기에 대해서 다음 식으로 표시된다.

$$f(x) = 0.91 + 10\exp(-3x) + 0.45\cos^2 x \qquad (4.10)$$

천정에서의 값은 다음 식과 같이 된다.

$$f\left(\frac{\pi}{2}-\gamma_s\right)=0.91+10\exp\left\{-3\left(\frac{\pi}{2}-\gamma_s\right)\right\}$$
$$+0.45\cos^2\left(\frac{\pi}{2}-\gamma_s\right)\ (4.11)$$

오염된 대기나 혼탁된 대기에 대해서는 $f(x)$ 대신 $f'(x)$를 사용한다.

$$f'(x)=0.856+16\exp(-3x)+0.3\cos^2x$$
$$(4.12)$$

천정의 값은 다음 식이 된다.

$$f'\left(\frac{\pi}{2}-\gamma_s\right)=0.856+16\exp\left\{-3\left(\frac{\pi}{2}-\gamma_s\right)\right\}$$
$$+0.3\cos^2\left(\frac{\pi}{2}-\gamma_s\right)\ (4.13)$$

$\phi(\gamma)$는 대기의 투과 함수라고 불리며 다음 식으로 표시된다.

$$\phi(\gamma)=1-\exp\left(\frac{-0.32}{\sin\gamma}\right)\qquad(4.14)$$

천정에서는 다음 값을 취한다.

$$\phi\left(\frac{\pi}{2}\right)=0.27385\qquad(4.15)$$

CIE 표준 일반 천공은 CIE 표준 청천공을 포함한 청천공에서 담천공까지의 15 분류의 천공 휘도 분포 및 CIE 표준 담천공으로 구성되어 있다. 15 분류의 천공 휘도 분포는 임의 천공 요소의 천정각을 Z[rad], 방위각을 α[rad], 그 휘도를 L_a[cd/m²], 태양의 천정각을 Z_s[rad], 방위각을 a_s[rad], 천정 휘도를 L_z[cd/m²]로 하고 다음 식으로 표시된다.

$$\frac{L_a}{L_z}=\frac{f(x)\cdot\varphi(Z)}{f(Z_s)\cdot\varphi(0)}\qquad(4.16)$$

$\varphi(Z)$는 그라데이션 함수라고 불리며 다음 식으로 표시된다.

$$\varphi(Z)=1+\alpha\cdot\exp\left(\frac{b}{\cos Z}\right)\qquad(4.17)$$

여기서 계수 a와 b에 대해서는 천공 분류에 따라 별표로 제시되고 있다(표 4.1). 천정에서는 다음 값을 취한다.

$$\varphi\left(\frac{\pi}{2}\right)=1\qquad(4.18)$$

$f(x)$는 상대 산란 인디카토릭스이며 다음 식으로 표시된다.

$$f(x)=1+c\left[\exp(dx)-\exp\left(d\frac{\pi}{2}\right)\right]+e\cdot\cos^2x$$
$$(4.19)$$

여기서 계수 c, d, e에 대해서는 계수 a, b와 동일하게 표에 표시되고 있다(표 4.1). 천정에서의 값은 다음 식이 된다.

$$f(Z_s)=1+c\left[\exp(dZ_s)-\exp\left(d\frac{\pi}{2}\right)\right]$$
$$+e\cdot\cos^2Z_s\qquad(4.20)$$

천공의 색온도는 천공상의 위치에 따라 4,000 K에서 40,000 K의 넓은 범위에 걸쳐 있는데 7,500 K의 빈도가 높다. 구름의 색온도는 5,000 K에서 8,000 K지만 대략 6,000 K 라고 할 수가 있다.[7]

(2) 천정 휘도

CIE 표준 담천공, CIE 표준 청천공, CIE 표준 일반 천공 등의 천공 휘도 분포는 천정 휘도에 대한 상대값으로 표시되고 있다. 따라서 절대값을 아는 데는 천정 휘도의 값이 필요하며 여러 가지 제안식이 있다. 나카무라(中村)는 담천공의 천정 휘도 L_{zo}[kcd/m²], 청천공의 천정 휘도 L_{zc}[kcd/m²], 중간 천공의 천정 휘도 L_{zi}[kcd/m²]를 태양 고도를 γ_s로 하고 다음과 같이 제안하고 있다.[8),10)]

$$L_{zo}=15.0\cdot\sin^{1.68}\gamma_s+0.07\qquad(4.21)$$
$$L_{zc}=6.4\cdot\tan^{1.18}(0.846\cdot\gamma_s)+0.14\ (4.22)$$
$$L_{zi}=9.90\cdot\sin^{1.68}\gamma_s+3.01\cdot\tan^{1.18}(0.846\cdot\gamma_s)$$
$$+0.112\qquad(4.23)$$

표 4.1 CIE 표준 일반천공의 파라미터(발췌)

분류	계수 a	계수 b	계수 c	계수 d	계수 e	천공휘도분포
1	4.0	−0.70	0	−1.0	0	CIE표준담천공(근사치), 천정을 향해서 휘도의 급격한 그라데이션이 있다. 방위에 관해서는 일정.
2	4.0	−0.70	2	−1.5	0.15	담천공, 휘도의 급격한 그라데이션이 있고 태양을 향해서 약간 밝아져 있다.
3	1.1	−0.8	0	−1.0	0	담천공, 완만한 그라데이션이 있고 방위에 관해서는 일정.
4	1.1	−0.8	2	−1.5	0.15	담천공, 완만한 그라데이션이 있고 태양을 향해서 약간 밝아져 있다.
5	0	−1.0	0	−1.0	0	일정 천공
6	0	−1.0	2	−1.5	0.15	부분적으로 구름이 존재하는 천공, 천정을 향해서 그라데이션은 없다, 태양을 향해서 약간 밝아져 있다.
7	0	−1.0	5	−2.5	0.30	부분적으로 구름이 존재하는 천공, 태양 주위가 밝다.
8	0	−1.0	10	−3.0	0.45	부분적으로 구름이 존재하는 천공, 천정을 향해서 그라데이션은 없다. 확실한 광관(光冠)
9	−1.0	−0.55	2	−1.5	0.15	부분적으로 구름이 있는 천공, 태양은 보이지 않는다.
10	−1.0	−0.55	5	−2.5	0.30	부분적으로 구름이 있는 천공. 태양 주위가 밝다.
11	−1.0	−0.55	10	−3.0	0.45	전체적으로 환한 청천공, 확실한 광관.
12	−1.0	−0.32	10	−3.0	0.45	CIE표준 청천공, 맑은 대기.
13	−1.0	−0.32	16	−3.0	0.30	CIE표준 청천공, 혼탁한 대기.
14	−1.0	−0.15	16	−3.0	0.30	구름이 없는 혼탁한 천공, 넓은 광관.
15	−1.0	−0.15	24	−2.8	0.15	환하고 혼탁한 청천공, 넓은 광관

4.1.3 전천공 조도와 출현 빈도

주위에 장해물이 없고 전천공(全天空)을 바라볼 수 있는 수평 수조면(受照面)에 있어서의 천공 광조도(光照度)를 전천공 조도라고 한다. 주광(晝光)은 계절이나 시각, 일기 등에 따라 계속 변동하며 그에 따라 실내의 주광 조도도 변동한다. 주광 조명에서는 전천공 조도 E_s에 대한 실내의 주광 조도 E의 비(E/E_s)를 주광률로 정의하고 밝기의 지표로 하고 있다. 주광률은 정확하게 천공 휘도 분포의 형태에 따라 옥외의 주광 변동에 관계없이 거의 일정하다고 생각하면 된다.

실내의 주광 조도는 주광률에 전천공 조도를 곱함으로써 계산된다. 전천공 조도의 값에 대해서는 여러 가지 제안이 있다. 전천공 조도의 상

한값 E_u[klx]와 하한값 E_l[klx] 및 평균값 E_s[klx]는 태양 고도 γ_s의 함수로 하여 다음 식으로 표시된다.[11]

$$E_u = 2.0 + 80.0 \cdot \sin^{0.8} \gamma_s \qquad (4.24)$$

$$E_l = 15.0 \cdot \sin^{1.2} \gamma_s \qquad (4.25)$$

$$E_s = 0.5 + 42.5 \cdot \sin \gamma_s \qquad (4.26)$$

또한 전천공 조도의 연간 출현 빈도를 알면 계산으로 예측하는 실내의 주광 조도가 연간을 통해서 어느 정도의 시간적 비율로 출현하는가를 대략 알 수 있다. 예를 들면 북위 35°, 동경 135° 지점에서 검토 시간대를 오전 9시부터 오후 5시로 하여 추정한 연간 전천공 조도 E_s[klx]와 누적 출현 빈도 f의 관계는 다음 식으로 표시된다(그림 4.3).[12]

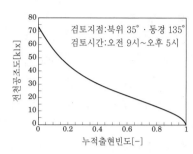

그림 4.3 전천공조도와 누적 출현빈도

$$E_s = 31.4 \left(\frac{1.2}{f+1.2} - 1 \right)^{1/1.9} \qquad (4.27)$$

[古賀靖子]

4.2 창의 기능

4.2.1 창의 기능

창의 기능을 크게 잡으면 건물의 안과 밖을 연결하여 무엇인가를 통과시키는 것에 있다. 통상 창을 통과하는 것으로 표 4.2와 같은 것을 생각할 수 있다.[13] 각각 창 밖으로부터의 유입과 창 안으로부터의 유출의 양쪽이 있다(예를 들면 시각 정보는 내부에서는 옥외 경관이 보이고 외부에서는 실내가 보인다). 또 표에서 물질에 있어서는 창이 열려 있을 때만 유출·유입이 이루어진다고 할 수 있다.

광·공기·소리와 같은 것에 비해서 정보는 의식되기 어렵다. 그러나 실제로 시각·청각·후각에 의한 외부 정보는 경관이나 시각·날씨 정보와 같은 것으로서 재실자에게 인식되고 심리적 영향도 크다. 창의 주요 기능으로 생각되어 온 광·공기의 유출·유입(채광·환기)은 전기·기계 설비에 의해 대체 가능해졌지만 그래도 건물에서 창이 없어지는 일이 없는 것은 이 심리 효과에 의하는 바가 많다.

표 4.2 창을 통과하는 것

	창을 통과하는 것
에너지	광
	열
	소리
물질·물체	공기
	분진
	화분·진균
	화학물질
	벌레
	사람
정보	시각정보
	청각정보
	후각정보

4.2.2 위치에 따른 분류와 기능

창은 위치와 방향에 따라 그림 4.4와 같이 분류할 수 있다.[14]

(1) 측창(側窓)

벽면(연직면)에 설치된 창에 의한 채광을 측

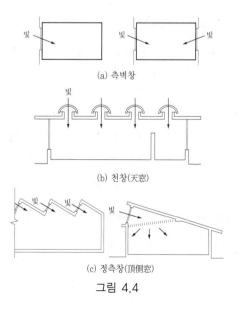

(a) 측벽창

(b) 천창(天窓)

(c) 정측창(頂側窓)

그림 4.4

창 채광(側窓探光)이라고 하며, 1벽면으로부터의 경우는 편측 채광, 마주 보는 2벽면으로부터의 경우를 양측 채광이라고 한다(그림 4.4 (a)). 일반적으로 다른 창 위치에 비해서 구조·시공, 청소 보수가 용이하고 통풍, 차열에 유리하며 조망을 얻을 수 있다고 하는 이점이 있다. 결점으로서는 창 밖의 상황에 따라 광이 충분히 끌어 들일 수 없는 경우가 있다. 편측 채광에서는 실내 위치에 따라 광량 분포가 균일하지 않게 되는 것을 들 수 있다.

(2) 천창(天窓)

그림 4.4 (b)와 같이 지붕 또는 천장면에 뚫은 창으로서, 창면이 수평이거나 그것에 가깝다. 장점과 단점이 앞의 측창의 경우와 반대가 된다. 즉 구조·시공, 청소 보수가 곤란, 통풍, 차열에 불리, 조망이 얻어지지 않는다는 결점과 근린 상황에 의한 영향이 적다는 이점이 있다. 또한 동일한 면적의 측창보다 훨씬 많은 광을 얻을 수 있지만 직사 일광에 의한 글레어에 주의가 필요하다.

(3) 정측창(頂側窓)

천장 부분에서 채광하지만 창면이 연직인 창 또는 연직면에 가까운 방향인 경우를 정측창(頂側窓)이라고 하며, 그림 4.4 (c)와 같은 창이다. 정측창은 시공상의 측창의 장점과 채광상의 천창의 장점을 채택한 형태이다. 주광에 의해 전시품을 관상코자 하는 미술관 전시실이나 면적이 큰 공장에 사용된다.

4.2.3 창의 심리 효과

창은 기본적으로는 개구 또는 그 창틀에 지나지 않는다. 창의 심리적 효과는 창 그 자체가 주는 것과 표 4.2에 드는 것과 같은 에너지, 물질, 정보의 유입·유출에 의해 복합적으로 주는 것이다. 그리고 또 창을 통과하는 것도 일정하지 않다. 예를 들면 광이라도 그 양 등은 변동하고 정보는 항상 변화한다. '창의 심리 효과'는 그 일정하지 않은 것이 주는 효과라고 하는 것이 된다. 여기서는 우선 창 그 자체에 대한 요구에 대해서 기술하고 그 다음에 심리 효과에 대해서 기술한다.

(1) 창의 크기

건축기준법에서는 주택의 거실에는 그 방의 바닥 면적의 1/7 이상의 채광에 유효한 개구부(창 등)를 설치하게 하고 있다. 그러나 법령에 맞는 것만으로는 불충분하고 거주자가 만족하는 것이 아니면 안 된다. 창의 크기는 끌어들일 수 있는 광의 양에 크게 관계되지만(채광 계산에 대해서는 본장 4.4 참조) 여기서는 심리적으로 필요한 창의 크기에 대해서 기술한다.

창 면적의 심리적인 최소 한계에 대해서는 네만(Ne'eman)이 모형 실험에서 바닥 면적의 1/16이라고 하고 있다.[15] 이것은 밖으로부터의 시각 정보량에 의해 구해진 값이다. 또한 케일리(Keighley)는 창이 있는 벽에 대한 그 창의 면적비로 표시, 오피스에서는 이것이 30 %를 넘으면 재실자가 충분히 만족한다고 보고하고 있다.[16] 동일한 크기라도 분할되면 좋지 않고 하나의 창으로서 이 정도의 면적이 필요하다고 한다.[17]

이것들은 1970년대 외국에서 실시된 연구지만 최근의 일본의 연구에서도 거의 동일한 결과로 되어 있고 오피스에 있어서 (창/창이 있는 벽의 면적)비가 50 % 이상이면 그 이상 증가시켜도 만족도의 증가는 약간이라고 보고 되고 있다. 그러나 이들 창 크기의 한계치도 형상·위치·경관의 영향을 받으므로 이 크기만 가지면 어떤 경우라도 반드시 만족이 얻어진다고는 할 수 없다.

(2) 형상·위치와 경관

일반적으로는 창의 형상은 그 창이 있는 벽의 형상과 거의 비슷한 것을 원한다고 한다.[18] 그러나 이것도 창 밖의 경관에 따라 변화한다. 경관으로서 영향이 큰 것은 스카이라인(하늘과 지표의 경계)으로서 스카이라인이 보이는 높이에 창이 있는 것을 희망한다. 또한 스카이라인이 보이는 조건에 대해서는 그것을 많이 얻을 수 있는 가로 길이가 긴 창이 좋다고 평가된다고 한다.[17,18] 경치에 대해서는 근거리, 인공물이 만족도를 저하시킨다고 하고 있다.[18]

(3) 심리 효과

창의 크기·형상·위치의 결정에도 경관이 영향을 주는 것 같이 창의 심리 효과는 그곳을 유출·유입하는 것이 복합적으로 준다. 예를 들면 오피스의 '창의 기능의 중요도' 조사에서는 예비 조사로부터 추출된 평가 항목이 '전망' '일기'와 같은 정보 그 자체부터 '안심감' '해방감'과 같은 그것에 의해 주어지는 심리 효과에 이르렀다.

결과로서 17개 항목(조망·일기·피난·안심감·계절감·건강적 등) 중에서 오피스에서는 '시간의 정보가 있을 것', '개방감이 있을 것', '기분 전환이 쉬울 것'의 중요도가 높아졌다 또 유창 지상, 유창 지하, 무창 지하의 각 오피스에서 중요도와 만족도를 조사한 결과 그림 4.5와 같은 결과가 얻어지고 있다.[19] 지하의 유창 오피스에서는 시간 정보는 얻어져도 개방감이 얻어지기 어렵다.

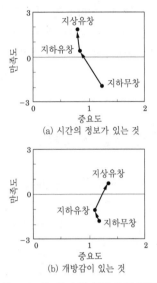

(a) 시간의 정보가 있는 것

(b) 개방감이 있는 것

그림 4.5 창 효과의 중요도와 만족도

(4) 개방감

개방감이란 어떠한 것인가. 이누이(乾) 등은 "어떤 공간에서 인간이 시각을 통해서 받아들이는 공간의 크기의 느낌, 바꾸어 말하면 그 공간의 시지각적인 용적감"이라고 정의하고 있다.[20]

개방감은 주로 창의 크기, 방의 크기, 실내 조도의 3개 인자의 함수라고 생각되고 있다. 방을 크게, 창을 크게, 실내 조도를 높게 하면 개방감이 커지게 된다. K씨 등은 창의 크기를 ① 창 면적, ② 창 면적의 바닥 면적에 대한 비, ③ 피험자의 눈에 비치는 창의 입체각, ④ 실 안쪽에 있는 피험자의 눈 위치의 연직면에 있어서의 창의 입체각 투사율을 사용해서 검토한 결과 ③과 ④가 개방감과의 상관이 큰 것을 표시하였다.[21] 즉, 시야에 대한 상대적인 창의 크기가 개방감에 영향을 주고 같은 방에 있어서도 재실자의 창으로부터의 거리에 따라 개방감이 다른 것을 나타내고 있다.

개방감의 반대는 폐쇄감이 되는데 이것은 부(負)의 이미지가 강하다. 그러나 개방감에 대해서도 항상 큰 쪽이 좋다고는 한정되지 않는다. 실내 어느 위치에 있어서도 폐쇄감을 주지 않는 창의 크기를 확보한다고 하는 생각이 합리적일 것이다.   [岩田利枝]

4.3 주광 조명 시스템

4.3.1 주광 조명과 광 환경 계획

건축 공간에서 주광(晝光) 조명은 채광창이라는 형태로 지금까지 극히 당연하게 시행되어 왔다. 그러나 그 현상을 보면 비교적 안 쪽이 깊지 않은 주택을 제외하면 현대 건축에 있어서 주광이 효과적으로 살려지고 있는 장면은 극히 드물고 주광이 풍부한 낮에도 블라인드, 커튼 등을 달아 인공 조명만으로 하고 있는 사례가 많다(그림 4.6). 이것은 변동이 심하거나 직사 일광의 입사라고 하는 주광이 갖는 성격이 보통 바람직한 광환경에 맞지 않기 때문이다. 그러나 에너지 절약은 물론이고 인공 조명에 비교해서 많은 우수한 특성을 갖는 주광을 생활 공간에 적극적으로 활용하는 것은 조명 계획만이 아니고 건축 계획상으로도 상당히 중요한 과제이다.

전기 조명이 없었던 시대에는 당연한 일로서 자연 채광을 위한 건축적 연구가 이루어지고 그것이 풍부한 건축 공간 창조에 연결된 예를 많이 볼 수 있다. 이와 같은 채광 기술을 최신 기술에 의해 현대 건축에 활용하는 것은 단순히 에너지 절약만이 아니고 풍요로운 건축 공간의 실현과도 연결되는 것이다.

(1) 주광 이용의 의미

사람은 외부 정보 취득의 80 % 이상을 시각에 의존하고 있다고 한다. 시각은 광을 매체로 한 감각이고 광이 없으면 사람이 얻을 수 있는 정보는 한정된 것이 되고 만다. 여기서 말하는 '광에 의한 정보'란 읽거나 쓰거나 하는 것만이 아니고 옥외의 일기나 시각의 변화, 계절의 변화 등도 포함된다.

이들 정보는 사람이 자연 생활을 영위하는 데 중요한 것이고 건축 공간에 있어서는 필요에 따라 옥내에서 처리할 것이 요구된다.

여기서 광의 효용을 생각하면 문자나 사진 등을 보기 위한 기능적인 광과 공간의 환경을 만들어 내는 환경적인 광으로 분류할 수 있다.

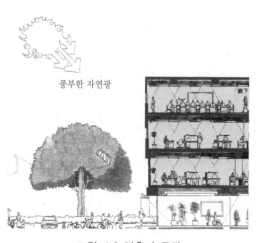

풍부한 자연광

그림 4.6 건축과 주광

그림 4.7 환경을 위한 광

기능적인 광에는 고르지 못함이 없는 안정된 광(조도)이 적합하지만 환경을 위한 광에는 공간의 밝은 감이나 개방감과 같은 감각적인 쾌적성이 중요해진다(그림 4.7).

주광 조명에 의해 얻어지는 광은 광량이나 일기 변동 등과 같은 문제 때문에 기능을 위한 광으로서는 난점이 많지만 개방감이나 밝기감 등 환경을 위한 광으로서 상당히 우수한 특징을 가지고 있으며 이와 같은 특성을 살리는 것이 주광 조명을 성공시키는 포인트이다.

(2) 건축 공간에의 자연광 도입

주광 조명은 밖의 경색(景色)을 끌어들이는 것도 포함해서 외부의 변화하는 환경을 실내에 도입하게 되므로 항상 일정한 조도를 필요로 하는 작업을 위한 광과는 분리해서 생각하는 것이 중요하다.

환경광으로서 필요한 요소는 공간의 밝기감이나 개방감이며, 주광의 변화는 결코 마이너스 요인이 되지는 않는다. 다만 자연의 변화를 그대로 끌어들인 경우 그 변동의 크기나 변화의 속도도 실내 환경에 악영향을 미치는 경우도 많아 건축적 연구나 설비적 연구에 의해 변동의 완화를 도모하는 것이 필요 불가결하다.

즉, 주광의 변동을 인공광으로 보정하는 시스템 도입이나 차양에 의한 직사 일광의 차폐, 확산 유리의 적용 등에 의해 외부 환경의 변화를 완화하여 실내에 들여오는 것이 중요한 것으로, 개구 방위·위치·형상·내장재의 색·반사 특성에 대해서 충분한 검토가 필요하다.

4.3.2 주광 조명계획의 유의점

주광은 광량, 광의 방향, 광의 색이 항상 변화하고 있으며 또 일반적인 실내 조도에 대해서 조도가 많이 다른 직사 일광을 포함하고 있다.

이와 같은 특질들을 고려해서 적절한 주광 조명 계획을 입안하는 일이 중요하다.

(1) 광의 분포

주광 조명에서 가장 일반적인 이용 형태는 측창(側窓)이다. 유리를 통해서 주광을 실내에 들여오는 경우 창 부근과 방 안쪽은 바닥면이나 책상면 조도에 큰 차가 생기는 경우가 많다. 천장 높이를 충분히 확보하여 창 상부로부터 채광하면 방 안쪽까지 주광을 끌어들일 수 있게 된다(그림 4.8). 이 경우 상부 창의 유리를 확산성으로 하여 창면 주위의 천장과 벽면을 부드럽

그림 4.8 측창채광의 연구

그림 4.9 다면채광의 예(실공간)

사무실

그림 4.10 다면채광의 예(평면도)

게 조명하면 창면과의 휘도 대비를 완화시키는 효과가 얻어진다.

또한 그림 4.9, 그림 4.10과 같이 1면만의 채광이 아니고 2면 이상의 채광을 함으로써 창 부근과 방 안쪽의 조도 대비를 줄일 수가 있다.

(2) 직사 일광의 차폐

일반적으로 직사 일광에 의한 조도는 수만 lx에 이르며 통상적인 실내 필요 조도를 크게 상회한다. 창 부근의 일부에만 이와 같은 조도가 생긴 경우 직사 일광이 들어가지 않는 부분과의 휘도 대비는 1 : 수백이 되는 경우가 있다. 이 상태에서는 직사 일광이 입사하고 있는 부분이 강한 글레어의 원인이 되어 블라인드 등에 의해

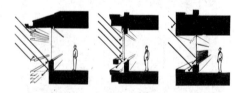

그림 4.11 직사일광의 차폐

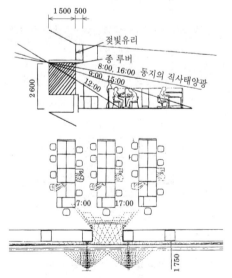

그림 4.12 수평차양과 수직차양 병용에 의한
직사일광의 차폐

개구를 차폐하지 않을 수 없다. 이러면 주광 조명이 기능하지 않으므로 건축적 연구에 의해 직사 일광을 가능한 한 차폐할 필요가 있다.

그림 4.11은 직사 일광을 차폐하기 위한 차양의 예이다. 건물의 개구 형상에 따라 적절한 차양을 선정함으로써 시계의 방해를 최소로 억제한다.

그림 4.12는 수평과 수직의 차양을 병용해서 가장 태양 고도가 낮은 동지(冬至)에 종일 직사 일광을 차폐한 예이다. 일반적으로 직사 일광의 차폐에서는 태양 고도가 가장 낮아지는 시기와 시각을 검토한다.

4.3.3 건축적 연구와 자동조광 시스템, 자동각도 제어 블라인드

(1) 건축 단면의 연구

그림 4.13은 주광 조명을 위해 많은 건축적 연구를 한 예이다.

우선 방 길이가 짧은 공간으로 하여 남북 양면에서 채광하고 있다. 또 높은 위치에서 채광하기 위해 구조를 연구해서 개구(창)를 크게 확보하여 상부 창을 확산 유리로 하고 있다. 또한 불쾌한 직사 일광을 방지하기 위해 남면 창에 중간 차양(라이트 셀프)을 설치하고 있다. 그리고 채광창의 밝기와 주위의 밝기의 차가 커지는 것을 방지하기 위해 천장면을 밝게 하도록 경사

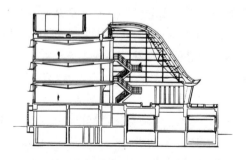

그림 4.13 주광조명을 의식한 건축의 예

지게 하고 있다(그림 4.14).

차양은 직사 일광을 차폐하기 위해 많이 채용되는 방법이다. 비교적 위도가 높은 지역에서 유효하다. 그러나 개구의 방위에 따라 그 유효성이 변화하므로 차양의 높이나 치수를 결정하는 경우 태양 고도와 차양 방위의 관계를 고려하는 것이 중요하다.

이와 같은 연구 결과 그림 4.15와 같이 실내의 조도 차이가 적은 밝고 개방감이 큰 집무 공간을 실현시키고 있다. 또한 이 주광 조명을 에너지 절약에 반영하기 위해 인공 조명에는 옥상에 조도 센서를 설치한 자동 조광을 채용하고 있다. 그 결과 이 오피스의 인공 조명 소비 전력은 종래의 것과 비교해서 약 1/2이 되고 있다.

그림 4.16은 건물의 단면 형상을 경사지게 함으로써 직사 일광의 차폐와 확산광의 실내 도입을 지향한 사례이다. 방 안쪽은 아트리움에 면하고 있고 건물 정부(頂部)의 톱 라이트에서 부드러운 확산광을 도입하여 양면 채광을 하고 있다.

(2) 완전 자동조광 시스템

천장면에 밝기 센서를 설치하여 조명 기구 직하의 밝기를 상시 감시, 조도가 부족하면 기구의 광량을 증가시키고 실내에 끌어들인 주광에 의해 설정 조도 이상이 되면 광량을 감소시키는 제어를 전부 자동으로 하는 시스템이다(그림 4.17, 그림 4.18).

기본적으로는 $10 \ m^2$ 정도의 장소에 1대의 센서를 설치하고 이 단위로 조광 제어를 한다. 따라서 이용자가 낮동안 블라인드를 닫은 경우 등에도 조명 기구 자체가 개별적으로 자동 보정을 하기 때문에 이용자의 불편이 적은 우수한 시스템이다. 또 일반적으로 조명 설계에서는 조명

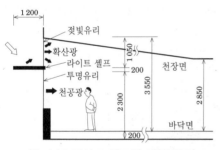

그림 4.14 라이트 셀프의 예(단면도)

그림 4.15 라이트 셀프의 예(실공간)

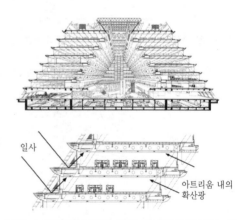

그림 4.16 주광조명을 위한 단면형상의 연구 예

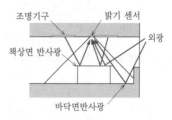

그림 4.17 완전자동 조광 시스템

기구나 램프의 감광을 예상한 보수율을 설정해서 3~4 할 정도 높게 조도를 설정하지만 이 조광 시스템은 필요 조도만의 확보가 가능하므로 초기의 낭비하는 광을 감소시킬 수가 있다.

이와 같은 에너지 절감 효과로 센서나 조광기용 안정기 등의 코스트 상승분은 수 년에 회수할 수 있는 것으로 계산되고 있다.

(3) 자동 블라인드 시스템

통상 블라인드의 개폐는 사람이 밖의 날씨를 보면서 한다. 일반적으로 직사 일광이 실내에 입사하면 블라인드를 내리지만 자동 블라인드

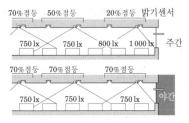

그림 4.18 완전자동 조광 시스템에 의한 조도분포 예

시스템은 이들 작업을 전부 자동적으로 하는 것이다(그림 4.19).

여기서 제어하는 것은 블라인드를 올리고 내리는 것과 날개의 각도이다. 시스템은 미리 건설지의 위도, 경도에 입각한 연간의 태양 위치 데이터를 가지고 있어 이 데이터와 옥외의 일기 센서에 의해 직사 일광을 차단하는 정확한 날개 각도를 자동적으로 설정한다. 시계(개방감)을 확보하면서 그 시각의 가장 효과적인 창면 채광을 가능케 하는 시스템이다.

4.3.4 열부하와 주광 이용

주광 조명에서 유리가 갖는 의미는 상당히 크다. 완전 공조가 일반적인 현대 건설에 있어서 주광 조명과 단열 성능은 대부분의 경우 상반하게 된다. 광환경 계획과 공조 계획을 양립시키는 기술로서 유리 성능은 대단히 중요하다. 최근, 많은 고성능 유리가 개발·시판되고 있다. 이것들을 효과적으로 이용하여 건물 전체의 에

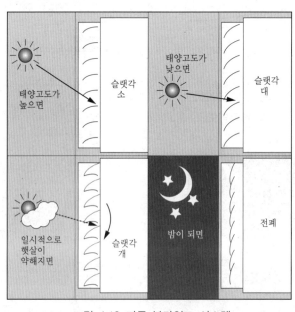

그림 4.19 자동 블라인드 시스템

너지 소비를 증대시키는 일 없이 주광 조명을 효과적으로 시행한다.

그림 4.20은 직사 일광의 입사 각도에 따라 유리를 구분 사용한 예이다. 이와 같이 고성능 유리를 적소에 도입하면 채광과 단열의 공존을 도모할 수가 있다. 또한 직사 일광의 차폐를 위해 블라인드를 설치하는 경우 그림 4.21과 같이 유리면 외측에 설치하면 실내에의 열 침입을 저감시킬 수 있다.[22]

그림 4.22는 광의 방향에 따라 투과 특성이 변화하는 유리를 사용한 사례이다. 이 유리는 경사 상방으로부터의 광에 대해서는 확산, 정면 및 하방으로부터의 광에 대해서는 투명이 되는 특성을 가지고 있다. 라이트 셀프 상부에 채용

하면 그림 4.23과 같이 실내 하방으로의 광은 부드러운 확산광, 천장면으로는 라이트 셀프의 반사광을 효율적으로 천장에 유도한다.

이 밖에 광의 방향성을 제어하는 재료로서 지향성 유리 블록이나 프리즘 시트 등이 시판되고 있다. 필요에 따라 적절하게 구분 사용하여 필요한 부분에 주광을 도입한다.

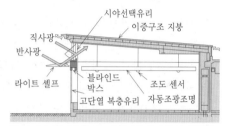
그림 4.22 광 방향에 따라 투과특성이 변하는 유리의 사용 예(단면도)

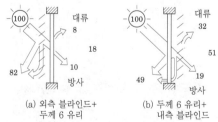
그림 4.20 직사일광의 각도에 대응한 유리의 구분사용

그림 4.21 블라인드 위치에 따른 일사차폐의 상위

그림 4.23 광의 방향에 따라 투과특성이 변하는 유리의 사용 예(실제)

4.3.5 직사 일광의 집광과 전달

종래의 주광 조명에서는 직사 일광을 차폐하고 천공광(天空光)을 도입하여 안정된 부드러운 광을 실내에 유도하는 것을 목표로 하고 있었다. 그러나 근년 직사 일광을 그대로, 또는 집광해서 실내에 도입하는 방법도 실용화되고 있다.

(1) 태양 추미(追尾) 집광 시스템

① 경면 반사방식　그림 4.24와 같이 평면경과 곡면경을 사용해서 태양광을 반사하여 임의 장소에 태양광을 전송하는 방식이다. 경면은 수직축 회전과 반사판 각도의 2축 제어에 의해 항상 일정한 방향으로 태양광을 반사한다. 필요에 따라 2차 반사판을 설치하는 경우가 많다. 프리즘을 조합해서 채

광 효율을 높인 시스템도 실용화되고 있다.

② 렌즈 집광방식　그림 4.25와 같이 프레넬 렌즈를 사용하여 태양광을 집광하는 방식이다. 집광용의 렌즈가 항상 태양에 마주(正對)하도록 제어하기 때문에 태양 고도에 의한 집광 효율의 변화가 없다.[24]

③ 프리즘 방식　그림 4.26과 같이 2매의 평판 프리즘을 조합하고 그것을 각각 별도로 제어해서 많은 태양광을 수직으로 굴절시키는 방식이다.

비교적 채광량이 많고 지붕면에 톱 라이트 방식으로 설치함으로써 효율적으로 실내에 태양광을 끌어들일 수 있다.[23]

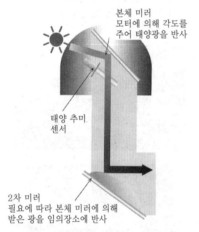

그림 4.24 경면 반사방식의 태양 추미 집광 시스템

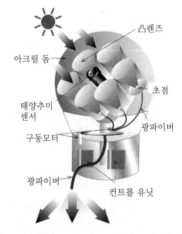

그림 4.25 렌즈 집광방식의 태양 추미 집광 시스템

(2) 광 전송 시스템

① **경면 방사방식** 경면 반사방식으로 채광한 태양광을 평면경·곡면경·렌즈 등에 의해 릴레이 방식으로 필요한 장소까지 전송하는 시스템이 있다. 공기 중을 전송하기 때문에 비교적 장거리 조사에도 적합하다. 그림 4.27은 이 방식을 채용한 사례로서, 건물 옥상에 경면 반사방식의 집광 장치를 설치하고 외벽을 따라 광을 하방으로 떨어뜨려 각 층의 창면 상부에 설치한 2차 경면으로 실내에 태양광을 끌어들이고 있다.

② **광 덕트 방식** 그림 4.28과 같이 내면을 고 반사율의 경면으로 한 장방형 단면의 덕트에 의해 실내로 태양광을 반송하는 방식

이다. 내면의 반사율을 95 % 이상으로 하여 비교적 대량의 광을 고밀도로 반송한다. 투광부에 조명 기구를 병설함으로써 인공광과 태양광의 병용도 가능해진다(그림 4.29).

③ **광 파이버 방식** 유리나 플라스틱의 파이버를 다발로 겹쳐서 광의 전송로로 하는 방식이다. 가요성이 풍부하기 때문에 자유로운 경로로 광을 전송할 수 있다. 렌즈 집광

그림 4.27 경면반사방식의 광전송 시스템

그림 4.28 광덕트 방식의 광전송 시스템

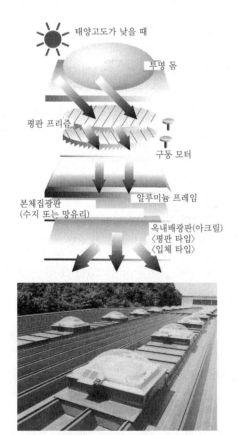

태양고도가 낮을 때

투명 돔

평판 프리즘

구동 모터

본체집광판
(수지 또는 망유리)

알루미늄 프레임

옥내배광판(아크릴)
〈평판 타입〉
〈입체 타입〉

그림 4.26 프리즘 방식의 태양추미 집광 시스템

그림 4.29 광덕트 방식(태양광과 인공광의 병용)

방식과의 조합에 의한 태양광 이용 시스템이 실용화되고 있다. 석영 코어의 파이버의 에너지 손실은 40 m에 15 % 정도로서, 장거리 전송에도 비교적 낮은 손실의 반송이 가능해진다.　　　　　[海寶幸一]

4.4 주광 조명 시뮬레이션

근년, 주광 이용에 의해 환경 부하 삭감과 쾌적성 실현을 양립시킬 것이 요구되고 있다. 조명 설계자에게는 주광 조명 계산의 기초를 이해하고 주광 조명 시뮬레이션을 설계에 활용하여 주광 이용을 적극적으로 실현할 것이 요망된다.

4.4.1 직접 조도의 계산법
(1) 태양 위치
어느 관측점에서의 태양 위치는 입지·계절·시각에 따라 여러모로 변화하며 주광의 변동에 크게 영향을 준다. 따라서 주광 조명 설계에서는 우선 태양 위치를 바르게 계산할 필요가 있다.

일반적으로는 태양이 정남에 왔을 때(남중)가 정오라고 생각하기 쉽지만 실제로는 지구의 공전이 타원궤도이기 때문에 계절에 따라 전후한다. 또 시보(時報)에 사용되는 중앙표준시는 일본에서는 동경 135°를 기준으로 하고 있기 때문에 경도차 15°에 대해 1시간의 시차가 있다. 어느 지점에서 태양이 남중(南中)한 시각부터 다음 남중시까지를 1일로 하면 그 1/24을 진태양시라고 한다. 중앙표준시를 T_s[시], 그 지점의 경도를 λ[°]라고 하면 진태양시 T[시] 및 시각 t[°]는 다음 식으로 표시된다.

$$T=T_s+\frac{\lambda-135}{15}+\frac{e}{60} \text{[시]} \qquad (4.28)$$

$$t=15(T-12) \text{[°]} \qquad (4.29)$$

e는 균시차[분]로서 계절의 변동을 나타낸다. 균시차에는 연에 따라 다소의 변동이 있으며 매년의 과학 연표에 정산값이 게재되고 있지만 실용상으로는 아래에 드는 일적위(日赤緯) δ[°]와 함께 다음 식으로 약산하면 된다.[25]

$$\omega=\frac{360J}{366} \text{[°]} \qquad (4.30)$$

$$\begin{aligned}\delta=0.362 &- 23.3\cos(\omega+8.8)\\ &-0.337\cos(2\omega-11.9)\\ &-0.185\cos(3\omega+35.5) \text{[°]} \end{aligned} \qquad (4.31)$$

$$\begin{aligned}e=-0.0167 &+ 7.37\cos(\omega+85.8)\\ &-9.93\cos(2\omega-72.3)\\ &-0.321\cos(3\omega-66.3) \text{[분]} \end{aligned} \qquad (4.32)$$

다만 관측일의 통일(通日 : 1월 1일부터의 일수)을 J(일)로 한다. 이상에 의해 월일, 시각, 경도에서 진태양시 T를 구하고 다시 또 시각 t를 구한다.

그림 4.30과 같이 태양 위치는 고도 h와 방위각 a로 표시한다. 고도 h는 지평면상을 $h=0°$로 하고 천정측을 정으로 한다. 방위각 a는 진남을 $a=0°$로 하고 서측을 정(正)으로 잡는다. 북은 ±180°, 서는 90°, 동은 −90°가 된다. 태양의 고도 h와 방위각 a는 위도 ϕ, 일적위 δ, 시각 t에 의해 다음 식으로 구해진다.

$$h=\sin^{-1}(\sin\varphi \sin\delta+\cos\varphi \cos\delta \cos t) \text{[°]}$$

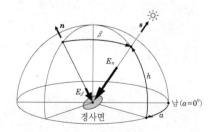

그림 4.30 태양위치와 경사면의 직사일광 조도

$(0°\leq h\leq 90°)$ (4.33)

$a=\sin^{-1}(\cos\delta\ \sin t/\cos h)\ [°]$

$(-180°\leq a\leq 180°)$ (4.34)

$a=\cos^{-1}\{(\sin h\ \sin\varphi-\sin\delta)/(\cos h\ \cos\varphi)\}[°]$

$(-180°\leq a\leq 180°)$ (4.35)

여기서 식 (4.34)와 식 (4.35)는 각각 해답을 2개 주지만 2식이 일치하는 것이 바른 해답이다.

(2) 직사 일광

① **직사 일광 법선조도의 실측 예** 직사 일광 법선조도의 측정은 단순히 조도계를 태양에 향하는 것이 아니고 천공광이나 지물 반사광의 영향을 받지 않도록 차광통을 부착한 조도계를 태양 추미장치(追尾裝置)에 설치하고 실시한다. 그림 4.31은 직사일광 법선조도를 1분 간격으로 실측한 예이다. 2001년의 추분 전후의 약 1주간 중 종일 '흐림'으로 태양이 거의 보이지 않던 9월 21일(담천공), 종일 '쾌청'이었던 9월 24일(청천광), '맑음'으로 시절운(時折雲)이 직사 일광을 차단한 9월 26일(중간 천공을 표시하였다.

그림 4.31에서 쾌청인 9월 24일은 직사 일광 법선조도가 태양 고도와 함께 증대하여 한낮에는 100,000 lx에 달하였다. 흐린

9월 21일에는 오전 7시전에 구름 아래에서 태양이 얼굴을 내민 일순간만 10,000 lx에 달했지만 그 밖은 종일 0 lx였다. 맑은 9월 26일에는 아침에 엷은 구름이나 노을이 직사 일광을 약하게 하는 정도였지만 오전 10시경부터 덩어리 구름이 나타나 저녁까지 직사 일광 법선조도를 심하게 상하시켰다.

지역과 연에도 따르지만 연간을 통해서 쾌청인 날은 비교적 적다. 맑은 날은 비교적 많고 흐림과 비가 그 다음이다. 직사 일광을 고려해서 주광 조명을 설계하기 위해서는 이와 같은 일기의 출현 상황을 고려할 필요가 있다.

② **직사 일광 조도의 계산법** 전통적인 채광 설계에서는 변동이 심하여 취급하기 어려운 직사 일광은 무시하고 비교적 안정되어 있는 천공광(天空光)만을 주광 광원으로 하여 최저한의 밝기를 확보하는 것을 목적으로 하였다. 그러나 근년에는 에너지 절약을 위해 직사 일광을 적극적으로 이용할 것이 요구되고 있으며 직사 일광의 조도 계산이 불가결하다.

지구는 타원 궤도상을 공전하고 있기 때문에 태양과 지구의 거리는 1년을 통해서 변화하고 있다 태양광에 수직인 면의 조도(법선조도)는 거리의 제곱에 역비례하기 때

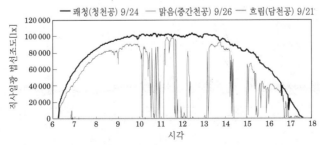

그림 4.31 직사 일광 법선조도의 실측 예(2001년 9월 21, 24, 26일, 교토대학 IDMP관측소)

문에 대기 외의 법선조도는 연간 ±3 % 정도 변동하고 있지만 일반적으로는 주광 조명의 설계에서는 이를 무시해도 큰 오차가 되지는 않는다. 지표의 직사 일광에 의한 법선 조도에 대해서는 본장 4.1.1을 참조하기 바란다.

그림 4.30의 경사면의 직사 일광 조도 E_β는 코사인 법칙에 따라 다음 식으로 표시된다. 단 β는 경사면의 법선 및 태양 광선이 이루는 각, n 및 s는 각각 경사면의 법선 및 태양 광선에 평행인 단위 벡터, $n \cdot s$는 내적이다.

$$E_\beta = E_n \cos\beta = E_n n \cdot s = E_0 P^m n \cdot s \quad (4.36)$$

특히 수평면의 직사 일광 조도 E_H 및 연직면의 직사 일광 조도 E_V는 다음 식으로 표시된다. 단, v는 연직면의 방위각이다.

$$E_H = E_n \sin h = E_0 P^m \sin h \quad (4.37)$$
$$E_V = E_n \cos h \cos(a-v)$$
$$= E_0 P^m \cos h \cos(a-v) \quad (4.38)$$

(3) 천공광(天空光)

① 전천공 조도의 실측 예 전천공(全天空) 조도는 단일 수치로 전천공의 전반적인 밝기를 표시하므로 주광 조명 설계에서는 예전부터 중요한 지표로 자리 잡고 있다. 전천공 조도의 실측에 있어서 실제로는 지물(地物)이 존재하지 않는다는 것은 있을 수 없다. 그러나 지물의 영향을 극력 배제하기 위해 주위에 높은 건물 등이 없는 곳에 조도계를 수평으로 설치하고 직사 일광이 수광부에 입사하지 않도록 차폐 장치를 사용한다.

그림 4.32는 그림 4.31의 직사일광 법선 조도와 동시에 측정한 전천공 조도이다. 쾌

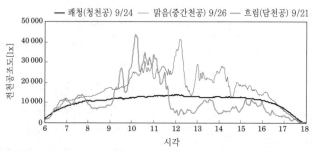

그림 4.32 전천공 조도의 실측 예(2001년9 월 21, 24, 26일, 교토대학 IDMP 관측소)

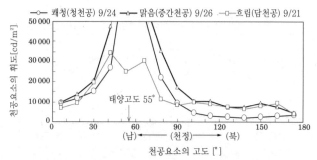

그림 4.33 천공휘도분포의 실측 예(2001년 9월 21, 24, 26일, 교토대학 IDMP 관측소)

청에서는 안정되고 있으나 비교적 어둡다. 맑음에서는 오전 10시경부터 상하하면서도 40,000 lx를 초과할 정도로 밝아지고 있지만 이때 그림 4.31의 직사일광 법선조도는 크게 변동하고 있다. 구름이 직사 일광을 막는 한편으로 반사나 확산 투광에 의해 전천공 조도를 밀어 올린 것이다. 흐림에서는 오전중은 맑음과 동일하게 40,000 lx를 넘을 정도로 밝지만 오후는 쾌청보다 더 어두워 5,000 lx까지 내려가고 있다. 이상에 의해 오전과 오후에서 구름의 종류가 바뀐 것을 알 수 있다.

② **천공 휘도 분포의 실측 예**   전천공의 밝기의 분포를 천공 휘도 분포라고 하고 실측에는 전천공을 주사하는 휘도계가 필요하다. 천공광이란 태양광이 대기층이나 구름 등으로 산란·반사·투과되어 지표면에 도달한 것이므로 천공 휘도 분포는 일기와 태양 위치에 크게 영향을 받는다.

그림 4.33은 천공 휘도 분포의 실측 예이다. 그림 4.31 및 그림 4.32와 동일하게 쾌청(9/24), 맑음(9/26), 흐림(9.21)의 3일간 정오에 측정한 천공 휘도 분포에서 진남-천정-진북의 단면을 표시하였다. 모두 태양 고도는 약 55°, 방위각은 약 5°이다. 편의상 북측의 천공 요소의 고도는 천정~지평을 90°~180°로 하고 있다. 쾌청에서는 태양 주변에서 휘도가 급격히 상승하여 천공휘도 분포측정 장치의 측정 한계인 50,000 cd/m²을 초과하였다. 한편 천정에서 약 10,000 cd/m², 북측에서는 최소로 약 2,000 cd/m²까지 휘도가 저하하고 있다. 맑음에서도 동일하게 태양 주변에서 급격하게 상승하지만 산재하는 구름이 주광을 확산·반사하기 때문에 전체적으로 쾌청보

다 밝아진다. 흐림에서는 태양 주변은 약 30,000 cd/m²으로 밝지만 천정에서 북측에 걸쳐 거의 균일하게 약 10,000 cd/m²이다. 이것들은 어디까지나 일례이고 태양 위치와 구름의 종류와 양에 따라 천공 휘도 분포는 여러 가지로 변화한다.

③ **균일 휘도 천공에 의한 직접 조도의 계산법**   복잡하게 변화하는 천공 휘도 분포를 취급하는 것은 번잡하여 수 십년전의 수계산 시대에는 곤란했기 때문에 전천공에 걸쳐 휘도가 균일하다고 가정하고 채광 계산을 하는 것이 일반적이었다. 이 균일 휘도 천공의 가정에 의하면 균일 휘도 L_u(cd/m²)와 전천공 조도 E_s(lx)는 아래와 같은 관계에 있다. 이것에 의해 그림 4.32 등에서 부여되는 전천공 조도를 균일 휘도로 변환할 수가 있다.

$$E_s = \pi L_u \qquad (4.39)$$

균일 휘도 천공, 즉 전천공에서 휘도가 균일하다고 가정하면 창 등 개구부의 형상에 관계없이 실내의 임의 점의 직접 조도를 비교적 용이하게 계산할 수가 있다.

주광 조명의 채광창이나 인공 조명의 건축화 조명 등 점광원이라고 불 수 없을 정도로 큰 광원을 면광원이라고 부르고, 이것에 의한 직접 조도는 입체각 투사율이라는 개념을 사용해서 계산한다(2.2.4 참조). 여기서 전천공으로 휘도가 균일하다고 가정하면 식 (4.39)의 균일 휘도 L_u[cd/m²] 또는 전천공 조도 E_s[lx]를 사용해서 개구부에서 입사하는 천공광에 의한 직접 조도 E_p를 식 (4.40)으로 계산할 수 있다. 여기서 τ는 개구부의 투과율이며 창유리 등의 건재 메이커가 제공하는 카탈로그나 설계 자료를 참

조한다. M은 오염에 의한 투과율의 감소 정도를 표시하는 보수율로서, 지역의 대기 오염 정도 등에 따라 0.25~0.9의 값을 취한다. 창유리가 없으면 $\tau = M = 1$이 된다.

$$E_P = \tau \cdot M \cdot c \cdot \pi L_u = \tau M \cdot c \cdot E_s \qquad (4.40)$$

④ **휘도 분포가 있는 천공광에 의한 직접 조도의 계산법** 컴퓨터가 보급된 현재는 균일 휘도 천공만이 아니고 실제의 천공 휘도 분포에 맞는 주광 조명 계산이 가능하다.

그림 4.34와 같이 면광원으로서의 개구부에서 보이는 천공이나 지물에 휘도 분포가 있는 경우는 균일이라고 볼 수 있는 n개의 면광원으로 분할하여 각각의 입체각 투사율에서 직접 조도를 계산한다. 면광원 i의 휘도를 $L_i[\mathrm{cd/m^2}]$, 입체각 투사율을 c_i라고 하면 P점의 조도 E_p는 다음 식으로 구해진다.

$$E_P = \pi \sum_{i=1}^{n} L_i \cdot c_i \qquad (4.41)$$

(4) 주광(직사 일광과 천공광)

직사 일광은 천공광보다도 광량이 많지만 실내에 입사하면 글레어의 원인이 되는 등 시 환경(視環境)상 좋지 않기 때문에 종래는 블라인드나 커튼으로 차단하여 주광 광원으로서는 활용하지 않았다. 그러나 최근에는 천창이나 라이트 셸프 등에 의해 직사 일광을 확산 투과 또는

반사시킴으로써 시환경을 양호하게 유지하면서 에너지 절약을 실현시키는 방법이 개발되어 보급되기 시작하였다.

그림 4.35에 든 천창을 예로 하여 주광(직사 일광과 천공광의 합)에 의한 직접 조도의 계산법을 든다. 천창 상측의 수평면의 직사 일광 조도 $E_n \sin h$와 전천공 조도 E_s의 합인 전주광 조도 E_t는 다음 식으로 얻어진다.

$$E_t = E_n \sin h + E_s \qquad (4.42)$$

천창의 확산 투과율을 $\tau(-)$라고 하면 천창 하면의 휘도 $L_t[\mathrm{cd/m^2}]$는 다음 식으로 구해진다.

$$L_t = \frac{\tau}{\pi} E_t \qquad (4.43)$$

이것에 의해 천창의 입체각 투사율을 c_t라고 하면 조도 E_p는 다음 식으로 얻어진다.

$$E_P = \pi L_t \cdot c_t = \tau \cdot c_t \cdot E_t = \tau \cdot c_t (E_n \sin h + E_s) \qquad (4.44)$$

4.4.2 간접 조도의 계산법

(1) 작업면 절단의 식에 의한 평균 간접 조도

간접 조도는 방의 형상이나 실내면의 반사율에 좌우되지만 직접 조도에 비해서 분포는 완만

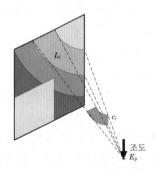

그림 4.34 휘도분포가 있는 천공광에 의한 직접조도

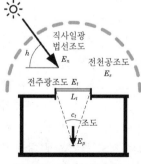

그림 4.35 주광(직사일광과 천공광의 합)에 의한 직접조도(천창의 경우)

하다. 작업면의 평균 간접 조도는 작업면 절단의 식[26]으로 계산되는 일이 많다. 그림 4.36과 같이 방을 작업면에서 가상적으로 절단하여 상향의 절단면 1과 하향의 절단면 2를 가정한다.

주광 및 인공 광원에 의한 광속을 작업면보다 하방 및 상방의 실내 표면에입사하는 $\Phi_1[\text{lm}]$ 및 $\Phi_2[\text{lm}]$로 분할하면 작업면의 평균 간접 조도 $E_r[\text{lx}]$는 다음 식으로 얻어진다.

$$E_r = \frac{(\Phi_1\rho_1 + \Phi_2)\rho_2}{A(1-\rho_1\rho_1)} \qquad (4.45)$$

여기서 $A[\text{m}^2]$는 작업면의 면적이다. ρ_1 및 ρ_2는 절단면 1 및 절단면 2의 등가 반사율로, 각각 식 (4.46) 및 식 (4.47)로 표시된다.

$$\rho_1 = \frac{A\rho_{m1}}{\{S_1 - (S_1-A)\rho_{m1}\}} \qquad (4.46)$$

$$\rho_2 = \frac{A\rho_{m2}}{\{S_2 - (S_2-A)\rho_{m2}\}} \qquad (4.47)$$

여기서 $S_1[\text{m}^2]$ 및 $S_2[\text{m}^2]$는 각각 작업면에서 하반 및 상방의 실내 표면의 면적, ρ_{m1} 및 ρ_{m2}는 각각 S_1 및 S_2의 평균 반사율이다.

(2) 상호 반사 계산에 의한 조도와 휘도의 산출

컴퓨터의 발달에 의해 상호 반사 계산에 의해 조도 또는 휘도의 분포를 세밀하게 예측하는 방법이 보급되기 시작하였다. 특히 컴퓨터 그래픽에는 라디오시티법이라고 하는 계산 방법이 사용되며 시판 소프트에도 탑재되어 있다. 조명 설계에 사용하기 위해서는 아래와 같은 원리를 올바르게 이해해 둘 필요가 있다.

균등 확산 반사성의 실공간 S를 적당한 n개의 면요소(面要素) S_i로 분할하고 각 면요소에서는 전 조도(직접 조도와 간접 조도의 합) 및 반사율이 일정하다고 가정하면 면요소 $S_i[\text{m}^2]$

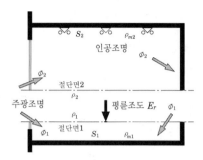

그림 4.36 작업면 절단의 식에 의한 평균간접조도
[松浦, 高橋, 2001[26]]

에 입사하는 전 광속 $\Phi_i[\text{lm}]$를 미지수로 하는 광속전달 상호반사식은 다음 식으로 표시된다.

$$\Phi_i = \Phi_{di} + \sum_{j=1}^{n} \rho_j F_{j,i} \Phi_j \quad (i=1, n) \quad (4.48)$$

여기서 Φ_{di}는 광원에서 면요소 Φ_i에 입사하는 직접 광속이고, ρ_j는 면요소 S_j의 반사율이다. $F_{j,i}$는 면요소 S_j에서 나오는 광속 중 면요소 S_i에 입사하는 광속의 비율로서, 형태 계수(고유 광속분포 계수)라고 불리며 다음 식으로 표시된다.

$$F_{j,i} = \frac{1}{S_j} \int_{S_i} \int_{S_j} \frac{\cos\theta \cdot \cos i}{\pi r^2} dS(x') dS(x) \qquad (4.49)$$

식 (4.48)을 수치적으로 풀면 각 면요소에 입사하는 전 광속 $\Phi_i[\text{lm}]$가 얻어진다. 이것을 각 면요소의 면적 $S_i[\text{m}^2]$에서 빼면 면요소의 전 조도 $E_i[\text{lx}]$가 얻어진다. 또 다음 식에 의해 면요소의 반사율 ρ_i에서 반사 휘도 $L_i[\text{cd/m}^2]$가 얻어진다.

$$L_i = \frac{\rho_i}{\pi} E_i \qquad (4.50)$$

그림 4.37에 상호 반사계산의 사례를 든다.[27] 계산 대상은 투광성 막구조의 돔 스타디움이다. 그림 (b)는 바닥면의 조도 분포도, 그림 (c)는 천장면의 휘도 분포도이다.

[上谷芳昭]

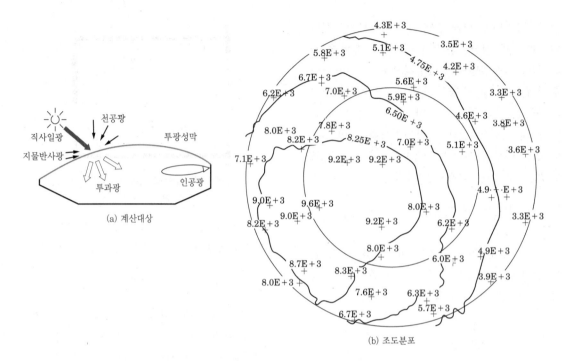

(a) 계산대상

(b) 조도분포

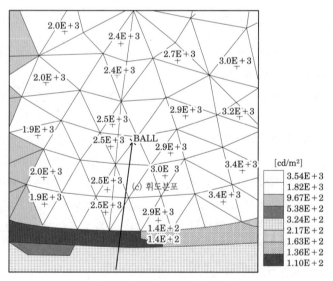

(c) 휘도분포

[cd/m²]

	3.54E+3
	1.82E+3
	9.67E+2
	5.38E+2
	3.24E+2
	2.17E+2
	1.63E+2
	1.36E+2
	1.10E+2

그림 4.37 상호반사계산의 사례

[Uetani, et al., 1991[27]]

참고문헌

1) CIE 85-1989 : Solar Spectral Irradiance, pp. 10-16 (1989)

2) CIE 17.4-1987 : International Lighting Vocabulary, 4th edition, p. 13 (1987)

3) Kittler, R. : A New Concept for Standardizing the Daylight Climate State, VIth LUX EUROPA, Vol. 1, pp. 303-312 (1989)

4) ISO 15469 : 1997/CIE S 003-1996 : Spatial Distribution of Daylight-CIE Standard Overcast Sky and Clear Sky (1997)

5) CIE 110-1994 : Spatial Distribution of Daylight-Luminance Distributions of Various Reference Skies (1994)

6) CIE S 011/E-2003 : Spatial Distribution of Daylight-CIE Standard General Sky (2003)

7) 古賀, 中村, 穴井, 後藤, 古城 : 天空光の色温度に基づく雲量の測定方法の開発 (雲量の自動測定装置の開発に関する研究その2), 建学計論, 第493号, pp. 25-32 (1997)

8) Nakamura, H., Oki, M., Hayashi, Y. and Iwata, T. : The Mean Sky Composed Depending on the Absolute Luminance Values of the Sky Elements and Its Application to the Daylighting Prediction, 1986 International Daylighting Conference, Long Beach, Proceedings I, pp. 61-66 (1986)

9) Rahim, M. R., Nakamura, H. and Otsuru, T. : The Modified Equation of the Zenith Luminance of the Clear Sky, 日本建築学会研究報告, 中国・九州支部, 第8号・2, pp. 169-172 (1990)

10) Rahim, R., Nakamura, H. and Koga, Y. : Examination on the Zenith Luminance of the Intermediate Sky, 日本建築学会研究報告, 九州支部, 第33号・2, pp. 13-16 (1992)

11) Nakamura, H. and Oki, M. : Study on the Statistic Estimation of the Horizontal Illuminance from Unobstructed Sky, J. Light & Vis. Env., Vol. 3, No. 1, pp. 23-31 (1979)

12) 古賀, 穴井, 長崎, 中村 : 平均天空に基づく昼光照明計算 (その2室内昼光照度の予測と応用), 日本建築学会大会学術講演梗概集, D-1, pp. 491-492 (2000)

13) 佐藤(隆), 佐藤(真) : 住宅の居間空間における窓の実態と居住者の窓に対する意識に関する調査研究, 日本建築学会学術講演梗概集, D-1, pp. 755-756 (2000)

14) 日本建築学会設計計画パンフレット 16, 採光設計, 日本建築学会, pp. 19-21 (1986)

15) Ne'eman, E. and Hopkinson, R.G. : Critical minimunacceptable window size : a study of window design and provision of a view, Light. Res. Technol., Vol. 2, No. 1, pp. 17-27 (1970)

16) Keighley, E. C. : Visual requirements and reduced fenestration in office buildings—A study of window shape, Building Science, Vol. 8, pp. 311-320 (1973)

17) Keighley, E. C. : Visual requirements and reduced fenestration in offices—A study of multiple apertures and window area, Building Science, Vol. 8, pp. 321-331 (1973)

18) 山中, 佐藤, 甲谷, 西木, 富田 : 事務室における窓に対する満足度とその評価構造に関する研究, その3. 窓に対する満足度, 日本建築学会大会学術講演梗概集 D-1, pp. 757-576 (2000)

19) 宝田, 岩田, 木村 : オフィス空間における窓の効果に関する研究, 日本建築学会学術講演梗概集 D, pp. 1071-1072 (1994)

20) 乾, 宮田, 渡辺 : 開放感に関する研究 1, 日本建築学会論文報告集, 第192号, pp. 49-55 (1971)

21) 乾, 宮田, 渡辺 : 開放感に関する研究 2, 日本建築学会論文報告集, 第193号, pp. 51-57 (1971)

22) 千野 晃 : 住まいの環境学 265, 放送大学教育振興会 (1994)

23) 太陽光採光システム協議会 : 太陽光採光システム 10, 省エネルギーセンター (1999)

24) 太陽光採光システム協議会 : 太陽光採光システム 11, 省エネルギーセンター (1999)

25) 松尾 陽, 他 : 空調設備の動的熱負荷計算入門, 日本建築設備士協会 (1980)

26) 松浦邦男, 高橋大弐 : 建築環境工学 I ー日照・光・音一, 朝倉書店 (2001)

27) Uetani, Y., et al. : J. Light & Vis. Env., 15-2, pp. 117-125 (1991)

4편
조명 계획

제1장

시환경과 조명

1.1 조명의 목적과 시환경 ●●●

1.1.1 조명의 목적

조명의 목적은 시각을 통해서 각종 행위를 안전하고 신속하게, 또한 기분 좋게 할 수 있도록 명시성(明視性)·쾌적성·안전성·환경의 연출성 등을 확보하는 것이다(1편 1장 참조).

1.1.2 시환경

시각을 통해서 인식되는 환경을 '시환경(視環境)'이라고 하며,[1] 환경 중에서도 추론이나 판단 등의 기초가 될 뿐만 아니라 아름다운 경관이 감동을 줄 수 있도록 오성적으로나 감성적으로나 사람에게 상당히 큰 영향을 미친다. 시환경에 있어서 보이는 각종 대상을 '시대상'이라고 한다. 시대상에는 자체적으로 발광하는 태양이나 인공 광원이나 발광형의 디스플레이나 사인과 같은 '발광면'과 풍경이나 인테리어나 물체 등과 같이 이것들에 광이 닿음으로써 그 반사된 광이 보이는 '피조면'이 있다. 이들 면에서 방사되고 있는 광의 분포 상태를 '광환경'이라고 하기로 한다. 광은 심리물리량이므로 광환경을 기술하는 양은 심리물리량 및 물리량이지만 간단히 하기 위해 심리물리량도 포함해서 환경을 기술하는 양을 심리량에 대해서 물리량으로서 취급한다. 광환경이 사람에게 미치는 효과의 속성을 '시각 자극'이라고 한다. 광을 쬐는 것을 일반적으로 '조명'이라고 하는데 학술적

으로는 '경색(景色), 물체 또는 그 주변을 볼 수 있도록 하기 위한 광의 응용'을 조명이라고 하며, '생리적 및 심리적 효과에 관해서 고려된 조명'을 '조명 환경'이라고 한다.[2] 간단히는 생리적 및 심리적 효과에 관해서 고려된 광환경 또는 조명된 환경을 조명 환경이라고 이해해도 될 것으로 생각한다. 조명의 목적은 행위의 목적에 정합된 '조명 환경'을 제공하는 것이라고 할 수 있다.

조명 환경을 형성하기 위해서 광원이나 점등회로 및 이것들을 포함하는 조명 기구(이것들을 '조명 기기'라고 한다)를 조합하고 배치하여 구성한 설비를 '조명 시스템' 또는 '조명 설비'라고 한다.

시환경은 광환경의 시공간 분포가 사람에게 미치는 정보 특성, 광환경 및 조명 환경은 광상태의 시공간 분포 특성, 조명 시스템 또는 조명 설비는 조명 환경을 구성하고 있는 물질 및 에너지의 시공간 분포 특성이며, 이들의 상위는 각각 동일 시스템에 관해서 취급하는 시점의 상위에 의하고 있다.

1.1.3 조명 계획

시환경에서의 피조면인 경관이나 인테리어에 대해서는 여러 가지 창조적인 경관 디자인이나 인테리어 디자인이 시도되고 있다. 이것들의 면은 조명한 상태에서 비로소 사람에게 보이므로 이것들의 디자인과 함께 적합한 조명 환경을 구성하기 위한 '조명 디자인'이 불가결하다. 이 공학적인 측면을 '조명 계획'이라고 하기로 한다.

1.2 시환경의 체계화

시환경은 구체적인 존재가 아니고 막연한 것 같이 생각되기 쉽지만 명확하게 공학적으로 시스템적으로 취급할 필요가 있다.

시대상은 사람이 목적하는 행위를 위해 주의를 하여 보지 않으면 안 되는가의 여부에 따라 '주시대상'[3),4)]과 '환경'으로 나누어진다. 주시(注視) 대상은 사람의 행동이나 행위의 직접적인 목적을 위해 보지 않으면 안 되는 또는 보고자 하는 대상을 말한다. 종래 이 내용에 상당하는 용어 'visual task'의 번역어로 '시작업 대상'이 사용되어 왔지만 본문에서는 실태에 가까운 용어로서 이하, 주시대상으로 하기로 한다. 환경이란 행위에 직접적인 관계는 적지만 사람이 이곳 저곳을 둘러 봤을 때 눈에 들어오는 주위 상황을 말한다. 각종 행위나 생활 장면에 있어서의 주시대상이나 환경은 여러 가지지만 대표적인 사례로서 오피스 환경의 집무 장소의 근무자의 시환경을 설명한다.

근무자의 대표적인 시환경을 그림 1.1[4)]에 든

다. 일반적인 근무에서는 서류나 VDT(Visual Display Terminal) 등을 대상으로 하는 문서 작업이 주체지만 비즈니스는 대인 관계가 대단히 중요하므로 서류 등의 작업 대상에 주의를 집중하고 있을 뿐만 아니라 다른 근무자와의 대담도 동시에 행하여지고 있는 일이 많아 안면도 중요한 주시대상이다. 오피스는 큰 방이 많은 것도 이 때문이다.

그리고 또 근무자는 작업에 몰두하고 있을 뿐만 아니라 때로는 실내 여기저기를 둘러보고 천장면·벽·바닥면이나 주변의 다른 사람 책상 등 여러 시대상에 눈을 두고 있다. 이들 보이는 방식이나 공간의 분위기는 업무를 원활하게 하기

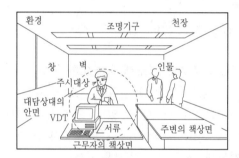

그림 1.1 근무자 시환경의 모식도
[田淵, 1995[4)]]

표 1.1 여러 가지 공간에 있어서의 시대상

시대상	집무실		점포	구기	식공간
주시대상	서류나 책상면등		상품	볼	요리
			디스플레이	네트	
	VDT		VDT	코트 라인	테이블면
	대담상대의 안면		객이나 스탭 안면	대전상대 안면	식사주위의 사람 안면
환경	공간 내의 입체	대담상대가 아닌 근무자	좌동	관객	스탭의 안면
			좌동	좌동	주변 손님
		주변의 입체	좌동	좌동	좌동
	공간 구성면	천장, 벽, 바닥	좌동	좌동	좌동
		창	좌동	좌동	바닥간 등
					좌동
		조명기구의 발광면	좌동	좌동	좌동

[田淵, 1995[5)]]

위한 쾌적성에 큰 영향을 미친다.

근무 장소의 시대상을 주시대상과 환경으로 나누어 표 1.1[5]에 표시한다. 그리고 또 다른 생활 공간에 관해서도 동일하게 대표적인 주시대상과 환경을 유추하여 이 표에 포함해서 들었다. 물론 이것들은 보편적으로 정해지는 것은 아니고 또 중요성의 대소가 있으며 공간 사용시의 상황이나 공간 사용자마다 입장에 따라서도 달라진다. 극단적인 사례를 들면 벽이나 바닥 또는 도어 등은 평상시에는 환경으로서 취급하지만 재해 등과 같은 비상시에는 확실히 보이지 않으면 안 되는 주시대상이 된다.

1.3 시환경에 필요한 조건

1.3.1 도구나 시스템에 필요한 성능

시환경도 작업이나 행위에 필요한 도구나 시스템의 하나라고 할 수 있다. 도구나 시스템에 필요하다고 생각되는 '성능'으로서 '본질 기능', '기능쾌', '사용의 편리(사용 기분)', '안전성', '의장성', '장식성', '기호성', '사회성', '경제성', '자원 절약', '공생', '회수성' 등을 들 수 있다. 성능이란 성질과 능력을 말한다.[6] 이것들의 키 워드는 아래와 같은 의미로 사용된다.

본질 기능이란 어떤 시스템에 본래적으로 제1목표로서 기대되고 있는 기능을 말한다. 기능쾌(機能快)란 어떤 도구가 그 본래의 성능을 기대 이상으로 발휘했을 때 느끼는 쾌적감을 말하는 것으로서, 잘 드는 칼, 울림이 좋은 바이올린 등이 해당될 것이다. 기호성이란 어떤 도구를 소유하는 것이 그 도구를 소유하는 것의 사회적 실력이나 기타 뛰어난 감성이나 훈련을 거친 독자적인 심미안이나 선택성을 가진 것을 표현함으로써 휴먼 네트워크 형성의 그룹화 메시지를

표현하고 있는 것을 말하는 것으로서, 패션의 고급 브랜드나 인테리어 공간에선 아는 사람만이 아는 고급 리조트 호텔 등이 해당될 것이다. '근사하다'라는 감탄은 장식성 보다 세련성에 의해 주어지며 세련성에는 기능쾌나 기호성의 요소가 포함될 것이다. 고급 패션에 요구되고 있는 것은 장식성도 물론이거니와 기능쾌 또는 기호성, 나아가서는 세련성이 불가결할 것이다.

조명에 있어서는 경관 조명이나 라이트 업에서는 기호성이 중요할 것이다. 사회성이란 논리 도덕적으로 사회 통념에 따르는 것으로 본다.

1.3.2 시환경의 요건
(1) 본질 기능

사람의 생활 행위는 상당히 다양하지만 '움직인다', '배운다', '논다' '먹는다', '휴식한다', '멈춘다' 등으로 대별되며, 각각의 상태를 패턴화하여 이하 '생활 신(scene)'이라고 한다. 각각의 생활 신에는 중요한 주시대상과 목적에 따른 행위의 형태와 긴장도에 대응한 어울리는 환경이 있다. 시환경의 목적을 정리하면 시대상마다 아래와 같은 '요건'을 들 수 있다. 요건이란 이하 '필요한 조건'의 의미로 사용한다.

① **주시대상에 대해서**
ⓐ 사람이 행위를 빠르고도 확실하게 할 수 있도록 신속히 확실히 보일 것. 이것은 조명의 기능성에 속한다.
ⓑ 사람이 판단을 적절 타당하게 할 수 있도록, 또는 작업이 쾌적하게 이루어질 수 있도록 호감이 가게 보일 것. 이것은 조명의 인상성에 속한다.

② **환경에 관해서**
ⓐ 안전하게 올바른 방향으로 이동되도록 바르게 인식되게 또는 안심감이 얻어질 것. 이것은 조명의 기능성에 해당된다.

ⓑ 쾌적하게 작업이 이루어지도록 좋게 보여 시각적으로 쾌적하고 또는 분위기가 좋을 것. 이것은 조명의 인상성에 속한다.

신속히 확실하게 보이는 것을 '명시성(明視性)'[7,8]이라고 하며, 시환경의 기능성의 측면이다. 시각적으로 쾌적한 것을 '쾌시성(快視性)'이라고 하기로 한다. 쾌시성에는 기분 좋음, 좋아함이나 즐거움이 포함된다. 쾌시성은 시환경의 인상성의 측면이다. 대상이 확실하게 보이지 않으면 불쾌하므로 명시성은 물론 쾌시성의 필요 조건이고 쾌시성은 명시성을 포함하고 있다.[3,9] 연출성이란 기능쾌, 장식성 또는 기호성을 기도해서 표현하는 것이라고 본다(1.3.1 참조).

조명의 목적으로서 명시성은 물론 쾌시성도 십분 중시하지 않으면 안 된다. 이것들은 공간의 목적에 따라 비중이 서로 달라진다. 같은 방이라도 주시대상은 명시 조명이, 환경은 쾌시 조명이 중요하며, 각각 목적에 따른 조명 환경을 제공할 필요가 있다.

(2) 공간 컨셉트에 대한 조명 컨셉트의 정합

심볼적인 공간에 있어서는 상기한 기호성의 견지에서 공간에 특유한 사용 목적을 특정지운 개념('공간의 컨셉트'라고 한다)을 정하고 있는 경우가 많은데 이 경우에는 조명은 공간의 컨셉트에 정합시킬 필요가 있다.[10~12] 다만 공간의 컨셉트는 본래 공간에서 행하여지는 행위를 집약, 상징화해서 표현한 것으로서, 개개의 행위를 손상시키는 것이면 안 된다.

공간의 컨셉트에서 요구되는 조명의 컨셉트에는 예를 들면 법정 조명의 '법의 위신과 존경을 제시하는 조명' 등이다. 또한 다목적 홀 등은 공간 컨셉트가 다양하므로 정성들여 행위의 종류와 그 목적을 확실하게 열거, 개별적으로 대응하여야 한다.

1.4 조명의 요인

1.4.1 환경 시방 기술의 필요성

조명 계획에 있어서는 실현코자 하는 시환경을 적절하게 나타내는 것과 또 이것을 실현하는 조명 시스템의 설계 지침으로서 시환경의 시방을 물리적 및 심리 물리적으로 적절히 기술하는 것이 중요하다.

1.4.2 조명의 요인과 그 체계화

시환경과 조명 시스템의 성능을 형성하는 요인을 '시환경과 조명 시스템의 성능 요인'이라고 하는데 간단화를 위해 여기서는 종래부터 사용되어 오던 용어 '조명의 요인'을 사용하기로 한다. 조명의 요인은 상당히 많아 여러 설이 있

표 1.2 조명의 요인
시각자극(물리적 요인)과 시각효과

(a) 피조면의 상태

	시각자극		시각효과
피조면의 상태	조도(평균) (어떤 시대상 또는 실내전체)		식별(명시) 밝기(인상)
	조도분포 (휘도분포)	실내의 주요 면상호의 비(천장·벽·바닥 등)	편안함
		동일면내 (균제도)	얼룩, 그늘
	평면상 및 곡면상의 조도분포와 휘도분포 (광원휘도나 조명광의 공간분포:방향과 범위, 광원위치와 입체각)		반사 글레어, 광택 입체감, 재질감 (모델링)
광원의 특성에 영향을 받는 것	분광분포		광색, 연색성
	파형		어른거림

(b) 광원의 상태

시각자극(물리적 요인)	시각효과
광원휘도 공간분포(면적, 위치)	광원의 인상, 밝기(인상) 광택, 장식효과 불쾌 글레어
분광분포(색온도)	광색
파형	어른거림

[田淵, 1995[3]]

지만 조도·조도 분포·그림자·글레어·광색 등을 들고 있다. 이것들 중 조도는 광환경의 파라미터의 하나로서 명시성이나 밝기의 인상(이하, '밝음 감'이라고 한다)에 큰 영향을 미치는 '시각 자극'이지만 불쾌 글레어는 주로 고휘도 광원의 시각 자극이 주는 불쾌감을 말하는데, 이

것은 시각 심리적인 조명 인상이고 시각 효과이다. 이와 같이 조명의 요인에는 시각 자극과 시각 효과 양쪽이 병렬적으로 열거되고 있다.

1.4.3 조명 요인의 체계화
주요 조명의 요인에 대해서 시대상 중의 피조

표 1.3 근무장소의 시대상과 각각에 관련되는 조명의 요인

시환경의 요소				요인		비고
				시각자극(물리적요인)	시각효과	
시대상	주시 대상	서류나 책상면등		조도	식별(명시)	○
					밝기(인상)	−
				조도분포(균제도)	얼룩(명시의 장해)	○
					그림자(명시의 장해)	−
				광원휘도와 위치	반사 글레어(명시의 저해)	−
					광택(즐거움)	−
		VDT	키 보드	조도	식별(명시)	○
			표시면	발광휘도	식별(명시)	○
				조도		○
				광원휘도와 위치	반사 글레어(명시의 장해)	○
		대담상대의 안면		조도	밝기(인상)	○
				광의 방향성	입체감(모델링)	−
	환경	공간내의 입체	대담상대가 아닌 근무자	조도	밝기(인상)	−
				광의 방향성	입체감(모델링)	−
			주변	조도	밝기(인상)	○
		공간의 구성면	천장 벽 바닥	반사율	기분좋음	○
				책상면 조도에 대한 각면의 조도와 휘도의 비		−
				각 면내의 조도와 휘도의 분포	휘도 패턴의 기분좋음	−
			창 주광과의 협조	휘도 근무과제와의 대비	명시의 장해	−
				직시	불쾌 글레어	−
				안면의 배경	실루엣	−
				주광조도와 방향성(모델링)	입체감, 재질감(모델링 효과)	−
		조명기구 발광면		휘도, 면적, 배치	불쾌글레어	○
					밝기(인상)	−
					장식성, 돋보임	−
광원				분광분포	광색	○
					연색성	○
				발광파형	깜박거림	

[주] 비고는 각 요인에 관한 옥내 조명기준에 있어서의 권장값의 유무를 나타낸다.
　　[田淵, 1995[5]]

표 1.4 조명 요인의 체계화

요인			시대상	옥내조명기준의 기술	주요 조명기준	본 핸드북 4편의 기재 장·절
조도	조도 레벨		작업면, 기타	○	JIS 조명기준[15]	2.1.2
			사람의 얼굴	○		2.2.5
	조도분포		작업면		CIE S 008/E 2001[6]	2.2.1[1][2]
	그림자		작업면			2.2.1[3]
조도분포와 휘도배분	조도분포		작업면과 그 주변		CIE S 008/E-2001[6]	2.2.2
	휘도분포 반사율 조도배분		방의 각 면 천장, 벽, 바닥			벽면2.2.3, 2.2.4
광의 방향성과 확산성	그림자	필요한 그림자 모델링 재질감의 표출				2.4.1[1] 2.5.1 2.5.3
		지장이 되는 그림자	작업면 등			2.2.1[3]
	반사	윤기·광택·빛남 재질감의 표출				2.4.1[2] 2.4.2, 2.5.3
		반사 글레어 광막반사	지면			2.6.2
		반사 글레어	VDT	○		2.6.3
휘도분포 (주로 발광면)	빛남과 반짝임		조명기구			2.7.1
	글레어 감능 글레어 불쾌 글레어		조명기구나 창	○	불쾌 글레어 오피스 조명설계 기술지침[17] 글레어인덱스법(영)[18] VCP법(미)[19] 휘도규제곡선법(독)[20] UGR(CIE/ISO)[21]	2.7.2 6.2 2.7.2[2][3] 2.7.2[5] 2.7.2[4]
광원	분광	광원색	광원자체	○		2.8.1[1]
	분포	연색성	피조면	○		2.8.1[2]
	파형	어른거림	광원과 피조면			2.8.2

면과 발광면 각각에 대해서 시각 자극과 시각 효과의 관계를 표 1.2[13]에 든다. 또 근무실을 예로 들어 각종 시대상마다 영향이 큰 요인을 시각 자극과 시각 효과로 나누어 표 1.3에 나타낸다. 조명 계획의 실무상 입장에서는 물리적 조건마다 선택 조정을 하기 때문에 어떤 물리적 조건이 각종 시대상에 미치는 효과를 병렬적으로 검토하는 것이 바람직하므로 표 1.3과는 반대로 이들 조명의 요인을 공통적으로 동류의 심리 물리적 요인마다 이것들이 영향을 미치는 중요한 시대상을 들어 다시 정리하여 표 1.4에 든

다. 이 표에는 각 요인에 관해서 중요한 영향을 미치는 시대상을 들고 이것들이 옥내 조명기준[14]에 언급되고 있는가의 여부 또는 이것들에 관한 다른 주요 조명권장 기준의 예[15]~[21]를 들고 겸해서 본편에서 언급하는 장과 절을 부기하였다. 조명의 요인(2장 참조)을 드는 순은 일부의 공통적인 요인을 제외하고 다소의 혼재는 있지만 시대상의 구분마다는 아니고 조명의 물리적 조건의 구분마다, 그리고 또 그 중에서 중요한 시대상의 순으로 표시하였다.

1.5 조명 계획의 기초

1.5.1 조명 계획의 대상 범위

피조면만이 아니고 발광면도 포함해서 넓게 디스플레이 표시면이나 발광형 또는 비발광형의 사인의 보임 방식도 계획 대상에 포함한다.

1.5.2 목표 레벨

조명 환경도 조명 시스템에 대해서도. 많은 요인이 명화하게 되어 있으므로(2장 참조) 계획에 있어서는 이것들을 충분히 고려하지 않으면 안 된다. 특히 여러 가지 요인 중에서 어느 항의 목표 레벨이 낮은 경우에는 전체의 레벨이 낮은 항으로 정해지므로 주의가 필요하다.

목표 레벨에는 다음의 3개 레벨이 있다.

(1) 하한 레벨 그 척도에 관해서 지키지 않으면 안되는 준수 레벨

(2) 권장 레벨 권장되는 바람직한 레벨

(3) 신규·제안 레벨 어떤 척도에 관해서 상기 (2)의 '바람직한 레벨'에서 연장한 것만

표 1.5 조명방식의 정의와 적합한 용도

조명방식	CIE의 정의[2]	특징과 적합한 용도
전반조명	특수한 국부적인 요건을 고려외로 하고, 어떤 영역 전체를 균일하게 조명하는 방식	책상 배치밀도가 높은 오피스 조명이나 스포츠경기장 등 공간전체를 밝게 하는 경우에 적합하다.
국부조명	특정한 시작업을 위한 조명으로, 전반조명에 부가시키거나 분리하여 제어하거나 하는 것.	세밀한 시작업을 하는 장소에 고조도를 얻는 경우나 식탁의 펜던트나 점포의 스포트라이트 등 어떤 장소를 강조하기 위해 적합하다.
국부적 전반조명	어떤 특정위치 예를 들면 작업이 행하여지고 있는 장소를(그 주위에 비해서) 보다 고조도 영역이 되도록 설계된 조명	대형점포 등으로 특히 고조도가 필요한 상품 장소에 적합하다.

이 아니고 바람직한 레벨을 확보하면서 질적으로 신규의 쾌적한 제안성이 있는 것을 말한다. 이 중에도 최신의 연구 성과를 반영하는 것이나 순수하게 신규 아이디어를 제안하는 것이 있다.

1.6 조명 시스템의 기초

1.6.1 조명 방식

피조면에 닿는 광을 보내는 방식에 관해서 피조면 형상이나 확산, 배치, 주위의 피조면에 대한 보임의 영향 등에 따라 조명 방법이 다르며,

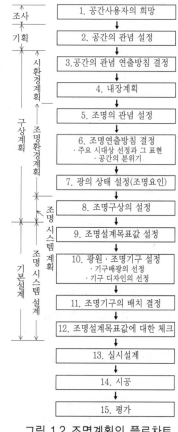

그림 1.2 조명계획의 플로차트

[田淵, 1986[11]]

전반 조명, 국부적 전반 조명, 국부 조명으로 분류되고 있다. 이것들에 관한 CIE 용어집의 정의[2]와 함께 적합한 용도를 표 1.5에 나타낸다.

1.6.2 광원의 주요 특성

주요 광원의 특징과 용도를 표 1.6에 든다.

1.6.3 조명 기구의 주요 특성

조명 기구의 선정에 대해서는 5편의 각 분야를 참조 바란다. 또한 글레어의 견지에서 권장되고 있는 전반 조명용의 조명 기구 사례는 오피스 조명설계 기술지침 표 4.7에 사례가 제시되고 있다(본편 6장 참고표 6·A1 참조).

1.7 조명 계획의 방법 ●●●

1.7.1 조명 계획의 기본적인 방법

옥내 조명을 예로 들면 조명 계획에는 기본적으로는 소기의 시환경을 얻기 위해 공간의 관념을 적절하게 정하고 상응된 내장 계획과 이에 적합한 조명 환경을 적절히 이미지하는 것과 다음에 이 이미지를 적절히 실현시키는 조명 시스템의 계획·설계가 필요하다.

한편, 조명 계획의 실무적인 방법의 대표적인 예를 그림 1.2에 든다. 이것들은 개별 건명마다 순서의 상위나 개시점의 상위는 있다. 구상 계획은 시환경 계획, 조명 환경 계획 및 조명 시스템 계획을 포함한다. 조명 시스템 계획은 거의 조명 구상의 설정에 상당하고 기본 설계는 조명 시스템 계획 설계에 상당한다. 또한 조명 시스템에 관해서는 종래에 없던 신규 구상을 계획하는 일도 있지만 경제성 등의 견지에서 모든 건축 공간에서 신규로 계획하는 것이 아니고 정상적인 구상을 채용하는 일도 많으므로 조명 계획은 기본 설계(조명 시스템 설계)부터 시작하는 것도 많다. 각각의 분야마다의 설계 구체론에 관해서는 5편 이후를 참조 바란다.

이것들의 단계를 요약하면 다음과 같다.

1.7.2 기획 조사

(1) 조사·기획

많은 경우, 이미 공간 계획의 입장에서 마케팅의 경지에서 조사·기획이 행하여지고 있으므로 그 개념을 확인하는 것이 필요하다. 기존의 조명을 개장할 때는 조명 계획의 입장에서 독자적으로 이와 같은 조사·기획이 필요하다.

(2) 공간의 컨셉트 설정

조명 계획의 대상인 공간, 예를 들면 오피스 빌딩, 공공 시설, 상업 시설 등의 사용 목적을 명확하게 설정한다. 예를 들면 다목적 홀이 스포츠나 가요 쇼 등에 다목적으로 사용되는 것은 물론 거실도 다목적으로 사용되고 있다. 이들의 목적은 가능한 한 누락 없이 적용시켜 두어야 한다. 필요하면 조명은 가변 시스템으로 하는 것이 좋다. 또한 공간 사용자에는

(1) 재실자 : 그 공간에 찾아오거나 항상 이용하는 사람
(2) 운영관리자 : 그 공간을 이용자에게 사용하도록 하는 것을 목적으로 하고 있는 주인이나 관리자의 두 가지가 있다.

1.7.3 시환경 계획

(1) 시환경의 관념 설정

어떤 공간에서 그 공간에 있어서의 행위의 목적이 최대로 달성되는 동시에 그 공간의 기호성을 포함하는 공간 관념에 맞는 시환경이 얻어지도록 시환경의 관념을 정하고 연출 방침을 정한다.

(2) 내장 계획

공간의 이미지에는 특히 내장이 큰 영향을 주므로 내장 계획과 충분한 협력 태세가 필요하다. 내장 계획에 관해서는 양식론이 여러 설이 있으므로 참조 바란다.

1.7.4 조명 환경 계획

(1) 조명의 관념 설정

공간의 관념에 맞추고 또 공간에서의 생활 행위가 신속하고 기분 좋게 수행되도록 조명의 목표와 특징적인 사항들을 종합해서 키워드로 간결하게 표현한다. 주택이라면 '편안함' '단란' '식사' 등이 있다.

(2) 조명 연출 방침의 결정

주요 시대상을 선정하고 이것들을 어떻게 보이고 싶은가와 공간에 형성시키고 싶은 분위기를 정한다.

(3) 광의 상태 설정

시환경에 최종적으로 희망하는 광의 상태를 이미지 한다. 이 경우에 고려하여야 할 파라미터에는 아래와 같은 것이 있다.

① **그림자 윤곽의 명료성과 그림자의 농도** 특히 조명광의 지향성에 수반되는 그림자의 상태가 중요하다. 예를 들면 오피스 조명은 손 그림자을 피하고 또 장시간 근무하여도 피로하지 않는 상태가 요망되므로 많은 경우 과도하게 고휘도 부분이 없는, 약간 확산성의 조명 상태로 하는 것이 많은데, 이와 같은 상태를 관계자와의 커뮤니케이션을 위해 키 워드로 '사무소 조명은 봄꽃 필 무렵의 흐림' 이라고 표현할 수도 있다.

한편, 점포의 상품명이나 식사 공간의 요리에서는 '입체감', '광택감', '재질감' 등을 강조하는 것이 바람직하다(상세한 것은 본편 2.5.2, 2.5.3 참조).

② **광원의 색온도** 광원의 색온도에 따라 따뜻한 느낌이나 시원한 느낌이 얻어진다(상세한 것은 2.8.1 [1] 참주).

③ **광원의 색온도와 발광 면적(입체각)의 조합 효과** 광원의 색온도와 입체각을 합쳐서 공간에 얻어지는 조명 분위기에 큰 영향을 미친다. 특히 점포 공간에서는 신중히 선택하여야 하며, 매장마다의 바람직한 광원 조건은 5편 4.1.5, 4.2.1을 참조 바란다.

1.7.5 조명 시스템 계획(조명 구상의 설정)

광의 상태에 관해서 이미지가 설정되면 이 상태를 실현시키기 위한 조명 방법을 선택, 구상을 결정한다. 이 일반적인 방법에 관해서는 1.8을 참조 바란다.

실현 방법으로서의 조명 시스템을 최근의 자원 절감과 에너지 절감의 요청에 따라 한정된 자원 에너지를 적절히 배분하여 최대 효과를 얻을 수 있도록 조명 방식, 광원이나 조명 기구를 선택하고 배치 결정 등의 계획을 한다.

(1) 이상과 같이 이미지한 광의 상태를 각종 조명 요인을 사용하여 기술한다.

(2) 이들 조명의 요인중의 시각 효과에 속하는 것으로서 시각 자극이 명확한 요인에 대해서는 시각 자극으로 변환한다.

(3) 어떠한 조명 방식을 사용하는가 대략의 구상을 세운다. 광 상태의 설정(상술한 결과)에 대해서 어떠한 조명 환경을 어떠한 조명 시스템으로 형성하는가 대략적인 구성을 정한다.

표 1.6 주요 광원의 특징과 용도

(a) 백열전구

램프	종류	효율[lm/W]		연색성	휘도	배광제어	수명[h]	특징	주요 용도
백열전구	일반형 (확산형)	10~15	낮음	우수	높음	용이	통상 1,000 (짧다)	일반용도. 사용하기 쉽다. 광택이나 음영 표출에 적합하다. 따뜻한 적색. 분위기조명에 적합하다	주택, 점포 등의 전반조명. 다운 라이트에도 적합
	투명형	상동	상동	상동	매우 높음	대단히 용이	상동	반짝임 효과. 광택이나 음형의 표출력 대 따뜻한 광색 분위기 조명	샹들리에 광택이 있는 진열품 조명
	볼형 (확산형)	상동	상동	상동	높음	약간 곤란	상동	번쩍임 효과. 화려하고 따뜻함이 있는 분위기를 준다.	주택 점포의 유인효과
	반사형 전구	상동	상동	상동	매우 높음	대단히 양호	상동	배광제어가 대단히 양호. 스포트라이트. 광택이나 음영·재질감 표출이 상당히 크다.	디스플레이 라이트 점포 분위기조명
할로겐전구	일반조명용(직관)	약20	낮지만 약간 양호	상동	상동	상동	2,000(짧지만 약간 양호)	소형형상으로 큰 와트. 상당히 휘도가 높고 배광제어가 용이.	투광기에 적합 체육관, 투광조명 등
	편꼭지쇠 할로겐 전구	15~20	낮지만 약간 양호	상동	상동	상동	1,500~2,000(짧지만 약간 양호)	소형형상으로 대단히 배광제어가 용이. 와트수는 100~500W이고 광속도 적당	다운 라이트, 스포트라이트 등 점포조명에 적합

(b) 형광 램프

램프	종류	효율[lm/W]		연색성	휘도	배광제어	수명 [h]	특징	주요 용도
직관형	보통형	50~90	높다.	중	약간 낮다.	대단히 곤란	3,000~12,000	밝기와 경제성을 중시하고 있다. 연색성이 약간 떨어진다.	사무소, 공사, 주택 등 일반조명용
	3파장형	50~100	높다.	우	약간 낮다.	대단히 곤란	3,000~12,000	일반적으로 기구에 사용할 수 있고 보다 밝게 또 색이 좋은 분위기를 얻을 수가 있다. 보통형에 비해서 밝고 연색성이 좋다.	오피스, 점포, 호텔, 시설, 주택, 여관 등의 조명에 적합하다.
	고연색형	40~90	높다.	우	약간 낮다.	대단히 곤란	2,000~12,000	연색성을 높이고 자연광에 가까운 조명을 할 수 있다. 미술품 등의 조명을 위해서 형광 램프에서 나오는 자외선을 감소시킨 타입도 있다. 보통형보다 효율은 약간 떨어진다.	섬유, 도장, 인쇄의 색맞춤용 조명, 미술·박물관 조명용에 적합하다. 점포 전시용, 장식용에 적합하다.
	고주파 점등전용형(Hf)	100	높다.	우	약간 낮다.	대단히 곤란	8,500~12,000	전용 인버터와 조합해서 사용한다. 효율이 좋아서 에너지 절약 시행과 오피스나 시설 개장에 권장된다.	오피스, 점포, 호텔, 시설, 주택 등의 천장조명에 적합하다.
콤팩트형	2개관형 4개관형 6개관형	50~100	높다.	우	높다.	용이	3,500~12,000	전부 3파장형 형광 램프와 동일한 종류의 형광체를 사용하고 있어 색이 좋고 밝다. 고주파점등 전용형도 있다.	호텔, 여관, 주택, 시설, 점포 등의 조명에 적합하다.
전구형		50~70	전구에 비해서 3~4배	우	약간 낮다.	곤란	6,000~8,000	일반전구와 동일한 꼭지쇠를 사용한 형광 램프로, 점등을 위해 점등회로를 내장하고 있다. 전구에 비해서 효율이 좋기 때문에 전구와 대체하면 대폭적인 절전이 가능하다. 광원색도 주광색, 주백색, 전구색이 있으며 여러 분위기를 낼 수 있다.	점포, 호텔, 지하철, 일반가정 등의 옥내조명에 적합하다.

표 1.6 (c) HID 램프

램프	종류	효율[lm/W]	연색성	휘도	배광제어	수명[h]	특징	주요 용도
수은 램프	투명형	35~55	약간 높다.	좋지 않다) (청색경향 의색)	대단히 높다.	용이	12,000 (대단히 길다)	연색성은 좋지 않으나 배광제어가 용이. 소형 형상으로 대광속이 얻어진다.	투광기에 의한 스포츠 조명(다른 난색 계의 적색광원과 혼광하는 것이 좋다.
	형광형	40~60	높다.	약간 좋지 않다.	높다.	약간 용이	상동	적색형광체가 도포되어 연색성이 약간 좋아지고 있다.	옥외조명, 도로조명 등
	형광형 (연색성 개선형)	상동	상동	약간 좋다 (실용상 충분).	상동	상동	상동	적색형광체에 추가해서 청녹색 형광체가 도포되어 있다. 일반 옥내조명에 실용할 수 있는 연색성. 와트수 구성이 풍부.	대와트는 고천장에, 소와트는 낮은 천장에도 사용할 수 있다.
메탈 할라 이드 램프	투명형	70~120	수은램프보다 높다.	좋다.	대단히 용이	대단히 용이	6,000~9,000(길다)	배광제어가 상당히 용이. 확산형과 거의 동일한 광색	스포츠·광장,투광조명,고연색형은 점포에 사용
	확산형	상동	상동	상동	높다.	약간 용이	상동	양호한 연색성의 램프 중에서 최대 효율.	스포츠 시설, 고천장의 사무소·점포·공장
고압 나트륨 램프	투명형	90~130	대단히 높다.		대단히 높다.	용이	12,000 (대단히 길다)	일반조명에 사용하는 광원중 최대효율을 갖고 있어 에너지절약에 적합.	스프츠·투광조명, 도로조명
	확산형	90~125	상동		높다.	용이	약간 용이	상동	고천장의 공장조명, 도로조명. 고연색형은 점포에 사용.

1.7.6 조명 시스템 설계

상기한 것까지의 구상 계획이 세워졌으면 이 조명 상태에 관해서 물리적으로 기술하는 동시에 공간의 목적에 따라 조명 환경이 2장에서 기술되어 있는 조명 요인을 충족시키도록 실현 수단으로서의 조명 시스템을 설계한다.

(1) 조명 요인의 설계 목표치 설정

조도, 조도 분포 등의 요인마다 목표치를 정한다. 그 때 목표 레벨의 정합도 고려한다 (1.5.2 참조).

(2) 광원·조명 기구의 선정

① 광원 선택 (표 1.6 참조).
② 조명 기구 선택 5편의 각 분야를 참조한다. 특히 광원의 발광 면적(입체각)의 관점에서의 선택이 중요하다(상세한 것은 본편 2.4, 2.5 참조).

(3) 조명 기구 배치의 결정

작업면에 조도의 얼룩이 생기지 않을 것. 주로 안면으로 대표되는 연직면 조도는 수평면 조도에 비해서 확보하는 것이 어려우므로 조명 기구의 배광을 고려해서 적절한 조명 기구 간격을 정하는 것이 좋다.

(4) 설계 목표치에 대한 체크

상기와 같이 작성한 조명 설계안이 기본 설계의 당초에 정한 설계 목표값을 충족시키고 있는가를 체크한다.

1.8 공간 이미지의 사전 예측과 프리젠테이션

1.8.1 목적[3],[11]

조명 계획시 소요 공간에 대해서 계획한 조명 시스템에 의해 얻어지는 조명 상태를 이미지하는 것은 간단하지 않으며, 경험에 의하는 외에 새로운 조명 구상에 의하는 것은 시각적으로 표시하고 설계자가 확인하여야 한다. 또 설계자 자신의 검토만이 아니고 대상 공간의 계획 안의 조명 환경에 관해서 시공주, 건축 설계자, 내장 설계자 및 조명 설계자 등 사이에서 동일한 이미지를 공유하여야 하고 프리젠테이션(제시·설명)에 의한 커뮤니케이션이 필요하다. 이것은 신규성이 높은 조명 구상일수록 필요도가 높다.

1.8.2 프리젠테이션 툴

프리젠테이션 툴(도구)로는 아래와 같은 것이 널리 사용되고 있다.

(1) 컴퓨터 그래픽스

최근에는 컴퓨터 그래픽스가 광범위하게 활용되고 있다. 이에 관한 이론적·기술적 상세는 본편 4장을 참조 바란다.

(2) 사례 사진첩

대표적인 것으로서 「일본조명확회지」의 '조명의 데이터 시트' 또는 '라이팅 포토그래프' 등이 있다. 또한 사례집을 퍼스널 컴퓨터의 디스플레이 등과 같은 발광형 디스플레이에 표시하면 최대 휘도가 높은데다가 휘도비(최대 최소비)가 크기 때문에 광원 부분 또는 광택면의 반사광 성분이 표현되므로 프린트된 컬러 사진이나 인쇄물보다 실체감(본편 2.4.1 [3] 참조) 표

현이 상당히 우수하고 현실감이 뛰어난다. 이것들에 관해서는 10편을 참조 바란다.

(3) 실험실 시뮬레이션

계획하고 있는 공간에 관해서, 특별한 부위나 방법에 관해서 실물 크기의 부분 모형을 작성하여 실험실적으로 검토한다.

(4) 시뮬레이션 모델

대상 공간 전체의 축소 모형을 작성한다. 특히 대공간이나 공간내의 설치물이 적은 공간이 대상인 경우에는 효과가 크고 사례[23]도 많다.

1.9 시환경의 평가

1.9.1 목적[11],[12]

(1) 시공 직후의 경우

① 준공된 공간이 소기의 조명 효과가 얻어지고 있는가를 확인하는 것으로서, 필요하면 고치거나 개장(改裝)을 한다.

② 새로운 우수한 시설은 적절한 홍보를 함으로써 널리 알려 그 유형의 시설의 보급을 도모한다.

③ 이상까지의 계획 설계의 프로세스가 타당했는가를 검증하여 그 조직의 정상적 방법으로 정착시킨다.

(2) 일정기간 후

완성 후 일정기간 지나고 나서 공간 사용자가 익숙해진 때에 상기와 같은 평가를 하여 올바른 평가를 얻는다.

(3) 준공하고 나서 수년 경과된 공간

교양, 문화의 발전 변화에 수반해서 당연히

엔드 유저의 욕구가 변화한다. 당초의 운영 관념도 재검할 필요가 있으며 현재의 요구 레벨로 객관적인 평가를 함으로써 필요하면 개장을 하여 시설의 매력과 신선성을 항상 갱신해 나갈 필요가 있다.

1.9.2 평가 항목[11],[12]

준공 후의 평가 사항은 예를 들면 아래와 같다.

(1) 총합적인 인상(분위기 평가)

(2) 조명 시스템이 조명 요인에 대해서 설계치를 충족시키고 있는가.

(3) 설계치는 충족시키고 있다고 치고 이미지한 공간이 형성되고 있는가.

(4) 공간의 목적과 대조해서 이 이미지는 합치되어 있었는가.

(5) 예상치 못한 누락은 없는가.

그리고 시환경의 평가 방법이나 상세한 것은 본편 5장을 참조하기 바란다.

[田淵義彦]

참고 문헌

1) 電気学会：電気専門用語集, No.13「照明」(1993 改定案)

2) 日本照明委員会訳：国際用語集 (CIE：INTER-NATIOANAL LIGHTING VOCABLARY, Publication No. 17.4) (1989)

3) 田淵義彦：照明技術開発における快適性の研究の重要性, 照学誌, 78-11 pp. 585-590 (1994)

4) 田淵義彦：事務所照明の快適性に関する研究, 東京大学学位論文, p. 2 (1995)

5) 田淵義彦：事務所照明の快適性に関する研究, 東京大学学位論文, p. 3 (1995)

6) 広辞苑 (第5版), 岩波書店 (1998)

7) 照明学会編：新しい明視論, 照明学会 (1966)

8) 照明学会編：最新やさしい明視論, 照明学会 (1977)

9) 田淵義彦：事務所照明の快適性に関する研究, 東京大学学位論文, p. 4 (1995)

10) 田淵義彦：空間コンセプトに整合する照明計画, 電気関係学会関西支部連大, S 9-1 (1983)

11) 田淵義彦：照明計画とその評価, 照明学会光環境研究会, LE 86-16 (1986)

12) 田淵義彦：店舗照明の計画とその評価, 照学誌, 75-1, pp. 19-26 (1991)

13) 田淵義彦：事務所照明の快適性に関する研究, 東京大学学位論文, p. 10 (1995)

14) 照明学会編：屋内照明基準, JIES-008, p. 5 (1999)

15) JIS Z 9110：1979 照度基準

16) CIE S 008/E-2001：Lighting of Indoor Work Places, (ISO 9885：2002), p. 4

17) 照明学会編：オフィス照明設計技術指針, JIEG-008, p. 7 (2001)

18) IES Technical Report No. 10：Evaluation of Discomfort Glare, the IES Glare Index System for Artificial Lighting Installation, IES London (1967)

19) Report of RQQ Committee of IES：Outline of Standard Procedure for Computing Visual Rating for Lighting, Report No. 2, Illum. Engng., 61-10, pp. 643-666

20) Handbuch für Beleuchtung, 4, LiTG, pp. 181-191 (1975)

21) CIE Publication No. 117：Discomfort Glare in Interior Lighting (1995)

22) 照明学会編：オフィス照明設計技術指針, JIEG-008, p. 9 (2001)

23) 松田宗太郎, 他：最高裁判所・新庁舎の照明模型実験および照明設計への展開例について, 照学誌, 59-3, pp. 129-138 (1975)

제2장

조명의 요인과 파급효과

2.1 시대상의 조도

사물을 보기 위해서는 우선 광이 필요하며, 시대상의 조도를 높이면 다음과 같은 시각 효과가 얻어진다.

2.1.1 시대상과 공간의 명도

일반적으로 시대상의 조도(휘도)를 높이면 명도(明度)가 증가한다[1,2]. 공간의 조도를 높이면 명도가 증가하고 더욱 활기 있는 분위기가 얻어진다. 점포 조명 등에서는 활기와 나아가서는 번화한 분위기를 연출하기 위해 조도를 높게 하는 경우도 많다.

공간의 명도에 관해서 빈(Bean)은 공간 내의 입체의 수평면 조도와 연직면 조도의 기하평균값과의 상관이 높다는 것을 제시하였다.[4] 이 결과는 공간 명도의 평가 지수로서 제일 근사를 주는 것일 것이다.

2.1.2 조도가 물체의 보임에 주는 영향

(1) 대비의 보임 방식

① 배경 휘도가 대비역에 미치는 영향 어느 범위에서 배경 휘도가 높아지면 '대비역(對比閾)'이 감소하여 낮은 대비(콘트라스트)도 확실하게 식별할 수 있다[5](1편 3.5.4 참조). 대비역이란 어떤 배경 휘도 L_b에서 제시된 시표(視標)의 휘도변별역(輝度辨別閾) ΔL의 배경 휘도에 대한 상대값을 말한다.

즉, 시대상의 조도를 높게 하면 휘도가 높아져 이 면의 약간의 대비도 식별할 수 있다((b)항 참조).

② 비지빌리티 레벨 시대상의 대비의 대소가 물체의 보임 정도에 미치는 영향을 나타내는 척도로서 제안되고 있다.[6] CIE 출판물에 준거해서 이 개념을 약술한다. 그리고 용어나 기호는 이번 설명에 필요한 요지에 따라 다소 표현을 바꾸고 있다.

ⓐ 상술한 대비역을 구하는 한 조건으로서 시각(視覺) 4분의 원판을 visibility reference task(이하 '참조 지표'라고 번역한다)로 하고 여러 가지 배경 휘도에 있어서 1/5초간 제시하여 휘도 변별역을 구하고 이로부터 구한 대비역 $C_t = \Delta L / L$의 곡선을 standard visibility reference function('표준보임방식 참조곡선'이라고 번역한다) V_s라고 한다. 이것을 그림 2.1[6]에 나타낸다.

ⓑ 실제의 조명 환경(field)에 있어서 소요

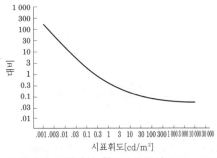

그림 2.1 보임방식 참조표준곡선 [CIE, 1972[6]]

지표 T(task)의 휘도가 L_T, 배경 휘도가 L_F, 배경에 대한 대비가 $C_F(L_T)$라고 한다.

ⓒ 휘도 L_F에 대한 표준보임방식 참조곡선의 값(이하 '표준대비역'이라고 한다) $C_t(L_F) = V_s(L_F)$를 구한다.

ⓓ 배경에 대한 대비 $C_F(L_T)$ 지표의 보임 방식은 표준대비역 $C_t(L_F) = V_s(L_F)$에 대한 배수, $a = C_F(L_T)/C_t(L_F)$로 주어진다.

(2) 물체 세부의 보임 방식

① **시력** 배경 휘도가 커지면 시력이 향상되어 시대상 세부까지 확실히 보인다((1편 3.6 참조)[7~9]. 또한 배경 휘도가 시력에 미치는 영향의 데이터에 관해서 종래는 다수의 관찰자 시력의 절대값이 취급되고 있었지만 조도(배경 휘도)가 미치는 영향을 개개의 관찰자마다 기준화해서 논하는 것이 특히 조도의 영향만을 특정해서 명확히 하기 쉽기 때문에 아키스키(秋月)와 이노우에(井上)는 작업면의 조도가 개개의 관찰자 각자가 가지고 있는 고유의 최대 시력에 대해서 어느 환경하에서 얻어지는 시력의 비를 '시력비(視力比)'라고 이름 붙여 조명 환경의 명시성에 관한 평가 척도로 할 것을 제안하고 있다.[10] 그림 2.2와 같이 시표 배경 휘도가 높아지는 데 따라 시력은 향상되고 이 실험 범위에서는 약 800~900 cd/㎡에서 최대값이 된다.

② **문자의 가독성** 문자가 인쇄되어 있는 지면의 문자를 읽는 경우의 필요 조도에 관해서 종래부터 많은 연구가 시행되어 왔다. JIS '조도기준'(JIS Z 9110)[11]의 권장 조도는 인도(印東)와 카와가쓰(河合)의 연구[12]에 입각해서 정해지고 있다.

최근 이노우에(Inoue)와 아키쓰키(Aki-tsuk)는 문서 판독성의 주관 평가 실험을 실시하였다.[13] 이 결과를 그림 2.3에 들었다. 그림 안의 실선은 판독성이고 파라미터는 "보통으로 판독된다" 비율[%]을 표시한다.

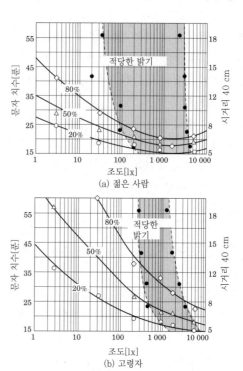

(a) 젊은 사람

(b) 고령자

그림 2.3 판독성과 밝기의 평가

–%는 「보통」「읽기 쉽다」「대단히 읽기 쉽다」의 비율 누계값(휘도대비는 0.93)–

[Inoue, et al., 1998[13]]

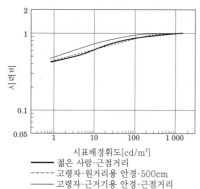

젊은 사람·근점거리
고령자·원거리용 안경·500cm
고령자·근거기용 안경·근점거리
• 각각의 회귀선은 4명의 결과를 평균한 것.

그림 2.2 안경의 교정 시거리의 배경휘도와 시력비의 관계 [秋月·井上, 2002[10]]

2.1.3 바람직한 조도

(1) 바람직한 지면 조도

상기 2.1.2 [2] (b)는 물체가 확실히 보인다고 하는 명시성(본편 1.3.2 참조)의 경지에서의 필요 조도를 논하고 있는데 필요 조도는 문자에 관한 명시성에만 한정하는 것이 아니고 좋게 보인다고 하는 쾌시성(본편 1.3.2 참조)의 견지에서도 취급될 필요가 있으며 많은 연구가 시행되었다. 이노우에(Inoue)와 아키쓰키(Akitsuki)는 읽기 쉬운 것과 함께 바람직한 범위도 명확히 하고 있다.

그림 2.3에 있어서 파선 내의 영역은 문서를 읽는 데 '적당한 밝기'라고 판단되는 확률이 50 % 이상이 되는 범위를 나타낸다.[13]

(2) 벽면 조도에 대한 좋지 않은 지면 조도

시작업에 있어서의 지면에 필요한 조도를 구하는 종래의 연구에서는 작업면 정면에 보이는 벽면의 영향에 관해서는 언급되고 있지 않다. 노구찌(野口) 등은 벽면 조도에 대한 좋지 않은 책상면 조도(지면 조도)를 연구하였다. 이 결과를 그림 2.4에 나타낸다.

벽면 반사율과 벽면 조도 각각이 양호한 책상면 조도에 다소의 영향을 미치고 있다. 또한 양호한 조도는 평가자 지시의 평가 구분에 대한 조정값의 누적 출현율(이것을 '충족률'이라고 한다)에 의존해서 크게 바뀐다. 예를 들면 벽면 반사율이 0.26이고 벽면 조도를 200 lx로 한 경우에는 평가 구분이 "읽기 쉽다. 그러나 더욱 읽기 쉬워지는 여지가 남아 있는 시작"(즉 조도를 높게 할수록 더 읽기 쉬워진다고 느껴졌으므로 실질적으로는 좋은 범위의 하한을 의미한다)의 책상면 조도는 그림 2.4에 있어서의 충족률 50 % 값은 약 500 lx지만 충족률 90 % 값은 약 800 lx였다.[14]

(3) 옥내 조명 기준의 권장 값

옥내 조명 기준에서는 작업면 조도로서 750 lx를 권장하고 있다.[15]

2.1.4 연령이 필요 조도에 미치는 효과

(1) 경향

조명학회편 '고령자의 시각 특성을 고려한 조명 시환경의 기초 검토'에서는 20~80 연령대의 피험자에 의한 가령(加齡)에 수반되는 시기능의 변화를 상세히 기술하고 있다. 사람의 눈은 가령에 수반하여 망막의 추상체 감도 저하, 수정체(렌즈)의 탄력성 저하로 인한 원근 조정력 저하, 투과율 저하나 혼탁 등으로 인한 망막 조도의 저하 등이 일어나며 이들에 수반해서 시력, 휘도 대비 변별력, 색의 식별 능력 등의 시각 기능이 저하한다. '신시대에 적합한 조명환경 요건에 관한 조사연구보고서'[17]에서는 가령에 수반되는 시력 변화에 관해서 정확한 연구 실시 결과 가령(加齡)에 수반되는 시력 변화는 아래와 같다고 하고 있다(1편 3.6.3 참조).

① 시력은 20세부터 50세까지 사이는 거의 동일하다.

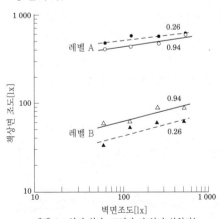

레벨 A : 읽기 쉽다. 그러나 더 읽기 쉬워지는
　　　　여지가 남아있는 시작
레벨 B : 장시간 읽으면 피로한 느낌이 있다.

그림 2.4 벽면조도에 대한 바람직한 책상면
조도(누적출현율 50%) [野口, 외, 1997[14]]

② 50세 이상이 되면 가령에 수반해서 시력이 상당히 저하한다.

③ 50세 이상의 고령자가 50세까지의 사람과 동일한 시력을 얻으려면 수 배 이상의 순응 휘도가 필요하다. 오피스 조명 기준(JIEC-001 1992[18])에서는 필요 조도의 배수를 1.5~4배로 하고 있다.

(2) 문자의 경우의 필요 조도

아키쓰키(秋月)와 이노우에(井上)는 시력비의 개념(2.1.2 참조)을 이용하면 고령자(실험은 67~75세)도 안경 조정을 잘 하는 경우에는 시력비의 조도에 대한 변화의 경향은 젊은 사람과 거의 동일하다는 것(그림 2.2 참조)을 명확히 하고 있다.[10]

이노우에(Inoue)와 아키쓰키(Akitsuki)는 동일하게 문자를 읽기 쉬운 견지에서의 필요 조도 및 '최적 밝기로 판단하는 조도'(이하 '바람직한 조도'라고 한다)에 관해서 젊은 사람 및 고령자 쌍방의 데이터를 제시하고 있다(그림 2.3 참조). 이들 그림은 고령자에게 필요한 조도와 젊은 사람에게 필요한 조도는 문자 크기 등의 조건에 따라 크게 상이하므로 고령자의 필요 조도를 일률적으로 젊은 사람의 그것에 대한 배수로 정할 수 없다는 것을 제시하고 있다. 또한 바람직한 조도에 관해서 젊은 사람이 좋다고

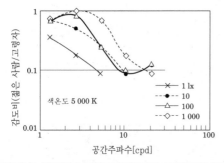

그림 2.5 콘트라스트감도 중앙값의 고령자의 젊은 사람에 대한 비 [岩田, 외, 2001[19]]

판단하는 범위는 상당히 넓지만 고령자는 그 범위가 약간 좁아지며 바람직한 조도의 하한이 젊은 사람의 경우의 수 배의 값이 되는 것을 나타내고 있다.[13] 그림 2.3 (b)는 고령자에게 바람직한 조도는 '읽기 쉽다'고 판단되는 확률이 더 높아지는 조도보다도 약간 낮은 범위에 있다. 이것은 명시성에 추가해서 지면 휘도가 높아짐으로써 초래되는 눈부심의 영향 등도 고려할 필요가 있다고 생각된다.

(3) 공간 주파수가 미치는 영향

이와다(岩田) 등은 가령에 의한 시력 저하에 관해서 시대상의 공간 주파수의 '대비 감도'에 미치는 영향에 관해서 검토하였다. 광원의 색온도에 관해서는 3,000 K, 5,000 K, 8,700 K 3종류의 경우에 대해서 실험이 시행되고 있지만 전반 조명의 색온도로서 일반적으로 채용되고 있는 5,000 K인 경우의 고령자 대비 감도의 젊은 사람의 그것에 대한 비율을 그림 2.5에 나타낸다. 이들 그림은 아래와 같은 것을 제시하고 있다.

① 1 lx 정도의 저조도에서는 고령자의 대비 감도는 상당히 낮다.

② 1,000 lx 정도의 고조도에서는 2 cpd (cycle per degree) 정도의 공간 주파수면 대비 감도가 고령자나 젊은 사람이나 거의 같지만 역시 5 cpd(시력 약 0.1 정도) 이상에서는 고령자는 상당히 저하한다.

즉 작은 문자 등을 식별하는 경우에는 고령자의 대비 감도는 상당히 낮아지기 때문에 한층 더 고조도가 필요하지만 공간 주파수가 낮은, 즉 통상적인 생활의 시대상인 비교적 큰 도형을 분별하기 위해서는 어느 정도의 조도가 확보되고 있으면 젊은 사람에 비해서 그다지 많은 조도는 필요하지 않은 것을 명확히 하였다.[19]

(4) 실제 공간에서의 고령자와 젊은 사람의 적정 조도

이와다(岩田) 등은 실제 공간에서의 시대상은 공간 주파수는 문자와 같은 고주파수의 것만은 아니므로 실제 공간에서 '보기 쉽다고 느끼는 밝기'('쾌적 조도'라고 한다) 및 '이것 이상 어두워지면 보기 어려워지는 밝기'('최저 조도'라고 한다)를 명확히 하였다. 이 결과를 그림 2.6에 나타낸다. 이 그림은 고령자와 젊은 사람에 의한 상위도 있지만 작업에 보다 좋은 조도에 상당한 상위가 있는 것을 나타내고 있다.[20]

(5) 설계시의 고려 사항

조명 설계의 실무에 있어서는 통상적 생활에서의 읽고 쓰기에서 실험실에서 채용하는 것 같은 미소 또는 낮은 대비의 한계 조건의 문자를 사용할 필요는 없으므로 충분히 치수가 크고 대비가 큰 문자를 사용하는 것이 바람직하다. 에너지의 효과적 이용이라는 관점에서도 고령자가 있는 방이라고 하더라도 방 전체를 특별히 높은 조도로 하는 대신 방 전체는 약간 높은 조도를 채용하는 동시에 고령자가 미소한 것을 구분할 때는 높은 조도가 필요하므로 개별적으로 적절한 국부 조명을 이용하는 것이 바람직하다.

일반 오피스에서는 이미 전반 조명에 비교적 높은 조도를 채용하고 있으므로 더 높은 조도를 채용하는 것과 함께 개개의 근무자에게 국부 조명을 병용하는 '태스크 앤드 앰비언트 조명'[21](5편 1.3 참조)을 채용하여 시대상이나 그 때의 조건에 맞추어서 바람직한 조도로 조정할 수 있도록 하는 것이 바람직하다.

주택 등에서 조도가 낮은 경우 고령자를 배려해 전체적으로 조도를 높임과 동시에 고령자가 상시 사용하는 방이나 독서 등이 많은 방의 조도는 비교적 높은 값을 채용할 것과 함께 독서할 때는 국부 조명으로 스탠드 사용이 권장된다.

2.2 실내의 조도 분포와 휘도 분포 ●●●

주의 대상만이 밝고 그 밖은 주변의 환경, 예를 들면 방 전체가 컴컴하면 이곳저곳을 돌아보면 눈이 피로하기 쉽고 불안감이 생기며 또 이 동시에는 위험이 수반된다. 한편, 주시대상에 비해서 환경이 너무 밝으면 작업에 집중하기 어려울 것이다. 따라서 공간 전체에는 바람직한 밝기의 균형을 유지할 것이 필요하다.

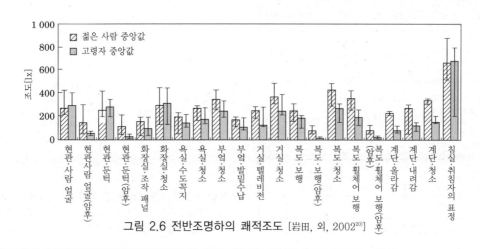

그림 2.6 전반조명하의 쾌적조도 [岩田, 외, 2002[20]]

2.2.1 작업면내

(1) 작업면 조도의 균제도

일반적으로 서면(書面) 등과 같은 시작업에서는 서면상의 조도는 가능한 한 균일한 것이 바람직하다. CIE에서는 작업면에서 조도는 완만하게 변화하여야 하고 균제도(평균 조도에 대한 최소 조도의 비)는 0.7 이상, 그리고 작업면 바로 근방의 조도는 0.5 이상으로 하고 있다.[22] 옥내 조명 기준에서는 조도의 균제도로서 시작업을 목적으로 한 전반 조명의 조도 균제도는 대상 구역에 있어서의 동일 작업면에서 원칙적으로 최대/최소를 10 이하로 하고 있다.[23]

(2) 작업면의 바람직한 조도 분포

마쓰시마(松島)와 타부치(田淵)는 작업면(태스크)에 태스크 라이트를 사용하는 경우에는 작업면 조도 분포는 상기한 것과 달리 반드시 일정할 것을 바라는 것이 아니고 어느 값의 범위에서 태스크 라이트를 설치하는 측의 조도가 반대측 조도보다 높아지는 것이 좋다는 것을 명확히 하였다. 이것을 '조명의 기대 효과'라고 하기로 한다. 다른 국면에서도 이와 같은 기대 효과는 발견된다. 이것들은 광의의 기능쾌적일 것이다. 조도가 높은 측과 낮은 측 비의 바람직한 값을 그림 2.7[21] 및 표 2.1[24]에 나타낸다. 작업면 조도의 낮은 측의 값은 예를 들면 오피스 조명 기준의 권장값 750 lx를 지키는 것이 좋고 그 때 작업면 조도의 높은 측의 값은 1,300 lx 정도가 바람직하다.

(3) 작업면의 그림자

작업면에서는 사람의 몸이나 손 등의 그림자 등에 의한 손그림자가 생기는 것은 좋지 않다.

그림자에 의한 조도 저하의 허용값은 상술한 것을 참조하면 제1 근사가 얻어질 것이다. 일반적인 그림자의 문제는 2.4를 참조 바란다.

표 2.1 태스크 라이트를 사용하는 경우의 태스크의 바람직한 조도분포

(a) 제1장소의 조도균제도(최소조도 고정)

최소조도 [lx]	카테고리별 최대조도 [lx]			조도균제도 (최대조도/최소조도)		
	좋다	약간 좋다	한계	좋다	약간 좋다	한계
300	430	590	835	1.4	2.0	2.8
500	685	910	1200	1.4	1.8	2.4
750	1020	1270	1405	1.4	1.7	1.9

(b) 제2장소의 조도균제도(최소조도 고정)

최소조도 [lx]	카테고리별 최대조도 [lx]			조도균제도 (최대조도/최소조도)		
	좋다	약간 좋다	한계	좋다	약간 좋다	한계
300	570	900	1300	1.9	3.0	4.3
500	975	1350	1720	2.0	2.7	3.4
750	1270	1720	1950	1.7	2.3	2.6

[松島·田淵, 1986[24]]

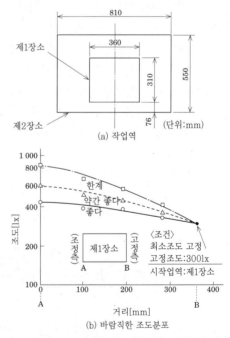

그림 2.7 태스크 라이트를 사용하는 경우의 시작업역의 바람직한 조도분포(누적출현률 50 %)

[松島·田淵, 1986[24]]

2.2.2 작업면과 그 주변 또는 연속된 면 상호

(1) 연속성

일반적으로는 시대상과 그 주변의 각 면과의 사이에는 큰 조도의 차가 없는 것이 바람직하다. 인접하는 방과 방 또는 통로 등의 연속된 공간 사이에는 큰 조도의 차가 없는 것이 바람직하다.

(2) 중심감

마쓰다(松田)은 응접실이나 식당 등과 같이 대담이나 회식 등과 같은 작업이 아니고 안락함이나 즐거움을 구하는 공간인 경우에는 데스크가 아니고 테이블의 경우에는 다른 부분보다 테이블면의 조도를 3~5배의 조도로 하여 돋보이게 하는 것이 바람직하다는 것을 지적하고 이것을 '중심감'이라고 하였다.[26]

(3) 작업 책상면 조도에 대한 바람직한 주변 조도

타부치(田淵) 등은 작업을 하는 책상면의 조도를 변화시킨 경우의 주변의 책상면 조도('주변 조도'라고 한다)의 바람직한 값을 명확히 하였다.[27]~[29] 이 결과를 그림 2.8[28]에 들고 대표적인 책상면 조도에 대한 바람직한 주변 조도를 표 2.2에 든다. 또한 '절감값'이란 쾌적성과 에너지 절약성의 양면을 조화시키기 위해 설정한 구분으로서, 종래 근무자가 실내 전체에 걸쳐 거의 같은 정도인 상태에 익숙해져 있으므로 너무 주변 조도를 저하시키는 것은 좋지 않다. 그래서 불만이 없을 정도로 가능한 설계 조도를 낮출 목적으로 특별히 좋지도 나쁘지도 않은 정도로 하여 '하한'의 누적 출현율 90 % 값을 채용하였다.

작업면 조도의 값을 예를 들면 오피스 조명 기준의 권장값 750 lx로 하면 그 때의 주변 조도의 실용 설계값은 270 lx가 된다.[29]

이와 같이 오피스의 근무 장소에서 책상면은 높은 조도가 필요하지만 그 밖의 범위는 반드시 동일한 조도가 필요하지는 않다. 이와 같은 조명 환경을 형성하는 방법을 태스크 앤드 앰비언트 조명이라고 한다(5편 1.3 참조).

2.2.3 벽면 조도

(1) 공간의 명도감

마쓰다(松田)는 엔트런스 홀 등과 같은 천장이 높고 또 보행이 주체이고 오피스와 같은 책

표 2.2 책상면 조도에 대한 주변조도의 권장값[lx]

책상면조도 [lx] \ 주변조도 [lx]	평가구분[lx]		
	최적*1	절감*2	하한*3
500	500	230	165
750	580	270	200
1,000	670	320	240

＊1 조정값의 누적출현율 50 %값
＊2 하한값의 누적출현율 90 %값

[Tabuch;, at al., 1995[29]]

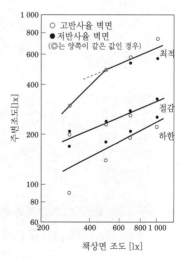

그림 2.8 책상면 조도에 대한 바람직한 주변조도

[Tabuch;, at al., 1995[29]]

상면의 작업이 주체가 아니어서 수평면을 의식하는 일이 적은 공간은 비교적 벽면이 눈에 들어오기 쉽기 때문에 공간의 명도감(明度感)은 벽면 조도에 크게 의존하는 것을 지적하였다.[30] 또한 이 척도로서 면적당의 광속 대신 체적당의 광속[lm/m³]을 제안하였다.[31] 이와이(岩井) 등은 수평면에서의 서류 작업은 그리 행하여지지 않으므로 리빙 룸에서 정면 벽의 평균 휘도와 방 코너의 휘도가 그 공간의 명도감의 조명 인상에 상관이 크다는 것을 확인하였다.[32]

(2) 사바나 효과

점포 조명에서는 점포 안쪽 벽에 점포 내 수평면 조도의 약 2~3배의 조도를 주어 벽면 휘도를 높게 하면 고객의 안심감이나 점포 안으로 들어가려고 하는 '회유 의욕(回遊意欲)'에 크게 영향을 준다고 한다. 그림 2.9와 같이 점포 입구에서 안쪽을 볼 경우 안이 어두우면 밀림에 잘못 들어간 것 같은 불안감이 생기지만 안이 밝으면 밀림을 빠져 나와 넓은 초원이 전개되어 있는 것 같은 개방감을 주고 더 앞으로 가보고 싶은 호기심이 생긴다. 이 효과를 '사바나 효과'라고 한다.[33]

(3) 벽면의 조도 분포 또는 휘도 분포(표정 효과)

벽면의 조도 분포를 균일하게 하지 않고 명암의 휘도 분포를 형성하면 무기질한 인상이었던 벽면에 표정이 생겨 공간의 분위기가 연출된다. 이것을 '벽면의 표정 효과'라고 한다.

① 그러데이션 벽이나 커튼 직근에서 면을 빗자루로 쓸 듯이 조명하는 방법에 의해 표면이 평탄한 벽면의 경우는 회화에서 말하는 에어브러시 효과가 얻어진다. 조도가 원만하게 변화하여 명암의 그러데이션이 온화

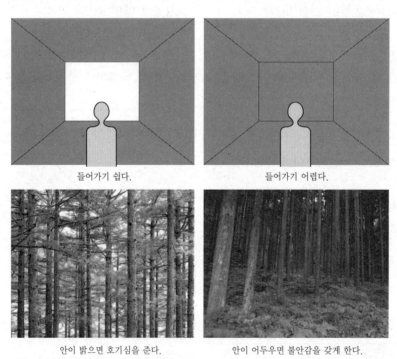

들어가기 쉽다.　　　　　　　　들어가기 어렵다.

안이 밝으면 호기심을 준다.　　안이 어두우면 불안감을 갖게 한다.

그림 2.9 사바나 효과
[松下電工, 1988[33]]

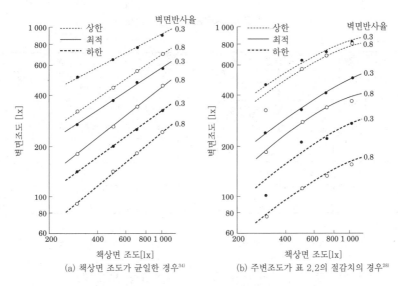

(a) 책상면 조도가 균일한 경우[34] (b) 주변조도가 표 2.2의 절감치의 경우[28]

그림 2.10 책상면 조도에 대한 바람직한 벽면 조도

[田淵, 외, 1989[34]; 田淵, 외, 1991[28]]

하기 때문에 부드러운 조용한 분위기를 얻을 수 있다. 이 방법을 '쇄광 조명(소광 조명)'[33]이라고 한다.

② 라이트 패터닝 적절한 배광을 가진 벽면 조명 기구를 사용하는 것에 의해 벽면에 명암의 패턴을 그림으로써 벽면에 표정을 나타낸다. 이 방법을 '라이트 패터닝'이라고 한다.

③ 재질감 표현(텍스처 익스프레션) 벽면에 요철이 있는 경우나 거친 재질인 경우에는 상기한 바와 같은 쇄광 조명(刷光照明)에 의해 더한층 재질감이 강조되어 극적인 분위기를 연출할 수가 있다. 이것은 협의적으로는 거친 표면에서의 그림자 효과이다. 일반적인 효과에 관해서는 2.4를 참조하기 바란다.

2.2.4 책상면 조도에 대한 바람직한 벽면 조도

오피스의 벽면 조도에 관해서 타부치(田淵)

등은 책상면 조도에 대한 바람직한 벽면 조도를 명확히 하였다.

(1) 실내 조명이 균일한 경우

책상면 조도에 대한 바람직한 조도를 그림 2.10 (a)에 나타낸다. 이 결과를 종합해서 대표적인 책상면 조도에 대한 바람직한 책상 조도를 표 2.3 (a)에 나타낸다.[35]

작업면 조도는 오피스 조명 기준의 권장값 750 lx를 채용하면 벽면 조도의 호적값은 420 lx, 양호값은 260~570 lx이다. 그리고 호적값이란 최적에 준한 값을 말하며 벽면 반사율이 30 %인 경우와 80 %인 경우의 최적값의 기하평균값을 사용하였다. 양호값이란 쌍방의 반사율에 있어서 각각 바람직한 값의 범위의 상한과 하한을 넘지 않는 범위를 말한다.[35]

(2) 주변 조도가 책상면 조도보다 낮은 경우

책상면 조도에 대한 바람직한 조도를 그림 2.10 (b)에 나타낸다.[27)~29)] 이 결과를 종합해서

표 2.3 안면조도의 권장값[lx]

(a) 균일 수평면조도의 경우

색상면조노[lx] \ 평가구분 \ 벽면반사율	종별 권장값 호적[*1] 0.3~0.8	양호[*2] 0.3~0.8
500	310	200~400
750	420	260~570
1000	510	320~700

[田淵, 외, 1995[35]]

*1 벽면반사율 양단의 값에 대한 벽면조도의 기하평균값

(b) 불균일 수평면조도의 경우

책상면조도[lx]	주변조도 (절감값)	종별 평가구분 호적[*1] 벽면반사율 0.3~0.8	양호[*2] 0.3~0.8
500	230	300	180~550
750	270	380	230~670
1000	320	430	260~750

*2 저반사율 벽면의 하한값과 고반사율 벽면의 상한값간

표 2.3 (b)[29]에 든다. 상기한 바와 같이 벽면 조도의 바람직한 값을 구하면 벽면의 반사율이 30~80 %의 범위에서는 책상면 조도를 750 lx로 설계하면 벽면 조도의 호적값은 380 lx, 양호값은 230~670 lx이다.

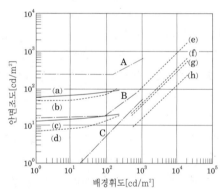

- 田淵
  저휘도 배경(책상면 조도 500 lx)
  (a) 안면을 책상면과 구별된다(최적).
  (b) 안면을 책상면과 구별되지 않는다(최적).
  (c) 안면을 책상면과 구별된다(하한).
  (d) 안면을 책상면과 구별되지 않는다(하한).
  고휘도 배경(실루엣시로 해서의)
  (e) 약간 좋다(누적출현율 90 %).
  (f) 하한(누적출현율 90 %).
  (g) 약간 좋다(누적출현율 50 %).
  (h) 하한(누적출현율 50 %).
- Fischer[41),42)]
  A : 최적
  B : 양호
  C : 하한

그림 2.11 배경휘도에 대한 바람직한 안면조도

[Fischer, 197241)]; [田淵, 외, 1995[39)]]

2.2.5 안면 조명도

(1) 바람직한 안면 조도

타부치(田淵) 등은 통상적인 벽면 조도의 범위[27),36)] 및 밝은 창과 같은 고휘도 범위[37),38)]의 양쪽을 포함하는 광범위한 휘도의 배경에 대한 사람 안면의 바람직한 조도를 연구하였다. 이 결과를 그림 2.11[39),40)]에 나타낸다.

또한 그림에는 Fischer의 같은 취지의 연구 결과도 병기하였다. 벽면 휘도가 약 200 cd/m^2 이하의 범위에서 책상면 조도가 750 lx인 경우의 바람직한 안면 조도를 표 2.4[43)]에 든다. 책상면과 안면이 구별되는 경우에 양호값은

표 2.4 책상면 조도에 대한 안면조도의 권장값[lx]

평가조건	종별 벽면의 평가구분과 휘도[cd/m²] 안면의 평가구분	권장값 호적(64) 호적[*1]	양호(25~145) 양호[*2]
책상면과 비교한다.		910	210
책상면과 비교하지 않는다.		750	180

[주] 책상면조도 : 75 lx
*1 벽면휘도의 호적값에 대한 안면휘도의 최적값
*2 벽면휘도의 양호값의 상한에 대한 안면휘도 하한값

[田淵, 1995[43)]]

표 2.5 실루엣 현상 방지에 필요한 안면조도

단계	$R = \dfrac{\text{안면조도}}{\text{배경휘도}}$ [lx/(cd·m²)]
I. 약간 좋다.	0.25~0.3
II. 필요 하한	0.12~0.15

[주] 안면의 반사율을 약 30 %로 하고 배경휘도에 대해서
필요한 안면휘도의 비율 R[lx/(cd·m²)]를 표시한다.

약 210 lx, 구별되지 않는 경우에은 180 lx이
다. 옥내 조명 기준에서는 150 lx를 권장하고
있다.[23]

배경 휘도가 약 500 cd/m² 이상인 높은 휘도
의 경우 안면 조도를 높게 해야 하며, 배경 휘도
에 대한 필요한 안면 조도의 비 R[lx/(cd·m²)]
를 표 2.5에 나타낸다.

(2) 고휘도 배경에 의한 등가 광막 휘도의 영향

그림 2.11과 같이 배경 휘도가 높아짐에 따라
바람직한 안면 휘도가 높아지는 이유는 배경 휘
도에 수반해서 눈 안에 생기는 등가 광막 휘도
(等價光幕輝度)에 의해 휘도 판별역이 향상되므
로[44] 안면의 눈, 코 등을 구분하기 위해서는 동
일한 비즈빌리티 레벨을 얻기 위해 높은 조도가
필요하다고 생각된다.[40]

2.3 시대상의 반사율이 시대상의 양호한 조도 또는 휘도에 주는 영향

2.3.1 휘도 압축과 휘도 확장[45],[46]

시대상의 반사율은 여러 가지인데, 반사율이
높은 시대상에게 주는 조도는 낮게 하여도 되는
가의 여부는 일률적으로 정할 수 없다. 일반 옥
내 조명에 있어서는 지면(紙面)이나 책상면이나

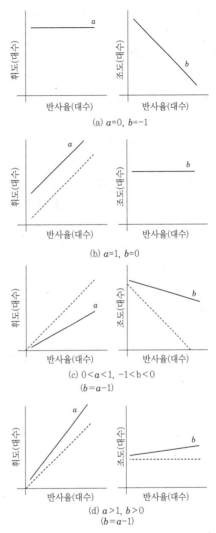

그림 2.12 바람직한 벽면휘도 및 벽면조도에 미치
는 벽면반사율의 영향

[田淵, 1995[46]]

벽면 등 상당히 많은 종류의 면이 혼재되고 있
고 각 시대상의 반사율에 관해서는 상호의 비교
에 있어서 대략 그 추정이 되고 있지만 시대상
의 바람직한 조도에 대해서 반사율이 상당히 영
향을 주고 또 그 경향은 그 면을 보는 관찰측의
입장에 따라서 상당히 다르다.

만일 어떤 시대상의 바람직한 휘도가 반사율

에 관계없이 일정하다고 하면 필요한 조도는 반사율에 대해서 '비례 승수 1'로 반비례하지 않으면 안 된다. 반대로 바람직한 조도가 반사율에 관계없이 일정하다고 하면 바람직한 휘도는 반사율에 대해서 '비례 승수 1'에 비례하지 않으면 안 된다.

바람직한 조도 또는 휘도에 미치는 반사율의 영향을 아래와 같이 분류하고 이들 관계를 간단화를 위해 모식적으로 그림 2.12[46]에 나타낸다. 그림을 향해서 좌측 열에 바람직한 시대상 휘도 L의 대수에 대한 시대상 반사율 r의 대수의 관계(직선의 기울기를 a로 한다), 향해서 우측 열에 바람직한 시대상 조도 E의 대수에 대한 시대상 반사율 r의 대수의 관계(직선의 기울기를 b로 한다)를 나타낸다. 각각의 열의 직선군은 정수를 u 및 v로 하고

$$\log L = a \log r + \log u \qquad (2.1)$$
$$\log E = b \log r + \log v \qquad (2.2)$$

로 표시되고

$$L = ur^a \qquad (2.3)$$
$$E = ur^b \qquad (2.4)$$

이다. 다만

$$L = \frac{rE}{\pi}$$

와 식 (2.3), 식 (2.4)에서

$$b = a-1 \qquad (2.5)$$
$$v = \pi u \qquad (2.6)$$

이다. a 및 b는 다음과 같이 분류되며 그림의 (a)부터 (d)는 이것에 대응시키고 있다.

    (a) $a=0$, $b=-1$

    (b) $a=1$, $b=0$

    (c) $0<a<1$, $-1<b<0$

    (d) $a>0$, $b>0$

(a)와 (b)는 기울기가 특별한 경우이다. 이들

각 경우에 있어서의 그림의 의미와 시대상 반사율(대수)의 시대상 휘도(대수)와 시대상 조도(대수)에 미치는 영향의 의미는 다음과 같다.

① $a=0$, $b=-1$(휘도 일정·조도 반비례형) : 바람직한 시대상 휘도는 시대상 반사율에 의존하지 않고 일정하고 그 때문에 필요 조도는 벽면 반사율에 반비례한다.

② $a=1$, $b=0$(조도 일정·휘도 비례형) : 시대상의 필요 조도는 시대상에 의존하지 않고 일정하다. 그 때문에 바람직한 시대상 휘도는 시대상 반사율에 정비례한다.

③ $0<a<1$, $-1<b<0$(조도 미감·휘도 압축형) : 반사율 증가에 대한 바람직한 시대상 휘도의 변화의 비는 1보다 작으며 반사율 증가에 대한 바람직한 시대상 휘도의 증가는 이것을 낮게 억제하도록 완화되는 방향에 있다. 따라서 필요 조도는 상수 1보다 작은 값으로 반비례하며 즉 미감(微減)한다.

실제의 시대상에 대해서 사람이 의식하는 것은 반사율이 아니고 명도지만 명도는 간접적으로는 반사율로 표시되므로 상기한 효과를 시대상의 반사율(명도) 변화에 대한 바람직한 휘도 변화의 압축이라고 하며 '반사율에 대한 휘도 압축'이라고 부르기로 한다. 또한 직선의 기울기 a를 반사율의 변화가 휘도 변화로서 얼마로 압축되는가 하는 의미에서 '휘도 압축비'라고 하고휘도 압축비의 역수 $1/a(>1)$를 '휘도 압축률'이라고 한다.

④ $a>1$, $b>0$(조도 증가·휘도 확장형) : 반사율 증가에 대한 바람직한 시대상 휘도의 변화의 비는 1보다 크고 반사율 증가에 대한 바람직한 시대상 휘도의 증가는 이것을 더 높게 확대하도록 확장되는 방향에 있어 필요 조도는 증가한다. 이것을 '반사율에 대

한 휘도 확장'이라고 한다. 또 직선의 기울
기 a를 '휘도 확장률'이라고 한다.

2.3.2 휘도 압축과 휘도 확장의 사례

(1) 주시대상

① 서류의 경우 피셔(Fischer)는 근무 장소
의 조도 레벨에 관한 많은 주관평가 실험
결과에서 각 실험에서의 '만족한다'고 판단
되는 율이 최대가 되는(이하 '호적(好適)'이
라고 한다) 조도와 각각의 시대상 반사율의
관계에서 호적 휘도에 대한 반사율의 관계
를 구하였다. 이것을 그림 2.13에 들었다.
이 그림은 호적 휘도가 일정하지 않고 반사
율에 의존하며 반사율이 높으면 호적 휘도
도 높은 것을 표시한다. 즉, 반사율이 높으
면 조도는 반비례해서 낮추면 되는 것이 아
닌가 하는 것을 명확히 하였다.[41),42)] 그림
2.13의 직선의 기울기는 0.84이고 따라서
반사율의 증대에 대해서 조도는 다소 감소
시켜도 되지만 비례 상수 1로 반비례시켜도
되는 것은 아니다.

② 반사율이 높은 상품의 경우 점포의 상품
등과 같은 경우에는 예를 들면 백색 와이

셔츠와 같이 명도가 높은 상품일수록 그 백
색이 강조되는 것이 청결성이 느껴져 좋다
고 하고 있으므로[47)] 오히려 명도가 낮은 상
품 보다 조도를 높게 하여 휘도 변화를 확
장하는 것이 좋다고 하고 있고 대량 판매점
에서 매장마다 좋은 조도를 설정하기 위한
연구 결과도 그 경향에 일치되고 있다.[48)] 이
것은 휘도 확장의 범주에 속한다.

(2) 환경-벽면

책상면 조도에 대한 바람직한 벽면 조도의 관
계(그림 2.10 (a)[34)] 참조)에서 벽면 반사율에 대
한 벽면 조도의 최적값 관계를 횡축에 벽면 반
사율의 대수를, 종축에 벽면 조도의 대수를 취
하여 책상면 조도를 파라미터로서 그림 2.14[34)]
에 들고 또 벽면 반사율에 대한 벽면 휘도의 최
적값 관계를 횡축에 벽면 반사율의 대수를, 종
축에 벽면 휘도의 대수를 취하여 책상면 조도를
파라미터로서 그림 2.15[45)]에 들었다. 그림에는
피셔(Fischer)의 동일 취지의 연구 결과[49)]도 함
께 들었다.

그림 2.15의 실선의 기울기(비례 상수)는 약
0.55~0.75로서 벽면 휘도의 최적값은 벽면 반

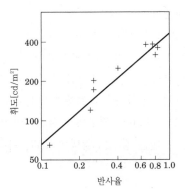

그림 2.13 근무실의 호적 주시대상 휘도의 대상
반사율에 대한 관계
[Fischer, 1972[41)] ; 田淵, 1995[45)]]

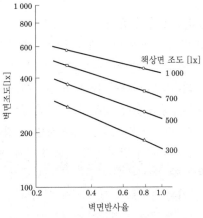

그림 2.14 바람직한 안면조도에 미치는 벽면
반사율의 영향(최적) [田淵 외, 1989[34)]]

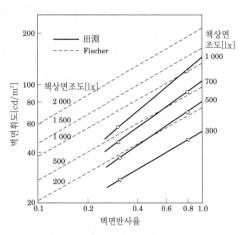

그림 2.15 바람직한 벽면휘도에 미치는 벽면
반사율의 영향
[田淵, 1995[45]; Fischer, 1976[49]]

사율의 변화에 비례 상수 1에 비례할 정도로는 변화하지 않는 것을 표시하고 그림 2.14에 표시하는 직선의 기울기(비례 상수)는 책상면 조도에 따라서도 다르지만 −0.42~−0.25로서 −1보다 크므로 이 경우는 휘도 압축의 범주에 속한다.

2.4 그림자와 광택

2.4.1 조명의 효과

평면 또는 입체의 시대상에 닿는 조명광이 다른 물체로 차단되는 경우 또는 그 물체 자체로 차단되는 경우, 예를 들면 입체에 어느 방향에서 광이 닿고 있는 경우 그 반대측에는 그림자가 생긴다. 또 시대상이 정반사면의 경우에는 광 입사 방향의 반대 방향으로 반사가 생긴다. 그림자와 반사는 다른 현상이므로 각각 단독으로 생기는 경우도 있고 동시에 일어나는 경우도 많은데, 입체의 곡면상에서 조명에 의한 그림자의 윤곽이나 농도나 계조 등의 휘도 분포에 의

표 2.6 그림자와 반사─바람직한 경우와
바람직하지 않은 경우

현상	바람직한 경우 (필요한 경우)		바람직하지 않은 경우 (지장이 되는 경우)
그림자	모델링	재질감 (텍스쳐 익스프 레션)	작업면에서 몸의 그림자 선반 사이의 어두움
반사	광택있는 표면(귀금속이나 요리의 광택이나 윤기)		반사 글레어 (특히 광택있는 인쇄지면이나 VDT표시면에 나타나는 반사)

해 아래와 같은 여러 조명 효과를 발생한다.

(1) 모델링

입체감을 표현하는 것을 '모델링'[50]이라고 한다.

(2) 광택

실내의 정반사면(이하, 일상 용어를 사용하여 '광택면'이라고 한다)에 있어서 비교적 높은 휘도의 창이나 광원 등이 반사하고 있는 경우에 시각 효과로서 '광택'이 느껴진다. 귀금속이나 보석 등의 빛남, 진주나 자기의 광택 등은 호화로움 또는 빠져 들어가는 것 같은 아름다움이나 마음이 풍요로워지는 즐거움을 준다.

(3) 재질감

입체 표면의 요철 등의 미소한 곡면의 그림자나 표면의 광택에 의해 재질감이 얻어지는데 이것을 표현하는 것을 재질감 표현이라고 한다 (2.2.3 [3] (c) 참조). 그림자과 반사는 각각 바람직한 또는 필요한 경우와 바람직하지 않은 또는 지장이 되는 경우의 쌍방이 있다. 이것을 정리하여 표 2.6에 나타낸다.

2.4.2 광의 지향성 강도(확산성)

태양 직사광과 같이 광의 방향성이 확실한 경

우를 광의 '지향성'이 강하다고 하고, 점광원과 같이 피조면에서 본 광원의 입체각이 작은 경우에 얻어지고, 한편 흐린 하늘로부터의 광과 같이 모든 방향에서 광이 입사하여 광의 방향성이 명확하게 정해지지 않는 경우를 지향성이 약하다고 하며, 면광원과 같이 피조면에서 본 광원의 입체각이 큰 경우에 얻어진다.

지향성이 강한 광의 경우에는 입체상에 윤곽이 확실한 그림자이 얻어지고 '단단한 광'으로 느껴지며 또 많은 경우에 강한 광택이 얻어진

다. 지향성이 약한 광의 경우에는 그림자의 윤곽은 완만하고 명료하지 않으며 '부드러운 광'으로 느껴지고 또 보통 얻어지는 광택은 약하다. 이것들의 상위와 문제점, 적합한 용도 등의 특징을 정리하여 표 2.7에 든다. 또한 조명광의 상위에 의해 입체상에 생기는 그림자과 광택 상태의 상위를 그림 2.16에 나타낸다.[51]

그림자와 반사에 대해서 각각 바람직한 조명 효과와 좋지 않은 조명 효과 두 가지가 있다(본편 2.5 및 2.6 참조). 또한 지향성의 광과 확산

점광원	면광원
입체각이 작은 광원 예:백열전구	입체각이 큰 광원, 폭이나 길이가 큰 광원 예:형광 램프
지향성의 광	확산광

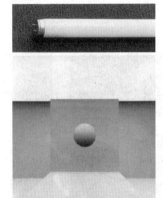

점광원(다운 라이트의 경우) · 면광원(광천장의 경우)

그늘과 광택감이 얻어진다. · 그늘과 광택감이 얻어지지 않는다.

강약이 있는 표현이 가능하다. · 부드러운 느낌이 된다.

그림 2.16 광의 성질과 보이는 모양
[松下電工, 1988[51]]

표 2.7 광원의 입체각 상위에 의한 조명효과의 특징

광원의 입체각	소	대
광원의 구분	점광원	면광원
광원의 예	전구의 스포트라이트	패널 달린 형광등 기구
지향성 강도	강하다.	약하다.
광의 성질	지향성	확산성
조명효과	윤곽이 명료한 그늘	완만한 그늘
인상	딱딱한 광	연한 광
특징	·입체는 확실히 　보인다. ·강약의 고저가 있는 　인상을 준다.	·작업면에 그늘이 　생기기 어렵다. ·연한 인상
용도	점포에서의 상품이나 요 리 등의 명료한 인상부여	오피스나 학교 등에서 의 서류작업

성 광의 혼합 효과에 관한 본격적인 평가는 추후의 과제이다.

2.5 좋은 그림자와 광택

2.5.1 모델링

(1) 조명광의 방향성

모델링 또한 대상에 대해서 적절한 방향에서 적절한 지향성 강도의 조명광을 보낼 필요가 있는데, 광원의 위치(방위와 고도)와 입체각 등의 조명광의 공간 분포가 큰 영향을 미친다. 모델링에 있어서의 광방향의 효과 사례를 그림 2.17에 든다.[52]

(2) 좋은 그림자의 농도

모델링에 있어서 입체 위에 생기는 그림자의 농도가 너무 강하면 안 된다. 바람직한 범위로

① 경사 전상방으로부터의 광

② 전면으로부터의 광

③ 아래로부터의 광

④ 두상으로부터의 광

⑤ 좌횡으로부터의 광

⑥ 우횡으로부터의 광

그림 2.17 광에 의한 비너스상의 모델링
[松下電工, 1988[52]]

표 2.8 조명조건과 쌀밥의 보임 평가결과

광원	반사판	확산반사판의 입체각			
		무	소	중	대
균일휘도 광원의 입체각	극소 (클리어 전구)	○	◎	○	△
	소 (확산형전구)	○	○	○	△
	중 (젖빛 패널)	△	–	–	–
	대 (천장면간접광)	×	–	–	–

◎ 상당히 좋다. △어느 쪽도 아니다.
○ 약간 좋다. × 약간 좋지 않다.
– 대상 외

[田淵, 외, 1987[53]]

서 문(Moon)과 스펜서(Spencer)는 실내의 골프공을 예로 들어 대상의 입체상 휘도의 최대 대 최소의 비가 2:1~6:1이 받아들여지는 범위에서 3:1이 가장 좋고 10:1 이상에서는 너무 세다고 하고 있다.[50]

2.5.2 좋은 윤기와 광택

그림 2.16은 사과 표면의 윤택 사례를 나타낸다. 그림을 향해서 좌측의 그림자과 광택감이 확실한 쪽이 바람직하다.

2.5.3 재질감 표현

타부치(田淵) 등은 각종 요리의 재질감 평가의 견지에서 조명의 바람직한 조건에 대해서 연구하였다. 이 경우 조명은 지향성의 광과 확산성의 광의 혼합 효과가 취급되어 광원의 입체각과 합해서 사용한 반사판의 입체각에 관해서 표 2.8과 같이 쌀밥의 경우에 관해서 입체각이 극소인 투명 전구에 소형 반사판을 조합한 경우가 가장 좋고[53] 또 이 조합은 다른 요리에 관해서도 대략 양호한 것을 명확히 하였다.[54] 또 각종 요리에서 추출된 특징적인 형용사군을 표 2.9[54]에 나타낸다.

표 2.9 각 요리와 상관이 깊은 형용사

요리명	상관이 깊은 형용사
쌀밥	윤기가 있는, 탄력이 있는, 생생한, 메끄로운, 축축한
튀김	생생한, 폭신한, 탄력 있는, 미세한, 기름끼 있는
생선회 (참치 적색부분)	윤기있는, 생생한, 싱싱한, 탄력있는
크루아상	윤기있는, 매끄로운, 탄력있는, 생생한, 가벼운
새우 프라이	탄력있는, 생생한, 명료한, 물기가 많은, 윤기가 잇는
로스트 치킨	생생한, 탄력있는, 매끄로운, 투명한
스파게티	폭신한, 윤기있는, 습한, 생생한, 뜨거운

[田淵松島, 1991[54]]

2.5.4 광지향성 세기가 공간의 밝기에 미치는 영향

갠 날씨는 밝게 느끼고 흐린 날은 어둡다고 느낀다. 이것은 조도의 점으로 맑은 날은 50,000~100,000 lx이고 흐린 날은 10,000 lx 이하가 되기 때문에 양적인 견지에 당연하다고 생각된다. 그러나 흐린 날에 적절히 조명된 실내에서 창 밖을 둘러볼 때는 흐린 창밖보다 오히려 실내가 밝게 느끼는 일도 적지 않다. 이 경우의 조도를 비교하면 흐린 날이라도 약 10,000 lx 정도이고 한편 실내 조도는 조건이 좋은 경우라도 750 lx 정도이므로 흐린 날의 밖의 조도 쪽이 약 10배 이상 높은 것이 된다. 느끼는 명도감의 원인은 조도의 절대값이 아닌 것은 명확하고 맑은 하늘, 흐린 하늘 또는 인공조명에 의해서 생기고 있는 그림자이 광택의 상위, 즉 시대상상의 휘도 분포의 상위에 의한다. 일반적으로 실내의 입체에 적당한 그림자이 생기고 명료한 편이 밝게 느껴지며 그림자이 명료한 그림자이 생기지 않는 경우에는 실내가 어둡게 느껴진다.

그림자의 농도와 실내가 밝게 느껴지는 정도의 정량적 관계는 아직 충분히 명확이 밝혀지지는 않았다. 그림자이 진한 편이 이 효과가 크다고 생각되지만, 단 상한은 모델링에 있어서의 바람직한 그림자의 농도의 견지에서 말하면 입체상의 하이라이트와 섀도(그림자)의 비의 권장값, 최대라도 10 : 1 이하, 6 : 1~3 : 1 정도가 제일 바람직하다고 생각한다(2.5.1 [2]참조).

2.6 좋지 않은 그림자와 반사 ●●●

2.6.1 좋지 않은 그림자

2.2.1 [3] 참조

2.6.2 반사 글레어

광택 반사는 좋은 경우만이 아니다. 근무 장소의 작업면에서는 광택면에서의 반사 광원의 휘도가 높은 경우에는 다음과 같은 지장이 생긴다. 이것을 '반사 글레어' 라고 한다.

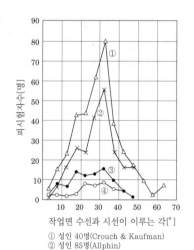

① 성인 40명(Crouch & Kaufman)
② 성인 85명(Allphin)
③ 어린이 238명(Allphin)
④ 이상의 합계 363명

그림 2.18 책상을 향해서 일을 하는 사람의 시선방향 [Crouch, at al., 1963[55]]

(1) 작업 대상 내에서 문자의 대비를 손상한다. 이것을 광막 반사라고 한다.
(2) 주시점 근방의 광원 반사가 번거롭게 느껴진다.

반사 글레어를 방지하기 위해서는 아래와 같은 대책이 바람직하다.

(1) 작업자의 눈 방향으로 반사하는 범위 내에 광원을 두는 것을 피한다. 크라우창(Crouchan)과 카우프만(Kaufmann)은 그림 2.18과 같이 책상을 향해서 작업하는 사람의 시선 방향은 작업면의 법선에 대해서 30° 정도가 가장 많은 것을 표시하고 있으므로[55] 이 범위에서의 조명 기구의 배치를 피한다.
(2) 다수의 광원을 사용하여 반사 글레어가 생기고 있는 광원의 휘도를 저감한다.

책상이 임의 장소에 배치되는 일이 많은 큰 방의 근무 장소에서는 모든 근무자에게 있어 반사 글레어를 발생하지 않는 위치에 광원을 배치하는 것은 어렵다. 광원이 하나만이 면반사하고 있는 광원의 휘도를 낮게 하는 것은 어렵지만 동일한 조도를 얻기 위해 복수의 광원을 사용하면 개개의 광원의 휘도를 낮게 할 수가 있으므로 특별히 반사하지 않는 방향으로부터의 조명광이 충분히 얻어지고 있으면 반사 광원의 휘도는 상대적으로 낮아지며 반사 글레어는 완화된다. 태스크 앤드 앰비엔트 조명(후술)을 채용하여 앰비엔트의 조도를 낮게, 즉 광원 휘도를 낮게 하여 위치가 가변이고 또 조도가 충분히 얻어지는 태스크 앰비엔트를 채용하여 근무자가 작업면에 반사하지 않는 위치로 조정함으로써 달성할 수 있다(5편 1.3.1 참조).

2.6.3 VDT 표시 문자 보기와 광원의 반사
(1) 광원 반사의 문제
최근의 사무실에서는 IT화가 광범위하게 진

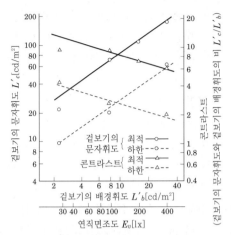

그림 2.19 바람직한 문자휘도와 콘트라스트
(반사방지처리 없는 표시면)
[田淵, 외, 1987[58]]

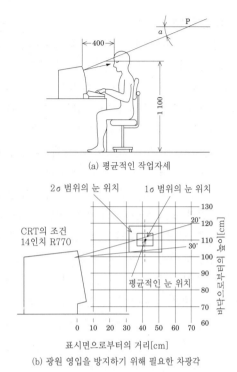

(a) 평균적인 작업자세

(b) 광원 영입을 방지하기 위해 필요한 차광각

그림 2.20 CRT 표시면의 광원의 영입
[田淵, 외, 1983[61]]

전되고 있다. 퍼스널 컴퓨터 등과 같은 정보 기기의 도입에 따라 표시 시스템으로서의 VDT (Visual Display Terminal)가 거의 상시 사용되고 있다. 이제부터의 정보화 사회의 인테리어 설계에 있어서는 정보 단말과의 협조를 고려한 쾌적 설계가 대단히 중요하다. VDT에는 종래는 CRT가 일반적이고 최근에는 액정 디스플레이가 급속하게 보급되고 있지만 어느 디스플레이의 표시면도 정반사가 그것에 가까운 특성을 가지고 있으므로 창이나 광원 등의 광원 휘도 부분이 반사함으로써 번거로움을 느끼게 하거나 문자의 보임을 손상시킨다.

표시면의 반사를 경감시키기 위한 가공을 한 것이지만 같은 방에 각종 디스플레이가 혼재하고 있는 것이 현상이므로 가장 반사를 발생하기 쉬운 정반사 특성의 CRT 디스플레이 표시면인 경우의 대책을 세우는 것이 안전하다.

(2) 디스플레이 표면의 표시 문자의 좋은 휘도와 콘트라스트 비

타부치(田淵) 등은 CRT 디스플레이에 있어서의 명문자(明文字 : 문자가 배경보다 밝은 경우)인 경우의 겉보기의 배경 휘도(표시면에 있어서의 실내광의 확산 반사 성분)에 대한 겉보기의 문자 휘도(발광 분자 휘도와 겉보기의 배경 휘도의 중첩된 값)의 바람직한 값 및 바람직한 콘트라스트 비(겉보기의 문자 휘도/겉보기의 배경 휘도)의 관계를 명확히 하였다.[56]~[58] 이것을 그림 2.19에 든다. 그림 안의 직선 기울기는 대략 0.7이다.

(3) 표시 문자의 비지빌리티 레벨

그림 2.19에서 상이한 겉보기의 배경 휘도에 있어서의 겉보기의 문자 휘도의 바람직한 값은 상호 거의 같은 비지빌리티 레벨이라고 하는 관계가 성립되고 있다.[59]

(4) 영입(映込) 방지

기본적으로는 조명 기구의 고휘도 부분, 특히 램프가 직접 영입(映込)하지 않아야 한다.

① **조명 기구의 차광각** 작업자가 통상적인 자세로 VDT 작업을 하고 있는 경우의 광원의 영입 최대 앙각(仰角)이 필요한 차광각 a 가 된다. 작업의 통상적인 작업 자세의 단면도를 그림 2.20 (a)에 나타낸다. VDT 표시면의 상단 이하에 영입하는 각은 VDT 표시면의 경사, 표시면의 대각장(對角長)이나 곡률, 작업자의 눈과 VDT 표시면과의 위치 관계에 따라 상위하지만 곡률이 작은 경우가 가장 영입하기 쉬우므로 이 경우에 대해서 대책을 세우는 것이 안전하다. 표시면의 대각장 14인치, 곡률 770 mm, 중심축의 앙각 10°인 CRT 디스플레이인 경우의 작업자의 눈 위치의 바닥으로부터의 높이 및 디스플레이 표시면으로부터의 거리 측정값은 그림 (b)와 같이 되며 차광각 30°는 필요한 것을 나타내고 있다. [60),61)] 또한 최근에는 평면형의 액정 디스플레이가 보급되고 있으므로 재조사가 필요할 것이다.

② **광원 휘도의 규제** 반사 방지 가공이 되어 있지 않은 CRT 표시면의 경우가 가장 조건이 나쁘고 그 밖의 경우는 안전하다. 타부치(田淵) 등은 이 경우에 관해서 반사 광원의 허용값을 명확히 하였다. 이 결과를 그림 2.21에 나타낸다. 평가 구분은

① 영입이 거의 없다.

② 이 정도면 지장이 없다.

③ 이 이상 높게 해서는 안 된다.

와 같다. 이들 결과에서 광원 반사를 알아차리기 쉬운 조건인 연직면 조도가 상당히 낮은 경우의 100 lx, 문자 휘도를 이 조도에서의 최적값 70 cd/m²로 선택한 경우의 평가 구분 ③에 있어서의 충족률(조정값의 누적 출현값)이 70%가 되는 광원 휘도는 약 200 cd/m²가 된다. 단 문자 휘도는 표시면에 있어서의 연직면 조도에 의한 확산 성분의 중첩된 값이다((2) 참조). 이 결과는 CIE Publication No.60[62)]에서 권장하고 있는 값과 같다.

옥내 조명 기준은 조명 기구의 휘도 규제값을 정하고 있다. 조명 기구의 휘도가 낮아질수록 표시면의 영입은 경감되지만 실내의 활기가 손상되기 쉬우므로 방과 작업의 목적에 따라 광원 휘도를 구분 사용한다. 규제값 및 구분 사용은 동 기준의 표 7.5, 표 7.6(본편 6장의 표 6.5, 표 6.6 참조)[63)]에 제시되고 있다.

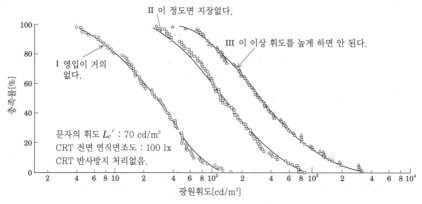

그림 2.21 광원 휘도와 영입 허용도의 충족률 [田淵, 외, 1985[57)]]

2.7 광원 휘도

2.7.1 번쩍임

적당한 정도의 높은 휘도의 광원, 예를 들면 벌겋게 타는 횃불이나 석양에 빛나는 해면의 번쩍임은 상쾌한 자극과 즐거움을 주며 감동시키고, 전통적 양식의 파티장이나 보석 매장의 샹들리에의 빛남도 비일상성을 느끼게 하고 넓은 의미에서의 기능 유쾌 또는 기호성(記號性)을 느끼게 할 것이다.

2.7.2 불쾌 글레어

한편 높은 휘도의 광원이 항상 즐거움을 주는 것은 아니고 광원의 휘도가 너무 높거나 또는 시야의 평균적인 레벨보다 고휘도의 부분이 있음으로 해서 글레어를 발생한다. 글레어는 주시 대상의 보임을 저하시키거나 하는 등 불쾌감을 발생시키므로 특히 작업 중심의 공간에 있어서는 불쾌 글레어의 경감이 중요하다.

(1) 글레어의 나타나는 방식

글레어에는 물체를 보이는 상태를 손상시키는 '등가 광막 휘도' 또는 '시기능 저하 글레어'와 불쾌한 느낌을 발생시키는 '불쾌 글레어(discomfort glare)가 있다. 시야에 어떤 상황의 조명 기구나 높은 휘도의 창 등의 글레어 원에 의해 생기는 글레어, 광원 등의 상이 정반사성의 큰 면(상기에서는 광택면)에서 반사해서 생기는 글레어를 반사 글레어라고 한다(2.6.2 참조).

통상, 평균 휘도가 높은 옥내 조명에서는 글레어가 생기는 경우에도 감능 글레어가 생기기 전에 불쾌 글레어가 강해지므로 우선 불쾌 글레어를 방지하는 것이 중요하다.

(2) 불쾌 글레어 평가의 기본식

미국의 루키시(Luckiesh)와 구스(Guth)[64], 영국의 피터브리지(Petherbridge)와 홉킨슨(Hopkinson)[65] 등에 의해 많은 연구가 실시되었다. 그 결과, 요인으로서 ① 광원 휘도, ② 광원의 겉보기의 크기(입체각), ③ 광원의 위치(시선에 대한 방향), ④ 광원 배경의 휘도를 들었다.

피터브리지와 홉킨슨은 글레어 평가자의 수평 시선에서 10° 상방에 연속 점등의 광원을 제시하고 배경 휘도의 조정법에 의한 실험을 실시, 그림 2.22와 같은 자극 포치(刺戟布置)에 대한 불쾌 글레어의 평가식을 정리하였다.

$$G = \frac{0.45 \sum L_s^{1.6} \omega^{0.8}}{L_b p^{1.6}} \qquad (2.7)$$

$$GI = 10 \log G \qquad (2.8)$$

여기서 G : 글레어 상수, GI : 글레어 인덱스, L_s : 광원 휘도, L_b : 배경 휘도, ω : 광원의 입체각, P : 구스(Guth)가 구한 포지션 인덱스

상수 0.45는 휘도 단위를 [fL]에서 [cd/m²]로 변환 및 1972년의 보정을 포함한 계수이다. 포지션 인덱스를 그림 2.23에 나타낸다.[66]

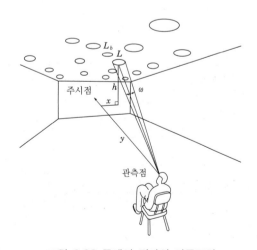

그림 2.22 글레어 평가의 자극포치

이것은 시선에서 떨어진 위치에 있는 광원에 의한 글레어가 수평 시선상에 있는 광원에 의한 글레어와 동일해지는 광원 휘도의 배수를 나타내고 있다. 글레어 계산 프로그램의 편리를 위해 타부치(田淵)와 이노하라(猪野原)는 근사식을 구하였다.[67] *IES Lighting Handbook*에서도 최근(적어도 제9판)[68]에 실험식을 제시하고 있다. 상기 평가식은 영국 IES의 글레어 인덱스법의 기초가 되었다.

(3) 글레어 인덱스의 수치와 글레어 (눈부심)의 주관 평가와의 대응

마쓰다(松田) 등은 글레어 인덱스법으로 계산되는 수치와 일본어의 주관 평가 용어와의 대응에 대해서 연구하였다. 결과를 표 2.10에 들었다.[70]

(4) UGR와 그 권장치

그 후 광원 입체각의 멱지수에 관해서 광원 입체각의 선형가법성의 견지에서 검토되어 CIE에서는 식(2.8)을 수정하여 다음의 UGR (Unified Glare Rating)를 제시하고 있다.

$$UGR = 8 \log_{10} \frac{0.25}{L_b} \sum \frac{L_s^2 \omega}{P^2} \quad (2.9)$$

ISO에서는 오피스 조명에서의 *UGR*의 권장치를 19 이하로 하고 있다.

(5) 조명 기구의 휘도 규제값

각 조명 설비에 있어서 설계 후에 *UGR*를 구하는 것은 컴퓨터를 사용하면 큰 문제는 아니지만 정형적인 조명 기구를 채용하여 정형적인 배치를 하는 일이 많은 통상적인 방의 전반 조명에 관해서는 사후 체크가 아니고 사전에 기구를 선택하는 것이 바람직하다. 옥내 조명 기준에서는 동 기준의 표 7.2~7.4(본편 6장의 표 6.2~표 6.4 참조)에 나타내는 방지 기준이 표시되고 있다.[73]

2.8 광원의 발광 특성

2.8.1 분광 분포(색채적 성능)

(1) 광색

광원의 색온도에 수반되는 인상을 옥내 조명 기준에서는 상관 색온도에 따라 동 기준의 표 7.7(본편 6장의 표 6.7 참조)의 광색 분류가 제시되고 있다.[63]

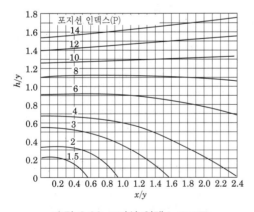

그림 2.23 포지션 인덱스 [IES[66]]

표 2.10 글레어 인덱스와 글레어의 정도

	}너무 과하다.
28····A·······	너무 과하다고 느끼기 시작한다.
	}불쾌하다.
22····B·······	불쾌하다고 느끼기 시작한다.
	}신경이 쓰인다.
16····C·······	신경이 쓰이기 시작한다.
	}느낀다.
10····D·······	느끼기 시작한다.
	}느끼지 않는다.

[松田, 외, 1969[70]]

(2) 연색성

연색성의 상세한 개념 또는 색채가 미치는 심리 효과에 관해서는 1편 4.1 또는 본편 3장을 참조하기 바란다.

용도에 따라 효율을 고려하면서 가능한 한 연색성이 좋은 광원을 선택하는 것이 좋다. 옥내 조명 기준은 동 기준의 표 7.8(본편 6장의 표 6.8 참조)에 광원의 평균 연색성 평가수의 구분과 사용예가 표시되어 있다.[74]

2.8.2 발광 파형

시야 내의 일부 또는 전체, 예를 들면 방 전체 또는 광원 단독 휘도의 시간적 변동의 반복을 깜박거림이라고 하며, 불쾌감을 느끼거나 한다.

통상적인 전원 50 Hz 또는 60 Hz 주파수로 점등되어 있는 형광 램프에 있어서는 양광주(陽光柱)의 점멸 주기가 100 또는 120Hz로서 어른거림을 거의 느끼지 않고 또 최근의 인버터식 고주파 점등에서는 깜박임을 거의 느끼지 않는다. 종래형의 점등 회로로 점등하는 경우의 형광등 기구의 관단부 또는 HID 램프에서는 점등 조건에 따라서는 그림 2.24와 같이 교류 전원의 1 사이클에 있어서의 반 사이클마다의 광파형의 시간 평균 휘도가 상위한 경우가 있는데 이 경우에는 전원과 동일한 주파수로 상이한 휘도의 주기가 반복되기 때문에 전원 주파수가 50 Hz인 경우에는 깜박임이 느껴지는 일이 있다.

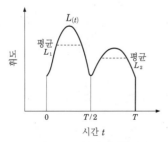

그림 2.24 플리커 휘도비
[田淵, 외, 1985[75]]

타부치(田淵) 등은 깜박임의 불쾌감은 반 사이클마다의 휘도비(이것을 '플리커 휘도비'라고 한다)와 상관이 깊다는 것을 명확히 하였다.[75]

2.9 공간의 분위기 ●●●

2.9.1 공간에 희망되는 분위기

공간의 여러 요인은 공간에 여러 가지 분위기를 만들어낸다(2.7.2 참조). 공간에 희망되는 분위기 또는 실제의 조명 환경의 분위기는 SD (Semantic Differencials)법에 의해 명확히 할 수가 있다. 주택의 대표적인 생활 신, 휴식, 단란, 식사, 파티에 있어서 희망되는 분위기를 그림 2.25[3]에 든다. SD법에서 채용하는 형용사군은 신중하게 선택할 필요가 있는데, 일례를 표 2.11에 든다.[76] 또 이 척도를 사용해서 명확

표 2.11 공간 분위기의 SD법 평가에 의한 척도

	대단히	상당히	약간	아어니느다편도	약간	상당히	대단히	
활기 있는								활기가 없는
밝은								어두운
복잡한								심플한
화려한								검소한
웜								쿨
광택이 있는								광택이 없는
환상적인								비환상적인
섹시한								섹시하지 않는
고급의								저급의
즐거운								즐겁지 않은
모던한								모던하지 않은
도회적인								도회적이 아닌
어른스러운								어린이같은
일상적인								비일상적인
평정한								자극적인

[田淵, 외, 1986[76]]

하게 된 백화점 매장의 희망 분위기와 이때 추출된 주인자의 사례를 그림 2.26 및 표 2.12에 든다.[76]

2.9.2 조명 요인이 가져오는 분위기

조도, 조도 분포, 조도의 공간 분포, 조명광의 공간 분포, 광원 휘도나 광색 등의 여러 요인은 공간에 여러 가지 분위기를 가져온다. 조명 조건의 변화에 수반되는 공간의 분위기 변화의 예를 그림 2.27에 든다.[3] 이 결과는 아래와 같은 것을 나타낸다.

① 일반적으로 조도를 향상시킨다.

ⓐ 활동적인 분위기가 된다.

ⓑ 일상성이 증가한다.

② 책상면 조도가 동일하면 직접 조명을 간접 조명으로 하면 비일상적인 분위기가 된다.

이들 분위기는 단독 조명 요인에 의한 경우도 있고 복합 요인에 의한 경우도 있다.

공간에 희망되는 분위기를 실현시키는 것은 물론 인테리어의 효과도 크지만 조명 요인도 큰 영향을 미친다. 각 평가 척도를 실현시키기 위한 조명 요인에 관해서는 모두가 명확히 되고

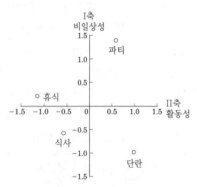

그림 2.25 리빙 룸의 희망하는 분위기
[田淵, 외, 1985[3]]

표 2.12 점포공간의 분위기

평가사항		점포공간의 희망 분위기	점포공간의 맞는 분위기
평가대상		백화점 매장으로 상상	백화점의 매장
평가척도수(대)		15	15
평가단계		7	7
추출 인자	I	활동성 ┌ 따뜻함 ├ 밝기 └ 복잡성	활동성 ┌ 밝기 ├ 따뜻함 └ 근대성
	II	근대성	세련성
	III	세련성	비일상성
	IV	비일상성	—

[田淵, 외, 1986[76]]

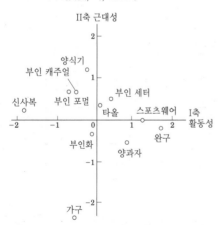

그림 2.26 백화점 매장에 희망하는 분위기의 인자득점
[田淵, 외, 1986[16]]

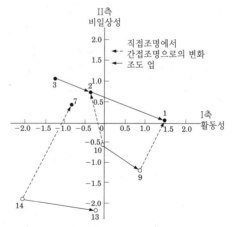

그림 2.27 리빙 조명에서의 조명조건의 변화가 분위기에 미치는 영향
[田淵, 외, 1985[3]]

있지는 않지만 대략의 경향을 들면 아래와 같다.

(1) 밝은 느낌
주관적인 인상을 들기로 한다. 전술한 것들을 정리해서 밝기의 느낌에 영향을 주는 요인을 들면 아래와 같다.
① 수평면 조도(2.1.1 참조)
② 수평면 조도와 연직면 조도의 기하 평균값 (2.1.1 참조)
③ 안쪽의 벽면 조도(2.2.3 [1] 참조)
④ 조명광의 지향성 강도(2.5.4 참조)
⑤ 광원의 색온도와 연색성(본편 3장 참조)

(2) 따뜻한 느낌, 찬 느낌
광원의 색온도가 영향을 준다. 저색온도의 광원은 따듯한 느낌을 주어 온화한 분위기를 준다. 고색온도의 광원은 시원한 느낌을 주어 청결한 분위기를 낸다.[15]

(3) 활기 및 자극적인 느낌
조도와 조명광의 지향성 강도 양 쪽이 영향을 주고 있다고 생각된다. 조도가 높은 경우는 활기를 주고, 조명광의 지향성이 강한 경우는 강약이 있는 느낌이 얻어지고, 확산성이 강한 경우는 변화가 없고 약간 졸린 느낌을 준다.

(4) 비일상성
자연계에서 그리 경험하지 않는 조명 상태 또는 광원의 상태에 의해 얻어지는 경우가 많다. 간접 조명이나 비교적 발광 면적이 작은 광원을 많이 사용한 샹들리에나 렌즈 스폿에 의해서도 얻어진다.

2.10 주광과의 조화 ●●●

2.10.1 일반적인 유의 사항
통상적인 옥내 조명과 옥외의 맑은 날씨의 조도의 차는 대단히 크다. 따라서 창을 경계로 시각적으로 여러 가지 과제가 생긴다.

엔트런스 홀 등 특히 천장이 높은 공간은 창면이 큰 경우나 또는 천창이 설치되어 있는 경우는 방의 특정한 부분에는 대량의 주광이 얻어지고 있지만 주광이 얻어지고 있는 부분과 얻어지지 않고 있는 부분의 차가 대단히 크다. 주시 대상마다 상세히 보면 주위 환경의 조도 또는 이에 수반되는 휘도가 대단히 높은 데도 불구하고 가장 중요한 주시대상의 조도가 불충분하고 명시성을 손상시키고 있는 경우도 있으므로 주의가 필요하다.

2.10.2 오피스 빌딩 내 근무 장소의 유의 사항(PSALI)
오피스 빌딩의 근무 장소는 대부분의 경우 측창이 설치되어 있고 일은 주간인 경우가 많다. 창의 면적은 한쪽 벽면의 약 반이 될 정도로 크며 측창에서 보이는 외경의 조도는 맑은 날씨일 때는 대단히 높다. 흡킨슨(Hopkinson)과 롱모어(Longmore)는 "주간은 창에서 주광이 들어오기 때문에 인공 조명에 플러스하여 실내가 밝아지므로 좋을 것 같이 생각되지만 실제로는 밝은 창 밖을 보고 일어나는 눈의 순응이 높아지기 때문에 같은 실내가 오히려 경우에 따라서는 야간보다 어둡게 보이는 일도 있는 등 야간에는 쾌적하였던 실내가 주간에는 양과 질 공히 균형을 잃어 부적절해지는 경우도 적지 않다. 따라서 주광과 공존해서 융합 협조하는 새로운 사고 방식의 인공 조명 설계가 필요해진다" 고 대단히 역설적인 지적을 하고 "PSALI" (Permanent Supplementary Artificial Lighting in Interiors, '상시 보조 인공조명')으로서 제안하였다.[79] 실제로 동일한 인공조명의 오피스에 출장에서 일몰 후 돌아와 보면 대단히 밝은 공간으로 느껴지는 일도 적지 않은 것을 보아도 이것이 이해될 것이다.

전통적인 사고 방식으로는 조금이라도 많은 주광을 얻기 위해 천장과 창을 높게 하거나 채광을 위해 여러 가지 연구를 하였는데도 불구하고 오히려 창을 크게 하는 것이 도리어 필요한 인공 조명의 양을 증가시킨다고 하는 대단히 중요한 역설적 현상이 생긴다. 제안 당시인 1959년 경의 인공 조명의 상태를 추정할 때 인공 조명의 설계 조도도 그리 높지 않았기 때문에 상기와 같은 현상은 현재보다 한층 더 강하게 느꼈을 것으로 생각된다. 그러나 인공 조도 레벨의 다소의 향상은 별도로 하더라도 창밖 경색의 휘도가 상당히 높아지는 경우나 인공 조명의 설계가 부적절하면 역시 이와 같은 현상은 일어날 수 있으므로 상당히 중요한 지적이다.

2.10.3 문제의 정리와 조명의 필요 조건

상기와 같은 문제는 공간 전체의 총합적인 상황이었기 때문에 타부치(田淵)는 조명 설계시의 구체적인 조명 요인의 권장치를 명확히 하기 위해 문제를 시대상별로 개별적으로 취급하였다.[37),38),80)~82)]

실내에서 근무자가 앉는 방향은 임의로 정해지므로 측창을 통해서 바깥 경치가 맑게 보이는 경우는 조도가 높은 옥외와 상대적으로 낮은 실내가 동시에 보이기 때문에 균형을 깨기 쉽고 시각적으로 여러 가지 과제를 발생한다. 다만 창을 경계로 명료하게 인식되고 창 밖의 경색은 창밖 경색으로, 실내는 실내로서 경시적(經時的)으로 비교되는 경우는 각각 독립해서 인식되고 각각의 시야에 순응하므로 VDT 표시면이나 사람 얼굴이 보이는 방식과 같이 동시에 비교되는 경우가 지장이 많다.

(1) 작업면상의 서류

측창에서 얻어지는 주광은 창가 이외에서는 그리 높지 않지만 주광의 조도에 비해서 인공조명의 조도가 낮으면 손 그림자나 신체의 그림자 등이 생기기 쉽다.

(2) VDT 표시면

VDT 표시면은 연직에 가까운 각도로 사용되는 경우가 많다.

① 작업자가 창을 배경으로 하고 작업을 하는 경우는 디스플레이 표시면에 창면의 반사 글레어가 생기기 쉽다.

② 창면을 배경으로 VDT를 설치하면 VDT 표시면 주변에 밝은 창면이 보이게 되어 작업에 방해가 되는 불쾌 글레어가 생긴다.

따라서 VDT 표시면은 창면에 직각이 되는 방향으로 놓는 것이 좋다. 불가피하게 평행으로 놓는 경우는 창면 휘도를 저하시키도록 투과율이 낮은 그레이 유리를 사용하거나 블라인드를 세밀하게 조정하여야 한다.

(3) 안면

① 밝은 창을 배경으로 한 사람 얼굴의 실루엣 현상 밝은 창을 배경으로 한 사람의 안면을 그림 2.28에 나타낸다. 창면이 밝은 경우는 그림 (b)와 같이 실루엣이 되기 쉽다. 창 가까이 앉은 사람만 실루엣이 되는 것이 아니고 그림 2.29와 같이 방 안쪽에 있는 사람도 그 사람보다 더 안쪽에서 보면 역시 동일하게 실루엣이 되므로 창가만의 특유의 현상은 아니다.

(a) 창면의 휘도가 낮은 경우

(b) 창면 휘도가 높은 경우
(실루엣으로 보인다.)

그림 2.28 창면을 배경으로 한 대담상대의 안면
[田淵, 외, 1982[38]]

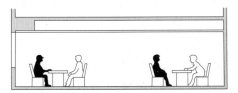

그림 2.29 실내에서 대담하고 있는 인물
(방의 단면도)
[田淵, 외, 1982[38]]

실루엣 현상 방지에 필요한 안면 조도는 본편 2.2.5를 참조 바란다.

② 안면의 모델링 창에서 안쪽으로 들어가는 주광의 연직면 조도는 주광이 입사하는 창면에 평행이므로 안쪽까지 높다. 한편, 인공 조명은 통상적으로는 천장에 설치되므로 조명광 방향은 상방에서 하방이며 얻어지는 연직면 조도는 그리 높지 않고 안쪽 벽에서 창 방향으로의 조도는 낮기 때문에 사람 얼굴의 모델링을 손상하기 쉽다.

사람 얼굴에 바람직한 모델링을 얻기 위해서 필요한 연직면 조도의 비(r)에 관해서는 문

표 2.13 사람 얼굴에 바람직한 모델링을 얻기 위한 연직면 조도의 비(r)

단계	모델링	r
I.바람직하다.	바람직하다.	2~6
II.하한	약간 칙칙하다.	10

[주] 수치는 문(Moon)과 스펜서(Spencer)를 참조했다.
[田淵, 외, 1982[38]]

(Moon)과 스펜서(Spencer)의 모델링에 관한 권장값[44](본편 2.5.1 [2] 참조)는 제일 근사를 주는 것이다. 이것에서 구한 값을 표 2.13에 든다.[38] 또한 사무실의 주광과 인공광의 조화에 관한 상세한 것에 대해서는 관련 문헌[38]을 참조 바란다.

2.10.4 설계에 채용하는 천공 휘도

고층 빌딩과 같은 시계가 열린 오피스는 창면에서 보이는 외경의 대부분을 차지하는 것은 천공(天空)으로 생각된다. 종래의 채광 설계에서는 주광을 조금이라도 많이 확보한다는 견지에서 대부분을 차지하는 시간에 있어서의 천공 휘도의 최저치를 아는 것이 중요했다. 한편 전술한 바와 같이 고휘도 배경에서의 안면의 바람직한 조도는 배경 휘도에 거의 비례한다. 천공 휘도는 대단히 높아지므로 최대값이 어느 정도에 달하는가가 중요하며 주간의 대부분의 시간은 어느 값을 넘지 않는다고 하는 실용값이 필요하다. 통상적인 노동 시간을 9~17시의 8 시간이라고 상정해서 천공 휘도의 누적 출현율을 구한 결과를 그림 2.30에 나타낸다[83]. 또한 누적 출현율 90 %에 대응하는 천공 휘도치를 표 2.14에 나타낸다.[83] 설계 참고치로서 각각 동서남북 각 방향의 천공 휘도의 연간 누적 출현율 90 % 값은 10,200, 15,800, 11,300, 7,400 cd/m² 이다.

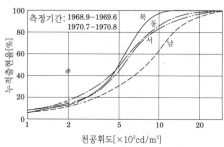

그림 2.30 천공휘도의 연간 누적출현율
[田淵, 외, 1971[83]]

2.11 사인(sign)의 시각적 요건

2.11.1 사인의 필요성

건축 공간이 거대화 또는 복잡화되고 있는데, 공간으로의 내방자 또는 그 공간의 상시 근무자에게 있어서도 부서간의 소기의 공간으로의 이동을 알기 쉽고 망설이지 않고 갈 수 있도록 통일적인 계획하에 명확하게 유도하는 사인 계획이 필요하다. 비상시에 잘못되지 않는 유도가 상당히 중요하다는 것은 재언할 필요도 없다.

우선은 잘 알아차리도록 눈에 잘 보여야 하고

표시 내용을 이해하기 쉽도록 하여야 한다. 이에는 사인 본체의 구성, 주위 환경과의 관계, 보는 사람의 조건 등에 관해서 여러 가지 요인이 영향을 준다.

2.11.2 사인의 분류

현재 널리 사용되고 있는 사인을 표 2.15에 들었다. 크게 나누어 발광형과 비발광형이 있고, 표시 방식은 고정식과 가변식 두 가지가 있다.

2.11.3 보이기에 미치는 각종 요인[84]

사인의 보이기는 아래 3단계로 나뉜다.

(1) 시인성(視認性) : 주위의 환경 안에서 사인의 존재가 인지되는가의 여부
(2) 유목성(誘目性) : 주위의 환경 안에서 사인의 존재가 두드러지게 잘 보여 발견하기 쉬운가
(3) 판독성(判讀性) : 표시되어 있는 문자나 도형이 올바르게 판독되는가의 여부

이것들에 관계되는 여러 요인을 그림 2.31에 든다.

(1) 시인성(視認性)

기본적으로는 전술한 도형의 시인 조건과 같

표 2.14 누적출현율 90%인 천공휘도값

(단위 : 10^3cd/m^2)

년월	동	남	서	북
1968년 9월	10.8	15.2	11.5	6.7
10	9.0	16.3	8.6	5.8
11	8.6	24.1	6.4	5.2
12	6.6	22.8	5.2	4.2
1969년 1월	7.1	21.5	5.2	5.1
2	8.0	15.6	6.3	5.6
3	9.5	13.5	8.6	6.4
4	12.0	11.7	13.9	6.2
5	10.3	9.8	15.8	7.3
6	9.8	8.9	14.3	6.8
1970년 7월	14.3	13.3	16.1	9.4
8	14.5	14.8	18.6	9.0
년간	10.2	15.8	11.3	7.4

[田淵, 외, 1971[83]]

표 2.15 사인 방식에 의한 분류

통상형	고정정보 사인	에지 라이트 사인 내조식 사인 외조식 사인
	가변정보 사인	LED 방식 사인 플라스마 방식 사인 전광방식 사인 자기반전방식 사인 2색정전소자 사인
대형영상 사인 시스템		소형형광방전관방식 CRT 방식 액정 방식 LED 방식

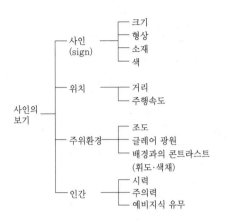

그림 2.31 사인 보기에 영향을 주는 요인

지만 특히 옥외 원거리에 있어서는 중간의 공기층에 의한 감쇠 등에 관해서는 6편 4.2(항공 장해등)를 참조 바란다.

(2) 유목성(誘目性)

① **사인 전체가 잘 보이는 데 필요한 휘도 조건** 사인은 입체각이 큰 편이 두드러지게 잘 보인다. 사인이 잘 보이기 위한 배경 휘도에 대한 사인 휘도의 관계를 입체각을 파

라미터로서 그림 2.32에 든다.

② **색광의 유목성** 일반적으로는 채도가 높을수록 유목성이 높다고 할 수 있다. 색상은 적색광이 가장 높고 이하 청색광, 황색광, 녹색광 순으로 낮아진다고 하고 있다(상세한 것은 3.1 참조).

(3) 판독성

① **치수와 거리** 판독 거리와 문자나 심벌의 크기 관계의 일례를 그림 2.33에 든다. 이 데이터의 한자·국어는 문자 굵기가 문자 높이의 1/6~1/8을 기준으로 하는 고딕체이다. 네온 문자의 경우는 2개의 네온관 간의 변별역(=시거리의 1/2,000)을 산출 근거로 하고 있다.

② **자획수** 표시 문자가 한자인 경우 자획수(字畵數)가 많은 편이 판독성이 나쁘다. 판독성은 판독 거리(D)/문자 높이(H)로 평가하는 경우가 많다. 자획수가 증가하면 한자는 판독하기 어렵고 당연히 D/H는 저하한다. 일반적으로 사인의 판독 한계인 D/H는

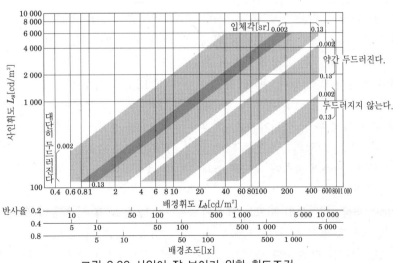

그림 2.32 사인이 잘 보이기 위한 휘도조건

[田淵, 외, 1987[85]]

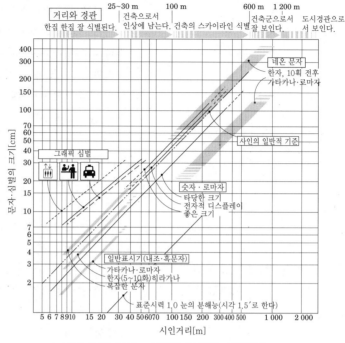

그림 2.33 문자·심볼의 크기와 시인거리

[점포설계가협회 : 「상업건축 기획설계자료집성(2) 설계기초편 p41(1984[87])]

종래 경험적으로 300 전후라고 하고 있는데, '보통으로 판독 가능'을 위해서는 자획수가 적은 경우는 250 전후, 자획수가 많은 경우는 200 전후가 권장된다.

③ 문자가 잘 보이기 위한 휘도 조건 사인의 표시 문자가 두드러지게 잘 보이기 위해서는 명조 문자의 경우는 배경에 대해서 휘도를 많이 높일 필요가 있다. 배경 휘도에 대해서 필요한 문자 휘도 및 콘트라스트(대비)(문자 휘도/배경 휘도)의 관계 예를 그림 2.34에 나타낸다. 그림의 '약간 두드러진다'의 직선보다 상측의 조건이 되도록 설계하는 것이 좋다.

④ 도트(dot) 형상 이산적인 도트로 표시되는 문자의 경우도 많은데, 원형 도트와 정방형 도트를 비교한 경우 도트 면적이 넓은 정방형이 판독성이 높다.[84]

2.12 기타 요인

2.12.1 기능성

반사율이 높은 상품의 휘도 확장 등이 이 사례에 속할 것이다(2.3.2 [1] (b) 참조).

2.12.2 장식성

장식성은 대부분이 기구의 의장성에 관계되며, 상업 시설(5편 4장 참조)이나 도시 경관 조명(6편 2.1 참조), 경관 조명(6편 2.2 참조) 등은 중요하다.

2.12.3 조명 시스템의 요인

조명 시스템에 있어서의 기능 쾌조는 적지만 적어도 사용의 편리성은 필요할 것이다. 여러 회로로 분기된 조명 스위치의 부하를 알기 어려

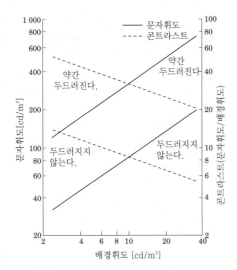

그림 2.34 사인 표시문자가 잘 보이기 위한 문자휘도 및 대비[田淵, 외, 1992[84]]

운 경우가 많지만 일목요연한 표시를 하면 기능 쾌조를 느낄 수 있을 것이다.

그 밖에 조명의 본질 기능 이외의 사용의 수월성, 안정성, 장식성, 경제성, 자원 절감·회수성 등은 조명 환경보다는 조명 시스템의 성능에 관한 사항이다. 조명 시스템의 편리성에 관해서는(8편 참조) 각각 기본적인 사고방식(1장), 에너지 절약(4장), 보수 관리(6장), 경제성(7장), 조명 기기의 환경 문제(8장)를 참조 바란다.

[田淵義彦]

참고문헌

1) Hopkinson, R. G. : Adaptation and Scales of Brightness, Proc. of CIE Bruxells, P-59, 19 (1959)
2) Bodmann, H. M., Haubner, P. and Marsden, A. M. : A unified relationship between brightness and luminance, Proc. of CIE Pris, P-99 (1980)
3) 田淵, 中村, 長谷川 : 雰囲気分析に基づくリビング空間の照明技法の開発, 照学誌, 69-10, pp. 563-569 (1985)
4) Bean, A. R. : Impression of brightness of objects and interiors, Light Res. Technol., 9-2, pp. 103-106 (1977)
5) Blackwell, O. M. and Blackwell, H. R. : Visual performance data for 156 normal observers of various ages, J. Ill. Engng. Soc., 1-1, pp. 3-13 (1972)

6) CIE : A Unified Framework of Method for Evaluating Visual Performance Aspect of Lighting, CIE Publication, 19 (1972)
7) 池田, 野田, 山口 : 均一な背景の下における順応輝度とランドルト環視力, 照学誌, 64-10, pp. 591-597 (1980)
8) 池田, 野田, 山口 : ランドルト環指標の輝度対比および順応輝度と視力の関係, 照学誌, 67-10, pp. 527-533 (1983)
9) Ikeda, K., et al. : The relation between the just readable threshold of Chinese characters of various styles and adaptation luminance, J. Light & Vis. Env., 8-1, pp. 40-47 (1984)
10) 秋月有紀, 井上容子 : 個人の最大視力に対する視力比の概念の導入—個人の視力に配慮した視認能力評価における背景輝度と視距離の影響の取り扱いについて, 照学誌, 86-11, pp. 819-829 (2002)
11) JIS Z 9110 : 1979 照度基準
12) 印東太郎, 河合 悟 : 適正照度に関する心理学的実験, 照学誌, 57-9, pp. 580-583 (1965)
13) Inoue, Y. and Akitsuki, Y. : The Optimal Illuminance for and Brightness, J. Light & Vis Env., 22-1, pp. 23-33 (1998)
14) 野口, 足立, 松島, 田淵 : 壁面照度に対する好ましい机上面照度, 照学全大, 118 (1997)
15) 照明学会編 : 屋内照明基準, JIES-008, p. 10 (1999)
16) 照明学会編 : 高齢者の視覚特性を考慮した照明視環境の基礎検討, JIER-061 (1999)
17) 照明学会—新時代の照明環境研究調査委員会 : 新時代に適合する照明環境の要件に関する調査研究報告書, pp. 31-37 (1985)
18) 照明学会 : オフィス照明基準, JIEC-001 (1992)
19) 岩田, 岡嶋, 氏家 : 照度レベルに依存するコントラスト感度の加齢変化, 照学誌, 85-5, pp. 352-359 (2001)
20) 岩田, 岡嶋, 氏家 : 実空間における高齢者と若年者の適正照度の検討, 照学全大, 120 (2002)
21) 松島公嗣, 田淵義彦 : タスク・アンビエント照明の基本的な考え方, 松下電工技報, No. 47, pp. 52-56 (1994)
22) CIE : Lighting of Indoor Work Places, CIE S 008/E-2001, p. 4 (2001)
23) 照明学会編 : 屋内照明基準, JIES-008, p. 5 (1999)
24) 松島公嗣, 田淵義彦 : 机上面の書類の視作業における照度均斉度の評価実験, 電気関係学関西支連大, G 13-9 (1986)
25) 照明学会編 : 屋内照明基準, JIES-008, p. 3 (1999)
26) 松田宗太郎 : 住宅の照明, 照学誌, 54-11, pp. 637-642 (1970)
27) 田淵, 向阪, 別府 : 事務所照明における視作業対象と環境の好ましい照度バランスに関する研究, 電気関係学関西支連大, G 13-13 (1982)
28) 田淵, 中村, 松島, 別府 : 事務所で局部照明を併用する場合の好ましい照度バランスに関する研究, 照学誌, 75-6, pp. 275-281 (1991)
29) Tabuchi, Y., Matsushima, K. and Nakamura, H. : Preferred Illuminances on Surrounding Surfaces in Relation to Task Illuminance in Office Room Using Task-ambient Lighting, J. Light & Vis. Env., 19-1, pp. 28-39 (1995)
30) 池田栄一編 : 照度基準と照明設計のポイント, p. 100, 日本規格協会 (1982)
31) 松田宗太郎, 他 : 最高裁判所・新庁舎の照明模型実験および照明設計への展開例について, 照学誌, 59-3, pp. 129-138 (1975)

32) 岩井　彌, 他：住宅照明の明るさ感—ダウンライトを設置した場合一, 照学誌, 83-2, pp. 81-86 (1999)

33) 松下電工編：LIGHTING KNOWHOW, 店舗照明設備ノウハウ集, p. 48 (1988)

34) 田淵義彦, 他：事務所照明における照度と輝度の好ましいバランスに関する研究 (その1)—机上面に対して必要な壁面照度, 照学誌, 73-5, pp. 288-294 (1989)

35) 田淵義彦：事務所照明の快適性に関する研究, 東京大学学位論文, p. 42 (1995)

36) 田淵義彦, 松島公嗣：在室者に必要な顔面照度に及ぼす壁面照度と机上面照度の影響, 照学誌, 77-6, pp. 355-363

37) 松田宗太郎, 田淵義彦：明るい窓を背景にした顔の見え方の実験, 照学全大, 69 (1968)

38) 田淵義彦：側窓採光の事務所照明における昼光と人工光の協調の要件, 照学誌, 66-10, pp. 483-489 (1982)

39) 田淵義彦：事務所照明の快適性に関する研究, 東京大学学位論文, p. 76 (1995)

40) 田淵義彦：顔面の所要輝度に対するビジビリティレベルの適用性の検討, 照学誌, 82-5, pp. 345-351 (1998)

41) Fischer, D.：Beleuchtungsstärken, Leuchtdichten und Farben in Arbeitsräumen, Lichttechnik, 24-8, pp. 411-416 (1972)

42) Fischer, D.：A Luminance Concept for Working Interiors, J. Illum. Engng. Soc., 2-2, pp. 92-98 (1973)

43) 田淵義彦：事務所照明の快適性に関する研究, 東京大学学位論文, p. 80 (1995)

44) Moon, P. and Spencer, D. E.：The Specification of Foveal Adaptation, J. Opt. Soc. Am., 33, pp. 444-456 (1943)

45) 田淵義彦：好ましい視対象輝度における輝度圧縮, 照学誌, 79-5, pp. 253-255 (1995)

46) 田淵義彦：事務所照明の快適性に関する研究, 東京大学学位論文, p. 39 (1995)

47) 松下電工編：LIGHTING KNOWHOW, 店舗照明設備ノウハウ集, p. 45 (1988)

48) 田淵義彦, 向阪信一：量販店における売り場ごとの設定照度の検討, 照学全大, 127 (1982)

49) Fischer, D.：Bevorzugte Leuchtdichten von Wänden und Decken, Lichttechnik, 28-3, pp. 92-94 (1976)

50) Moon, P. and Spencer, D.：Modeling with light, Jour. Franklin Institute, 251, pp. 453-466 (1951)

51) 松下電工編：LIGHTING KNOWHOW, 店舗照明設備ノウハウ集, p. 51 (1988)

52) 松下電工編：LIGHTING KNOWHOW, 店舗照明設備ノウハウ集, p. 52 (1988)

53) 田淵, 浅見, 松島：照明条件が食物の材質感に及ぼす影響の主観評価, 照学全大, 70 (1987)

54) 田淵義彦, 松島公嗣：照明条件が食物の材質感に及ぼす影響の主観評価 (その2), 照学全大, 116 (1991)

55) Crouch, C. L. and Kaufman, J. E.：Practical Application of Polarization and Light Control for Reduction of Reflected Glare, Illum. Engng., 58, pp. 277-283 (1963)

56) 田淵, 中村, 松島：CRTディスプレイに映る反射像防止に必要な輝度条件 (その2), 電気関係学関西支連大, G 13-5 (1984)

57) 田淵, 中村, 松島, 松宮：VDT作業の照明所要条件, 照学全大, 114 (1985)

58) 田淵, 中村, 松島：CRTディスプレイの表示文字と外部反射映像の見え方の主観評価, 照学誌, 71-2, pp. 131-137 (1987)

59) 田淵義彦：CRTディスプレイの表示面の表示文字の好ましい輝度比のビジビリティレベル, 照学誌, 81-8 A, pp. 700-702 (1997)

60) 田淵義彦, 他：CRTディスプレイに映る照明器具の反射像規制の要件, 電気関係学関西支連大, G 13-12 (1982)

61) 田淵義彦, 松島公嗣：CRTに映り込みを防ぐ照明器具の具備条件, 照学光源システム公開研究会, LS-82-36 (1983)

62) CIE Publication No. 60：Vision and Visual Display Unit Work Station (1984)

63) 照明学会編：屋内照明基準, JIES-008, p. 7 (1999)

64) Luckiesh, M. and Guth, S. K.：Brightness in Visual Field at Bordenine Between Comfort and Discomft (BCD), Illum. Engng., 44-11, pp. 950-670 (1949)

65) Petherbridge, P. and Hopkinson, R. G.：Discomfort Glare and the Lighting of Buildings, Trans. Illum. Engng. Soc., 15, pp. 31-62 (1950)

66) IES：Lighting Handbook (3 rd ed.), p. 2-32

67) 田淵義彦, 猪野廉誠：ポジションインデックスの近似関数表示, 照学誌, 55-2, pp. 91-93 (1971)

68) IES：Lighting Handbook (9 th ed.), 9-26 (2000)

69) IES：Evaluation of Discomfort Glare, the IES Glare Index System for Artificial Lighting Installation, Technical Report, No. 10, IES London (1967)

70) 松田, 洞口, 吉川：グレアの感覚的評価に関する実験と考察, 照学誌, 53-1, pp. 51-58 (1969)

71) CIE Publication No. 117：Discomfort Glare in Interior Lighting (1995)

72) ISO 8995:2002：Lighting of indoor work places, p. 14 (2002) (CIE S 008/E・2001)

73) 照明学会編：屋内照明基準, JIES-008, p. 6 (1999)

74) 照明学会編：屋内照明基準, JIES-008, p. 8 (1999)

75) 田淵, 中村, 木本, 松尾：異形波交代光波形光源のちらつきの主観評価とその評価指数, 照学誌, 69-6, pp. 276-273 (1985)

76) 田淵, 中村, 松島：SD法を用いた店舗空間の希望雰囲気の分析, 照学誌, 70-6, pp. 273-278 (1986)

77) Hopkinson, R. G. and Longmore, J.：The permanent supplementary artificial lighting of interiors, Trans. Illum. Engng. Soc., 24, pp. 121-127 (1959)

78) Hopkinson, R. G., et al.：Integrated daylight and artificial lighting in interiors, Proc. CIE, P 63-12 (1963)

79) IES (London)：Lighting during daylight hours, IES Technical Report, No. 4 (1962)

80) 田淵, 松田：側窓採光における鉛直面照度とその問題点, 電気4学連大, 787 (1968)

81) 田淵義彦：高層ビルにおける光の方向性と照度計画の考察, 電気関係学関西支連大, S 10-2 (1980)

82) 田淵義彦：昼光照明と人工照明の協調の要件, 電気関係学関西支連大, S 8-6 (1980)

83) 田淵義彦：天空輝度の連続測定記録, 照学誌, 55-6, pp. 335-338 (1971)

84) 田淵, 中村：サインの視覚的所要条件, 照学誌, 76-1, pp. 8-12 (1992)

85) 田淵義彦, 他：中心視の光源の目立ちの主観評価, 照学全大, 79 (1987)

86) 色彩学会編：色彩科学ハンドブック, p. 882, 東京大学出版会 (1998)

87) 店舗設計家協会：商業建築企画設計資料集成 (2) 設計基礎編, p. 41, 商店建築社 (1984)

제3장

색채 계획

3.1 색채의 심리 효과

색은 단독이 아니다. 무엇인가에 부수해서 색의 존재가 인식된다.

3.1.1 여러 가지 색의 보이기 효과

(1) 보색 잔상(권두 그림 ①)

그림 3.1 좌측 중앙의 +표시를 1분간 계속 응시한다. 그리고 재빨리 눈을 우측 중앙의 +표시로 옮긴다. 그러면 백지상에 좌측 4개 색의 각 보색을 볼 수가 있다.

이 시각 현상은 좌측 +표시를 응시함으로써 4종류의 색 자극 위치에 대응하는 망막 부위가 색 순응된다. 시각계는 이 색 순응을 보정한다. 돌연 눈을 백지상으로 옮겼기 때문에 그들 보색이 보인다.

(2) 하만 그리드 효과(권두 그림 ②)

그림 3.2의 흑 사각형의 백색부분이 교차하는 부분에 희미하게 그림자가 보인다. 이것은 백색 교차 부분이 흑 사각형보다 약간 떨어져 있기 때문에 대비가 약하다. 그 때문에 희미하게 검게 보인다. 명도 대비의 일종이다.

(3) 에렌슈타인 효과(권두 그림 ③)

그림 3.3 좌측의 백색 배경의 격자 도형 교차 부분의 공백은 원형으로 보인다. 동일하게 우측 흑 배경상의 격자 도형의 공백도 원형으로 보인다. 이 시각 현상도 교차 부분에 일어나는 대비 현상의 일종이다.

(4) 대비 효과

색의 3속성(색상, 명도, 채도)에 관계해서 생기는 대비 현상이 있다.

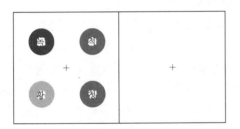

그림 3.1 보색 잔상

그림 3.2 하만 그리드 효과

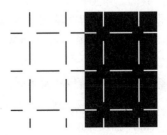

그림 3.3 에렌슈타인 효과

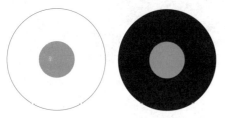

그림 3.4 명암대비

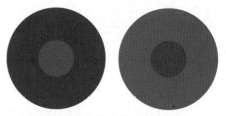

그림 3.6 색상대비(색상차 대)

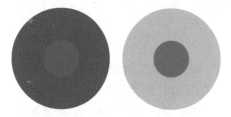

그림 3.5 색상대비(색상차 소)

그림 3.7 채도대비(색상차 대)

① **명암 대비(권두 그림 ④)** 그림 3.4는 백 및 흑 배경 상에 동일 명도의 회색이 놓여 있다. 백 배경의 경우 중심의 회색은 어둡고 흑 배경의 경우는 밝게 보인다.

② **색상 대비(배경과 중심색의 색상차 소)(권두 그림 ⑤)** 그림 3.5의 좌측 배경은 높은 채도의 적, 우측 배경은 높은 채도의 황이다. 중심 색은 동일한 높은 채도의 오렌지색이다. 좌측의 중심색은 황 방향으로 색상이 변화하고 우측의 중심색은 적 방향으로 변화해서 보인다.

좌측의 그림을 주시하면 망막상의 적 위치에 대응하는 보색의 청록이 유발된다. 그리고 중심의 오렌지색과 혼색되어 황색 방향으로 변화한다. 우측 그림의 경우도 상기와 동일한 현상이 일어나 중심의 오렌지색은 청록 방향으로 변화해서 보인다.

③ **색상 대비(배경과 중심색의 색상차 대)(권두 그림 ⑥)** 그림 3.6의 좌측 배경은 높은 채도의 녹, 우측 배경은 높은 채도의 적이

다. 중심색은 동일한 높은 채도의 청이다. 좌측의 중심색은 녹 배경의 보색 잔상의 영향으로 적 방향으로 변화하고 우측 중심색은 적 배경의 영향으로 청 방향으로 변화해서 보인다.

④ **채도 대비(권두 그림 ⑦)** 그림 3.7의 좌측은 높은 채도의 청, 우측 배경은 어두운 회색이다. 중심색은 동일한 청색이지만 좌측의 중심색은 청 배경의 보색인 황색 방향으로 변화해서 보인다. 우측의 무채색 배경 상의 중심색은 좌측 중심색보다 높은 채도의 청으로 보인다.

(5) 동화 현상(同化現象)
동화 현상이란 인접하는 색의 한 쪽이 다른 쪽 색이나 밝기에 근접해서 보이는 시각 현상이다.

① **명도의 동화(권두 그림 ⑧)** 그림 3.8의 세로 가르기 좌측 도형에 있어서 회색 배경 상의 백선(좌상의 그림)과 흑선(좌하 그림)

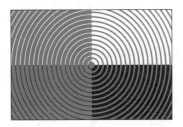

그림 3.8 명도의 동화
[川崎秀昭 씨 제공]

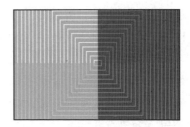

그림 3.9 색상의 동화 · 채도의 동화
[川崎秀昭 씨 제공]

에서는 백선 부분의 회색은 밝게, 한편 흑선 부분의 회색은 어둡게 보인다.

그림의 우측 절반은 백선과 흑선 모두 선폭이 크기 때문에 명도 대비가 일어나고 있다.

② 색상의 동화 · 채도의 동화(권두 그림 ⑨)

그림 3.9의 세로 가르기 좌측 도형에 있어서 배경은 동일한 녹(綠)이다. 좌상의 녹 배경은 황색선과 동일해서 황색 가까운 방향으로 변화해서 보인다. 좌하의 녹 배경은 청색선과 동화해서 청색 가까운 방향으로 변화해서 보인다. 이 현상은 '색상의 동화'라고 불린다. 그림의 우측에서 배경은 동일한 중간 정도의 채도(彩度)의 적(赤)이다.

우상의 선은 높은 채도의 적이다. 배경색의 적의 선이 중첩되어 있는 부분은 원래의 적보다 선명함이 증가해서 보인다. 우하의 선은 회색이다. 배경색의 적은 회색과 동화해서 채도가 저하해서 보인다. 이 현상은 '채도의 동화'라고 불린다.

(6) 색의 유목성(誘目性)

유목성(誘目性)이란 색이 사람의 주의를 이끌어 내는, 눈에 잘 보이게 하는 것이다. 높은 채도색은 유목성이 높으며 교통 표지나 광고에서 볼 수 있다. 그림 3.10은 항공기의 안전을 위한 유목성을 갖게 한 송전탑이다. 그림 3.11은 유목성을 높인 네온 광고의 예이다.

그림 3.10 유목성을 준 송전탑

그림 3.11 유목성을 높인 광고

그림 3.12 진출색 · 후퇴색

(7) 진출색·후퇴색(권두 그림 ⑩)

적이나 황 등과 같은 난색(暖色)은 청이나 녹 등의 한색보다 가깝게 보인다. 그림 3.12의 적색은 녹색보다 약간 앞에 있는 것 같이 보인다.

(8) 팽창색·수축색

그림의 형이나 크기가 동일하더라도 색에 따라 크게 보이거나 작게 보이거나 한다. 이와 같은 '크기 지각'의 현상은 '팽창색'이라든가 '수축색'이라고 불린다. 난색계 쪽이 한색계 보다, 그리고 밝은 색이 어두운 색보다 크게 보인다. 바둑알은 동일한 크기로 보이도록 백석이 흑석보다 약간 작게 만들어지고 있다.

3.1.2 색 보이기의 정량적 연구

1980년대 전반부터 '색의 보이기'에 관한 문제는 색채 관련 공업에서 중요시되어 왔다. 국제조명위원회(CIE)에서도 색의 보이기에 대한 연구에 주력해 오고 있다. CIE가 일본에서 제안된 '색 순응식'의 평가 시험을 각국에 요구하였다.[1] 일본에서는 세계에서 그 유례를 볼 수 없는 대규모적인 색의 보이기에 대한 평가 시험이 실시되었다. 이하의 4종류의 색의 보이기의 평가 시험에는 연인원 210명의 관측자가 참가하였다.

(1) 백열등과 주광등의 색순응 효과[2]

색순응(色順應)이란 어떤 시환경에 있어서의 사람 눈의 감도 조절 기능의 하나이다. 백열등과 주광 간의 색순응 효과는 색재현 공업에서 가장 관심이 크다.

관측은 양안 격벽 등색법(兩眼隔壁等色法)[3]이 사용되었다. 시험 조명은 표준 일류미넌트 A, 규준 조명은 표준 일류미넌트 D65를 모의한 형광 램프이다. 시험과 규준 조명 공히 조도

1,000 lx이다. 시험 샘플은 27개 사용되었다.

(2) 스티브스 효과[2]

스티브스(Stevens) 효과란 조도가 10lx 정도부터 점차 1,000 lx, 3,000 lx로 상승해 가면 백색은 보다 더 하얗게 느껴진다. 한편 흑색은 보다 더 검게 지각된다. 회색은 조도의 상승이 있어도 회색으로 지각된다.

시험 및 규준 조명 공히 표준 일류미넌트 D65를 모의한 형광 램프이다. 시험 조도는 10, 50, 200, 1,000, 3,000 lx이다. 규준 조도는 200 lx 일정이다. 시험 샘플은 N2, N 3.5, N 5, N 6.5, N 8의 5개이다.

(3) 헌트 효과[2]

헌트(Hunt) 효과란 조명이 저조도부터 점차 고조도로 상승해 가면 유채색의 컬러플니스가 상승해서 지각되는 현상이다.

시험 및 규준 조명 공히 표준 일류미넌트 D65를 모의한 형광 램프이다. 시험 조도는 10, 50, 200, 1,000, 3,000 lx이다. 표준 조도는 200 lx 일정이다. 시험 샘플은 5R 5/6, 5Y 5/6, 5G 5/6, 5B 5/6, 5P 5/6이다.

(4) 헤르슨-저드 효과[2]

헤르슨-저드 효과란 높은 순도의 색광 조명 하의 백색은 조명광의 색으로 보인다. 한편, 흑색은 조명광의 보색으로 보인다. 그러나 회색은 어떠한 색광 조명하에서도 회색으로 보인다.

색광 조명은 높은 조도의 적, 황, 녹, 청색이 사용되었다. 조도는 각 색광 공히 200 lx이다. 시험 샘플은 N 2, N 5, N 8의 3개가 사용되었다.

(5) 색순응 예측법의 국제 표준

1986년 CIE는 일본에서 제안한 색순응식의 실시 시험을 각국에 요구하였다. 이를 받아 1989년 일본색채학회 내에 '색순응 예측에 관한 조사연구위원회'가 조직되었다 그 위원회는 국공립 연구소, 대학 및 민간기업 연구소 등 11개 기관의 연구자에 의해 구성되었다. 위원회는 상술한 [1]~[4] 4 종류의 '색의 보이기' 평가 시험을 1989년부터 1991년에 걸쳐 실시하였다. 그 연구 결과[2]는 1991년의 CIE 멜버른 대회에서 발표되었다. 그리고 CIE TC1-32 '대응색의 예측' 위원회가 조직되었다. 1994년 '여러 가지 색 및 조도 순응하의 대응색 예측법'[5]이 출판되었다.

이 색순응식의 특징은 조명광의 색 및 조도의 변화에 의한 순응 효과를 예측한 것이다. 그래서 상술한 4종류의 색의 보이기가 전부 조명광과 조도 변화에 기인하는 현상이라는 것을 처음으로 실증하였다.

3.1.3 색 조화의 연구

나야타니(納谷) 등은 1960년대 중간부터 약 10년간 대규모적인 색채 조화의 실험 연구를 실시하였다.

(1) 2색 배색 조화의 양호성[6]~[10]

시험 샘플은 JIS 표준색표에서 무작위로 204색이 선정되었다. 그것들을 무작위로 102대비 2색 배색이 제작되었다. 이들 2색 배색의 전 조합은 10,302조가 된다. 평가는 세페(Seheffe)[11]의 1대 비교법을 사용하여 5단계 평가법으로 실시되었다. 관측자는 207 명이었다. 각 관측자는 10,302조 중에서 50조의 샘플 대비를 북쪽하늘 주광하에서 관측하였다. 그리고 다음과 같은 결과가 얻어졌다.

① 2색 중 한 쪽에 무채색을 사용하는 경우는 밝은 무채색이 양호 조화가 된다.

② 2색 중 한 쪽에 고채도를 사용하는 경우는 일치 또는 유사한 색이 양호 조화가 된다. 2색이 대비 색상이 될수록 조화는 나빠진다.

③ 2색 배색의 색차에 대해서는 명도차가 지배적이다.

(2) 3색 배색의 인자 분석법에 의한 연구[12]~[15]

2색 배색 이론의 3색 배색 이론에의 확장 가능성 및 3색 배색 감정의 차원 결정 등을 목적으로 연구되었다.

시험 샘플은 JIS 표준색표에서 선정된 300색을 무작위로 조합하여 100개 제작되었다. 형상은 직경 8 cm의 원형이고 각 색은 꼭지각 120°의 부채형을 하고 있다. 평가 척도는 38의 양극 척도가 사용되고 관측자는 남녀 각 60명이었다. 그 결과는 다음과 같다.

① 인자 분석 결과 쾌적성, 돈보이기, 화려함 및 따듯함 등의 인자가 추출되었다.

② 배경 및 성별에 관계없이 쾌적성, 돈보이기, 화려함 인자는 항상 나타난다.

3.1.4 밝기감과 돋보임 감정의 연구

하시모토(橋本) 등은 광원의 연색성과 밝기감 및 돋보임 감정에 대해서 연구하였다.[16]~[19] 그 주요 결과는 다음과 같다.

광원의 연색성에 입각하는 밝기감의 성인(成因)을 명확히 하기 위해 다음과 같은 가설을 세웠다. 가설 1은 '밝기감은 밝기 지각으로 설명된다', 가설 2는 '밝기감은 B/L 효과로 설명된다' 이다. 이들 가설을 입증하기 위한 평가 실험을 실시하였다. 그 결과 가설 1 및 가설 2는 모두 성립되지 않았다. 다시 또 새롭게 '밝기감은 유채색 물체군을 구성하는 배색에서 받는 돋보임 감정이다'라는 가설을 세웠다. 그리고 2색 배색 샘플을 사용하는 평가 실험이 시행되어 이 가설이 입증되었다.

이렇게 해서 광원의 연색성에 입각하는 유채색 물체군의 밝기감의 성인은 유채색 물체군을 구성하는 배색에서 받는 돋보임 감정이라는 것이 해명되었다.　　　　　　　　　　[側垣博明]

3.2 색채 조화

3.2.1 색채 조화의 의미와 색채 조화론

'색채 조화' 또는 '색의 조화'라는 용어는 영어의 컬러 하모니(color harmony)의 번역어로서 배색 평가에 관한 용어이다.

"인접하는 복수의 색자극이 상쾌한 감정적 반응을 만들어 낼 때 그 배색은 색채 조화를 만든다고 한다"[20]라는 미국 색채학 교과서의 기술은 가장 상식적인 색채 조화의 설명이긴 하지만 이것으로는 '색채 조화'의 의미는 보류된 채로 되어 있다. 그래서 3.1에서 소개하고 있는 것 같은 피험자에게 색채 조화를 판정시키는 실험적 연구에서는 실험 결과의 각종 데이터에 입각하는 조작적인 정의가 행하여지는 일이 많다. 대부분의 경우 어떤 배색을 구성하는 개개의 색 상호의 색공간에 있어서의 위치 관계 및 각각의 색 간의 색차의 대조, 즉 색대비의 강약에 입각하는 배색의 형식에 의해 정의된다.

'하나하나의 색을 단독으로 봤을 때 느끼는 아름다움에 비해서 그들 색이 조합된 배색으로서 보면 색의 아름다움이 더 증대한 것 같이 느껴질 때 그 배색은 색채 조화를 나타낸다고 하는 경험적인 해설도 있다. 물론 배색하는 것이 도리어 불쾌한 인상을 만드는 경우도 있는데 그

경우의 배색은 부조화라고 한다.

색채 조화를 이와 같이 해석하면 개개의 색의 좋아함과 싫어함, 유쾌함과 불쾌함, 여러 가지 색의 이미지 등이 배색의 색채 조화 판단에 영향을 주고 있는 것이 아닌가 생각되므로 색의 지각적 대비 효과와의 비교에 있어서 배색에서의 감정적 대조 증대의 원리(principle of affective contrast enhancement)[21]를 색채 조화의 기초로서 주목한 연구도 있다(3.1.3 참조).

이들 실험적 방법에 의한 연구는 어떠한 배색 형식을 피험자가 색채 조화로 판단하는가, 하는 반응의 일반적 경향을 아는 데는 도움이 되지만 색채 조화란 본래 사람에게 있어서 어떠한 의미나 가치를 갖는가를 아는 단서로서는 불충분하다. 색채 조화를 지각의 과학에서의 문제로서 해석하는 것만으로는 아무래도 그 의미의 긴요한 부분이 애매한 채로 남겨진다.

그래서 색채 조화를 여러 문화에서의 미의식이나 가치관의 문제로서 민족 과학이나 예술학 등의 관점에서의 검토도 옛날부터 시도되어 왔다.

뉴턴의 '광학'(1707)이 발표되어 사람이 색을 감지하는 원인이 명확해진 18세기 이후 근대 색채 과학의 발전과 더불어 구미 지식인들 사이에 색채 조화의 의미(원리)를 탐구코자 하는 노력이 계속되었다. 그리고 색채 조화에 관한 여러 가지 견해가 발표되게 되었다. 이들 문헌을 총칭해서 '색채 조화론(theories of color harmony)'이라고 하는 그것들의 내용에서 구미의 전통 문화에 있어서의 색채 조화에 대한 사고 방식의 기본적 경향을 추측할 수가 있다. 색채 조화론에는 현대의 실험 과학적 연구도 포함되지만 색채 조화의 근본적인 원리 탐색을 의도한 것은 비교적 옛날 시대의 예술학적 분야의 색채 조화론에 많다.

구미 언어의 하모니라고 하는 말은 라틴어의 하르모니아(harmonia)에 유래한다고 하고 있는데, 그것은 또한 그리스 로마 신화의 조화와 화해의 여신 이름이기도 하였다. 즉, 고대 그리스의 프라톤이나 아리스토텔레스의 시대부터 서구 세계에는 이미 조화라고 하는 관념이 존재하고 색채 조화가 지적 관심의 대상이 되고 있었던 것이 된다.

문(Moon)과 스펜서(Spenser)(3.1.1 참조)도 프라톤의 말 "양과 균형은 항상 미와 탁월에 통한다"를 인용하여 3세기부터 6세기경에 걸친 신 프라톤학파에 의한 "미는 다양성에 있어서의 통일의 표현에 있다"는 원리를 1876년의 페히너(G. T.Fechner)의 원리에 입각해서 '복잡성에서의 질서'라고 해석하고 버크호프(G. D.Birkhoff)의 미적 계량화의 방정식 $M = O/C$에 입각해서 "색채 조화는 배색의 복잡성의 요소와 질서 요소의 적절한 비에 의한다"고 정의하고 있다.

아시아에서는 비교적 일직부터 구미 문화에 친근감을 갖게 됐는데 근대 일본에서도 구미의 색채 조화론에 관심을 갖게 되었고 특히 2차 세계대전 이후 그것들에 대한 문제 의식이 생겼으며 그로부터 일본 독자적인 연구가 시작되었다((3.1.2 이하 참조).

하모니의 가장 적절한 번역어로서 선택된 '조화'라는 말은 사실은 중국에서는 「여람(呂覽)」, 「준남자(準南子)」, 「장자(莊子)」, 「순자(荀子)」 등을 출전으로 하는 B.C. 4~3세기경부터 사용되어 온 유서 깊은 말이지만 중국의 고문서류에서 색채 조화를 기술한 문헌은 알려지고 있지 않다.[23] 색채 조화론의 기본 문헌으로서는 결국 18세기 이후의 구미의 여러 문헌과 현대 일본의 대표적 논문을 들 수밖에 없다.

3.2.2 예술학에 있어서의 색채 조화론

색채 조화는 시각의 과학 연구자에 의한 실증적 연구에 한정되지 않고 모든 분야의 전문가에게도 지적·예술적 관심사였다.

특히 문학·미학·미술사·회화·공예·미술 교육·건축·디자인 등의 예술학 관계자에게 있어서는 색채 조화는 미의 창조에 관한 절실한 실천적 과제이기도 하였다.

이들 관계자들에게 있어서는 일반인들이 어떠한 배색을 좋아하는가 하는 것보다 색채 조화를 성립시키는 원리나 의미의 탐구 쪽이 중요한 문제라고 생각되었다. 구미의 고전적인 색채 조화론에는 조화하는 색채에는 그것들의 색끼리 간에 어떠한 법칙이 존재하고 그것에는 어떠한 원리가 있는가 하는 기본적인 의미를 고찰한 것이 많다.

케임브리지 대학 미술사 부분의 주임이고, 색채와 터너(J. M. W. Turner) 연구의 권위자로 알려진 존 게이지(J. Gage)는 전통적인 색채 조화론은 크게 3개 그룹으로 나뉘어진다고 하고 있다. 그리고 아래와 같은 색채 조화의 기본 원리에 관한 세 가지 고전적 가설을 들고 있다.

(1) 백색광의 스펙트럼을 음악의 음계와 관련 지워 음악의 협화음으로부터의 유추를 시도한 색채 조화론은 뉴턴의 '광학' 중에 기술되어 있는 문제 제기로 시작되므로 게이지는 이 원리의 신봉자 뉴턴파(Newtonian)라고 부른다. 상이한 음계의 각각의 주파수의 비가 단순한 정수비가 될 때 그 화음은 협화음으로 느껴진다. 이것은 B.C. 5~4세기의 피타고라스 학파 이래 실험적으로 확인되고 있는 사실이므로 아리스토텔레스 이래 현재까지 예술 관계자 중에는 색채 조화와 음악 간의 유연성을 믿는 이 원리의 신봉자는 적지 않다. 시네스테지아(Synaesthesia)로

서 알려져 있는 심리학의 분파나 보다 완만한 연결을 통해서 음악의 하모니에서 유추하는 조화학설을 유지하는 미술사가, 1890년대부터 1930년경에 걸쳐 독일이나 러시아의 화가들 또는 마티스, 칸딘스키, 클레 등의 색채 지향과 음악 기술의 연결 등이 예로 제시되고 있다.

(2) 또 하나의 유명한 고전적 가설은 "어떠한 색채 조화에 있어서도 모든 원색의 존재, 즉 색의 전체성이 느껴지지 않으면 안 되며 자주 그것은 보색 배색에 의해 대표된다"고 하는 가설이다. 게이지는 이 원리의 대표적인 것으로서 괴테의 이론(Goethe's theory, 1810년)을 든다. 혼색 결과가 무채색이 되는 보색끼리의 배색을 색채 조화의 원리의 하나로 보는 것은 구미의 많은 색채 조화론에서 공통적으로 볼 수 있는 특색이다. 이것은 시각적 균형의 원리라고도 불린다.

(3) 특정한 색을 결정짓는 색깔의 양, 백색량, 흑색량 등의 혼색 성분의 공통 요소에서 색채 조화가 탄생한다고 하는 색의 질서 있는 선택 플랜을 중시하는 사고 방식이 있다. 그 질서는 오스트발트 색입체(Ostwald's colour-solid)에 전형적으로 실현되고 있다. 이 원리는 후에 질서의 원리라고 불리게 되는 원리이다. 실은 오스트발트색 입체의 구성 원리에도 음악으로부터의 영향을 볼 수 있다.

　　게이지는 새로운 실험 심리학적인 색채 조화의 연구에도 손을 대고 있지만 그것들의 성과에 대해서는 그리 긍정적인 평가를 내리고 있지 않다.[24)]

　　근대 미술과의 관계에 있어서 게이지가 취급하지 않은 중요한 색채 조화론이 또 하나 있다.

(4) 프랑스의 화학자 슈브뢸(M.E.Chevreul)에 의한 색의 동시 대비의 실험적 연구로서 그의 인접 색끼리 사이에 생기는 동시 대비의 실험 연장선 상에 색채 조화의 법칙에 관한 관찰이 있었다. 색 대비의 강약 정도에 따라 슈브뢸은 색채 조화의 형식을 6개의 전형적인 유형으로 분류하고 있는데, 현재도 배색 평가를 위해 자주 사용되는 '유사의 조화', '대조의 조화' 등의 용어는 사실은 슈브뢸의 색채 조화론에 있어서의 분류에 유래한다.[25)] 들라크루아나 인상파 화가들이 그의 저서에서 큰 영향을 받았다고 알려지고 있다.

3.2.3 색채 조화에 있어서의 4개 기본 원리

20세기의 색채 과학의 권위자로 미국 색채학계의 대표적 존재였던 저드(D. B. Judd)는 1789년의 램버(J. H. Lambert)의 법칙 이후 1950년의 켈로그의 견해에 이르는 구미의 대표적인 색채 조화론을 독파하고 그 해설을 정리하였다(1955년).[26)] 그리고 그것들에 공통적으로 볼 수 있는 색채 조화의 기본 원리를 아래 네 가지로 요약, 발표하였다.[27)]

(1) 질서의 원리(principle of order)

지각적 등간격 척도에 의해 구성된 색 공간에서 질서적인 플랜에 의해 선택된 색에 의한 배색은 그 질서가 지각적으로 인지될 뿐만 아니라 정서적으로도 즉시 느껴진다. 오스트발트(W. Ostwald)의 "조화는 질서와 같다."[28)](1916년)는 유명한 정의로 대표되는 색채 조화의 이 원리는 구미에서는 가장 높게 평가되어 온 원리로 되어 있다. 색 입체가 있는 차원에서 규칙적인 간격을 가지고 선택된 색이 직선, 원, 타원 또는 곡선 궤적 등의 단순한 기하학적 도형을 표시할 때 그들 색의 병치는 전형적인 질서의 원리에 의한 색채 조화를 나타낸다고 하고 있다.

(2) 친숙한 원리(principle of familiarity)

만일 동일한 규칙적 선택에 의한 몇 가지 배색이 있다고 하면 관측자에게 있어서 가장 친숙한 색의 배열이 그 안에서는 가장 조화적일 것이다. 사람은 익숙하고 친숙해진 것을 좋아한다. 누구나가 친숙해진 색의 배열의 전형적인 예는 자연계에 볼 수 있는 색의 배열일 것이다. 그 중에서도 특히 중시되고 있는 것이 조명광에 의해 생기는 색도 일정의 색의 명암에 대응하는 '섀도 계열(shadow series)'과 색상의 자연 연쇄라고 불리는 색의 보이기 특성이다.

색상환 중에서는 황의 색상이 가장 명도가 높고 그 양쪽 오렌지부터 적을 향해서, 또한 황록, 녹, 청록에 걸쳐서 점차 명도가 낮아지고 황의 반대 색상인 청, 청자, 자의 색상에 이르러서는 가장 명도가 낮아진다. 즉 색상환은 색입체 중에서는 경사된 타원 궤적이 된다. 색은 그 본성으로서 이 명암의 연쇄를 거치므로 유사 색상의 배색에서는 황색상에 가까운 쪽의 색의 명도를 높게, 청자 방향쪽의 색을 항상 명도를 낮게 선택하면 일상적으로 익숙해져 있는 자연의 색채 조화가 얻어진다.

이 원리를 권장한 루드(O. N. Rood)의 색채 조화론(1879년) 이래[29] 이 원리는 건축, 디자인 관계자 간에서 널리 응용되고 있다. 친숙의 원리는 자연 색의 배열에 한정되고 있지는 않다. 문화로서 익숙하고 친숙해 온 배색에 대해서도 적용된다.

(3) 유사성의 원리(principle of similarity)

공통의 측면 또는 특질을 가진 색의 집단은 그 공통성 범위 내에서 조화적으로 하고 있다. 이 원리는 얼마든지 확대 해석되므로 색의 지각적 속성이나 혼색비의 공통성만이 아니고 모든 색에 황이나 청 어느 편의 언더 톤을 인정하고 각각의 언더 톤의 공통 요소에 의해 색채 조화를 도모코자 하는 미국·일본의 컬러 애널리스트들의 배색법 또는 한냉, 경연(硬軟)과 같은 색 색 이미지의 공통성에 의해 색채 조화를 구하는 실천적인 사고 방식 등도 이 원리가 확대 해석되어 응용된 것이라고 할 수 있겠다.

(4) 명료성의 원리
(principle of unambiguity)

배색이 부조화가 되는 원인은 색의 선택 플랜의 애매성에 기인한다고 하는 문과 스펜서의 지적에 입각하는 원리로서, 이것은 질서의 원리에서 추론된다. 색차가 너무 작은 경우는 그 디자인은 잘못됐다고 판단하기 쉽다. 또한 색상환의 1/5 정도의 색상차를 가진 배색의 경우에는 배색의 의도가 애매하다고 판단되기 쉽고 애매한 색상 대비에 의해 색상 지각이 불안정해진다고 믿고 있다. 이 애매한 색상 간격의 부조화를 지적한 색채 조화론은 구미에서는 옛날부터 적지 않다.

색채 조화가 과학적 연구의 대상이 되기 위해서는 사람이 색을 느낄 수 있는 원인이 과학적으로 해명되는 것이 우선 필요했다. 뉴턴에 의한 스펙트럼의 발견이나 영, 헬름홀츠, 맥스웰 등의 3원색설, 헤링의 반대색설 등의 색각 이론, 그라스만의 혼색 법칙, 보색이나 색 대비 등의 시각 현상 등의 신지식이 색채 조화론을 계발해 왔을 뿐만 아니라 19세기 후반의 합성 화학의 성과로서 탄생한 화학 염료나 합성 무기 안료에 의한 인공적 색채 영역의 확대나 색을 객관적으로 또 정확하게 지정할 수가 있는 색

표시의 메트릭이 준비된 것도 색채 조화연구에 새로운 전개를 촉진시켰다. 이들 조건이 전부 모인 시대에 종합된 저드의 색채 조화의 원리는 전부 먼셀 표색계와 같은 표준화된 색입체에 입각해서 설명되고 있으며 이 때문에 색표시의 지식이나 방법이 아직 고안되고 있지 않던 옛날 시대에 색채 조화론 기술(記述)의 불비도 잘 보완되고 있고 현대의 실험 과학적 방법에 의한 색채 조화 연구에도 눈이 돌려지고 있다. 주목할 것은 그의 사후에 발행된 문헌의 색채 조화의 장에 새로 추가된 주석이다. 그곳에는 색채 조화와 같은 주관적 현상을 체계적으로 분석하는 연구는 상당히 곤란하기는 하지만 현대의 계량 심리학적 방법과 통계 수리적 해석에 장래 기대가 모여지고 있다. 일본의 모리(森) 등 (1967년)이나 나야타니(納谷) 등(1969, 1970년)의 연구는 그 관련에 있어서 특히 흥미 깊은 것이다[27]라고 기술되고 있다(3.1.3 참조).

[福田邦夫]

참고문헌

1) CIE Research Note : Method for predicting corresponding colors with a change in chromatic adaptation to illumination proposed for testing, CIE J., Vol. 5, No. 1, pp. 16-18 (1986)

2) Mori, L., Sobagaki, H., Komatsubara, H. and Ikeda, K. : Field trials on CIE chromatic adaptation formula, CIE Proceedings 22 nd Session Melbourne, Division 1, pp. 55-58 (1991)

3) 側垣博明 : 色順応研究の動向, 色材, 第64巻, 第4号, pp. 221-227 (1991)

4) Takahama, K., Sobagaki, H. and Nayatani, Y. : Formulation of a nonlinear model of chromatic adaptation for a light-gray background, COLOR Res. Appl., Vol. 9, pp. 106-115 (1984)

5) CIE Publ. No. 109-1994 : A method of predicting corresponding colours under different chromatic and illuminance adaptation, Bareau Central de la CIE, Paris (1994)

6) 森, 納谷, 辻本, 他 : 色彩調和の一対比較法による検討, 電試彙報, 第29巻, 第12号, pp. 914-932 (1965)

7) 森, 納谷, 辻本, 他 : 二色配色における調和の良さの物理量からの推定について, 電試彙報, 第30巻, 第2号, pp. 161-178 (1966)

8) 森, 納谷, 辻本, 他 : 二色配色における調和の良さの物理量からの推定 (補遺), 電試彙報, 第30巻, 第9号, pp. 741-752 (1966)

9) 森, 納谷, 辻本, 他 : 二色配色の調和域について, 電試彙報, 第30巻, 第11号, pp. 889-900 (1966)

10) 森, 納谷, 辻本, 他 : 二色配色の調和論, 人間工学誌, 第2巻, 第4号, pp. 2-14 (1966)

11) Scheffè, H. : Analysis of variance for paired comparisons, J. Amer. Stat. Assoc., Vol. 47, pp. 381-400 (1952)

12) 納谷, 辻本, 他 : 3色配色の Semantic differential による感情分析 (その1 実験の計画と実施), 電試彙報, 第31巻, 第11号, pp. 1153-1168 (1967)

13) 浅野, 町原, 他 : 3色配色の Semantic differential による感情分析 (その2 実験結果の因子分析による解析), 電試彙報, 第32巻, 第2号, pp. 195-220 (1968)

14) 納谷, 辻本, 他 : 3色配色の Semantic differential による感情分析 (その3 各配色感情の因子評点と物理量との対応), 電試彙報, 第32巻, 第2号, pp. 221-238 (1968)

15) 納谷, 辻本, 他 : 3色配色の Semantic differential による感情分析 (その4 3色配色設計の一方式とその応用), 電試彙報, 第33巻, 第3号, pp. 261-271 (1969)

16) Hashimoto, K. and Nayatani, Y. : Visual clarity and affection of contrast of object colors under the light sources with different color-rendering properties, Proceedings AIC 6 th Session, pp. 262-264 (1989)

17) 橋本, 納谷 : 演色性の異なる照明下での配色の目立ち感情の評価と予測, 照学誌, 第74巻, pp. 96-101 (1990)

18) 橋本, 納谷 : 4色配色の目立ち感情に基づく明るさ感の評価と予測, 照学誌, 第74巻, pp. 674-680 (1990)

19) Hashimoto, K. and Nayatani, Y. : Visual clarity and affection of contrast, COLOR Res. Appl., Vol. 19, No. 3, pp. 171-185 (1994)

20) Burnham, R. W., Hanes, R. M. and Bartleson, C. J. : COLOR : a guide to basic facts and concepts, p. 213, John Wiley & Sons (1967)

21) 同上, p. 213

22) Moon, P. and Spencer, D. E. : Aesthetic measure applied to color harmony, J. O. S. A., 34-4, p. 234 (1944)

23) 福田邦夫 : 色彩調和の成立事情, pp. 29-30, 青娥書房 (1985)

24) Gage, J. : Color and Meaning, art, science, and symbolism, pp. 55-56, Univ. of California press (1999)

25) Chevreur, M. E. : The principles of harmony and contrast of colors and their applications to the arts, (revised edition), Schiffer Publishing Ltd. (1987) ; 原著 : De la loi du contraste simultané des couleurs et de l'assortiment des objets colorés, d'après cette loi. (1839)

26) Judd, D. B. : Color harmony : an annotated bibliography, NBS letter circular LC 987, supersedes LC 525 (1950)

27) Judd, D. B. and Wyszecki, G. : Color in business, science, and industry, pp. 390-396, John Wiley & Sons (1975)

28) Ostwald, W. : The color primer, ed. by Birren, F., p. 65, Van Nostrand Reinhold (1969)

29) Rood, N. O. : Modern chromatics, notes by Birren, F., pp. 272-275, Van Nostrand Reinhold (1973)

제4장

컴퓨터 그래픽스와 그 응용

이 장에서는 컴퓨터 그래픽스(CG)를 이용한 조명 계획에 관해서 CG의 특징과 화상 생성의 기초에 대해서 간단히 언급한 후 화질에 크게 영향을 주는 셰이딩(음영 계산) 모델에 관해서 기초적인 방법을 중심으로 소개한다. 구체적으로는 물체 표면의 반사광을 계산할 때의 광원 모델과 광원으로부터의 입사광에 의해 생기는 반사광의 분포 특성을 주는 반사광 모델 중 대표적인 것을 해설한다. 또한 화질을 향상시키는 열쇠가 되는 간접광의 취급에 대해서 라디오시티법으로 대표되는 대국(대역) 조명(global illumination) 모델을 설명하고 마지막으로 조명 계획에 대한 구체적인 응용 예를 소개한다.

그리고 이 장에서 사용하는 벡터는 특별한 말이 없는 한 전부 단위 벡터이다.

4.1 CG의 특징과 화상 생성 순서 ●●●

CG는 일반적으로 축소 모형을 작성하여 검토하는 경우와 비교하면 ① 시점(視點)과 주시점의 설정, ② 물체의 속성(경면·확산 반사율이나 굴절률 및 무늬 등) 변경의 두 가지를 자유롭게 할 수 있다는 점이 우수하다. 조명 계획의 사전 검토에 대한 이용이라는 관점에서는 다시 또 조명에 관한 파라미터(배광, 스펙트럼 분포, 배치) 설정의 자유도가 크다는 것이 추가된다. 그래서 현실의 것에 가까운 물체의 속성과 조명 파라미터의 부여가 가능하며 광학적인 물리 법칙에 가급적 충실한 CG 프로그램을 이용하면 설계 단계에서의 조명 계획을 상당한 정밀도로 실시할 수가 있어 실무상 상당히 유용하다.

CG에 의한 화상 생성은 기본적으로는 그림 4.1과 같은 순서로 행하여진다. 화상은 화소의 집합이며 화소의 색은 그 화소를 차지하는 물체의 결정(가시면 추출 또는 음면 소거)을 하고 얻어진 가시면에서 시점을 향하는 광선의 강도를 계산함으로써 얻을 수가 있다. 또한 그림 4.2에 시점과 시야, 스크린, 뷰 윈도와 화소의 관계를 나타낸다. 화상 해상도는 뷰 윈도에 할당하는 화소 밀도로서, 통상 가상 공간의 3차원 정보를 2차원 화상으로 변환할 때의 샘플링 피치가 된다. 따라서 표현 대상의 미세함과 비교해서 불충분한 화상 해상도를 할당하면 샘플링

그림 4.1 CG 화상 생성의 흐름도

오차에 기인하는 화질의 열화가 생긴다. 이것을 엘리아싱(aliasing)이라고 하며 단순히 화상이 거칠다는 것만이 아니고 동심원상의 줄무늬가 확산되는 무아레 패턴이나 애니메이션으로 했을 때의 어른거림 등 실제로는 존재하지 않는 허의 현상(artifact) 형태로 나타난다. 가시면 추출의 대표적인 방법에 z-버퍼법, 스캔라인법, 레이 트레이싱법이 있는데, 각각 이해득실이 있기 때문에 묘화 대상의 특성에 맞춘 방법이 선택된다.

그림 4.1에서 투영 변환부터 화소의 색을 결정할 때까지의 일련의 처리를 렌더링이라고 한다. 조명이 관계하는 것은 농담 처리(셰이딩 : shading)와 부영 처리(새도잉 : shadowing)이며, 이하 이들에 대해서 설명한다.

4.2 셰이딩(shading)

앞에서 기술한 바와 같이 조명 효과를 고려한 CG 화상은 가시면 상에 포함되는 화소마다에 시점 방향으로의 반사광 강도를 계산함으로써 구해진다. 따라서 음영의 관점에서 사실성(寫實性)이 높은 화상을 생성하는 것은 정밀도 좋게

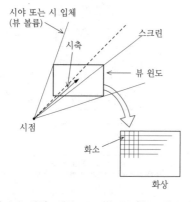

그림 4.2 시점, 시야, 스크린, 뷰 원도, 화소의 관계

조명 시뮬레이션을 하는 것과 등가이고 품질이 높은 음영 화상을 얻기 위해서는 광원에서 발생한 광선이 시점에 도달할 때까지의 전달 경로상에서의 상태를 가능한 한 정확하게 계산할 필요가 있다. 이와 같은 물리 법칙에 충실한 시뮬레이션 모델에 의한 화상 생성 방법은 물리(조명) 베이스 렌더링(physical based rendering)이라고 불린다. 이 방법은 조명 또는 렌더링 방정식이라고 불리는 방정식을 푸는 것인데, 시뮬레이션의 정밀도와 계산 시간은 트레이드 오프의 관계에 있기 때문에 응답성이 요구되는 시스템에 있어서는 간략화된 모델을 사용하거나 미리 준비해 둔 화상을 보충해서 필요한 화상을 생성하거나 하여야 한다. 이에 비해서 렌더링 방정식을 풀지 않고 실사 화상에서 얻어지는 정보에서 조명 황경과 물체 표면에서의 방사 특성을 인출하여 화상을 생성하는 화상 베이스 렌더링(Image Based Rendering : IBR) 방법이 제안되고 있다.

이 장에서는 CG의 기초 이론을 중심으로 설명하기 때문에 IBR 소개에 그친다.(상세한 내용은 참고문헌 2), 3) 참조) 우선 광원으로부터의 직사광에 의한 조명 시뮬레이션을 하기 위한 국소 조명 모델(local illumination model)에 대해서 설명한다, 그림 4.3은 화소의 색을 결정하기 위한 샘플링 점 P에 있어서의 입사광 I_i와 I_i의 반사광 중 시점 V 방향으로의 반사광 I_v와의 관계를 나타낸 것이다. 따라서 I_i를 얻기 위

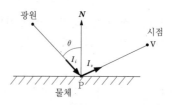

그림 4.3 시점, 광원, 물체표면의 입사광과 반사광 전체의 관계

해서는 광원의 특성에 맞추어서 점 P에 입사하는 광선 강도를 계산하기 위한 광원 모델의 정의가 필요하고 I_i에서 I_v를 얻기 위해서는 점 P에 있어서의 입사광(강도, 방향) 및 점 P로부터의 사출 방향을 파라미터로 하는 반사 함수의 정의가 필요하다. 후자에 관해서는 통상 반사광을 완전 확산 반사성분과 경면 반사성분으로 분리하여 각각 독립해서 계산하는 방법이 사용된다. 완전 확산 반사는 반사 방향에 의하지 않고 일정한 비율로 반사하는 것으로 하고 있다. 따라서 셰이딩 모델은 광원 모델과 경면(鏡面) 반사 함수를 결정함으로써 부여된다. 즉, 직사광만을 고려한 경우의 시점 방향으로의 반사광 I_v는 다음 식에 의해 구해진다.

$$I_v = I_i(O, P)\ (k_d + k_s)(\overrightarrow{OP}, \overrightarrow{PV})\quad (4.1)$$

여기서 O는 광원의 위치, k_d는 완전 확산 반사율, k_s는 경면 반사율을 주는 함수이다. 식이 복잡해지는 것을 방지하기 위해 스펙트럼 성분(R,G,B)의 기술을 생략하고 있지만 실제로는 각각의 성분에 대해서 계산할 필요가 있다.

광원 모델에 관해서는 4.3에서, 경면 반사 함수를 중심으로 하는 반사광 강도 계산에 대해서는 4.4에서 설명한다.

4.3 광원 모델 ●●●

반사광 계산점에서의 광원으로부터의 입사광은 계산점에 광이 직접 오는 직사 광원과 광원으로부터의 광이 반사나 산란된 후 계산점에 도달하는 간접 광원의 두 종류로 나누어진다. 초

기의 CG에서의 농담 처리는 역자승법칙 및 코사인칙(2편 2장 참조)에 따르는 점광원과 태양 광선을 상정한 방향과 강도가 모든 지점에서 일정하며, 코사인칙에 따르는 평행 광선을 직사 광원으로 하고 직사광이 도달하지 않는 그림자 부분에도 일정한 밝기를 주고서 화상의 현실감을 높이기 위해서 간접 광원으로 하여 신(scene)에 일정한 밝기를 주는 환경광(ambient light)을 가하고 있었다(그림 4.4 참조). CG에서는 일반적으로 점광원은 배광이 모든 방향으로 동등한 구형의 것이 이용되고 스포트라이트는 점광원의 조사 범위를 조사 방향과 광축이 이루는 각에 의해 단순히 한정한 것 또는 경면 반사의 퐁(Phong)의 모델(후술)과 동일한 광축과 조사 방향의 코사인의 멱승으로 집광도를 표현한 것이 사용된다. 그러나 실제의 조명 기구는 구형의 배광을 갖는 것은 없다(2편 그림 2.2 참조)고 해도 되며, 특히 복잡한 배광을 가진 조명 기구에 의한 조명 효과를 CG에 의해 사전 평가할 때는 배광을 고려 가능한 CG 프로그램을 준비할 필요가 있다.

또한 CG에 의한 화상 작성시 역자승법칙을 엄밀하게 적용하면 광원 근방 부분의 입사광 강도가 계산상 상당히 커진다(광원에서 1 cm 떨어진 곳의 입사광 강도는 동일한 방향으로 1 m 떨어진 곳의 입사광 강도의 1만 배가 된다). 거

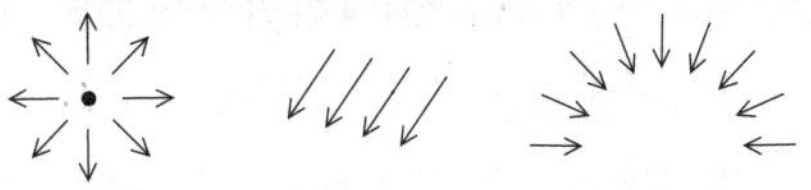

점광원   평행광선   환경광
그림 4.4 점광원과 평행광선, 환경광

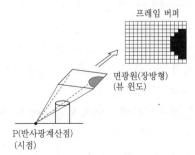

그림 4.5 그래픽스 하드웨어를 이용한 면광원 차폐율 계산

기다가 통상적인 CG 소프트에는 카메라 누출에 상당하는 것의 개념이 없고 화상의 다이내믹 렌지가 그레이 스케일로 256계조(0~255) 밖에 없다. 이 때문에 광원 근방은 백색으로 포화되고 만다. openGL로 대표되는 그래픽스 라이브러리 및 3차원 CG 소프트웨어에서는 역자승법칙의 적용에 의해 생기는 이 문제를 회피하기 위해 어떠한 수단을 강구하고 있는 것이 많다. 예를 들면 openGL에서는 점광원으로부터 광선 거리에 의한 감쇠를 다음 식으로 표현한다.

$$\text{거리에 의한 감쇠} = \frac{1}{ad^2 + bd + c}$$

$$(a \geq 0, \ b \geq 0, \ c > 1) \qquad (4.2)$$

여기서 d는 광원으로부터 반사광 계산점까지의 거리이다.

상술한 직사 광원은 후술하는 부영(附影) 처리로는 본영(本影)만이 생기는 광원이다. 광원 모델이 점광원과 평행 광선에서 반영(半影)의 표현 가능한 광원 즉 선광원, 면광원·다면체 광원으로 확장되어 조명 시뮬레이션용의 광원 모델로서 실용성이 향상된다. 이와 같은 광원에 의해 조사된 경우의 반사광 계산은 부영 처리와 일체가 되어 행하여지는 것이 보통이다. 이때 반사광 계산점에서 보이는 광원의 부분 및 그것에 의해 얻어지는 입사광 강도의 계산은 해석적으로 구하는 방법[5],[6](2편 2장에 있는 것 같은 식을 이용해서)도 있지만 처리 효율 향상을 위해 그래픽스 하드웨어를 이용한 샘플링에 의해 구하는 방법도 있다. 예를 들면 그림 4.5와 같이 반사광 계산점을 시점(視點), 면광원을 화면으로 하여 신(scene)에 존재하는 물체를 묘화하면 물체가 묘화되고 있지 않은 화소의 공헌도(상호 반사의 형태 계수와 동일한 것)를 고려한 각 화소에 상당하는 부분으로부터의 입사광 강도를 계산함으로써 계산점에서의 입사광 강도

(분포)를 얻을 수가 있다. 반대로 생각하면 면광원으로 본 화면을 구성하는 화소와 동일하게 점광원을 배치하고 각각의 점광원을 독립적으로 처리함으로써 동일한 조명 효과를 얻을 수 있다. 단, 이 경우는 계산 코스트가 상당히 커지는 가능성이 크다.

간접 광원에 대해서는 환경광은 직광이 조사하지 않는 부분에 균등한 밝기를 부여하는 것만이었기 때문에 특별히 환경광의 비율이 커지는 배광의 국소성이 큰 스포트라이트로 조사한 경우의 화상이나 태양 직사광이 없는 완전 담천시(曇天時)의 옥외 경관 화상이 비현실적이 되는 경우가 있다. 따라서 이와 같은 대상을 사실적으로 묘화할 필요가 있는 경우에는 대국 조명 모델(본편 4.6 참조), 즉 라디오시티법[7],[8]과 천공광에 의한 조사 효과를 고려 가능한 광원 모델[9]을 채용한다.

4.4 물체 표면의 반사광 계산 ●●● 모델

물체 표면 상에서 시선 방향을 향하는 반사광의 계산이 4.3에서 설명한 광원 모델에 입각해서 다음 식에 의해 계산된다. 또한 식이 복잡해지는 것을 회피하기 위해 색 성분은 생략해서 기술하고 있지만 실제로는 화상 작성을 위해 R, G, B 각각의 성분에 대해서 독립적으로 계산할 필요가 있다.

[시점방향을 향하는 반사광] = [환경광에 의한 반사광]
  + [직사광의 (완전)확산반사성분]
  + [직사광의 경면반사성분]   (4.3)

또한 광원이 복수 존재하는 경우에는 환경광에 의한 반사광에 각각의 광원에 의해 생기는

확산 및 경면 반사광을 독립적적으로 계산하여 총합을 취하면 된다. 즉, 복수 광원에 의한 식은 다음 식과 같이 된다.

[시점방향을 향하는 반사광]＝[환경광에 의한 반사광]

$$+(\sum_{i=0}^{\text{광원수}} \{[\text{광원 } i\text{에 의한 (완전)확산반사성분]}$$

$$+[\text{광원 } i\text{에 의한 경면반사성분]}\} \qquad (4.4)$$

여기서 그림 4.3의 예에 대해서 윗식을 생각해 본다. 우변 1항은 환경광 강도를 I_{amb}, 환경광의 반사율을 k_a라고 하면

$$\text{환경광에 의한 반사광}＝k_a \cdot I_{\text{amb}} \qquad (4.5)$$

우변 2항은 점 P에 광원으로부터 도달하는 광선(점 P에서 입사 광선의 방향을 본 벡터 L, 벡터 L과 점 P에 있어서의 물체 표면의 법선 벡터 N과 이루는 각 θ)의 강도를 I_i, 확산 반사율을 k_d라고 하면 다음 식이 된다.

$$[\text{직사광의 (완전)확산반사성분]}＝k_d \cdot I_i \cdot \cos\theta \qquad (4.6)$$

우변 3항은 점 P에 있어서의 경면 반사율을 광원으로부터의 광선의 입사각 θ와 그 광선의 점 P에 있어서의 정반사 방향 벡터 R와 점 P에서 시점 방향을 본 벡터 V가 이루는 각 ϕ로 하고(각각의 벡터, 각의 관계에 대해서는 그림 4.6 참조) 경면 반사 분포 함수를 $k_s(\theta, \phi)$라고 하면 다음 식이 된다.

직사광의 경면반사성분

$$＝k_s(\theta, \phi) \cdot I_i \qquad (4.7)$$

여기서 $k_s(\theta, \phi)$의 표현 모델로 대표적인 것으로서 퐁(Phong)의 모델[10], 블린(Blinn)의 모델,[11] 쿡-토런스(Cook-Torrance) 또는 쿡-스패로(Torrance-Sparrow)의 모델이 있다.

퐁의 모델은 경면 반사율을 다음 식에 의해

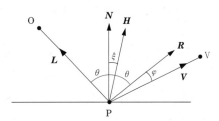

그림 4.6 경면반사광 강도계산을 위한 벡터, 각의 관계도

부여된다.

$$k_s(\theta, \phi)＝k'_s(\theta) \cdot (\cos \phi)^n \qquad (4.8)$$

여기서 $k_s'(\theta)$는 경면 반사 계수이고 본질적으로는 파장과 입사각에 의존하는 성질의 계수지만 통상 퐁의 모델을 실장(實裝)한 시스템에서는 양자의 영향을 무시한 정수 k_{sc}가 사용된다. n은 경면 반사의 날카로움을 표현하기 위해 사용하는 계수로서 n이 커지면 광원으로부터의 입사 광선의 정반사 방향 벡터 R과의 어긋나는 각 ϕ가 약간이라고 해도 급격하게 반사 강도가 감소한다. 즉 정반사 방향을 중심으로 하는 약간의 부분에 반사광의 에너지가 집중하기 때문에 예리한 하이라이트를 표현할 수 있다.

퐁의 모델에서는 정반사 방향 벡터 R을 다음 식에서 얻는다.

$$R＝2(N \cdot L)N - L \qquad (4.9)$$

이 식은 경면 반사광 계산의 상당한 부분을 차지하기 때문에 벡터 R 대신에 간이한 계산으로 구할 수 있는 벡터를 이용하는 방법이 고안되었다. 블린의 모델은 벡터 R 대신에 벡터 V와 벡터 L의 중간 방향 벡터 H를 취하고 경면 반사 분포 함수를 광원으로부터의 광선 입사각 θ와 벡터 H와 벡터 N의 어긋난 각 ξ의 함수 $k_s(\theta, \xi)$로 하여 다음 식과 같이 정의하였다.

$$k_s(\theta, \xi)＝k'_s(\theta) \cdot (\cos\xi)^n \qquad (4.10)$$

여기서 n은 퐁의 모델과 동일하게 경면 반사의 예리함을 표현하기 위한 계수이다.

퐁이나 블린의 모델과 같이 코사인의 멱수를 사용하는 모델에서는 경면 반사 분포 함수는 정반사 방향 또는 법선 벡터 방향의 반사율에 대한 상대비를 주는 함수이고 입사광에 대한 어느 방향으로의 반사율(반사 계수)을 표시하는 것은 아니라는 것에 주의할 필요가 있다. 반사의 예리함을 주는 파라미터 n을 크게 하여 하이라이트가 예리하게 표현되도록 하면 단순히 하이라이트 부분이 작아진 것만의 경우는 $k'_s(\theta)$는 경면 반사 분포 함수와는 관계없이 정의되고 있는 것이 된다. 이 경우 계산점에서 본 광원 방향과 그 점의 법선 벡터가 동등하다고 가정해서 얻어지는 식 (4.8)의 반사광 총합을 기준으로 잡고 부여된 n에 대응시켜서 $k'_s(\theta)$를 다음 식에 의해 변경시킴으로써 경면 반사광 전체의 에너지가 n의 값에 의해 변화하는 것을 방지할 수 있어 문제를 해결할 수 있다.[14]

$$k'_{sm}(\theta,\, n) = \frac{n+1}{2\pi} \cdot k'_s(\theta) \qquad (4.11)$$

쿡-토런스의 모델은 물체 표면이 미소면의 집합으로 구성되고 있다고 가정하고 표면 완성(매

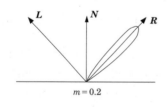

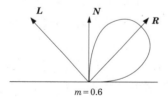

그림 4.7 벡맨의 분포함수 예

끄러움)의 차이를 미소면 방향의 분포와 자기 차폐 파라미터에 반영시켜 경면 반사광 강도를 계산하는 모델이고, 또 물체의 소재 특유의 굴절률을 이용해서 경면 반사 분포 함수 k_s를 부여한다. 구체적으로는 다음 식에 의해 계산한다.

$$k_s(\theta,\, \xi) = \frac{D(\xi)\ G k'_s(\theta)}{(V \cdot N)} \qquad (4.12)$$

여기서 D는 물체 표면을 미소면의 집합으로 생각했을 때의 미소면 경사방향의 분포 함수이며 쿡-토런스의 모델은 베크만(Beckmann)에 의해 제안된 다음 식과 같은 분포 함수를 이용하고 있다.

$$D(\xi) = \frac{1}{4m^2 (\cos\xi)^4}\ e^{-\frac{(\tan\xi)^2}{m^2}} \qquad (4.13)$$

여기서 m은 미소면 경사의 제곱 평균 오차(RMS)로서 경사의 분포 특성을 나타내고(그림 4.7 참조) D는 법선 벡터와 이루는 각 ξ 방향의 미소면의 비율을 부여한다. G는 다른 미소면에 의해 반사 광선이 차폐되는 효과를 표현하기 위한 감쇠항이다.

$k'_s(\theta)$는 물체마다의 굴절률에서 얻어지는 프레넬(Fresnel)의 반사율이며 다음 식에 의해 부여된다.

$$k'_s(\theta) = \frac{(g-c)^2}{2(g+c)^2}\left\{1 + \frac{(c(g+c)-1)^2}{(c(g-c)+1)^2}\right\} \quad (4.14)$$

여기서 $c = \cos\theta$, $g = n^2 + c^2 + 1$, n은 물체가 공기중에 있는 경우는 물체의 공기에 대한 상대 굴절률로 광의 파장에 따라 다르다. 즉, 쿡-토런스의 모델에 있어서는 경면 반사 분포 함수는 파장에 따라 다른 분포를 갖는다. 입사각 $\theta = 0$의 경우는 다음 식으로 부여된다.

$$k'_s(0) = \frac{(n-1)^2}{(n+1)^2} \qquad (4.15)$$

이로부터 CG 화상 생성을 위해 필요한 RGB

각각의 파장에 있어서의 물체 굴절률이 불명인 경우는 식 (4.15)를 n을 $k'_s(0)$로 표시하는 식으로 변형하여 RGB 각각의 파장의 입사각 0°의 분광 반사율을 구함으로써 가각의 파장의 n을 얻을 수 있으므로 임의의 입사각에 대한 식 (4.14)를 얻을 수가 있다.

쿡-토런스의 반사 모델을 사용했다고 하더라도 입사광과 법선 벡터가 이루는 각이 동일하면 반사광의 분포는 수평각에 의하지 않고 일정해진다. 이 때문에 입사광의 방향에 따라 미묘하게 반사광의 분포가 변화하는 것 같은 미세한 평행선을 배열한 것 같은 복잡하게 마무리되고 있는 물체 표면을 표현할 수가 없다.

이 문제를 해결하기 위해 입사광, 반사광의 수평각, 앙각 및 입사광의 파장을 전부 파라미터에 갖는 쌍방향 입사광 분포함수[5](Bidirectional Reflectance Distribution function : BRDF)이 제안되었다. BRDF는 복잡한 수식에 의해 표현하는 경우와 계측 데이터를 이용하는 경우가 있는데, 전자의 경우는 계산량과 표현 정밀도가 트레이드오프가 되므로 높은 응답성이 요구되는 대상에는 적용이 어렵다고 하는 문제가 있고, 후자의 경우는 정밀한 계측 수단을 가진 사용자의 수에 한정이 있는 것과 표현 정밀도와 데이터량이 트레이드오프가 되므로 적용 범위가 한정되는 문제가 있다. 후술하는 화상 베이스 렌더링 방법에 의해 CG 화상을 생성할 때도 BRDF는 중요한 정보가 되므로 화질을 열화시키지 않고 BRDF를 간략화하는 방법[16]이 제안되고 있다.

4.5 스무드 셰이딩 ● ● ●

CG로는 파라미터로 기술된 곡면을 표시할 수가 있다. 그러나 곡면을 그대로 취급하면 화상 생성을 위한 반사광 계산점이나 그 점에 있어서의 법선 벡터를 얻기 위해 다대한 계산 시간이 필요하다. 또 최근의 퍼스널 컴퓨터는 삼각형이나 사각형을 고속으로 구현할 수 있는 지오메트리 엔진을 구비하고 있으며 특히 메시 형상으로 배열된 삼각형은 가장 고속으로 묘화할 수 있다. 이 때문에 CG로는 곡면을 삼각 또는 사각형 패치의 집합으로 근사 표현하는 일이 많다. 그러나 곡면을 비교적 거칠게 근사한 다각형 패치를 그대로 구현하면(이것을 콘스탄트 셰이딩이라고 한다) 그 패치 내에서는 법선 벡터는 일정하기 때문에 곡면이 본래 가지고 있는 법선 벡터가 연속적으로 변화하는 특성을 상실하므로 면단위로 음영이 변화하여 두 패치로 공유되는 변이 마하 밴드 효과에 의해 강조되어 지각되는 등 화질을 대폭 손상하는 일이 많다.

이 현상을 저감하여 다각형 근사된 곡면을 매끄럽게 표현하기 위한 방법이 고안되고 있으며 스무드 셰이딩(smooth shading)이라고 하고 있다. 스무드 셰이딩의 대표적인 방법은 다각형 패치 내부의 점에 있어서의 반사광 강도를 그 패치 정점의 반사광 강도를 선형 보간함으로써 부여하는 방법과 정점의 법선 벡터를 구한 후 그 법선 벡터를 사용해서 반사광 강도를 계산하는 두 가지가 있다. 전자는 구로(Gouraud)의 스무드 셰이딩[7]이라고 하고 후자를 퐁(Phong)의 스무드 셰이딩[10]이라고 한다.

그림 4.8을 예로 들어 구로의 스무드 셰이딩

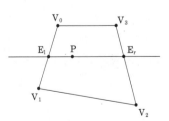

그림 4.8 구로의 스무드 셰이딩 설명도

의 구체적인 방법을 설명한다. 우선 정점 V_0, V_1, V_2, V_3에 있어서의 반사광 강도 I_0, I_1, I_2, I_3를 계산한다. 이 때 I_0, I_1, I_2, I_3를 구하기 위해 필요해지는 각각의 점의 법선 벡터 N_0, N_1, N_2, N_3는 각각의 정점을 공유하는 패치를 조사하여 그 법선 벡터를 평균해서 얻을 수가 있다. 다음에 내부의 점 P를 포함하는 평면(통상 화면의 수평 방향 주사선(scan line)과 시점(視點)에서 정의할 수 있는 주사면(scan plane)과 교차하는 변을 조사하여 교점이 그림과 같이 E_1, E_r라고 하면 그 점의 반사광 강도 I_{el}과 I_{er}를 각각 다음 식으로 계산한다.

$$I_{et} = I_o \frac{\overline{V_1E_1}}{\overline{V_0V_1}} + I_1 \frac{\overline{V_0E_0}}{\overline{V_0V_1}} \qquad (4.16)$$

$$I_{er} = I_3 \frac{\overline{V_2E_r}}{\overline{V_2V_3}} + I_2 \frac{\overline{V_3E_r}}{\overline{V_2V_3}} \qquad (4.17)$$

동일하게 하여 점 P의 반사광 강도 I_P는 I_{el}과 I_{er}를 이용해서 다음 식으로 구할 수 있다.

$$I_P = I_{el} \frac{\overline{PE_r}}{\overline{E_1E_r}} + I_{er} \frac{\overline{PE_1}}{\overline{E_1E_R}} \qquad (4.18)$$

퐁의 스무드 셰이딩은 그림 4.9와 같이 점 P의 법선 벡터 N_P를 N_0, N_1, N_2, N_3를 선형 보간해서 구하므로 구로의 스무드 셰이딩에서 사용한 반사광 강도 I_0, I_1, I_2, I_3를 N_0, N_1, N_2, N_3를 바꾸어 놓은 것만으로 된다.

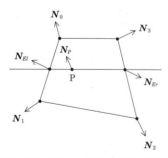

그림 4.9 퐁의 스무드 셰이딩 설명도

이와 같이 구로의 스무드 셰이딩은 반사광 강도의 선형 보강을 하기 때문에 그 성질상 다각형 패치 내의 반사광 강도는 패치의 정점의 반사광 강도의 최대값과 최소값 간에 들어간다. 이 때문에 패치의 크기가 근사한 곡면의 곡률에 대해서 충분하지 않고 그 곡면이 예리한 경면 반사 특성을 갖는 경우는 본래 패치 내부에 존재할 하이라이트가 표시되지 않거나 반대로 어느 정점이 하이라이트의 중심 근방에 위치하는 경우는 그 정점을 포함하는 패치 전체가 밝게 표시되어 그 결과 하이라이트가 확대 표시되거나 한다. 이에 비해서 퐁의 스무드 셰이딩은 패치 내부의 점의 법선 벡터를 선형 보간에 의해 구하여 얻어진 법선 벡터를 사용해서 반사광 강도를 계산하는 방법으로서, 정점의 반사광 강도에 의존하지 않으므로 하이라이트의 표시 정밀도는 양호하다.

단, 구로의 스무드 셰이딩이 선형 보간에 의해 반사광 강도가 구해지는 데 비해서 퐁의 스무드 셰이딩은 반사광 강도 계산을 위한 계산이 다시 필요해진다. 예를 들면, 앞에서 기술한 쿡-토런스의 모델에 의해 경면 반사광 강도를 계산하는 경우에는 스무드 셰이딩 방법의 상위에 의한 계산의 차가 상당히 커진다.

4.6 대역(대국) 조명

본편 4.3 및 4.4의 계산 모델이 반사광 계산점에 있어서 광원으로부터 직접 도달한 입사광의 강도 계산과 그 직사광에 의해 생기는 반사광선의 분포, 환언하면 직사광과 반사광 계산점의 국소적인 관계만을 고려하여 화상을 생성하기 위해 정보(스크린을 통해서 시점에 도달하는 광선의 강도)를 계산하고 있었다.

그리고 전술한 바와 같이 직사광 이외의 입사광은 환경광으로서 특정한 입사 방향·강도 분포를 갖지 않는 광원을 추가하고 있었다. 그러나 현실 세계에서는 인공 광원에서 나온 광선은 몇 번이고 물체 표면에서 반사를 반복하면서 시점에 도달하고 있으며, 태양으로부터의 광도 대기권 내에서는 공기 분자나 먼지 등의 미립자와의 충돌에 의한 산란을 반복한 후 시점에 도달한다. 전자는 상호 반사광이고 후자는 천공광이다. 따라서 직사광이 도달하지 않는 그림자 부분의 사실성(寫實性)을 향상시키기 위해서는 상호 반사광이나 천공광, 즉 간접 광원의 영향을 고려한 음영 계산은 빼 놓을 수가 없다. CG 분야에서는 직사광의 영향만을 고려한 조명 계산 방법을 국소 조명(local illumination)이라고 하고, 간접광의 영향도 시뮬레이션하는 조명 계산 방법을 대국(대역) 조명(global illumination)이라고 부르고 구별하고 있다.

또한 CG에서는 상호 반사광을 계산하기 위한 방법이 열역학 분야에 있어서의 열방사 방정식의 해법을 기본으로 하여 개발됐기 때문에 상호 반사광과 관련된 계산 방법에 대해서는 열방사를 의미하는 라디오시티에 관련된 라디오시티법이라고 부른다.

라디오시티법의 변천은 우선 완전 확산 반사면만으로 된 신(scene)에 비해서 상호 반사광(라디오시티)을 고려한 음영 화상 생성방법[8]이 제안되어 1980년대 후반부터 1990년대 전반까지 형태 계수(폼 팩터, 2편 2.3.4 (식 2.65)에 제시되고 있다)를 사용한 대규모 배열의 반복 계산을 풀기 위한 고속 계산 방법·모델의 개발만이 아니고 경면 반사도 포함한 높은 정밀도의 시뮬레이션 모델에 관한 연구가 활발하게 시행되어 왔다. 이것들의 성과로 현재는 대단히 계산 정밀도가 높은 조명 시뮬레이션이 실현 가능

한 소프트웨어가 시판되게 되었다.

천공광의 영향을 고려한 음영 계산은 ① 천공에서 반사광 계산점으로 오는 에너지(휘도) 분포, ② 반사광 계산점에서 볼 수 있는(또는 물체에 의해 차폐되고 있는) 천공 부분의 정보를 사용해서 한다. ① 및 ②를 정밀도 있게 계산하면 주간의 옥외 경관용 화상에 있어서의 그림자 부분의 밝기나 태양이 완전히 숨어 있는 완전 담천시의 음영의 품질을 향상시킬 수가 있다. 구름 분포를 고려하지 않으면 ①은 거의 동일한 분포로 생각해도 되므로 신(scene) 내의 모든 반사광 계산점에서 이용할 수 있지만 ②는 각각의 계산점에서 구할 필요가 있다.

여기서 ①에는 CIE의 표준 천공 모델(3편 4.1)을 이용할 수 있지만 컬러 정보가 빠져 있기 때문에 특히 청천시의 경관 화상을 CG에 의해 작성하는 데는 충분하지 않다. 그래서 천공광의 조사 효과를 태양 위치의 상위에 의해 생기는 파장(즉 색)의 변화도 고려 가능한 음영 표시 방법이 개발되었다. 여기서는 광의 파장에 대한 산란 입자 사이즈의 비율에 따라 광의 산란 메커니즘이 상이한 것을 고려하고 있다. 즉, 광의 파장에 대해서 충분히 작은 입자(예를 들면 공기 분자)에 광이 닿았을 때는 레일리 산란(Rayleigh scattering)을 일으켜 광 파장의 4승에 역비례한 산란광 강도를 갖는다.

즉, 파장이 짧은 광일수록 잘 산란된다. 광의 파장에 대한 미립자 크기가 1/10 이상(예를 들면 먼지)이 되면 미 산란(Mie scattering)을 일으키는데 이 경우 산란광의 강도는 광의 파장에 의존하지 않는다. 즉, 입사 광선과 같은 색조의 산란광을 발생한다.

이상에서 레일리 산란은 광의 시뮬레이션에 의해 청공이나 석양을 표현하기 위해 불가결하고 미 산란은 짙은 안개나 스모그 등의 표현에

는 불가결한 것인 것을 알 수 있다. ②에 관해서는 투영면이 반구인 투시 투영에서의 가시면 추출과 등가이고 스캔 라인법을 확장한 방법[19]이나 그래픽스 엔진을 이용 가능한 Z-버퍼법을 이용함으로써 효율적으로 천공의 차폐 정보를 얻기 위한 방법[20]이 제안되고 있다. 이들 방법에 의해 천공의 가시 부분을 특정할 수 있으므로 천공의 미소한 요소로부터의 광에 의한 경면 반사광의 계산도 가능하다.

상기한 바와 같이 대역 조명 모델은 국소 조명 모델에서는 환경광으로 취급되고 있던 상호 반사광이나 산란광 등의 간접광에 의한 조명 효과를 물리 법칙에 따르는 모델을 고안해서 계산한 것이다. 여기서 상호 반사는 요소 간의 에너지 이동을 계산 대상이 되는 에너지가 일정값을 하회할 때까지 반복 계산할 것이 요구되며, 실제로 시점에 도달하는 광선은 광원으로부터의 경로에서 몇 번이고 미소 입자와의 충돌·산란을 반복한다. 통상 이 반복 계산은 막대한 양이 되므로 실용화를 위해서는 모델의 간략화가 불가결하다.

4.7 부영 처리

광원의 종류에 따라 그림자에 관한 처리도 다르다. 점 광원은 본영(本影)만인 데 비해서 선광원, 면 광원은 길이나 면적을 갖기 때문에 본영 이외에 반영(半影)의 영역이 있다. 따라서 점 광원의 경우에는 다른 물체에 의해 차폐되어 직접 도달하지 않는 장소는 그림자이므로 부영 처리(附影處理)는 반사광 계산점과 광원을 연결하여 만들어지는 선분이 다른 물체와 교차하는가 아닌가의 계산을 하는 것과 등가이다. 또한 스포트라이트와 같이 광원으로부터의 광선의

조사 범위가 한정되는 경우는 그림 4.10의 광축과의 이루는 각 θ의 코사인을 이용해서 조사 범위 내인가 아닌가를 판정한다. 선광원·면광원의 경우는 반사광 계산점에서 보이는 광원의 부분을 계산할 필요가 있다. 일부분이라도 보이는 경우는 반영 영역으로서 앞에서 기술한 반사광 계산이 필요해진다.

점광원을 위한 부영 처리의 알고리즘은 크게 분류해서 3종류가 있다. 우선 광원을 시점, 광축을 시축으로 생각(광원 좌표계)하면 광원에서 보이는 부분, 즉 광원에 의해 조사되고 있는 부분을 은면 소거 처리(隱面消去處理)에 의해 구할 수가 있다. 이와 같은 사고 방식에 입각한 방법을 2-pass법[21]이라고 하며, 시점으로부터의 가시면의 반사광 계산점의 좌표를 광원 좌표계로 변환하여 그 점이 광원에서 볼 수 있는가 아닌가(통상, 반사광 계산점을 포함하는 면과 동일한가 아닌가)를 판정한다. 통상, 이 경우의 은면 소거 처리에는 z-버퍼법이 사용되며 그래픽스 하드웨어를 이용해서 고속으로 처리(섀도 매핑)를 할 수 있는 한편 화상 공간의 해상도와 z-버퍼의 깊이에 따라 정밀도가 결정되므로 충분한 화질을 보장하기 위해서는 시점으로부터의 거리를 고려한 가변 해상도로 하는 등의 대책이 필요하다.

두 번째 방법은 가시면 추출의 레이 트레이싱(ray tracing)법과 동일한 방법으로 광원과 반

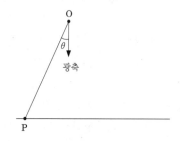

그림 4.10 스포트라이트의 조사판정

사광 계산점 사이에 다른 물체 또는 자기 자신이 존재하는가의 여부를 조사하는 방법으로서, 계산 정밀도가 좋고 반투명 물체의 그림자 등도 표현되는 한편 계산량이 다른 두 가지 방법에 비해서 훨씬 크다고 하는 문제점이 있으며 가시면 추출을 위한 레이 트레이싱법과 동일하게 고속화법[22]이 고안되고 있다.

세 번째 방법은 그림자 입체(影立體 : 섀도 볼륨)를 이용하는 방법[23]이다. 그림자 입체는 그림 4.11과 같이 광원과 광원에서 본 도형의 윤곽선을 구성하는 각각의 변을 포함하는 면을 측면으로 하는 각추대(角錐臺)로서, 내부가 그 도형에 의한 그림자의 영역이 된다. 그림자 입체를 이용하면 반사광 계산 전에 그림 4.12와 같이 어느 면에 대해서 어느 도형이 그림자를 만드는가 하는 것과 그림자의 영역을 물체 공간상에서 미리 계산해 둘 수가 있다. 이 때문에 가시면 추출 알고리즘이 스캔 라인법의 경우에는 어느 면이 스캔 라인성에 가시 구간을 갖는 것을 알면 동시에 그 가시 구간 내의 그림자 구간도 알 수가 있고 쓸데없는 계산을 생략할 수 있으므로 가시면 추출을 스캔 라인법으로 하는 경우에는 유력한 그림자 영역 추출법이다.

이와 같이 점 광원에 조사된 상황에서의 부영 처리는 광원에서 본 가시면 추출 처리와 거의 동등한 계산량을 필요로 하기 때문에 그림자를 고려하지 않는 화상에 비해서 거의 배 이상의 처리 시간을 필요로 한다. 또한 복수 광원이 존재하는 경우는 개별 광원에 대해서 동일한 처리를 할 필요가 있다. 이 때문에 광원 수가 증가하면 부영 처리를 위한 계산 시간이 화상 생성 시간의 대부분을 차지하게 되므로 작화시에는 충분히 고려할 필요가 있다. 반대로 말하면 광원으로부터의 조사 효과의 가법성을 고려하면 개개의 광원에 의한 화상을 병렬로 작성하여 단

순히 각각의 화소 정보를 가산하기만 하면 복수 광원에 의한 화상을 작성할 수가 있다.

선광원이나 면광원 등에 의해 조사된 경우의 부영 처리는 점광원과 같이 조사가 차폐인가의 단순한 판정 처리가 아니고 일부분에서 조사되고 있는 경우가 있어 처리가 상당히 복잡화하는 동시에 소요 계산 코스트(계산 시간과 소요 메모리량)도 증대한다. 그래서 어느 면에 있어서 광원이 완전히 다른 물체에 의해 차폐되고 있는 영역(본영), 완전히 보이는 영역(완전 조사), 일부분 보이는 영역(반영)으로 미리 분할해 두고 반사광 계산시에 일부분 보이는 영역만 상세히 계산하는 방법이 개발되고 있다. 그러나 이 방법도 조사 종별 영역 분할 때문에 상당한 처리 시간이 필요하므로 근본적인 해결법이 되고 있지 않다.

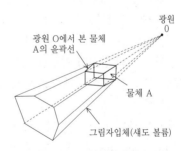

그림 4.11 그림자 입체의 구성

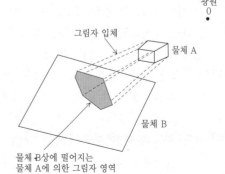

그림 4.12 그림자 입체를 사용한 면상의
그림자영역 계산

4.8 화상 베이스 렌더링

지금까지 광학이나 조명 이론에 기초를 두는 물리 베이스 렌더링의 각 방법에 관해서 설명하였다. 이들 물리 베이스 렌더링 방법의 발달에 의해 사실성(寫實性)이 높은 화상이 생성 가능해졌지만 가상의 구조물이 아니고 실존하는 대상의 경우는 사진과 CG로 생성한 화상과의 차는 명백하다. 또한 라디오시티법으로 제안되고 있는 반복 계산은 광원이 점등하고 나서 정상 상태가 될 때까지의 과도 상태의 계산과 등가이며, 그것에 비해서 사진은 안정 상태의 반사광 강도 분포의 정보로 취할 수가 있다. 따라서 실재 공간에 가상 물체를 배치한 화상을 생성할 때의 방법으로서 광원·물체 공히 전부 CG로 표현하는 방법과 실사 화상 내에 가상의 물체만을 CG로 작성하여 합성하는 방법의 두 가지가 생각된다. 후자의 경우 실사 화상은 시점(視點)을 향하는 물체 표면의 반사광 강도를 나타내고 있으며, 통상 이것을 텍스처 매핑용의 화상 데이터로서 이용한다.

화상 베이스 렌더링은 실사 화상에서 반사광 강도 맵(radiance map)과 BRDF에 관한 정보를 인출하여 반사광 강도 정보는 합성하는 CG에 음영 처리를 할 때 입사 광원으로서 이용한다. BRDF는 조명 조건이 변화하는 것 같은 경우는 반드시 필요해진다. 여기서 실사 화상을 어떠한 하드웨어로 촬영했다고 해도 일정한 다이내믹 렌지의(예를 들면 RGB 각색 256레벨) 디지털 화상으로 변환된다. 이 때문에 촬영 대상이 높은 휘도의 하늘 등을 일부분 포함하는 경우는 그림자 부분 등 낮은 휘도 부분이 존재하는 한편 하늘 등은 진백으로 포화하고 있다. 즉, 단일 디지털 화상은 실제의 휘도차를 충분히 커버할 수 있을 만큼의 다이내믹 렌지가 부족한 경우가 있다. 이 문제를 해결하기 위해 동일 신(scene)을 노출을 바꾸어 촬영하여 신뢰성이 높은 픽셀값을 가진 부분만을 이용함으로써 다이내믹 렌지를 확장하는 방법[2]이 제안되었다. 또한 복수의 사진 화상을 이용해서 물체의 BRDF를 추정하는 방법[3]도 제안되고 있다.

4.9 조명 계획의 실시 예

CG에 의해 생성된 화상을 이용한 조명 계획의 실시 예를 소개한다.

실사에 가까운 화상은 물체 표면으로부터의 반사광 강도 시뮬레이션에 의해 얻어진 결과를 가시화한 것으로 생각할 수 있으므로 조도 분포를 직감적으로 알기 어렵다. 그래서 직사광에 의한 조도 분포를 가시화한 화상과 배열해서 표시하면 상당히 유용하다.

구기장과 같은 대규모 시설의 조명 계획은 조명 설비도 건축물의 일부를 구성하는 일이 많아 미조정(微調整) 이외의 변경은 곤란하므로 시공 전에 충분한 검토가 요구된다. 따라서 이것은 여러 가지 시점 및 시야, 조명 기기의 조합에 대한 사전 검토를 필요한 만큼 실시 가능하다고 하는 컴퓨터 그래픽스의 장점을 가장 유효하게 활용할 수 있는 사례의 하나라고 할 수 있다.

그림 4.13은 야구장의 나이터 조명 평가를 위한 화상과 그것에 대응하는 조도 분포를 나타낸 것이다. 야구는 경기의 특성상 요구되는 최저 조도가 필드 내의 장소마다 다르고 또 라이트가 가능한 한 비구(飛球)·포구(捕球)의 장해가 되지 않도록 할 필요가 있는 등 조명 기기에 대한 요구 사항이 많다. 이에 대해서 컴퓨터 그래픽스를 이용해서 조도 분포나 포구시의 경기자의

시선 이동 등을 시뮬레이트한 애니메이션을 작성하는 등에 의해 문제점 조기 발견에 활용할 수가 있다.

그림 4.14는 축구장에 설치하는 조명 철탑의 높이와 경기자 그림자의 관계를 평가하기 위해 이용된 예이다.

그림 4.15는 랜드마크나 역사적인 구조물의 라이트업 시뮬레이션을 컴퓨터 그래픽스에 의해 실시한 예이다. 광원을 바꾸는 것으로 건물의 인상이 크게 바뀌는 것을 알 수 있다. 이 시뮬레이션 결과에 의해 라이트업 실시에 있어서는 사진 중앙부의 건물 코너 부분도 조명하고 계절에 따라 램프를 교환해서 운용하게 되었다.

그림 4.16은 중심 시가지 재개발·정비에 있어서 가로등 디자인 사전 검토를 위해 제작된 예이다.

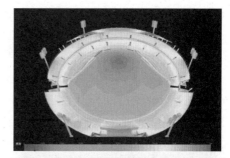

그림 4.13 구기장의 조명 시뮬레이션(야구장)
[ⓒ岩崎電氣]

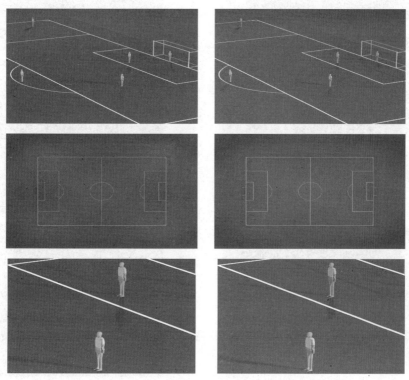

그림 4.14 구기장의 조명 시뮬레이션(축구장)
[ⓒ東芝ライテック]

그림 4.17은 대규모 개발에 있어서의 조명 환경 전체의 사전 평가를 위해 제작된 예이다. CG의 특징인 시점·시야의 설정 자유도가 큰 것을 활용한 예이다.

지면에서는 정지화만의 제시로 끝나지만 어느 예도 시점이나 시야의 변경을 수반하는 워크 스루(walk-through)/드라이브 스루(drive-through) 애니메이션의 작성에 의해 이산(離散)의 시점부터만이 아니고 실제로 그 장소를 걷는 분위기나 주행 중인 차에서의 경색(景色) 등을 진행 방향이나 진행로 등을 파라미터로 하는 사전 평가를 실시할 수 있다. 이와 같은 경우에는 신규로 건설하는 시설이나 라이트업 대상 단독이 아니고 기존의 거리 안에서 어떻게 보이는가 하는 평가도 중요하며, 본장에서는 해설을 생략했지만 CG로 제작한 물체를 기하학적으로도 광학적으로도 위화감 없이 실사 화상(實寫畵像)·영상에 합성하기 위한 방법이 필요해진다.

그림 4.15 라이트업
[ⓒ東芝라이테크]

그림 4.16 가로등 디자인 사전평가의 예
[ⓒ岩崎電氣]

그림 4.17 옥외의 조명계획 시뮬레이션
[ⓒ松下電工]

좌상 : 주간, 조명 OFF, 블라인드 개   우상 : 주간, 조명 ON, 블라인드 개
좌하 : 주간, 조명 ON, 블라인드 폐   우하 : 야간, 조명 ON, 블라인드 폐

그림 4.18 오피스의 조명계획 시뮬레이션 [松下電工]

그림 4.18은 오피스의 주광도 포함한 조명 계획 시뮬레이션의 예이다.

그림 4.19는 상호 반사를 고려 유무에 의한 화질의 상위를 표시하기 위한 것이다. 그림 (a)는 간접광으로서 일정한 환경광을 주어 작성한 화상이고 그림 (b)는 상호 반사 계산을 한 화상이다. 회화적인 관점에서는 (a)를 단독으로 제시해도 위화감 없이 받아들여질 것으로 생각된다. 그러나 조명 계획을 위한 시뮬레이션 화상으로서의 관점에서는 주된 광원이 간접 광원인 이 그림과 같은 경우는 (a)는 (b)에 대해서 아래와 같은 치명적인 결점을 갖는다. ① 직사광이

(a)

(b)

그림 4.19 상호 반사광 고려의 효과 [ⓒ松下電工]

(a)

(b)

그림 4.20 조명기구 사전평가의 예

[ⓒ松下電工]

조사하지 않는 그림자 부분(중앙 및 테이블 다리 부분)이 일정한 밝기로 표현되어 버린다. ② 바닥 면을 위시해서 소파 표면이나 테이블 상면의 천장 면으로부터의 조사 효과가 표현되지 않는다. 이와 같이 간접광이나 스포트라이트만에 의한 조명 효과를 CG에 의해 시뮬레이션 하는 경우에는 반드시 상호 반사를 고려하여야 한다.

그림 4.20은 상이한 조명 기구를 사용한 경우의 사전 평가를 위한 화상으로서, 조명 조건을 여러 가지로 설정하여 평가가 용이하다는 CG의 특징을 살린 예이다.

[多田村克己]

참고문헌

1) Kajiya, T. J. : The Rendering Equation, ACM Computer Graphics, 20-4, pp. 143-150 (1986)

2) Debevec, E. P. and Malik Jitenda : Recovering High Dynamic Range Radiance Maps from Photograph, ACM Computer Graphics, Proceedings Annual Conference Series 1997, pp. 369-378 (1997)

3) Debevec, P. : Rendering Synthetic Objects into Real Scenes : Bridging Traditional and Image-based Graphics with Global Illumination and High Dynamic Range Photography, ACM Computer Graphics, Proceedings, Annual Conference Series 1998, pp. 189-198 (1998).

4) Open GL ARB : Open GL Programming Guide, pp. 188-192, Addison-Wesley (1993)

5) Nishita, T., Okamura, I. and Nakamae, E. : Shading Models for Point and Linear Light Sources, ACM Trans. on Graphics, 4-2, pp. 124-146 (1985)

6) 西田友是, 中前栄八郎 : 影を考慮した面光源による照度の計算とその表示法, 照学誌, 68-2, pp. 61-66 (1984)

7) Cohen, M. and Greenberg, D. P. : The Hemi-Cube : a Radiosity Solution for Complex Environments, ACM Computer Graphics, 19-3, pp. 31-40 (1985)

8) Nishita, T. and Nakamae, E. : Continuos Tone Representation of Three-Dimensional Objects Taking Account of Shadows and Interreflection, ACM Computer Graphics, 19

-3, pp. 23-30 (1985)

9) Nishita, T., Miyawaki, T. and Nakamae, E. : A Shading Model for Atmospheric Scattering Considering Luminous Intensity Distribution of Light Sources, ACM Computer Graphics, 21-4, pp. 303-310 (1987)

10) Phong, B. T. : Illumination for Computer-Generated Pictures, Comm. ACM, 18-6, pp. 311-317 (1975)

11) Blinn, J. F. : Models of light reflection for computer synthesized Pictures, ACM Computer Graphics, 11-2, pp. 192-198 (1977)

12) Cook, R. L. and Torrance, K. E. : A Reflectance Model for Computer Graphics, ACM Trans. on Graphics, 1-1, pp. 7-24 (1982)

13) Torrance, K. E. and Sparrow, E. M. : Theory for Off-specular Reflection from Roughened Surfaces, J. Opt. Soc. Am., 57-9, pp. 1105-1114 (1967)

14) Tanaka, T. and Takahashi, T. : Shading with Area Light Sources, Computer Graphics forum, 10-3, pp. 235-246 (1991)

15) He, D. X. Torrance, E. K., Sillion, X. F., Greenberg, P. D. : A Comprehensive Physical Model for Light Reflection, ACM Computer Graphics, 25-4, pp. 175-186 (1991)

16) McCool, D. M., Ang, J. and Ahmed, A. : Homomorphic Factorization of BRDFs for High-Performance Rendering,

ACM Computer Graphics Proceedings Annual Conference Series 2001, pp. 171-178 (2001)

17) Gouraud, H. : Continuous Shading of Curved Surfaces, IEEE Trans. on Computers, 20-6, pp. 623-629 (1971)

18) Klassen, R. V. : Modeling the Effect of the Atmosphere on Light, ACM Trans. on Graphics, 6-3, pp. 215-237 (1987)

19) Nishita, T. and Nakamae, E. : Continuous Tone Representation of Three-Dimensional Objects Illuminated by Sky Light, ACM Computer Graphics, 20-4, pp. 125-132 (1986)

20) Tadamura, K., Nakamae, E., Kaneda, K., Baba, M., Yamashita, H. and Nishita, T. : Modeling of Skylight and Rendering of Outdoor Scenes, Computer Graphics forum, 12-3, pp. 189-200 (1993)

21) Reeves, W., Salesin, D. and Cook, R. : Rendering Antialiased Shadows with Depth Maps, ACM Computer Graphics, 21-4, pp. 283-291 (1987)

22) Schaufler, G. Dorsey, J., Decoret, X. and Sillion, F. : Conservative Volumetric Visibility with Occluder Fusion, ACM Computer Graphics Proceedings Annual Conference Series 2000, pp. 229-238 (2000)

23) Crow, F. C. : Shadow Algorithms for Computer Graphics, ACM Computer Graphics, 11-3, pp. 242-248 (1977)

제5장
시환경의 평가

시환경(視環境)에 대해서 생각하거나 이를 취급하는 경우는 환경을 인간과 관련해서 생각하지 않으면 안 된다. 이를 위해서는 인간측의 여러 조건을 알 필요가 있게 된다. 인간측의 여러 조건 중 호흡량이라든가 심박수와 같은 단순한 생리 작용이나 일 량, 작업 미스 등 보통의 인간 행동은 일반 물리적 측정과 동일한 방법으로 측정할 수가 있지만 감각, 감정, 가치감과 같은 각 개인의 주관에 속하는 것의 측정은 일반적인 물리적 측정과 비교할 때 특이한 점이 있으므로 여기서는 이것에 대해서 기술한다.

5.1 평가 실험의 특징   ● ● ●

5.1.1 측정에 영향을 주는 요인

일반적인 물리적 측정을 할 때는 측정값을 좌우하는 여러 요인을 비교적 간단히 통제할 수가 있다. 그리고 그래도 남는 측정값의 편차는 단순한 우연 오차로서 처리할 수가 있다. 또한 일반적으로 그 편차의 폭도 필요 정밀도에 비해서 충분히 작고 요구하는 정밀도가 얻어지지 않는 경우에도 그 오차를 필요에 따라 줄이는 연구의 여지가 충분히 있으며, 실제로도 그와 같이 해서 측정 정밀도를 올리고 있는 경우를 여러 곳에서 볼 수 있다.

이에 비해서 심리적 사상(事象)에 관한 특정에 있어서는 측정값을 좌우하는 요인이 대단히 많고 또 그 통제가 불가능하거나 또는 불가능에 가까울 정도로 어렵다. 비시감도 곡선(比視感度曲線)을 구하는 경우를 예로 들어 기술하면 다음과 같다. 즉, 상이한 파장을 갖는 단순 파장의 광 상호를 어떠한 심리적 사상에 관해서 관련짓지 않는 한 비시감도 곡선은 구해지지 않는다. 보통은 두 가지의 상이한 파장의 광을 피험자에게 보이고 양자가 피험자에게 동등한 밝기로 느껴지도록 그 강도를 조절하는 방법을 취한다. 그러나 두 가지의 광의 파장이 다르면 그것들은 상이한 색으로 느껴진다. 상이한 색의 광을 보이고 그것에 의해 일어나는 감각 중의 강도만을 추출하여 비교하는 것은 대단히 어렵다. 이러한 실험에 의한 경우에 얻어지는 측정값에 영향을 줄 것으로 생각되는 요인을 들면 표 5.1과 같다. 그리고 실험 조건으로서 이들 요인을 어떻게 취할 것인가는 실험 목적에 따라 여러 가지가 될 것이지만 설사 목적을 결정하여

표 5.1 측정값에 영향을 주는 요인

자극측의 요인	관측측의 요인
크기	관측방법
강도	한쪽 눈
제시위치(2색 상호간의 위치)	두 눈
색의 조합	두 눈 동시
제시방법	한참동안
제시순서	망막의 부위
제시시간	순응상황(명암, 색)
보이는 상태(세부 표면 거칠기)	판단내용
배경 휘도	등가 판단
배경색	플리커의 소실
	경계선 보이기
	관측자(개인차)
	실험 내용의 이해도 등

도 요인의 조건을 정할 수 없거나 통제되지 않을 때가 많다. 현재의 비시감도 곡선은 2도 시야, 중심시(中心視), 플리커 조건의 관측 실험을 기준으로 하고 있다. 이 값에 보편성이 있는 것은 아니지만 망막상의 시신경 분포 상태나 판단의 편차 크기 등도 고려한 것일 것이다.

이상의 예에서도 알 수 있듯이 심리 평가 실험은 실험 조건에 따라 측정값이 상당 범위로 바뀔 가능성이 있으므로 실험 목적이 무엇인가, 측정값에 영향을 주는 요인은 어느 만큼인가, 그리고 또 그 요인의 상위에 따라 측정값에 어느 정도의 차가 있을 것 같은가 등을 잘 생각하고 실험에 임하는 것이 중요하다. 이따금 중대한 요인을 모르고 그냥 실험을 하는 일이 있는데 그러한 일이 없도록 주의하여야 한다. 또한 통제하여야 하는 데 통제 안되는 조건의 영향으로 인한 특정값의 상위의 크기과 관계없이 무턱대고 세밀한 수치를 구하는 것도 좋지 않다.

5.1.2 측정값의 편차

일반적으로 평가 실험에 있어서의 측정값은 요구하는 정밀도에 대해서 편차가 크다. 그 원인이 불명인 요인과 통제 불가능한 요인에 의하는 경우와 본래 다양한 값을 갖는(하나의 참값이 존재한다고 생각하는 것은 올바르지 않다) 경우가 있을 수 있다

(1) 하나의 참값이 있고 또한 편차의 원인이 이른바 우연 오차로 처리되는 경우는 데이터를 필요한 만큼 취하고 그것을 평균하면 된다. 이 경우는 데이터 수와 편차의 크기에서 측정값의 정밀도가 결정된다.

(2) 하나의 참값은 있지만 통제되지 않는 요인에 의해 개개의 측정값에 계통적 왜곡이 가해지고 있다고 생각되는 경우는 단순히 평균하는 것은 올바르지 않을 때가 있다.

이와 같은 사태에 대한 일반적 해법은 없으므로 각각의 경우마다 그 나름대로의 연구를 하는 외에 방법이 없다. 예를 들면 판단을 반복할 때마다 값이 일정 방향으로 변화하는 경우는 만일 그 변화가 직선적일 것 같으면 측정값의 그래프에 직선을 피트하여 처리할 수 있다. 또한 큰 값은 보다 크게, 작은 값은 보다 작게 왜곡이 걸려 있는 경우 만일 그 왜곡의 양이 상하 대칭적이면 평균해도 된다. 단, 이 경우 그 분포는 정규 분포가 아니라고 생각해야 한다.

(3) 하나의 참값이 있다고 결정되지 않는 경우, 만일 실용상 하나의 값을 필요로 하면 일단 평균값을 가지고 이것에 맞추는 것이 보통이지만 주의를 요한다. 그 이외의 경우에 무리하게 하나의 값을 구하려고 하는 것은 피하여야 한다.

5.2 정신 물리학적 측정

정신 물리학(psychopysics)이란 정신 현상을 그것에 대응하는 물리적 사상과의 관련으로 해명코자 하는 연구법에 명명된 이름이다. 여기서는 일반적으로 있는 정신 현상(예를 들면 보인다, 보이지 않는다는 경계의 감각이라든가, 너무 밝지도 너무 어둡지도 않는 꼭 좋은 밝기의 느낌이라든가, 기분 좋은 느낌과 같은 것)에 대응하는 물리량을 측정하는 것이 주된 일이다. 보인다든가, 기분 좋다는 등의 느낌은 인간의 주관에 속하는 것이므로 그에 관한 것을 아는 데는 그것을 느끼고 있는 사람 자신에게 '보고' 받는 것이 거의 유일한 방법이다. 그러므로 결국은 일정한 정신 현상을 야기하는 물리적 사상의 양을 측정하는 데는 인간을 피험자로서 그

사람에게 양적으로 여러 가지 레벨에 있는 물리적 사상을 체험시켜서 그 중 어느 것이 해당 정신 현상에 대응하는가를 듣는 수밖에 방법이 없다. 이것에는 종래부터 주로 극한법, 조정법, 항상법의 세 가지 방법이 사용되고 있다.

5.2.1 극한법

예로서 어떤 등화의 광도가 얼마인 값일 때 표준의 등화와 같은 밝기로 느끼는가를 구하는 경우에 대해서 기술한다.

실험에 앞서서 표준 등화의 밝기에 비해서 밝기에 '보다 어둡다'고 느낄 광도부터 밝기에 '보다 밝다'고 느낄 광도까지에 걸쳐서 적당한 간격(후술)으로 잘게 광도 레벨을 세트해 둔다(예를 들면 10 cd, 12 cd, 14 cd, 16 cd, 18 cd, …, 26 cd, 28 cd, 30 cd와 같이). 이 세트중의 충분히 어두운 광도부터 시작해서 세트로 정한 단계를 따라 순차 광도를 올려 가서 소정의 조건하에서 관측하고 있는 피험자에게 그 하나 하나의 광도 조건에 대해서 표준 등화보다 '어둡다'인가 '밝다'인가 또는 표준 등화의 밝기와 '동등하다(불명 판단 포함)'인가의 판단을 시켜서 축차 보고 시킨다. 일반적으로 이것을 상승 계열이라고 한다. 또한 충분히 밝은 광도부터 시작해서 상승 계열과 반대 방향으로 동일한 조작을 한다. 이것을 하강 계열이라고 한다.

이와 같이 실험자가 잘게 불연속적으로 또한 일정 방향으로 자극을 변화시켜 계속해서 피험자에게 제시해 나가서 그 하나 하나를 순차 피험자에게 판단시켜 나가는 방법을 극한법이라고 한다.

(1) 이 방법을 사용하는 데 적합한 조건

① 너무 정밀도가 높은 값을 필요로 하지 않는 경우

② 피험자에게 직접 자극량을 변화시킬 수가 없는 경우

③ 동시에 다수의 피험자에게 판단시키고 싶은 경우(보고는 기록 용지에 쓰게 한다.)

④ 보통 역값, 등가값 등을 구하는 경우에 사용하는데 그 밖의 카테고리 판단에도 사용되고 있다.

(2) 유의 사항

① 자극의 새김 폭에 대해서

ⓐ 요구하는 측정값 정밀도를 상회할수록 세밀한 새김 폭은 필요 없다.

ⓑ 보통의 경우 불확정 판단의 범위가 2~5 자극값 정도로 분포하는 정도가 적절하다.

ⓒ 새김이 너무 치밀하면 계열마다의 필요 제시 단계가 많아져 손이 많이 가므로 피험자 판단측에 여러 가지 문제가 생기거나 하여 측정값의 정밀도가 오르기는 고사하고 도리어 나빠지는 경우도 있다.

ⓓ 새김 폭이 스텝마다 넓어지거나 좁아지거나 하는 것은 피하는 것이 좋지만 반드시 등간격일 필요는 없다. 예를 들면 앞의 예에서 제시한 광도의 변화폭을 대수값으로 동등해지도록 결정해도 된다.

② 보통으로는 상승·하강 양 계열을 각각 수회씩 반복한다. 특별한 이유가 없는 한 상승·하강 양 계열의 반복수를 동일하게 하는 것이 집계에 있어서 편하고 미스를 범할 가능성이 적어진다.

③ 그 후 각 계열마다에 최초의 제시 자극의 값을 바꾸는 편이 좋다. 이것은 만일 언제나 동일한 자극값에서 시작하면 피험자가 암기해 버려 판단이 충실해지지 않을지도 모르는 것을 방지하기 위해서와, 감각의 히

스테리시스의 영향이 일정한 형으로 경과에 들어가지 않게 하기 위해서이다.

④ 실제의 현장에서 역치를 구하는 경우 하강 계열밖에 안 되는 경우가 있다.

⑤ 판단 카테고리에 대해서

ⓐ 역치(閾値)를 구하는 경우 : '느낀다'(실제로는 '보인다', '판독된다' 등이 된다)와 '느끼지 않는다'의 두 카테고리의 어느 하나만 피험자에게 보고시킨다. 경우에 따라서는 의문 판단, 즉 "어느 것으로도 정하기 어렵다"라고 하는 카테고리를 설정하여 도합 3 카테고리로 하는 일도 있다. 사용하는 카테고리의 수에 따라 그 방법을 2건법, 3건법, …, n건법이라고 부른다.

ⓑ 등가값을 구하는 경우 : "+""−"('보다 밝다', '보다 어둡다' 등)의 2건법이나 "+""="" −"("="에는 '동등하다'와 '의심스럽다'를 포함)의 3건법이 사용된다.

ⓒ 일반적 카테고리 판단의 경우 : 필요한 카테고리 수에 따라 5건법, 7건법 등을 적의 사용한다. 예를 들면 '너무 어둡다', '약간 어둡다', '적당한 밝기', '약간 밝다', '너무 밝다'.

역치, 등가값 등을 구하는 경우 원리적으로는 2건법이 올바르다. 설사 3건법으로 실험했다고 하더라도 2건법으로 하여 집계 치리하지만 실험에 있어서 피험자에게 있어서의 판단의 난이 및 그에 수반되는 판단의 변형 등을 생각하면 3건법을 사용하는 편이 좋다.

⑥ 각 계열마다 실험을 어디서 끝내는가?

상승 계열의 경우는 약간 사이 "−" 판단이 계속되고 그 후 "+" 판단, 또는 "=" 판단이 나타나고 결국에는 안정되어 "+" 판단

이 계속된다. 하강 계열에서는 그 반대가 된다.

ⓐ 일반적으로 처음 판단이 바뀐 곳에서 실험을 끝낸다고 하고 있다.

ⓑ 그러나 실체의 판단이 바뀐 후 안정되고 반대의 판단이 계속하는 것을 확인한 곳에서 끝내는 편이 좋다. 특히 하강 계열만 밖에 실시되지 않는 것 같은 때는 반드시 그렇게 하지 않으면 안 된다.

(3) 집계의 방법

① 역치(閾値) 또는 등가값을 구하는 경우

ⓐ 처음 판단이 바뀐 곳에서 실험을 끝낸 경우 : 판단이 "−"에서 "+"(또는 "+"에서 "−"로)로 바뀌었을 때는 양 값의 중간 값, "−"에서 "="(또는 "+"에서 "=")로 바뀌었을 때는 "="의 값을 변이점으로 하고 상승 계열 변이점의 평균값과 하강 계열 변이점의 평균값의 한가운데 값을 가지고 구하는 역치 또는 등가값으로 한다. 이따금 상승 계열과 하강 계열의 변위점을 각각 하변별역, 상변별역이라고 하는데 그것은 옳지 않다.

ⓑ 반대의 판단이 안정을 계속할 때까지의 실험을 계속한 경우 : 각각의 계열에서 처음 판단이 바뀐 곳 및 반대의 판단이 안정을 계속하게 된 최초의 곳의 값에 대해서 각각 (1)의 경우와 동일한 방법으로 변이점을 구하고 그 두 변이점의 한가운데 값을 가지고 그 계열에서 구한 역치 또는 등가값으로 한다. 이 값에 대한 상승 계열의 평균값과 하강 계열 평균값의 평균값을 가지고 구하는 역치 또는 는 등가값으로 한다.

ⓒ 다른 법 : 모든 상승 계열(또는 하강 계

열)의 결과를 총합하여 각 자극값의 하나하나에 대해서 + 판단, = 판단, - 판단의 수를 바꾸어 항상법의 처리법과 유사한(전혀 동일하지 않다) 방법으로 집계한다. 이렇게 해서 구한 상승·하강 양 계열의 값의 평균값이 구하는 값이다. 보통으로는 이 방법을 사용할 필요는 없지만 데이터 수가 어느 정도 이상 많을 때는 이 방법에 의하는 편이 계산이 편하다. 또한 하강 계열밖에 실시하고 있지 않을 때는 이 방법에 의하는 것이 좋다.

② 일반적 카테고리 판단에 사용하는 경우

일반적으로 상승 계열과 하강 계열을 전혀 별개로 취급할 필요가 있다. 왜냐면 5~9건법의 긴 카테고리에 걸쳐서 관찰을 위해 순응 레벨이나 판단 기준의 변위 등 심리적 조건이 상승 계열과 하강 계열은 다르게 작용할 것이고 또한 이것을 컨트롤하는 술책이 없기 때문이다.

따라서 각각의 카테고리 경계선의 값(경계선에 대응하는 물리량)을 구하는 것에 대해서는 역치, 등가값을 구하는 방법에 준하지만 (1)에서 기술한 방법은 사용되지 않는다. 그리고 상승 계열의 결과와 하강 계열의 결과를 어떻게 취급하는가는 실험 조건이나 실험 목적에 따라 결정된다.

5.2.2 조정법

예로서 어느 등화의 광도가 어떤 값일 때 표준의 등화와 같은 밝기로 느끼는가를 구하는 경우에 대해서 기술한다.

소정의 조건하에서 관찰하고 있는 피험자가 자기 자신이 장치 등을 조작(예를 들면 다이얼 등을 돌려서)함으로써 비교 자극의 광도를 가감해서 그것이 표준 자극의 밝기와 동일한 밝기로 느끼는 강도를 만들어낸다.

이와 같이 피험자 자신이 자극량 등을 조정해서 소정의 정신 현상이라고 느끼는 것 같은 자극 상황을 만들어 내는 방법을 조정법이라고 한다.

(1) 이 방법을 사용하는 데 적합한 조건

① 재빨리 우선의 경향 등을 보고자 하는 경우
② 한 사람씩 밖에 관측할 수 없는 것 같은 실험 조건의 경우
③ 항상법의 방법을 사용하는 것이 적합하지 않은 경우
④ 역치, 등가값, 비율 판단, 기타의 카테고리 판단 전부에 사용된다.

(2) 유의 사항

① 자극의 조정 방법

ⓐ 보통 다이얼 등을 돌려서 자극량을 가감하는데, 다이얼을 돌리는 손 가감의 미묘함과 그것에 의해 변화하는 자극에 대응하는 감각 등의 변화의 느낌의 미묘함이 잘 매치할 필요가 있다. 미동 장치와 같이 다이얼을 많이 조작하여도 자극량이 극히 약간밖에 변화하지 않는다든가 반대로 다이얼을 조금 돌린 것만으로도 자극량이 크게 변화해 버리는 것 같은 장치는 부적절하다. 또한 장치에 흔들림이 있거나 장치의 조작과 자극 변화에 시간적 차이가 있거나 하는 것은 좋지 않다. 자극의 변화가 자동적으로 행하여지고 피험자는 그 스위치를 온·오프 하기만 하는 경우나 피험자가 말로 지시하고 실험자가 자극 변화를 조작하는 경우는 특히 주의를 요한다.

ⓑ 피험자에게 판단을 구하는 실험 전부에

공통적인 것이지만 일반적으로 과잉되게 신중하고 꾸물꾸물 시간을 끄는 판단은 결과가 좋지 않다. 숙달되지 않는 피험자에게는 그렇게 되지 않도록 미리 지시해 두는 것이 좋다.

ⓒ 피험자의 다이얼 조정 버릇에는 개인차가 있어(언제나 자극이 약한 쪽부터 강한 쪽으로 조정하는 사람, 또는 그 반대의 사람) 그 때문에 측정값이 달라지는 일이 있다는 것을 염두에 두어야 한다.

② **반복의 횟수** 측정값의 편차 정도와 요구하는 정밀도에 따라 결정된다. 간단히 끝낼 수도 있고 공들여 할 수도 있는 것이 그 방법의 특징이다.

③ 자극 응시 시간에 제한이 있는 경우 이 방법은 적합하지 않다.

5.2.3 항상법

진실된 하나의 값이 있다고 생각되는 값을 구하고자 할 때 그 측정값이 측정마다 어느 범위로 편차가 생기는 경우 통계적으로 보다 정밀도가 양호한 값을 구하기 위해 고안된 방법이다.

예로서 어느 등화의 광도가 어떠한 값일 때 표준의 등화와 같은 밝기로 느껴지는가를 구하는 경우에 대해서 순서를 기술한다.

(1) 우선 예비 실험에서 등가 판단이 어느 정도의 자극 범위에 있는가를 간단히 조사한다.

(2) 다음에 그 결과를 기초로 해서 그 범위보다 약간 넓은 폭의 범위에 걸쳐 자극값을 선택한다(예를 들면 10cd, 12cd, 14cd, 16cd, 18cd, 20cd, 22cd와 같이). 이들 값을 가진 자극 각각에 대해서 본 실험에서 다수회 판단을 구하는 것인데, 그 결과 최소의 자극은 100 % '소' 판단, 최대의 자극은 100 % '대' 판단, 그 이외의 중간 자극은 '대' 판단과 '소' 판단이 적당히 혼합되고 있는 결과가 얻어지도록 되어 있는 것이 바람직하다.

(3) 이들 자극을 랜덤 순으로 피험자에게 제시하여 순차 판단시킨다. 판단 횟수는 요구하는 정밀도나 표준 편차를 구하는가의 여부에 따라 다르지만 1 자극당 50판단 정도가 보통이다. 단, 전체 실험을 통해서 랜덤으로 하기보다 예를 들어 1 자극이 5 회씩 나오는 것 같은 1 조를 랜덤 순으로 하는 것 같이 어느 정도 작은 구분으로 하는 편이 좋다.

(4) 판단은 '대', '소'의 2건법이나 '대', '등' '소'의 3건법에 의한다. 3건법의 경우는 집계에 있어서 '등' 판단 하나를 '대', '소' 판단 각각 0.5로 하여 집계한다.

(5) 집계 방법 : 각 자극에 대해서 얻어진 다수회의 판단 중의 '대'(또는 '소')판단의 비율을 구한다. 이상적으로 실험이 행하여졌다고 하면 양단 자극의 '대' 판단의 비율은 0 % 및 100 %가 된다. 이 값은 계산에는 사용되지 않으므로 버린다. 일반적으로 역치, 등가값 등의 측정값 출현 빈도는 자극량 상(대부분의 경우 정확하게는 자극량의 대수 상에)에 정규 분포하고 있다. 따라서 '대' 판단 또는 '소' 판단은 파이 감마 함수의 형으로 분포한다. 집계한 데이터를 이 함수에 따라 해석하여 참값(眞値)으로 생각되는 값을 구한다. 해석에는 확률지(確率紙)를 사용하면 편리하다.

(6) 이 방법은 통계적으로는 면밀하고 필요한 만큼 정밀도를 올릴 수 있지만 다른 방법보다 품이 든다. 심리 평가 실험은 시간을 들이면 값을 왜곡시키는 결과가 되는 경우가

이따금 있고 많은 경우 실험의 조건 여하로 값이 상당히 변동하고 또 그 조건이 완전하게는 통제되지 않으므로 특정한 조건하의 실험이라는 좁은 계의 안에서 정밀도를 올리는 것은 무의미해진다. 그러므로 함부로 이 방법을 사용하는 것은 생각해 봐야 한다.

5.3 심리량의 측정

정신물리학적 측정의 항에서 기술되고 있는 측정은 물리량을 측정하는 것에 그치고 있다. 그러나 실제로는 심리량(心理量)에 직접 눈금을 붙여 표현할 것이 요구되는 경우가 이따금 있다. 심리량을 직접 측정할 수는 없으므로 어떠한 가정 또는 전제를 만들어 간접적으로 구할 수밖에 없다.

5.3.1 베버-페히너의 법칙

이 법칙은 최소 가지 차이(最小 可知差異 : 겨우 구별할 수 있는 감각의 차로서, jnd라고 약기한다)의 감각량이 약한 감각의 레벨에서도 강한 감각의 레벨에서도 동일하다고 하는 전제를 설정하여 베버(Wilhelm Eduard Weber)가 실험적으로 구한 식

$$\frac{\Delta S}{S} = \text{const.}$$

S : 자극 강도, ΔS : jnd에 대응하는 자극의 증가분에서 페히너가 유도한 것이다.

$$R = K \log S \text{(베버-페히너의 법칙)}$$

여기서 R은 감각량, S는 자극량, K는 상수

자극과 감각의 이 관계는 실제로 상당히 잘 들어맞는 것이라고 할 수 있다.

5.3.2 계열 카테고리에 의한 판단

'너무 어둡다', '약간 어둡다', '적당한 밝기', '너무 밝다'와 같이 양적으로 순위가 있는 계열적인 판단 카테고리에 의한 판단 실험을 기초로 해서 감각을 양적으로 눈금 표시하는 방법이 있다.

(1) 가장 초보적으로는 각 카테고리의 폭을 동일 간격으로 잡고 1, 2, 3, 4의 수치를 수여하여 그것을 그대로 감각량으로 한다. 현재 사용되고 있는 글레어 예측식 등은 이 방법에 의하고 있다.

(2) 인간의 판단은 중간 레벨에서는 촘촘하고 양극으로 감에 따라 성기게 된다고 생각되므로 해당 감각량 상에 정규 분포 곡선을, 계열 카테고리 중의 중앙의 카테고리 한 가운데가 중심이 되도록 맞추어서 각각의 카테고리 범위의 적분값이 같아지도록 카테고리 폭을 정하는 방법이 있다.

이 방법이 동일 간격 눈금보다 약간 합리적이다.

(3) 일정 자극에 대한 판단 분포가 정규 분포라고 가정하거나 또는 실험에 의해 얻어지는 판단 전체가 정규 분포하도록 실험 조건을 연구해서 이것을 기본으로 각각의 카테고리 폭을 결정하는 방법이 있다.

보통의 감각 판단의 편차 폭은 카테고리 폭을 산출하는 데는 너무 작으므로 이것을 사용해도 그리 잘 되지 않지만 연구해서 잘 실험을 짜면 이 방법은 대단히 우수한 방법이라고 할 수 있다. 그러나 그 수속은 품이 많이 든다.

5.3.3 직접 판독법

피험자에게 감각의 양적 인상의 크기를 직접 판단시키고 이것을 수값, 선분의 길이 또는 보

다 일반적으로 양상이 상이한 다른 감각에 대응하는 자극의 세기로 보고시키는(예를 들면 광에 대한 감각의 세기를 음의 세기로 표현시키는) 방법이다.

이 같이 해서 얻어진 수값 또는 선분의 길이가 그대로 감각량을 표시하는 것이라고 하는 보증은 없지만 보통은 그대로 또는 그 대수(對數)를 가지고 감각량으로 취급하고 있다. 후술하는 SD법의 실험에서는 대부분의 경우 선분의 분할에 의하고 있다 　　　　　　　　[河合 悟]

5.4 평가 시점과 심리 척도　•••

시환경과 같은 복잡한 대상을 평가하기 위해서는 밝기, 글레어 등과 같은 감각과 직결되는 심리 척도를 사용하는 것만으로는 분명히 불충분하다. 그러나 그렇다고 해서 어떠한 심리 척도를 사용하면 되는가는 명확하지 않다. 실험자의 감각적 판단에 의해 심리 척도를 결정하는 것도 확실하게 되지만 신뢰에 족한 평가를 하고 싶은 경우는 여러 사람이 어떠한 시점에서 평가하고 있는가를 조사하여 그와 같은 시점(視點)에 대응한 심리 척도를 구성하고서 심리 평가 실험을 할 필요가 있다.

이와 같이 생각하면 시환경의 심리 평가를 생각하는 첫째 단계로서 여러 사람이 어떠한 시점에서 조명 환경을 보고 있는가를 객관적으로 조사할 필요가 있는데, 그와 같은 조사 방법의 한 가지에 멀티플 소팅법(multiple sorting procedure)[1]이 있다. 이것은 피험자를 사용한 면접 조사에 의해 평가 시점을 추출하는 방식으로서 그 이름과 같이 피험자에게 많은 (multiple) 자유로운 시점에서 엘리먼트라고 불리는 카드나 사진을 분류(sorting)시킴으로

써 평가 시점을 추출한다. 그 순서는 다음과 같다.

5.4.1 엘리먼트의 준비

엘리먼트란 피험자가 분류 나눔을 하는 요소로서, 하나하나의 엘리먼트는 시점을 추출코자 하는 대상(이 경우는 조명 환경)의 베리에이션의 하나를 나타낸 것이다. 통상 엘리먼트는 사진이나 카드(표면에 그 대상 환경이 상기되는 키 워드가 기록되어 있다)로 표시되며, 그 내용에 따라 분류 결과는 큰 영향을 받는다.

이 때문에 실험 목적과 범위를 명확히 한 후에 그것에 적합한 엘리먼트를 작성하는 것이 필요해진다.

예를 들면 몇 가지의 조명 기구의 상위에 의한 광환경의 인상의 상위를 알고자 할 경우 조명 기구가 변화한 광환경을 미리 실제 공간에서 체험시켜 그 체험의 하나하나를 조명 기구의 명칭이 기재된 카드로서 표현하여 이것들을 엘리먼트로 하는 것이 좋다.

5.4.2 자유로운 시점에서의 분류

실험자는 피험자에게 자유롭게 분류시킨 후 그 시점을 실험자에게 설명하도록 요구한다. 그때 그 분류 시점이 후술하는 네 가지 척도의 어느 것에 해당하는가가 판단되도록 피험자의 설명을 유도한다.

이 방법에 의해 추출된 결과의 예를 표 5.2에 나타낸다.[2] 이 실험에서 사용된 엘리먼트는 미리 준비한 여러 가지 광환경의 사진과 피험자가 이제까지 체험하여 인상에 남은 광환경이고 후자는 그 광환경을 상상할 수 있는 키워드가 기록된 카드가 실제의 엘리먼트로 되어 있다.

표에 의하면 그 피험자가 갖는 광환경의 분류 시점을 알 수 있지만 함께 얻어진 엘리먼트의

표 5.2 조명환경의 평가시점의 추출결과

카테고리 시점	엘리먼트1	엘리먼트2	엘리먼트3 …
A. 광의 양 a-1 광의 양이 많다. a-2 광의 양을 제어하고 있다. a-3 광을 약간 조르고 있다. a-4 어둠에 가깝다.	1	1	1
B. 광과 그림자의 관계 b-1 광·그림자가 확실하다(콘트라스트가 확실하다). b-2 그림자가 없는 광(의도적으로 바림하고 있다. 확산광) b-3 판단 안 된다(어느 것에도 들어가지 않는다).	1	1	1
C. 광원의 종류(광원을 느끼는가, 리플렉트면을 느끼는가) c-1 광원을 느낀다(광의 입자를 느끼는 광). c-2 리바운드해 오는 면의 광 c-3 판단 안 된다(어느 것에도 들어가지 않는다).	1	1	1
D. 광의 연출성(연출적으로 이는 광과 연출적이 아닌 광) d-1 연출적인 광 d-2 비연출적인 광	1	1	1
E. 광의 투명감 e-1 투명한 느낌이 드는 광 e-2 투명감이 없는 광	1	1	1

분류 데이터에서 후술하는 다차원 척도 구성을 사용해서 척도를 구성하거나 공통된 엘리먼트의 결과를 사용해서 개인차를 검토하거나 할 수도 있다.

동일한 사고 방식에 입각한 유사한 순서로서

① 3개조법(triad theory) (임의의 3개의 엘리먼트를 들어서 그것을 2개 그룹으로 나누는 방법)[3]

② 평가 그리드법(환경 평가에 관계되는 척도만을 추출코자 하는 방법)[4]

등이 있는데, 각각 특유한 이점과 결점을 갖는다.

이와 같은 순서를 사용하지 않고 인터뷰로 시점을 직접 듣는 것도 물론 가능하다. 그와 같은 경우 피험자의 미묘한 뉘앙스를 읽을 수 있는 가능성이 높아지지만 반대로 실험자 해석에 결과가 의존되고 피험자간의 관계 등도 객관적으로 검토할 수 없다는 결점도 가지고 있다.

5.5 심리 척도의 구성

5.5.1 1차원 척도의 구성

피험자에게서 추출된 시점이나 연구자가 중요하다고 생각하는 시점이 정리된 후 그것들 시점에서 조명 환경을 평가하기 위해 그 시점에 대응한 심리 척도의 구성이 필요해진다. 심리 척도의 성질은 통상 아래와 같은 네 가지로 분류되어 검토된다.[5]

(1) **명의 척도** 분류하기 위해서만 수치가 부여되고 있는 척도로서, 예를 들면 야구의 등 번호는 명의 척도이다.

(2) **순서 척도** 수치 순서의 정보만이 의미를 갖는 척도로서, 달리기 경주의 순위 등은 이 척도에 해당된다.

(3) **간격 척도** 수치와 수치의 간격에 의미를 준 척도로서, 예를 들면 섭씨 온도는 간격

척도이다.

(4) 비례 척도 수치와 수치의 비에 의미를 준 척도로서, 예로서는 절대 온도 등을 들 수가 있다.

시환경의 심리 평가로서 이용되는 척도는 이용의 편리성 등 때문에 간격 척도나 비례 척도가 상정되는 일이 많다.

척도를 구성하는 방법에는 직접 피험자에게 듣는 것에 의해 구성하는 방법(직접법)과 일대 비교 등 다른 방법을 사용하여 간접적으로 척도를 구성하는 방법(간접법)이 있다. 가장 사용 빈도가 높은 간격 척도를 들어 그 구체적인 구성법을 소개하면 다음과 같다.

우선 직접법으로서는 카테고리 추정법, 카테고리 표출법, 등분법이나 등현(等現) 간격법 등이 있다. 시맨틱 디퍼렌셜법(SD법, 후술)[6]으로 이용되는 형용사 대척도는 카테고리 추정법에 속한다. 그러나 엄밀한 의미에서의 카테고리 추정법은 예를 들면 가장 물리적 강도가 약한 자극을 심리량 1, 가장 강한 자극을 심리량 9로 한 후 임의 세기의 자극을 주고 그 감각을 수로서 추정시킨다. 한편 카테고리 표출법은 카테고리 추정법과는 반대로 실험자가 심리량을 표시하는 수 쪽을 먼저 부여하고 그것에 대응하는 자극의 물리적 강도를 피험자에게 조정시킨다. 또한 등분법은 양단의 자극을 동일하게 부여하고 그것을 2등분이나 3등분으로 분할하는 것을 피험자에게 구하는 방법이고, 등현(等現) 간격법은 피험자에게 어느 자극 세기의 상위를 상정시키고 간격이 같은 폭이 되는 것을 의식하여 자극을 구분해 나가는 것을 구하는 방법이다.

이들 간접은 인간의 감각에 신뢰를 두고 있지만 그것들에 의해 얻어진 간격 척도가 엄밀하게 균일하다고 하는 보증은 없다. 특히 양극단의 부분(앞의 심리량 1이나 심리량 9 가까이)에서는 척도가 바르지 않다고 생각되므로 통계적 방법을 사용한 간접법을 병용해서 보완하는 경우가 많다.

간접법은 자극을 제시하는 방법에 따라 크게 두 가지로 분류된다. 하나는 일대 비교법이라고 부르며, 자극을 쌍으로 해서 표시하여 그 어느 것이 강한가 또는 평가가 높은가를 비교시킨다. 또 하나는 단일 자극법이라고 불리며, 자극을 하나씩 표시하여 그 심리량을 직접 평정시킨다. 전자의 방법은 조합이 방대해서 피험자가 피로해져 버린다고 하는 결점이 있고 후자의 방법은 피험자 자신의 머리 안에 명확한 규준이 형성되어 있지 않으면 적절한 평정을 하기 어렵다고 하는 결점이 있다.

한 쌍 비교법을 사용하여 척도를 구성하는 방법에는 서스톤의 방법[7]이나 셰패(Scheffe)의 방법 등이 있다. 셰패의 방법[8]은 2자 택일의 판단만이 아니고 5단계 또는 7단계의 세밀한 판단을 구한다고 하는 특징도 있지만 데이터 해석의 결과에서 주효과만이 아니고 조합 효과나 순서 효과도 검정부 분산분석표로서 얻어지기 때문에 많이 이용된다.

단일 자극을 사용한 척도 구성법에는 계열 간격법[9]이 있다. 이 방법은 많은 피험자에게 평정시킴으로써 얻어진 각 자극의 평정 히스토그램에서 그 누적 비율을 구하고 그것에 대응한 정규 편차를 구하는 것으로 척도를 구성한다. 척도의 구성에 겸해서 각 자극의 척도상의 득점도 산출되기 때문에 편리한 방법으로서 자주 이용된다.

5.5.2 다차원 척도의 구성

복수의 대상 간의 닮아있는 정도를 평가시키면 그 판단 결과에서 그 사람이 가지고 있는 심리 척도를 추정할 수가 있다. 이와 같은 추정을 해석적으로 행하는 방법이 다차원 척도 구성법 (muti-dimensional scaling)으로서, 이 방법에 의하면 복수 대상 간의 유사도나 거리(비유사도)에서 그들 대상을 분류하는 척도를 구성할 수 있다. 다차원 척도 구성법에는 메트릭과 논메트릭이라고 하는 두 가지 방법이 있는데 기본적인 계산 방법에 틀림은 없다. 양자의 상위는 메트릭은 데이터의 값 그것에 의미를 갖게 하는 데 비해서 논메크릭은 수량간의 거리의 대소 관계에만 의미를 갖게 한다고 하는 점만이다.

표 5.3[10]은 회의실의 조명을 여러 가지로 변화시켜 각각의 광환경의 닮은 정도(친근도)를 피험자에게 평가시켜 그 평가값을 기본으로 다차원 척도 구성법을 사용해서 얻은 척도로서, 옥내 조명의 분류 차원, 즉 사람들이 본 옥내 조명의 상위를 표현하는 차원을 표시하고 있다. 다차원 척도 구성법과 같은 다변량 해석의 결과는 어떠한 실험 패턴을 사용해서 거리 데이터를 수집했는가에 따라 다르므로 해석 결과를 무조건 믿어버리는 것은 삼가야 하지만 이 결과는 상식적으로도 납득되는 것으로 되어 있다. 표에 있는 '중앙 조명–주변 조명'이라고 하는 분류 차원은 회의실이라고 하는 구형의 형상을 가진 옥내 조명을 실험 대상으로 한 것을 생각하면

실의 형상과 독립된 일반적인 의미에서의 조명의 분류 차원은 밝기, 균일성, 광색이라고 추정된다.

5.6 심리 척도와 다변량 해석

5.6.1 심리 실험의 데이터 구조

시환경을 평가는 심리 척도(心理尺度)는 평가하는 시점(視點)의 수만큼 있을 수 있다. 그러나 그것들의 척도가 각각 독립이라고 하는 보증은 없고 그것들의 몇 가지는 비슷하게 사용되는 일이 많다. 가령 동일하게 사용되는 척도가 복수 있을 경우 그것들을 대표하는 척도를 하나 선택하거나 복수의 척도를 합성한 하나의 척도를 생각하거나 하는 편이 보다 이해하기 쉬운 견해가 얻어진다.

복수의 심리 척도를 사용하여 시환경을 평가하는 경우 복수의 피험자에게 실험자가 준비한 복수의 시환경을 평가시키게 되는데 그와 같은 심리 실험의 결과 얻어지는 데이터는 그림 5.1과 같은 3개의 상을 갖는 데이터로서 표현할 수가 있다. 이와 같은 데이터 구조를 3상 구조라고 하는데, 전단의 논의는 3상 데이터에서 정보를 축약하여 이해하기 쉬운 정보로 정리할 필요가 있다고 하는 논의가 된다.

표 5.3 옥내 조명의 분류 차원

〈중앙조명 – 주변조명〉
중앙의 천장에서 조명되어 실내중앙의 수평면조도가 높은 조명
– 연직면 조도가 높아 주변의 벽이 밝게 조사되고 있는 조명〈균일조명 – 불균일조명〉
(1) 실내조명의 균일성 또는 실을 구성하는 천장, 바닥, 벽과 같은 각 면의 밝기의 균일성
(2) 확산된 광에 의한 조명 – 강한 방향성을 가진 광에 의한 조명
밝다.– 어둡다.
수평면의 조명량의 인상
따뜻하다 – 차갑다
조명의 광색

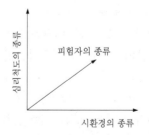

그림 5.1 데이터의 3상 구조

5.6.2 실험 데이터의 축약

가장 많이 취해지는 축약 방법은 피험자의 상의 데이터 편차를 평균값이나 중앙값을 취함으로써 하나의 값으로 대표시키는 방법으로서, 심리 척도의 종류와 시환경의 종류로 구성되는 2상 데이터로 변환할 수가 있다.

그리고 통상적으로는 다시 더 심리 척도의 종류를 축약하기 위해 척도 배후에 잠재적인 공통 인자가 있다고 생각되는 경우는 인자 분석을, 각 척도의 합성으로 각각이 독립된 대표 척도가 구성된다고 생각하는 경우는 주성분 분석을, 비슷한 사용 방법을 하는 척도를 분류하고자 하는 경우는 클러스터 분석을 사용해서 분석한다. 이와 같은 분석을 거치면 각각의 시환경은 축약된 소수의 심리 척도로 표현할 수 있게 된다.

그러나 여기서 기술한 것과 같은 심리 척도의 수의 축약은 각각의 심리 척도의 평가값이 평가 대상인 시환경의 변화와 더불어 어떻게 변화했는가라는 데이터(통상은 심리 척도의 분산, 共分散行列)에 입각해서 진행되며 평가 대상인 시환경의 변화는 실험자가 미리 준비한 시환경의 편차에 의해 결정되므로 축약 결과 얻어지는 소수의 심리 척도는 실험마다 달라져 버리게 된다.

심리 척도로서 형용사대(形容詞對)를 사용하고 심리 척도의 수의 축약법으로서 인자 분석을 사용하는 수속을 세만틱 디퍼렌셜법(semantic differential method : SD법)이라고 한다. 시환경의 인상 구조를 명확히 하는 것을 지향하여 지금까지 이 방법을 이용한 많은 연구가 시행되었다.

예를 들면 외국에서는 플린(J. E. Flynn)의 연구[12]가 대표적이고 일본에서는 사카구치(阪口) 등, 유도로(湯尼), 최근에는 나카무라(中村) 등의 연구 등을 들 수 있지만 이들 연구에서 일관된 결과는 얻어지지 않는다.

예를 들면 사카구치(阪口) 등은 '긴장-이완', '안정성', '호화성', '활동성', '밝기' 인자를 추출하고 나카무라 등은 '밝기', '안정성', '변화'의 인자를 얻고 있다.

5.6.3 물리 환경에 대한 정서 반응 모델

한편, 이와 같은 조명이라는 좁은 영역에서의 의미 차원을 잡으려고 한 연구에 비해서 러셀(J. A. Russell) 등은 대상의 범위를 한정하지 않고 생각할 수 있는 만큼 많은 상위를 가진 광범위한 물리적 환경(323개소)을 대상으로 생각할 수 있을 만큼 많은 형용사 척도(105쌍)로 평가하여 정서 반응의 차원을 구하고자 하였다. 그 결과 물리 환경에 대한 정서 반응은 그림 5.2와 같은 즐거움 또는 쾌적성(pleasing, pleasant)의 차원과 각성의 정도 또는 자극의 있고 없고(arousing)의 차원이라고 하는 두 가지 차원으로 표현된다고 하는 결과를 얻었다. 그들은 이 구조 모델을 서컴플렉스(circumplex)라고 명명하고 현재도 물리 환경에 대한 정서적인 반응을 나타내는 유력한 모델이 되고 있다.

물리 환경에 대한 정서 반응은 이 모델 상에 잘 배치할 수가 있다. 자극적인 요소를 포함한 환경은 가슴이 설레는 재미를 만들어 내기도 하고 정도가 지나치거나 문맥이 부적절하거나 하

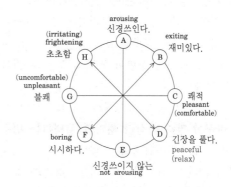

그림 5.2 물리환경에 대한 정서반응 모델

면 불안 초조하게 만든다.

한편 자극이 적은 환경은 느긋한 가라앉은 분위기를 만들어 낼 수 있으나 반대로 단조롭고 지루하게 만든다. 이들 심리적 상황이 이 모델 상으로 표현 가능하다는 것은 그림에서 명확해질 것이다.

5.7 심리 평가를 예측하는 시스템

시환경의 심리 평가가 문제가 되는 것은 따져 보면 실현코자 하고 있는 시환경이 어떻게 심리 평가되는가를 설계나 디자인 단계에서 예측하고자 하는 욕구가 있기 때문이다.

특히 좋아함 등으로 대표되는 환경에 대한 주관적인 총합 평가를 예측할 수 있으면 설계자에게 있어 편리하다.

심리 평가 연구의 최종 목적은 ① 시환경의 심리 평가에는 어떠한 것이 있고, ② 그와 같은 심리 평가가 어떠한 시환경의 속성에 의해 규정되는가와 같은 두 가지 의문점을 명확히 하는 것에 있다고 생각해도 된다.

5.7.1 다변량 해석법의 이용

심리 평가를 규정하는 속성을 생각해 보면 이 장의 앞에서 해설한 정신 물리학적 방법에서는 이 속성이 광도나 휘도와 같은 측광량이라고 하는 전제 조건하에 실험이 계획되고 있는 것을 알 수 있다.

감각 레벨의 심리 평가에서는 이와 같이 속성, 바꾸어 말하면 심리 평가를 설명하는 변수가 어느 정도 명확한 경우가 많다.

그러나 환경 전체에 대한 심리 평가와 같은 인지·인식 레벨의 심리 평가의 경우 형태 등 게슈탈트 심리학에서 얻어지고 있는 견해를 생각하면 단순한 물리 표현만으로는 예측될 것 같지도 않고 또 설사 그것들이 물리적으로 표현된다고 하더라도 어떠한 물리량을 채택해야 하는가는 명확하지 않다.

이와 같이 설명코자 하는 대상(이 경우 시환경의 심리 평가)이 명확하고 그것을 설명하는 변수가 명확하지 않은 경우 통상적으로 외적 기준이 있는 경우의 다변량(多變量) 해석법이 이용된다. 이와 같은 다변량 해석법의 분류로 말하면 다변량 해석법은 외적 기준이 명확하지 않은 경우에 이용되는 것이다.

외적 기준이 있는 경우에 이용되는 다변량 해석법은 외적 기준이나 설명 변수가 양적으로 측정되고 있는가의 여부(연속량으로서 측정되고 있는가의 여부)에 따라 다르다. 외적 기준, 설명 변수 모두 연속량인 경우는 중회귀 분석(重回歸分析)이, 외적 기준은 연속량이지만 설명 변수는 항목(카테고리)인 경우는 수량화 1류(類)가, 외적 기준이 항목이지만 설명 변수가 연속량인 경우는 판별 분석이, 외적 기준과 설명 변수 모두 항목인 경우는 수량화 2류가 사용되는 일이 많다.[17]

이와 같은 다변량 해석의 기본이 되는 데이터는 많은 경우 설명 변수간의 상호 관계에는 관심 없이 계획된 실험이나 무작위로 대상을 채택한 조사(실제로는 무작위가 아닌 경우가 많다)에서 얻어진 것인데, 이와 같은 경우 각 설명 변수 간에 내부 상관이 있는 일이 많으며 탐색적인 해석이라는 의미는 있지만 얻어진 예식이 그대로 범용적으로 사용되는 일은 거의 없다. 얻어진 설명 변수가 유효한가의 여부를 확인하기 위해서는 실험 계획법에 입각한 심리 실험이 필요해진다.

5.7.2 다속성 효용 이론과 예측 시스템

다변량 해석을 사용한 방법 이외에 다속성 효용 이론(多屬性效用理論 : Multi-Attribute Utility Theory : MAUT)이라고 하는 사고방식이 있다.

다속성 효용 이론은 일반적으로 마켓 리서치나 의사 결정과 같은 분야에서 활용되고 있는 이론으로서, 구매 등과 같은 행위를 몇 가지 선택 가지에서의 선택으로 표현하고 각각의 선택 가지에는 그 주관적인 요망성의 정도를 나타내는 효용(utility)의 값이 할당되어 있다고 친다. 그리고 선택 가지를 복수의 속성(attributes)으로 분해해서 표현하고 각각의 속성에는 다시 여러 가지 수준이 있다고 생각하고 그 수준마다 부분 효용값이 할당된다고 생각한다. 그리고 최종적인 상품 평가는 선택된 각 속성성 수준의 부분 효용값을 가산한 것이라고 한다.

다속성 효용 이론을 구체적으로 응용한 예로서 오피스 조명의 질을 평가하기 위해 실시된 조사를 소개한다.[19]

조사는 시장 조사에서 많이 사용되는 콘조인트 분석[20]이라는 방법을 사용하였다. 콘조인트 (conjoint) 분석이란 다수의 속성이 조합된 평가 대상(假想案)에 대한 회답자의 전체 평가에서 개별 속성에 관한 중요도를 효용값으로서 추정하는 방법이다.

조사에서는 오피스 광환경을 구성하는 요인이 되는 속성을 조도(照度), 균제도(均齊度), 조명 기구나 창면으로부터의 글레어, 디자인, 코스트, 주광 이용, 리사이클의 7속성으로 하고 각각의 속성마다 2~4의 수준을 설정, 전부 20수준이 설정되었다.

속성, 수준 결정 후는 이들 속성이 조합된 프로파일(가상안)을 작성하고 피험자는 이 프로필에 대해서 총합적인 평가를 한다. 조사 방법은 대화 형식의 컴퓨터 인터뷰법을 채용하여 229명의 피험자로부터 유효한 회답을 얻었다.

그림 5.3에 최종적으로 구해진 전체 피험자의 부분 효용값을 나타낸다. 각 속성 내의 수준 상위에 의한 부분 효용값의 차에서 각 속성의 중요도가 계산되는데, 계산 결과, 조도(속성 중요도=25.3 %), 글레어(속성 중요도=23.3 %), 코스트와 균제도(속성 중요도=12.1 %), 주광 이용(속성 중요도=11.2 %), 리사이클(속성 중

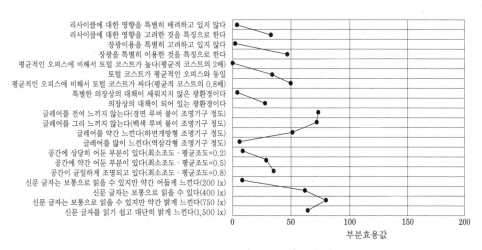

그림 5.3 오피스 광환경의 부분효용값의 예

요도＝8.6 %），디자인(속성 중요도＝7.5%)의 순서로 속성 중요도에 차이가 있는 것이 나타났다.

여기에 든 콘조인트 분석을 사용한 오피스 조명의 질에 관한 조사는 사실은 각각의 속성·수준의 주요 효과만을 생각한 경우의 실험 계획법에 입각한 실험 계획과 기본적으로는 동일하다. 따라서 속성의 설정이나 수준의 구분법을 충분히 검토하고 이와 같은 조사가 행하여지면 신뢰할 수 있는 심리 평가의 예측 시스템이 될 가능성을 가지고 있다. 앞으로 조명 환경을 대상으로 한 심리 평가 연구는 다변량 해석으로 얻어진 지견 등을 참조한 후에 어떠한 속성이나 수준의 구분법이 적절한가, 각각의 수준 판단에 연결되는 물리적인 특징량을 어떻게 설정할 것인가와 같은 두 가지 문제를 검토하는 반향으로 전개될 것으로 생각된다.

[中村芳樹]

참고문헌

1) Canter, D., Brown, J. and Groat, L. : A Multiple Sorting Procedure for Studying Conceptual Systems, ed. Brenner, M., Brown, J. and Canter, D. : The Research Interview Uses and Approaches, pp. 79-114, Academic Press (1985)

2) 中村芳樹：小嶋一浩の光の分類視点，第1回光環境デザインシンポジウム資料，pp. 19-24 (2001)

3) Fransella, F. and Bannister, D. : A Manual for Repertory Grid Technique, Academic Press (1977)

4) 建築学会編：環境心理調査手法入門，技報堂出版 (2000)

5) 芝 祐順，南風原朝和：行動科学における統計解析法,東京大学出版会 (1990)

6) Osgood, C. E., Suci, G. J. and Tannenbaum, P. H. : The Measurement of Meaning, The Univ. of Illinois Press (1957)

7) Guilford, J. P. （秋重義治訳）：精神測定法，培風館 (1959)

8) Scheffe, H. : An analysis of variance for paired comparisons, Journal of American Statistical Association, 47, pp. 381-400 (1952)

9) Edwards, A. L. : Techniques of attitude scale construction, Appleton Century Crofts (1957)

10) Flynn, J. E., et al. : Interim study of procedures for investigating the effect of light on impressions and behavior, Journal of the Illuminating Engineering Society, pp. 87-94 (1973)

11) 田中豊，脇本和昌：多変量統計解析法，現代数学社 (1983)

12) Flynn, J. E. : A study of subjective responses to low energy and non-uniform lighting systems, Lighting Design Application, Vol.7, pp.167-179 (1977)

13) 阪口忠雄，江島義道：室内環境の心理的側面からの分類に関する研究，照学誌，Vol. 57, No. 12, pp. 10-16 (1973)

14) 湯尻 照：縮尺模型による照明条件の視環境評価に関する実験，照学誌，Vol. 61, No. 3, pp. 43-50 (1977)

15) 中村芳樹，乾 正雄：オフィスの輝度分布特性とその心理的効果；日本建築学会計画系論文報告集，No. 445, pp. 27-33 (1993)

16) Russell, J. A., et al. : Affective quality attributed to environments : A factor analytic study, Environment and Behavior, 13, pp. 259-288 (1981)

17) 田中 豊，脇本和昌：多変量統計解析法，現代数学社 (1983)

18) 小橋康章：認知科学選書18「決定を支援する」，東京大学出版会 (1988)

19) 村松陸雄，中村芳樹：コンジョイント分析による光環境評価 (その1) ―オフィスの光環境を事例として―，照学誌，Vol. 84, No. 11, pp. 815-823 (2000)

20) AAKER, D. A. and DAY, G. S. : Marketing Research, John Wiley & Sons (1986)

제6장

옥내 조명 기준[1)]

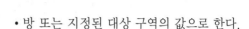

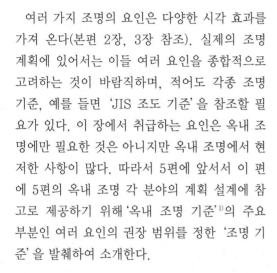

여러 가지 조명의 요인은 다양한 시각 효과를 가져 온다(본편 2장, 3장 참조). 실제의 조명 계획에 있어서는 이들 여러 요인을 종합적으로 고려하는 것이 바람직하며, 적어도 각종 조명 기준, 예를 들면 'JIS 조도 기준'을 참조할 필요가 있다. 이 장에서 취급하는 요인은 옥내 조명에만 필요한 것은 아니지만 옥내 조명에서 현저한 사항이 많다. 따라서 5편에 앞서서 이 편에 5편의 옥내 조명 각 분야의 계획 설계에 참고로 제공하기 위해 '옥내 조명 기준'[1)]의 주요 부분인 여러 요인의 권장 범위를 정한 '조명 기준'을 발췌하여 소개한다.

6.1 조도(照度) ● ● ●

(1) 작업면 조도

이 기준에서는 일반적으로 작업면 조도의 평균값을 권장한다. 주택의 전반 조명의 경우는 원칙적으로 바닥면 조도로 한다. 작업면의 종류에 따라 수평면, 연직면 또는 경사면으로 한다.

단, 작업면이 지정되지 않는 경우는 작업면 조도는 바닥 위 0.8 m(가정집의 경우는 바닥 위 0.4m)의 가상적인 수평면의 값으로 한다.

(2) 작업면 조도의 값

작업면 조도의 값은 다음에 의한다.
• 가구나 조도품(집기)을 설비한 상황에서의 유지하여야 할 값으로 한다.

• 방 또는 지정된 대상 구역의 값으로 한다.
• 작업면이 경사되어 있거나 벽면인 경우(흑판, 배전반의 조립 등)는 그 면의 평균값으로 한다.
• 통로, 복도는 바닥 위 0.1m 이내의 중심선 상의 평균값으로 한다.

(3) 작업면 조도의 작업에의 적용

작업면 조도는 여러 가지 작업 또는 행동에 대해서 표 6.1의 값을 권장한다. 권장 조도는 표에 표시하는 조도 범위를 대표하는 것으로 한

표 6.1 작업면의 권장조도와 조도범위 및 작업에의 적용 관계

작업면 권장 조도[lx]	조도범위 [lx]	작업 또는 행동의 예
2	1~5	방범(최저), 심야의 병실·복도
5	2~10	보행(최저)
10	5~20	보행
20	10~30	옥외(통로, 구내경비용)
30	20~50	짐쌓기, 짐내리기
50	30~75	수납고
75	50~100	차고, 비상계단
100	75~150	극히 조잡한 작업, 가끔 짧은 방문, 창고
150	100~200	작업을 위해 연속적으로 사용하지 않는 곳
200	150~300	조잡한 시작업, 계속적으로 작업하는 방(최저)
300	200~500	약간 조잡한 시작업
500	300~750	보통의 시작업
750	500~1,000	약간정밀한 시작업
1,000	750~1,500	정밀한 시작업
1,500	1,000~2,000	대단히 정밀한 시작업
2,000	1,500~3,000	초정밀의 시작업

[비고] 조도범위 300~750은 300 lx 이상 750 lx 이하를 표시한다. 이 경우의 권장조도는 500 lx이다.

다. 단, 다음 두 가지 경우에 대해서 고려한다.

- 고령자 및 시각 기능이 저하된 사람의 시각적 요구를 고려하는 경우에는 그 조도 범위의 상한값에 가능한 한 가까운 값을 취한다.
- 작업의 시각적 요구에 여유가 있는 경우에는 그 조도 범위의 하한값에 가까운 값이라도 된다.

(4) 작업면의 권장 조도

작업면의 권장 조도는 본 기준의 부표 1~부표 12에 표시한다. 부표중 ○표는 국부 조명으로 얻어도 된다.

본 기준에서는 연직면 조도를 개개로는 규정하지 않는다. 그러나 아래의 경우에 특별한 지정이 없는 경우는 다음에 기술하는 상당 방향의 조도를 확보한다.

- VDT 작업용의 조명에서는 VDT 화면상에 있어서 100~500 lx로 한다.
- TV회의에서는 TV 촬영을 위해 얼굴 면에서 750 lx 이상으로 한다.
- 얼굴의 보임이 중요한 곳에서는 바닥 위 1.2 m에 있어서 150 lx 이상으로 한다.

(5) 조도의 균제도

시작업을 목적으로 한 전반 조명의 조도 균제도(均齊度)는 대상 구역의 동일 작업면에 있어서 원칙적으로 최대/최소를 10 이하로 한다.

표 6.2 불쾌 글레어의 방지구분

구분기호	불쾌 글레어방지의 정도
D1	충분히 방지되고 있다.
D2	충분하지는 않지만 방지되고 있다.
D3	상당히 방지되고 있다.
D4	약간 방지되고 잇다.
D5	방지되고 있지 않다.

표 6.3 불쾌 글레어의 방지구분과 조명기구 (형광등)의 선정 예

불쾌글레어의 방지구분	조명기구의 글레어분류
D1	G0
D2	G1a
D3	G1b
D4	G2
D5	G3

표 6.4 형광등 기구의 글레어 분류 G의 휘도특성
(단위 : cd/m²)

분류 \ 연직각	65°	75°	85°
G0	3,000이하	1,500이하	1,500이하
G1a	7,200이하	4,600이하	4,600이하
G1b	15,000이하	7,300이하	7,300이하
G2	35,000이하	17,000이하	17,000이하
G3	-	-	-

6.2 글레어

글레어의 방지는 원칙적으로 다음 경우에 행한다.

- 전반 조명에서의 형광등 조명 기구로부터의 불쾌 글레어
- VDT 화면에의 조명 기구의 영상(비치어 들어감)에 입각하는 감능(減能) 글레어 및 불쾌 글레어

(1) 전반 조명 기구에 있어서의 형광등 조명 기구로부터의 불쾌 글레어 방지

형광등 기구를 사용한 전반 조명에서의 옥내 조명 시설의 불쾌 글레어 방지는 표 6.2의 불쾌 글레어 방지 구분에 의한다.

본 기준의 부표 1~부표 12에 전반 조명에 의한 불쾌 글레어 방지의 기준을 표 6.2의 구분 기호로 표시한다. 단, 방의 안 길이가 짧고 조명 기구가 시야에 들어 올 우려가 없는 경우는 그렇지 않다.

불쾌 글레어의 방지를 위해서는 적절하게 휘도 제어된 조명 기구를 선정하여 사용할 필요가 있다. 표 6.3은 불쾌 글레어의 방지 구분과 조명 기구의 선정 예를 표시한다. 글레어 분류 G의 형광등 기구의 휘도 규제는 A-A' 및 B-B' 단면에 있어서 연직각 65°, 75°, 85° 휘도의 값이 표 6.4를 만족시키는 것으로 한다. 단, 역삼각형과 같은 램프 노출 기구는 불쾌 글레어의 감각이 강하기 때문에 G3로 분류된다.

광천장, 루버 천장 및 간접 조명에 의한 천장면의 휘도는 수평 시선에서 앙각 45°에 있어서 1,000 cd/m² 이하로 한다.

(2) VDT 화면으로의 조명 기구의 영상 방지

VDT 작업이 실시되는 방이나 조명 기구가 VDT 화면에 영사될 우려가 있는 곳에서는 글레어 분류 V(V1, V2, V3)의 조명 기구를 우선적으로 사용한다. 표 6.5에 조명 기구의 글레어 분류 V의 휘도 특성 및 표 6.6에 사용되는 VDT 화면의 반사 방지 처리의 유무에 의한 V

표 6.5 조명기구의 글레어분류 V의 휘도특성

분류 \ 연직각	60°에서 90° 범위에 있어서
V1	50 cd/m² 이하
V2	200 cd/m² 이하
V3	2,000 cd/m² 이하 (1,500 cd/m² 이하가 바람직하다.)

표 6.6 전반조명방식에서의 V분류 조명기구의 선정

사용장소 \ VDT의 분류	반사방지처리가 되어 있지 않은 경우	반사방지처리가 되어 있는 경우
VDT전용실	V1	V2
일반사무소	V2	V3

참고표 6.A1 대표적인 Hf형광등 기구의 글레어 분류

분류	설명	예
G0 (V1) (V2) (V3)	경면 루버 등으로 글레어를 보다 엄하게 충분히 제한한 Hf형광등기구	
G1a	전방향형 백색 루버(1), 확산 패널, 프리즘 패널 등에 의해 글레어를 충분히 제한한 Hf형광등 기구	
G1b	1방향형 백색 루버(2) 등에 의해 글레어를 제한한 Hf형광등 기구	
G2	수평방향에서 봤을 때 램프가 보이지 않게 글레어를 제한한 Hf형광등 기구	
G3	램프가 노출되어 글레어를 제한하고 있지 않은 Hf형광등 기구	

[주] 1. A-A 단면, B-B 단면 양 방향에 대해 백색 루버로 차광한 형광등 기구
2. A-A 단면(관축과 직각방향)만 백색 루버로 차광한 형광등 기구

[照明學會, 2001²⁾]

표 6.7 광색의 분류

구분	광색의 인상	상관색온도[K]
온난	따뜻하다.	3,300 미만
중간	중간	3,300~5,300
청량	시원하다.	5,300 이상

[주] 광색의 인상과 상관색온도의 분류는 JIS Z 9112 「형광램프의 광원색 및 연색성에 의한 구분」에 사용되고 있는 광원색의 종류 및 기호와 다르므로 주의할 것. 혼동을 피하기 위해 형광 램프의 광색, 기호, 상관색온도의 관계를 참고표 6.A2에 나타낸다.

표 6.8 연색성의 구분

단계	R_a의 범위	사용 예	
		권장	허용
1A	$90 \leqq R_a$	색맞춤, 임상치료, 화랑	–
1B	$80 \leqq R_a < 90$	가정, 호텔, 레스토랑, 점포, 오피스, 학교, 병원, 인쇄, 페인트 및 직물공장, 요구가 엄한 공장작업	–
2	$60 \leqq R_a < 80$	공장작업	오피스, 학교
3	$40 \leqq R_a < 60$	조잡한 작업	공장작업
4	$10 \leqq R_a < 40$	–	통로(복도는 아니다), 창고

분류 조명 기구의 선정 기준을 표시한다.

본 기준의 부표 1~부표 12에는 VDT 화면으로의 조명 기구 영사의 방지 기준을 V분류의 기호로 표시한다.

[주] 대표적인 Hf형광등 기구의 글레어 분류
  옥내조명기준에서는 표 6.3 및 표 6.5의 규제를 만족하는 조명 기구의 사례는 표시하고 있지 않지만 오피스 조명설계지침2)에서는 Hf 형광등 기구에 관해서 사례가 표시되어 있다. 이를 참고표 6.A1에 나타낸다.

6.4 광색

광원의 광색의 인상은 상관 색온도에 의해 표 6.7에 나타내는 광색 분류로 표시한다. 광색의 권장을 본 기준의 부표 1~부표 12에 표시한다.

또한 표 6.7의 광색의 인상과 상관 색온도의 분류는 JIS Z 9112 '형광 램프의 광원색 종류 및 기호'[3]와는 다르므로 주의할 것. 혼동을 피하기 위해 형광 램프의 광색, 기호, 상관 색온도의 관계를 참고표 6.A2에 나타낸다.

참고표 6.A2 형광 램프의 광색과 기호

광색	기호	상광색온도[K]
전구색	L	2,600~3,150
온백색	WW	3,200~3,700
백색	W	3,900~4,500
주백색	N	4,600~5,400
주광색	D	5,700~7,100

6.3 연색성

광원의 연색성은 평균 연색 평가수 R_a에 의해 표 6.8의 5단계로 구분한다. 본 기준의 부표 1~부표 12에 각 분야에 대한 권장 단계를 표시하는데, 그것을 초과하는 R_a의 광원이어도 아무런 지장이 없다. 안전색(색채)은 언제나 바르게 인식되지 않으면 안 된다.

[田淵義彦]

참고문헌

1) 照明学会編：屋内照明基準, JIES-008 (1999)
2) 照明学会編：オフィス照明設計技術指針 JIEG-008, p. 9 (2001)
3) JIS Z 9112：1990 蛍光ランプの光源及び演色性による区分

5편
옥내 조명

제1장

오피스

1.1 기본적 사고 방식 ●●●

1.1.1 오피스 조명의 중요성

현대 사회의 업무는 오피스에서 행하여지는 근무가 대단히 많아 하루 중 대부분을 지내는 오피스 공간을 쾌적하게 한다는 것은 대단히 중요하다.

또 개인 주택이나 점포 공간 등은 사용자의 기호에 맞추어서 특별한 대응이 가능하지만 공통적으로 사용하는 오피스 환경은 타율적으로 사양이 결정되므로 많은 사람들이 납득할 수 있는 조명으로 하는 것이 중요하다.

1.1.2 조명의 요인과 권장 기준

조명 계획에 있어서의 일반적인 조명 요인과 그 권장 범위 및 조명 계획의 일반적인 순서에 관해서는 4편 1장을 참조하기 바란다. 이하, 오피스에 관해서 특별한 사항에 한정해서 설명한다.

주요 조명 요인의 권장값은 '오피스 조명설계 기술지침'에 기재되어 있다. 이것은 '실내 조명 기준'의 개정(1999년)(4편 6장 참조)에 따라 내용을 이것에 정합시키는 것을 목적으로 개정되어 있기 때문에 언급되고 있는 각종 조명 요인의 내용은 실내 조명기준과 정합되어 있다. 또한 실내 조명기준에서 취급하고 있는 요인은 기준화되어 취급되는 공간을 상정하고 있기 때문에 결과적으로는 주로 오피스 공간에 적용되는 사항들이 많다. 이와 같은 양쪽 이유에 의해 오피스 조명설계 기술지침의 내용은 상당한 부분이 실내 조명기준과 공통으로 되어 있다.

각 분야의 설계에 있어서는 지켜야 할 기본적인 권장값에 관해서 실내 조명기준의 특별히 기준을 열거한 7장 '조명기준'(4편 6장에 발췌해서 전재)을 참조하기 바란다.

1.1.3 조명 계획 플로

기본적인 사고 방식은 4편 1.7을 참조 바란다. 이하, 실내 조명기준 및 오피스 조명설계 기술지침에 따라 오피스 공간에 특유한 사항을 중점적으로 설명한다.

(1) 조사 사항

조명 계획에 앞서서 오피스 빌딩의 개요를 자료에 의해 확인한다.

① 오피스의 용도와 목적 확인
② 건축 관련 항목의 확인
　ⓐ 건물의 조건
　　• 건물의 입지
　　• 방위
　ⓑ 방의 조건
　　• 건물 내의 각 방의 배치
　　• 방의 크기
　　• 창의 위치나 형상
　　• 방의 칸막이
　　• 방의 내장
③ 방의 이용 형태

표 1.1 오피스 조명기준표

근무 에어리어

▨ 정하지 않음.

구분 방의 종류	수평면 조도[lx]	조도의 균제도	조도의 연속성	연직면 조도[lx]	불쾌 글레어	반사 글레어	광색	연색성
사무실(a)	○ 1,500				D2, D3	V2, V3	중, 한	
사무실(b)	750			150 이상	D2, D3	V2, V3		
임원실	750				D1, D2	V2, V3	난, 중, 한	
설계실·제도실	○ 1,500				D2, D3	V2, V3		
VDT전용실·CAD실	750	0.6 이상	1:50 이내	100~500		V1, V2		80 이상
연수실·자료실	750				D3, D4			
집중감시실·제어실	750			100~500	D1	V1, V2	중, 한	
진찰실	750			200 이상	D2, D3			
조리실	750				D3, D4			
수위실	500				D3, D4			

커뮤니케이션 에어리어

구분 방의 종류	수평면 조도[lx]	조도의 균제도	조도의 연속성	연직면 조도[lx]	불쾌 글레어	반사 글레어	광색	연색성
응접실	500				D2, D3, D4			
임원응접실	500			150 이상	D1, D2		난, 중, 한	
협의 코너 회의실	750				D2, D3			80 이상
임원회의실	750				D1, D2	V2, V3		
TV 회의실	750	0.6 이상	1 : 5 이내	100~500	D1, D2	V1, V2, V3		
프리젠테이션 룸	500			200 이상	D2	V1, V2, V3	중, 한	
대회의실·강당	750			200 이상	D2, D3, D4			
접수 로비	750			200 이상	D2		난, 중, 한	60 이상
라운지	500				D3, D4			80 이상
현관 홀	500			150 이상	D2, D3			60 이상

리프레시 에어리어

구분 방의 종류	수평면 조도[lx]	조도의 균제도	조도의 연속성	연직면 조도[lx]	불쾌 글레어	반사 글레어	광색	연색성
식당·카페테리아	500				D2			
임원식당	500				D1, D2		난, 중, 한	80 이상
다실, 휴게 코너	150		1 : 5 이내		D2			
리프레시 룸	500				D1, D2			
애슬레틱스 룸	500	0.6 이상			D3, D4		중, 한	
아틀리움	500				D2, D3			60 이상

유틸리티 에어리어

구분 방의 종류	수평면 조도[lx]	조도의 균제도	조도의 연속성	연직면 조도[lx]	불쾌 글레어	반사 글레어	광색	연색성
화장실	500			150이상	D1, D2		난, 중, 한	
화장실, 세면소	300				D2, D3			
엘리베이터 홀	300				D2		중, 한	
엘리베이터, 계단, 복도	300				D2, D3			
임원복도	200				D1, D2		난, 중, 한	80 이상
급탕실, 오피스 라운지	300				D2, D3			
갱의실	200		1 : 5 이내		D4, D5			
서고	500			150 이상				
전기실, 기계실	300						중, 한	
창고	200							60 이상
숙직실	300							
현관(주차장)	150							
옥내비상계단, 차고	75							

[비고]　a) 일반 사무실로서는 사무실(b)를 선택한다. 세밀한 시작업을 수반하는 경우 및 주광의 영향에 의해 창밖이 밝고
　　　　실내가 어둡게 느끼는 경우는 (a)를 선택하는 것이 좋다.
　　　b) VDT작업을 하는 방의 경우는 불쾌글레어 규제값보다 반사 글레어 구제치인 V분류의 사용을 우선한다,
　　　c) 표 안의 ○표는 국부조명으로 얻어도 된다.

[照明學會, 2001[5)]]

- 근무 내용
- 책상이나 집기의 배치
- 근무자의 연령 구성

④ 동선 계획

오피스에서 시행되는 업무 내용은 다양하며 각 방의 업무 내용의 상위에 따른 조명 환경도 다르기 때문에 여러 방을 왕래할 때 상호 위화감이 생기지 않도록 동선(動線) 계획도 파악해 둔다.

(2) 조명 방식의 선정

근무실은 큰 방으로 된 형식이 많으며, 책상이나 집기가 어느 장소에 가더라도 되도록 전반 조명을 채용하는 일이 많은데, 작은 방으로 칸막이를 하더라도 조명이 부족되지 않도록 유의하고 또는 조명 점등 회로를 독립적으로 점멸할 수 있도록 분기한다.

최근의 준개실화(準個室化) 경향에 따라 근무자의 집중도를 높이고 또는 근무자의 프라이버시가 다소라도 확보되도록 개개의 근무자 공간을 확보하기 위해 칸막이를 하는 경우가 많은데, 이때 근무자 개별의 조도 레벨의 기호에 대응하기 위해서와 에너지 절약을 위해 '태스크 엔드 앰비언트 조명' [3),4)](본장 1.3 참조)을 채용하는 경우가 많다.

(3) 조명 요건과 설계 채용치의 검토

조명 요건의 권장값을 검색하여 채용값을 결정한다. 오피스 조명설계 기술지침 [1)] 또는 실내 조명기준 [2)]을 충분히 참조할 것. 또한 오피스 조명설계 기술지침(이하, '원전(原典)'이라고 한다)의 표 4.9 '오피스 조명기준표' [5)]를 전재하여 표 1.1에 든다.

(4) 광원, 조명 기구, 조명 제어 방식의 결정

근무 에어리어의 전반 조명에는 형광등 기구가 채용되는 일이 많다.

광원과 조명 기구의 특징과 주요 용도는 3편 및 4편 1장의 표 1.6을 참조 바란다.

특히 IT화에 수반되는 VDT 보급에 있어서의 조명적 배려에 관해서 VDT 화면에의 조명 기구의 영사에 대한 휘도 규제, 실내를 둘러 봤을 때 느끼는 불쾌 글레어 방지의 견지에서 형광등 기구의 글레어 분류에 비추어 보아 적합한 기구를 선택하는 것이 바람직하다. 다른 광원의 경우도 동일하다. 주요 에어리어 조명에 필요한 기능과 권장되는 조명 기구의 예가 오피스 조명설계 기술지침 표 4.7 [6)](4편 6장 참고표 6.A1)에 제시되고 있다.

(5) 조명 기구 배치의 검토

근무시에는 방에는 근무자가 재실하므로 조명 기구의 간격을 너무 넓게 하면 무인시에 얻어지고 있던 수평면 조도도 근무자의 그림자가 되어 손밑이 어두워지거나 조도가 부족하거나 하기 쉽기 때문에 주의가 필요하다. 또한 근무자 안면의 연직면 조도 확보의 관점에서 조명 기구의 간격은 제한을 받으므로 작업면의 수평면 조도의 검토와 함께 반드시 연직면 조도의 계산과 검토가 필요하다.

(6) 설계 목표값에 대한 체크

설계 안에서 소기의 설계 목표값이 얻어지는가의 여부를 체크한다. 또는 컴퓨터 그래픽스(4편 4장 참조) 등에 의해 효과의 예측이나 확인을 한다.

1.2 에어리어 마다의 유의점 ●●●

1.2.1 집무 에어리어

(1) 시대상(4편 1.2 참조)

시대상은 사람이 목적 행위를 위해 주의를 하고 보지 않으면 안되는가의 여부에 따라 주시대상과 환경으로 분류된다. 주시대상이란 사람의 행동이나 행위의 직접 목적을 위해 보지 않으면 안되는 또는 보고자 하는 대상을 말한다.[7],[8] 환경이란 행위에 직접 관계는 적지만 사람이 이쪽 저 쪽을 둘러 봤을 때 눈에 들어오는 사람이 있는 주위의 상황을 말한다.

오피스 환경의 일반적인 근무에서는 서류나 VDT(Visual Display Terminal) 등을 대상으로 하는 문서 작업이 주체지만 비즈니스는 대인관계가 대단히 중요하며, 안면도 중요한 주시대상이다.

(2) 주시대상에 관한 유의 사항

① 작업면 조도의 확보
② VDT 표시면에의 광원의 영사 방지
③ 근무자의 안면 조도의 확보

(3) 환경에 관한 유의 사항

① 불쾌 글레어의 방지
② 벽면 조도의 바람직한 값의 채용

1.2.2 임원 에어리어

임원은 일반적으로 고령자가 많으므로 작업면 조도는 약간 높은 값을 채용한다. 또한 임원실에는 방 전체에 책상이 놓이는 일은 적을 것이므로 임원의 근무 장소 중심에 다소 작업 자세는 변화해도 되도록 범위는 여유를 주어 약간 넓은 국부적 전반 조명(어느 특정위치, 예를 들면 작업을 하고 있는 장소를 그 주위에 비해서 보다 높은 조도의 영역이 되도록 설계된 조명)[9](4편 1.6.1 참조) 또는 태스크 엔드 엠비언트 조명(본장 1.3 참조)을 채용하는 것도 좋은 방법이다.

또한 벽면이 넓게 시야에 들어오므로 벽면 조명에 유의한다.

벽면에 표정을 주기 위해 벽면 조명용 다운라이트를 채용하고 그러데이션, 라이트 패터닝, 재질감 표현 등 벽면에 표정 효과를 주는 것도 바람직하다(4편 2.2.3 [3] 참조).

임원실에는 조직의 경영을 맡는 중책을 표명하기 위한 기호성이 요구되는 경우도 많으므로 인테리어 설계와 충분한 협조가 필요하다.

1.2.3 커뮤니케이션 에어리어

사람 얼굴의 표정이 잘 보이도록 안면 조도의 확보에 유의할 것.

원만하게 절충이 이루어지도록 테이블에 중심감[10](4편 2.2.2 [2] 참조)을 주는 것이나 회합 내용의 중요성을 표현하기 위해 기호성으로서 샹들리에를 채용하는 등의 연구도 이루어지고 있다.

1.2.4 리프레시 에어리어

이 장소에는 라운지나 식당도 포함해서 취급한다.

오피스 작업의 질적 성과의 향상과 확보를 위해서는 작업 내용에의 철저한 집중과 그 유지가 필요하다. 한편 너무 장시간의 계속은 포화와 피로에 의한 긴장 완화를 초래하기 쉬우므로 과감한 리프레시가 필요하다.

이를 위해서는 긴장이 풀려 버려 원래 작업으로 복귀할 수 없을 정도로 근무 장소의 분위기에서 가능한 한 반대의 분위기 연출이 바람직하다.

예를 들면 근무 장소가 색온도 5,000 K 정도의 형광등 전반 조명에 의한 높은 조도로 그림자가 부드러운 공간이면 낮은 색온도의 광원의 다운 라이트에 의한 지향성 조명광에 의한 강약이 있는 공간이라든가 또는 낮은 색온도의 광원에 의한 낮은 조도의 간접 조명의 조용한 환경을 제공하는 등이다. 이것은 근무자의 기호로도 달라지므로 사전에 실험이나 평가 등을 하는 것도 바람직하다.

1.2.5 서큘레이션 에어리어

오피스 공간은 자택과 달리 본질적으로 공공 공간으로서, 공간의 실태는 그 조직에 소속된 사람이라도 숙지하는 것은 어렵고 내방자에게는 미지의 장소이다.

따라서 안전 신속하고 쾌적하게 소기의 목적 장소에 도착하는 것이 중요한데, 자신이 현재 장소를 직감적으로 파악하기 어려운 경우도 드물지 않으므로 종합적인 사인(sign) 계획을 적절히 시행하여야 한다.

상시 각 부서간의 이동이 있으므로 유니버설 디자인에 배려하는 것은 물론이고 단차가 명료한 표출, 그리고 또한 단차의 전형적인 형인 계단의 조명은 상당히 중요하며, 밟는 면과 그 높이의 차를 나타내는 조명을 하는 것이 필요하다.

이 에어리어에서 중요한 것은 복도 등에서 바닥면의 조명 패턴에 너무 배려한 나머지 연직면 조도가 부족하여 중요한 통행자 얼굴이 명료하게 보기 어려운 경우도 있어 인사를 하지 않아 손실을 초래하는 일도 적지 않으므로 배려가 필요하다.

표 1.2 오피스 조명의 기능 전개예

부위	주요기능	시작업의 특징	조명의 목표 (태스크)	희망 이미지	조명요건	조명방법
		환경의 특징	조명의 목표 (앰비엔트)			
근무 에어리어	데스크 워크 OA 작업 커뮤니케이션	서류, 사람 얼굴, VDT 등 다양	서류가 보기 쉽다 사람얼굴이 보기 쉽다 VDT가 보기 쉽다	중간~약간 쿨 약간 소프트~ 약간 하드	수평면 조도 750~1,500 lx 색온도 4,200~ 5,000 K	글레어 규제형 VDT작업용 조명기구
		차분하다. 산뜻하다.	눈부심 대책 VDT에의 영사방지			
회의 에어리어	의사진행 디스커션 결의, 회식 집중 리프레시	사회자, 상대의 얼굴, 서류, 스크린, 요리	상황에 대응한 조명 상태 설정 가능	상당히 웜 상당히 쿨 상당히 소프트~ 약간 하드	수평면 조도 50~750 lx 색온도 3,000~5,000 K	다운 라이트~광천장 조광기능 필요
		활동적~차분함				
영업 에어리어	수발주 TEL 토론	서류, 사람 얼굴 VDT	서류가 보기 쉽다. 사람얼굴이 보기 쉽다. VDT가 보기 쉽다.	약간 웜~중간 상당히 소프트~ 약간 하드	수평면 조도 750~1,500 lx 색온도 3,000~ 5,000K	글레어 규제형 VDT 작업용 조명기구 광천장
		활동적	눈부심 대책 VDT로 영사 방지			
간부 에어리어	응접면담 의사결정 스태터스 리치 여유	서류, 사람 얼굴 회화, 관엽식물	서류가 보기 쉽다. 사람얼굴이 보기 쉽다.	약간 웜~중간 상당히 소프트~ 약간 하드	수평면 조도 750~1,500 lx 색온도 3,000~ 5,000K	글레어 규제형 대형 패널 붙이 광천장·간접 조명
		평온함~위엄	스태터스의 표현			

[松島, 1995[1]]

1.2.6 각 에어리어에 필요한 조명의 기능

이상의 각 에어리어의 조명에 대한 유의점에 관해서 각 에어리어의 기능에 비추어 필요로 하는 조명의 기능을 고찰하고 조명 요건에서 조명 방법으로, 목적에 대한 수단으로 순차 반복해서 전개를 한 예를 표 1.2에 나타낸다.[11]

1.2.7 주광과의 협조

오피스 빌딩의 근무 장소는 대부분의 경우 측창이 설치되고 일을 하는 것은 주간이 대부분이다. 창의 면적은 한 쪽 벽면의 약 반이 될 정도로 크며 측창에서 보이는 외경의 휘도는 청천시에는 대단히 높다. 따라서 조도가 높은 옥외와 실내 조명을 적절히 조화시키는 조명(PSALI)[12],[13](4편 2.10.3 참조)이 중요하다.

1.2.8 비상시의 조명

비상시에는 보다 피난하기 쉽도록 적절한 피난 유도가 최우선이며, 이에 대해서는 본편 8장을 참조 바란다.

1.3 태스크 앤드 앰비언트 조명 ●●●

1.3.1 구성과 목적

'태스크'란 일 또는 과업의 의미이다. 조명 계획에서 말하는 태스크는 작업 대상 범위의 의미이고 간략화를 위해 '작업역(作業域)'이라고 한다. 앰비언트란 터스크를 포위하는 주변의 의미이다. 태스크 엔드 앰비언트 조명이란 그림 1.1[3]과 같이 각각 작업역에 대한 태스크 조명과 주변에 대한 앰비언트 조명을 조합하는 조명 방법을 말하며, 각각의 대상에 전용의 최선 조명을 행함으로써 작업하기 쉽고 또 쾌적한 환경의 조명 환경을 얻는 것을 목적으로 하고 있다.[3],[4]

1.3.2 특징

(1) 근무자의 개인적인 기호에 대한 대응

작업면 조도는 연령 등 개인적 조건이나 작업의 종류에 따라 또는 작업의 계속 상태 등에 따라 바람직한 값이 다르므로 개별적으로 조정하여 대응하는 것이 좋다. 이것은 방 전체의 전반 조명으로는 곤란하다. 따라서 태스크 라이트에 의해 용이하게 개별적으로 대응할 수 있다.

(2) 에너지 절약

① 앰비언트 조명의 조도 절감 태스크(작업역)에 대한 바람직한 주변 조도[14]~[16]에 관해서는 4편 2.2.2 [3]을 참조하기 바란다. 태스크에 높은 조도가 필요한 경우라도 앰비언트에는 반드시 동등한 높은 조도는 필요하지 않으므로 방 전체를 높은 조도로 할 필요는 없고 앰비언트의 조도로서 낮은 조도를 채용하면 에너지가 절감된다.

방 전체의 태스크 점유 면적의 비율이 큰 영향을 미치지만 이 효과는 대단히 크며 적절하게 설계하면 조명 전력은 방 전체를 전반 조명으로 설계하는 경우의 약 반이 된다.[16] 특히 태스크 점유 면적의 비율이 작은

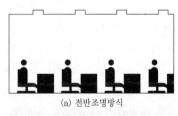
(a) 전반조명방식

(b) 태스크 앤드 앰비언트 조명

그림 1.1 전반조명방식과 태스크앤드 앰비언트 조명 [松下電工, 1992[3]]

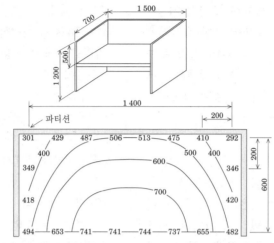

〈앰비언트 조명만에 의한 조도〉예로 파티션 설치전 750 lx 일정이 되는 조명을 설정, 파티션 설치후의 조도분포를 표시하였다.

그림 1.2 로 파티션에 의한 앰비언트 조명의 조도저하(50~90 %로 저하)
[松島, 田淵, 1994[4],[17]]

경우에는 더욱 이 효과는 커진다.

② **파티션에 의한 조도 저하의 보상**　종래의 오피스의 작업 형태는 의사 통일에 입각한 집단 활동이 존중되기 때문에 큰 방이 많았지만 격화하는 경제 경쟁에 있어서의 독창성의 필요성이 높아지고 있어 개인적으로 작업에 집중하는 것도 중요해져 다소라도 개실화의 취지를 받아들여 파티션으로 막은 준개실화(准個室化) 형태('파티션 준개실'이라고 한다)가 보급되고 있다.

파티션으로 막힌 경우의 문제점은 전반 조명의 조명광이 파티션으로 가로막혀 방 전체의 조명률이 극심하게 저하하는 동시에 특히 책상면으로 파티션에 가까운 장소는 파티션의 그림자가 되어 설계 조도보다 훨씬 낮아지는 것이다. 이 계산 사례를 그림 1.2[4],[17]에 나타낸다.

이 조도 저하분을 방 전체의 전반 조명으로 보완하려고 설계 조도를 높이는 것은 낭비가 되므로 개별적으로 태스크 조명에 의해 조도가 낮은 부분만 보완하는 것이 좋다.

(3) 반사 글레어의 경감

광원이 지면상에 반사하는 상태는 문자가 잘 안보이게 된다(4편 2.6.2 참조). 광원이 하나만이면 반사해 오는 광원의 휘도를 낮게 하는 것은 어렵지만 동일한 조도를 얻기 위해 복수의 광원을 사용하면 개개의 광원 휘도는 낮게 할 수 있으므로 특히 반사하지 않는 방향으로부터의 조명광이 충분히 얻어지고 있으면 반사 광원의 휘도는 상대적으로 낮아지며 반사 글레어는 완화된다(4편 2.6.2 참조). 앰비언트의 조도를 낮게, 즉 광원 휘도를 낮게 설계하고 위치 가변형의 태스크 라이트(태스크 조명용 기구)를 채용하여 근무자가 이것을 작업면에 반사하지 않는 위치로 조정함으로써 달성된다. 이와 같은 기능을 충족시키는 태스크 라이트의 사례를 그림 1.3[18]에 나타낸다.

(4) 의장성과 사용의 편리성

종래 방식의 큰 방에서는 태스크 라이트를 사용하는 것은 다소 번거로운 느낌이 들지만 파티션 준개실의 경우에는 파티션에 태스크 라이트가 설치되므로 방 전체의 인상이 번잡하고 태스크 라이트의 자유로운 조명 방향 변화도 가능하다.

1.3.3 태스크의 바람직한 조도 분포

태스크 라이트를 채용하는 경우에는 태스크(작업역)의 바람직한 조도 분포는 균일하지 않고 태스크 라이트에 가까운 쪽이 반대측보다 다소 조도가 높은 편이 바람직하다.[19] 이 바람직한 조도 범위에 관해서는 4편 2.2.1 [2]를 참조하기 바란다. 작업면 조도의 낮은 측의 값으로서 예를 들면 오피스 조명 기준의 권장값 750 lx를 채용하면 작업면의 높은 측 조도는 1,300 lx 정도가 좋다.[3),4),19)]

1.3.4 태스크에 대한 앰비언트의 바람직한 조도

태스크에 대한 앰비언트의 바람직한 조도의 관계에 관해서는 작업 책상면에 대한 바람직한 주변 조도(4편 2.2.2 [3])를 참조 바란다. 태스크 조도의 값으로서 예를 들면 오피스 조명 기준의 권장값인 750 lx를 채용하면 앰비언트 조도의 실용 설계값은 270 lx가 된다.[16)]

1.3.5 태스크에 대한 바람직한 벽면의 조도

태스크에 대한 바람직한 앰비언트 조도에 관해서는 작업 책상면에 대한 바람직한 주변 조도[9)~11)](4편 2.2.4 [2])를 참조하기 바란다. 태스크 조도의 값으로서 예를 들면 오피스 조명 기준의 권장값 750 lx, 앰비언트 조도로서 실용 설계

그림 1.3 가동형 태스크 라이트의 사례
[松下電工, 1992[18)]]

값은 270 lx를 채용하면 벽면 조도의 양호값은 230~670 lx가 된다.[16)]　　　　[田淵義彦]

1.4 오피스 조명의 실제

1.4.1 일반적인 오피스 조명의 기구 사양과 배치의 실제

일반적인 오피스의 조명 방식은 책상면의 높은 조도와 실내 전체의 균제도를 경제적으로 얻기 위해 형광등 기구를 사용한 직접 조명에 의한 전반 조명 방식을 채용하는 일이 많다. 다만 조명 기구 사양과 그 배치 방법은 일정하지 않기 때문에 각 물건의 특성을 고려하여 선택이 행하여지고 있다. 조명 설계 실무시에 행하여지

그림 1.4 라인 조명의 예

표 1.3 오피스 조명의 비교검토 예

	표준 라인 배치·1 열(Hf 2등용×2대)	표준 라인 배치·2열(Hf 1등용×4대)	ㅁ자형 배치(Hf 1등용×4대)	그리드 배치(스퀘어 기구 2등용×4대)
1 모듈의 조명기구 배치 〈범례〉 ▬ 조명기구 ● 스프링클러 헤드 --- 칸막이 가능위치	(도면)	(도면)	(도면)	(도면)
9 모듈의 기구배치와 조도분포의 예	(단위 : lx, 9.6 m)	(단위 : lx, 9.6 m)	(단위 : lx, 9.6 m)	(단위 : lx, 9.6 m)
조명효과	조도분포가 일정치 않다(VDT대응으로 경면부재를 장착하면 보다 현저해진다).	조도분포가 일정하다.	조도분포가 일정하다.	조도분포가 고르고, 광원이 소형화하는 부심이 생기므로 루버 필요
칸막이 대응	2분할까지 간막이 설치 가능	4분할까지 간막이 설치 가능	간막이를 800 mm 정도 별어져 설치가능	그리드를 따라 간막이 설치 가능. 기구이동도 가능
소비전력	기구효율이 가장 높고 소비전력 최소	기구효율이 높다.	기구효율은 높다.	루버 등으로 기구효율이 떨어지고 소비전력 때
공조·배연대응	조명기구 슬릿+아네모(또는 더블 Thf)	더블 Thf 등(또는 특수·세행 배출 등)	더블 Thf(또는 설비 플레이트로 편칭)	기구 중앙부 설비 플레이트로 사용 또는 조명기구 슬릿 또는 더블 Thf
천장점검구	조명기구를 점검구 대신 사용가능	기구폭이 좁고 천장점검구가 필요	천장점검구가 필요 점검구화	조명기구를 천장점검구로 사용 가능
시각적 방향성	있음	있음	없음	없음
비용	가장 염가	약간 고가	약간 고가	루버를 부착하는 등으로 약간 고가, 램프 수가 많다.

는 기구 및 배치의 비교 검토예를 표 1.3에 든다. 또한 이 표 이외에도 +자나 X자 크로스 배치, 소형 형광등 기구에 의한 ㅁ자형 배치 등의 변형도 있다.

그림 1.4에 가장 일반적으로 채용되는 라인 배치의 예를 든다. 3 m□ 정도의 건축 모듈 중앙에 FL 40 W 또는 Hf 32 W 2등용 기구를 1열 배치하는 것이 경제성에서 가장 채용예가 많은 것으로 되어 있지만 사진의 예와 같이 가느다란 Hf 32 W 1등용 기구를 1 모듈에 2 열 배치하여 조도 분포의 균등화를 도모하는 동시에 청장면을 정연하게 만드는 방법의 채용도 증가하고 있다.

라인 배치의 경우는 기구의 방향을 선택하게 된다. 매입 하면 개방형 기구의 경우는 1 방향만 차광이 기대되므로 수납 등의 제약이 없으면 방의 긴쪽 방향으로 수직으로 배치함으로써 시선 방향으로 램프가 다수 보이는 것을 피한다고 하는 이유가 많이 사용된다.

일반적인 오피스에서 채용되는 평균 조도는 500~750 lx 범위이며, 500 lx 이상으로 하는 일이 많은데, 고령화의 배려 등으로 상승 경향에 있다. 근년의 신축 오피스에서는 에너지 절약을 위해 Hf 형광등 기구가 채용되고 있으며, 발광 효율의 향상에 의해 600 lx 이상이 되고 있는 경향에 있다. 실무상 사용되는 평균 조도값은 광속법에 의한 계산값이 일반적인데, 큰 방의 경우는 기구 특성을 가미해서 조도 분포도를 작성, 주변부를 제위하고 전반적으로 얻어지고 있는 범위의 조도값을 사용하기도 한다. 다만 이 경우에는 창가 등의 방 구석부의 조도값 또는 작업역의 균제도에 대한 규정도 필요해진다.

일반적인 오피스에서 채용되는 조명 기구의 사양은 직관 형광 램프를 사용한 천장 매입·하면 개방형이다. 단, 경제성을 중시하는 경우 등에는 천장 직접 부착·노출형이 사용되는 경우도 적지 않다. 반대로 등급이 높은 오피스에서는 내장에 맞추어서 조명 기구의 등급도 올려 루버나 확산 패널을 장착한 기구가 채용된다.

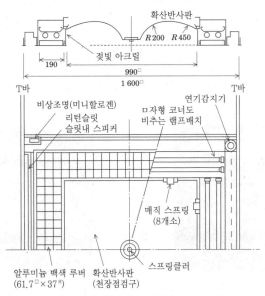

그림 1.5 루버붙이 ㅁ자형 기구의 예

1.4.2 오피스에 있어서의 글레어 방지 대응의 실제

반사 글레어 방지의 루버 등과 같은 부재는 VDT 작업 전용실이면 대부분의 경우 설치되고 있다. 특히 V1, V2 분류의 차광이 엄격한 기구를 사용하는 경우 책상면 조도는 충분하지만 방이 어둡게 느껴지는 일이 있기 때문에 벽면 조명의 추가 등이 있게 된다.

전용실 이외의 오피스는 VDT 작업을 수반하더라도 설비비면에서 루버는 장비되지 않고 천장 매입형으로 함으로써 수평 방향 글레어 저감을 도모하고 있는 경우가 많다. 루버를 장치하는 경우는 CRT가 아니고 액정의 고휘도 VDT가 증가한 이유도 있고 해서 사람이 생활하는 장으로서의 밝기를 손상시키지 않도록 하기 위해 글레어 분류 V3 또는 휘도 제한 G분류의 루버가 채용되는 경우가 많다.

그림 1.5에 루버붙이 ㅁ자형 기구의 예를 든다. ㅁ자형 배치는 사람이 앉는 방향에 따라 광환경이 달라지지 않도록 하는 경우나 건축적으로 조명의 방향성을 내고 싶지 않은 경우 등에 사용되는데, 실내의 어느 방위에서도 램프가 직접 보이기 때문에 루버를 부착하는 경우가 많다. 그림의 기구는 루버 장착에 의한 휘도 제한을 하는 동시에 밝기감을 얻기 위해 중앙부를 곡면 형상의 광의 확산 반사판으로 한 것이다. 또한 이 예에서는 방 구석 부분의 야간 조도 저하가 생기지 않도록 벽면으로서의 창측 롤 스크린에 조명 기구를 부가시키고 있다(그림 1.6).

그림 1.7은 건축적으로 들보를 들어내어 천정에 요철을 만든 경우이다. 이러한 때는 들보가 글레어 저감이나 밝기감을 내는 역할을 하고 하면 개방형 기구로도 비교적 양호한 조명 공간이 얻어지게 된다. 개장(改裝) 등에서 기존보다 천장 높이를 높일 때 이와 같은 효과를 기대하면서 설계하는 경우가 있다. 또한 신축시 처음부터 의도하고 계획하기도 한다.

또한 임대 오피스에서는 고도로 OA화된 임차인 등의 요망에 대한 대응으로서 루버 설치 가능 기구를 사용하는 경우가 있다. 루버 설치시의 조도 저하에 애한 대응에는 램프 증가가 가능한 기구로 하여 두는 방법, 안정기의 출력 전환이나 조광 기능에 의해 조도를 보상하는 방법 등이 채용되고 있다.

1.4.3 기타 오피스 조명의 실제

JIS 조도기준에서는 영업실이나 창 밖이 밝은 경우(실내가 어둡게 느끼는 경우)의 조도값은 일반 오피스에 비해서 높은 조도의 값으로 하고 있다. 영업실은 주간에 밝은 옥외로부터

그림 1.6 글레어 대책을 한 예

그림 1.7 천장의 요철(凹凸)이 글레어 방지로 되어 있는 예

그림 1.8 영업실 조명의 예

그림 1.9 영업실 조명기구의 예

실내에 들어갔을 때 내부가 어둡게 느껴지지 않도록 하여야 할 필요가 있으며, 천장이 높아지는 일도 많기 때문에 일반 오피스 조명 방법으로는 기구수가 증가하고 의장적으로도 좋지 않은 것으로 되기 쉽다. 그래서 루버붙이 다등(多燈)의 대형 기구나 광천장 기타의 건축적인 고안을 한 조명 방법이 사용된다. 일례로서 글레어 커트를 고려한 슬릿으로부터의 고출력 램프광에 의해 직하 조도를 확보하면서 천장면도 조사해서 밝기감을 내도록 한 건축 박스에 의한 방법의 예를 든다(그림 1.8, 그림 1.9).

이와 같은 옥외에 접하는 오피스의 경우 이외는 칸막이 형편상 창을 만들 수 없는 오피스에도 주의할 필요가 있다. 창이 없는 오피스는 창이 있어 외광이 얻어지는 오피스보다 조도를 올리거나 벽면 조도를 추가하는 등의 배려가 필요해진다.

또한 작업 영역이 고정적이고 데스크 배치에 대한 융통성을 얻을 수 없는 오피스 등으로 직접 조명, 전반 조명의 전제가 되는 사항이 설계 조건에서 벗어나는 오피스나 별도의 우선 조건이 있는 오피스의 경우는 전술한 것과 같은 통상적 조명 방식에 구애받지 말고 최선의 것을 생각하지 않으면 안 된다. 예를 들면 후생노동성의 'VDT 작업에 있어서의 노동위생관리를 위한 가이드 라인(2002년 4월)'에서는 화면을

연직보다 크게 기울여 작업하는 경우에는 루버가 아니고 간접 조명의 사용이 바람직하다고 하고 있으므로 이와 같은 작업이 주체가 되는 오피스는 간접 조명에 의한 앰비언트 전반 조명과 태스크 조명의 조합을 검토에 부가시키는 등 조명 계획의 기본에 되돌아간 폭넓은 검토가 필요하다.

1.4.4 에너지 절약과 조명 제어 시스템의 실제

일반 오피스 빌딩의 조명 전력 소비량은 빌딩 전체의 사용 에너지의 30 % 정도로 큰 비중을 차지한다. 또한 조명 전력을 저감시키는 것은 공조 냉방 부하의 저감과도 연결된다. 이 때문에 조도 센서를 사용한 주광 이용 제어, 초기 조도 보정 제어, 인감 센서를 사용한 감광 제어 등의 조명 제어 시스템은 오피스에 도입하는 에너지 절감 방책의 중요한 것의 하나로 되어 있다. 따라서 그 도입 검토는 실무상 필수적인 것이라고 할 수 있다. 필요한 제어 부분의 투자액을 산출하여 그것이 건설 예산 내에 계산된다면

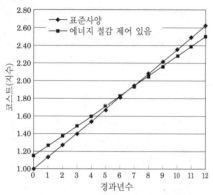

[비고] 모두 3.2 m ×3.2m 모듈에 Hf32W×4등으로 산출.
연간 점등시간 3,000h, 진기료는 20円/kW로 했다.

그림 1.10 초기조도 보정 · 주광이용 제어도입의
효과 시산 예

그림 1.12 인감 센서 · 조도 센서의 설치 예

러닝 코스트 메리트에 의해 몇 년에 투자가 회수되는가를 검토한다. 경제성 검토 그래프의 예를 그림 1.10에, 오피스 빌딩 전체에의 조명 제어 시스템 도입 개요 예를 그림 1.11에 든다. 실제의 인감(人感) 센서, 조도 센서의 시스템 천장 설치 예를 그림 1.12, 그림 1.13에 나타낸다

그리고 또 조명 제어를 도입하는 경우에는 실제의 오피스의 여러 가지 사용 방식을 고려하지 않으면 안 된다. 예를 들면 100 % 점등↔25 % 점등의 출력 변화는 30 초 이상에 걸쳐 스무드하게 하고 인감(人感) 센서의 출력 유지 시간을 10 분 이상으로 하는 등 입주자에게 불쾌감을 주지 않도록 배려한다. 또한 주광 이용시의 실무적인 주의 사항으로서 ① 블라인드와의 관계,

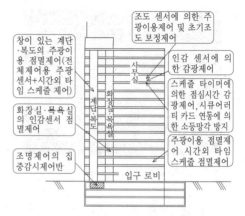

그림 1.11 조명제어 시스템 도입의 개요 예

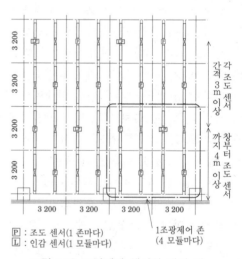

그림 1.13 조명제어 센서의 배치 예

② 조광 제어 그룹 나누기, ③ 에너지 절약을 위한 감광 설정 등이 있다. 이하, 이에 대해서 설명한다.

(1) 직사 일광이 들어오는 남측 창이나 인접 빌딩의 반사광이 들어오는 창은 블라인드가 닫혀져 주광 이용이 안 되게 되고 시뮬레이션에 의한 이점이 실제로는 얻어지지 않게 된다. 직사광 이외의 이유로도 블라인드를 닫는 시간이 긴 가능성이 있는 오피스는 주광 이용 제어가 유효하게 기능하지 않게 되

므로 계획 시점에 고려한다.

(2) 큰 방에서 창측의 조명을 몇 개의 그룹으로 나누어 제어하는 경우 그것들의 제어 정도는 각 조도 센서 직하물의 반사율의 차 등에 의해 균일화하지 않는 경우가 있다. 오피스는 가구 레이아웃이나 그 색조가 고정적이 아니기 때문에 조광 정도의 차에 의한 어느 정도의 편차가 생기는 것은 피할 수 없다는 것을 염두에 두고 그룹 나누기 계획시 배려할 필요가 있다.

(3) 창에서의 외광에 의해 책상면 조도가 충분히 얻어지는 형태의 오피스인 경우 수치상으로는 소등 나름의 감광 제어가 가능해진다. 그러나 외광이 실내광보다 너무 강하면 창을 배경으로 한 레이아웃 시에 사람 얼굴이 어둡게 보여 대면 형식의 업무에 좋지 않거나 손 밑에 그림자이 생길 가능성이 있으므로 센서의 창으로부터의 거리나 감광 정도의 설정에 주의한다.

[小林靖昌]

참고문헌

1) 照明学会編：オフィス照明設計技術指針，JIEG-008 (2001)
2) 照明学会編：屋内照明基準，JIES-008 (1999)
3) 松下電工編：照明設計資料，p. 47 (1992)
4) 松島公嗣，田淵義彦：タスク・アンビエント照明の基本的な考え方，松下電工技報，No. 47, pp. 52-56 (1994)
5) 照明学会編：オフィス照明設計技術指針，JIEG-008, p. 13 (2001)
6) 照明学会編：屋内照明基準，JIES-008, p. 9 (1999)
7) 田淵義彦：照明技術開発における快適性の研究の重要性，照学誌，78-11, pp. 585-590 (1994)
8) 田淵義彦：事務所照明の快適性に関する研究，東京大学学位論文，p. 2 (1995)
9) 日本照明委員会訳：国際用語集 (CIE：INTER-NATIOANAL LIGHTING VOCABLARY, Publication No. 17.4) (1989)
10) 松田宗太郎：住宅の照明，照学誌，54-11, pp. 637-642 (1970)
11) 松島公嗣：光源の特徴と使い分け，電設学誌，15-1, pp. 11-21 (1995)
12) 松田宗太郎，田淵義彦：明るい窓を背景にした顔の見え方の実験，照学全大，69 (1968)
13) 田淵義彦：側窓採光の事務所照明における昼光と人工光の協調の要件，照学誌，66-10, pp. 483-489 (1182)
14) 田淵，向阪，別府：事務所照明における視作業対象と環境の好ましい照度バランスに関する研究，電気関係学関西支連大，G 13-13 (1982)
15) 田淵，中村，松島，別府：事務所で局部照明を併用する場合の好ましい照度バランスに関する研究，照学誌，75-6, pp. 275-281 (1991)
16) Tabuchi, Y., Matsushima, K. and Nakamura, H.：Preferred Illuminances on Surrounding Surfaces in Relation to Task Illuminance in Office Room Using Task-ambient Lighting, J. Light & Vis. Env., 19-1, pp. 28-39 (1995)
17) 松島，平田，尾瀬，田淵：パーティション使用する場合の作業面照度の予測計算，電気関係学関西支大，G 13-4 (1991)
18) 松下電工編：照明設計資料，p. 49 (1992)
19) 松島公嗣，田淵義彦：タスク照明の好ましい照度分布，照学全大，S-23 (1996)

제2장
공장

2.1 공장 조명의 요건

한 마디로 공장이라고 해도 그 종류와 업종은 여러 가지이다. 항상 생산성과 안전성이 추구되고 최적 생산 환경이 요구되어 온 결과 이를 조명하는 방법도 여러 갈래에 걸친다. 본래 조명은 작업자를 대상으로 하고 있는 것이지만 생산 관리에 있어서 고도로 IT화가 앞선 공장에서는 CCD 등 육안이 아닌 센서를 대상으로 한 국부 조명 등도 있다.

다음으로 생산성을 추구하는 의미에서의 공장 조명에 있어서의 공통 과제가 지구 환경 보호라고 하는 관점에서의 환경 부하 경감이다. CO$_2$를 주로 하는 온실 효과 가스의 삭감을 목적으로 하여 국제적으로 채택된 교토협의서(1997, COP3)에 의해 에너지 절약법이 개정되었다. 개정된 에너지 절약법에서는 표 2.1과 같이 전력 소비가 많은 사업소를 에너지 관리 지정공장으로 하고 에너지 삭감을 위해 계속적인

표 2.1 에너지 관리 지정공장의 구분과 의무

	제1종	제2종
대상	원유환산 3,000kℓ/년이상 전력 1,200kWh/년이상	원유환산 1,500kℓ/년이상 전력 600만 kWh/년이상
의무	·에너지 관리원 선임 ·정기보고서 제출 ·(에너지 사용상황, 판단기준) ·장래계획의 작성, 제출	·에너지 관리원 선임 ·에너지 사용상황의 기록 ·정기적인 강습 수강
벌칙	·개선지시 ·공표, 명령	·권고

활동이 의무화되고 있다. 따라서 보다 효율이 좋은 광원·조명 기구 도입은 물론이고 제어 기술을 구사한 운용상의 효율화도 채택하고 있다.

2.2 공장 조명의 계획·설계 포인트

공장의 조명 계획은 4편 1.7에서 기술한 설계 순서에 따라 계획하는 것이 중요하다.

특히 밝기에 대해서는 JIS 조도 기준 등에 준거하고 종업원의 연령도 고려하여 적절한 조도 설정을 한다. 또한 선반 등 회전하는 기기가 사용되고 있는 작업 장소의 국소 조명에 형광 램프 등과 같은 방전등을 사용할 때는 어른거림이 생길 우려가 있다. 주광 조명은 에너지의 유효 이용이라는 면에서 대단히 효과가 크지만 채광 방법에 따라서는 공조 부하를 증대시켜 에너지가 절약되지 않을 뿐만 아니라 작업자에게 글레어를 느끼게 하는 경우도 있다. 또한 생산이 자동화되어 기기 보수나 관리시에만 사람이 들어가는 작업장은 풀 스위치 등을 사용해서 착실하게 소등되는 대책을 세우는 것이 일반적이지만 인감(人感) 센서 등과 같은 제어 기기 등도 검토하는 것이 좋겠다.

2.3 주광 조명

자연광을 이용하는 경우는 아래와 같은 점에 주의한다.

- 직사 일광 등 눈부신 광이 작업자 시야에 들어가지 않을 것.
- 1일 중의 대폭적인 조도 변화가 없을 것.
- 작업장 조도의 불균일성이 작을 것

- 공조 부하를 억제하도록 공조 계획상의 검토도 충분히 할 것.

채광 방법은 창의 위치에 따라 그림 2.1과 같은 종류가 있다. 북향 이외의 창에서는 직사 일광이 들어가지 않도록 하여야 한다. 조도 분포가 심하게 불균일하게 되지 않는 창과 안길이의 관계를 그림에 표시한다.

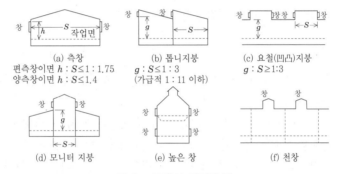

(a) 측창
편측창이면 $h : S \leq 1 : 1.75$
양측창이면 $h : S \leq 1.4$

(b) 톱니지붕
$g : S \leq 1 : 3$
(가급적 1 : 11 이하)

(c) 요철(凹凸)지붕
$g : S \geq 1 : 3$

(d) 모니터 지붕

(e) 높은 창

(f) 천창

그림 2.1 공장의 채광방식

표 2.2 적절한 반사갓 배광의 선정 시트(400 W 형광 수은 램프로 평균조도 200 lx를 얻는 경우)

반사갓의 호칭	특협조			협조형			중조형			광조형			특광조형		
배광의 형															
기구간격 최대한	~0.5h			0.5~0.7h			0.7~1.0h			1.0~1.5h			1.5h~		
실의 형	광	중	협	광	중	협	광	중	협	광	중	협	광	중	협
광원설치높이(m) 5															
7				부	적					최		적			
9															
11												적			
13															
15															
20															

[照明學會, 200$^{12)}$]

2.4 전반 조명에 의한 조명 계획 ●●●

2.4.1 중·고 천장의 경우

대형 기계 공장 등은 작업이나 설비 관계상 공장 천장이 높아 광속이 많고 효율이 좋은 HID 램프와 집광성이 높은 셰이드와의 조합에 의한 전반 조명 방식이 사용되는 것이 일반적이다. 천장 높이와 설계 조도에 의해 적절한 배광의 셰이드를 선정할 필요가 있다. 표 2.2에 그 일례를 든다. 보수를 충분히 고려하여 그림 2.2와 같은 전동식 승강 장치 등의 도입도 검토할 필요가 있다.

6~10m 정도의 중천장(中天障)에는 중조형(中照形)부터 광조형이 사용되지만 장수명화와 고효율화를 이룩한 Hf 형광 램프나 고출력의 Hf 콤팩트 형광 램프 등이 사용되는 경우도 많다. 그림 2.3의 전기기계 제조공장의 예에서도 Hf 형광등 기구가 사용되고 있다. Hf 형광 램프는 고주파 점등이며 어른거림이 거의 느껴지

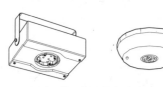

그림 2.2 전동식 승강장치

그림 2.3 전기기계 제조공장의 예
[照明學會, 2001[2]]

지 않는 점에서도 HID 램프에 비해서 우위에 있다.

2.4.2 저 천장의 경우

낮은 천장의 작업장은 비교적 작은 제품의 제조 라인이나 조립 라인인 경우가 많으며, 조명 배치에는 충분히 유의할 필요가 있다. 광원으로는 효율이 좋은 형광 램프가 사용되지만 전력절약, 어른거림, 연색성 등 종합적으로 우위에 있는 Hf 타입이 좋다.

벽이나 천장은 광택을 없애고 광원이 영사되지 않도록 배려한다.

2.5 특정 환경의 조명 ●●●

2.5.1 클린 룸의 조명

클린 룸에는 공업용 클린 룸과 의료·병원용의 바이오 클린 룸의 두 종류가 있다. 전자는 먼지 혼입으로 인한 제조 불량의 저감을 목적으로 한 실내 부유 미립자를 제거한 청정 공간이고, 후자는 박테리아·바이러스·곰팡이 등의 실내 부유 미생물을 제거한 청정 공간을 말한다. 또한

클래스 100 : 1ft³당 0.5 μ 이상의 입자수가 100 개 이내의 청정도
클래스 1,000 : 1ft³당 0.5 μ 이상의 입자수가 1,000 개 이내이고 또 5 μ 이상의 입자수가 65개 이내의 청정도
클래스 10,000 : 1ft³당 0.5 μ 이상의 입자수가 10,000개 이내이고 또 5 μ 이상의 입자수가 65개 이내의 청정도
클래스 100,000 : 1ft³당 0.5 μ 이상의 입자수가 100,000개 이내이고 또 5 μ 이상의 입자수가 700 개 이내의 청정도

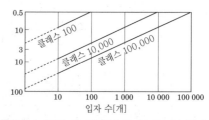

그림 2.4 입경 및 입자 수와 클래스의 관계

대전방지 아크릴 커버

하면 : 투명 강화유리
테두리 : 스테인리스강제
헤어 라인 클리어 도장

그림 2.5 클린 룸용 조명기구

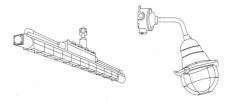

그림 2.7 방폭기구

그림 2.6 클린 룸 조명의 실제

[東芝大分工場 아넥스동]

그 청정도(클래스)는 그림 2.4와 같이 부유하는 입경 및 입자 수에 따라 규정된다.

클린 룸 조명에는 아래의 같은 특정을 갖는 전용의 조명 기구를 사용한다.

• 먼지가 고이기 쉬운 요철이 없는 형상
• 기류의 난조를 일으키지 않는 형상
• 정전기가 일어나기 어려운 소재

• 기밀성을 유지하는 설치 구조

또한 바이오 클린 룸에서는 전기적으로 클린 룸 안의 세정이나 소독이 행하여지므로 방수성도 요구된다. 이와 같은 조명 기구의 일례를 그림 2.5에 든다. 그리고 그림 2.6은 클린 룸의 조명 예이다.

2.5.2 폭발성 가스·먼지가 발생하는 장소의 조명

폭발 또는 연소가 생기는 데 충분한 양의 폭발·연소성 가스가 혼합되어 있는 환경의 작업장은 표 2.3과 같이 그 위험도에 따라 3종류로 분류되며, 그곳에 설치되는 조명 기구는 안전증 방폭구조나 내압 방폭구조이어야 한다. 이들 대표적인 기구도를 그림 2.7에 나타낸다.

표 2.3 위험장소의 분류

	0종 장소	1종 장소	2종 장소
위험해질 우려가 많은 장소	• 가연성 액체의 용기, 탱크 등의 액면상부 공간 • 가연성 가스의 용기, 탱크 등의 내부 • 개방용기 내의 가연성 액체의 액면부근 또는 이에 준하는 장소	• 정상적인 운전조작에 의한 제품의 인출, 뚜껑 개폐, 안전 밸브의 동작 등에 의해 폭발성 가스를 방출하는 개구부 부근 • 점검 또는 수리작업에서 폭발성 가스를 방출하는 기구부 부근 • 실내 또는 환기가 방해되는 장소로서 폭발성 가스가 방출될 우려가 있는 곳 • 폭발성 가스가 누출할 우려가 있는 장소 내에서 피트류와 같이 가스가 축적하는 곳	• 위험성재료의 용기가 파손되어 누출할 우려가 있는 곳 • 오조작에 의해 위험성재료를 방출하거나 장치를 파괴하여 위험품이 누출 할 우려가 있는 곳 • 강제환기장치의 고장으로 폭발성 가스를 발생할 우려가 잇는 곳
조명기구의 구조 (백열전등 정번등 형광등 수은등)	설치불가	내압 방폭구조	안전 증방폭구조 내압 방폭구조
공사		일본 전기설비기술기준 208조 참조	

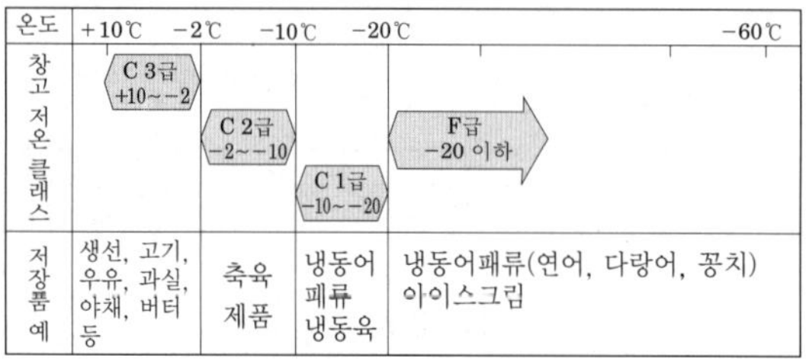

온도	+10℃	−2℃	−10℃	−20℃		−60℃
창고 저온 클래스	C 3급 +10~−2	C 2급 −2~−10	C 1급 −10~−20	F급 −20 이하		
저장품 예	생선, 고기, 우유, 과실, 야채, 버터 등	축육 제품	냉동어 패류 냉동육	냉동어패류(연어, 다랑어, 꽁치) 아이스크림		

그림 2.8 저온창고의 분류

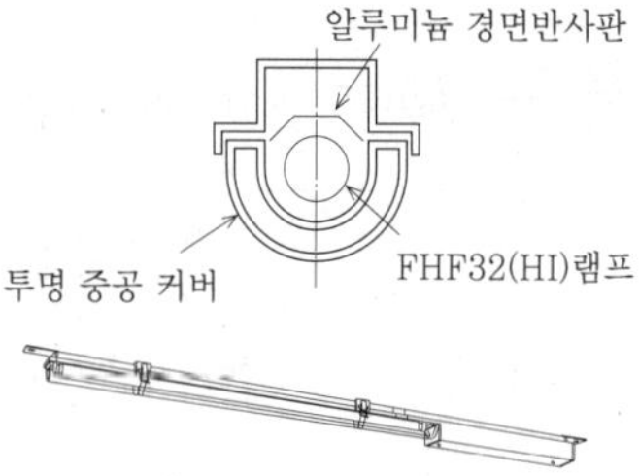

그림 2.9 저온창고용 조명기구

알루미늄 경면반사판

투명 중공 커버

FHF32(HI)램프

2.5.3 저온 창고의 조명

음식의 다양화와 그것에 요구되는 안전성의 관점에서 저온 창고가 수행하는 역할은 중요하며, 이러한 시설은 증가하고 있다. 창고업법 시공규칙의 운용 방법에서는 저온 클래스를 그림 2.8과 같은 C3급에서 F급까지 분류하고 있으며, 각각의 환경에 적합한 조명 기구를 선택할 필요가 있다. 일반적으로 효율이 좋은 형광 램

(a) 검사대상물에 대해서 수평에 가까운 경사방향에서 배광이 좁고 중심광도가 많은 광원으로 조명한다.

(b) 검사대상물에 광원이 정반사하지 않는 위치에서 조명한다.

(c) 검사대상물에 광원이 정반사하는 위치에서 조명한다.

(d) 검사대상물에 광원이 정반사하는 위치에서 조명한다.

(e) 검사대상물의 이면에서 광원을 투과시킨다.

(f) 검사대상물의 일단에서 광을 입사시킨다.

그림 2.10 검사조명의 기본조명방식
[照明學會, 1978[3]]

프는 주위 온도 5℃부터 35℃에서 사용되는 것을 전제로 하고 있으며, 특히 저온시는 광속이 적을 뿐만 아니라 시동성에 문제가 있다. 기구로는 램프를 외장 튜브로 싸고 공기층에서 단열함으로써 램프 주위 온도를 유지하여 보다 많은 광속이 얻어지도록 한 구조의 저온 창고용 조명기구 등이 있다(그림 2.9).

그림 2.11 도장면 눈검사에 의한 검사 라인의 예

2.6 검사용 조명

작업면 전체를 밝게 하는 전반 조명과 달리 검사를 위한 조명은 이른바 국부 조명 방식이 된다. 생산 관리의 자동화가 진행되는 한편, 제품 결함 검출이나 색식별과 같은 고도의 작업에는 여전히 육안에 의한 검사가 필요하며 조명에 대한 조건도 보다 엄격해지고 있다.

검사 조명에는 조사하는 밝기만이 아니고 그 방향이 중요하고 또 검사 대상의 광택·색·텍스처 등에 호응한 조명 방식이 아니면 안 된다.

표 2.4 공장조명의 체크 포인트, 대책 및 권장기준의 종합

항목	체크 포인트	대책 및 권장기준
1. 목적에 맞는 조명으로 되어 있는가?	(1) 작업의 종류, 장소의 구분에 따라 각각 적당한 조도로 되어 있는가?	JIS의 조도기준
	(2) 시야 내의 글레어는 너무 크지 않은가?	조명기구에 의한 글레어와 태양광의 직사가 들어가지 않도록 주의한다.
	(3) 보수율은 올바르게 설정되어 있는가?	광원의 교환, 조명기구 청소를 정기적으로 하고 보수율을 크게 잡을 수 있게 할 것.
2. 광원, 조명기구는 합리적으로 선택되어 있는가?	(1) 광원은 광색, 연색성, 크기 등이 그 장소에 적당하고 또 효율이 높은 것을 채용하고 있는가?	하나의 시야 내에 광색(색온도)의 차가 큰 2종 이상의 광원을 사용하면 그 색대비효과가 더 커지므로 가능한 한 근사한 광색의 광원으로 통일한다. 연색성도 고려한다. 조도의 균제도가 허용되는 범위에서 와트 수가 큰 것을 선택하는 편이 효율적으로 유리해진다.
	(2) 조명기구는 배광 및 글레어의 제어가 그 장소에 적당한 것이고 또 조명률이 높은 것으로 되어 있는가?	배광특성에 의한 구분을 엄수하는 동시에 조명률이 높은 조명기구를 선택한다.
3. 배선방법이나 점멸방법이 합리적인 것으로 되어 있는가?	(1) 배전방식, 전압은 적절한 것을 채용하고 있는가?	단상 2선식에 비해서 전로손실이 적은 단상 3선식 또는 삼상 4선식의 채용을 검토한다. 또한 동일하게 전로손실을 낮게 하기 위해 높은 전압을 이용하는 것을 고려한다(40 W 이상의 방전등은 입력전압이 200 V 또는 240 V급의 것이 100 V에 비교해서 득이다).
	(2) 분기회로는 조명제어에 대해서 적당한 것으로 되어 있는가?	• 작업 블록 단위의 점등이 가능하도록 한다(상황에 따라 불필요한 조명을 소등할 수 있도록 스위치의 점멸범위를 정한다). • 스위치는 사용에 편리한 위치에 설치한다. • 국부조명을 병용하기 쉽도록 콘센트를 설치하는 것도 검토해 둘 것. • 3로, 4로 스위치 등 소등에 편리한 방법도 고려해 둔다. • 분기회로는 가급적 배선거리를 짧게 하도록 전기실, 제어반, 분전반 등의 위치를 십분 고려할 것.

	(3) 합리적인 조명제어방식의 채용이 고려되고 있는가?	주광의 위치나 상황에 따라 자동적으로 조명을 조광·소등하기 위한 제어 시스템의 채용을 고려한다.
4. 공장의 건축, 설비는 조명의 합리화를 진행하는 데 있어서 개선해야 할 점은 없는가?	(1) 시야 내에 작업환경을 손상시키는 것 같은 직사 태양광이 들어오게 되어있지 않은가?	측창 또는 천창에서 직사광이 들어오는 경우는 블라인드 또는 루버 등에 의해 방지하도록 한다.
	(2) 주광 이용상으로 창은 유효하게 만들어져 있는가?	측창 채광, 천창 채광 및 정측창 채광에 대해서는 채광량과 조도 분포, 직사광에 의한 글레어가 없는 것을 고려하고 결정한다.
	(3) 실내반사율은 가능한 한 높게 하고 있는가(환경의 쾌적성을 저해하지 않는 범위에서)?	시야 내 각부의 반사율은 가능한 한 다음과 같이 한다. 천장 (90~80 %), 벽(60~40 %), 책상·기계실·의자(45~25 %), 바닥(30~20 %). (공장 내의 휘도비를 권장값 가깝게 하기 위해서와 조명효과를 좋게 하기 위해 필요.)
	(4) 불필요한 칸막이에 의해 조명효과를 나쁘게 하고 있는 곳은 없는가?	칸막이를 많게 하면 각각의 장소의 조명률이 내려가고 결과적으로 소요 전력량이 커진다.
5. 조명설비의 보수와 관리는 적절하게 되고 있는가?	(1) 광원의 교환은 계획적으로 적절하게 되고 있는가?	광원의 교환시기는 광원의 잔존율 특성에 의한 방법으로는 정격수명의 70~80 % 정도에 달했을 때가 경제적으로 적당하다고 하고 있다.
	(2) 광원 및 조명기구는 적당한 주기로, 또 계획적으로 청소가 되고 있는가?	원칙적으로 오염이 특별히 심한 장소 이외는 연간 2회를 확실하게 실시하도록 계획한다.
	(3) 창이나 방의 내장은 정기적으로 청소가 되고 있는가?	보수율 구성요소의 하나에 실내면의 오염에 의한 부분보수율이 있는데, 이것은 실내면의 반사율이 저하하며 그 결과 휘도분포가 나빠지거나 반사성분의 조도가 내려가는 것으로 연결된다. 기구청소의 시기에 맞추어서 청소를 하는 것이 좋다.

또한 국부 조명의 경우 비교적 근거리에 광원을 설치하기 때문에 조명 기구의 배광이 아니고 기구의 크기, 확산성이 중요해진다.

검사 조명의 기본형에 대해서 정리해서 그림 2.10에 나타낸다. 또한 자동차 생산 라인에서의 도장 검사 라인의 일례를 그림 2.11에 나타낸다.

업 환경의 형성과 같은 세 가지 공장 조명의 목적이 달성된다.

[鹿倉智明]

참고문헌

1) 照明学会 : 照明合理化の指針 (1981)
2) 照明学会 : 新・照明教室シリーズ「工場照明」 (2001)
3) 照明学会編 : 照明ハンドブック, オーム社 (1978)

2.7 공장 조명의 체크 포인트 ●●●

표 2.4는 공장 조명을 설계하기 위한 체크 시트이다. 이것들을 하나하나 클리어함으로써 ① 생산성의 향상, ② 안전의 확보, ③ 쾌적한 작

제3장

공공 공간

3.1 대형 돔

이시이(石井)는 '돔(dome)'이란 말은 원래 신성한 의미가 있는 것으로, 우주를 나타내는 대구면을 의미하고 있었다고 기술하고 있지만[1] 현재 지붕을 가설한 대공간 건물을 '돔'이라 칭하는 일이 많다. 현재 프로 야구를 개최하는 대형의 것부터 지방 자치 단체가 건설한 중·소규모의 것까지 여러 규모의 돔이 건설되고 있다. 용도는 스포츠나 쇼, 콘서트와 같은 각종 이벤트 등 다목적이다.

돔 건설의 선두 주자는 미국이다. 일본은

2002년말까지 프로 야구의 공식전을 개체할 수 있는 대형 돔이 6개소 건설되고 있다. 그 개요를 표 3.1에 나타낸다. 일본 최초의 대형 돔은 1988년에 건설된 도쿄(東京) 돔이다. 도쿄 돔은 투광성의 사플루오르화에틸렌 수지 코팅 유리 섬유 직포를 사용한 공기막 구조이다. 또한 1999년에 완성한 세이부(西武) 돔은 유일하게 기존의 야구장에 지붕을 가설하여 돔으로 개수한 사례이다. 이와 같은 스팬 길이 200 m급의 대형 돔이 건설 가능해진 것은 건축 구조 기술과 새로운 재료의 개발에 의하는 바가 크다. 이것들 이외의 중·소규모 돔 중 일부 개요를 표 3.2에 들었다.

표 3.1 일본의 대형 돔

명칭	건설지	완성년	필드 면적 [m²]	수용인원 [인]	구조	최고 높이 [m]
東京 돔	東京	1998	13,000	50,000	공기막구조	61.7
福岡 돔	福岡	1993	13,500	40,000	철골구조, 개폐식	68.1
大版 돔	大坂	1997	13,200	55,000	철골구조	72.0
나고야 돔	名古屋	1997	13,400	40,500	철골구조	66.9
西武 돔	埼玉	1999	13,300	35,879	철골구조	64.5
札幌 돔	札幌	2001	14,460~18,800	54,000	철골구조	68.0

표 3.2 일본의 중·소규모 돔

명칭	건설지	완성년	필드 면적 [m²]	관객석수 [석]	구조
秋田 스카이 돔	秋田	1990	5,845	가동석	막구조
北九州穴生 돔	福岡	1994	5,400	1,100	막구조
고마쓰 돔	石川	1997	14,344	1,500	개폐식 막구조
但馬 돔	兵庫	1998	14,000	1,240	개폐식 막구조
셸콤 (仙台 돔)	宮城	2000	13,132	1,050	개폐식 막구조
岡山市다목적 돔	岡山	2003	7,100	1,000	막구조

3.1.1 대형 돔의 상부 구조

대형 돔의 상부 구조는 고정식, 개폐식 등으로 분류된다. 또 지붕은 콘크리트 셸 구조, 철골 구조, 케이블 구조, 막구조, 목구조 등으로 분류된다. 일본의 돔은 대형 돔은 철골 구조가 많고 중·소규모 돔은 막구조가 많다.

3.1.2 대형 돔의 조명 기준

일본의 대형 돔은 다목적으로 사용되고 있지만 모두 프로 야구의 공식전을 개최하고 있다. 이 때문에 조명 설비는 프로 야구의 공식전 개최를 위한 요건을 만족시키도록 설계되고 다른 이벤트 등을 개최할 때는 점등 제어 등에 의해 이들 조명 설비의 일부를 사용하거나 임시로 특별한 조명 설비를 부가함으로써 대응하고 있다.

또한 현재는 텔레비전을 통해서 야구나 축구 등을 관람하는 사람도 많기 때문에 돔의 광환경에는 양호한 텔레비전 영상을 제공할 수 있을 것도 요구된다.

JIS와 국제 조명위원회(이하 CIE라 한다)는 이와 같은 요건을 만족시키기 위해 여러 가지 조명 기준을 규정하고 있지만 여기서는 주로 CIE 기준을 인용한다. JIS 기준[2]에 대해서는 7편을 참조하기 바란다.

(1) 조도(照度)

① **수평면 조도의 균제도** CIE는 컬러 텔레비전 촬영의 관점에서 수평면 조도의 균제도를 (최소 조도/최대 조도)로 표시하고 이 값이 0.5 이상이 되도록 규정하고 있다.[3]

② **연직면 조도** 바람직한 연직면 조도는 컬러 텔레비전 촬영용 카메라의 요건에 의해 결정된다. CIE는 1975년에 컬러 텔레비전 촬영용 카메라의 휘도 신호로 SN비(신호 레벨과 노이즈 레벨의 비)가 40 dB 이상이

표 3.3 컬러 텔레비전용 촬영 카메라에 필요한 연직면 조도

조리개(f값)	2	2.8	4	5.6
연직면조도[lx]	375	750	1500	3,000

[Publ. No. CIE 28, 1975[4]]

표 3.4 촬영거리를 고려한 연직면 조도의 요건

촬영거리[m]		25	75	150
스포츠의 그룹	A	500	700	1,000
	B	700	1,000	1,400
	C	1,000	1,400	–

[주] 그룹 A : 수영, 육상경기, 컬링, 당구, 볼링, 양궁, 다이빙, 장애(말), 사격
그룹 B : 배드민턴, 야구, 농구, 봅슬레이, 축구, 체조, 핸드볼, 하키, 빙상 스케이트, 유도, 공수, 테니스, 롤러스케이트, 스키 점프, 배구, 레슬링
그룹 C : 복싱, 크리켓, 펜싱, 아이스하키, 스쿼시, 탁구

[Pub. No. CIE 83, 1989[5]]

되도록 카메라 조리개에 따라 표 3.3과 같은 연직면 조도를 권장하였다.[4] 또 1989년에는 스포츠를 그 운동의 연속의 속도로 3개 그룹으로 나누고 카메라의 휘도 신호는 SN비 50dB 이상이 되도록 촬영 거리에 따라 확보해야 할 연직면 조도를 표 3.4와 같이 3단계로 규정하였다.[3] 야구는 3개 그룹 중 B에 속한다. 또한 바닥면상 1.5 m 위치에서 연직면 조도의 균제도(4면의 최소 조도/4면의 최대 조도)는 0.3 이상으로 하고 있다.[3]

(2) 휘도의 균제도

사람의 눈이 100 : 1 정도까지 명암의 차를 식별할 수 있는 데 비해서 텔레비전용 카메라는 30 : 1 정도로 상당히 작다.[5] 이 때문에 텔레비전 화면에 사출되는 명암의 패턴은 눈으로 본 경우보다 강조되어 화질이 나빠진다. 따라서 컬러 텔레비전 방송에서는 촬영 공간의 최대 휘도와 최소 휘도의 비가 30 : 1 이내가 되는 것이

좋다고 하고 있다.[5] 또한 휘도가 높은 피사체가 화면에 들어가는 경우 '번지는 현상'이 일어나며, 이것이 화면상에서 이용하면 뒤로 꼬리를 끄는 '코멧 테일(comet tail) 현상'이 생긴다. 이를 방지하기 위해서는 휘도의 최대값과 최소값의 비는 40 : 1보다 작게 하지 않으면 안 된다고 하고 있다.[4],[5]

(3) 글레어

돔에서 스포츠를 할 때 글레어의 평가는 플레이어나 관객의 시선이 여러 가지로 이동하기 때문에 대단히 어렵다. 보멜(Bommel) 등은 1983년에 옥외 스포츠 조명에 있어서의 불쾌 글레어를 GF(Glare control mark for Flood lighting)에 의해 평가하는 방법을 발표하였다.[7] CIE는 이 GF를 바탕으로 글레어의 대소와 수치의 대소가 대응하는 다음 식으로 산정하는 GR(Glare Rating)을 제안하고 이 값이 50 이하일 것을 권장하였다.[8]

$$GR = (10 - GF) \times 10$$

또한 GR의 값에 의한 글레어의 평가 카테고리는 아래와 같다.

GR=90 : unbearable(견딜 수 없다)
GR=70 : disturbing(방해가 된다)
GR=50 : just admissible(허용되는 한계)
GR=30 : noticeablg(그리 신경이 안 쓰인다)
GR=10 : unnoticeable(신경이 안 쓰인다)

JIS Z 9120 : 1995는 이것을 참고로 이 GR의 값이 70 이상인 경우는 조명 기구 선정이나 배치, 설치 높이, 조명 방향을 검토하여 50까지 저감시키도록 권장하고 있다.[2]

(4) 광원 색온도와 연색성

현재 일반적으로 사용되고 있는 컬러 텔레비전용 촬영 카메라는 백열 전구의 광(색온도 3,200 K)에 맞도록 그 특성이 설정되고 다소의 편차는 카메라에 내장되어 있는 색온도 변환 필터와 전기적인 조정에 의해 조정되도록 되어 있다.[5] 이 때문에 CIE는 4,000 K부터 6,500 K 범위의 색온도 광원을 권장하고 있다.[3] 또한 연색성에 관해서는 평균 연색 평가수 65 이상 광원을 권장하고 있다.[3]

(5) 조명 기구의 선정과 그 배치·설치 높이에 관한 기준

JIS Z 9120 : 1995는 야구장 조명에 사용하는 조명 기구의 선정 및 그 배치·설치 높이에 관해서 권장 기준을 규정하고 있다.[2] 또한 조도 분포의 균제도나 글레어의 관점에서 조명탑에 설치되는 최하단의 조명기구 설치 높이에 대해서도 규정하고 있는데, 대형 돔의 경우는 건축적 조건에서 설치 높이가 제약된다.

(6) 보안 조명

돔은 그 규모에 상관없이 각종 공식 스포츠 경기나 이벤트를 개최하므로 불특정 다수의 관객을 수용한다. 그러므로 정전시 등의 보안 조명이 반드시 필요하다. 법적으로 필요한 비상 조명은 광원에 백열 전구를 사용할 때 관객석에 1 lx 이상을 확보하면 되지만 JIS Z 9120 : 1995는 혼란이나 사고 방지를 위해 전체 점등시의 1 % 이상의 조도 확보를 권장하고 있다.[2]

3.1.3 일본 국내 돔의 조명 설비

돔의 경우는 일반 건물에 비해서 조명하는 면적이 넓고 조명 기구 설치 높이도 높아지기 때문에 대출력의 고휘도 방전 램프를 광원으로 하는 투광기가 사용된다. 광원에는 출력 1 kW, 1.5 kW, 2 kW의 메탈 할라이드 램프가 많이 사용되며 장래의 하이비전(HDTV) 방송도 고려하여 고연색형이 많이 채용되고 있다.[9] 또한 램프의 형상에 따라 롱 아크형과 쇼트 아크형으로 분류되지만 글레어의 관점에서 롱 아크형의 사용이 많다.

투광기는 전면에 강화 유리를 사용한 내충격형의 협각형 배광, 중각형 배광의 것이 사용되는 일이 많다. 또한 돔에는 조명탑을 설치할 수 없기 때문에 투광기는 벽이나 천장 등에 열(링) 형상으로 설치하는 방식이 많이 채용되고 있다.

(1) 도쿄(東京) 돔

광원은 전부 1 kW의 메탈 할라이드 램프이다. 투광기를 벽에 링 형상으로 780 등 설치하는 동시에 24 등의 투광기를 2 단으로 배열한 배턴 조명 기기를 14기 천장에서 달아 내리고 있다.[10]

벽에 설치하고 있는 투광기 중 120 등은 돔의 상부 공간으로 날아간 야구공의 조명(공간 조명)용이다. 또한 프로 야구 개최시에 점등하는 조명 기구는 벽 설치의 투광기 488 등, 배턴 조명 기기 336 등이다.[10]

(2) 후쿠오카(福岡) 돔

광원은 2 kW의 메탈 할라이드 램프 596 등과 1 kW의 메탈 할라이드 램프 114 등을 사용하고 있다. 투광기는 벽에 링 형상으로 758 등 설치되고 있다. 프로 야구 개최시에는 2 kW의 메탈 할라이드 램프 528 등, 1 kW의 메탈 할라이드 램프 114 등을 점등한다. 또한 투광기의 전원은 18 회로로 분기되며 표준적인 점등 패턴 10 종류와 예비 점등 패턴 5 종류가 준비되고 있다. 그리고 보안 조명으로서 1 kW 할로겐 전구를 광원으로 하는 투광기 48 등을 설치하고 있다.

(3) 오사카(大坂) 돔

광원은 전부 2 kW의 메탈 할라이드 램프이다. 투광기는 벽과 승강식의 천장을 구성하고 있는 슈퍼 링의 최하단 고정 링의 외주부를 따라 링 형상으로 596 등 설치되어 있다.[12]

(4) 나고야(名古屋) 돔

필드 조명용의 광원은 1.5 kW의 메탈 할라이드 램프 1,058 등을 사용하고 있다. 이 밖에 1 kW의 메탈 할라이드 램프 72 등도 사용하고 있는데[13] 이 중 48 등은 공간 조명용이다. 투광기는 천장 하에 설치되고 있는 점검용 캣 워크에 설치되어 있다. 또한 표준적인 점등 패턴 10 종류가 준비되어 있다. 또 보안 조명으로서 1 kW 할로겐 전구를 광원으로 하는 투광기 48 등이 설치되어 있다.

(5) 세이부(西武) 돔

광원은 필드 조명용으로 1.5 kW의 메탈 할라이드 램프 744 등을, 공간 조명용으로 1 kW의 메탈 할라이드 램프 48 등을 사용하고 있다.[14] 투광기는 나고야 돔과 동일하게 천장 아래에 설치되고 있는 캣 워크에 부착되고 있다. 표준 점등 패턴은 13 종류 준비되어 있다.

(6) 삿포로(札幌) 돔

광원은 필드 조명용으로 1.5 kW의 메탈 할라이드 램프 1,098등을, 공간 조명용으로 1.5 kW의 메탈 할라이드 램프 42등을 사용하고 있다.[15] 또한 객석도 1.5 kW의 메탈 할라이드 램프 48등으로 조명하고 있다. 투광기는 야구용과 축구용을 각각 별도로 천장에서 직교하고 있는 건축 구조 트러스를 따라 2부터 4 단의 ㅁ자 형으로 배치되어 있다.[15] 그리고 보안 조명으로서 다른 돔과 동일하게 1 kW 할로겐 전구를 광

(a) 프로야구 개최시

(b) 축구 국제시합 개최시

그림 3.1 삿포로(札幌) 돔의 조명상태

표 3.5 회관(홀)에 포함되는 방들

실명	용도
(1) 외부	건물에의 어프로치
(2) 엔트랜스홀	접수처, 안내소, 클로크, 대합 스페이스
(3) 로비, 라운지 포와이어(foyer)	휴게, 대기, 각종 전시
(4) 회의실, 컨벤션홀	회의, 집회, 강연회, 디너
(5) 다목적 홀 오디토리엄	콘서트, 연극, 강연회
(6) 숙박시설	숙박실, 프런트, 백스페이스 등
(7) 결혼식장	식장, 연회장, 사진실, 대기실
(8) 레스토랑	
(9) 애슬레틱 시설	트리닝실, 풀 등
(10) 도서실, 독서실	자료보관, 열람, 독서 스페이스
(11) 사무실	건물관리, 운영

원으로 하는 투광기 127 등이 설치되어 있다.

프로 야구와 축구 국제시합 개최시의 조명 상황을 그림 3.1에 들었다.

(7) 이즈모(出雲) 돔

돔 중앙부에 설치된 '중앙 링 조명 시스템'에 의한 조명을 기본으로 하고 있다. 광원은 1 kW의 메탈 할라이드 램프 169 등이다.[16] 또한 이 이외에 주변부로부터의 상부 공간 조명용으로 1 kW의 메탈 할라이드 램프 72 등을 경식 야구 사용시에는 보조 조명으로서 1 kW의 메탈 할라이드 램프 32 등을 사용하고 있다. 보안 조명은 1 kW 할로겐 전구 투광기 18 등이 설치되어 있다.

(8) 오다테쥬카이(大館樹海) 돔

광원은 필드 조명용으로 1.5 kW의 메탈 할라이드 램프 274 등을, 공간 조명용으로 1.5 kW의 메탈 할라이드 램프 30 등을 사용하고 있다. 보안 조명은 1 kW 할로겐 전구를 광원으로 하는 투광기 30 등이 설치되어 있다.

(9) 나미하야 돔

광원은 2 kW의 메탈 할라이드 램프 200 등과 1 kW의 메탈 할라이드 램프 116 등을 사용하고 있다.[18]

[齋藤 滿]

3.2 회관(홀) • • •

3.2.1 회관(홀)의 특징과 조명 계획

회관(홀)은 표 3.5와 같은 용도의 다종다양한 방을 가지고 있으며, 이들 기능의 조합이 직접 그 건물의 특징이 되고 있다. 바꾸어 말하면 많은 기능의 집합체로서 널리 이용자에 대한 서비스를 하는 동시에 공공 건축으로서의 통일된 얼굴을 가질 것이 요구되고 있다고 할 수 있다.

따라서 조명 계획에 있어서는 각각의 방에 대해서 그 용도에 따른 조명을 하는 동시에 건물 전체로 균형이 잡힌 광환경을 만들어야 한다.

여기서는 이와 같은 관점에서 표 3.5의 (1)~(3) 및 (5)의 객석 부분의 조명 계획에 대한 기본 사항 및 설계 방법에 대해서 기술한다. (5)의 무대 조명, (4), (6)~(11)의 부분에 대해서는 다른 장을 참조 바란다.

3.2.2 조명 계획에서의 기본 사항

많은 기능을 함께 가지는 회관(홀)의 조명을 계획할 때 설계자가 알아 두어야 할 사항에 대해서 그 기본 사항을 기술하면 아래와 같다.

(1) 조명에 의한 심리 효과

건물 전체적으로 통일, 정리된 광환경을 얻으려면 각 공간으로서 필요한 밝기 외에 내방자의 조명에 의한 심리 효과를 고려하는 것이 중요하다. 이를 위해서 조명 설계자는 건물 내의 사람의 흐름을 십분 파악하여 각 공간의 광환경의 변화가 내방자에게 좋은 인상을 주도록 노력해야 한다.

이를 위해서 통상적으로는 불쾌한 조도 변화나 조도의 언밸런스를 없애고 외광과의 조화를 도모하지만 반대로 각 공간의 광환경의 차이를 적극적으로 이용해서 심리 효과를 올리는 것도 유효한 수단이 되는 경우도 있다. 즉, 밝기를 더욱 연출하기 위해서는 그곳에 이르기까지의 공간의 조도를 낮게 하거나 하고 또 화려한 샹들리에의 효과를 보다 더 강조하기 위해서 그 전의 복도나 홀에 대한 낮은 대조적인 조명, 예를 들면 전장 간접 조명, 다운 라이트에 의한 균일 조명 등과 같은 방법을 이용하는 등이다. 그 밖에 사람 눈의 기능에 대해서도 고려가 필요하다. 망막의 감도도에 대해서는 명순응에는

빨리 대응하지만 암순응에는 시간이 걸린다. 따라서 건물에서 홀에 들어가는 동선에서의 급격한 조도 변화는 불쾌감으로 연결되므로 주의하여야 할 점이다.

(2) 각부의 조명 계획과 광원의 선택

높은 조도가 요구되는 퍼블릭스 베이스에 대해서는 형광 램프 또는 메탈 할라이드 램프 등의 HID 램프와 같은 고효율 광원의 사용이 많아지는 경향에 있다. 특히 HID 램프에 대해서는 색온도, 연색성 공히 많은 종류의 것이 개발·시판되고 있다. 고천장 고조도 공간에 있어서는 에너지 절감, 에너지 절약화의 의미에서도 그 사용을 검토하여야 한다.

이때 HID 램프는 소등 후의 재점등에 시간이 걸리므로 전반 조명으로 사용하는 경우는 이를 보상하기 위한 백열 전등, 형광 램프 등을 병용하는 등의 주의가 필요해진다.

또한 방전 램프에 의한 전반 조명을 하고 있는 공간은 그 높은 색온도 특성 때문에 차가운 광공간이 되는 경향이 있다. 따라서 고천장 공간 등도 따듯한 분위기를 얻고자 할 때는 방전 램프보다 백열 전구와 같은 낮은 색온도 특성을 가진 광원이 적합하게 된다. 그러나 고천장 공간에 백열 전구 또는 할로겐 램프만에 의한 전반 조명을 하면 전기 용량의 증대를 초래하여 공조 부하 증대로도 연결된다. 또한 램프 교환의 빈도도 높아지게 된다. 이러한 때는 백열 전구와 방전 램프의 병용을 검토하는 것이 좋은 수단이다.

라운지 등은 대부분의 경우 높은 조도보다 따듯한 분위기가 요구되므로 각종 백열 전구 또는 형광 램프에 의한 간접 조명 등 그 공간에 가장 적합한 색온도, 연색성을 가진 광원을 선택한다.

(3) 외광의 이용

외광을 끌어들인 공간은 인공 조명으로는 얻기 어려운 개방감, 청량감을 연출할 수가 있다. 외계와의 시각적인 접촉도 얻어지며 이용자에게 대해서 우수한 효과를 올릴 수가 있다. 외광을 이용할 때는 차양, 블라인드, 커튼 또는 젖빛 유리 등을 이용한 외광 컨트롤을 하여 외광이 들어가지 않는 다른 공간과의 밸런스를 고려한다.

또한 실내 인공 조명과의 균형에 대한 배려도 중요하다. HID 램프, 주광색 형광 램프 등의 사용으로 외광과의 색온도차를 적게 하는 동시에 휘도 밸런스, 조도 밸런스를 조절하는 연구도 효과적이다.

주광은 에너지 절약의 의미에서도 적극적인 이용을 생각할 필요가 있다.

(4) 내장과 조명

공간의 위화감 없는 자연적인 조명을 위해서는 내장에 대한 배려가 중요하다. 특히 내장재의 반사 특성은 공간의 광의 성격을 결정하는 데 있어서 상당히 중요한 의미를 갖는 것이다.

면의 반사 특성은 정반사(正反射)와 확산 반사의 두 가지로 대별된다. 정반사 특성이 강한 면은 광을 비쳐도 그 면은 그다지 빛나지 않고 기구 또는 광원이 영입(映入)하는 경우가 많다. 따라서 이러한 면으로 구성된 공간은 면광원으로서의 부드러운 반사광은 기대할 수 없지만 고휘도 광원의 영입에 의한 화려한 연출 등에는 효과적이다. 반대로 확산 반사면은 광을 받아들이면 그 면 전체가 반사 광원이 되므로 이와 같은 면으로 구성된 공간은 휘도 대비가 낮은 일정한 밝기가 되는 경향이 있다. 이와 같은 공간에서 안정된 분위기를 연출하기 위해서는 기구 자체를 돋보이게 하지 않고 벽, 천장 등을 밝게

그림 3.2 확산반사면에 의한 간접조명
-OASIS 히로바 21(포와이어)-
[日建設計竣工寫眞 제공]

하는 건축화 조명의 방법이 유효하다. 또 화려한 분위기를 연출하는 경우에는 적당한 휘도 대비를 주거나 브래킷, 샹들리에 등을 채용하는 예가 많다. 조형적인 조명 기구를 사용하는 경우에는 그 배경이 되는 면의 휘도를 어느 정도 억제함으로써 기구 자체의 화려함을 끌어올리는 등의 배려가 필요해진다.

그림 3.2는 천장, 벽, 바닥 공히 확산 반사 특성을 갖는 내장재로 구성된 포와이어(foyer)에 있어서의 건축화 조명의 예이다. 천장 등의 꺾임면에 설치된 형광 램프에 의한 간접 조명을 하고 있으며 공간 전체가 부드러운 광으로 충만하여 침착한 분위기를 얻고 있다.

건축 공간은 각종 반사 특성이 혼재하는 경우가 많으므로 이들 특성을 이해하고 그 공간의 용도에 맞는 조명 방법을 채용하는 것이 중요하다.

(5) 메인터넌스

건물 운용에 있어서 램프 교환은 큰 비중을 갖는다. 특히 통상적으로 큰 규모가 되는 회관(홀)에 있어서는 사용되는 램프의 종류와 수가 공히 많아지므로 램프 교환에 대한 배려가 되어 있지 않은 경우에는 건물 운영에 문제가 생기게 된다.

램프 교환에 대한 배려는 크게 2개 항목으로 분류된다. 하나는 램프의 장수명화이고 또 하나는 램프 교환 작업의 용이화이다.

램프 수명을 길게 하기 위해서는 우선 방열에 주의하는 것이다. 기구 자체의 구조와 설치 방법은 방열에 방해가 되지 않도록 주의한다. 높은 천장의 경우에는 방의 온도 분포에 따라 기구 설치부의 온도가 높아지는 경우가 있으므로 실내의 온도 조건, 공조, 환기 방식에 대한 검토도 함께 하여야 한다.

이어서 백열 전구의 경우에는 정격보다 낮은 전압으로 점등하는 등의 배려를 함께 한다.

램프 교환 작업의 용이화를 위해 고천장 공간에서는 천장 뒤에 캣 워크를 설치하거나 또는 승강식 조명 기구를 채용하는 등의 안전하고 신속한 램프 교환이 가능한 설비로 한다.

그림 3.3 어프로치에 아트리움을 배치한 예(1)
−OASIS 히로바 21(아트리움)−
[日建設計竣工寫眞 제공]

그림 3.4 어프로치에 아트리움을 배치한 예(2)
−横浜 미나토미라이 홀(외관)−
[日建設計技報 제공]

3.2.3 각부의 조명 계획

지금까지 기술해 온 기본 사항에 입각해서 회관(홀)에 있어서의 각 부분의 구체적인 조명 계획 사고방식에 대해서 기술한다.

(1) 외부

주간만이 아니고 야간의 사용 빈도가 많은 것이 회관(홀) 특징의 하나이다. 따라서 야간 내방자에 대해서 외부 조명은 그 건물의 밖을 향한 벽의 인상적인 광이 요구되는 경우가 많다. 그러므로 어프로치 계획, 건축 계획에 의해 건축 설계자와의 충분한 상호 이해가 중요하다. 최근의 회관(홀)은 외부로부터의 어프로치에 유리를 까는 아트리움을 배치하여 시설을 인상 깊게 하는 특징적 공간으로 하는 예도 많다. 그 사례를 그림 3.3, 그림 3.4에 든다.

(2) 엔트런스 홀

엔트런스 홀과 이에 연결되는 로비는 건물 도입부로서, 내방자에게 좋은 인상을 주는 장으로서 상당히 중요한 의미를 갖는다.

이들 부분에는 통상 안내소, 접수, 클로크 등의 서비스 기능이 집중되며 이를 위한 안내 조명이 필요한 경우가 많다.

안내 조명의 사고 방식으로서는 안내 그 자체가 밝게 빛나 사람 눈을 끌어당기는 것과 광을 주는 것에 의해 주위와의 휘도 대비를 만들어 이에 의해 사람의 눈을 끌어당기는 것이 있다.

앞의 방법을 채용하는 경우에는 안내 본체의 주위 조도를 어느 정도 억제하여 안내의 조도를 보다 강하게 끌어올리는 동시에 안내 이외의 고휘도의 것을 없애는 것이 중요하다.

또한 최근에는 회화, 릴리프, 태피스트리(tapestry) 등을 이 부분에 전시하는 사례가 많다. 이와 같은 경우에는 이것들을 부각시키는 조명을 이때 다른 조명 기구 또는 높은 휘도를 갖는 것을 가능한 한 없애서 시선이 자연히 전시물에 모이도록 유념한다.

(3) 로비, 라운지, 포와이어(foyer)

회관(홀)의 로비, 라운지, 포와이어는 이용자의 휴게, 대기 스페이스가 될 뿐만 아니라 각종 전시 또는 조각, 회화 등과 전시 등 다목적으로 이용되는 경우도 많다. 공간의 구성도 다양하며 건물을 특징짓는 중요한 의미를 갖는 부분이라고 할 수 있다.

이에 따라 조명 계획도 다양한 내용이 되고 공간에 어울리는 특징 있는 조명 계획이 요구된다. 기본적으로는 일정한 조명 분포보다 적당한 휘도 콘트라스트를 만듦으로써 사람들이 멈추어 서는 공간으로서 안정할 수 있는 분위기를 연출하는 것이 중요하다.

(4) 홀(객석 조명)

홀 안에서 통상적으로 상연 중에는 어둡고 대부분의 조명은 불필요하지만 상연 전 또는 상영 후에는 객석 조명이 필요하다. 조도는 전체 점등으로 150~300 lx 정도로 되지만 상영 내용에 따라서는 중간의 밝기가 필요하다. 그 때문에 조광 기능이 불가결하다. 그 때 급한 점등·소등은 불쾌감으로 연결되므로 페이드인-페이드아웃 기능이 요망된다.

그리고 홀 내의 천장 높이가 위치에 따라 각각 다르므로 조명의 균일화를 도모하는 것은 어렵지만 극단적으로 어둔 곳이나 밝은 곳이 생기지 않도록 주의하여야 한다.

또한 상연 중에 홀 안을 캄캄하게 할 때도 바닥등은 필요하다. 법규상 0.2 lx 이상 확보하지 않으면 안 된다(객석 유도등). 그 밖에 비상 조명(상시 소등 가능), 피난구 유도등, '금연' 표지등 등이 필요하다. 피난구 유도등은 유도등 신호 장치와 조합해서 상연 중에 감광 또는 소등할 수 있는 타입도 많이 사용되고 있다.

또한 다목적 홀에서는 콘서트나 연극 외에 강연회나 회의 등의 용도도 생각할 수 있다. 그 경우는 객석 부분도 포함해서 전체를 밝게 하는 신 설치도 필요해진다.

최근의 콘서트나 연극을 상연하는 홀은 공연 전후나 막간에 객석 실내를 어떻게 보이는가를 포인트로 하는 일이 많다. 개막 전의 관객의 기분을 고양시키거나 종연 후의 기분 좋은 여운을 주는 효과도 객석 공간의 역할로 하고 있다. 그림 3.5, 그림 3.6은 객석 조명에 샹들리에나 브래킷을 배치하여 대기 공간을 눈부시게 아름답

그림 3.5 홀(객석조명) (1)
-横浜미나토미라이 홀(대 홀)-
[日建設計竣工寫眞 제공]

그림 3.6 홀(객석조명) (2)
-横浜미나토미라이 홀(소 홀)-
[日建設計竣工寫眞 제공]

게 한 사례이다. 또 그림 3.6은 샹들리에에 실링 스피커를 기능적으로 짜 넣은 예이다. 이와 같이 객석 조명을 연출의 일부로 하기 위해서는 객석 내의 점멸이나 조광의 신은 당연히 무대 조광 장치에 짜 넣을 필요가 있다.

[西岡奏朗]

3.3 학교·도서관

3.3.1 학교 조명 계획

학교 조명은 어린이가 시대상물을 보기 쉽도록 하는 것을 돕고 근시의 예방, 학습 효과의 향상 등을 도모하는 데 있어서 중요하다. 또한 학교 조명은 야간의 학교 시설 개방에는 불가결한 설비로서 중요성이 높아지고 있다.

(1) 일반 교실의 베이스 조명

① **조도** 일반 교실의 밝기는 JIS의 조도 기준에 의하면 200~750 lx로 되어 있지만 실제로는 500~750 lx로 설계되는 일이 많으며 고조도가 요구되고 있다.

② **조도 분포** 조도의 분포는 균일할 것이 바람직하며 조도 균제도에 주의해서 조명 기구의 배치를 결정할 필요가 있다. 일반적으로 형광등 기구의 설치 간격 최대한은 조명 기구의 A 방향(관축에 수직) 보다 B 방향(관축에 평행) 쪽이 짧아진다. 따라서 B 방향은 A방향보다 기구를 접근시켜 배치하는 것이 조도 균제도가 좋아진다.

조도 균제도(G)는 다음 식으로 구해진다.

$$\frac{1}{G} = \frac{평균조도}{최소조도}$$

일반 교실의 베이스 조명에 의한 조도 균제도 $1/G$은 3 이하가 되도록 조명 기구를 배치할 필요가 있다.

③ **글레어** 쾌적한 학습 환경을 만들기 위해서는 시야 내에 들어가는 조명 기구의 글레어를 제거하지 않으면 안 된다. 시야 내에 과도하게 휘도가 높은 광원이 있으면 불쾌감, 눈의 피로, 보임의 저하를 야기시킨다. 시야 내에서 시선의 중심일수록 글레어를 강하게 느끼고 시선에 대해서 30° 범위를 글레어 존이라고 하며 이 범위의 휘도 저감이 필요하다. 구체적으로는 글레어 대책을 세운 조명 기구를 채용하는 경우는 흑판과 평행으로 배치하는 것이나 역삼각형 등의 광원이 노출되어 있는 기구를 채용하는 등의 배려가 필요하다.

④ **조명 제어** 일반 교실은 주간의 창가는 주광에 의한 조명만으로 충분한 경우가 많다. 그러므로 조명의 점멸은 창가를 단독 점멸로 하여 주광으로 충분한 조도가 얻어지는 경우는 소등함으로써 에너지 절약에 공헌할 수 있게 된다. 더욱 더 에너지 절약에 공헌하는 경우는 창가에 한정하지 않고 주광에 의해 충분한 조도가 확보되는 경우는 자동 조광 시스템을 도입해서 장소마다 광속 출력을 제어하고 있는 예도 있다. 이 밖에 대학 강의실은 강의실 조명의 필요 없는 점등을 피하고 에너지 절약을 도모하기 위해 조명의 전원 관리를 중앙감시반의 타임 스케줄을 이용하고 있는 예도 있다. 타임 스케줄은 미리 정해진 교육 과정에 맞추어서 설정해 두고 강의가 시행되는 시간에만 조명이 점등하는 장치를 이용하고 있다.

조광에 관해서는 에너지 절약만이 아니고 영상 장치를 사용한 강의도 통례화하고 있기 때문에 영사중의 필기가 가능해지도록 채용하는 예도 있다.

(2) 흑판등

① **조도** 흑판의 밝기는 JIS의 조도 기준에 의해 전반 조명에 국부 조명을 병용해서 300~1,500 lx로 되어 있다. 한편, 전반 조명에 의해 흑판면의 밝기는 100 lx 이상 얻어지므로 흑판 조명은 200 lx 이상 얻어지도록 하면 된다.

② **글레어** 흑판 조명에서 글레어를 없애기 위해서는 다음 세 가지 조건을 충족시켜야 한다. ① 흑판 조명이 흑판면에 반사되어 학생의 눈에 들어가지 않을 것, ② 학생의 눈에 흑판 조명의 광원이 직접 들어가지 않을 것, ③ 교사가 흑판 조명을 눈부시다고 느끼지 않을 것.

   이들 세 가지 조건과 다음 항의 '균제도' 조건을 합쳐서 흑판등의 적절한 설치 위치가 결정된다.

③ **균제도** 흑판등에 의해 조명되는 흑판면의 균제도를 좋게 함으로써 흑판의 보기가 향상된다. 균제도를 좋게 하기 위한 방법에 가장 어둡게 되기 쉬운 흑판의 최하단을 밝게 하는 방법이 있는데, 이 경우의 조사각은 계산상 55°로 하고 있다. 따라서 조사각 55°에서 최대 광도값이 흑판 최하단에 해당할 필요가 있다.

④ **적절한 설치 위치** 상기 (b), (c)의 조건에 적합하도록 바람직한 흑판등의 설치 위치를 구하면 그림 3.7 (a)와 같이 된다. 그림은 교실을 모델화한 그림으로서, 가장 앞 열에 학생의 눈의 위치, 교사의 눈의 위치를 상정하고 각각에 대해서 글레어를 느끼기 어려운 경계선을 구하였다 이것에 추가해서 균제도를 향상시키기 위한 라인을 추가한 흑판등의 바람직한 설치 위치를 구한 결과 굵은 선과 같이 된다. 그것을 그래프화 하

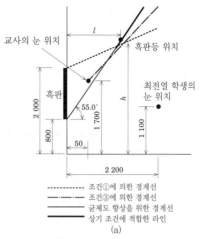

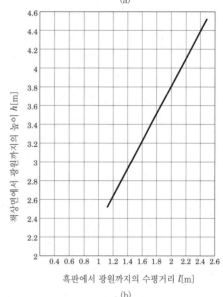

그림 3.7 흑판등을 설치하기 위한 적절한 위치관계

면 그래프(그림 (b))와 같이 된다.

3.3.2 도서관 조명 계획

조명은 일반적으로 시작업을 하기 위한 조명과 환경 조명으로 대별된다. 도서관에서는 서적을 읽는다고 하는 행위가 주체가 되기 때문에 시작업을 하기 위한 조명이 특히 중요해진다. 이에 추가해서 서적을 선정하는 행위도 있게 되

므로 조도에 관해서는 연직면 조도도 배려할 필요가 있다.

(1) 열람실

도서관에서는 모든 장소에서 독서가 이루어지지만 독서를 목적으로 한 방에 열람실이 있다. JIS의 조도 기준에 의하면 도서 열람실은 200~750 lx로 폭이 있지만 열람실에서는 노소를 불문하고 독서라고 하는 행위를 하므로 그것을 고려하여 충분한 조도를 확보할 필요가 있다.

또한 열람실은 로 파티션에 의해 공간을 구획하고 그곳에 책상을 놓고 운용되는 예가 많다. 그 경우는 파티션의 그림자에 의해 독서 책상이 어두워지지 않도록 주의한다. 구체적으로는 독서 책상에 태스크 조명을 설치할 수 있도록 하거나 베이스 조명을 광천장과 같은 방향성이 없는 조명 계획으로 하는 등이 생각되고 있다.

(2) 서가

서가에서는 책등에 인쇄되어 있는 문자를 보고 필요한 서적을 선택하는 행위가 이루어진다. 책장 하부의 책은 바닥 위 10 cm 정도의 위치일 때도 있고 책장 상부의 책은 바닥 위 2 m 가까이의 높이가 될 때도 있다 서가의 밝기는 300 lx 이상일 것이 요망되지만 천장에서 조명하는 이상 서가의 상부와 하부에 조도차가 있는 것은 불가피하다 따라서 서가 높이의 중앙에서 300 lx 정도를 확보하도록 계획한다.

조명을 라인 조명으로 한 경우는 서가에 평행으로 레이아웃하거나 수직으로 레이아웃하거나 또는 광천장으로 하는 방법이 있다.

어느 경우나 일장일단이 있으며, 건축 계획과 함께 검토할 필요가 있다. 단, 서가가 낮은 경우 또는 천장 높이가 높은 경우는 어느 조명 계획에 있어서도 기능적으로는 거의 동등해진다.

(3) 기타

도서관에서는 도서를 검색하기 위한 검색 시스템이나 영상이나 음성을 제공하기 위한 AV 기기의 도입이 일반화하고 있다. 그래서 모니터가 도서관 내 여러 곳에 설치되어 각각의 시스템 도입의 목적에 맞는 사용을 하고 있다. 조명 계획에 있어서는 모니터에 글레어 등의 영향으로 화면이 잘 안보이게 되지 않도록 루버 달린 기구 등을 선택하여 대책을 도모할 필요가 있게 된다.

[内藤慎太朗]

3.4 미술관·박물관

3.4.1 미술관·박물관의 특징과 조명 계획

미술관·박물관은 크게 ① 보존 부문, ② 전시 부문, ③ 교육연구 부문, ④ 관리 부문으로 구성되지만 여기서는 전시 부문의 조명으로 줄여서 해설한다.

전시실의 조명은 전시 내용에 따라 조명 방법이 다르다. 일반적으로는 미술관이면 감상이, 박물관이면 관찰·조사 연구가 주체가 된다. 감상을 목적으로 하는 경우 전시물을 좋게 표현하는 것이 요망되는 데 비해서 관찰·조사 연구를 목적으로 하는 경우에는 전시물의 형, 색, 텍스처를 바르게 표현하는 것에 주의해야 한다. 목적에 매치하여 쾌적한 시환경을 만들기 위해 조도, 시야 내의 휘도 분포, 글레어, 반사 글레어, 그림자나 모델링, 광원의 광색과 연색성 등의 검토가 필요하다.

또한, 미술관·박물관의 조명은 일반 조명과는 전시물의 보호·손상 방지가 중요해진다. 손상은 방사, 광, 온도, 공기 오염 등이 원인으로 일어나는데, 귀중한 전시물의 손상을 방지하기 위해 방사·열의 영향을 충분히 고려한 조명 계획이 필요해진다.

3.4.2 조명 계획에서의 기본 사항

(1) 조도

전시면의 조도는 내방자가 쾌적하고 덜 피로하게 감상·관찰할 수 있는 조명 환경을 제공하도록 설정한다. 필요 이상으로 조도를 높게 하면 글레어의 원인이 될 뿐만 아니라 방사와 열에 의해 전시물에 손상을 입히게 된다. 전시대상물에 의하기도 하지만 일반적으로는 억제하는 쪽의 값으로 하는 것이 좋다. 표 3.6에 JIS 조도 기준, 표 3.7에 각국의 권장 조도 기준을 나타낸다. 이것들을 참고로 하여 전시대상물에 따라 방사와 열의 영향을 고려, 조도를 결정한다.

한편, 전시실의 바탕 명도는 너무 밝으면 그것에 눈이 순응해서 전시물이 보기 나빠지므로 전시면 보다 더 낮은 조도로 하는 것이 바람직하다. 전시면의 조도를 낮은 쪽으로 설정하는 경우는 특별히 바탕용 조명을 하지 않는 예도 있다. 이와 같은 경우는 전시실에 인도하는 통로부의 밝기 설정도 중요해진다. 즉, 밝은 곳에

표 3.6 JIS 조도기준(JIS Z 9110 : 1979)

1500~750 lx	조각(돌, 금속)·조형물·모형
750~300 lx	조각(플라스터, 나무, 종이)·양화·연구실·조사실·매점·입구 홀
300~150 lx	회화(유리 커버붙이)·일본화·공예품·일반 진열품·화장실·소집회실·교실
150~75 lx	박제품·표본·갤러리 전반·식당·다방·복도·계단
75~30 lx	수납고
30~5 lx	영상·광이용 전시부

서 갑자기 어둔 전시실에 들어가면 발밑이 잘 보이지 않으므로 감상자에게 불안감을 준다. 조금씩 조도를 변화(전시실에 근접하는 데 따라 조도 레벨을 떨어뜨린다)시키는 것 같이 눈의 순응을 고려한 설계가 필요해진다.

(2) 조도 균제도

감상하는 데는 전시면 밝기가 일정해야 할 것은 물론이다. 밝기를 일정하게 하려면 표시면의 조도를 균일하게 하여야 하고 균제도(최저 조도와 최대 조도의 비)가 0.75 이상(바닥면 등의 반사광도 포함해서)이 되는 것이 이상적이다. 단, 실제상 이 실현은 용이하지 않다. 벽면 전시용을 배려해서 배광 설계된 조명기구와 설치 위치를 충분히 검토할 필요가 있다.

표 3.7 각국의 권장 조도기준

		ICOM*¹(프)(1997)	IES*²(영)(1970)	IES*³(미)(1987)
광방사에 대단히 민감한 것	직물, 의장, 수채화, 무늬직물, 인쇄나 소묘의 것, 우표, 사본, 디스템퍼로 그린 것, 벽지, 염색 피혁 등	50 lx 가능하면 낮은 쪽이 좋다. (색온도 : 약 2,900 K)	50 lx	120,000 lx·h/년
광방사에 비교적 민감한 것	유화. 템페라 그림, 천연피혁, 뿔, 상아, 목제품, 칠기 등	150~180 lx (색온도 : 약 4,000 K)	150 lx	180,000 lx·h/년
광방사에 민감하지 않은 것	금속, 돌, 유리, 도자기, 스테인드 글라스, 보석, 법랑 등	특별한 제한 없음. 단 300 lx를 넘는 조명을 할 필요는 거의 없음		200~500 lx

＊1 ICOM : International Council of Museum
＊2 IES(영) : Illuminating Engineering Society, London
＊3 IES(미) : Illuminating Engineering Society, New York

[松下電工, 1997²¹)]

(3) 반사 글레어

광택이 있는 화면, 유리 달린 사진틀이나 유리 케이스에 들어 있는 전시물은 광원이 화면에 정반사해서 비치거나 유리면에 배경이 비치거나 하여 감상·관찰에 방해가 되지 않도록 광원이나 전시물 배치를 검토하지 않으면 안 된다.

전시화를 감상할 때의 그림으로부터의 시거리는 화면의 장변 길이의 1.5배라고 하고 있다. 일본인의 눈높이는 약 1.5m이므로 광원의 위치와 시선의 관계는 그림 3.8과 같이 되며, 하면 상단에서 정반사(10°의 여유를 본다)가 일어나지 않는 위치에 광원을 설치할 필요가 있다.

한편, 광원의 위치가 너무 화면에 근접하면 사진틀의 그림자이 화면에 비치거나 화면의 요철이 두드러지거나 한다. 화면 하단에서 약 20° 이내에 광원을 설치하는 것은 피하지 않으면 안 된다.

이와 같이 회화에 대해서 낮은 각도로 입사하는 광선은 그림 표면에 그림자을 만들고, 정반사광이 들어오는 위치에 광원이 있으면 감상자의 눈에 눈부심을 준다. 따라서 광원은 그림 3.8의 사선으로 표시하는 범위에 설치하는 것이 바람직하다.

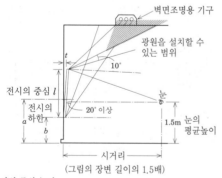

a : 전시의 중심 높이
높이가 1.4 m 이하인 그림의 전시 중심은 바닥에서 높이 1.6 m
b : 전시의 하한 높이
높이가 1.4 m 보다 큰 그림의 전시 하한은 바닥에서 높이 0.9 m

그림 3.8 광원의 위치와 시선의 관계
[松下電工, 1997²¹⁾]

또한 그림의 경사(t/l)는 소형의 그림으로 0.15~0.03 정도, 대형의 그림으로 0.03 이하로 한다.

(4) 전시물의 보호아 손상 방지

방사로 인한 손상(변퇴색)은 조사된 광의 양(照度×照射時間)에 비례한다. 파장에 따라 손상 정도는 다르지만 300~380 nm의 자외선에서 95 %, 380~780 nm의 가시 광선에서 5 %의 손상 작용이 있다고 하며, 자외선이 특히 유해하다.

그림 3.9에 미국 상무성 표준국(NBS)이 셀룰로오스의 샘플에 대해서 실험적으로 구한 손상의 파장 특성 $D(\lambda)$을 나타낸다. 또한 이 특성에 입각해서 구한 각종 광원의 손상도(손상 계수)를 표 3.8에 나타낸다. 이 표에서 주광에 비해 형광 램프의 손상도가 낮은 것을 알 수 있다. 그 중에서도 자외선 흡수막 부착 형광 램프는 손상 정도가 낮으며 연색성을 높인 타입이 미술관·박물관용으로서 사용된다. 그러나 이들 형광 램프를 사용하더라도 높은 조도로 장시간 조명하면 손상이 일어나므로 과도한 조도를 피하고 조사 시간도 짧게 하도록 유의하여야 한다.

한편, 전시물에 열이 가해지면 균열, 박락 등과 같은 손상을 초래한다. 조명에 의한 전시물의 온도 상승은 방사 조도에 비례한다. 표 3.9에 각종 광원의 단위 조도당의 방사 조도를 나

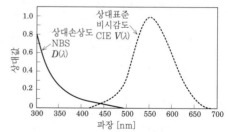

그림 3.9 손상의 파장특성
[松下電工, 1997²¹⁾]

타낸다. 이 값이 작을수록 피조사물의 온도 상
승을 적게 할 수 있다. 할로겐 전구 등은 단위
조도당의 방사 조도가 높으므로 적외선 반사막
부착 타입을 사용하여 다이크로익 미러 붙이 기
구 등과 조합해서 사용하는 것이 좋다.

(5) 연색성과 광색

조명되는 전시물의 색은 바르게 재현되지 않
으면 안 된다. 인공 광원의 경우는 가시 파장
영역의 분광 분포에 의해 결정된다. 인공 광원
에는 평균 연색 평가수가 높은 것(R_a 90 이상)
을 사용할 필요가 있다. 형광 램프의 경우는 자
외선 흡수막붙이의 미술관·박물관 전용의 형광
램프를 사용하는 것이 바람직하다.

색온도의 선정은 기본적으로는 기호의 문제
지만 전시면의 설정 조도에 따라 구분 사용되는
경향이 있다. 즉, 광방사에 민감한 전시물을 주
체로 하는 전시실은 보존 전시의 관계로 조도를
억제한 설정이 안 될 수 없고 그와 같은 공간에
서는 일반적으로 낮은 색온도(3,300 K 이하)의
광색이 사용된다. 반대로 현대 미술이나 조각과
같이 광방사에 민감하지 않은 전시물을 주체로
하는 전시실은 조도를 높게 설정하기 때문에 높
은 색온도(5,000 K 이상)의 광색이 사용되는
경향이 있다.

3.4.3 미술관의 조명

미술관의 전시는 벽면이 주체가 된다. 조명
방법은 오픈 전시 조명과 전시(展示) 케이스의
조명으로 분류된다.

오픈 전시 조명은 방의 벽을 그대로 전시 벽
면으로 이용하는 경우이다. 조명 기구는 천장면
에 직접 설치되므로 천장 높이가 높은 경우는
상당히 광범위한 벽면을 커버하지 않으면 안 되
어 조도·균제도를 만족시키기 위해 특별히 배

표 3.8 각종 광원의 단위 조도당 손상도(손상계수)

종별	종류	손상계수 (D/E)	상대값 [%]
주광	전공광(천장광 청공)	0.480	100
	천공광(담천광)	0.152	31.7
	태양광(직사광)	0.079	16.5
형광램프	백색(W)	0.025	5.2
	백색 자외선 흡수막붙이(W-NU)	0.010	2.1
	주백색(N)	0.032	6.7
	주광색(D)	0.033	6.9
	미술관·박물관용 자외선 흡수막붙이 전구색(L-EDL-NU	0.006	1.3
	미술관·박물관용 자외선 흡수막붙이 백색(W-SDL-NU)	0.013	2.7
	미술관·박물관용 자외선 흡수막붙이 주백색(N-EDL-NU)	0.012	2.5
	Hf 미술관·박물관용 자외선 흡수막붙이 전구색(L-EDL-NU)	0.008	1.7
	Hf 미술관·박물관용 자외선 흡수막붙이 주백색(W-SDL-NU)	0.010	2.1
	Hf 미술관·박물관용 자외선 흡수막붙이 주백색(N-EDL-NU)	0.012	2.5
	실리카 전구(100 W)	0.015	3.1
전구	빔 전구(80 W)	0.010	2.1
	소형 할로겐 전구(100 W)	0.013	2.7
	소형 할로겐 전구·적외선 흡수막붙이(85 W)	0.008	1.7

[松下電工, 1997[21]]

표 3.9 각종 광원의 단위 조도당 방사조도

광원	단위조도당 방사조도 [mW/(cm²·lx)]
실리카 전구(LW 100)	57
빔전구(BS 100 V 80 W)	39
소형 할로겐 전구(JD 100 V 150 W/E)	56
소형 할로겐 전구 적외선흡수막붙이 (JD 110V 85W·N/E)	45
소형 할로겐 전구 다이크로익 미러붙이 (JD 110 V 75 W/E)	13
크립톤 전구(Lds 100 V 75 W·K·T)	55
형광 램프(FL 40 W)	10
수은등 형광형(HF 400 X)	12
메탈 할라이드 램프(MF 400)	10
태양광(직사광)	10

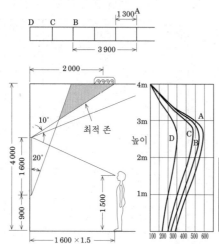

천장높이 : 4.0 m
전시면 길이 : 15.0 m
전시면 높이 : 1.6 m
사용광원 : 미술·박물관용 연색 AAA 전구
　　　　　형광램프(FLR40S·L-EDL·NU)
사용기구 : 전시 벽면전용 매입형 기구
　　　　　4등용 10 연결

각 단면의 연직 조도 및 균제도

단면	A	B	C	D
최대조도[lx]	575	540	465	290
최소조도[lx]	405	365	304	210
균제도 (최소조도:최대조도)	0.70:1	0.68:1	0.65:1	0.72:1

그림 3.10 오픈 전시조명의 설계 예

[松下電工, 1997[21]]

광 설계된 대형의 전용 기구를 사용할 필요가 있다. 또한 감상자에게서 직접 보이므로 글레어만이 아니고 의장에도 배려할 필요가 있다. 설계 예를 그림 3.10에 든다.

한편, 전시 케이스 조명은 케이스 내의 벽면만이 대상이지만 케이스의 안 길이가 한정되므로 설치 위치가 제한된다. 적절한 배광을 콤팩트한 반사판으로 실현시킬 필요가 있다. 다만 일반적으로 전면 현수벽 뒤쪽의 감상자에게서 직접 보이지 않는 위치에 설치되므로 기능 우선으로 설계해도 되는 경우가 많다. 또한 미술관의 전시 스페이스에는 상설 전시와 기획 전시가 있다. 일반적으로 상설 전시 스페이스는 전시물이 고정이지만 기획 전시 스페이스의 경우는 전시가 일정 기간마다 바뀐다. 따라서 조명도 전시물에 따라 조사 방향이나 조명 기구의 위치가 가변되도록 요구되는 경우가 많다.

3.4.4 박물관의 조명
박물관의 전시도 기본적으로 오픈 전시와 케이스 전시로 나뉘지만 전시대상물이 공예품 등

의 입체물이 주체가 되는 점이 미술관과 다르다.

오픈 전시의 경우는 전시물이 공예품 등과 같은 소물부터 실물대 주거 모형 등과 같은 대형까지 여러 가지이다. 따라서 전시물의 크기에 대응한 조명 방법이 필요해진다 이 때문에 일반적으로는 천장에 배선 덕트를 그리드 형상으로 배치하고 스포트라이트를 전시물에 따라 적의 설치하는 스튜디오적 방법이 사용된다.

한편, 케이스 조명은 케이스 상부에 형광 램프를 배열하여 확산 유리 또는 격자 루버를 거쳐 케이스 전체를 조명하는 광천장 방식이 대부분이다. 이 경우 전시가 평탄해지는 것을 피하기 위해 스포트라이트를 보조광으로 사용하는 경우가 많다. 근년에는 열을 배려해서 광 파이버를 사용하는 예도 있다. [片山就司·伊藤武夫]

3.5 병원

3.5.1 병원 조명의 특징
병원 조명의 주체는 건강한 사람을 위한 조명

표 3.10 조명계획에서 정리한 병원의 구성부문

	부문	해당부문	개요
1	외래·진료부문	외래부문	현관·접수·접수대기 등 사람이 출입하는 장소. 본래의 의미에서는 진찰장소도 포함되지만 조명계획상으로는 진료부문에 포함한다.
		진료부문	의사가 환자를 보는 장소.
2	검사·수술부문	검사부문	환자를 X선이나 CT 등의 기기로 검사하는장소. 또, 환자의 세포를 검사하는 장소도 포함한다.
		수술부문	수술을 하는 장소, ICU 장소 등도 포함한다.
3	병동부문	병동부문	통상적으로는 병실이나 너스 스테이션 등이 포함되지만 조명계획에서는 너스 스테이션은 관리부문에 포함된다.
4	관리부문	관리부문	약국, 사무실, 경비실 등의 관리 장소.
		공급부문	멸균부품을 공급하는 중앙재료부, 리넨류를 공급하는 세탁부, 식사를 공급하는 급식부 등의 장소.

이 아니고 그곳에 있는 환자를 위한 조명이다. 또한 환자의 상태는 환자에 따라 여러 가지로 다르고 그 여러 가지 상태에 대응할 수 있을 것이 요망된다. 한편, 의사나 간호사에게 있어서도 처치나 검사에 적절한 환경이 아니면 안된다.

병원은 진료 내용에 따라 전문 병원, 종합 병원 등으로 분류되고 규모에 따라 의원, 병원 등으로도 분류되고 있다. 이 진료 내용이나 규모 등에 따라 병원 내의 구성되는 병실들이 달라진다. 일반적인 병원의 병실들은 외래 부문, 진료 부문, 검사 부문, 수술 부문, 관리 부문 등으로 분류된다. 이들 부문을 조명 계획의 관점에서 다시 분류하면 표 3.10과 같이 정리된다.

각각의 부문에 따라 조명 방법이나 조명 기구·램프, 조명 위치 등을 고려한 계획으로 할 필요가 있다.

병원의 계획에 있어서는 기능성과 쾌적성이 요구되고 있다. 특히 환자가 접하는 공간은 약품 냄새가 없고 조용하며 안정된 공간을 제공하는 것이 증가하고 있다. 조명도 이에 대응코자 호텔 객실과 같은 병실이나 오피스 빌딩 현관 홀과 같은 외래 현관 홀 등의 공간을 만들고 있

다. 이러한 경향은 앞으로 더욱 진행될 것으로 예상된다.

서커디언 라이팅(circadian lighting)이라고 불리는 조명 방법에 대해서 언급해 둔다. 서커디언 리듬이라고 하는 '1일 주기로 변화하는 생체 리듬'에 따라서 조·주·야와 같은 환경을 조명의 조도를 컨트롤함으로써 실현하는 조명 방법이다. 외광이 들어가지 않는 방에서 하루 종일 생활하는 사람에 대해서 생체 리듬을 유지할 수 있도록 하고 있다. 병원에서는 일반 병실은 보통 외광이 들어가므로 이와 같은 방법은 그리 사용되고 있지 않지만 수술 후의 회복실 등의 특별한 방에서 채용되는 경우가 있다.

3.5.2 조명 계획의 방식
(1) 조도

조도에 대해서는 JIS Z 9110 '조도기준'의 '병원'이 기준이 된다. '병실이나 수술 등 장소에 따른 조도'와 '전체 및 국부에 의한 조도'가 표시되고 있다. 또한 주간과 야간(심야)의 조도도 표시되어 있다. 이것에서도 알 수 있듯이 최대 20,000 lx에서 최소 1~2 lx 폭의 광범위한 조도 설정으로 되어 있어 병원 조도의 다양성을

나타내고 있다.

병원이나 외래 등은 외광이 들어가는 건축 계획으로 되어 있는 것이 일반적이지만 주간의 조명은 외광을 의식한 계획으로 하여야 한다. 또한 검사실 등의 특수한 장소는 조광 기능이 요구되는 일이 있으므로 대응이 필요하다.

(2) 휘도(글레어)

글레어는 특히 배려를 하여야 할 사항이다. 특히 병실은 하루 종일 침대에 누워 있는 환자가 천장 조명을 보고 눈부심을 느끼지 않도록 계획하여야 한다. 간접 조명 방법이나 조명 기구의 위치를 바꾸는 등의 방법이 필요하다. 또한 외래 접수나 복도 조명에 대해서도 글레어가 없는 계획이 요망된다.

(3) 광원

병원의 조명은 원칙적으로 '색'의 올바른 인식이 필요하다. 수술실·진찰실·검사실 등은 특히 중요하며, 이들 병실의 광원은 연색성이 높은 램프를 채용하여야 한다. 다른 부분에 대해서는 그리 연색성이 요구되고 있지 않지만 백색광(백색 형광 램프)으로 하는 경우가 많다. 이것은 백색이 위생적인 이미지와 결부되어 있어 채용되고 있는 것 같다. 또한 병원에 대해서는 분위기를 중시하는 경향이 있으며 색온도가 높은 램프의 채용이 많아지고 있다.

(4) 조명 제어

병원의 조명 제어는 부문마다 각각 다른 제어가 행하여지도록 계획하여야 한다. 외래·진료 부문은 일반적으로 사용되는 시간대가 정해져 있으므로 그 시간대가 종료되면 조명의 점등수를 감소할 수 있는 등과 같이 계획한다. 예를 들면 오전 중에는 100 % 점등하고 외래 종료 시에 30 %로 감등할 수 있도록 하는 등의 방법이다.

검사·수술 부문과 관리 부문은 수시 필요할 때 점등·소등한다. 이 장소는 전체적인 시각에 의한 조명 제어는 어렵지만 점등 구분을 작게 하여 둘 배려가 필요하다.

병동 부문의 복도 조명은 시각에 따라 감등할 수 있도록 하여 두어야 한다. 주간·야간·심야로 조도를 제어할 수 있으면 좋다. 일반 병실의 조명은 개별적으로 스위치를 달아 조작한다.

(5) 비상시의 조명

비상시(화재시, 정전시 등)의 조명은 건축법에 의한 비상 조명과 소방법에 의한 유도등이 있다. 이것들은 각 법규에 설치 기준이 있으므로 그에 따라 계획하지 않으면 안 된다. 법규상으로는 병실의 비상 조명은 설치 의무가 없지만 그것을 고려하고 전체 계획을 세워야 한다.

병원에서는 일반인의 피난만 생각할 것이 아니라 환자의 피난도 고려한 계획으로 하여야 한다. 피난에 요하는 시간도 통상시보다 길어질 가능성이 있으므로 배터리 용량이나 발전기 운전 시간에도 주의가 필요하다.

3.5.3 부문별 조명

(1) 외래·진료 부문

① **외래 부문** 현관·현관 홀·접수·대합실 등이 대상이 된다. 이곳의 조명은 환자에게 청결감과 안심감(안정된 분위기)을 주는 배려가 필요하다. 병이 나서 상당히 불안한 기분으로 병원에 온 사람에게 병원이 따뜻하게 맞이한다는 이미지를 주도록 계획을 세워야 한다. 난색계(暖色系)의 광이나 글레어가 적은 조명 기구의 채용이 요구된다 (그림 3.11, 그림 3.12).

그림 3.11 현관 홀

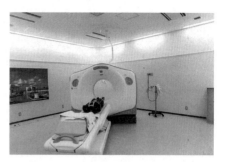
그림 3.13 검사실

그림 3.12 외래 대합실

그림 3.11은 현관 홀의 예이다. 다운 라이트를 많이 사용해서 분위기를 중시한 조명 계획으로 되어 있다. 복도 부분과 대합실 부분이 밝기의 상위로 명확하게 알 수 있는 계획으로 되어 있다. 그림 3.12는 외래 대합실의 예이다. 대합실부는 백색광에 의해 약간 밝게 하고 있고 글레어를 느끼지 않도록 커버 달린 조명 기구가 사용되고 있다 또한 접수 부분도 기다리고 있는 사람에게 눈부심을 주지 않도록 간접 조명으로 되어 있다.

② **진료 부문** 진찰실이 대상이 된다. 이곳은 의사가 환자를 진찰하는 장소이므로 연색성을 배려한 램프 채용이 바람직하다. 진료 과목에 따라서는 조광 제어가 요구되는 경우도 있다. 또 환자를 베드에 눕히고 진찰하는 경우도 있으므로 조명 기구의 글레어에 대해서도 배려가 필요하다.

(2) 검사·수술 부문

① **검사 부문** 검사는 환자의 세포 등(검체)

을 검사하는 '검체 검사'와 환자 자신을 검사하는 '생리 기능 검사'로 분류된다. '검체 검사'를 하는 장소는 생물이나 화학의 실험실과 동일하게 작업성과 연색성을 중시한 조명이 필요하다. '생리 기능 검사'를 하는 장소는 연색성 외에 환자에 대한 배려가 필요하다. X선이나 MRI 등의 검사는 적당한 밝기가 있으면 되지만 조광 제어가 요구되는 경우가 있다. 또한 심전도나 뇌파 등의 측정 검사 장소는 형광등 기구 등으로부터의 노이즈를 피하기 위해 광원을 백열전구로 한 실드 기구를 채용하거나 할 필요가 있다(그림 3.13).

그림 3.13은 CT 검사실인데 환자에 대한 배려로 조명을 벽측으로 모아 배치하고 있다. 벽면을 밝게 함으로써 전체의 밝기를 내고 동시에 글레어를 작게 하는 계획이다.

② **수술 부문** 수술하는 장소이다. 수술실·전실(수세실, 마취실 등)·후실(환자 회복실 등) 등이 있는데 전체적으로 청정도(청결할 것)가 요구된다. 특히 청결 존의 수술실·수세실 등은 클린 룸으로 되어 있는 경우가 많으므로 조명 기구도 클린 룸 대응으로 하여야 할 필요가 있다. 수술실에 대해서는 전반 조명과 무영등(無影燈)의 조합으로 밝기(20,000 lx 정도)를 확보하는 것이 일반

그림 3.14 수술실

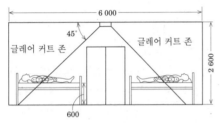

그림 3.15 전반조명의 차광각
[松下電工 카탈로그 참조]

적이다. 이 경우 전반 조명은 통상 1,000 lx 정도이다. 또한 최근의 수술에서는 전자 의료 기기를 사용하므로 조명 기구로부터의 노이즈 발생에도 주의가 필요하다. 고도의 수술을 하는 수술실의 경우는 클린 룸과 노이즈 양방에 대응한 기구 선정이 필요하다.

그림 3.14는 수술실이다. 중앙에 무영등이 설치되고 그 외주에 천장 조명이 배치되어 있다. 기구는 클린 룸 대응으로 되어 있다. 수술실의 벽면 조도도 높아지는 배광 기구를 채용하고 있다. 이것은 수술시에 무영등과 벽면의 밝기에 차가 있으면 눈이 피로해지기 때문이다.

ICU(Intensive Care Unit : 중증환자 집중 치료동)는 중증환자를 집중적으로 치료하는 장소로서, 청정도가 요구되는 장소이므로 클린 룸 대응 기구를 채용하는 경우가 많다. 또한 환자마다 용태가 다르므로

조명은 개별적으로 온·오프나 조광을 할 수 있는 계획이 필요하다.

(3) 병동 부문

병동 부문은 병실과 복도가 대상이 된다(너스 스테이션은 관리부문에서 기술한다).

병실 조명은 과거 여러 가지 방법이 사용되어 왔다. 과거 방법의 대부분은 의사나 간호사의 진찰이나 처치가 수월할 것이 중심이 되어 계획된 것도 있었다. 최근의 계획은 환자 입장에서의 계획이 중심이 되고 그리고 의사나 간호사의 진찰이나 처치에 지장이 없는 계획의 실현이 요구되고 있다.

병실 조명은 전체 조명·베드 사이드 조명·상야(常夜) 조명·처치 조명으로 구성된다. 전체 조명은 방 전체를 조명하는 것으로서, 천장에 설치되는 경우가 많다. 이 경우 누워있는 환자의 눈이 부시지 않도록 광원이 직접 보이지 않는 조명 기구나 천장면에도 광이 도달하여 기구면과의 휘도차를 완화시키는 조명 기구 등의 채용이 필요하다. 그림 3.15는 표준적인 대상 병실로서 천장에 조명 기구를 설치한 경우 광원이 누워 있는 환자에게 직접 보이지 않는 각도를 검토한 예이다.

베드 사이드 조명은 야간의 독서 등 환자 개인을 위한 조명으로 암식(arm式)이나 브래킷식(bracket式)의 기구가 채용되고 있다. 암식의 경우 환자가 암을 상시 이동시키고 있으므로 암의 강도 검토가 중요하다. 상야 조명은 바닥등에 의한 대응이 많다. 처치 조명은 병실에서 긴급히 처치하는 경우의 조명으로서, 천장에 설치된다. 환자의 어디를 처치하는가에 따라 조명의 위치·각도가 바뀌므로 이 점에 주의해서 계획할 필요가 있다. 처치 조명은 달지 않고 전체 조명과 베드 사이드 조명으로 대응하는 경우도

그림 3.16 병실(1침대실)

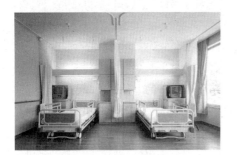

그림 3.17 병실(4침대실)

그림 3.18 병동복도(1)

그림 3.19 병동복도(2)

있다(그림 3.16, 그림 3.17).

그림 3.16은 1개 침대의 독방의 예이다. 이 병실은 전체 조명은 브래킷의 간접 조명 기구가 중심이고 보완적으로 천장에 조명이 설치되어 있다. 베드 라이트는 암식이고 처치 조명은 설치되고 있지 않다. 그림 3.17은 침대 4개인 방의 예이다. 이 병실의 전체 조명은 벽면에 매입한 간접 조명이 중심이 되고 있다. 베드 라이트는 암식인데 베드 곁에 있는 가구에 설치되며, 암이 짧은 것을 채용하고 있다.

복도 조명은 병원에서는 상당히 배려가 필요한 조명이다. 중증 환자는 베드나 스트레처로 운반되므로 이때 눈부심이 없도록 간접 조명이나 조명 기구를 중앙이 아니고 벽측으로 치우쳐 설치하거나 한다. 또 병동은 야간에 복도의 광이 병실 내로 들어가지 않도록 병실 입구와 반대측에 조명 기구를 설치하는 등의 배려가 필요

하다.

그림 3.18은 다운 라이트를 채용한 병동 복도의 예이다. 조명 기구는 벽측에 설치되고 복도 중앙부에는 광원이 없게 배려되고 있다. 또한 다운 라이트로부터의 광이 병실 내에 들어가지 않도록 배광에 대해서도 고려하고 있다. 그림 3.19는 라인형 조명을 채용한 병동 복도의 예이다. 이 경우도 복도 중앙부에는 광원이 가지 않도록 계획되고 있다. 벽측의 조명 기구는 병실 입구와 입구 간에 설치되어 병실 내에 조명광이 들어가지 않는 계획으로 되어 있다.

(4) 관리 부문

① 관리 부문 약국·사무실 등이 대상이다. 이 장소는 일반 사무소 조명과 동일하다고 생각하면 된다. 작업 환경을 중시한 계획으

그림 3.20 너스 스테이션

로 하면 된다. 병동에 있는 너스 스테이션도 기본적으로는 동일하다. 최근의 너스 스테이션은 컴퓨터 단말의 설치 대수가 상당히 많아지고 있으므로 모니터 화면으로의 조명 영사를 배려한 기구 등의 채용이 필요하다(그림 3.20). 그림 3.20은 너스 스테이션의 예이다. 너스 스테이션의 카운터부는 환자나 외부 사람과 접촉하는 장소로서, 전체에 비해서 밝게 하고 있다. 너스 스테이션 내부는 일반 사무소와 동일하게 루버를 단 하면 개방형의 기구가 설치되어 있다.

② **공급 부문** 중앙재료부나 세탁부·급식부 등이 대상이다. 이들 장소는 작업 환경을 중시한 계획으로 하면 된다. 중앙재료부의 멸균 장소나 급식부의 주방 등은 청정도에 대한 배려가 필요하다.   [本多 敦]

3.6 고령자 복지 시설

3.6.1 고령자 복지 시설의 분류

고령자 복지를 목적으로 한 시설은 간호 노인 복지시설(특별 양호노인 홈), 간호 노인 보건시설 등의 입소 시설, 데이 서비스 센터 등의 방문 시설, 노인 복지 센터 등의 이용 시설로 대별된다. 이들 시설은 고령자의 건강 상태나 이

용 목적이 다르기 때문에 각각에 적합한 설계를 할 필요가 있는데, 시설 이용자인 고령자를 배려하지 않으면 안 된다고 하는 점은 공통적이다. 동시에 입소 시설에는 간호가 필요한 고령자가 많아 고령자의 쾌적성만이 아니고 간호 스태프의 기능성에 대해서도 배려가 요구된다.

3.6.2 조명 계획에 있어서의 기본 사항

연령이 더해감에 따라 수정체나 각막의 투명조직에 혼탁이 생김으로써 안구 내의 산란광이 증대하고 투과율도 저하하기 때문에 고령자는 눈부심에 대해서 민감해지는[22] 동시에 망막에 도달하는 광량의 감소에 의해[23] 색의 차를 식별하는 능력[24]이나 명암차의 식별 능력[25]도 저하한다. 따라서 고령자 복지시설에서는 이와 같은 시각 특성에 배려할 필요가 있다. 일반적으로 조도를 높이면 시력이 향상되므로[26] 통상성의 시설보다 높은 설계 조도로 할 것이 요구되지만 글레어를 억제하고 부위마다에 극단적인 조도차를 주지 않는 등이 전제 조건이 된다. 고령자의 권장 조도의 일례를 그림 3.21에 든다.[27]

한편, 연령이 늘어감에 따라 기능 저하는 시각 기능에 한정되지 않고 수면이 얕아지고(생체 리듬의 약체화) 배설 횟수가 증가하는 등의 생리 기능이 저하한다. 고령자 복지 시설에서는 야간 수면의 질이 저하하거나 불규칙해 지는 것에 의해 야간 배회 등의 이상 행동으로 연결되거나[28] 각성도가 낮은 것이 원인으로 보이는 주간의 낙상사고 등이 문제가 되고 있다. 이와 같은 문제들을 개선하기 위해서는 생체 리듬을 안정화시키는 것이 중요한데, 주간의 고조도 광조사가 유효하다는 것을 알고 있으며 케어 방법으로서 고령자 복지시설 현장에서 실시되고 있다.[29]

이상과 같이 고령자 복지시설의 조명 계획시에는 고령자의 시각 기능과 생리 기능에 대해서

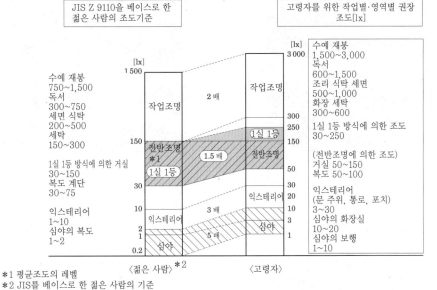

그림 3.21 젊은 사람과 노인의 권장 조도
[橫田, 1996[27]]

*1 평균조도의 레벨
*2 JIS를 베이스로 한 젊은 사람의 기준

배려할 것이 요구된다.

3.6.3 각 부위마다의 조명 계획

고령자 복지시설의 조명 계획에 대해서 각 부위마다 해설한다.

(1) 데이 룸

이벤트나 레크리에이션의 스페이스로서 활용되는 데이 룸은 고령자에게 있어서는 간호 스태프나 다른 입주자와의 커뮤니케이션의 장이 되기 때문에 밝고 활동적인 분위기일 것이 요망된다. 그러나 식당이나 간단한 리허빌리테이션 룸(rehabilitation room)으로 활용되는 등 다용도로 사용되는 경우도 많으므로 글레어를 배려한 패널 붙이나 루버 붙이의 조명 기구를 채용할 뿐만 아니라 다운 라이트나 스포트라이트 등을 병용하는 등 여러 가지 신에 대응할 수 있는 조명 설비일 것이 바람직하다. 사례를 그림 3.22에 든다.

또한 고령자가 한 낮을 지나는 스페이스가 되므로 전술한 고조도광에 의한 케어를 행하는 경우에 가장 적합한 부위라고 할 수 있다.

(2) 거실

병원의 병실과 혼동되는 일이 많지만 생활공간이라는 의미에서는 오히려 주택을 참고로 하면 된다. 개인방의 전반 조명은 가정적인 분위기가 되도록 천장에 원형의 실링 라이트를 설치

그림 3.22 데이 룸의 사례
[©松下電工]

그림 3.23 고조도 데이 룸의 사례
[ⓒ松下電工]

그림 3.24 거실(독방)의 사례
[ⓒ松下電工]

그림 3.25 거실(다인실)의 사례
[ⓒ松下電工]

심야에는 안전성을 배려해서 상야등을 설치하는 것이 좋지만 눈부심이 생기지 않는 조명 기구를 채용하는 것이 전제가 된다. 또, 심야에 기저귀를 교환하는 경우도 많으므로 같은 방의 고령자에게 방해가 되지 않도록 베드면에집광시킨 간호등을 설치하거나 일반 조명 기구에 조광 기능을 설치하는 등의 배려가 필요하다.

(3) 리허빌리테이션 룸

주간에 사용되는 것이 일반적이므로 자연광과 조화된 조명이 바람직하다. 또한 리허빌리테이션의 종류에 따라서는 고령자의 시선이 천장을 향하는 경우도 있으므로 글레어를 배려한 조명 기구가 바람직하다. 또, 작업요법실로 사용되는 경우는 충분한 책상면 조도의 확보가 필요해진다.

(4) 복도

고령자는 명암 변화에 대한 적응 능력이 약하기 때문에 데이 룸이나 입구 사이에 극단적인 명암차가 생기지 않도록 주의하여야 한다. 사례를 그림 3.26에 든다. 또, 복도는 공용 화장실로의 심야 동선 부분이 되므로 조광 기능을 설치하거나 눈부심을 배려한 상야등을 설치하는 것이 좋다.

하고 벽면에 장식용 브래킷 조명을 설치하는 등의 주택적인 조명 방법을 사용한다. 또한 목재의 내장 부재가 사용되는 일이 많으므로 낮은 색온도의 램프가 조화되기 쉽다. 사례를 그림 3.24에 든다. 한편, 여러 명이 사용하는 방의 경우는 바닥 면적이 커지므로 직관형 형광등 기구를 채용하게 되는데 자리에 누운 고령자에게 램프가 직접 보이지 않도록 배려한 조명 기구를 사용하거나 간접 조명 방법을 사용하는 것이 바람직하다. 그림 3.25에 그 사례를 든다.

전반 조명 이외는 고령자의 건강 상태에 따라서는 사용할 수 없는 것도 있지만 독서 등에 사용할 수 있는 퍼스널 라이트를 설치하는 것이 바람직하다. 또한 근년에는 각 방마다 화장실이 설치되는 것이 보통인데 위생면이나 에너지 절약면에서 인감 센서 붙이 조명 기구가 적합하다.

그림 3.26 복도의 사례
[©松下電工]

그림 3.27 현관의 사례
[©松下電工]

그림 3.28 간호욕실의 사례
[©松下電工]

그림 3.29 유도음 붙이 점멸형 유도등
[©松下電工]

(5) 현관

현관은 시설의 얼굴이 되므로 밝고 청결감이 있는 조명으로 하는 것이 바람직하다. 기본적으로 광색은 기호 문제지만 고색온도의 램프를 사용함으로써 옥외와의 연속성이나 청결감을 높이는 것이 가능하고 저색온도의 램프를 사용함으로써 따뜻하고 우아한 가정적인 인상을 줄 수가 있다. 여하간에 다른 부위와의 밸런스를 배려해서 광색을 선택하여야 한다. 사례를 그림 3.27에 든다.

(6) 욕실

간호 욕실은 간호 스탭의 시인성을 올리기 위해 약간 높게 조도를 설정하고 피부색을 잘 보이게 하기 위해 연색 평가수가 높은 고색온도의 램프를 사용하는 것이 좋다. 사례를 그림 3.28 에 든다. 한편, 일반 욕실은 안정된 분위기로 하기 위해 저색온도(低色溫度)의 램프가 좋다. 또한 램프 교환 등의 보수성을 배려하여 욕조 상부에는 조명 기구를 설치하지 않도록 주의하여야 한다.

(7) 스태프 룸

근년, 고령자 복지시설에도 정보화가 진전되고 있으며 컴퓨터를 이용하는 기회가 증가하고 있다. 모니터로의 영사를 배려한 조명 기구를 채용하는 것이 바람직하다.

(8) 주방

주방은 집단 식중독 방지를 배려한 위생 관리가 중요하므로 이물 혼입을 배려한 식품공장에 적합한 조명 기구나 살균등을 활용하는 것이 좋다.

3.6.4 방재 조명

고령자 복지시설 입주자에는 눈이나 귀가 부

자유한 고령자도 포함된다. 재해시에 안전한 장소로 피난할 수 있도록 크세논 램프 점멸이나 음성 유도 기능을 가진 유도등(그림 3.29)을 채용하거나 광점멸 주행식(走行式) 피난 유도 시스템을 설치하는 것이 좋다. [伊藤武夫·片山就司]

3.7 역사(驛舍)

역사는 열차 승강을 주목적으로 하지만 이와 관련해서 타 교통 기관으로의 환승 장소이고 출영, 대합, 집합 장소이기도 하다. 또, 그 이용자는 남녀 노소를 불문하고 신체가 부자유한 사람 등 많은 사람들이고 매일 이용하는 사람, 처음인 사람 등 그 이용 형태는 천차만별이다. 최근에는 단순한 열차의 승강이라는 역할에서 여러 가지 기능을 구비한 복합 시설의 중핵이 되는 역할로 변화해 가고 있다. 역사의 조명에 있어서도 이와 같은 역이 담당하는 역할을 충분히 검토하여 글레어가 적고 안내 표지판 등의 각종 표지판이 보기 쉽고 항상 자기 위치를 파악할 수 있는 동시에 다음 행동을 원활하게 할 수 있도록 안전하고 쾌적한 공간을 만드는 조명 계획이 필요해진다.

또 시설이 복합화함으로써 시설이 대형화하여 에너지 소비에 대한 배려도 지구 환경 보호라는 관점에서 중요한 검토 항목이라고 할 수 있다. 복합화에 의해 기능, 목적이 다른 공간이 접속되는데, 이와 같은 공간을 어떻게 광으로 연결하는가도 중요한 테마라고 할 수 있다.

3.7.1 조도

소요 조도는 JIS Z 9110 '조도 기준' 부표 8 역사에 의한다. 조도 기준은 역의 1일의 승강객 수에 의해 따라 A, B, C로 구분되어 권장 조도가 규정되고 있다. 또한 역사는 여러 복합 시설로 구성되며, 사람들이 목적을 가지고 이동하는 장으로서 부분적 또는 시간적으로 위험한 상황도 발생하므로 수평면 조도만이 아니고 연직면 조도도 고려하여 상황에 대응한 조도를 설정하는 동시에 급격한 조도 변화가 없도록 하는 것이 바람직하다.

3.7.2 래치 외 콩코스
(연락 통로·자유 통로)

새로 만들어지는 역 중에서 선로를 가로지르는 형태로 설치되는 교상역(橋上驛) 타입을 많이 볼 수 있다. 이와 같은 역은 선로 양측을 연결하는 연락 통로·자유 통로가 역의 개찰구, 차표 발매기, 대합실, 기타 상업 시설 등과 접속되어 있으며, 역시설의 중요한 역할을 수행하고 있다. 그리고 그와 같은 역할 때문에 역 또는

그림 3.30 자유통로(JR 八戸驛)

그림 3.31 래치 내 콩코스(JR 八戸驛 新幹線 홈)

거리의 얼굴이 되는 특징적인 의장이 만들어지고 있다.

조명에 있어서도 광에 의해 특징적인 공간을 만들 것이 요망되는 경우가 많다. 건축적으로는 밝고 개방적인 이미지를 만들고 주간에는 적극적으로 주광을 끌어들이는 건축 형상으로 되어 있는 예가 많다. 조명은 전체적으로는 밝은 분위기가 요망되며 글레어가 적고 균제도가 양호한 조명이 요망되고 있다. 주광을 이용할 수 있는 장소는 조광이 가능한 조명 기구를 채용하여 주광량에 따라 자동적으로 조명 기구를 제어함으로써 어너지 절약을 도모하도록 한 설비도 있다. 야간에도 간접 조명 등을 병용하면서 시각적인 밝기를 높이면서 필요한 조도를 확보하고 있는 사례도 있다. 자동발매기 설치 장소에서는 요금표시판이 잘 보이고 발매기 조작반이 이용자 자신의 그림자이 되지 않도록 하는 조명 기구의 설치가 필요하다. 역의 규모에 따라서는 대공간이 되는 경우나 대합 장소로서 이용되는 모뉴먼트가 설치되는 경우도 있으며, 따라서 높은 위치에서 HID 광원에 의한 투광 조명이나 사인 표시를 겸한 폴 조명 등을 설치하는 방법도 있다. 높은 위치에 조명을 설치하는 경우는 건축에 의한 캣 워크의 설치나 승강장치 기구의 채용 등 반드시 메인티넌스 검토를 하지 않으면 안 된다.

그림 3.32 자유통로(JR 村山驛)

3.7.3 래치 내 콩코스

개찰구와 플랫폼을 연결하는 통로의 역할을 최근에는 점포를 래치 내의 콩코스에 설치하는 역도 많아 광장적인 역할을 가지고 있다. 기본적으로는 래치 외의 콩코스와 동등한 조명이 필요하지만 행선지나 시간을 표시한 안내판이 많아 보이기를 손상시키지 않도록 글레어가 적은 조명이 바람직하다. 시간대에 따라서는 승강객이 교착·집중되어 발밑을 확인할 수도 없는 상태로 이동할 때도 있으므로 특히 계단 주변 등 위험이 예상되는 개소는 국부 조명을 추가하는 등 조도를 약간 높게 설정하는 동시에 배등을 연구해서 계단 위치를 알 수 있게 하여 안전을 배려할 필요가 있다.

그림 3.33 플랫폼(1)(JR 八王子 南野驛)

그림 3.34 플랫폼(2)(JR 八戸驛)

그림 3.35 플랫폼(3)(JR 新庄驛)

그림 3.37 역 외관(JR 八王子 南野驛)

그림 3.36 계단(JR 八戶驛)

3.7.4 래치(개찰구)

개찰은 최근에는 자동 개찰도 많아 표 개찰을 승객 자신이 하기 때문에 주변에 비해서 조도를 좀 높게 설정할 필요가 있다. 또 시간대에 따라서 승강객이 집중하는 장소로서 사고 방지라는 면에서도 높은 편의 조도가 필요하다. 이때 사람에 대한 시인성(視認性)을 높이기 위해 수평면만이 아니고 연직면 조도에도 배려할 필요가 있다.

3.7.5 대합실

대합실은 안전면에 대한 배려보다 감각적으로 쉴 수 있는 조명 방법이 요망된다. 간접 조명에 의한 확산광을 사용하거나 색온도가 낮은

광원을 사용하는 등 다른 공간과 광의 질을 변화시키는 것이 좋다. 조도는 그다지 높은 조도는 필요 없지만 간단한 독서를 할 수 있을 정도의 밝기가 필요하다.

3.7.6 계단

홈과 콩코스를 연결하는 계단은 러시 시간대에는 승강객이 집중하는 개소로서 위험성도 존재한다. 따라서 조도도 높게 설정할 필요가 있지만 동시에 광원이 직접 시선에 들어가기 쉽기 때문에 글레어에도 배려할 필요가 있다. 또한 램프 교환이 하기 어려운 환경이므로 유지·보수성을 배려한 설치 장소와 기구를 선정하지 않으면 안 된다. 그 밖에 비상 조명이 필요한 경우도 있어 설계 단계에 확인이 필요한 점이다.

3.7.7 플랫폼

플랫폼은 열차에 가장 접근하는 장소로서 많은 위험을 안고 있는 장소이기도 하다. 조명은 안전성을 충분히 확보하면서 쾌적성이나 경제성을 검토한다. 특히 안전면에서는 선로에 면하는 홈 끝의 조도는 수평면, 연직면 공히 높게 설정할 필요가 있다. 광은 홈만이 아니고 선로면으로의 밝기도 위험의 조기 발견이라는 점에서 필요하다고 생각한다. 그러나 동시에 열차

운전자의 운전 장해가 되는 조명이 되지 않도록 주의할 필요가 있다. 플랫폼은 가늘고 긴 피조면이기 때문에 홈 끝에 가까운 위치에 형광등 기구를 연속적으로 배열하는 조명이 일반적이다. 쾌적성이라는 점에서는 지붕·천장의 형상과의 관계도 있지만 간접 조명 등에 의해 번잡해지기 쉬운 천장 의장을 정리하고 있는 사례도 있다.

경제성의 점에서는 점등 시간도 길고 조명 기구의 설치 대수도 많다고 하는 조건에서 주간 조명의 자동 점멸이나 자동 조광 등 상당히 세밀한 제어에 의해 소비 전력을 억제하기도 한다.

3.7.8 옥외·외관

역은 역전의 버스나 택시 승차장, 주위의 상업 시설 등에 접속되어 있으며, 이와 같은 장소에 원활하게 접속할 수 있는 조명이 필요하다. 즉, 설계 단계에서는 항상 주변 환경, 시설과의 관계를 고려한 조명 계획이 필요하다고 할 수 있다. 또한 역은 거리의 중심에 위치하는 경우가 많아 거리의 현관이라고 하는 역할도 가지고 있다. 이와 같은 점에서 야간의 경관도 배려한 조명 계획이 필요하다고 본다.

[市川重範]

참고문헌

1) 石井一夫 : 多目的ドームの現状と将来展望, 照学誌, Vol. 78, No. 9, pp. 451-456 (1994)
2) JIS Z 9120 : 1995 屋外テニスコート及び屋外野球場の照明基準
3) Publ. No CIE 83 : Guide for the Lighting of Sports Events for Colour Television and Film Systems (1989)
4) Publ. No CIE 28 : The Lighting of Sports Events for Colour TV Broadcasting (1975)
5) 金丸 満 : カラー TV 中継のための照明の課題, 照学誌, Vol. 75, No. 4, pp. 194-198 (1991)
6) 日本照明委員会 : 国際照明用語 (第 4 版) (1989)
7) Van Bommel, W. J. M., Tekelenburg, J. and Fischer, D. : A Glare Evaluation System for Outdoor Sports Lighting and its Consequences for the Design Practice, CIE 20 th Session '83, D 505/1-D 505/4 (1983)
8) CIE Technical Report : Glare Evaluation System for Use within Outdoor Sports and Area Lighting, CIE, 112-1994 (1994)
9) 田中哲治 : ドームの照明器具と施工方法, 照学誌, Vol. 81, No. 10, pp. 905-908 (1997)
10) 須藤彰久 : 多目的ドームの照明計画・施設例の紹介 1. 東京ドーム, 照学誌, Vol. 78, No. 9, p. 475 (1994)
11) 須藤彰久 : 多目的ドームの照明計画・施設例の紹介 4. 福岡ドーム, 照学誌, Vol. 78, No. 9, p. 478 (1994)
12) 藤岡 茂, 山本啓史 : 大阪ドームの照明計画, 照学誌, Vol. 81, No. 10, pp. 927-930 (1997)
13) 小島福生 : ナゴヤドームアリーナ照明設備計画, 照学誌, Vol. 81, No. 10, pp. 924-926 (1997)
14) 城内, 田中, 石崎 : 西武ドームの照明設備, 照学誌, Vol. 83, No. 12, pp. 922-925 (1999)
15) 山口 亮, 似鳥雅則 : 札幌ドーム「HIROBA」, 照学誌, Vol. 85, No. 12, pp. 976-980 (2001)
16) 市川孝誠 : 出雲ドーム, 電設学誌, Vol. 15, No. 2, pp. 136-143 (1995)
17) 佐々木卓男 : 秋田県大館地区多目的ドーム, 電設学誌, Vol. 17, No. 9, pp. 870-871 (1997)
18) 橋本逸夫 : なみはやドーム, 電気設備学会誌, Vol. 17, No. 8, pp. 727-731 (1997)
19) 照明学会編 : ライティングハンドブック, 16.7 (1991)
20) 産業調査会 : 照明辞典, 第 4 章「施設の照明」(1998)
21) 松下電工編 : 照明設計資料, pp. 70-72 (1997)
22) 矢野, 金谷, 市川 : 高齢者の不快グレア—光色との関係—, 照学誌, 77-6, pp. 296-303 (1993)
23) 岡嶋克典 : 水晶体と瞳孔の年齢変化から導出した高齢者の等価照度換算式, 照学誌, 83-8 A, pp. 556-560 (1999)
24) 矢野, 下村, 橋本, 金谷 : 高齢者の色識別能力—光色との関係—, 色学誌, 17-2, pp. 107-118 (1993)
25) Blackwell, O. M. and Blackwell, H. R. : Individual responses to lighting parameters for a population of 235 observers of varying ages, Journal of Illuminating Engineering Soceity, 9-4, pp. 205-232 (1980)
26) 栗田正一 : 新時代に適合した照明環境の要件に関する調査研究報告書, 照明学会 (1985)
27) 横田健治 : 高齢者配慮の住宅照明の考え方, 松下電工技報・高齢者特集, No. 55, pp. 8-13 (1996)
28) 大川匡子 : 加齢と生体リズム, 痴呆老年者の睡眠リズム異常とその新しい治療, 神経研究の進歩, 36, pp. 1010-1019 (2002)
29) 伊藤武夫, 小山恵美 : 生体リズムを考慮した最近の医療福祉施設の照明, 照学誌, 84-6, pp. 362-367 (2000)

제4장

상업 시설

4.1 VMD(Visual Merch-andising)와 조명 계획

4.1.1 VMD

(1) 시대의 동향

디플레이션의 기조 중에서도 고급으로 분류되는 점포가 계속해서 개점되고 있다. 이것은 경제 상태가 어떻게 변화하거나 어떠한 새로운 감동을 구하고자 하는 고객의 욕구는 결코 그치는 것이 아니고 오히려 참신한 신규성을 구하여 고도화해 가는 것을 나타내고 있다. 다만 어떠한 점포라도 대량의 고객이 기대되는가에 관해서는 고객이 엄선되어 구분되고 1인당의 내점 횟수도 단순 증가가 아니게 되고 있는지도 모른다. 전체적인 동향은

(1) '주지의 상품군', 즉 매물이 필수인 상품군 중의 내구 소비재의 일순(一巡)에 의한 필수 매물의 감소

(2) 주지의 상품군 가격의 국제화

(3) 현대는 감성의 시대이고 분중화(分衆化)의 시대

(4) 고객의 기호의 다양화

(5) 내구 소비재의 일순에 의한 체험형 소비로의 이동, 즉 물재(物財) 산업에서 시간 산업으로의 전환

등으로서, 소비 불황이라고 하는 반면 새로운 기획을 담은 쇼핑 아케이드 등에는 즐거운 시간을 지내고 싶다고 느끼는 매력적인 공간이 계속해서 창출되어 상상을 초월한 많은 사람들이 모이고 있는 것을 볼 수 있다.

(2) VMD와 점포 조명의 목적

최근은 비즈니스의 많은 국면에서 이기는 쪽과 지는 쪽의 양극단으로 분극되고 있다고 하고 있다. 점포의 성과를 올리기 위해서는 고객의 현재적 또는 잠재적 니즈(needs)와 원츠(wants)를 정확하게 잡아내어 고객이 본 발견의 창조적인 제안이 필요하다. 이를 위해서는 상품성은 물론이고 새로운 공간 창조가 필요하고 특히 조명은 중요한 영향력을 가지고 있다.

점포 조명에 있어서는 고객의 관심과 눈을 끌어 손님을 증가시키고 주역인 상품 또는 서비스를 돋보이게 하여 구매 의욕을 만들어 주는 것이 중요한데, 상품을 시각적이고 아름다운 프리젠테이션으로 보이는 것을 목적으로 하는 VMD(Visual Merchandising)이 대단히 중요하다. 이것은 이익을 만들어내기 위한 '상품 제공 스타일'을 최종적인 목표로 하는 경영 전략상의 중요한 일익을 담당하는 종합적인 노하우이다.

(3) 점포 조명의 시대상과 조명의 역할

시대상은 사람이 목적하는 행위를 위해 주의를 하며 보지 않으면 안 되는가 어떤가에 따라 '주시대상'과 '환경'으로 나누어진다(4편 1.2 참조).

주시대상이란 사람의 행동이나 행위의 직접

적인 목적을 위해 보지 않으면 안 되는 또는 보고자 하는 대상을 말한다. 환경이란 행위에 직접적인 관계는 적지만 사람이 이 곳 저 곳을 둘러보았을 때 눈에 들어오는 사람이 놓여 있는 주위의 상황을 말한다.

주시대상은 물론 상품과 점포의 스태프이다. 상품의 특징을 호소하는 것을 '상품 연출' 이라고 한다. 더 중요한 것은, 고객에게 만족을 주는 것은 접객시의 접대와 서비스 매너 등의 종합적인 오퍼레이션이다.

음식 공간 등에서는 특히 이것이 중요하다. 고객 상호간 또는 스태프와의 커뮤니케이션도 중요하며 사람의 얼굴 보임에도 유의한다. 이것을 '대화 연출' 이라고 한다.[1]

환경에 관해서도 점포에서는 상품의 보임 방식과 같은 본질 기능의 충족은 당연한 일로 하고 우선은 매장에 오게 하는 것이 전제 조건이므로 고객의 심리에 호소하는 즐거움이나 충실감과 같은 심리적인 만족감이나 경우에 따라서는 기호성도 필요하며, 분위기 연출이 필요하다. 이것을 '공간 연출' 이라고 한다. 점포의 기능과 조명의 목적을 표 4.1[1]에 나타낸다. 조명의 역할을 시계열적(時系列的)으로 들면 공간 연출, 상품 연출, 대화 연출이다.

4.1.2 조명의 요인이 미치는 효과

조명의 요인은 공간의 연출 효과에 큰 영향을 미친다. 일반적인 사항에 관해서는 4편 2장을 참조하기 바란다. 점포 특유의 효과를 발생시키는 요인도 있고 또 효과를 목적으로 한 조명 방법도 많이 사용되므로 다소 중복되는 사항도 있지만 중요한 것을 약술한다.

(1) 점포 내의 조도

① **수평면 조도** 점포 조명의 조도 결정의 원

표 4.1 조명의 목적

조명의 목적	설계
점내로의 끌어들임	공간연출 설계
상품으로의 끌어당김	상품연출 설계
상품의 선택과 결정	상품표현 설계
접객, 응대(커뮤니케이션)	대화연출 설계

[松下電工, 1988[1]]

표 4.2 전시판매장의 설계 조도

조도 레벨	판매장
1,000 lx	생선식품, 식료잡화
700 lx	옷감, 예복, 신사복, 스포티 캐주얼, 속옷·양말, 패밀리 슈즈, 가방·핸드백, 우산, 스포츠 용품(아웃도어), 사이클 용품, 완구·게임, 낚시도구, 서적, 문구, 약, 화장품, 일용품, 식기, 조리 가전, 조리용품, 원예, 〈레지스터〉
500 lx	부인복, 어린이옷, 베이비옷, 란제리·파운데이션, 고급화, 액세서리, 침구, 가구, CD, 오디오, 인테리어(커튼, 카펫)

[田淵·向阪, 1982[8]]

칙은 일반적으로 아래와 같은 경우는 판매장 또는 상품의 조도를 높게 한다.

ⓐ '선택성' 이 낮은 상품군의 판매장[6] : 일반적으로 상품의 판매 방식에 따라 분류된 소매업의 양식을 '업태(業態)' 라고 하며 주지의 상품군으로서 사는 물건이 필수이고 사는 물건이 같은 종류의 것이면 상품 그 자체는 어느 것이라도 좋다고 하는 상품군을 '선택성이 낮은 상품군' 이라고 한다.[7]

ⓑ 베이비복이나 속옷 판매장 등 특별히 청결감이 필요한 상품이나 장소[6]

ⓒ 특히 이것들 중 반사율이 높은 상품은 반사율이 낮은 상품보다 조도를 높게 하여 휘도를 한층 높게 하는 것이 요구된다.[6],[8] 이것을 휘도 확장이라고 한다(4편 2.3.1 참조).[9],[10] 이것은 반사율이 높은 것은 한층 반사율이 높게 느끼는 것을 잠재적으로 기대한다고 하는 효과라고

생각되며 '조명의 기대 효과'라고 하는 것으로 한다(4편 2.3.1 참조).

ⓓ 옥외 사용을 전제로 한 상품[6]

ⓔ 평면에서 무늬 도안을 보이는 상품[6]

ⓕ 대면 판매가 아닌 예를 들면 전시판매점의 경우 권장값을 표 4.2[6],[8]에 나타낸다.

② **연직면 조도** 상품 중 연직으로 걸어 전시되는 것도 많으며, 연직면 조도가 공간의 밝기에 큰 영향을 미치므로 충분한 조도를 확보할 것. 특히 다운 라이트를 사용할 경우 배광이 협각형의 것이 많으므로 주의할 것.

③ **비주얼 포린트** 판매장의 컨셉트를 전하기 위해 설치된 스테이지의 상품이나 마네킹이나 각 코너에서 두드러지게 보이게 하고 싶은 상품 등 손님을 끌어 당기는 유목점(誘目点)에는 하이라이트를 줄 필요가 있으며, 스포트라이트를 사용하여 베이스 조명의 수배의 조도를 주는 것이 좋다.[11],[12]

④ **벽면 조명의 효과** 벽면 조명의 효과는 대단히 크며, 아래와 같은 효과가 있다((4편 2.2.3 참조).

ⓐ 벽면 조도에 의한 공간의 밝기감 : 안쪽 벽의 조도는 공간의 밝기를 높인다.[13],[14]

ⓑ 사바나 효과 : 점포 조명에서는 점포의 안쪽 벽에 점포 내 수평면 조도의 약 2~3 배의 조도를 주어 벽면 휘도를 높게 하면 손님에게 안도감을 주고 점포 안쪽으로 들어가려고 하는 회유 의욕에 큰 영향을 준다고 한다.[15]

ⓒ 벽면의 표정 효과(익스프레션) : 벽면의 조도 분포를 균일하지 않고 명암의 휘도 분포를 형성함으로써 무기질한 인상이었던 벽면에 표정이 생겨 공간의 분위기가 연출된다.

• 그러데이션(쇄광 조명) : 벽이나 커튼 직근에서 면을 쓸듯이 조명하는 방법에 의해 표면이 평탄한 벽면의 경우에는 희화에서 말하는 에어브러시 효과가 얻어진다. 조도가 완만하게 변화하여 명암의 그러데이션이 완만하기 때문에 부드럽고 조용한 분위기를 얻을 수가 있다.

• 라이트 패터닝 : 적절한 배광을 갖는 벽면 조명기구를 사용하는 것에 의해 벽면에 명함의 패턴을 그림으로써 벽면이 표정을 나타낸다.

• 텍스처 익스프레션 : 상기한 쇄광 조명에 의해 요철이나 거친 벽면의 경우에는 보다 더 재질감이 강조되어 드라마틱한 분위기를 연출할 수 있다.

ⓓ 바닥면 조명 : 바닥면에도 협각형 배광의 다운 라이트 등을 사용해 벽면과 같이 표정을 주는 라이트 패터닝을 행할 수가 있다. 바닥면에서 반드시 유의할 것은 부주의하게 단차를 만들면 안 되는 것과 불가피하게 단차가 있는 경우에는 명료하게 이것을 알 수 있는 조명을 해야 한다.

(2) 광의 방향성과 확산(지향성과 확산성)

광원의 입체각이 작은 경우의 대표를 '점광원'이라고 한다, 실제적으로는 광원의 발광면이 작은 경우에는 지향성이 강한 광이 얻어지고 윤곽이 확실한 그림자가 얻어지며 조명광이 '단단한 광(硬光)'으로 느껴진다. 공간의 분위기는 활기가 있고 고저가 있다고 느껴진다. 한편 입체각이 큰 경우의 대표를 '면 광원'이라고 한다. 지향성은 약하고 확산성이 강하다고 하며 그림자의 윤곽은 완만하여 명료하지 않고 조명광은 '부드러운 광'으로 느껴진다. 공간에는 평온한 분위기가 느껴지고 경우에 따라서는 평판으로 생각된다(4편 2.4.2 참조).

① **모델링** 입체적인 상품의 곡면상이나 요철 재질의 표면에서 조명에 의한 그림자의 윤곽이나 농도나 계조 등의 휘도 분포에 의해 입체감을 나타내는 것을 '모델링'이라고 한다. 상품에 대해서 적절한 방향에서 적절한 지향성 강도의 조명광을 쏘일 필요가 있다(4편 2.5.1 참조).

② **윤기와 광택** 선택성이 높은 상품군의 판매장에서는 예를 들면 귀금속이나 보석의 반짝임이나 진주나 도자기의 광택 등은 호화로움 또는 매혹적인 아름다움이나 즐거움을 주어 판매 효과가 높아진다. 이와 같은 효과는 작은 발광면의 고휘도 광원에 의해 얻어진다(4편 2.5.2 참조).

③ **재질감(텍스처 익스프레션)** 입체 표면의 요철 등과 같은 미세한 곡면의 그림자나 표면의 광택에 의해 재질감이 얻어지며, 이것을 표현하는 것을 재질감 표현이라고 한다. 상품에 대해서 적절한 방향에서 적절한 지향성 강도의 조명광을 조사할 필요가 있다.

조명 요건과 조명 방법은 4편 2.5.3 및 본편 4.1.5를 참조할 것.

(3) 광원 휘도의 효과

① **스파클 조명** 상품의 특성이나 점포의 업태, 고객층의 기호 또는 공간 연출 방침 등에 따라 비일상적인 화려함을 연출할 필요가 있는 경우는 전반 조명으로는 예를 들면 샹들리에를 사용하고 아울러서 브래킷과 같은 '장식 조명'을 사용하여 반짝임이 비일상성을 느끼게 하여 매혹감을 느끼게 한다. 넓은 의미에서의 기능성 또는 기호성을 안겨 주게 될 것이다.

② **불쾌 글레어의 방지** 시야에 높은 휘도의 광원이 많이 보이면 글레어가 생겨 불쾌할 뿐만 아니라 공간의 고급감이 손상되고 상품이 좋게 보이지 않게 된다. 또한 일반적으로는 그리 의식되지 않지만 고휘도 광원에 의해 눈의 순응 레벨이 높아짐으로써 상품이 상대적으로 어둡게 보이는 일도 많으므로 글레어 방지가 필요하다. 이에 따라 에너지 절감 효과도 얻어진다. 실내 조명기준에 권장하고 있는 기구를 사용하도록 한다.

상기 (a)의 보이는 조명을 사용하는 경우에는 가장 중요한 상품의 비주얼 효과를 손상시키지 않도록 주의할 필요가 있으며 상품에는 충분한 조도가 확보되도록 전반 조명에는 집광성이 얻어지는 다운 라이트나 국부 조명을 함께 사용하는 것이 좋다.

(4) 광원색

① **색온도** 실내 조명기준에서는 상관 색온도에 의한 분류를 제시하고 있다. 색온도가 5,000 K 이상에서는 광색이 약간 푸르게 느껴져 심리적으로 시원한 느낌이 얻어지고 색온도 3,300 K 이하에서는 광색이 약간 황적색으로 느껴져 심리적으로 따뜻한 느낌이 얻어진다.[17] 일반적으로는 청결성이 필요한 매장에는 색온도를 높게, 사람과의 교류나 식사 장소에는 색온도를 낮게 하는 것이 좋다.

② **연색성** 상품 정보를 올바르게 전달하기 위해서도 연색성이 높은 광원을 사용하는 것이 바람직하다.[18]

4.1.3 조명 방식

점포의 조명 대상에는 상품과 환경이 있고 상품 조명에 관해서는 아래와 같은 조명 방법이 있다. 이것은 전술한 전반 조명, 국부 조명, 국

표 4.3 조명대상과 수단

조명 대상		요건	조명방법		
			전반조명	국부조명	장식조명
태스크 (상품)	중점상품(픽업 상품) →디스플레이 조명	상품이 매력적 으로 보일 것	베이스 조명과 거의 같다.	중점조명	–
	일반상품(품종갖춤 상품) →셀링 스톡소닝	상품이 올바르 게 보일 것			–
앰비언트 (환경)	주벽(천장, 벽, 바닥)	안전성 분위기		벽면조명	–
	광원	분위기 형성과 장식효과			장식조명

[주] 환경조명에는 장식조명이나 표지 등의 일류미네이션도 포함된다.[松下電工, 1988[6]]

부적 전반 조명 등과 거의 같지만 특히 점포 조명의 실무에서는 상품 조명에 후술하는 중점 조명을 많이 사용하기 때문에 목적론적인 방식의 용어가 사용되고 있다. 이것들의 관계를 표 4.3에 나타낸다.[6]

(1) 베이스 조명

전반 조명과 거의 같지만 점포에서는 상품에는 중점 조명을 사용하여 높은 조도를 확보하고 전반 조명은 환경을 조명하는 목적으로 하는 경우도 많기 때문에 오피스의 태스크 앤드 앰비언트 조명에서의 앰비언트 조명의 기능과 유사한 기능을 목적으로 하고 있는 경우도 많아 '베이스 조명'이라고 한다. 이 특징은 아래와 같다.

① 점포 내 전체에 일정한 조도가 얻어지고 어두운 부분을 만들지 않는다.
② 상품을 어디에도 둘 수 있는 밀도 높은 매장에 적합하다.
③ 상품 형상이나 확산, 배치, 주위 피조면에 대한 돋보이기 방법 등에 따라 조명 방법이 다르다. 연직면 조명은 매장 분위기에 큰 영향을 미치고 점포의 공간 이미지를 고객에게 전하는 환경 조명을 겸하고 있다.
④ 상품은 우선 걸어가면서 보게 된다. 상품의 연직면이 눈에 들어가므로 연직면 조도

의 확보에 유의할 것.
⑤ 중점 조도(다음 항 (2))가 높아도 반드시 일정 조도는 확보할 것.
⑥ 상품의 배치 교환에도 적용된다.
⑦ 시공하기 쉽고 건물 전체를 공통 사양으로 하기 수월하며 보수에 편리하다.

(2) 중점 조명

상품, 특히 중점 상품이나 디스플레이 등의 구매력을 고양시키기 위해 중점적으로 조명하는 방법을 말하며, 기본적으로는 국부 조명으로 분류된다. 조명 방법으로는 스포트라이트 등이 사용된다. 이것의 특징은 다음과 같다.

① 필요한 장소마다 희망하는 조명을 할 수 있다.
② 특정한 상품을 두드러지게 할 수 있다.
③ 모델링이나 텍스처 익스프레션을 할 수 있다(4.1.2 [2] 참조).
④ 이를 위해서는 광원의 휘도나 발광 면적은 적절한 것을 선택할 것(표 4.8).
⑤ 상품의 조도 분포는 중점 조명의 효과에 큰 영향을 미치므로 적절한 배광의 것을 선택할 것.
⑥ 스포트라이트에 의한 연직면 조도는 일반적으로는 매장 수평면 조도의 약 3~6배의

조도가 필요하다고 하고 있다.[11),12)

(3) 장식 조명

샹들리에나 브래킷 등에 의한 조명의 반짝임이나 조명 기구의 미적인 외관 디자인 등에 의해 매장에 즐거움을 주는 조명 방법을 장식 조명이라고 한다. 유의점은 아래와 같다.

① 베이스 조명과 겸하거나 하면 필요한 상품이 두드러지기 어렵게 된다.

② 장식 조명의 휘도가 너무 높아서 불쾌 글레어를 발생시키면 점포 내의 분위기 조화가 손상된다.

③ 오브제(objet) 조명의 경우도 인테리어와의 조화에 유의한다.

④ 어디까지나 장식은 스파이스(spice)와 같은 부가적인 자극으로서, 억제된 사용이 요망된다.

4.1.4 조명 계획의 프로세스

일반적인 플로에 관해서는 4편 1.7을 참조 바란다. 점포 특유의 키 워드도 사용되므로 다시 점포로 특화해서 개설한다. 그림 4.1은 점포 조명 계획의 일반적인 프로이다. 물론 업종 업태나 또는 건명마다 순서나 시작하는 단계나 기대하는 웨이트 등은 다르지만 각 스텝의 내용에 대해서 약술한다.

(1) 기획 단계

① **기획 조사** 이미 공간 계획에서 시행되어 공간의 컨셉트가 결정되고 난 단계에서 조명 계획을 시작하는 경우도 있는가 하면 기획 단계부터 점포의 조명 계획을 의뢰 받는 일도 있다. 조사 사항은 계획하는 점포의 업종이나 업태, 상정하는 고객의 세그먼트, 경영 정책 등이 있다. 공간의 사용자, 즉 고객, 점포 경영자, 운영 관리자의 희망을 잘 조사하고 나서 특별한 희망이나 공간의 특징 부여 등이 있으면 잘 파악해 둔다.

② **점포 공간의 컨셉트 설정** 어떠한 점포 만들기를 지향하는가 하는 정책 방향을 명확하게 정한다.

(2) 구상 계획

공간의 컨셉트를 실현하기 위해 공간 이미지에 큰 영향을 미치는 내장과 함께 계획하는 것이 좋다. 주요 시대상을 선정하고 이것들을 어떻게 보이고 싶은가의 이미지 및 공간에 형성시키고자 하는 분위기를 정한다.

① **조명의 컨셉트 설정** 조명의 특징적인 사항들을 정리한다. 또는 키 워드를 정한다.

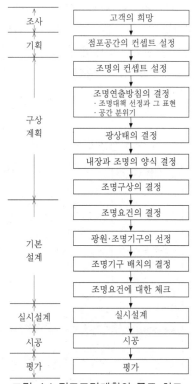

그림 4.1 점포조명계획의 플로 차트
[田淵, 1986[2)]

401

② **조명 연출 방침의 결정** 상품 등의 주시대상이나 중요 환경 등 조명 대상을 선정하고 이것들을 어떻게 보이고 싶은가의 표현과 공간에 형성코자 하는 분위기를 정한다. 희망하는 분위기를 기술하는 척도(형용사군) 및 희망하는 분위기에 대해서는 4편 2.9.1 참조한다.

③ **광의 상태 결정** 전체적 조도 분포나 휘도 분포나 부분마다에 지향성의 광을 사용하는가, 확산성 광을 사용하는가 등을 결정한다. 아울러

- 상품의 입체감과 재질감의 표현
- 소요 분위기 조명에 의한 연출

을 정한다.

조명의 요인이 미치는 효과에 관해서는 4.1.2 참조한다.

④ **내장과 조명의 양식 결정** 매장에 따라서는 브랜드 이미지를 정착시키기 위해 또는 기호로 특정한 인테리어 양식을 채용하고 있는 경우도 있다. 당연히 조명은 이 양식과 맞추어야 한다.

⑤ **조명 구상의 결정** 설정한 광의 상태를 실현시키기 위한 조명 시스템에 관해서 조명 방식, 광원이나 기구의 대략을 정한다.

⑥ **상품의 선택성에 대응하는 조명 기능** 매장의 시각적 구비조건은 업태에 따라 상당히 다르다. 조명의 목적과 필요한 상태에 상위가 발생하는 것은 상품 선택(4.1.2 [2] 참조)의 척도에 의한 세그먼트이다. 이 세그먼트에 대응한 진열에 요구되는 기능, 필요한 상품 정보, 조명 요건, 조명 방법에의 전개를 표 4.4에 나타낸다.

⑦ **매장 기능에 대응하는 조명 기능** 점포 매장에 공통적으로 필요하다고 생각되는 기능을 열거하고 이에 대응할 조명의 기능, 이를 충족시키는 데 필요한 조명의 요인, 그리고 또 조명의 기능을 실현시키기 위한 조명 방법이나 조명 기기의 기능 등을 표 4.5에 정리하였다. 이것은 점포 매장의 사례지만 다른 공간에도 이와 같은 기능 전개는 가능하다.

⑧ **조명 이미지의 구체화 기술** '조명의 컨

표 4.4 상품의 선택성에서 본 업태의 차이에 의한 조명의 목적과 방법의 세그먼트

선택성	저	고
세그먼트의 척도	'주지의 상품군' 즉 구입품이 필수인 상품군	이용가치나 구입자가 유용성을 자기확인하지 않으면 구입의 의사결정이 곤란한 상품군
점포의 예	슈퍼마켓, 디스카운트 스토어, 드럭 스토어	백화점, 각종 전문점, 홈 퍼니싱점 등
진열에 요구되는 기능	동질의 상품간에서 재질적인 품질의 판단을 빨리 할 수 있어 목적하는 상품을 빨리 손에 넣을 수 있는 것	"구입할까 말까?" 또는 선택에 신중을 요하고 상품 기능이나 유용성을 포함한 질의 높은 정보전달이 요구되는 한편 점포에 머무는 시간도 길어지므로 환경적인 쾌적성이 더욱 중요해진다.
정보가 필요한 상품정보	동질의 상품이 거의 동일한 정보를 제공한다.	점포로서 중점을 둔 제안이 필요 (독자성)
조명의 구비조건	비교적 조도가 높고 균제도가 좋을 것	비교적 낮은 조도에 의한 안정과 중점조명에 의해 상품제시의 중점을 명확히 하여 선택을 용이하게 할 것
조명방법	균제도가 좋고 불쾌 글레어가 적은 전반조명	중점조명(스포트라이트 등)의 효과적 활용 태스크 앤드 앰비언트조명*의 적절한 협조설계

＊태스크 조명(상품조명)과 앰비언트 조명(환경조명) [松下電工, 1988[6]]

표 4.5 판매장의 기능에 대응한 조명의 기능전개

	판매장에 공통된 기능	조명의 기능	조명조건	조명기구
1	판매장의 존재를 알게 한다.	(1) 내장계획에 의해 점포의 기능을 전한다. (2) 상품의 성격을 대표시키는 스테이지나 쇼 윈도를 조명한다.	예를 들면 하이라이트의 조도 : $$\frac{\text{연직면 조도}}{\text{수평면 평균조도}}=6$$	컬러 코튼 POP 사인 조명 네온 쇼윈도용 기구
2	손님을 판매장에 유도한다.	(1) 안쪽 벽을 조명한다. (2) 전반조명의 불쾌 글레어가 없을 것. (3) 판매장에 적합한 분위기를 형성한다.	(1) 벽의 조도 : $$\frac{\text{연직면 조도}}{\text{수평면 평균조도}}=3$$ 벽면조명의 광원색온도는 판매장의 국부조명의 색온도 권장범위에 들어가도록 한다. (2) 적절한 차광각의 조명기구를 사용한다. (3) 분위기에 맞는 조명기구를 사용한다.	벽면조명기구 벽면 다운라이트 벽면 스포트라이트 월 워셔 글레어 규제형 기구
3	상품의 특징을 강조하여 사도록 한다.	상품이나 내장의 그림자, 광택을 제어한다.	지향성의 광 활용	스포트라이트 다운 스포트라이트
4	상품의 정보를 정확히 전한다. (1) 손님이 상품을 선택한다. (2) 접객하여 조언을 한다.	(1) 손님이 상품을 들고 선택할 때 다른 상품과의 다름을 알 수 있다. (2) 손님과 점원이 서로의 표정을 알 수 있다. (3) 상품을 사용하는 공간을 상정할 수 있다.	상품 수평면조도 : 각 판매장의 수평면 평균조도를 확보한다. 연색성이 좋다 : Ra 60 이상 사람 얼굴의 연직면 조도 : 예를 들면 100~150 lx 필요에 따라 국부조명을 한다.	전반조명기구 기구간격에 주의한다. 피팅 룸 조명 등
5	손님이 상품을 산다. (1) 상품을 포장한다. (2) 청산한다. (3) 최후의 접객을 한다.	(1) (2)착오 없이 빨리 할 수 있다. (3) 손님과 점원은 서로의 표정을 알 수 있다.	출납계의 수평면 조도 : 750~1,000 lx 전반조명으로 이 조도가 얻어지지 않는 경우는 국부조명을 병용한다.	전반, 또는 국부조명기구 다운 라이트 펜던트 스탠드

셉트 설정' '공간 연출의 방침 결정' '광의 상태 결정'에 이르는 일련의 플로에 있어서 조명의 컨셉트와 같은 추상적인 이미지를 구체적인 조명 구상으로 전개시켜 나기기 위해서는(4편 1.8 참조) 데이터 뱅크(사례 사진 등), 컴퓨터 그래픽스(CG)(4편 4장 참조), 시뮬레이션 룸 또는 모델, 공간의 분위기 이미지의 SD(세만틱 디퍼렌셜)법에 의한 기술 등이 있다.

(3) 기본 설계

① 조명 요인의 설계값 결정 열거한 요인에 관해서 설계값을 정한다.

② 광원과 조명 기구의 선정 계획한 이미지와 상품의 보이기 방법을 실현, 상기 요건을 충족시키는 광원과 조명 기구를 선정한다. 또한 중점 조명에 사용되는 주요 광원의 특징과 용도는 다음 항(4.1.5)을 참조 바란다.

4.1.5 주요 광원과 조명 기구의 특징

점포 조명에 사용되는 주요 광원의 특징과 용도를 표 4.6에 들고 또 중점 조명에 사용되는 주요 광원의 특징과 용도를 표 4.7에, 특히 요리가 맛있게 보이는 광원의 사례를 표 4.8에 든다.

4.2 대형 점포 ● ● ●

4.2.1 기본 조명 설계

점포의 조명 대상에는 태스크(상품) 조명과

표 4.6 점포조명에 사용되는 주요 광원의 여러 특성

	램프의 종류	배광제어	휘도	치수	효율	연색성	색온도	수명	베이스숨형	중점조명	연색조명	장식조명
백열전구	확산형 전구	쉽다.	높다.	작다.	낮다.	우	낮다.	짧다.	○	○	○	○
	실드 빔형	–	높다.	작다.	낮다.	우	낮다.	짧다	○	○		○
	크립톤 전구	매우 쉽다.	대단히 높다.	대단히 작다.	낮다.	우	낮다.	짧다.	○	○		○
	소형 할로겐 전구(전력절감형)	매우 쉽다.	대단히 높다.	대단히 작다.	백열전구 보다 높다.	우	낮다.	백열전구 보다 길다.	○	○	○	○
	소형 할로겐 전구(저전압형)	매우 쉽다.	대단히 높다.	대단히 작다.	백열전구 보다 높다.	우	낮다.	백열전구 보다 길다.	○	○		○
	양베이스 할로겐 전구	매우 쉽다.	대단히 높다.	대단히 작다.	백열전구 보다 높다.	우	낮다.	백열전구 보다 길다.	○	○		○
형광램프	직관형 형광 램프	약간 곤란	약간 낮다.	중	높다.	중~우	낮다~높다.	대단히 길다.	○	○		
	2개관형 콤팩트형 형광 램프	쉽다.	높다.	중	높다.	우	낮다~높다.	대단히 길다.	○	○		
	4개관형 콤팩트형 형광 램프	쉽다.	높다.	작다.	높다.	우	낮다~높다.	대단히 길다.	○	○		
	6개관형 콤팩트형 형광 램프	쉽다.	높다.	작다.	높다.	우	낮다~높다.	대단히 길다.	○	○		
HID램프	고연색형 메탈할라이드 램프	매우 쉽다.	대단히 높다.	대단히 작다.	높다.	우	높다.	길다.	○	○		
	일반형 메탈할라이드 램프(투명형)	쉽다.	대단히 높다.	중	높다.	우	높다.	길다.	○			
	고연색형 고압 나트륨 램프	투명형은 쉽다.	대단히 높다.	대단히 작다.	높다.	우	낮다.	길다.	○	○	○	

[松下電工, 1993[21] (2003년 개정) 참조]

표 4.7 조명대상의 광원과 적합성

	램프	미니 할로겐 전구		110V 소형 할로겐 전구(적외선 커트형)	백열전구				메탈 할라이드 램프		
		12V 로 볼트 소형 할로겐 전구			확산형 전구	투명형 전구	실드 빔형 전구	리플렉터 전구	전구색형	주백색형	주광색형
대상		1등기구	2등기구						3,000 K	4,000 K	6,000 K
물품	유리	◎	○	○		◎	○			◎	○
	금속(메탈릭)	◎	○	○		◎	○		◎	◎	
	금속(도장)	◎	○	○		○	○	○		○	
	나무(생)	○	◎	○	○	○	○	○	○		
	나무(도장)	○	◎	◎		○	○				
	자기	○	○			◎	○			◎	
의류	천	○	○	◎	○		○	○	○		
	모사	○	○	◎	○		○		○		
	피혁	○	○	◎	○	○	○		○		
	모피	○	◎	◎	○		○		○		
식기	녹황계	○	◎	◎		○	○		○	○	
	적계	○	◎	◎	○	○	○		○		
	청계	○	◎	◎		○	○		○	○	
	빵	○	◎	◎		○	○		○		

[주] 각 램프는 일반적인 스포트라이트 반사판에 들어있는 것으로 가정한다.   ◎ : 대단히 적합하다.   ○ : 적합하다.

[松下電工, 1993[22] (2003년 개정) 참조]

표 4.8 요리가 맛있게 보이는 조명

조명기구	좋은 재질감을 나타내는 말							결과
	밥 부드럽고 윤이 난다.	튀김 바삭하고 탄력이 있다.	생선회 싱싱하고 팽팽하다.	빵(클로와상) 매끄럽고 좋깃다.	새우 프라이 바삭하고 산뜻하다.	로스트 치킨 노르스름하고 윤이 난다.	스파게티 좋깃좋깃하고 붇지 않다.	
소형 할로겐 전구 〈클리어〉 1등 소형 할로겐 다운 라이트	◎ 부드러운 윤이 난다.	○		○	◎ 바삭하고 산뜻하다.	◎ 노르스름하고 윤이 난다.	◎ 좋깃좋깃하고 붇지 않다.	○ 모두가 좋아한다.
소형 할로겐 전구 〈클리어〉 1등 다이크로 업터럼 시리즈 다운 라이트 DH-20	◇	◇	◎ 싱싱하고 팽팽하다.	○	○	◎	◎	◎ 조명효과가 높다.
φ95 불투명 전구 〈화이트〉 1등 젖빛 셰이드 펜던트	◇	◇	◇	△	○	◎	◇	○~◇ 평가가 나뉜다.
40 W 형광 램프 2등 〈전구색〉 (하면 개방형)	△	△	△	△	△	△	△	△ 베이스 조명만이 아니고 중점조명 을 병용하는 것이 좋다.

◎ : 상당히 좋다. ○ : 약간 좋다. ◇ : 좋고 싫고가 나뉜다. △ : 그리 좋아하지 않는다.
[주] 평가 아래 표현은 보이기를 나타내고 있다.
[松下電工, 1993²³]

표 4.9 대형 점포(백화점)의 주요 부위의 기능과 조명요건의 예

	부위의 기능	조명의 기능	조명요건	조명기구
엔트런스홀	• 점포 내에 들어간 안도감을 준다. • 마음의 평온함과 기대감을 준다. 도보, 차, 전철 등의 목적 지향형의 행동으로부터 쇼핑이라고 하는 욕구 충족형 행동으로 바뀌는 접점 • 환영의 의사를 표명한다. • 다른 부위로의 도입을 돕는다.	• 밖으로부터 안으로의 눈의 순응(특히 1층) • 바닥면이라기보다 반사면이나 발광면으로서의 어느 정도의 밝기를 갖는다. • 디자인적 아름다움이 있다. 반짝임의 느낌, 활기참, 고급성이 있다. • 판매장과는 다른 유람적 분위기 • 비주얼 포인트에 중점적 조명을 한다.	바닥·수평면 조도 500~1,000 lx 비주얼 포인트 $\dfrac{\text{법선조도}}{\text{수평면조도}}=5{\sim}10$	심벌적 샹들리에 HID, IL 다운 라이트 스포트라이트
센트럴코트	• 지하도로부터의 도입을 고려한다. • 심볼, 모뉴먼트로 점포의 성격을 표현 • 대합장소가 된다. • 이벤트를 한다. • 고객 동선의 터미널이 된다(이곳부터 목적지로 이동한다). • 쇼핑센터와의 다름은 음식 코너가 없다.	• 심볼의 조명을 한다. • 심벌적 샹들리에를 설치한다. • 이벤트에는 무대조명으로 연출한다.	수평면 조도 500~1,000 lx 심벌적 샹들리에로 상기 조도가 얻어지지 않을 때는 보조조명(다운 라이트, 스포트 라이트 등)이 필요	심벌적 샹들리에 HID 다운 라이트 무대조명기구
에스컬레이터홀	• 고객 동선의 터미널이 된다. • 플로어의 랜드마크가 된다. • 다음 층으로의 이동 개시 • 각층의 엔트런스가 된다. • 층수의 표시 • 각층 판매장의 안내 표시	• 에스컬레이터 소재를 명시. • 고객 동선상 지장이 없는 밝기 • 판매장에의 기대감을 연출 • 다음 층에의 기대감을 연출 • 층수표시를 명시 • 판매장 안내를 명시	수평면 조도 JIS Z 9110 : 1979 승강구 750~1,000 lx 중간 500~750 lx	베이스 조명 • HID 다운 라이트(연색본위형 고압 나트륨등) • 현광등 간접조명 중점조명-스포트 라이트 장식조명

[松下電工, 1993[24]]

앰비언트(ambiet : 환경) 조명이 있고 표 4.3과 같이 기본적인 조명 방법은 전반 조명, 국부 조명, 장식 조명 등으로 분류되지만 점포 설계 실무상으로는 베이스 조명, 중점 조명, 벽면 조명, 장식 조명 등의 방법이 사용된다. 이것들의 구성 비율을 적절하게 함으로써 우수한 조명을 얻을 수가 있다. 대형 점포, 일반적인 백화점의 조명 설계는 지하층에서 옥상까지의 판매장에 있어서의 매장의 특징, 상품의 특징을 바탕으로 그 플로어에 어울리는 조명의 기능을 결정하고 그 기능을 수행하는 조명 요건에 맞는 기구를 정한다. 표 4.9에 대형 점포(백화점)의 주요 부위의 기능과 조명 요건을 나타낸다.

그리고 상품의 특징을 소개하기 위해 필요한 상품의 그림자와 광택과 같은 광의 상태를 실현시킬 필요가 있다. 그리고 또 판매장에 요구되는 분위기는 광원의 색온도나 그림자의 농도가 영향을 미친다. 판매장마다의 바람직한 광원의 입체각 크기에 의한 그림자의 농도와 색온도에서 본 권장 광원을 그림 4.2에 나타낸다.

또, 부위마다의 계획 외에 비교적 면적이 넓은 점포나 대형 점포는 플로어의 출입구가 많고 고객들의 동선도 복잡하여 주통로를 따라 돌아다니므로 고객의 위치와 시선의 방향이 일정하지 않다. 고객이 점포 정면에서 입구를 거쳐 점포 내로 들어와 주통로를 따라 안으로 끌려 들어가도록, 걸어 다니는 시야에 쾌적한 자극을 줄 수 있도록 조도와 휘도를 계획하지 않으면

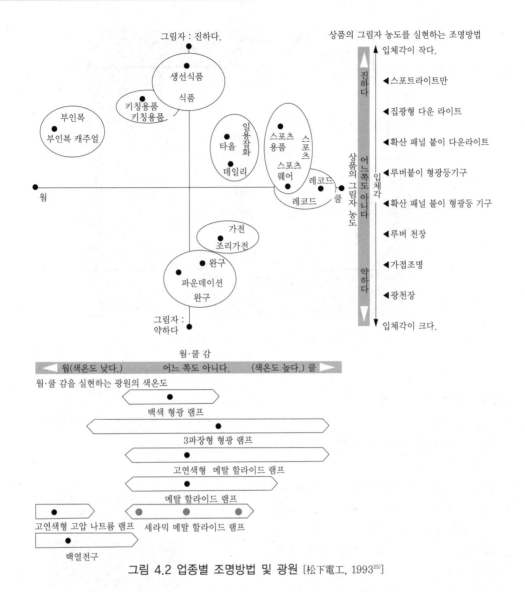

그림 4.2 업종별 조명방법 및 광원 [松下電工, 1993[25]]

안 된다. 그림 4.3에 조명 계획 예를 든다.

주요 통로의 정면, 즉 진행 방향 연직면에는 높은 조도가 필요하며, 각 플로어의 비주얼 포인트에 비교적 강한 스포트라이트를 사용한다.

(1) 입구, 엘리베이터, 에스컬레이터 앞 등과 같은 고객 이동 거점에 위치하고 그 플로어의 상품 성격을 대표시키는 스테이지에는 하이라이트를 준다.

(2) 주동선의 정면, 진행 방향 또는 판매장 안쪽의 벽면을 밝게 하여 들어가기 쉽게 한다.

(3) 판매장의 비주얼 포인트를 조명한다. 그 판매장의 상품 성격을 대표하는 스테이지에 하이라이트를 주어 판매장의 존재를 알린다. 이것은 통로를 따라 약 10~15 m 간격으로 좌우에 배치하는 것이 좋다(그림 4.3의 ●표시).

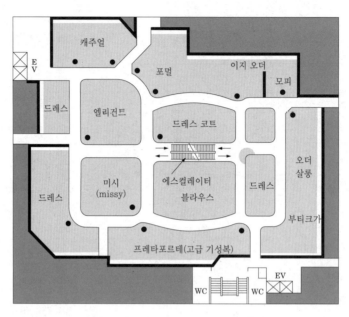

그림 4.3 대표적인 플로어의 조명 포인트 [松下電工, 1993[26]]

4.2.2 최근의 조명 설비

(1) 조명의 기능

표 4.10은 백화점의 각층 판매장의 예와 조명의 기능을 종합한 것이다. 플로어 단위의 설계에 통일이 도모되고 유사한 판매장이 산재하고 있는 경우는 통일형이 많고 상품 특성, 판매장 이미지가 명확하게 다른 경우는 혼성형으로 한다. 통일형은 플로어 전체의 조명 요건, 조명 기구를 통일, 플로어로 하여 통합한 요건, 기구를 선택하는 방식이다. 혼성형은 플로어 전체의 조명 요건, 조명 기구를 통일하지 않고 판매장의 특징과 조명의 기능이 유사한 판매장 존으로 나누고 존으로서 통합한 요건, 기구를 선택하는 방식이다.

(2) 베이스 조명

점포 내 전반의 베이스 조명으로서의 조명은 점포의 공간 이미지를 고객의 심리적인 부분에

그림 4.4 루버붙이 천장 매입형 기구
(직관형 형광램프)

그림 4.5 스퀘어형 천장 매입형 기구
(콤팩트형 형광램프)

그림 4.6 HID 다운라이트
(세라믹 발광관 메탈 할라이드 램프)

작용을 하는 환경 조명의 하나이기도 하고 판매장의 분위기 형성에도 영향력을 가지므로 적절하게 디자인을 선택할 필요가 있다. 점포 내에

표 4.10 백화점의 각층의 기능과 조명요건의 예

구분	풀로어의 특징	조명의 기능	인	판매장 No.	평균조도[lx]	베이스 조명 색온도[K]	중점조명 색온도[K]
지하층 풀로어	■ 전체적으로 활기가 있는 이미지가 필요	[판매장다운] 밝고, 일상적, 모던, 따뜻한 이미지, 공간을 보기 쉽게 한다(글레어 커트).	혼성형용	①	750~1500	3600~5000	2500~5000
	상품의 특징 예 / 판매장의 특징 예	판매장의 조명기능					
	① 일반식품·명과·전용음식점등 상품의 특징: 중간세상품, 포장상품	샤방등, 컬러 코드톤으로 지방색, 케이스 내의 조명, 스폿 연출		②③	750~1500	3600~4200	2500~5000
	② 테일리식품(냉동 포함) 상품의 특징: 패 상품의 냉장, 쇼케이스/스구	내 케이스 내 조명, 스폿 그리 필요 없음.	통일형용	①②③	750~1500	3600~5000	2500~5000
	③ 생선·제소 상품의 특징: 선도의 중요, 색채 다양. 임배(日配)상품	열이 적은 쇼트, 상품의 색, 광배판, 임배감을 표현					
1층 풀로어	■ 이미지 고양과 화려함의 연출을 대표하는 풀로어, 점포품격, 스토어 컨셉트에 맞추어서 디자인한 조명을 제공하는 예가 많다.	[판매장다운] 밝고, 따뜻한 이미지, 공간을 보기 쉽게 한다(글레어 커트), 점포 품격, 점포 이미지 표현	혼성형용	①②	750~1500	3600~5000	2500~5000
	① 숙녀화 상품의 특징: 피혁제품으로 어두 색조, 형상, 크기동일	광택을 표현한다. 조명에 의한 열을 피한다.		③	750~1500	2500~3600	2500~3600
	② 숙녀 악세서리 상품의 특징: 작고, 다품종	빼쩍거리는 빛남 조과가 필요	통일형용	①②③	750~1500	3200~5000	2500~5000
	③ 화장품 상품의 특징: 신형(山型)상품이 많다	쇼핑의모 케이스, 전반조명을 사용한다.					
2층 풀로어	■ 점포 전체의 이미지를 설정하는 데 1층에 이어 중요한 풀로어	[판매장다운] 밝고, 비일상적 모던한 이미지, 공간을 보기 쉽게 한다(글레어 커트).	혼성형용	①	750~1500	3500~4200	2500~4200
	① 숙녀 캐주얼 상품의 특징: 다체로운 색채, 소재, 스포트 감각	재질감의 강조		②	500~1000	3200~4200	2500~4200
	② 파운데이션 상품의 특징: 색소 베이스, 핑크, 아이보리기조	쇼트로 한 이미지를 준다.	통일형용	①②	500~1000	3200~4200	2500~4200
3층 풀로어	■ 패션 정보의 전달, 특히 디스플레이 전시에 중점을 둔다.	[판매장다운] 어둡고, 비일상적, 고급인 이미지, 드라마틱한 환경연출, 비교적 밝은 상품을 디스플레이한다.	혼성형용	①	200~500	2800 전후	2500~2800
	① 숙녀 포멀·엘레강타 포르비 상품의 특징: 약간 권위름, 꿈을 유인하는 쇼트트한 이미지	색, 재질감을 강조한다.	통일형용	①	200~500	2800~3600	2500~3600
	② 판매장에 맞춘 분위기 만들기가 필요. 디스플레이 전시에 특징을 만든다.	[판매장다운] 밝고, 비일상적 따뜻하고 고급인 이미지, 공간을 보기 쉽게 한다(글레어 커트).		①	500~1000	2800~4200	2500~5000
		판매장의 조명기능		②	300~750	2800~5000	2500~5000
5층 풀로어	■ 판매장의 대표적인 풀로어	판매장의 조명기능	혼성형용	①②		혼성형을 권장	
	① 웃감 상품의 특징: 색채중부, 대비가 강하다. 고에품이 많다.	벽면색에 의한, 동양적인 분위기를 낸다.					
	② 귀중품 보석 안경 상품의 특징: 고액품이 많다. 광의 중요성이 높다. 영을 싫어한다.	엠비언트와 테스크 분담을 명확하게, 광의에 유의, 상품조명을 중시					
7층 풀로어	■ 일반판매장의 대표적인 풀로어	[판매장다운] 밝고, 비일상적, 모던한 이미지	혼성형용	①	150~300	4200~6700	2800~6300
	① 오디오·비디오 상품의 특징: 기능상품전문 건설팅이 필요	하이테크 이미지의 연출, 공간는 다소 어둡게 한다.		④⑤	500~1000	4200~6700	2800~6300
	② 가전 일반 상품의 특징: 매물는 바닥 진열, 소형은 선반 진열, 컨트럼	상품설명, 프라이스 카드를 보기 쉽게 한다.		②③⑤	750~1500	3600~5000	2500~5000
	③ 서적·문구 상품의 특징: 신반전체가 정보를 제공	균일한 밝기, 정보를 조명한다.	통일형용	①④	500~1000	4200~6700	2800~6300
	④ CD·레코드 상품의 특징: 품수은 많지만 일정함	벽면의 상품, 정보를 설명한다.					
	⑤ 행사장 상품의 특징: 모든 상품을 취급	활기를 낸다. 스포트라이트의 설치·제거 용이		②③⑤	750~1500	3600~5000	2500~5000

[松下電工, 1993[25]]

진열된 상품을 아름답게 보이기 위해서는 베이스 조명과 중점 조명의 밝기 비율을 고려하여 균형을 잡을 필요가 있다. 이 경우 베이스 조명은 루버 등으로 차광한 두드러지게 보이지 않는 기구를 사용하는 것도 효과적이다. 베이스 조명으로 활용되는 기구의 대표 예를 다음에 기술한다.

그림 4.4는 직관형(直管形) 형광 램프를 사용한 루버 달린 기기의 예이다. 고주파 점등 전용형 램프와 인버터의 조합에 의해 종래 기구에 비해서 에너지 절감 효과도 대폭 향상된 것으로 되어 있다. 그림 4.5는 콤팩트형 형광 램프를 사용한 스퀘어형 기구의 예이다. 정방형이기 때문에 방향성이 없고 조명 기구에 제약받지 않는 공간 연출을 할 수 있게 되어 있다. 이 기구도 고주파 점등 전용형 램프와 인버터의 조합에 의해 기구 효율의 향상을 도모할 수가 있다. 그림 4.6은 세라믹 발광관 채용의 콤팩트형 HID 램프를 사용한 다운 라이트의 예이다. 이 기구는 고효율·고연색으로서 광색의 불균형이 저감되고 있으며 각종 점포, 음식점, 백화점 등 전반적으로 사용된다.

(3) 중점 조명

스포트라이트 등으로 중점 상품이나 디스플레이를 중점적으로 밝게 조명하여 고객의 구매 의욕을 고양시키기 위한 조명을 중점 조명이라고 한다. 여기서는 상품의 입체감이나 광택, 색

그림 4.7 다이크로익 미러 붙이 스포트라이트
(저봉입압 할로겐 전구)

등을 잘 보이게 하는 광원의 선정과 조명 방법에 대한 배려도 필요하다. 중점 조명에 활용되는 기구의 일례로서 그림 4.7에 저봉입압(低封入壓) 할로겐 전구와 다이크로익 미러를 사용한 스포트라이트를 든다. 미러에 의해 열선을 후방으로 투과시켜 가시광만을 반사하기 때문에 상품의 열로 인한 영향을 저감시킬 수가 있다.

(4) 연직면 조명

점포에서는 상품만이 아니고 벽면, 기둥면, 집기 등의 연직면을 조명하는 것도 중요하다. 그림 4.8과 같이 연직면을 중시한 조명(월 워셔에 의한 조명)과 중시하고 있지 않은 조명을 비교해 보면 벽면, 기둥면의 밝기의 상위가 공간 분위기에 큰 영향을 주고 있는 것을 알 수 있다. 점포 안쪽 벽면을 판매장의 2~3 배의 밝기

(a) 월 워셔 있음

(b) 월 워셔 없음

그림 4.8 연직면 조명의 효과(CG 시뮬레이션 예)
[松下電工 사진 제공]

로 하는 등 점포 내의 연직면을 효과적으로 조
명하는 것에 의해 고객이 들어오기 쉬운 느낌의
점포가 되고 또 점포 내를 넓게 느끼게 할 수
있다.

(5) 스케줄 제어에 의한 에너지 절약

공간의 연출을 중시하여 밝기를 효과적으로
사용하고자 하는 점포는 전기료가 상당히 올라
가는 경우가 있다. 지구 환경 보호의 면으로도
이들 조명 기구에는 에너지 절약성과 경제성을
무시할 수가 없다. 슈퍼마켓이나 백화점에서는
램프 교한 당초의 여분의 밝기를 삭감하는 초기
조도 보정이나 스케줄 제어가 가능한 조광 시스
템을 사용하여 시간대에 따라 판매장마다 최적
의 조명 환경을 만드는 것으로 에너지 절약을
도모할 수가 있다. 예를 들면 현재 사용되고 있
는 스케줄 제어 가능한 조광 시스템은 그림 4.9
와 같이 조닝에 의해 판매장마다 최적의 조명
환경을 실현시키고 그림 4.10과 같이 타임 스
케줄에 의해 점포의 영업 환경에 맞추어서 신
(scene)을 설정하여 그 신을 스케줄 운전함으
로써 시간대마다 적절한 조명 환경을 실현시킨

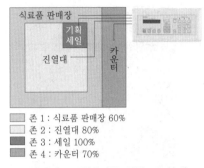

그림 4.9 조광제어를 위한 조닝(예)

다. 이것으로 점포의 대폭적인 에너지 절약을
도모할 수 있게 된다.

4.2.3 조명 설계 시설 예

그림 4.11은 광대한 부지 내에 카 라이프, 쇼
핑, 어뮤즈먼트의 3요소를 회유형 레이아웃으
로 배치한 대형 복합 상업시설이다. 2층 개방
초대형 몰은 인테리어나 조명 연출에 의해 반옥
외적으로 개방감이 있는 아트리움 공간을 창출
해내고 있다. 여기서는 컬러 필터를 사용한 조
광형 직관 형광램프에 의한 간접 조명으로 시간
대에 맞추어 여러 가지 신 연출을 할 수가 있

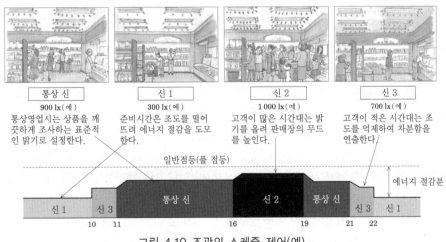

그림 4.10 조광의 스케줄 제어(예)

그림 4.11 아트리움 공간이 있는 대형 상업시설
[松下電工 사진 제공]

그림 4.12 스퀘어형 기구를 배치한 점포
[松下電工 사진 제공]

다. 조도는 세라믹 발광관을 사용한 콤팩트형 메탈 할라이드 램프(고연색)를 베이스로 700 lx를 얻고 있다. 주간은 수 분마다 간접 조명을 적, 청, 녹, 백색으로 변화시켜 리드미컬한 분위기를 연출하고 저녁 무렵에는 다운 라이트의 단계적 소등도 포함해서 전체적인 밝기를 억제하여 밤거리다움을 이미지한 공간을 창출하고 있다. 쇼핑 시설의 판매장 부분은 베이스 조명으로 고주파 점등 전용형 형광 램프용 기구를 사용하여 플로어 전체가 항상 일정한 밝기가 되도록 조광 레벨을 가변시키는 시스템으로 하고 있다.

그림 4.12는 대형 복합 산업시설 내에 있는 숙녀복 판매장이다. 콤팩트형 형광 램프를 사용한 스퀘어형 실링 라이트를 중심으로 다운 라이트를 배치하여 색온도가 높은 4,300 K의 광으로 밝은 백색의 인테리어 공간이 창출되고 있다. 특히 천장 높이가 약 4 m로 높기 때문에 고효율 조명 기구를 채용, 조도 확보를 배려하고 있다. 벽면은 간접 조명에 의해 안쪽이 효과적으로 연출되고 있다. 쇼 윈도는 세라믹 발광관을 사용한 메탈 할라이드 램프의 유니버설 다운 라이트를 채용, 상품에 집광시킴으로써 상품에 고저를 주는 동시에 색온도를 3,000 K로

억제하는 것으로 점포내의 백을 배경으로 상품이 돋보이게 연출되고 있다. [齋藤良德·松島公嗣]

4.3 전문점

4.3.1 양복점·부티크

양복점이나 부티크는 유행에 민감하며 화제를 모으고 주목을 받는 일이 많다. 브랜드 이미지의 영향도 강하여 각각의 점포에서는 공간 디자인에 독자적인 컬러를 내도록 노력하고 있다. 조명 계획에서는 점포의 발상이나 내장 이미지를 받아 여러 가지 배려가 필요해진다.

점포의 주역은 상품으로서 어떻게 상품을 매력적으로 표현할 수 있는가를 항상 염두에 두고 조명 계획을 세우지 않으면 안 된다. 상품의 소재나 색, 형상, 인상 등을 고려하고 브랜드 이미지도 잊어서는 안 된다. 또, 점포 설계에 있어서도 개념, 내장재의 마무리나 색, 소재, 점포 내의 레이아웃 등에 주의를 하여야 한다.

상품이나 브랜드가 지향하는 이미지와 조명의 일반적인 지향은 대략 표 4.11과 같다.

(1) 조명의 요소와 역할

조명의 역할을 크게 나누면 다음 두 가지이다.

① 베이스 조명 : 기본이 되는 밝기를 확보한다.

② 중점 조명 : 상품을 두드러지게 하여 어필한다.

중점 조명을 하는 존은 주로 아래 세 가지이다(그림 4.13).

ⓐ 입구

ⓑ 쇼 윈도

ⓒ 진열 선반

중점 조명은 조사 방향의 조정(포커싱)이 최종적인 이미지를 크게 좌우한다. 전시 교환도 고려해서 스포트라이트나 어저스터블(유니버설) 다운 라이트 등의 융통성 있는 조명 기구를 선택한다.

일반적으로 중점 조명에는 베이스 조명의 3~6 배의 조도가 필요하다. 그것을 고집할 필요는 없지만 조도의 기준을 표 4.12에 든다.

베이스 조명이나 중점 조명 외에도 아래와 같

표 4.11 내장 이미지와 조명

상품·브랜드	캐주얼	포멀
내장이미지	활기 있는 양판 ⟷	안정된 고급
조명	고조도 색온도 높임 효율 중시 ⟷	높은 콘트라스트 색온도 낮게 효과 중시

표 4.12 조도 기준

베이스 조명	점내전반	300~750 lx
중점조명	일반진열	750~1,000 lx
	중점진열	1,500~3,000 lx

은 조명 요소를 생각할 수 있다.

③ 벽면 조명 : 밝은 인상으로 유도 효과를 높인다.

④ 간접 조명 : 밝은 인상이나 분위기를 만든다.

⑤ 쇼케이스(및 진열 선반) 조명

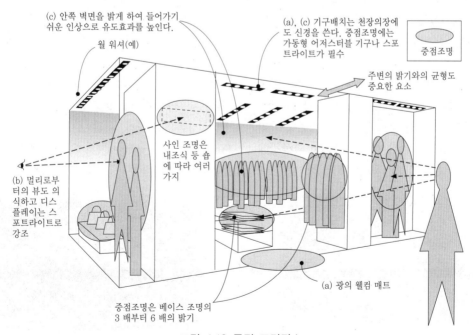

그림 4.13 중점 조명장소

⑥ 사인 조명

⑦ 라이트 업

⑧ 일루미네이션 등

이들 조명 요소는 베이스 조명이나 중점 조명과 중복되는 역할을 갖는 경우가 있다. 공간 구성 등을 고려하면서 밸런스나 효과를 생각하여 조합할 필요가 있다.

(2) 광원의 선택

광원에는 상품의 색을 충실하게 표현하는 연색성이 높은 것을 선택한다. 적어도 R_a 80 이상의 것을 선택하여야 한다. 새로운 임차인의 계획이나 개수 계획은 이전의 상태보다 높은 조도를 요구하는 경우가 많은데 전기 용량 등이 제한 받는 일이 많다. 높은 효율의 새로운 광원이나 조명 기구에 대한 평상시부터의 정보 수집이 중요하다.

(3) 피팅 룸(fitting room)의 조명

피팅 룸은 최종적인 구매의 판단을 하는 대단히 중요한 장소에 해당된다. 흔히 오해하지만 거울에 광을 조사하더라도 정반사하는 것만으로는 무의미하다. 거울 앞에 서는 사람의 얼굴이나 전면을 밝게 하지 않으면 안 된다. 사람이 설 것으로 생각되는 장소에 대해서 충분한 밝기가 필요해진다. 브래킷 등을 사용해서 확산광에 의한 부드러운 인상을 만드는 것도 유효하다.

근년에는 업종에 대한 양극화가 진행되어 고급 지향과 캐주얼 지향으로 크게 나뉘는 경향에 있다 브랜드 이미지나 개념, 취급하는 상품이나 목표층에 따라 점포 설계가 크게 다르며 그에 따라 조명의 사고방식이나 방법이 크게 달라진다.

(4) 캐주얼 지향의 점포

밝고 오픈으로 활기 있는 인상을 만든다. 높은 조도로 하고 효율을 중시하기 때문에 콤팩트 형광 램프나 메탈 할라이드 램프를 사용하는 경우가 많다. 베이스 조명의 조도가 높기 때문에 중점 조명을 강하게 하여 상품을 두드러지게 하고 변화 있는 연출을 유념한다.

(5) 고급 지향의 점포, 브랜드 숍

심플하고 질감이 높은 내장 이미지 속에서 안정된 인상을 만들도록 색온도를 낮은 편으로 하는 계획이 많다. 최근에는 모듈화한 다등(多燈) 유닛형의 다운 라이트를 사용하는 점포가 많아지고 있다. 또한 다이크로익 미러 할로겐 전구 등의 스폿적인 광을 중점 조명으로 사용하며 그 광으로 베이스 조명도 겸하는 경향이 있다. 심플한 디자인 내장에 잘 맞고 천장 의장의 일부로서 사용되고 있다. 결말이 아름답고 심플하게 완성되는 반면 규칙 배치가 되는 경우가 많으므로 조명 계획상으로 광이 필요한 장소로 모순이

그림 4.14 캐주얼 숍

[照明學會, 照明基礎講座 텍스트[28]]

그림 4.15 다운 라이트 모듈

생기지 않도록 주의한다.

이와 같은 조명 기기나 방법은 원래 유럽 점포에 많이 볼 수 있었다. 세계적으로 전개되고 있는 브랜드가 글로벌한 브랜드 이미지를 구축하는 전략으로서 전세계 점포에서 동일한 방법을 취하게 되고 있다.

(6) 노면점

유명한 브랜드 숍으로 대표되듯이 직영의 노면점이 증가하고 있다. 컨셉트나 이미지를 보다 직접적으로 인상지어지는 독립 점포는 오리지널티를 요구하는 요소가 많다.

노면점은 건물 외관에 특징을 주는 경우가 많으며 건축 전체가 브랜드 이미지를 발신하는 사인 효과를 갖는다. 그곳에서 조명의 공헌도는 대단히 크다. 계획마다 새로운 시도가 시행되며 현장 등에서 실험에 의한 검증이나 확인이 중요

해진다. 내부 공간의 자유도가 높기 때문에 천장을 높게 하고 벽이 없는 장소를 만드는 등 확산이나 변화가 있는 구성으로 하는 일이 많다. 이 때문에 고출력 광원을 사용하는 경우도 많아 배광이나 글레어에 대한 주의가 필요하다.

4.3.2 보석점·귀금속점

점포 면적은 비교적 작지만 상품 단가가 높기 때문에 조명에 의해 상품을 쇼 업하는(두드러지게 한다) 의식이 강하다. 상품의 소재는 금속이나 광물이고 그 소재의 가공 기술을 뛰어나게 보이는 것이 쇼 업의 의의이다. 쇼 업하는 대상은 무대 장치인 점포의 내장 전체와 상품을 전시하는 쇼 케이스나 쇼 윈도로 나뉜다.

점포 전체로는 상품이 두드러지게 보이게 비교적 밝기를 억제한 베이스 조명을 한다. 고객

그림 4.16 천장 의장화한 조명

그림 4.18 VA 보석점
[야마기와 사진제공]

그림 4.17 브랜드 숍
[照明學會, 通信敎育[28]]

그림 4.19 VA 보석점
[야마기와 사진제공]

의 긴장감을 푼다는 의미에서도 안정된 밝기 (100~300 lx 정도)를 백열전구나 할로겐 전구의 다운 라이트로 만든다. 고객을 안쪽으로 자연스럽게 유도하기 위해 벽면 또는 천장면을 밝게 하여 시각적으로 유인한다. 벽면의 마무리는 점포 내의 고급감에 영향을 주므로 나무나 석재가 사용된다. 조명 방법은 그 완성에 대응해서 선택되어야 하고 광원의 영사 방지나 밝기 만들기에 배려한다. 쇼 윈도가 있는 건물 정면은 입구 부분의 바닥면 조도를 확보한다. 윈도 디스플레이의 조명에는 무대 조명의 기법이 사용된다. 일반적으로 좌우의 측면과 천장면의 3방향에서 조사할 수 있도록 배선 덕트를 설치한다. 연색성과 연출 효과를 중시하기 때문에 할로겐 전구나 메탈 할라이드 램프와 필터의 사용이 많다.

쇼 케이스 조명은 상품을 위한 조명을 탑재하는 경우와 쇼 케이스 상부에서 조사하는 경우 및 그것들을 병용하는 경우의 세 가지로 대별된다.

쇼 케이스 내에 장치하는 조명에는 저전압 다이크로익 미러 할로겐 전구 사용의 스포트라이트에 의한 것이 많다. 그 경우 쇼 케이스 내에 열이 고이지 않도록 배기 팬이 필요하며, 소음에도 배려하지 않으면 안 된다. 근년에는 상품 소재에 대한 쇼 업 효과를 겨냥하여 색과 광택을 중시하고 또한 UV나 IR의 커트나 조사 각도 변경이 용이한 광 파이버 조명이 보급되고 있다.

광 파이버 조명은 각종 보석, 특히 진주에 대해서 효과적이다. 광 파이버 조명에는 광원 박스에 저전압 할로겐 전구나 세라믹 메탈 할라이드 램프 등을 사용하여 2,800~4200 K의 색온도로 질이 높은 조명을 하고 있다.

쇼 케이스를 어저스터블 다운 라이트에 의해 상부에서 조사하는 경우 쇼 케이스의 고객측 천장에서 부품으로 얕은 각도로 조사한다. 고객측에의 램프 영사나 광막 글레어를 방지하도록 주의한다.

상품을 잡고 상담을 하는 접객 스페이스에서는 차분하게 회화가 되도록 확산형 백열 다운 라이트나 테이블 스탠드 또는 플로어 스탠드를 설치하여 라운지나 거실의 분위기를 만들어내는 것이 중요하다. 고액 상품이므로 구입 의욕의 환기나 밤의 윈도 쇼핑에 점내의 잔치등(殘置燈)은 필요하며, 점포 내 전체에 프리 세트의 신 조광 설비를 설치하는 것이 상식으로 되어 있다.

4.3.3 인테리어 숍

비교적 체적이 큰 상품을 취급하기 때문에 다른 업종보다 천장 높이가 높다고 하는 공간적인 조건이 있다. 또한 큰 상품과 작은 상품이 혼재하는 점포 형태로서, 자유롭게 손으로 만질 수 있고 상품의 이용이 이미지하기 쉽도록 전시되고 있다. 예를 들면 체스트 위에 꽃병이나 민예품을 올려놓거나 일부러 옷장의 서랍을 열어 그

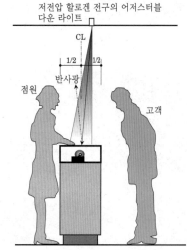

그림 4.20 쇼 케이스로의 다운 라이트
[야마기와 사진제공]

속의 천이 들어 있는 것을 보이거나 하는 식으로 생활 이미지를 전달하는 식의 전시를 하고 있다. 이것들에는 계절이나 세일스 사이클에 의한 모양 교환이 있으므로 조명 계획시에는 융통성 있는 설비 대응이 불가피하다.

상품의 구매 목표나 마켓에 따라서도 조명 방법이 달라지지만 기본은 그 상품이 구입되어 설치되는 공간과 동일한 색온도를 설정하는 것에 있다. 조명 계획에는 융통성 있는 대응이 요구되기 때문에 일반적으로는 스포트라이트의 설치가 많다. 배선 덕트의 배치 계획에서는 상품 전시 계획과 합치되도록 최대 공약수적이고 또 필요 최소한의 대수에 의한 레이아웃이 요구된다.

사용하는 광원은 백열전구, 할로겐 전구, 형광(콤팩트) 램프, 세라믹 메탈 할라이드 램프 등이다. 베이스 조명으로서의 이용에 추가해서 포인트가 되는 상품에의 중점 조명에 사용된다. 점포 내는 가능한 한 동일 색온도로 조명하는 것이 기본이지만 점포가 큰 경우나 여러 종류의 상품군이 있는 경우는 상품의 특성에 낮추어서 코너나 존을 설정하여 색온도가 다른 복수의 조닝을 만들어서 고객의 이미지 환기를 촉진하는 방법도 있다.

많은 점포를 전개하는 인테리어 숍은 점포 디자인을 통일하는 경향에 있으며 그것이 CI(코퍼레이트 아이덴티티)가 되고 있기도 하다. 그와 같은 점포에서는 일반적인 스포트라이트와 배선 덕트의 조합이 아니고 천장 등에 건축화된 조명 기구로 베이스 조명과 중점 조명을 한다. 이에 의해 산뜻한 천장 디자인의 쇼 룸 공간을 만든다.

조명 디자인은 상품이 주역이 되는 인테리어 디자인과 어울리는 것으로 한다. 천장을 의장화하지 않아도 말쑥한 하얀 천장을 만들어 부티크와 같이 다등형 다운 라이트로 베이스 조명과 중점 조명을 하는 사례도 많아지고 있다.

점내의 조명만이 아니고 건물 정면과 윈도 측의 상품에 대한 조명, 판매 기획에 맞춘 전시나 이미지 디스플레이에 대한 조명 등 윈도 쇼핑을 위한 연출로서 폐점 후도 쇼 업한 신이 남겨지도록 회로 계획에 여유를 주는 것이 필요하다.

[遠藤充彦]

4.3.4 미용실

미용실, 이발소, 에스테티크 살롱에 공통되는 기본 사항은 기술·서비스·신뢰감 제공이다. 고객이 미용실에서 구하는 것은 시대와 더불어 변화하고 미용실 또한 다양한 요구에 따라 변화해

그림 4.21 인테리어 숍의 윈도 부분
(다 드리아데 靑山)[야마기와 사진 제공]

그림 4.22 인테리어 숍 점포 내의 실례
(다 드리아데 靑山)[야마기와 사진 제공]

왔다. 근년 여성이 미용실에서 구하는 요소는 안심감, 고도의 기술, 건강감, 치유의 공간, 패션성이라고 하고 있다. 이들 요소의 중요도는 목표층에 따라 달라지므로 조명이나 인테리어도 점포에 대응한 계획이 필요하다.

(1) 커트·세트 스페이스의 조명

미용실에서의 광환경의 최대 포인트는 고객이 거울을 봤을 때의 얼굴과 머리가 보이는 상태이다. 고객의 만족도는 거울 안이라고 해도 과언이 아니다. 거울 주변에서의 조명은 미용사의 작업성에 대한 광과 고객에 대한 광의 균형을 잡도록 배려한다. 그림 4.24와 같이 바로 위에서의 광과 후방부터의 광만으로는 눈 밑의 그림자가 강하고 표정이 좋지 않다. 그림 4.25와 같이 후방이나 바로 위만이 아니고 전방에서 눈부심이 없는 확산된 광이 닿으면 표정이 아름답게 보인다.

(2) 입구로부터 점포 내 전반

점포 앞에서 보이는 천장, 벽, 바닥의 광의 균

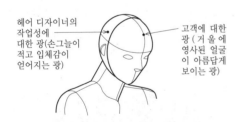

그림 4.23 미용실에 요구되는 라이팅

형에 의해 전체적인 인상이 결정된다. 개방적이고 밝은 인상을 주기 위해서는 천장과 벽면에 대해서 집중적으로 조명을 하는 것이 효과적이다.

(3) 접수 스페이스

카운터에 대한 집중 조명만이 아니고 종업원과 고객을 위해 양자의 얼굴에 우아한 광이 얻어져 서로의 인상이 좋게 보이는 조명으로 한다.

(4) 대기 스페이스

안정감이 있고 잡지 등을 볼 수 있게 적당한 밝기의 조명으로 한다. 점포의 품격도 나타나는 곳이므로 인테리어와 조화를 도모한다. 텔레비전이나 프로젝터 등의 영상 장치를 놓는 경우는 영상이 보기 어려운 상태가 되지 않도록 조명 기구의 위치나 배광에 주의한다.

(5) 샴푸 스페이스

천장을 보는 자세가 되므로 휘도가 높은 램프가 직접 눈에 들어가지 않는 조명으로 한다. 컬러링의 색을 확인하는 일도 있으므로 연색성을 고려해서 R_a 85 이상의 광원을 사용한다. 조도는 300 lx에서 750 lx 정도로 한다. 열감(熱感)도 느끼지 않도록 배려한다.

[手塚昌宏]

4.3.5 카 쇼 룸

차에게 바라는 요구도 다양화하고 있으므로

그림 4.24 거울 안에 만족감이 표현된다 (1)
× 눈 아래에 강한 그림자가 생긴다.

그림 4.25 거울 안에 만족감이 표현된다 (2)
○ 얼굴 표정이 아름답다.

쇼 룸에는 보다 양호한 커뮤니케이션이 도모되고 고객에게 편안한 분위기와 기분 좋은 공간이 요구된다.

(1) 유리면 외관에 대한 배려

카 쇼 룸은 일반적으로 도로에 면해서 유리의 파사드를 가지며 점포 전체가 쇼 케이스로 되어 있는 것 같은 공간이 특징이다. 유리의 파사드는 밖에서 본 경우 주위의 환경이 영사되기 쉽다. 유리 너머에 있는 상품을 외부에 어필하기 위해 영사 방지를 고려하는 것이 중요하다. 유리의 반사 특성의 영향도 크지만 조명 계획시에는 고출력 램프에 의한 강한 광으로 내부를 보기 쉽게 한다. 밝은 공간으로 함으로써 개방적인 인상이 얻어지고 차라고 하는 상품 이미지를 높이는 효과도 있다.

(2) 차에 대한 조명

차의 매력을 높이는 큰 요소는 광택의 질감이다. 그것을 효과적으로 표현하는 데는 점광원이 적합하다.

특히 주목되는 프런트 그릴 부분이나 테일 부분에는 스포트라이트에 의해 광을 모아 인상을 강조한다. 승강하는 도어 부근도 어두워지지 않도록 주의한다. 쇼룸의 바닥이 밝은 색조이면 차 앞쪽의 바닥에 광을 보내 반사광을 차 아래쪽으로 가게 하는 것도 한 가지 방법이다. 바닥면으로부터의 조명도 생각할 수 있다.

차 표면은 광택이 있는 곡면으로 구성되어 있으므로 그 경면성(鏡面性)을 이용해서 간접 조명이나 라인 조명 등을 영사시켜 분위기를 높이면서 차의 형상을 돋보이게 하는 방법도 있다. 반대로 말하면 조명 계획에서는 천장 조명의 차체로의 영사를 의식할 필요가 있다는 것이다.

(3) 실내의 밝기

외부에서 유리면을 통해서 안쪽까지 보이므로 안쪽 벽면의 밝기가 중요해진다. 안쪽 벽면을 밝게 하면 유리를 영사하기 어렵게 하여 파사드 면에서 막혔던 시선을 내부로 끌어 들이는 역할을 한다.

내부에서 보면 큰 유리면에서 자연광을 끌어 들이기 때문에 대비로서 실내 안쪽이 어둡게 느

표 4.13 미용사와 고객의 행위와 요구되는 조명

	작업성에 대한 광	고객에 대한 광
미용사와 고객의 행위	• 작업한다(커트, 세트, 퍼머넌트, 컬러링 등). • 거울을 본다(머리형 체크, 고객과의 회화).	• 거울을 본다(얼굴 머리형, 미용사와의 회화, 영상을 보는 등). • 손밑을 본다(잡지를 읽는다).
요구되는 조명	• 작업성이 좋은 광 • 손그늘이나 그림자가 적은 광 • 수평면, 연직면의 조도확보 • 머리형을 확보하기 쉬운 광 • 연색성이 좋은 광 (R_a 85 이상)	• 눈부심이 없는 광으로 얼굴에 대한 연직면 조도를 높게 한다. • 얼굴과 머리가 아름답게 보이는 광 • 피부색이 충실하게 보이는 광(R13, R15의 R_a 90 이상) • 적절한 음영과 건강적인 윤기가 얻어지는 광

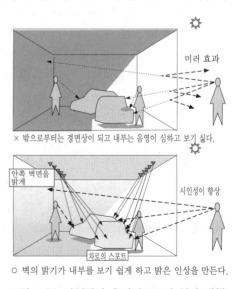

× 밖으로부터는 경면상이 되고 내부는 음영이 심하고 보기 싫다.

○ 벽의 밝기가 내부를 보기 쉽게 하고 밝은 인상을 만든다.

그림 4.26 자연광과 유리면으로의 영사 대책

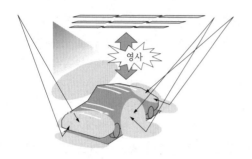

그림 4.27 스포트라이트와 영사

켜진다. 벽면의 밝기는 너무 강한 명도 균형의 완화에도 도움이 된다. 내부 공간은 기본적으로 옥외에서의 차의 이용을 이미지시키는 것으로 하는 것이 적합하다. 따라서 광원의 색온도는 4,000 K 이상이 적당하다. 그러나 상담 코너 등은 전시 공간과 구별해서 생각한다. 편안한 분위기를 만들어 내도록 조명에도 배려가 필요하다. 그 경우 색온도는 좀 낮게 설정하여 부드러운 인상을 주는 것이 중요하다. 펜던트나 브래킷, 스탠드 등의 이용도 유효하다.

(4) 새로운 공간 요소

쇼 룸에 따라서는 내방자에 대해서 차점검이나 정비의 장소를 일부 오픈하여 정비 중인 차를 카페에서 바라볼 수 있도록 한 곳도 있다. 당연한 일로서 바라보는 사람의 시선을 의식한 조명 계획이 필요하다. 그 경우 확산 발광의 광으로 세부까지 잘 보이도록 하여 청결감이 있는 인상을 만든다.

이 밖에도 쇼 룸이 지향하는 서비스에 의해 여러 가지 새로운 공간 요소가 추가될 가능성이 있다. 조명 계획에는 그 개념이나 목적에 대응한 사고방식이 요구된다.

(5) 광원의 선택

높은 조도가 필요하기 때문에 고연색의 메탈

할라이드 램프를 사용하는 경우가 많다. 차의 색은 메이커나 차종마다 독자적인 것이 있고 특히 메탈 할라이드 램프나 형광 램프는 평균 연색 평가수 R_a가 높아도 자연광 아래서와는 다르게 보이는 경우가 있다. 미리 실험을 하거나 할로겐 전구와 혼광하는 등의 배려가 필요하다.

[岡野寬明]

4.3.6 클리닉 대기실

클리닉이란 진료소를 말한다. 내과, 소아과, 치과, 안과, 성형외과, 산부인과 등 수 많은 클리닉이 있으며, 경쟁도 격화되고 있다. 그 때문에 외장이나 입구 디자인에 개성적인 것이 많아지고 있다. 클리닉 조명은 특히 심리 생리적인 효과를 중시한 계획을 한다. 육체적으로도 정신적으로도 병든 환자에 대한 광환경의 중요성은 높다. 진찰을 받고자 하는 환자의 긴장을 풀어주고 불안감, 압박감을 주지 않는 광환경을 만들도록 한다. 가능한 한 주광이 얻어지는 환경으로 하는 것이 바람직하다. 주광이 얻어지는 경우 조명의 균형을 고려하여 천장이나 벽면에 대해서 간접 조명이나 집중적인 조명으로 휘도 균형을 잡고 개방적인 밝기를 연출한다. 주광이 얻어지지 않는 경우는 조명의 심리적인 효과를 십분 고려하여 시각적으로 어두운 인상을 주지 않는 것이 중요하다. 이를 위해서는 벽면과 천장을 의식적으로 밝게 보여야 한다. 벽면은 건축화 조명이나 월 워셔의 조명 기구에 의해 적극적으로 밝게 하여 환자의 불안감을 적게 한다. 광원이나 조명 기구의 휘도는 낮게 하여 환자에게 고통이나 불쾌감을 주지 않도록 한다. 또한 색채 계획이나 사인 계획과 연동된 조명 계획을 세우는 것도 중요하다.

JIS의 조도 기준에서는 대합실 전반으로 150~300 lx를 권장하고 있다.

그림 4.28의 클리닉(내과·위장과)은 환자의 정신적인 면에 대한 배려가 높아 바닥을 약간 밝은 플로어링으로 주택과 같은 우아함을 내고 있다. 의자는 현대적으로 앉은 기분이 좋은 소파로 하여 긴장감을 완화시키고 있다. 전반 조명에는 벽에 부착한 간접 조명 브래킷을 사용하고 있다. 천장면을 밝게 하여 개방감을 내고 우아한 광으로 공간 전체를 싸고 있다. 광원은 3파장형 형광 램프 전구색으로 따뜻한 광색이 안정된 분위기를 만들고 있다. 조도는 약 200 lx이다. 소파 옆에는 백열전구를 사용한 스탠드가 놓여져 있다. 따뜻한 색의 광이 바닥을 아름답게 보이고 또한 환자의 얼굴도 우아하게 보인다. 진찰실 벽면의 사인이나 게시판에는 브래킷에 내장한 라이팅 덕트에 스포트라이트를 설치하여 그 광에 의해 밝게 조사하여 잘 보이게 하고 있다.

그림 4.29의 안과 대기실은 접수 카운터나 문에 나무를 사용하고 벽면은 엷은 핑크색으로 아름답게 꾸며져 있다. 전반 조명은 건축화 조명에 의한 간접 조명(3파장형 형광 램프 전구색)이다. 엷은 핑크색 소파 위에 보조 조명으로서 미니 크립톤 전구를 사용한 다운 라이트를 쓰고 있다. 곡선을 그린 창에서는 커튼을 통해서 확산된 주광이 들어와 밝은 인상을 내고 있다. 이

러한 때 옆의 벽면은 어둡게 느끼게 되기 쉽지만 눈부심을 억제한 확산성이 큰 백열전구의 브래킷에 의해 휘도 균형을 조정하고 있다. 안과인 만큼 환자가 불쾌해지지 않도록 눈에 온순한 광을 생각하고 있다.

그림 4.30은 같은 안과의 중간 대기실 앞이다. 중간 대기실 앞에는 중간 정원이 있어 식물이 심어져 있었으며 주광이 들어오는 개방적인 공간으로 되어 있다. 진찰실에 들어가기 직전에 환자의 눈을 쉬게 하고 긴장을 풀게 하는 배려가 있다. 낮은 주광, 밤은 백열전구의 스포트라이트에 의한 광이 공간을 온화하게 비추어 기분을 안정시키고 있다.

그림 4.29 안과 대합실

그림 4.28 크리닉(내과·위장과) 대합실

그림 4.30 안과 중간대합실

4.3.7 음식점

음식점이라고 한 마디로 말하지만 다종다양하여 화식, 양식, 중화요리 등 그리고 또 캐주얼한 패스트 푸드점과 슬로 푸드의 고급 음식점은 환경이 다르다. 그러나 기본적인 사고방식은 식사가 맛있고 즐거운 분위기를 만든다는 것은 공통적이다.

음식점(식당의 객석) 조명에는 ① 요리가 맛있게 보이는 광이 있다, ② 환경을 연출하는 광이 있다, ③ 시간대에 따른 광 제어가 필요하다. 주방 조명에는 요리를 만들기 쉬운 환경을 만들 것이 요구된다.

(1) 요리가 맛있게 보이는 광

요리를 맛있게 보이려면 윤기있고 아름답게 보이는 것이 중요하다. 사용하는 광원에는 휘도의 크기의 분광 분포의 균형으로 백열전구류가 적합하다.

전반 조명에는 평균 연색 평가수 R_a 80 이상의 형광 램프나 고연색형 방전 램프를 사용하는 일이 있지만 특히 식탁면에 대해서는 윤기의 표현력을 중시한 광원을 선택한다. 식탁면에 대한 광원의 연색성은 평균 연색 평가수 R_a만이 아니고 R9 적색의 특수 연색 평가수에도 주의한다. 고기 요리나 적포도주는 다른 것으로 보이는 일이 있다. 표 4.14에 광원의 R_a와 R9을 나타낸다.

표 4.14 광원의 R_a와 R9

광원의 종류	색온도	R_a 평균연색평가수	R9적 특수연색평가수
백열전구	2,850 K	100	100
3파장형 형광 램프 주백색	5,000 K	88	31
3파장형 형광 램프 온백색	3,500 K	88	8
3파장형 형광 램프 전구색	3,000 K	84	−1

일반적으로 양식은 화식에 비해서 기름기가 많기 때문에 그 윤기를 의식한 조명을 한다. 할로겐 전구를 사용한 다운 라이트나 스포트라이트가 많이 사용된다. 화식은 양식에 비해서 극단적인 음영을 주면 섬세한 화식의 색이나 그릇의 질감이 손상되는 일이 있다. 화식의 경우 음영이 강하게 나오는 지향성이 큰 광이 아니고 확산성이 있는 광을 사용하면 안정된 감이 생겨 요리나 식기와의 조화가 얻어진다. 중화요리의 경우는 기름기의 윤기가 생기는 조명이 효과적이다.

JIS의 조도 기준에 의한 식탁 부분의 조도는 300~750 lx이다. 이것은 시간대나 업종에 따라 조광되는 것이 좋다. 다등용의 조명 기구나 소형 전구로 별이 총총한 하늘과 같은 레이아웃이 사용되는 경우가 있다. 단순히 화려하게 보일 뿐만 아니라 식기나 기름기가 많은 요리에 빤짝임이 비추어 윤기를 증가시키는 효과가 얻어진다.

(2) 환경을 연출하는 조명

점포 내 전체를 어떠한 이미지로 하는가, 체류 시간이 비교적 짧은 패스트 푸드점과 체류 시간이 긴 고급 음식점은 광원의 선정, 밝기의 분포, 조명 방법이 다르다. 일반적으로 패스트 푸드와 같은 음식점은 광원의 색온도를 높게, 조도도 높게 하여 고저를 적게 전체를 밝게 하는 방법을 쓴다. 한편 고급 음식점은 색온도가 낮은 광원으로 고저가 있는 조명을 하여 안정된 분위기를 낸다. 그러나 이 사고방식은 점포의 고객층에 따라 다르므로 컨셉트에 맞는 조명 계획이 필요하다.

음식점의 조명 계획에서는 내장 디자인 계획 시에 어떻게 조명 이미지를 조화시키는가가 결정적인 수단이 된다. 점포 전체를 둘러 봤을 때

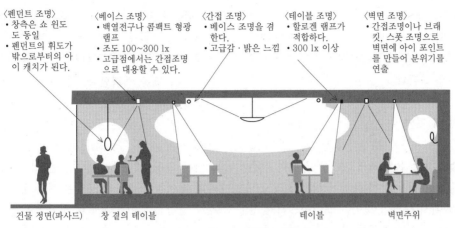

〈펜던트 조명〉
• 창측은 쇼 윈도
도 동일
• 펜던트의 휘도가
밖으로부터의 아
이 캐치가 된다.

〈베이스 조명〉
• 백열전구나 콤팩트 형광
램프
• 조도 100~300 lx
• 고급점에서는 간접조명
으로 대용할 수 있다.

〈간접 조명〉
• 베이스 조명을 겸
한다.
• 고급감 · 밝은 느낌

〈테이블 조명〉
• 할로겐 램프가
적합하다.
• 300 lx 이상

〈벽면 조명〉
• 간접조명이나 브래
킷, 스폿 조명으로
벽면에 아이 포인트
를 만들어 분위기를
연출

건물 정면(파사드)   창 곁의 테이블   테이블   벽면주위

그림 4.31 음식점의 조명연출 예

어디에 주목시키고 싶은가, 예를 들면 천장이면 간접 조명으로 천장면을 밝게 하고, 넓음을 느끼게 하고 싶으면 벽면에 월 워셔나 브래킷을 달거나 벽에 광을 매입하거나 한다. 계절감 연출에는 컬러 라이팅을 사용하여 조광 제어와 맞춘 연출을 시도해 본다. 집기나 케이스 내의 조명도 점포 전체에 영향을 주므로 광색을 통일하고 램프의 종류나 연색성에도 균형 잡힌 계획을 한다.

그림 4.31에 음식점의 조명 연출 예를 든다. 조명 계획에서는 연속된 흐름으로 받아들이고 밝기나 광의 강약은 상대적인 것으로 결정하는 것이 중요하다.

(3) 시간대에 따른 조광 제어

음식 공간을 보다 질이 높은 것으로 하려면 조광 시스템을 이용하여 시간대에 따라 분위기를 바꾸는 광의 연출을 하면 좋다. 크게 나누어 아침과 낮, 저녁, 야간으로 3회 또는 4회의 조광 신 전개가 되도록 회로 설계를 하여 원활한 조광 제어를 한다. 아침과 낮은 옥외에서 점포 내로 들어가는 동선으로 명암 순응에 의해 점포 안이 어둡게 보이지 않도록 한다. 입구 부근이

나 천장, 벽에 시각적인 밝기가 얻어지도록 천장면에 대한 간접 조명, 월 워셔나 브래킷을 사용하여 휘도 균형을 잡는다. 저녁에는 아침과 낮에 비해서 주위가 어두워지므로 그에 대응한 조광 제어를 한다. 야간은 다시 또 고저가 생기도록 조광한다. 그 밖에 개점전의 준비용 조명과 청소시의 조명을 생각해 두면 된다. 광 변화의 연출에 컬러 라이팅도 연동시키면 계절감, 시간적 변화, 감정 변화에 더한층 높은 효과가 나온다. 그림 4.32와 그림 4.33에 음식점의 조

광천장의 밝기와 벽면조명:테이블면으로의 다운 라이트의 광의 균형으로 화려하고 활기 찬 분위기

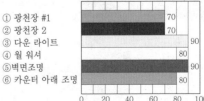

① 광천장 #1		70
② 광천장 2		70
③ 다운 라이트		90
④ 월 워셔		80
⑤ 벽면조명		90
⑥ 카운터 아래 조명		80

0   20   40   60   80   100

그림 4.32 음식점의 조광에 의한 신과 조광
컨트롤 예

광 신과 조광 제어 예를 든다.

광 천장의 밝기와 벽면 조명, 테이블면에의 다운 라이트 광의 균형으로 화려하고 흥청거리는 분위기를 만든다.

(4) 주방의 조명

주방에서는 기름이 부착되거나 하는 일도 많으므로 청소하기 쉬운 조명 기구를 선택하고 손밑이 어둡거나 너무 강한 음영이 생기지 않도록 한다. 객석에서 주방이 보이는 레이아웃의 경우나 식탁 조명에 백열전구를 사용하는 경우 주방의 형광 램프는 전구색이나 온백색으로 하는 등 광색을 통일하면 일체감이 생긴다.

[手塚昌宏]

4.3.8 숙박 시설

숙박 시설이라고 하면 호텔·여관을 들 수 있지만 경영적으로는 숙박 기능만이 아니고 음식·연회, 오락·엔터테인먼트, 슈퍼·에스테티크 등의 기능이 융합되어 입지에 맞춘 서비스 시설로 되고 있다. 숙박용 객실 하나만 하더라도 목표로 하는 이용자가 다르면 자연히 부대설비가 바뀐다. 또한 입지에 맞춰서 전체의 조명계획이 달라지며 여러 가지 특색을 가지는 업태이다.

대체적으로 숙박 시설은 접대의 공간이라고 할 수 있고 환대 스페이스라고 하고 있으므로 조명은 편안함과 휴식을 테마로 하여 안정된 것으로 만들도록 계획한다. 즉, 광원의 색온도나 조도를 낮게 설정한다.

조명 기구는 다른 것과 비교해서 낮은 위치(사람에게 가까운 높이)에 설치하는 경우가 많으며 비일상적인 공간 만들기를 하고 있다. 소파와 테이블 스탠드의 조합은 주공간(住空間)에서도 일반적이지만 다시 더 바닥면이나 벽 허리 부분, 계단 발판면, 손잡이 등에 업라이트나 간접 조명을 장치하여 시각을 즐겁게 하는 일이 많다. 또한 조사되는 소재도 호사스러운 것이 많으며 그 소재감 표출에는 여러 가지 방법이 취해진다.

이하, 호텔의 일반적인 동선을 따라 각 개소의 조명에 대해서 기술한다.

(1) 오피셜 에어리어

부지 내로의 도입로에서는 식재나 노면에 조사하는 광과 정원등 등의 형태 있는 기구로 고객을 영입한다. 현관 정차장에는 일반적으로 지붕이 있으며 다운 라이트로 승강하는 바닥면의 조도(300~700 lx 정도)를 얻고 천장 부분에 간접 조명 또는 휘도가 높은 조명 기구를 설치하여 어둠을 배제한다(그림 4.36). 도시형 호텔

전체의 밝기를 떨어뜨려 고저가 있는 드라마틱하고 무디한 공간을 연출

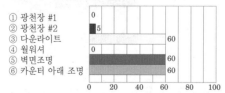

① 광천장 #1   0
② 광천장 #2   5
③ 다운라이트   60
④ 월워셔   0
⑤ 벽면조명   60
⑥ 카운터 아래 조명   60

0 20 40 60 80 100

그림 4.33 음식점의 조광 신과 조광제어 예

그림 4.34 음식점의 조명 사례

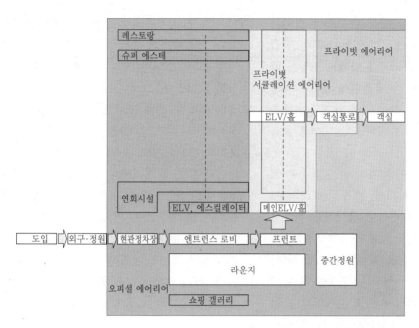

그림 4.35 숙박시설의 동선 예(숙박인) [야마기와 자료 제공]

의 경우 부지와의 걸맞음으로 이 천장 부분의 상층은 연회 시설인 경우가 많다. 전술한 조명이 없으면 터널 내로 차가 들어가는 것 같은 상태를 만들어 버린다.

입구 로비는 천장이 높고 프런트나 라운지 등을 바라볼 수 있는 개구부가 있고 낮 동안은 주광이 들어가기 쉽고 주야의 인상이 바뀌는 공간이기도 하다. 일반적으로는 색온도가 낮은 다운라이트로 주동선 부분에 필요 조도(100~200lx 정도)를 확보한다.

(단위 : lx)

	입구·정원	정차장	로비	프런트	엘리베이터홀	객실통로	객실(전반)	객실(욕실)	객실(세면·변기)	객실(데스크·화장대)
최저값	50	300	100	300	100	75	30	75	200	300
중간값	75	525	150	650	200	112.5	115	187.5	250	500
최고값	100	750	200	1,000	300	150	200	300	300	700

[주] JIS Z 9110 : 1979 조도기준에서 부분변경

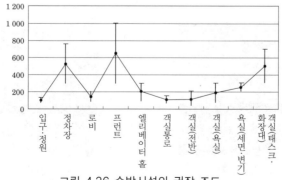

그림 4.36 숙박시설의 권장 조도

라운지에는 동선보다 낮은 평균적인 밝기를 주고, 라운지 너머에 정원이 있는 경우는 정원과의 조명의 연동으로 개구부 곁에도 조명을 배치한다. 야간에는 개구부 유리면에 실내측이 영사되지 않도록 정원이 라이트 업 밝기와 실내측 밝기의 균형을 낮과는 반대의 조광 제어로 잡을 필요가 있다.

오피셜 에어리어 중에서 가장 밝은 장소는 프런트이다. 체크인이나 회계, 각종 서비스의 거점으로서 숙박자와 대면하는 장이기도 하므로 카운터 톱을 균일한 광으로 조사(300~750lx 정도)하여 서로의 표정을 확실히 알도록 한다. 키 박스가 있는 벽면에 월 워셔 조명을 하여 밝은 마중의 연출을 한다. 이 장소 전체에서는 24시간의 서비스 업무가 시행되므로 시각을 부드러운 조명과 베이스 조명을 프리세트한 신 조광으로 제어 관리한다. 중앙 관리나 프런트에 제어반 자기를 설치하여 자동과 수동 양쪽으로 시간 조광을 한다. 백열전구나 할로겐 전구를 사용하는 경우가 대단히 많으며 조광 제어를 하면 램프 수명을 연장시킬 수 있어 신 연출과 일석이조가 된다.

(2) 프라이빗 서큘레이션 에어리어

엘리베이터는 숙박자 전용과 일반용의 것이 있다. 숙박자 전용의 것은 시큐어리티 관리가 되어 룸 키를 사용하여 승강하는 것이 많아지고 있다. 엘리베이터 홀은 종래 숙박자끼리가 프라이빗 스페이스에 있다는 관점에서 그리 밝게 설정되지 않았다. 그러나 시큐어리티나 룸 키 조작의 편리를 위해 프런트 다음으로 밝게 하기 시작하였다. 객실층의 엘리베이터 홀은 메인 플로어의 홀보다 밝기를 억제 경향에 있지만 도어면이나 홀 안쪽 집기에 다운 라이트를 시설하여 어둠에 위화감이 없도록 한다(그림 4.38). 객실 통로는 홀의 밝기를 연속시키는 경우가 많다. 복도 천장 부분에는 배관 등의 건축 설비가 있기 때문에 조명을 매입하거나 직접 부착하는 일은 드물다. 백열전구나 콤팩트 형광 램프의 브래킷에 의한 50 lx 정도의 조도 확보가 많다.

(3) 프라이빗 에어리어

객실은 취침의 스페이스로서 종래 호텔 전체 중에서는 낮은 조도가 좋다고 하고 있었다. 그러나 근년의 이용 형태의 변화로 비즈니스 유스로서 퍼스널 컴퓨터나 인터넷·팩시밀리 등의 통신 기기를 사용하는 작업이 많아져 밝기가 필요해졌다. 객실 내의 회로를 베드 사이드, 입구 부분, 실내로 구분하고 라이팅 데스크는 워킹 스페이스로서 개별 사용이 가능하도록 조광 스위치가 달린 스탠드를 둔다. 라이팅 데스크에는 키보드를 테이블면 보다 낮은 위치에 둘 수 있

그림 4.37 입구와 차량 정차장
(BH 호텔) [야마기와 사진 제공]

그림 4.38 엘리베이터 홀 간접조명의 예
(BH 호텔) [야마기와 사진 제공]

는 서랍이 달려 있는 것이 있다. 그에 맞추어서 오피스와 동일한 태스크 앤드 앰비언트 조명 방법을 취하여 가동식의 암 스탠드와 실내 조명으로 작업에 불편이 없는 조명으로 한다. 인테리어 디자인의 통일성으로 이미 만들어진 작업용 암 스탠드가 아니고 갓 달린 스탠드로 암이 가동인 것이나 지향성이 있는 배광의 램프를 병용하는 것 등 오리지널 디자인의 조명 기구를 사용하는 경우가 많다.

입구 주위에 있는 벽장에는 미닫이에 체경이 있고, 안의 바에 행거를 걸게 되어 있다. 이때 미닫이나 도어를 열면 리밋 스위치에 의해 온·오프 점등하는 다운 라이트나 선반 아래의 등으로 내부에 걸려 있는 옷을 확인할 수 있도록 한다. 부근에는 배스룸으로의 문이 있고 내부에 들어가기 전의 벽에 점등 스위치가 있다. 배스룸에는 세면대, 변기, 욕조나 샤워 부스 등이 있는데, 휴식 장소로서 근년 그 바닥 면적이 넓어지고 있다. 따라서 백열전구면 60 W 정도의 것을 여러 개 사용한다.

배스룸에는 얼굴이 확실하게 보이도록 조명을 거울 주변에 시설한다. 브래킷이나 천장으로부터의 확산광(형광 램프)으로 얼굴을 비추도록 한다. 변기와 욕조의 조명은 공용 되는데 습기 대책을 위해 방습·방수형의 조명 기구를 선택한다.

또한 입구 주위와 배스룸 입구 부근은 익숙하지 않은 숙박자를 위해 야간 점등용으로 5 W

그림 4.39 객실 스탠드 조명의 예

정도의 풋라이트로 야간 보행 안전에 배려한다.

실내에는 라이팅 데스크나 소파, 베드가 있으므로 각각에 조명 구획을 설정한다. 방 전체의 조명은 실링 라이트나 브래킷으로 구성하는 경우와 건축화 조명과 다운 라이트로 구성하는 경우가 있다. 전체적으로 50 lx를 상한으로 하는 조도를 확보하고 국부에 스탠드나 브래킷 등으로 작업에 필요한 조도를 잡는다. 베드 사이드에는 나이트 테이블이라고 하는 가구에 머리맡 조명(브래킷이나 스탠드)의 스위치, 방 전체의 조명과 입구 주위의 조명을 위한 벽 스위치와 3 가닥으로 연결된 스위치 패널이 장비되고 있다. 스위치 패널에는 조광 기능이 탑재되어 숙박인이 바라는 밝기로 조절할 수 있다. 이 테이블에는 베드를 위한 풋라이트가 있어 야간에 슬리퍼를 신고 배스룸에 갈 때의 상야등도 된다. 극히 낮은 와트의 전구를 사용하지만 될 수록 수명이 긴 백열전구를 사용한다.

[遠藤充彦]

참고문헌

1) 松下電工編：LIGHTING KNOWHOW，店舗照明設備ノウ
   ハウ集，p. 24 (1988)

2) 田淵義彦：ビジュアルマーチャンダイジングにおける照明計
   画の基本，照学関西支専門講習会 (1986)

3) 田淵義彦：店舗照明の設計とその評価，照学誌，75-1，pp.
   19-26 (1991)

4) 田淵義彦：照明技術開発における快適性の研究の重要性，照
   学誌，78-11，pp. 585-590 (1994)

5) 田淵義彦：事務所照明の快適性に関する研究，東京大学学位
   論文，p. 2 (1995)

6) 松下電工編：LIGHTING KNOWHOW，店舗照明設備ノウ
   ハウ集，p. 45 (1988)

7) 松下電工編：LIGHTING KNOWHOW，店舗照明設備ノウ
   ハウ集，p. 30 (1988)

8) 田淵義彦，向阪信一：量販店における売場ごとの設定照度の
   検討，照学全大，127 (1982)

9) 田淵義彦：好ましい視対象輝度における輝度圧縮，照学誌，
   79-5，pp. 253-255 (1995)

10) 田淵義彦：事務所照明の快適性に関する研究，東京大学学位
    論文，p. 38 (1995)

11) 松島，清野，田淵：店舗照明におけるスポットライトの引き
    つけ効果に及ぼす照明量の検討，照学全大，54 (1985)

12) 松下電工編：LIGHTING KNOWHOW，店舗照明設備ノウ
    ハウ集，p. 47 (1988)

13) 松田宗太郎，他：最高裁判所・新庁舎の照明模型実験および
    照明設計への展開例について，照学誌，59-3，pp. 129-
    138 (1975)

14) 岩井　彌，他：住宅照明の明るさ感—ダウンライトを設置し
    た場合，照学誌，83-2，pp. 81-86 (1999)

15) 松下電工編：LIGHTING KNOWHOW，店舗照明設備ノウ
    ハウ集，p. 48 (1988)

16) 照明学会編：屋内照明基準，p. 6，JIES-008 (1999)

17) 照明学会編：屋内照明基準，p. 7，JIES-008 (1999)

18) 照明学会編：屋内照明基準，p. 8，JIES-008 (1999)

19) 松島公嗣，田淵義彦：タスク・アンビエント照明の基本的な
    考え方，松下電工技報，No. 47，pp. 52-56 (1994)

20) 田淵，中村，松島：SD 法を用いた店舗空間の希望雰囲気の
    分析，照学誌，70-6，pp. 273-278 (1986)

21) 松下電工編：LIGHTING KNOWHOW，店舗照明設備ノウ
    ハウ集，p. 78 (1993)

22) 松下電工編：LIGHTING KNOWHOW，店舗照明設備ノウ
    ハウ集，p. 37 (1993)

23) 松下電工編：LIGHTING KNOWHOW，店舗照明設備ノウ
    ハウ集，p. 81 (1993)

24) 松下電工編：LIGHTING KNOWHOW，店舗照明設備ノウ
    ハウ集，p. 93 (1993)

25) 松下電工編：LIGHTING KNOWHOW，店舗照明設備ノウ
    ハウ集，p. 77 (1993)

26) 松下電工編：LIGHTING KNOWHOW，店舗照明設備ノウ
    ハウ集，p. 93 (1993)

27) 松下電工編：LIGHTING KNOWHOW，店舗照明設備ノウ
    ハウ集，pp. 94-97 (1993)

28) 照明学会・通信教育「照明基礎講座テキスト」第 7 章，図
    7.29

29) YAMAGIWA LIGHTING PROJECT NEWS「WAVY-
    12」美容室

제5장

주택

5.1 주택 조명의 목적 ● ● ●

일본의 주택 조명은 자주 구미 선진국의 것과 비교된다. 백열등 주체의 구미에 비해서 일본에서는 형광 램프가 많다. 그것은 확실히 경제적이긴 하지만 단지 밝다는 것만이라고 한다. 사실 방에 따라서는 대형의 형광 램프 실링 라이트로 평균 조도가 JIS의 조도 기준을 상회하는 일도 적지 않다. 그러나 지구 환경 문제로 구미 주택에서도 에너지 절감을 고려하여 형광 램프가 재검토되고 있다.

한편, 고도 정보화 사회에 있어서 사람들의 생활은 야행으로 이행되고 있다. 그에 수반해서 주택에 있어서의 조명의 중요성도 높아가고 있다. 그곳에는 지금까지 없던 분위기 만들기나 연출이라고 하는 조명의 질적 향상이 요구되고 있다. 조명 효과는 건축이나 인테리어 디자인만을 고려해서 결정되는 것은 아니다. 생활자의 라이프 스타일을 아는 것이 중요하고 그것에 의해 조명 기구나 기구의 배등 디자인 선정은 크게 영향 받는 것이다.

주택 조명의 목적은 주로 세 가지 범주로 집약된다.

(1) 안전을 위해

(2) 명시를 위해

(3) 분위기나 연출을 위해

이들 목적의 중요도는 방의 내용이나 생활자의 라이프 스타일에 따라 바뀐다. (1)과 (2)는 주로 물체를 보기 위해 필요한 조도나 조도 분포, 휘도 분표로 대표되는 정량적인 것인 데 비해서 (3)은 글레어나 음영 표현, 연색 효과, 색온도 등 광의 감수성에 연관되는 정성적(定性的)인 것이라고 할 수 있다. 따라서 주택의 경우 조명 설계자에게는 물리량으로 조명을 생각하는 능력과 생활자의 광의 기호나 요망을 받고 그것을 경험이나 직감에 의해 구체화하는 능력이라는 두 가지 역량이 요구된다.

5.2 광원의 선정 ● ● ●

조명 설계에 있어서 광원의 선정은 조명 효과나 경제 효과에 큰 영향을 준다. 주택에서는 태반이 형광 램프와 백열전구가 되는데 이들 램프는 종류가 많고 특성도 다르기 때문에 본격적으로 선택하고자 하면 대단한 일이다.

주택 조명에서 문제가 되는 것은 램프가 끊겼을 때 바로 대응할 수 있는가의 여부이다. 그 때문에 컨비니언스 스토어(convenience store : 편의점)나 양판점(量販店) 등에서도 구입 가능한 보급형 램프가 우선적으로 선정된다. 또한 러닝 코스트도 시공주의 관심사이다. 특히 일본에서는 가능한 한 전기료를 적게 들이고 밝은 조명을 구하는 생활자가 많기 때문에 필연적으로 형광 램프가 잘 선정된다. 조명 효과는 램프의 특성만으로 결정되는 것은 아니고 조명 기구나 조명 시스템과의 상대성에 따라 바뀐다.

예를 들면 전구형 형광 램프를 백열전구용의 반사경 달린 다운 라이트에 넣어 사용하는 경우 기구 효율이나 배광이 크게 바뀌어 형광 램프가 갖는 우위성이 반감되어 버리는 일이 있다.

일본 주택에서는 조명 연출에 대한 관심이 일반적으로 낮고 이것에 그리 구애 받지 않는다. 그 원인의 하나는 손님을 집에 초대하는 일이 습관적으로 적은 것에 있다. 연출은 타인의 눈을 의식하면 적극적으로 생각할 수 있지만 누가 보아 주는 기회가 없으면 아무 것도 안할 것이다. 그러나 최근에는 자신을 위해 쾌적한 공간을 만들고자 하는 경향이 있다. 또 고도 정보화 사회에서는 피곤한 정신을 치유하는 편히 쉴 수 있는 공간이 주목 받고 있다. 휴식을 연출하는 데는 광원의 휘도나 연색성, 색온도 등의 특성이 광원 선정의 중요 포인트가 된다.

광원의 휘도는 내장재나 가구의 질감과 밀접한 관계를 가지고 있다. 광택이 있는 내장재나 투명감이 높은 소재를 사용하고 있는 공간에서는 높은 휘도의 저전압 할로겐 전구의 광에 의해 화려한 인상을 준다. 반면 눈부시게 번쩍거리는 빛으로 인해 안정되지 않는 분위기를 만들어 버릴 우려가 있다.

통상 광원의 연색성은 평균 연색 평가수(R_a)로 평가한다. 주택에는 그 수치가 100 또는 100에 가까운 램프가 사용되고 있다. CIE에서는 R_a 85 이상의 램프를 권장하고 있는데, 일반 백열전구나 3파장형 형광 램프가 그에 해당한다. 다만 R_a 값은 한정된 색의 보임을 객관적으로 평가한 것이므로 생활자의 색의 기호에 따라 좋고 나쁨이 달라지는 경우가 있다. 또한 연색 효과는 색온도나 조도에도 관계한다. 아무리 연색성이 높아도 어두운 조도 안에서는 색의 선명함이 결핍된다.

광원의 색온도는 사람의 심리에 영향을 주며 공간을 따뜻하게 보이거나 차갑게 보이거나 또 단단하게 보이거나하는 등의 공간 인상을 준다. 사람들의 광색의 기호는 국가나 기후 풍토, 시대 배경에 영향 받으면서 변화해 왔다. 예를 들면 일본과 같은 고온 다습한 나라에서는 백색이나 주백색의 시원한 광색을 좋아하고 있지만 한편으로 안정성이 주는 전구색을 좋아하는 사람도 많아지고 있다. 휘도가 높은 조명일수록 내장이나 가구의 색을 강하게 반사하고 그들 색이 광원의 광색과 혼합되어 공간의 인상을 미묘하게, 때로는 크게 바꾸는 일이 있다. 일반적으로 난색계의 크로스나 플로어링 등의 나무를 많이 이용한 인테리어에서는 백열등 또는 전구색의 형광 램프가 효과적이다.

주택에서는 색온도가 다른 광원을 사용하는 일이 있으며 거의 완전히 혼광하는 경우와 의도적으로 나누는 경우가 있다. 어느 것이나 연출의 하나이므로 일괄적으로 어느 것이 좋다고 할 수 없지만 공간의 용도에 따라서 후자는 눈을 피로하게 하는 일이 있다.

장래적으로는 여러 가지 광색과 밝기가 기대되는 LED 램프가 주목 받고 있다. LED 램프는 램프 효율과 수명이 우수하고 또 조명열을 거의 느끼게 하지 않기 때문에 여러 가지 응용이 생각되고 있다. 또한 발전 도상의 단계에 있기 때문에 주택에서의 용도는 발밑등 등 일부에 한정되고 있다.

5.3 조명 기구의 선정

주택에서는 조명 기구가 안이하게 선정되는 경향이 있다. 본래 인테리어를 살리고 또 시공주의 요망을 충족시키는 조명을 실현하기 위한 조명 기구 선정은 상당히 어려울 것이다. 그러나 조명 기구 선정에 많은 시간을 줄 수 없는 것도 사실이다. 조명의 사고방식은 조명 기구 그 자체를 인테리어의 일부로서 그 존재를 보이는 것과 그 자체는 가능한 한 건축 몸체에 포함시켜 존재가 두드러지게 보이지 않게 하고 광으로 인테리어를 아름답게 보이는 것으로 대별된다. 어느 것을 우선시키는가는 시공주나 건축 설계자가 상담해서 결정하는 것이 좋다.

다음에 주거 공간에서의 대표적인 조명 기구의 선정에 대해서 포인트를 소개한다.

5.3.1 실링 라이트(ceiling light)

천정에 직접 부착하는 조명 기구를 실링 라이트라고 한다. 일반적으로 조명 기구를 천장에 매입하지 않는 슬래브 구조 또는 슬래브와 천장 틈새가 충분하지 않은 경우에 적합하다. 주택에서는 설치가 용이하다는 이유 등 때문에 많이 선택되고 있다. 실링 라이트는 좁은 복도 등에 다는 소형 기구부터 20 m²를 넘는 방 중앙에 다는 대형 기구까지 다종다양하지만 1 실 1 등의 방 대부분은 ∮600~900의 젖빛 커버붙이 형광등 기구가 천장 중앙에 설치된다. 이 종류의 기구는 기구 선정을 간단히 끝내고자 하는 경우에 편리하다. 왜냐면 심플한 디자인이 비교적 어떠한 인테리어에도 맞고 또 밝기가 얻어지기 쉽기 때문이다.

천장 중앙에 다는 대형 기구의 사이즈는 방 평면의 대각선 길이에 대해서 1/8 전후를 기준으로 하면 방 크기와의 균형이 잡히기 쉽다(그림 5.1 참조). 또한 실링 라이트를 사용할 때는 기구 높이에 주의할 필요가 있다. 통상 형광 램프의 대형 기구 두께는 150 mm 전후로 억제하고 있지만 기구에 따라서는 400 mm를 초과하는 것이 있다. 이것은 천장 높이에 대해서 압박감이 생기는 것도 생각할 수 있다.

백열등의 실링 라이트의 경우 기구에 따라서는 샹들리에와 같이 화려하게 빛나는 것이 있으며 호화로운 이미지를 공간에 줄 수가 있다.

5.3.2 다운 라이트

개구(開口) 지름이 작은 천장 매입 기구를 다운 라이트라고 한다. 공간 내에서 기구로서의 존재감이 약하기 때문에 방의 전반 조명으로서 여러 등을 사용하는 일이 많다. 그 경우 ① 기구 효율이 높고 ② 글레어리스의 기구를 선정한다.

다운 라이트용의 광원은 주로 백색 도장 전구, 소형 크립톤 전구, 소형 변형 형광 램프이다. 보통의 주택 천장 높이에는 매입 구멍의 지름 ∮100~130이 천장에 설치했을 때 두드러지지 않고 보기가 좋다. 그러나 사용하는 램프가 동일한데 매입 구멍의 지름이 다르면 기구 효율이 달라진다. 일반적으로 기구 효율을 올리고자 하는 경우 반사경붙이로 매입 구멍의 지름이 큰 것을 선택한다. 또한 단열재로 시공한 천장의 경우 대부분은 S형(단열 시공용) 다운 라이트 기구를 선정하도록 되어 있다. 이러한 종류의 기구는 일반형에 비해서 기구를 크게 함으로써 방열시키기 위해 매입 구멍의 지름이 커진다.

다운 라이트에는 월 워셔라고 하는 벽면 등의

그림 5.1 기구의 직경을 방의 대각선 길이 1/8로 시뮬레이션

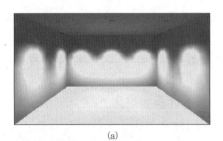

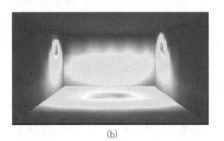

그림 5.2 다운라이트의 배등 패턴과 조도분포 예

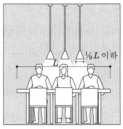

그림 5.3 식탁 크기에 조화하는 펜던트의 기준

연직면을 조명하는 타입이 있다. 밝은 마무리의 폭넓은 벽면이나 천장 높이가 있는 벽면을 보다 균일하게 밝게 하여 공간에 넓음이나 고급감을 준다. 주택에도 그와 같은 공간 조건이 맞으면 권장되는 방법이다. 그 밖에 회화나 관엽 식물 등에 대한 악센트 조명용으로서 스포트라이트의 기능을 갖는 타입이 있다. 조사 각도의 정도에 따라 유니버설, 아이볼, 어저스터블이라고 불리고 있다.

다운 라이트에는 주택용으로서도 많은 타입이 있다. 특히 광으로 공간 연출을 생각하는 경우 기구의 선정과 배치에 따라 크게 바뀌므로 흥미가 있다(그림 5.2 참조).

5.3.3 현수 기구

현수 기구란 일반적으로 천장에 걸린 실링에서 급전하여 점등하는 것으로서 1등용을 펜던트, 다등용을 샹들리에라고 한다. 별도로 저전압으로 통전되고 있는 2개의 와이어를 양 벽에 걸고 그 와이어에 기구를 매다는 타입도 있다.

현수 기구에는 전반 조명, 국부 조명, 장식 조명용으로 여러 가지 디자인의 것이 있다. 주택에서 가장 많이 사용되는 것은 다이닝 테이블 위에 놓는 펜던트이다 기본적으로는 기구 디자인과 식탁 요리나 테이블 디자인을 좋게 보이기 위해 백열등 기구가 선택된다. 식탁과 기구의 크기 관계는 기구 디자인에 따라 미묘하게 달라진다. 어디까지나 기준이지만 테이블의 긴 쪽 길이에 대해서 1/3 정도의 직경(원형 테이블의 경우는 직경의 1/2)이 잘 조화되고 테이블 위 70 cm 정도의 곳에 기구 하부가 오면 좋다(그림 5.3 참조).

현수 기구는 현관의 높은 공간의 조명이나 화실의 전반 조명에도 이따금 사용된다. 이 경우 방의 크기나 인테리어를 의식한 기구 선정이 중요하다.

현수 기구는 중량에 따라 코드, 와이어, 체인 등으로 현수된다. 많은 펜던트는 코드 현수지만 시판의 것은 코드가 길이가 정해져 있어 그 이상 길게 하여 사용하는 경우 주의하지 않으면 안 된다.

5.3.4 월 라이트(브래킷)

벽면에 직접 부착하는 조명 기구를 브래킷(bracket)이라고 한다. 이것은 펜던트와 같이 생활자의 눈에 띄기 쉬운 위치에 설치되므로 장식 조명 효과를 주목적으로 하여 선정되는 경우

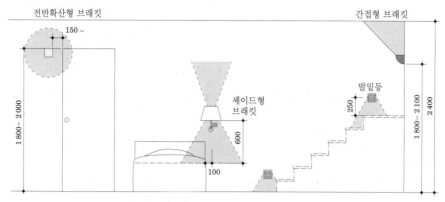

그림 5.4 각종 벽설치 기구의 종류와 부착 높이의 치수 예

가 있다. 스포트라이트나 간접 조명에 사용하는 타입도 증가하고 있고 단순히 기구의 디자인성만이 아니고 공간의 분위기나 연출 효과를 높이는 이유로 사용되는 경우도 있다. 또한 월 라이트에는 발밑등과 같이 벽에 매입해서 사용하는 타입도 있다.

여하간에 눈부시지 않고 공간과의 균형을 고려한 적정한 위치에 설치하는 것이 중요하다(그림 5.4 참조).

5.3.5 스탠드 기구

스탠드 기구에는 바닥에 놓고 사용하는 플로어 스탠드와 테이블이나 책상에 놓은 탁상 스탠드가 있다. 조명 기구의 설치 공사가 필요하지 않지만 놓고자 하는 위치 가까이에 콘센트를 설치하도록 한다.

스탠드 기구에는 주로 다음과 같은 네 가지형이 있으므로 목적에 따라 선택한다. 공간 기능에 따라서는 아래에서 기술하는 스탠드 기구의 조합만으로 조명 효과를 만족시키는 것도 가능하다.

(1) 글로브형

젖빛 글로브로 유리제 또는 플라스틱제가 많

다. 이것들은 부드럽게 확산하는 광이 특징이다. 바닥 장치형의 경우 전반 조명에 의한 조도를 떨어뜨린 방의 구석에 놓으면 편안한 기분을 높일 수가 있다. 글로브가 눈부시게 보이지 않도록 조광기로 밝기를 제어할 수 있게 하면 좋다.

(2) 셰이드형

호텔 객실 조명으로 대표되는 기구이다. 셰이드는 천이나 플라스틱제가 많다. 부드러운 광에 의한 직접적인 조명과 간접적인 조명의 밸런스로 안정된 분위기가 필요한 침실이나 리빙 룸의 조명에 적합하다.

광을 투과하지 않는 셰이드의 경우 방이 어두우면 천장이나 벽에 음영이 생기기 쉽게 되므로 전반 조명과의 밸런스에 유의한다. 60~100 W의 전구용 셰이드형 기구는 간단한 독서 등의 시작업용 조명으로서 기능시키는 것도 가능하다.

(3) 리플렉터형

공부책상에 사용되는 암 스탠드로 대표되는 기구이다. 등구가 반사판 또는 반사경으로 되어 있어 시작업면을 효율적으로 조사한다. 백열전구면 20 W(저전압 할로겐 전구)용부터 100 W 용이 많다. 형광 램프도 콤팩트형 형광 램프의 보급에 의해 소형이고 성능이 높은 조명을 실현시키고 있다.

(4) 토치형

바닥 위 높이 1.6m 전후의 등구(燈具)로서 주로 천장을 향해서 간접 조명을 하는 기구이다. 등구는 금속제나 유리제가 많다. 밝기를 얻는다는 것 보다 천장을 아름답게 비추거나 높게 보이거나 하고 싶을 때 사용한다.

5.3.6 건축화 조명

건축의 몸체에 광원을 감추고 천장이나 벽 등을 비추는 조명이다. 주택에는 주로 코브 조명이나 코니스(cornice) 조명을 사용한다. 코브 조명은 경사 천장이나 절상(折上) 천장 등의 면을 보다 균일하게 밝게 하는 경우에 유효하고 코니스 조명은 넓은 벽면을 효과적으로 밝게 함으로써 공간에 확산과 안길이를 부여한다(그림 5.5 참조).

건축화 조명이 만드는 방의 분위기에는 내장재의 색이나 재질이 크게 영향을 준다. 그 전에 건축의 구조적인 면에서 건축화 조명의 효과가

그림 5.5 코브 조명 예

기대되는 개구 치수를 얻을 수 있는가의 여부를 검토하지 않으면 안 된다. 건축화 조명의 실행에는 건축의 기본 설계 단계부터 건축 설계자와의 확실한 협의가 필요하다.

코브 조명을 보다 효과적으로 하는 데는 형광 램프의 경우에도 광원과 천장면 사이를 30 cm 이상 취하는 것이 바람직하다. 커튼 홈 천장의 높이가 30 cm 이상 있어도 시공 방법에 따라서는 램프와 천장 간의 거리가 반감하는 일이 있으므로 주의한다.

건축화 조명에서는 광원이 직접 보이지 않도록 하고 또한 광원의 복사열 등을 고려해서 차광이나 개구의 치수를 결정한다. 코브 조명이나 코니스 조명과 같이 천장이나 벽면을 광이 훑은 것 같이 비추는 경우 각각의 면의 마감에 따라 음영이 생겨 그 질감이 효과적으로 강조된다. 그 반면 바탕이나 마무리가 나쁘면 그 나쁨도 강조되므로 시공에는 십분 주의한다.

건축화 조명과는 별도로 가구에 조명 기구를 내장하여 가구 자체를 밝게 비추는 방법과 가구 배경을 밝게 비추는 방법 등이 있다. 이것은 소형으로 밝은 광원이 개발됨에 따라 보급되어 가고 있다.

5.3.7 옥외 기구

현관 밖이나 어프로치, 정원에는 비나 물방울에 대해서 유해한 영향을 받지 않는 방우형(防雨型) 또는 방우 방적형(防滴型)의 조명 기구를 사용한다. 그림 5.6에 주택에서 사용하는 기구를 든다. 최근에는 소형 변형 형광 램프나 저전압 할로겐 전구의 보급에 따라 소형이고 안전하며 연출 효과가 기대되는 조명 기구가 시판되고 있다. 대부분의 소형 기구는 식재나 수목 그림자에 감추어져 주간에도 조명 기구가 눈에 보여 경관을 손상시키는 일이 없게 되어 있다.

외곽의 조명 기구는 자동 점멸장치 부착 또는 점멸기 내장형이 편리하다. 밤이 어두워지면 자동적으로 조명 기구가 점등하고 밝아지면 소등 조작을 자동적으로 한다. 또한 타이머와의 조합으로 소등코자 하는 시간을 미리 설정해 두면 그 시간에 꺼진다. 현관 밖은 인감(人感) 센서 부착 조명 기구가 권장되지만 사람이 많이 다니는 곳은 자주 반응하는 난점이 있다.

5.4 조명 계획·설계 ● ● ●

주택의 조명을 생각할 때 가구 배치도만으로 인테리어를 생각하고 외관적인 것에 중점을 두어 조명 기구를 선택하는 사람이 많다. 그곳은 시공주(施工主)의 생활 방식이나 광의 기호 등은 거의 무시되고 있다. 아마도 그 대부분은 조

명 설계 비용이 발생하지 않기 때문에 생기는 문제라고 할 수 있다. 그러나 조명 설계료를 지불하더라도 조명에 의한 분위기 만들기나 연출 효과를 구하는 시공주가 늘고 있다. 그 요망에 대응하기 위해 조명 설계시는 다음과 같은 것을 고려하면서 진행하여야 한다.

5.4.1 주택 건축과 조명

사는 사람이 정해지고 있는 주택은 불특정 다수의 사람이 사용하는 공공 공간과는 전혀 다른 방법으로 조명 설계를 하지 않으면 안 된다. 생활자가 만족하는 성과를 얻기 위해서는 조명 설계에 필요한 정보를 가능한 한 많이 수집한다. 예를 들면 건축 도면에는 가구 배치도만이 아니고 천장 평면도, 전개도, 입면도 등이 필요하고 조명 설계자는 그것을 이해하고 가능한 한 정확하게 건축 공간을 3차원으로 이미지 하지 않으

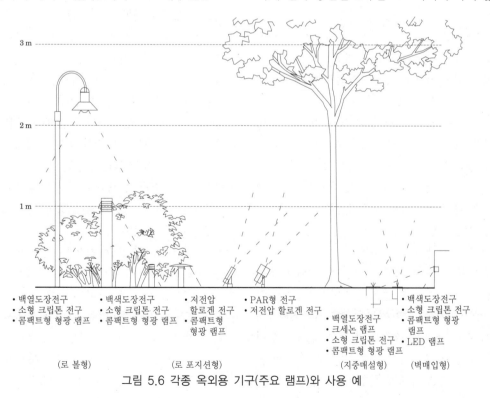

• 백열도장전구
• 소형 크립톤 전구
• 콤팩트형 형광 램프

(로 볼형)

• 백색도장전구
• 소형 크립톤 전구
• 콤팩트형 형광 램프

(로 포지선형)

• 저전압 할로겐 전구
• 콤팩트형 형광 램프

• PAR형 전구
• 저전압 할로겐 전구

• 백열도장전구
• 크세논 램프
• 소형 크립톤 전구
• 콤팩트형 형광 램프

(지중매설형)

• 백색도장전구
• 소형 크립톤 전구
• 콤팩트형 형광 램프
• LED 램프

(벽매입형)

그림 5.6 각종 옥외용 기구(주요 램프)와 사용 예

면 안 된다.

주택에는 공법에 따라 몇 가지 분류가 있다. 목조에는 목조축조 공법과 투 바이 포 공법, 철근 콘크리트조에는 라멘 구조나 벽식 구조 등이 있다. 또 천장 공법에는 반자틀 천장, 타상(打上) 천장, 보드깔기 천장 등이 있는데 이것들은 주택 조명의 주력인 천장등 설치에 크게 관계하는 일이 있다.

특히 천장 매입이나 벽 매입의 조명 기구의 경우 배등 설계를 센티미터 단위로 정확하게 하여도 천장이나 벽 내부의 상황 등에 따라서는 지정된 곳에 조명 기구를 설치할 수 없다. 최악의 경우 시공상 형편으로 조명 기구의 위치를 바꾸는 경우도 있다. 만일 이 때문에 조명 효과가 저하된다면 슬픈 일이다.

주택에는 1호 건축과 집합 주택이 있으며 1호 건축에는 규격 주택과 주문 주택이 있다. 주문 주택이라고는 하지만 모든 시공주가 조명에 구애 받는다고는 할 수 없다. 그러나 규격 주택에 비해서 방의 배치나 내장에 자유도가 있으므로 건축 설계 단계부터 조명을 생각하면 보다 높은 효과가 기대된다.

신축 주택에서는 대부분의 경우 새로운 조명 기구를 설치하지만 시공주에 따라서는 그때까지 사용하고 있던 조명 기구를, 또는 사용할 수 있는 것을 활용하는 경우가 있다. 새로운 조명 기구와 헌 조명 기구를 위화감 없이 조화시키는 것은 어렵지만 이것은 조명 설계자에게 요구되는 기량의 하나라고 할 수 있다.

집합 주택에서는 입구 로비, 복도, 외구 등의 공공적 공간이 주요 설계 범위이다. 이들 공간은 밤중에 계속 조명 기구를 점등하고 있기 때문에 러닝 코스트 저감의 점에서 램프 수명이 길고 기구 효율이 높은 조명 기구가 선정된다. 그 결과 대부분이 형광등에 된다. 물론 조명이

경제적이면 결과는 다음 문제라는 것은 아니다. 디자인을 내세운 맨션에서는 할로겐 램프나 소형 메탈 할라이드 램프 등도 사용한다. 그러나 그 경우에도 예를 들면 할로겐 전구는 램프 수명에 비해서 고가이므로 적절한 조광에 의해 램프 수명을 연장하고 타이머 등을 사용해서 하루의 점등 시간을 가능한 한 제한하는 등의 연구가 필요하다.

5.4.2 광의 이미지

일반적으로 주택의 조명 설계는 전기 배선공사의 필요성 때문에 건축 착공 전에 대략 종료하고 있다. 그 단계에서 설치 공사에 필요한 조명 기구의 선정과 배등 및 점멸 회로 분류의 도면이 되어 있지 않으면 안 된다. 시공주에게 조명의 설명이 필요한 경우, 이상의 내용 외에 조명 기구비와 전기 용량, 그리고 주요한 방만이라도 조도의 계산이 있으면 좋다.

조명 기구에 대해서는 통상 메이커의 카탈로그 사진으로 이미지해 받지만 기구의 크기, 중량, 소재, 완성 등의 설명서도 기구의 성능을 아는 데 있어서 중요한 정보이므로 누락시키지 않도록 한다. 특히 조명열의 문제는 사용 방법을 잘못하면 사고로 연결될 우려가 있으므로 주의가 필요한 사항이다. 선정한 조명 기구가 적당한가의 여부를 평가하는 데는 카탈로그 정보만으로는 어렵다. 쇼 룸이나 조명 기구 판매점에 갈 수 있는 경우는 실물을 보는 것이 제일 좋다. 그곳에서 사용할 수 있는 것을 체크해 두는 것도 중요하다.

조명 기구 디자인을 이해할 수 있어도 조명 효과를 모르는 시공주에게는 다른 실례에서 비슷한 조명 효과의 사진이 있으면 그것으로 설명한다. 설계에 걸리는 시간과 비용의 문제를 별도로 하면 드물게는 광의 이미지도나 CG, 모형으

그림 5.7 광의 모형 예

로 알기 쉽게 설명하기도 한다(그림 5.7 참조).

이와 같은 프레젠테이션은 시공주에게 조명의 아름다움이나 즐거움, 그리고 그 중요성을 이해 받는 것이 유효하다. 특히 CG는 해마다 소프트웨어가 간단하고 또 염가로 되고 있어 이용이 기대된다.

5.4.3 조명 방법의 결정

조명에는 주로 조명 기구와 배등(配燈)에 따라 다음 세 가지 방법이 있다.

(1) 전반 조명

(2) 국부 조명

(3) 국부적 전반 조명

전반 조명은 바닥면이나 작업면 등을 보다 균일하게 조명하는 방법이다. 균등 간격으로 배등(配燈)한 다운 라이트나 코브 조명과 같은 천장 간접 조명, 전반 확산 배광을 가진 실링 라이트 등에 의해 실현된다.

국부 조명은 공부책상이나 싱크 등의 작업면을 집중적으로 밝게 하여 시대상을 보기 쉽고 장시간의 시작업에도 눈이 피로하지 않게 하는 방법이다. 관엽 식물이나 조각 등을 밝게 부상시키는 조명 등도 포함된다.

국부적 전반 조명은 예를 들면 밝은 마무리의 넓은 벽면을 월 워셔 조명으로 보이는 경우 그 조명이 전반 조명을 겸하는 것 같은 방식이다

(그림 5.8 참조).

이상의 분류와는 별도로 미국에서는 다음과 같은 말로 조명 방법을 분류하기도 한다.

(1) 앰비언트 조명(전반 조명방식을 포함한 환경 조명)

(2) 태스크 조명(국부 조명에 상당)

(3) 악센트 조명(국부 조명에 상당)

(4) 데커레이티브 조명(조명 기구나 광원 자체의 빛남을 공간에 표현하는 조명)

(5) 키네틱 조명(예를 들면 양초의 불꽃과 같이 움직이는 광을 공간에 연출하는 조명)

주택에서는 방에 따라 어떠한 조명 방식에 중점을 두고 설계하는가가 중요하다.

5.4.4 조명 기구의 선정과 배등

조명 방식이 결정되면 그 방식에 의한 조명 효과가 발휘되는 조명 기구의 선정과 배등을 고려한다. 전반 조명은 가능한 한 조명 기구의 존재가 두드러지지 않는 것이 좋고 또한 JIS의 기준 조도가 확보되도록 한다. 다목적의 방이나 고령자가 생활하는 공간은 밝은 편으로 설정하여 점멸이나 조광으로 조도를 바꾸게 하는 것이 좋다. 이를 위해 중요한 방에 대해서는 개략적 조도 계산이 필요하다.

조도 계산에서는 가능한 한 내장의 반사율을 바르게 파악할 것이 요구된다. 평균 조도는 내장의 색조와 기구의 배광에 따라 크게 달라지기 때문이다. 또한 그 색조는 공간이 조도값 이상으로 밝게 보이거나 어둡게 보이거나 하는 것에도 관계된다.

다운 라이트의 배치는 천장 뒤와 상태에 대응하지 않으면 안 된다. 예를 들면 들보 등이 방해를 하여 균등 간격의 배등이 어려운 곳도 있다. 천장 뒤에 충분한 공간이 없는 경우나 슬래브 천장의 경우는 직접 부착 기구로 대응한다.

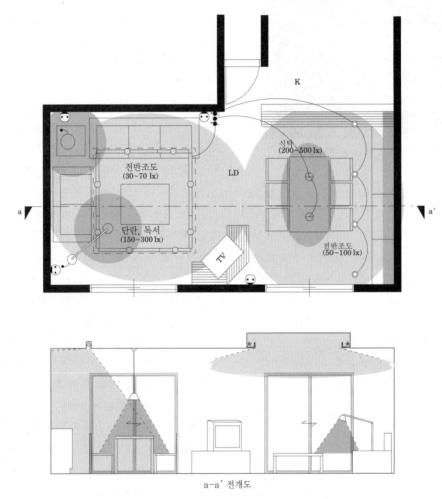

식탁
(200~500 lx)

전반조도
(30~70 lx)

LD

단란, 독서
(150~300 lx)

전반조도
(50~100 lx)

TV

K

a   a′

a-a′ 전개도

그림 5.8 리빙 다이닝 룸의 조명방법 예

이 때 도어나 캐비닛 개폐에 대해서 기구가 부 닥치지 않도록 배등하지 않으면 안 된다.

전반 조명에 의한 방의 분위기는 조도, 광원의 광색, 내장의 색에 따라 달라진다. 특히 100 lx 전후의 조도로 주백색이나 백색의 광색을 가진 전반 조명은 음울한 분위기를 만들어 내기 쉽다. 따라서 백열등과 같은 난색의 광색을 가진 광원으로 악센트 조명을 첨가할 것이 요망된다.

국부 조명용에는 가구나 인테리어의 요소가 되는 것의 이동이 예상될 때 그에 따라 이동이 가능한 비고정형 기구가 편리하다. 배등도에는 점멸 회로 구분이 필요하며 스위치의 종류와 위치를 알 수 있도록 한다.

5.4.5 조명 경제

조명 경제는 시공주에게 있어서 관심사의 한 가지이다. 아무리 성능이나 디자인이 좋은 조명

기구라도 사용 램프의 가격이 비싸고 수명이 짧은 것은 아무래도 기피하게 된다. 일반적 규모의 주택에서 조명에 필요한 전력은 $10{\sim}20$ W/m^2 정도를 기준으로 하면 된다. 형광 램프 주체의 조명의 경우는 10 W/m^2 근처로, 백열등 주체의 경우는 20 W/m^2 근처가 된다. 이들 조명 기구가 하루에 점등하고 있는 시간에 의해 사용률이 결정되며 조명 전력비가 계산된다.

백열등 기구에 전구형 형광 램프를 넣어 사용하는 것을 이따금 볼 수 있다. 보통은 램프 수명이 연장되어 경제 효과가 기대된다. 그러나 점등 시간이 짧은 기구는 램프 가격이 고가이기 때문에 생각한 것 같이 경제적이지 않은 경우도 있다.

5.5 주요 실내 조명

각 방의 조명은 주로 방의 배치나 인테리어, 생활 내용에 따라 달라진다. 낮의 주광의 정도에 따라서도 조명 기구의 선정과 배등이 영향 받기도 한다. 따라서 다음과 같은 각 방의 조명은 어디까지나 일반론으로서 참고하기 바란다.

5.5.1 현관

현관은 방문자에게 집의 첫 인상을 주는 공간이다. 또, 식구가 귀가했을 때 따뜻하게 마중하는 광일 것이 요망된다.

현관에는 일반적으로 브래킷 기구가 도어 한 쪽 또는 양 쪽의 바닥 위 1.8 m 정도의 위치에 설치된다. 클리어(clear) 전구가 들어가는 클리어 글라스 기구는 휘도가 아름다우면 환영하는 효과가 잘 나온다. 젖빛 글라스 기구는 주위를 밝고 안심감 있는 인상으로 한다. 그러나 이들 기구의 대부분은 발밑까지 충분히 비추지 못하

므로 특히 층계가 있는 경우는 다운 라이트와 같은 기구를 사용하는 방법도 있다.

5.5.2 현관 홀

현관 홀에는 전체를 밝게 하는 전반 조명이 요구된다. 추가해서 관엽식물이나 회화, 니치에 놓인 오브제 등의 인테리어 요소가 있으면 악센트 조명을 하여 생생한 공간을 만든다. 신발장 아래에 광원을 짜 넣어 발아래의 바닥면을 밝게 하는 연출도 있지만 바닥면이 광택 마무리의 경우 램프가 바닥면에 영사되어 깨끗하게 안 보이는 일도 있다.

5.5.3 복도와 계단

각 방으로의 원활한 유도 효과를 바랄 때는 동선을 방해하는 조명 기구의 존재를 피한다. 복도가 비교적 좁은 경우, 예를 들면 브래킷 기구는 그 출폭(出幅)에 주의하지 않으면 안 된다. 긴 복도에는 다운 라이트 기구가 많이 선정되는데, 규칙적인 광과 그림자가 벽면에 생기는 배등이 유도 효과를 높인다.

맨션 등의 공용 통로는 치안이나 안전을 위해

그림 5.9 발밑등으로 인근에 광해를 주지 않는 집합주택 공용통로의 조명

밤중에 계속 밝은 곳도 있지만 이웃집에서 너무 밝아 잠잘 수 없다고 하는 불평도 생길 수 있으므로 주의한다(그림 5.9 참조).

계단은 계단을 오르내리는 데 안전한 조명이 필요하다. 특히 계단을 내려갈 때 잘못 밟거나 걸려서 낙상 사고가 생기지 않도록 한다. 이를 위해서는 글레어가 생기지 않는 조명 기구를 발밑의 답면(踏面)이 그림자 때문에 잘 안 보이게 되지 않는 위치에 설치한다(그림 5.10, 그림 5.11 참조).

계단에는 직선 계단, 되돌림 계단, 회전 계단 등이 있다. 그 형태에 따라 조명 기구의 선정과 배등이 많이 달라지는데, 일반적으로는 브래킷의 사용이 많다. 계단은 기구의 청소나 램프 교환에 발판이 좋지 않은 장소이므로 유지 보수가 용이한 조명 기구를 사용하고 설치 위치에도 십분 배려한다.

또한 복도와 계단의 조명은 3로 스위치로 2개소에서 점멸할 수 있도록 한다.

5.5.4 욕실과 세면실

목욕을 위한 조명은 온난한 광으로 밝은 감이 있는 것이 좋다.

일반적으로 방습형의 젖빛 글로브 부착 브래킷으로 조명하는 일이 많다. 방습형 기구 중에는 다운 라이트도 있어 좁은 방에서 기구의 튀어나옴이 신경 쓰일 때 유효하다. 배스 룸으로 유리창에 영사되는 실루엣이 밖에서 보이는 경우 창측의 벽에 조명 기구를 배등한다.

그러나 욕실 내에 거울이 있는 경우는 그것들의 관계도 고려하지 않으면 안 된다. 타일 벽면에 브래킷을 달 때는 가능한 한 타일 접속부에 맞추는 것이 좋다. 이에 의해 조명 기구의 방수성을 높일 수가 있다.

세면실에는 거울에 영사되는 얼굴 표정이 아름답게 보이는 조명이 요구된다. 배스룸에 인접해서 습기의 영향을 받기 쉬운 방에는 방습형 조명 기구를 사용하지만 큰 영향이 없으면 통상적으로는 일반형 기구로 대응하고 있다. 조명 기구의 종류로는 브래킷이 거울 상단 또는 양측에 설치된다. 예를 들면 백열등 60 W 1등보다 40 W의 것을 2등 다는 것이 눈부심이 완화되

그림 5.11 그림 5.10(b)의 조명 예
(그림자로 답면이 좁게 보이는 예)

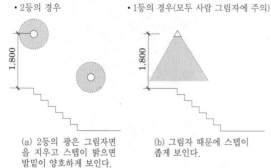

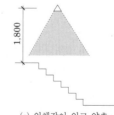

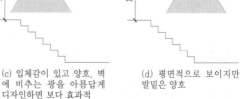

• 2등의 경우

• 1등의 경우(모두 사람 그림자에 주의)

(a) 2등의 광은 그림자면을 지우고 스텝이 밝으면 발밑이 양호하게 보인다.

(b) 그림자 때문에 스텝이 좁게 보인다.

(c) 입체감이 있고 양호. 벽에 비추는 광을 아름답게 디자인하면 보다 효과적

(d) 평면적으로 보이지만 발밑은 양호

그림 5.10 계단실의 조명기구 배치 예

고 보다 좋은 음영이 얼굴 표정을 풍요롭게 보
이게 한다(그림 5.12 참조).

거울 주위에 낮은 와트의 백열전구를 많이 설
치하는 조명도 있다. 턱 아래를 포함해서 안면
구석구석까지 밝게 되므로 화장은 물론 면도에
도 적합하다. 또한 답답하고 더운 느낌을 주지
않도록 램프의 개수와 와트 수에 주의한다.

5.5.5 주방

주방에는 I열형, U형, 아일런드형, 카운터형
등이 있다(그림 5.13 참조). 또한 주방에서의
행위에는 요리를 만드는 것은 물론 주방 규모에
따라서 간단한 식사와 가족과의 담소 등이 있을
수 있다. 조명은 기본적으로 싱크대 등의 작업
면에 충분한 밝기를 주는 것으로 한다. 통상적
으로 작업면 상부에 있는 캐비닛 하면에 차광된
직관형 형광 램프를 다는 것이 권장되고 있다.

전반 조명에는 천장 직접부착 기구의 사용이
많으며, 그 경우 캐비닛 문짝이 부딪치지 않도
록 배치에 주의하여야 한다. 천장 매입 기구를

**그림 5.12 다이크로익 미러 부착 할로겐전구의
다운라이트에 의한 거울 조명**
−광각배광과 백의 집기가 얼굴에 생기는
음영을 완화시키고 있다−
[자료 : 버드 필벨 하우징 센터(프랑크푸르트) 제공]

사용하는 경우는 배광이 넓은 다운 라이트로 하
여 너무 강한 그림자가 작업면에 생기지 않도록
한다. 시스템 키친에는 광원이 내장되어 있는
것도 있으므로 그 광과 위화감이 없는 전반 조
명을 생각한다. 적어도 광색은 조화되도록 한

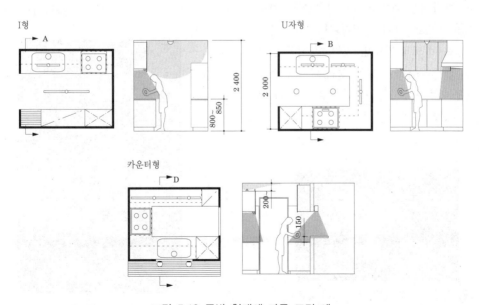

그림 5.13 주방 형태에 따른 조명 예

다. 식사하는 곳에서 주방이 보이는 경우 식사
하는 곳과의 조명의 조화도 중요하다.

5.5.6 다이닝 룸

다이닝 룸의 중심은 식탁이다. 식탁보, 식기,
요리, 꽃 등 테이블 위의 것이 밝고 아름답게
부상하여 요리가 맛있게 보이도록 하는 조명이
요구된다. 가장 많은 식탁 조명 기구는 백열등
펜던트이다. 테이블의 크기에 따라 1등에서 3
등을 현수하는 경우가 많다.

직접형 조광을 가진 금속제 셰이드 기구는 식
탁을 밝게 부상시킬 수 있지만 밝은 전반 조광
이 없으면 방이 어둡게 느껴진다. 테이블 디자
인에 구애받는 집에서는 12 V 할로겐 전구의
소형 펜던트나 천장 매입형 스포트라이트로 연
출하여 드라마틱한 분위기를 내는 경우가 있다
(그림 5.14 참조).

전반 조명에는 실링 라이트 또는 다운 라이트
가 일반적이다. 여러 가지 분위기를 연출하고
싶은 경우는 조광기로 밝기를 바꿀 수 있게 하
면 좋다. 반직접형 배광의 유리제 셰이드 기구
는 테이블 면만이 아니고 천장이나 벽을 약간
밝게 하므로 이 조명 기구만으로도 보기에는 방
이 밝게 느껴진다. 너무 넓지 않은 다이닝 룸에
는 이러한 종류의 펜던트만으로 식탁 조명과 방
의 전반 조명을 겸할 수가 있다.

그림 5.14 와이어 급전 시스템에 할로겐
전구기구를 현수한 다이닝 룸의 조명 예

5.5.7 베드 룸

침실은 기본적으로 취침을 위한 공간으로서,
유면(誘眠) 효과를 높이기 위한 조명이 첫째로
요구된다. 방의 사용 방법에 따라서는 취침 전
의 가벼운 독서나 텔레비전 시청, 화장, 옷 취
급 등과 같은 생활 행위를 만족시키는 조명도
필요하다. 따라서 전반 조명과 국부 조명의 병
용이 권장된다.

유면을 위한 조명은 조명 기구 자체의 휘도가
높지 않을 것과 전반 조도가 너무 밝지 않을 것
이 중요하다(그림 5.15 참조). 또한 침대에 누
웠을 때의 시선에서 강하게 빛나 보이는 조명
기구 배등은 피하여야 한다. 가령 그와 같은 상
황에 있더라도 조광으로 조도나 휘도가 제어 가
능한 것이 바람직하다.

침실 조명에는 호텔의 객실 조명에 사용하는
셰이드형 스탠드만으로 대응하기도 한다. 셰이
드형 스탠드를 복수 설치하여 침실에 요구되는
분위기를 표현하는데, 광이 투과하는 셰이드의
색으로 다시 더 분위기를 높일 수가 있다. 셰이
드의 색은 백이나 아이보리가 무난하다. 생활자

그림 5.15 셰이드형 스탠드에 의한 베드 룸의 조명

의 기호나 기분에 따라서 구하는 색은 달라진다. 예를 들면 기분을 진정시키고 싶으면 블루, 고독감을 줄이고 싶으면 핑크색을 생각할 수 있다. 그러나 사람에 따라서 색의 심리는 미묘하게 바뀌고 다른 내장색의 여향도 있기 때문에 단정은 어렵다. 셰이드의 색이나 모양은 커튼이나 베드 커버 등과 맞춰 특별 주문하기도 한다.

사람에 따라서는 침실을 캄캄하게 하면 반대로 잠을 잘 수 없는 사람이 있다. 그리고 고령자의 침실에는 심야에 화장실에 가기 위해 너무 밝지 않을 정도의 바닥을 비추는 상야등이 필요하다.

5.5.8 공부방, 서재
(퍼스컴에 의한 시작업)

공부방이나 서재는 시작업을 주목적으로 한 공간이다. 어린이 공부방에도 어른 서제에도 퍼스컴을 사용하는 시작업이 해마다 증가할 것으로 생각된다. 퍼스컴을 사용하는 시작업에서는 정보량이 많고 작업이 장시간에 걸치면 눈이나 정신을 혹사하게 된다.

따라서 조명 설계에서는 디스플레이의 밝기를 주체로 생각하고 주변과의 휘도 대비나 조도 대비에 대해서 수량적인 검토를 상세히 할 필요가 있다. 퍼스컴으로 작업하는 사람의 연령층이

나 시력 등에도 따르지만 일반적으로 ① 원고와 키보드면, ② 디스플레이면, ③ 디스플레이 배경의 벽면 순으로 밝게 하면 된다. 디스플레이에는 액정의 것이 증가하고 있다. 해상도가 높지만 개중에는 표면이 광을 반사하기 쉬운 기종도 있으므로 반사 글레어가 생기는 것 같은 조명 기구와 배등 위치로 한다. 낮 중의 작업을 생각하면 디스플레이와 창과의 관계도 주의하지 않으면 안 된다(그림 5.16).

퍼스컴 작업을 위한 조명에는 전반 조명 외에 국부 조명으로 암 스탠드가 많이 사용된다. 이러한 기구는 암의 움직임에 의해 조사 각도나 높이를 바꾸어 조도나 눈부심을 조정할 수 있다고 하는 이점이 있다.

암 스탠드에는 주로 소형 변형 형광 램프용과 소형 크립톤 전구용, 저전압 할로겐 전구용이 있는데, 모두 장·단점이 있다.

공부방이나 서재에서는 항상 시작업만을 하고 있는 것은 아니다 장시간의 작업으로 피로한 눈이나 정신을 쉬게 하기 위해 긴장을 풀 수 있는 분위기의 조명을 겸비하는 것이 중요하다. 이러한 점에서 암 스탠드는 등구를 천장이나 벽에 향하게 함으로써 간접 조명의 분위기가 얻어져 편리하다.

|(a)|(b)|(c)|

그림 5.16 퍼스컴의 조명
– 디스플레이의 반사특성에도 의하지만 (a)+(b)의 조합 또는 (c)와 같은 조명이 권장된다. –

그림 5.17 글레어리스 다운라이트에 의한
리빙 룸의 조명

[자료 : 버드 필벨 하우징 센터(프랑크푸르트) 제공]

그림 5.18 각형 다운 라이트와 코너의 스탠드
기구에 의한 화실의 조명

5.5.9 리빙 룸

리빙 룸은 주택 중에서 가장 다목적으로 사용되는 공간이다. 단란이나 독서, TV 시청, 접객 등과 같은 여러 가지 생활 행위에 대응하기 위해 조명은 1실 다등으로 여러 개의 점멸 회로로 나누어 생활 행위에 맞는 조명 효과가 얻어지도록 한다.

특히 실내가 넓을수록 동시에 상이한 행위가 발생할 것으로 생각된다. 각각의 행위에 필요한 광이 부적절하게 간섭하지 않도록 배등에 주의한다. 또한 천장 높이에 비해서 방이 넓으면 통상적 시선으로 천장면이 눈에 많이 들어가 천장 조명이 눈에 두드러지게 보이므로 글레어를 느끼기 쉬운 기구는 선택하지 않도록 주의한다(그림 5.17 참조).

전반 조명기구의 배관 분류에 따라 천장과 벽의 마무리가 공간의 분위기와 평균 조도에 크게 영향을 준다. 그러므로 가능한 한 마무리에 관한 정보를 얻고 적절한 기구 선정과 배등을 생각한다. 일반적으로 전반 조명에는 글레어리스 다운 라이트가 권장되지만 밝은 실내 마무리면

코브 조명과 같은 간접 조명도 효율, 효과 공히 나쁘지 않다.

5.5.10 화실

화실(일본식 방)은 일본의 거실이나 불상방, 노인실, 취미 공간 등으로 사용되며, 그 용도에 따라 조명이 달라진다. 화실에 맞는 조명 기구는 나무나 일본 종이, 아크릴 워론 등을 주소재로 만들어지며, 전반 확산 배광을 가진 일본식 디자인의 것이다.

화실을 거실이나 노인실로 사용하는 경우 전반 조명에는 밝은 듯한 조도가 얻어지는 대형의 일본식 실링 라이트 또는 현수 기구로 대응한다. 차를 끓이거나 꽃을 만드는 등 취미 공간으로 사용하는 경우는 다운 라이트 등으로 분위기 있는 밝기를 만들기도 한다.

도코노마(일본식 방의 상좌의 한층 높게 만든 곳)에는 국부 조명으로 족자 등의 연직면을 밝게 하는 경우도 있지만 일본식 디자인의 스탠드 기구를 도코노마 구석에 놓고 분위기를 즐기기도 한다(그림 5.18 참조).

5.5.11 정원, 어프로치

정원은 주간의 경관을 생각하여 조명 기구가 가능한 한 수목 등에 감추어져 있는 것이 좋다. 이를 위한 기구는 소형의 것이 좋은데, 대표적인 것은 콤팩트형 형광 램프용 기구나 저전압 할로겐 전구 기구이다(그림 5.19 참조).

조명은 정원의 요소인 수목, 화단, 정원석, 연못 등에 비추는데 작은 정원은 1~2 등의 기구로 대응할 수 있다. 넓은 정원은 현관 어프로치의 광을 포함해서 여러 등의 조명 기구로 아름다운 요소만을 밝게 한다. 그에 따라 캄캄한 정원이 드라마틱한 경치로 부상한다.

조명에 의한 연출에는 엽영(葉影)을 벽에 나타내는 섀도 라이팅이나 나무 숲을 연속적으로 밝게 하여 유도 효과를 얻는 조명, 연못 등의 수면에 주변 경치를 영사시키는 조명 등이 있다. 이들 야경이 리빙 룸이나 다이닝 룸에서 보이면 주간과 전혀 다른 조망이 얻어져 큰 감동을 준다.

[中島龍興]

그림 5.19 어프로치 조명

참고문헌

1) 照明学会編 : 照明ハンドブック, オーム社
2) 照明 [あかり] の設計, 建築資料研究社
3) 照明学会編 : 住宅照明基準
4) LIGHTING STYLE, KEVIN Mc CLOUD

제6장

극장·무대

6.1 설계 조건의 정리

극장과 홀의 무대 조명은 무대에서의 공연을 연출 의도에 따라 필요한 위치에서 적절한 밝기와 효과를 가지고 비추는 것이다. 그 공연의 내용에 따라 사용되는 밝기는 다종다양하여 설비 계획에 있어서는 그 극장과 홀의 성격, 규모, 운용 형태, 예산 등을 고려하면서 진행할 필요가 있다.

6.1.1 상연 종목과 조명 효과

홀에서 상영되는 종목을 조명 효과별로 분류하면 대략 표 6.1과 같이 된다. 이들 상연 종목

표 6.1 상연 종목과 조명 효과

종목	조명의 개요
강연회·식전·회의	무대상의 평활한 백색광이 주체가 된다. 연단 등의 부분적 조사를 필요로 하는 경우가 있지만 밝기의 변화는 적다. 단, 식전에 있어서 여흥을 포함하는 경우는 다소의 연출조명이 필요한 경우가 있다. 객석의 조도는 전체 점등으로 일반적으로 150~300 lx 정도라고 하고 있지만 회의 등에서는 자료를 보기 위해 객석 조도가 500 lx 이상 필요한 경우가 있다.
클래식계 콘서트	리사이틀, 실내악, 오케스트라, 합창 등 연주자의 형태는 여러 가지지만 음향효과가 주가 되고 조명은 2차적인 것이 된다. 평활한 백색광이 주체가 되며, 가동 반사판을 짜는 다목적 홀은 반사판 내에 설치된 다운 라이트를 사용하는 경우가 많다. 프런트로부터의 조명도 필요하지만 그 경우는 연주자가 지휘봉을 보는 데 눈부시게 되지 않도록 배려가 필요하다.
가부끼, 민속춤	무대장치는 평면적인 것이 많으므로 평활한 백색광이 주체가 되고 밝기의 변화는 적다.
클래식 발레	무대장치는 가부끼와 같으며 평면적인 것이 많지만 가부끼보다 높이가 있다. 배경에 대해서는 평활한 조명을 주체로 한 색조명을 기본으로 한다. 연기자의 입체감을 내기 위해 횡방향에서의 불빛을 사용하는 일이 많다. 실링, 프런트 사이드 투광실 등의 객석측으로부터의 불빛도 중요하다.
오페라	입체적인 무대장치가 많기 때문에 국소조명의 조합에 의한 연출이 많다. 음악을 주로 한 종목이지만 무대미술을 종합한 종합예술로서 조명효과가 차지하는 비중도 해마다 증가하고 있다. 연출가의 생각에 따라 조명에 요구되는 정도의 차가 크다. 조명대상이 큰 만큼 광량을 풍부하게 얻을 수 있는 기구의 배치와 대수가 필요하다.
뮤지컬, 신극, 현대무용	오페라와 동일하게 입체적인 무대장치가 많고 국소조명의 조합에 의한 연출이 많지만 오페라에 비해 신마다의 불빛 변화가 많다. 광량보다 부하회로수에 중점을 둔 설계가 바람직하고 특히 무대 상부의 포켓 회로는 많은 편이 좋다.
로큰롤, 팝스계 콘서트	음악 이벤트이긴 하지만 무대조명에 의한 연출이 차지하는 비율이 특히 크다. 컬러 체인지, 무빙계 기구, 스트로보 등을 다채롭게 사용하는 프로의 공연에서는 대부분 무대내부에 조명용 트루스를 짜기 때문에 홀로부터는 전원만 공급하는 경우가 많다.

표 6.2 스테이지 형식에 의한 홀의 분류

형식	특징	모식도
프로시니엄 스테이지 (proscenium stage)	오페라, 뮤지컬, 연극 등에서 무대전환에 필요한 플라이 타워를 상부에 갖고 관객은 일정한 방향에서 프로시니엄(액자)을 통해서 무대를 들여다보는 형태가 된다. 무대 상부, 스테이지 사이드, 풋 라이트 등의 피사체 근처의 조명과 실링 투광실, 프런트 사이드 투광실, 포로스폿실 등의 객석측으로부터의 조명이 있고 대략의 스타일은 정해져 있다. 가동의 음향반사판을 가진 프로시니엄형이라는 것이 공공 다목적 홀의 일반적 스타일이다.	
오픈 스테이지 (스러스트 스테이지)	무대와 객석 간에 프로시니엄이 없고 공간이 연결되어 있는 타입. 클래식 콘서트 전용 홀에 많다. 그 중에서도 무대가 돌출하여 3방향이 객석에 포위되고 있는 것을 스러스트 스테이지라고 한다. 패션쇼, 현대무용 등에서 흔히 사용된다. 무대상부와 프런트로부터의 조명을 기본으로 하는 것은 프로시니엄 스테이지와 같지만 프로시니엄 스테이지와 달리 조명기구가 보이기 쉬우므로 건축의장과 균형을 잡기 위한 선택방법의 폭이 크다.	
아레나 스테이지	오픈 스테이지의 일종이지만 특히 무대 전체를 객석이 둘러싸고 있는 타입을 말한다. 무대를 건물 중심으로 하는 것은 홀보다 스포츠 아레나, 체육관 등에 많다. 콘서트 전용 홀 중에서 무대 뒤에 포디엄석(지휘대석)을 갖는 것도 이것에 분류된다.	

에 각각 필요한 밝기는 일견 복잡해 보이지만 그 방향, 광량, 질, 변화의 필요도를 알 수 있고 또한 그것을 실현시키기 위한 조명 기구의 개요를 알면 일반 전기기술자라도 계획이 가능하다.

6.1.2 스테이지 형식에 의한 홀의 분류

상기와 같은 소프트 분류에 대해서 그것을 어떠한 공간에서 행하는가가 하드 분류가 된다.

무대 형식에 의한 분류는 표 6.2와 같은 세 가지로 대별할 수 있다.

6.1.3 상연 종목에 의한 홀의 분류

홀에는 용도를 한정한 전용 극장, 콘서트 전용 홀 등이 있지만 공공 자치체에 의해 계획되는 홀은 다목적 홀이 주류이다.

용도, 상연 종목에 의한 분류는 대략 다음과 같다.

(1) 콘서트 홀

클래식 전용의 콘서트 홀에서는 무대와 객석의 음의 연결을 중시하기 때문에 무대 형식으로는 오픈 스테이지의 슈 박스형(그림 6.1), 와인 야드형(그림 6.2) 등을 많이 볼 수 있다. 평활한 백색광이 주체가 되고 회로수는 그다지 필요하지 않다.

(2) 연극 전용 홀

한 마디로 연극이라고 해도 그 종류는 다양하며 그 연극에 맞춘 각각의 특징 있는 홀 형식이 있다.

연극 중에서도 전통 예능극장[가부끼(歌舞伎), 노가쿠(能樂), 인형극 등]은 거의 양식이 정해져 있다. 노가쿠는 상당히 특수한 무대지만 가부끼와 인형극은 이른바 가로가 긴 프로시니엄 스테이지로서 무대 전환에 회전 무대를 가진 것이 많다.

신극계 연극 홀은 정해진 스타일이 없다고도 할 수 있다. 프로시니엄 스테이지가 일반적이지만 연출 여하에 따라서는 프로시니엄이나 현수 장치 등이 없어도 공연은 가능하다. 오페라 극장은 개구(開口)의 높이가 있는 프로시니엄 스테이지이다. 무대와 객석 간에 오케스트라 피트

그림 6.1 슈 박스형 콘서트 홀
[府中의 森芸劇場 윈 홀]

그림 6.2 와인 야드형 콘서트 홀
[산토리 홀]

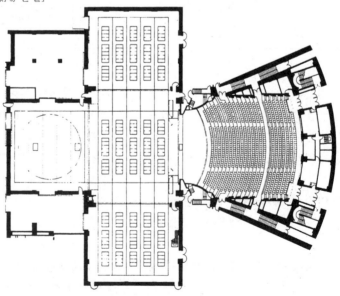

그림 6.3 오페라 극장(新國立극장) [新建築, 1997[2]]

그림 6.4 잔향가변장치를 도입한 다목적 홀(소닉시티)

그림 6.5 다목적 이벤트 홀 (文京 시빅 홀 소홀)

가 있고 또 거창한 무대 전환을 위해 곁무대를 크게 잡을 필요가 있다(그림 6.3). 뮤지컬계 상업극장도 기본적으로는 프로시니엄 스테이지가 많다. 한 공연만을 위해 무대 기구, 조명, 음향 설비가 설치되는 경우도 있다.

(3) 극장형 다목적 홀

프로시니엄 스테이지와 경사된 고정 개석을 가진 이른바 공공 다목적 홀의 종류이다. 자치체 등의 공공 단체는 많은 이용자의 수요에 대응하기 위해 기본적으로는 다목적을 강조할 필요가 있다. 단, 최근에는 어떠한 공연에도 60점 정도라는 성능의 다목적 홀이 아니고 음향 반사판에 연구를 하거나 잔향 가변장치를 구비하거나 하여 특징을 내려고 하고 있는 것이 많다(그림 6.4).

(4) 다용도 이벤트 홀

대부분은 직사각형이고 롤백 체어(rollback chair) 또는 이동석을 사용하고 있는 것이 많다. 전시회 등을 위한 완전한 일반 관람석 상태부터 바닥이 가변하여 무대나 객석을 자유롭게 설정할 수 있는 것 등 다종다양하다. 조명의 방향을 특정할 수 없기 때문에 도리어 설비 계획이 어렵다고 하는 측면이 있다(그림 6.5).

6.1.4 홀의 규모와 운용 형태

홀의 무대 형식과 용도에 따른 분류 외에 규모와 운용 형태에 의한 분류가 있다. 일반적으로 500 명 미만이 소규모, 500~1,000 명 이상이 대규모하고 할 수 있다. 객석 규모는 홀의 용도나 운용 형태에도 밀접하게 관련되고 있다. 예를 들면 소규모 홀에서는 아마추어에 의한 창작 발표의 이벤트가 많고 대규모 홀에서는 프로에 의한 흥행이 많아진다. 그 밖에 공공 홀은 사회적·정치적 사정으로 객석수가 설정되고 있는 경우도 있다.

무대 조명 설비를 생각하는 경우 이러한 홀 규모는 중요한 요소지만 함께 중요한 것은 그 홀의 운용 형태이다. 그것은 설립 모체나 홀 용도에 따라 여러 가지지만 운용 형태에 의해 상정되는 조명 설비의 오퍼레이터가 바뀌기 때문이다. 우선 전문적인 조명 기술자가 조작하는가, 주최자에게 인계하여 완전한 아무추어라도 조작할 수 있게 하는가라고 하는 선택 방식이 있다. 다음에 전문 조명 오퍼레이터라도 홀에 상주하는 기술자인가, 외부 업자인가 하는 다름도 있다. 공공 다목적 홀에서는 자체 사업 또는 아마추어에의 임대시는 홀의 전임 직원 자신이 오퍼레이터가 되는 경우가 많지만 프로 흥행에

의 대출시는 외부의 조명 오퍼레이터가 조작하는 경우가 많다. 또 많은 홀에서는 매일 공연 내용이 달라지지만 상업 극장의 롱런 공연과 같이 고도의 연출이더라도 거의 매일 같은 공연 종목이 계속되는 케이스도 있다. 이들 모든 요소를 종합적으로 고려하여 구체적인 설비 계획의 근거로 하지 않으면 안 된다.

6.2 무대 조명설비의 구성

무대 조명설비는 크게 보면 조광 장치, 배선 설비, 조명 부하 설비로 설립되어 있다 조광 장치는 다시 또 무대 조명용 전원(電源)을 수전(受電) 하여 조광기를 경유해서 각 부하로 분기하는 강전부와 조광기에 제어 신호를 보내는 약전부로 구성된다.

조광 장치에서 분배된 전원은 전원 부하설비로 공급되고 조광대에서 상연 종목에 대응해서 배치된 조명 기구에 대해서 조광, 점멸, 색 변화, 방향의 변화 등이 조작된다(그림 6.6 참조).

6.3 조명 기구와 배치 계획

6.3.1 조명 기구의 기본 배치

그림 6.7에 조명 기구의 기본 배치를 나타낸다. 피조체에 대해서 정중면(正中面)에서는 위에서 전사하(前斜下)까지, 수평 방향에서는 사후(斜後)부터 정면까지, 먼 위치로부터는 스폿계, 가까운 위치부터는 플랫계의 라이트를 배치하는 것이 원칙이다.

이것을 일반적인 프로시니엄형 홀에 적용시킨 배치가 그림 6.8이다. 프로시니엄형에는 배

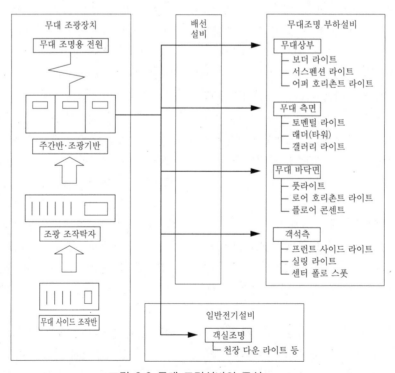

그림 6.6 무대 조명설비의 구성

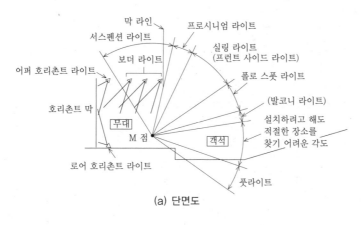

(a) 단면도

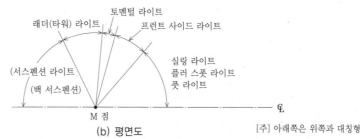

(b) 평면도

[주] 아래쪽은 위쪽과 대칭형

그림 6.7 조명기구의 피사체(M점)에 대한 기본 배치

경막용으로 어퍼 호리촌트 라이트와 로워 호리촌트 라이트가 추가된다. 프로시니엄형이 아닌 홀도 필요한 조명 기구의 대략의 설치 방향은 이에 준하지만 홀의 용도, 규모 등에 따라 생략하는 방향이나 조명 기구를 정하는 것이 설계의 요소가 된다.

또한 오픈 스테이지의 경우는 무대 상부의 조명 기구가 노출이 되는 경우가 많으므로 의장성의 면에서 배려가 필요하다.

6.3.2 조명 기구의 종류

무대용의 조명 기구에는 홀 안에 설치되고 있는 장소에 의한 분류와 조명 효과의 성질에 의한 분류가 있다. 표 6.3에 성질에 의한 분류와 주요 설치 장소, 목적 등을 일람표로 정리하였다.

(1) 플러드 라이트(flood light)

원칙적으로 렌즈가 없고 광원과 반사경의 조합에 의한 조명 기구로서, 기구의 성질은 광의 지향 범위가 넓으며 부드럽고 균등한 조명을 할 수 있다. 기구의 타입으로서는 넓은 범위의 전체 조명용의 연속 등구와 무대 일부를 보다 효과적인 부드러운 불빛으로 하거나 또 곡면을 균등하게 조사하기 위해 각도를 조절할 수 있는 단독 등구가 있다.

① 보더 라이트(border light) 무대 전체를 균등하게 비추기 위한 기구로서, 프로시니엄 개구 가득히 연속된 기구를 막과 병행으로 2~3m 간격을 가지고 배치한다.

② 풋 라이트(foot light) 무대 전면 바닥면에서 출연자로의 보조광으로서 조사하는 것으로서, 가부끼나 일본 무용에서는 균등한

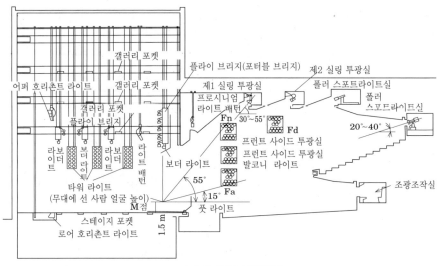

(a) 무대조명설비(단면)

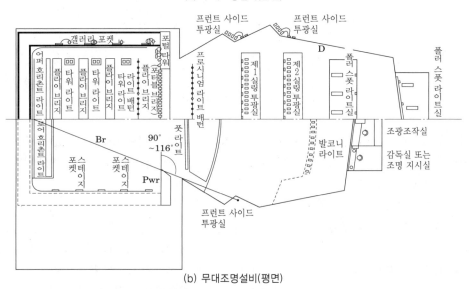

(b) 무대조명설비(평면)

그림 6.8 프로시니엄형 홀의 조명기구 배치

조명을 필요로 하기 때문에 중요한 조명 기구로서 자리 잡고 있다. 그러나 그 밖의 용도에 사용되는 일은 거의 없기 때문에 불필요할 때는 바닥 피트 내에 수납하거나 그 때마다 바닥면에 놓고 사용하는 경우가 많다.

③ 호리촌트 라이트(Horizont light) 무대 배경을 균등하게 조명하기 위한 기구로서,

3~6색의 색광 조명에 의해 수평선이나 지평선상의 하늘의 변화 등 기상 변화를 표현하기 위해 사용한다. 바닥에 놓는 것을 로워 호리촌트 라이트, 상부에 현수되는 것을 어퍼 호리촌트 라이트라고 한다.

④ 스트립 라이트 무대 장치의 부분 조명이나 호리촌트의 보조광으로서 사용하는 연속

등구로서, 2색 또는 3색의 배선 방식으로 사용된다.

⑤ **박스 라이트** 무대 장치나 배경막의 부분 조명에 사용하는 단체 등구이다.

(2) 스포트라이트

투광 범위와 불빛의 세기를 조절할 수 있어 부분 조명의 효과가 얻어지는 무대 조명의 주체를 이루는 기구이다. 광원으로부터의 광을 반사광에 의해 전방에 모아 렌즈를 통해서 무대 국부에 자유롭게 투광할 수 있는 구조로 되어 있다. 또한 광선의 빔을 조정할 수 있게 되어 있으며 이 조정에는 광원 이동식과 렌즈 이동식의 두 종류가 있다.

① **평 볼록(凸) 스포트라이트** 원형 반사경과 평 볼록(凸) 렌즈(그림 6.9 (a))를 가진 스포트라이트로서, 투광면 주변의 에지가 샤프하게 나오는 특성이 있다. 광원은 할로겐 램프 500 W, 1,000 W, 1,500 W가 주류이다.

② **프레넬 스포트라이트(Fresnel spotlight)** 원형 반사경과 프레넬 렌즈(그림 6.9(b))를 가진 구조의 스포트라이트로서, 투광면 주변의 에지가 부드럽게 나오는 특성이 있다. 투광면의 광이 균일하여 무대의 바탕 조명용으로서는 필수 기구이지만 장거리용의 스포트라이트로서는 광이 확산하고 헐레이션도 크기 때문에 부적당하다. 광원은 할로겐 램프 500 W, 1,000 W, 1,500 W가 주류이다. 또한 오페라 공연을 상정한 대규모 무대가 되면 HMI 방전등(메탈 할라이드 램프) 2.5 kW, 4 kW와 같은 대용량 타입의 것도 사용되고 있다.

③ **일립소이달 스포트라이트(커터핀 스포트라이트)** 기구 초점 부근에 4 매의 금속판(커터)을 삽입하여 투광면의 형을 자유롭게

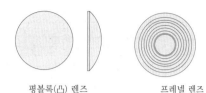

평볼록(凸) 렌즈　　　　프레넬 렌즈

그림 6.9 평볼록(凸) 렌즈와 프레넬 렌즈

바꿀 수가 있다. 투광면은 평 볼록(凸) 스포트라이트와 같이 에지가 샤프하지만 광의 균일성이 우수하고 색수차(色收差)도 적다.

④ **폴로 스포트라이트** 커터 스포트라이트를 연기자의 폴로(따라감)용으로 사용하기 위해 스탠드식으로 조작하기 쉽도록 배려한 구조이다. 일반적으로는 아일리스 셔터와 몇 장의 필터틀 삽입 기구가 부속되어 있다. 또한 줌 렌즈가 있는 기종도 있다. 광원은 대부분 크세논 램프 2 kW, 3 kW, 4 kW를 사용하고 있고 소규모 홀에서는 할로겐 램프 500 W, 1 kW도 사용되는 일이 있다. 크세논 램프, HMI 방전등을 사용하는 경우는 정류기와 조합해서 사용한다.

⑤ **렌즈리스 스포트라이트(펄라이트)** 렌즈가 없지만 광의 성질이 평 볼록(凸) 렌즈 스포트라이트와 유사하기 때문에 스포트라이트로 분류된다. 전구와 반사판만으로 조사하는 구조로서, 렌즈 부착 스포트라이트에 비해서 조사 지름을 조정할 수는 없지만 집광형, 확산형의 램프를 선택하는 것에 의해 조사 지름을 바꿀 수가 있다. 경량으로 취급하기 쉽기 때문에 최초에는 가설 스테이지에 많이 사용되고 있던 것이 일반 무대 조명 기구로서 홀에도 보급되었다.

(3) 효과 조명 기구

주로 비·눈·구름·파도·화염 등의 여러 현상을

표 6.3 조명효과의 성질에 의한 기구분류

성질분류	기구명칭	주요 설치장소 또는 부하명칭	조명의 목적	광원	사용상태
플랫 라이트	보더 라이트	무대 상부	무대면에의 평활한 전체조명	100~300 W 연속 등구 3~4색 배선	고정용
	풋 라이트	무대 앞 바닥면	출연자에의 보광 무대 막 조명	60~100 W 연속 등구 3~4 색 배선	고정용
	어퍼 호리촌트 라이트	무대안쪽 상부	호리촌트막으로의 평활한 조명 배경의 변화를 표현	300~1,000 W 3~4색 색별 배선	고정용
	로어 호리촌트 라이트	무대안쪽 바닥면	호리촌트막으로의 평활한 조명 배경의 변화를 표현	100~1,000 W 연속 등구 3~4 색 배선	고정용 이동용
	스트립 라이트	전역	무대장치의 부분적·국부적 조명	500~1,000W 단독 등구	이동용
	박스 라이트	전역	무대장치 및 배경의 부분적·국 부적 조명	60~100 W 연속 등구	이동용
스폿라이트	평 볼록(凸)렌즈 스폿	서스펜션 라이트 프런트 라이트 실링 라이트 토멘털 라이트 래더(타워) 라이트	무대조명의 주체를 이루는 것 으로서, 무대·객설 전역에 사 용되며 목적에 대응해서 투광 범위, 각도를 조절할 수 있다.	500~2,000 W 단독 등구	고정용 이동용
	프레넬 렌즈 스폿	서스펜션 라이트 프런트 사이드 라이트 실싱 라이트 토멘탈 라이트 래더(타워) 라이트 스테이지 스포트라이트	평凸렌즈 스폿과 동일하게 전 역에 사용된다. 평 볼록(凸) 렌 즈보다 부드럽고 플랫 라이트 보다 범위가 좁고 강한 불빛으 로, 목적에 따라 투광범위, 각 도를 조절할 수 있다.	500~3,000 W 단독 등구	고정용 이동용
	커터핀 스폿 (일립소이달 스포트라이트)	서스펜션 라이트 프런트사이드 라이트 실링 라이트 래더(타워) 라이트	조사면의 윤곽이 명료하게 나 오는 성질의 것으로서, 구획된 범위를 평활하게 조명하는 경 우나 종판(種板)을 넣어 무늬 조명을 하는 경우에 사용된다.	500~1,000 W 단독 등구	고정용 이동용
	포로 스포트라이트	프론트 사이드 라이트 실링 라이트 센터 폴로 스포트	주로 출연자 폴로에 사용된다.	방전등 500~2,000 W 단독 등구	고정용 이동용
렌즈리스 스포트 라이트	렌즈리스 스포트라이트	서스펜션 라이트 프런트 사이드 라이트 실링 라이트 토멘탈 라이트 래더(타워) 라이트	평 볼록(凸) 렌즈 스폿과 동일 하게 전역에 사용된다. 특히 가요 쇼 등에서는 무대상부 전 면에 설치한다.	500~1,000 W 단독 등구 저전압 램프 직열 사용 의 것도 있 다.	이동용
효과기구	에펙트 프로젝터	무대 바닥면 무대내 상부	비교적 근거리에서의 부분적 투영효과로 여러 대를 동시에 사용해서 입체감을 낸다.	방전등 1,000~2,000 W 효과·종류 상동	이동용

표현하기 위한 기구를 말한다. 무대 배경에 투영해서 움직이는 모양의 효과에 사용하거나 무용극 등에서는 배경 그 자체를 효과 기구로 영사하는 경우도 있다. 최근에는 무대 장치에 의한 배경을 배경막이 아니고 투영기를 사용한 영상에 의해 표현하는 일도 증가하고 있으며, 특히 오페라나 록 콘서트의 투어용 효과 기재로서도 보급되고 있다.

① **이펙트 프로젝터 머신** 광원부, 이펙트 머신부, 동종판부(同種板部), 오브젝티브 렌즈부로 구성되는 투영기의 일종이다. 전용의 종판은 비·눈·구름·화염 등의 자연 현상부터 추상적인 도형까지 여러 종이 있다. 파도에는 리플 머신이라고 하는 전용기를 사용한다.

② **파니 프로젝터** 이펙트 프로젝터의 다시 더 대형 타입의 기종으로서, 슬라이드 프로젝터와 이펙트 프로젝터의 1대 2역을 수행한다. 이 명칭은 오스트리아 PANI사의 상품명으로서 여기서는 프로젝션 시스템의 대표예로서 들었다.

③ **슬라이드 프로젝터** 대물 렌즈를 사용하는 광학식 투영기로서 이펙트 프로젝터와 달리 렌즈와 등체 간에 여러 가지 디스크를 부착하는 구조로 되어 있지 않은 슬라이드 전용기이다.

④ **파이어 이펙트 머신** 화염을 투영하기 위해 구멍을 많이 뚫은 금속판의 원통을 전동기로 회전하여 그 안에 광원을 넣어 배경에 화염을 표현하기 위해 사용된다(그림 6.10 참조).

(4) 리모컨 조명 기구

① **리모컨 스포트라이트** 주로 준비의 간략화를 목적으로 하고 있으며, 원격 조작에 의

(a) 이펙트 스폿　　　　(b) 바니 프로젝터

그림 6.10 이펙트 프로젝터의 예

(a) 요크형 무빙 스폿　　　(b) 미러 스캔형 스폿

그림 6.11 리모컨 조명기구의 예

에 팬, 틸트, 포커스, 컬러 체인지, 반도어 등이 조정된다. 전용의 리모컨 조작대에 의해 컴퓨터 제어되고 있으며, 제어 신호로서는 DMX-512를 사용하고 있는 것이 많다.

② **무빙 라이트** 주로 연출용에 고속 동작으로 리모트 컨트롤할 수 있는 스포트라이트이다. 로봇 암이라고 불리는 구동부에 의해 등체 자체를 움직이는 요크형과 고정된 광원으로부터의 광을 반사 미러에 의해 제어하는 미러 스캔형으로 대별된다(그림 6.11 참조).

③ **빔 스포트라이트** 무대 조명 기구는 조사된 불빛에 의해 조사면을 어떻게 보이는가에 중점을 두는 데 비해서 조사한 줄거리(빔)를 보이는 것을 목적으로 한 것이다. 록 콘서트 등에서 자주 사용되고 있으며, 스모크와 병용해서 보다 빔의 표현 효과를 높이고 있다.

6.4 조광 장치와 조광 시스템

6.4.1 조광 장치와 주변 관련 기기

(1) 주간반, 부하분기반

수변전설비에서 무대조명용 전원을 수전하여 주간 브레이커를 거쳐 조광기반 내 조광기나 각 조광장치로의 전원을 공급한다. 주간 브레이커가 내장되어 있는 쪽을 주간반(主幹盤), 2차로 조광하지 않는 회로 등에 전원을 분지하는 분지 브레이커가 내장되어 있는 쪽을 부하분기반이라 부른다. 또, 홀을 사용하지 않을 때에는 변압기의 무부하전류를 차단할 수 있도록 조광조작탁에서 리모트 조작(회로의 개폐)을 할 수도 있다. 이 때, 조광조작탁 등의 제어부를 향하는 전원은 이 계통과는 별도로 두어야 한다.

(2) 조광기, 조광기반

조광기반은 무대조명기구의 밝기를 연출에 맞춰 조절하기 위해 부하회로에 사이리스터(thyristor) 등과 같은 전력반도체를 사용하여 제어하는 조광기를 내장한다.

조광기의 용량은 주로 2 kW, 3 kW, 4 kW, 6 kW이며, 부하용량과 종류, 제어방법에 따라 구분하여 사용한다. 종래에는 6 kW 조광기를 사용하여 2~3kW의 용량으로 구성된 부하회로를 필요한 때마다 사용 회로에 패칭하여 변환하는 방식(강전 패치 방식)이 채택되어 왔다. 그러나 무대 표현이 다양해짐에 따라 수많은 조명기구를 복잡하게 제어힐 필요가 생기면서, 현새는 1 대의 조명회로를 1대의 조광기가 1 대 1로 제어하는 방식이나 3 kW 조광기에 콘센트를 2~3개, 도합 1~ 1.5 kW의 조명기구 2~3 대를 1 대의 조광기로 제어하는 방식이 널리 채택되고 있다.

(3) 조광탁

조광탁은 무대공연의 진행에 맞춰 조명을 바꿔야 하는 장면을 미리 메모리시켜두고, 무대 진행에 따라 순차 재생하는 역할을 한다.

500~1,000 개의 신(scene)을 메모리할 수 있는 용량의 것이 주류로, 강하고 얇은 빛이 필요한 장면 재생을 실현하기 위해, 채널마다 조광 레벨을 각 페더에 입력하는 프리세트 페더부와 함께 사용하는 경우가 많다. 최근에는 디지털화의 기술 진보와 메모리 신(scene)의 증가 등의 이유로 보다 복잡하고 고도의 조명제어를 행할 필요가 늘어나면서, 레벨을 텐 키(ten key) 입력하는 디지털방식(논 페더 방식)도 채용되고 있다. 하지만 다양한 공연을 며칠 단위로 바꿔 상연하는 대여 홀(공공목적의 홀) 등에서는 리허설 시간 등의 사정상, 프리세트 페더에 의한 입력을 빼놓을 수는 없다(그림 6.12 참조).

(4) 무대축조작반

무대 진행에 따라 조명을 제어하는 모든 기능은 기본적으로 조광실 내부에 집약된다. 하지만 강연회·발표회·리허설 등에서는 무대축 부근에서 간편하게 조광 조작을 하는 편이 편리한 경우가 많다. 이 때문에 무대축에 10 개 정도의

그림 6.12 조광탁

조광 페더와 마스터 페더를 구비한 간이 조작판
이 설치되어 있다.

이 외에 데이터 입력·청소·메인터넌스(main
-tenance, 보수·유지) 등을 할 때에 무대조명
기구의 일부(보더 라이트(Borderlight)를 사용
하는 경우가 많다)를 작업등(作業燈)으로 변환
하여, 점등하는 스위치나 객석의 조명을 점등,
조광하는 스위치 등도 설치해 둘 필요도 있다.

(5) 오프라인 입력장치

컴퓨터 등을 사용하여 조광 데이터의 입력이
나 수정을 위한 장치이다. 조광제어회로의 수적
증가에 따른 입력 시간의 연장, 논 페더 방식
조광탁 등의 보급으로 인해 조광탁을 사용하지
않고도 사전에 작업 경감화를 꾀할 필요가 생겼
다. 또한 이 기능을 이용해서 과거에 입력한 메
모리 데이터를 재현하거나 다른 조광탁에서도
동일 메모리 데이터를 이용할 수 있도록 표준화
시킨 데이터포맷이 이용되고 있다.

(6) 리모컨, 무선장치

리모컨은 조광실에서 하는 조작만으로는 어
렵고 세세한 슈팅 작업이나 리모컨 스포트라이
트 제어 등을 무대 위와 같은 현장에서 조작하
는 장치이다. 무선장치는 리모컨보다 오래전부
터 실용화되어 있어, 부하회로의 선택, 점멸 등
의 데이터 입력 시 보조 장치로서 사용된다.

전파방식은 전파법으로 규정된 특정 소전력방
식과 규정 대상이 되지 않는 미약 전파방식으로
나뉜다. 특정 소전력방식은 제조메이커의 신고
가 필요하지만, 수신감도가 높고 전파간섭도 적
은 편이다. 한편, 미약 전파방식은 신고나 면허
는 불필요하지만, 수신감도가 약하고 전파간섭
도 받기 쉽다는 단점이 있다(그림 6.13 참조).

6.4.2 조광 시스템
(1) 조광회로수의 설정

홀에서 필요로 하는 조광회로수는 무대 바닥
면적과 홀의 규모로 대략의 값을 산출할 수 있
다(표 6.4). 표 안의 계수에 간극이 큰 이유는
공연의 성격이나 조명 플래너의 의견에 따라 사
용되는 회로수가 다양하게 변화하기 때문이다.

(2) 부하선택방식

① **고정 페더 조작방식** 패치 기능 없이 각
채널이 조명부하와 고정적으로 조합되어 있기
때문에 페더를 올리면 바로 점등할 수 있다는
간편성이 있다. 2~3단의 프리세트 페더, 단선
택과 크로스 페더를 갖춘 것도 있다. 간편성이
뛰어난 반면 대규모 무대의 조명조작에는 어울
리지 않는다. 주로 학교 강당이나 소규모 홀에
서 채택하는 방식이다.

② **다단 프리세트 페더방식** 며칠 간격으로
다른 공연이 행해지는 대여 홀이나 다목적 홀에
서는 조작이 간편해야 하며 한정된 시간 내에
입력 작업을 행해야 하기 때문에, 조광 채널을
기본으로 한 조광작업이 행해지는 경우가 많다.
동일한 색의 기구, 동일한 밝기를 변화시키는
부하회로는 하나의 조광 채널로 정리할 수 있기

그림 6.13 무선장치

표 6.4 조광회로 수 설정기준

객석수	$500\pm\alpha$	$1,000\pm\alpha$	$1,500\pm\alpha$
회로 총수(C)	$1.0S\sim2.0S$	$1.0S\sim2.0S$	$0.8S\sim2.5S^*$
각 구역에 따른 조광회로분포 어림셈	무대 상부 (천장에 매달린 깃)$=0.55C(0.39\sim0.71C)$ 무대 바닥, 측면$=0.27C(0.17\sim0.32C)$ 프론트사이드$=0.09C(0.7\sim0.13C)$ 실링$=0.09C(0.07\sim0.13C)$		

* S는 무대의 유효면적[m²]

때문에 비교적 적은 조작으로 많은 조광기구를 콘트롤할 수 있다. 조광 채널은 프리세트 페더로 조작되고, 채널수는 10~100 개 정도, 게다가 그것은 2~3 단으로 배치된다. 상연 도중에는 프리세트 페더에 설정된 조광 레벨을 크로스 페더에 따라 순차적으로 전환해 간다.

③ 논 페더 메모리 방식 수백 개 이상의 부하회로를 개개의 조광대상으로 조작하는 방식이지만, 현실적으로 부하회로를 일일이 손으로 움직이는 방식은 불가능하기 때문에 수동 페더를 구비하지 않는다. 사용하는 조명기구마다 정확하고 얇은 조광 레벨이나 시간적 변화를 설정하기 때문에 조명 준비나 리허설에 많은 시간을 필요로 한다.

논 페더 방식은 프리세트 페더 방식에 대한 호칭인데, 조명부하의 할당이나 조명 신(scene) 데이터를 키보드나 인코더 등으로 메모리하여 두었다가 스위치나 마스터 페더를 조작하여 순차재생하게 된다. 프리세트 페더 방식에서는 각 설정값을 크로스 페더로 일제히 변화시키지만, 논 페더 방식에서는 각 회로마다 스타트 시각, 변화의 정도, 최대값 등을 설정할 수 있다. 따라서 보다 복잡한 조광이 가능하지만, 주로 장기공연이나 레파토리공연이 많은 구미에서 발전해온 방식이다. 일본에서도 전용극장 등에서는 채용되고 있긴 하지만, 일일(一日) 단위로 행해지는 공연이 많은 다목적 홀에는 그다지 어울리지 않는다.

6.5 관련실

6.5.1 조광실

조광탁, 관련기기 등을 설치하는 데에 충분한 공간이 있고 무대를 충분히 둘러볼 수 있는 위치에 설치한다. 객석의 후방 혹은 측면에 설치하는 것이 일반적이지만, 홀 규모, 스태프의 수, 운영 방법 등에 따라 일장일단이 있다.

비교적 규모가 큰 홀에서 무대 위의 작업과 조광실에서의 준비를 분담할 수 있는 경우에는 무대와의 왕래보다도 작업 중에 무대가 잘 보이는 것을 우선하여 객석 뒤쪽에 설치하는 경우가 많다. 한편 비교적 소규모 홀에서는 무대에서의 준비 작업과 조광탁의 조작을 혼자서 해야 하는 경우가 많아 프론트 사이드 투광실의 하부 등에 설치하는 경우도 있다. 하지만 이 위치에서는 무대 전체를 둘러볼 수 없다는 결점이 있다(그림 6.14 참조).

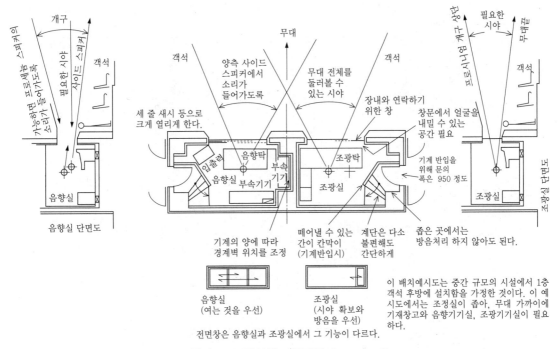

음향실
(여는 것을 우선)

조광실
(시야 확보와
방음을 우선)

전면창은 음향실과 조광실에서 그 기능이 다르다.

이 배치예시도는 중간 규모의 시설에서 1층 객석 후방에 설치함을 가정한 것이다. 이 예시도에서는 조정실이 좁아, 무대 가까이에 기재창고와 음향기기실, 조광기기실이 필요하다.

그림 6.14 조광실의 계획기법 (桂川, 1996[4])

6.5.2 조광기계실

조광기에서 2차측 배선 거리를 짧게 만들어, 최대한 전압강하를 줄이기 위해 무대에서 가까운 무대 후방 혹은 객석 측면 상부 부근에 설치한다. 단, 객석과의 사이에 벽이 1 장뿐인 위치는 피하고, 중간층을 설치하는 등 객석으로부터의 진동, 소음 방지에 유의한다. 필요면적은 소규모 무대의 경우에 15~20 m², 대규모 무대의 경우에 40~50 m² 정도(양쪽 모두 변전공간은 제외한다). 또 발열은 충전력의 1.5~2 % 정도, 소규모무대에서는 2~4 kW, 대규모무대에서는 5~20 kW 정도가 기준이다. 동절기에도 냉방이 필요하며, 전용으로 24 시간 냉방이 가능한 공간 설비를 한다. 게다가 조광사용 시 연동하여 냉방이 될 수 있도록 공사할 때에 공조(空調)설비를 조정하는 것이 바람직하다.

6.5.3 투광실

(1) 실링 투광실

객석 천정의 중앙에서 후방에 걸쳐 천정면에 개구를 만들고 스포트라이트를 설치하여, 무대를 향해 투광하는 곳이다. 스포트라이트와 무대 위의 M점(피조체 위치)이 이루는 각도가 30~55° 인 범위로, 프로세늄(proscenium) 개구폭 이상으로 무대 가장자리에 평행하게 설치하는 것이 바람직하다. 투광실 개구부에는 조명기재나 조작원의 낙하 방지를 위해 용접철망(2.6~3.2mm ϕ, 75mm 피치 이상)을 편다. 스포트라이트 설치 파이프는 건축 공사가 되는 경우가 많기 때문에, 설계 시공 단계에서 충분한 투광이 가능하도록 공간 조정이 필요하다(그림 6.15 참조).

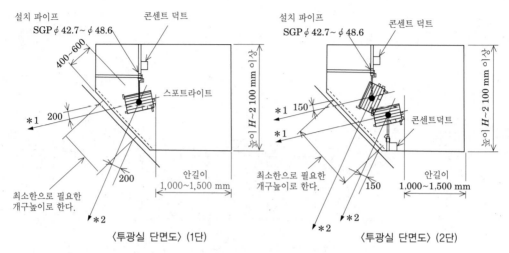

〈투광실 단면도〉(1단) 〈투광실 단면도〉(2단)

＊1 호리촌트막의 위치 : 무대 바닥 위 3~5m, 또는 프로세늄 개구 상단
＊2 오케스트라 피트석 옆

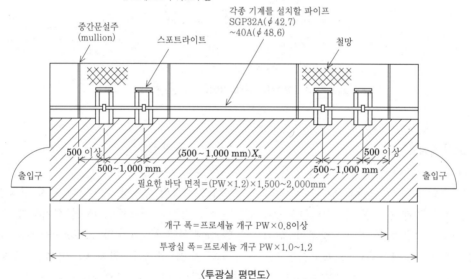

〈투광실 평면도〉

(주) 기구간 간격은 중간문설주 위치에 따라 필요 개구폭이 달라지므로 주의

그림 6.15 실링 투광실 계획 기법

(2) 프론트 사이드 투광실

객석 앞부분 양쪽에서 무대를 향해 투광하는 스포트라이트 설치장소이다. 무대 위 M점과 투광실 최하단에서 최상단까지 단면방향각도는 15~55° 범위이며, 수평방향으로는 무대 안쪽의 호리촌트(Horizont)에서 센터 라인까지 투광할 수 있도록 한다. 홀 규모에 따라서는 투광실을 만들지 않고 벽면에 설치 파이프, 조명기구를 설치하는 경우도 있다. 개구폭에는 3~4대의 스포트라이트를 설치할 수 있는 공간을 확보한다. 세로 방향으로 길게 바닥 슬래브(slab)에서 구획지어지지 않은 투광실 내부에는 스포

트라이트 파이프 3단(약 2.2m) 마다 작업상 (床)을 설치한다(그림 6.16 참조).

(3) 폴로 스포트 투광실

객석 뒤 최상층 부근에서 무대로 투광하는 폴

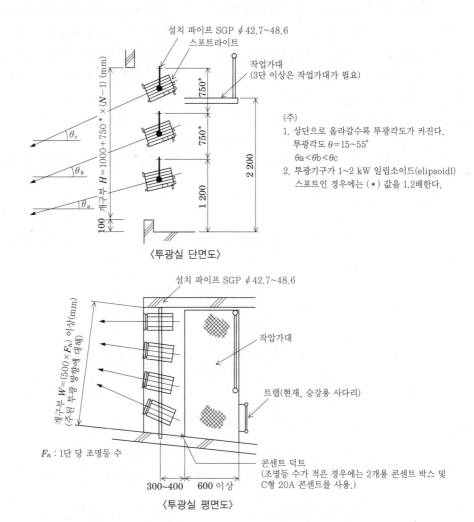

설치 파이프 SGP φ 42.7~48.6
스포트라이트

작업가대
(3단 이상은 작업가대가 필요)

750*

750*

θ_c

개구부 $H = 1000 + 750^* \times (N-1)$ (mm)

θ_b

1 200

2 200

θ_a

100

〈투광실 단면도〉

(주)
1. 상단으로 올라갈수록 투광각도가 커진다.
   투광각도 $\theta = 15 \sim 55°$
   $\theta a < \theta b < \theta c$
2. 투광기구가 1~2 kW 일립소이드(elipsoidl) 스포트인 경우에는 (*) 값을 1.2배한다.

설치 파이프 SGP φ 42.7~48.6

작압가대

개구부 $W = (500 \times F_n)$ 이상(mm)
(주된 투광 방향에 대해)

트랩(현재, 승강용 사다리)

F_n : 1단 당 조명등 수

콘센트 덕트
(조명등 수가 적은 경우에는 2개용 콘센트 박스 및 C형 20A 콘센트를 사용.)

300~400   600 이상

〈투광실 평면도〉

〈기구부 길이 W ×투광실 안길이 D〉

1단 당 조명등 수	W(mm)	D(mm)	바닥(m²)
2개	1,000	1,500	1.5
3개	1,500	1,500	2.25
4개	2,000	1,500	3.0
5개	2,500	1,500	3.75

(주) 조명기구가 1~2 kW 일립소이드 스포트인 경우에는 W를 1.2배 한다.

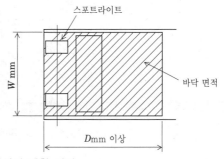

스포트라이트

W mm

바닥 면적

D mm 이상

그림 6.16 프론트 사이드 투광실의 계획 기법

로 스포트라이트의 설치장소이다. 스포트라이트와 무대 위 M점과 이루는 각도가 20~40° 범위로, 수평방향은 무대 위에서 아래까지(배우들이 다니는 통로가 있는 경우에는 그 부분도 포함), 수직방향은 호리촌트 위치에서 무대 바닥 위 2~5m 정도의 범위에서 오케스트라 피트석까지 전체를 두루 투광할 수 있도록 한다. 폴로 스포트의 팬이나 정류기의 소음, 공연 중 조작원의 음성 등이 객석에 들리지 않도록 전면개구부에 유리를 넣어야 하는 경우가 많지만, 이하

의 점에 대해서 충분히 검토할 필요가 있다(그림 6.17 참조).

(1) 열이나 오존이 발생하므로, 충분한 환기, 냉방설비가 구비되어 있을 것.

(2) 빛에 의해 부분적으로 열 응력이 발생하거나 기구끼리의 부딪침으로 인해 유리가 깨져 객석에 낙하하지 않도록 처리 될 것.

(3) 반사광이 조작원이나 후벽에 반사되지 않을것.

(4) 유리는 양면 모두 닦을 수 있을 것.

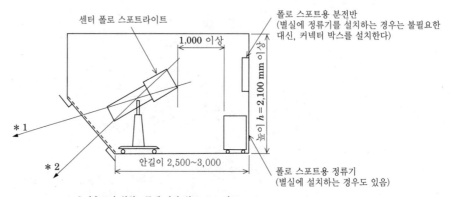

*1 호리촌트막 위치 : 무대 바닥 위 2~5m 정도
*2 오케스트라피트석 옆

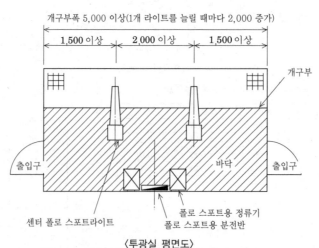

〈투광실 평면도〉

그림 6.17 폴로 스포트 투광실의 계획 기법

6.6 배선기구와 케이블 선정 •••

무대조명의 수법은 공연 장르나 조명 플랜 등에 따라 크게 달라져, 그에 따라 조명기구의 선정이나 설치 위치가 변한다. 이 때문에 대부분의 조명기구는 콘센트 회로에 접속되고, 회로는 일괄적으로 조광조작탁에서 제어된다. 또한, 조명기구는 일반조명기구와 달리 대용량(500~2,000 W가 주체)이어서 전용 접속기가 사용되고, 착탈의 빈도가 높기 때문에 접속이 용이하고 내구성이 뛰어날 필요가 있다.

6.6.1 배선용 꽂음 접속기(콘센트)

무대에서 사용되는 배선용 꽂음 접속기에는 플로어 콘센트, 콘센트 박스, 플라이 덕트에 사용하는 콘센트와 수(雄) 플러그, 암(雌) 커넥터가 있다. 대용량 전원의 조명기구를 사용하고 어두운 장소나 높은 곳에서의 작업이 많기 때문에, 접속이 용이하고 견고한 특수기구이다.

전기용품관리법이 개정되면서 종래에 홀에서 사용되던 A형, T형을 사용할 수 없게 되면서 현재는 C형 콘센트가 무대조명에 표준적으로 사용되고 있다(그림6.18). C형 콘센트는 구조적으로 충전부에 접촉할 가능성이 적고, 접지극을 설치한 3극 콘센트이다. 용량은 종류에 따라 20A/30A/60A/100A 로 나뉜다. 그 외에 반사판 라이트나 객석 커넥터반으로 전원 공급 등을 조절하는 형태(15A/20A), 무대나 텔레비전 스튜디오의 사용전압 1φ 200V 전용으로 개발된 D형 콘센트 등이 있다.

6.6.2 콘센트 박스

(1) 플로어 콘센트 박스

무대 바닥에 매립해 무대 위에 상치하는 조명기구(풋라이트, 로어 호리촌트 라이트 등)이나

그림 6.18 C형 콘센트

무대 바닥에 두고 사용하는 스포트라이트 등 여러 이용기구에 급전할 때 사용한다. 플로어 포켓이라 부르기도 한다.

플로어 플레이트는 피아노나 대도구 등의 중량이 큰 물건을 올려놓아도 파손되지 않도록 견고한 주물로 만들어진 것으로 사용하고, 케이블이 접속되어 있는 상태로 보행하거나 도구를 운반하는 데 별다른 영향을 주지 않도록 케이블을 넣고 뺄 수 있는 구조로 되어 있다. 관례대로라면 무대의 위아래에 대칭으로 배치되며, 무대 양 끝에 드리운 막 또는 커튼 콜에 쓰이는 막 바로 뒤편, 객석에서 보이지 않는 위치에 설치되는 경우가 많다.

(2) 월 콘센트 박스

주로 무대 내 벽면과 객석 내 벽면에 설치된다. 무대 내에서는 노출형 콘센트 박스, 객석 내에서는 매립형 콘센트 박스를 사용하는 경우가 많다. 무대 내 콘센트는 주로 갤러리 라이트, 토멘털 라이트, 프런트 사이드 라이트 용으로 사용되는 경우가 많다. 객석 내 콘센트는 설치되어 있어도 실제로 사용하는 경우가 거의 없다.

(3) 객석 내 바닥콘센트(커넥터 박스)

객석 내 중심축 위에 객석 내에서 조작하는

입력탁이나 반입탁에 접속시켜야 하므로 좌석 밑(객석 바닥 위)나 마루면에 설치한다. 입력탁용은 1층 객석 중앙통로의 바로 뒷자리(중앙통로가 없는 경우에는 중앙 부근), 반입탁용이 1층 객석 맨 뒷열 바로 앞쪽에 설치하는 경우가 많다.

전원용으로 박스 안에 평행 2P15A 콘센트(E극 딸림, 천정에 거는 형)×1개, 제어신호용으로 DMX 커넥터×2개 정도를 설치한다. 또한, 연락용 인터컴용 잭×1개를 함께 설치하는 경우가 많다.

6.6.3 플라이 덕트, 콘센트 덕트

무대 상부에 늘어뜨려진 라이트 브리지, 라이트 배턴에 설치한 조명기구 등으로 급전하기 위한 강판(鋼板)제 덕트형(경금속성도 있다)의 배선기구이다. 실링 라이트나 프런트 사이드 라이트 등 조명기구가 고정설비로서 설치된 장소에서도 사용되는데, 그 경우에는 콘센트 덕트라고 부른다.

조명기구의 접속방식은 콘센트 방식과 커넥터 방식으로 나뉜다. 콘센트 방식은 덕트 측면(필름 방향, 조작자 입장에서 볼 때 정면)에 콘센트를 설비한 것이고, 커넥트 방식은 덕트에서 캡타이어 케이블에서 꺼내 코드 커넥터 바디를 앞머리에 설비한 것이다. 단, 후자의 경우 캡타이어 케이블은 1종 캡타이어 케이블, 비닐 캡타이어 케이블 이외의 것을 사용하면 안 된다.

무대 위에는 천정에 매달린 설비들이 밀집되어 있고, 설치 간격 또한 매우 좁기 때문에 거의 콘센트 방식이 사용되고 있다. 커넥터 방식은 TV 방송국의 스튜디오 등에 사용되는 경우가 많다.

덕트 본체는 두께 0.8mm 이상의 강판제 덕트이며, 끝부분은 폐쇄되어 있어야 한다. 내면에는 전선 피복을 손상할만한 돌기물이 없고, 내·외면 모두 녹방지 처리가 되어 있고, 암색(暗色)으로 도금을 한다.

6.6.4 접속단자함

무대 상부에 매달린 보더 라이트, 서스펜션 라이트, 어퍼 호리촌트 라이트 등 급전회로에 사용된 접속단자박스에서, 1차측을 조광기반에서 배선된 전선에 접속시키고, 2차측에 보더 케이블을 접속시킬 수 있는 구조를 이루고 있다.

박스 본체는 두께 1.2mm 이상의 강판으로 견고하게 제작된 상자로, 내부에는 30~60A 회로를 2~6개 접속시킬 수 있는 단자대, 접지단자대 및 케이블 고정금속을 내장하고, 내면 외면 모두 녹방지 처리를 한 뒤 어두운색으로 도금을 한다.

6.6.5 보더 케이블

무대 상부에 매달린 조명 배턴 등에 전원공급을 할 때 사용한다. 무대조명 설비로 사용할 수 있는 것은 1종 캡타이어 케이블, 비닐 캡타이어 케이블 이외의 것이라 규정되어 있기 때문에, 관례처럼 2종 고무 타이어 케이블을 사용한다. 단, 통상 2종 캡타이어 케이블은 너무 딱딱하기 때문에 승강 시 트러블을 일으킬 수 있는 소지가 많아, 특히나 케이블을 말거나 접을 때 유연한 케이블로 고를 필요가 있다. 또한 배턴 승강 시, 케이블이 느슨해지기 때문에 다른 배턴이나 장막에 부딪히거나 얽히지 않도록, 케이블을 감아두는 등의 처리가 필요하다. 케이블의 처리 방법으로는 주로 중간 제지 방식, 바구니 수납 방식, 감기 방식의 3가지 방식이 있다(그림 6.19).

최근 플라이 타워 내에서는 플랫형 케이블로 인해 자연스런 형태로 접히는 것이 안전한 '바

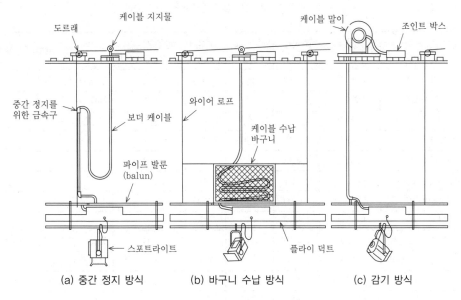

그림 6.19 보더 케이블의 처리 방식
(渡邊·佐伯. 1996)

구니 수납 방식'이 많이 사용되고 있다. 또한 객석 천정부나 디자인적으로 객석에서 보이게 되는 부분에 설치될 경우에는 둥근 모양의 케이블을 케이블 릴에 감는 방식이 채용되고 있다.

6.7 전원계획

6.7.1 전원용량

전원용량 즉, 변압기용량은 일반전기설비의 경우와 똑같이 부하설비의 총부하용량에 대해 수요율이나 장래 증설을 염두에 둔 여유율을 고려해서 결정한다. 무대조명의 부하설비는 이동 기구가 많고, 공연마다 조명기구의 배치나 접속을 변경하기 때문에 콘센트 회로를 넉넉히 준비하지만 동시사용률은 낮다. 준비한 전원은 총용량에 0.6~0.7 정도를 곱한 값이 기준이 된다. 또한 주무대의 크기를 기준으로, 무대의 개구×

안길이[㎡]에 단위면적당 1.5~2.0 kVA/㎡ 정도의 용량을 곱하는 방법도 표준으로 사용되고 있다. 단위면적당 용량은 조명의 연출이 적은 음악 홀에서 1.5에 가깝고, 연극 홀에서는 2.0에 가깝다.

표 6.5에 홀의 규모 및 용도별 전원용량설정 사례를 정리해 두었다.

6.7.2 반입 조명용 전원반

전국 각지의 회관을 순회하는 연극이나 라이브 콘서트 등에서는 부족기재를 준비 시간을 줄이거나 연습 시간을 단축하기 위해, 시설에서 조명용 전원만을 공급받고, 사용하는 조명기재의 대부분을 준비해오는 것이 실정이다. 그 때문에 기재 반입 공연이 많은 극장이나 홀에서는 무대 안에 반입 조명용 전원반을 설치한다.

전력은 3∮4W182V/105V, 90~200 kVA 단위로 합계 300~600 kVA 정도를 공급한다.

표 6.5 홀의 규모 및 용도별 전원용량 설정 사례

홀 사례	홀의 주요 용도	객석수 (석)	주무대 면적(㎡)	용량 (kVA)	단위면적당 용량(kVA/㎡)	비고
도쿄 국제포럼 홀 A	다목적	5,012	384	1,365	3.6	무대면적은 최대 시
국립요코하마국제회의징	회의	5,002	360	750	2.1	무대면적은 최대 시
시즈오카 그랜드십	다목적	4,626	560	1,560	2.8	(大)홀만 해당
소닉시티 홀(大)	다목적	2,505	360	500	1.4	
가나가와현민 홀(大)	다목적	2,485	360	800	2.2	
후츄산림예술극장 드림 홀	다목적	2,027	380	600	1.6	
요코하마 미나토미라이 홀	음악전용	2,020	290	400	1.4	(大)홀만 해당
분쿄시 빅센터 홀(大)	다목적	1,802	400	750	1.9	
아쓰기시 문화회관 홀(大)	다목적	1,400	252	500	2.0	2003년 개보수로 100 kVA 증설
히타치오타시 시민교류 센터	다목적	1,004	243	400	1.6	(大)홀만 해당
이즈미 홀	음악전용	821	204	380	1.9	객석조광 포함
모리노 홀 하시모토	다목적	535	238	480	2.0	
후츄산림예술극장 후루사토 홀	다목적	520	225	300	1.3	
아쓰기시 문화회관 홀(小)	다목적	376	113	300	2.7	2001년 개보수로 100 kVA 증설

최근에는 200 V 전원을 필요로 하는 방전등 기구도 많이 사용하기 때문에 1ϕ3W210V/105V, 60 kVA~ 설비도 필요하다. 전원반에는 주간 MCCB (主幹 Molded Case Circuit Breaker : 배선용 차단기)와 나사단자, 전압, 전류계, 지락경보장치 등을 설치한다.

[木村 芳之]

참고문헌

1) 新建築学体系, 33 劇場の設計, p. 135
2) 新建築, Vol. 72, 6 月号, p. 120 (1997)
3) 日建設計舞台設備設計技術資料, p. 59 (2001)
4) 桂川 : ホールの電気設備設計の留意点, 電設学誌, Vol. 16, p. 516 (1996)
5) 渡辺, 佐伯 : 舞台照明, 電設学誌, Vol. 16, p. 486 (1996)

제7장

항공기 실내

7.1 전반 조명 • • •

항공기 객실 조명으로는 간접조명이 많이 쓰인다. 라이트는 출입구 근처에 부착되는 콘트롤 장치에 의해, 객실 승무원이 승객의 승강, 수면 등의 상태에 따라 전환하며 사용한다.

(1) **실링 라이트** 형광 램프를 사용해 천정을 간접조명하는 라이트. 전구색 라이트를 사용하는 경우가 많다.

(2) **사이드 월 라이트** 형광 램프를 사용해 옆벽면을 간접조명하는 라이트. 실링 라이트와 동일하게 전구색 라이트를 사용하는 경우가 많다.

(3) **나이트 라이트** 장거리 비행 시 객실 내 조명을 낮출 때 점등시키는 백열전구를 사용한 상야등

(4) **그 외** 최근에는 객실 내 분위기를 보다 고급스럽게 연출하는 3색 LED를 사용한 무드 라이트를 채택하는 기체도 있다.

7.2 승객용 사인 라이트 • • •

종래에는 승객용 사인 라이트(sign light)에 문자 표시를 많이 사용했지만, 최근에는 누구나 이해할 수 있도록 일러스트 타입의 표시가 많이 쓰이고 있다.

(1) **금연, 안전 벨트 착용 사인** 승객에게

'금연' '안전벨트 착용'을 요구하기 위한 표시등. 이착륙 시 자동적으로 점등하지만, 조종석에 있는 스위치로도 임의로 점등시킬 수 있다.

(2) **화장실 표시등** 화장실의 사용 상태를 표시하는 표시등. 화장실의 잠금장치와 연동하여, 모든 화장실이 사용 중일 때에 '화장실 사용 중'을 표시한다.

(3) **그 외** 최근에는 종래의 백열전구를 대체해 LED 등의 필라멘트리스(filamentless) 광원을 사용하여 수명이 긴 표시등이나 다기능 매트릭스 표시가 가능한 다국어용 표시도 사용되고 있다.

독서등   실링 이머전시 라이트

실링라이트   화장실 표시등

금연, 안전 벨트 착용사인   사이드 월 라이트

그림 7.1 객실조명(보잉 777)

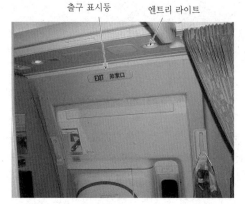

출구 표시등   엔트리 라이트

그림 7.2 출구 부근의 조명(보잉 777)

7.3 이머전시 라이트

이머전시라이트는 항공기의 주전원에서 독립된 충전지를 내장한 전원장치에 접속되어 있어, 블록마다 회로가 분할되어 있다. 이 전원장치는 보통 때에는 항공기의 주전원에서 충전된다. 기체의 주전원이 기능하지 않게 되었을 때, 자동적으로 이머전시라이트에 10분 이상의 전력을 공급할 수 있도록 설비되어 있다. 이머전시라이트는 조정실과 객석에 설치된 스위치를 사용해 수동으로 점등할 수 있도록 되어 있다.

(1) **출구표시등** 비상구의 위치를 표시한다. 백색 배경에 적색으로 EXIT(비상구)라고 적혀 있다.

(2) **프록시미티 라이트** 통로 바닥, 벽, 의자에 장착되어 비상시 승객을 비상구까지 안전하게 유도하기 위한 라이트.

(3) **실링 이머전시 라이트** 천정에 장착되어, 비상시 승객이 피난하는 데 필요한 조명을 공급한다.

(4) **그 외** 비상구의 도어 노브를 직접 조명하는 다운 라이트, 비상구에서 탈출용 슬라이더를 사용해 피난할 때 착지하는 부분을 직접 조명하는 에스케이프 라이드(escape ride) 라이트가 있다. 또한, 종래의 백열전구를 대체해 LED 등의 필라멘트리스 광원을 사용해 수명이 긴 라이트가 사용되고 있다.

7.4 그 외의 객실 조명

(1) **독서등** 승객이 독서를 하기 위한 라이트. 객실 조명을 소등했을 때에 옆자리의 승객이 눈부시지 않도록 배려되어 있다. 최근에는 비즈니스, 퍼스트 클래스의 퍼스널 조명용도로 광섬유를 사용한 독서등이 사용되고 있다.

(2) **엔트리 라이트** 백열전구를 사용해 출입구를 직접 조명하는 라이트

(3) **콜 라이트** 객실 승무원 호출용 표시등

(4) **그 외** 객실 승무원용 어텐던트 라이트, 화장실 내 래버터리(lavatory) 라이트, 계단용 스테어 라이트 등이 있다.

7.5 그 외 기내 조명

기체의 정비에 사용하는 휠 웰(wheel well), 전기전자기기실, 에어컨실, 연료보급 패널 등에 설치되어 있다.

여기에 언급된 라이트에는 백열전구 돔 라이트가 사용되어, 스위치는 조작이 편리한 위치에 부착되어 있다. 또한, 기기실에는 분리해 사용할 수 있는 유틸리티 라이트도 설치되어 있다. 화물실, 유압장치가 있는 구역과 보조동력장치실에는 방폭(防爆)형 라이트를 사용한다.

[依田 孝]

제8장

비상등·유도등

8.1 분류 ●●●

비상용 조명은 비상 시(정전 시)에 안전하게 피난·유도시키는 목적을 가진 조명으로, 크게 다음과 같은 2종류로 나눌 수 있다.

(1) 비상용 조명장치

건축기준법에서 정해진 비상용 조명장치(조명기구, 전기배선, 전원)에 따라 소정의 장소에 설치된 조명이다. 소정의 장소란 법률에서 정한 거실, 피난통로 또는 이에 준하는 부분이다. 재해발생 시(정전 시)에 피난경로를 안전하게 이동하기 위한 장애물을 판별하는 기능을 갖는다. 이 조명기구를 비상등이라 부른다.

(2) 유도등 및 유도표식

소방법이 기준법으로, 관련 법규에서 규제하는 유도등 및 유도표지이다. 유도등은 재해발생 시 주로 피난방향 및 피난구를 가리키는 기능(피난구 유도등, 통로 유도등)과 피난경로의 조도를 확보하는 기능(통로 유도등, 계단통로 유도등, 객석 유도등)을 갖는다.

8.2 비상용 조명장치 ●●●

(1) 종류

점포·병원·극장 등 다수의 사람이 모이는 장소에서 화재나 천재지변에 의해 정전이 일어났을 때, 건물 안에 있는 사람들을 안전한 장소로 피난시키기 위해 필요한 조도를 확보하는 조명기구이다. 자주평정(自主評定)의 구분으로 크게 분류해보면 표 8.1과 같다.

(2) 주요 요건

예비전원은 충전할 필요 없이 30분 동안 유지하여 비상용 조명장치를 점등시키고, 바닥과 수평면의 조도는 1 lx(형광 램프의 경우엔 2 lx) 이상 확보 가능한 것으로 한다.

(3) 조명 설계

설치 대상이나 설치 장소에 대한 상세한 사항은 법령에 따른다. 비상 시 조도 확보를 위한 구체적인 설치 간격은 조명기구 마다 제조 사

표 8.1 비상용 조명기구의 종류

예비전원의 종류	광원의 종류에 따른 구분	
배터리 내장 비상용 조명기구	형광 램프	스타터형 램프
		래피드형 램프
		고주파전용(Hf) 램프
	백열전구	코일 전구
		할로겐 전구
별도 전원 비상용 조명기구	형광 램프	스타터형 램프
		래피드형 램프
		고주파전용(Hf) 램프
	백열전구	코일 전구
		할로겐 전구

표 8.2 비상용 조명기구 배치표

기구 형식	배치 방법		설치 높이(m)				
			2.1	2.4	2.6	3.0	4.0
K1-FRS 2-201	단체배치	A1	3.4	3.6	3.6	3.7	3.7
		B1	3.3	3.4	3.5	3.6	3.7
	직선배치	A2	8.3	8.8	9.1	9.5	10.2
		B2	6.6	7.0	7.3	7.7	8.3
	사각배치	A4	7.9	8.4	8.7	9.1	10.0
		B4	6.8	7.4	6.9	7.4	8.1
	모서리	A0	1.7	1.9	2.3	2.0	1.7
		B0	2.1	2.2	2.2	2.2	2.2

(일본 건축성고시 제 1830호, 1970[20])

JIL 적합 마크	BCJ 마크

그림 8.1 표시(마크)

일하게 취급해도 전혀 지장이 없다.

업자가 공표하고 있는 배치표를 기반으로 결정하는 것이 좋다. 공공시설용 조명기구에 대한 배치표 사례는 표 8.2와 같다.

(4) 비상용 조명기구의 자주평정(自主評定)

비상용 조명기구가 건축기준법에 부합하는지 확인하는 제도는 종래에 일본건축센터(BCJ)에서 실시하여, 방재성능평정을 시행하고 있었다. 2006년 4월부터 일본조명기구공업회에서 비상용 조명기구자주인정위원회를 설치, 건축기준법과 비상용조명기구기술기준을 바탕으로 자주평정을 실시해, 부합하는 비상용조명기구에는 JIL 적합 마크 표시를 허가하고 있다.

신(JIL), 구(BCJ) 평가 마크는 그림 8.1과 같다. 시장에서는 양쪽 모두 통용되고 있으며, 동

8.3 유도등 및 유도표지

(1) 종류

정전 시(비상 시) 피난구 위치 및 피난할만한 방향을 명시하는 피난구 유도등, 통로 유도등과 피난경로를 조명하는 기능을 갖는 계단통로 유도등, 객석 유도등으로 구분할 수 있다. 전자는 픽토그래프를 사용한 고휘도 유도등이 보급되고 있다.

자세하게는 법령을 참조하길 바란다.

(2) 유도등의 요건

재해 발생 시 신속한 행동을 하기 위해서는 피난방향 및 피난구를 즉시 알 수 있어야 한다. 따라서 유목성(誘目性)과 시인성(視認性)이 요

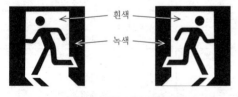

(a) 피난구를 나타내는 심벌

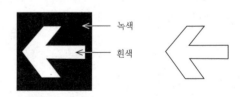

(b) 피난구의 방향을 나타내는 심벌

(c) 피난 방향을 나타내는 심벌

그림 8.2 비상용 조명기구 배치표

구된다. 또한, 재해가 발생했을 때 반드시 정전이 발생한다고는 볼 수 없으므로 상용 조명 속에서도 눈에 띄어야 할 필요가 있다.

피난구의 장소, 방향을 나타내는 심벌은 그림 8.2와 같다.

표시면 휘도가 높으면 표시면 크기를 작게 하는 것이 좋다는 유목성 실험결과를 바탕으로 작성된 그래프는 그림 8.3과 같다.

표시면 휘도와 배경 휘도의 시인성에 관한 평가실험 결과는 그림 8.4와 같다.

이렇듯 유목성, 시인성을 확인하는 많은 실험을 거쳐 현재의 피난구 유도등, 통로 유도등 규격이 정해졌다. 피난구 유도등, 통로 유도등은 표시면의 크기 및 표시면의 밝기에 따라 A~C급으로 구분된다.

피난경로의 조도는 1 lx(지하도 등의 지하시설은 10 lx)를 최저치로 둔다. 비상전원은 축전지설비에 따라 유효하게 20 분간 작동할 수 있어야 한다.

상세 요건은 최신 법령을 참조하길 바란다.

(3) 유도등의 설치

설치대상이나 설치장소의 상세한 사항은 법령을 참조한다.

비상용 조명장치에 의해 피난에 필요한 조도가 확보되고, 피난 방향을 확인(계단 표시) 가능한 경우에는 상시 점등을 의무화하여 통로 유도등의 설치를 요구하지 않는다.

비상점등이 가능하고, 사람이 없는 장소는 자동적으로 소등 혹은 단조광이 가능한 인감(人感) 센서 부착 조명설비의 예를 그림 8.7에 소개한다. 안전을 확보하면서 에너지를 절약할 수 있다.

(4) 유도등의 인정

유도등은 설치 후에 검사가 의무화되어 있지만, 총무대신지정인정기관에서 인정받은 것은 소방검사에 대해서 기술기준에 적합한 것으로 취급된다.

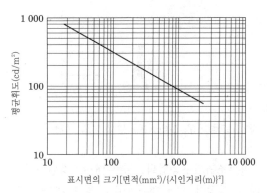

그림 8.3 유목성이 같아지는 표시면의 크기와 평균휘도와의 관계

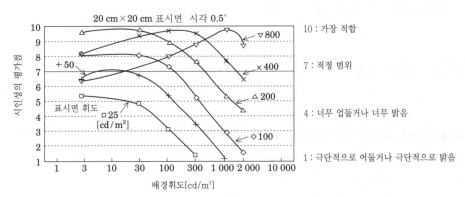

그림 8.4 유도등의 표시면 휘도와 배경휘도와의 관계에 따른 시인성

그림 8.5 고휘도 유도등의 예

종래의 인정 마크　　　　　신 인정 마크

그림 8.6 유도등 인정마크

그림 8.7 인감(人感) 센서 부착 계단등

　일본조명기구공업회는 총무대신지정인정기관에서 지정한 인정기관이며, '유도등인정위원회'를 열어 인정업무를 행하고 있다. 인정품에는 그림 8.6과 같은 인정 마크가 붙는다.

8.4 사용 연한

　비상용 조명기구는 점검이 의무화되어 있다. 특히 비상용 전원의 배터리·유도등의 표시 패널은 정기적으로 점검하여, 필요하다면 의무적으로 교체하여야 한다.
　법령에서 정해진 점검을 행해도 열화는 진행

표 8.3 기구의 사용 연한

기구의 종류	적정교체시기	사용 연한
배터리 내장형	8~10년	12년
별도 전원형	8~10년	15년
전용형	8~10년	15년

　된다. 참고자료로 비상용조명기구의 사용 연한을 표 8.3에 싣는다.

[松島公嗣]

참고문헌

1) 建築基準法施行令 (2002)
2) 建設省告示第 1830 号 (1970)
3) 建設省住宅局建築指導課長通達第 44 号 (1970)
4) 公共建築協会：建築設備設計基準 (2002)
5) 日本照明器具工業会：非常用照明器具技術基準, JIL 5501 (1998)
6) 消防法施行令 (1999)
7) 照明学会：誘導灯の見え方に関する基礎的調査研究報告書 (III) (1987)
8) 照明学会：JIEC-004 非常時用照明の基準 (1995)
9) 日本照明器具工業会：誘導灯の表示面輝度と背景輝度との関係による誘目性及び視認性に関する研究報告書 (1994)
10) 消防法施行規則 (1999)
11) 消防予第 245 号：誘導灯及び誘導標識に係る設置・維持ガイドラインについて (1999)

6편
옥외 조명

제1장

옥외 조명의 기본적 사고방식

1.1 옥외 조명의 목적

사람은 야간에 조명이 없으면 안전한 생활을 할 수가 없다. 인공조명은 야간에 시각정보를 제공하고 인류의 활동시간대를 확대했다. 옥외의 작업장소에서는 안전하고 안정된 작업을, 자동차나 철도 등 교통기관에는 안전한 운행을, 도로나 가로에서는 안전한 보행을, 옥외의 스포츠나 레크리에이션 시설에서는 안전하고 즐거운 여가활동 등을 가능하게 했다.

옥외 조명의 기본적인 목적은 야간에 인간의 모든 활동을 안전하고 안심하고 할 수 있도록 하는 것인데, 활동의 종류나 내용에 따라 조금씩 그 목적이 달라져 옥외 조명의 주된 목적은 다음 네 가지의 조합이 되었다.

(1) 사물을 볼 수 있고 '안전' 하게 움직이도록 최소 필요한 시각정보를 제공하는 것(시인성)

(2) 공간특성의 인지를 용이하게 하고 있는 곳의 장소나 나아가야 할 방향을 인지하는 것(인지, 유도성)

(3) 시각대상이 필요한 때 필요한 만큼 용이하고 빠르게 보이도록 하는 것(명시성)

(4) 공간의 분위기나 인상을 쾌적하게 할 것(쾌적성)

1.1.1 시인성

야간의 옥외에서 활동하려면 자신의 주위를 볼 수 있어야 한다. 도로인지 벌판인지 냇가인지 등을 확인할 필요가 있다. 또한 노상이나 공간에 존재할지도 모르는 구멍, 웅덩이, 차도와 보도의 높이 차, 자동차, 사람, 장애물 등을 발견하는 것도 필요하다.

이를 위한 조명은 안전유지에 필요최소한의 시각조건(시인성)을 얻는 것이 목적이다. 시인성을 바탕으로 한 조명은 보기 어려운 상황에서의 시각정보를 주는 것이며, 그 이하에서는 안전한 활동이 곤란할 우려가 있으므로 소요조도의 유지가 중요하다.

1.1.2 인지·유도성

야간의 옥외를 안전하게 돌아다니려면 공간의 폭이나 넓이 등 스스로가 존재하는 공간 특성을 인지하고 있는 곳의 장소나 나아가야 할 방향을 판단할 필요가 있다.

이를 위한 조명은 노면이나 작업면뿐만 아니라 그 주변의 빛 배분(건축물이나 구조물 등의 수직면의 밝기)을 검토한다. 또한 발광체 등에 의한 외관형상, 도로선형 등을 나타내고 원활한 안내 및 유도를 꾀하는 방법도 있다.

1.1.3 명시성

옥외에서 작업을 할 경우에는 옥내조명과 마찬가지로 명시성을 검토할 필요가 있다. 명시성이란 '볼 수 있는 것과 볼 수 없는 것'의 한계가 아니라 필요할 때 필요한 만큼 용이하고 신속하게 볼 수 있는 것이다.

주로 보는 작업의 '세밀함, 정확성, 속도' 등의 요구 수준에 따라 소요조도가 서로 다르다.

옥외 작업장소의 조명기준[1]에서는 전반적인 가이드라인으로 '작업성, 이동과 교통, 안전과 보안'의 세 가지 측면에서 '수평면조도(유지, 평균값), 조도균제도, 섬광 제한'(표 1.1)을 나타냄과 동시에 특정 작업에 대한 상세함의 기준을 정하고 있다.

1.1.4 쾌적성

야간의 옥외를 인간의 생활환경이나 작업환경으로 포착하는 경우에는 쾌적성의 검토가 필요하게 된다. 옥외에서의 쾌적성은 '안락함(comfortable)'과 '즐거움(pleasant)'의 두 레벨로 나누어 검토한다.

'안락함'은 쾌적한 조명이 주어져 있고 눈부심 등의 결점이 없는 상태를 말한다. 교통기관, 도로나 가로, 옥외 스포츠나 레크리에이션 시설 등에서의 쾌적성이 이에 해당할 것이다. 'pleasant'는 충분한 조명을 주고 조금은 눈부시더라도 생생하면 좋다는 식의 쾌적성을 말한다. 밝기, 음영, 명암 등을 적극적으로 활용하고 길만들기, 경관의 연출 등을 계획하는 경우가 이에 해당한다.

표 1.1 옥외 작업장 조명의 전반적 가이드라인

작업	대표 예	이동과 교통	대표 예	안전과 보안	대표예	유지평균 수평면조도 $E_{h(av)}$[lx] 이상	균제도 $E_{h(min)}/E_{h(av)}$ 이상	균제도 $E_{h(min)}/E_{h(av)}$ 이하	섬광제한 GR_{max} 이하
		보행자	적음	위험이 적음	공업창고구역	5	0.25	10	55
						5	0.25	10	50
			다소 많음		다양한 상품 저장구역	10	0.25	8	50
조차장에서 가끔 하는 작업		저속교통	포크리프트 트럭, 자전거			10	0.40	6	50
조차장에서의 작업						15	0.40	5	45
매우 거침	큰 화물을 빠르게 움직이는 작업		주차장	중간정도의 위험	주차장	20	0.25	8	55
			컨테이너 터미널		교통량이 많은 컨테이너 터미널	20	0.40	6	50
		보통의 교통	보통의 차량통행			20	0.40	5	45
			바쁜 화물역			20	0.40	3	45
거침	연속적으로 행하여지는 큰 건물이나 위험물의 취급					50	0.40	5	50
				대단히 위험	전기관계의 위험한 장소	50	0.40	5	45
			대단히 바쁜 화물역		석유정제, 화학 플랜트 내의 위험장소	50	0.40	3	45
						100	0.40	5	45
정확	공구를 사용하는 작업, 대공사		지붕이 있는 바쁜 화물역			100	0.50	3	45
세밀	전기, 기계설비					200	0.50	3	45

[비고] 시대상이 수평한 면에 없는 경우 조도값은 대응하는 면에 대한 대상의 높이에서의 값이 된다. 평균조도는 유지조도로 한다. 중요 또는 장시간의 시작업에서는 GR_{max}는 5단위 낮은 값으로 하는 것이 권장된다.
(CIE 129, 1998[1])

1.2 광해(光害), 환경에 대한 배려

지구상의 대부분의 생물은 동식물을 막론하고 태양의 혜택을 받아 생존하고 있으며 지구의 자전과 공전주기에 적응하도록 진화해 왔다. 한편 인공조명은 인류의 활동의 장과 시간을 확대하고 안정된 광환경을 제공함으로써 인류의 발전에 크게 기여해 왔다. 생물과 광방사 사이에는 대단히 밀접한 관계가 존재하며 인공조명에서 누설된 광방사가 증대하면 생태계에 미치는 영향이 무시할 수 없는 것이 된다. 그러나 안타깝게도 지구상에 생존하는 수천만 종의 생물이 나타내는 광반응은 크게 복잡하며 아직 충분히 해명되어 있지 않다. 인공조명을 계획할 때의 환경에 대한 배려는 조명대상 외에 대한 누출광을 제한하고 그것을 유효하게 사용하는 연구를 하는 것이 기본이 된다.

1.2.1 생태계의 영향
생물의 광반응은 대단히 복잡하다. 광방사가 생태계에 미치는 영향을 그 레벨에 따라 구분해 보면 다음과 같이 될 것이다.
  (1) 위험(hazard) 생명에 위해를 끼치는 영향
  (2) 충격(impact) 생태에 충격을 줄 수 있는 영향
  (3) 영향(influence) 행동, 활동을 좌우하는 영향
 hazard(생체적 손상)는 현재 국제조명위원회(CIE)에서 상해의 종류, 대상파장범위, 허용노광량에 관한 종합이 이루어지고 있는데, 일반조명용 인공광원의 대부분은 위험면제(어떤 광생물적 상해도 유기할 가능성이 없는 광원)으로

구분될 것이다.
 인공조명의 영향 중 많은 것은 지구상의 대부분의 생물이 지구의 자전과 공전주기에 따라 생기는 광환경의 일주(日周 : 낮과 밤)나 연주(年周 : 낮의 길이)의 변화에 적응하도록 진화해 왔으므로 보통이라면 광방사가 거의 없어지는 시간대에 동식물이 반응하는 레벨 이상의 자극이 있었다는 결과로 생각할 수 있다. 그러나 이 영향이 impact인지 influence인지는 아직 해명되어 있지 않은 부분이 크다.

1.2.2 광해의 정의
 광해대책의 가이드라인[2]에서는 광해(光害 : 빛이 주는 피해)를 "양호한 '조명환경'의 형성이 누출광에 의해 저해된 상황 또는 그것에 의한 악영향"이라고 정의하고 있다. 좁은 의미로는 장해광에 의한 악영향을 가리킨다.
 여기서 말하는 '양호한 조명환경'이란 주위의 상황(사회적상황 및 자연환경)에 기초한 적절한 목적의 설정과 기술에 의해 조명에 관하여 안전성 및 효율성의 확보 및 경관과 주위환경에 대한 배려 등이 충분히 되어 있는 상황을 말한다. 또한 '누출광'이란 조명기구에서 조사되는 빛으로서 그 목적으로 하는 조명대상 범위 외에 조사되는 빛이며 '장해광'이란 누출광 중 광량

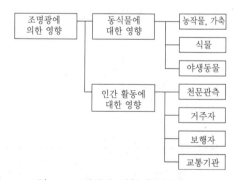

그림 1.1 조명광에 의한 환경영향의 분류

이나 방향 또는 양자에 의해 사람의 활동이나 생물 등에 악영향을 끼치는 빛이다.

광해(光害)는 'light pollution(빛 오염)'을 기원으로 하는 용어이며 천문관측에 대한 인공광의 간섭문제로 제기되었다. 한편 '장해광'은 'obtrusive light'의 일본어역으로서 인간활동에 대한 영향으로 취급되고 있다. 광해대책 가이드라인이 정의하는 광해는 이러한 것들보다 넓은 의미이다(그림 1.1 참조).

1.2.3 환경에 대한 배려

광해문제는 빛이 주변환경에 끼치는 국부적인 영향을 보지 않고 에너지 소비(CO_2 배출) 면에서는 글로벌한 환경부하의 증대에 연결되는 것이다. 우리나라의 광해에 관한 고충건수[3]는 전국의 공해고충건수의 약 0.1 %이며 아직 충

표 1.2 장해광의 제한에 관한 조명기술적 지표의 권장최대값

조명기술적 지표	이용조건	환경구역			
		E1	E2	E3	E4

주위의 자산에 대한 조명의 제한(침입광)
근린주거, 잠재적 주거, 특히 창과 같은 관련된 면이나 부분에 적용. 값은 조명기구에서의 총합
(주) 조명기구가 공공(도로) 조명용인 경우 이 값은 1까지 허용된다.

		E1	E2	E3	E4
연직면 조도 E_v[lx]	curfew[1] 전	2	5	10	25
	curfew[1] 후	0[(주)]	1	2	5

시야 내의 눈부신 조명기구의 제한
제한은 조명기구의 빛나는 면이 거주자에게 불쾌함을 줄 수 있는 개별 기구에 적용
관찰점은 계속하는 위치이며 일시적, 단기적 상태는 포함하지 않는다.
(주) 조명기구가 공공(도로) 조명용인 경우 이 값은 500까지 허용된다.

		E1	E2	E3	E4
조명기구의 광도 I[cd]	curfew[1] 전	2,500	7,500	10,000	25,000
	curfew[1] 후	0[(주)]	500	1,000	2,500

교통기관에 대한 영향의 제한

1. 구분은 CIE 115-1995에 의함.
2. 제한값은 교통기관의 이용자가 필요한 시각정보를 보는 방법의 저하를 받기 쉬운 장소에 적용. 주행로에서의 관련위치, 시선방향에 적용
3. 등가광막휘도는 제5장 Table 5.2를 참조

		도로조명 없음	M5	M4/M3	M2/M1
임계값의 증가 TI[%]	제한값은 교통기관의 이용자가 필요한 시각정보를 보는 방법의 저하를 받기 쉬운 장소에 적용. 주행로의 관련 위치, 시선방향에 적용	15 (순응휘도 0.1cd/m²)	15 (순응휘도 1 cd/m²)	15 (순응휘도 2 cd/m²)	15 (순응휘도 5 cd/m²)

대기 중에서의 산란광의 제한(CIE Publication 126-Table 2에 의함.)
(주) $ULR = ULOR_{inst}$

		E1	E2	E3	E4
조상방광속의 비[2] (ULR)	설계위치에 있는 조명기구의 수평면에서 위로 조사되는 빛이며 기구광속에 대한 비율	0	0.05	0.15	0.25

과잉 조명된 건물표면 및 간판의 영향 제한

		E1	E2	E3	E4
건물 표면의 휘도	평균조도와 반사율에 의해 구함[cd/m²].	0	5	10	25
간판의 휘도	평균조도와 반사율에 의해 구함. 또는 자체 발광하고 있는 것의 휘도[cd/m²]	50	400	800	1,000

(비고) 1) curfew는 야간의 소정시간 경과 후 조명을 끄거나 감광하는 것을 말한다.
2) $ULOR$(상방광속/램프 광속)와 조명률의 관계가 더 좋은 산란광의 제한 지표가 된다.
E1 : 자연환경, 국립공원 및 보호된 장소 등 본래 어두운 광환경
E2 : 지방부, 산업적 또는 거주적인 지방 영역 등 낮은 밝기의 광환경
E3 : 교외, 산업적 또는 거주적인 교외 영역 등 중간 밝기의 광환경
E4 : 도시, 도시 중심과 상업 영역 등 높은 밝기의 광환경

[CIE 150: 2003[3]]

분한 대책이 가능한 문제이다. 조명설비를 계획할 때에는 다음 세 가지를 충분히 검토한다.

(1) 지구환경에 대한 부하가 적을 것

(2) 인간생활에 유용할 것

(3) 자연생태계에 대한 영향이 적을 것

환경에 대한 배려는 조명대상 외에 대한 누출광을 제한하고 그것을 유효하게 사용하는 연구를 하는 것[4]이다. 인간의 활동에 끼치는 영향에 대해 CIE150 : 2003 "Guide on the limitation of the effects of obtrusive light from outdoor lighting installations"[5]에서는 주위의 자산에 대한 조명의 제한(침입광, 창의 연직면 조도), 시야 내의 눈부신 조명기구의 제한(광도), 교통기관에 대한 영향의 제한(임계값의 증가 : TI), 대기 중에서의 산란광의 제한

표 1.3 도로조명의 설치 및 개선에 의한 교통사고 감소 예

도로의 종류	국가명	야간사고 감소율[%]	교통사고의 종류
고속도로	미국	40	모든 사고
		52	사망 및 중상 사고
	미국	62	모든 사고
지방 간선도로	영국	76	모든 사고
	영국	38	모든 사고
	영국	53	모든 사고
		61	사망 및 중상 사고
	영국	44	모든 사고
	영국	30	모든 사고
	영국	38	모든 사고
시가도로	영국	45	보행자 사고
		23	인신사고 이외의 사고
		30	모든 사고
	스위스	36	모든 사고
	오스트레일리아	57	보행자 사고
		21	인신사고 이외의 사고
		29	모든 사고
	영국	30	모든 사고
	영국	33	모든 사고

[Duff, 1974[9]]

(상방광속), 과잉 조명된 건물표면 및 간판의 영향 제한(휘도)로서 적어도 표 1.2를 만족할 것을 권장하고 있다. 단, 이 값은 허용되는 최대값이며 이 값을 만족하면 충분하다고 단정하지 않도록 주의해야 한다.

1.3 경관과 안전의 양립

인간의 야간 활동시간이 증대하여 주간과 마찬가지로 우수한 야간 경관이 요구되고 있다. 옥외 조명의 주된 목적은 안전성의 확보이지만 도시의 조명에 따라 그 장소다움(개성)을 가진 아름다운 야간경관이 형성되면 사람들에게 안심감을 줄 뿐만 아니라 공간특성의 정확한 파악(인지, 유도)에도 기여한다. 그러나 주위와의 조화를 깬 것은 도시의 아름다움을 손상시킬 뿐만 아니라 광해로서 여러 가지에 영향을 끼치게 된다.

1.3.1 안전성과 조명

적절한 조명은 야간의 범죄를 억제하고 야간의 교통사고를 줄인다. 또한 보행자의 안심감을 높인다.

영국내무성의 보고(2002년)[6],[7]에서는 공공공간에서의 개량된 조명은 범죄를 약 1/3로 감소시킬 수 있고 CCTV와의 비교에서 범죄의 감소에 최고 7배 이상의 효과가 있다고 한다.

야간의 교통사고에 대한 국제조명위원회(CIE)의 조사에서는 표 1.3과 같이 도로조명의 설치, 개량에 의해 사고가 20~80 % 감소했다고 한다.[8]~[10] 일본 교차점 조명에 착안한 조사[11]에서는 조명대책에 의해 교차점 사고를 40 % 줄이고 조도를 20 lx 이상 확보함으로써 교통사고 삭감효과를 기대할 수 있다고 한다.

표 1.4 옥외조명에 이용되는 대표적인 광원과 그 특징

광원의 종류	크기의 범위	효율	수명	연색성	광색	비고
할로겐 전구	10 W~2 kW	낮음	짧음	높음	난	소형, 집광이 용이, 조광 가, 주위온도의 영향 적음, 전압변동에 약함, 열이 높음.
형광 램프	4~220 W	중	중,장	고,개선	난~한	낮은 휘도, 저확산, 조광 가능, 안정기 요, 저온에 약함.
형광수은 램프	40 W~2 kW	중,저	중	보통	중간	소형, 고휘도, 단조광 가, 안정기 요, 소형온도의 영향 작음.
메탈 할라이드 램프	70W~2 kW	중,고	중	개선	중간한	소형, 고휘도, 집광이 용이, 조광 불가, 안정기 요, 주위온도의 영향 소
고연색 메탈 할라이드 램프	20 W~2 kW	중,고	중	고	난~한	소형, 고휘도, 집광이 용이, 조광불가, 안정기 요, 주위온도의 영향 작음.
고압 나트륨 램프	40 W~2 kW	고	장	보통	난	소형, 고휘도, 집광이 용이, 단조광 가능, 안정기 요, 주위온도의 영향 작음.
고연색 고압 나트륨 램프	50~400 W	중	중	고	난	소형, 고휘도, 집광이 용이, 단조광 가, 안정기 요, 주위온도의 영향 작음.

사람들의 안심감은 조명과 밀접한 관계가 있다. 무라마쓰(村松) 등[12]은 안심감의 평가는 '가로의 형태, 사람의 배려, 대범죄성, 어두움'의 요인에 좌우되며 특히 조명에 관한 요인과 사람의 배려에 관한 요인의 영향이 크다는 것을 밝혔다. 이시쿠라(石倉) 등[13]은 사람들이 밤의 보행자 공간을 평가할 때 우선 '밝기의 상황'을 판단하고 있는 것으로 생각되고, 다음으로 '사람의 배려 등 부근의 상황'을 판단한다고 하며, '밝기의 상황'이 안심감에 기여하는 비율은 약 57 %라고 한다.

1.3.2 경관과 조명

누구나 자신들이 생활하는 환경이 안전하고 아름답기를 바라고 있다. 낮에 보이지 않는 밤의 아름다운 경관은 도시의 구조를 알기 쉽게 함으로써 사람들에게 안심감을 주며 야간의 활동을 활발하게 하고 거리의 활성화에 공헌한다. 야간경관을 연출할 때에는 다음 세 가지에 유의한다.

(1) 시민생활의 안전 면의 확보
(2) 환경이나 에너지 문제에 대한 배려

(3) 도시가 가지고 있는 개성과의 조화

사람들에게 감동을 주고 도시 고유의 야간경관을 형성하려면 도시 전역 중에서 조명대상을 계층적으로 위치시키고 각각에 어울리는 조명계획을 수립하는 것이 중요하다. 매력적인 야간경관을 창출하려면 아래의 세 가지를 잘 검토할 필요가 있다.

(1) 각각의 장소의 개성(특성)을 정확하게 파악할 것
(2) 주위의 상황이나 도시 전체와의 관계를 고려할 것
(3) 장소의 개성을 살리는 조명 기법을 선택할 것

1.4 광원의 선정

옥외 조명에 이용되는 광원은 많은 경우 긴 수명, 높은 광출력, 고효율인 것이 요구된다. 주된 이유는 옥외에서는 점등시간이 길고 램프 교환, 점검이나 청소 등의 보수점검 작업이 불편한 경우가 많은 점, 넓은 범위를 더 적은 수

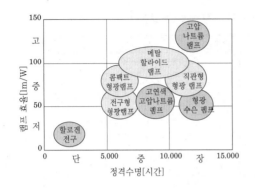

그림 1.2 램프 효율과 정격수명

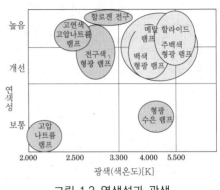

그림 1.3 연색성과 광색

의 등으로 조명하여 설비비를 낮게 억제하고자 하는 경우가 많은 점, 광범위 조명에 더하여 장시간 사용하는 경우가 많기 때문에 전기용량을 낮게 억제할 것 등이 있다.

광원의 선정은 그 특징(표 1.4, 그림 1.2, 그림 1.3)을 충분히 파악하여 조명의 목적, 조명기법, 조명기구에 적합한 것을 선정한다. 아래에 선정의 주요 포인트를 나타낸다.

1.4.1 수명

보수작업이 곤란한 시설이나 장시간 사용하는 경우에는 평균수명 9,000 시간을 초과하는 것을 채택한다. 램프 교환은 하나의 등이 켜지지 않았을 때 그 영향을 받게 되어 있는 시설에서는 매번 램프를 개별적으로 교환한다. 경제성에서는 일정 시간(평균수명의 2/3~3/4) 경과후 전체 교환하는 것이 바람직하지만, 이때 도중에 램프를 교환한 것이므로 아직 수명이 충분히 남아 있는 것을 선별하여 개별교환용으로 남겨 두어도 좋다.

1.4.2 램프 효율

램프 효율은 절전을 하고자 할 때 중요하다. 일반적으로 램프 효율은 와트가 커질수록 높아

지지만 안이하게 와트가 큰 것을 이용하지 말고 소요조도와 양호한 조도분포를 얻는 데 필요한 기구수량을 생각하고 그것에 어울리는 와트를 선택한다. 또한 적절한 광학계에 의해 광을 유효하게 활용할 수 있는 조명기구, 전력손실이 적은 점등회로(안정기나 인버터 등)와 조합하여 사용하는 것도 중요하다.

1.4.3 광색

광원의 광색은 분위기를 만들어 내는 면에서 중요하다. 일반적으로 광색구분 '난(따뜻함)'은 저조도에서는 차분함이 있는 분위기가 얻어지고 고조도에서는 활기 있는 분위기가 얻어진다. '중간~한(서늘함)'의 광색구분은 넓고 개방적인 분위기가 얻어지지만 조도가 낮은 경우에는 차고 한산한 분위기가 되어 버릴 우려가 있다.

1.4.4 연색성

연색성은 수십 lx 이하의 레벨에서는 평균연색평가수(R_a)보다 오히려 기본적인 색(위험색)의 판별이 중요하며 연색구분 '보통' 이상을 이용한다. 사람들이 모이는 비교적 조도가 높아지는 장소에서는 의복이나 피부색이 아름다워 보이도록 R_a가 높은 것을 채용하는 것이 바람직

하다. 경관의 연출 등에 사용하는 광원은 R_a보다 오히려 조명대상의 색채효과 예를 들어 수목의 녹색이나 벽돌의 붉은 기 등이 잘 인출되는 광원을 선택한다. 기본적으로는 따뜻한 색계의 색채에는 광색구분 '난'이, 차가운 색계의 색채에는 광색구분 '한'이 적합하다.

1.5 에너지 절약

에너지 절약은 지구환경(CO_2 배출) 문제로서 옥외 조명에서도 중요한 문제이다. 옥외 조명에 소비되는 에너지는 교통안전이나 방법을 목적으로 한 것에서 레크리에이션이나 경관의 연출을 목적으로 하는 것까지 다양하다. 중요한 것은 조명 에너지는 그 목적이 달성되지 않으면 그 때문에 사용한 에너지가 허비된다는 점이다. 예를 들어, 공공공간에서 안전성, 시인성을 목적으로 한 조명을 끈다든지 해서 교통사고나 범죄가 증가하면 거기서 잃어 버린 것은 조명 에너지의 절감에 비해 너무나 클 것이다.

1.5.1 옥외 조명 에너지
옥외 조명에 사용되는 전력량은 정확하게 파

악할 수 없다. 일본 환경청은 조명학회가 실시한 옥외 조명의 실태조사[14]를 바탕으로 1994년에 옥외 조명(스포츠, 내조식 간판 제외)에서 사용된 전력을 추계했다.[15] 이에 따르면 전력소비량은 8196 GW·h/년이며 국내전체의 1.0 %, 민생부문의 1.9 %, CO_2 환산으로는 국내전체의 0.32 %, 민생부문 1.4 %라고 한다(표 1.5 참조). 또한 상방광(上方光)으로 하늘에 누출되는 에너지는 이 중 약 18 %인 1,465 GW·h/년이며 야간(심야) 전력에 차지하는 비율은 약 6 %라고 한다.

1.5.2 옥외 조명의 에너지 절약
옥외 조명설비의 에너지 절약은 단순히 조명을 끄거나 줄이는 것이 아니라 조명설비의 시스템 전체로서의 '광의 이용효율 향상'이나 '효율적인 운용방법' 등의 면에서 검토한다.

(1) 광원의 종합효율
광원의 선정에 대해서는 램프 효율뿐만 아니라 점등회로(안정기나 인버터)의 전력손실을 포함한 입력전력의 최소화를 검토한다.

표 1.5 일본 전국 전력소비량, 야간 옥외 조명이 CO_2 배출량에 차지하는 비율

	전력		CO_2	
	전력소비량 [GW·h/년]	야간 옥외 조명이 차지하는 비율(전력)	CO_2배출량 [천t/년]	야간 옥외 조명이 차지하는 비율(CO_2)
야간 옥외 조명	8,196	–	1,025	–
민생부문 업무 가정	434,200 206,920 227,280	1.9%	71,600 33,600 38,000	1.4 %
국내전체	847,808	1.0 %	320,000	0.32 %

[비고] 1. 민생부문, 전국의 전력소비량은 「종합 에너지 통계」에 의한 1994년도 값
2. 민생부문, 전국의 CO_2 배출량은 「1995년도 지구온난화대책기술평가검토보고서 (환경청)」에 의한 1990년도 값
[일본 시스템 개발 연구소, 1997.3[15]]

(2) 조명률과 배치설계

일반적으로 램프에서 방사되는 광속은 그 일부가 피조사면에 입사하여 유효하게 이용된다. 기구 내 손실광이나 주위에 대한 누출광이 적고 피조사면에 유효하게 이용할 수 있는 광속(조명률)이 높은 조명기구를 선정한다. 단, 선택이 옳더라도 배치설계가 부적절하면 조도 낭비 등이 발생하여 조명효과가 저하될 우려가 있다. 부착 높이나 부착 간격 등에는 충분한 검토가 필요하다.

(3) 점멸, 조광계획

에너지 절약은 조명이 설치된 지역의 특성(계절이나 시간대에 의한 활동상황, 품질 수준 등)을 배려하여 조광이나 점멸계획을 검토하는 것도 중요하다. 예를 들어, 시가지나 공원 등에서는 심야의 이용자가 적은 시간대에는 방법상 필요한 최저의 조명 레벨로 조광한다. 개인 공간(공공의 안정성이 문제가 되지 않는 장소)에서는 센서 등을 활용하여 자동점멸을 하면 된다.

[川上幸二]

참고문헌

1) CIE : Guide for Lighting Exterior Work Areas, CIE 129 (1998)
2) 環境庁：光害対策ガイドライン (1998.3)
3) 環境庁：公害紛争処理白書 (1997)
4) 日本照明器具工業会：障害光低減のための屋外照明機器の使い方ガイド，ガイド 116 (2002)
5) CIE 150 : 2003 "Guide on the limitation of the effects of obtrusive light from outdoor lighting installations"
6) David, P. Farrington and Brandon, C. Welsh : Effects of improved street lighting on crime : a systematic review, Home Office Research Study 251 (2002)
7) Brandon, C. Welsh and David, P. Farrington : Crime prevention effects of close circuit television : a systematic review, Home Office Research Study 252 (2002)
8) 井上　猛：道路照明──その効果と所要条件は？，照学誌，第 74 巻，第 11 号，pp. 740-743 (1990)
9) Duff, J. T. : Road Lighting and Role of Central government, Lighting Research & Technology, Vol. 6, No. 4 (1974)
10) Sabey, R. E. : Road Lighting and Accidents, TRRL Laboratory Report LR 586 (1973)
11) OHYA, H., ANDO, K., KANOSHIMA, H. : A Research on Interrelation between Illuminance at Intersections and Reduction in Traffic Accidents, J. Light & Vis. Env., Vol. 26, No. 1, pp. 29-34 (2002)
12) 村松，中島，中村，小林：夜間の住宅街路における不安感と光環境の関係，照明学会全大 67, p. 134 (1997)
13) ISHIKURA, TAKENOUCHI, KOKO : Study of a Sense of Security and Brightness in Nighttime Pedestrian Area, Transportation Research Board 78 th Annual Meeting, 10-104 (1999)
14) 照明学会：屋外照明等の国内実態に関する調査報告書 (1997.1)
15) 日本システム開発研究所：光害対策による二酸化炭素排出量抑制効果に関する調査報告書 (1997.3)

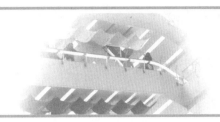

제2장
옥외 조명 설계

2.1 도시경관 조명[1]

2.1.1 도시경관 디자인 사고방식

많은 도시에는 그 도시가 아니면 가질 수 없는 거리의 개성 'ㅇㅇ다움'이 존재한다. 도시의 경관은 다음과 같은 지역고유의 경관자원을 중심으로 실로 다양한 요소에서 구성된다.

(1) 자연계 요소 : 연달아 있는 산의 푸르름이나 물가 등

(2) 역사계 요소 : 역사적인 거리나 건조물 등

(3) 도시계 요소 : 도로나 광장 등의 공공공간, 건축물 등

(4) 생활계 요소 : 전통행사나 축제, 향토산업이나 전통공예 등

또한, 도시의 경관은 거리, 지구, 도시와 다양한 공간 규모에서 다양한 경관구성요소의 상호관계로부터 형성되어 있다. 예를 들어, 도로경관은 도로본체뿐만 아니라 그 연도의 각종 건축물, 거기에 설치된 스트리트 퍼니처(가로공간 설치물 : 가로에 설치된 벤치·휴지통·공중전화 박스 등) 및 원경의 산들 등을 포함한 조망의 총체로 존재하고 있다.

아름다움은 복잡함과 규칙성(질서)의 적절한 균형이라 할 수 있다. 아름답고 개성적인 도시경관을 창출하려면 지역의 긴 역사와 풍토, 사람들의 생활에서 배양되며 이어 받아 온 것을 다음 세대로 다시 연결하는 계속성을 확보하면서 도시에 존재하는 다양한 구성요소를 서로의 관련성에 고려하여 종합적으로 조립하고 그 도시의 문맥(콘텍스트)을 구축해 가는 것에 유념할 필요가 있다.

2.1.2 도시경관 조명의 유의사항

경관은 시간과 함께 변화한다. 하루의 시간변화, 계절의 변화에 의해 점차 변하는 경관은 그 지역에 가장 어울리는 정경으로 예부터 사람들의 마음에 깊이 새겨져 왔다. 최근 도시생활자의 생활방식의 변화와 함께 야간의 활동시간이 증대하고 도시경관을 생각하여 주간에 보이지 않는 질 높은 도시의 야간경관의 형성이 요구되게 되었다. 도시경관 조명을 계획할 때에는 먼저 다음 세 가지에 유의한다.

(1) 시민생활의 안전면의 확보

(2) 경관이나 에너지 문제에 대한 배려

(3) 도시가 가지고 있는 개성과의 조화

일본에서는 1970년대 후반 경부터 어메니티 (amenity)라는 말이 쾌적함이라는 의미로 사용되기 시작했다. 어메니티 사상이 탄생한 영국에서는 어메니티란 '당연한 것이 당연한 곳에 존재하는 상태를 보존하고 창조하는 사상'이라고 한다. 질 높은 쾌적성을 갖춘 야간경관의 형성은 도시의 당연한 장소에 각각에 어울리는 조명 디자인이 이루어짐으로써 가능해진다. 매력적인 야간경관을 창출하려면 아래의 세 가지를 잘 검토할 필요가 있다.

(1) 각각의 장소의 개성(특성)을 정확하게 파악할 것

(2) 주위의 상황이나 도시전체와의 관계를 고려할 것

(3) 장소의 개성을 살리는 조명 기법을 선택할 것

2.1.3 도시경관 구성요소

야간 도시경관의 형성을 도모하면서 전술한 것처럼 각각의 도시의 개성 '○○스러움'을 살리는 것이 중요하다.

미국의 도시계획가 케빈 린치[2]는 자신의 저서에서 "도시의 이상적인 이미지는 사람들과 환경 사이에서 이루어지는 상호작용에 따라 생긴다."고 했다. 그는 "도시는 사람들에게 보이고 기억되며 즐거워지는 것이 중요하다."면서 그를 위한 중요한 요소로 '도시의 알기 쉬움(이미저빌리티, imageability)'에 주목했다. 그래서 어떤 형태가 강한 이미지를 만들어 내는지를 탐구하고 그 결과 도시 주민의 대다수가 안고 있는 심상을 퍼블릭 이미지로 취하여 도시경관의 구성요소로 다음 5가지를 추출했다(그림 2.1 참조).

(1) 랜드마크(landmark, 目印) : 떨어진 장소에서 사람들이 볼 수 있는 시각적인 특이성을 가진 점에서 특징적인 외관을 가진 건조물, 탑이나 다리 등을 들 수 있다.

(2) 노드(node, 결합점, 집중점) : 도시 내부의 중요한 지점이며 보통은 패스(path)가 집중하는 곳으로서 광장(포켓 파크, 역전광장 등)을 들 수 있다.

(3) 패스(path, 도로) : 사람들이 늘 다니는 가로나 도로에서 선적인 형상을 가진다. 거기에 존재하는 역사적 거리도 대상이 될 것이다.

(4) 에지(edge, 가장자리) : 패스로는 볼 수 없는 선상의 엘리먼트를 말하며 연속상태를 중단하는 두 지역의 경계에서 냇가, 해안선 등을 들 수 있다.

(5) 디스트릭트(district, 지역) : 독자적이고 균질의 특성을 가진 상당히 넓은 범위를 가진 면 같은 부분으로서 주택지나 상업지 및 공원이나 녹지 등이 해당한다. 대상 영역

[2] 노드(node)(결합점, 집중점)
[1] 랜드마크(landmark)(目印)
[5] 디스트릭트(district)(지역)
[4] 에지(edge)(가장자리)
[3] 패스(path)(도로)

그림 2.1 도시경관 조명의 구성요소(하코다테 시를 예로 한 경우)
[사진제공 : 하코다테 시 상공관광부 관광실 관광과]

내부에 존재하는 가로 등의 옥외 조명은 여기에 포함된다.

도시경관의 이 구성요소들을 주간의 경관뿐만 아니라 도시의 야간경관 창출을 위해서도 중요한 경관자료로 평가하고 조명에 의해 설계 및 연출하는 것은 주야간을 통틀어 '도시의 알기 쉬움(이미저빌리티)'의 향상에 효과적인 것으로 생각된다.

2.1.4 도시경관의 구성요소와 조명

도시경관의 구성요소는 많은 도시나 지역에서 생활과 문화에 밀착된 것으로 존재하고 있다. 사람들에게 감동을 주고 도시고유의 야간경관을 형성하려면 이것들을 도시전역 속에서 계층적으로 평가하고 각각에 어울리는 조명계획을 세우는 것이 중요하다.

조명계획에서는 조명대상마다 조명의 컨셉, 설계의 포인트를 정하고 그것을 구현하기 위한 적절한 조명 기법 및 조명기기를 선정한다. 이러한 것에는 일거에 결정하는 방법은 없다. 다양한 예를 참고하여 각각의 도시마다 창조해 갈 필요가 있다. [遠藤哲夫]

2.2 경관 조명

2.2.1 사고방식

경관조명은 야간에 단지 풍경이나 외관을 인식하는 데 그치지 않고 공간을 알기 쉽게 하고 안전성과 쾌적성을 확보함과 동시에 주간에 보이지 않는 경관의 미적 효과를 강조하는 등의 역할을 맡고 있다. 드러내고 싶은 것만을 드러내고 싶은 시간에 드러내도록 연출할 수가 있으므로 경관조명을 잘 계획하면 사람들의 삶에서 활동시간이나 활동의 장의 확대를 도모하고 윤택함과 편안함을 주는 것으로 활용할 수 있다.

조명계획은 그 거리의 개성, 역사적 풍토, 문화적 특징 등을 살리고 표현하도록 유의한다. 또한 거리에 대해서는 축선, 윤곽 등의 구조를 명확하게 하고 조명 기법, 조명기구나 광원(광색)을 구분하여 사용하며 그 거리에서 생활하는 사람들에게 계절이나 시간 등 생활 리듬의 변화를 느끼게 하도록 연구한다. 경관조명 계획과 그 기본적인 자세[3]를 그림 2.2에 나타냈다.

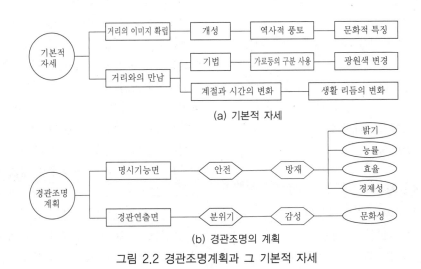

(a) 기본적 자세

(b) 경관조명의 계획

그림 2.2 경관조명계획과 그 기본적 자세

표 2.1 경관조명 계획의 순서

검토항목	검토내용
대상물의 선정	• 미적·건축적·역사적·조형적·기술적 가치 • 도시 내의 조명대상의 가치 순위 매기기(계층을 설정함)
허가	• 소유자의 허가, 행정당국의 허가, 공동사회와 제3자의 이익
자료수집	• 시노·노면·사진, 기타 대상물의 규모, 조명설치위치 등의 지식
현장예비조사 원 위치와	• 주위의 모든 조건이 조명에 끼치는 영향을 예측 • 보는 지점, 주위의 야간조명, 계절적 변화와 그 영향, 부착 및 보수를 위한 접근방향, 전 공급방법
예비계획	• 조명방식의 결정, 광원의 설정, 밝기의 결정, 부분적인 조명실험 • 전기용량의 견적, 설비비의 견적, 공사기간 등
최종설계	• 조명기구의 종류·수·위치·설치방법, 광원의 종류, 와트 등
설치 및 조정	• 투광기의 조사방향 결정 • 조사효과(照射效果)의 좋고나쁨, 섬광 유무

2.2.2 조명의 유의사항

(1) 계획의 순서

경관조명은 일반적으로 표 2.1과 같은 순서에 따라 계획한다. 특히 조명대상의 선정에 대해서는 도시전체의 밸런스에서 조명대상의 가치에 대한 순위를 매긴다. 또한 현장조사 등을 면밀하게 수행하고 보는 위치·방향·거리·배경의 밝기 등 설계를 위한 모든 조건을 충분히 파악한 상태에서 계획을 세운다. 조명설계에 대해서는 다음 사항을 고려한다.

(1) 광해 대책을 실시할 것(적정한 조도·기법· 조명기구의 선택)

(2) 반사 섬광이 없을 것(적정한 조명 기법의 선택)

(3) 색채에 위화감이 없을 것(적정한 광원의 선택)

(4) 적정한 점등시간의 검토

(5) 보수의 용이성

(2) 조도의 설정

경관조명의 밝기는 조명대상의 휘도와 배경(주위)의 휘도와 관계가 있다.

조명대상은 많은 경우 수평시선 가까이에 위치하므로 그 휘도는 조명대상의 수직인 부분의 조도(연직면조도)에 의존한다. 소요휘도는 대상의 소재(반사특성) 등에 따라 달라지며 주위의 밝기를 고려 표 2.2 등을 참고하여 설정한다.[4],[5]

또한 가로조명기구 등의 휘도를 규제하고 주변 조도를 조심스럽게 설정하는 등 배경(주위)의 밝기를 제어하면 더 높은 연출효과를 기대할 수 있다.

(3) 조명설비

경관조명은 조명대상의 재질이나 색채(계절의 변화를 포함)를 고려한 광원의 선정(표 2.3)이 중요하다. 각종 광원의 특성(그림 1.2, 그림 1.3)을 참고하여 선정한다. 또한 단순히 조명대상을 밝게 하기만 하면 되는 것이 아니라 거기에 음영이나 명암을 잘 만드는 것이 중요하다.

야간경관의 인상[6]은 '눈에 잘 띔', '차분함'이라는 평가가 나오면 '아름다움'이나 '호감'의 평가가 향상된다. 조명대상 내에 미세한 명암의 변화가 생기고 윤곽이 명료하게 되도록 조명을 생각하면 좋다. 건물·구조물·식재의 조명의 포인트[7]를 표 2.4에 나타냈다. 또한 대표적인 조명대상에 빛이 닿는 방법과 그 유의사항[4],[5]

표 2.2 조명대상의 소요조도

소재	조도[lx]			보정계수				
	주위의 밝기			램프의 종류		표면의 오염 상태		
	어두움	보통	밝음	H HF M	NX NH	조금	많이	심각
밝은 색의 돌 흰 대리석	20	30	60	1.0	0.9	3	5	10
보통의 돌, 시멘트 밝은 색의 대리석	40	60	120	1.1	1.0	2.5	5	8
어두운 색의 돌 회색의 화강암 어두운 색의 대리석	100	150	300	1.0	1.1	2	3	5
밝은 황색의 벽돌	35	50	100	1.2	0.9	2.5	5	8
밝은 갈색의 벽돌	40	60	120	1.2	0.9	2	4	7
어두운 갈색의 벽돌 분홍색의 화강암	55	80	160	1.3	1.0	2	4	8
적색의 벽돌	100	150	300	1.3	1.0	2	3	5
어두운 색의 벽돌	120	180	360	1.3	1.2	1.5	2	3
건축의 콘크리트	60	100	200	1.3	1.2	1.5	2	3
알루미늄의 바탕쇠	200	300	600	1.2	1.0	1.5	2	2.5
열처리된 락카 　짙은 색 ρ=10 %	120	180	360			1.5	2	2.5
적색~갈색~황색				1.3	1.0			
청색~녹색				1.0	1.3			
보통의 농도 ρ=30~40 %	40	60	120			2	4	7
적색~갈색~황색				1.2	1.0			
청색~녹색				1.0	1.2			
묽은 색 ρ=60~70 %	20	30	60			3	5	10
적색~갈색~황색				1.1	1.0			
청색~녹색				1.0	1.1			

[비고]　보정계수는 조도에 곱한다.
　　　　H : 수은 램프, HF : 형광수은 램프, M : 메탈 할라이드 램프, NX : 저압 나트륨 램프,
　　　　NH : 고압 나트륨 램프

을 그림 2.3~그림 2.6에 나타냈다.

조명기구는 조명대상의 크기, 조명기구와의 거리를 고려하여 주위에 대한 새어나오는 빛이 적은 배광을 선택한다. 배광이 좁은 것은 조도분포가 나빠질 우려가 있으므로 미리 조도분포를 잘 검토하고 적절한 수량, 광원의 와트 선정을 수행할 필요가 있다. 높은 와트 광원을 소수 사용하지 않고 낮은 와트 광원을 매우 미세하게 사용함으로써 주위에 대한 누출광도 크게 절감

할 수 있다.　　　　　　　　　　　　　　[稻森 眞]

2.3 광장 조명

2.3.1 사고방식

「廣辭苑」에 의하면 광장이란 "널찍이 펼쳐진 장소. 집회, 산책 등이 가능하도록 만들어진 넓고 평평한 장소', 공원이란 '공중을 위해 설치

표 2.3 경관에 이용되는 광원과 그 특징

광원의 종류	구분 사용 포인트	조형					식물				물		
		청동	석재	목재	동	벽돌	대나무	잔디	수목	꽃	폭포	분수	수중
할로겐 전구	소형이고 쉽게 사용할 수 있으며, 황색·적색 기가 아름다워 보인다. 수명이 짧으므로 보수하기 쉬운 장소에서 사용		O	O	O	O				O	O	O	O
형광 램프 (전구색)	고효율, 수명이 길며 연색성도 좋으므로 정원, 산책로 등의 낮은 조명에 최적. 색온도가 낮고 따뜻한 분위기가 난다.			O	O	O			O				
형광 램프 (백색)	고효율, 수명이 길며 연색성도 좋고 수은 램프, 메탈 할라이드 램프와 색온도가 유사하므로 위화감이 적다.		O				O	O					
형광 램프 (주백색)	고효율, 수명이 길며 연색성도 좋으며 색온도가 높고 상쾌한 분위기가 난다.			O				O	O				
고압수은 램프	수목이나 잔디밭 등의 푸르름이 생생해 보인다. 수명이 길기 때문에 보수도 용이하다.						O	O	O				
메탈 할라이드 램프 (연색 개선)	고효율이고 연색성도 우수하므로 사람의 왕래가 많은 큰 광장조명이나 가로등 등에 적합하다.	O	O				O	O	O			O	
메탈 할라이드 램프 (고연색)	특히 연색성이 우수하며 사람의 왕래가 많고 멋스러운 광장이나 몰 등에 적합하다.	O	O	O	O		O	O	O	O	O		
고압 나트륨 램프	고효율이며 수명이 길고 경제성이나 보수성이 우수하다. 수목 등의 푸르름이 비치지 않으므로 경제성 우선의 장소에 적합하다.			O	O	O							
고압 나트륨 램프 (고연색)	전구색에 가까운 광색으로 연색성이 우수하며 따뜻한 분위기를 연출할 수 있고 사람의 왕래가 많은 장소에 적합하다. 단풍든 수목에 적합하다.		O	O	O	O			O	O			

[岩崎電氣, 1998[7]]

된 정원 또는 유원지' 라 한다.

광장은 사람들이 모여 쉬는 넓은 장소로서 생활 속에 다양한 형태로 존재하고 있다. 크게 나누면 하나는 사람들이 교류하는 커뮤니티 광장이며, 또 하나는 철도, 자동차 등 서로 다른 교통수단의 결절점으로서 여객이 집산하는 터미널 광장이다. 한편 공원에는 국가나 지방공공단체가 정비하는 공원(도시공원 등)과 풍치경관을 유지하기 위해 일정구역을 지정한 공원(국립공원 등)이 있으며 도시공원에는 도시기간공원,

근린공원, 지구공원 등 다양한 것이 있다. 공원 정비의 목적은 사람들에게 휴식, 감상, 유희, 레크리에이션이나 스포츠 장을 제공하는 것에 있지만, 한신(阪神)·아와지(淡路) 대지진을 계기로 방재기능[8](표 2.5)도 요구되게 되었다.

광장이나 공원에 대한 조명설비의 설치목적은 주로 다음 세 가지이다.
(1) 사람들의 교류, 레크리에이션의 장으로서 안전성을 확보할 것

표 2.4 경관조명 대상과 유의사항

건물	구조물	식재

전체를 균일하게 조명하여 평면적으로 보이면 '눈에 잘 띔', '차분함' 및 종합평가(아름다움)가 저하한다. 따라서 요철이 많은 건물을 선정하고 그것에 의해 생기는 음영을 분명히 알 수 있도록, 또한 윤곽이 명료하게 드러나 보이도록 조명하는 것이 중요	배경이 어두운 경우에는 철골구조대 등이 어두운 배경에 발광체처럼 보이고 '눈에 잘 띔', '차분함' 및 종합평가(아름다움)가 모두 향상된다. 즉, 미세하고 강한 휘도 대비가 생기는 '토러스 구조물'과 같은 것을 선택하는 것이 포인트	줄기 중심의 조명은 '차분함'이나 '아름다움'의 평가가 나쁘지만 잎 중심의 조명이 되면 거꾸로 평가가 높아진다. 따라서 줄기를 눈에 띄게 하지 않고 잎이 있는 만큼 범위를 가지고 비추도록 조명한다. 광원으로는 투명 타입의 수은 램프가 적합하다.

[사진제공 : 岩崎電氣]

(2) 차나 사람의 흐름을 안전하고 원활하게 유도할 것

(3) 때와 장소에 따른 다채로운 분위기(즐거움, 차분함, 활기 등)를 만들어 낼 것

광장이나 공원은 노드(결합점)나 디스트릭트(지역)으로서 도시경관의 구성요소이며 야간경관 만들기에 큰 역할을 한다. 각각의 역할, 기능, 목적을 충분히 음미하여 조명계획을 세울 필요가 있다.

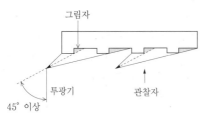

• 조명방향과 시선이 이루는 각도는 45° 이상으로 한다.
• 큰 돌출물이 있는 경우에는 반대방향으로 약한 빛을 비추어 크고 짙은 그림자를 줄인다.

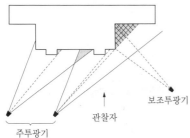

그림 2.3 빛이 닿는 방법(건축면)
(CIE, 1993[4])

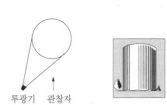

배경이 밝은 경우에는 경계부를 어둡게, 중앙부를 밝게

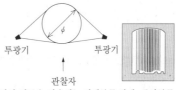

배경이 어두운 경우에는 경계부를 밝게, 중앙부를 어둡게

그림 2.4 빛이 닿는 방법(원통상 타워)
(CIE, 1993[4])

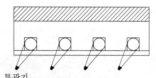

투광기
어두운 배경을 뒤로 하고 각 기둥을 밝게 하여 보여 줌

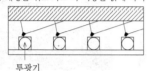

투광기

배경을 조명하고 기둥을 실루엣으로 보여 줌(콘트라스트를 약화하도록 기둥에 약한 빛을 줄 필요가 있는 경우도 있음).

그림 2.5 빛이 닿는 방법(기둥)
(CIE, 1993[4])

물이 움직여 거품을 일으키고 있는 노즐의 바로 옆, 물의 낙하점에 조명기구를 놓는다.

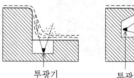

투광기　　　　투광기
물의 낙하부분의 밑 또는 배면에 조명기구를 배치한다. 흐름의 폭이 넓은 경우에는 미세한 광원이 적합하다.

그림 2.6 빛이 닿는 방법(물)(CIE, 1993[4])

2.3.2 광장 조명의 유의사항

(1) 조도의 설정

광장의 조명은 커뮤니티 기능을 중시한 광장에서는 주위환경(범죄의 위험성, 주위의 밝기 등)을 고려하고 사람들의 안전한 활동이 가능한 수준을 광장전반의 조도로 설정한 다음, 사람들이 모여 쉬기 위한 연출을 생각한다. 터미널 기능을 중시한 광장에서는 교통안전에 필요한 레벨을 광장전반의 조도(노면휘도)로 설정함과 동시에 차나 사람의 도선(導線)을 고려하고 그것들의 흐름을 원활하게 유도하도록 시선상의 수직인 면의 조도를 검토한다.

광장전반의 조도[9]는 거기서 행해지는 행위(시작업)을 바탕으로 JIS 조도기준(표 2.6 참조) 등을 참고하여 설정한다. 커뮤니티 기능을 중시한 광장에서는 방범이, 터미널 기능을 중시한 광장에서는 차의 안전주행이 거기서 주가 되는 시작업이 된다. 또한 야간의 원활한 유도나 경관을 연출하는 의미에서 랜드마크로서 상징적인 상, 건축물, 조형물 등을 조명하여 광장을 특징있게 만들어도 좋다. 나아가 그 장소의 컨셉에 맞추어 조상, 기념건조물, 기념비, 화단, 초목 숲 등을 조명하는 기법도 널리 이용된다. 이와 같은 유도나 연출 대상의 조도는 광장 및

표 2.5 방재공원 등의 종류와 개요

종류	역할	공원 종별	규모
광역방재거점의 기능을 가진 도시공원	대지진화재 등이 발생한 경우에 주로 광역적인 복구, 복구활동의 거점이 되는 도시공원	광역공원 등	대략 면적 50 ha 이상
광역피난지의 기능을 가진 도시공원	대지진화재 등의 재해가 발생한 경우에 광역적 피난용으로 제공되는 도시공원. 또한 피해의 상황, 방재관련시설의 배치에 따라 광역방재거점의 역할을 담당하는 경우도 있다.	도시기간공원 광역공원 등	면적 10 ha 이상
일차피난지의 기능을 가진 도시공원	대지진화재 등의 화재발생 시에 주로 일차적 피난용으로 제공되는 도시공원	근린공원 지구공원 등	면적 1 ha 이상
가까운 방재활동거점의 기능을 가진 도시공원	대로 가까운 방재활동의 거점이 되는 도시공원	블록 공원 등	면적 500 m² 이상

[도시녹화기술개발기구, 2000[8]]

표 2.6 JIS 조도 기준

	공장 공원	조도범위 (수평면)[lx]
통로	아케이드 상점가(번화)*	200~750
	아케이드 상점가(일반)*	100~300
	상점가(번화)	30~100
	상점가(일반)	10~50
	시가지	5~30
	주택지	1~10
교통관계 광장	역전광장, 공항광장(교통량 대)	10~75
	역전광장, 공항광장(일반)	2~30
공원	주된 장소	5~30
	기타 장소	1~10

＊심야 1/10~1/20의 조도 등을 설치한다.
[JIS Z 9110[9]]

그 주변과의 균형이 잡히도록 전반조명의 2~10배 수준으로 설정한다.

(2) 조명설비

광장의 대표적인 조명기법[7]에는 표 2.7과 같은 것이 있다. 그 특징을 잘 파악하고 광장의 목적이나 대상에 맞는 것을 선택한다. 조명설비는 광원, 안정기, 조명기구 등을 조합했을 때 조명효율, 에너지 절약성, 경제성 등이 높은 조합을 검토한다. 조명의 설치위치는 광장의 다채로운 이용목적에 대해 각종 행사에 안전하고 지장이 생기지 않도록, 또한 보수점검이 용이하도록 검토한다.

폴 조명[10]에서는 조명기구의 높이(표 2.8)나 배광(표 2.9)에 따라서도 조명효과나 분위기가 달라지므로 설치장소의 목적을 고려하여 구분하여 사용한다. 또한 주간경관, 야간경관, 주위환경에 잘 조화되도록 의장과 휘도에도 주의한다. 특히 휘도가 높은 것은 섬광이 되고 사물의 발견을 저하시키기만 하거나 야간 경관의 연출효과를 손상시키게 된다.

조각상, 기념조형물, 기념비, 화단, 초목 숲 등 야간연출을 위한 조명설비는 검은색인 것이 중요하며 식재 등에 가려져 주간경관에 융화되는 등의 배려가 필요하게 된다. 특히 투광기를 이용하는 경우에는 생각하지 않은 방향으로 섬광이 될 수가 있으므로 충분한 검토가 필요하다.

2.3.3 공원 조명의 유의사항
(1) 조도의 설정

공원의 조명은 그 기능, 성격이나 주변의 환경, 야간의 이용형태 등을 고려하여 계획한다. 만약 야간에 폐쇄되어 거의 이용하지 않을 것으로 생각될 경우에는 자연환경을 보전하는 의미에서 조명은 필요최소량으로 제한한다. 한편 야간개방되어 사람들이 이용하는 시설에서는 원로(園路), 광장, 안내표지, 수경대상(화단, 초목 숲, 기념조형물, 잔디밭, 수목, 못 등) 등을 조명하고 안전성을 확보함과 동시에 공원의 폭이나 넓이 등 공간특성을 잘 알 수 있도록 한다. 안전성의 확보는 어두움이나 사물의 그림자를 만들지 않는 것이 중요하며 조도의 확보보다 오히려 초목 숲 등 어둡게 되기 쉬운 장소에 약간 밝기를 부가하는 등의 배려가 필요하다.

공원의 조도[9]는 주위환경(범죄의 위험성, 주위의 밝기 등)을 고려하고 공원의 기능, 성격 등을 바탕으로 JIS 조도기준(표 2.6 참조) 등을 참고하여 안전 확보에 필요한 기본 레벨을 설정한다. 규모가 큰 공원에서는 주요 게이트, 간선원로, 보조원로, 배선 등을 계층적으로 위치시키고 2~3배 이상의 조명 레벨 차가 생기지 않도록 설정한다. 유도나 연출대상의 조도는 그 주변과의 균형을 고려하여 기본 레벨의 2~10배 범위로 설정한다.

(2) 조명설비

조명기법[7](표 2.7 참조)은 원로(공원길), 광장, 안내표지, 수경대상 등에 맞는 것을 선택한

표 2.7 조명기법과 특징

폴 조명	브래킷 조명	투광(연출) 조명	경관재 조입 조명
• 조명 폴의 높이에 따라 구분 사용할 수 있다. • 조명기구의 배광에 따라 구분 사용할 수 있다. • 조명 폴이 공간의 개성 및 경관을 해칠 우려가 있으므로 의장 및 배치(배열)에 주의해야 한다. • 조명기구의 눈부심이 야간 경관의 일부이므로 휘도를 어느 정도로 설정하는지가 중요하다.	• 공간이 깔끔하다. • 부착 높이가 시선에 가까워지기 쉬우므로 기구의 의장, 휘도규제가 중요하다. • 벽이나 노면에 명암을 만들기 쉬우므로 그것에 규칙성을 갖게 하면 변화가 있는 분위기의 연출이 용이해진다. • 부착 배선 등의 시공성에 어려움이 있다.	• 조명기구를 드러내지 않고 수목이나 기념건조물 등을 용이하게 비출 수 있다. • 조명기구를 위쪽에 숨기고 눈부심을 주지 않도록 하는 것이 중요하다. • 조명대상에 세밀한 명암이나 음영이 생기도록 빛의 방향성을 고려하는 것이 중요하다.	• 공간이 깔끔하다. • 노면에 명암분포가 생기기 쉬우므로 그것에 규칙성을 갖게 하면 변화가 있는 분위기를 연출하기가 용이해진다. • 공간(특히 노면)에 바탕이 되는 밝기가 없으면 불안정하고 마음이 불편한 분위기가 되기 쉽다. • 부착, 배선, 보수 등에 어려움이 있다.

[사진제공 : 岩崎電氣]

다. 조명설비의 설치위치와 높이는 식재계획이나 수목의 성장 정도, 보수점검을 고려하는 것이 중요하다. 한편 자연환경을 보전하는 것이 요구될 경우에는 보존하는 생태계의 빛에 대한 특성을 유지하며 개별적으로 대응한다.

원로나 광장에서는 폴 조명[10]의 조명기구의 높이(표 2.8)나 배광(표 2.9)을 설치장소의 목적을 고려하여 구분 사용한다(표 2.10). 조명기구의 선정은 주간의 경관과 조화되는 의장으로 하고 내구성, 보수성, 조명효율, 에너지 절약

표 2.8 조명기구의 설정 높이와 주된 특징

설치 높이	주된 특징	적용 예	램프 광속의 수치[lm/등]
12 m 이상	• 조명으로 상징적인 경관을 형성할 수 있다. • 조명효율이 좋고 경제적이다. • 조명 폴의 난립을 방지할 수 있다. • 주위에 대한 광누출이 많아지기 쉽다. • 보수점검을 위한 대책이 필요하다.	대주차장 교통광장	40,000 이상
7~12 m	• 높이의 3~5 배 간격으로 배치하면 연속된 빛의 아름다움(유도 효과)을 얻기 쉽다. • 필요한 밝기를 경제적으로 얻을 수 있다. • 광의 제어(후드, 루버의 장착)를 비교적 용이하게 수행할 수 있다.	도로 주차장 일반적 광장 녹지대길	10,000 ~ 50,000
2~7 m	• 사람의 높이에 가까우므로 친밀감, 따뜻함을 얻기 쉽다. • 의장 디자인으로 경관형성을 용이하게 수행할 수 있다. • 섬광을 주기 쉽다. (발광면 휘도가 너무 높지 않은 램프 광속의 선정이 중요)	공원 녹지대길 건축기내 소규모 광장	1,000~ 20,000
1.5 m 이하	• 음영, 명암 등 '빛과 그림자'의 연출이 쉽다. • 보수가 용이하지만 파괴될 우려가 있다. • 유도 또는 주의를 촉진하는 데 효과적이다. • 섬광을 주기 쉽다(램프 광속의 선정에 주의하고 발광면의 휘도 규제가 필요).	접근 공간 택지 내 정원 공원	3,000 이하

[일본조명기구 공업회, 2002[10]]

표 2.9 도로, 가로, 공원, 광장용 조명기구의 구분과 특징

조명기구 구분	특징	참고도(조명기구, 배광형상의 예)
A 빛이 전방향으로 대략 균등하게 조사되는 타입 상방광속비* >20 %	• 높은 건물 등도 조명되며, 공간파악이 용이하다. • 주위가 열린 지역에서는 낭비가 되는 빛이 많다. • 조명기구의 빛으로 활기 있는 분위기를 얻기 쉽다. • 눈부심을 느끼기 쉬우므로 빛을 억제할 필요가 있다. • 다른 조명연출효과를 약하게 할 우려가 있다.	
B 상방향으로 빛이 일부 억제된 타입 상방광속비 ≤20 %	• 낮은 건물이 조명되어 공간의 밝기를 얻기 쉽다. • 주위가 열린 지역에서는 낭비가 되는 빛이 많지만 상방향에 대한 누출광은 A보다 억제되어 있다. • 눈부심을 느끼기 쉬우므로 빛을 억제할 필요가 있다. • 다른 조명연출효과를 약하게 할 우려가 있다.	
C 상방향에 대한 빛이 크게 억제된 타입 상방광속비 ≤15 %	• 상방향에 대한 빛이 적고 주위에 대한 영향이 적다. • 노면에 대한 조명효율이 높고 소요조도를 얻기 쉽다. • 벽면 등의 조도가 낮아져 공간이 어둡게 느껴지기 쉽다.	
D 상방향에 대한 광이 대단히 억제된 타입 상방광속비 ≤5 %	• 치밀한 배광제어로 주위에 대한 영향이 적어질 수 있다. • 효율 좋게 노면을 조명할 수 있으며 소요조도를 얻기 쉽다. • 공간이 어둡게 느껴지기 쉬운 반면, 다른 조명연출효과가 높아진다.	
E 상방향에 대한 빛이 완전히 억제된 타입 상방광속비 = 0 %	• 치밀한 배광제어로 주위에 대한 영향을 대폭 줄일 수 있다. • 효율 좋게 노면을 조명할 수 있으며 소요조도를 대단히 얻기 쉽다. • 공간이 어둡게 느껴지기 쉬운 반면 다른 조명연출효과가 높아진다. • 도로조명용으로 섬광도 적다.	

＊상방향 광속비는 램프 광속에 대한 상방향 광속의 비(ULOR=상방광속/램프광속)으로 표현된다.(소수점 이하 반올림)
[일본조명기구공업회, 2002[10]]

성, 경제성 등으로 배려한다. 또한 석양 등의 자연경관을 조망하고 천문관측 등이 수행되는 장소에서는 조명기구의 휘도나 상방광(上方光)을 엄격히 제한하는 것을 이용하고 방해가 되지 않도록 배려한다. 한편 방재공원으로서, 일차피난공원 등으로서의 기능을 부가하는 경우에는 평소 보지 못한 재해 시에도 사용할 수 있는 조명기구의 설치를 검토한다.

경관요소(수목, 목재, 돌, 물 등)의 조명[7]은 그들을 효과적으로 보이기 위해 광원의 선정이 중요해진다(표 2.3 참조). 또한 조명기구는 초목 숲이나 구조물의 그림자에 가려진 경관에 융화시키는 등의 배려할 필요가 있지만, 그라운드 레벨에 배치할 경우에는 사람이 쉽게 접촉할 우려가 있으므로 전기, 열 등의 안전대책이 필요하게 된다.

2.3.4 테마 파크 조명의 유의사항

(1) 조도의 설정

최근 대규모의 테마 파크, 유원지, 레저 랜드가 건설되고 시설 내에는 대관람차, 제트 코스터, 회전목마 등의 유희설비나 야외극장, 행사전용관, 소동물원, 공동시설, 휴게시설, 원로(園路), 광장, 대주차장, 화단, 식재 등 다양한

표 2.10 장해광 저감을 위한 도로, 가로, 공원, 광장용 조명기구의 구분 사용

사용 장소		유의점	조명기구의 구분				
			A	B	C	D	E
도시 중심부	아케이드 내, 옥내공간	천장 등으로 차광되어 누출광의 우려가 없다.	◎	◎	◎	◎	◎
	사무실, 상업지역, 번화가	비교적 번화한 공간에 이용되며 기구 디자인도 고려한다.		○	○	◎	◎
	주요간선도로 및 연선	세미컷오프 배광을 표준으로 한다.			○	◎	◎
	고층주택가	주택에 대한 누출광에도 유의한다.				○	◎
	공원, 광장	비교적 밝은 공원, 광장, 섬광에 유의한다.				○	◎
근교부	역전광장, 상점가	비교적 번화한 공간에 이용하며, 기구 디자인도 고려한다.		○	○	◎	◎
	보조간선도로 및 연선	세미컷오프 배광을 표준으로 한다.			○	◎	◎
	주택지역	주택에 대한 누출광에도 유의한다.				○	◎
	공원, 광장	주택지 내의 공원, 광장. 섬광에 유의한다.				○	◎
교외부	주택지역	주택에 대한 누출광에도 유의한다.				○	◎
	보조간선도로 및 연선	컷오프 배광을 표준으로 한다.				○	◎
	전원지역	효율과 섬광에 유의한다.				○	◎
산간부, 임해부, 국립공원		상방광속 0 %를 기본으로 한다.					◎

[비고] ○ : 장해광이 될 우려가 적음.   ◎ : 장해광이 될 우려가 거의 없음.
[일본조명기구공업회, 2002[10]]

시설이 설치되게 되었다.

조도의 설정은 이용자의 안전과 원활한 유도를 꾀하기 위해 연출효과를 생각하고 시설 내의 각 영역, 조명대상을 시설의 컨셉에 맞게 계층적으로 위치시키고 전체의 균형을 잡도록 유념한다. 유희심, 제맛 살리기가 설정의 포인트가 된다.

(2) 조명설비

조명기법(표 2.4)이나 조명기구의 높이의 구분 사용(표 2.8, 표 2.9 참조) 등은 광장이나 공원과 마찬가지이지만, 그 밖에 일루미네이션, LED 및 광파이버 등도 연출의 재료로 활용할 수 있다.

여기서의 조명설비는 신(scene)의 조명연출 등을 생각하는 것부터 점멸, 조광, 컬러 체인지, 음동기(音同期) 등을 용이하게 수행할 수 있는 광원, 조명기구의 선택도 필요하다.

[塚田敏美]

2.4 가로 조명   ● ● ●

2.4.1 사고방식

가로란 '시가지의 도로'라고 정의된다. 도시가로, 상점가로, 아케이드, 몰 등으로 사람들이나 차 등의 통행을 원활하게 하는 것임과 동시에 도시경관의 구성요소 패스로 각 거리의 개성을 반영하는 장소이다. 가로의 정비에 대해서는 계획자(디자이너·오너·자치체 등)는 각 거리의 역사·풍토·자연·지형 등 지역의 개성을 잘 인식하고, 다음으로 새로운 발견이 있고 새로운 매력을 고려하여 다양성을 검토하는 것이 중요하다.

조명설비를 정비하는 기본적인 목적은 보행자가 안심하고 안전하게 통행할 수 있도록 하는 데 있으며 다음과 같은 조건을 만족해야 한다.

(1) 노면의 요철·웅덩이·낙하물·높이의 차·장해물 등이 쉽게 인식될 것

(2) 주위의 건물 등 거리의 용모를 파악할 수
있고 진로가 용이하게 인식될 것

(3) 다른 보행자를 식별하고 그 거동을 판단,
위험 회피가 용이할 것

(4) 도로표지판, 주소 등을 읽을 수 있을 것

(5) 범죄자가 숨거나 범죄를 일으키기 쉬운 어
두움이 없을 것

도로조명이 주로 자동차교통을 위한 것이라
면 가로조명은 주로 보행자를 위한 시설이라 할
수 있다. 특히 상점가로나 몰은 쇼핑이나 산책
등으로 도시생활의 장이다. 이와 같은 공간에서
는 야간의 안전성을 확보한 상태에서 쾌적성
·장식성·연출성 등의 면에서 도시생활의 윤택
함을 검토하는 것도 중요하다. 조명설비는 주야
간을 막론하고 가로의 중요한 경관요소로 도시
공간 전체의 평가에 큰 영향을 끼치게 되므로
각 가로의 역할, 주위와의 밸런스를 잘 파악하
고 조명계획을 세울 필요가 있다.

2.4.2 조명의 유의사항

(1) 조도의 설정

가로의 조도는 보행자가 안심하고 안전하게
통행할 수 있는 가로의 사용상황, 주위의 밝기,
활동의 내용, 범죄의 위험성 등을 가미하여 설
정한다. JIS 조명기준[9]에는 부표 '도로, 광장,
공원'에 통로의 조도(표 2.6 참조)가, JIS 도로
조명기준[11]에는 야간의 보행자교통으로서 보도
의 조도(표 2.11 참조)가 규정되어 있다. 조도설
정을 더 상세히 검토할 경우에는 조명학회[12](표
2.12)나 국제조명위원회[13](표 2.13)의 조명기준
을 참고로 한다.

조명설정에서 중요한 것은 큰 조도의 변화를
만들지 않는 것이다. 교차하는 두 가로의 평균
조도가 크게 다르면 한쪽 가로가 어둡게 느껴져
범죄가 발생하기 쉽게 된다. 평균조도의 설정에

대해 2배 이상의 차를 만들지 않도록 설정한다.

(2) 조명설비

가로조명이 주로 보행자를 위한 것이라면 조
명은 단순히 안전 면에서 밝기만(조도) 확보하
는 것이 아니라 쾌적성이나 연출성도 고려할 필
요가 있다.

조명기법[7]은 표 2.7에 나타난 것처럼 네 가지
로 크게 나누어진다. 각 특징을 이해하고 주위
환경을 고려하여 설정할 필요가 있다. 폴 조명[10]
에서는 조명기구의 부착 높이(표 2.8 참조)나
배광(표 2.9 참조)에 따라 서로 다른 효과, 분
위기를 창출한다. 소정의 조명환경을 얻으려면

표 2.11 JIS 도로조명기준 : 보행자에 대한
도로조명의 기준

야간의 보행자 교통	지역	조도[lx]	
		수평면 조도[*1]	연직면조도[*2]
교통량이 많은 도로	주택지역	5	1
	상업지역	20	4
교통량이 적은 도로	주택지역	3	0.5
	상업지역	10	2

[*1] 수평면조도는 도로 노면상의 평균조도
[*2] 연직면 조도는 보도의 중심선상으로 노면에서 1.5 m
높이의 도로축에 대해 직각인 연직면상의 최소 조도
[JIS Z 9110[11]]

표 2.12 조명학회 권장조도

장소의 분류			권장조도[lx]	
사용상황 외주	주위의 밝기		수평면조도	반원통면 조도 또는 연직면 조도
야간 사용이 큼	밝음		20	4
	중간정도		15	3
	어두움		10	2
야간 사용이 중간	밝음		10	2
	중간정도		7.5	1.5
	어두움		5	1
야간 사용이 적음	밝음		7.5	1.5
	중간정도		5	1
	어두움		3	–
계단, 급경사 중간정도	밝음		20	4
	중간정도		15	3
	어두움		10	2

[JIEC-006, 1994[12]]

표 2.13 CIE 권장조도

		수평면 조도[lx]		반원통면 조도[lx]
		평균	최소	최소
복합지역	보도와 소도	5	2	2
	주거지역 내의 공원	10	5	3
	거리의 중심	10	5	10
	아케이드와 도로	30	15	–
	상업, 산업지역	20	6	–
주거지역	보행자도로의 계단	수평면 조도[lx]		연직면 조도[lx]
	경사로	평균	최소	평균
	계단, 축상판	–	–	<20
	계단답판	>40	–	–
	경사로	>40	–	–

[CIE, 2000[13]]

표 2.14 조명기구의 섬광 규제
(부착 높이 10m 미만의 것)

연직각 85° 이상의 휘도*	20,000 cd/m² 이하		
조명기구의 높이	4.5 m 미만	4.5~6.0 m	6.0~10 m
연직각 85° 이상의 광도	2,500 cd 이하	5,000 cd 이하	12,000 cd 이히

* 연직면 85° 방향의 광도에서 추정해도 좋다.
[JIEC-006, 1994[2]]

이들을 잘 구분 사용하는 것이 중요하다.

광원은 점등회로 손실을 포함한 램프의 총합 효율이 높은 것을 채택한다. 일반적으로 와트가 커질수록 램프의 효율이 높지만 글레어의 위험성도 높아진다. 따라서 다음 두 가지를 검토해야 한다.

(1) 부착 높이에 따른 램프 광속을 가진 와트를 선택한다.

(2) 조명기구의 휘도나 광도를 제한한다[12](표 2.14 참조)

한편 광원은 가로를 다니는 사람들의 얼굴이나 복장 등의 색이 어떻게 보이는지와 관계가 있다. 각종 광원의 특성(그림 1.2, 그림 1.3 참조)을 참고로 선정한다. 또한 경관 등의 효과적인 연출에는 연출대상에 맞는 적절한 광원의 선택도 중요하다(표 2.3 참조).　　　　[牧井康弘]

2.5 간판·사인·표지의 조명 ● ● ●

2.5.1 사고방식

간판이란 '상품이나 상호, 집 이름 등을 사람의 눈에 띄도록 써서 내건 판', 사인(sign)이란 '신호, 기호, 부호', 표지(標識)란 '구별하는 기호, 표시'이다. 도로나 교차점, 광장이나 공원에 설치된 안내표지나 도로표지 등은 사람들에게 기명, 설명, 안내, 유도, 규제 등의 정보를 전달함으로써 공간이나 시설을 알기 쉽게 하고 쾌적한 행동을 지원한다. 상업시설 등에 설치되는 간판이나 사인에서는 그 사업내용을 전달하는 광고로서의 기능도 기대된다.

간판, 사인, 표지는 주간뿐만 아니라 야간에도, 또한 공적인 것은 평상시와 함께 비상시에도 그 기능을 발휘할 것이 요구된다. 특히 피난장소에 원활한 안내, 유도를 목적으로 하는 것은 길가 등에 적절한 디자인 이미지, 시야각, 조도 등을 가지고 표시될 필요가 있다. 재해시를 고려하면 전원은 상용전원뿐만 아니라 독립전원도 필요하며 자연 에너지(태양이나 풍력 에너지 등)의 이용 등도 중요하다.

이러한 표시방법을 조명적 측면에서 크게 나누면 다음과 같이 된다.

(1) 자발광식 : 네온 사인, 전광판 표시, LED 표시판, 대형 영상 표시장치 등 자체 빛으로 표시되는 것

(2) 반사식(외조식) : 벽면간판, 옥외입간판 등 외부에 투광기 등을 설치하여 조명하고 그 밝기로 보이게 하는 것

(3) 투과식(내조식) 플라스틱판 등의 배면에 광원을 설치하고 그 투과광에 의해 보이게 하는 것

표 2.15 대상물의 권장 휘도

주위의 환경	주위가 어두운 장소, 어두 컴컴한 교외	일반적인 장소 작은 거리 대도시 교외	주위가 밝은 장소 도심 상업지구
대상물의 권장 휘도[cd/m²]	4	6	12

[CIE, 1993⁴⁾]

표 2.16 과잉 조명된 건물 표면 및 간판의 영향 제한

조명기술적 지표	환경구역			
	E1	E2	E3	E4
건물표면의 휘도[cd/m²]	0	5	10	25
간판의 휘도[cd/m²]	50	400	800	1,000

E1 : 자연환경, 국립공원 및 보호된 장소 등 본래 어두운 광환경
E2 : 지방부, 산업적 또는 거주적인 지방 영역 등 낮은 밝기의 광환경
E3 : 교외, 산업적 또는 거주적인 교외 지역 등 중간 밝기의 광환경
E4 : 도시, 도시 중심과 상업 지역 등 높은 밝기의 광환경
[CIE, 2002¹⁴⁾]

자발방식이나 투과식(내조식)에서는 그 휘도가 수백~수천 cd/m²으로 높은 데 비해, 반사식(외조식)에서는 수~수십 cd/m² 정도이다. 전자는 눈에 띄는 점에서는 우수하지만 휘도가 너무 높으면 경관을 해치고 섬광의 원인이 되거나 어둠을 더 어둡게 느끼도록 하여 범죄 발생의 온상이 된다. 거리 조성에 대한 이들의 역할을 잘 생각하여 적절한 방식을 선택한다.

2.5.2 반사식 조명의 유의사항

(1) 조도의 설정

간판, 사인, 표지는 눈 선에 수평이거나 약간 상방에 배치되는 경우가 많으므로 반사식에서는 문자 등 인식할 수 있는 표시면의 휘도(연직면 조도)가 중요하다. 필요한 휘도는 설치장소의 주위 밝기, 간판 표면의 상태(문자 크기, 반사율 등)에 따라 달라진다. 휘도를 높게 하면 눈에 잘 띄어 먼 곳에서도 볼 수 있지만 주위 환경에 끼치는 영향도 증대한다. 휘도 설정¹³⁾,¹⁴⁾

표 2.17 광원의 광색과 재현되는 색의 이미

상관 색온도 [K]	광색	색의 이미지(Rₐ 80 이상)
~3,300	난	따뜻함이 있는 분위기에서 적색이 뚜렷해진다.
3,300~5,300	중간	흰 바탕이 더 희고 대부분의 색을 충실하게 재현할 수 있다.
5,300~	한	대부분의 색을 재현하면서 서늘한 분위기를 연출한다.

은 표 2.15, 표 2.16이 참고가 된다. 연직면 조도는 균등확산면으로 반사율을 바탕으로 환산한다.

총천연색의 것에서는 그림이나 문자의 색을 선명하게 보이기 위해 단색이나 문자만의 것보다 밝게 설정한다. 또한 간판 등에서 광고가 빈번하게 갱신되는 경우에는 디자인의 변경에 따라 대응할 수 있는 설정도 중요하다.

(2) 조명설비

조명설계를 할 때에는 다음 사항을 고려한다.
(1) 광해대책을 시행할 것(적정한 조도, 기법, 조명기구의 선택)
(2) 반사 섬광이 없을 것(적정한 조명기법의 선택)
(3) 색채에 위화감이 없을 것(적정한 광원의 선택)
(4) 적정한 점등시간의 검토
(5) 보수의 용이성

광원의 선정은 표시면의 관점에 영향을 끼친다. 램프 효율뿐만 아니라 연색성이나 광색에도 주의한다. 색채의 관점의 중요한 것에서는 평균 연색 평가 수 Rₐ=80 이상의 광원을 이용하고 광색과 재현되는 색 이미지를 고려한다(표 2.17).

조명기구는 부착 암(arm)에 기구를 부착하여 조사하는 것이 일반적이지만, 표시면에서의 출

표 2.18 반사식(외조식) 조명방법

조명방법		특징 및 유의점	표시 높이 H	조명기구 배광 출폭 1 m 정도
상방향에서의 조명		• 조명기구가 광고를 가리는 일은 없다. • 직사, 반사 섬광을 주지 않도록 유의할 필요가 있다. • 주간에 조명기구의 그림자가 간판면에 생길 수가 있다.	1 m ↕ 5 m	광각배광 중각배광 협각배광
하방향에서의 조명		• 조명기구에 광고가 가려지는 일은 없다. • 직사, 반사 섬광이 최소한으로 억제된다. • 조명기구의 보수, 점검이 비교적 용이하다. • 간판보다 상방의 광누출을 최대한 억제하도록 한다.	1 m ↕ 5 m	광각배광 중각배광 협각배광
상하방향에서의 조명		• 밝기의 낭비가 가장 적어진다. • 간판의 상하에 조명기구가 나란히 있기 때문에 불쾌감을 주지 않도록 주의한다. • 높은 조도를 얻을 수 있는 경우에 최적	5 m ↕ 6 m	광각배광 중각배광 협각배광

폭(出幅)을 필요로 하는 것, 시공 노력 절감, 유지보수 절감을 고려한 안정기 내장 타입도 사용되고 있다.

반사식 조명에서는 표시면의 조도균제도가 가장 중요하다. 이 때문에 조명기구의 출폭은 대개 높이의 1/4~1/2 정도를 필요로 한다. 조명기구의 배광은 출폭에 맞는 것을 선정하고 적절한 부착 간격으로 설치한다(표 2.18 참조). 조명기구의 조사방향은 표시면의 2/3보다 먼쪽을 조사하고 하부에서 상방으로 조사할 경우에는 하늘 등 조명범위에 대한 누출광을 제한[15]한다(그림 2.7). 또한 상부에서 하방향으로 조명할 경우에는 주위에 대한 섬광에 주의한다.

[塚田敏美]

참고문헌

1) 景観材料推進協議会, 日本建産業協会：景観照明, part-2, わが街の夜景創出 (2000)
2) ケビン・リンチ (丹下健三・富田玲子訳)：都市のイメージ, 岩波書店 (1968)
3) 照明学会：照明専門講座テキスト (2002)
4) CIE：Guide for floodlighting, CIE 94 (1993)
5) 日本照明委員会：景観照明のガイド, No. 11, JCIE 翻訳出版 (1993)
6) 中村芳樹：都市景観照明の印象評価, 照学誌, 74-3, pp. 143 -148
7) 岩崎電気：照明技術資料, No. TD-14 (1998)
8) 都市緑化技術開発機構：防災公園技術ハンドブック, 公害対策技術同友会 (2000)
9) JIS Z 9110：1979 照度基準
10) 照明器具工業会：障害光低減のための屋外照明機器の使い方ガイド, ガイド 116 (2002)
11) JIS Z 9111：1988 道路照明基準
12) 照明学会：歩行者のための屋外公共照明基準, JIEC-006 (1994)
13) CIE：Guide to the Lighting of Urban Areas, CIE 136 (2000)
14) CIE：Guide on the limitation of the effects of obtrusive light from outdoor lighting installations, CIE TC 5-12 (Final Draft, December 2002)
15) 照明学会：照明基礎講座テキスト, 第 21 期 (2002)

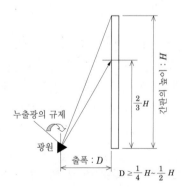

그림 2.7 조명기구의 부착과 조사방향의 예

누출광의 규제
광원
출폭 : D
$\frac{2}{3}H$
간판의 높이 : H
$D \geq \frac{1}{4}H \sim \frac{1}{2}H$

제3장

도로 및 교통 조명

3.1 기본적인 사고방식

3.1.1 자동차 교통을 위한 도로·터널 조명

자동차의 운전자는 시각정보에 의해 도로상황 및 교통상황을 정확히 파악하고 그 상황에 따라 적절한 운전조작을 하고 있다. 자동차의 운전자가 안전하고 원활하게 도로를 주행하려면 다음과 같은 시각정보가 필요하다.[1~3]

(1) 도로상의 장애물 또는 보행자 등의 존재 여부

(2) 도로 폭, 도로 선형 등의 도로구조

(3) 도로상의 특수장소(교차점, 분기점, 굴곡점 등)

(4) 주행차선의 노면의 상태

(5) 기타 자동차 등의 존재여부 및 종류, 속도, 이동방향

주간에는 자연광에 의해 필요한 시각정보를 얻을 수 있지만 야간에는 인공조명이 없는 경우 필요한 시각정보가 부족하다. 도로조명의 주된 목적은 야간의 시환경을 개선하고 자동차의 운전자에 대해 필요한 시각정보를 주어서 야간의 도로교통을 안전하고 원활하게 하는 것이다.

터널 조명의 주된 목적은 기본적인 시각정보의 제공과 더불어, 주간, 터널을 주행하는 운전자에게 일어나는 시각적인 문제에 대응하는 것이다.

상기 목적을 달성하려면 적절한 조명의 설계, 시공, 관리, 운용을 수행하는 것이 중요하다.

최근 환경문제에 대한 관심은 대단히 높고 조명시설에서도 중요한 과제의 하나가 되어 있다. 조명대상범위 밖으로 조사되는 누출광은 시각적인 악영향, 동식물에 대한 악영향, 불필요한 전력 소비 등의 장해에 따라 광해가 발생하기 때문에 조명시설이 주변환경에 끼치는 영향을 고려하여 양호한 조명환경을 실현하는 것이 중요하다.[4]

3.1.2 도로조명

(1) 도로조명의 조건

도로조명이 충분히 기능하기 위한 조명의 요건은 노면의 평균휘도가 적절하고 노면의 휘도분포가 적절한 균제도를 가지고 있으며 섬광이 충분히 제한되고 적절한 유도성을 갖는 것이 중요하다.[1~3]

① **노면휘도와 균제도** 노면휘도는 도로의 분류, 외부조건에 따라 평균노면휘도의 값이 규정되어 있으며 상황에 따라 적절한 값을 선정하는 것이 중요하다.[1] 노면휘도의 값이 기준휘도를 만족해도 휘도의 분포가 한결같지 않고 휘도분포에 큰 명암의 차가 생기면 평균노면휘도보다 낮은 부분에서는 장애물의 시인성이 저하하고 운전자에게 불쾌감을 주게 되므로, 노면상의 휘도분포는 가능하면 한결같도록 유의해야 한다.

② **섬광(글레어)** 도로조명에서의 섬광은 장애물 등의 관점에 영향을 주는 감능(減能)섬광과 운전자에게 심리적인 불쾌감을 주는

불쾌 섬광의 두 종류가 있으며, 섬광은 그
영향이 크면 도로조명의 기능이 저하하므로
섬광을 제한할 필요가 있다. 도로조명에는
일반적으로 2방향광형 배광의 도로조명기
구가 채택되어 있으며 조명기구의 섬광을
엄격히 제한한 컷오프형과 섬광을 어느 정
도 제한한 세미컷오프형이 규정되어 있다.[5]
도로의 주위환경이 어두운 경우에는 조명기
구에서 섬광을 받기 쉬우므로 컷오프 배광
의 조명기구를, 도로의 주위환경이 밝은 경
우는 세미컷오프 배광의 조명기구를 선정하
고 조명기구를 적절히 배치하면 섬광을 제
한할 수 있다.[1]

③ **유도성** 자동차의 운전자가 안전하게 도로
를 주행하려면 먼 곳에서 도로의 선형·구
배·구조(특수 장소 등)을 인식할 수 있는 것
이 바람직하다. 도로의 선형·구배·구조는
노면·구획선·연석·도로표지·방호책 등의

주간의 상황

야간의 상황

그림 3.1 운전자 시야의 예(일반도로)

시각정보에 의해 인식되며 시각유도효과를
얻을 수 있다. 야간에는 도로조명에 의해
노면·구획선·도로표지·방호책 등을 명료하
게 봄으로써 시각유도효과가 개선된다. 또
한 조명기구를 적절히 배치함으로써 도로의
선형이나 특수장소 등을 나타내는 광학적
유도효과도 얻을 수 있다. 이와 같이 조명
에 따라 얻어지는 유도효과를 유도성이라
한다.[2],[3] 조명기구의 배치계획에 따라서는
도로 전방의 상황이 잘못 인식되지 않도록
도로의 선형·구조에 맞춰 충분한 검토를 하
고 양호한 유도성을 확보하는 것이 바람직
하다.

(2) 조명방식과 기재의 선정

도로조명의 조명방식은 폴 조명방식을 원칙
으로 하고 있지만[1] 도로의 구조상 또는 입지조
건에 의해 높이 제한을 받는 경우, 차음벽 등이
연속하여 설치된 경우, 누출광 등을 극히 제한
할 필요가 있는 경우, 도로구조가 복잡하고 폴
이 난립한 경우 등은 도로구조나 교통상황 및
주위환경을 고려하여 구조물 부착 조명방식, 고
난간 조명방식, 하이마스트 조명방식 등을 채택
할 수 있다. 어느 조명방식에서도 조명의 요건
을 충분히 고려하여 조명방식에 맞는 조명기재
를 선정해야 한다.

조명기재의 선정은 다음 사항에 유의하고 건
설비, 유지관리비 등의 경제성도 포함하여 종합
적으로 판단해야 한다.

① **조명기구** 조명방식에 맞는 구조와 배광을
가지고 있으며 부착 및 보수작업이 용이하
게 수행할 수 있고 내후성이 우수한 재질,
마감 등을 고려해야 한다.

② **광원** 광원의 선정에서는 효율·광속·수명
·광색·연색성·각종 제특성 및 사용환경 등

을 고려해야 한다.

③ **안정기**(安定器) 안정기는 광원의 효율이
나 수명에 영향을 주므로 램프의 종류와 크
기, 전원상황(전압·주파수 등)에 맞게 적절
한 것을 선정해야 한다.

(3) 운용과 관리

도로조명은 도로상황, 도로주변상황, 교통상
황 등을 충분히 고려하여 조광할 수 있다. 조광
은 선택 조명에 의해 켜지는 방식 외에 조광형
안정기를 이용하여 광원의 광속을 감광하는 방
법이 있다. 선택 조명에 의해 감광하는 경우는
휘도균제도가 저하하기 때문에 충분한 검토가
필요하다. 교차점, 횡단보도 및 국부조명 등 교
통안전상 중요한 지점은 조광의 대상지점이 되
지 않으므로 배선계획이나 조명기재에 대해서
도 유의할 필요가 있다.

도로조명은 교통안전시설로 설치하는 것이며
그 기능을 유지하는 것은 대단히 중요하다. 조
명기구가 켜지지 않는 것은 노면휘도의 부족,
균제도 및 유도성의 저하 등의 영향이 있다. 조
명기구는 옥외에 설치되므로 오염이나 열화에
의해 광학성능이 저하하고 광원의 광속은 점등
시간에 따라 감소하여 노면휘도가 저하한다. 적
절한 도로조명의 기능을 유지하려면 정기적인
점검을 하고 광원의 교환, 조명기구의 청소 및
기재의 보수를 수행해야 한다.

3.1.3 터널 조명
(1) 터널 조명의 목적과 기능

터널 조명의 목적은 도로조명과 마찬가지로
자동차의 운전자에 대해 시각정보를 주는 것이
다. 단, 터널은 측벽에 따라 폐쇄된 공간이며
구조적으로 특수한 부분이므로 터널 특유의 시
각적인 문제가 발생한다. 이 때문에 터널 조명

은 터널 특유의 문제에 대응하여 운전자의 시환
경을 개선하는 기능을 가지고 있다.

(2) 터널 조명의 구성과 역할

터널 조명은 문제가 일어나는 장소에 따라 문
제에 대응하는 기능을 가진 복수의 조명에 의해
구성되어 있다.[1]

① **기본조명** 터널 전체 길이에 일정한 간격
으로 배치되는 조명이며 운전자가 각 설계
속도마다 시야거리 만큼 떨어진 장소에서
장애물을 시인할 수 있도록 평균노면휘도의
값이 정해져 있다. 터널 내는 배기 가스에
의해 투과율이 낮아지면 관점이 저하되기
때문에 평균노면휘도의 값은 터널 내의 투
과율이 100 m당 50 %일 때 필요한 평균노
면휘도의 값이 나타나 있으며, 교통량이 적
고 터널 내의 투과율이 높은 경우에는 평균
노면휘도를 줄일 수 있다.[1]

② **입구부 조명** 그림 3.2와 같이 경계부, 이
행부, 완화부의 세 구간으로 구성되며 다음
과 같은 두 가지 문제에 대응하고 있다.[1],[6]

주간, 터널 외를 주행하고 있는 운전자의 눈
은 야외의 휘도에 순응하고 있다. 이때 야외의
휘도가 높으면 터널에 접근하는 운전자의 눈은
높은 휘도에 순응하기 때문에 터널 내는 검은
구멍으로 보이고 내부의 상세는 식별할 수 없게
된다. 이 현상을 블랙 홀 현상이라 하며 이 블

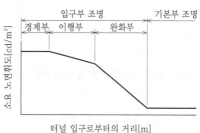

그림 3.2 입구부 조명의 구성

랙 홀 현상을 제거할 목적으로 야외의 휘도에 따라 필요한 노면휘도를 주는 구간이 경계부, 이행부의 조명이다.[7]

야외의 높은 휘도에 순응하고 있던 운전자의 눈은 터널에 진입하고 나서 잠깐 동안 내부의 모습을 식별하기 어려운 상태가 된다.[8] 이것은 순응의 지연에 따른 것으로 망막의 감도가 순간적으로 변화할 수 없기 때문에 일어나는 현상이다. 순응의 지연에 의한 관점의 저하에 대응할 목적으로 설치된 구간이 완화부의 조명.

③ **출구부 조명** 주간, 터널 내를 주행하는 운전자가 출구 부근에 가까워지면 출구의 개구부가 대단히 밝게 흰 구멍처럼 보인다. 이 현상을 화이트 홀 현상이라 한다. 이때 전방에 존재하는 장애물이나 선행 차는 대단히 밝은 출구를 배경으로 실루엣으로 식별되므로 장애물 또는 선행차가 중복하여 존재하는 경우에는 바로 앞에 존재하는 장애물 또는 선행차의 존재나 거리의 인식이 어렵게 된다. 이와 같은 관점의 저하를 방지하는 것을 목적으로 하고 선행차의 배면을 밝게 조명하기 위해 설치되는 것이 출구부 조명이다.

④ **접속도로의 조명** 터널 입구 부근은 도로의 구조가 변화하기 때문에 야간에는 구조의 변화를 명시하기 위한 조명이 필요하다. 또한 야간의 터널 출구부에서는 접속하는 도로에 조명이 설치되어 있지 않은 경우 터널 내를 주행하는 자동차의 운전자에게는 전방도로의 선형이나 구조의 변화, 노면의 상황, 장애물 존재여부 등의 시각정보가 부족하기 때문에 이것을 개선하기 위해 설치되는 것이 접속도로의 조명이다.

⑤ **정전시용 조명** 터널 내를 주행하는 중에 정전이 일어나면 중대한 사고가 발생할 위험이 있다. 또한 보도가 병설된 터널에서는 보행자의 위험이 증가하는 것도 걱정이다. 이 때문에 터널에는 필요에 따라 정전 직후부터 통상전원 이외의 전원(발전기 또는 축전지)에서 켤 수 있는 정전시용 조명이 필요하다. 보통 정전시 조명은 기본조명의 일부를 정전시에도 켤 수 있도록 고려되어 있다.

터널 조명은 터널 연장, 터널 선형, 내장, 노면의 종류, 설계속도, 교통량, 교통방식, 야외의 휘도, 접속도의 구조, 선형 등 제반조건에 따라 필요하게 되는 조명설비의 규모(밝기, 구간장, 설비의 유무 등)가 달라지기 때문에 실제 설계에서는 상기 조건에 충분히 유의하여 검토할 필요가 있다. 또한 기재의 선정은 도로조명에 준하여 행하면 되지만 터널의 경우는 특히 매연, 누수, 동결방지제의 살포 등의 영향이 있어 부식에 대한 검토가 필요하다.

(3) 터널 조명의 운용

기본조명은 전술한 것처럼 터널 내의 투과율이 100 m당 50 %일 때 필요한 평균노면휘도의 값이 표준으로 되어 있기 때문에 야간에 교통량이 적어져 투과율이 높아지면 평균노면휘도의 값을 1/2까지 낮출 수 있다. 단, 이 경우에도 평균노면휘도의 값은 0.7 cd/m^2 미만이 되어야 한다.[1]

입구부 조명의 노면휘도는 운전자의 눈의 순응휘도에 따라 결정되므로 계절·날씨·시각 등에 따라 야외의 휘도가 변하며 순응휘도가 변화한 경우에는 이에 맞춰 입구부조명의 노면휘도를 조절할 수 있다.

이 때문에 터널 조명은 용도에 맞춰 배선계통을 분할하고 야외의 휘도나 교통상황에 맞게 적절한 조명을 제어하는 것이 중요하다.

3.1.4 보행자를 위한 가로 조명

보행자를 위한 가로조명은 보행자가 안전하고 원활하게 보도공간을 이용할 수 있도록 야간에도 보도공간의 선형·구조, 노면의 상황, 주위 상황, 다른 이용자의 존재·위치·이동방향, 교통량 등 시각정보를 정확히 얻을 수 있도록 설치된다. 보행자가 정확한 시각정보를 얻으려면 다음과 같은 보행자에 대한 요건을 고려하는 것이 중요하다.

(1) 노면의 조도와 균제도
(2) 노면상의 연직면 조도
(3) 섬광
(4) 광원의 광색과 연색성

노상의 장애물이나 상황을 인식하려면 노면이 충분히 조명되어 있고 조도의 분포가 가능하면 한결같을 것, 다른 이용자와의 엇갈림이나 방법적 효과를 고려하면 상대의 얼굴이나 동작의 모습을 인식할 수 있는 연직면 조도를 얻을 수 있는 것이 바람직하다. 노면의 조도 및 노면상의 연직면은 야간의 보행자 교통량 및 주위의 상황에 따라 적절한 값[9]을 선정하는 것이 중요하다.

조명기구의 섬광은 보행자에게 불쾌감을 주고 그 영향에 따라서는 시각기능의 저하가 발생한다. 보행자용 가로조명은 폴 조명방식을 원칙으로 하고 있지만[9] 조명기구의 부착 높이가 비교적 낮으므로 보행자의 시야중심 부근에 들어가기 쉬워서 섬광이 적은 조명기구를 선정하고 적절한 배치계획을 검토할 필요가 있다.

광원은 보행자의 얼굴·복장·각종 표시·각종 시설 등의 색이 자연스럽게 보이는 연색성이 우수한 것을 채택하는 것이 바람직하다.

상기 요건을 만족함과 동시에 보행자를 위한 가로조명에서도 주위환경을 충분히 고려하여

표 3.1 도로조명의 기준

도로의 종류	지침 또는 기준의 명칭	발행
자동차전용 도로	도로조명설계지침	고속도로조사회
	터널 조명설계지침	
일반도로	도로조명시설설치	일본도로협회
	기준 및 동 해설	

양호한 조명환경을 실현하는 것이 중요하다. 상업지구 중심부나 역주변부 등 야간에도 교통량이 많은 지역은 주위환경도 밝고 보도상에는 각종 시설 등도 있어 필요한 시각정보가 많아지므로 높은 조도가 필요하지만, 주택지역 등은 조명기구에서의 빛이 주거에 비쳐 들어 생활환경에 영향을 끼치지 않도록 배려하고 심야, 교통량이 크게 감소하는 시간대에는 조광을 수행하여 에너지 절약에 노력하는 것도 중요하다.

또한 여객시설 등과 관공서 시설, 복지시설 등을 연결하는 보도공간은 고령자나 지체장애인 등이 일상생활이나 사회생활에서 이동이 원활하도록 하기 위한 사업이 진행되고 있어,[10] 야간의 이동원활화에서 조명시설이 수행하는 역할이 커지고 있다는 것에도 유의해야 한다.

[永井涉]

3.2 설계의 실제 ●●●

3.2.1 설계의 프로세스

도로 및 교통 조명의 설계 프로세스는 그림 3.3과 같다.

(1) 설계조건의 조사

설계조건의 조사에서는 도로의 종류, 외부조건, 도로상황, 교통상황, 조명구간 및 법규제 등의 조건을 조사해야 한다.

도로의 종류에서는 고속자동차국도인지 일반

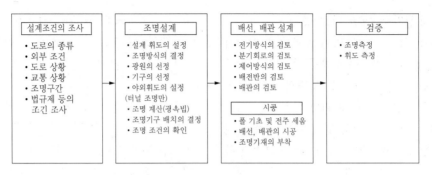

그림 3.3 설계의 프로세스

국도인지를 구별해야 한다. 고속자동차국도란 다른 도로와의 교차가 입체교차로 되어 있어 인터체인지를 통해 접속하는 도로이다. 또한 일반 국도란 고속자동차국도 이외의 도로를 말한다.[1]

외부조건은 표 3.2의 기준휘도의 주기를 참조할 것

도로상황 및 교통상황은 3.1.1에서 설명한 대

표 3.2 도로조명의 기준휘도

도로의 분류		외부조건 A	B	C
고속자동차국도		1.0	1.0	0.7
		–	0.7	0.5
일반국도 등	주요간선도로	1.0	0.7	0.5
		0.7	0.5	–
	간선, 보조간선도로	0.7	0.5	0.5
		0.5	–	–

주1) 기준휘도는 도로분류 및 외부조건에 따라 표의 상단의 값을 표준으로 한다. 단, 고속자동차국도 중 고속자동차국도 이외의 자동차전용도로에서는 필요에 따라 표의 하단의 값을 취할 수 있다.
주2) 일반국도에서 중앙선에 대향차전조등을 차광하기 위한 설비가 있는 경우에는 표의 하단의 값을 채택할 수 있다.
주3) 특히 중요한 도로, 또한 기타 특별 상황이 있는 도로에서는 표의 값에도 불구하고 기준휘도를 2 cd/㎡까지 높일 수 있다.
주4) 외부조건은 건물의 조명, 광고등, 네온 사인 등 도로교통에 영향을 끼치는 빛이 도로연도에 존재하는 정도를 말한다.
외부조건 A : 도로교통에 영향을 끼치는 빛이 연속적으로 있는 도로연도의 상태를 말함.
외부조건 B : 도로교통에 영향을 끼치는 빛이 단속적으로 있는 도로연도의 상태를 말함.
외부조건 C : 도로교통에 영향을 끼치는 빛이 거의 없는 도로연도의 상태를 말함.
[도로조명시설설치기준 및 동 해설에서 인용]

로이지만 특히 교통량이나 도로구조가 중요하다.

조명구간은 조명계획의 범위를 나타낸다.

법규제 등의 조건조사는 크게 자동차전용도로와 일반도로로 나눈다. 표 3.1은 설계기준의 한 예를 나타내지만 도로관리자에 의해 기준이 세밀하게 설정되어 있으며 각 기준에 기초하여 설계해야 한다.[1],[6],[9],[11]~[14]

(2) 조명설계

조명설계에서는 설계조건의 조사로부터 설계휘도·조명방식·광원·기구·기구배치를 설정하고 조명계산에 의해 기구의 대수나 설치간격을 구하여 배치계획을 수행한다. 터널 조명의 경우 상기 조건 이외에 야외의 휘도를 설정해야 한다. 또한 조명방식, 광원, 기구 등의 선정작업은 경제적으로 크게 영향을 끼치는 항목이므로 전체 설계과정을 통해 고려해야 한다.

(3) 배선, 배관설계

조명의 배치계획 후에 배선, 배관설계를 수행한다. 배선, 배관설계의 검토사항은 전기방식, 점등 패턴에 의한 분기회로나 제어방식 및 배전반의 검토와 배선을 보호하는 배관의 설계를 수행해야 한다.

(4) 시공

조명설계, 배선, 배관 설계에 의한 계획에 기초하여 현장에서의 시공을 수행한다.

(5) 검증

조명설계에서 조도·휘도가 설계한대로 확보되어 있는지 검증한다. 측정에 대해서는 조도계나 휘도계를 사용하여 조도값과 휘도값을 측정하고 평균조도, 휘도 및 균제도를 산출하여 검증한다.[6],[11],[18],[19]

3.2.2 도로의 조명

설계의 프로세스(그림 3.3)의 조명설계에 대해 자세히 설명한다.

(1) 설계휘도

설계휘도는 도로의 분류와 외부조건에 따라 결정되며 표 3.2에 기준휘도를 나타냈다. 이 기준휘도를 설계휘도로서 설정한다.[1]

(2) 조명방식[1]

폴의 조명방식은 가장 널리 이용되는 방식으로서 폴 앞쪽 끝에 기구를 부착하고 도로의 선형에 따라 폴을 배치하여 조명하는 방법이다.

구조물 부착 조명방식은 구조물을 이용하여 기구를 부착 조명하는 방법이며 전주에 함께 가설하거나 교량의 구조물에 부착 또는 입체구조의 옹벽 등에 부착하는 것이 있다.

높은 난간 조명방식에서는 교량이나 입체교차로 등 고가도로의 높은 난간에 부착하여 조명하는 방식이다.

하이 마스트 조명(하이 폴 조명) 방식은 주로 주차장이나 역전광장 등 비교적 넓은 범위를 조명하는 경우에 쓰이는 것이 많으며 20 m 이상

폴 조명방식

구조물 부착 조명방식

고난간조명방식

하이 마스트 조명방식

그림 3.4 조명방식의 종류

표 3.3 도로조명에 사용하는 광원

광원의 종류		형식	전광속 [lm]	광원효율 [lm/W]	평균수명 [h]
고압나트 륨 램프	확산형	NH 110 F·L~NH360 F·L	9,900~45,000	90~125	12,000
	투명형	NH(T) 110·L~NH(T)360·L	10,400~47,500	95~132	12,000
	양구금형*1	NH 70 TD~NH 150 TD	6,600~14,000	94~93	12,000
형광수은 램프		HF 100 X~MF 400 X	3,900~21,000	39~52	12,000
메탈 할라이드 램프		MF 250·L~MF 400 · L	16,000~30,500	64~76	9,000
저압 나트륨 램프		NX 35~NX 180	4,600~31,500	131~175	9,000
형광 램프		FLR 20	1,070	54	7,500
		FLR 40	2,800	70	10,000
		FHF 32(45)*2	4,950	110	12,000
		FHP 45*3	4,500	100	12,000

＊1 건설전기 기술협회 발행의「도로, 터널 기재 사양서」에 따름.
＊2 45 W 출력으로 한다(광속은 제조업체 카탈로그 값).
＊3 광속은 제조업체 카탈로그 값으로 한다.
[도로조명설계지침에 따라 400 W 이하를 발췌함.]

의 마스트에 기구를 여러 개 부착하여 조명하는 방법이다.

그 밖에 커터너리(현수선) 조명방식이 있다. 폴(12~15 m)을 어떤 간격(50m 정도)으로 설치하고 폴 사이에 커터너리 와이어를 걸고 그 와이어에 복수의 기구를 현가하여 조명하는 방법인데, 바람의 영향을 받기 쉬우므로 일본에서의 시공 예는 적다.

주요 조명방식을 그림 3.4에 나타냈다.

(3) 광원

도로조명에 사용하는 주된 광원은 표 3.3과 같이 수많은 종류가 있다. 최근 고효율화, 장수명화, 지구환경부에의 저감 등으로 형광 수은 램프의 사용이 매년 감소하고 고압 나트륨 램프가 증가하고 있다.

형광 수은 램프는 표 3.3에서 39~52 lm/W의 효율인 것에 비해서 고압 나트륨 램프는 100 lm/W 이상의 효율이 있으며 절반의 전력으로 같은 밝기를 확보할 수 있는 효율 높은 광원이라 할 수 있다.

(4) 기구[1]

도로의 조명에서는 일반적으로 컷오프형 배광 및 세미컷오프형 배광의 기구가 사용되는 경우가 많고 표 3.4와 같이 도로의 종류와 외부조건에 의해 결정되고 있다.

표의 상단, 하단의 구별은 상단이 표준이고 하단은 기구의 부착 높이가 비교적 높으며 섬광이 적어지는 것을 생각할 수 있는 경우에 사용할 수 있다. 그림 3.5에 세미컷오프형 배광의 도로등기구를 나타냈다.

최근에는 값싼 직선 폴을 이용하고 빛도 전방에 방사되는 배광으로 노면을 균일하게 조사할 수 있도록 제어하는 기구를 채택하는 경우가 늘고 있다.

(5) 조명계산

조명계산에서는 조명률의 산출, 보수율의 설정, 기구의 배치, 오버행과 기구경사각, 조명계산(광속법)이 주된 항목이다.

① **조명률** 램프 광속 중 피조명범위(도로)에 사용되는 비율을 조명률이라 하며 도로와

표 3.4 기구 배광의 선정

도로의 분류 \ 외부조건		A	B	C
고속자동차국도		세미컷오프형	컷오프형	컷오프형
		–	세미컷오프형	세미컷오프형
일반국도	주요간선도로	세미컷오프형	컷오프형	컷오프형
		–	세미컷오프형	세미컷오프형
	간선, 보조간선도로	세미컷오프형	세미컷오프형	컷오프형
		–	–	세미컷오프형

[도로조명시설설치기준 및 동해설 참조]

그림 3.5 KSC-4형기구

기구의 위치관계와 조명률 곡선으로부터 산출한다.[1]

② **보수율** 청소방법이나 램프 교환방법에 의해 달라지지만 도로조명의 경우는 0.75에서 0.65의 값이 채택된다.[1]

③ **기구의 배열** 한쪽 배열, 지그재그 배열 및 마주보기 배열의 3종류가 있다. 시선유도효과는 한쪽 배열이나 마주보기 배열이 효과적이다. 도로폭이 비교적 좁은 경우에는 한쪽 배열이나 지그재그 배열이, 넓은 경우에는 대향배열이 경제적이다.[1]

④ **오버행(overhang)과 기구경사각** 기구중심과 차도 끝(보도측)까지의 수평거리를 오버행이라 하며 ±1 m(발광부가 0.6 m 이상인 기구에서는 1.5 m) 이하로 한다. 이것은 비에 젖은 노면은 빛이 거울면 반사에 가까워져 보임이 저하하는데, 그런 경우에도 보임이 손상되지 않기 때문이다. 또한 입체교차부 등에서 기구에 고저 차가 생기는 경우, 기구의 경사가 크면 섬광이 생기기 쉽게 된다. 섬광을 줄이기 위해 기구경

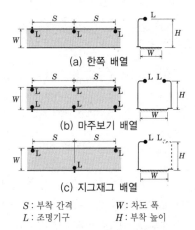

(a) 한쪽 배열

(b) 마주보기 배열

(c) 지그재그 배열

S : 부착 간격 W : 차도 폭
L : 조명기구 H : 부착 높이

그림 3.6 배치의 종류

사각도는 5도 이하로 한다.[1]

⑤ **기구 높이와 광원의 크기** 광원이 커지면 섬광은 증대하기 때문에 기구 높이에 의해 광원의 크기가 결정된다. 표 3.5는 기구 높이와 광원의 크기이다.[1]

⑥ **조명계산** 단위 길이당 필요 광속량을 다음 식에 의해 계산할 수 있다. 따라서 간격이 결정되면 광원의 필요광속을 계산할 수 있고 램프의 크기를 결정할 수 있다.[1]

$$\frac{F}{S} = \frac{K \times L \times W}{U \times M \times N} : 광속법$$

여기서 F : 램프 광속[lm],
     S : 기구간격[m]
     K : 평균조도 환산계수

표 3.5 광원 광속과 기구 높이

기구 1등당 광원의 광속[lm]	기구의 부착 높이 H[m]
5,000 미만	4.5 이상
10,000 미만	6 이상
15,000 미만	8 이상
30,000 미만	10 이상
30,000 이상	12 이상

[도로조명시설설치기준, 및 동해설]

표 3.6 기구간격과 높이

등구의 배광 부착 높이 및 간격 배열	컷오프형		세미컷오프형	
	부착 높이 H	간격 S	부착 높이 H	간격 S
한쪽	$\geq 1.0W$	$\leq 3.0H$	$\geq 1.1W$	$\leq 3.5H$
	$\geq 1.5W$	$\leq 3.5H$	$\geq 1.7W$	$\leq 4.0H$
천조	$\geq 0.7W$	$\leq 3.0H$	$\geq 0.8W$	$\leq 3.5H$
대향	$\geq 0.5W$	$\leq 3.0H$	$\geq 0.6W$	$\leq 3.5H$
	$\geq 0.7W$	$\leq 3.5H$	$\geq 0.8W$	$\leq 4.0H$

[도로조명시설설치기준, 및 해설에서 인용]

조도분포도(단위 : lx)　휘도분포도(단위 : cd/m²)

| 조명기구 : KSC-4 |
| 광원 : NH220F·LS |
| 광원 높이 : 10 m |
| 기구경사각 : 5° |

[주] 1. 조도, 휘도 분포도는 초기값을 나타낸다.
2. 휘도분포도 계산 조건 : 노면은 아스팔트 포장으로 한다.
3. 휘도분포도의 시점 높이는 1.5 m로 한다.

그림 3.7 조도와 휘도의 차이

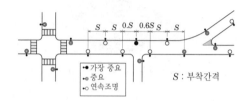

S : 부착간격

▶ 가장 중요
▷ 중요
○ 연속조명

그림 3.8 조명설계의 실제 예

콘크리트 포장의 경우 $K = 10$ lx/(cd·m²)
아스팔트 포장의 경우 $K = 15$ lx/(cd·m²)
L : 설계휘도[cd/m²], W : 도로 폭[m],
U : 조명률, M : 보수율
N : 배열계수
한쪽 배열, 지그재그 배열의 경우 $N=1$
마주보기 배열의 경우 　　　　　 $N=2$

⑦ **기구의 배열** 표 3.5와 3.6으로부터 광원의 크기, 기구의 부착 높이와 기구 간격을 결정할 수 있다. 결정된 기구간격으로 배치할 경우에는 교차점, T 분기 및 Y 분기 등의 중요한 개소를 앞에 배치하고 그 사이를 계산한 기구간격으로 보완하면 전체적으로 좋은 배치가 가능하다.[1]

⑧ **조도분포도와 휘도분포도** 도로의 조명설계를 수행하는 밝기는 휘도로 표현되는 경우가 많다. 그림 3.7은 같은 사양으로 계산된 조도와 휘도분포도이다. 조도는 기구 바로 아래가 밝게 되지만 휘도에서는 기구의 시선측이 밝아진다. 휘도는 조사된 노면의 반사특성에 따라 변화하지만 조도는 반사특성과는 무관하다. 실제로는 차의 운전자가 보고 있는 것은 휘도이며 조도가 아님을 충분히 이해해야 한다.

(6) 기구배치의 실제

그림 3.8은 조명설계를 수행한 배치계획 예이다.

교차점에서는 자동차가 구부러진 위치에 조명을 배치할 필요가 있다. 또한 T자 교차점에서는 막다른 곳에 기구를 배치할 필요가 있다. Y 분기 등은 분기하고 있는 것을 전방에서 알릴 필요가 있다.

(7) 조명조건의 확인

조명설계에 의한 기구의 배치계획 후에는 설계조건의 확인작업이 필요하다. 배치계획이 설계휘도를 만족하는지, 균제도가 기준의 범위에 들어가는지 등을 확인한다.

휘도의 계산은 축점법을 이용하여 컴퓨터로 수행된다. 축점법에 대한 자세한 내용은 2편 2장을 참조할 것.

3.2.3 터널 조명

(1) 터널 조명의 구성

터널 조명은 3.1.3항에서 설명했다. 터널 전체 길이에 걸쳐 일정하게 조명되는 기본조명과 시환경의 급격한 변화(암순응)를 완화하는 입구부 조명 및 터널 출구부 부근에 위치하는 대형 트럭의 배면에 있는 자동차의 시각정보를 얻기

위한 출구부 조명, 정전시용 조명 및 접속도로 조명의 5종류가 있다.

그림 3.9에 터널 조명의 구성을 나타냈다.[1]

(2) 설계휘도

기본조명은 표 3.7의 기준휘도를 설계휘도로

L_1 : 경계부의 노면휘도[cd/m²]
L_2 : 이행부 최종점의 노면휘도[cd/m²]
L_3 : 완화부 최종점의 노면휘도[cd/m²]
L_4 : 기본 조명의 평균노면휘도[cd/m²]
l_1 : 경계부의 길이[m]
l_2 : 이행부의 길이[m]
l_3, l_4 : 완화부의 길이[m]
l_5 : 입구부 조명의 길이[m]

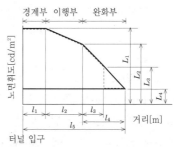

[주]1. 그림의 휘도변화는 편대수(片對數) 눈금 그래프에서 직선
[주]2. L_3, l_3은 연장이 짧은 터널에 대해서만 적용되며 그 경우 노면휘도는 그림의 점선과 같이 변화한다.

입구부 조명(야외의 휘도 4,000 cd/m²인 경우)

설계속도 [km/h]	터널연장 [m]	노면휘도[cd/m²]				길이[m]				
		L_1	L_2	L_3	L_4	l_1	l_2	l_3	l_4	l_5
40 이하	75 이하	94	74	—	—	15	20	0	0	35
	100	73	51	38	—	15	30	10	0	55
	125	58	40	18	—	15	30	25	0	70
	150	46	33	8.6	—	15	30	45	0	90
	175	36	25	4.0	—	15	30	60	0	105
	200	29	20	1.8	—	15	30	80	0	125
	250 이상	29	20	—	1.5	15	30	0	85	130

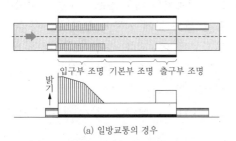

(a) 일방교통의 경우

(b) 대면교통의 경우

▬▬▬ 기본 조명(정전시용 조명 포함)
▥▥▥ 입구 조명 ☐ 출구 조명
▭▭▭ 접속도로 조명

그림 3.9 터널 조명의 종류

표 3.7 기본 조명의 기준휘도

설계속도 [km/h]	평균노면휘도 [cd/m²]
100	9.0
80	4.5
60	2.3
40	1.5

[도로조명시설설치기준 및 동 해설에서 인용]

[주] 1. 노면휘도는 야외의 휘도가 6,000 cd/m²인 경우는 본 표의 1.5배, cd/m²인 경우는 0.75 배로 한다.
[주] 2. 짧은 터널에서도 진입시의 출구가 보이지 않는 선형의 경우 노면휘도 L_1 및 L_2에 대해서는 연장 250 m 이상의 값을 적용할 수 있다.
[주] 3. 대면통행의 경우 양 입구 각각에 대해 본 표를 적용한다. 짧은 터널에서 양 입구의 입구부 조명구간이 겹치는 경우에는 노면휘도가 높은 쪽의 값을 얻을 수 있으면 된다.
[주] 4. 보통의 터널에서는 자연광의 입사를 고려하여 터널 입구로부터 10 m 지점에서 입구조명을 개시한다.
[주] 5. 설계속도, 연장이 본 표의 값 이외인 경우에는 내삽법에 따라 구한다.

그림 3.10 터널의 입구부 조명의 기준휘도와 구성

채택한다. 입구부 조명은 그림 3.10의 기준휘도를 설계휘도로 채택한다.

그림 3.10은 설계속도 40 km/h, 야외의 휘도 4,000 cd/m²인 경우를 나타낸다('야외의 휘도' 참조). 설계속도가 60 km/h, 80 km/h, 100km/h인 경우는 도로조명시설설치기준 및 해설 등[1),6),12)~14)]를 참조할 것. 또한 야외휘도가 3,000 cd/m²나 6,000 cd/m²인 경우는 그림 3.10 주에서 설명한 것처럼 4,000 cd/m²와의 비를 계수로 하여 곱할 것. 교통량에 따라 기본 조명, 입구부 조명 모두 감소시킬 수 있고, 10,000 대/일 이하인 경우는 0.5를 곱할 수 있다.[1)]

(3) 야외의 휘도

야외의 휘도는 입구부 조명의 밝기를 결정하는 중요한 항목이다. 주간에는 터널 입구에 가깝게 운전자가 옥외의 밝기에 익숙해져 있는 정도를 휘도값으로 나타낸 수치이며 3,000, 4,000, 6,000 cd/m²가 규정되어 있다.

(4) 조명방식

조명방식은 대칭조명방식이 일반적이다. 대칭조명 이외에 비대칭조명으로 카운터 빔 조명 등이 있다. 일부 대규모 터널에 채택되어 있으며 향후 기대되는 조명방식이다.

(5) 광원(표 3.3 참조)

공간이 해방된 도로조명에 비해 터널 조명은

그림 3.11 터널 기구

공간에 제약이 있고 도로조명과 같은 큰 광원은 입구부 조명 이외에 사용되는 경우가 적다. 기본 조명에서는 앞에서 설명한 정전시용 조명을 포함하여 생각할 사항이 많으며, 전원이 일순간 차단되어도 켜진 상태를 유지할 필요가 있다. 이 때문에 기구에 정전시용 전원을 내장한 경우에는 형광 램프나 저압 나트륨 램프 및 고압 나트륨 램프의 순시 재점등 가능한 타입이 채택되어 있다.

(6) 기구

터널 내는 일반적인 도로조명에 비해 환기가 나쁘고 자동차의 배출 가스나 노면 오물이 튀겨 오르는 것 때문에 기구에 부착하는 등 우수한 내부식성이 요구된다. 또한 보수 시의 청소는 호스로 고압의 물을 뿌린다는 것을 생각하면 방수성능도 필요하다.

그림 3.11은 스테인리스강제 터널 기구이다.

(7) 조명설계

조명설계에서는 조명률의 산출, 보수율의 설정, 기구의 배치, 조명계산(광속법)이 주요 항목이다.

① **조명률** 램프 광속 중 피조명 범위(도로)에 사용되는 비율을 조명률이라 한다. 도로와 기구의 위치관계와 조명률 곡선으로부터 산출한다. 도로조명과 달리 벽면과 천장면이 존재하므로 각각의 반사광을 고려할 필요가 있다.[1)]

② **보수율** 사고 방식은 도로조명과 같지만 터널 내의 시환경이 대단히 나쁘고 교통량, 터널 길이 및 종단구배 등을 고려할 필요가 있다. 터널 조명에 채용되는 보수율의 범위는 대략 0.5~0.7까지의 값이 채택된다.[1)]

③ **기구의 배치** 기본조명에서는 그림 3.12와

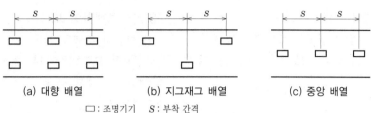

(a) 대향 배열   (b) 지그재그 배열   (c) 중앙 배열

□ : 조명기기 S : 부착 간격

그림 3.12 터널의 배열

표 3.8 배열의 기구 높이와 기구 간격의 관계

조명기구의 배열	기구의 부착 간격(S)과 높이(H)의 관계
대향배열	$S \leq 2.5H$
지그재그 배열	$S \leq 1.5H$
중앙배열	$S \leq 1.5H$

[도로조명시설설치기준 및 동 해설에서 인용]

같이 대향, 지그재그, 중앙 배열의 3종류가 있다. 또한 평균균제도에서 표 3.8과 같이 기구간격과 높이에 제한이 있다.[1]

④ **조명계산** 조명률, 보수율, 배치방식이 결정되면 도로조명과 같이 전술한 광속법에 의해 기구간격이나 광원의 크기를 계산할 수 있다. 도로조명과 달리 평균조도 계산계수가

• 콘크리트 노면의 경우 : $K = 13$ lx/(cd·m²)
• 아스팔트 노면의 경우 : $K = 18$ lx/(cd·m²)

로 되어 있다. 이것은 기구의 배광특성 등에서 달라져 있다.[1]

터널 조명의 설계는 다음 순서로 계산한다.

① 기본부의 설계휘도에서 기본기구의 간격, 배치의 종류와 광원의 크기를 결정한다.
② 광속법을 이용하여 기본조명의 단위간격에서의 입구부 조명의 필요 휘도값을 구한다.
③ ②의 필요휘도에서 기본 조명의 휘도를 빼고 입구부 조명만의 필요휘도를 산출한다.
④ ③의 필요휘도에서 기본 조명의 단위간격에서의 입구부 조명의 필요광속을 산출한다. 필요광속은 광속법을 변형시켜 산출한다.

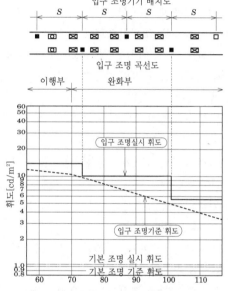

설계조건	범례	
설계속도 : 50 km/h	□	기본 조명 FHP45 상시점등(비상조명)
야외 휘도 : 3,000 cd/m²	■	기본 조명 FHP45 상시점등
감소계수 : 0.5	▣	입구 조명 NHT180·LS
노면포장 : 콘크리트 포장	⊠	입구 조명 NHT110·LS
평균조도 계산 계수 : 13 lx/(cd·m²)		
보수율 : 0.70		

그림 3.13 터널 입구부의 설계 예

⑤ ④의 필요광속에서 광원의 대수와 크기를 결정한다. 대수는 점등 패턴(맑은 하늘 및 구름 낀 하늘 등)에서 짝수 대로 하는 것이 바람직하다.

그림 3.13은 입구부가 있는 구간의 설계(기준) 휘도와 실시(설계) 휘도를 나타낸 그림이다.

(8) 터널 조명의 실제

그림 3.14에 광원은 저압 나트륨 램프를 사용하고 대향배치를 채택한 터널 조명의 실제를 나타냈다.

3.2.4 시가지 도로

시가지도로의 설계는 도로 조명(3.2.2)의 설계와 같은 순서로 수행할 수 있다. 그러나 시가지에서의 성능을 고려함으로써 거리에 조화된 조명 시설로 주간, 야간을 막론하고 도시경관의 향상에 기여하고 거리의 활성화, 편안함, 변화함 등을 연출할 수 있다.

이와 같이 시가지 도로의 조명은 안전성과 함께 아래와 같은 검토가 중요하다.

① 거리의 도시계획에 기초한 컨셉에 조화시킨다.
② 거리의 전통, 역사적 풍토에 조화시킨 조명계획을 검토한다.
③ 아름다움, 친화력, 변화함 등의 지역성을 검토한다.
④ 안전성과 함께 쾌적성을 중요시한다.
⑤ 연색성이 좋은 광원의 사용을 검토한다.
⑥ 주간의 경관을 충분히 검토한다.
⑦ 시가지 지구의 개성 표현으로 기구, 폴의 디자인화를 고려한다.

그림 3.15에 시가지 도로 실제 예를 나타냈다.

3.2.5 보행자용 도로

(1) 보행자 조명의 개요

보행자용 도로의 조명은 3.1.2항에서 설명한 대로이다. 설계를 할 때의 기준은 문헌[9],[15]~[17]을 참조하도록 한다.

보행자를 위한 조명은 보행 중의 장애물 발견이나 마주 지나치는 보행자, 자전거 등을 안전하게 볼 수 있는 것과 동시에 안심감을 줄 필요가 있다.

또한 시가지의 보도에서는 도시공간과 조화되고 아름다움이나 번화함 등의 연출에 의해 도시를 활성화할 수 있다.

최근에는 안전시설의 충실이나 장벽 해소의 관점에서 보행자 조명과 바닥등 설치 등이 한창이다.

(2) 보행자 조명의 설계

보행자 조명의 설계에 관해서는 앞에서 설명

그림 3.14 조명의 실제

그림 3.15 시가지 도로의 실제

표 3.9 보행자에 대한 도로조명의 기준

야간의 보행자 교통량	지역	조도[lx]	
		수평면 조도	연직면 조도
교통량이 많은 도로	주택지역	5	1
	상업지역	20	4
교통량이 적은 도로	주택지역	3	0.5
	상업지역	10	2

[주] 1. 수평면 조도는 보도의 노면상의 평균 조도
[주] 2. 연직면 조도는 보도상의 중심선상에서 노면상으로
부터 1.5 m 높이의 도로축에 대해 직각인 연직면상의
최소 조도
[JIS Z 9111에서 인용]

한 도로의 조명과 기본적으로 같다. 조명기준은
표 3.9에 나타난 값을 채택하는 것이 바람직하
다. 또한 신체장애인용 교통시설법이 시행됨에
따라 고령자와 신체장애인의 안전과 안심을 확
보하는 밝기로 10 lx 이상을 확보하는 것이 바
람직하다. 그 경우에도 조도균제도(최소조도/
평균조도)는 0.2를 확보할 필요가 있다.[9),10)]

광원은 연색성, 광색에 의해 형광수은 램프의
낮은 와트(200 W 이하)를 사용하는 것이 많지
만, 최근에는 연색 개선형 고압 나트륨 램프를
사용하는 경우도 늘고 있다. 또한 에너지 절약
이나 지구환경부하 감소에서 태양에너지 이용
이나 풍력을 이용한 하이브리드 조명 및 수명이
긴 LED 광원, 무전극 광원을 이용한 보도조명
등이 채택되고 있다.

표 3.10 도로표지의 표지령에 의한 분류

종류		개요
본표지	안내표지	연도의 각종 안내를 행하는 것
	경계표지	위험 또는 주의예고를 행하는 것
	규제표지	금지, 제한 또는 지정을 행하는 것
	지시표지	지시 및 규제예고를 행하는 것
보조표지		본표지의 의미를 보충하는 것

(3) 보행자용 도로의 실제

그림 3.16은 보행자 도로의 실제를 나타낸다.
보행자용 도로의 조명에서는 도로 폭이 차도
에 비해 좁아서 한쪽배열이 많다.   [詫摩邦彦]

3.3 도로표지

3.3.1 도로표지의 목적

도로표지는 도로이용자에 대해 문자, 모양,
심벌 마크, 색 등의 정보를 제공함으로써 교통
의 안전과 원활을 꾀하는 것을 목적으로 한다.

3.3.2 도로표지의 분류

도로표지는 '도로표지, 구획선 및 도로표시에
관한 명령'[21)](이하 '표지령'이라 함)에 의해 표
3.10과 같이 분류된다.

그림 3.16 보행자도의 실제

표 3.11 표시판의 표시방식에 의한 분류

종류	개요
반사 방식	표시판에 부착된 반사 시트로 헤드라이트의 빛이 재귀반사되어 빛난다.
외부조명 방식	재귀반사를 이용할 수 없는 경우에 외부의 광원으로 표시판을 조명한다.
내부조명 방식	내장된 광원의 빛이 표시판을 투과하여 발광 한다.

3.3.3 표시판의 분류

도로표지의 표시판은 야간의 시인성을 유지하기 위한 표시방식에 따라 표 3.11과 같이 분류할 수 있다.

이들 표시방식 이외에 시간대에 따라 표시판의 표시 내용이 변화하는 가변표지와 표시판의 윤곽 등에 발광부를 부착한 자발광식이 있다.

(1) 반사 방식

표시판에 봉입 렌즈형, 캡슐 렌즈형 또는 프리즘 렌즈형의 반사 시트를 접착한 것으로 반사 시트에 닿은 헤드라이트의 빛이 재귀반사되어 빛난다.

① **봉입 렌즈형 반사 시트** 반사막이 있는 투명한 플라스틱 필름 속에 유리알을 매입한 구조로서 도로표지 전반에 사용되고 있다.

② **캅셀 렌즈형 반사 시트** 반사형막이 있는 시트 내부에 얇은 필름으로 덮은 세분화된 공기층을 설치하고 그 속에 유리알을 노출시킨 구조로서 봉입 렌즈형에 비해 반사특성, 내구성 등이 좋고 도로표지 전반에 사용되고 있다.

③ **프리즘형 반사 시트** 특수한 렌즈만으로 재귀반사가 가능하게 된 구조로서 반사막이 필요 없기 때문에 빛을 투과할 수 있다.

(2) 외부조명 방식

표시판은 반사 방식과 같은 반사 시트를 이용하고 있기 때문에 헤드라이트의 빛이 닿기 어려운 장소에서 재귀반사 특성이 충분히 발휘될 수 없는 경우 등에 표시판을 외부의 광원으로 조명한다. 조명장치는 야간점등 시 대략 150 m 앞에서 시인할 수 있는 표면조도가 되며 균제도(최대조도/최소조도)가 4 이하인 것으로 되어 있다. 주로 고속도로 등의 대형 안내표지에 사용되고 있다. 최근 갓길 등의 먼 곳에서 표시판을 조명하는 방식도 이용되고 있다.

① **외부조명** 상방, 하방 또는 측방의 전면에 설치한 형광 램프로 표시판을 조명한다.

② **원방조명** 갓길 등에 설치한 조사범위를 제어한 투광기로 일정 범위 내의 반사특성을 가진 반사 시트의 표시판을 먼 곳에서 조명한다.

(3) 내부조명 방식

표시판은 메타크릴 수지판, 유리판 등이 이용되며 표시판의 내측에 내장되어 있는 광원의 빛이 표시판을 투과하여 발광한다. 조명장치는 야간점등 시에 대략 150 m 앞에서 표시판을 시인할 수 있는 표면조도의 것으로 되어 있다. 또한 표시판은 주간 맑은 하늘의 소등 시에도 동등한 식별이 가능한 것으로 되어 있다. 주로 고속도로 등의 분기부, 출구부 등의 지시점을 나타내는 중요도가 높은 안내표지에 사용되며 규제표지와 지시표지의 일부에도 내부조명 방식으로 구조가 간단한 것이 등화식으로 사용되고 있다.

① **도광판(導光板)** 투명 메타크릴수지판의 도광판의 단면에 닿은 광원에서 입사한 빛이 도광판 내에서 반사를 반복하고 이윽고 안쪽의 반사 패턴 등에 의해 표면측에 균일하게 발광하도록 한 것으로 균제도가 좋아

진다. 광원에는 형광 램프, 냉음극관, 백색 LED 등이 이용된다. 소형 안내표지 등에 사용되고 있다.

② **프리즘 렌즈형 반사 시트(등화식)** 빛을 투과하는 반사 시트를 투명 메타크릴 수지판에 붙인 것으로 내부의 광원이 감등해도 헤드라이트의 빛이 재귀반사한다. 광원에는 형광 램프가 이용된다. 규제표지, 지시표지 등에 사용되고 있다.

③ **섬유 시트** 빛을 투과하는 폴리에스테르 섬유의 시트가 이용되며 반사판과의 조합으로 광원을 절감해도 균제도가 유지된다. 광원에는 형광 램프가 이용된다. 고속도로 등의 대형 안내표지 등에 사용되고 있다.

④ **EL판(일렉트로 루미네선스)** 내부의 광원으로 이용되고 EL판이 면발광함으로써 균제도가 좋아진다.

⑤ **도광(導光) 파이프** 메타크릴 수지의 도광 파이프의 단면에 있는 광원에서 입사한 빛이 파이프 내면의 도광 파이프로 전파되고 반사 필름에 의해 발광한다. 그 빛을 전용 반사판으로 표지판이 균일하게 발광하도록 한 것으로서 광원의 외부에 설치할 수 있다. 광원에는 투광기가 이용된다.

(4) 가변표지

시인성을 유지하기 위한 방법으로 등화식, 반사식, 반사내조식, LED식 등이 있다. 규제표지, 지시표지 및 보조표지에 사용되고 있다.

① **등화식** 내부조명 방식으로서 투과성 자막 필름의 표시판을 권상하고 표시내용을 변화시킨다.

② **반사식** 나선상으로 겹쳐진 원형의 고정표시판의 중심을 축으로 하고 원형의 가동표시판을 회전시켜 표시내용을 변화시킨다.

고정표시판의 앞에 있는 가동표시판을 상하로 이동시켜 표시내용을 변화시킨 것도 있다.

③ **반사내조식** 반사방식으로서 복사열의 삼각주의 표시판을 회전시켜 표시내용을 변화시킨다. 표시판의 양 측방의 전면에 설치한 내장된 형광 램프로 표시판을 조명한다.

④ **LED식** 고속도로 등의 최고속도를 나타내는 규제표지와 보조표지에 사용된다. 필요한 숫자와 화살표의 모양에 주황색 LED를 켠다.

(5) 자발광식

표시판의 주위, 문자의 윤곽 등에 태양전지를 전원으로 한 적색 LED의 발광부를 부착하고 점등 또는 점멸에 의해 야간의 유목성(誘目性)을 높인다. 발광부에는 광섬유, EL판 등도 이용되고 있다. 일시 정지 및 전방우선도로, 일시 정지의 규제표지 등에 사용되고 있다.

(6) 점등시의 조도기준치의 예

고속도로 등의 안내표지는 각 관리자의 요령, 공통사양 등에 의해 점등시의 조도기준값이 표 3.12의 예와 같이 결정되어 있다.

3.3.4 문자의 크기

안내표지의 문자는 도로이용자에 대해 제공하는 정보의 주요 구성요소이며 한자의 크기, 확대율 및 도로표지의 판독거리 등에 대해 표지령 및 도로표지설치기준 및 동 해설[22]에 의해 정해져 있다.

표 3.12 안내표지의 조도기준값의 예

종류	점등시의 백색 부분의 조도	균제도
외부조명 방식	평균 300 lx 이상	4 이하
	최저 170 lx 이상	
내부조명 방식	1,000 lx 이상	4 이하

(1) 한자(漢字)의 크기

일반도로의 안내표지는 설계속도에 의해 한자의 크기와 확대율의 기준치가 표 3.13과 같이 정해져 있다.

(2) 판독거리

안내표지의 판독거리 L[m]은 다음 식에 의해 구할 수 있다.

$$L = f(h^*) = f(k_1 \cdot k_2 \cdot k_3 \cdot h)[\text{m}] \quad (3.1)$$

여기서 h^* : 유효문자 높이, h : 실제 문자 높이[cm], k_1 : 문자의 종류에 의한 보정계수(표 3.14의 값), k_2 : 문자(한자)의 복잡성에 의한 보정계수(표 3.15의 값) (문자는 표시판 중 가장 복잡한 것을 대상으로 함), k_3 : 주행속도에 의한 보정계수(표 3.16의 값)

함수 f에 대해서는 다음 식을 이용한다.

$$L = f(h^*) = 5.67(k_1 \cdot k_2 \cdot k_3 \cdot h)[\text{m}] \quad (3.2)$$

야간의 판독거리는 40 % 정도 저하한다고 알려져 있다.

3.3.5 안내표지의 시인성

도로표지설치기준에서는 전술한 대로 판독거리를 문자 높이와 문자의 종류, 한자의 획수 및 차량의 주행속도의 보정계수를 매개변수로 하여 구하고 있지만, 이것은 주간의 반사방식을 기준으로 한 것으로 야간의 시인성에 대해서는 특히 다루고 있지 않다.

향후 야간의 시인성의 평가 기법에 문자와 배경의 휘도대비를 매개변수로 한 연구, 시험 등이 진전되어 야간의 최적 휘도 및 휘도대비를 구함으로써 야간의 시인성을 향상시킬 것을 기대하고 있다.

[坂本 隆]

3.4 도로 교통 신호

3.4.1 도로 교통 신호의 정의

교통기관[23]에는 도로교통, 철도교통, 수상교통, 항공교통이 있다. 그 중 교통 운용에 필요한 시각정보를 전달하기 위한 방법으로서 교통기관의 운전에 필요한 정보를 직접 주는 것이 있다. 그 하나가 교통신호이다. 교통신호는 주야간 모두 다양한 기상조건 하에서 눈을 사용하

표 3.13 일반도로의 한자 크기의 기준값

	설계속도[km/h]		
	30 이하	40,50,60	70 이상
한쪽 2차선 이상 (교통량이 많은 경우)	15 cm (20 cm)	30 cm (40 cm)	30 cm (45 cm)
한쪽 1차선 (교통량이 많은 경우)	10 cm (15 cm)	20 cm (30 cm)	30 cm –

표 3.14 문자의 종류에 의한 보정계수

문자의 종류	보정계수
한자(9획)	0.6
히라가나	0.9
가타카나	1.0
알파벳	1.2

표 3.15 문자(한자)의 복잡성에 의한 보정계수

문자(한자)의 복잡성	보정계수
한자(10획 이하)	1.0
한자(10획 초과 15획 이하)	0.9
한자(15획을 초과하는 경우)	0.85

표 3.16 주행속도에 의한 보정계수

속도[km/h]	도보	20	30	40	50
보정계수	1.00	0.96	0.94	0.91	0.89
속도[km/h]	60	70	80	90	100
보정계수	0.87	0.85	0.82	0.79	0.77

여 확인할 수 있는 만큼의 광도를 확보해야 한다. 또한 색을 많은 정보 중 큰 요인으로 하는 경우가 많으므로 그 종류와 구분 사용 등이 수신자에게 확실히 전달되는 것이 사명이다. 원칙적으로 교통신호는 점광원 또는 그것에 가까운 소시각의 등화·색·점멸·배열 등의 조합에 의해 정보를 제공한다.

내용적으로는 행동을 지시하는 규제적인 역할이 주체가 된다.

(1) 교통신호의 관점[24]

교통신호는 그 유효성과 한계를 알아 둘 필요가 있다. 여기서 유효성이란 '범위'와 '유효함'의 정도를 말한다. 유효성을 알려면 시시각각의 경우를 생각하여 상정해야 하는 '신호의 수신자'에게 '어떤 상황'을 명확하게 전달해야 한다. 교통신호의 관점으로서 최저조건은 '신호의 수신자'에게 보이는 것이다. 어느 정도 잘 보여야 하는지는 신호가 전달해야 하는 내용의 중대함과 수신자의 상태에 따라 달라진다.

① 시인성 시인성에 포함되는 것은 역치(閾值), 적정값, 섬광이지만 교통신호에서 어려운 점은 타광원에 의한 섬광이다. '대향차의 눈부심'은 전조등이 로 빔에 해당하는 것이면 불쾌 섬광(discomfort glare, 성가시게 느끼는 정도의 섬광)의 범위 내에 들어가지만, 전조등이 하이 빔인 경우나 석양 등이 정면으로 떨어지는 경우에는 교통신호의 시인을 방해하므로 불능섬광으로 취급한다. 또한 태양 등이 신호 표시면에 닿는 경우에는 석양대책용 등기(燈器)나 LED 등기가 시장에 나와 있다(자세한 내용은 생략함).

② 유목성 유목(誘目)이란 '어느 정도 눈에 띄는가'를 말한다. 변화하는 것 또는 주위에 비해 큰 것, 밝은 것 등은 유목성이 높

다. 또한 신호의 주변에는 그 시인을 방해하는 많은 것이 노이즈로 존재한다. 노이즈 광의 휘도가 높을수록, 색 또는 모양이 신호와 유사할수록 시인을 방해하는 정도가 크다.

③ 색의 유목성 신호색은 배경의 색에 따라 유목성이 달라진다. 색채의 유목성을 그림 3.17에 나타냈다.

(2) 면적, 모양 등도 전달내용이 되는 신호

교통신호에서 변별자극이 되는 것으로는 색뿐만 아니라 적당한 크기와 모양인 것도 중요하다. 특히 화살표 제어에 대해서는 차량의 진행방향을 지시하는 것 외에 광색에 따라 차량종류(자동차 또는 병용궤도전차)를 지정한다. 따라서 화살표 제어의 경우에는 현행 최대 직경인 300 ∅(고속자동차도로, 자동차전용도로 제외)를 사용하며 차량진행방향을 지정하거나 차량종류를 지정(두 가지를 지정)하고 있다.

(3) 교통신호기의 필요성

교차점에서의 안전과 원활한 교통을 위해 서로 다른 방향에서의 교통을 시간적으로 분리하고 충돌하거나 만나는 것이 없도록 교통정리를 행하는 것이 교통신호기의 사명이다. 교통사고의 방지와 원활한 주행을 확보하기 위해 교통신호기의 필요성은 나날이 증가하고 있다.

그림 3.17 색채의 유목성 정도(순색, 배경성)

3.4.2 교통 신호등기의 종류

(1) 교통신호등기의 종류

① 차량용 교통신호등기 교차점, 횡단로에 설치되며 차량의 교통을 규제한다. 아래와 같은 종류가 있다.

    ⓐ 파랑·노랑·빨강의 3색

    ⓑ 파랑 화살표

    ⓒ 병용궤도전차용으로 노랑 화살표

② 보행자용 교통신호등기 교차점, 횡단로에 설치되며 보행자의 교통을 규제한다.

③ 일등점멸용 교통신호등기 폭이 6 m 이하인 좁은 교차점 등에 설치되며 차량의 우선 통행권을 명확하게 한다.

(2) 교통신호등기에 대한 신호 표시면의 크기

① 차량용 교통신호등기 법규에는 표시면의 직경이 200 mm에서 450 mm의 범위로 되어 있다.

    일반 도로에서는 주로 250 mm와 300 mm가 이용되며 고속 자동차도로 등에서는

그림 3.18 차량용 교통신호등기

그림 3.19 보행자용 교통신호등기

고속주행에 대한 시인성을 향상시키기 위해 450 mm가 이용된다.

② 보행자용 교통신호등기 법규에는 표시면의 한 변이 200 mm에서 450 mm의 범위로 되어 있다. 주로 250 mm×250 mm가 이용되고 있다.

③ 일등점멸용 교통신호등기 법규에는 표시면의 직경이 200 mm에서 450 mm의 범위로 되어 있다. 일반적으로는 200 mm와 250 mm가 이용되고 있다.

(3) 교통신호등기의 설치 높이

① 차량용 교통신호등기 법규에는 배면판을 포함한 신호등기의 최하부가 지상면에서 4.5 m 이상(중앙기둥은 3.5 m 이상)의 높이로 하고 있지만 일반적으로는 5.0 m 이

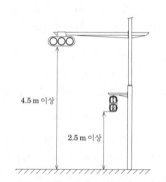

그림 3.20 신호등기의 설치 개략도

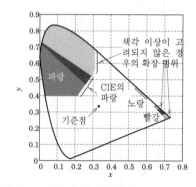

그림 3.21 일본과 국제적인 색도의 규격 범위

상으로 되어 있다.

② **보행자용 교통신호등기** 법규에는 배면판을 포함한 신호등기의 좌하부가 지상면에서 2.5 m부터 4.5 m 범위의 높이로 하고 있다.

③ **일등점멸용 교통신호등기** '차량용 교통신호등기'((1) ①)에 준한다.

(4) 교통신호등기의 광원

도로교통신호기용 전구(JIS C 7528)의 70 W 또는 60 W는 일반도로에, 고속자동차도로에는 100 W가 사용된다. 이전에는 일반도로도 100 W였는데, 에너지 절약 정책에 의해 70 W 또는 60 W로 개량되었다. 또한 최근에는 LED식을 사용하게 되었다. 소비전력이 전구식에 비해 약 5분의 1이며 의사점등(疑似點燈)이 없는 LED식은 시인성능도 높고 향후의 주류가 될 것으로 생각된다.

3.4.3 교통 신호등기의 성능

(1) 밝기

차량용 교통신호등기는 150 m 앞에서 시인할 수 있는 밝기를 확보할 필요가 있으며 200 cd 이상의 광도가 확보되도록 제작되고 있다.

(2) 신호표시색의 색도

색도는 'ISO 16508 : 1999/CIE S 006.1/E-1998'에 준한다. 또한 이 규격에서는 색각 이상자도 고려하여 좁은 색도범위가 적용되어 있다.

(3) 태양광 팬텀

태양광 팬텀이란 강렬한 태양광이 신호 표시면에 조사함으로써 꺼져 있는 신호가 켜져 보이는 현상(의사점등현상)을 말한다.

태양광 팬텀을 경감하는 배려에 대해서는 후드를 이용하는 것 외에도 신호의 표시면이 동서방향을 향하는 경우의 강렬한 태양광에 대응한 석양대응형등기(일반 신호등기보다 태양광 팬텀 효과가 개선됨) 등이 있다. 특히 무착색의 렌즈가 사용되는 LED식 신호등기에서는 의사점등현상을 일으키지 않는다.

3.4.4 교통 신호기의 운용 사례

(1) 현시(現示)[25]

다른 방향의 교통류(주측 교통류와 종측 교통류)는 교통신호기에 의해 순번으로 통행권(청신호)이 부여된다. 이 청신호 표시에 의해 특정 방향의 차와 보행자만이 통행할 수 있게 된다. 이 일군에 부여되는 청신호를 '현시(現示)'라 한다. 통상의 십자로에서는 현시 1 및 2가 서로 표시(2현시)되며 가장 일반적인 현시 예라고 할 수 있다. 여기서는 현시 매차량 통행권의 방향을 그림 3.22에 나타냈다. 또한 교통신호 타이밍도를 그림 3.23에 나타냈다.

또한 현시는 시시각각의 교통류에 따라 변화하는 것이다. 표준적인 현시는 2현시, 2.5현시, 3현시 등이 있다. 또한 청신호 표시를 표시하지 않고 파랑 화살표 및 노랑, 빨강 표시만의 제어도 존재한다. 보행자 횡단시간은 횡단보도의 길이에 따라 결정된다. 예외는 있지만 일반적으로는 보행속도를 초속 1 m로 계산한다. 파랑 점멸 시간은 보행자 청신호 시간 중에 횡단을 완

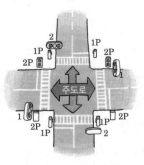

그림 3.22 현시 매차량/ 보행자 통행권의 방향

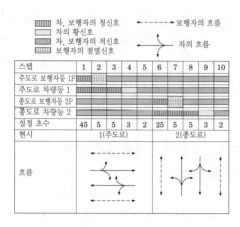

스텝	1	2	3	4	5	6	7	8	9	10
주도로 보행자등 1P										
주도로 차량등 1										
종도로 보행자등 2P										
종도로 차량등 2										
설정 초수	45	5	5	3	2	25	5	5	3	2
현시			1(주도로)					2(종도로)		

범례:
▨ 차, 보행자의 청신호
□ 차의 황신호
▨ 차, 보행자의 적신호
▨ 보행자의 점멸신호
- - → 보행자의 흐름
→ 차의 흐름

그림 3.23 교통신호의 표시 타이밍

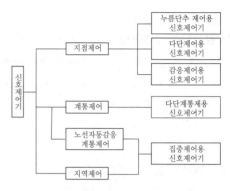

그림 3.24 신호제어기의 분류(제어별)

료할 수 없었던 보행자의 클리어런스 시간(일소시간)의 의미를 가지고 있다. 횡단보도의 길이에 따라 4~10 초 사이(일반적으로는 5 초) 보행자용 등기의 청신호를 점멸표시하게 한다.

(2) 신호제어기의 종류

신호제어기는 크게 나누어 5종류로 분류된다. 신호기는 단순히 파랑, 노랑, 빨강을 점멸시키면 되는 것이 아니다. 설치지점이나 주위의 교통사정에 맞는 신호기를 선택하지 않으면 좋은 제어가 불가능하다. 신호제어기에는 '점의 제어'라고 불리는 지점제어, '선의 제어'라고 불리는 계통제어, '면의 제어'라고 불리는 지역제어 등이 있으며 각각 특징을 가지고 있다.

각 신호제어기를 분류하면 그림 3.24와 같이 된다.　　　　　　　　　　　　[吉浦 敬]

3.5　헤드 램프(차량 등화장치) ●●●

3.5.1 법규
(1) 동향
최근 자동차산업의 글로벌화와 자동차의 기

술진보는 눈부시다. 이러한 가운데 각국마다 서로 다른 자동차와 장치의 안전, 환경기준의 세계적인 통일을 촉진하기 위해 국제연합의 차량등의 세계적 기술규칙 협정(약칭 '글로벌 협정', 1998년 작성)이 체결되어 있다. 차량등화장치도 각국에서 법규로 정해져 있으며 대표적인 법규는 UN(국제연합)이 담당관청인 유럽의 ECE(Economic Commission for Europe) 규칙과 미국의 DOT(Department of Trans-portation)/NHTSA(National Highway Traffic Safety Administration)가 담당관청이 된 FMVSS(Federal Motor Vehicle Safety Standard)로 대표된다.

일본에서도 1995년 글로벌 협정에 앞장서서 보안기준은 ECE 규칙에 맞게 개정하고 램프류의 차체부착 규정도 대략 ECE 규칙 No. 48에 맞추었다. 또한 1998년에는 1958년 협정에 가맹하고 그것에 따라 도로운송차량법이 개정되었으며 형식지정기준(부품인증) 및 기술기준 중에 순차 ECE 규칙을 비준하고 있다. ECE 규칙을 비준한 램프에 관해서는 (국내에서도)ECE의 인증제도가 1998년부터 개시되었다. 인증제도란 국가가 각 램프에 대해 일정한 성능요건을 시험하고 규격을 만족하면 인가하는 제도이다. 단, 미국에서는 상기와 같은 인증제도는 없고 램프 제조자가 자기보증(self certificate)하기로 되어 있다.

(2) 주요국의 법규, 규격

표 3.17에 세계 주요 국가의 법규체계를 나타냈다.

3.5.2 종류 및 부착 위치

차량등화장치는 그 기능으로부터 ①조명등, ②신호등의 두 종류로 대별된다. 이들 조명등, 신호등은 그 기능과 사명이 최대한 발휘되도록 차량에 대한 배치 및 부착 위치가 법규로 정해져 있다. 또한 근접하는 램프와의 위치관계에 의존한 밝기를 정하고 그 기능이 유지될 수 있도록 배려되어 있는 램프도 있다.

3.5.3 기능·목적

(1) 조명등

조명을 목적으로 한 램프로서 시인성이 중요한 성능요소가 된다. 도로선형, 노면상태, 노상의 장애물 등의 확인, 교차점 내 및 도로를 횡단하는 중인 보행자, 동물 등 모든 시대상을 확인, 식별하기 위한 조명기능이 있다.

등화장치의 종류로는 전조등(헤드 램프), 전부무등(前部霧燈 : 프런트 포그 램프), 후진등(백업 램프), 측방조사등(코너링 램프) 등이 있

다. 이 중에서 전조등과 후진등은 조명등이지만 진행방향을 나타내는 신호등이기도 하다. 또한 표시부의 조명을 목적으로 한 램프로 번호등(라이선스 플레이트 램프)이 있다.

(2) 신호등

신호(표지)를 목적으로 한 램프로서 피시인성이 중요한 성능요소가 된다. 램프 자체의 발광면을 다른 자동차의 운전자나 보행자에게 시인시킴으로써 해당자동차의 운전자의 운전의사, 즉 자동차의 거동이나 자동차의 존재를 알리는 등의 정보전달기능을 가지고 있다. 전달해야 할 대표적인 정보는 아래와 같다.

① 자동차의 존재 확인
② 차간거리 및 근접상황

표 3.17 주요국의 법규, 규격

		일본	미국	유럽	
법규		보안기준 제32~42조 제62, 63조 보안기준의 세목을 정하는 고시 기술기준 형식지정 기준 검사기준 심사기준	FMVSS 108항	ECE규칙 R1~113	EEC지침
담당관청		국토교통성	DOT/ NHTSA	국제연합 (UN)	유럽연합 (EU)
인증제도		있음.	제조책임자	있음.	있음.

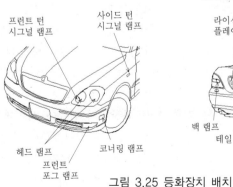

그림 3.25 등화장치 배치

③ 자동차의 진행방향 변화

④ 주차, 정차의 표시

⑤ 감속상황, 제동상황

⑥ 후진 중의 표시

⑦ 특수차량, 긴급차량의 존재 표시

등화장치로서는 미등(테일 램프), 제동등(스톱 램프), 차폭등(포지션 램프) 등이 있다. 이들 램프는 광도, 등화색(색도), 배광 패턴(시인각도), 발광면적, 부착 위치, 각 등화의 배치 등을 자세히 정하여 정보전달이 효과적으로 이루어지도록 배려되어 있다. 최근 새롭게 장착이 의무화된 램프로서 하이마운트 스톱 램프가 있다. 시인하기 쉬운 위치에 부착되어 있어 제동의사를 후속 차에 빨리 전달할 수 있다는 효과가 인정된 램프로 생각된다. 이 램프에는 점등시간이 빠른 광원으로 LED도 많이 사용되고 있다.

3.5.4 각 램프의 요구성능 및 구조

(1) 전조등(헤드 램프)

주행용 전조등은 모든 것을 동시에 조사할 때 야간에 전방 100 m의 거리에 있는 교통상 장애물을 확인할 수 있는 성능을 가지고 있어야 하며 최고광도의 합계는 225,000cd를 초과하

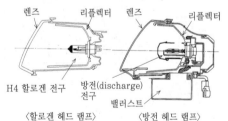

〈할로겐 헤드 램프〉   〈방전 헤드 램프〉

그림 3.26 대표적인 전조등의 구조

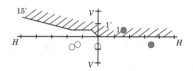

그림 3.27 배광규격과 주요 포인트

지 않도록 하고 엇갈림용 전조등은 조사광선이 다른 교통을 방해하지 않고 모든 것을 동시에 조사할 때 야간에 전방 40m 거리에 있는 교통상 장애물을 확인할 수 있는 성능을 가지고 있을 것이 요구된다. 전조등의 구조는 주로 광원, 반사경, 전면 렌즈의 3요소로 구성되어 있다. 대표적인 구조를 그림 3.26에 나타냈다.

조명방식으로는 2등식 및 4등식이 있으며 차량에 탑재된 수량을 나타낸 분류방법이 있다. 한편 조명기능에서 보면 대향차나 보행자 등이 존재하지 않고 먼 곳을 조사하려는 경우, 즉 가능한 한 시야를 확보하기 위해 사용하는 주행 빔과 전방에 존재하는 대향차나 보행자 등에 섬광을 주지 않고 차량 직전에서 전방 및 50~60 m 정도까지의 노면을 조사할 수 있도록 대략 램프 광축에서 상방을 차단한 배광을 가진 엇갈림 빔의 2종류가 있다. 일본의 경우 미국이나 유럽과는 통행이 역으로서 좌배광용이 된다.

그림 3.27에 개략적인 배광규격을 나타냈다. 전조등은 이 엇갈림 빔의 배광 패턴을 형성하는 광학기술이 중요하다. 최근 컴퓨터에 의한 반사경의 곡면생성 기술이나 배광 시뮬레이션 기술이 진보하여 광학설계가 용이하게 되고 디자인성에 대한 배려의 가능성도 증대했다.

전조등의 광원에는 텅스텐 필라멘트를 발광시키는 할로겐 전구(할로겐 램프)와 방전발광을 이용한 가스 방전 전구(HID 램프)가 사용된다. 할로겐 전구에는 싱글 필라멘트 전구와 더블 필라멘트 전구의 2종류가 있다. 이들 광원은 수명에 다하면 어느 한 등구에서 탈착하여 교환할 수 있는 구조로 되어 있다.

등화장치의 기능과 성능에 대한 요구는 국제적으로 보아서 크게 변화하고 있다. 유럽에서는 EUREKA PROJECT 1403으로 이전의 엇갈림 빔의 주요 약점을 개선하기 위해 AFS

(Adaptive Front lighting Systems)라는 새 개념의 헤드 램프 시스템의 개발을 추진하고 있다. ECE 규칙을 제정하기 위한 GTB(Groupe de Travail de Bruxelles, 1952) 회의에서 2001년 11월, 두 개의 드래프트를 승인했다. 다음 단계로 GRE(Groupe de Rapporteurs sur le Eclairage) 회의에서 계속 검토 중이며, 최종적으로는 국제연합에서 승인인가되어 2007년 경에 제정될 예정으로 되어 있다. 또한 이러한 활동 중에 현재 ECE 규칙(R 48, R 98, R112)을 개정하고 AFS의 기능의 일부를 먼저 도입하고 있다.

일본에서도 커브 주행으로 진행방향을 비추는 곡선도로용 배광가변형 전조등으로 도로운송 차량의 보안기준의 세목을 정하는 고시를 도입했다. 사용할 수 있는 전조등은 다음과 같은 방식이 있다. ① 엇갈림용 전조등 전체가 가동(可動), ② 엇갈림용 전조등의 반사경 일부가 가동, ③ 고정식의 전용광원(등화장치)를 추가, ④ 가동식의 전용광원(등화장치)을 추가

또한 예정되어 있는 최종 AFS의 ECE 규칙에서는 엇갈림 빔은 기본배광과 교통환경에 따라 대응할 수 있는 4종류의 배광 모드가 규정되어 있으며 자동적으로 선택되는 시스템이 된다. 이 ECE 규칙은 기본(basic) 엇갈림 빔 배광 외에 ① 시가(town) 배광, ② 고속도(motorway) 배광, ③ 악천후(wet road) 배광, ④ 곡선(bending) 배광 모드를 하나 이상 가진 배광가변식이 될 예정이다.

(2) 번호등(라이선스 플레이트 램프)

야간, 후방 20 m 거리에서 자동차 등록번호표의 숫자를 확인할 수 있어야 한다. 이 램프는 조명이 목적이며 운전자 등이 주행 중에 선행차량의 번호를 볼 때 램프에 의한 섬광 때문에

번호를 확인할 수 없게 되지 않도록, 차량 중심선상 후방 20 m 거리에서 부착 높이의 위치로부터 램프부(광원)가 직접 보이지 않을 것을 규정하고 있다. 또한 다른 램프류와 크게 다른 점은 요구 배광특성으로 플레이트상의 결정된 측정점에 대한 조도의 균제도가 규정되어 있는 것으로서, 밝기의 균일성을 확보함으로써 번호의 오독 방지를 위한 배려가 되어 있다. 균제도는 20 이하로 하며 다음 식으로 나타낼 수 있다.

$$균제도 = \frac{고조도점\ 2개소의\ 조도의\ 평균}{저조도점\ 2개소의\ 조도의\ 평균}$$

ECE 규칙 No.4에서는 플레이트의 시인범위를 램프축을 기준으로 수평좌우 30°, 수직방향 상하 5°로 규정하고 있다. 또한 휘도구배의 규정이 있으며 다음 식에 의한다.

$$\frac{(B_2-B_1)}{(B_2-B_1간\ 거리)} \leq 2 \times B_0$$

여기서는 B_0 : 최소휘도점
$\quad\quad\quad B_1$, B_2임의 측정점 휘도

(3) 미등(테일 램프)

야간에 후방 300 m 거리에서 확인할 수 있을 것. 또한 조사광선은 다른 교통을 방해하지 않을 것. 신호등이므로 발광면 자체를 보고 확인한다. 램프의 배광은 그림 3.28과 같이 측정 포인트와 램프축을 중심으로 밝기가 % 표시로 규정되어 있다.

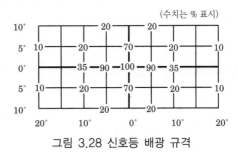

그림 3.28 신호등 배광 규격

방식에 따라 요구 배광규격이 서로 다르다. 램프에 대한 시인성의 경우 ECE 규칙 No.7-02에서는 발광면의 시인범위 내를 규정하고 있으며 그 밝기는 0.05 cd 이상의 광도가 필요하고 요구시인각도는 수평방향 외측 80°, 내측 45° 및 수직방향 상하 15°로 규정하고 있다.

(4) 제동등(스톱 램프)

주야를 막론하고 사용되며 시인조건이 나쁜 주간에도 기능이 발휘될 수 있도록 규정되어 있으며 주간에 후방 100 m 거리에서 점등을 확인할 수 있어야 한다. 배광규격에는 주야 같은 레벨의 것과 주간과 야간에 밝기를 변화시키는 2레벨의 것이 있다.

배광분포는 그림 3.28과 같으며 다른 램프와는 밝기가 다르다. 램프에 대한 시인성의 경우 ECE 규칙 No.7-02에서는 시인성 범위 내에서 0.3 cd 이상의 광도가 필요하고 시인각도는 수평방향 좌우 45° 및 수직방향 상하 15°로 규정되어 있다.

(5) 차폭등(포지션 램프)

야간에 전방 300 m 거리에서 점등을 확인할 수 있어야 하고 배광분포는 그림 3.28과 같으며 다른 램프와는 밝기가 다르다. 램프에 대한 시인성의 경우 ECE 규칙 No.7-02에서는 시인 범위 내에서 0.05 cd 이상의 광도로 하고

그림 3.29 신호등의 구조 예

시인각도는 수평방향 외측 80°, 내측 45° 및 수직방향 상하 15°로 규정하고 있다.

신호등은 앞서 기술한 것과 같은 기능을 가진 램프가 집합된 리어 콤비네이션 램프라는 하나의 등구로 차량에 탑재된다. 그림 3.29에 구조의 한 예를 나타냈다.

(6) 기타 등화장치

① 전부무등(前部霧燈 : 프런트 포그 램프) 안개 속에서 전방 시계를 확보하기 위한 램프인데, 보조 램프로 악천후 시에도 사용되는 것이 있다. 후부무등의 표지등과는 기능과 목적이 다르다.

② 측방조사등(코너링 램프) 야간, 턴 시그널이 작동하고 있을 때 같은 측의 램프가 헤드 램프와 더불어 점등되므로 시야범위가 확대되어 시인성을 향상시킬 수 있다.

③ 후퇴등(백업 램프) 후진하는 것을 후속차나 보행자 등에게 전달함과 동시에 후방의 시각정보를 얻기 위한 램프이기도 하다.

④ 방향지시등(턴 시그널 램프) 차량이 진행방향이나 주행 차선을 변경할 때 사용되며 대향차나 후속차에 그 의사를 전달하여 안전을 확보한다.

⑤ 후부무등(리어 포그 램프) 유럽에서는 악천후 시에 선행차의 존재나 차간거리를 확보하기 위해 램프의 휘도를 높여 시인하기 쉽게 하고 추돌방지 등의 안전성을 향상시키고 있다. 일본에서는 장착 의무는 없다.

(7) 기타 장치

① 반사기(리플렉스 리플렉터, RR) 임계각을 이루는 세 면을 한 조로 하여 일정한 면적을 가지고 구성된 반사기로서 광선이 입사할 때 온 방향으로 반사한다.

3.5.5 향후 램프 요건

(1) 유해물질의 배제

EC 지침에서는 2003년 7월 1일 이후 판매되는 차량에 대해 수은, 납, 카드뮴, 6가 크롬의 사용이 금지된다(단, 제외사항 있음). 당연히 전조등의 광원인 방전 전구의 무수은화도 검토되고 있다.

(2) 유럽, 보행자 보호 지침 (EC Directive 안)

보행자와의 충돌사고에서 보행자의 피해를 최소로 경감시키기 위해 차량에 충돌했을 때의 장애를 평가하는 기준이 검토되고 있다. 따라서 이에 대응하기 위해 충격을 완화할 수 있는 구조나 재료가 사용된 등화장치의 개발도 기대된다.

(3) ITS(고속도로 교통 시스템)

구상이 나온 것은 1995년이며, 도로와 자동차를 지능화하는 시스템이다. 운전자는 실시간으로 도로교통정보 등을 제공받을 수 있게 될 것이다. 향후 터널 시스템으로서의 차량등화장치로서도 한 번 생각해 볼 필요가 있다.

[渡部隆夫]

참고문헌

1) 日本道路協会：道路照明施設設置基準・同解説 (1981)
2) CIE：Publ No. 12.2 (TC-4.6) Recommendations for the lighting of roads for motorized traffic (1977)
3) 成定康平, 井上 猛：自動車道路の照明に対する国際勧告, 照学誌, 62-11, pp. 575-590 (1978)
4) 環境庁大気保全局：光害対策ガイドライン
5) JIS C 8131：1999 道路照明器具
6) 高速道路調査会：トンネル照明設計指針 (1990)
7) 中道, 成定, 吉川：トンネル入口照明の見え方に関する実験, 照学誌, 51-10, pp. 566-581 (1967)
8) 蒲山久夫：急激な明暗変化に対する緩和照明について, 照学誌, 47-10, pp. 488-496 (1963)
9) JIS Z 9111：1988 道路照明基準
10) 国土技術研究センター：道路の移動円滑化整備ガイドライン (2003)
11) 高速道路調査会：道路照明設計指針 (1990)
12) 日本道路公団：設計要領第七集 (2000)
13) 東京都建設局：道路工事設計基準 (2001)
14) JIS Z 9116：1990 トンネル照明基準
15) JIS Z 9110：1979 照度基準
16) 日本道路協会：立体横断施設技術基準・同解説 (1979)
17) 照明学会：歩行者のための屋外公共照明基準 (1994)
18) JIS C 7612：1985 照度測定方法
19) JIS C 7614：1993 照明の場における輝度測定方法
20) 建設電気技術協会：道路・トンネル照明器材仕様書 (2002)
21) 総理府・建設省令：道路標識, 区画線及び道路標示に関する命令 (1960)
22) 日本道路協会：道路標識設置基準・同解説 (1987)
23) 照明学会編：ライティングハンドブック, p. 487, オーム社 (1987)
24) 照明学会：照明専門講座テキスト, 14-9～14-12, オーム社 (2002)
25) 警察庁交通局交通規制課：信号機なんでも読本, p. 8, 日本交通管理技術協会
26) 照明学会編：照明ハンドブック, 第23章3節, オーム社 (1987)
27) 国土交通省：道路運送車両の保安基準
28) Economic Commission for Europe：Regulation No. 3, 4, 6, 7, 19, 23, 38, 48, 98, 99, 112
29) European Economic Community：① EU 指令 2000/53/EC；② Envelope Directive Draft Version 020625
30) Federal Motor Vehicle Safety Standard

제4장
항공조명

4.1 항공등화 시스템

4.1.1 항공등화의 필요성

항공등화 시스템은 등화 패턴을 구성하고 진입착륙 중 및 지상주행 중의 항공기의 조종사에게 위치·고도·자세·주행경로 등의 정보를 제공한다. 항공등화는 항공보안시설의 하나이며 특히 야간이나 저시정 시에 운용되고 있는 주요 공항에서는 항공기의 안전성, 정기성 및 정시성을 확보하기 위해 없어서는 안 될 장치가 되어 있다.

최근 계기착륙장치의 성능향상으로 일부 공항에서는 시정 200 m까지 이착륙할 수 있도록 되어 가고 있다. 이착륙 원조시설로서 전파유도시설이 주요 시설이며, 항공등화는 보조적인 역할을 맡게 되어 있다. 항공등화가 수행하는 역할은 중요하다. 또한 전파유도시설이 설비되어 있지 않은 외딴 섬 공항이나 헬리포트 등에서는 야간 운용 시 항공등화가 유일한 이착륙 원조시설이 되어 있다.

4.1.2 항공등화의 분류와 구성

항공등화의 분류를 그림 4.1에 나타냈다. 항공등화는 항공등대, 비행장 등화 및 항공장애등으로 분류된다. 그 중 비행장 등화는 항공기가 이착륙하기 위한 시각원조시설이며 진입 등화, 활주로 등화, 유도로 등화 등으로 구성된다. 진입등화는 착륙하는 항공기에 최종진입경로를

보여 주기 위해 주로 진입구역에 설치되어 있다. 활주로 등화는 활주로상에 설치되며 진입등화와 함께 이착륙하는 항공기의 조종사에게 방향, 자세, 편위, 고도, 거리, 속도 등의 안내

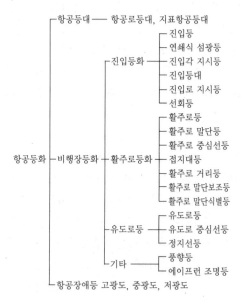

그림 4.1 항공등화의 분류

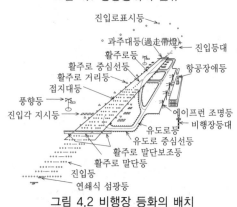

그림 4.2 비행장 등화의 배치
[吉田, 1989[1]]

526

(a) 활주로등   (b) 유도로 중심선등

그림 4.3 항공조명용 등기

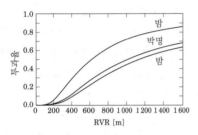

그림 4.4 거리 100 m에서의 투과율과 RVR의 관계
   −RVR의 계산에 이용되는 기준등화의 광도는 낮 : 10,000 cd, 박명 : 10,000 cd, 밤 : 2,500 cd로 했다. 역치각막조도는 낮 : 3.9×10⁻⁴lx, 박명 : 1.0× 10⁻⁵lx, 밤 : 7.7×10⁻⁷lx로 했다.

를 제공한다. 유도로 등화는 유도로 및 에이프런(apron)구역에 설치되며 활주로와 에이프런 사이의 주행경로 정보를 제공한다. 항공등화 중 비행장 등화의 표전적인 배치를 그림 4.2에 나타냈다.[1] 또한 대표적인 등기의 사진을 그림 4.3에 나타냈다.

무선시설의 설치상황에 따라 활주로는 비계기 진입, 계기 진입, 정밀진입으로 분류되며, 그것에 맞춰 필요하게 되는 비행장 등화는 표 4.1과 같이 달라진다.[2] 또한 정밀진입 활주로는 착륙가능한 최저기상 조건에 따라 아래와 같이 분류된다.

- 카테고리-I : 시정 800 m 이상 또는 RVR 550 m 이상
- 카테고리-II : RVR 550~350 m
- 카테고리-III A : RVR 350~200 m
- 카테고리-III B : RVR 200~50 m

표 4.1 활주로의 종별과 필요한 비행장 등화

비계기	계기진입	
	비정밀진입	정밀진입
활주로등	진입로 지시등	표준식 진입등
활주로 말단등	간이식 진입등	고광도 활주로등
과주대등	고광도 활주로등	고광도 활주로말단등
활주로 거리등	고광도 활주로말단등	활주로 말단보조등
간이식 진입등*	활주로 중심선등	활주로 중심선등
진입등대*	과주대등	접지대등
활주로 말단식별등*	비상용 활주로등*	과주대등
		비상용 활주로등*

＊필요에 따라 설치

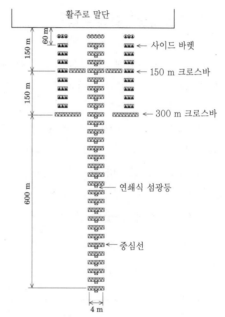

그림 4.5 표준식 진입등의 배치(카테고리-II, III)

- 카테고리-III C : RVR 50m 이하

공항에서의 시정상태는 시정 1,600 m 이하는 보통 RVR(Runaway Visual Range)로 표시되어 있다. 이것은 조종사가 활주로등을 시인할 수 있는 거리를 나타낸다. 거리 100 m 에서의 투과율과 RVR의 관계를 그림 4.4에 나타냈다. 현재 일본에서는 카테고리-IIIA가 일부 공항에 도입되어 있다. 카테고리-IIIC를 제외하고 항공기의 운행에는 항공등대 등의 시각원조

시설이 필요하다. 카테고리에 따라 항공등화의 성능요건이 달라지며 카테고리가 Ⅰ, Ⅱ, Ⅲ으로 높아짐에 따라 필요 등화 및 해당 등화 수가 증가한다.

시정이나 배경휘도 등이 조건에 따라 항공등화의 관점이 달라진다. 이 때문에 일본에서는 이들 조건에 따라 비행장 등대는 5단계(100, 25, 5, 1, 0.2 %)의 광도제어가 수행되고 있다 (진입각 지시등은 3단계).

4.1.3 주요 항공등화의 특성

(1) 진입등

진입등은 진입구역에 설치되며 그 등화 패턴에 따라 진입중인 항공기에 진입경로 정보를 제공한다. 정밀진입 활주로에 설치되는 진입등 형식의 한 예를 그림 4.5에 나타냈다.[3] 비정밀진입 활주로에는 간이식 진입등이 설치된다. 카테고리-Ⅱ에서는 크로스바(말단에서 150 m의 위치) 및 적색의 사이드 바렛(side barrette : 말단에서 270 m까지)이 부가된다.

(2) 연쇄식 섬광등

진입등의 중심선등의 위치에 설치되어 있는 흰색 섬광등화로, 유목성이 풍부하다. 매초 2회, 앞쪽끝에서 활주로 말단방향으로 연속하여 섬광한다.

(3) 진입각 지시등(PAPI)

활주로의 좌측에 설치된 4개의 등기로 구성되며 빨강과 흰색의 색광의 관점에 의해 착륙하는 항공기에 진입각 정보를 제공한다. PAPI의 앙각(仰角)설정과 관점을 그림 4.6에 나타냈다.

(4) 활주로등

이륙 또는 착륙하려 하고 있는 항공기에 활주로의 윤곽을 보여 주기 위한 것이다.[4] 활주로의 양측에 60 m 이하의 등간격으로 설치된다. 활주로 종단 부근의 등화는 노랑이며 그 외의 등화는 흰색이다.

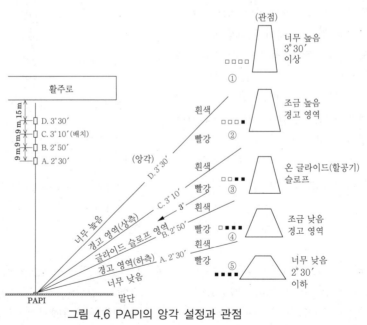

그림 4.6 PAPI의 앙각 설정과 관점

(5) 활주로 말단등, 활주로 말단보조등

착륙하려 하고 있는 항공기에 활주로의 말단을 보여 주기 위한 것이다. 활주로 말단의 위치에 등간격으로 5등 이상 설치되며 진입측에서 볼 때 녹색의 등화이다.

(6) 활주로 중심선등

착륙하려 하고 있는 항공기에 활주로 중심선을 보여 주기 위한 것이다. 활주로 중심에 30 m 이하의 등간격으로 설치된다. 활주로 종단 부근은 적색과 백색의 등화가 서로 설치되며 그 이외는 백색의 등화가 설치된다. 카테고리-Ⅱ 이상의 정밀진입 활주로와 제트기가 취항하는 카테고리-Ⅰ 정밀진입 활주로에 설치된다.

(7) 접지대등

착륙하려 하고 있는 항공기에 접지대를 보여 주기 위한 백색의 등화이다. 등화 패턴은 활주로 중심선에 대칭으로 3등씩 바렛으로 구성된다. 바렛의 종간격은 30~60m이며 말단에서 900 m까지의 구간에 설치된다. 카테고리-Ⅱ 및 카테고리-Ⅲ의 정밀 활주로에 설치가 의무로 되어 있다.

조종사는 착륙 직전에는 응시 상태가 되어 시각정보는 주로 중심시(中心視)에서 얻게 된다. 활주로등은 접지점 부근에서는 시야의 중심에서 벗어나므로 접지대등이나 활주로 중심선등이 필요하다.

(8) 유도로등

지상주행하는 항공기에 주행경로를 보여 주기 위한 파랑 등화이다. 야간이나 저시정 시에 운용되는 비행장의 유도로의 양옆 및 에이프런 측변에 설치된다.[5]

(9) 유도로 중심선등

지상주행하는 항공기에 유도로의 중심선을 보여 주기 위한 초록 등화이다. 야간이나 저시정 시에 운용되는 비행장의 유도로의 중심선에 30 m 이하(직선부분)의 간격으로 설치된다.

(10) 정지선등(스톱 바)

지상주행하는 항공기에 활주로 진입 가능여부 및 유도로상에서의 진행 가능여부를 빨강 등의 점등 및 소등으로 알리기 위한 것이다. 유도로 중심선에 직교하는 직선상에 3 m 간격으로 설치된다. 일반적으로 소등은 관제관이 수동으로 수행하지만 점등은 항공기의 위치를 센서로 감지함으로써 자동으로 수행된다.

4.1.4 항공등화의 관점과 요인

(1) 광도

등화는 광도가 클수록 원거리에서 볼 수 있다. 항공등화와 같은 점광원을 볼 수 있는 것은 등화의 광도에서 계산된 각막조도(조종사 눈의 위치에서의 등화에 의한 법선조도)가 역치 이상이 되어 있기 때문이다. 각막조도 E는 안개 등

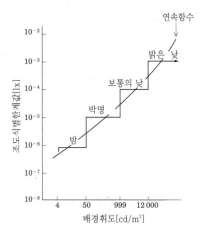

그림 4.7 RVR의 계산에 이용되는 배경휘도와 역치 각막조도의 관계
- 연속함수 또는 4단계로 나눈 값을 이용함 -

에 의한 빛의 감쇠를 고려한 알라드(Allard)식을 이용하여 계산할 수 있다.

$$E = I \cdot \exp(-\sigma X)/X^2$$

단, I : 등화의 광도, σ : 대기의 감쇠계수,

X : 등화와 조종사의 거리

이 역치(閾値) 각막조도는 배경휘도가 높아짐에 따라 커진다. 그림 4.7에 RVR의 계산에 이용되는 배경휘도와 역치 각막조도의 관계를 나타냈다. 배경휘도가 2 cd/m² 이상의 명시도에서는 배경휘도의 대수(對數)와 역치 각막조도의 대수는 대략 직선관계에 있다는 사실이 나타나 있다. 또한 이 그림의 역치 각막조도는 윈도 실드의 투과율이나 등화를 동적으로 보고 있다는 조건 등을 고려하여 보통의 값보다 크게 되어

있다. 조명학회「섬광식 항공장애등 조사보고서」[6]에 따르면 조건에 따라 다소 다르지만 적정 각막조도는 역치 각막조도의 수십 배, 섬광 하한 각막조도는 역치 각막조도의 약 1,000배로 되어 있다.

(2) 등열효과

항공등화는 복수의 등화로 구성되어 있다. 진입등의 중심선등, 활주로등, 활주로 중심선등 등은 진입착륙 중의 조종사로부터 종렬 등화로 보인다. 진입등의 크로스바, 활주로 말단등, PAPI 등은 횡렬 등화로 보인다. 또한 진입등의 사이드 바렛, 접지대등 등은 매트릭스 모양의 군등(群燈)으로 보인다. 이러한 복수등화로 구성된 항공등화의 관점은 단일 등화와 다르다.

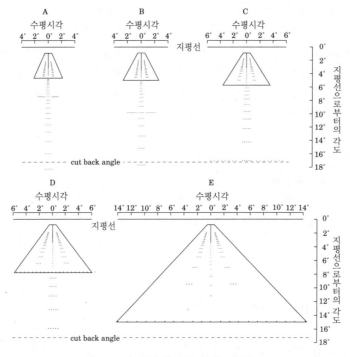

그림 4.8 각 지점에서 본 등화 패턴
(A : 활주로 말단에서 800 m, B : 628 m, C : 456 m, D : 284 m, E 112.5 m)
[조명학회, 1983[8]]

오베라(Obara) 등[7]은 수평방향 등렬의 등수와 간격을 변화시킨 경우 필요한 각막조도에 대해 실험하고 역치(閾値), 적정 및 섬광하한에 대응하는 각막조도(등렬 중의 1개의 등화에 의한 각막조도)는 단일 등화의 그것보다 낮아지고 그 정도는 등화개수와 등화간격의 함수가 된다는 사실을 나타냈다.

(3) 등화 패턴

조종사는 항공등화 전체를 한 패턴으로 보고 있다. 그래서 항공기의 자세·위치·고도, 활주로 말단부터의 거리 등의 정보를 얻고 있다. 이 때문에 각 등화 밝기의 균형이 잡혀 있는 것과 부주의에 의한 부점등을 적게 하는 것이 중요하며 진입착륙 중인 조종사에게 연속된 시각정보를 제공할 필요가 있다.

활주로 말단에서 800 m, 628 m, 456 m, 284 m 및 112.5 m에서 보았을 때의 등화 패턴의 예[8]를 그림 4.8에 나타냈다.

(4) 저시정 시의 배경휘도

주간, 저시정 시에 착륙 중인 조종사가 활주로등 등의 항공등화를 볼 때 그 배경휘도는 한낮의 빛에 의한 산란부가 휘도의 영향을 받는다. 시정이 낮아짐에 따라 배경휘도는 활주로 노면휘도의 값에서 진입방향의 공중휘도의 값에 가까워진다. 또한 야간에는 항공등화에 의한 산란부가휘도에 의해 배경휘도가 높아진다. 저시정 시의 비행장 등화에 의한 부가휘도는 시정, 관측지점, 미립자의 입자경, 등화의 광도 등에 따라 변하지만 대략 수 cd/m²로 추정되고 있다.[9]

(5) 색광효과

항공등화는 흰색 외에 빨강, 노랑, 초록 및 파랑 등화로 구성되어 있다. 이들 색광의 관점은 흰색 등화와 달리 일반적으로 시인성이 좋다. 관측조건에 따라서도 달라지지만 빨강의 경우 20~30 %의 광도로 흰색과 같은 인식이 가능한 경우가 있다.

(6) 각 공항에서의 환경조건

각 공항에서의 환경조건이 달라지면 항공등화의 관점도 달라진다. 예를 들어, 저녁에 석양을 향하여 착륙하는 경우와 태양을 등지고 진입하는 경우에는 등화의 관점이 동일하지 않다. 그 밖에 활주로 양옆이나 착륙대에 눈이 쌓인 경우 활주로 노면의 상황, 야간 공항 주변의 빌딩에 많은 등이 켜져 있는 경우 등에 따라서도 항공등화의 관점이 달라진다.

(7) 윈도 실드의 투과율

대형 항공기의 윈도 실드는 경질유리 등을 몇 매 겹친 것이며 거기서의 빛의 감쇠는 무시할 수 없는 정도이다. 투과율은 기종, 입사각, 파장 등에 따라 다르지만 B 747에서 입사각 40°인 경우 60~70 %라고 보고되어 있다.[8] 또한 빗방울 등에 의해 윈도 실드의 투과율이 더욱 낮아진다.

4.2 항공장애등 ● ● ●

항공장애등은 비행 중인 항공기에 대해 항행의 장애가 되는 물건의 존재를 알리기 위한 등화이다. 지표 또는 수평면에서 60 m 이상 높이의 물건 등을 설치한 사람은 국토교통성령에서 정한 대로 해당 건물에 항공장애등을 설치해야 한다. 단, 국토교통장관의 허가를 받은 경우에는 그러한 제한이 없다. 항공장애등에는 고광도

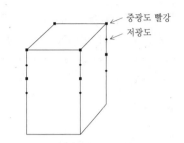

중광도 빨강
저광도

그림 4.9 항공장애등 설치 예
(높이 270 m인 빌딩의 경우)

항공장애등, 중광도 항공장애등 및 저광도 항공
장애등이 있으며 장애물의 조건에 따라 설치의
의무가 정해져 있다.

설치 예를 그림 4.9에, 저광도 항공장애등을
그림 4.10에 나타냈다.

(1) 고광도 항공장애등

굴뚝·철탑·기둥·골조구조물 등 항공기에서
시인하기 어려운 150 m 이상의 물건 등에 설치
된다. 흰색 섬광으로 1분간 섬광 횟수는 40~
60 회이다. 실시광도는 150,000~250,000 cd
이며 배경휘도에 의해 3단계로 광도제어된다.

(2) 중광도 백색 항공장애등

굴뚝·철탑·기둥·골조구조물 등 항공기에서
시인하기 어려운 150 m 미만의 건물 등(주간
장애표지를 설치한 것은 제외)에 설치된다. 흰
색 섬광으로 1분간 섬광 횟수는 20~60 회이다.
섬광 횟수는 실효광도가 15,000~25,000 cd
이며 배경휘도에 따라 2단계로 광도제어된다.

(3) 중광도 적색 항공장애등

150 m 이상의 물건 등에 설치되며 야간에 켜
진다. 적색의 명멸광으로 1분간 명멸 횟수는 20
~60 회이다. 실효광도는 1,500~2,500 cd이다.

그림 4.10 저광도 항공장애등

(4) 저광도 항공장애등

150 m 미만의 건물 등에 설치되며 야간에 켜
지는 적색 부동광이다. 3종류가 있으며 광도는
각각 100 cd 이상, 32 cd 이상, 10 cd 이상
이다.

[入倉 隆]

참고문헌

1) 吉田隆治 : 總論, 照学誌, 73-3, pp. 108-111 (1989)
2) 長田和郎 : 航空灯火の変遷, 照学誌, 73-3, pp. 112-120 (1989)
3) 下斗米武一 : 進入灯火システム, 照学誌, 73-3, pp. 132-140 (1989)
4) 高橋 博 : 滑走路灯火システム, 照学誌, 73-3, pp. 141-146 (1989)
5) 池田信吾 : 誘導路灯火システム, 照学誌, 73-3, pp. 147-150 (1989)
6) 照明学会 : 閃光式航空障害灯調査報告書 (1977)
7) Obara, K., Ikeda, K., Nakayama, M. : Visual Appearance of a Sequence of Signal Lights, CIE Publ. 50, pp. 392-398 (1980)
8) 照明学会 : 航空灯火の適正光度に関する調査研究報告書 (1983)
9) 青木義郎, 入倉 隆, 谷口哲夫 : 大気中の微粒子を考慮したモンテカルロ法による散乱光の空間分布解析, 照学誌, 77-2, pp. 28-35 (1993)

제5장

방범 및 방재 조명

5.1 방범 조명

5.1.1 기본적인 사고방식

(1) 방범조명의 필요성

최근 사회정세의 변화 등에 따라 사람들의 야간 활동이 활발해졌다. 이에 따라 도로를 비롯하여 옥외의 공공시설 등에서 강도·상해·폭행 등 흉악한 범죄가 증가하는 경향이 강해지고 있어 사람들의 체감치안도 악화하는 경향이 있다. 이 때문에 '신변의 안전과 안심'에 대한 관심이 높아지고 있어 국가나 지방자치단체 등에서는 '방범마을 만들기'에 대한 구체적 활동을 추진하고 있다. 사람들에게 안심감을 주는 한 가지 기법으로 방범조명이 있으며, 도로를 비롯하여 옥외의 공공시설 등에 적절한 조명을 설치하는 것이 중요하다.

(2) 환경설계에 의한 범죄 예방

범죄에 대한 불안감을 완화하는 방법으로 '환경설계에 의한 범죄예방'(crime prevention through environmental design)이 있다. 이것은 제페리(C. R. Jeffery)[1]의 "인간에 의해 만들어지는 환경의 적절한 설계와 효과적인 사용에 의해 범죄에 대한 불안감과 범죄발생이 감소하고 생활의 질의 향상을 도모한다."는 사고방식에 기초하고 있다.

환경설계에 의한 범죄예방 방법으로는 그림 5.1과 같은 기본이 되는 네 가지가 있으며 가능하면 각 기법을 자연스럽게 조합하여 수행한다.

① 접근의 제어 : 사람과 물질 등 피해대상에 대한 접근을 제약하여 범행의 기회를 박탈함으로써 범죄를 감소시킨다.

② 감시성의 확보 : 사람과 물질 등의 피해대상에 주민의 눈길이 자연스럽게 머물 수 있는 환경을 형성한다.

③ 영역성의 강화 : 공공 공간의 유지관리 등을 통해 주민 간의 교류를 활성화하고 인근의 일체감을 높여 간접적으로 범죄를 감소시킨다.

④ 피해대상의 회피, 강화 : 물질을 파괴되기 어려운 것으로 교환하거나 사람이 어두운 길을 피하고 밝은 길을 걷는 것 등이 이에 해당한다.

방범조명은 환경설계에 의한 범죄예방법 중 '접근의 제어', '감시성의 확보', '피해대상의 회피, 강화'를 수행하기 위한 한 가지 방법이라고 생각할 수 있다.

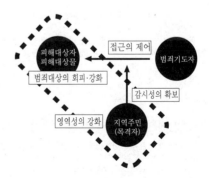

그림 5.1 환경설계에 의한 범죄 예방
[건설성·경찰청, 1999[2]]

5.1.2 조명기준

방범조명의 목적은 다가오는 다른 사람의 모습(태도·인상 등)을 인식하여 대응을 취할 거리를 확보함으로써 범죄의 피해를 받기 어렵게 하는 것, 주변을 시인할 수 있도록 하여 범죄자가 몸을 숨길 장소를 적게 함과 동시에 보행자의 바른 위치나 방향을 인식시키는 것이다. 그러려면 노면의 밝기, 균제도, 사람 얼굴의 밝기 등을 고려할 필요가 있다.

각 장소에서 권장되는 조명기준을 아래에 제시한다.

표 5.1 권장 조도

장소의 분류		권장조도(lx)		
사용 상황등	주위의 밝기	수평면 조도(E_h)	반원통면 조도 또는 연직면 조도	
			(E_{sc})	(E_v)
야간의 사용이 많음	밝음	20	4	
	중간	15	3	
	어두움	10	2	
야간의 사용이 보통	밝음	10	2	
	중간	7.5	1.5	
	어두움	5	1	
야간의 사용이 적음	밝음	7.5	1.5	
	중간	5	1	
	어두움	3	–	
계단 급경사	밝음	20	4	
	중간	15	3	
	어두움	10	2	

[비고]
1. 수평면 조도는 보도의 노면상의 평균조도로 하며 균제도 (최소/평균) ≥ 0.2로 한다.
2. 반원통면 조도는 노면상 1.5 m 높이인 도로의 축에 평행인 선에 직교하는 면의 표리, 쌍방향의 측정값 중 최소값으로 한다. 또한 이 값은 다음 식에 따라 연직면 조도로부터 구해도 좋다.

$$E_{SC} \fallingdotseq \left(\sum_{i=1}^{4} E_{vi}/4 \right) + (E_{v1} - E_{v3})/\pi$$

여기서, E_{vi} : 서로 직교하는 4방향의 연직면 조도(제1방향 및 제3방향을 도로축에 일치시킨다.)
3. JIS 도로조명기준과의 정합성에 의해 연직면 조도를 병기했다. 연직면 조도는 보도의 중심선상에서 노면상 1.5 m 높이의 도로 축에 직교하는 연직면상의 최소 조도로 한다.
4. 장소의 분류는 지역적 및 시간적 특성을 고려한다.

(1) 도로의 방범조명

JIS(일본공업규격)에서는 JIS Z 9110[3]에서 평균수평면조도로 주택지에서 1~10 lx, 시가지에서 5~30 lx를 권장하고 있다.

또한 조명학회에서는 간사이(關西)지부에서 조사연구를 수행한「가로조명의 적정화에 관한 조사분석」등을 바탕으로 CIE(국제조명위원회)의 Pub. 92[4]와의 정합을 꾀함과 동시에 주위의 밝기나 장소의 빈도 등도 고려하여「보행자를 위한 옥외 공공조도기준」[5]을 제정하여 권장하고 있다(표 5.1 참조).

〈참고〉연직면 조도 및 반원통면 조도

사람 얼굴의 밝기를 규정할 때 지금까지 연직면 조도가 채택되어 왔지만 최근 연직면 조도보다 오히려 반원통면 조도 쪽이 적절하다는 지적도 있다. 표 5.1에는 반원통면 조도와 연직면 조도를 함께 기술했다.

그림 5.2와 같이 연직면 조도 E_v는 '수직으로 세운 평면에 입사하는 단위면적당 광속'으로서 식 (5.1)로 표현된다. 한편 반원통면 조도 E_{sc}는 '수직으로 세운 원통 측표면에 입사하는 단위면적당 광속'으로 정의되며 식 (5.2)로 표현된다.

$$E_v = E_n \cdot \sin\theta \cos\phi \qquad (5.1)$$

$$E_{sc} = E_n \cdot \sin\theta \, (1 + \cos\phi)/\pi \qquad (5.2)$$

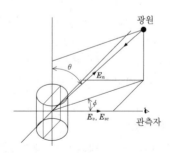

그림 5.2 연직면 조도 및 반원통면 조도

표 5.2

클래스	수평면 조도*1 (평균값)	연직면 조도*2 (최소값)	조명의 효과
A	5 lx	1 lx	4 m 앞의 보행자 얼굴의 개요를 식별할 수 있음
B	3 lx	0.5 lx	4 m 앞의 보행자 거동, 자세 등을 알 수 있음

*1 노면 전체의 평균 밝기로서 가장 어두운 곳이 평균값의 10분의 1 정도가 되도록 한다.
*2. 도로의 중심선상에서의 높이 1.5 m인 곳으로 한다.

또한 일본방법설비협회에서는 「방범조명 가이드」에서 표 5.2와 같은 값을 권장하고 있다.

국외의 권장기준의 대표적인 것으로 다음과 같은 것이 있다.

CIE에서는 Pub. 115 「차와 보행자의 교통을 위한 도로조명권고」에서 보행자에 의한 사용과 환경특성을 유지할 필요성에 따라 표 5.3과 같은 값을 권장하고 있다. 또한 IES[6])에서는 보도의 최소수평면 조도 및 최소연직면 조도가 6 lx 이상이 되는 것을 권장하고 있다.

(2) 주차장 조명

경찰청에서는 「안전안심 마을 만들기」에서 방범기준[7])을 제정하고 주차장 내의 조도를 표 5.4와 같이 권장하고 있다. 또한 IES에서는 최소 수평면 조도 30 lx 이상, 최소 연직면 조도 3 lx 이상을 권장하고 있다.

(3) 공원·광장 조명

공원·광장에도 경찰청에서는 방범기준[7])에 따라 표 5.5와 같은 조도를 권장하고 있다.

(4) 공동주택 공용부의 조명

공동주택 공용부에서의 범죄방지를 고려한 환경설계활동으로 경찰청은 '공동주택에 관한 방범상의 유의사항'[8])을 제정하고 공용부분의 조도를 표 5.6과 같이 권장하고 있다.

표 5.3 보행자 영역에 대한 조명 조건

도로	노면의 수평면 조도(lx)	
	평균값	최소값
대단히 중요한 도로	20	7.5
야간의 이용도가 높은 도로	10	3
야간의 이용도가 보통인 도로	7.5	1.5
야간의 이용도가 낮은 도로	5	1
야간의 이용도가 낮은 도로거리 또는 건축물에 대한 환경보호가 중시되는 도로	3	0.6
야간의 이용도가 대단히 낮은 도로거리 또는 건축물에 대한 환경보호가 중시되는 도로	1.5	0.2
조명기구에서의 빛에 의한 유도성만이 필요한 도로	적용하지 않음.	적용하지 않음.

표 5.4 주차장의 방범 기준

장소	평균수평면 조도
주차용으로 제공하는 부분의 바닥면	2 lx 이상
차로의 노면	10 lx 이상

표 5.5 공원의 방범 기준

장소	평균수평면 조도
공원 내	3 lx 이상
공중화장실	50 lx 이상

표 5.6 공동주택의 공용부분의 조도 기준

장소	평균수평면 조도[lx]
공용 메일 코너(현관), 엘리베이터 홀, 엘리베이터 내	50 이상
공용 복도, 공용 계단	20 이상
자전거, 오토바이 거치장, 주차장, 보도, 차도 등의 도로, 어린이 놀이터, 광장 또는 녹지 등	3 이상

5.1.3 방범 조명기기의 종류

(1) 광원

방범 조명에 이용되는 광원으로는 아래와 같은 특성을 가진 것이 바람직하다.

① 에너지 절약을 고려하여 고효율의 광원을 선택하는 것이 바람직하다. 또한 높은 장소에서 조명하는 방식이 주가 되기 때문에 보

수면에서 수명이 긴 것을 이용한다.

② 1 등으로 조명하는 범위가 넓어지기 때문에 광속이 많은 것을 이용한다.

③ 겨울철에 주위온도가 현저히 저하하는 지역에서는 저온 시의 시동특성 및 광속변화를 검토할 필요가 있다.

④ 조도를 확보함과 동시에 보행자의 안색이나 주변의 수목 등의 색채를 위화감 없이 시인할 수 있도록 광색이나 연색성을 확보하는 것이 바람직하다.

또한 표 5.7은 존재하는 광원의 일부를 열거한 것이다.

(2) 조명기구

조명기구는 아래와 같은 사항을 만족하는 것이 바람직하다.

① 불필요한 상방에 대한 빛을 충분히 제어한 상태일 것. 경관과의 조화를 의식한 특별주문 기구는 가끔 사용하고 디자인 중심이 되기 쉽지만 배광에 충분히 신경을 쓴다.

② 섬광에 의한 시인성 저하를 방지하기 위해 표 5.8을 만족하는 것을 이용한다.

③ 조명기구의 부착 높이나 부착 간격 등을 충분히 검토하여 적절한 배광의 기구를 선정할 것

④ 도로조명의 경우 전용 폴 이외에 전신주에도 설치되는 경우가 있으며 각 전력회사의 가로설치요령서에 합치할 필요가 있다.

⑤ 사용장소의 주위환경에 따라 오염이나 손상이 빨라질 우려가 있는 경우에는 내부식성이 높은 재료나 표면처리를 한 것을 사용한다. 또한 광원의 교환이나 보수점검하기 쉬운 구조인 것이 바람직하다.

이러한 사항을 만족한 방범조명기구의 사례를 그림 5.3, 그림 5.4에 나타냈다.

또한 점멸 제어는 일반적으로 기구에 내장 또는 기구 밖에 부착된 광전식 자동점멸기에 의해 수행한다. 후자의 경우 JIS C 8369[9]에서 규정된 것 중에서 동작조도, 응답속도, 정격전류 등을 감안하여 선정한다.

5.1.4 설계의 실제

(1) 조명기구의 배치

조명설계에서 기구배치를 하는 경우 아래 사항에 유의할 필요가 있다.

① 도로에 설치하는 방범조명은 한쪽 배열로

표 5.8 조명기구의 섬광 규제(부착 높이 10 m 미만의 것)

연직각 85° 이상의 휘도*	20,000 cd/m² 이하		
조명기구의 높이	4.5 m 미만	4.5~6.0 m	6.0~10.0 m
연직각 85° 방향의 광도값	2,500 cd 이하	5,000 cd 이하	12,000 cd 이하

* 연직각 85° 방향의 광도값에서 추정해도 좋다.
[조명학회 기술기준, 1994[5]]

표 5.7 광원의 제 특성

종류	형식	광속 [lm]	정격수명 [시간]	정격입력전력 [W]	종합효율* [lm/W]	평균연색 평가수(R_a)	색온도 [K]
형광수은 램프	HF 80 X	3,400	12,000	99	34	40	3,900
고압 나트륨 램프	NH 70 F	6,200	9,000	93	67	25	2,050
형광 램프	FL 20 SSW/18	1,230	8,500	20.5	60	61	4,200
소형 형광 램프	FHT 32 EX-N	2,400	10,000	35	69	84	5,000

*종합효율은 광속/정격입력전력의 값을 나타낸다. 조합시킨 안정기에 따라 입력전력이 달라지기 때문에 같은 광원에서도 표 중의 값과 다른 경우가 있다.

그림 5.3 도로용 방범조명기구(소형 형광 램프용)

그림 5.4 공원, 광장용 방범조명기구

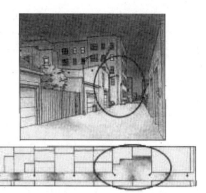

그림 5.5 설계 예(범죄자가 숨을 가능성이 있는
장소의 조명)
[The Outdoor Lighting Pattern Book[10]]

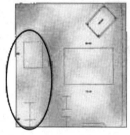

그림 5.6 설계 예(공원 입구부, 으슥한 장소의 조명)
[The Outdoor Lighting Pattern Book[10]]

연속조명을 원칙으로 한다.

② 도로조명의 기구 부착 높이는 건축한계 등을 고려하여 4 m 이상을 원칙으로 한다.

③ 전용 폴을 세워서 조명기구를 부착하는 것을 원칙으로 하지만, 건조물 등에 부착 가능한 경우에는 이것에 부착하는 것도 좋다. 또한 다음과 같은 경우 설치장소의 결정은 충분히 검토하고 문제가 되지 않는 장소로 하거나 무언가 대책을 세울 필요가 있다.

• 주거 내에 창 등을 통해 강한 조명광이 들어오는 경우
• 수목으로 조명기구가 덮여 버리는 경우 (향후 수목의 성장도 고려한다)
• 농작물 등에 대한 빛의 영향이 염려되는 경우
• 기타 폴 세우기가 부적당한 경우

④ 조명기구의 간격은 설계조도나 균제도를 충분히 고려하여 결정한다.

⑤ 범죄자가 숨을 가능성이 있는 장소나 으슥한 장소에는 그림 5.5와 같은 조명기구를 배치한다.

⑥ 공원의 입구부나 으슥한 장소에는 그림 5.6과 같이 조명기구를 배치한다. 또한 매복이나 범행의 장이 되는 것이 예상되기 때문에 전망에도 유의해야 한다. 또한 공원 내의 공중화장실은 강제추행 등의 범죄

표 5.9 전력회사의 공중가로등 구분 예

계약종별	적용 범위
공중가로등 A	공중을 위해 일반도로·다리·공원 등에 조명용으로 설치된 전등 또는 교통신호 등, 그 밖에 이것에 준하는 전등 또는 소형기기를 사용하는 수요로서 총 용량(입력)이 1 kVA 미만인 것에 적용한다.
공중가로등 B	공중가로등을 사용하는 수요로서 다음 중 하나에 해당하는 것에 적용한다. (가) 사용하는 부하설비의 총 용량(입력)이 6 kVA 미만일 것 (나) 공중가로등 A를 적용할 수 없는 것
공중가로등 C	공중가로등을 사용하는 수요로서 계약 용량 6kVA 이상이며 원칙으로 50 kVA 미만인 것에 적용한다.

표 5.10 방범조명기구의 전력회사 환산용량 예
(공중가로등 A)

전력요금의 구분	방범조명기구 종류(환산용량)
20 VA까지	-
20 VA초과 40 VA까지	20W 형광 램프 1등(고효율) 30VA 20W 형광 램프 1등(저효율)
40 VA초과 60 VA까지	36W 형광 램프 1등(고효율) 54VA 40W 수은 램프 1등(고효율) 60VA 20W 형광 램프 2등(고효율)
60 VA초과 100 VA까지	20W 형광 램프 2등(저효율) 80VA 42W 형광 램프 1등(고효율) 63VA
100 VA초과 150 VA까지일 것	36W 형광 램프 2등(고효율) 108VA 100W 수은 램프 1등(고효율) 150VA

의 우려가 있으므로 특히 전망이 좋게 함과 동시에 조명을 밝게 할 필요가 있다.

(2) 전기요금

전기요금은 전력회사의 전기공급약관에 따라 수요구분별로 결정되어 있다. 일반적으로 공공시설의 방범조명의 경우는 설비용량마다 표 5.9와 같은 '공중가로등 A', '공중가로등 B', '공중가로등 C' 등으로 분류된다. 이 계약종별의 예에 대한 전력요금 산출은 아래와 같이 수행된다.

① '공중가로등 A'의 전력요금은 표 5.10에 나타난 조명기구의 환상용량에 의해 조명 기구 1 대당 전등요금이 결정되고 이 전등요금에 설치대수를 곱한 것에 1 계약마다 수요가요금을 가산한 것이 된다. 또한 환산용량의 산출은 조명기구가 고역률형인 경우에는 관등(광원)의 정격소비전력을 1.5 배, 저역률형인 경우에는 관등(광원)의 정격소비전력을 2 배 한 것이 된다.

또한 최근 안정기의 전자화(전자 밸러스트) 및 그것에 적합한 램프의 개발에 의해 발광효율을 향상시켜 입력전력을 줄인 조명기구가 상품화되어 있다. 이 조명기구에 대해서는 신청된 정격입력용량을 환산용량으로 하는 움직임이 있다. 단, 환산용량의 구분, 전자 밸러스트(ballast) 내장기구의 취급 등은 전력회사에 따라 다른 경우가 있으므로 확인이 필요하다.

② '공중가로등 B' 및 '공중가로등 C'의 전기요금은 기본요금(1 kVA당 요금에 계약용량을 곱한 것)에 전력량요금(1 kWh당 요금에 사용전력량 kWh를 곱한 것)을 가산한 것이 된다.

전기요금을 산출할 때에는 계약종별, 계약요금, 전력량요금 등이 전력회사에 따라 다르므로 해당 전력회사의 전기공급약관을 확인해야 한다.

[白尾和久]

5.2 옥외 방재조명

5.2.1 기본적인 사고방식

(1) 재해 시의 광역정전 발생

1995년 효고현(兵庫縣) 남부 지진에서는 한신간(阪神間)을 중심으로 약 260만 호의 정전이 발생했다.[11] 발전설비·송전선·변전소 등 전력공급설비에는 치명적 피해가 생기지 않았기 때문에 그림 5.7과 같이 발생으로부터 2시간여 만에 정전 호수 100만 채까지 원상복구하고 6일 후에는 모든 응급송전을 완료했다. 해일(쓰나미)이 발생하지 않고 정전 복구보다 일찍 새벽을 맞이했기 때문에 어둠에서의 피난 공황 사태는 발생하지 않았다고 생각한다.

한편 21세기 전반의 발생이 확실시되는 동해지진, 동남해 지진, 남해 지진이라는 거대 플레이트 경계형 지진에서는 더 오랜 시간에 걸친 광역정전 발생과 함께 많은 대도시권에서 2시간 이내에는 해일이 도달하고 인적피해의 발생이 예상된다. 인적 피해의 최대 예상에서는 동해지진 8,100명,[12] 동남아 지진 및 남해 지진에서는 2만 명의 사망자, 특히 진원에 가까운 연안부에서는 총 사망자 수의 6할 이상이 해일에 의한 것[13]으로 추정되고 있다. 지진발생 직후의 정전세대 수는 한신 지진, 아와지(淡路) 대지진의 실태에 기초하여 흔들림, 액상화에 의한 완전파괴 동수에 대한 정전세대의 비율(직후 25.0 세대)을 이용하여,[13] 동남해 지진, 남해 지진에서는 약 1,000만 세대로 추정되고 있다.

(2) 옥외 방재조명의 필요성

소방법(시행령 제26조, 시행규칙 제28조의 3항)이나 건축기본법(제35조, 시행령 제126조의 4, 5항)에 규정되어 있는 방재조명기구(유도등, 비상용 조명기구)는 주로 불특정 다수의 사람이 이용하는 건물에서 해당 건물의 화재 시에 빠르고 안전하게 피난할 수 있도록 밝기를 확보하는 것을 목적으로 하고 있다. 한편 거대지진 등에 의해 일상의 피난로 형태가 크게 변화하는 것 같은 상황에서 장시간 광역정전이 발생하는 사태는 상정하지 않았다. 그 때문에 긴급 피난장소까지의 피난로의 안전을 확보, 지원하는 것

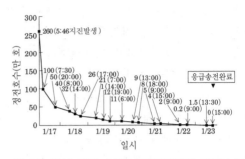

그림 5.7 한신 지진, 아와지 대지진에서 정전호수의 시간 추이 [關西電力, 1995[11]]

같은 비상전원(태양전지 시스템 포함)을 가진 가로등과 같은 옥외 방재조명설비에 대한 법적 정비는 되어 있지 않다. 야간에 거대지진이 발생한 경우 해일재해로부터 벗어나기 위해 신속한 피난행동이 필요하다. 그런 경우 피난경로 및 피난장소의 밝기 확보가 방재상의 가장 중요한 과제의 하나가 되고 있다.

여기서는 옥외에서의 비상 시 밝기를 옥외 방재조명이라고 정의한다. 재해발생 시의 대응을 시계열적으로 나타내면 발생부터 약 3시간 정도의 직후단계, 3일 정도의 긴급피난단계, 3일 이후의 응급피난단계 및 복구, 부흥단계가 있다. 직후 및 긴급피난단계에는 생명의 확보가 최우선되며 인명구조나 일시적, 광역적 긴급피난이 이루어진다. 다음으로 안부확인, 정보수집 및 의료활동으로 중점을 두는 사항이 옮겨 간다. 생명확보의 재해 발생 직후, 긴급피난단계의 밝기 확보가 옥외 재해조명에 요구되는 주된 기능이다.

(3) 옥외 조명의 재해 시 기능

시읍면 단위로 재해 시 피난장소가 설정되어 있다. 지역주민이라 해도 야간, 고령자나 유아, 부상자 등 약자를 동반하고 노상의 장애물이나 무너진 가옥을 피하는 피난에는 방범면에서 고

려되는 수준보다 더 고도의 시인성이 요구된다. 또한 대도시권에서는 지역주민뿐만 아니라 일시적인 내방자나 통과자가 다수 존재한다. 지리를 잘 모르는 이들 피난자를 혼란 없이 피난소로 유도하려면 상당히 넓은 범위에 걸쳐 시인성을 확보할 것이 요구된다. 그래서 피난로의 조명 확보와 동시에 피난장소(공원·광장·학교 등)의 명시가 꼭 필요한데, 아래 사항이 아직 정비되지 않았다.

① 피난장소(피난지), 수용피난소(피난소) 및 피난경로에 관한 조명설치기준이 없다.
② 재해 시의 피난이나 원조 또는 정신상태 등을 고려한 조도값, 조도균제도 등의 조명기준이 없다.
③ 정전 시의 예비전원이 없다.

5.2.2 재해를 고려한 옥외 조명

(1) 피난경로를 확보하기 위한 소요조도

지진이나 태풍 등에 의해 가옥이나 수목의 무너짐, 도로의 함몰, 균열 발생 등으로 평소보다 통행이 더욱 곤란하게 될 우려가 크다. 이와 같은 장애를 극복하고 건강한 사람뿐만 아니라 병약자, 고령자 등 모든 사람들이 일제히 가능하면 빠르고 안전을 확보한 상태에서 피난해야 한다. 그러한 경우 필요한 조도설비는 내재해성, 전원 및 필요조도의 확보를 감안한 것이어야 한다. 또한 설치할 때에는 빛을 따라가면 자연히 피난장소에 도착하도록 유도성도 고려할 필요가 있다.

피난에 필요한 조도기준은 제정되어 있지 않지만 조명학회 관서지부 한신·아와지 대진재 조사연구회에 의해 장애물을 배치한 모의가로의 피난실험이 이루어지고 있다.[14] 장애물의 크기, 장애물과 노면과의 휘도대비, 노면조도를 매개변수로 아래 사항을 검토했다.

- 장애물의 변별 최소거리 검토
- 장애물을 피하기 위해 필요한 보행시간 검토
- 안전보행을 위해 밝기가 충분한지 여부의 주관적 평가

이 검토에 따르면 장애물의 시인성에서는 0.1~0.3 lx의 조도가 필요하고 심리적으로는 0.3 lx의 조도가 필요했다. 이 결과는 조도분포가 균일한 조건에서의 것으로서 실제 가로조명과 같이 조도분포가 불균일한 경우에는 분포하는 가장 낮은 부분의 조도, 즉 최소조도에 0.1 또는 0.3 lx를 적용할 필요가 있다.

일반적으로 가로조명(조명기구의 부착 간격은 부착 높이의 5~7 배)의 조명균제도(최소/평균)는 0.1 정도이므로 평균조도 1~3 lx가 확보되면 피난에 유효하다고 할 수 있다.

(2) 광장, 공원 등의 옥외 피난장소 조명

어둠은 사람들의 불안감을 조장한다. 피난장소에서 재해의 충격에 의해 혼란해 있는 사람의 마음을 평정화하고 불필요한 다툼이나 도난이 발생하지 않도록 하며 빛의 효과에 의해 공황상태에 빠지는 것을 피하는 것이 중요하다. 이를 위한 조명설비로 요구되는 조건은 기본적으로는 위와 같다고 생각할 수 있지만, 적어도 하루 밤낮은 그 장소에서 많은 사람이 거의 사생활이 없는 상황에서 지내야 하므로, 불안감을 해소하고 가능하면 쾌적하게 지낼 수 있도록 조명을 설치할 것이 요구된다. 또한 병자나 부상자에 대한 구급의료활동을 수행하는 조명에 대해서도 고려해야 한다.

(3) 예비전원의 검토

① 휴대용 발전기

일시적인 피난장소로서 거리의 소공원을 생

표 5.11 라이프 스폿(공원)의 태양광발전 시스템의 역할

	평상시	재해시
가로등·방범등	가로등·방범등으로 야간에 공원 내를 조명	야간, 정전 시에 피난소의 조명을 수행
피난 유도등	공원이 피난장소인 것을 알리고 공원으로 유도하는 기능	야간, 정전시에 피난소에 피해자를 안전하게 유도하는 것이 가능
방송 시스템	공원관리사무소 등에서 통지나 호출에 활용	피난소에 원조활동정보(음식재료, 물의 배급 시간 등)를 전달
펌프 시스템	공원 연못의 분수, 작은 시냇물, 식재에 대한 살수 등에 이용·저수기능에 의해 축전지가 필요	연못, 풀 등에서의 양수에 이용하고 재해시의 생활용수(화장실 등)를 확보함.
게시판 시스템	공원 입구 등에 설치하여 이벤트 정보 등을 제공	재해정보, 피난소 등 주변의 원조정보 등을 제공
화장실 시스템 (조명, 환기)	화장실 조명, 환기를 동시에 계통연계하여 잉여전력을 충전	정전 시에 생활에 필요한 필요최소한의 전력을 얻음.
관리사무소용 시스템	사무소 내의 전력을 태양전지로 충당함과 동시에 잉여전력을 충전하여 전기료 절약	재해 시에는 독립전원으로 정보수집 및 생활에 필요한 전력을 공급

각할 수 있다. 그리고 보관이나 운전이 용이하고 자치회 단위로 운용가능한 소형 휴대용 발전기를 예비전원으로 상정한다. 조명기구는 폴 조명이 일반적이며 방범등의 백업으로는 0.5~1 kW 정도가 필요하다고 생각된다. 그러나 피난장소로서는 용량부족이며 2~4 kW 정도는 필요하다.

〈개략 계산의 표준〉

피난장소로서의 필요조도 : 15lx(공원의 조도 기준 내)

운동장 면적 : 20 m×20 m=400 m²

광원/광속 : 수은 램프 250 W, 12,700 lm

기구 부착 높이 : 4.5 m, 폴 등

보수율 : 0.65

조명률 : 0.25

이상의 조건을 가정하여 개략 필요 용량을 산출한다.

필요 대수 N=(상정평균조도×면적)
÷(보수율×전광속(全光束)×조명률)
=(15×400)÷(0.65×12700×0.25)
=2.9 대

3 대×250 W=750 W· 900 VA

단위면적당 용량=750÷400
=1.9 W/m²· 2.2 VA/m²

실용상 200 % 정도의 여유도를 기대하고 있다.

② 태양전지 전원

화재 시에도 최소한의 생활 수준을 유지할 수 있는 '라이프 스폿'(생활거점)의 확보와 유지를 위한 자립형 에너지 시스템용 전원으로 태양광발전 시스템이 매우 유효하다는 제언이 있으며 재해 시에 피난장소 또는 일시적인 피난소가 되는 라이프 스폿(공원)에 대해서는 표 5.11과 같이 조명뿐만 아니라 피난장소에서 필요한 기능의 전원 확보를 도모한다.

[土井 正]

참고문헌

1) Jeffery, C. R. : Crime Prevention Through Environmental Design (1971)
2) 建設省・警察庁 : 安全安心まちづくり実践手法調査報告書 (1999)
3) JIS Z 9110 : 1979 照明基準
4) CIE Pub. 92 Guide to the lighting of urban areas (1992)
5) 照明学会技術基準「歩行者のための屋外公共照明基準」 (1994)
6) IES Lighting Handbook (2000)
7) 警察庁生活安全局長通達 : 安全安心まちづくり, 道路, 公園, 駐車・駐輪場及び公衆便所に係る防犯基準 (2000)
8) 警察庁生活安全局長通達 : 安全安心まちづくり, 共同住宅に係る防犯上の留意事項 (2000)
9) JIS C 8369 : 1988 光電式自動点滅器
10) The Outdoor Lighting Pattern Book, Lighting Research Center
11) 関西電力 : 阪神・淡路大震災復旧記録 (1995)
12) 中央防災会議 : 東海地震対策専門調査会 (2003)
13) 中央防災会議 : 東南海・南海地震に関する専門調査会 (2003)
14) 照明学会関西支部 : 大規模災害と照明 (1997)

7편
스포츠 조명

제1장

기본적인 사고방식

1.1 스포츠 조명의 소요 조건 •••

스포츠 조명의 주목적은 경기종목에 따라 서로 다른 시대상물의 형태·색·속도·원근감 등을 명확히 보이도록 하는 것이지만, 책상에서의 시작업 조명과는 달리 시대상물이 3차원적인 움직임을 동반하는 경우가 많고 그것이 불명료한 경우에는 경기자의 부상으로 연결될 위험성이 있다. 또한 스포츠 시설에서는 경기자뿐만 아니라 심판이나 관객, 때로는 TV 중계자에 대해서도 만족할 만한 조명이 되어야 한다. 따라서 조명설계자는 그러한 사항을 충분히 이해한 상태에서 검토할 필요가 있다.

우선 스포츠 조명을 계획한 상태에서 아래 항목에 유의해야 한다.

(1) 조도
(2) 조도의 균제도
(3) 섬광(눈부심) 제한
(4) 스트로보스코픽 현상
(5) 광원의 선정(광색과 연색성)
(6) 조명기구, 투광 방법의 선정

1.1.1 조도

스포츠 조명에서는 경기면과 그 윗공간의 조도가 중요하므로 바닥면의 수평면 조도뿐만 아니라 경기면상의 공간조도와 연직면 조도에서에서의 평가도 중요하다. 그러나 공간조도는 평가의 방향이 여러 곳에 있고 계산방법도 복잡하

기 때문에, JIS에서는 계산이나 평가가 용이한 수평면조도로 규정하고 있다. 단, TV 촬영에 필요한 조도에 관해서는 동시에 연직면조도도 규정하고 있다.

JIS에 규정된 경기종목별 조도기준을 표 1.1에 나타냈다. 단, 전술한 것처럼 스포츠 조명에서는 공간의 조도도 중요하므로 실제 조명계획을 할 때에는 적절한 조명기구의 선정, 부착 높이나 간격 또는 조사방향을 결정하는 등 공간에 최적인 조명방식을 선정해야 한다.

1.1.2 조도의 균제도

경기자에게 경기면에 대한 밝기는 한결같은 것이 요망된다. 그러나 실제로는 조명기구의 설치위치는 여러 조건에 의해 제한되기 때문에 경기면 내의 조도에는 명암이 발생한다. 이 명암을 수치로 표현한 것이 조도의 균제도이며, 조명범위에 대한 최소값을 평균값으로 나눈 것으로써 평가하는 경우가 많다.

스포츠 시설의 균제도의 표준은 표 1.2와 같이 실내운동장과 실외운동장에서 서로 다르며 경기 수준이 상승할수록 균일할 것이 요망된다.

1.1.3 글레어(눈부심) 제한

광원이 경기자, 경기관계자, 관객의 시야 내에 있으면 시대상물이 보기 어려워지고 때로는 보이지 않게 되는 수가 있다. 이와 같은 눈부심에 의해 시력의 저하에 끼치는 요인을 섬광이라 하며 스포츠 조명에서는 이것을 적절히 제어할

표 1.1 각종 스포츠의 조도기준

조도[lx]	JIS Z 9110										JIS Z 9120					JIS Z 9121	JIS Z 9122	JIS Z 9123	JIS Z 9124					
	제조	스모·복싱·레슬링	유도·검도·펜싱	궁도·양궁 실내	궁도·양궁 실외	탁구·배드민턴·빌	농구·배구	축구·럭드볼·하키	소프트볼	골프	테니스	야구 경식 내야	야구 경식 외야	야구 연식 내야	야구 연식 외야	육상경기·축구·럭비	실내운동장	수영	겔렌데 실내	랭타우프 코스	스키 점프 어프로치	스키 점프 란비당반	스톱존	아이스 스케이트 하기 파게 스피드
5,000	–	–	–	–	–	–	–	–	–	–														
3,000	–	–	–	–	–	–	–	–	–	–														
2,000	공식경기	공식경기	공식경기	–	–	공식경기	–	–		–		프로야구 2,000 이상												
1,500											공식경기 1000 이상	공식경기 1,500 이상	프로야구 1,200 이상											공식경기 1,500 이상
1,000	일반경기	일반경기	일반경기	일반경기 타겟(1)*		일반경기	공식경기	공식경기				일반경기 750 이상	공식경기 800 이상	공식경기 750 이상										
750				메크리에이션 타겟(1)*						티 그라운드														일반경기 700 이상
500	집단제조	연습	연습	일반경기 사적장	타겟(1)*	크리에이션	일반경기	일반경기	일반경기 내야	일반경기 외야 기 이하 메크리에이션 내야	일반경기 500 이상		일반경기 400 이상	일반경기 550 이상		공식경기 500 이상	공식경기 100 이상 일반경기 500 이상	공식경기 100 이상 일반경기 500 이상						
300				메크리에이션 사적장	사적장		메크리에이션	메크리에이션		일반경기외야 메크리에이션 내야 페어웨이(1)*	메크리에이션 2500이상			메크리에이션 300 이상	공식경기 400 이상 일반경기 300 이상	일반경기 200 이상	메크리에이션 250 이상	메크리에이션 200 이상				300 이상		메크리에이션 300 이상
200																메크리에이션 100 이상								
150	관객석	관객석	관객석			관객석	관객석	관객석	메크리에이션 외야 관객석	메크리에이션 외야 뻥 그라운드					메크리에이션 150 이상									
100																			100 이상					
75																								
50	관객석						–	–	관객석	–											50 이상		50 이상	
30																								
20																			20 이상					
10																				10 이상				–

*(1)은 연직면 조도에 의한다.[JIS Z 9120, 9121, 9122, 9123, 912[1]]

필요가 있다.

섬광은 감능섬광과 불쾌섬광으로 대별된다. 감능섬광은 광원이 직접 경기자의 시야에 들어가서 시력저하에 연결되는 것이다. 불쾌섬광이란 광원이 시야 내에 있고 그 때문에 경기에 집중할 수 없는 등의 불쾌감을 일으키는 것이다. 두 섬광 모두 배제하는 것이 이상적이지만 스포츠 조명에서는 경기자와 관객 모두 시선이 특정 방향으로 정해지지 않고 경기공간의 모든 방향으로 이동하기 때문에 이것을 없애는 것은 곤란하다. 그러나 아래와 같은 방법으로 경기나 관전에 지장이 없는 정도까지 제한할 수 있다.

① 경기 중의 주요 시선방향에 조명기구를 설치하지 않는다.

② 조명기구의 설치 높이를 높게 한다.

③ 조명기구의 전면에 루버를 부착한다.

④ 조명기구의 조사방향에 주의한다.

단, 섬광 제한과 기타 소요조건을 만족시키는 것은 상반된 경우가 많고 계획 시에는 경기에 지장이 없는 정도까지 제한하는 것을 목표로 한다.

1.1.4 스트로보스코픽 현상

상용주파수(50 Hz 또는 60 Hz)로 점등된 방전 램프에 의한 조명하에서는 움직임이 격한 시

표 1.2 조도균제도의 표준값(수평면 조도)

시설 경기구분	실내운동장 (최소/평균)	실외운동장 (최소/평균)
공식경기	0.50 이상	0.50 이상
일반경기		0.40 이상
레크리에이션	0.40 이상	0.25 이상

[JIS 9120, 9121, 9122, 9123, 9124[1]]

표 1.3 광원색과 연색성

광원색	색온도 6,000~3,000K의 범위
연색성	평균 연색평가수(R_a) 55 이상

[JIS 9120, 9121, 9122, 9123, 912[4][1]]

대상물이 단속적으로 움직이는 것처럼 보이는 스트로보스코픽 현상이 일어나는 경우가 있다. 이것은 경기나 관점에 지장을 주기도 하고 TV나 화면의 화질을 저하시키기도 한다.

레크리에이션 이외의 시설에서는 동일 장소를 조명하는 방전 램프를 3상전원의 서로 다른 각 층에 접속하는 등의 방법으로 방지할 필요가 있다.

1.1.5 광원의 선정(광색과 연색성)

스포츠 조명에 이용할 수 있는 광원은 백열전구에서 대용량의 방전 램프까지 여러 가지가 있지만 경제성과 유지관리가 용이함을 고려하면 고효율이고 광속 유지율이 좋고 수명이 긴 방전 램프가 적합하다. 그 중에서도 메탈 할라이드 램프, 고압 나트륨 램프, 수은 램프가 적합하다. 또한 스포츠 조명에서는 쾌적성도 중요한 요인이므로 유니폼의 색이나 사람의 안색을 생생하게 재현하는 광원이 적합하다. 일반적으로는 평균 연색평가수(R_a)가 40~70의 광원이 이용된다.

메탈 할라이드 램프(고연색형 R_a 90 이상도 포함)는 효율·수명 및 연색성 모두 우수하고 단독으로 사용하는 경우에 적합하다.

고압 나트륨 램프는 특히 효율과 광속 유지율이 우수하고 긴 수명을 위한 경제성이 높은 램프이지만 연색성이 떨어지고 색온도도 낮기 때문에 단독으로 이용하는 경우는 적고 메탈 할라이드 램프와의 혼광조명으로 하는 쪽이 좋다.

수은 램프는 수명이 길고 안정된 특성을 가지고 범용성은 높지만 램프 효율과 연색성이 약하기 때문에 점차 이용하지 않고 있다.

또한 TV 촬영을 고려한 시설에서는 양질의 화상을 얻기 위해 JIS에서는 표 1.3과 같이 광원의 색온도와 평균 연색평가수(R_a)를 규정하

표 1.4 투광기의 배광 종류와 적용

투광기의 배광	빔 각 (1/10 광도의 열림)	적용
광각형	60° <	• 넓은 범위를 비교적 낮은 조도(50~150 lx)로 조명하는 경우 • 비교적 좁은 범위(1,500 m² 정도)를 중정도의 조도 • 150~500 lx에서 조명하는 경우
중각형	30~60°	• 넓은 범위를 중정도의 조도로 조명하는 경우 • 비교적 낮은 조도에서 투광기의 위치가 피조면보다 비교적 멀리 떨어져 있는 경우
협각형	< 30°	• 넓은 범위를 높은 조도 500 lx 이상에서 조명하는 경우 • 중정도의 조도에서 투광기의 위치가 피조면보다 비교적 멀리 떨어져 있는 경우

[조명학회, 1987[2]]

표 1.5 TV 촬영을 위한 조도의 평균값 및 균제도

야구장 이외의 경기	조도의 종류	평균값[lx]		균제도(최소/최대)	
	연직면 조도	1,000 이상		0.30 이상	
	수평면 조도	1,000 이상		0.30 이상	
야구장의 경우	조도의 종류	평균값[lx]		균제도(최소/최대)	
		내야	외야	내야	외야
	연직면 조도	1,000 이상	750 이상	0.30 이상	0.30 이상
	수평면 조도	1,500 이상	800 이상	0.50 이상	0.50 이상

[JIS Z9120, 9121, 9122, 9123, 9124[1]]

소에 부착할 경우에는 승강장치를 덧붙여 바닥면에서 램프 교환이 가능하다.

고 있다.

단, HDTV에서는 R_a 80 이상인 것이 바람직하다고 한다.[1]

1.1.6 조명기구와 투광방법의 선정

스포츠 조명에 이용되는 조명기구는 투광기와 반사가 대표적이다.

(1) 투광기

투광기는 반사경을 이용하여 광원에서 방사되는 광속을 어떤 범위 내에 묶어 먼 쪽에서 조사하는 조명기구이다. 묶는 범위의 열림(빔 각)에 따라 3종류로 대별하며 빔 각이 좁은 순으로 협각형·중각형·광각형이라 부른다. 빔 각을 선정할 때에는 표 1.4와 같이 투광거리나 조명면적의 크기 및 조도에 따라 구분 사용된다.

(2) 반사 우산

반사 우산은 체육관 등의 실내 스포츠 시설에서 천장에 부착하여 이용한다. 배광은 초협조형에서 특광조형까지 규정되어 있다.

기구의 하면에는 루버나 확산 패널을 부착할 수 있고 섬광을 경감할 수 있다. 또한 높은 장

1.2 실내 경기시설의 소요조건 •••

1.2.1 조도와 조도균제도

표 1.1, 표 1.2를 참고로 경기종목과 경기구분에 의해 결정한다. 단, TV 촬영을 고려하는 시설에서는 경기를 측면에서 촬영하는 수가 많으므로 연직면 조도가 중요하게 된다. 또한 카메라의 특성상 촬영 범위 내에 극단적인 휘도차가 없는 것이 요망된다.

표 1.5에 TV 촬영에 필요한 조도와 조도균제도를 나타냈다. 표 중의 연직면 조도는 경기면 1.5m의 높이의 카메라측에 대한 값이며 수평면조도는 경기면의 높이이다.

1.2.2 섬광(눈부심)과 기구 배치

실내 경기시설에 대한 조명기구의 대표적인 배려를 표 1.6에 나타냈다.

반사 우산이나 투광기를 천장면에 단독으로 또는 여러 대 모아서 균등하게 배치하는 분산배치는 가장 일반적인 방법이다. 좋은 점은 비교적 낮은 조도의 시설에서도 경기공간을 한결같이 조명할 수 있고 혼광조명이 되는 경우에도

표 1.6 조명기구의 대표적인 배치(실내운동장)

조명기구의 배치		조명기구의 배치 예		소형 및 중형 실내 운동장	대형 실내 운동장	TV 촬영을 전제로 하는 실내운동장
		단면도	평면도			
분산배치	반사 우산 또는 투광기를 1대씩 천장 전체에 분산 배치한다.			◎	○	○
	반사우산 또는 투광기를 여러 개 모아서 대형 장치로 천장에 분산 배치한다.			◎	◎	○
사이드 배치	경기장의 양 옆에 투광기를 열 모양으로 배치한다.			○	○	◎
분산 배치 및 사이드 배치 병용	분산배치의 어느 하나와 측면을 조합시킨다.			○	◎	◎

[비고] 1. ◎ 적합함.　○ : 사용해도 좋음.
　　　 2. 실내운동장의 크기 분류는 다음에 의한다.
　　　　　(1) 소형 : 농구 코트 1개가 있는 정도의 실내운동장
　　　　　(2) 중형 : 농구 코트 3개가 있는 정도의 비교적 큰 실내운동장
　　　　　(3) 대형 : 농구 코트 4개 이상이 있는 정도의 큰 실내운동장
　　　 3. TV 촬영　하는 것을 전제로 한 경우에는 크기의 분류에도 불구하고 위 표의 TV 촬영을 전제로 한 실내운동장의 난을 적용한다.

경기공간에 빛이 충분히 섞여 색겹침을 적게 할 수 있다는 것이다. 조명기구의 부착 간격을 결정하는 경우에는 그림 1.1과 같이 공간에 어두운 부분이 생기지 않도록 조심할 필요가 있다.

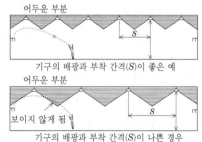

그림 1.1 반사 우산(분산배치)의 배치 예
[조명학회, 1987[4]]

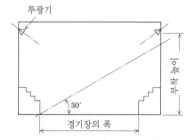

그림 1.2 투광기(사이드 배치)의 부착 높이
[JIS Z 9122[1]]

경기면의 양옆에서 투광하는 사이드 배치는 경기의 방향이 일정한 경우에는 섬광이 적고 입체감을 얻기 쉬운 조명이 된다. 그러나 광원의 높이가 너무 낮으면 섬광이 되므로 그림 1.2와 같은 경기면의 단상에서 앙각 30° 이상이 되는 장소에 배치한다.

분산배치와 사이드 배치를 병용하는 방식은 TV 촬영 등을 수행하기 위해 높은 연직면 조도와 수평면 조도를 필요로 하는 시설에 적합하다.

1.2.3 광원의 선정(광색과 연색성)

경기가 쾌적하게 진행됨과 동시에 경제성도 고려한 효율이 좋고 연색성이 우수한 것을 선정하는 것이 바람직하다. 단독조명에서는 메탈 할라이드 램프, 혼광조명에서는 메탈 할라이드 램프와 고압 나트륨 램프의 혼광조명 방식이 적합하다. 특히 TV 촬영을 고려하는 경우에는 표 1.3을 참고한다.

1.2.4 조명기구와 투광방법의 선정

조명기구는 건축구조나 경기면의 형상을 고려한 상태에서 반사 우산이나 투광기를 선정한다. 실내경기장에서는 근거리에서의 조명이 많으므로 일반적으로 광조형(廣照形)의 반사 우산이나 광각형(廣角形)의 투광기를 사용한다. 또한 높은 장소에 부착할 경우에는 램프 교환 시의 작업성도 고려할 필요가 있다.

표 1.7 조명기구의 대표적인 배치(실외 스포츠)

배치방법		배치 예	용도
사이드 배치	경기장면 측면에 배치하여 조명하는 방법		테니스 코트 수영 풀 축구장 럭비장 육상경기장 등
코너 배치	경기장의 네 모퉁이에 배치하여 조명하는 방법		축구장 럭비장 등
전주(全周)배치	경기장의 주위에 배치하여 조명하는 방법		야구장 육상경기장 등
코너 사이드 병용 배치	경기장의 네 모퉁이와 TV 카메라를 놓은 쪽에 배치하여 조명하는 방법		TV 카메라 컬러TV 중계가 이루어지는 축구장 럭비장 등

[조명학회, 1999³]

1.3 실외 경기시설의 소요조건

1.3.1 조도와 조도균제도

1.2.1 참조.

1.3.2 섬광(눈부심)과 기구 배치

실외 스포츠 조명은 경기영역 주변에서의 투광조명이 일반적이다. 이 경우 경기의 진행방향의 연장상이나 경기자 및 심판원 또는 관객의 시선방향에는 투광기를 설치하지 않는다는 기본원칙을 지키며 투광기의 배치와 부착 높이를 결정한다. 실외 경기시설에 대한 조명기구의 대표적인 배치를 표 1.7에 나타냈다.

1.3.3 광원의 선정(광색과 연색성)

1.2.3 참조.

1.3.4 조명기구와 투광방법의 선정

조명기구는 투광기를 사용한다. 표 1.4를 참고하여 조명범위에서 원하는 조도와 조도균제도를 얻도록 부착 위치와 높이를 고려한다. 또

• 부착 높이 계산식
공식경기 및 일반경기
$H_1 \geq 7 + 0.4L$ [m]   단, 최저 부착 높이는 12 m로 한다.
레크리에이션
$H_2 \geq 3 + 0.4L$ [m]   단, 최초 부착 높이는 8 m로 한다.
여기서,
L : 조명범위의 중심선에서 조명기구까지의 수평거리[m]
H_1, H_2 : 최하단의 조명기구의 부착 높이[m]

그림 1.3 테니스 코트(사이드 배치)의 배치 예
[JIS Z 9120[1]]

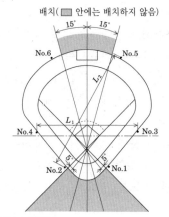

• 부착높이 계산식
$H \geq 0.4 \times L/2$
여기서,
L : L_1과 L_2 중 하나가 떨어져 있는 쪽의 거리[m]
H : 최하단 조명기구의 부착높이[m]
단, 여러 사정에 따라 계산높이를 확보할 수 없는 경우에는 계산값의 80% 높이까지 완화할 수 있다.

그림 1.4 야구장(전주배치)의 배치 예
[JIS Z 9120[1]]

한 주변환경을 고려하여 염해지역에서는 내부 식형 기구를 사용한다. 또한 실외시설에서는 주위의 주택이나 농경지 또는 교통기관 등에 대한 장애가 되는 누출광에도 신경을 쓸 필요가 있다. 그 대책으로 인접경계에 수목이나 담당을 설치하거나 방어공간을 설치한다. 또한 영향을 끼치는 투광기에 후드나 루버를 부착하거나 비교적 누출광이 적은 기구를 채택하는 등의 방법이 있다.

1.4 경기별 시설의 소요조건

1.4.1 실내 운동장(체육관)

실내에서 이루어지는 경기는 체조에서 구기 종목까지 다양하다. 따라서 1.2에서 정리한 소요건에 기초한 조명계획이 요구된다. 또한 경기에 따라 시대상의 크기나 방향이 다르므로 경기에 맞는 점멸제어와 점등 패턴이 필요하다.

1.4.2 다목적 돔

다목적 돔 등의 실내 대공간은 야구나 축구 등 이전에는 실외에 한정되어 있던 경기도 가능하다. 따라서 실내 경기시설의 소요요건에 추가하여 실외의 조건도 가미할 필요가 있다. 또한 이벤트나 전시회 등 스포츠 이외의 행사에도 이용된다. 효율적인 조명운용방법으로는 사용 영역과 조도 레벨 등의 점등 패턴을 조명제어장치에 기억시키는 방법을 들 수 있다.

투과막에 의한 돔의 경우 공간조도를 확보할 목적으로 투광기를 상방으로 향하게 하면 천장 휘도가 높고 볼을 보기 어렵게 되는 수가 있으므로 루버 등의 대책이 필요하다.

1.4.3 테니스 코트

표 1.7과 같이 테니스 코트에서는 경기의 방향이 일정하므로 사이드 배치가 원칙이다. 공간

의 홀의 관점을 고려하여 그림 1.3에 따라 조명 기구의 부착 높이를 결정한다.

1.4.4 축구장

표 1.7과 같이 사이드 배치나 코너 배치가 일반적이다. 구체적으로는 그림 2.11~그림 2.13(본편 2장)을 참고하고 부착 높이는 그림 2.17에서 산출한다.

1.4.5 야구장

표 1.7과 같이 전주배치가 원칙이다. 단, 그림 1.4와 같이 타자와 포수, 주심이 볼 때 통상시 선방향이 되는 백 스크린 주변, 야수가 본 백 넷 주변에는 조명기구를 배치하면 안 된다.

[甘利德邦]

참고문헌

1) JIS Z 9110 : 1979 照度基準
   JIS Z 9120 : 1995 屋外テニスコート及び屋外野球場の照明基準
   JIS Z 9121 : 1997 屋外陸上運動場，屋外サッカー場及びラグビー場の照明基準
   JIS Z 9122 : 1997 屋内運動場の照明基準
   JIS Z 9123 : 1997 屋外，屋内の水泳プールの照明基準
   JIS Z 9124 : 1992 スキー場及びアイススケート場の照明基準
2) 照明学会編：照明ハンドブック，第17章4節，p.385，オーム社 (1987)
3) 照明学会：照明基礎講座テキスト，第11章3節 (1999)
4) 照明学会編：ライティングハンドブック，p.381 (1987)

제2장

설계의 실제

2.1 다목적 돔

2.1.1 다목적 돔의 분류

영어로 말하는 돔은 둥근 지붕, 둥근 천장, 반구형의 건물 등의 의미를 가지고 있다. 도쿄 돔을 건설한 이후 전국 각지에 다목적 돔이라는 시설이 건설되고 있는데, 이 본래의 의미대로 둥근 천장을 가진 돔이 많은 것 같다. 다목적 돔은 프로 야구나 J 리그 등 프로 스포츠를 중심으로 이용되고 있는 대규모 돔과, 그 이외의 중소규모 돔으로 분류된다. TV 등의 미디어 등에서 자주 보는 것은 도쿄(東京), 오사카(大阪), 나고야(名古屋)를 비롯한 대도시권의 중심에 건설되어 있는 대규모 돔일 것이다. 이러한 돔은 스포츠로서도 다목적으로 이용되고 있는 것 외에 콘서트나 전시장 등의 용도에도 쓰이는 기회가 대단히 많다.

다목적 돔의 조명계획은 필요한 광환경을 목적에 맞게 제공할 수 있도록 고려하고 있다. 이 장에서는 특히 스포츠에 초점을 맞춰 그러한 실예에 기초하여 구체적으로 설명한다.

2.1.2 대규모 돔

(1) 스포츠 조명계획의 기준

나고야 돔, 삿포로 돔 등(그림 2.1, 그림 2.2)은 프로야구 프랜차이즈 구장인지에 대해 장래를 생각하여 검토되고 있는 구장이다. 프로야구는 중심이 되는 이용형태의 하나이다. 내야에서

표 2.1 체육관 표준

경기구분	대상이 되는 경기	수평면조도의 평균값
레벨 1	특히 다수의 관객을 모으는 국제경기, 국내의 일정 레벨의 경기	필드 내 평균 1,500 lx 이상
레벨 2	일정 레벨의 국제, 국내 경기	필드 내 평균 1,500 lx 이상
레벨 3	전국대회, 지역 레벨의 대회	필드 내 평균 1,000 lx 이상
레벨 4	시읍면 단위의 대회	필드 내 평균 700 lx 이상

[일본축구협회 조도기준[3]]

그림 2.1 나고야 돔
[사진제공: 岩崎電氣]

그림 2.2 삿포로 돔
[사진제공 : 松下電工]

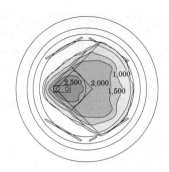

그림 2.3 나고야 돔의 조도분포도
- 야구장 전체 등을 켰을 때 -
[제공 : 岩崎電氣]

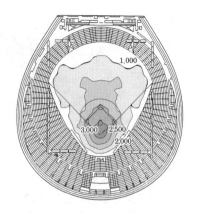

그림 2.4 삿포로돔의 조도분포도(계산치)
-야구-
[松下電工, 2001[4]]

평균조도 2,000 lx 이상, 균제도 0.75 이상, 외야에서 평균조도 1,200 lx 이상 균제도 0.65 이상이다. 표 2.1의 축구의 JIS 기준과 체육관 표준에 따르면 월드 컵, 프로축구 레벨에서의 요구는 필드 내 평균조도로 1,500 lx 이상이다. 어느 경우든 이러한 필요조도는 충분히 만족하고 있다(그림 2.3, 그림 2.4).

(2) 조명기구의 설치위치

조명기구의 설치위치는 돔의 형상과도 관계가 있는 대단히 중요한 위치이다. 스포츠 조명, 특히 볼 게임에서는 균제도는 중요한 요소이다. 또한 경기자에 대한 섬광 방지에 특별히 신경을 써야 한다. 균제도를 확보하려면 반사판의 형상 연구 등에 의해 조정이 가능하지만 조명기구를 돔 전체에 균일하게 배치하는 것이 가장 효과적인 방법이다. 그러나 건축계획상 설치할 수 없거나 어려운 등의 제한에 의해 설치위치가 한정되는 경우도 있다.

나고야 돔, 삿포로 돔(그림 2.1, 그림 2.2)은 천장 전체에 비교적 균일하게 배치한 사례이다. 그리고 섬광을 억제하려면 가능하면 앙각을 깊게 한 위치에 설치하는 것이 바람직하다. 또한 플레이어의 특히 중요시되는 시선에 유의할 필

요가 있다.

(3) TV 중계에 대한 배려

다목적 돔의 특징 중 하나로 TV 중계에 대한 대응이 있다. 표 1.5(본 편 1장)에 따르면 수평면조도뿐만 아니라 플레이어의 모습을 중계하려면 연직면 조도도 요구된다. 연직면 조도의 확보와 플레이어에 대한 섬광 방지는 상반되는 것이므로 균형을 잘 맞춰 계획해 나가야 한다.

(4) 조명기구의 점검

대단히 높은 위치에 설치되기 때문에 일반사양의 오토 리프터는 사용할 수 없다. 일반적으로 작업통로(catwalk)에 의해 점검 가능하도록 계획하는 경우가 많다. 또한 막 모양의 지붕 형상 때문에 작업통로를 쉽게 설치할 수 없는 도쿄 돔의 경우 조명기구를 전동 모터로 승강하여 점검하고 있다(그림 2.5 참조).

(5) 비상 시의 보안조명

다목적 돔은 관객석뿐만 아니라 때로는 경기장부분에도 관객이 입장한다. 정전 시에도 법적

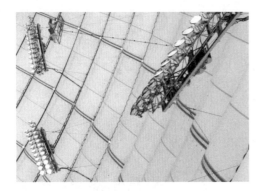

그림 2.5 도쿄 돔의 조명기구
[촬영 : 와타나베 사진 스튜디오]

그림 2.6 오다테쥬카이(大館樹海) 돔
[사진제공 : 岩崎電氣]

또는 그 이상의 조도를 설정한다. 주조명이 HID계의 방전등인 경우가 많으며 점등시간이 필요하기 때문에 비상조명으로는 이것과는 다른 즉시 점등 가능한 조명기구를 설치하는 경우가 많다.

(6) 조명점등제어

야구·축구 등 종목에 따라 점등 패턴을 설정할 필요가 있으며 공식경기·일반경기·레크리에이션 등 경기 레벨의 차이에 따라 경제적인 점등 패턴이 설정된다. 미리 설정해 둔 점등 패턴을 재현할 수 있는 조명제어반을 설치한다.

(7) 이벤트에 대한 대응

본 장에서는 간단하게 언급하기만 한다.

전시회 등 일반조명을 이용하여 운영할 수 있는 경우에는 점등대수를 바꾸는 등의 방법으로 운용하는 경우가 많다. 콘서트 등 일반조명으로는 기능적으로 부족할 경우에는 이벤트 기획측에서 가설조명을 준비하는 경우가 많다. 가설조명을 설치할 수 있는 전원 지원이 조명계획에 포함되어야 할 것이다. 또한 HID를 사용한 일반조명은 조광이 불가능하지만 조명기구에 차광 셔터를 설치하여 일반조명의 조광을 수행하는 오사카 돔과 같은 사례도 있다.

2.1.3 중·소규모 돔

(1) 조명계획의 특징

중·소규모 돔(그림 2.6 참조)과 대규모 돔과의 차이점은 전자가 시민 레벨의 스포츠 이용이 중심으로 생각되고 따라서 경기종목도 다양하다는 사실일 것이다. 또한 돔의 위치 결정에 따라 때로는 전국 레벨의 대회나 프로경기의 개최도 생각할 수 있다. 이러한 요구를 균형 있게 잘 수용한 조명계획이 요망된다.

또한 시민을 대상으로 한 시설인 경우가 많으므로 전력경비를 들이지 않고 운용하는 것도 고려할 필요가 있다. 중·소규모 돔은 외광을 도입하여 초등학교의 체육관처럼 주간에는 조명을 소등하고 시민경기가 가능한 조명 레벨을 확보하는 것도 필요하다고 생각된다.

(2) 스포츠 조명계획의 기준

실내경기는 수평면 조도 1,000 lx 이상 균제도 0.5 이상으로 계획하면 전국 레벨의 대회에 대해서도 충분히 대응할 수 있다. 물론 야구를 상정하는 돔의 경우 프로 레벨, 공식 레벨 등의 기준을 설정하여 고려할 필요가 있다. TV 중계 지원을 고려하는 경우(2.1.2(3) 참조) 수평면,

연직면 모두 대략 50 %의 조도 향상이 필요하다.

TV 중계를 지원할지 여부는 조명계획에서는 큰 요소이므로 그 여부와 대응방법을 충분히 검토한다.

2.2 종합(육상) 경기장

2.2.1 종합(육상) 경기장의 분류·규정

종합경기장의 정의는 명확하지 않지만 육상용 트랙 레인이 있고 그 안쪽의 필드 부분을 창던지기, 포환던지기 등의 투척경기를 포함한 육상 필드 경기와 축구, 럭비 등의 구기에 사용할 수 있는 경기장을 말하는 경우가 많다. 과거에는 필드와 트랙 부분을 포함한 실외 그라운드에 일부관객석을 병설한 정도의 경기장이 대부분을 차지했지만 최근에는 사방을 둘러싼 관객석이나 야간경기를 위한 조명기구, 주로 관객석을 덮은 지붕을 함께 가지고 있는 시설이 각지에 건설되고 있다.

주로 육상경기장으로 잡은 경우에는 경기에 지장이 없는 운영과 해당 경기장에서 수립된 기록을 충분히 신뢰할 수 있도록 육상경기장의 공인제도가 일본육상경기연맹의 육상경기 룰 북 등에 대해 규정되어 있는 사항에 의해 정비되고 최종적으로 동 연맹의 인정을 필요로 하는 5종류의 공인경기장으로 구분되어 있다.

공인경기장은 제1종에서 제5장까지이며 트랙부 한 바퀴의 길이나 거리의 허용오차, 수용인원수 및 필수비치용구의 종류가 각 경기장에 규정되어 있다. 이 중에서 경기면 조도확보를 위한 조도설비를 가지는 것이 필수로 되어 있는 것은 신설 제1종 공인육상경기장만으로 되어 있다. 또한 현재 상태에서는 야간에 개최되는 육상경기는 매우 적으므로 육상경기전용으로 제1종의 경기장으로 만드는 경우에는 충분한 비용대비효과를 검토할 필요가 있다.

2.2.2 조명 계획

(1) 종합육상경기장 조명 계획의 기준

종합육상경기장을 일본육상연맹공인의 제1종 공인육상경기장으로 만들 경우에는 육상경기 룰 북에 준거할 필요가 있다. 조명에 관한 필요 규정은 "1 m 22 cm의 높이에서 평균조도가 1,000 lx 정도, 피니시라인은 1,500 lx 이상을 확보한다."고 되어 있다. 육상경기 이외의 경기를 하려면 각 경기마다 규정되어 있는 기준에 맞출 필요가 있다.

(2) 조명의 설비계획, 설치위치

조명설비의 설치계획에 대해서는 대규모 관객석, 지붕이 있는 경우와 그러한 구조체를 갖지 않은 경우에서 크게 달라진다. 지붕부에 설

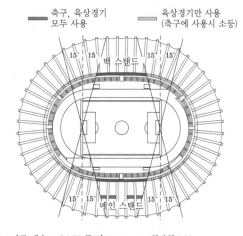

기구 대수	2 kW 롱 아크	협각형×88
		중각형×100
	2 kW 쇼트 아크	협각형×78
		중각형×100

그림 2.7 지붕에 등구를 배치한 사례
[松下電工, 2001[5]]

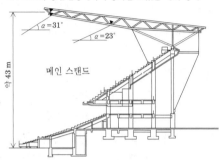

▶ : 조명기구
α : 코트의 중심선상에서 투광기를 보았을 때의 앙각

α=31°
α=23°
높이 43 m
메인 스탠드

그림 2.8 기구 부착 장소
[松下電工, 2001[5]]

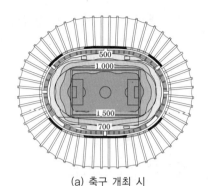

(a) 축구 개최 시

(b) 육상경기 개최 시
그림 2.9 조도분포도
[松下電工, 2001[5]]

그림 2.10 육상경기장 사례
[사진제공 : 松下電工]

치한 사례에서의 기구배치, 조도분포를 그림 2.7~그림 2.10에 나타냈다.

관객석, 지붕을 가지고 있는 경우는 관객석 상부 또는 지붕 앞쪽끝부분 등에 분산되어 기구를 배치하면 가장 효과적으로 경기면의 조도를 확보할 수 있다. 지붕부분 등에 점검복도 겸 조명기구부착용 메인터넌스 덱(maintenance deck) 등을 추가하고 설치 후의 전구 교환이나 기타 설비의 기기설치장소에 대응한다. 사용기구는 방전등을 주로 하는 경우가 많으므로 공급하는 분전반이나 안정기의 배치는 형상에 따라 충분히 검토한다. 또한 이와 같이 기구배치가 관객석의 바로 위에 있는 경우, 메인터넌스 덱에서의 낙하물은 아무리 작은 부재에도 대단히 위험하므로 기구는 물론 다른 것도 포함하여 낙하물에 대한 대책이 필요하다. 최근에는 종합육상경기장도 콘서트 등의 이벤트에 사용하는 수가 있지만 상설 방전등을 주로 한 조명기구로는 대응할 수 없는 요구사양이 많고 전원도 전원차를 개최측에서 준비하는 것이 일반적이다.

관객석, 지붕을 갖고 있지 않은 경우는 독립된 조명탑을 건설하게 되며, 조명탑이 높고 많아질수록 균제도가 잡혀서 경기자의 그림자가 적은 효과적인 조명계획이 되지만 경기장의 등

급에 맞는 배치를 검토한다. 경기면의 조도설정은 TV 방영의 공식 경기에서 연습, 보수 등까지 몇 단계로 설정하는 것이 일반적이므로 사용하는 조명기구의 조사각이나 설치높이는 각각

의 설정 레벨에서 조도 손실이 없도록 한다. 육상경기장으로서의 조명을 확보할 필요가 있는 경우 필드 부분은 축구 등 다른 경기의 조명계획과 그다지 달라지지 않지만 트랙 부분은 관객석 측에 가장 접근되어 있기 때문에 육상경기연맹의 규정에는 없지만 특히 연직면 조도 확보가 엄격하고 트랙 부분 투사기구의 배치에 주의할 필요가 있다.

관객석에 대한 조도확보에 대해서는 일반적으로 유럽 등에서는 경기면의 밝기를 두드러지게 눈에 띄게 하므로 억지로 적극적으로 관객석에 투광하지 않으며, 일본에서는 관객석부에도 수백 lx 정도의 조도를 설정하는 경우가 많다. 경기면에 대한 투광에서도 누출광에 의해 관객석에도 수십 lx 정도의 조도가 얻어지므로 사례에 따라 협의할 필요가 있다.

(3) 기구, 광원의 선정

높은 위치에서의 조명이고 높은 조도로 계획하기 때문에 대광량 고휘도방전등(HID)이 주로 이용된다. 또한, 자연스러운 배색을 중시하고 연색성이 높은 광원이 선정되며 색온도는 높게 설정된다.

이러한 성능을 갖춘 램프로 고연색형 메탈 할라이드 램프가 많이 이용된다. 사용하는 기구의 배광사양도 부착높이·조도설정·균제도 등을 종합적으로 고려하여 아주 좁은 각에서 광각 유형까지 경제적으로 점멸 패턴이 용이하게 되도록 선택한다. 사용전압도 기구를 다수 설치하는 경우 등에는 400 V 사양의 기구를 선정하면 다른 배전설비의 비용절감을 꾀할 수 있다.

(4) 조명기구의 점검

일반적으로 작업통로 등에 의해 점검 가능하도록 계획하는 경우가 많다. 높은 곳에 있는 작업통로의 형상은 준공 후의 전구교환, 투사각 조정 등을 위해 충분한 작업 공간을 기대할 수 있는 것으로 한다.

또한 전구가 끊어진 곳을 파악하기 위해 각 기구에 켜지지 않은 지점 감지기능을 갖게 하고 중앙에서 일괄하여 전구교환 필요 장소를 감시하는 경우도 있다.

(5) 비상 시의 보안 조명

종합육상경기장은 지붕이 있어도 실외에서 취급하는 것이 대부분이며 야간 이벤트 개최 시의 정전에 의한 방전등 소등 시에는 법적인 규제는 없지만 관객석뿐만 아니라 필드 면에도 관객의 공황상태를 방지하기 위한 최소한의 조도를 확보하는 조명을 준비하는 것이 바람직하다. 이 경우 수백 W 정도의 백열등을 배터리 또는 순간적으로 공급 가능한 전원 계통에 접속하는 것 등으로 대응한다.

또한 개최 이벤트의 중요성 및 비용을 고려하여 순시재점등형의 조명기구의 설치로 대응하는 것도 있다.

(6) 조명 점등 제어

육상, 축구 등 종목에 따라 점등 패턴 설정이 필요함과 동시에 공식경기·일반경기·레크리에이션 등 경기 레벨의 차이에 의해 경제적인 점등 패턴이 설정된다. 종합경기장의 경우 다른 경기장에 비해 점등 패턴이 많아지기 때문에 미리 설정해 둔 점등 패턴을 재현할 수 있는 조명제어반은 보통의 호출표시장치 유형이 아니라 기구배치를 용이하게 파악할 수 있는 그래픽 패널 유형을 설치하는 것이 바람직하다.

방전등을 많이 이용하므로 오작동에 의한 소등은 경기에 크게 영향을 주기 때문에 제어반에는 오작동 방지의 기구를 붙인다. 점멸제어에 대한 각 제조자 표준 시스템을 채택할 경우에는 송전신호에 의한 제어에서는 외부에서의 노이즈에 의한 영향을 고려하여 필요에 따라 대책을 수행한다.

2.3 축구장

2.3.1 축구장의 분류

1993년에 J 리그가 출범한 이후 일본에서의 축구 인기가 정착되고 2002년 한일 월드 컵에서는 전 세계인의 주목을 받았다. 여기서는 그 무대가 되는 축구장의 조명계획에 대해 설명한다.

축구장에는 크게 두 가지가 있다. 하나는 육상경기장을 겸용하는 축구장이며 또 하나는 축구전용경기장이다. 여기서는 축구전용경기장에 대해 설명한다(육상경기장에 대해선 본편 1장 참조).

2.3.2 조명설계의 기준

조명설계를 하는 경우에는 사전에 시설의 구조, 이용의 내용, 시설의 환경, 기상조건, 전원상황을 파악해 두어야 한다.

조명설계의 기준은 JIS Z 9121 : 1997 실외육상경기장·실외축구장 및 럭비장의 조명기준 중에서 조명범위·조도 및 균제도, 조명기구의 배치, 부착 높이 등이 각각 권장되어 있으며 이 권장값을 지키면 섬광이 적은 상태에서 경기면 전체가 지장 없이 양호하게 볼 수 있도록 할 수 있다.

2.3.3 조명범위

축구장의 경기 범위는 터치 라인과 골 라인으로 둘러싸인 범위이며 공 또는 경기자 중 하나라도 이 라인을 넘어 경기를 속행할 수 없다. 따라서 조명 범위는 터치 라인과 골 라인으로 둘러싸인 범위 내를 대상으로 한다고 생각하면 된다.

그러나 실제 경기에서는 경기 범위를 벗어난 경기자나 볼이 극단적으로 보기 어려운 조명은 경기자에게 위험하고 관객으로서는 흥미를 떨어뜨리는 것이므로 주변부분에도 충분한 조명을 할 필요가 있다. 이 주변부분의 조명은 아래에 나타내는 조도균제도나 조명기구의 배치, 높이를 지키면 자연히 얻어진다.

2.3.4 조도 및 균제도

조도는 경기 레벨에 따라 달라지며 경기를 쾌적하게 하려면 레벨에 맞는 조도가 필요하다. 또한 경기 중에는 시선이 늘 움직이므로 조도분포의 불균일이 크면 시대상물의 관점 저하가 피로의 원인이 되기 때문에 균제도도 중요한 요건이다.

표 2.2에 일본 축구협회의 조도기준을 나타냈다.

2.3.5 조명기구의 배치

조명기구의 배치는 경기를 할 때 가장 중요하며 배치조건에 따라서는 경기자나 관전에 지장을 주는 선수의 그림자, 연직면 조도의 부족이라는 문제가 발생하는 원인이 된다.

표 2.2 일본 축구협회의 조도기준

구분	수평면조도의 평균값[lx]
건설성 종별 : A2~S (수용인원 15,000 명~6만 명 이상)	1,500 이상
건설성 종별 : B1, B2 (수용인원 5,000 명~15,000명 미만)	150~750
건설성 종별 : C (수용인원을 따로 규정하지 않음)	100~150

[일본축구협회 조도기준[3]]

그림 2.11 코너 배치(4개소)
[JIS Z 9121²⁾]

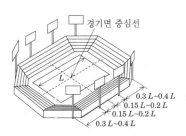

그림 2.12 사이드 배치(8개소)
[JIS Z 9121²⁾]

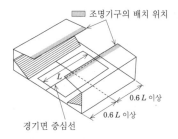

그림 2.13 사이드 배치(지붕 위에 설치)
[JIS Z 9121²⁾]

그림 2.14 축구장 조명 코너 배치 예

그림 2.15 축구장 조명 지붕배치 예
[촬영 : 條澤건축사진연구소]

축구 전용경기장에서 조명 기둥을 설치하는 경우에는 일반적으로 그림 2.11과 같은 코너 배치(4개소) 또는 그림 2.12와 같은 사이드 배치(8개소)로 한다.

코너 배치의 경우 터치 라인 부근에 있는 경기자의 연직면조도의 확보와 코너 킥을 할 때 골 에리어에 있는 경기자에 대한 섬광을 경감하기 위해 그림 2.11에 나타나는 배치를 권장하고 있다.

사이드 배치의 경우 경기면에 강한 그림자가 생기지 않도록, 그리고 경기면이나 공간의 조도 분포를 양호하게 하기 위해 8개소 배치를 원칙으로 하고 있다.

상기 규정에도 불구하고 관객석상에 조명기구를 부착할 수 있는 지붕이 있고 충분한 높이를 확보할 수 있는 경우는 조명 기둥을 사용하는 것이 아니라 그림 2.13과 같이 지붕 위에 조명기구를 배치할 수 있다. 코너 배치 및 지붕배치의 실제 예를 그림 2.14, 그림 2.15에 나타냈다.

사이드 배치와 지붕배치는 코너 킥을 할 때의 경기자에 대한 섬광을 줄이기 위해 골 라인의 연장선상에 대한 조명기구의 배치(골 라인에서 각각 15° 범위)를 피하고 그림 2.16과 같이 외측에 배치해야 한다.

최근 건설되고 있는 축구장은 '관객석 수 15,000명 이상, 관객석의 2/3 이상을 지붕으로 덮는다는 J 리그의 규정을 만족하기 위해 대지붕화하고 있으며 조명기구의 배치는 독립적으로 철탑을 세우지 않고 지붕배치에 의한 방식이 늘고 있다. 지붕 배치에서는 지붕 높이에 따라 조명기구를 지붕 위에 설치하거나 지붕 아래에 설치하지만, 상기의 이유 때문에 지붕높이가 높아져 지붕 아래에 설치하는 예가 많아지고 있다. 이 경우 램프 교환이나 조명기구의 유지보수를 할 수 있도록 작업통로를 설치할 필요가 있다.

지붕배치의 경우 조명기구는 어떻게 해도 메인 스탠드 및 백 스탠드 방향에서의 조사가 메인이 되며 골 안쪽에서 본 연직면조도의 확보가 어려워진다.

골 라인보다 뒤쪽 또는 사이드 스탠드 측에 조명을 배치할 수 있는 구조로 하여 연직면조도를 확보할 필요가 있다.

2.3.6 조명기구의 부착 높이

조명기구의 부착 높이는 코너 배치와 사이드 배치 모두 그림 2.18을 이용하여 결정한다.

조명기구의 부착높이는 너무 낮으면 경기면의 조도 불균일이 나오기 쉽고 광원이 경기자나 관객의 시야 내에 들어와 섬광을 일으키기 쉽다.

한편 부착높이가 너무 높으면 수평면조도에 대한 연직면조도의 비율이 낮아져서 관점이 나빠진다. 이러한 사항을 고려하여 조명기구의 부착높이 상한과 하한이 결정되어 있다.

2.3.7 조명기구의 선정

조명기구는 투광기로 하고 투광기의 배광특성은 코너 배치인지 사이드 배치(지붕배치)인지에 따라 표 2.3을 표준으로 하여 선정한다.

협각배광은 빛이 조명기구 중심축에 집중되므로 원거리 지점 또는 좁은 범위를 높은 조도로 조명할 수 있지만 등수가 적으면 조도의 불

표 2.3 조명기구의 선정

운동경기 구분	조명기구의 배치	투광기의 배광 종류		
		협각형	중각형	광각형
공식경기	코너 배치	◎	○	○
일반경기	사이드 배치	○	◎	○
레크리에이션	코너 배치 또는 사이드 배치	○	○	◎

[비고] ◎ : 주로 이용하는 것.
　　　○ : 필요에 따라 이용하는 것.

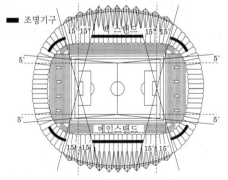

그림 2.16 스타디움 조명기구 배치 예
[松下電工, 2001⁴⁾]

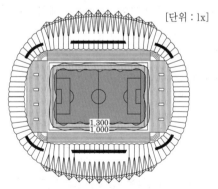

그림 2.17 수평면조도분포도
(축구 국제경기 개최 시, 설계치)
[松下電工, 2001⁴⁾]

균일이 발생한다. 또한 광각배광은 근거리 지점을 조명하는 데 적합하다. 중각배광은 그 중간적인 특성이 있다.

투광기를 선정할 때에는 투광거리나 조명면적의 크기 및 조도에 따라 적절한 배광을 선정하고 구분 사용할 필요가 있다. 수평면 조도분포도의 참고 예를 그림 2.17에 나타냈다.

2.4 야구장

2.4.1 조명설계의 기준

조명설계의 기준은 JIS Z 9120:1995 실외

테니스 코트 및 실외 야구장의 조명기준 중에서 조명범위, 조도 및 균제도, 조명기구의 배치, 부착높이 등이 각각 권장되어 있다. 이 권장값을 지키면 섬광이 적은 상태에서 경기면 전체 및 공간을 지장 없이 양호하게 볼 수 있도록 하는 것이 가능하게 된다.

2.4.2 조명범위

야구장의 조명범위는 펜스 또는 스탠드로 둘러싼 야구를 위해 사용되는 경기면 전체로 한다.

내야의 조명범위는 다이아몬드를 포함한 파울 라인의 외측 5 m에서 외야 방향으로 40 m

부착높이의 계산식

$0.35L_1 \leq H \leq 0.6L_1$이고

$H \leq 3L_2$

여기서, L_1 : 경기면의 중심에서 최하단 조명기구까지의 수평거리[m]

L_2 : 경기면의 코너에서 최하단 조명기구까지의 수평거리[m]

H : 최하단 조명기구의 부착높이[m]

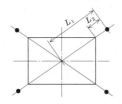

●표는 조명기구의 설치 위치

부착높이의 계산식

$0.35L_1 \leq H \leq 0.6L_1$이고

$L_2 \leq H \leq 4L_2$

여기서, L_1 : 경기면의 중심에서 최하단 조명기구까지의 수평거리[m]

L_2 : 경기면의 코너에서 최하단 조명기구까지의 수평거리[m]

H : 최하단 조명기구의 부착높이[m]

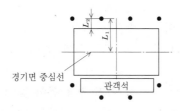

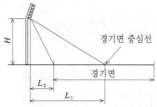

●표는 조명기구의 설치 위치

그림 2.18 코너 배치와 사이드 배치의 경우 조명기구의 부착 높이

[JIS Z 9121[2]]

를 잡은 정사각형 내로 한다. 외야의 조명범위는 경기면 전체에서 내야를 제외한 나머지 부분으로 한다.

2.4.3 조도 및 균제도

경기면의 평균조도는 내야와 외야의 조도가 같은 레벨인 것이 이상적이지만, 내외야에서의 볼 스피드나 플라이 볼의 빈도를 고려하여 내야와 외야의 조도에 차를 설정하고 있다. 이것은 경기면 전체의 조도분포도 음미하지 않으면 안 된다는 것을 의미한다. 양호한 경기환경을 얻으려면 내야와 외야의 설계조도의 비를 2:1 정도 이내로 하고 내야에서 외야로의 조도분포 변화를 원활하게 할 필요가 있다.

따라서 흔히 배터리 간이라고 하는 부분이 외야와 비교하여 너무 높지 않은 것이 바람직한 것은 아니므로 이 부분을 내야에 포함시키고 굳이 조도분포를 설정하지 않았다.

2.4.4 조명기구의 배치

야구장에 대한 조명기구의 배치는 평균조도, 평균균제도 및 섬광이 적절한 상태가 되도록 결정해야 한다. 그 중에서도 특히 섬광에는 크게 주의를 기울여야 한다.

그림 2.19 야구장 야간경기 조명의 예
[사진제공 : 岩崎電氣]

야구경기에서는 투구·타구·포구라는 일련의 동작 중에서 경기자의 시선이 모든 방향으로 향하기 때문에 조명기구가 설치되어 있다면 어딘가에서 시선 속에 들어오는 것을 피할 수 없다. 그래서 볼의 움직임을 가장 정확히 포착할 필요가 있는 경기자나 정위치에 있는 경기자가 조명기구를 시선 속에 넣을 기회가 가능하면 적도록 위치를 선택하여 조명기구를 설치해야 한다.

그리고 경기자의 통상 시선방향에 닿는 백넷 후방 주변에는 조명기구를 설치하면 안 된다. 또한 2루에서 1루, 3루에서 1루와 같은 주요 수비위치 간의 송구나 포구 시 야수 정면이나 배면에 조명기구가 배치되지 않는 것이 바람직하다.

조명기구의 배치는 이상적으로는 피하는 구역이 많지만 야구장의 입지조건에 따라 기둥을 세울 수 있는 장소에 제한이 있어 이상적인 위치에 기둥을 세울 수 없는 경우가 있다. 그래서 장애가 가장 크다고 생각되는 두 개소를 피해야 할 위치로 규정하고 있다.

또한, 지표면에 강한 그림자가 생기지 않도록 하고 공간의 조도분포를 양호하게 하기 위해 조명기구는 6개소를 원칙으로 하고 있다. 그림 1.4(본편 1장)에 6개소 배치의 경우 조명기구 배치를 나타냈다. 또한 그림 2.19에 야구장 야간경기의 조명 예를 나타냈다.

레크리에이션 시설에서는 여러 가지 이유에 따라 조명기구의 배치 수량을 어쩔 수 없이 줄이는 경우에도 최소한 4개소 이상에 배치할 필요가 있다. 또한 상기 규정은 조명 기둥을 설치하여 수행하는 경우에 대해 정해져 있지만 적절한 높이를 가진 지붕 등이 있는 경우에는 이를 이용하여 나란히 조명기구를 배치해도 좋다.

표 2.4 조명기구 설정

운동경기 구분		투광기의 배광 종류		
		협각형	중각형	광각형
경식	프로야구	◎	○	○
	공식경기	○	○	○
	일반경기	○	◎	○
연식	공식경기	○	◎	○
	일반경기	○	◎	○
	레크리에이션	○	○	◎

[비고] ◎ : 주로 이용하는 것 ○ : 필요에 따라 이용하는 것
[JIS Z 9120[1]]

2.4.5 조명기구의 부착 높이

조명기구의 배치가 적절해도 부착높이가 너무 낮으면 인접한 두 조명 기둥 사이가 어두워지거나 광원이 경기자 및 관객의 시야 내에 들어와 섬광이 발생해 경기를 보기 어려워지거나 때로는 보이지 않을 수 있다. 그래서 조명기구의 부착높이를 어느 정도 높게 하여 섬광을 줄이고 방향이 다른 빛이 적절히 섞이도록 해야 한다.

2.4.6 조명기구의 선정

조명기구는 투광기로 하고 일반적으로 표 2.4에 따라 선정하기로 한다.

2.5 테니스 코트

2.5.1 테니스 코트의 분류

테니스는 패션성이 높은 스포츠로서 꾸준한 인기가 있고 소수가 즐길 수 있기 때문에 폭 넓은 층의 사람들에게 보급되어 있다. 원래 실외 스포츠였으나 스포츠 클럽 등에서 실내시설도 증가하고 있어 언제나 쉽게 즐길 수 있게 되었다.

여기서는 실외, 실내 두 경우에서 조명계획상 신경을 써야 하는 점 등을 실제 사례 사진을 곁들여 설명한다.

2.5.2 실외 테니스 코트

(1) 조명계획 기준

조명설계의 기준은 JIS Z 9120 : 1995 실외 테니스 코트 및 실외야구장의 조명기준 중에서 조명범위 조도 및 균제도, 조명기구의 배치, 부착높이 등이 각각 권장되어 있으며 이 권장값을 지키면 섬광이 적은 상태로 경기면 전체 및 공간을 지장 없이 양호하게 볼 수 있도록 하는 것이 가능하게 된다.

(2) 조도 및 균제도

테니스에서 특히 유의해야 할 점은 프로라면 200 km/h에 달하는 서브를 비롯하여 네트를 사이에 두고 비교적 근거리에서 하는 스포츠이다. 그렇기 때문에 조도의 불균일이 있으면 볼이 실제보다 빨리 느껴지거나 라인에 걸쳤을 때의 판정에도 지장을 줄 수 있다. 따라서 조도는 물론 균제도에 대해서도 각별히 주의해야 한다.

(3) 조명기구의 배치

테니스 코트는 조명영역이 비교적 작고 섬광을 방지하기 위해 베이스 라인을 후방에는 조명하지 않는 쪽이 바람직하다는 점에서 코트 양옆 배치가 적절하다고 한다. 그러나 연속해서 4면 이상 있는 경우에는 베이스라인 후방에 설치하는 경우도 있다.

그림 2.20에 조명기구 배치를, 그림 2.21에 조명기구 부착 높이의 기준을 나타냈다.

실외에 대한 구체적인 기법은 코트 옆에 콘크리트 기둥을 세워 투광기를 설치하고 전체적으로 조명하도록 한 방식이 일반적이지만 최근에는 주변에 광누출이 잘 되지 않고 유지보수도 쉬운 6m 정도의 폴형 조명설비도 레크리에이션 시설을 중심으로 인기를 끌고 있다.

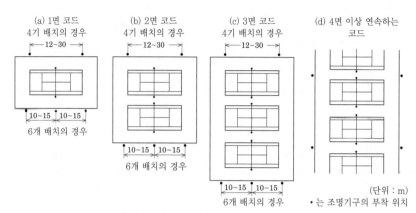

(a) 1면 코드
4기 배치의 경우
12~30
6개 배치의 경우
10~15 10~15

(b) 2면 코드
4기 배치의 경우
12~30
6개 배치의 경우
10~15 10~15

(c) 3면 코드
4기 배치의 경우
12~30
6개 배치의 경우
10~15 10~15

(d) 4면 이상 연속하는 코드
(단위 : m)
● 는 조명기구의 부착 위치

그림 2.20 조명기구 배치 [JIS Z 9120[1]]

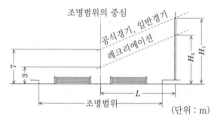

조명범위의 중심
공식경기, 일반경기
레크리에이션
H_1
H_2
7
3
L
조명범위
(단위 : m)

(주) 테니스 코트에서 조명기구 부착높이의 최하단은 식 (1) 또는 (2)에 따라 결정된다.
〈공식경기 및 일반경기〉
$H_1 \geq 7 + 0.4L[m]$...(1) 단, 최저 높이는 12 m
$H_2 \geq 3 + 0.4L[m]$...(2) 단, 최고 높이는 8 m

그림 2.21 조명기구 부착높이 (JIS Z 9210[1])

(4) 광원의 선정

고효율·긴 수명·고연색성이 있는 메탈 할라이드 램프가 바람직하며 TV 촬영의 유무에 따라 고연색형과 고효율형 램프의 배분을 결정해야 한다. 레크리에이션 레벨의 경우 에너지 절약을 위해 고압 나트륨 램프를 섞을 수 있지만 패션성이 높은 스포츠라는 점에서도 백색계 메탈

표 2.5 조도 및 균제도 (JIS Z 9120[1])

운동경기 구분	수평면 평균조도 [lx]	균제도 (최소/평균)
공식경기	1,000 이상	0.65 이상
일반경기	500 이상	0.50 이상
레크리에이션	250 이상	0.50 이상

표 2.6 조명기구의 선정

운동경기 구분	면수	투광기의 배광 종류		
		협각형	중각형	광각형
공식경기	1면	○	◎	
	2면 이상	○	◎	
일반경기	1면		◎	○
	2면 이상	○	◎	○
레크리에이션	1면		○	◎
	2면 이상		◎	○

[비고] ◎ : 주로 이용하는 것 ○ : 필요에 따라 이용하는 것

할라이드 램프의 단독조명이 바람직하다.

(5) 조명기구의 선정

투광기에 의한 조명방식의 경우에는 환형의 투광기를 사용하는 것이 일반적이지만, 레크리에이션 레벨의 경우 적은 등수로 빛을 전체적으로 퍼뜨리기 위해 이형(異形)반사판을 이용한 삼조사형 투광기 등을 이용함으로써 균제도를 높일 수 있다. 표 2.6은 조명기구의 선정 기준을 나타낸다.

2.5.3 실내 테니스 코트
(1) 조명계획의 기준

JIS 등에서는 실외·실내의 기준이 다른 것을 마련하지 않았기 때문에 실외 코트의 기준에 준

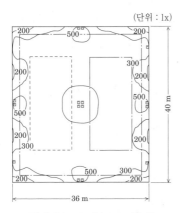

그림 2.22 조도분포도 사례

그림 2.23 실외 테니스 코트 사례
[사진제공 : 松下電工]

그림 2.24 실내 테니스 코트 사례
[사진제공 : 松下電工]

하여 계획해야 한다. 실내에서의 주의점은 벽면 또는 지붕면을 비추는 경우도 있다. 이 경우 휘도대비의 관계에 따라 볼을 보기 어려울 수도 있으므로 각별히 주의해야 한다. 그림 2.22에 실내 테니스 코트의 예를 나타냈다.

(2) 조명기구의 배치

실내에서는 조명기구를 높은 위치, 다른 위치에 설치하는 것이 곤란하기 때문에 배치한 조명기구가 눈부셔서 볼이 보이지 않게 되는 일이 없도록 주의해야 한다. 연습 정도의 사용목적이라면 체육관과 같이 천장에 조명기구를 분산배치하여 효율 좋게 조명하는 것이 바람직하지만 서브에 방해가 되지 않도록 엔드 라인 부근은 설치하지 않는 것이 바람직하다. 또한 경기에 사용되는 시설에서는 사이드 라인을 따라 기구를 배치하고 로브(lob)로 올린 볼과 겹치지 않도록 코트의 중앙부에는 조명기구를 설치하지 않는 것이 바람직하다.

(3) 조명기구의 선정

분산배치하는 경우에는 전체적으로 빛이 퍼지도록 광각형의 배광을 가진 뱅크 라이트형의 것이 바람직하다. 옥내형의 고천장 차양에서는

볼이 닿을 때 파손될 가능성이 높으므로 방호막을 설치해야 한다.

가이드 라인 후방에 나란히 놓는 경우에는 사이드 라이팅 방식의 기구를 코트 안쪽을 향해 설치하거나 지향성이 비교적 약한 각형 투광기를 사용하는 것이 바람직하다.

2.6 수영장

2.6.1 수영장의 분류

수영은 특별한 도구를 필요로 하지 않고 할 수 있는 스포츠의 대표적인 것이다. 또한 올림픽이나 세계대회 등의 공식경기로 주목을 받고

있다. 이러한 목적을 위해 수많은 수영장이 건설되고 있는데, 조명의 기법에서 볼 때 크게 세 가지로 분류할 수 있다.

첫째, 국제대회 등의 공식경기로 하는 것을 목적으로 한 시설 등에서 볼 수 있는 천장면에 조명을 설치하는 기법. 둘째, 건강증진을 위한 피트니스 클럽이나 온수 풀 등에서 볼 수 있는 풀사이드의 벽면 상부에 조명을 설치하여 양쪽에서 비추는 기법. 셋째, 초등학교의 실외 수영장 등에서 볼 수 있는 것으로서 도로조명과 같은 폴 등을 설치하고 보안을 위해 야간 조도부족을 보충하여 비추는 기법이다.

세 번째의 실외 풀은 최근 감소하고 있기 때문에 여기서는 생략하고 나머지 두 가지에 대해 조명계획상 유의해야 할 점을 설명한다.

2.6.2 경기를 위한 시설

(1) 조명계획의 기준

조명설계의 기준은 JIS Z 9123 : 1997 실외, 실내 수영 풀의 조명기준 중에서 조명범위, 조도 및 균제도, 조명기구의 배려, 부착높이 등이 각각 권장되어 있다. 이 권장값을 지킴으로써 섬광이 적은 상태로 경기면을 밝히고 경기를 하기 쉽고 관전하기 쉬운 조명계획을 할 수 있다.

또한 이용률을 높이기 위한 일반에 개방 등 운영상의 사항도 고려하여 조명 패턴은 몇 가지 패턴으로 나누어 계획하는 것이 바람직하다.

(2) 조도 및 균제도

조도는 경기 레벨에 따라 달라지며 경기를 쾌적하게 하려면 레벨에 맞는 조도가 필요하다. 또한 경기 중에는 시선이 늘 움직이기 때문에

표 2.7 일본수영연맹의 조도기준

구분	수평면조도[lx]
공인경기 풀	단벽 부근의 안쪽에서 600 이상
국제기준 경영 풀	풀 전면에서 1,500 이상

[일본수영연맹 조도기준[7]]

조명방식	조명기구의 배치 예	조명기구의 배치		설정 조건
		단면도	평면도	
직접조명방식	분산배치	조명기구를 천장 전체에 분산배치한다.		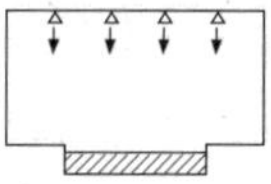 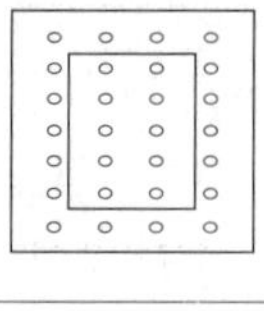 천장 쪽에서 보수작업이 가능한 경우
	사이드배치	풀 사이드 상부의 벽 또는 천장(수면상은 피함)에 조명기구를 나란히 배열하고 아래로 기울여 조사한다.		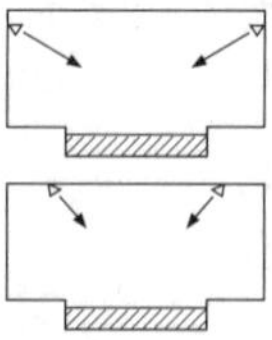 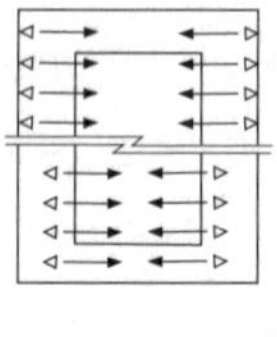 천장 쪽에서 보수 작업이 불가능한 경우 간접조명방식
간접조명방식	사이드배치	풀 사이드의 벽면에 조명기구를 나란히 배치하고 위로 기울여 조사한다.		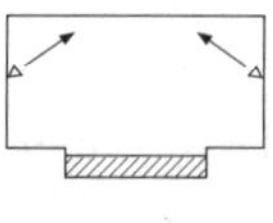 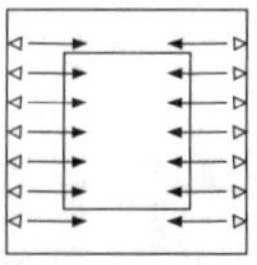 천장면이 고확산 반사면인 경우

그림 2.25 조명방식, 조명기구의 배치(실내 풀)

그림 2.26 실내 풀 조명 배치 예
[사진제공 : 松下電工]

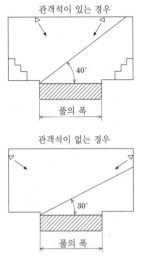

그림 2.27 조명기구의 부착높이
(실내 풀)

조도분포의 불균일이 크면 시대상물의 관점 저하가 피로의 원인이 되기 때문에 균제도도 중요한 요건이다. 표 1.1(본편 1장)에 JIS 기준의 조도 및 균제도의 값을 나타낸다. 또한 표 2.7은 일본수영연맹의 조도기준을 나타낸다.

(3) 조명기구의 설치 위치

경기시설에서는 같은 조건에서 헤엄칠 수 있도록 자연광은 커튼 등으로 차광하고 인공조명만으로 조명한다. 조명기구의 배치는 그림 2.25와 같은 직접조명방식(분산배치와 사이드 배치) 및 간접조명방식(사이드 배치)이 있지만, 공식경기 등에서는 높은 조도가 요구되기 때문에 직접 방식의 분산배치가 많이 채택되고 있다 (그림 2.26 참조).

직접조명 방식의 경우 섬광에 유의해야 한다. 섬광은 배영과 같이 위를 바라보며 헤엄치는 경기자뿐만 아니라 수면의 비침에 의한 관객 및 감시원에 대한 배려도 필요하다.

조명기구의 부착높이는 그림 2.27과 같은 높이에 설치해야 하지만, 일반적으로 경기시설에는 충분한 천장높이가 확보되어 있기 때문에 천장에 부착 효율이 높은 조명기법이 많이 채택되고 있다. 풀 상부의 천장에 조명기기를 배치하는 경우에는 유지보수용 작업통로를 설치하여 천장 쪽에서 램프를 교환할 수 있도록 해야 한다.

(4) 기구의 선정

일반적으로 풀에는 소독을 위해 염소계 약품을 사용하므로 시설 내의 금속도 염소에 의해 부식되기 쉬워진다. 따라서 조명기구의 재질에는 알루미늄제, 스테인리스강제(헤어라인 마감은 하지 않은 것) 또는 용융아연 도금 마감을 한 것이 바람직하며 아크릴이나 우레탄계의 수지도장을 한 것은 더 효과적이다. 또한 온수 풀로 사용되는 경우에는 방습형 도구로 할 필요가 있다. 단, 대형 경기시설에서는 공조설비가 잘 정비되어 있어 조명기구를 설치한 위치에서의 습도, 염소의 값이 작아지는 경우도 있고 일반 사양의 기구가 사용되는 시설도 있다.

또한 작업통로의 위치에 따라 달라지기도 하지만 천장 쪽에 설치된 기구는 위치가 한정되기 때문에 전체를 균일하게 조명하기 위해 한 방향으로 빛을 많이 내도록 한 사이드 라이팅의 기구나 지향성이 약한 각형의 투광기를 사용하는 경우가 많다.

TV 촬영 시의 연직면조도를 확보하기 위한 조명기구에는 환형 투광기나 가형 투광기를 사용하는 경우가 많다.

2.6.3 건강증진을 위한 시설

(1) 조명계획의 기준

조명계획의 기준은 JIS Z 9123 : 1997 실외, 실내 수영 풀의 조명기준[9]에 권장되어 있다.

(2) 조도 및 균제도

표 2.8에 JIS 기준의 조도 및 균제도 값을 나타냈는데, 이 시설들의 경우 천장높이가 그다지 높지 않은 경우가 많고 중앙부가 어두워진다든지 하는 경우도 있기 때문에 균제도에 주의하고 밝기의 불균일이 적은 계획을 할 필요가 있다.

(3) 조명기구의 설치 위치

건강증진을 위한 시설에서는 그림 2.25에 나타난 사이드 배치가 많이 채택되어 있다. 그 이유로는 천장이 낮기 때문에 천장에 설치한 경우 섬광이 많고 램프 교환 등이 곤란하다는 것을 들 수 있다. 조명방식은 긴 쪽 방향의 벽면 위쪽에 조명기구가 부착되는 경우가 많다.

(4) 기구의 선정

일반적으로 풀에는 소독을 위해 염소계의 약품을 사용하므로 시설 내의 금속도 염소에 의해 부식되기 쉽다. 따라서 조명기구의 재질에는 알루미늄제, 스테인리스강제(헤어라인 마감은 하지 않은 것) 또는 용융아연 도금 마감을 한 것이 바람직하며 아크릴이나 우레탄계의 수지도장을 한 것은 더 효과적이다. 또한 부착위치가 낮고 습기도 끼기 쉬우므로 방습형의 기구로 할 필요가 있다.

전체를 균일하게 조명하기 위해 한 방향으로 빛을 많이 내도록 한 기구나 지향성이 약한 각형의 투광기를 사용하는 경우가 많다. 불특정다수 이용자의 안전을 위해서도 투광기 전면의 강화유리에는 자동차 전면 유리와 같이 만일 갈라져도 비산되지 않도록 불소수지를 코팅한 것이 바람직하다.

2.7 스키장

2.7.1 스키장의 조명

스키장의 야간조명 설비는 주로 레저나 점프 경기용 점프장이 있는데, 그 외의 공식경기 스키 개최를 위한 조명설비는 거의 없다.

표 2.8 TV 촬영을 위한 조도 및 균제도

조도의 종류	평균치[lx]	균제도(최소/최대)
연직면 조도	1,000 이상	0.30 이상
수평면 조도		0.50 이상

[주] 연직면조도는 풀 사이드의 바닥면상 1.5 m 및 다이빙 풀의 공중동작을 할 수 있는 공간(다이빙대상 3 m 높이까지를 포함)에 대한 카메라가 있는 쪽의 조도 값을 나타낸다.

그림 2.28 스키장 조명사례

[사진제공 : 松下電工]

여기서는 일반적인 레저용 스키장의 조명계획에 대해 유의해야 할 점을 설명한다(그림 2.28 참조).

2.7.2 스키장의 조명계획

(1) 조명계획의 기준

조도의 기준으로는 JIS 기준이 있다(본편 표 1.1 참조). 또한 리프트, 로프웨이 등을 설치하는 경우에는 중앙정부 또는 지방자치단체 당국에서 정한 조명설비의 설치기준에 따라 인허가를 받아야 한다. 감시위치에서 본 선로의 연직면조도가 100 m에서 10 lx, 200 m에서 30 lx, 승강장은 40 lx, 출입구는 30 lx 등의 규정이 있다. 겔렌데(Gelande : 스키장)의 조명에 대해서는 활주면에서의 균제도가 나쁘면 스키할 때 노면상황을 파악하기 어렵게 되어 대단히 위험하기 때문에 불균일이 없는 조명계획이 가장 중요하다.

(2) 조명의 설비계획, 설치위치

스키장의 겔렌데 조명에 대한 기구배치는 대부분 조명 폴에 기구를 설치하게 되지만 폴의 설치위치는 경사의 변화, 바위와 수목, 낭떠러지 같은 장애물의 위치를 충분히 확인하여 결정

하고 기구의 부착 높이는 적설량도 고려하여 겔렌데 폭의 1/5 이상이 바람직하다. 투광방향은 활주하는 방향을 향하여 투사하는 추적조명이 기본이 된다. 또한 스키어가 자신의 그림자에 헷갈리지 않도록 양쪽 또는 지그재그 배치가 바람직하지만 어쩔 수 없이 한쪽이 되는 경우에는 리프트가 있는 쪽에 설치한다. 특히 위험한 장소가 있는 경우에는 들어가지 않도록 방호 울타리, 표지판과 함께 밝게 눈에 띄도록 하여 사고방지를 도모한다. 붉은 색 등의 필터를 붙인 투광기로 위험장소를 비추는 것 등도 효과적이다. 리프트의 조명은 아래에서 위로 리프트의 배면을 비추도록 리프트의 지주에 설치한다.

스키장의 경우 최소한의 조도확보 외에 연출 조명의 요소가 크므로 색온도, 투사범위 등은 연출목적에 따라 기구를 추가한다. 계획 사례는 그림 2.29에 나타냈다.

(3) 기구, 광원의 선정

설치환경이 열악한 경우나 적설 등을 고려하여 환형의 방전등이 주로 이용된다. 사용 광원은 경제성을 우선하면 고압 나트륨 램프를 주체로, 연색성을 우선할 경우에는 메탈 할라이드 램프를 주체로 구성한다.

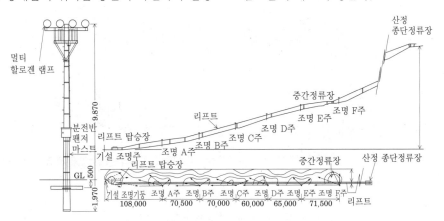

그림 2.29 스키장의 기구배치, 조도분포도 예

2.8 스케이트 링크

2.8.1 스피드 스케이트

(1) JIS 기준

JIS Z 9124에 조명기구의 배치·조도·배광 등이 매우 자세히 나타나 있으므로 계획할 때 참고한다. 스케이트 연맹의 기준은 최저조도에 관하여 1,200 lx라고 나타나 있으며 이것은 JIS 기준을 만족하는 것이다.

(2) 조명기구의 설치방법

표 1.1(본편 1장)에 따르면 공식경기 1,500 lx 이상, 일반경기 750 lx 이상, 레크리에이션 300 lx 이상이다. 또한 TV 촬영을 고려하면 이것에 연직면조도 1,000 lx 이상을 고려해야 한다. 링크를 계획하는 단계에서 우선 경기 레벨, TV 촬영에 대한 지원을 결정해 둘 필요가 있다.

설치방법에서 실외 링크와 실내 링크는 기법이 다르다. 실외 링크는 매우 큰 스탠드나 지붕을 가진 링크가 적으므로 폴등에 의한 조명이

그림 2.30 M-Wave의 조명
[사진제공 : 나가노(長野)시]

그림 2.31 M-Wave의 연출조명
[사진제공 : 나가노(長野)시]

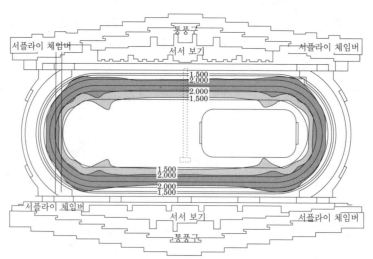

그림 2.32 M-Wave의 수평면조도 분포도
[제공 : 岩崎電氣]

되며, 실내 링크는 지붕 등을 이용한 천장조명이 설치된 경우가 많다. 지금까지의 국내실적은 실외 링크가 압도적으로 많다. 실외·실내 모두 조명방식에 차이가 있지만 조명범위는 어느 것이나 활주면이라는 점에서 다르지 않다.

(3) 실시 예

① **실내 링크** '나가노(長野) 시 올림픽 기념 아리나 M-Wave'의 경우 M-Wave는 1998년의 나가노 올림픽 대회의 스피드 스케이트 경기장으로 사용되고 그 후에도 큰 대회가 개최되고 있다. TV 중계, 국제대회에 대응한 링크이다 (그림 2.30, 그림 2.31 참조). 고연색형 메탈 할라이드 램프 1.5 kW를 링크 상부(14열), 링크 사이드에 설치(1열씩)하고 링크 내 수평면조도 1,500 lx 이상, 연직면조도 1,000 lx 이상을 확보하고 있다.

그림 2.32와 같이 링크를 중심으로 조도가 확보되어 있지만, 링크 중앙부에 대해서도 1,000 lx 정도는 확보되어 있다. 이것은 올림픽이라는 화려한 대회를 의식함과 동시에 스케이트 이외의 경기 이용에 대한 수평면조도의 확보를 고려

한 결과라고 생각된다.

② **실외 스케이트 링크** JIS 기준의 기법(그림 2.33, 그림 2.34 참조)이 매우 명확하게 나타나 구체적인 계획을 하기 쉽다고 생각된다. 조명등의 위치는 링크 주위로 지정되어 있으므로 조도를 설정하면 등구의 수나 등구의 설치 높이 등의 표준은 확보된다.

그림 2.35는 1 kW×18 대의 메탈 할라이드 램프를 8기 설치한 경우의 조도분포도이다. 500 lx를 기준으로 한 계획 예이다. 실외 스피드 스케이트의 경우 공식경기 등은 주간을 중심으로 이루어지는 경우가 많으므로 그림 2.33과 같은 조도설정을 하는 경우(레크리에이션 정도)가 많다고 생각된다.

$H \geq L_3$
이고
$S \geq 3H$
여기서, H : 최하단의 조명기구의 부착높이[m]
L_3 : 코스 폭의 안쪽에서 최하단 조명기구까지의 수평 거리[m]
S : 조명기구의 부착 간격[m]

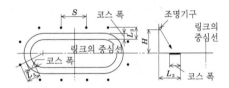

• 표시는 조명기구의 설치위치
그림 2.34 전주(全周)배치에서 조명기구의 부착높이, 부착위치
[JIS Z 9124[8]]

$0.35 L_1 \leq H \leq 0.65 L_1$
또한
$L_2 \leq H \leq 4L_2$
여기서, H : 최하단의 조명기구 부착높이[m]
L_1 : 링크의 중심에서 최하단 조명기구까지의 수평거리[m]
L_2 : 링크의 끝에서 최하단 조명기구까지의 수평거리[m]
사이드 배치에서 조명기구의 부착높이 및 부착 간격

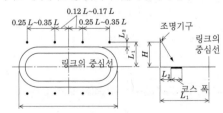

• 표시는 조명기구의 설치위치
그림 2.33 사이드 배치에 대한 조명기구의 부착높이, 부착위치
[JIS Z 9124[8]]

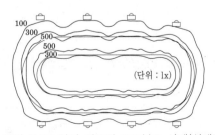

그림 2.35 실외 링크의 조도분포 사례(설계값)

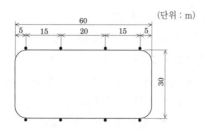

(단위 : m)

그림 2.36 실외 스케이트 링크의 기구배치
[JIS Z 9124[8]]

(단위 : m)

조명기구
펜스
14 이상

그림 2.37 실외 스케이트 링크의 조명기구의
부착높이
[JIS Z 9124[8]]

2.8.2 피겨 스케이트, 아이스하키

(1) JIS 기준

JIS Z 9124에 조명기구의 배치·조도·배광 등이 매우 자세히 나타나 있다. 특히 실외 스케이

그림 2.38 화이트 링크의 조명
[촬영 : 에스에스나고야(名古屋)]

트 링크에 대해서는 투광조명의 위치, 높이에 대해 명확히 나타나 있다(그림 2.36, 그림 2.37 및 본편 표 1.6 참조).

(2) 조명기구의 설치방법

피겨 스케이트에서는 연기자의 시선은 빙면 이외에 심판석, 객석, 때로는 천장을 향한다. 조명계획을 할 때에는 스피드 스케이트 등에 비해 조명기구의 위치나 휘도에 유의한 계획이 요구된다. 연기자에 대한 사항만 고려하면 천장면

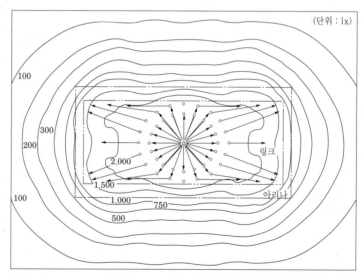

그림 2.39 링 조명에 의한 조도분포도
– 링부에 2 kW 투광기를 100 대 설치한 경우 –

점등 대수 : 100대   보수율 : 0.95

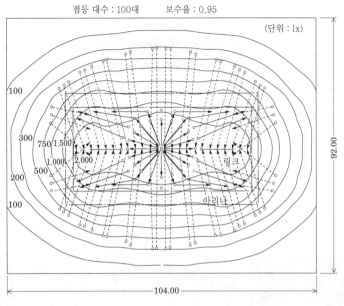

그림 2.40 링 조명 + 사이드 조명에 의한 조도분포도
- 링부에 2 kW 투광기를 40 대, 사이드 조명 60 대를 설치한 경우 -

에 조명기구를 분산배치하여 수평면 조도를 확보하는 것이 적절한 계획이라 할 수 있지만, TV 촬영을 고려하면 연직면조도 1,000 lx가 요구되며 사이드 라이팅이 필요하다.

(3) 실시 예 – '나가노(長野)시 마지마(眞島) 종합 스포츠 아리나 화이트 링크'의 경우
나가노 올림픽 대회의 피겨 스케이트, 쇼트 트랙 대회장으로 사용된 실외 링크이다(그림 2.38 참조). 현재는 링크를 분리하여 시민체육관으로 사용되고 있다. 조명기구는 링크 중앙상부에 설치된 링 모양 조명과 링크 사이드에 부착된 사이드 라이트로 구성된다. 이상적인 링크 전역에 배치되어 있지 않으므로 수평면조도는 링 모양 조명과 사이드 라이트 둘 다로 보충하고 연직면조도는 링크 중앙부분은 사이드 라이트, 링크 끝부분은 링 모양 조명이 주체가 되어 조도를 확보하고 있다.

이러한 조명기구가 작동하는지를 검증한 것이 그림 2.39~그림 2.42이다.
링크 내 평균조도 2,000 lx를 확보하기 위해 고연색형 메탈 할라이드 램프 2 kW×100 대 정도를 필요로 한다. 이들을 링 모양 조명에 집중시킨 경우와 링 모양 조명에 40 대, 사이드 라이트 60 대에 분산시킨 경우를 비교하고 수평면 조도분포, 연직면의 관점에 대해 검증하고 있다. 어느 안으로도 수평면 조도분포는 충분히 확보되지만, 연직면의 경우 사이드 라이트가 없으면 관점에 영향을 줄 정도로 조도에 차이가 발생하는 것을 분명히 알 수 있다. 또한 이 시설은 시민체육관으로서의 기능도 요구되고 있으므로 실내경기에 따른 조명계획도 이루어지고 있다. 실내경기는 수평면조도 1,500 lx 이상이므로 조도의 문제는 없고 시민이 이용할 경우의 적절한 조도설정, 점등 영역 설정 등이 이루어지고 있다. 동계 이외에도 실내경기장을 이

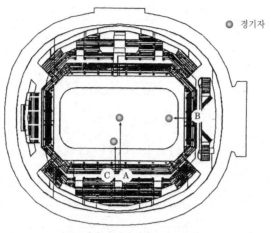

경기자

시점 및 시선 방향

시선 A에서의 관점
(경기자는 링크 중앙)

시선 B에서의 관점
(경기자는 링크 앞)

시선 C에서의 관점
(경기자는 링크 앞)

그림 2.41 링 조명인 경우의 인물의 조도분포

– 링크 중앙에 인물이 선 경우 안면조도는 300~400 lx가 된다. 그러나 링크 주변부 시선 B에서는 이것이 40~100 lx가 되며, 움직임이 있는 경기에서는 관객 및 TV 카메라에서의 관점에 문제가 생길 가능성이 높다. –

용할 경우에는 마찬가지 계획이 요구되는 것으로 생각할 수 있다.

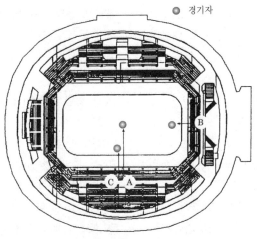

○ 경기자

시점 및 시선 방향

시선 A에서의 관점
(경기자는 링크 중앙)

시선 B에서의 관점
(경기자는 링크 앞)

시선 C에서의 관점
(경기자는 링크 앞)

그림 2.42 링 조명 + 사이드 조명의 경우 인물의 조도분포

2.9 격투기장

2.9.1 격투기장의 설비

격투기에는 유도·검도·레슬링·복싱 등 다양한 종목이 있지만 각지에 있는 소위 무도관 등의 설비의 경우 유도용으로 상설 다다미식 방을 설치한 시설은 많은 반면, 다른 격투기의 경우 상설되어 있는 장소는 별로 존재하지 않고 다목적에 사용할 수 있도록 일반적인 체육관처럼 목재 바닥 마감을 실시하는 경우가 많다.

또한 특별한 격투기장이 아니라 체육관으로

정비하여, 다른 격투기를 다목적 사용의 일부로서 마루 가설 또는 상설 건축 방식으로 대응하는 경우도 있다. 격투기장의 사례를 그림 2.43, 그림 2.44에 나타냈다.

2.9.2 격투기장의 조명계획

(1) 조명계획의 기준

조도의 기준으로는 스모, 유도, 검도로서의 JIS 기준이 있다(본편 표 1.1 참조).

보통의 공식 경기 등은 별도로 TV 중계를 전제로 한 것과 흥행을 위한 유료 직업경기에서는 조도설정 레벨이 크게 다르다. 이 경우에는 프로 야구, 축구 등과 마찬가지로 TV 카메라 등

그림 2.43 격투기장(스모) 사례
[사진제공 : 松下電工]

그림 2.44 격투기장(유도장) 사례
[사진제공 : 松下電工]

에서 요구되는 수천 lx의 조도 및 연직면조도의 규정 등을 준수해야 하므로 개최빈도 등을 고려하여 가설기구에서 대응하는 것도 검토한다.

(2) 조명의 설비계획, 설치위치

대부분의 경기에서 전체적으로 균일한 조도 확보가 가능한 위치에 기구를 배치한다. 일반적으로 지붕면에 균등하게 가능하면 동일 기구를 배치한다. 구체적인 기구 배치, 조도분포도를 그림 2.45에 나타냈다. 또한 특히 흥행에 치중된 스모나 복싱에서는 쇼적인 요소가 크기 때문에 관객석에서 더 보기 쉬운 조명계획이 필요하며, 스모에서는 씨름판 상부의 지붕 내에 조명기구를 설치하거나 복싱에서는 링의 로프 둘레의 천장에서 배턴(baton)을 승강장치 등으로 매달아 펄라이트라는 조명기구를 병설하기도 한다.

(3) 기구, 광원의 선정

격투기장의 규모에 따라 다르지만 대규모의 격투기장에서는 필연적으로 천장면도 높아지고 높은 조도로 계획하기 때문에 큰 광량의 고휘도 방전 램프(HID)가 주로 이용된다. 또한 전용

■ 수평면 조도분포도(단위 : lx)

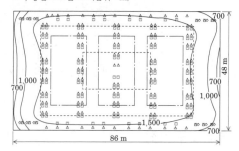

기구대수
• 멀티 할로겐 램프(메탈 할라이드 램프) 1000 W형 고천장용 조명기구　　　　　　　　128 대
• 고압 나트륨 램프 360 W형 고천장용 조명기구　18 대
• 미니 할로겐 전구 500 W형(500 W) 보안등　36 대

그림 2.45 격투기장 조명기구 배치, 조도분포도 예

유도장, 검도장 등 규모가 작은 경우에는 천장 높이가 비교적 낮고, 평소의 연습 등에서의 사용을 주로 생각할 수 있기 때문에 특히 검도장 사용이 전제된 격투기장에서는 죽도(竹刀)나 그 파편이 기구를 파손하지 않도록 기구 쪽에서 방호를 위한 처치를 해야 한다.

사용하는 기구는 경기면 상부의 천장면에 균일하게 배치할 수 있는 경우가 많으므로 배광사양 등은 가능하면 동일 기구를 선택한다. 사용 전압도 기구를 다수 설치할 경우 등에는 400 V 사양의 기구를 선정하면 다른 배전설비의 비용 절감을 꾀할 수 있다.

(4) 조명기구의 점검

일반적으로는 지붕면에 작업통로 등에 의해 점검 가능한 계획으로 하고 있는 경우가 많다. 높은 장소에 있는 작업통로의 형상은 준공 후의 전구 교환 등을 위해 충분한 작업 공간을 예상할 수 있는 것으로 한다.

(5) 비상 시의 보안조명

실내의 경우에는 법적인 규제에 준하여 할로겐 전구의 기구로 정전 시에 필요한 조도를 확보한다.

(6) 조명점등제어

대규모 격투기장에서는 공식경기, 일반경기, 레크리에이션 등을 경기 레벨마다 점등 패턴을 설정할 필요가 있기 때문에 조명제어반은 보통의 아나운서 타입이 아니라 기구배치를 잘 파악할 수 있는 그래픽 패널형으로 설치하는 쪽이 바람직하다.

방전등을 다용하고 있으므로 오동작에 의한 소등은 경기에 크게 영향을 주기 때문에 제어반에는 오작동 방지 기구를 설치한다.

[石川 昇]

참고문헌

1) JIS Z 9120 : 1995 屋外テニスコート及び屋外野球場の照明基準
2) JIS Z 9121 : 1997 屋外陸上競技場, 屋外サッカー場及びラグビー場の照明基準
3) 日本サッカー協会照度基準
4) 松下電工 Technical Photo Sheet, No. 618/2001
5) 松下電工 Technical Photo Sheet, No. 617/2001
6) スポーツ照明の設計マニュアル (改訂第一版), p.19, 日本体育施設協会スポーツ照明部会 (1998)
7) 日本水泳連盟照度基準
8) JIS Z 9124 : 1992 スキー場及びアイススケート場の照明基準
9) JIS Z 9123 : 1997 屋外, 屋内水泳プールの照明基準

8편
조명 시스템과
제어 시스템

제1장

조명설비의 위치 설정과 전기설비

1.1 전기설비의 범위와 관할 •••

전기설비란 전기자기(이하 '전자'라 함) 현상을 이용하여 에너지를 변환, 수송하는 기능을 가진 설비(전력설비) 및 정보처리, 정보통신하는 기능을 가진 설비(정보통신설비)를 모두 일컫는 말이다.

전기설비는 건축전기설비, 공장전기설비, 시설전기설비, 에너지 관련 전기설비 등이며 이 분야들 중에서 기술자 및 관련기업으로서 차지하는 비율은 건축전기설비가 60~70 %이다.

또한, 건축설비에는 공기조화환기설비, 급배수위생소화설비, 반송설비, 건축전기설비가 있으며 건물의 기능 시스템으로 시설되어 있다.

인간생활의 주환경 및 생활환경으로서의 건축설비의 역할은 공간환경·위생환경·보안환경·시각환경·교통환경 등에 대한 쾌적하고 적합한 환경시설을 제공하는 것이다.

또한 전기설비의 주요부를 차지하는 건축전기설비는 시설 분류로는 전력(전원 포함)설비·정보설비·방재설비·관리설비·수송설비 등의 관련설비이며 조명과 관련이 있는 항은 전력설비로서 부하(조명·콘센트·동력 등)의 시설, 공급시설·전원시설·제어설비 등으로 구성된다(그림 1.1 참조).

전기설비는 전술한 것처럼 전기 에너지를 빛, 파워, 정보장치로 변환하여 여러 환경시설로 사회에 기여하게 하는 시설이다(그림 1.2 참조).

1.2 조명설비의 위치 설정 •••

일본에서 전기 에너지에 의한 빛(전등) 발달에 대해서는 1878년(明治 11년)에 시작되어 아크등에 의한 전깃불이 켜지고 1883년(明治 16년)에 도쿄전등(현재의 電力會社) 설립이 인가되었다. 그 다음 해인 1884년(明治 17년)에 백열등으로 나가노(上野)역에서 임시점등이 이루어지고 1886년(明治 19년)에는 도쿄전등이 영업을 개시하여 전기사업으로 전등공급(1887년, 화력발전에 의함)이 시작되었다.

건축전기설비에서 전력부하의 주체인 조명설비는 시각환경 만들기이다. 조명의 목적은 전술한 것처럼 인간생활에 빛을 주는 역할이며 실외 또는 실내용으로 주간의 보조광으로 또는 야간의 인공광으로 각각의 목적에 따라 역할을 하고 있다. 전기 에너지 개발과 함께 더 효율적인 인공광의 개발이 이루어지고 여기에 인공광에 의

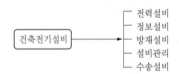

그림 1.1 건축전기설비의 구성

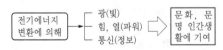

그림 1.2 전기설비의 역할

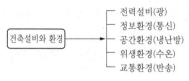

그림 1.3 설비와 환경

그림 1.4 조명설비의 계획 요점

한 환경 만들기가 이루어지게 되었다(그림 1.3 참조).

　다음에 가정의 생활 등에서의 조명 또는 커피숍, 휴게실 등 기분을 중요시하는 조명은 연출에 의한 명암 및 주의를 밝히는 조명, 기대하는 조명효과·점멸·조광 등에 의해 적당한 밝기로 하고 그 목적에 대해 충분히 효과를 발휘하도록 고려해야 한다.

　실내에서는 주간의 경우 창 등에 의해 자연채광이 있는 경우와 야간이나 창 없는 계단과 같이 자연채광이 전혀 없는 경우의 두 가지 조명으로 크게 나누어지며, 여기에 적합한 조명설비를 해야 한다. 이전에는 조명은 대부분이 야간, 창 없는 공간 등 자연채광이 없는 경우를 중점적으로 고려하고 시설되었지만, 최근에는 특히 채광이 있는 주간에 대한 조명 모습이 검토되어

조명의 시설, 제어를 중점적으로 고려하게 되었다(그림 1.4 참조).

1.3 조명의 시설과 제어　●●●

1.3.1 조명과 모듈 플래닝

　조명설비의 설치에 대해서는 시설방식, 방법 등 조명의 목적과 디자인에 의해 무수히 생각할 수 있다. 조명기구의 종류, 건축계획, 구조, 제약(보수) 등을 유의하여 시설한다.

　사무실 건물에 의한 기준조명방식으로 모듈계획이 있다. 모듈 계획의 천장면에서는 조명기구가 기준이 되며 화재감지기, 스프링클러, 스피커, 공기배출(흡입) 등이 설치되며 기준 스팬(모듈, 예 : 1,500, 1,800, 2,000 mm 등)에

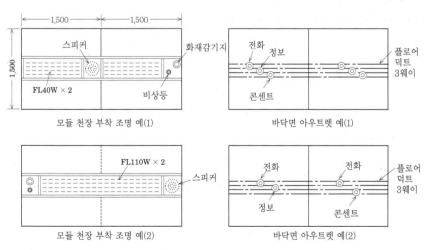

그림 1.5 모듈 플래닝

의해 시설되는 천장방식이다. 따라서 모듈 플래닝에 대해 설비는 그 목적상 지장이 없도록 시설해야 한다(그림 1.5 참조).

전기설비에서는 1~2 블록을 단위로 천장시설(바닥시설에는 콘센트, 전화 아우트렛, 정보 출구 등)을 계획해야 한다.

모듈 단위로 자유롭게 구분되는 전원도 단위 기능설비를 추적할 수 있어야 한다.

1.3.2 조명장치와 전원

전원과 관련해서는 일반적으로 각 기구에 대한 배선에 의해 전원을 공급하며 본체의 구조나 마감 상태에 따라 배관·케이블·특수배선 등이 된다.

특수 사무용 책상, 작업대, OA 전문 책상 등에 조립된 조명, 제어장치 등의 가구에 대해서는 전원 공급을 콘센트에 의해 하는 경우도 있다.

콘센트는 사용목적상 세 가지로 분류된다. 첫째, 이동용 기계기구를 위한 일반 콘센트, 둘째, 접속적 사용으로서의 콘센트(고정기구용), 그리고 특수대형기기 및 특정사용방식의 콘센트이다.

콘센트 계획과 가장 밀접한 관련을 가진 것이 바닥구조와 바닥배선방식이다. 물론 시설장소로는 천장·벽·바닥의 입체공간벽면의 모든 장소에 설치되지만 사용면 또한 시공적, 경제적으로도 바닥방식이 계획의 요체가 된다.

1.3.3 조명회로와 보호장치

전기설비와 조명(전등) 설비로서의 연관장치에는 보호장치로 회로차단기가 설치된 분전반이 있다.

분전반은 각 부하에 대한 공급망과 간선과의 접속 역할 및 부하회로의 보호를 담당하는 것이다. 즉, 자세한 분기배선이 모이는 장소이다.

전등부하 등에서는 안전을 위해 1회선의 부하용량이 결정되어 있고 그 회로가 2~30 회선 정도 모인 것이며 규모가 큰 건물에서는 50~60 회선인 경우도 있다.

분전반 내의 분기보호장치로 노 퓨즈 브레이커(MCB) 등이 있으며 각 과전류(過電流) 및 단락전류에 대한 차단을 담당하는 것이다. 그 밖에 분전반 내에는 일반전원, 발전기전원, 축전지전원 등 이종전원이 공급되는 경우도 있다.

또한 일괄점멸과 원방조작을 위한 마그넷 스위치(전자개폐기)와 자동점멸 릴레이 등을 내장한 것도 있다.

[中村守保]

배전 시스템

2.1 공급망의 방식과 전로

2.1.1 전기공급(배전의 종류)

(1) 전원과 공급안정도

조명설계에 공급되는 전원은 종별과 공급안정도가 중요하다.

전원은 크게 교류전원과 직류전원으로 나누어진다. 교류전원은 전기사업자로부터 공급 받는 것과 자가발전하는 것으로 나누어지며 직류전원은 기본적으로 전지로부터 공급된다.

① 교류전원과 공급안정도

ⓐ **전기사업자로부터 공급되는 전원** 전기사업자로부터 공급되는 전원은 계약종별로 주택은 종량전등, 일반 빌딩은 업무용 전력, 공장 등의 생산시설에서 대규모로 사용되는 것은 특별고압전력으로 계약하여 공급되는 경우가 많다.

전기사업자로부터 공급 받는 전기는 계약용량에 따라 전기사업자가 준비하고 있는 전압과 공급(수전) 방식으로 공급되는데, 일반적으로 그 공급안정도는 공급(수전) 전압이 높을수록 공급회선수가 많고 공급 루트가 많을수록 높게 되어 있다. 조명설비의 가동책무에 따라 수전방식의 선택에 의한 공급안정도로 충분한지 또는 다른 수단 예를 들면 자가발전설비에서 대체공급 등의 필요성을 검토한다.

ⓑ **자가발전설비로부터 공급 받는 전원** 자가발전설비를 설치하는 최대 이유는 전기사업자의 전기 공급이 정지되었을 때 시설 이용자가 그 일부 또는 전부의 가동 계속을 요구하는 경우와 시설의 방재상 또는 운영관리상 필요하게 되는 경우이다.

② **직류전원** 직류전원은 원칙적으로 전지를 전원으로 하는 것이며, 전지의 종류에 축전지(건전지 포함), 태양전지, 연료전지 등이 있는데 연료전지는 아직 실용화되지 않았다.

비상조명장치의 예비전원은 기본적으로 축전지이지만, 이것은 집중설치형과 분산설치형(조명기구 내장형)이 있다. 또한 피난유도등의 비상전원은 원칙적으로 분산설치형으로 되어 있다.

태양전지는 에너지절약 시책 대응형이며 조명 이외의 부하에도 공급되기 때문에 일반적으로는 교류로 역변환하는 인버터를 설치한다.

또한 순간 차단이 없는 교류전원이 요구되는 경우에는 무정전전원장치(UPS : Uninterruptible Power System)를 시설하고 이것에 의해 공급한다. 이 장치는 보통은 교류입력→직류→교류출력으로 운전되고 있지만 교류입력이 정지했을 때에는 직류회로에 접속되어 있는 축전지에서 전원을 공급하는 방식이다.

(2) 공급전기방식

전기를 전원에서 부하로 공급하는 방식은 전기공급 네트워크와 전원 및 부하설비에 대한 분

표 2.1 조명설비용 분기회로의 전기방식과 간선분기 방식

분기회로의 전기방식	간선의 전기방식	내역
1φ2w 100 V	1φ3w 200/100 V 3φ4w 173/100 V 3φ3w 100 V	• 일반 빌딩에서 전등 콘센트 회로의 간선으로 채택 • 400 V 계에서 100 V를 추출할 때 채택 • 예전에는 채택되었지만 최근에는 채택 예가 보이지 않음.
1φ2w 200 V	1φ2w 200 V 1φ3w 200/100 V 3φ3w 200 V	• 원칙적으로 채택되지 않음. • 이 방식이 일반적임. • 대지전압이 150 V를 초과함.
1φ2w 240 V(265 V)	3φ4w 415/240 V (3φ4w 440/254 V)	• 대규모 빌딩에서 채택 예가 많음. • 415/240 V는 50Hz, 440/254 V는 60Hz
DC 100 V	DC 100 V	• 비상용 조명장치로 축전지 집중설치형의 경우

배장치(조명의 경우 분전반)와의 관계에 착안하여 선정된다.

부하가 분산 설비된 시설의 전원은 부하가 요구하는 전기방식으로 적절한 범위를 선정하여 (조닝이라 함) 분전반을 설치하고 이것으로 집결하여 배전하는 방법을 채택한다. 이처럼 집결하여 배전하는 배선부분을 간선이라 하고 분전반에서 부하로 가는 배선 부분을 분기회로배선이라 한다. 거의 예외 없이 이 방식이 선택되는 이유는 공급계통구성이 알기 쉽고 경제적으로 우수하기 때문이다.

표 2.1은 분기회로의 전기방식과 그것에 대응하는 간선의 전기방식을 나타낸다.

2.1.2 분기회로(회로와 보호장치)

전기회로의 안전성에 관해서는 「전기설비의 기술기준을 정하는 법령」(통산성령 제52호, 이하 '전기기술기준'이라 함)에서 보안의 원칙으로 ① 감전, 화재의 방지, ② 이상(異常)의 예방 및 보호대책, ③ 전기적, 자기적 방해의 방지, ④ 공급지장의 방지가 규정되어 있다.

조명설비의 전원회로로서는 ① 감전, 화재의 방지가 직접적으로 관계가 있다. 특히 감전에 관한 규제는 중요하며 전기해석 제162조에 '실내전로의 대지전압 제한'으로 예시되어 있다.

(1) 분기회로의 종류

① 전기방식

ⓐ 단상 2 선 100 V 일본에서는 가장 널리 사용되고 있는 분기회로 방식이며 주택에서는 원칙적으로 이 분기회로가 사용된다. 간선의 전기방식에도 불구하고 대지전압은 150 V 이하이다.

ⓑ 단상 2선 200 V 많은 경우 간선은 단상 3선 200/100 V가 많으며, 이것은 중성점을 설치하기 위해 대지전압이 150 V 이하가 되어 사용제한이 없어지기 때문이다. 간선을 3상 3선 200 V로 한 경우는 대지전압이 150 V를 초과하여 사용제한을 받는다.

ⓒ 단상 2선 240V(254V) 이 방식의 경우 예외 없이 간선은 3상 4선 415/240 V (440/254 V)이며 대지전압은 150 V를 초과한다. 따라서 주택에서는 사용할 수 없지만, 기타 장소에서는 간선의 수송효율이 높고 특별고압수전(22 kV 또는 33 kV)의 경우 변압기의 계층이 적어지는 경우가 많다는 점도 있고 해서 대규모시설에서는 채

표 2.2 분기회로의 종류와 부하적용내용 일람

분기회로의 종류	콘센트	나사식 접속기 또는 소켓	분기선의 최소 굵기
정격전류가 15 A 이하인 과전류차단기로 보호되는 것	정격전류가 15 A 이하인 것	• 나사형 소켓이며 공칭직경이 39 mm 이하인 것 또는 나사형 이외의 소켓 또는 공칭직경이 39 mm 이하인 나사접속기	직경 1.6 mm (MI 케이블에서는 단면적 1 mm²)
정격전류가 15 A를 초과하고 20 A 이하인 배선용차단기로 보호되는 것	정격전류가 20 A 이하인 것		
정격전류가 15 A를 초과하고 20 A 이하인 과전류차단기(배선용차단기 제외)로 보호되는 것	정격전류가 20 A인 것 (20 A 미만의 접속플러그를 접속할 수 있는 것 제외)	• 할로겐전구용 소켓 또는 할로겐 전구용 이외의 백열전등용 또는 방전등용 소켓이며 공칭직경이 39 mm 또는 공칭직경이 39 mm의 나사식 접속기	직경 2.0 mm(1.6 mm) (MI 케이블에서는 단면적 1.5 mm²)
정격전류가 20 A를 초과하고 30 A 이하인 과전류차단기로 보호되는 것	정격전류가 20 A 이상 30 A 이하인 것(20 A 미만의 접속플러그를 접속할 수 있는 것 제외)		직경 2.6 mm(1.6 mm) (MI 케이블에서는 단면적 2.5 mm²)
정격전류가 30 A를 초과하고 40A 이하인 과전류차단기로 보호되는 것	정격전류가 30 A 이상 40 A 이하인 것		단면적 8 mm² (직경 2 mm) (MI 케이블에서는 단면적 6 mm²)
정격전류가 40 A를 초과하고 50 A 이하인 과전류차단기로 보호되는 것	정격전류가 40 A 이상 50 A이하인 것		단면적 14 mm² (직경 2 mm) (MI 케이블에서는 단면적 10 mm²)

[주] 분기선의 최대 굵기의 ( ) 안은 소켓 1 개 등에 대한 최종단말배선(단, 길이 3 m 이하)를 나타낸다.

택되는 경우가 많은 방식이다.

② 회로의 정격전류 분기회로의 정격전류별 종류는 15 A에서 50 A까지이다. 그 종류와 적용내용을 표 2.2에 나타냈다.

(2) 분기회로의 구성

분기회로는 분기배선을 보호하는 분기개폐기 및 과전류차단기를 분기점 근방에 설치하게 된다. 이것을 집결하여 수용한 배전반을 분전반이라 한다.

분전반에는 분기회로 보호에 필요한 개폐기, 과전류차단기 외에 분기회로 1차측 보호용 주개폐기, 과전류 차단기, 필요에 따라 누전차단기, 조명제어용 접촉기, 리모컨 릴레이, 계량용 변성기, 전력계기 등을 수용한다.

분전반의 구조는 보통 강판제로 견고하게 제작된 상자형이며 공용부 등 관계자 이외의 사람이 쉽게 취급할 수 있는 장소에 설치하는 경우는 자물쇠를 채워서 감전방지에 유의한다.

2.1.3 배선의 종류

배선의 종류란 전기해석 제175~187조에 예시되어 있는 저압옥내배선의 공사의 종류를 말한다.

(1) 배선설비

배선설비란 시설 중에 배선할 때 안전을 확보하면서 전기를 배선하기 위해 필요한 전기적·구조적·기계적·환경대처적인 조치를 포함한 배선설비를 말한다.

표2.3 배선설비의 종류와 특징 일람

공사명칭	공사 개요	특징
애자 공사	전선 : 절연전선, 전선 지지 : 애자, 이격거리 : 전선간 6 cm 이상, 대조영재(對造營材) 4.5cm 이상, 지지점간 거리 2 m 이하, 사람이 접촉할 위험이 없도록	최근에는 채택되는 경우가 좀처럼 없음.
합성수지선피 공사	전선 : 절연전선, 절연보호물 : 합성수지선피, 박스 등, 전선접속은 박스 등으로, 선피의 홈폭·깊이 : 3.5 cm 이하	노출공사의 공사방법 중 하나
합성수지관 공사	중량물의 압력 및 현저한 기계적 충격을 받지 않도록, 전선 : 절연전선으로 꼬임선(직경 3.2mm 이하는 단선 가능), 전선보호물 : 합성수지관이나 박스 등, 관의 지지점간 거리 : 1.5 m 이하(관끝, 접속부 가까이에서 지지), 전선접속은 박스 등으로, 가동성관(가동관, CD관) 상호 접속하지 않음.	금속관 공사의 비용 절감 방법으로 개발되었지만 물리적 강도와 전자적 차폐에 약점이 있음.
금속관 공사	전선 : 절연전선으로 꼬임선(직경 3.2mm 이하는 단선 가능), 전선보호물 : 금속관 및 박스 등, 전선접속은 박스 등으로, 관 끝부분에는 부싱 부착, 금속관 등에는 접지공사 : 300 V 이하는 D종 및 300 V 초과에는 C종	완벽한 공사방법이나 비용이 높음.
금속선피 공사	전선 : 절연전선, 전선보호물 : 금속선피 및 박스 등, 전선접속은 박스 등으로, 선피 등에는 D종 접지공사	선피가 금속 부분인 만큼 합성수지에 비해 기계적, 전자차폐적으로 우위
가동전선관 공사	전선 : 절연전선으로 꼬임선(직경 3.2 mm 이하는 단선 가능), 전선보호물 : 가동전선관(원칙 2종 금속제) 및 박스 등, 전선접속은 박스 등으로, 관의 끝부분에는 부싱 부착, 금속관 등에는 접지공사 : 300 V 이하는 D종 및 300V 초과에는 C종	후배선 본체 매설공사의 최저비용판이라 할 수 있음.
금속 덕트 공사	전선 : 절연전선, 전선보호물 : 금속덕트(철판 1.2 mm 두께 이상으로 견고하게 제작) 및 박스 등, 금속 덕트 내의 전선의 단면적의 총합은 덕트 내 단면적의 20 % 이하, 전선접속은 박스 등으로, 덕트 지점 간격 : 3 m 이하, 덕트 등에는 접지공사 : 300 V 이하는 D종 및 300V 초과에는 C종	배전반 및 분전반에서의 집중배선 부분에 사용되는 공사방법
버스 덕트 공사	전선 : 부스 바, 전선보호물 : 금속제 덕트, 지지점간 거리 : 3 m 이하(수직은 6 m 이하), 덕트에는 접지공사 : 300 V 이하는 D종 및 300 V 초과에는 C종. 버스덕트는 규격품을 사용	분기회로에 사용하는 경우는 없음.
플로어 덕트 공사	전선 : 절연전선으로 꼬임선(직경 3.2 mm 이하는 단선 가능), 전선보호물 : 금속제 플로어 덕트 및 박스 등, 전선접속은 박스 등으로, 플로어 덕트 등에는 접지공사 : D종	최근에는 OA 플로어에 그 지위를 뺏기는 경향이 있음.
셀룰러 덕트 공사	전선 : 절연전선으로 꼬임선(직경 3.2 mm 이하는 단선 가능), 전선보호물 : 금속제 셀룰러 덕트 및 부속품 등, 전선접속은 박스 등으로, 플로어 덕트 등에는 접지공사 : D종	바닥의 건축재료인 덱 플레이트를 이용한 배선용 덕트, 플로어 덕트의 주간 덕트부로 작용하므로 감소 경향
라이팅덕트 공사	전선 : 부스 바, 전선보호물 : 금속제 덕트, 지지점간 거리 : 2 m 이하, 덕트에는 접지공사 : 원칙 D종 라이팅 덕트는 규격품을 사용	버스덕트의 조명용 특정용도제품이 라이팅덕트
평형보호층 공사	전선 : 평형합성수지 절연전선, 전선보호물 : 평형보호층(상부, 상부접지, 하부보호층), 누전차단기의 설치, 대지전압 150 V 이하, 접속은 조인트 박스 등으로, 점검할 수 있는 은폐 장소에 한정	건축 상부마감은 타일 카펫이 원칙
케이블 공사	전선 : 케이블류, 중량물의 압력 및 현저한 기계적 충격을 받을 위험이 있는 경우에는 적당한 방호장치를, 지지점간 거리 : 2 m 이하(캡 타이어는 1m 이하), 방호장치의 금속에는 접지공사 : 300 V 이하에는 D종, 300 V 초과에는 C종	OA 플로어의 배선공사는 공사를 적용함.

(2) 배선의 종류와 특징

배선의 종류와 특징과 관련하여 전기해석 제175~187조에 예시되어 있는 것에 관하여 표2.3에 나타냈다.

2.1.4 접지

여기서 말하는 접지는 보안용 접지이며 인체의 감전, 기기의 손상 등을 방지할 목적으로 실시한다.

조명기구 및 그것에 대한 전기공급배선설비로 한정하면 저압이고 공급전압에 따라 D종(300 V 이하) 또는 C종(300 V 초과) 접지를 실시한다. 조명설비의 경우 대부분 D종 접지로 한다.

2.2 시설장소와 배선 ● ● ●

2.2.1 시설장소와 배선의 선정

여기서는 일반의 장소(다음 항에 나타내는 특수장소 이외)의 배선 종류의 선정기준에 대해 설명한다.

시설장소는 ①전개한 장소, ②점검할 수 있는 은폐 장소, ③점검할 수 없는 은폐 장소로 구분되며 ②에 대해서는 건조한 장소나 기타 장소로 구별된다. 또한 회로전압이 300V 이하와 300V 초과로 분류된다. 이러한 조건으로 하는 배선공사종류 선정에 관한 기준을 표 2.4에 나타냈다.

2.2.2 특수장소와 배선의 종류

폭발성 분진이나 가연성 가스 등 전기설비가 점화원이 될 우려가 있는 장소의 전기설비는 배선공사의 종류에 관한 제한뿐만 아니라 각 공사내용에 대해 안전에 관한 특별 연구를 해야 한다고 규정되어 있다.

전기해석에 위험물에 관한 규제가 예시되어 있으므로 참조할 것.

2.3 제어회로의 배선 ● ● ●

조명부하를 제어하기 위한 회로의 배선은 전기공급에 해당하는 배선과 같은 전기상의 법규제를 받는 배선과 그렇지 않은 배선으로 나누어진다.

전자의 배선은 전기해석 제237조에 완화규정이 마련되어 있다. 소위 소세력회로에 해당하지 않는 경우에 적용되며 전기공급회로의 기술상 기준에 따라 시설해야 한다.

후자는 해당조건에 정의된 소세력회로에 해당하는 경우, 이것에 기술상의 기준이 예시되어 있다. 이것은 소위 약전류전선의 범주에 포함되는데, 아래에서는 이것을 중심으로 설명한다.

2.3.1 제어회로방식과 배선

제어회로방식의 선정은 제어 시스템 선정의 결과이지만, 여기서는 배선방식에서 본 제어회로에 대해 개설한다. 제어신호 전송방식의 분류를 그림 2.1에 나타냈다. 아래에서는 유선배선방식에 대해 설명한다.

그림 2.1 제어신호 전송방식
(조명학회, 1978[2])

표 2.4 저압배선공사의 전압 및 장소 제한

공사방법 \ 시설장소 / 사용전압	전개한 장소 또는 점검할 수 있는 은폐장소		점검할 수 없는 은폐장소	
	300 V 이하	300 V 초과	300 V 이하	300 V 초과
애자 끌기 공사	◎	◎	×	×
합성수지선피 공사	●	×	×	×
합성수지관 공사	◎	◎	◎	◎
금속관 공사	◎	◎	◎	◎
금속선피 공사	●	×	×	×
가동 전선관 공사				
1종 금속제 가동 전선관	●	□	×	×
2종 금속제 가동 전선관	◎	◎	◎	◎
금속 덕트 공사	●	●	×	×
버스 덕트 공사	△	●	×	×
라이팅 덕트 공사	●	×	×	×
플로어 덕트 공사	–	–	●	×
셀룰러 덕트 공사	●	×	●	×
평형보호층 공사	●	×	×	×
케이블 공사				
케이블	◎	◎	◎	◎
비닐, 2종 캡타이어 케이블	●	×	×	×
3종, 4종 캡타이어 케이블	◎	◎	◎	◎

[주] ◎ : 모든 장소에 설치 가능. ● : 건조한 장소에 한하여 설치 가능. □ : 건조한 장소에서 전동기에 접속하는 부분으로 가동성을 필요로 하는 부분에 한함. × : 시설 불가능. △ : 전개한 장소의 건조한 장소 및 기타 장소, 점검할 수 있는 은폐장소의 건조한 장소에 설치 가능
[전기설비기술기준연구회, 2003[1]]

2.3.2 전선의 선정

(1) 개별배선방식

개별배선방식에는 회로전원을 수동 스위치 또는 자동조도 스위치로 점멸하는 방식, 소위 리모컨 시스템에 의해 해당회로를 개폐하는 방식, 전원을 집결하여 전자접촉기로 전개하는 방식 등이 있다.

앞의 두 가지는 특히 시스템이 아니므로 설명을 생략하고, 가장 많이 이용되고 있는 리모컨 방식의 개요와 소세력회로가 적용되는 전자접촉기 전개방식에 대해 설명한다.

① **리모컨 방식** 조명전원 공급회로를 전개하는 리모컨 릴레이부와 원격에서 신호를 발신 및 표시하는 리모컨 스위치부 및 전원(AC 24V)용 리모컨 변압기부로 구성된다.

2선식 리모컨의 동작회로를 그림 2.2에 나타냈다. 이 방식의 경우 스위치와 릴레이 사이의 배선 수는 회로 수(n)+1개면 된다.

② **전자접촉기 방식** 리모컨 방식이 매우 미세한 점멸회로 구성에 적합한 것에 비해 전자접촉기 방식은 조명을 집결하여 점멸하는 경우에 적합하다.

복수의 조명분기회로를 집결하여 점멸하는 것이 유효한 경우는 1차측에 전자접촉기를 설비하고 이것을 개폐하여 점멸한다. 이 경우 점멸조작 스위치 회로를 소위 소세력회로에 해당하는 방식으로 하면 전기해석 제237조에 예시된 기술기준에 따라 시설할 수 있다.

이 방식에 보통 사용되는 전선은 절연전선이라면 같은 조 3항의 규격, 통신 케이블의 경우

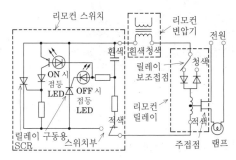

그림 2.2 2선식 리모컨의 동작회로 (조명학회,1978[2])

같은 조 4항의 규격에 적합한 것이면 된다.

(2) 전용선다중 방식

조명의 제어대상회로가 많아지는 경우 개별 배선 방식에서는 배선에 필요한 공간이나 비용이 많아져서 합리성을 상실하는 수가 있다. 최근에는 통신 네트워크로 LAN(Local Area Network)을 쉽게 이용할 수 있게 되어 이것을 이용하는 것이 해결책의 하나가 된다.

LAN에는 형상(토폴로지)에 따라 스타형, 버스형, 링형이 있는데, 그 특징을 설명하는 것은 이 항의 주제가 아니므로 아래에서는 사용하는 전선에 대해 설명한다.

LAN에 사용되는 전선은 금속선의 경우 비차폐 쌍선 UTP(Unshield Twisted Pair), 동축 케이블이 있으며 광섬유 케이블에는 멀티모드(MMF)형과 싱글모드(SMF)형이 있다.

금속선의 경우 UTP선은 전송신호의 감쇠는 작지만 전자유도 외란에 약하다는 특징이 있으며, 동축 케이블은 외란에 강하지만 신호감쇠가 크다는 특징이 있다.

광케이블의 경우 MMF형은 많은 경우 GI(경사굴절률)형으로 비교적 정보전송량이 적은 것에 사용된다. 성능은 SMF형이 우수하지만 비용이 높으므로 대용량 통신간선에는 SMF형이, 그 이외에는 MMF/GI형이 사용된다.

(3) 전력선반송 방식

전력선반송 방식은 전력의 운영 관리를 위해 필요한 정보를 전송하기 위해 매우 오래 전부터 채택되어 온 방식으로, 배전선에 고주파전류를 반송파로 중첩하는 방식이다.

이 방식의 특징은 제어용에 전용 배선을 필요로 하지 않는다는 것이다. 그러나 제어대상의 위치적 분산상태에 따라 다른 방식과의 경제적 비교검토를 충분히 해야 한다.

제어용 전선의 가설비용과 제어대상 전력선반송 액세스 비용에 착안하여 최적의 결론을 도출함으로써 이 방식의 채택 여부를 결정할 수 있다.

(4) 와이어리스 방식

무선을 이용한 방식으로, 제어대상마다 무선의 제어기능을 장착하고 송수신기에 의해 개별적으로 제어하는 방식과 제어용 LAN의 일부를 무선 LAN으로 하는 방식이 있다.

전자는 조명기구의 리모컨으로 보급되었으며 신호전송매체는 전파·적외선·초음파 등을 이용하는 방식이다.

후자는 제어용 LAN의 일부로 LAN용 단말전선이 필요하지 않는 것이 더 유리한 경우(예를 들면 제어단말이 이동하는 등) 등에 채택된 방식이다. 일반 정보통신계 LAN과 공용하는 경우 등에 채택 사례가 증가하는 경향이 있다.

[田中淸治]

참고문헌

1) 電氣設備技術基準硏究会 : 繪とき 電気設備技術基準・解釈早わかり, オーム社 (2003)
2) 照明学会編 : 照明ハンドブック, オーム社 (1978)

제3장

제어 시스템

3.1 조명설비와 제어 시스템 계획 ●●●

3.1.1 조명제어

건물로 대표되는 시설의 조명은 단순히 밝음만을 기대하는 것이 아니라 연출이나 분위기 조성을 목적으로 하는 경우가 있다. 그리고 그 목적을 더 효과적으로 달성하려면 조명의 밝기나 색 등을 변화시키는 것이 유효하다.

밝기를 위하여 시설되는 인공조명은 필요한 광량만 발광하면 되며, 필요한 광량은 그 부분의 사용방법에 따라 결정된다. 즉, 유효한 자연광의 유무, 필요한 밝기의 변화, 밝기를 필요로 하는 범위의 변화 등에 따라 인공조명에 요구되는 광량이 변화하며 이것에 대응하기 위한 제어, 주로 에너지 절약(운영비 절감)의 관점에서 중요하다.

다음으로 연출을 위한 제어는 연주 등 무대예술을 대본에 맞게 연출하기 위한 조명의 제어와 건물이나 건축물을 어떤 목적으로 특출하게 드러내기 위해 수행하는 조명제어가 있다.

시설에 따라서는 때와 경우에 따라 부분적으로 분위기를 바꿀 필요가 절실할 수가 있는데, 이 분위기 변화에 관해서는 인공조명을 제어하는 것이 매우 유효한 수단이다.

(1) 밝기의 제어

필요한 밝기는 장소와 때와 상황(TPO)에 따라 변화하는 경우가 많다. 변화 요인과 제어기법의 관계를 표 3.1에 나타냈다.

(2) 연출을 위한 조명 제어

연출을 위한 조명제어는 무대연극 등 엔터테인먼트나 회의 등에서 효과적인 프레젠테이션을 위한 목적 등으로 실시된다.

전자는 연기하는 내용을 효과적으로 연출하기 위해 밝기와 색채 및 부분한정조사 등의 제어를 한다. 또한 그와 동시에 관객측은 필요최소한도의 밝기로 조광한다.

표 3.1 밝기 변화와 주요 원인 및 제어 방식 일람

사용변화 요인	조명제어 방식				적용
	개별수동점멸	개별수동조광	인감 센서 자동 on-off	조도 센서 설정조도	
사용, 불사용	○		○		회의실, 응접실, 독방 등
전체, 부분 사용	○	○		○	사무실에서 주로 시간 외에 부분적으로 집무상태에 있는 경우 인감 센서에 의해 필요 부분만 점등
자연채광의 유무, 채광량	○	○		○	사무실 등 주간에 자연채광이 있는 경우 채광량에 따라 인공조명을 감광하는 조광제어
초기조도 보정				○	준공 시 등 램프 광속 과대 시에 초기조도를 소기 값으로 보정하는 조광 제어

후자는 회의 형식의 상업거래에 관한 프레젠테이션 등에서 프레젠테이션 대상을 잘 드러나도록 조명을 제어하고 그 이외의 부분을 필요조도로 조광하는 제어이다.

(3) 분위기를 위한 조명 제어

건축 등의 공간에 여러 가지 사용목적을 가지고 있는데 각각의 사용목적에 요구하는 분위기가 서로 다른 경우 조명을 제어함으로써 대응하는 것이 적절할 때가 있다. 대표적인 예는 사무실 등의 회의실과 주택의 거실이다.

사무실 등의 회의실은 회의·연수회·좌담회·친목회 등에 사용되는데 각각의 사용목적에 필요한 조도·광색 등이 서로 다른 경우가 많다.

주택의 거실은 분명 다목적공간이며 단란한 시간·회식·영상음악감상·소규모 파티 등 사용목적이 수시로 변화한다.

상기와 같은 공간에는 미리 상정되는 목적에 대응하는 조명기구·광원 및 제어장치를 설비하는 것이 효과적인 경우가 많다.

3.1.2 조명제어 시스템

조명설비는 각각의 목적을 가지고 시설되지만 각각의 조명기구에 부여된 사명은 한결같지 않다. 각각의 조명기구는 필요한 때에 필요한 광량, 적절한 광색으로 제공하는 것을 기대할 수 있다. 이 기대에 부응하는 시스템이 조명제어 시스템이다.

사무실에서 이 조명제어를 근무자 개인에게 맡기는 조명방식이 태스크 앤드 앰비언트 조명방식이다. 이 경우 태스크 조명의 제어는 개인에게 맡기고 앰비언트 라이트 조명의 제어는 전체 이용 상태에 맞게 제어하면 되므로 제어 시스템이 대단히 단순해진다.

(1) 요소기술

① **센서 기술** 조명을 제어할 때에는 목적의 확인, 제어방법의 결정, 그리고 소요되는 정보수집이 필요하다.

그 정보는 많은 경우 조도와 사람의 존재이며 이것을 검출하는 것이 센서의 역할이다.

ⓐ **조도 센서** 광센서의 일종이다. 원리적으로는 광기전력효과(광전지), 광도전효과(저항변화), 광전자방출효과(전자관) 등이 있는데 최근에는 광전지에 OP 앰프(연산증폭기)를 조합하는 방식의 제품이 많다.

조도센서는 많은 경우 제어대상에 신호를 송신하지만 이 신호가 단순한 온 오프 신호인 경우와 조도를 아날로그 값으로 송신하고 판단기능(컴퓨터)이 제어판단을 하는 경우가 있으며 그것에 따라 센서의 형식과 정밀도가 달라진다.

ⓑ **인감(人感) 센서** 사람의 존재를 감지하는 것으로 대표적인 인감 센서는 인체가 발하는 전자파를 집전형 적외선 센서로 검출하고 OP 앰프로 증폭한 신호를 출력한다.

② **점검기술**

ⓐ **수동 스위치** 텀블러 스위치, 리모컨 스위치, 무선 리모컨 등 임의로 수동 점멸하기 위한 스위치를 말한다.

ⓑ **자동 스위치** 사람의 존재, 시각, 사용상태 등에 따라 자동으로 점멸하기 위한 스위치를 말한다.

③ **조광기술**

ⓐ **단순전압변화에 의한 조광(백열등)** 백열등은 램프에 공급되는 전압을 변화시킴으로써 단순히 램프 광속을 변화시킬 수 있다(3편 2.2 참조).

ⓑ **주파수변화에 의한 조광(방전등)** 방전등(형광 램프)의 조광은 전자안정기에 의한

고주파 점등이 개발되어 단계별 조광 형태로 진행되어 왔는데, 그 후 전자회로 기술의 진보로 위상제어에 의한 연속조광을 수행하는 것이 일반화되었다(3편 2.7절 참조).

④ **색채변화기술** 크게 분류하면 두 종류가 있다. 하나는 같은 램프에 색 필터를 부착하는 방법이며, 다른 방법은 발광색이 다른 광원을 준비하는 것이다.

색채의 변화는 준비된 광원의 점멸·차광·조광으로 실행한다.

(2) 시스템 기술

① **점멸 시스템** 사용, 불사용에 따른 점멸과 기능 및 분위기를 변화시키기 위해 필요로 하는 조명기구를 점등하고 불필요한 것을 소등하기 위한 시스템이다.

사용, 불사용은 독방의 경우와 사무실에서 부분 사용되는 경우에 적용하고 수동 또는 인감 센서를 통해 자동으로 점멸한다(감광하는 경우도 있지만 그것은 조광의 범주에 들어감). 공용부에서 일부 사용이 허용되는 경우에는 그것을 위해 필요한 조명기구를 점등하고 다른 것은 소등한다.

다기능, 다목적의 장소에서는 미리 상정된 기능, 용도를 위한 조명기구를 점등하고 나머지는 소등한다. 이 경우 점멸하는 조명을 시스템에 기억시켜 신속하고 정확하게 조명효과를 올리도록 준비한다.

② **조광 시스템** 조광 시스템은 에너지 절약을 위해 필요한 소요조도를 설정값으로 인공조명의 광속을 조광에 의해 제어하는 경우 또는 무대 등에서 장면마다 최적의 조명을 제공하기 위해 필요한 광원을 조광하는 경우에 사용하는 시스템이다.

전자는 램프 사용개시 시의 과잉조도를 해소하기 위해 초기조도를 보정하는 제어를 하는 경우와 자연광이 실내조명에 기여할 때 해당부분의 조명을 조광하는 경우가 있다. 최근 사무실 조명에서는 두 가지 모두 채택되는 경우가 많다.

후자의 조광제어는 연예 등의 무대가 대표적인데, 최근에는 각 독립제어 대상 조명기구마다 조광 페이더(fader)를 장면(scene)마다 제어용 컴퓨터에 미리 기억시켜 컴퓨터로 제어하는 경우가 많아졌다.

③ **사무실의 조명 제어 시스템** 조명의 제어 시스템은 텀플러 스위치 하나에서 빌딩 관리시스템에 내장된 시스템까지 폭 넓게 존재한다. 여기서는 센서나 스위치 등 단말기에서 정보 네트워크 및 제어장치를 포함하여 통합화된 시스템에 대해 예시를 통해 설명한다.

사무실의 조명제어는 자연광을 활용했을 때의 주간 조광제어, 근무자 없는 부분의 감광 또는 소등제어, 초기보정제어이다.

조광제어는 해당 조명기구를 그룹화하고 이것에 조도 센서와 컨트롤러를 설치하여 이것이 조광 최소 유닛이 된다. 유닛의 조광제어는 동일 유닛 내에 설치된 조도 센서의 평균값으로 제어한다(1개라도 좋음).

반대로 복수의 유닛에서 같은 내용의 조광제어를 하는 경우에는 해당 유닛을 그룹화하는 설정을 컨트롤러에 지시하면 해당 컨트롤러 관리 하의 조도 센서의 평균값으로 조광제어할 수 있다.

인감 센서에 의한 조광 내지 소등제어도 조광제어와 마찬가지로 최소 유닛을 구성한다. 조광제어와 다른 점은 동일 그룹화한 경우에 각 유닛 내의 인감 센서의 AND 정보로 감광 또는 소등 제어하고 OR 정보로 통상 점등으로 돌아가는 제어를 한다는 것이다.

초기조도보정제어는 경과시간을 파라미터로 제어한다. 따라서 램프가 일제히 교환되었을 때 제어를 개시하고 조도계산 근거로 한 램프 광속으로 감광될 때까지의 시간에 제어를 종료하는 경우가 많다.

그림 3.1에 구체적인 사무실에 시설된 조명제어의 개념을 나타냈다. 그 특징은 아래와 같다.

ⓐ 약 770 m²의 기준층 사무실에서 위쪽으로 북향이다(주간 자연광을 기대할 수 있음).

ⓑ 기준조도는 500 lx, 입주자가 희망할 경우 700 lx 가능

ⓒ 고효율 고주파 점등기구(Hf 50 W-1등연속조광형)

ⓓ 제어 유닛은 형광등기구 2 등, 1 컨트롤러 1, 조도 및 인감 센서 모두 1로 하고 2 유닛으로 1 개의 모듈 구성(4.05 m×4.05 m).

ⓔ 주광이용은 조도 센서와 인감 센서(재실감지)를 통해 모듈 단위로 연속조광제어를 한다.

ⓕ 야간은 인감 센서에 의해 모듈 단위로 점멸제어한다. 이 경우 공용부 통로 및 방에

서 입구 부근도 인감 센서의 재실감지를 종합적으로 판단하여 점멸한다.

ⓖ 모듈의 그룹 설정 등은 조명제어설정 컨트롤러로 수행하고 그 설정가능 항목은 영역 기억, 동작 모드, 소등 시 점등 유지시간, 조광 상한, 조광 하한 등이다.

3.1.3 조명 시스템 계획상의 유의점

건축물이나 구조물을 건설할 때에는 우선 기본계획을 한다. 이 기본계획에서 기본 설계, 그리고 실시설계라는 순서를 거쳐 계획, 설계 작업이 진행되는데 이때 시환경에 관한 계획, 설계작업도 동시에 진행한다.

시환경은 시설의 목적에 적합하게 계획한다. 때로는 작업용 밝기이고 또 때로는 시설 자체의 연출이며 다목적으로 이용되는 경우에는 목적별로 대응할 필요가 있다.

시환경은 단지 조명기구를 설비하면 되는 것이 아니라 이것을 정확하고 효과적으로 제어할 필요가 있다. 이것이 조명 시스템에서 제어 시스템이 차지하는 위치이며 역할이다. 아래에 조명 시스템 계획 시의 제어 시스템 계획상 유의

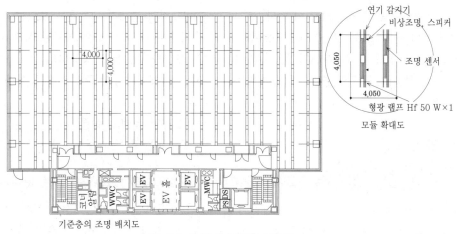

그림 3.1 A 빌딩 기준층 평면도
[제공 : 竹中工務店]

사항을 열거한다.

(1) **에너지 절약 시책의 기본방침** : 에너지 절약 기법으로 제어 시스템이 유효한지 여부 등

(2) **다목직 공간에 대한 대응책의 기본방침** : 목적마다 서로 달라진 시환경이 필요한지 여부 등

(3) **외관연출의 기본방침** : 외관의 연출에 계절감 등의 변화대응을 요구하는지 여부 등

(4) **장면변화에 대응하는 연출 기법** : 무대조명, 이벤트 조명 등

(5) **제어 시스템 선정** : 센서, 조광 도구, 컨트롤러, 통합 시스템 등

(6) **신기술, 신 시스템의 연구 및 도입** : 제어 시스템에서는 향후 많은 신기술, 새 시스템이 개발되어 제공되지만 이것을 연구, 취사선택하고 최적의 시스템을 도입할 수 있어야 한다.

3.2 조명제어 레벨과 방식 ● ● ●

조명제어는 어떤 목적으로 계획되어 실시되는데, 그 방식에는 많은 선택의 길이 있다.

방식 선정의 판단기준은 요구기능, 성능에 대해 어느 정도의 상황변화에 대응기법을 부가하는가 하는 것과 어느 정도의 편리성을 부여하는가 하는 것이다.

3.2.1 제어 레벨

(1) 제어 레벨의 판정 기준

① **기능, 성능의 유연성** 제어 레벨을 결정하는 요소는 계획, 계획 시에 요건으로 확인할 수 없는 기능 및 성능을 어떻게 할 것인지, 그 중 어느 기능과 성능이 필요한지를 생각하고 도입

내지는 도입 준비를 해 둘 것인가 하는 것이다.

아래에 기능 및 성능에 관한 항목 예를 나타냈다.

ⓐ 사무실
• 주광이용에 의한 감광(조광기능 및 연속조광, 유닛의 최소단위 등)
• 인감 센서에 의한 부분 점멸(유닛의 최소단위, 점멸할 것인지 아니면 조광할 것인지 등)
• 초기조도 보정 감광(유닛의 최소단위, 램프 점등 시간에 의한 보정 등)

ⓑ 공용부(화장실, 온수공급실, 다용도실, 우편실 등)
인감 센서에 의한 점멸 및 감광(해당 층의 사용상태에 따라 연동 등)

ⓒ 통로, 홀(입구, 엘리베이터 등)
• 사용상태에 따른 감광(점멸감광, 조광감광 등)
• 사용상태와 무관한 상야등(常夜燈)의 여부

② **편리성** 점멸 및 조광 등의 자동화나 레이아웃 변경 및 용도 변경에 대한 대응 유연성 등이 편리성이다.

대표적인 구체적 대책은 조도 센서에 의한 조광이나 인감 센서에 의한 감광 등의 채택 여부와 상설하지 않는 조명장치의 임시사용에 대한 전원 및 제어기능의 준비 여부 등이다.

(2) 제어 레벨의 설정

제어 레벨의 큰 과제는 자동화와 장래대응 유연성의 부여이며 이것을 설정하는 것이 계획 및 설계 행위이다.

① **자동화** 조명제어에서는 센서에 의한 자동화는 유효하게 작동하는 경우가 많지만 수동으로 전환하는 기능을 준비해 둘지 여부가 큰 과

제이다. 예를 들어, 공용통로 등에서 특정 조명 기구를 임시로 상시 점등하는 경우 등은 회로만 수동 전환하면 좋다.

② **대응유연성** 사무실 사용 방법은 시간에 따라 변화하는 것이 보통이다. 사용방법에 대응하기 위해 준비하는 것이 유효한 사항이다.

제어 측면에서 이러한 사항에 해당하는 것을 아래에 나타냈다.

ⓐ 조광 유닛을 가능하면 작은 단위로 설정한다.

ⓑ 연속조광 안정기를 선정한다.

ⓒ 공용부의 통로나 방과 사무실의 연동제어는 설정을 변경할 수 있도록 한다.

3.2.2 제어방식

(1) 자동화

노력 절감 및 에너지 절약의 시대에는 조명제어라 해도 기본적으로는 자동화가 추진된다. 제어방식으로서 대표적인 자동화 예를 아래에 나타냈다.

① 조도 센서에 의한 설정조도에 대한 자동조광제어

② 인감 센서를 이용한 조명의 조광에 의한 설정광량에 대한 감광 및 점멸제어

③ 램프를 갱신한 때부터의 시간에 의한 초기 보정 감광제어

④ 공용부의 인감 센서 및 시각에 의한 통로 등의 조명의 감광 및 점멸 제어

⑤ 조도 센서에 의한 점멸 제어(주로 실외등)

⑥ 연출조명의 연출 패턴에 따른 자동장면 조명제어(많은 것은 컴퓨터 기억)

⑦ 타임 스케줄과 조도에 의한 건축물 및 구축물의 외관조명 제어

(2) 시스템 구성

건축물이나 공작물의 사용방법은 언제나 한결같은 것이 아니며 해당 시설의 조명설비는 사용방법에 따라 제어되도록 계획하고 설계해야 한다.

이 제어를 위해 유효한 대표적인 시스템 구성 예를 아래에 나타낸다.

① 센서, 컨트롤러, 정보 전송장치를 결합한 조광, 점멸제어 시스템 유닛(설정변경을 위한 리모컨이 필요함)

② 조광, 점멸 유닛을 통합제어하는 제어설비(많은 경우 컴퓨터가 사용됨)

③ 빌딩 전체의 시환경을 종합적으로 판단하는 통괄관리설비(다른 설비와의 연동제어 등을 포함하여 많은 경우 빌딩 관리 컴퓨터에 그 기능을 부여함)

④ 연출조명을 위한 조광제어장치(최근에는 대부분 컴퓨터 제어 방식)
- 장면마다의 무대조명은 구체적 내용(각 회로마다의 페이드인 페이드아웃)이나 순서를 포함하여 컴퓨터에 기억시킨다.
- 장면 전환의 타이밍은 실시간으로 스케줄화할 수는 있지만 자동화는 할 수 없고 전환은 누군가의 지시로 수행한다.

3.3 연동과 제어 시스템의 사고방식

연동이란 다른 설비 등과 조명설비를 연동하여 제어하는 것을 말한다.

사무실을 예로 들면 시간 외의 공조와 조명의 연동제어를 생각할 수 있다. 즉, 인감 센서로 필요장소에 필요한 조도를 확보해야 하는 조명제어를 함과 동시에 공조설비를 운전하면 된다

고 할 수 있지만, 일반적으로는 조명제어유닛 정도에는 공조설비가 분산배치되어 있지 않으므로 간단하지 않으며 향후 과제라고 생각할 수 있다.

언동제어가 실제로 수행되고 있는 것은 연출의 세계이다. 연극의 무대를 예로 들면 각 장면과 흐름에서의 연출효과를 높이기 위해 연기자(배우 등)의 연기와 소리의 표현 방법, 무대를 보는 방법, 효과음 및 BGM 등을 동조시키도록 제어해야 한다.

연극은 연출자를 중심으로 무대기구, 조명, 음향 담당 등 각각의 전문가가 독자적인 노하우로 처리해 오고 있다. 무대조명의 세계도 예전에는 페이더(fader)를 수동으로 조작하는 장인의 능력으로 이루어져 왔지만 최근에는 컴퓨터 제어로 바뀌고 있다. 다른 것도 같은 경향이므로 동기를 잡는 제어방식을 채택하는 추세이다.

연극의 세계에서는 방재설비로서의 유도등에 감광형 유도등을 사용하고 상연 중에는 감광점등하는 것이 인식되어 있는데, 비상 시에는 화재신호에 의해 즉시 통상점등할 필요가 있다. 이것은 화재감지기에 의해 유도등을 운동점등하는 제어라고 할 수 있다.

[田中淸治]

참고문헌

1) 電氣設備技術基準硏究会 : 繪とき電氣設備技術基準・解釈早わかり, オーム社 (2003)
2) 照明学会編 : 照明ハンドブック, オーム社 (1978)

제4장

에너지 절약과 조명설비

4.1 지구 환경문제와 에너지 절약법

 지구환경문제란 그 영향이 한 국가 내에 머무르는 것이 아니라 국경을 넘어 지구 규모로 확산되고 생물의 존속에까지 끼치는 것을 가리킨다. 대표적 예는 지구온난화(기후변동), 산성비, 오존층 파괴, 해양오염, 삼림파괴 등으로 표출되고 있다. 그 중에서 지구온난화 문제는 건설관계 기술자에게도 가장 중요한 문제의 하나이므로 대략적인 내용을 이해해 두는 것이 중요하다.

 지구온난화는 이산화탄소(CO_2), 메탄, 대체 프론 등 '온실효과 가스'의 대기 중 농도가 상승하면 우주에 장파장 영역의 전자파(적외선, 열선 등)가 대기방사의 방해를 받고 그 결과 대기온도가 상승한다고 여겨지고 있는 문제이다. 실제로 일본의 전체 온도효과 가스 방출량 중 CO_2의 배출비율은 95% 이상으로 상승하여 지구온난화의 주 원인인 CO_2 배출량을 줄이는 것이 현대의 과제로 되어 있다. 이와 같은 전 지구적 배경을 바탕으로 1997년에는 교토에서 기후변화 협약 제3차 당사국 총회(COP 3)가 개최되었으며, 일본은 CO_2 배출량을 1990년에 비해 2008~2012년까지 연평균 6% 감축한다는 것을 국제적으로 공약했다.

 건물의 건설에서 폐기에 이르기까지 누적된 값을 라이프 사이클 CO_2(LCCO2)라 한다. 그림 4.1에 표준 모델 사무실 빌딩에 대해 라이프 사이클을 30년으로 보았을 때의 LCCO2 발생량을 계산한 예를 나타냈다. 그림에서 알 수 있듯이 LCCO2 운용단계의 에너지 소비 비율은 약 70 % 가까이로 크다. 따라서 LCCO2를 줄이려면 에너지 절약에 노력해야 한다는 것을 쉽게 이해할 수 있다.

 또한 건물의 수명을 늘리면 재건축, 해체폐기가 감소하여 LCCO2의 삭감에 연결될 가능성이 있다. 예를 들어, 라이프사이클이 40년인 건축물과 100년인 건물에서는 LCCO2를 약 30% 줄일 수 있다는 시산이 있다. 그래서 에너지 절약에 의한 CO_2 감소를 생각할 때의 지표로서 에너지 종류별 CO_2 배출량의 원단위를 표 4.1

	LCCO2 [kg-CO2/(년·m²)]	비율 [%]
설계감리	0.405	0.3
신축공사	9.500	7.4
재건축공사	19.002	14.8
수선	7.337	5.7
개수공사	5.233	4.1
유지관리	3.930	3.1
운용 에너지	82.500	64.1
폐기처분	0.793	0.6
합계	128.700	100.0

①에너지 ②재건축공사 ③신축공사 ④수선
⑤개수공사 ⑥유지관리 ⑦폐기처분 ⑧설계감리

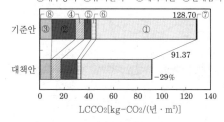

그림 4.1 모델 사무실 빌딩에 대한 LCCO2 시산 예
[일본건축학회, 2003[1]]

에 나타냈다. 이와 같이 CO_2 배출량 감소는 곧 에너지 소비량의 감소에 의해 달성된다고 생각할 수 있다.

이와 같은 전 지구적 환경의 배경을 바탕으로 일본에서도 에너지 절약에 대한 법규제도 강화되어 「에너지 사용 합리화에 관한 법률」이 다시 개정되어 오늘에 이르고 있다. 「에너지 사용의 합리화에 관한 법률」은 보통 '에너지 절약법'이라고 부르며 에너지 자원의 유효한 확보를 위해 공장·건축물 및 기계설비 등에 대해 에너지 사용의 합리화를 요구하는 것이다. 이 법의 제3조에 기본방침을, 제13조에 건축주의 에너지 절약 노력을, 제14조에는 건축주의 판단 기준을 행정부서가 정하여 공표해야 한다는 것을 강조하고 있는 점이 중요한 특징이라 할 수 있다. 건축물에 관한 구체적 규제 대상이 되는 것은 아래와 같은 점이다.

(1) 건축물의 외벽·창 등을 통한 열손실 방지

(2) 공기조화설비에서 들어가는 에너지의 효율적 이용

(3) 공기조화설비 이외의 기계환기설비에 들어가는 에너지의 효율적 이용

(4) 조명설비에 들어가는 에너지의 효율적 이용

(5) 급탕설비에 들어가는 에너지의 효율적 이용

(6) 승강기에 들어가는 에너지의 효율적 이용

이와 같이 건물의 에너지 절감에 대해서는 단열 등의 건축적 배려 외에 건축설비에 대한 배려가 많이 요구되고 있다.

4.2 건물에 대한 조명설비의 에너지 절약

4.2.1 건물의 에너지 소비

건물은 용도나 사용방법에 의해 따라 에너지 소비량이 달라지기 때문에 해당 건물에 적합한 에너지 절약 대책을 세울 필요가 있다. 따라서 건물에 관한 에너지 소비량 감소를 검토하려면 우선 해당 건물의 에너지 소비의 특징에 대해 실태를 파악해 두는 것이 대단히 중요하다. 우선 건물용도별 1차 에너지 소비량을 조사한 예를 그림 4.2에 나타냈다.

건물의 라이프 사이클 비용 또는 소비되는 라이프 사이클 에너지는 90 % 이상이 계획단계에서 결정된다고 한다. 그러나 사실 건축설비에 관해서는 장치용량 또는 시스템 전체의 용량이나 성능에 일정한 안정률을 예상한 계획설계가 이루어지는 것이 보통이다. 또한 설비기기나 시스템이 가장 높은 효율로 운전되지 않을 가능성도 많으므로 설비기기의 조정이나 운전방법 및 운전 스케줄의 개선에 따라 몇 % 이상의 에너지 소비량을 줄일 수 있다. 물론 에너지 절약 시스템을 도입함으로써 현재의 에너지 소비량

표 4.1 에너지별 CO_2 배출량

에너지 종별	CO_2 배출량
전력	0.357 kg-CO_2/kWh
천연가스	215 kg-CO_2/l
중유	227 kg-CO_2/Nm^3
등유	251 kg-CO_2/Nm^3

[일본건축학회, 2003[1]]

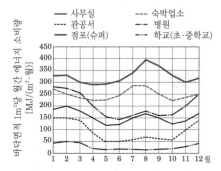

그림 4.2 건물용도에 따른 월별 에너지 소비량
[須藤 외, 1999[3]]

을 더욱 절약하는 것도 가능한 경우가 많다. 설비투자를 동반하는 시스템을 도입하기 위해서는 에너지 소비량의 실태를 정확하게 파악하고 적절한 대책을 강구하기 위한 에너지 진단을 수행하는 것이 중요하다. 에너지 절약 진단은 일반적으로 간이진단과 상세진단의 2단계로 이루어지는 예가 많다. 간이진단에서는 에너지 절약의 가능성이나 효과를 대략적으로 파악하고 주요 에너지 절약 대책의 항목을 추출하는 것이 목적이다. 상세진단 단계는 에너지 절약 대책을 구체적으로 입안하기 위해 운전기록이나 계측기기에 의한 실측이 이루어진다.

4.2.2 조명의 에너지 절약 판단 기준

1993년 3월의 에너지절약법 일부 개정으로 에너지의 효율적 이용을 평가하는 기준이 정해졌다. 이것을 CEC/L이라고 표기하면 다음 식으로 정의할 수 있다.

$$\frac{CEC}{L} = \frac{조명소비 에너지량}{가상조명소비 에너지량}$$

조명소비 에너지량을 해당 건물에 대해 규정된 표준적인 연간 소비 에너지량 '가상조명소비 에너지량'으로 나눈 '조명 에너지 소비계수'를 CEC/L이라 하며 그 값이 표 4.2와 같은

표 4.2 에너지절약법에서의 판단기준(CEC/L)

사무실	판매업을 포함한 점포	병원 등	학교	호텔,여관
1.0	1.2	1.0	1.0	1.2

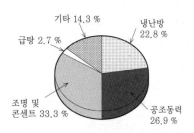

그림 4.3 설비의 종류별 에너지 소비량
[전기설비학회, 2002[2]]

정수값(=판단기준값) 이하가 되도록 설계해야 한다.

그림 4.3은 일반적인 사무실 빌딩의 에너지 소비 비율을 설비의 용도별로 나타낸 것이다. 이 그림에 의하면 공조설비 및 조명이나 콘센트 설비의 소비량이 전체 소비의 3/4 이상을 차지하고 있으며, 공조열원이나 반송동력과 아울러 조명과 콘센트의 에너지 절약 대책이 중요하다는 것을 알 수 있다. 또한 조명설비의 에너지 소비량은 빌딩 전체 에너지 소비량의 15~25 %를 차지하고 있다는 조명학회의 조사결과도 발표되어 있다. 조명설비가 소비하는 에너지는 계

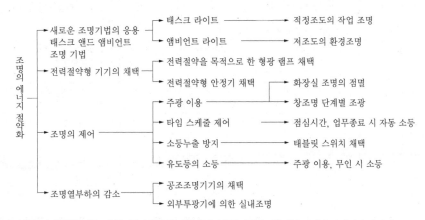

그림 4.4 에너지 절약률이 매우 큰 건물의 에너지 절약 조명 체계도 [건축설비기술자협회, 1997[4]]

절에 따라 변동하는 냉난방 등의 에너지 소비와 달리 연간을 통틀어 정상적으로 소비되기 때문에, 그 에너지 절약을 도모하는 것은 건물 전체의 에너지 절약을 추진하기 위해서도 효과가 대단히 크다. 그림 4.4에 조명학회가 발표한 조명의 에너지 절약 방법의 개요를 나타냈다.

조명설비에 들어가는 에너지를 효율적으로 이용할 수 있도록 총괄적으로 아래와 같은 점에 대해 유의한 계획이나 설계가 중요하다.

(1) 조명효율이 높은 조명기구의 채택
(2) 적절한 조명제어방법의 채택
(3) 보수관리를 고려한 설치방법의 채택
(4) 조명설비의 배치, 조도 설정, 방 등의 모양
(5) 내장 마감 등의 적절한 선정

4.3 조명설비의 주요 에너지 절약 제어법

4.3.1 운용상의 에너지 절약

일반적으로 설비기기의 에너지 절약 방법은

에너지 절약을 목적으로 개발된 기기나 시스템을 채택하는 방법이지만, 도입 전에 중요한 것으로 관리나 제어에 의한 운용상의 에너지 절약 대책을 들 수 있다. 이를테면 부지런히 스위치를 끈다는 방법이다. 이와 같은 타임 스케줄을 포함한 각종 에너지 절약 방법과 그 효과에 대한 일람표를 표 4.3에 나타냈다.

모든 전기설비기기에 공통의 에너지절약 대책으로 운전의 재평가에 의해 불필요할 때 운전을 정지하는 것이 가능하면 이것이 가장 효과적인 대책이 된다. 이것은 어떤 조명 시스템에 대해서도 가장 쉽게 실현할 수 있는 대책이며 대표적인 실시예로 점심시간이나 일과 후 일제히 소등한 후 필요한 곳만 사용자가 점등한다는 운용방법으로 수행한다. 조명 스위치가 리모컨식으로 되어 있는 경우에는 중앙감시장치와 연동시켜 스케줄 관리에 의해 자동화할 수 있다(그림 4.5 참조). 또한 그렇지 않은 경우에도 소등 담당자를 정하여 소등을 실행한다는 방법으로도 실시할 수 있다. 또한 학교 등과 같이 장시간 조명을 사용하지 않는 건물에서는 그 계통의

표 4.3 에너지 절약 방법과 그 효과

기능	개요	적용 장소	전력절약률(%)
타임 스케줄 제어	시간적으로 몇 가지 패턴으로 운용되는 조명공간에서 제어가 이루어진다. 불필요한 조명을 적게 하여 전력을 절약한다. 일일 스케줄과 연간 스케줄이 있다.	사무실 거실부 및 공용부	15~20
주광 센서에 의한 주광 이용 창 제어	주광이 입사하는 창조명에 대해 입사주광 레벨을 검사하고 조명을 제어한다. 소등 제어, 단조광 제어, 다단계 조광 제어가 있다. 주광을 이용하여 조도 밸런스를 유지한다.	사무실 거실부, 점포 매장, 체육관	20~25
운용에 따른 패턴 제어	운용 상태, 상황에 따라 조명의 점등 패턴을 결정하여 선택 제어한다. 경기장, 체육관 투기장 및 점포 매장에 적합하다.	체육관 투기장, 점포 매장, 경기장	40~50
조명의 조작성 향상	거주자가 항상 있는 조명공간에서 거주자와 조명제어 시스템으로 전력을 절약할 수 있다. 사용하기 쉬운 벽 스위치와 적절한 배치 등	사무실 거실부	10
초기 조도조정	초기의 조명설비나 청소 후 너무 밝은 조도를 조광하여 전력을 절약한다.	사무실 거실부, 공장, 작업장	30×1 년
적정 조도유지 제어	사무실의 조명 영역이 사용하는 방법으로 각 영역을 적정한 조도로 조광한다. 조명전력의 유효한 활용	사무실 거실부	약 8

[조명학회, 1997[5]]

고압변압기 자체를 운전정지하여 무부하손실을 줄이는 등의 방법을 연구한다.

4.3.2 고효율 조명기구 등의 채택에 의한 에너지 절약

사무실 조명에는 형광 램프를 사용하는 것이 일반적이지만 최근에는 고효율 형광 램프가 점차 보급되어 많이 채택되고 있다. 단순히 형광 램프를 대체할 뿐이므로 기존 건축물에도 적용할 수 있고 에너지 절약 효과도 크다. 또한 형광 램프의 직접적 전력소비량을 줄일 뿐만 아니라 조명발열이 감소하여 냉방열원이나 반송동력부하 등의 감소라는 2차적 효과를 기대할 수 있다.

고효율 조명은 고주파전용 램프와 Hf 형광등

용 안정기를 조합하여 이전 유형의 기구보다 소비전력이 약 15 % 정도 증가하지만, 1.5배 정도의 조도를 얻을 수 있기 때문에 결국 같은 조도를 확보하기 위한 조명기구 및 등 수를 줄일 수 있어 대폭적인 에너지 절약 효과를 기대할 수 있다.

또한 인버터의 위상제어에 의해 조광이 가능하기 때문에 조도 센서를 사용하여 초기조도를 조정하거나 자연광 이용 시의 조광 및 에너지 절약을 도모할 수 있다(그림 4.6 참조).

주택·호텔·점포·음식점·회의장소 등에서 조광을 하는 경우에는 회로구성에 의해 블록마다 점멸하는 방법과 연속제어하는 방법의 두 방식이 있다. 0~100 %의 조광을 하려면 조광용 안정기를 이용한 기구(연속조광용, 단조광용)를

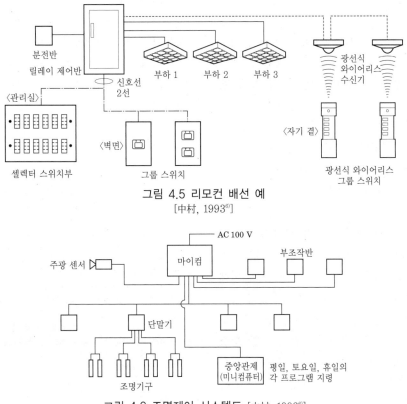

그림 4.5 리모컨 배선 예
[中村, 1993[6]]

그림 4.6 조명제어 시스템도 [中村, 1993[6]]

601

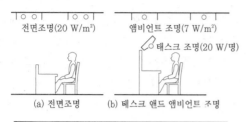

	전면조명	태스크 앤드 앰비언트 조명
전력소비량	20 W/m²	9 W/m²

[주] 재실자 : 10 m²/명

그림 4.7 태스크 앤드 앰비언트 조명과
전면조명의 비교
[岡, 2000[7]]

이용한다. 배선은 3선식이며 색을 구분하여 배선하는 등의 주의가 필요하다.

극장, 컨벤션 홀 등의 조광기는 용량이 크고 사이리스터, 트랜지스터 등의 반도체를 사용하기 때문에 왜곡이 발생하고 잡음장애를 일으키는 수가 있으므로 주의한다. 극장 등의 조광방식을 제외하고 일반적으로 1 kW 이하인 기구의 조광에는 백열등용 조광기를 이용한다. 범용품으로 다이얼식, 스위치식, 터치식 등이 있다. 용량은 500~1,500 W용이 있다. 연속조광할 수 있는 광원으로 현재 이용되는 것에는 백열전구(할로겐 전구 포함), 형광 램프, 네온사인 등이 있다. HID 램프는 조광이 어렵지만 고압 나트륨 램프는 어느 정도 가능하다.

4.3.3 조명 시스템으로서의 에너지 절약

이전에 조명기구는 천장에 부착하여 방을 전반조명으로 설계하는 경우가 많았다. 이에 비해 태스크 앤드 앰비언트 조명은 책상 주변의 조명을 설치하고 천장에는 전반조명의 경우의 1/3 정도인 조명기구를 부착한다. 즉, 필요한 장소만 충분한 조도를 확보하고 실내 전체에는 필요한 범위로 조도를 줄이려고 하는 시스템이다. 공조설비 시스템에서도 같은 사고방식의 태스

크 앤드 앰비언트 공조가 계획되어 있는 것을 볼 때, 앞으로 중요한 계획방법이 될 것이다.

구체적인 예를 들면 일반적인 사무실의 경우 주변의 조도는 600 lx 정도가 필요하다고 한다. 또한 책상면과 다른 부분의 조도비가 3 : 1 정도이면 좋다고 하므로 앰비언트 조명으로 200 lx를, 주변용 조명으로 400 lx를 확보한다.

이전과 같이 5 m²에 한 사람이 있는 상태에서는 전반조명이 없으면 공간 면에서 비효율적이지만, 1인당 사무실면적이 증가하고 있는 경향이 있으므로 태스크 앤드 앰비언트 조명방식이 유리하게 된다. 앞으로 유럽처럼 20 m²에 한 명이 있는 상태가 되면 이 방식이 아니면 대처할 수 없게 된다. 일본에서는 약 10 m²에 한 사람 이상이 되면 태스크 앤드 앰비언트 조명으로 하는 경우가 많고 그 경우의 에너지 절약량을 시산한 예를 그림 4.7에 나타냈다. 이전 유형의 전면조명에서는 전력소비가 20 W/m²인 데 비해 태스크 앤드 앰비언트 방식에서는 절반 이하인 9 W/m²로 되었다.

[須藤 論]

참고문헌

1) 日本建築学会 : 建物の LCA 指針, p.136, 丸善 (2003)
2) 電気設備学会編 : 電気設備工学ハンドブック, p.665, オーム社 (2002)
3) 須藤 論, 三浦秀一, 渡辺浩文 : 東北地方版·建物のエネルギー消費診断ガイド, p.2, 東北都市環境研究グループ (1999)
4) 建築設備技術者協会編著 : 建築設備設計マニュアル·III電気設備編, p.122, 技術書院 (1997)
5) 照明学会 : エネルギーの有効利用から見た照明「ソフト&ハード」特別研究報告書, p.87 (1997)
6) 中村守保 : 建築電気設備の概要と資料, p.58, 建築設備技術者協会 (1993)
7) 岡 建雄 : わかりやすいグリーンオフィスの設計, p.37, オーム社 (2000)

제5장

조명설비의 시공

5.1 전기설비 시공과 조명시설 ••• 시공의 위치 설정

조명을 점등하는 것을 전기를 공급하는 것으로 생각할 만큼 조명이 전기의 대명사와 같은 위치로 생각한 상태에서 전기설비가 발달해 왔지만, 최근에는 시설내용이 고도화하고 전기설비의 항목을 들면 삼십 수 항목에 이르게 되었다. 또한 크게 나누어도 전원설비·부하설비·제어설비·방재방범설비가 되며 조명설비는 부하설비의 일부에 지나지 않는다는 느낌이다.

그러나 조명설비야말로 전기설비의 원점이라는 것은 변함이 없으며 건축공간에 가장 큰 영향을 끼치는 장치로서의 조명계획은 '조명설비에서 시환경의 창조'라는 시점에 입각한 식견을 요구하게 되었다.

시공 면에서도 건축측의 의도와 타시설과의 절충을 정확히 이해하고 공간연출의 중요한 장치로 종합적인 판단이 필요하다.

5.1.1 간선 공급과 평면 조닝

간선계획으로 400 m²에서 600 m² 정도의 조닝으로 분전반이 설치된다. 이것은 2차측 배선의 전압강하와 천장 안쪽 및 바닥 아래(콘센트용)의 배선처리 요소로부터 결정되는 문제이다. 또한 이들은 건축평면계획의 요소로 결정되는 경우도 있다. 예를 들어, 한쪽 코어의 작은 평면이기 때문에 1개소가 되거나, 센터 코어의 중규모 평면이기 때문에 양옆의 2개소가 되거나, 더블 코어의 큰 평면이기 때문에 4개소로 계획하는 등 건축평면과 정합하여 시공성이 좋은 계획을 하면 준공 후의 증설 등에도 효과적으로 대응할 수 있다.

코어란 계단·엘리베이터·화장실 등 공용부가 집약된 장소를 말한다.

5.1.2 2차측 배관배선의 연구

조명설비에서 분전반 이후가 2차측 배선이 되고 케이블 공사가 현재로서는 주류이다. 여기에 몇 개의 요점과 연구된 시공방법을 정리한다.

(1) 실내 횡인출 래크(rack)

• EPS 내에 설치되는 분전반의 2차측 배선 방법으로는 케이블 공사가 주류이다.
• 일반적으로는 비용을 들이지 않고 천장 현가 볼트 등에 지지하는 경우가 많지만 분산

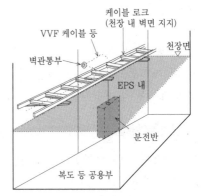

그림 5.1 2차측 배관배선 시공

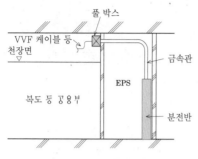

그림 5.2 EPS 배관 예

되어 파악하기도 어렵고 증설도 불편하다.
- 그림 5.1과 같이 공용부 천장 내 벽면에 케이블 로크(200~300 m)를 설치하고 케이블을 지지함으로써 천장 내는 가지런하게 하고 나중에 갱신하기도 쉽게 된다.
- 케이블 로크의 지지는 브래킷 등으로 하며 지지 간격은 2m 이하로 한다.

(2) 제1 박스까지의 배관
- 그림 5.2와 같이 제1 박스(풀 박스)를 EPS 밖에 부착하고 금속관 공사로써 시공한다.
- 미래용 예비배관을 미리 예측함으로써 EPS 벽면이 방화구획이더라도 케이블 증설을 지원할 수 있다.
- 케이블의 온도상승을 고려하여 VVF 케이블의 집속 개수는 원칙적으로 5~6 개로 한다.

(3)케이블 행어
행어형 케이블 지지 금속기구를 사용함으로써 선행 케이블 배선이 가능하다.

(4) 하강 배관 보호
경량 칸막이 내에 부착한 아웃렛 박스까지의 배선은 합성수지관(PF관) 등으로 보호함으로써 미래의 배선교체가 가능하게 되며 개조에 쉽게

대응할 수 있다.

(5) 외벽 브래킷
- 기구 및 박스에 빗물이 스며들지 않도록 기구와 벽 사이에 패킹을 넣는다.
- 기구의 부착 부분이 줄눈(벽돌을 쌓거나 타일을 붙이거나 할 때 생기는 이음매 – 역주)이 되는 경우에는 코킹(caulking : 물이 새는 것을 막기 위해 창문 틈이나 이음새를 고무 실리콘 등으로 메우는 일 – 역주) 등에 의해 방수에 각별히 주의한다.
- 물의 침입을 막기 위해 박스에 들어가는 배관을 그림 5.3(브래킷)과 같이 상부에서 배관한다. 이것은 패킹, 실의 시간경과에 따른 변화로 인해 물이 침입하지 않도록 하는 중요한 방책이다.

5.2 기구·기기·장치의 시설, 내진 방식(낙하 외)

조명기구는 공간 중에서 가장 두드러져 보이는 존재이며 부착불량이 발견된 경우 의장상의 문제가 부각되지만 전기적으로는 단락 사고에 의한 정전으로 파급되는 수도 있고 중량이 있는 기구에 의해 인명에도 관계가 될 수 있다.

5.2.1 각종 기구의 부착 방법
대표적인 기구의 부착방법을 그림 5.3에 나타냈다.
이 기구들의 부착 위치 확정(먹매김 방법)은 다음과 같다.
(1) 먹매김의 기준 먹은 건축의 먹(심먹, 되돌이먹[返り墨], 마무리먹[仕上げ墨])을 기준으로 바닥면에 조명기구의 심먹을 낸다.

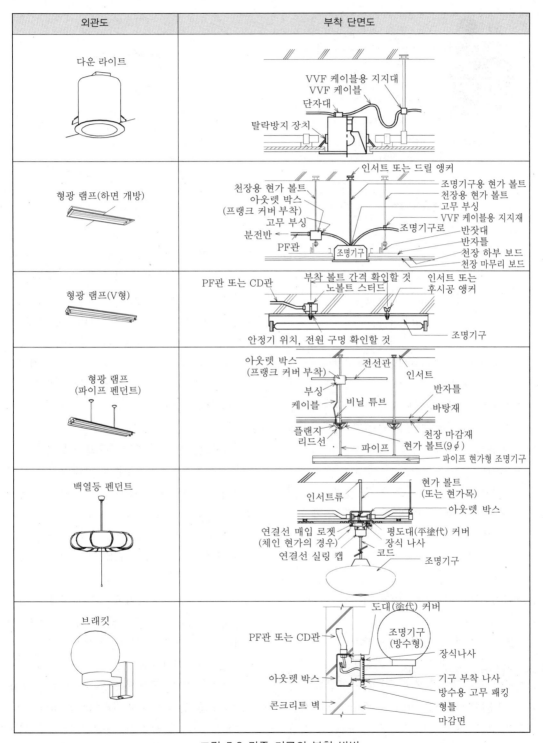

그림 5.3 각종 기구의 부착 방법

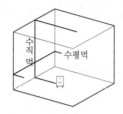

그림 5.4 레이저 먹매김기
[제공 : 東阪精機]

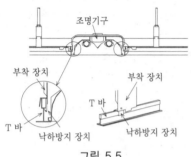

그림 5.5

(2) 바닥면의 조명기구의 심먹(芯墨)을 천장
면으로 옮긴다.

(3) 먹을 옮기는 방법으로는 이전에는 다림추
를 이용했지만 지금은 레이저 먹매김기를
이용하여 조명기구의 심먹을 천장면으로
옮긴다.

(4) 천장면에 나 있는 조명기구의 심먹에 의
해 다운 라이트, 매입 형광 램프의 개구먹
을 천장면에 낸다.

(5) 레이저 먹매김기는 업체에 따라 모양이
다르다.

그림 5.4는 대표적인 레이저 먹매김기이다.

5.2.2 시스템 천장의 낙하 방지

표준적인 시스템 천장은 C 채널을 개재하고
C채널에 직행하도록 설비 라인을 구성하는 T
바를 고정하여 강성을 높인 천장구조이다. 설비
라인과 설비 라인 사이를 천장 보드(암면 흡음
판)를 H 바를 물려 설치한 천장이 일반적인 시

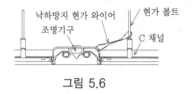

그림 5.6

그림 5.7

스템 천장이다. 설비 라인에 조명, 공조풍속계,
비상조명, 스피커, 각종 감지기 등을 부착한다.
최근 바 재료를 600 mm 또는 640 mm의 그
리드 모양으로 배치하고 이 그리드에 조명 등
각종 설비를, 부착설비가 없는 장소에는 600각
또는 640각 보드를 실어서 거는 시스템 천장도
있다. 그리드 천장의 경우 특히 낙하 방지가 설
치되어 있지 않다.

(1) 시스템 천장용 조명기구의 낙하방지

시스템 천장용 조명기구의 낙하방지는 조명
기구의 T 바에 대한 부착 장치부에 낙하방지
장치를 설치하고 T 바에서 조명기구가 빠져나
오지 않도록 한 구조로 되어 있다. 낙하방지 장
치는 조명기구 1대에 4개소 설치되어 있다(그
림 5.5 참조).

또한 T 바가 변형되어도 조명기구가 낙하하
지 않도록 천장 내의 현가 볼트 및 C 채널에 와
이어로 조명기구를 매다는 낙하방지 방법을 채
택한 건물도 있다(그림 5.6).

(2) 시스템 천장용 설비 플레이트의 낙하 방지

비상등·스피커·감지기 등을 부착하는 설비
플레이트는 설비 플레이트에서 낙하방지 현가

끈 등으로 묶은 낙하방지 장치를 T바에 연결하도록 부착되어 있다(그림 5.7).

5.2.3 중량기구의 부착 시공요령 예

(1) 유의점

중량조명기구를 부착할 때에는 그 구조상 문제에서 지지점·강도·내진대책 등에 대해 제조업체와 충분히 협의한 다음 시공 요령을 결정할 필요가 있다. 중량 조명기구의 제작에 대해서는 일본조명기구공업회에서 제정한 '현수형 조명기구 시스템의 안전지침 가이드 107-1990'이 있으므로 참조한다.

아래에 실제 기구에서의 시공 예를 들어 설명한다.

(2) 기구의 구조, 지지방법의 계산 예
〈기구중량 250 kg의 샹들리에〉

- 안전지침에 의해 안전율을 10으로 하는 기구의 계산
- 지지재 1개당 필요한 강도는
$$250 \times 10 \div 2 = 1,250 \text{ kg}$$

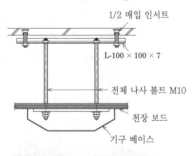

그림 5.8

- JIS에서 정한 볼트의 강도 구분 : 4.6 이상으로 만족하는 것을 찾으면 M10(13,000N), kg으로 환산하면
$$13,000 \div 9.8 = 1,327 \text{ kg} > 1,250 \text{ kg}$$

5.2.4 건축화 조명에 대한 시공상 유의점

(1) 건축화 조명의 특징

건축화 조명은 건축물의 내부에 광원이나 조명기구를 만들어 넣는다든지 해서 건축과 일체화시킨 조명방식이다. 특징은 연출효과를 기대할 수 있는 반면 일반적으로 '간접조명'이 많아 조명효율 저하에 의한 효율저하의 문제가 있다.

(2) 건축화 조명의 종류

① **코니스(cornice) 조명** 광을 전부 아래쪽으로 내고 벽·커튼·벽화를 아름답게 표현하는 방식. 천장이 낮은 장소에 적합한 조명방식

② **밸런스 조명** 커튼과 함께 사용하고 상방 광속은 천장에 반사시켜 간접조명으로 하며 하방 조명은 커튼에 악센트를 주는 방식

③ **코브(cove) 조명** 모든 광을 천장으로 내는 간접조명, 실내가 부드러운 분위가 되는 반면 조명이 낮으므로 보조조명으로 사용된다.

그림 5.9

조명기구 소켓부의 음영대책을 고려한 조명기구 예
(중복 배치 가능)

그림 5.10

④ 코퍼(coffer) 조명 천장 또는 돔에 조명
기구를 매입하는 간접조명. 홀, 큰 홀 등
근대적이고 호화로운 분위기를 내고자 하
는 곳에 사용된다.

⑤ 광천장 천장 전면을 확산판으로 덮고 천
장 전체로 조명하는 방식

(3) 건축조명의 주의점(코브 조명)
(그림 5.9)

① 조명하는 범위 내를 균일하게 하기 위해
천장 품 높이 h를 충분히 잡는다.

② 천장 표면의 마감은 광택이 없는 확산반사
마감으로 한다.

③ 효율을 높이기 위해 천장 표면의 마감은
백색 또는 백색에 가까운 반사율이 높은
것으로 한다.

④ 형광등 기구 배치는 소켓부의 음영 및 광
의 불균일에 주의한다.

⑤ 재실자에게 광원이 직접 보이지 않도록 차
광각을 고려한다.

조명 소켓부의 음영대책을 고려한 조명기구
예(중복 배치 가능)를 그림 5.10에 나타냈다.

5.3 전기설비의 시공과 조정

전기설비는 단독으로 성립하는 설비가 아니
라 기술적으로나 의장적으로 건축 및 다른 설비
와 융합되어 있어야 처음부터 좋은 시공이라 평
가된다.

5.3.1 천장 평면도에 의한 종합 조정

조명기구의 레이아웃에서 가장 중요한 것이
천장 평면도의 검토이다.

- 조도 불균일이 없는 배치 계획으로 한다.
- 천장 매입 치수 확인
- 램프 교환이 용이한지 확인
- 가구의 배치를 검토
- 난방 덕트 위치와의 관계를 확인
- 화재감지기, 비상방송 스피커, 비상조명,
스프링클러와의 위치를 확인
- 점검구가 있는 경우 점검구의 위치도 도면
에 넣어 검토한다.
- 천장 줄눈의 비율도도 충분히 배려한다.

5.3.2 공정감리와 시공검사 포인트
(1) 공정감리

조명설비의 공사는 건축공사의 각 공정에 추
종하여 적절히 실시해야 한다. 건축공정은 구체
공사단계, 내장공사단계, 준공준비단계로 대별
되며 각 단계에 각종 공사를 실시한다.

우선 구체공사 단계에서 슬래브 조립완료 시
에 그림 5.11 ①과 같은 부분의 인서트를 부착
한다. 이어서 슬래브 배근 종료 시에 ②부분의
슬래브 배치를 실시한다. 건축공사로서는 이후
콘크리트를 타설한다.

다음에 내장단계의 공사로는 건축공사의 천
장 바탕 공사에 전후하여 선부착한 인서트에 ③
부분의 현가 볼트 부착 공사, ④부분의 통선 및
천장 내 배선공사를 실시한다. 이때 천장 내의
결선작업도 함께 실시한다. 계속해서 천장 마감
공사로 천장 보드의 접착 등이 종료한 시점에서
⑤부분의 조명기구류를 부착한다. 이 경우 작업
으로는 접사다리 발판 등을 이용할 필요가 있으
므로 바닥 마감 공사가 종료하기 이전에 부착
공사를 완료하는 것이 바람직하다.

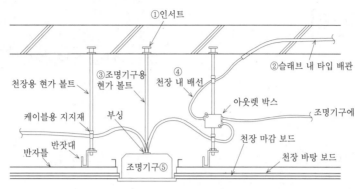

그림 5.11 설비시공 공정 예

끝으로 조명공사 종료 시점에 회로의 절연저항 측정, 점멸상태 확인 및 점등 블록 확인 등의 여러 시험을 실시한다.

또한 실제 공사는 이상과 같지만 시공계획 시에 상기 공정의 시기를 충분히 인식하고 조명기구의 납기확인 및 천장면 기구배치의 결정을 수행하는 것이 중요하다.

(2) 시공검사의 포인트

조명설비에 대한 검사 항목으로 전술한 절연 측정시험·점등시험 등이 있지만 시공적인 주된 유의점으로 아래에 설명한다.

우선 배선공사에 대한 유의점으로 천장 내 배선지지(케이블에 장력이 가해지지 않는 경우에는 굴림 배선으로도 지장이 없지만 일반적으로는 2 m 이하 : JEAC 8001-2000 내선규정 3165-2절), 천장 내의 약전류 전선 등과 함께 타 설비(공조 덕트, 배관류 등)와의 이격(JEAC 8001-2000 내선규정 3102-7절) 등을 들 수 있다.

또한 조명기구 부착 공사에 관한 유의점으로 조명기구의 전선입선부에 부싱을 부착하여 케이블을 보호한다. 케이블의 외피(sheath)를 너무 많이 벗겨 내피(절연체) 부분이 조명기구 밖으로 노출되지 않도록 시공한다. 조명기구에 대한 케이블은 점검할 때 유효한 여유길이를 남겨 접속함과 동시에 조명기구를 분리한 상태에서도 천장 내의 케이블에 장력이 걸리지 않도록 근방에서 케이블을 지지한다.

[渡邊 忍]

제6장

보수관리

6.1 조명시설의 보수 ● ● ●

설비기구는 다양한 부품으로 구성되어 있으며 이러한 부품이 있는 물리적 특성에 따라 기기 또는 부위의 열화가 진행되고 최종적으로는 설비의 기능장애가 발생하여 고장 발생의 원인이 된다.조명설비를 오랜 기간 양호한 상태로 유지하려면 계획 및 건설 시점에서 기구의 보수성·안전성·갱신을 고려한 경제성 등을 충분히 고려해야 한다.

조명기구는 1대의 고장으론 큰 지장은 없지만 연수가 경과하면 고장의 건수가 증가하고 경제적으로나 안전성 면에서나 문제가 되는 경우가 많기 때문에 보수관리에 대한 인식은 중요하다. 전기절연재료는 사용함에 따라 화학변화를 일으킨다. 조명기구에서 특히 열화의 문제가 되는 것은 안정기·소켓·전선 등이다.

최신 기기라 해도 시간이 경과함과 함께 열화를 일으키므로 소위 물리적 내용연수라고 생각되는 기간에 해당하며 이 기간이 길고 보수관리에 필요한 비용을 줄일 것이 요구된다. 어떻게 해서 고장발생률을 억제할지 또는 예를 들어 우발적으로 고장이 나도 그것이 시설 운영에 악영향을 끼치지 않도록 하기 위해 보수관리는 중요하다. 사용년수의 연장을 도모하는 것이 보수관리의 목표이지만 경제적 조건, 사회 요구 등에 따라서는 차라리 기기의 개선이나 갱신이 유리한 경우도 있다.

6.2 운전관리 ● ● ●

건물의 유지관리비용 중 비율이 큰 것으로 설비, 기기 관련 운전관리비가 있으며 합리적인 운전, 보수관리를 실시함으로써 소비 에너지의 경제성, 기기의 사용년수 연장, 신뢰성 향상 등을 기대할 수 있다. 또한 요구되는 기능은 기술혁신의 진전 및 시설운영자나 사회의 다양한 요구에 대응하기 위해 고도화, 복잡화하고 질적인 수준도 향상된다. 이 때문에 이들 시설에 적절한 보수를 실시하고 내구성을 확보함과 동시에 그 기능을 양호한 상태로 유지하여 장기간에 걸친 유효활동을 도모해 가는 것이 중요한 과제이다.

6.2.1 시설의 라이프 사이클과 보수관리

보수관리는 시설의 기획, 설계, 건설에서 운용관리, 폐기에 이르기까지의 라이프 사이클 중 운용관리의 단계를 가리키며 기획, 설계 및 건설 단계에서 의도한 시설의 종합적인 성능, 기능을 효율적으로 확보하기 위한 것이다. 보수관리 상황의 좋고 나쁨은 열화에 대한 영향이 대

```
보수관리 ┬ 유지보전 ┬ 예방보전 ┬ (일상점검보수)
        │         │         └ (정기점검보수)
        │         └ 사후보전 ── (수선, 갱신)
        └ 개량보전(개수, 모양 바꿈)
```

그림 6.1 보수관리의 분류

단히 크기 때문에 보수관리 면에서 시설의 기능을 유지하고 최대한의 효과를 발휘하도록 하는 운용과 효율화를 도모해야 한다.

6.2.2 보수관리의 분류와 개념

(그림 6.1, 그림 6.2 참조)

당초의 성능, 기능을 유지하기 위해 수행하는 것이 유지보전이며, 시대에 따라 변하는 요구성능 등에 대응하여 개량하기 위해 수행하는 것이 개량보전이다.

또한 유지보전에는 예방보전과 사후보전이 있다. 전자는 사고를 방지하고 기능을 유지하기 위해 정기적인 점검 등을 수행하거나 고장 발생 또는 기능 손상이 발생하기 전에 수선하여 부품의 교환을 수행하는 기능의 유지를 도모하는 것이다. 후자는 고장정지 또는 기능이 현저히 저하하고 나서 교체 또는 수선을 수행하는 것이다.

6.2.3 점검보수의 내용

점검보수의 목적은 기기·장치의 성능을 유지하고 사고를 미연에 방지하는 것이다. 그러기 위해 일상점검·정기점검·육안조사·정밀조사, 관계법령에 기초한 적정한 점검보수를 실시하고 기기의 성능유지나 회복을 도모함과 동시에 불량개소 등의 조기발견에 노력해야 한다. 점검

보수의 주된 내용은 표 6.1과 같다.

조명설비는 건물의 실내환경 평가에서 큰 비중을 차지하며 그 기능유지를 위해서는 보수관리에서 창의적인 연구도 필요하다. 또한 보수관리의 입장에도 불구하고 시설이용자의 관점에 입각한 검토도 필요하다.

6.3 보수관리의 방식 ● ● ●

6.3.1 광원의 교환

광원의 종류에 따라 점등수명시간이 다양하지만 광원의 교환방식에는 세 가지 있으며 상황에 따라 각 방식으로 광원을 교환한다.

(1) 개별교환방식

점등하지 않게 된 광원을 매번 교환하는 방식이다. 이 방식은 규모가 작은 조명시설에서 교환이 용이한 곳에 적합하다.

(2) 일제집단교환방식

광원이 점등하지 않게 되었어도 계획한 교환시기 또는 일정한 부점등수에 이를 때까지 교환하지 않고 일정 기간이 경과한 시점에서 전체를 교환하는 방식이다. 광원의 수가 많고 부점등이 되어도 큰 영향이 없고 교환이 곤란하여 발판이

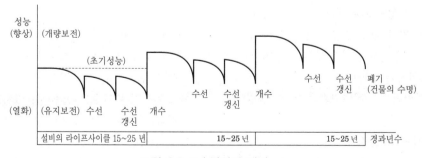

그림 6.2 보수관리의 개념

표 6.1 조명기구의 점검 및 보수 내용

점검항목	점검 및 보수 내용	수리 등의 조치
1. 구조 일반	① 오손, 손상 및 녹 생김 상황의 유무를 점검한다. 〈1M〉	손상, 녹 등이 현저한 경우 교환한다.
	② 반사판 및 투광성 커버이 오손 및 변색의 유무를 점검하고 오염되어 있으면 청소한다(청소는 추출 점검을 실시한 대수만으로 함). 〈1M〉	
	③ 부착 볼트 및 탈락방지장치 등의 느슨해짐 또는 부식 유무를 점검하고 느슨해진 경우 조여 준다. 〈1Y〉	부식이 현저한 경우 보강 또는 교환한다.
2. 부품 가. 안정기	① 케이스의 현저한 녹, 변형 및 변색의 유무를 점검한다. 〈1Y〉	
	② 점등 시의 이상한 소음, 관구의 이상한 깜빡임 등의 유무를 점검한다. 〈1Y〉	
나. 램프	고주파 전용형 조명기구가 있으면 전용 램프가 장착되어 있는 것을 육안으로 확인한다.	
다. 진상(進相) 콘덴서	콘덴서 케이스(안정기 부속의 것 포함)에 변형, 부푼 곳 및 기름누출의 유무를 점검한다. 〈1Y〉	
라. 소켓	변형, 금이 감, 파손 등의 유무를 점검한다. 〈1Y〉	
마. 풀 스위치	풀 스위치에 이상 유무를 점검한다. 〈1Y〉	

[주] 〈1M〉은 월 1회, 〈1Y〉는 연 1회, 〈3Y〉는 3년 1회의 점검 주기로 한다.
[건축보전센터, 1999[1]]

나 파손 방지 손질 등을 필요로 하는 조명시설에 적합하다.

(3) 개별적 집단교환방식

점등하지 않게 된 광원을 매번 교환하고 부점등광원 수가 증가하는 경향이 된 적당한 시기에 전체를 교환하는 방식이다. 시환경에 대한 영향이 없고 계획적으로 집단교환을 할 수 있다.

6.3.2 기구의 청소

실내의 일반적인 장소는 연 1회의 간격으로 연말이나 기말 등에 맞춰 계획적으로 수행한다. 특수한 장소에 대해서는 오염 정도에 따라 연수회 수행한다.

6.3.3 기구의 갱신

일상의 점검보수는 조명설비의 기능유지 및 보안상 중요하다. 이상이 있으면 점검하여 수선함으로써 내용연수를 늘릴 수 있지만, 기계적, 전기적 열화를 완전히 저지할 수는 없다. 절연물의 수명은 점등시간·전원전압·주위온도·습도 등에 따라 좌우되며 일률적으로 결정할 수 없지만 법정내용연수는 15년이다.

JIS C 8105 조명기구 통칙에 의한 형광등기구의 내용연수와 적정교환시기에 따르면 사무실의 경우 약 10년에 일제히 교환하는 것이 표준으로 되어 있다.

각 종류의 대장을 정비하고 수선이력 등을 관리하며 고장빈도에 따라 열화진단을 수행하고 그 분석에 따라 최적의 갱신시기를 생각하면서 정확하고 경제적인 보수관리를 수행할 필요가 있다.

6.3.4 법령에 기초한 점검

(1) 유도등(소방법)

소방법에 방화대상물에서 관계자에 의한 유지를 의무화하고 있으며 점검이 필요한 방화대상물이나 점검자 및 보고 등의 규정이 정해져 있다.

정기점검 기간은 6개월에 1회, 정기보고의 기간은 방화대상물의 구분에 따라 1년에 1회 또는 3년에 1회씩, 소방장, 소방서장에게 보고해야 한다.

(2) 비상용조명(건축기준법)

건축기준법에서 항상 적법한 상태로 유지보전하도록 노력하는 것이 의무화되어 있다.

정기점검보고는 특수건축물 등에 대해 건물의 크기나 종류에 따라 1년에서 3년 간격으로 특정행정청(시읍면의 장, 건축지도과 등)에 보고해야 한다.

유도등, 비상용 조명은 방재 등에 의한 정전 시에도 비상전원, 예비전원으로 피난경로를 유도하거나 밝기를 확보하는 것이 설치 목적이다.

정기점검의 중요한 포인트는 정전 시에 점등하게 하는 비상전원, 예비전원(내장 배터리)이 기능을 충분히 유지하고 있는지 여부이다. 유도등, 비상용 조명에 내장되어 있는 배터리는 밀폐형 니켈 카드뮴 축전지이며 그 수명은 일반적으로 4~6년으로 되어 있다.

[鈴木久志]

참고문헌

1) 建築保全業務共通仕様書 (1999), 建築保全センター (1999)

제7장

조명시설의 경제성

건축공간이나 실외환경에서 목적에 맞는 조명을 어떻게 경제적으로 실시할 수 있는지, 의장·연출·보수면 등에서의 접근방식에 대해 기구 비용, 전력소비량을 분석한 상태에서 계획해야 한다.

조명비용은 설비비, 보수비, 전력비로 크게 나눌 수 있다.

7.1 초기비용(initial cost)과 운영비(running cost)

일반적인 시스템 도입에서는 고가의 설비기기 도입에 의해 긴 수명, 전력절감을 도모하며 이들을 종합비교하여 방침을 도출하는 경우가 많다.

그러나 양호한 시환경을 만드는 것을 목적으로 한 조명설비에서는 우선 요구되는 조명효과가 있으며 그 목적을 의식한 상태에서 초기비용, 운영비 양면을 배려하여 계획을 추진해야 한다(표 7.1 참조).

7.1.1 조광기구를 채택한 경우의 경제비교

조광용 형광 램프는 광량과 함께 전력도 변화하므로 불필요한 광을 조절함으로써 절전할 수 있다. 이 사실을 이용하여 절전을 도모하는 기법으로 초기조도보정제어와 주광이용제어, 재실검지제어, 타이머 제어 등이 있다. 또한 이러한 제어를 실현하는 수단도 대형 제어반에서 빌딩 전체 또는 층 전체를 일괄 관리하는 중앙제어 방식부터 기구각각에 간이 센서와 제어장치를 두고 기구단위로 자동제어하는 로컬 제어 방식이 있다.

경제성을 고려한 경우 집중제어방식은 일반적으로 비용이 많이 드는 경향이 있다. 이것은 전력비가 설비비에 비해 대단히 저렴하기 때문이며 집중제어 방식은 에너지 절약뿐만 아니라 관리와 조작성을 동시에 고려하여 채택된다.

표 7.1 조명효과를 배려한 조명비의 종합분석

		조명비의 종합분석	조명효과
초기비용		비용을 상각할 때 고장화를 생각하여 내용연수 10년으로 하고 세금, 이자, 보험료 등을 포함하여 구입가격의 15%씩을 매년 고정비 f로 한다.	분위기 조도 관점 작업능률 매출 사고의 감소 상업효과 안전성확보 쾌적성 연출효과
설비비	┬ 조명기구의 대금 ├ 조명기구 부착비 ├ 배선비 └ 제어비		
운영비		• 조명기구 1개당 램프 값 : p • 기구 1개당 램프 교환 인건비 : p' • 청소, 수리 등의 비용 : 연간 c • 요금률 R(円/kWh) : 기구 1개당 램프의 소비전력, 단, 방전등에서는 점등부속장치 분을 포함하여 R'	
경상비	┬ 보수비 └ 전력요금		

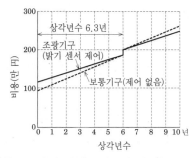

그림 7.1 밝기 센서 분리방식에 의한 에너지 절약
– HF32W2 등용 하면 개방, 40대로 비교한 계산 예 –

○효과가 있는 램프
　수은 램프, 메탈 할라이드 램프, 고압 나트륨 램프
○효과가 조금 있는 램프
　형광 램프, 할로겐 램프, 백열전구
○효과가 없는 램프
　저압나트륨 램프

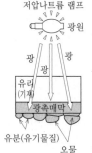

램프의 종류	자외선 양[%]
백열전구	약 0.3
할로겐 전구	약 0.4
백색형광 램프 (멜로화이트 등)	약 0.6
수은 램프(외관 투명)	약 5.0
메탈 할라이드 램프 (외관 투명)	약 3.5
고압 나트륨 램프 (외관 투명)	약 0.3
저압 나트륨 램프	0

그림 7.2

한편 로컬 제어는 기구자체가 간단하고 배선도 쉬우므로 경제성만을 비교하면 집중제어 방식보다 유리하다. 이 경우 '초기비용'을 가능하면 억제하고 운영비(절전효과)가 높은 것이 특징이다.

경제성을 나타내는 척도로는 일반적으로 상각년수라는 것이 사용된다. 이것은 에너지 절약 기법을 도입하기 위해 생긴 비용이 절전에 의해 절약할 수 있는 운영비의 누적 몇 년 분에 해당하는지를 나타내는 수치이다. 밝기 센서 분리방식에 의한 주광이용 및 초기조도보정제어기구를 이용한 사무실의 산출 사례를 그림 7.1에 나타냈다.

7.1.2 광촉매에 의한 보수율 개선 효과

광촉매란 자체는 촉매반응의 전후에 변화하지 않지만 광(자외선)을 흡수함으로써 반응을 촉진하는 것을 말한다. 조명분야에서는 조명기구의 유리 표면에 산화티탄막을 도포함으로써 태양광과 인공광에 포함된 자외선을 받아 산화티탄의 표면에서 오염의 원인이 되는 유기물이 산화분해되고 유기물을 접착제로 한 무기물이 풍우에 의해 씻겨 내리는 셀프클리닝 효과를 기대할 수 있다(그림 7.2 참조).

조명기구의 보수율 개선으로는 설치환경이나 램프 종류에 따라 한결같지는 않지만 터널 내에 서의 사용 예 등에서 상당한 개선이 기대되고 있다.

또한 램프 본체가 아니라 반사판 표면에 광촉매막을 도포하는 방법도 있으며 흡연실 등에 효과적이다.

7.1.3 LCC를 고려한 기구의 조합

각 기구의 LCC(lifecycle cost)를 종합적으로 평가하려면 기구의 가격이나 사용전력비뿐만 아니라 부착 공사비나 감가상각비, 제세공과금도 감안해야 한다. 그 중에서 전력비 이외에 특히 영향이 큰 것이 기구의 수명이다.

조명기구의 수명은 급전부분의 절연부에 따라 좌우되며 일반적으로 내용연수를 10년으로 계산한다. 그러나 급전부품 이외(현가 장치나 반사판)를 생각하면 손상은 기계적인 것에 한정되므로 더 장기적인 사용이 가능하다. 그래서 기구 해체가 용이한 구조로 하고 급전부품 유닛만 교환할 수 있도록 한 기구가 개발되어 있다.

그림 7.3 자원절약, 재자원화, 재이용화를 고려한
자원순환형 기구의 예

이것에 의해 부품마다 수명의 적정화를 꾀할 수 있으며 기구 전체로서의 수명 연장이 가능하다. 그림 7.3에 그 개요를 나타냈다. 자원 절약·재자원화·재이용화를 고려한 자원순환형 사회에 맞는 기구라 할 수 있다.

또한 경제계산의 자세한 내용은 '조명경제계산방법(일본조명기구공업회 기술자료 114-1996)'을 참조하기 바란다.

7.1.4 에너지 절약법(CEC/L)

'에너지 사용의 합리화에 관한 법률(이하 '에너지 절약법'이라 함)'은 1979년 6월에 제정되어 같은 해 10월부터 시행되었다. 이 법은 공장에 적용하는 조치, 건축물에 적용하는 조치, 자동차 등 특정기계에 적용하는 조치의 3부문으로 되어 있으며 각각의 대상에 의해 효율적인 에너지 사용을 의무화한 것이다.

이 중에서 건축물과 관련된 내용은 당초 건물 외주면에서의 열손실 방지와 공기조화설비 등의 효율적 이용을 도모하는 것을 의무화했는데, 지구온난화 방지의 사회적 요청에 부응하는 형태로 1993년 3월에 일부 개정, 1999년 3월에 고시개정이 이루어져 대상범위를 조명설비, 급탕설비 등으로 확대하여 오늘에 이르고 있다.

각 설비의 효율적 사용의 판단은 각 에너지 소비계수(CEC : Coefficient of Energy Consumption)에 따라 이루어진다. 조명의 경우 (CEC/L : Coefficient of Energy Consumption for Lighting)는 아래 식으로 계산한다.

$$\frac{CEC}{L} = \frac{\text{연간조명소비 에너지 양[MJ/년]}}{\text{연간가상조명소비 에너지 양[MJ/년]}}$$

여기서 분자인 '연간조명소비 에너지 양'이란 실제로 사용되는 조명소비 에너지 양을, 분모인 '연간가상조명소비 에너지 양'이란 해당 용도에서 표준적으로 사용되는 조명소비 에너지 양을 의미한다.

건축용도로는 바닥 연면적이 2,000m²를 초과하는 사무실, 물품판매업을 운영하는 점포, 호텔 또는 여관, 병원 등의 진료소, 학교, 음식점의 6가지 용도를 대상으로 하며 각 용도마다 각 설비의 판단기준 레벨(조명의 경우 CEC/L ≤1.0)과 가상 에너지를 계산하기 위한 여러 계수를 나타내고 있다.

자세한 계산에 대해서는 「건축물의 에너지절약 기준과 계산 길잡이(건축환경·에너지절약 기구)」를 참조하기 바란다. 또한, 에너지 절약법은 2003년 봄에 개정되었다.

7.2 에너지 요금

7.2.1 에너지 요금의 감축

조명설비에 대한 에너지 요금의 감축에 대해 본 항에서는 종합적인 아이디어와 새로운 대책에 대해 설명한다.

- 효율이 높은 광원 및 기구의 선택
- 점멸구분의 세분화, 창측 영역의 개별화
- 공용부 조명의 시간별 점멸 패턴화, 스케줄 수립
- 주광 센서에 의한 초기조도보정 및 조광 제어

- 인감 센서에 의한 점멸제어
- 중앙감시제어에 의한 전관 스케줄 제어
- 보안 연동에 의한 소등 망각 방지
- 잔업 영역 확인 제어
- 태스크 앤드 앰비언트 조명의 채택
- 건축평면 조닝(업무 목적, 사용 시간대를 고려한 구성)
- 효과적인 기구 배치
- 방 전체의 배색, 반사율이 좋은 부재 선택
- 자연광의 활용

등의 종합적인 조합에 의해 에너지 절감을 도모하는 노력이 요구된다.

7.2.2 전력 평준화에 대한 배려

원자력발전소 계획이 국제적으로나 국내적으로도 많은 과제를 안고 있어 계속 협의되고 있는 오늘날, 현재 상황에 맞는 전력사업자의 제안이 요금체계에도 보이게 되었다. 그것은 전력의 평준화를 목적으로 한 것으로서 공조 면에서는 업무용 축열조정계약(심야전력 활용) 등이 주체인데, 전력저축기술에 의해 주간의 피크 시프트가 적극적으로 구현되고 있다.

조명전력의 피크 시프트에서 그림 7.4와 같은 쌍봉낙타를 경감하도록 한 시스템 도입에 대해 우대제도가 확립된 경우에는 비교적 쉽게 사용자 쪽이 계획할 수 있는 방법을 몇 가지 생각할 수 있다.

근무시간에는 양호한 조명계획이란 배광에 불균일이 없고 일정한 조도가 항상 안정적으로 제공되어야 한다. 그러나 자연계에는 시환경이 시시각각으로 변화하기 때문에 변화하지 않는 공간은 오히려 부자연스럽다는 것에 착안한 연구자가 있다.

이와 같은 요소와 점심시간 전후의 조명제어를 결합함으로써 정신적으로도 에너지 요금 면

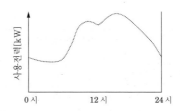

그림 7.4 전력사용량의 쌍봉낙타(일부하곡선)
(이미지도)

에서도 획기적인 제어 시스템의 확립이 기대되고 있다.

7.3 용도와 목적 및 경제효과 •••

조명계획에 따라 시설의 편의성이나 분위기가 크게 변화하지만, 그 중에 제어계획을 포함하는 것은 최근 당연한 일이 되었으며 라이팅 디자인 =라이트 컨트롤이라는 견해도 있다. 그리고 조광연출 등의 제어계가 계획에 포함됨으로써 운영비를 억제하는 경제성효과와 에너지 절약 효과를 촉진할 수 있다.

제어계의 시스템은 크게 나누어 자연채광과 매칭을 고려한 자연광 센서 이용의 제어 및 시간·공간축에서 전기적 제어로 점멸·조광을 하는 제어가 있다. 채광 센서에 의한 제어는 낮의 채광에 의한 조도를 계획하여 창측 영역에 채광+인공광(조광)으로 규정조도를 확보하여 에너지를 절약하려는 것으로서, 야간에는 인공광만 이용해야 하지만 전동 블라인드의 제어를 추가하여 밖으로 누출되는 빛을 억제함으로써 실내조도를 높여 에너지 절약을 꾀한다. 시간·공간축에서의 제어는 인감 센서를 장비하여 사람의 출입 등 행동에 대해 센서가 영역의 ON/OFF 관리, 영역의 조광제어를 수행한다. 또한 신 조광제어에서는 리모컨이나 벽 컨트롤

표 7.2

용도	인감 센서		채광 센서		신 조광 시스템	
	독방·공간	보안	독방·공간	태양 추적 시스템	장면 호출	시간 관리
주거환경	• 화장실, 세면실 등에서 ON/OFF • 싱크대 등 스위치에 손을 대기 어려운 장면에도 사용	• 뜰, 현관 포치에 설치 ON/OFF 점등		• 밀집지의 주택에서 추적 시스템의 거울 반사로 지상 계단에 조사	• 거실 등의 방에서 편히 쉬는 장면을 전개	
의료·복지	• 통로공간에서 야간에 영역 제어를 단계별 조광한다.	• 화장실·세면실에서 조명과 사람의 제어를 감지하여 특히 노인의 행동을 관리한다.			• 데이 케어 룸이나 안뜰 등과의 내외공간을 연속한 연출을 할 수 있는 장면 제어	• 통로나 병실의 기준조명의 야간, 오전, 오후와의 점등회로 제어
회관·극장	• 통로공간에서 야간에는 영역 제어를 한다(연속 또는 단계별 조광)				• 홀의 이용에 미리 설정한(pre-set) 장면을 호출하는 조광제어	• 특히 통로공간에서의 시간 제어
학교·도서관	• 소등을 망각하기 쉬운 방, 화장실, 개인용 책상 등 개인 이용을 지원하는 ON/OFF 점등	• 부지 내의 보안을 위해 센서 포함 기구 설치	• 개구부를 큰 창측의 제어·날씨에 맞춰 창측의 조광	• 밀집지의 시설에서 추적 시스템의 거울 반대로 지상 계단에 조사	• 초저녁 시간 전부터 자연광과 인공광이 교차하는 장면 관리에 시간관리를 연동	• 저녁, 야간의 이용 시간에 방문객의 출입이 제한되는 영역에는 단계별 조광 관리
미술관 박물관	• 전시 케이스에 설치하여 방문객의 존재·부재에 맞춰 100%↔25% 정도의 점등을 절약한다.	• 방문객 길안내 시 보행안전에 이용	• 천장 창에서의 채광으로 일정조도를 확보하기 위해 인공조명과 채광제어의 블라인드 개폐제어		• 전시 내용과 링크하여 장면을 사전설정, 전시 작품에 대한 조도설정이 공유되므로 연속 조광	• 개관, 폐관 시 중앙제어로 일시와 요일점등 패턴 관리
숙박시설	• 뒤뜰의 통로부분이나 화장실, 세면실 등 위생 면에서도 ON/OFF 점등	• 부지 내의 뜰이나 물류반입 경로 등에서 ON/OFF 점등	• 개구부의 큰 로비라운지 등 채광 영역의 제어 • 야간 감상의 뜰에도 설치	• 밀집지의 객실 창측 채광보조 및 건축의장으로서의 광정(光庭)에 햇빛을 보충하는 조사	• 전관 사전설정의 장면 조광을 채택하는 경우가 있다. • 연회 영역에서는 방의 구조와 연동하여 장면설정되는 경우가 많다.	• 24시간 시간관리를 위해 중앙관리실에서의 신호로 각 회로가 점멸, 조광관리되며 연회시설과는 분리관리
상업 환경	• 뒤뜰(통로, 화장실, 엘리베이터 홀 등)에서 100%↔25% 제어	• 건물의 통용구, 상품 반입·짐선별 등의 장소에 설치	• 채광 센서로 외부조도를 감지, 쇼윈도 내의 조도 상승을 관리		• 점내에서는 밖에서 안으로 들어오는 영역을 몇 개소로 나누고 영업 전~영업~폐점~이후의 장면 설정	• 폐점시간대의 시간관리가 상품 보안과 함께 각 점포마다 관리
사무실·공장	• 주로 통로·세면실 등에서 100%↔25%의 점등 제어와 시간 제어 연동	• 구내에 자동차가 오가는 교차 영역 및 인지와 접하는 녹지공간에는 ON/OFF 또는 100↔25% 점등	• 개구부측의 채광과 코어측과의 조도 밸런스를 일정하게 제어 • 또한 잔업시의 재석 영역 점등 제어도 함께 사용		• 회의·프레젠테이션 룸에 사전설정 장면 조광 제어	• 메인 로비에서의 시간관리 • 적재소나 자동 조립 라인의 영역의 ON/OFF 관리

러 등으로 미리 설정한 영역을 개별적으로 제어하거나 공간에 대한 조명회로의 조광 신을 미리 프로그램해 두고 이것을 버튼 조작으로 호출하거나 신호선에 의해 시간(시각, 일, 주간, 월간, 연간 등)의 계를 제어한다. 이 조광에 관해서는 조광 지원 조명기구에 의해 무단계연속, 단계조광 등의 제한이 있다.

대체로 이러한 조광제어를 수행함으로써 백열 램프로는 수명을 연장하는 제품이나 형광 램프와 함께 사용하여 소비전력을 억제함으로써 경제성·에너지 절약 효과와 동시에 이용자인 사람들에게 풍부한 조명환경을 제공할 수 있다.

[渡邊 忍]

참고문헌

1) 電気設備学会編：電気設備工学ハンドブック（2002）
2) 照明学会編：ライティングハンドブック（1987）
3) 公共建築協会：電気設備工事標準図, 2001 年版
4) 松下電工：2002 年カタログ
5) 東芝ライテック：2002 年カタログ
6) ヤマギワ：2002 年カタログ

제8장

조명기기의 환경문제

8.1 광원

8.1.1 광원의 환경문제

환경문제에 대한 광원의 관계는 제2차세계대전 후의 수은농약 피해나 미나마타병 등 수은이 관여된 공해문제에서 형광 램프에 포함된 수은이 대상이 되기 시작했다.

구체적인 형광 램프에 포함된 수은의 감량화 움직임은 이미 1965년에 있었으며(US-PAT No. 3,385,644 수은합금법에 관한 특허, 출원 1965) 1974년에는 수은합금법에 의해 감량화된 제품이 판매되었다.[1] 또한 이 해부터 일본전구공업회에서 일본 형광 램프의 수은원단위(水銀原單位 : 한 개의 형광 램프를 제조하는 데 필요한 수은의 양)의 통계를 잡게 되었다.[2]

1977년에는 폐기물로 형광 램프에 관한 조직적인 조사연구가 이루어졌으며,[3] 또한 1978년 개정된 JIS C 7601 형광 램프의 해설에는 봉입수은함량화의 동향이 기재되었다.

2000년에는 순환형 사회형성추진기본법이 제정되고 동시에 자원유효이용촉진법(1991년 법률 제48호)의 개정 등 개별입법이 정비되었다. 이 기본법에 의한 순환형 시스템의 개념 '대책필요성의 판단기준'에는 세 가지 원칙이 있다. 우선 폐기물로서의 배출량 대소이다(2001년 시점에서 전체 폐기물량 4억 5,000만 톤에 대해 형광 램프가 약 6만 톤으로 0.01%를 차지하고 있음). 두 번째는 제품에 포함된 자원의 유용성(형광 램프는 90 %가 유리이고 고갈 자원은 포함되어 있지 않음). 세 번째는 처리의 곤란성이다(형광 램프의 수은회수처리기술은 이미 확립되어 있음).

폐기물의 처리 및 청소에 관한 법률(1970년 법률 제137호)에서는 광원은 일반폐기물로서는 '금속, 유리, 도자기'로 분류되며 산업폐기물로는 '유리, 도자기 찌꺼기, 콘크리트 찌꺼기'로 분류되어 있다.

광원에 관한 라이프 사이클 평가에서는 전구, 형광 램프 모두 제품 사용 시에 소비되는 전력을 발전하기 위한 에너지 소비에 의한 환경부하가 대략 100 %로 되어 있다.[4] 수은 배출 문제에 관해서도 미국에서는 발전에 따른 중유나 석탄에서의 수은배출이 많고, 결과적으로 수은의 환경문제 대책은 '형광 램프 등 효율이 높은 램프의 사용'과 '형광 램프에 사용하는 수은의 감량화'가 최선의 방법이라는 결론을 내렸다5).

또한 경제산업성의 산업구조심의회가 정한 '폐기물처리, 리사이클 가이드라인'에 '형광 램프 등'이 2001년에 새로 추가되어, 제품 평가 매뉴얼의 개정이나 지방자치단체가 진행하는 회수 라사이클에 대한 지원 등이 요구되고 있다.

8.1.2 형광 램프의 환경문제
(1) 형광 램프의 구성물질

형광 램프의 구조 예를 그림 8.1에 나타냈다. 표 8.1은 각종 형광 램프의 구성물질을 나타내

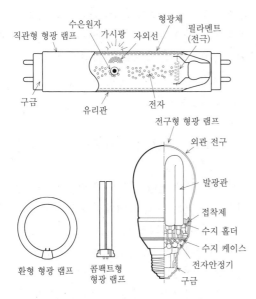

그림 8.1 형광 램프의 구조도

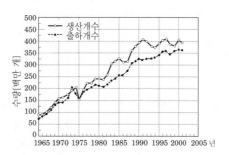

그림 8.2 형광 램프의 생산개수와 일본 내 출하개수

만 모든 형광 램프의 총평균으로 약 10 mg쯤
이다.

(2) 형광 램프의 생산개수와 일본 내 출하량의 추이

백 라이트를 제외하고 일반조명용 형광 램프
의 생산개수와 일본 내 출하개수의 추이를 그림
8.2에 나타냈다. 전 광원에 의한 광(광량=광속
×시간)의 수요는 최근 30년 동안 약 3배가 되
었으며 그 중 약 70 %를 형광 램프가 분담하고

며 중량의 약 90 %가 유리이고 금, 은 등의 유
가물은 포함되어 있지 않다. 수은은 발광원리상
필요하며 봉입량의 실적은 품종에 따라 다르지

표 8.1 형광 램프의 구성물질표

구성 \ 종류		직관형 FL 40 SS	환형 FCL 30	콤팩트형 FPL 27	전구형 100 W형 전구 해당
램프 1개의 중량[g]		약 205	약 155	약 107	약 130
표준 치수	관경 [mm]	27	29	20	외경 약 65
	길이 [mm]	1,198	환 외경 226	247	약 140
구성물의 중량	유리관 [g]	약 185	약 135	약 82	약 77
	형광체 [g]	5	3	2	1
	전극 [g]	8	7	5	1
	봉입가스 [Pa]	약 400	약 400	약 400	약 400
	수은 [mg]	평균 10 이하	평균 10 이하	평균 10 이하	평균 5 이하
	구금 [g]	3~4	8~10	14~18	3
	구금접착제 [g]	2	–	3	약 10
	수지재료 [g]	–	(7~9)	(13~17)	20~23
	전자안정기 [g]	–	–	–	16~18
	땜납 [g]	–	–	–	2

[주] 표 안의 – 는 해당 없음.

621

있다. 따라서 형광 램프의 수요는 매년 경기의 영향을 어느 정도 받지만 장기적으로는 안정하게 성장하여 최근 30년 동안 약 3배가 되었다.

(3) 형광 램프의 자원절약 및 수은함량화의 추이

같은 밝기를 얻기 위한 형광 램프의 질량·체적 추이를 직관 40 W형 램프를 예로 하여 그림 8.3에 나타냈다. 유리관경의 세경화에 의해 현재는 1960년대에 비해 약 1/3의 질량이 되었다. 형광 램프 전체로는 그림 8.4와 같으며 1965년에 비해 2000년에는 수량으로 5 배, 질량은 1.4 배의 실적이 되었다.

한 개의 형광 램프를 제조하는 데 필요한 수은의 양(수은원단위)는 통계를 잡기 시작한 1974년 이후 지속적으로 감량화되어 왔으며 그 추이를 그림 8.5에 나타내었다. 2002년에는 10 mg쯤이 되었으며 램프 내에 봉입되어 있는

수은량은 8 mg 정도로 추정된다. 필요한 수은량의 이론값은 형광 램프 내에서의 수은소비 메커니즘이 완전히 해명되어 있지 않기 때문에 확실하지 않지만 현재 상황은 이론값에 거의 가까운 것으로 추정된다.

(4) 사용이 끝난 형광 램프의 적정 처리의 현재 상황

사용이 끝난 형광 램프의 처리에 대해서는 법적규제가 없는 현재 상태에서는 크게 나누어 다음 3가지로 실시되고 있다.

① 일반폐기물·산업폐기물 모두 유리찌꺼기로 안정형매립처분지에 매립한다.

② 분리 수거하여 수은을 포함한 슬러지를 고형화 또는 약제처리하여 용출기준값을 넘는 것을 관리형매립처분지에 매립한다.

③ 분리 수거한 것을 전문업자에 위탁 처분하고 유리는 유리섬유 원료 등으로 재자원화하고 수은은 분리제거하여 재이용한다. 이리사이클 흐름의 일례를 그림 8.6에 나타냈다.

이상의 현재 처리 실태 중 (3)의 방법이 이상적이지만 분리 수거 비용 및 처리업자까지 운반과 처리비용의 부담을 어떻게 할지가 큰 문제이며 경제합리성과 환경문제를 어떻게 평가하여 법제화할지가 향후 과제라 할 수 있다.

사용이 끝난 형광 램프의 분리 수거는 히로시마 시에서 1976년부터 시작되어 2002년 현재

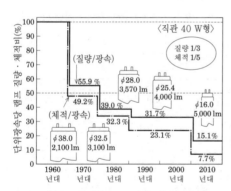

그림 8.3 같은 밝기를 얻기 위한 램프의 질량·체적의 추이

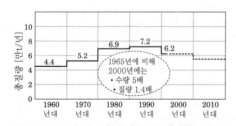

그림 8.4 일본 국내출하 램프의 총질량 추이

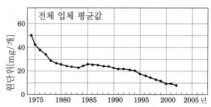

그림 8.5 램프 제조공정에서의 수은원단위(봉입량+제조소비량)의 추이

는 일본 전국 약 3,200개 지방자치단체 중 1,000개(추정)에서 실시되고 있으며 이 중 약 700개 지방자치단체의 수집 램프 및 산업폐기물의 일부를 포함하여 상기 (3)의 처리가 이루어지고 있는데, 그 양은 전체 폐형광 램프의 약 10 % 정도로 추산된다.

향후 과제는 처리비용의 배출자 부담 원칙으로 어떤 법적 시스템을 구축해 갈 것인가 하는 것이다.   [花田悌三]

8.2 조명기구 ● ● ●

조명기구의 환경문제에 대한 대처는 크게 나누어 ① 조명기구의 폐기 시에 발생하는 사용이 끝난 조명기구의 처리에 대응, ② 일상 생활에 기인한 지구온난화를 방지하기 위해 조명기구의 사용 중에 온실효과 가스의 배출 감소에 대응으로 구분된다.

8.2.1 사용이 끝난 조명기구 폐기 시의 처리에 대한 대응

사용이 끝난 조명기구 또는 부품의 처리에 관해서는 우선 예부터의 문제로 PCB 사용안정기

의 처리가 있다. 다음으로 리사이클 지원과 관련하여 방재조명기구에 사용되고 있는 니켈·카드뮴 전지의 회수, 용기포장의 리사이클 지원 또는 폐기물의 감량을 위한 3R(Reduce, Reuse, Recycle)에 대한 대응 등이 있다.

(1) PCB 사용안정기 처리에 대한 대응[12]

PCB는 폴리염화비페닐(polychlorinated biphenyl)의 약자로 전기절연성 열분해가 우수하고 화학적으로 안정된 물질이었기 때문에 1955년부터 전력용 트랜스의 절연유나 전기기기용 콘덴서의 절연유로, 또한 각종 화학공업, 식품가공의 제조공장에 대한 열매체로 널리 사용되게 되었다.

조명업계에서는 전기절연성이 우수하고 기기의 소형화를 도모한다는 점에서 PCB를 절연유로 이용한 콘덴서(PCB 콘덴서)를 형광등이나 수은등 같은 방전등용 안정기의 역률개선용으로 1957년부터 채용했다.

이들은 주로 래피드 스타트형 형광등기구나 고역률 HID 기구에 내장되어 판매되었다.

그러던 것이 1968년에 발생한 '카네미 유증사건'(서일본 일대에 발생한 일본 최대의 식품공해로서, 카네미 창고가 제조한 카네미 라이스

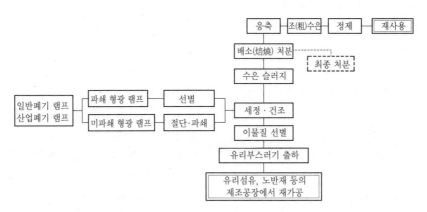

그림 8.6 사용이 끝난 형광 램프의 리사이클 흐름도(습식처리의 예)

오일에 다이옥신류가 섞여 들어가 이를 섭취한 사람들에게 건강피해가 발생한 사건이다. - 역주)을 계기로 그 후의 조사에 의해 PCB는 생체, 환경에 영향을 준다는 사실이 밝혀져 1972년에 제조 중지의 행정지노가 이루어지고, 1974년에는 「화학물질의 심사 및 제조에 관한 법률」(화심법)에 의해 법적으로 제조, 수입이 금지되었다.

조명업계도 이 통상산업성(당시)의 지시를 받아 1957년에서 1972년까지 제조해 오던 PCB 사용 안정기, 조명기구를 1972년 8월부터 제조를 중지하였다. 그리고 1972년 9월 이후 제조·판매된 제품에는 PCB가 사용되지 않았다.

사용중지 후 현재까지 약 30년이 흘렀지만 그 사이에 교환되어 분리된 사용이 끝난 PCB 사용 안정기(콘덴서)에 대해서는 처리시설이 없기 때문에 '배출한 사업자(시설소유자)'에게 보관과 관리가 의무화되었다.

그 사이에 장기 사용 또는 장기 보관에 따른 PCB 안정기의 열화사고나 보관품의 분실 등의 문제가 발생하고 PCB 폐기물의 조기처리체제 확립이 요망되고 있는데, 2001년 6월에 「폴리염화비페닐 폐기물의 적정한 처리 추진에 관한 특별조치법」(약칭 「PCB 폐기물 처리 특별조치법」)이 국회에서 가결되었다. 이 법에 의하면 5년 정도를 표준으로 PCB 폐기물의 처리시설을 정비하고 다시 10년 정도에 보관되어 있는 PCB 폐기물을 처리하는 것으로 되어 있다.

일본조명기구공업회에서는 1972년의 제조 및 판매 중지 후 수회에 걸쳐 전국 각지에 대해 사용 중인 PCB 조명기구의 점검 및 교환을 호소했는데, 이번 「PCB 폐기물처리 특별조치법」의 제정을 계기로 PCB 사용 조명기구의 점검 및 교환이 더욱 촉진될 것이다.

또한 환경성 조사에 의하면 2001년 7월 15일 현재 PCB 안정기의 전국 보관상황은 보관사업소 수 8,736개소, 보관량 4,170,839대이다.

(2) 니켈·카드뮴 전지의 회수에 대한 대응

비상용 조명기구 및 유도등에는 비상점등용 전원으로 니켈 카드뮴 전지를 사용하고 있다.

이전의 「재생자원 이용 촉진에 관한 법률」('재생 자원이용촉진법', 통칭 「리사이클법」)에서는 이와 같은 2차 전지 사용기기에 대해서는 2차 전지의 분리가 용이한 구조의 채용 및 제품이 2차전지를 사용하고 있는 것 등의 표시가 의무화되었다. 그런데 2000년 6월 개정(2001년 4월 시행)에 의해 법률명칭도 「자원의 유효한 이용 촉진에 관한 법률」(「자원유효이용촉진법」, 통칭 「개정 리사이클법」)으로 고쳐지고 2차 전지의 취급도 변경되었다.

「자원유효이용촉진법」에서는 비상용 조명기구 및 유도등은 2차 전지 사용기기로서 '지정 재이용촉진제품'으로 지정되어 조명기구 제조업체는 사용이 끝난 니켈·카드뮴 전지의 회수 및 회수를 위한 정보제공이 의무화되었다. 또한 2차 전지 제조업체는 회수된 2차 전지의 재자원화(리사이클) 의무를 진다. 이에 따라 전지공업회에서는 회수·리사이클을 전지 및 각종기기 제조업체가 공동으로 수행하기 위해 2001년에 '소형 2차 전지 재자원화 추진 센터'를 설립했다.

비상용 조명기구 및 유도등에 관해서는 이전보다 보수점검 시에 수명이 다한 것으로 판단된 니켈·카드뮴 전지는 업자에 의해 회수되고 지정 전지처리업자에게 송부되었다. 그러나 현재는 새로운 회수·처리 구조를 바탕으로 해당 조명기구 제조업체는 '소형 2차 전지 재자원화 추진센터'에 가맹하여 니켈·카드뮴 전지의 회수를 추진하고 있다.

(3) 용기포장 리사이클에 대한 대응

일반폐기물의 배출량 증대, 최종 처분장의 부족에 따라 일반폐기물 중 60 %(용적비)를 차지하는 용기와 포장 폐기물을 계획적으로 감량하고 재상품화하는 것을 목적으로 1995년에「용기포장에 대한 분리 수거 및 재상품화 촉진 등에 관한 법률」(이하「용기포장 리사이클법」)이 제정되어 1997년 4월부터 유리제 용기와 페트병을 대상으로 대규모 사업자에 대해 시행되었다.

2000년 4월부터는 종이제 및 플라스틱류의 용기포장이 대상에 추가되고 중소규모 사업자도 대상으로 완전시행하게 되었다.

조명기구업계에서도 일반폐기물로 배출되는 주택용 조명기구 등의 특정용기포장이 재상품화 의무를 지게 되었다.

이에 따라 일본조명기구공업회는 조명기구 제조사업자를 대상으로 한 '용기포장 리사이클법에 기초한 조명기구제조 등 사업자를 위한 가이드' 및 '조명기구의 용기포장 식별표시에 관한 가이드'를 작성하여 조명기구에 사용되는 용기포장 중 특정 용기포장인 종이제 용기포장, 플라스틱제 용기포장의 판단기준을 제시하고 해당 식별표시의 방법을 제정했다. 용기포장 리사이클법은 용기를 제조 또는 이용하는 사업자와 배출하는 소비자 및 분리 수거하는 지방자치단체의 3자가 각각 책임을 분담하도록 했는데, 조명기구의 대상사업자는 지정법인인 일본용기포장 리사이클협회에 가입하여 재상품화를 위탁함으로써 리사이클을 수행하고 있다.

(4) 3R(Reduce, Reuse, Recycle)에 대한 대응

2000년에 제정된「자원유효이용촉진법」은 지속가능한 순환형 사회의 구축을 지향하여 폐기물의 총 배출량을 줄이기 위한 방책으로 이전의 리사이클뿐만 아니라 폐기물의 발생 억제, 상품 등의 재사용, 원자재로서의 재이용이라는 소위 3R(Reduce, Reuse, Recycle)의 적극적인 추진을 요구하고 있다.

일본조명기구공업회는 조명기구의 3R을 촉진하기 위해 업계 내 자료로「조명기구·제품 평가 매뉴얼(제3판)」을 제정하고 새롭게 설계·제조하는 모든 조명기구를 대상으로 재료·부품의 감량, 재생부품의 사용, 제품·부품의 내구성 향상에 의한 장기사용 촉진, 리사이클 가능한 재료·부품의 사용 등으로 대처하고 있다.

또한 조명기구 연간폐기량은 1990년도 29만 1,000톤, 1994년도 27만 1,000톤, 2000년도 23만 8,000톤(일본조명기구공업회 조사)이며 일본의 폐기물 총 배출량 약 4억 5,000만 톤의 약 0.05 %이다.

8.2.2 지구온난화 방지를 위한 온실효과 가스 감축에 대한 대응

지구온난화는 일상생활에 화석연료의 사용 증대로 인해 연료에 의해 발생하는 온실효과 가스의 농도 상승이 기온 상승을 초래하고 그것과 더불어 해수면이 상승한다. 온실효과 가스 중 가장 영향이 큰 것이 이산화탄소(CO_2)이며 그 농도는 매년 0.5 % 정도씩 상승하고 있어 이대로 계속 상승하면 100년 후에는 기온이 약 2℃ 상승하고 해면이 평균 50 cm 상승한다고 예상하고 있다. 이와 같은 사태가 되면 지구상의 모든 생태계에 매우 심각한 영향을 끼칠 것이라고 한다. [7),8)]

지구온난화 문제에 지구규모로 대응하기 위해 정부간 교섭이 이루어져 1997년에 교토에서 개최된 제3차 당사국 총회(COP 3)에서 선진국의 온실효과 가스 배출량 감축 목표가 '교토의 정서'로 채택되었다.

일본에서는 이것을 받아 1998년 6월에 '지구 온난화 대책 추진 대강(大綱)'(이전의 '대강')을 결정하고 같은 해 10월에 「지구온난화대책의 추진에 관한 법률」을 제정하여 지구온난화 대책의 기본방침을 정했다. 그 후 CO 7에서 교토의정서의 운용세목이 합의된 것을 받아 2002년에 구 대강을 고쳐서 새로운 '지구온난화 대책 추진 대강'('신대강')을 책정함과 동시에 교토의정서를 수락하고 2002년 6월에 「지구온난화대책의 추진에 관한 법률의 일부를 개정하는 법률」을 공포했다.

교토의정서에서 일본이 약속한 6%. 감축 (2008년~2012년까지 1990년에 비해 온실효과 가스의 배출량을 6 % 감축)을 달성해야 하며 '신대강'에 대해서는 구체적인 추진계획이 나타나 있지만 그 중에서 에너지 기원의 CO_2 감축대책으로 에너지 절약 대책의 필요성을 강조하고 있다.[11]

(1) 조명기구 사용 중의 환경부하 감소

조명은 일상의 모든 사회생활 속에서 이용되고 있지만 이용 과정에서 전기 에너지를 대량으로 소비하고 온실효과 가스를 배출하고 있다.

조명이 소비하는 전력량은 사무실 빌딩 등의 민생부문에서 전체 전력량의 약 25 %, 가정용에서 16 %, 공장 등 산업용에서 약 15 %를 차지하며 연간소비전력량은 2000년도에 약 1,200 kWh로 파악된다(일본조명기구공업회 시산).

한편 조명기구의 라이프 사이클 평가(LCA)에 따르면 조명기구의 라이프 사이클 동안 에너지 사용량의 99 %를 점등사용 중의 전력이 차지하고 있다. 이 때문에 조명기구 사용 중의 에너지를 줄이는 것, 즉 에너지 절약형 조명기구를 추진하는 것이 온실효과 가스를 줄이는 데 크게 기여한다.

(2) 조명기구에 대한 에너지 절약 추진

조명에서 에너지 절약을 추진하려면 각종 용도에 대한 기기의 효율개선이나 사용법 개선이 필요하다. 일본조명기구공업회에서는 지구온난화방지를 위해 다음과 같은 6항목의 구체적인 대책을 내걸고 목표를 결정하여 추진하고 있다.

① **에너지 절약법, 특정 기기 '형광등기구'의 효율 향상** 톱 러너 방식에 의한 에너지 소비 효율의 목표기준을 달성하기 위해 2010년까지 시설용 형광등기구에 대해 85 %를 인버터 기구(Hf 기구 포함)로, 주택용 기구에 대해 95 %를 인버터 기구(Hf 기구 포함)로 개선한다.

② **고휘도 유도등화의 추진** 광원에 냉음극 형광 램프를 채택하여 기구의 고효율화를 꾀한다.

③ **조명제어 시스템의 추진** 사무실 빌딩·점포를 중심으로 초기조도 보정, 주광 이용, 타이머 제어, 존재·부재 감지 같은 조명제어 시스템의 도입을 추진한다.

④ **전구형 형광등기구의 추진** 백열등기구의 일부를 전구형 형광등기구로 대체한다.

⑤ **백열전구 기구의 효율 개선** 사용하는 백열전구의 더욱 큰 효율개선을 꾀한다.

⑥ **고효율 HID 기구의 추진** 수은등기구를 고효율의 고압 나트륨 램프 기구나 세라믹 메탈 할라이드 기구로 대체한다. 또한 불필요한 상방 광속을 줄인 광해대책형 HID 기구로 전환을 꾀한다.

이러한 대책에 의해 에너지 절약 미대책 시에 비해 2005년에는 240억 kWh의 전력량을 줄이고, 2010년에는 479억 kWh를 줄인다. 또한 온실효과가스(CO_2) 환산에서는 각각 864만t-CO_2, 1,724만t-CO_2의 감축을 목표로 하고 있다. 이것에 의해 2010년의 조명 연간소비전력량을 기준년도인 1990년도 대비 6.6 % 감축으로 하고 환경부하를 줄이는 데 노력하고 있다.

(3) 그린 구입법에 대한 대응

환경부하가 적은 지속적인 사회를 구축하기 위해 국가 등이 솔선하여 환경부하의 감축에 이바지하는 원재료·부품·제품 및 노동을 구입함으로써 환경물품 등에 대한 수요의 전환을 촉진하는 것을 목적으로 2000년 5월에 「국가 등에 의한 환경물품 등의 조달 추진에 관한 법률」(약칭 「그린 구입법」)이 제정되어 2001년 4월부터 시행되고 있다.

국가 등의 기관에서 매년 '특정조달물품'을 지정하고 조달을 추진하고 있다. 조명관련 특정조달물품으로는 2001년도는 에너지 절약 목표기준을 정비하는 '형광등기구' 및 40 W의 3파장형 '형광관'이, 2002년에는 '조명제어시스템'과 '환경배려형 도로조명'이 추가되었다.

향후 이와 같은 환경을 고려한 제품의 개발이 촉진되어 환경부하가 적은 지속적인 사회가 양성되어 갈 것이다.

[小山敦夫]

참고문헌

1) 廣田, 他：水銀ディスペンサーを用いた蛍光ランプの特性, 照学誌, 60-2, 72 (1976)
2) 照明学会：照明学会の将来ビジョン "社会ニーズへの先行対応", 照学誌, 80-12, 899 (1996)
3) 日本電球工業会：昭和 52 年度電気器具の有害物質除去に関する調査研究報告書 (1978)
4) 椎野, 他：ランプにおけるライフサイクル・アセスメント, 日本機械学会第 7 回環境工学総合シンポジウム '97 (1997)
5) NEMA：Fluorescent Lamps and the Environment (2001)
6) 大島：使用済み製品と関連法規および蛍光ランプの事例, 照学誌, 81-9, 853 (1997)
7) 家電製品協会：環境総合ハンドブック, 第 1 章環境問題と家電製品 (1998)
8) 照明学会：環境保全と照明システム, 第 2 章概説 (1997)
9) 日本照明器具工業会：ガイド 119 「容器包装リサイクル法に基づく照明器具製造等事業者のためのガイド」(1999)
10) 日本照明器具工業会：ガイド 122 「照明器具の容器包装識別表示に関するガイド」(2001)
11) 井上直己：我が国の地球温暖化対策, 電設技術 (2002)
12) 小山敦夫：工場照明設備の PCB 対策, 生産と電気, 53-10, pp. 15-20 (2001)

9편
광방사의 응용

제1장

광방사 계측과 평가법

조명은 인간의 시각지원을 목적으로 하기 때문에 조명에 대한 계측법은 인간의 시각특성(분광시감효율 : 分光視感效率)을 기준으로 작성되어 왔다. 그러나 본 편에서 다루는 광방사의 산업의료에 대한 응용에서는 각 응용에서 시각과 다른 분광감도특성을 가진 반응이 있으므로 계측과 평가도 각각 다른 것이 된다.

본 편에서는 공업, 농수산업, 의료, 장애 등을 취급하므로 그러한 분야에서 광방사를 계측하는 경우의 포괄적인 사고방식을 소개하고 역사적으로 독자적인 광측정을 해 온 농업 분야의 사례에 대해 설명한다.

1.1 기본적인 개념

본 편에서 계측의 목적은 광방사의 계측에 의해 일어나는 광반응의 정도를 예측하거나 광방사와 광반응의 관계를 평가하거나, 또는 광방사에 관하여 다른 환경조건에 대해 대조를 보증하는 것에 있다.

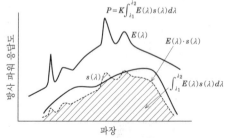

그림 1.1 방사에 의한 반응의 파장특성
[조명학회, 1992[1]]

광방사가 어떤 방사조도를 가지고 어떤 분광특성 $E(\lambda)$를 가지고 대상물에 입사된다고 하자. 그리고 대상물에서 광반응은 입자광 중의 파장에 의한 함수 $s(\lambda)$ (후술함)를 가진다고 하자.

이 때 광반응에 기여하는 방사 레벨(파워) P는 다음 식과 같이 된다.

$$P = K \int_{\lambda 1}^{\lambda 2} E(\lambda) s(\lambda) d\lambda \qquad (1.1)$$

이 개념을 그림 1.1에 나타냈다. K는 통상 상수라고 생각한다. 경우에 따라서는 K에 광방사의 사출측과 수광측의 공간적 넓이(예를 들어, 조명기구의 배광설계 및 식물의 잎의 전개상황) 등을 포함하지만, 또한 경우에 따라 K가 λ의 함수인 경우도 생각해야 한다. λ_1, λ_1는 반응에 효과가 있는 파장의 범위이다.

또한 사진의 감광이나 식물의 광합성을 비롯한 생물체의 반응에 대해서는 시간적인 경과에 따라 총 반응이 규정되는 축적성 반응이 되며 입사 에너지를 Q라 하면

$$Q = P \times t \quad (t : 시간) \qquad (1.2)$$

인데, 반응과 Q는 단순한 관계가 아닌 경우도 있다. 왜냐하면 일반적으로 Q가 같아도 P가 낮고(저조도) t가 긴 경우에는 반응이 적어지는 경향이 있기 때문에(相反則不軌) 이 경우 특히 P의 시간적 변화도 기록할 필요가 있다.

이상과 같이 광방사와 광반응의 관계는 단순하지 않지만 대상물 부근에 대한 방사조도 또는 조도를 측정해 두고 $E(\lambda)$ 또는 이상적으로는

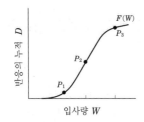

그림 1.2 반응특성곡선(반응누적도)
[조명학회, 1992[2]]

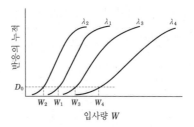

그림 1.3 파장을 파라미터로 한 반응누적도
W_1, ..., W_4는 각 파장 λ_1, ..., λ_4에서의
입사에 대한 기준입사량
[조명학회, 1992[2]]

$s(\lambda)$가 알려져 있으면 일어나기 쉬운 광반응의
정도를 대략적으로 예측할 수 있다. 실용적으로
는 각 광방사 반응에서 실험을 거듭하여 가능하
면 보편적인 $s(\lambda)$를 구현하는 것이 요망된다.

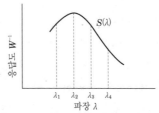

D_0까지의 반응누적의 파장특성(분광응답도 $S(\lambda)$)

그림 1.4 반응의 특성곡선과 분광응답도
[조명학회, 1992[2]]

1.2 분광작용 특성의 작성 ● ● ●

$s(\lambda)$는 분광작용특성 또는 분광응답특성이라
고 불리며 인간의 시각의 경우에는 분광시감효
율이 된다. 통상 반응은 그림 1.2[2]와 같이 소량
의 광방사가 입사할 때 상승하고(P_1) 차차 기울
기가 급해지며(P_2) 그 후 포화에 이른다(P_3). 대
상물에 대한 조사 파장역을 좁은 대역(가령
5 nm)로 하고 그 반응의 특징적인 점(가령 P_1)
에 대한 입사량을 구한다(그림 1.3).[2] 각 값의
역수의 종축에, 그 때의 파장을 횡축에 잡은 것
의 교점을 연결하면 분광작용특성 또는 분광응
답특성이라는 그림(그림 1.4[2])이 완성된다.

1.3 입사량의 단위와 계측기기 ● ● ●

각 광반응에 대해 조도를 예로 하도록 한 입
사광 $E(\lambda)$에 구속되지 않는 정량적 단위를 정해
두면 편리하다. 그리고 향후 각 광방사 응용에
서 이들이 충실할 것이 요구되지만 방사조도가

이용되고 있는 것은 당연하며 조도가 분광시감
효율을 바탕으로 결정되는 점을 제외하고는 현
재 국제적으로는 결정되어 있지 않다.

농업 기상에서는 일사(日射)의 계측은 작물의
생육 예측 등의 관점에서 중요하므로 예부터 자
연광의 입사 에너지를 모두 열로 변환하여 방사
조도를 계획하는 방법이 이루어져 왔다. 자연광
에서는 분광 특성이 그다지 변화하지 않고 광합
성 유효방사는 일사의 약 45 %라는 사실에서
지금까지 일사계에 의한 방사조도의 계속적인
계측이 이루어지고 있다. 일사계는 유리 돔 내
의 흑색 열전퇴(熱電堆)로 만든 수광부의 온도
상승에 의한 전위차로부터 방사조도를 산출한
다. 단위에 대해 순시값은 W/m², 적산값은
MJ/m²를 이용하고 있으며 예전에는 cal도 사
용되었다. 일사계는 실외 일사의 장기간에 걸친
측정에는 적당하지만 인공광 하에서는 응답성

표 1.1 광량자에 대한 광의 평가 명칭

농학 관련 학회	조명학회
광량자속 photon flux, quantum flux	광자속 photon flux
광량자 수	광자 수 number of photons photon number
광량자속밀도 photon flux density photon fluence rate	광자조도 photon irradiance

이 나쁘며 분광특성이 당연히 자연광과 다르므로 사용할 수 없다.

식물의 광합성에서는 그 작용 스펙트럼이 맥크리(McCree)[4], 이나다(Inada)[5]에 의해 구해져 400~700 nm의 광자감도에 가깝다는 점과 식물종류에 따라서도 달라진다는 사실이 알려져 있다. 그 후 통일을 목적으로 400~700 nm 사이의 광자감도를 광합성 유효광자조도(PPFD)로 하고 그 분광응답특성에 특화한 계측기도 시판되어 왔다. 인공광형 식물공장 등에서는 이 PPFD의 사고방식에 따라 조명설계를 정량적으로 생각하는 방향이 있다. 그러나 교정 등의 실시에 대해서는 측정기 제조업체에 의존한 상태가 오래 계속되고 있으며, 교정된 조도계와의 병용에 의한 확인도 필요하다. 조도계적인 분광응답특성을 가지는 한편으로 농업 분야에서의 사용도 시야에 넣은 간편한 계측기록형 조도계[6]도 시판되게 되었다.

분광방사계에 의해 광방사응용의 현장에서 $E(\lambda)$를 측정해 두면 조도, 방사조도, PPFD 또는 독자적으로 설정한 정량적 단위 등과의 환산이 가능하게 된다. 측정의 고속화, 코사인 법칙의 확보, 단위계의 환산계수의 산출 등 하드, 소프트 양면이 연구된 실례[7]도 있다.

1.4 단위계의 문제와 광측정의 실제 ●●●

이학·공학·농학에서 각각의 관례로 단위계를 설정해 왔으며 용어도 영어, 일본어 모두 조금씩 다르다. 표 1.1에 그러한 대비를 나타냈는데, 향후 통일이 필요하다고 생각한다.

광계측과 관련된 법칙성은 조명공학에서 개발된 방법과 같다. 특히 태양전지 등을 이용하여 독자적으로 계측기기를 개발하는 경우에는 계측기기가 코사인 법칙을 만족하도록 설계해야 한다. 또한 인공광에 의한 식물 재배 같은 장면의 경우 균일한 광환경을 실현하기가 어렵다. 이 경우 면평균을 이용해야 하며 그 방법도 JIS 조도평균법[8]에 준하는 것이 좋다.

방사원의 분광특성과 분광작용특성이 적용되고 파장범위가 만족되는 경우에는 표계산 소프트웨어 등에 의해 환산값을 구할 수 있다. 간편하게 환산표[2]를 만들 수 있으므로 이것을 이용하여 대처하는 것도 가능하다.   [村上克介]

참고문헌

1) 照明学会編：光バイオインダストリー, pp. 170-176, 中川靖夫, オーム社 (1992)
2) 照明学会編：光バイオインダストリー, pp. 176-182, 中川靖夫, オーム社 (1992)
3) 照明学会編：光バイオインダストリー, pp. 182-198, 桂 直樹, オーム社 (1992)
4) McCree, K. J.: The action spectrum, absorptance and quantum yield of photosynthesys in crop plants, Agric. Meteorol., 9, pp. 191-216 (1972)
5) Inada, K.: Action spectra for photosynthesis in higher plants, Plant and Cell Physiol., 17, pp. 355-365 (1976)
6) Murakami, K., Sakakibara, H., Enoki, H., Murase, H.: Development of light meter with data logger and its Calibration equipment, The XIV memorial CIGR world congress, pp. 1448-1452 (2000)
7) 洞口公俊, 村上克介, 山中泰彦, 大久保和明：分光放射計の植物栽培光放射環境測定への適用, 生物環境調節, 34, pp. 191-200 (1996)
8) JIS C 7612：1985 照度測定方法

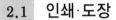

제2장

농·공·수산업에 응용

2.1 인쇄·도장

인쇄·도장의 공정에서 광방사는 주로 건조(경화라고도 함)에 사용되고 있다. 제판에 대해서는 인쇄 등의 판 굽기에 사용되고 있는데, 최근에는 CTP(Computer To Plate : 컴퓨터에 의한 직접 제판)가 주류가 되었으며 광방사의 이용은 적어졌다. 따라서 이 장에서는 인쇄·도장의 광원 및 응용 예에 대해 설명한다.

2.1.1 자외방사의 이용

자외방사란 자외선원에서 자외선(UV : Ultra Violet ray)을 방출하는 것을 말한다.

인쇄·도장의 건조방법은 자연건조, 가열건조가 주류였지만 최근에는 자외방사에 반응하는 감광성수지가 개발되어 그 사용이 급속히 확산되고 있다. 자외방사를 이용한 분야·용도[1]로서 표 2.1에 일례를 나타냈다.

또한 그 장점은 다음과 같다.

(1) 건조시간이 짧다(생산성 향상).

(2) 용제 방출량이 적다.

(3) 장치가 소형이므로 여러 설비가 저렴하다 (경제성이 우수함).

(4) 기존 설비부분을 개조할 수 있다(도입이 용이함).

(5) 품질이 향상된다.

한편 자외방사는 그 에너지가 크기 때문에 인체에 너무 많이 쐬면 피부의 염증(소위 햇볕에 탐, 홍반효과)나 눈의 염증, 최악의 경우 피부암이 되는 경우도 있다. 따라서 자외선 누출에 대해서는 충분한 대책이 필요하며 특히 작업자의 자외선에 대한 지식, 자외선을 쐬지 않도록 하는 의식이 필요하다.

2.1.2 UV 램프

(1) UV 램프의 종류[1]

UV 램프는 고압방전 램프와 저압방전 램프, 초고압방전 램프로 대별되며 각각 특징이 있는

표 2.1 UV를 이용한 용도와 사용 예

	분야·용도	사용 예
UV 잉크	종이, BF 인쇄	인쇄 컴퓨터 용지, 전표 인쇄
	플렉소 인쇄, 매엽 인쇄	패키지 인쇄 등
	금속 인쇄	음료통, 화장판 인쇄
	실 인쇄	각종 실
UV 도료	건재·가구 등의 하드 코트 바탕 및 도장	합판, 목공, 가구
	진공증착용 언더코트·톱코트	헤드라이트
제판	PS판의 제판	신문인쇄판
	수지凸판의 제판	상업인쇄 분야
UV 접착제	유리와 이종재료의 접착	전자부품의 조립
	프린트기판의 전자부품 접착	전자부품의 조립
핫 레지스트	에칭 레지스트	리드 프레임 제조
	솔더 레지스트에 대한노광	PC 절연용
	리소그래피용 레지스트	반도체 제조
기타	광세척	반도체, FPD 제조
	레지스트 박리	반도체, FPD 제조
	광 프레스	FPD 제조
	광 CVD	박막제조
	살균	식품살균, 수처리

파장의 자외선을 발광한다. 여기서는 인쇄·도장 분야에서 사용되는 고압방전 램프를 중심으로 설명한다. 고압방전 램프에는 크게 나누면 고압수은 램프와 메탈 할라이드 램프가 있다.

고압수은 램프에서 빙사되는 파장은 200~450 nm의 넓은 범위에 걸쳐 있으며 365 nm를 주파장으로 하고 특히 254, 313, 405, 436 nm의 선 스펙트럼이 강하다.

메탈 할라이드 램프는 크게 나누면 Fe계, Ga계의 두 종류가 있다. Fe 계 메탈 할라이드 램프(이하 '메탈 할라이드 램프 A'라 함)는 고압수은 램프와 거의 같은 방사 에너지를 가지고 있으며, 특히 365 nm 부근의 방사효율이 개선되었다. 단, 300 nm 이하의 파장이 고압수은 램프에 비해 약해져 있다. Ga계 메탈 할라이드 램프(이하 '메탈 할라이드 램프 B'라 함)는 고압수은 램프와 완전히 달리 400 nm 부근의 파장을 강하게 방사하고 램프의 관 재질에 따라 오존형과 오존리스(일명 오존 프리)형으로 나누어진다. 220 nm 이하의 단파장 자외선이 공기 중의 산소(O_2)에 닿으면 오존(O_3)이 발생한다. 오존형에서는 관재에 보통은 석영을 사용하고 220 nm 이하의 단파장을 방사하여 오존을 발생시키지만, 오존리스형의 경우는 특수한 석영을 사용하여 230 nm 이하의 단파장을 차단하여 오존 발생을 억제한다.

분광 에너지 분포를 그림 2.1~2.3에 나타냈다.

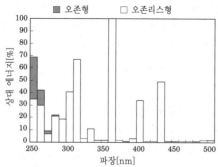

그림 2.1 분광 에너지 분포(고압수은 램프)

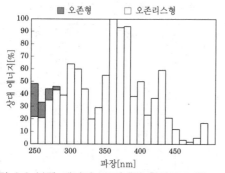

그림 2.2 분광 에너지 분포(메탈 할라이드 램프 A)

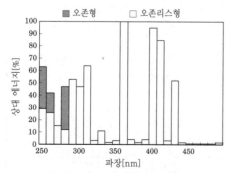

그림 2.3 분광 에너지 분포(메탈 할라이드 램프 B)

(2) UV 램프에서의 방사 비율

UV 램프는 UV가 주로 방사되고 있는 것이 아니다. 일반적인 고압수은 램프의 방사 비율을 표 2.2에 나타냈다.

(3) UV 램프의 수명(70 % 유지율)

초기특성이 70 %인 UV 강도(유지율)이 되었을 때를 일반적으로 수명이라고 부른다. 이것은 램프 자체의 수명에 대한 사고방식이며 사용 및 건조(경화) 조건에 따라 짧아지는 것도 있다.

표 2.3에 UV 램프의 평균수명시간을 나타냈다.

표 2.2 고압수은 램프(80 W/cm)의 방사비율
(참고자료)

	발광장 1 cm당 방사량
자외선(UV)	약 16 W/cm(20 %)
가시광(V/R)	약 16 W/cm(20 %)
적외선(IR) 및 열(heat)	약 48 W/cm(60 %)

표 2.3 UV 램프의 평균 수명시간

UV 램프 종류(W/cm)	평균수명 시간 (유지율[%])
수은·메탈 할라이드 램프(80)	2,000(70)
수은·메탈 할라이드 램프(120)	1,500(70)
수은·메탈 할라이드 램프(160, 200)	1,000(70)

(주) 청정한 분위기에서 사용한 경우

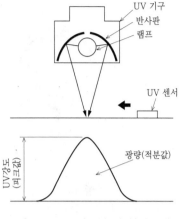

그림 2.4 UV 강도와 광량(적분값)

(4) UV 램프의 선정 방법

UV 램프는 발광하는 주파장에 의해 고압수은 램프, 메탈 할라이드 램프 A, 메탈 할라이드 램프 B의 3종류가 있다.

램프를 선정하는 경우 우선 UV 경화용 도포재료(잉크 도료 등)의 주된 흡광파장을 확인해야 한다. 일반적으로는 안료분이 없는 클리어계에는 고압수은 램프를, 색이 있는 잉크 등에는 메탈 할라이드 램프 A를 선택한다. 에나멜계에는 메탈 할라이드 램프 B를 선정하는 경우가 많다. 또한 UV 경화 후의 도포재의 표면 터크(표면 밀착인화)를 좋게 하기 위해 메탈 할라이드 램프 A를 방사한 후에 고압수은 램프를 사용하는 경우도 있다.

또한 UV 경화보다 나은 보통의 오존형을 선택하는 경우에는 오존 발생을 위해 램프 냉각공기를 실외로 배출해야 한다. 오존형을 사용할 때에는 드물게 도포재료나 피도포재에 악영향을 주는 경우가 있으므로 잉크·도료 제조업체에 문의해야 한다. 또한 도표막 두께, 색(안료), 틀(피조사물) 형상의 영향도 있으므로 UV 강도·광량(적분값)에 따라 반사판 형상의 선택이나 열영향을 가미하는 것도 중요하다.

(5) UV 강도·광량(적분값)

UV광의 표현에는 UV 강도와 광량(적분값)이 있다. UV 강도란 광의 강도를 나타내며 광량이란 광의 양, 즉 어떤 단위면적 내에 어느 정도의 광량이 방사되는지를 나타낸다. 일반적으로 UV 강도는 [mW/cm^2]로, 광량은 [mJ/cm^2] 단위로 표시한다.

그림 2.4와 같은 컨베이어식 장치의 경우 틀(피조사물)이 컨베이어상을 이동하고 UV 램프 아래에서 UV광이 조사되기 시작한다. 집광형 반사판을 사용한 경우에는 처음에는 약한 광(UV)이 서서히 강해져 램프의 바로 아래에서 최고점에 도달하고 서서히 약해져 간다. UV 강도는 이 때의 광의 강도(그림 2.4의 종축)를 말한다.

일반적으로 컨베이어 장치 등에서 UV 강도를 표현할 경우 컨베이어 통과로 가장 높은 값을 강도, 즉 UV 피크 강도를 나타내는 경우가 많다. 광량은 그림 2.4에서 산의 내부 면적(적분값)을 나타낸다.

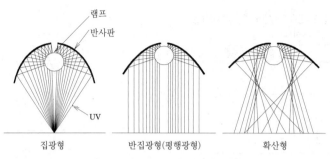

그림 2.5 반사판 방식에 의한 반사판 분류

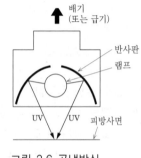

그림 2.6 공냉방식

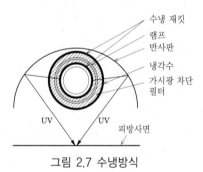

그림 2.7 수냉방식

2.1.3 UV 장치

UV 장치는 일반적으로는 UV를 방사하는 UV 램프, UV를 피방사면에 방사하는 반사판 등의 기구, 점등을 위한 전원장치 및 냉각장치로 구성되어 있다. 그 밖에 부대설비로 반송장치가 포함되는 경우도 있다.

2.1.4 UV 반사판

UV의 반사판의 종류로 집광형·평행광형 및 확산광형이 있다. 집광형은 UV 강도가 필요한 피조사물에 이용한다. 확산광형은 UV 강도는 필요하지 않지만 광량이 필요한 피조사물에 이용한다. 평행광형은 둘의 중간에 해당하는 경우 또는 램프의 긴 방향으로 피조사물을 반송하는 경우에 반사판과 같은 폭의 방사를 필요로 하는 경우에 사용한다(그림 2.5 참조).

2.1.5 냉각 방식에 의한 분류

UV 램프는 점등 시 표면온도가 800℃ 이상이 되어 다량의 열을 낸다. UV 램프는 물론 UV 조사기구에 대해서도 냉각하지 않으면 UV 램프 및 UV 조사기구의 열변형·파손·수명 단축으로 이어진다. 냉각을 위해서는 강제냉각을 해야 한다. 냉각 방식은 다음 세 방식으로 분류할 수 있다.

(a) **공냉방식** UV 조사기구 및 램프를 배기 또는 급기함으로써 냉각하는 방식이다. 송풍기로는 블로어(팬)를 사용한다. 오존형 UV 램프를 사용한 경우에는 램프 주변에서 오존이 발생하므로 배기방식을 채택하여 실외로 배기하도록 한다(그림 2.6 참조).

(b) **수냉방식** 램프의 주변에 이중관(냉방 재킷)을 설치하고 그 속에 물을 흘려 간접적으로 냉각하는 방식이다. 냉각수를 순환시켜 사용하는 순환식과 방류시켜 사용하는

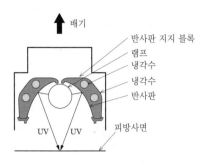

그림 2.8 공수냉 방식

그림 2.9 인버터식 전원장치

방류식이 있다(그림 2.7 참조).

(c) 공수냉방식 반사판 지지용 블록에 물을 흘려 램프 주변온도를 낮춤과 동시에 송풍기로 배기냉각을 하는 방식. 냉각수는 수돗물 정도의 수질로도 문제가 없다(그림 2.8 참조).

2.1.6 전원장치

전원장치로는 일반적인 동−철(트랜스) 방식과 최근 사용되고 있는 인버터 방식이 있다.

동−철 방식의 특징은 저렴하고 단순하지만 일반적으로 무겁고 대형이다. 인버터 방식의 경우 경량·소형으로 연속 조광할 수 있지만 비용 상승 및 많은 전자부품을 사용하기 때문에 먼지와 진동에 약하다. 인버터 방식은 일부 개량을 가하여 계속 보급되고 있다(그림 2.9 참조).

2.1.7 UV 경화용 도포재료(잉크, 도료 등)와의 연관

UV 경화용 도포재료(잉크·도료 등)는 보통의 수성 및 유성 잉크나 도료에는 없는 전용 도포재료가 필요하다. UV용 도포재료란 UV를 조사함으로써 순간적으로 건조(경화)하는 잉크·도료 등을 말한다.

UV 경화용 도포재료에는 광중합개시제가 포함되어 있다. 광중합개시제는 UV에 의해 반응기가 반응하여 중합을 개시한다.

UV 잉크, 도료 등의 장점과 단점은 아래와 같다.

〈장점〉

(1) 순간적으로 경화한다.

(2) 공간이 절약되고 납기를 줄일 수 있다.

(3) 막 강도가 유성에 비해 대단히 강하다.

(4) 악취가 적다(무용제 또는 용제가 대단히 적음).

(5) 유성이 우수하다(UV가 방사되지 않으면 경화되지 않고 작업 후에 방치 가능).

〈단점〉

(1) 가격이 높다.

(2) 전용 재료(롤러, 세정제 등)가 필요하다.

(3) 레벨링, 발색이 약하다(순간적으로 경화하기 때문에 레벨링 시간이 적고 광택이 떨어짐).

(4) 밀착성이 떨어진다(순간적으로 체적이 수축하기 때문).

(5) 피부에 대한 자극성이 있다(성분에 피부 자극성분이 포함되어 있음).

2.1.8 틀(피조사물)과의 관련

틀(피조사물)의 특징과 UV 장치는 다음과 같다.

(1) 목재

UV 통과 시에 온도 상승에 의해 목재 내부에

그림 2.10 목공용 UV 장치 예

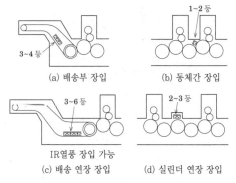

그림 2.11 매엽인쇄기 UV 장입 예

(a) 배송부 장입   (b) 동체간 장입

(c) 배송 연장 장입   (d) 실린더 연장 장입

IR열풍 장입 가능

1~2 등   3~4 등   3~6 등   2~3 등

그림 2.12 초슬림(폭 40 nm)형 UV 기구

그림 2.13 공랭식 방폭형 UV 장치

서 공기가 나온다. 이것이 표면에 도포된 도료 등을 밀어 올려 기포가 생긴다(발포현상). 따라서 목재 관련 UV 조사는 약한 광을 몇 회 조사함으로써 광량을 확보하고 경화시키는 경우가 많다. 반송 속도를 높여 조사시간을 단축하고 강한 광으로 조사하는 방법도 있지만 틀의 크기·휨 등의 관계로부터 반송 속도도 태반이 30 m/min 이하에서 사용되고 있다(일부에는 100 m/min을 초과하는 제조 라인도 있음).

목공용 UV 장치의 예를 그림 2.10에 나타냈다.

(2) 종이

실, 라벨/BF(비즈니스폼)/매엽 등 인쇄기에 장입된(인라인) UV 장치가 주류이다. 매엽인쇄기에 장입된 예를 그림 2.11에 나타냈다.

최근에는 원 패스로 생산할 수 있는 다색구성이 주류가 되었다. 또한 별도 설치한 형태의 컨베이어를 이용한 UV 장치(오프라인 방식)는 스크린 인쇄나 소형 매엽인쇄기로 사용되고 있으며 생산성을 향상시키기 위해 UV의 고출력화가 점점 더 진행되고 있다(그림 2.12 참조).

(3) 필름

내열온도가 낮고 밀착성이 나쁜 경우가 많으므로 표면 개질 등의 연구가 필요하다. 또한 그라비어 코터 등에 의해 도포하는 경우 도포재에 용제가 많이 포함되어 있는 경우가 많고 방폭사양의 장치가 필요하다. 그라비어용 UV 장치[2]는 필름 관련 유효한 콜드 미러＋석영판을 채택하여 저온방사를 실현하면 유기용제를 사용하는 위험 장소에서도 사용할 수 있다(그림 2.13 참조).

(4) 금속

일반적으로 밀착성이 나쁘므로 언더코트를 수행하고 나서 인쇄하는 경우가 많다. 또한 틀이 금속이므로 내열온도는 필요하지 않다고 생각하고 있지만, 다색인쇄기나 고정밀 인쇄를 하는 경우에는 틀의 늘어남 등이 발생하므로 온도에 대해서도 충분히 고려해야 한다.

(5) 유리

밀착이 대단히 나쁘다. 보통의 표면 개질로는 밀착성의 향상을 볼 수 없지만 허용범위와 차이가 커지기 때문에 무언가 연구가 필요하다.

모재 제조업체 및 도포재료 제조업체와의 조정이 필요하다.   [中島吉次]

2.2 반도체·액정 프로세스

반도체에서 각종 전자소자를 제조하는 경우 또는 각종 액정소자를 제조하는 경우에는 원판(반도체 마스크, 레티클)을 투영하여 굽는 공정(노광공정)이 필요하다. 이를 위한 광원에는 주로 초고압 수은 램프(3편 2.5 참조)가 이용되며, 또한 일부 반도체에 대해서는 KrF 레이저(발광파장 248 nm), ArF 레이저(발광파장 193 nm) 등의 엑시머 레이저(1편 2.4 참조)가 사용되고 있다.

액정 패널 제작 시의 앞 공정에는 오염유기물을 제거하기 위한 세정공정의 일부로 엑시머 램프나 저압 수은 램프 등의 진공자외광원이 사용된다. 반도체 소자의 열처리(담금질)용으로 할로겐 램프 등의 적외선 램프가 사용되는 경우도 있다. 레이저는 반도체 마스크나 액정기판의 수정(레이저 리페어)에 사용되는 것 외에 문자 기입에 마커(maker)로 응용되기도 한다.

(1) 노광

반도체 소자나 액정 패널 제조용에는 초고압

수은 램프에 대한 파장 365 nm의 수은 스펙트럼 선(i선)이나 파장 435.8 nm의 수은 스펙트럼 선(g선)이 사용되고 있다. 기본적인 사용형태를 그림 2.14에 나타냈다. 램프에서 나온 광은 회전타원면 거울에 의해 집광되고 옵티컬 인티그레이터에 의해 평균화된 후 콘덴서 렌즈에 의해 마스크에 조사된다. 마스크를 통과한 광은 투영 렌즈에 의해 반도체 웨이퍼 또는 액정용 유리기판에 축소투영된다. 반도체용으로는 1회에 웨이퍼상의 LSI 1개를 조사하는 스텝노광이 일반적이지만(따라서 스테퍼라 함) LSI 1개를 더 스캔(소인)하여 노광하는 스캔 노광도 이루어지고 있다(이 경우 스캐너라고도 함).

한편 액정용의 경우 면적이 작은 액정 패널을 1회의 노광으로 전체를 조사하지만 큰 액정 패널은 몇 번 분할하여 조사하는 분할노광이 이루어진다.

반도체 노광에 대해 엑시머 레이저를 광원으로 사용할 경우에는 램프의 위치에 엑시머 레이저만 설치하는 것으로 기본적인 구성이나 방법은 같지만, 1개의 LSI를 스캔하여 노광하는 방

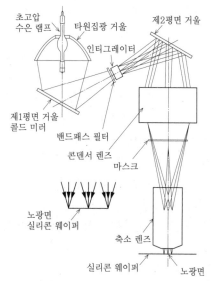

초고압
수은 램프
타원집광 거울
제2평면 거울
인티그레이터
제1평면 거울
콜드 미러
밴드패스 필터
콘덴서 렌즈
마스크
노광면
실리콘 웨이퍼
축소 렌즈
실리콘 웨이퍼
노광면

그림 2.14 반도체 노광장치의 기본적인 구성

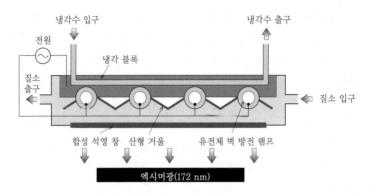

냉각수 입구

냉각수 출구

전원

냉각 블록

질소
출구

질소 입구

합성 석영 창   산형 거울   유전체 벽 방전 램프

엑시머광(172 nm)

그림 2.15 표면처리용 조사장치의 구조 예

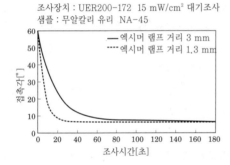

조사장치 : UER200-172 15 mW/cm² 대기조사
샘플 : 무알칼리 유리 NA-45

— 엑시머 램프 거리 3 mm
--- 엑시머 램프 거리 1.3 mm

접촉각[°]

조사시간[초]

그림 2.16 엑시머 램프 조사장치에 의한 물의
접촉각의 측정 예
(우시오전기, 2002[3])

법이 일반적이고 KrF 스캐너 ArF 스캐너라 부른다.

초고압 수은 램프는 반도체소자 생산용으로는 조사면적에 따라 전력정격 500 W~5 kW 정도의 램프가 이용되며 액정용으로는 1~10 kW 정도의 램프가 사용된다. 노광시간은 셔터로 조절되지만 엑시머 레이저에서는 본질적으로 4~6 kHz 정도의 펄스 점등이 이루어지기 때문에 노광시간은 펄스 점등의 횟수로도 조절할 수 있다. 반도체 노광용에 이용되는 엑시머 레이저의 평균방사출력은 수십 W 정도이다.

(2) 액정 유리의 표면처리
유리 표면의 세정공정의 일부로 광세정이 이

루어지는 경우가 있다. 광원에는 진공자외광을 발생시킬 수 있는 크세논 엑시머 램프 또는 석영제 저압 수은 램프(두 램프에 대해서는 3편 2.5 참조)가 사용된다. 광세정에 자외선에 의한 유기물 분해와 자외선에 의해 발생하는 오존에 의한 유기물의 산화분해 효과를 함께 사용하는 것이다. 엑시머 램프를 사용한 조사장치의 단면도의 예를 그림 2.15에 나타냈다.

조사장치의 크기는 임의로 제작되며 자외선의 방사조도는 수백 W/m² 정도이다. 광세정의 효과는 일반적으로 물방울의 접촉각의 감소에 의해 평가된다. 예를 들어, 무처리 알칼리 유리에서의 물의 접촉각이 약 60°인 데 비해 1분 이내의 조사로 접촉각을 10° 이하로 감소시킬 수 있다.

조사시간과 접촉각의 측정 결과의 예를 그림 2.16에 나타냈다.[3] 그림에서 램프로부터의 거리에 따라 접촉각의 감소 속도가 다르게 나오는 것은 대기 중의 조사를 위한 공기에 따른 흡수가 있었다는 것이 주요 이유이다.

[東 忠利]

2.3 살균

2.3.1 자외방사(UV) 살균

(1) UV 살균의 역사

UV의 살균작용은 1901년에 태양광선에 포함된 UV에서 확인되었다고 한다. 그로부터 1세기가 경과한 현재 UV를 발생시키는 램프에 의해 광범위한 분야에서 이 작용이 유효하게 이용되고 있다.

일본에서는 1950년대에 UV 살균 램프(저압 수은 램프)를 이발소에서 UV 소독기에 장착하는 것이 후생성에 의해 의무화되었다. 그것을 계기로 간단하고 저렴한 살균을 실시할 수 있게 되어 UV 살균 램프가 보급되었다. 그러나 당시에는 UV 살균 램프의 능력, 그 램프의 관리능력 및 검사능력 등의 레벨이 낮아서 최적의 조건으로 사용되었는지 여부에 대해서는 의문이 남아 있었다. 그렇기 때문에 UV 살균에 대한 이미지가 나빠지고 UV 살균 램프에서의 출력도 아직 작았기 때문에 공업적 이용으로는 아직 보급되지 않았다.

1970년대에 들어 스위스의 브라운 보베리(BBC) 사가 고출력화 UV 살균 램프를 개발했다. 그리고 식품·음료 분야나 의료 분야 등의 많은 기업에서 UV 살균의 효과가 재확인되었다.

일본 기업도 1980년대에 고출력의 UV 살균 램프를 개발하여 판매를 개시했다. 1990년대에는 효과의 검증능력과 운동능력 같은 레벨도 높아지고 UV 살균 램프도 고출력화되었으므로 공업적인 이용이 정착되고 그 라인에 요구되는 최적의 램프나 주변기기를 준비한 장치의 계통적 개발이 이루어졌다. 또한, 2000년대에 들어 새로운 UV 광원의 이용 등도 추진되고 있다.

저출력(4~30 W) 살균 램프는 형광 램프와 같이 간단하게 구할 수 있으므로 이 램프를 장입한 장치를 취급하는 기업은 많다.

(2) UV 살균의 원리

UV에 의한 살균의 메커니즘에 대해서는 예부터 연구되어 있고 보고[4]~[7]도 많지만 아직 해명되지 않은 부분도 많이 있다. 간단히 말하면 UV가 미생물의 세포(특히 핵)에 조사됨으로써 세포 내에서 광화학 반응(DNA, RNA의 불활성화)이 일어나 세포분열을 할 수 없게 되는 것이다. 이 UV의 파장과 세균작용의 관계를 그림 2.17[8]에 나타냈다. UV-C의 영역(100~280 nm)의 UV가 살균작용을 나타내고 특히 260 nm 부근의 UV가 최대로 작용한다.

그런데 세균 중에는 UV 살균 후에 가시광 방사 및 UV-A의 방사를 하면 전의 장애가 산소 등의 작용에 의해 광회복(수복)하는 종류도 있다. 단, 광회복하는 종류라 해도 모두 회복하는 것이 아니므로 실용의 경우는 회복률을 확인하여 초기에 적절히 대응해야 한다.

(3) 살균용 광원

살균에 유효한 주된 UV는 지구상에는 태양

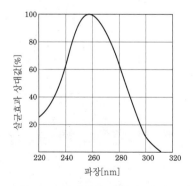

그림 2.17 자외선의 파장별 살균 효과
[인용 : JIS Z 8811]

광선이 오존층에서 대부분 흡수되기 때문에 자연에는 별로 존재하지 않지만 램프에서 그 UV를 인공적으로 얻을 수 있다. 살균용 램프는 살균작용이 큰 260 nm 부근(정확하게는 253.7 nm의 휘선)의 UV를 발광하는(표 2.4 참조) 저압 수은 램프가 일반적으로 사용되고 있으며 이 253.7 nm는 살균효과가 높다는 사실로부터 살균선이라고 불린다. 그러나 살균작용의 UV는 파장영역을 가지고 있는 것과 램프의 종류가 많이 있기 때문에(표 2.4 참조) 최근에는 저압 수은 램프 이외의 램프라 해도 용도에 따라 유효하다는 사실이 확인되고 있다.

표 2.4 각종 광원과 특징

램프 명	특징	분광 분포
저압 수은 램프	254 nm를 주파장으로 하여 발광한다는 사실로부터 살균 램프라고도 불린다. 저압이라는 말처럼 입력[W]에 한도가 있으며 4 W~1 kW 정도의 램프가 된다. 즉, 살균에 작용하는 방사조도도 한도가 있다. 또한 고입력으로 하면 램프 길이가 길어지므로 전장을 짧게 한 U자형의 램프도 있다.	〈단, 석영제 램프는 200 nm 이하도 발광〉
펄스 발광 크세논 램프	UV 영역에서 IR(적외선) 영역까지 연속 발광. 1회의 발광이 150μs 정도로 펄스 발광하므로 순간적인 조도는 저압 수은 램프의 1,000 배 이상이 된다. 펄스 발광이므로 기재온도 상승이 적지만 고속 처리에서는 미조사될 가능성도 있다.	
고압 수은 램프	365 nm의 주파장과 254, 303, 313 nm의 UV를 효율적으로 발광한다. 저압 수은 램프보다 입력[W]에서 살균에 작용하는 UV에 대한 변환효율이 나쁘다(1/5~1/10 정도). 단, 입력[W]이 많아져 30 kW 정도의 램프도 있으며, 방사조도가 많아져 램프 길이도 짧게 할 수 있다. 고온이 되므로 기재 등에 주의해야 한다.	점선 : 오존리스형 실선 : 표준형

표 2.5 배지(培地)상의 균을 99.9 % 살균하는 데
필요한 에너지

균종	필요 에너지 양 [mW·s($=$mJ)/cm²]
대장균	5.4
살모넬라균	15.2
고초균(枯草菌)	21.6
고초균(아포)	33.3
맥주 효모	18.9
흑국곰팡이	264

그림 2.18 UV 조도계

(4) 각종 균의 UV 감수성

UV에 의한 살균은 균종에 관계 없이 모든 것에 대해 유효하지만 필요량은 균종(크기, 형상 등)과 환경 등에서 크게 다르다. 대표적인 미생물의 99.9 %를 살균하는 데 필요한 UV 조사량을 표 2.5[9)~11)]에 나타냈다.

UV 조사에 의한 균류의 생존율 S는 일반적으로 다음 식으로 표현된다.

$$S = \frac{P}{P_0} = e^{-Et/Q}$$

여기서 P_0 : UV 조사 전의 균 수, P : UV 조사 후의 균 수, E : 유효한 UV 조도[mW/cm²], t : 조사시간[s], Q : 생잔율 S를 $1/e = 36.8$ %로 하는 데 필요한 UV 조사선량이다.

즉, 살균효과는 UV 조도와 조사시간의 곱(에너지)으로 결정된다. 따라서 UV 살균에서는 UV 조사와 조사시간이 대단히 중요하다. UV 조도측정에는 UV 조도계(그림 2.18)를 사용한다.

(5) 공기(환경) 살균

공기에 부유하고 있는 균은 단독으로 부유하고 있는 것이 아니라(균의 포자는 별도로 하고) 먼지나 물방울 등에 부착되어 있다. 사람이 이러한 것들을 흡입하거나 자연낙하하여 물건에 부착되어 오염을 일으키게 되므로 공기살균은 대단히 중요하다. 그러나 사람의 움직임 등으로

그림 2.19 셔터 장착 공기살균장치의 살균 이미지

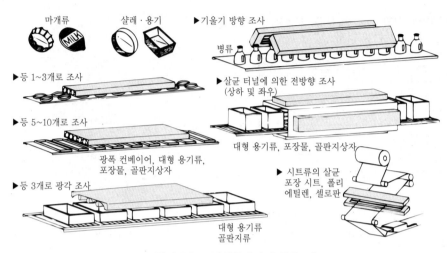

그림 2.20 표면살균장치의 응용 예

낙하균 등이 재부유하면 부유균 수가 크게 변화한다. 따라서 방 등에서의 살균효과는 평가하기 어렵다.

살균장치로는 자연대류를 이용한 현가형 및 트러프(홈통)형이 주류였다. 그러나 UV 반사광 등이 인체에 영향을 주는 것을 생각하여 UV 램프를 살균장치 내에 두고 팬으로 강제로 공기를 램프 근방으로 통과시켜 살균하는 공기순환형이 등장하고 있다. 또한 사람이 없는 밤에 UV를 유효하게 조사할 수 있도록 조사기를 셔터 방식으로 한 다음 광촉매와 결합하여 탈취효과도 부가한 장치(그림 2.19)도 있다.

(6) 표면살균

처음에 설명했듯이 고출력형의 UV살균 램프에서 표면살균 분야에 이용하는 경우가 대단히 많아지고 있다. 이 표면살균장치는 장치가격이나 처리 속도를 고려하여 UV 장치 창면의 방사로 100, 50, 25 mW/cm^{2}로 되어 있다.

UV 살균은 효과의 지속성이 없으므로 가능하면 최종 공정에서 실시하는 것이 효과적이다. 예를 들어, 식품 관련 분야의 경우 내용물을 채우기 직전에 용기살균에 이용하고 있으며 현재로서는 충전장치 등에 장입된 것도 많이 보인다. 용도나 시스템에 맞는 응용 예를 그림 2.20에 나타냈다.

또한 UV 살균에서는 긴 처리시간이 필요하지만 1초 이내의 짧은 시간으로, 더욱이 살균 레벨도 높고 장치도 소형화를 가능한 램프가 고압 수은 램프와 펄스 발광 크세논 램프이다(표 2.4 참조). 고압 수은 램프는 저압 수은 램프에 비해 에너지 이용효율은 나쁘지만 출력을 높일 수 있다. 펄스 발광 크세논 램프는 태양광에 의해 연속 스펙트럼이 얻어지며, 또한 저압 수은 램프의 고출력형의 1,000배 정도로 높은 UV 조도를 얻을 수 있다. 또한 처리대상물의 온도 상승이 적다는 장점도 있다. 용도에 따라 둘이 다 대단히 유효한 UV 살균방법이다.

(7) 유수살균장치

유수살균장치는 표 2.6과 같은 용도에 사용되며 용매로 물을 사용하는 경우가 많으므로 일반적으로 본 장치를 유수살균장치라 한다. 본 장치는 UV의 조사 방식에서 외조식과 내조식

표 2.6 유수살균장치의 용도 예

분야	내용
식품공장	• 청량음료수·양조용수의 살균 • 재료·용기 등의 세정수나 냉각수의 살균 • 공장·기계의 세정수 살균 • 공장배수의 종말살균
전자공장	• 초순수의 살균 • 클린 룸·공장의 세정수 살균
의약품 화장품공장	• 원료수의 살균 • 클린 룸·공장의 세정수 살균
농·수산업	• 굴·치어 등의 순환양식수·세정수 살균 • 양식 알부화용수의 살균 • 양식배수의 종말살균 • 수경재배용수의 살균
의료시설	• 수세수의 살균

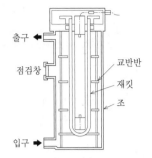

그림 2.21 유수살균장치의 구조

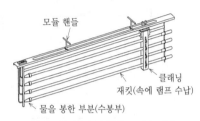

그림 2.22 하수살균용 모듈 개요

그림 2.23 저가속전압형 전자선 조사장치 예

의 두 가지로 대별된다. 내조식은 살균효율이 좋고 사용하기 쉬운 등의 점에서 널리 이용되고 있으며, 그 장치는 광원(UV 살균 램프), 살균조 및 전원으로 구성된다(그림 2.21 참조). 또한 내조식은 UV 살균 램프의 고출력화와 여러 개 사용하는 다등 방식을 채택하여 살균조 1조로도 고초균(아포)에 대해 200 m³/시간으로 99.9 % 처리가 가능한 것도 있다.

하수의 2차처리에서 염소살균을 대신하는 환경에 좋은 살균처리방법으로 UV 살균이 이용되고 있다. 이 장치는 재킷(보호관)을 넣은 UV 살균 램프(그림 2.22)를 유닛으로 만들고 그것을 용수로 속에 담가서 배수 시에 살균한다. 용수로에 설치할 수 없는 경우에는 유닛 조립 용기(패키지형)을 이용한다.

용액 살균의 경우는 용액과 재킷이 직접 접촉하여 재킷의 오물에 의해 UV 광량이 저하하므로 자동 클리닝 등의 대응을 생각할 필요가 있다.

2.3.2 전자선(EB) 살균

흔히 보는 TV도 EB를 이용하고 있지만 EB는 UV와 달리 유동성(전자파)이 없고 입자선이

라고 불린다. EB는 가속장치에서 얻어지며 가속장치는 전자를 가속하는 에너지(전압)로서 저·중·고 에너지형으로 나누어진다(표 2.7[12]). 1MeV 이상의 장치는 원자력기본법의 범주에 들어가지만 저에너지형은 그 범주에 없고 취급하기 쉬운 장치(그림 2.23)이다.

EB는 운동 에너지이지만 UV의 1만~10만 배라는 큰 에너지로 미생물을 공격하므로 γ선 세

표 2.7 전자가속기의 종류와 에너지 범위

에너지[MeV]			
저	중		고
0.1　　0.3	0.5　1　　　3	5	10
리니어 캐소드형			
모듈러 캐소드형			
박판 캐소드형			
저에너지 주사형			
	변압기 정류형		
	Cockcroft-Walton형		
	다이나미트론		
			직선형

[石榑 , 外 19901[2]]

균과 마찬가지로 대단히 높은 세균효과를 얻을 수 있다. 또한 EB는 입자선이며 가속전압으로 투과깊이가 결정되지만 UV에 대해 불투명한 물질로도 투과할 수 있다. 각종 방사선의 투과 이미지를 그림 2.24에 나타냈다.

EB의 실제 살균효과 예를 표 2.8에 나타냈다. 처리효과는 대단히 높지만 실제로 사용할 경우에는 재질 열화 등의 확인을 포함하여 충분

표 2.8 EB(전자선)의 살균 효과

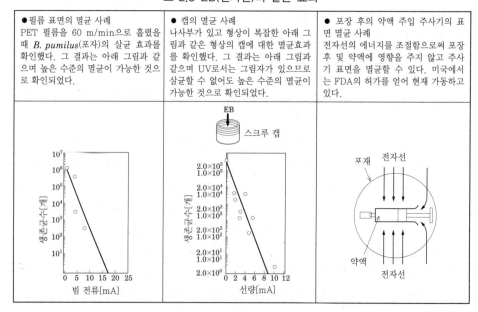

●필름 표면의 멸균 사례	● 캡의 멸균 사례	● 포장 후의 약액 주입 주사기의 표면 멸균 사례
PET 필름을 60 m/min으로 흘렸을 때 *B. pumilus*(포자)의 살균 효과를 확인했다. 그 결과는 아래 그림과 같으며 높은 수준의 멸균이 가능한 것으로 확인되었다.	나사부가 있고 형상이 복잡한 아래 그림과 같은 형상의 캡에 대한 멸균효과를 확인했다. 그 결과는 아래 그림과 같으며 UV로서는 그림자가 있으므로 살균할 수 없어도 높은 수준의 멸균이 가능한 것으로 확인되었다.	전자선의 에너지를 조절함으로써 포장 후 및 약액에 영향을 주지 않고 주사기 표면을 멸균할 수 있다. 미국에서는 FDA의 허가를 얻어 현재 가동하고 있다.

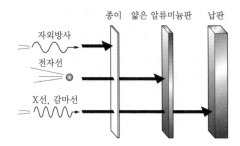

그림 2.24 각 방사선의 침투 이미지

한 검토가 필요하다.

[蒲生 等·木下 忍]

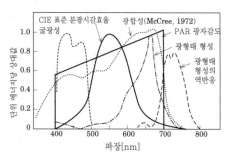

그림 2.25 식물의 각종 광방사 반응 및
PAR 광자 감도의 분광 특성

2.4 농업에 대한 광방사 응용 •••

2.4.1 광방사의 평가와 원칙

(1) 식물 생육과 광방사

식물 생육에 대한 광방사의 관여는 크게 나누어 광에너지로 작용하는 광합성과 시그널(자극)로 작용하는 광형태 형성이 있다. 광합성은 클로로필의 존재 하에서 에너지를 이용하여 CO_2와 H_2O에서 유기물을 형성하는 작용이다. 또한 광형태 형성은 광이 가진 정보(분광 특성, 일조시간, 광의 유무 등)가 시그널이 되어 줄기의 마디 사이나 잎의 신장, 꽃망울의 형성, 종자의 발아 등이 제어되는 작용이다.

식물의 각종 광반응 및 분광 특성을 표 2.9와 그림 2.25에 나타냈다.

(2) 광방사의 평가효과

광합성의 평가는 광합성 유효방사(PAR : Photosynthetically Active Radiation)이라는 400~700 nm의 파장대역에 포함되는 광합성 유효광자속(PPF : Photosynthetic Photon Flux)으로 수행하는 것이 정착되어 있다.[13] 또한 식물체가 실제로 수광하는 광자의

표 2.9 식물 생육에 대한 각종 광방사 작용

식물 생육		광의 작용
	광합성	광합성 유효방사(PAR)라는 400~700 nm의 광이 유효. 수백~수천 $\mu mol/(m^2 \cdot s)$의 강한 광강도를 필요로 한다.
광형태 형성	줄기·잎의 신장 성장	660 nm 및 730 nm를 중심으로 하는 두 파장대에 포함되는 광자속 PF의 비(R/FR)에 밀접한 관계가 있으며, 이 값이 크면 축소·왜화 경향, 반대로 작으면 신장 경향이 된다.
	꽃·과실의 착색	주로 자외방사(UV-A, UV-B) (280~400 nm)의 관여로 색소(안토시아닌)가 발현, 자외방사와 R(600~700 nm)의 조합에 의한 착색 촉진의 상승효과도 사과, 배, 딸기에서 인식되고 잇다.
	종자의 발아	종자의 발아에 광을 필요로 하는 식물이 많으며, 양상치 등에서는 R(600~700 nm)에 발아촉진 작용이, FR(700~800 nm)에 발아억제작용이 발견되며, R-FR의 작용은 가역성을 가지고 최후에 조사한 광의 효과를 발현한다.
	줄기의 굴곡 (굴광성)	일반적으로 식물의 지상부는 광의 방향으로 성장하며 이 성질을 굴광성이라 한다. 유효한 광파장은 청색광으로서, 370~470 nm의 사이에 4개의 피크를 가지며 500 nm 이상의 파장역에서는 반응이 일어나지 않는다.
	낙엽·동아형성 등의 휴면 유도	보통 단일(낮이 짧은 날)에 의해 야기된다.
	꽃눈의 형성 (광주성)	일장(낮이 길)시간의 길고 짧음(실제로는 밤의 길고 짧음)에 따라 꽃망울의 형성이 좌우되는 것을 광주성(光周性)이라 한다. 밤의 시간이 길어지기 시작하면 꽃망울을 맺는 것을 단일식물, 그 반대를 장일식물, 낮의 길이에 관계 없이 꽃망울을 맺는 것을 중간식물이라 한다. 단일식물에서는 R(600~700 nm)는 어두운 시기를 타파하고 FR(700~800 nm)는 반대로 작용한다.

양은 광합성 유효광자조도(PPFD : Photosynthetic Photon Flux Density)로 표시된다. 또한 광형태 형성 중 식물의 형상을 좌우하는 신장성장은 적색광(R) 660 nm와 원소색광(FR) 730 nm를 중심으로 하는 두 파장대를 포함하는 광자속 PF의 비(R/FR)에 밀접하게 관계가 있다. 이 값이 크면 잎 면적이나 줄기의 마디 사이가 축소 및 왜화 경향, 반대로 작아지면 신장 경향이 되는 식물이 많다.[14] 기존의 광원을 PPF 발광효율 R(600~800 nm) 광자속 비로 평가하면 그림 2.26과 같이 된다.[15] 식물 생육 광원으로는 형광 램프 속에서 가장 높은 PPF 발광효율이 얻어지는 3파장 형광 램프에 광형태 형성으로 관여하는 FR를 부가한 4파장형 식물용 형광 램프가 개발·판매되고 있다.[16]

(3) 광방사의 계측

광합성의 평가척도 PPFD의 측정에는 수광기로 광자 센서를 장착한 라이트미터가 일반적으로 이용된다. 간이적으로는 광원마다 측광량과 PPFD 사이의 교환계수를 미리 구해 둔 조도계

를 이용하는 것도 가능하다. 표 2.10에 각종 광원의 조도값에서 PPFD로 변환하는 계수를 나타냈다. R/FR 측정 장치로는 포토다이오드 어레이를 수광소자로 한 폴리클로미터를 조입한 멀티채널 방식의 식물재배 광방사 환경측정용 분광 방사계가 개발되었다.[17]

2.4.2 농업에 대한 광방사 응용

농업생산의 안정화 및 농작유형의 다양화에 대한 대응 또는 농약에 의한 자연환경 오염 회피 등을 지향하여 인공광을 효과적으로 이용한 환경제어형 농업이 주목을 받고 활발한 움직임을 보이고 있다. 그림 2.27에 농업분야에 대한 광방사 응용 사례를 나타낸다.

(1) 식물공장

식물의 성장을 제어된 인공환경 하에서 공업적으로 수행하는 식물공장의 개발이 이루어져 일부에서는 실용 플랜트도 실현되고 있다. 현재 식물공장에서 생산되는 식물은 야채 중 새싹야채류, 잎야채류 및 과채류의 일부이다(표 2.11).[18] 생산대상 식물에 제약이 있는 것은 생

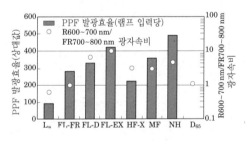

Lw : 백열전구
FL-FR : 4파장형 식물용 형광 램프
FL-D : 주광색 형광 램프
FL-EX : 3파장형 형광 램프(5,000 K)
HF-X : 수은 램프
MF : 메탈 할라이드 램프
NH : 고압 나트륨 램프
D$_{65}$: 표준 주광(6,500 K)

그림 2.26 식물 생육에서 본 각종 광원의 특성 평가

표 2.10 각종 광원의 조도값에서 PPFD (광합성 유효광자조도)로의 환산 계수

광원		단위조도당 PPFD $[\mu mol/(m^2 \cdot s \cdot lx)]$
태양광(쾌청)		0.018
백열전등		0.019
형광램프	식물용(4파장형 FR·P)	0.016
	3파장형(EX-N)	0.014
	백색(W)	0.013
	주광색(D)	0.016
HID램프	메탈 할라이드 램프 SC형(S형)	0.014
	고압 나트륨 램프 효율중시형(D형)	0.014
	연색개선형	0.017
	연색중시형(고연색형)	0.019
	수은 램프(W)	0.012

[식물]
- 광에너지 ─── 식물공장 : 생야채(양상치, 시금치)
  (광합성 촉진) ─ 육묘공장 : 야채모(양상치, 브로콜리,
                              양배추), 바이오 모
              ─ 시설원예 : 야채 - 토마토, 딸기, 멜론
                (보광)   꽃-장미, 알스트로메리아,
                            터키도라지꽃
                            과수 - 포도, 복숭아,
                            버찌(앵두)
              ─ CELSS(폐쇄생태계) 실험연구시설
              ─ 실내재배 녹채류(실내·주변 녹화)
- 광시그널 ─── 전기조명 : 국화, 카네이션, 숙근안개초,
  (광형태형성제어) (일장제어) 달리아, 딸기, 오오바(시소)
              ─ 착색 : 무화과, 복숭아, 감, 버찌(앵두),
                       시클라멘
              ─ 형상, 치수, 성분, 맛
- UV(자외방사) 살균 ── 유수살균 : 양액재배

[해충]
- 유충(포충), 기충(행동억제) : 농약사용에 대한 제약으로 인해 응용분야로 확대

[양계·축산]
- 양계의 산란·채식·난질제어(윈도리스 계사/명암 사이클 조정)
- 살균
- 난방

그림 2.27 농업 분야에 대한 광방사 응용 사례

산성, 경제성에 과제를 안고 있기 때문이지만 완전인공광형은 광에너지 비용으로 인한 제약이 크다.

① **역야채재배장치** 광에너지 비용 인하에는 높은 식물 생육효율을 얻을 수 있는 광원이나 광방사환경의 설정·제어 기술, 식물 생육 공간의 고밀도 이용기술의 개발이 과제이다. 한 가지 방법으로 생육 식물에 대한 광 근접조사와 반사 등의 광제어부를 개재하지 않은 광원에서의 직접조사를 생각할 수 있다. 실제 시설로는 광원의 상하면, 양측면에 재배면을 설치하는 고밀도 식물재배 방식의 채택을 들 수 있다. 그러나 지구의 중력방향에 대해 식물을 역으로 매단 상태에서 생육시킨 경우 뿌리나 줄기의 신장, 잎의 전개 등에 좋지 않은 상태가 생기고 상품이 낮게 평가될 염려가 있다.

이러한 염려에 대해 형광 램프를 끼워 상하에서 각종 식물을 생육시킨 실험에서 양상치, 순무 등의 엽채류나 근채류에서는 강한 광강도에서는 중력의 영향이 광의 영향으로 상쇄되고 상하위치에 대한 식물 생육에 차이가 보이지 않는다는 것이 확인되어 광원의 주변공간을 3차원적으로 유하게 이용할 수 있는 시스템으로 주목을 받고 있다(그림 2.28 참조).

② **CELSS(폐쇄생태계) 연구설비** 미국 애리조나 주의 사막 한가운데에 '바이오스페어'라는 '미니 지구'가 건설되어 화제가 되었다. 일

표 2.11 식물공장의 생산대상식물과 광방사 환경 조건

	생산대상식물	소요 광에너지
새싹야채류	무청, 물냉이 등이 생산되고 있으며 향후 새싹시소, 홍여뀌 등의 생산도 기대된다.	어린 잎의 녹화공정에서 광에너지를 다소($7\sim15\mu mol \cdot m^{-2} \cdot s^{-1}$) 필요로 하지만 전체로서 광에너지를 필요로 하지는 않기 때문에 광에너지 비용을 낮게 억제할 수 있다.
잎야채류	주로 샐러드용 채소, 양상치, 시금치, 미나리 등의 생산이 이루어지고 있지만, 청경채 등의 중국 야채나 허브를 비롯하여 대상식물이 계속 확대되고 있다.	소요 광에너지가 $200\sim300\mu mol \cdot m^{-2} \cdot s^{-1}$이며 완전 인공광 방식에서의 실용화 시스템 개발이 활발하다.
과채류	피망, 토마토, 물외 등의 생산을 시험하고 있는데, 과실의 성숙 시기가 일정하지 않다. 식물체가 덩굴이 많은 등의 이유로 생산 공정의 자동화가 어렵고 실용성이 높은 것을 실현하기 어렵다. 그러나 포도, 버찌, 복숭아 등에 대한 시험이 이루어지고 있다.	소요 광에너지가 약 $550\mu mol \cdot m^{-2} \cdot s^{-1}$ 이상으로 높으므로 자연광을 주체로 인공광을 보조적으로 이용하는 방법을 많이 채택하고 있다.

그림 2.28 상하 야채재배 장치(재배야채 : 양상치, 상하 모두 정상으로 생육)

본에서도 환경과학연구소에서 같은 기능을 가진 'CELSS(Controlled Ecological Life Support System, 폐쇄생태계) 연구시설'이 아오모리현 6개 소 마을에 건설되어 지구환경 시뮬레이션과 폐쇄생태계 속에서의 인간생활 등에 관한 실험연구가 이루어지고 있다.[20] 이 연구시설의 중핵을 이루는 것은 식물재배 서브 시스템으로, 인공광구와 보광을 함께 사용한 자연광구로 구성되어 있다. 인공광구에서는 최대 약 1,500 μmol/(m²·s)의 PPFD를 얻을 수 있고 벼·감자·콩·참깨·토마토·유채 등 대부분의 식물이 완전 환경제어 하에서 생육(生育)할 수 있다.[21]

(2) 육묘공장

최근 농업생산자의 고령화, 농촌에서의 인력 부족, 모종심기 작업의 기계화에 따라 형상치수가 균일한 모의 수요, 모 생산기술의 고도화(바이오 모, 바이러스 없는 모의 출현, 접붙이기 모의 일반화 등)에 대응 또는 사막 녹화·삼림 재생·도시 녹화·식량 부족에 대응 등의 여러 문제 해결을 위한 대규모의 모 생산 필요성이 높아져 왔다. 이러한 상황을 배경으로 모 생산의 전업화가 진행되어 그 공업화가 급선무가 되었다. 자연광은 계절이나 날씨에 따라 변동이 크기 때문에, 생육이 환경조건에 크게 영향을 받는 모 생산에서 양질의 모를 대량으로 안정되게 생산·공급하는 측면에서 자연광만으로 필요한 통년(通年) 광환경을 확보하기 어렵게 되어 인공광에 의한 보광이 꼭 필요하다. 야채 모(양상치·브로콜리)의 통년 보광 육모 실험에서 다음과 같은 사실이 판명되었다.[22],[23]

(1) 해가 뜨기 전 2시간 보광함으로써 양상치에서 20~50 %, 브로콜리에서 20~30 %의 육모 촉진효과를 기대할 수 있다.

(2) 효과적인 육모 보광 효과를 얻으려면 약

$60\mu\text{mol}/(\text{m}^2\cdot\text{s})$ 이상의 PPFD 확보가 요망된다.

(3) 보광에 효과적인 파장으로는 PAR(광합성 유효 방사) 파장영역(400~700 nm) 외에 FR(원적색광) 파장영역(700~800 nm)을 부가하는 것이 바람직하다.

조직배양 모의 생산이 활발해지고 있지만 이전의 당을 첨가한 배지 상에서 종속영양배양한 모에 비해 무당 배지 상에서의 CO_2 농도를 높이고 높은 PPFD 하에서 독립영양배양하는 쪽이 잡균이나 박테리아 번식을 억제할 수 있고 튼튼한 배양 모의 생산을 도모할 수 있기 때문에 이 방식의 실용화가 추진되고 있다.[24] 여기서는 독립영양성장을 지탱하는 광합성에 소요되는 높은 PPFD를 얻고 광방사환경의 설정·제어 기술이 핵심기술의 하나이다. 또한 야채 생육 모의 낮은 PPFD, 저온도환경 하에서 모 저장 시스템의 개발·실용화도 추진되고 있다.[25]

(3) 보광재배

일조량이 적은 지역이나 계절에 농산물의 생육 촉진 및 품질 향상을 도모하기 위해 자연광의 양 또는 조사기간을 인공광으로 보충하는 재배를 보광재배라 한다.

① **포도(거봉) 2모작재배** 오프시즌 수확·출하에 의한 고수익성, 노동력 분산, 농약 오염 억제, 경영규모 확대 등을 배경으로 포도의 하우스 재배가 활발해지고 있다. 하우스 재배에서는 보통 가온과 휴면타파제 처리가 이루어지지만 이것만으로는 겨울철의 저온 및 짧은 낮 환경을 충분히 극복할 수 없으며 발아불량, 새 가지 성장불량, 과립 비대·착색·당도 저하의 지연 등 많은 양적 및 질적 문제를 안고 있다. 일련의 거봉포도에 관한 보광의 실험연구에서 이전의 가온(加溫)과 휴면타파제 처리와 더불어 잎이 필 때부터 개화 후 약 30 일(전체로 약 60 일간)의 보광을 실시함으로써(HID 메탈 할라이드 램프로 일몰 후 2시간, 일출 전 2시간, 평균 PPFD : $7\mu\text{mol}/(\text{m}^2\cdot\text{s})$ 지금까지 불가능한 것으로 되어 있던 겨울~초봄 기간의 수확이 가능하게 되는 것으로 판명되었다.[26] 현재 나가노현을 중심으로 동일 수목에 의한 연간 2모작 재배(겨울~초봄 및 늦봄 기간)도 눈에 띄게 포도(거봉)의 보광 하우스 재배의 실용화가 진행되고 있다.

② **장미 보광재배** 겨울의 일조량 부족에 의한 생산력 저하를 보충하기 위해 장미 온실의 보광이 보급되어 있다. HID 램프(고압 나트륨 램프 또는 메탈 할라이드 램프)를 사용하여 30~45 $\mu\text{mol}/(\text{m}^2\cdot\text{s})$의 PPFD로 실시하며 다음과 같은 이점을 기대할 수 있다.

ⓐ 슈트(꽃망울을 맺는 가지)의 생장이 좋아진다.

ⓑ 블라인드 슈트(꽃망울이 맺히지 않는 가지)가 적어진다.

ⓒ 꽃이 풍만해진다.

ⓓ 절화(切花) 길이가 긴 것을 생산할 수 있다 (절화 길이가 긴 쪽이 값이 비쌈).

③ **과실, 화훼의 착색 촉진** 과실이나 화훼 등의 시설재배(하우스 재배)에서는 각종 피복물의 개재에 의한 광량 저하와 더불어 광질의 변화를 일으킨다. 특히 색소(주로 안토시아닌)의 발현을 촉진하는 UV-A(315~400 nm)의 부족에 의한 수확물의 착색불량이 품질 과제가 된다. 이 때문에 UV-A를 인공광원으로 보광하는 착색촉진이 시도되어 무화과·포도·앵두·배·가지·시클라멘 등에서 실용화가 추진되고 있다.[28]~[30]

(4) 전조(電照) 재배

인공광을 이용하여 농산물을 장일(長日 : 긴 햇살) 아래에서 재배하고 꽃망울 촉진·억제 또는 휴면타파를 꾀하는 재배를 전조 재배라 한다. 전조 재배에 의한 장일성 꽃의 개화촉진은 터키도라지, 캄파뉼라 메디움, 석무초, 아킬레아, 카네이션, 스카비오사, 치도리소, 니게라, 블루리스 플라워, 시호(rupleurum), 고데치아(godetia), 스트로베리 캔들(strawberry candle), 모루세라(moluccella) 등으로 이루어지고 단일성 꽃의 개화억제는 국화, 숙근아스타, 솔리다스타, 아스타, 코스모스, 설악초(*Euphorbia fulgens*), 성성목(poinsettia), 칼랑코에(kalanchoe), 베고니아 에라티올, 브바르디아 등에서 이루어지고 있다.[31]

또한 꽃 이외에는 딸기의 휴면타파나 착과 부담에 견디는 초세유지, 대엽 시소의 꽃망울 억제를 목적으로 한 전조 재배 등이 널리 실시되고 있다. 지금까지 전조용 광원으로는 백열전구의 사용이 일반적이었지만 에너지 절약의 관점에서 이전의 백열전구와 그대로 치환할 수 있는 램프 구금 구조와 성능을 가진 전자점등장치 일체형의 전조용 전구형광 램프(리플렉터형, 25W)가 개발되었다.[32] 이 전조용·전구형광 램프는 백열전구(100 W)에 비해 소비전력이 약 1/4, 수명이 약 4배로서 에너지 절약형 전조 재배를 겨냥하고 있다.

(5) 해충방제[33]~[35]

다량의 농약 사용에 의한 녹장물의 잔류농약 및 환경오염, 자연생태계의 파괴, 약제내성을 가진 해충의 출현 문제가 제기되어 농약을 사용하지 않는 농업 해충방제기술의 하나로 광방사를 이용한 농업해충의 유인·포획, 활동(흡즙활동, 생식활동, 날아옴 등) 억제기술이 다시 평가를 받고 있다.

① **포충용 램프에 의한 해충 포획** 곤충의 광주성(光走性 : 빛을 향해 날아드는 성질)을 응용하여 해충을 포획·구제하는 방법으로 곤충시감도(300~450 nm)에 가까운 분광특성을 가진 포충용 형광 램프 등을 이용하여 해충을 유인하고 자루 속에 팬으로 흡인하거나 고전압을 건 금속도체로 전격적으로 사멸시키는 포충기나 전격살충기가 이용되고 있다.

② **해충의 기피·행동 억제** 곤충의 시기관(복안)의 명순응(명적응)화에 의한 활동저하를 응용하여 밤나방류 같은 야간활동성 곤충의 날아옴 감소와 날아온 곤충의 활동억제를 꾀하는 방법으로 500~600 nm의 파장대를 가진 황색 형광 램프, 황색 고압 나트륨 램프를 이용하여 수 lx의 조명을 실시한다. 이전에 배, 복숭아, 포도 등의 과수원에 야간에 날아오는 흡즙성 밤나방류의 방제기술로 실용화되었다. 최근에는 푸른차조기나 장미에 날아드는 담배거세미나방, 카네이션에 날아드는 왕담배나방, 스위트콘에 날아드는 아와메이나방 등의 산란 억제를 위해 알이 부화하여 유충이 발생함으로써 생기는 잎이나 꽃봉오리의 식해(食害) 방지가 이루어지고 있다.

(6) 수경재배양액의 UV(자외방사) 유수살균

수경재배에서는 배양액에 병원균이 침입한 경우 토양재배에 비해 급속하게 전파·확산될 뿐만 아니라 현재로서는 배양액 투여를 인식하여 사용등록된 살균제가 없다. 그러므로 배양액의 유효적절한 살균대책이 현안의 과제이다. 살균제를 사용하지 않는 배양액의 살균방법 중 하나로 UV 살균방법이 유효하다.

배양액에 발생하는 대표적인 세균 및 사상균에 대한 UV 살균효과 실험에서 방제효과가 검증되었으며[36] 실용화도 추진되고 있다.

[洞口公俊 · 村上克介]

2.5 수산업

수산업에서 인공광은 활발히 이용되고 있다. 그 이용법은 그림 2.29와 같이 여러 부분에 걸쳐 있으며 크게 나누어 어구로서의 이용과 재배 분야에서의 이용이 있다.

어구로서는 집어등으로의 이용을 중심으로 많은 어법에 이용되며 어획되는 대상어도 여러 부분에 걸쳐 있다. 집어등을 이용한 어업에서는 광량 규제 등의 제한이 설정되어 있는 경우가 많다.

재배어업에서의 이용은 자극으로서의 이용과 광에너지로서의 이용으로 나누어진다. 전자는 성숙 제어(광주성 제어를 위한 이용)와 두껍질조개 등의 산란촉진을 위한 자외(UV)방사를 들 수 있다. 후자는 살균을 위한 이용과 사료 생산을 위한 이용 등을 들 수 있다. 살균선(253.7 nm)에 의한 살균은 쉽게 이루어져 약해 등의 2차 작용을 동반하지 않는 것 등에서 사육수나 배수의 살균법으로 일반적으로 이용되고 있다.

사료 생산을 위한 공업적인 식물 플랑크톤의 대량배양에서는 일반적으로 이용되는 광원은 태양광이다. 집중관리적인 고밀도 인공배양에서는 수 ml에서 수 l 용기에는 형광 램프를, 수

- 광시그널 ── 집어등(선망·봉수망·낚시 등)
  (광주성, 광주기 ── 집이(集餌 : 활어조 내의 천연 이료
  제어)   [餌料 : 고기밥] 첨가)
           └ 성숙 제어(일장 조절에 의함)
- 광에너지 ── 집약적인 식물 플랑크톤의 배양
  (광합성 촉진) ── 해조의 종묘 생산(김·미역·다시마)
- UV 방사 ── 사육용수·배수의 살균(방역적인 이용)
           └ 산란 촉진(두껍질조개류·권패류)

그림 2.29 수산 분야에서의 광방사 응용 사례

백 l의 용기에는 HID 램프를 광원으로 사용하고 있다.

2.5.1 어류 포획에 대한 광의 이용

집어등으로 인공광원이 이용되고 있다. 집어등은 물고기를 수평적으로 널리 입체적으로 깊게 모으고 모은 물고기를 제자리에서 헤엄치게 하기 위한 포어구이다. 현재 집어등을 이용한 어업은 선망·봉수망·산대·부망·낚시 등 여러 부분에 걸쳐 있으며 주요 대상어도 꽁치·정어리·멸치·눈퉁멸·전갱이·갈고등어·고등어·날치류·까나리·샛줄멸·전어·벤자리·오징어 등을 들 수 있다.[37] 어종에 따라 서로 다른 조도에 체류하는 것으로 알려져 있으며[38],[39] 집어등 아래의 조도분포가 조어결과에 끼치는 영향을 검토하고 있다.[40],[41] 기타 인공광원의 이용으로 행동제어를 위한 광순치(光馴致)나 광에 의한 유도 등도 이루어지고 있다.[42]

(1) 어류의 시각

어류의 시각에 대해서는 총론적으로는 「수산학집성」[43]에 상술되어 있다. 물고기의 망막에는 450, 530, 620 nm에 최대조도를 가진 3종류의 추상체(錐狀體)가 추가되고 UV방사역에 최대감도를 가진 제4의 추상체가 있으며 특히 심해어의 망막 또는 맥락막에는 박명시나 심해에서 광을 유효하게 이용하기 위한 휘막(tapetum)이라는 반사체가 갖춰져 있다[44]. 많은 해산어의 최대조도는 480~510 nm 부근에 존재한다.[45] 블루길을 이용한 실험에서 시간감도는 사람의 55배, 명암대비 임계값도 사람의 55배이다. 따라서 명암대비 임계값에서 사람에게는 어령칙이 선명하지 않게 보이는 것도 물고기에게는 선명하게 보이게 된다.[46] 어종에 따라 차이가 있지만 가시방사에서 UV 방사[47]의 파장역

까지 인지할 수 있으며 넓은 시야와 높은 분해
능을 가진 것으로 생각되고 있다.

(2) 집어등[48],[49]

광의 자극에 대한 물고기의 반응에는 광 쪽으
로 나아가는 성질, 즉 정(+)의 광주성과 빛에
서 도피하는 부(−)의 광주성이 있다. 집어등에
물고기가 나포되는 방법으로 ①정(+)의 광주성
(光走性), ②광원에 모이는 동물성 플랑크톤이
나 치어의 섭이(攝餌)(색이탐구설, 조건반사
설)[50] 등의 성질을 이용하고 있다. 그림 2.30에
나타난 외양수(外洋水) 및 연안수(沿岸水)에서
의 광 투과율[51]에서 해수의 투과효율이 좋은 청
색에서 녹색 영역에 분광특성을 가진 램프가 집
어효과를 높이는 데 유리하다. 현재 광원에는
발광효율이 높고 가시광역에 주된 분광분포를
가진 HID 램프가 이용되고 있다. 그러나 어종
에 따라 눈에 분광시감이 다르므로[52] 백색 램프
를 사용하는 경우가 많다. 그림 2.31에 녹색광
을 많이 방사하는 램프, 그림 2.32에 가시역의
각 파장의 광을 방사하는 백색 램프의 분광분포
를 나타냈다. 집어등은 선상에 설치하는 경우와
수중에 설치하는 경우가 있다.

수중에서의 집어효과가 얻어지는 조도는 어
종에 따라 다르다. 조획층에서의 조도는 오징어
에서 2.2×10^{-5} lx[40], 전갱이에서 약 0.2~2

lx[48], 고등어에서 0.3~3lx[53]이라고 한다. 덧붙
여 말하면 맑게 갠 6월 정오의 지상조도는 약
10만 lx, 보름달의 조도는 약 0.2 lx이다. 집어
등은 단순히 점등할 뿐만 아니라 점등패턴 등
다양한 연구를 통해 이용되고 있다. 최근에는
긴 수명과 연료비 절감의 관점에서 LED를 사
용한 집어등이 연구되고 있다.

2.5.2 양식 어업에 대한 광의 이용

(1) 광에 의한 성숙 제어

① 가시방사의 이용[54] 광주기의 변화에 따라

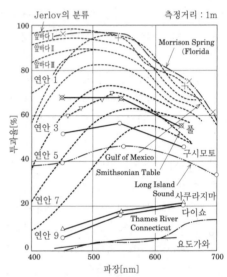

그림 2.30 물의 분광투과율의 예
[森田·洞口, 1998[51]]

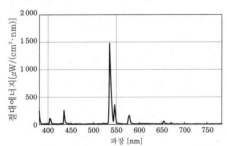

그림 2.31 2kW 녹색 HID 램프의 분광분포
[江東전기기술자료, 2003]

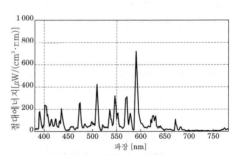

그림 2.32 2 kW 백색 HID 램프의 분광분포
[江東전기기술자료, 2003]

성숙과정이 제어되는 어종이 알려져 있다. 무지개송어·송어·메기 등은 일조시간이 짧아지는 가을부터 겨울에 걸쳐, 줄몰개와 송사리는 일조시간이 길어지는 봄부터 가을까지 산란한다. 그러므로 인공적으로 일조시간을 길게(장일 처리)하거나 짧게(단일 처리) 함으로써 산란기를 제어할 수 있다. 예를 들어, 메기의 경우에는 장일 처리에 19시간, 단일 처리에 8시간의 주기가 필요하다. 각 처리에 필요한 조도는 메기[54),55)]의 경우 0.11~60 lx, 보리새우[54)]의 경우 2,000~6,000 lx이며 어종에 따른 차이가 크다. 그러므로 인공적인 성숙 제어에는 어종에 따라 밝기나 점등시간을 조명제어할 수 있다.

② UV의 이용[54)] UV 조사한 해수(海水)가 성숙한 흑전복·가리비·함박조개·개량조개·소라·보리새우 등의 방란·방정을 유발하는 것은 잘 알려져 있다. 이 메커니즘은 UV 조사에 의해 해수 중에 생성된 산화체(oxidant)가 알의 방출 등에 관여하는 호르몬 합성을 촉진하는 것으로 생각된다. 두껍질조개 전반에 효과가 있다고 하지만 모시조개나 대합에는 효과가 없다는 보고도 있다.

(2) UV 살균[55)]

축양조(畜養槽) 등에서의 어개류의 건전한 사육에는 청정한 생육환경과 병원체의 침입 저지가 중요하다. 그러므로 약제를 이용한 사육수의 살균이나 소독이 이루어지고 있다. 그러나 병원체에 적절한 약제를 사용하고 약제의 잔류 방지나 식품안전기준의 중수 등의 과제가 있다. 사육수 살균의 간편한 방법으로 UV 살균(살균선 : 파장 253.7 nm)이 실용화되었다. UV 살균을 하는 경우 대상이 되는 병원체에 따른 살균선량이 필요하다(표 2.12 참조).

육상양식 등으로 사용되는 사육수의 살균선 투과율은 물에 포함된 유기물(TOC)이나 전해질에 의해 크게 저하하므로 불순물의 농도에 대한 주의가 필요하다. 예를 들어, 수심 10 cm인 수돗물의 살균선 투과율이 60%인 데 비해 TOC가 50 ppm 있으면 30 %로, Fe^{3+}가 5 ppm 있으면 0.35 %까지 투과율이 저하한다.[56)]

2.5.3 식물 플랑크톤 배양에 대한 광방사 응용

(1) 식품으로서의 식물 플랑크톤 이용

식물 플랑크톤 이용의 하나로 건강식품이 있다. 이용되는 것은 주로 담수성 식물 플랑크톤인 클로렐라, 듀나리엘라, 스피루리나 등이며[57)] 클로렐라의 경우 광합성을 주체로 한 독립영양배양, 유기탄소를 첨가한 종속영양배양, 양자를 동시에 하는 혼합배양으로 생산된다. 공업적으로는 태양광을 광원으로 한 실외수조와 광원을 이용하지 않는 밀폐용기 내에서 생산되고 있다.

이러한 조류는 식품첨가물로 이용되는 것 외에 건조분말이나 정제로도 복용된다. 뜨거운 물에서 추출한 진액 등은 양어나 가축용 사료 첨가물로 이용되고 있다.[59)]

(2) 이료로서의 식물 플랑크톤 이용

재배어업을 위한 인공종묘 생산에서는 이료(餌料)로 식물 플랑크톤을 배양하는 것이 중요하다. 해산어의 인공종묘 생산의 초기 이료인 식염수윤충(*Brachionus*), 농축 클로렐라, 빵효모,[61)] 테트라셀미스(*Tetraselmis*) 등의 이료(餌料)가 대량으로 필요하다. 난노클로로프시스의 경우 수십 톤 규모의 수조에서 태양광을 이용하여 조방(粗放)적으로 생산되고 있다.[62)]

두껍질조개나 극피동물(악어, 해삼)의 유생 시 이료(두껍질조개의 경우 성체까지)로 이용되고 있는 것은 규조류인 키토세라스

표 2.12

병원체		병명	소요살균선량[J/m²]
박테리아	*Aeromonas hydrophila* IAM 1081 (에어로모나스균)	공혈병, 운동성 에어로모나스 패혈증	230*
	Aeromonas salmonicida ATCC 14174(에어로모나스균)	공혈병, 지조병	230*
	Aeromonas puntata IAM 1646 (에어로모나스균)	에어로모나스병, 마츠사카병 (立鱗病)	230*
	Scudomonas fluoresccns EFDL (슈드모너스균)	슈드모너스 패혈증	230*
	Vibrio anguillaum NCMB 6 (비브리오균)	비브리오균	230*
	Vibrio ordalii(비브리오균)	비브리오균	
	F. 칼럼나리스균	아가미 썩는 병, 지느러미(꼬리) 썩는 병, 활주성 세균 공혈병/(칼럼나리스병)	
물곰팡이	*Saprolegnia parasitica* IFO 8978	물곰팡이병(면피병)	2100~2500*1
	Saprolegnia parasitica ATCC 22284		1800~2100*1
	Saprolegnia ferax ATCC 10394		2300*1
	Saprolegnia diclina CBS 326, 35		2000~2500*1
	Saprolegnia anisospora CBS 178, 44		1400~1700*1
	Saprolegnia sp. Gifu		1900~2400*1 완전 사멸
	Saprolegnia sp. Tokyo		2500*1에는 10000
	Saprolegnia sp. Shizuoka		2200~2400*1 이상 필요
	Aphanomyces laevis CBS 107, 52		1900~2200*1
	Achlya flagellata ATCC 14566		2000~2300*1
바이러스	IPNV(buhl) (전염성비장괴사증 바이러스)	전염성비장괴사증	1000~1500*2
	IHNV(CHAB, RTTO) (전염성조혈기괴사증 바이러스)	전염성조혈기괴사증	1.0~3.0*2
	OMV(00-7812)		1.0~2.0*2
	CCV(아메리카전어(channel catfish)의 바이러스)	아메리카전어(channel catfish)의 바이러스병	1.8~2.0*2
	CSV		1000*2
	Herpesvirussalmonis (연어과 어류의 헤르페스 바이러스)	연어과 어류의 헤르페스 바이러스병)	2.0*2
기생충	원생동물 직모충류 ·백점병(Ichthyophthirius) 기생성뇨각류(닻벌레) 기생성뇨각류·부스럼(물고기이) 원생동물 섬모충류·킬로도네라, 트리코데이나 흡충류·닥티로자이루스, 자이로닥티루스 면충류·선충류(리사상충) 변충류·미충(부시상충)	백점병 닻벌레병 물고기이증 섬모충증·흡충증 궁중병 선충류 미충증	900~17000 백점병(*Ichthyophthirius*) 이외의 기생충에 부유하는 알이나 유충 등에 대한 살균효과는 충분하며 병기의 전파방지 효과와 함께 계속적인 살균실시로 방제효과도 충분히 기대할 수 있다.

*1 99.9% 살균 시   *2 99.0% 살균 시 [洞口, 19925⁵⁾]

(*Chaetoceros*), 삼각갈지조(*Phaeodactylum tricornutum*), 하프트조류의 파블로바 (*Pavlova*), 이소크리시스, 진정안점조류의 난노클로로프시스 등이다.[63] 일반적인 태양광을 이용한 조방적인 배양에서는 배양 부조화 등의 위험[64]을 수반하기 때문에 안정생산과 생산성 향상을 겨냥하여 인공광을 이용한 집중관리적 배양이 시험되어[65],[66] 다양한 배양 시스템이 고

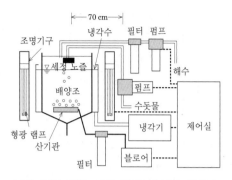

그림 2.33 200 리터 배양 시스템 개략도

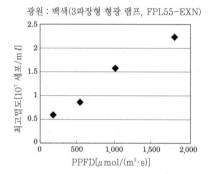

광원 : 백색(3파장형 형광 램프, FPL55-EXN)

그림 2.34 PPFD와 최고밀도의 관계

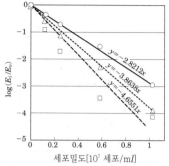

• ○ : 137mm, △ : 187mm, □ : 237mm의 수중 위치에
  서의 값
• 조류는 P.lutheri
• Ei : 입사 PPFD, E0 : 측정(수중) 위치에서의 PPFD

그림 2.35 세포밀도와 광 감쇠의 관계

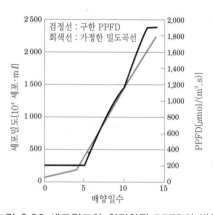

그림 2.36 세포밀도와 최적화된 PPFD의 변화

안 및 시험제작되고 있다[67),68)]. 또한 배양조 내의 광방사환경을 고려한 효율적인 배양기법도 검토되고 있다.[69)~71)]

(3) 식물 플랑크톤의 대량 배양

형광 램프를 광원으로 한 200 리터 배양 시스템[72)]이 실용화되어 집중관리적인 이료 생산이 가능하게 되었다(그림 2.33 참조). 파블로바를 이용한 배양 시스템에서의 배양 실험을 중심으로 세포밀도와 광합성 유효광자조도(PPFD), 배양조 내의 광환경과 효율적인 조사법, 광원의 광색과 수온에 의한 증식속도의 변화를 다음에 나타냈다.

200리터 배양 시스템에서는 PPFD가 강해질수록 파블로바의 최고밀도가 높아지지만(그림 2.34), 배양조 내의 광환경은 조체의 세포밀도나 광의 도달거리에 의해 값이 크게 다르다(그림 2.35). 배양의 경과일수에 의해 세포밀도는 증가하지만 각 밀도에서의 최적의 PPFD가 있다(그림 2.36 참조).[72)] 온디맨드[73)]는 아니지만 배양일수에 따라 PPFD를 5단계로 변화시켰을 때와 초기부터 최대 PPFD로 했을 때의 증식특성을 그림 2.37에 나타냈다.

이 그림에서 세포밀도가 최대로 될 때까지 그 생육 단계에 따른 PPFD로 하기만 해도 좋으며 여분의 광을 내지 않는 단계별조광에 의한 에너지 절약을 이 방법으로 실현할 수 있다. 또한

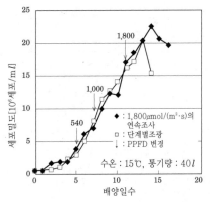

그림 2.37 연속조사와 단계별조광을 이용한
P. lutheri의 증가곡선

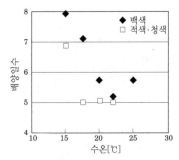

백색 : 3파장 형광 램프(FPL55-EXN)
적색 : 적색 형광 램프(FPL55-ER)
청색 : 청색 형광 램프(FPL55-EB)

그림 2.38 *P. lutheri*가 10^7세포/ml로 증식할 때까
지 필요한 일수

배양광원으로서는 높은 증식속도를 나타낸 적색과 청색의 형광 램프를 결합한 조사방식과 배양기간의 단축 같은 효율화에 유효하다(그림 2.38 참조).

더 대형인 500 리터 배양 시스템이 北海島 厚岸町의 감 종묘 센터에서 가동되고 있으며 일본 최대규모인 일산 4 t의 이료를 생산하고 있다.[74]

[向阪信一 · 奧村裕彌]

참고문헌

1) 川田 弘, 他：UV 硬化装置とその応用, ラドテック研究会年報, No. 15
2) 中島吉次：コーティング用 UV キュア装置, p. 204, コーティング加工技術研究会 (2002)
3) ウシオ電機：技術情報誌「ライトエッジ」, No. 25, pp. 12-15 (2002)
4) 武部 啓：DNA 修復, pp. 1-19, 東京大学出版会 (1983)
5) 山口彦之：放射線と生物, pp. 51-140, 啓学出版 (1981)
6) 江上信雄：生き物と放射線, pp. 104-113, 東京大学出版会 (1986)
7) 芝崎 勲：防菌防黴, 14, pp. 251-260 (1986)
8) 照明学会編：ライティングハンドブック, オーム社 (1987)
9) IES Lighting Handbook (2 nd ed.), pp. 18-21
10) 河端俊治, 原田常雄：照学誌, 36 (3), pp. 89-96 (1952)
11) 河本康太郎：New Food Industry, 18 (7), pp. 17-23 (1976)
12) 石榑顕吉, 他編集：放射線応用技術ハンドブック, 朝倉書店 (1990)
13) 村上克介, 洞口公俊：フォトンによる光放射環境の測定と評価, JCIE J., 12-4, pp. 15-19 (1995)
14) Morgan, D. C. and Smith, H.：Linear relationship between phytochrome photoequilibrium and growth inplants under simulated natural radiation, Nature, 262, pp. 210-212 (1976)
15) 洞口, 村上, 向阪：植物生産効率化のための光放射利用, 照学誌, 81-7, pp. 581-585 (1997)
16) 洞口, 村上, 森田, 柴田, 高橋：4 波長域発光形植物栽培用蛍光ランプ, National Tech. Rep., 38-6, pp. 627-634 (1992)
17) 洞口, 村上, 山中, 大久保：分光放射計の植物栽培光放射環境測定への適用, 生物環境調節, 34-3, pp. 191-199 (1996)
18) 洞口, 村上, 相賀：未来を拓く植物工場, 照明学会全大, pp. 327-328 (1995)
19) 清田, 北宅, 相賀, 矢吹, 藤井, 田守, 洞口：CELSS における植物栽培, CELSS J., 2-1, pp. 51-58 (1990)
20) 新田慶治, 松本恒弥：地球実験室「バイオスフェア J」, Newton, 15-2, pp. 116-123 (1996)
21) 松下電工技術資料「農園芸の照明」, p. 12 (2002)
22) 洞口, 村上, 向阪, 斎藤：野菜苗の育苗補光に関する実験研究, 照明学会全大, pp. 235-236 (1999)
23) 洞口, 村上, 向藤：冬期野菜苗の育苗補光に関する実験研究, 照明学会全大, pp. 255-256 (2000)
24) Kozai, T.：Transplant Production Systems, pp. 247-282, Kluwer Academic Publishers (1992)
25) 阿部, 石渡, 工藤, 小澤：葉菜類セル成型苗の低温貯蔵における光照射効果, 照明学会全大, pp. 265-266 (2002)
26) 向阪, 成田, 洞口, 釘嶋, 蓑島, 島津：人工照明で真冬に巨峰を収穫, 照学誌, 85-3, pp. 201-203 (2001)
27) 杉本, 高田, 佐々木：バラのロックウール栽培における高圧ナトリウムランプの補光効果について, 農業電化, 48-10, pp. 8-12 (1995)
28) 門永, 向阪, 柳原：イチジクの着色に関与する人工光源の有効性に関する実験的考察, 照学誌, 85-11, pp. 881-887 (2001)
29) 門永, 向阪, 柳原：イチジクの熟成における人工光の照射時間に関する実験的考察, 照学誌, 86-11, pp. 813-818 (2002)
30) 田澤信二：人工光源の植物栽培への応用, 照学誌, 79-4, pp. 160-163 (1995)

31) 川田, 遠藤, 望月, 関山：花きの電照・補光栽培技術, 電照・補光栽培の実用技術, pp. 15-109, 養原善和監修, 農電協会 (1996)

32) 洞口, 鈴木 (博), 鈴木 (基士), 内田, 山田, 板谷：電球形蛍光ランプによるキクの電照に関する実験研究, 照明学会全大, pp. 273-274 (1998)

33) 田中 寛：防蛾灯による農業害虫の防除, 照明学会研究会資料, AR-02-02, pp. 9-16 (2002)

34) 向阪信一：ハウス栽培作物に対する防蛾灯の利用, 照明学会研究会資料, AR-02-04, pp. 23-30 (2002)

35) 田澤信二：害虫行動を制御する黄色ランプ, 照明学会研究会資料, AR-02-05, pp. 31-36 (2002)

36) 草刈, 岡田, 森田, 洞口：紫外線殺菌灯 (流水殺菌灯) による水耕培養液の殺菌効果, 大阪農林技セ研究報告, 28, pp. 13-18 (1992)

37) 長谷川英一：集魚灯漁業の変遷と日本各地の現状, 三重大生物資源紀要, 10, pp. 131-140 (1993)

38) 今村 豊：火光利用の漁業について, 日本水産学会誌, 38-8, pp. 877-880 (1972)

39) 長谷川英一：集魚灯旋網漁法の漁獲過程, 魚の行動生理学と漁法, pp. 39-49, 恒星社厚生閣 (1996)

40) 稲田博史：イカ釣り操業船下の水中分光放射照度について, J. Tokyo Univ. of Fhsheries, 75-2, pp. 487-498 (1988)

41) 川村軍蔵：集魚灯釣り漁法の漁獲過程―魚の行動生理学と漁法―, pp. 31-38, 恒星社厚生閣 (1996)

42) 川村軍蔵：負走光性マダイ稚魚の光馴致と光による誘導, Nippon suisan gakkaishi, 68-5, pp. 706-708 (2002)

43) 田村 保：魚類の視覚について, 水産学集成, pp. 721-750, 東京大学出版会 (1957)

44) 会田勝美, 植松一真, 鈴木 譲：水産動物の生理, 現代の水産学, pp. 105-106, 恒星社厚生閣 (1994)

45) 長谷川英一：薄明視の魚類に対する光の影響, Nippon suisan gakkaishi, 59-9, pp. 1509-1514 (1993)

46) 川村軍蔵：魚との知恵比べ, pp. 46-65, 成山堂書店 (2000)

47) 川村軍蔵：魚類の生態からみた漁法の検討, 水産の研究, 12-5, pp. 35-40 (1993)

48) 清野通康：水産への応用の実際, 光放射の応用 (I), 照明教室 61, pp. 72-88, 照明学会 (1985)

49) 宮崎千博：漁法への光の応用 (集魚灯), 照学誌, 53-2, pp. 138-140 (1969)

50) 有本貴文：魚はどうして集まるのか, 魚類の生態から見た漁法の検討, 水産の研究, 7-6, pp. 33-36 (1988)

51) 森野政明, 洞口公俊：照明と生物, 電設学誌, 18-11, pp. 781-783 (1998)

52) 川村軍蔵：魚の行動生理学と漁法, 集魚灯釣り漁法の捕獲過程, pp. 31-38, 有元貴文・難波憲二, 恒星社厚生閣 (1995)

53) 川村軍蔵：ゴマサバの視覚とその釣獲法への応用に関する基礎研究-IV, 日水誌, 45-5, pp. 549-551 (1979)

54) 清野通康：5.2 水産分野, UVと生物産業, pp. 104-112, 照明学会編, 養賢堂 (1998)

55) 洞口公俊：4.7.12 魚介類の飼育用水の殺菌, 光バイオインダストリー, pp. 351-354, 照明学会編 (1992)

56) 山中, 洞口, 森田, 杉浦, 山吉：殺菌灯による水殺菌についての一考察, 電気関係学会関西支部大会 G 364 (1991)

57) 山口勝己：現状と将来展望, 微細藻類の利用, pp. 9-17, 恒星社厚生閣 (1991)

58) 深田哲夫：クロレラの大量培養と水産への利用, pp. 1-16, 餌料生物シリーズ1, 日裁協 (1988)

59) 丸山 功, 安藤洋太郎：クロレラ, 微細藻類の利用, pp. 18-29, 恒星社厚生閣 (1991)

60) 藤田矢郎：種苗生産餌料としての意義と問題点, シオミズツボワムシ, pp. 9-19, 恒星社厚生閣 (1983)

61) 海産ワムシ類の培養ガイドブック, pp. 35-36, 栽培漁業技術シリーズ 6, 日裁協 (1999)

62) 吉松隆夫：ワムシ高密度大量培養用餌料の開発, Nippon suisan gakkaishi, 67-6, pp. 1144-1145 (2001)

63) 岡内正典：水産餌料としての利用, 微細藻類の利用, pp. 75-77, 恒星社厚生閣 (1991)

64) Borowitzka, M. A.：Microalgae for aquaculture：Opportunities and constraints, J. Applied Phycol., 9, pp. 393-401 (1997)

65) 林 政博, 瀬古慶子：アコヤガイの種苗生産について, 三重水産技研報, pp. 39-68 (1986)

66) 高越哲男, 下園栄昭, 秋山雅浩, 山邊邊昭文, 渋谷武久, 根本昌宏：微小藻類の大量培養技術開発研究 (特定研究開発促進事業総括報告書 (福島県)), pp. 10-26, 水産庁養殖研究所 (1996)

67) 渡部良朋, 斎木 博：フォトバイオリアクターを用いた微細藻類の光合成生産, 日本農芸学会誌, 72 (4), pp. 523-527 (1998)

68) ワシントン州におけるアサリ養殖ガイドブック, pp. 35-40, 水産資源保護協会 (1989)

69) Ogbonna, J. C., Yada, H. and Tanaka, H.：Light Supply Coefficient：A New Engineering Parameter for Photo bioreactor Design, J. Fermentation and Bioengineering, 80 -4, pp. 369-376 (1995).

70) Ogbonna, J. C., Yada, H. and Tanaka, H.：Effect of Cell Movement by Random Mixing Between the Surface and Bottom of Photo bioreactors on Algal Productivity, J. Fermentation and Bioengineering, 79-2, pp. 152-157 (1995)

71) Ogbonna J. C., Yada, H. and Tanaka, H.：Kinetic Study on light-limited Batch Cultivation of Photosynthetic Cells, J. Fermentation and Bioengineering, 80-3, pp. 259-264 (1995)

72) 奥村裕弥, 中島幹二, 増田篤稔, 高橋光男, 向阪信一, 洞口公俊, 松山恵二, 村上克介：Pavlova lutheri の大量培養における光強度と細胞密度の関係について, 植物工場学会誌, 12-4, pp. 261-267 (2000)

73) Eriksen, N. T., Geest, T. and Iversen, J. J. L.：Phototrophic growth in lumostat：a Photo-bioreacter with on-line optimization of light intensity, J. Applied Phycol., 8, pp. 345-352 (1996)

74) 加藤元一：厚岸カキの人工種苗生産技術とシステム, 養殖, 39-4, pp. 86-88 (2002)

제3장

건강·보건·복지에 응용

3.1 의료·건강을 의식한 조명활동의 사고방식

3.1.1 생체에 대한 광방사의 작용

시각작용(형태시) 이외에 광이 생체에 끼치는 작용으로는 비타민 D 생성(자외영역)을 비롯하여 신생아 황달의 치료(청색~녹색광), 각종 레이저광에 의한 치료기술(안과·피부과·치과·암 치료 등)이 있다.[1,2] 이들은 주로 피부 또는 환부에 광조사를 실시하는 방법(표 3.1 참조)이며 그 자세한 내용은 각 전문서를 참조한다.

표 3.1 인공광 방사에 의한 의학치료의 예

치료항목	광방사의 작용	광원의 종류와 파장
신생아 황달	광화학 반응에 의해 혈액 중 빌리루빈의 이성체를 형성하여 무독화 시킨다.	광섬유 케이블 내장 패드 : 형광, 할로겐 (400~550 nm)
근시	각막(콜라겐 섬유) 일부 절제에 의한 굴절률 감소	엑시머 레이저 (193 nm)
당뇨병 망막증	망막혈관병소(巢)·안저의 단백질응고	알곤 레이저(488, 514 nm), 크립톤 레이저(647 nm), LED(800~810nm)
충치	이의 아파타이트 결정 중의 수분증신에 의한 에나멜질·상아질 환부의 붕괴	에르븀 YAG 레이저($2.94\mu m$)
사마귀 (피부색 조 이상 증)	선택적으로 병변부 색소 이상을 파괴, 주변 정상 조직에 대한 열손상 억제를 위해 냉각장치 부가	각종 파장 레이저광 : 알곤 레이저(488 nm)~CO_2 레이저(10.6 μm)
암(표재 성 조기 암)	광선역학적 치료 : 종양 친화성 광감수성 물질이 광을 흡수, 종양세포에 대해 독소를 발현	예 : 포토프린 (photofrin)+엑시 머 레이(630 nm)

[千田, 외, 2000[2]]

이 절에서는 가시광 대역의 자연광 또는 인공 조명광이 생체에 끼치는 영향으로 망막–시신경–시교차상핵(視交叉上核)을 개재한[3] 광정보 입력(그림 3.1 참조)이 초래하는 시각정보처리 이외의 생리학적 작용에 대해 설명한다. 그러한 작용에는 일교차 리듬(약 24시간 주기의 생물 리듬) 조정, 각성수준 상승, 자율신경계 기능 조절, 멜라토닌(야간에 송과체에서 분비되는 호르몬) 억제 등이 있으며 의료용뿐만 아니라 일반생활자의 건강을 고려할 때에도 중요하다.[4] 이러한 생리적 작용이 현저한 빛의 파장역은 현재 450~550 nm에 있는 것으로 생각하고 있다.[5~7]

3.1.2 의료·건강을 의식한 조명제어

(1) 수광량의 사고방식

시각정보 처리 이외의 생리학적 영향에 대해 생물일반에 입력되는 광의 양이 증가하면 그 대

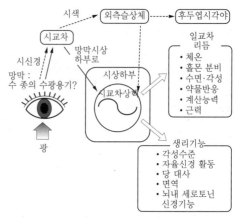

그림 3.1 광정보의 입력경로와 생리적 작용

수(對數)(제곱근이라는 설도 있음)에 대략 비례하여 생체에 대한 영향이 강해진다는 성질이 알려져 있다. 단, 여기서 말하는 광의 '양'이란 어떤 시점의 밝기뿐만 아니라,[8] 광을 받는 시간, 광의 파장특성, 광원의 배치 등에 의존하며 광의 생리적 영향에 대해 다음과 같은 '수광량'의 개념을 도입하면 각종 연구결과를 합리적으로 해석할 수 있다. 단, 각 구성요소에 대해서는 0부터 무한대까지의 값이 적용되는 것이 아니라 유효한 범위가 존재한다.

수광량＝밝기×시간×함수[광의 파장특성,
배광특성]

① **밝기** 엄밀히 말하면 망막에 이르는 광의 에너지량(예 : $\mu W/cm^2$)이라고 정의해야 하지만, 실용상으로는 안면 부근의 조도로 지장이 없다. 적용범위는 대상이 되는 생체반응이나 시간대에 따라 다르다. 인간으로서는 감도가 낮고 주간에는 대략 1,000 lx 정도에서 수만 lx까지 야간에는 수십 lx에서 반응이 생긴다.[9] 또한 의료분야에서 '고조도광'이라는 경우 2,000~3,000 lx 이상의 조도조건을 의미하지만, 실외의 조도가 맑은 날 수만 lx인 것을 생각하면 비일상적인 조도수치는 아니다.

② **시간** 생체가 광에 노출되는 시간, 인간으로서는 수십 분에서 수 시간까지가 실용상의 적용범위이다. 그 사이에 반드시 광원을 시야중심부에 고정할 필요는 없다.

(2) 시간대의 고려

일반적으로 많은 생리적 특성은 24시간제인 생물시계의 지배를 받으며 광에 대한 반응의 감도도 시간대의 영향을 받아 주간에는 더 많은 수광량을 필요로 한다. 생물시계의 시각조정작용에도 시간대에 의한 변화(위상반응)이 보여서 야간 전반(夜間前半)에 수광량이 많으면 시각(時刻)이 후퇴하고 야간 후반에 수광량이 많으면 시각이 전진하는 것으로 알려져 있다.

이러한 시간적 특성 변화는 지구의 자전에 따른 명암변화에 적응하는 기능이라고 해석할 수 있으며, 자연의 명암변화로부터 괴리된 광환경에서는 생물로서의 기능을 근간부터 손상할 위험성이 있다. 따라서 실내에 지내는 일이 많은 현대인의 생활 양식에서는 광환경이 실외와 비교하여 밝기의 평균 레벨이 낮을 뿐만 아니라 아침부터 밤까지 전체적으로 평탄화되어 있는 것이 문제이며[10] 인공조명의 시간적 제어 같은 대책을 강구할 필요가 있다.

(3) 조명이용 소프트웨어 기술의 중요성

광원의 물리적 특성이 동일해도 조명의 이용방법, 구체적으로는 '누가, 어느 시간대에, 무슨 목적으로, 어디서, 어떤 밝기/배광으로...'라는 이용조건에 따라 광의 생리적 영향이 완전히 달라질 가능성이 있는 것에 주의를 기울여야 한다.[11] 특히 시간대는 주의를 요하며 주간에 고조도광을 이용하는 것은 광의 각성작용도 서로 작용하여 일교차 리듬의 안정화에 기여하지만 야간의 고조도광은 리듬을 혼란시켜 버릴 위험성이 있다.

즉, 조명기구의 하드웨어적 사양만으로는 생리적 영향을 규정할 수 없고 그 이용방법도 소프트웨어 기술이 의료 및 건강을 의식한 조명기법에 꼭 필요하다는 것을 이해해야 한다.

수광의 주체가 되는 인간은 생활자이지 실험동물이 아니므로 통상의 생활환경과 동떨어진 것 같은 물리적 특성을 가진 광원의 사용은 피해야 한다. 또한 의료나 복지의 현장에서는 의료·간호관계자나 간호·변구완 스탭과의 연대에 의해 조명환경의 운용 프로그램을 조입한 설계 제안이 꼭 필요하다.

3.1.3 조명제어의 사례

(1) 기상 전의 점증광

새벽 전후의 밝기 변화는 단계적이지 않고 약 2시간 만에 박명 상태에서 서서히 밝아진다. 그 과정을 재현한 의료연구보고[12]도 있지만 최적제어조건은 규정되어 있지 않다.

한편, 건강증진이라는 입장에서 일상의 각성을 부드럽게 하는 것을 목적으로 밝기 변화를 기상 전 약 30분 간으로 단축한 조명제어기법이 실용화되었으며[13] 수면에서 각성(覺醒)으로의 이행촉진이 수면뇌파해석 등에 따라 밝혀져 있다[14].

(2) 한낮의 보광

한낮의 보광(오전 후반부터 오후 전반의 시간대에 실내 조도를 고조도 레벨로 끌어 올리는 것)에 의해 고령자에 대한 수면-각성의 질을 개선할 수 있다는 연구보고가 이루어졌다.[15]~[17] 보광을 위해 탁상 등으로 조명기기를 이용하는 방법이나 공간의 조도를 올리도록 한 자가 부착기구를 배치하는 방법을 적용할 수 있지만 여기서는 병원 내 고조도 공간의 사례를 소개한다 (그림 3.2 참조). 이 예에서는 천장과 벽면의 모퉁이 부분에 고광속 조명기구를 배치함으로써 천장중앙부를 스프링클러 등의 여러 시설을 위해 사용해도 고조도 공간(그림 3.3 참조)을 실현할 수 있다.

끝으로 고조도 공간의 설계나 운용방법에 관하여 일반적인 주의사항을 든다.

- 램프 노출을 피하고 유백 등 확산 커버를 부가한다. 주거 질감을 향상시켜 자외선 대책도 도모한다.
- 기구 내의 발열의 영향을 실내에 끼치지 않도록 연구한다.
- 발광 방향의 편중을 적게 하고 공간조도 분포의 균제도를 올린다.
- 매일 정해진 시간대에 고조도 조건으로 만든다. 가능하면 조도를 자동제어한다.

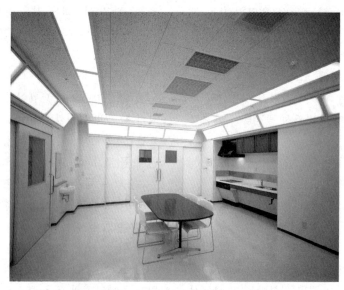

그림 3.2 병원 내 고조도 공간의 사례

[사진제공 : 松下電工]

• 고조도 공간에서 심신의 활동 레벨도 올라 가도록 생활 프로그램을 연구한다.

[小山惠美]

3.2 의료에서 조명에 관한 임상 예 ●●●

최근 기분이나 수면장애의 치료에 광의 조사가 이용되고 있다. 고조도의 광을 이용하고 있으므로 고조도광요법이라 한다.

고조도광요법은 ① 계절성 감정장애 또는 동계우울증의 초기에 시행하여 높은 임상적 효과를 나타냈다. 계절성 감정장애 이외에도 ② 비계절성의 기분장애, ③ 일교차 리듬 수면장애, ④ 월경전증후군, ⑤ 섭식장애, ⑥ 치매(痴呆)에 따른 행동이상, ⑦ 교대근무자에게 나타나는 초조나 기능저하, ⑧ 시차증후군, ⑨ 계절성 변동이 있는 각박성 장애 등에 대해서도 이루어지고 있다. 특히 계절성 감정장애와 일교차 리듬 수

면장애에서는 고조도 광요법이 치료의 제1선택이 되고 있다.

3.2.1 기분장애

(1) 계절성 감정장애

(Seasonal Affective Disorder : SAD)

대부분의 동물은 매년 가을이 되면 식료를 충분히 먹어 피하지방을 축적하여 겨울이 되면 잠드는 동면행동을 취한다. 사람은 이 동면과 같은 연주기의 행동이 통상 보이지 않게 되어 있지만 최근 그것에 가까운 병이 있다는 사실이 밝혀졌다. SAD의 발견은 다음에 설명하는 미국에서의 한 병증 예가 계기가 되었다.[18]

국립정신보건연구소(NIMH)에 근무하고 있는 박사학위를 가진 임상과학자가 봄과 여름은 건강하지만 가을부터 겨울에 걸쳐 기분이 처지고 기운이 없게 되어 겨울에는 잠들어 버린다. 가을부터 겨울에 걸쳐 식욕이 마치 곰처럼 늘어 체중이 증가하고 봄이 되면 다시 건강하게 되며 식욕이 보통으로 돌아온다. 매년 겨울에 반복되

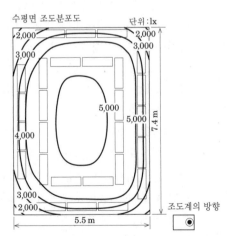
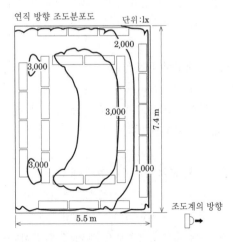

천장 높이 : 2.6 m, 보수율 : 0.7
반사율 : 50 %(천장), 50 %(벽), 30 %(바닥)
계산면 높이 : 1.2 m(의자에 앉은 상태에서 눈의 위치를 상정)

그림 3.3 고조도 공간 사례에서 수평 및 연직방향의 조도분포도

[松下電工, Technical Photo Sheet No.594/'99에서 인용]

는 상태로 고민하던 그는 '우울 상태가 겨울의 일조시간 부족에 의해 일어나지 않을까' 하고 생각하여 광과 멜라토닌의 관계에 대해 연구하고 있던 NIMH의 의사단과 상담했다. 그들은 이 환지에 대해 아침저녁 각 3시간의 고조도 광조사를 해 보았다. 그 결과 십수 년 간 걸쳐 매년 계속되던 가을부터 겨울에 걸친 우울증상이 광을 쏘이기 시작한 수일 동안 완전히 치유되었다.

SAD의 특징적인 증상으로 겨울의 우울증상 출현과 함께 과면·과식·체중증가·탄수화물 갈망 등의 증상이 출현한다.[19] 이러한 증상은 마치 동물에서 보이는 동면과 같으며 외국에서는 여성에게 압도적으로 많지만 일본에서 수행된 조사연구에서는 남녀 대략 동수이다.[20] 광이 관계하는 것이라면 위도가 높아지면 겨울에는 일조량이 적어지기 때문에 SAD를 발병하는 사람이 많아진다는 가설에 기초한 역학조사가 이루어졌는데, 예상대로 고위도가 됨에 따라 SAD의 발생빈도가 올라간다는 결과가 나왔다. 일반적으로 이용되고 있는 항우울증 약은 효과가 없는 경우가 많고 광요법이 SAD 치료의 제1 선택이 되었다.[21],[22]

(2) 비계절성 기분장애

최근 계절성 감정장애 이외의 비계절성 감정에 대해서도 고조도 광요법이 응용되어 항우울증 효과가 보고되었다.[23],[24]

3.2.2 일교차 리듬 수면장애[25]
(1) 비24시간 수면각성증후군(non-24 hour sleep-wake syndrome)

이 장애는 통상 24시간 주기의 환경이나 사회적 동조인자가 있음에도 불구하고 입면(수면에 들어감)이나 각성의 시각이 매일 약 1시간씩 늦어지고 수면·각성 리듬이 약 25시간의 주기로 되는 수면장애이다. 그 원인으로는 광이나 사회적 인자 등의 동조인자에 대한 감수성의 저하로 생각되며, 원래 사람이 가지고 있는 25시간 주기의 내인성 리듬이 그대로 출현하는 것이라고도 생각된다. 그러므로 주기적인 주야역전이 일어나 버려 심각한 사회적 주적응을 나낸다.

환자 자신이 일정 시각에 취침, 각성하려고 노력하면 불면이나 각성곤란으로 고생하고 때로 만성피로증후군으로 진단되는 경우도 있다. 환자에는 광에 의한 동조를 받지 않는 맹인, 사회적 동조인자의 영향을 받기 어려운 분열기질이나 회피성 인격장애인 사람이 많다. 수면제의 투여는 통상 무효인 경우가 많고 고조도의 광을 이른 아침에 쐬어서 치료한다.

(2) 수면상 후퇴증후군(delayed sleep phase syndrome)

이 장애에서는 빨리 잠자리에 누워도 잘 수 없고 입면시각은 한밤중에서 새벽녘이고 잠에서 깨는 것은 정오즘이 되어 버린다. 그러나 자유롭게 수면을 취하면 수면의 질과 양 모두 정상이다. 수면·각성 리듬이 늦어진 채로 고정되어 스스로 교정하기 어려운 상태가 장기적으로 지속되지만 수면·각성 리듬의 주기는 24시간으로 정상이다.

사춘기나 청년기에 발병하는 경우가 많고 여름방학 등의 오랜 휴가 중 밤낮이 뒤바뀌는 생활, 시험공부 능이 발병의 원인이다. 이 경우도 수면제 투여는 무효인 경우가 많고 고조도의 광을 아침에 조사하여 치료한다.

3.2.3 고조도 광요법의 작용 순서
고조도 광요법의 작용순서는 주로 생체 리듬의 위상변위작용으로 설명되고 있다.

그림 3.4 휴대형 고조도 광요법기

생체에 보이는 다양한 리듬은 포유류에서는 시상(視床 : 간뇌(間腦)의 대부분을 차지하는 회백질의 덩어리 – 역주) 하부에 존재하는 시교차상핵의 생체시계기구에 의해 구동된다. 시교차상핵은 자체 리듬을 발진하지만, 그와 동시에 망막에서의 입력을 받아 발진하는 리듬을 명암 주기로 동조시키는 기능도 함께 가지고 있다. 이 때문에 광은 생체 리듬에 대해 가장 강력한 조절인자의 하나로 작용하며 주야의 변화 또는 계절성 변화에 대해 생체 리듬을 동조시키는 중요한 역할을 맡고 있다.

사람의 자유계속 리듬의 주기는 약 25시간이지만 주야환경에서의 생체 리듬 주기는 24시간이 되도록 조절되어 있다. 생체에는 밝음에서 어두움, 어두움에서 밝음의 조도변화를 감지함으로써 리듬의 위상변화가 일어나며 위상변화의 방향과 그 크기는 광자극이 더해졌을 대의 생체 리듬의 위상에 존재한다. 일반적으로 이른 아침에 광을 쬠으로써 생체 리듬의 위상이 전진되고 저녁광을 쬠으로써 위상이 후퇴한다. 광요법은 이 위상변위작용에 따라 임상효과를 발휘한다.

비24시간 수면각성증후군이나 수면상후퇴증후군 등과 같은 일교차 리듬의 수면장애의 경우 이른 아침 고조도의 광을 쬠으로써 환자의 생체시계의 리듬이 전진함으로 고조도광 요법이 유효하다고 생각할 수 있다.

계절성 감정장애의 성인(成因)으로 위상후퇴 가설이 제창되어 있다.[26] 이것은 멜라닌 분비개시를 지표로 한 하루 주기 리듬(circadian rhythm)의 위상이 SAD 환자에서는 건강한 사람과 비교하여 후방으로 차이가 나는데, 아침의 광조사에 의해 이 위상이 건강한 사람과 같은 위상으로 돌아오기 때문이다. 위상변화 및 그와 함께 기분의 개선이 인식되었으며 위상의 후퇴가 기분의 장애와 일치한다는 소견이다. 단, 위상후퇴가설은 반드시 일치한 견해가 아니라 그렇지 않다는 보고도 있다.

3.2.4 고조도 광요법의 실제

광을 환자에게 조사하는 방법으로 보통 테이블이나 책상 위에 놓인 고조도 광요법 장치(보통 라이트 박스)를 이용하는 경우가 많다(그림 3.4). 눈 부근에 광원이 오도록 환자 자신의 머리에 장착할 수 있는 기구(light visor)도 개발되었으며, 이 경우 라이트 박스에 비해 치료를 할 때 환자의 행동제한이 크게 완화된다. 또한 다수의 형광 램프를 설치한 고도조 광요법실을 병동 내에 비치한 시설도 있다.

고조도 광요법은 매일 1~2시간, 1~2주간의 기간 동안 이루어지지만 더 긴 기간 광조사를 함으로써 치료효과를 증대시킬 수 있다. 유럽이나 미국에서는 2,500~3,000 lx의 조도로 1일 2시간의 조사를 1~2주 실시하는 시설이 많다. 일반 가정에서 형광 램프 점등 시의 조도는 수백 lx이고 병원 내에서도 300~500 lx인데, 이 정도 조도는 고조도 광요법으로는 불충분하다.

임상효과의 발현에는 망막을 경유한 광정보가 중요하며 몸의 다른 부분에 조사되는 광은 임상효과를 나타내지 않는다.[27] 해외에서는 계절성 감정장애에 대해 라이트 바이저를 이용하여 외래 광요법을 하는 시설도 있으며, 그 치료효과는 입원에 의한 광요법에 떨어지지 않는다고 보고되었다. 또한 간이형 광요법장치가 외래 통원에서의 치료에도 사용되고 있다.

[山田尙登]

참고문헌

1) 照明学会編：ライティングハンドブック，pp. 517-521，オーム社（1987）

2) 千田，戸田，坪田，岡野，田上，上田，山本，加藤，前田，三宅：光による医学治療，第2～4章，pp. 36-143，日本光生物学協会，共立出版（2000）

3) 本間研一，三島和夫：光による医学治療，第1章，pp. 1-35，日本光生物学協会，共立出版（2000）

4) 小山恵美：寝室の環境づくり一光，睡眠環境学，pp. 127-146，鳥居鎮夫，朝倉書店（1999）

5) Boulos, Z. : Wavelength Dependence of Light-Induced Phase Shifts and Period Changes in Hamsters, Physiology & Behavior, 57-6, pp. 1025-1033 (1995)

6) Morita, T., Teramoto, Y., Tokura, H. : Inhibitory Effect of Light of Different Wavelengths on the Fall of Core Temperature during the Nighttime, Jpn. J. Physiol., 45-4, pp. 667-671 (1995)

7) Brainard, G. C., Hanifin, J. P., Greeson, J. M., Byrne, B., Glickman, G., Gerner, E., Rollag, M. D. : Action Spectrum for Melatonin Regulation in Humans : Evidence for a Novel Circadian Photoreceptor, J. Neurosci., 21-16, pp. 6405-6412 (2001)

8) 小山恵美：モデリングを通じた生体系特徴の時間生物学的理解，計測と制御，41-10, pp. 740-743（2002）

9) 岡田モリエ，高山喜三子，梁瀬量子：寝室の照明が睡眠経過に及ぼす影響，家政学研究，28-1, pp. 58-64（1981）

10) 小山恵美：生体リズムと光環境，組織培養工学，24-3, pp. 124-127（1998）

11) 小山恵美：楽しいあかりのヒント；可視光の生物反応から人間のあかりへのヒント，照学誌，86-9, pp. 720-722（2002）

12) Avery, D. H., Bolte, M. A., Millet, M. S. : Bright Dawn Simulation Compared with Bright Morning Light in the Treatment of Winter Depression, Acta. Psychiatr. Scand., 85, pp. 430-434 (1992)

13) 山本，小山，安宅，岡田，中野，今井：生体リズムおめざめスタンド「ASSA」の開発一起床前漸増光による目覚めの改善一，松下電工技報，68, pp. 60-66（1999）

14) 野口，白川，駒田，小山，阪口：天井照明を用いた起床前漸増光照射による目覚めの改善，照学誌，85-5, pp. 315-322（2001）

15) Koyama, E., Matsubara, H., Nakano, T. : Bright Light Treatment for Sleep-wake Disturbances in Aged Individuals with Dementia, Psychiatry and Clinical Neurosciences, 53-2, pp. 227-229 (1999)

16) Fukuda, N., Kobayashi, R., Kohsaka, M., Honma, H., Sasamoto, Y., Sakakibara, S., Koyama, E., Nakamura, F., Koyama, T. : Effects of Bright Light at Lunchtime on Sleep in Patients in a Geriatric Hospital II, Psychiatry and Clinical Neurosciences, 55-3, pp. 291-293 (2001)

17) 早石 修監修，井上昌次郎編著：4. 高齢者の睡眠の特性とその調整法，pp. 27-31，快眠の科学，朝倉書店（2002）

18) Lewy, A. J., Kern, H. A., Rosenthal, N. E., Wehr, T. A. : Bright artificial light treatment of a manic-depressive patient with a seasonal mood cycle, Am. J. Psychiatry, 139 (11), 1496-8 (1982)

19) Rosenthal, N. E., Sack, D. A., Gillin, J. C., et al. : Seasonal affective disorder, A description of the syndrome and preliminary findings with light therapy, Arch. Gen. Psychiatry, 41 (1), pp. 72-80 (1984)

20) Takahashi, K., Asano, Y., Kohsaka, M., et al. : Multi-center study of seasonal affective disorders in Japan, A

preliminary report, J. Affect. Disord, 21 (1), pp. 57-65 (1991)

21) Kripke, D. F.: Light treatment for nonseasonal depression: speed, efficacy, and combined treatment, J. Affect Disord, 49 (2), pp. 109-17 (1998)

22) Terman, M., Terman, J. S., Quitkin, F. M., et al.: Light therapy for seasonal affective disorder, A review of efficacy, Neuropsychopharmacology, 2 (1), pp. 1-22 (1989)

23) Yamada, N., Martin Iverson, M. T., Daimon, K., et al.: Clinical and chronobiological effects of light therapy on nonseasonal affective disorders, Biol. Psychiatry, 37 (12), pp. 866-73 (1995)

24) Thalen, B. E., Kjellman, B. F., Morkrid, L., et al.: Light treatment in seasonal and nonseasonal depression, Acta.

Psychiatr. Scand, 91 (5), pp. 352-60 (1995)

25) Weitzman, E. D., Czeisler, C. A., Coleman, R. M., Spielman, A. J., Zimmerman, J. C., Dement, W., Richardson, G., Pollak, C. P.: Delayed sleep phase syndrome, A chronobiological disorder with sleep-onset insomnia, Arch. Gen. Psychiatry, 38, pp. 737-46 (1981)

26) Lewy, A. L., Sack, R. L., Singer, C. M., et al.: Winter depression and phase shift hypothesis for bright light's therapeutic effects, History, theory, and experimental evidence, J. Biol. Rhthm, 3, pp. 121-134 (1988)

27) Wehr, T. A., Skwerer, R. G., Jacobsen, F. M., et al.: Eye versus skin phototherapy of seasonal affective disorder, Am. J. Psychiatry, 144 (6), pp. 753-7 (1987)

제4장

광방사가 끼치는 피해와 피해 규제

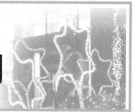

생체가 과도한 광방사에 노출되면 눈이나 피부가 상해(傷害)를 입는 것은 이전부터 알려져 있다. 그 작용이 현저히 나타나는 자외선 영역의 방사에 대해서는 이미 JIS Z 8812 유해자외방사의 측정 방법[1]에 규정되어 있다. 이 규정에는 눈이나 피부가 반복해서 조사를 받아도 완전하다고 생각되는 역치(閾値)(TLV)와 유해도의 파장특성(유해작용의 분광응답특성, 작용 스펙트럼)이 나타나 있다.

최근의 국제적인 흐름으로 광방사에 의한 생체의 상해에 대한 규제를 더 넓은 파장 범위에 대해 실시하도록 하는 움직임이 활발하다. 예를 들어, ANSI(미국규격) 등에서는 권장규격(recommendation)이긴 하지만 자외에서 가시광선 영역, 적외선 영역까지 규제되어 있다.

이와 같은 동향을 받아 IEC(국제전기표준회의)는 CIE(국제조명위원회)와 합동으로 전술한 ANSI를 골자로 하여 인공광원에서 나오는 광방사의 상해를 평가하는 국제적인 규격을 검토하여 CIE Standard S 009/E : 2002 Photobiological Safety of Lamps and Lamp Systems[2]를 작성하고 이것을 가까운 장래에 IEC 규격으로 운용하기로 했다.

일본에서는 이러한 움직임에 대응하기 위해 2000~2002년에 일본전구공업회가 경제산업성에서 위탁을 받아 이 규격을 검토하고 IEC에 의견을 제출함과 동시에 이 규격의 일본어역을 작성하여 그것에 부대의견을 붙인 것을 JIS TR(기술자료) 「램프와 램프 시스템의 광생물학적 안전성」으로 간행하는 것을 계획하고 있다.[3] 그러나 기술적인 제약에서 규격의 내용에는 즉시 실행하기 어려운 사항이 포함되어 있기 때문에 그것을 해결할 필요가 있다. 예를 들어, 이 규격에 규정하고 있는 유해방사의 파장범위는 200에서 3,000 nm인데, 일반적으로 이용되고 있는 방사측정 장치(250~2,500 nm를 대상으로 함)에서는 즉시 대응할 수 없다. 또한 광원의 방사휘도의 측정이 요구되는데 방사휘도의 측정방법이 공업적인 수준으로 정형화되어 있지 않은 것 등을 들 수 있다.

파장 200에서 3,000 nm의 범위에서 문제가 되는 생체에 대한 상해는 눈과 피부에 대한 것이므로 다음과 같은 것이다.[4] 우선 눈에 대한 상해는 파장이 짧은 자외영역에서는 안구표면의 각막, 결막의 염증(광각막염, 광결막염, 이른바 설맹), 수정체 상해(백내장) 등이다. 비교적 파장이 긴 UV-A 영역의 방사도 눈에 대해 상해를 준다. 가시광 영역에서는 강한 청색광

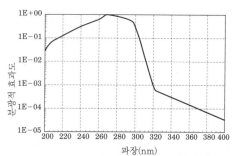

그림 4.1 피부와 눈에 대한 UV 상해작용의
분광적인 중첩함수 $S_{uv}(\lambda)$
(CIE Standard S009/E[2])

(380~500 nm)에 의한 망막상해(광화학적 상해)가 있으며, 적외선 영역에서는 수정체에 대한 상해(백내장), 망막의 열적 상해 등이 있다. 이들 중 자외방사에 의한 상해는 많은 경우 급성이고 일과성인 경우가 많지만, 청색광에 의한 손상은 망막에 영구적인 손상을 준다. 적외방사에 의한 상해의 많은 것은 축적성이 있어 반복하여 방사를 받으면 모르는 사이에 진행하여 실명에 이를 수 있다.

피부에 대한 상해는 자외선 영역에서는 홍반(햇볕에 탐)이, 적외선 영역에서는 열적상해(화

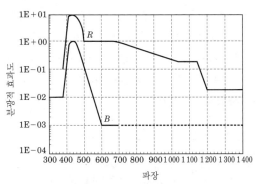

그림 4.2 망막상해의 분광적 중첩함수 B(λ)와 R(λ)
[CIE Standard S009/E[2]]

표 4.1 자외선 방사에 의한 피부·눈의 상해를
평가하는 분광적인 중첩함수

파장* λ[nm]	UV 상해 함수 S(λ)	파장* λ[nm]	UV 상해 함수 S(λ)
200	0.030	305	0.060
205	0.051	308	0.026
210	0.075	310	0.015
215	0.095	315	0.003
220	0.120	320	0.0010
225	0.150	325	0.00050
230	0.090	330	0.00041
235	0.240	335	0.00034
240	0.300	340	0.00028
245	0.360	345	0.00024
250	0.430	350	0.00020
255	0.520	355	0.00016
260	0.650	360	0.00013
265	0.810	365	0.00011
270	1.000	370	0.000093
275	0.960	375	0.000077
280	0.880	380	0.000064
285	0.770	385	0.000053
290	0.640	390	0.000044
295	0.540	395	0.000036
297	0.460	400	0.000030
300	0.300		

* 대표적으로 선택한 파장
[CIE Standard S009/E[2]]

표 4.2 광대역의 발광파장을 가진 광원에서의
망막 상해를 평가하는 분광적인 중첩함수

파장 λ[nm]	청색 상해 함수 B(λ)	열적 상해 함수 R(λ)
300	0.01	
380	0.01	0.1
385	0.013	0.13
390	0.025	0.02
395	0.05	0.5
400	0.10	1.0
405	0.20	2.0
410	0.40	4.0
415	0.80	8.0
420	0.90	9.0
425	0.95	9.5
430	0.98	9.8
435	1.00	10.0
440	1.00	10.0
445	0.97	9.7
450	0.94	9.4
455	0.90	9.0
460	0.80	8.0
465	0.70	7.0
470	0.62	6.2
475	0.55	5.5
480	1.45	4.5
485	0.40	4.0
490	0.22	2.2
495	0.16	1.6
500~600	$10^{[(450-\lambda)/50]}$	1.0
600~700	0.001	1.0
700~1,050	—	$10^{[(700-\lambda)/500]}$
1,050~1,150	—	0.2
1,150~1,200	—	$0.2 \cdot 10^{0.02(1150-\lambda)}$
1200~1400	—	0.02

[CIE Standard S009/E[2]]

상)이 잘 알려져 있다. 적외선 영역에서의 열적 상해는 파장이 길어지면 피부의 심부까지 미치게 된다.

이러한 상해에 관한 평가량의 파장특성을 그림 4.1, 그림 4.2 및 표 4.1, 표 4.2에 나타냈다. 자외선 영역에서의 눈과 피부에 대한 상해의 작용 스펙트럼은 $S_{uv}(\lambda)$, 청색광에 의한 망막 상해의 작용 스펙트럼은 $B(\lambda)$, 가시광선 및 적외선 영역의 방사에 의한 망막상해의 작용 스텍트럼은 $R(\lambda)$이다. UV-A의 눈에 대한 상해와

눈과 피부에 대한 적외선 방사의 열적 상해 등에 대해서는 파장범위만이 규정되어 있고 작용의 파장적 비중은 평가되어 있지 않다.

눈에 대한 상해를 평가할 때 안구표면의 각막이나 결막, 수정체 자체에 대한 조사량은 단위면적당 입사하는 방사파워(방사조도)로 산출한다. 이것에 대해 망막에 대한 상해는 수정체의 렌즈 작용으로 광원의 상이 망막상에 결상하므로 단위면적·단위입체각당 입사하는 방사파워(방사휘도)로 평가할 필요가 있다. 단, 안구의

표 4.3 피부 또는 각막의 표면에 대한 노광한계의 요약(방사조도 기준값)

상해의 명칭	적용하는 식	파장 범위 [nm]	노광 시간 t[s]	개구 규제 [rad(deg)]	일정 방사조도 에서의 EL[W/m²]
자외(UV) 피부와 안구	$E_S = \Sigma E_\lambda \cdot S_{uv}(\lambda) \cdot \Delta\lambda$	200~400	<30,000	1.4 (80)	30/t
안구 UV-A	$E_{UAV} = \Sigma E_\lambda \cdot \Delta\lambda$	315~400	≤1,000 >1,000	1.4 (80)	10,000/t 10
청색광 (참고)*	$E_B = \Sigma E_\lambda \cdot B(\lambda) \cdot \Delta\lambda$	300~700	≤100 >100	<0.011	100/t 1.0
안구 적외(IR)(참고)*	$E_{IR} = \Sigma E_\lambda \cdot \Delta\lambda$	780~2,500 *	≤1,000 >1000	1.4 (80)	18,000/$t^{0.75}$ 1.0
피부 열적(참고)*	$E_H = \Sigma E_\lambda \cdot \Delta\lambda$	380~2,500 *	<10	2μ[sr]	20,000/$t^{0.75}$

*JELMA 주

표 4.4 망막에 대한 노광한계의 요약(방사휘도 기준값)*

상해의 명칭	적용하는 식	파장 범위 [nm]	노광 시간 t[s]	시야 [rad]	일정 방사조도에서의 EL[W/(m²·sr)]
청색광	$L_B = \Sigma L_\lambda \cdot B(\lambda) \cdot \Delta\lambda$	300~700	0.25~10 10~100 100~10,000 ≥10,000	$0.011 \cdot \sqrt{(t/10)}$ 0.011 $0.0011 \cdot \sqrt{t}$ 0.1	$10^6/t$ $10^6/t$ $10^6/t$ 100
망막 열적	$L_R = \Sigma L_\lambda \cdot R(\lambda) \cdot \Delta\lambda$	380~1,400	<0.25 0.25~10	0.0017 $0.011 \cdot \sqrt{(t/10)}$	$50,000/(a \cdot t^{0.25})$ $50,000/(a \cdot t^{0.25})$
망막열적 (저가시자극)	$L_{IR} = \Sigma L_\lambda \cdot R(\lambda) \cdot \Delta\lambda$	780~1,400	>10	0.011	6,000/a

a : 광원을 들여다보는 각도
※ (참고)평가의 대상에서 제외한다. JELMA 주

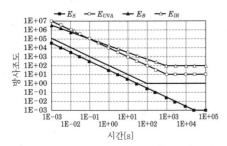

그림 4.3 일정 광량에 대한 중첩된 방사조도의
노광한계와 노광시간의 관계
[CIE Standard S009/E[2]]

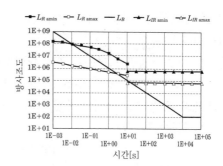

그림 4.4 일정 노광량에 대한 중첩된 방사휘도의
노광한계와 노광시간의 관계
[CIE Standard S009/E[2]]

운동에 의한 결상착오를 예상하여 결상의 크기에 어떤 한계를 설정하고 그 이하의 소형 광원에 대해서는 안구면에서의 방사조도로 평가한다. 일반적으로 $S_{uv}(\lambda)$는 방사조도에서의 평가의 작용 스펙트럼으로, $B(\lambda)$, $R(\lambda)$는 방사휘도에서의 평가 작용 스펙트럼으로 이용된다.

표 4.3, 표 4.4에 이러한 상해를 주는 방사의 노광량(방사조도 또는 방사휘도×노광시간)의 한계를 나타낸다. 표에서는 방사휘도를 대상으

로 할 때에는 방사휘도의 측정방법이 확정되어 있지 않으므로 참고값으로 나타냈다(JELMA 주, 일본전구공업회의 견해). 그림 4.3, 그림 4.4에 한계값에 대한 방사조도 및 방사휘도와 노광시간의 관계를 나타냈다.

이 규격에서는 실제 조명의 현장에서 유해한 방사가 어느 정도 존재하는지를 밝히기 위해 조사면의 조도가 500 lx가 되도록 광원을 배치하고 조사면 상에서의 유해방사량의 순위를 매겨

표 4.5 연속 발광 램프의 각 위험 그룹의 방사한계

위험의 종류	작용 스펙트럼	기호	방사한계			단위
			위험 면제	낮은 위험	중간 위험	
자외방사	$S(\lambda)$	E_s	0.001	0.003	0.03	W/m²
근자외방사		E_{UVA}	10	33	100	W/m²
청색광 (평가 대상에서 제외)*	$B(\lambda)$	L_B	100	10,000	4,000,000	W/(m²·sr)
청색광 (참고)*	$B(\lambda)$	E_B	1.0[*1]	1.0	400	W/m²
망막의 열상해 (평가 대상에서 제외)*	$R(\lambda)$	L_R	28,000/a	28,000/a	71,000/a	W/(m²·sr)
망막의 열상해 저가시자극[*2] (평가 대상에서 제외)*	$R(\lambda)$	L_{IR}	6,000/a	6,000/a	6,000/a	W/(m²·sr)
눈에 대한적외방사 (2,500 nm까지의 값을 참고값으로 나타냄)*		E_{IR}	100	570	3,200	W/m²

*1 작은 광원은 들여다보는 각 0.011rad 이하로 하여 정의된다. 1,000초 동안의 평균 들여다보기 각은 0.1rad.
*2 일반조명용이 아닌 광원의 평가를 포함한다.
※ JELMA 주

위험 그룹으로 하고 광원에 표시했다. 표 4.5는
분류한 위험 그룹을 나타낸다.

　이러한 규제는 일반 조명용의 광원 단체뿐만
아니라 장기적으로는 조명기구를 포함한 상태
나 공업용의 광원, 디스플레이 광원, LED 등도
대상으로 생각하고 있다.

[中川靖夫]

참고문헌

1) JIS Z 8812　有害紫外放射の測定方法
2) CIE Standard S 009/E : 2002 Photobiological Safety of Lamps and Lamp Systems
3) 日本電球工業会：光源に含まれる有害光の安全基準の標準化に関する調査研究 (2003.3)
4) 河本康太郎：光放射の視覚以外への応用，照明学会編照明専門講座テキスト第 16 章 (2002)

10편
디지털 사진촬영의 조명과 컬러 매니지먼트

제1장

디지털 카메라에 의한 사진촬영

1.1 촬영조명

디지털 카메라에 의한 사진촬영이 은염(銀塩) 필름 카메라에 의한 사진촬영에서 촬영 시의 조명광원에 큰 차이를 주는 것은 아니다. 일반적으로 보급되어 있는 '원숏형 디지털 카메라' 라는 것은 지금까지의 필름 카메라와 같은 사용법을 적용할 수 있다. 업무용으로 천수백만 화소 이상을 가진 '멀티숏형' 또는 '센서 시프트형' 디지털 카메라를 사용할 경우에는 연속점등 또는 고주파점등형 조명광원이 필요하다. 하지만 그 경우에도 광색의 특성에 착안하면 은염 필름 카메라의 촬영에 요구되는 조명광원과의 차이가 거의 없다.

각 광원의 제 특성에 대해서는 3편을 참조한다. 여기서는 사진촬영에 활용되는 대표적인 조명광원에 대해 설명하기로 한다.

1.1.1 자연광

실외 또는 창가 등에서 인공광을 사용하지 않고 촬영하는 일반적인 사진촬영의 경우 이른바 태양광이나 구름 및 푸른하늘 등 하늘의 반사광이 촬영광원이 된다. 이러한 자연광은 자연스러운 음영을 얻을 수 있고 카메라 자체도 자연광 하에서 양호한 결과를 얻을 수 있도록 설계되어 있으므로 가장 이상적인 광원의 하나로 할 수 있다.

(1) 태양의 직사조명

맑은 하늘에 해가 떠 있는 실외 등에서 태양광이 피사체를 직접 조사하고 있는 경우에는 피사체에 대한 광의 입사각도에 주의해야 한다. 예를 들어, 여름 또는 적도(저위도) 부근의 정오 시각에는 태양광선이 대략 바로 위에서 피사체를 조사하게 된다. 한편 저녁이나 겨울 또는 고위도 지역에서는 비스듬하거나 거의 완전 수평으로 조사하게 된다.

전자의 경우 광원인 태양광의 피사체 부위 바로 옆에서의 상관색온도는 약 5,500 K이며 후자의 경우 2,000~4,000 K라는 낮은 상관색온도가 된다. 대부분의 디지털 카메라는 카메라 기구로 상관색온도, 이른바 화이트 밸런스를 임의 또는 선택적으로 설정할 수 있기 때문에 광원의 상관색온도에 대해서는 은염 컬러 필름의 그것만큼 엄밀히 배려할 필요가 없다. 오히려 태양광 직사조명의 디지털 촬영에서 주의해야 할 점은 음영을 내는 방법에 있다.

태양광은 대단히 강한 광량과 직진성을 가지고 있으며 그 결과 피사체의 명암차가 커진다. 은염 필름의 경우 명암차가 큰 조명조건에서도 비교적 좋은 사진 촬영이 가능하지만, 디지털 카메라 촬영의 경우에는 광센서가 가지고 있는 다이내믹 레인지 특성으로 인해 밝은 부분 또는 어두운 부분 둘 중 하나 또는 둘 다에서 피사체가 본래 가지고 있는 미묘한 농담 변화를 기록할 수 없어 포화상태가 될 수 있다. 즉, 밝은 부위가 새하얗게 지워지고 검은 부위가 새까맣게 칠해져 버리는 상태가 된다.

이것은 RGB 각 채널당 8비트인 디지털 화면상에서는 밝은 부분의 포화상태란 계조값이 255가 되고 어두운 부분의 포화상태란 계조값이 0이 된다는 것을 의미한다. 그리고 이와 같은 부위는 촬영 후의 화상처리 공정에서 포화된 계조(階調)정보를 회복할 수 없다.

태양광의 직사조명, 특히 태양의 고도가 높고 피사체의 바로 위에서 비추는 조명에서는 이러한 상태가 발생하기 쉽게 된다. 이런 상황에서는 그것을 의식적으로 발생시키는 표현기법이 없는 한 밝은 부위가 포화되지 않도록 카메라 노출(약간의 노출광을 뺌=노출 부족 기미)로 해 두고 음영의 부분에 보조적인 조명을 주는 배려, 이른바 '대낮 싱크로 촬영(fill flash 촬영)' 이라는 기법 또는 '흰 반사판'에 의한 음영부의 보조조명기법을 도입할 필요가 있다. 또한 대부분의 디지털 카메라에는 명암대비 선택 기능이 내장되어 있으므로 낮은 명암대비 모드로 전환해 두는 것도 방법이다.

(2) 엷은 구름, 구름이 끼었을 때의 자연광

태양이 구름에 가려진 엷은 구름 상태이거나 잔뜩 찌푸린 흐린 하늘 또는 우천 시에는 조명광이 반확산광 상태가 되어 전술한 것과 같은 포화 상태가 되는 상황은 일어나기 어렵다. 특히 태양광이 구름에 가려져 있어도 지면 등에 다소의 그림자가 생기는 것과 같은 상황은 적절한 음영, 명암대비가 되어 촬영결과가 대체로 좋아진다.

한편 완전한 흐린 하늘 또는 우천 상황에서는 피사체에 선명한 음영이 존재하지 않고 촬영결과는 대비감이 결여되어 일반적인 인상으로 졸린 인상이 된다. 이러한 사실 때문에 디지털 카메라 촬영에서는 명암대비를 높게 설정하는 모드로 전환하여 촬영하는 것도 하나의 안이다. 그러나 촬영화상의 명암대비를 높이는 처리는 후공정에서도 가능하기 때문에 촬영 시에는 각별히 주의해야 한다.

(3) 맑은 하늘의 그늘, 창가의 자연광

푸른 하늘이 펼쳐져 있는 맑은 하늘에서 피사체에 직접 태양광이 닿지 않는 상태, 즉 피사체가 응달이나 창가에 있거나 역광 상태에서 촬영하는 경우 주요 피사체가 전체적으로 강한 청색으로 기록되어 버리는 경우가 있다.

이와 같은 조명상태의 실질적인 주광원은 태양광이 아니라 푸른 하늘이라는 청색의 광원이라고 해석할 수 있으며 그 상관색온도는 10,000 K를 초과하는 매우 푸르스름한 광원이 되어 있다.

디지털 카메라의 기종에 따라서는 이러한 상태를 감지하여 자동보정하는 기능을 가진 것도 있으며, 또는 카메라 내장기능을 수동으로 사용하여 보정하면서 촬영하는 것도 가능하다.

주의해야 할 것은 주요 피사체가 복수 존재하고 한 쪽은 그늘에서 푸르게 발색하는 상태, 다른 쪽은 그늘에는 없고 정상적으로 발색하는 상태에 있는 경우 촬영 시에 어떤 보정을 해도 한 쪽의 문제를 회피하면 다른 쪽에서는 좋은 발색을 기대할 수 없다는 점이다. 태양직사조명과 마찬가지로 그늘 싱크로 촬영을 하거나 일반적으로 리플렉터판이라고 하는 광의 반사판을 사용하여 태양광을 그늘의 피사체로 유도하도록 하는 연구가 필요하다.

1.1.2 할로겐 조명·텅스텐 조명

이른바 백열 램프의 광질인 할로겐 조명이나 텅스텐 조명은 상관색온도가 2,600~3,000 K이다. 상관색온도가 낮은 조명에서도 디지털 카메라에 내장된 화이트 밸런스 기구를 잘 활용하면 낮은 상관색온도에 의한 오렌지 색에 편색된 화상이 되지 않고 양호한 발색의 화상을 얻을 수 있다.

사진 촬영용 텅스텐 램프나 할로겐 램프는 상관색온도의 정상화를 고려하기도 하고 램프나 반사갓에 조명불균일이 없도록 설계되어 있다. 주의사항으로 이 종류의 램프는 이른바 점광원이기 때문에 피사체의 음영은 태양광 직사 시와 마찬가지로 해당 명암대비가 강해지는 점이다. 또한 피사체와 광원의 거리가 짧은 경우에는 피사체에 대한 광원최근부위와 광원최원부위에서 조도가 대폭 달라지므로 최근부위는 노출과잉 경향이 있고 최원부위는 노출부족의 경향이 있다. 이와 같은 경우 반사판 등을 사용하여 광량 부족이 되는 피사체 부위에 보조조명을 닿게 하는 등의 연구가 필요하다.

1.1.3 스트로보 조명

스트로보는 일명 '스피드 라이트', '(일렉트릭)플래시'라고도 하며 크세논 방전관의 일종으로 주로 크세논 가스, 거기에 미량의 알곤이나 크립톤 등의 가스를 경질의 유리관 내에 봉입해 놓고 콘덴서에 축적되어 있던 고전압을 유리관부에 있는 전극에 한꺼번에 방전함으로써 가속된 전자가 봉입 가스와 충돌하여 반응해서 광에너지를 발생시키는 구조로 되어 있다.

크세논 방전관이 뿜어내는 빛의 상관색온도는 6,000~7,000 K로서 일반 사진용으로는 대단히 높기 때문에 유리관 표면에 각종 코팅을 하는 등의 방법으로 5,500 K 내외의 상관색온도를 얻고 있다. 방전방식에 따라 발광하기 때문에 휘선 스펙트럼을 포함한 방사분광분포로 되어 있으므로 많은 경우 800~900 nm 부근에 몇 개의 휘선이 존재한다.

또한 발광시간은 수백분의 1~수만분의 1초라는 고속이며 동체촬영을 해도 피사체가 흔들려 찍히는 일은 거의 없다.

스트로보는 카메라 내장형, 그립온형, 그립형, 스튜디오용 독립형, 특수용도 등으로 대별할 수 있다. 이 중 카메라 내장형, 그립온형, 그립형은 카메라 렌즈에 가까운 위치, 따라서 피사체의 대략 정면에서 발광시키는 경우가 많고 피사체가 완전히 확산반사하는 물체가 아닌 한, 광원 자체가 피사체에 정반사해 버린다. 그 결과 사진 화상 상에서 그 부위는 극단적으로 과다노출되어 전술한 하이라이트부의 과포화 상태에 의한 계조 비약이 발생하며 후처리에서도 회피가 불가능하게 된다.

1.1.4 형광 램프 조명
(1) 일반용 3파장형 형광 램프

일반 사무실이나 주택에 설치되어 있는 3파장형 형광 램프 조명 하에서는 그 분광분포특성 때문에 인간의 눈에는 위화감 없이 보이는 피사체색도 촬영한 화면상에서는 이상발생하는 것이 있다. 대부분의 디지털 카메라에서는 이러한 이상발색을 어느 정도 억제할 수 있지만 정밀한 색채기록을 목적으로 할 경우에는 이 종류의 형광 램프 조명에서의 촬영을 피해야 한다.

특히 인공적으로 착색된 공업제품 등의 착색 색재 중에는 조건등색(메타메리즘)이 작용하는 것이 있고 가령 화이트 밸런스를 정확히 확보해도 색채를 정밀하게 기록할 수 없는 경우가 있으므로 주의해야 한다.

(2) 고연색성 형광 램프

미술관이나 인쇄회사 등 색채를 정확히 관찰할 필요가 있는 장소에는 평균연색평가수 R_a의 값이 95~98 등급의 고연색성 형광 램프가 사용되고 있다. 이 종류의 고연색성 형광 램프는 사진촬영에도 적합하며 전술한 조건등색의 여러 문제도 거의 생기지 않아 보통의 자연광에 가까운 촬영결과를 얻을 수 있다. 특히 미술품이나 천 또는 공업제품 등 피사체색을 충실히 기록하는 경우에 가장 적합하며 촬영 후에 컬러매칭 처리(후술)를 하여 출력한 컬러 인쇄물도 또한 동일한 고연색성 형광 램프하에서 관찰함으로써 대상물과 프린트 결과의 색차를 최소로 할 수 있다.

각종 고연색성 형광 램프 중에서도 사진촬영 용도에 적합한 것은 상관색온도가 5,000 K, 평균연색평가수 R_a 97 이상의 것이다. 또한 스캔형 디지털 카메라 등과 같이 수십 초~장시간의 노광 중에 수천 회의 스캐닝 촬영을 하는 경우에는 고주파점등(인버터)식의 고연색성 형광 램프를 사용해야 한다.

(3) 사진용 형광 램프

고연색성 형광 램프와 유사한 분광특성을 가지고 있고 조명광량을 더 높인 형광 램프로 사진촬영용 형광 램프가 있다. 이 형광 램프는 광량을 높이기 위해 유리관의 주위 220°를 불투명하게 하여 유리관면 내의 동부위를 반사경으로 하고 있다. 또한 상관색온도는 5,900 K로 설계되어 있어 은염 컬러 필름(데이 라이트형)을 사용할 때 색온도 보정(화이트 밸런스 보정)을 하지 않아도 대체로 적정한 발색을 얻을 수 있다.

1.1.5 사진용 HMI 램프

HMI 램프(hydrargyrum medium length arc iodide additives lamp)는 본서의 곳곳에서 해설한 메탈 할라이드 램프의 일종이다. 'HMI'는 독일 오스람 사의 상품명인데, 사진 업계에서는 'HMI'가 '사진용 고연색 메탈 할라이드 램프'의 통칭으로 일반적으로 사용되고 있다. 원래는 영화촬영용 대규모 조명에 활용되어 왔으나 일반 스튜디오 사진촬영에도 보급되고 있다.

사진용 메탈 할라이드 램프는 태양광에 가까운 분광분포 특성을 가지고 있어 연색성이 우수하다. 상관색온도는 약 5,700 K이며 수백 W~수 kW라는 대광량까지 각종 제품이 존재한다. 방전발광이지만 스트로보와 같이 순간점등하는 것이 아니라 태양광이나 백열 램프처럼 정상광과 같이 활용할 수 있으며 장치의 크기에 비해 대광량이다. 예를 들어, 높은 천장을 향해 HMI 라이트를 조사함으로써 실내에서도 실외의 하늘빛처럼 밝고 넓은 면적에 걸친 평행광선에 가까운 효과를 얻을 수 있다는 이점이 있다. 또한 고효율이므로 근접직사조명을 해도 할로겐 램프나 텅스텐 램프처럼 피사체 자체가 극단적인 고온을 동반하지 않고 필요한 광량을 확보할 수 있기 때문에 열의 영향을 기피하는 피사체를 촬영하는 경우에도 유용하다.

1.1.6 촬영을 위한 인공조명 기법

(1) 기본적인 일반적 조명에 의한 촬영

스트로보, 백열 램프, HMI 등 어떤 인공조명이든 사진촬영을 할 때에는 큰 원칙이 있다. 즉, '원칙적으로 광원은 한 개=태양은 한 개'라는 사고방식이다. 실제로는 등 2개 내지 3개의 광원을 사방에서 조사하는 경우가 많지만 이는 어떤 등 한 개를 주광원으로 하고 나머지는 어디까지나 광량부족이나 강한 음영의 억제 또는 배경만을 별도조명하는 등의 보조광으로 사용한다는 사고방식이 원칙이다. 또한 의식적으로 특이한 효과를 얻고자 할 경우는 제외하고 주광원은 약간 구름 낀 하늘에서의 빛처럼 피사체 상부 조금 측면 옆(카메라와 피사체 중간의 천장부에서 왼쪽 또는 오른쪽 위 방향)에서 피사체를 향해 조사하는 것을 기본으로 한다.

(2) 미술품 등 색채를 정밀하게 촬영 기록하는 조명

전술한 것처럼 일반적인 입체물의 촬영은 주광원을 하나로 한다. 그러나 서류·회화·천 등의 평면물의 복제촬영(복사) 등에서 피사체를 정밀하게 복제하는 것을 목적으로 할 경우에는 피사체의 좌우 등 대칭방향에서 균등한 광질과 광량의 조명을 쐬어 그림자가 없는 상태로 만드는 것이 기본이다(그림 1.1 참조).

(3) 무영조명에 의한 촬영

의료 및 계측처럼 과학적 해석 등을 목적으로 하는 촬영에서는 '무영조명'이 채택된다. 기본적으로는 전술한 복사와 같은 사고방식을 적용할 수 있지만 더 이상적인 무영상태를 얻기 위해 피사체의 상하좌우를 둘러싼 링 모양의 위치에서 균등한 광량의 조명을 조사함으로써 무영상태를 얻는다. 이는 마치 외과수술이나 치과치

료용의 조명기구와 유사한 구조가 된다.

또한 이러한 촬영용도에 링 라이트, 링 플래시라는 사진기재 또는 연색성이 우수한 링형 형광 램프 등을 유효하게 활용하면 좋다.

(4) 무광택 조명에 의한 촬영

피사체에 따라서는 거울 모양의 광택이 있어 조명광원이 번쩍번쩍 비치는 경우도 있는데, 이러한 촬영결과를 싫어하는 경우에는 그림 1.2와 같이 광원측에 편광 필터를, 촬영 렌즈에는 광원측과 편광면이 직교하는 편광 필터를 설치함으로써 대략 완전하게 무광택 조명을 실현할 수 있다.

광원측 편광 필터의 편광면을 고정하고 카메라측의 편광 필터를 회전시킴으로써 반사 상태를 완전 무광택에서 광택감을 보통으로 표현한 상태까지 제어할 수 있다.

편광 필터는 열에 약하고 장시간의 사용에 따리 필터 자체가 변색되거나 편광효과가 약해질

조명 불균일을 없애기 위해 조명광원과 피사체의 거리는 가능하면 멀리 떨어지게 한다.

다소 망원 기미가 있는 렌즈가 좋다. 줌 렌즈를 사용할 경우에는 줌 초점거리를 변화시키면서 시험촬영하고 피사체의 직선이 왜곡되어 찍히지 않는 초점거리를 찾는다.

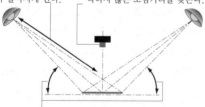

피사체 표면에 광택감이 있는 경우에는 광원이 비쳐 들어오는 경우가 있다. 이것을 회피하려면 피사체의 끝부분에서 조명광의 입사각이 45° 이하인 것이 바람직하다.

그림 1.1 복사를 위한 그림자 없는 조명(무영조명)의 원칙
– 평면의 서류나 회화 등의 복사촬영에서는 그림과 같이 조광이 피사체면에 균일하게 조사되도록 주의한다. –

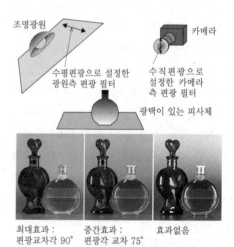

최대효과 : 편광교차각 90°   중간효과 : 편광각 교차 75°   효과없음

그림 1.2 편광 필터를 활용한 무광택 촬영조명 방법과 그 결과
– 이 그림과 같은 조명상태로 해 두고 렌즈측 편광 필터를 회전시키면 광택감을 쉽게 조정할 수 있다. 하단 왼쪽 : 완전무광택, 중앙 : 약간 광택감을 연출, 오른쪽 : 조명측과 렌즈측 필터를 떨어뜨려 촬영 –

수 있으므로 발열광원과의 거리에 유의하고 스트로보광 등의 강한 광에너지를 장시간 주지 않도록 주의한다.

1.1.7 건축물 등 조명환경 자체의 촬영

준공사진이나 인테리어 디자인의 기록촬영 또는 고급 샹데리아 및 연회장의 조명설비 자체의 촬영을 하는 경우에는 지금까지 설명한 것과 같은 주의사항과는 다른 촬영기법이 요구된다. 보통의피사체를 바르게 기록하는 촬영과는 피사체가 마치 태양광 등의 표준적인 조명 하에서 보고 있는 것처럼 촬영하는 것이 원칙이다. 그러나 조명환경 및 조명설비의 촬영에서는 그 조명의 광질이나 광색을 정확히 기록하거나 조명상태가 연출하는 분위기 및 조명상의 연출효과를 기록하는 것이 중요하다.

(1) 조명장치 자체의 촬영

조명장치 자체를 디지털 카메라 촬영하는 경우에는 각종 특수 촬영 및 합성 기법을 구사하는 경우가 많다. 예를 들어, 텅스텐 라이트를 광원으로 가진 샹데리아의 촬영에서는 그 광원을 소등한 상태에서 촬영한 한 장면(코마)과 광원 점등 상태에서 샹데리아부에 표준적인 별도의 조명을 조사하여 촬영한 한 장면을 후공정에서 합성가공하는 경우가 많다. 이 촬영기법을 취할 경우에는 카메라를 튼튼한 삼각대로 고정하고 두 장면의 촬영이 끝날 때까지 카메라를 움직이지 않도록 해 둔다.

광원 소등에서의 첫째 장면 촬영에서는 해당 장면에 적당한 일반적인 노출로 해 두고 화이트 밸런스는 카메라측이 가지고 있는 오토모드 또는 그 환경의 광색에 알맞은 임의의 선택항목을 선택하면 된다.

광원 점등에서의 둘째 장면 촬영에서는 광원

부 자체가 과다 노출이 되어 새하얗게 지워지지 않도록 노출을 조정하고 디지털 카메라의 화이트 밸런스는 태양광 등의 표준 상관색온도에 맞추거나 태양광 등의 표준상관색온도와 그 광원의 상관색온도의 중간 정도에 맞춰 촬영한다. 이렇게 함으로써 예를 들어, 텅스텐 광원이라면 주황색 기를 띤 광색이 가지고 있는 색조일수록 잘 잔존시켜 광원의 성질을 기억할 수 있다(그림 1.3 참조, 권두화).[12] 또한 필름 카메라에 의한 촬영에서는 두 장면의 촬영이 아니라 첫째 장면을 촬영한 후 필름을 감아올리지 않고 똑같은 필름면에 한 장면을 더 촬영하는 이른바 다중노광 기법이 활용된다. 컴퓨터 화상처리에 의해 합성하는 것이 아니라 촬영 시에 합성한다.

(2) 조명설비·조명환경을 포함한 촬영

건축물의 준공사진, 레스토랑이나 호텔의 로비 또는 연회장, 고속도로 등의 조명설비 및 조명환경의 촬영에서는 다음과 같은 원칙에 해당하면 한 장면 촬영만으로 후처리 합성을 필요로 하지 않는 경우가 있다.

- 촬영 위치에서 망원 렌즈 등으로 광원부분의 노출을 측정하고 그 노출값을 기록한다. 예를 들어, 셔터 속도 30분의 1초, 조리개 f 11
- 촬영위치에서 사용하는 렌즈를 이용하여 광원을 화면 내에 포함되지 않은 구도로 노출을 측정한다. 예를 들어, 셔터 속도 8분의 1 초, 조리개 f 11
- 광원부위 측정값과 광원배제 측정값의 차이가 셔터 속도로 1/4~1/6 이내 또는 조리개 단수 2~2.5단 이내

이 조건은 큰 창이 있는 사무실 등에서 외광이 충분히 실내에 유입되거나 조명광원이 형광램프 같은 확산조명의 경우 등이다. 이러한 조

건에서는 시작 조명환경 자체가 외광주체로 생각하는 것도 가능하고, 가령 조명장치 등을 화면 내에 포함한 구도로 촬영하는 경우에도 일반 촬영과 촬영기법이 크게 다르지 않다.

한편 많은 인공조명 환경의 촬영에서는 전술한 조명광원 자체를 포함한 촬영과 마찬가지로 광원점등 상태와 소등 상태의 두 장면 이상의 노광을 하는 경우가 있다.

예를 들어, 일반 사무실의 준공사진에서는 삼각대에 카메라를 고정시켜 두고 형광 램프를 소등하고 창가에서 외광조명만으로 일반적으로

촬영을 한다. 다음에 카메라를 움직이지 않고 창가에서의 외광을 완전히 또는 어느 정도 차단하고(또는 외광이 조금 어두워질 때까지 기다림) 사무실 천장의 형광 램프를 점등시켜 광원 부분이 과다노출이 되지 않고 형광 램프의 상관 색온도에 알맞은 화이트 밸런스 설정으로 두 번째 장면을 촬영한다. 이 장면을 후처리하여 합성한다(그림 1.4 참조, 권두화[13]).

유원지나 가로등 같은 실외 조명설비 및 환경을 촬영할 경우, 하늘이 완전히 어두워진 단계에서의 1장면 촬영에서는 조명광이 충분히 닿

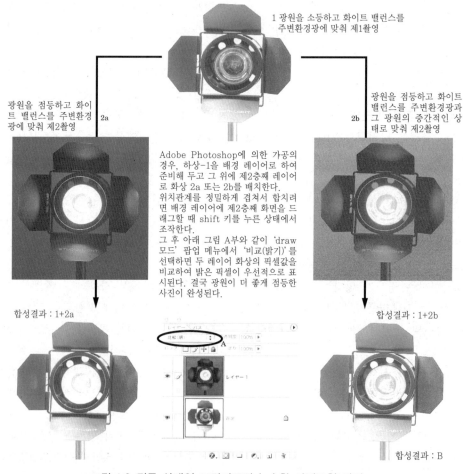

1 광원을 소등하고 화이트 밸런스를 주변환경광에 맞춰 제1촬영

광원을 점등하고 화이트 밸런스를 주변환경광에 맞춰 제2촬영   2a

광원을 점등하고 화이트 밸런스를 주변환경광과 그 광원의 중간적인 상태로 맞춰 제2촬영   2b

Adobe Photoshop에 의한 가공의 경우, 하상-1을 배경 레이어로 하여 준비해 두고 그 위에 제2층째 레이어로 화상 2a 또는 2b를 배치한다.
위치관계를 정밀하게 겹쳐서 합치려면 배경 레이어에 제2층째 화면을 드래그할 때 shift 키를 누른 상태에서 조작한다.
그 후 아래 그림 A부와 같이 'draw 모드' 팝업 메뉴에서 '비교(밝기)'를 선택하면 두 레이어 화상의 픽셀값을 비교하여 밝은 픽셀이 우선적으로 표시된다. 결국 광원이 더 좋게 점등한 사진이 완성된다.

합성결과 : 1+2a

합성결과 : 1+2b

합성결과 : B

그림 1.3 점등 상태인 조명기구의 능숙한 사진표현 방법

자연광촬영 : 실내광을 소등하고 창의
블라인드를 열어 제1촬영

자연광+인공광 합성 결과
자연광 화상을 배경 레이어로 준비해 두고 그 위에 제2층째 레이어
로 인공광 촬영 화상을 배치한다.
그 후 'Draw 모드' 팝업 메뉴에서 '비교(밝기)'를 선택하고 두 화
상을 합성한다. 각 화상 레이어에 대해 별도의 '조정 레이어'로
'레벨 조정'이나 '컬러 밸런스 조정'을 하여 합성 시의 자연스러운
관점을 조정한다.

인공광촬영 : 실내광을 점등, 화이트
밸런스를 맞춰 제2촬영(왼쪽 3분
의 1은 화이트 밸런스를 미조정
시)

그림 1.4 실내의 조명환경 사진표현 방법

지 않는 부위가 칠흑처럼 칠해져 버린다. 그래
서 조명광원을 포함하지 않은 상태의 비교적 밝
은 부위의 노출값과 조명광원만을 망원렌즈 등
으로 확대측정한 노출값의 차이가 2~2.5 조리
개 이내가 되는 외광상태를 기다려 일몰 직후
정도의 시간대에 촬영하면 좋다. 이 때의 노출
설정은 망원 렌즈 등으로 조명광원 부위의 노출

을 측정하고 그 노출값에서 약 2~2.5 조리개
과다노출되는 상태를 적정 노출의 표준으로 한
다. 이 말의 의미는 조명부위가 하얗게 지워져
버리는 한계까지 밝게 촬영하는 것을 의미하며,
조명광원부위 이외에는 정확히 좋은 밝기에서
촬영한 것이 된다(그림 1.5 참조, 권두화 그
림 [14]).

[A] 일몰 직후에 푸른
하늘 부분(동그라미
표시)을 망원 렌즈로
스폿 노출 측정, 광각
렌즈 촬영. 하늘과 건
물 및 관람차 광원부
의 휘도차가 크기 때
문에 공중부분 이외
에는 적적한 밝기가
되지 않는다.

[B] 충분히 어두
워지고 나서 관
람차 중앙의 네
온사인에 노출을
맞춰 촬영. 이 부
분은 적정하게
기록되지만 하늘
과 건물, 기타 광
원부는 적정한
밝기가 아니다.

하늘 부분이 어느 정도 어두워져 네온사인의 고휘도부와
의 노출차가 2~2.5조리개가 되는 시각, 즉 사진 A와 사진
B의 중간시각대에 촬영. 관람차의 광원이 지워져 버리지
않으며 하늘과 건물 부분도 더 좋은 밝기로 기록되었다.

그림 1.5 실외 조명설비의 사진표현 방법

1.1.8 조명광의 적외선 성분의 영향

디지털 카메라의 광센서는 적외선 영역에도 감도를 가지고 있으며, 각 업체의 카메라에서는 이 적외선 성분을 광센서에 입사하지 않도록 적외선흡수 필터를 센서 표면에 장착하고 있다. 그러나 이러한 필터의 적외선흡수특성은 업체마다 다르며 카메라에 따라서는 근적외선 성분에 반응하여 생각하지 않은 발색이 되어 버리는 경우가 있다.

특히 인쇄물·천·건축재료, 기타 공업제품 등 색재를 염식하거나 도포하는 물체 및 일부 꽃이나 잎에는 피사체 자체가 근적외선 성분을 강하게 반사하는 물체가 있다. 이러한 물체를 포함한 피사체를 할로겐 조명 등 적외선 성분이 많은 조명광 하에서 디지털 카메라로 촬영하면 촬영결과에서 적외선을 반사하지 않은 물체 부분은 정상적인 컬러 기록이 되어 있는데도 불구하고 적외선을 반사하는 물체만이 극단적인 이상 발색이 되는 경우가 있다.

1.2　노출과 화이트 밸런스

1.2.1 노출의 제어

디지털 카메라에 의한 촬영에서는 은염 필름 촬영 이상 주의할 점이 있다. 컬러 네거티브 필름 촬영에서는 다소의 노출 흐트러짐이 있어도 필름 상에 기록 가능한 농담계조가 식별가능한 가장 밝은 부분과 가장 어두운 부분의 피사체휘도차는 실용상 약 300배(카메라 조리개로 약 8조리개) 정도의 성능을 가지고 있다. 그러나 디지털 카메라에서는 그 휘도차가 100 배(약 6.5조리개) 정도이다. 예를 들어, 전술한 조명설비 등의 촬영에서 조명광원이 화면 내에 포함된 경우는 물론이지만 밝은 태양광에서 조명된 흰 양복과 그 옆에 있는 다소 그늘진 검은 양복과 같은 장면에서도 휘도차는 100 배 정도가 된다. 이와 같은 상황에서는 디지털 카메라로 두 옷감의 미묘한 농담계조를 재현할 경우 카메라 노출을 정밀하게 제어할 필요가 있으며, 약간의 노출오차가 생겨도 밝은 부위 또는 어두운 부위에서 계조포화가 생겨 버린다.

이 정도의 휘도차가 있는 장면에서는 촬영 시에 피사체의 고휘도(흰) 부위가 희게 지워져 버리거나(계조값으로 255로 포화되어 버림) 또는 피사체의 저휘도(검은) 부위가 검게 칠해져 버리는(계조값으로 0으로 포화되어 버림) 일이 없도록 주의하여 노출을 결정해야 한다.

정확한 노출측정 제어기구를 가지고 있는 경우에는 그것을 활용하면 좋지만 이러한 방법을 취할 수 없는 것이 일반적이므로 이와 같은 경우에는 카메라에 비치되어 있는 노출보정기구를 활용하여 카메라가 나타내는 노출값에 대해 노출과잉 방향과 노출부족 방향으로 0.5조리개 정도의 보정을 하여 3장면 촬영을 해 두도록 한다.

1.2.2 화이트 밸런스의 제어

디지털 카메라의 장점 중 하나는 은염 필름과 같이 조명광원의 상관색온도에 의존하지 않고 색온도의 차에 따라 카메라측의 화이트 밸런스를 제어할 수 있다는 점이라 할 수 있다.

화이트 밸런스란 낮은 상관색온도의 조명 하에서 촬영한 사진이 불그스름하게 찍히거나 높은 상관색온도의 조명 하에서 푸르스름하게 찍히는 현상을 회피하고 어떤 색온도의 조명 하에서도 정상적인 배색으로 컬러 화상을 기록하도록 카메라 내에 있는 광센서의 RGB 개별 감도를 조정하는 기능을 말한다.

많은 디지털 카메라는 촬영의 단계에서 장면

의 상관색온도를 자동판정하여 화이트 밸런스를 자동으로 결정하는 기구를 내장하고 있다. 일반촬영에서는 적당한 화이트 밸런스를 얻을 수 없지만 정밀한 색채기록을 요구하는 촬영에서는 수동으로 화이트 밸런스를 설정하면 된다. 수동설정 방법으로는 흰색 내지 회색의 피사체에 카메라를 겨냥하여 그 배색을 카메라측에 미리 기억시킴으로써 화이트 밸런스 파라미터를 정해 두는 방법과 '흐린 하늘', '전등광', '형광 램프', '저녁' 등의 선택항목에서 적응하는 것을 선택하는 방법으로 화이트 밸런스 파라미터를 정해 두는 방법이 있다. 전자는 화이트 밸런스를 정확하게 설정할 수 있고 후자는 대충의 설정이 된다. 자동 화이트 밸런스 기능에서는 촬영자의 의도와는 무관하게 카메라가 촬영 장면에 따라 적응하여 발색을 결정하는 것과 달리, 전자와 후자 두 경우 모두 화이트 밸런스의 파라미터를 고정할 수 있다는 점은 공통의 특징이다.

예를 들어, 넓은 면적의 붉은 벽을 배경으로 인물을 촬영하는 것과 같은 장면의 경우, 자동 화이트 밸런스 촬영에서는 카메라가 해당 장면의 전체가 불그스름하다. 즉 낮은 상관색온도라고 판정하고 푸른 기를 증가시키도록 화이트 밸런스를 설정한다. 그 결과 주제인 인물은 푸른 기가 과잉 상태가 되어 양호한 촬영 결과를 얻을 수 없다. 이러한 경우에는 수동으로 화이트 밸런스를 설정하여 문제를 회피한다.

또한 텅스텐 및 할로겐 라이트 등으로 조명한 인테리어나 이벤트 시설 같이 해당 장소의 조명광 하에서의 분위기를 중시하는 촬영에서는 조명광원의 상관색온도에 의존하게 되는 자동 화이트 밸런스 기능을 이용하여 촬영하면 난색계의 색재현이 완전하게 보정되어 색재현이 원하는 대로 되지 않는 경우가 있다. 이러한 경우에는 디지털 카메라측의 화이트 밸런스는 태양광에 고정하거나 태양광과 조명광원의 상관색온도의 중간위치 정도로 설정하여 촬영하면 대략 원하는 분위기를 묘사할 수 있다.

[笠井 亨]

2.1 컬러 사진의 평가조명

2.1.1 컬러 사진의 관찰조명광의 중요성

디지털 사진을 관찰하는(출력하는) 방법은 대략 두 가지로 분류할 수 있다.

첫째, 컴퓨터 디스플레이나 TV 등 투영표시된 상을 관찰하는 방법으로 보통 '소프트 카피(출력)'라 한다. 두 번째 방법은 프린트나 상업 인쇄물 등 종이 위에 재현된 상을 관찰하는 방법으로 '하드 카피(출력)'이라 한다.

이 중 소프트 카피는 표시장치 자체가 빛을 내는 광원색으로서의 화상재생이므로 장치가 고장이거나 극단적인 시간 경과에 의한 열화 등이 없다면 측색 면에서는 일정한 컬러 화상을 재현 표시한다. 그런데 하드 카피는 물체색으로서의 화상재생이고 조명광을 어느 정도 반사하여 눈에 도달하기 때문에 조명광의 광색이 변화하면 다른 컬러 재현이 되어 시인되어 버린다.

그런데도 시각은 어떤 범위 내에서는 광색특성이 변화해도 색순응을 하여 한 번 볼 때에는 다른 컬러 재현이라고 느껴지지 않는다. 그러나 정밀한 색채를 관찰할 필요가 있는 경우 또는 소프트 카피와 하드 카피를 비교관찰하는 경우에는 하드 카피 관찰용 조명광의 특성이 크게 영향을 끼친다.

예를 들어, 디스플레이에 표시된 소프트 카피의 곁에 같은 화상 데이터를 컬러 프린터에서 출력한 하드 카피를 배치하고 백열전등광으로 관찰하면 하드 카피는 상당히 주황색 기가 강하다고 느껴진다. 이 상태에서 백열전등을 가정용 주광색 형광 램프로 전환하면 이번에는 하드 카피가 상당히 푸르스름하게 보인다. 소프트 프루프 표시는 자율발광하고 있는 광원색 위에 일정한 광색을 발산하고 물체색의 하드 카피만이 조명광의 영향을 받고 있기 때문이다.

일반적으로 디지털 화상처리의 전문가들은 디스플레이로 화상 데이터를 관찰하면서 각종 색조정 처리 등을 하고 그것이 확정되면 컬러 프린트를 한다는 공정을 취한다. 상기 사례와 같이 하드 카피의 관찰조명 조건이 정격이 아닌 경우에는 자신이 확정한 소프트 카피의 컬러 재현이 하드 카피 상에 반영되어 있지 않다고 판단해 버리는 경우가 발생한다. "디스플레이 표시에서는 양호한데 프린트하면 불량이니 자신의 프린터가 고장이다."고 판정하는 사례 중에 이러한 문제가 내재되어 있다는 것을 인식해야 한다.

2.1.2 표준광원

전술한 것과 같은 여러 문제를 회피하려면 '표준광원'이라는 하드 카피 관찰에 최적화된 조명 램프를 사용하는 것이 중요하다. 표준광원은 다양한 목적에 따라 존재하지만 컬러 화상의 관찰 및 평가용으로는 '고연색형, 상관색온도 5,000 K 또는 6,500 K, 평균연색평가수 R_a 90 이상(연색성＝AA 또는 AAA)'의 형광 램프가 적합하다. 평균연색평가수나 연색성에 대해서는 본서의 관련 페이지를 참조한다.

이와 같은 고연색형 형광 램프는 여러 회사에서 판매하고 있으며 상관색온도 5,000 K(주백색)인 것은 'NEDL', 상관색온도 6,500 K(주광색)의 것은 'D-EDL(또는 D-SDL)'이라는 '광색기호'가 붙어 있다.

평균연색평가수는 색의 관점의 충실도가 좋은지 여부를 나타내는 수치로서 '평균연색평가용시험색'이라는 컬러 차트를 JIS에서 규정한 기준광으로 보았을 때와 해당 광원조명에서 보았을 때 어느 정도 색차이가 있는지를 통계적으로 산출한 수치이다. R_a 100의 경우에 색차이가 없는 것으로 하고 수치가 작아짐에 따라 색차가 커진다는 것을 의미한다.

일본의 인쇄업계에서는 상관색온도 5,000 K가 표준으로 정해져 있으며 컬러 화상의 관찰평가에는 이것을 기준으로 'N-EDL R_a 95 이상'의 사양을 가진 형광 램프를 도입하는 것이 바람직하다. 단, 상관색온도 5,000 K의 광색은 실외자연광으로는 대략 낮은 색온도이며 위화감이 있다는 의견도 있다. 이와 같은 사실 때문에 상관색온도 6,500 K를 표준으로 하고 있는 컬러 화상처리 전문가 집단도 존재하고 있다. 이것은 최근의 많은 컴퓨터 디스플레이의 백색부의 출하 시 표준값이 D 65(상관색온도 6,500 K인 것)라는 사실과 컴퓨터 디스플레이에서는 D 65의 백색표시 쪽이 순백감이 D 50인 백색표시보다 우수하다는 사실(D 50은 익숙하지 않으면 상당히 황색 기가 강하다고 느껴짐)에 기인하고 있다.

어느 경우든 색평가를 하는 일단의 조직이나 그룹 내에서 통일된 표준광원의 사양을 정하여 고연색성 광원을 도입하는 것이 중요한 포인트이다.

2.1.3 색순응과 조건등색
(1) 색순응

표준광원을 사용하여 하드 카피를 관찰하는 환경이 정비되어도 컴퓨터 디스플레이가 설치되어 있는 방 내지 디스플레이를 관찰하는 시야각의 범위 내에 다른 광색의 광원이 포함된 경우 육안은 그 광색에 색순응을 해 버린다. 예를 들어, 디스플레이의 뒤쪽의 조금 먼 쪽 천장에 낮은 상관색온도, 즉 누르스름한 광색의 백열 램프가 있고 디스플레이 관찰자의 시야에 그것이 포함되는 경우 관찰자의 눈은 부족한 광색인 청색계의 시감도를 높이도록 색순응을 한다. 그리고 이 상태에서 디스플레이의 곁에 배치된 형광 램프 스탠드에는 표준광원이 설치되어 있고 이것에 의해 조명된 하드 카피는 올바른 물체색으로 보인다. 이와 같은 환경에서는 정격으로 정비되어 자율발광하고 있는 디스플레이 상의 상은 하드 카피와 상대적인 연색관계로 푸르스름하게 보인다.

이러한 현상은 창가에서 자연광이 들어오는 작업환경에서도 발생한다. 아침 저녁의 창가광, 흐린 날의 창가광 등 시각과 날씨에 관찰자가 색순응을 해 버리기 때문이다.

(2) 조건등색

컬러 하드 카피 상의 컬러 화상을 형성하는 색재 중에는 분광특성 때문에 조건등색(메타메리즘)이 강하게 나타나는 것이 있다. 특히 최근 널리 보급된 잉크젯 프린트는 그 경향이 강하다.

조건등색이 발생하면 어떤 광원의 조명 하에서 본 색과 다른 광원이지만 상관색온도 등의 기본적인 특성이 같은 조명 하에서 본 색이 달라져 보이는 문제가 발생한다. 예를 들어, 상관색온도가 5,000 K인 실외자연광에서 본 하드 카피의 회색은 약간 누르스름하게 관찰되고 실내의 상관색온도가 5,000 K인 고연색성 형광 램프 하에서는 같은 회색이 초록 기가 있어 보인다는 것과 같은 상황에 직면한다. 특히 서로 다른 색재를 사용하는 같은 발색의 복수 하드 카피를 상대 관찰할 때, 예를 들어 염료색재에 의한 은염 디지털 컬러 프린트와 안료색재에 의한 잉크젯 컬러 프린트와 같은 경우에는 조건등색에 의해 오판정을 해 버리는 수가 있으므로 주의해야 한다.

또한 이 문제는 색재의 기본특성에 기인하기 때문에 회피하기가 어렵다. 따라서 복수의 하드 카피 또는 하나의 하드 카피와 그 원화가 된 피사체 등을 비교관찰할 경우에는 조명광원을 엄선함과 동시에 항상 고정적으로 활용할 필요가 있다.

2.2 퍼스컴 디스플레이 장치의 표준화 조정

2.2.1 차광 후드 사용 권고

퍼스컴 컬러 디스플레이는 자체가 자율발광하여 상을 재생한다. 그런데 전원을 끄고 관찰하면 알겠지만 디스플레이 관면의 칠흑색은 하드 카피의 암흑부와 같은 완전한 칠흑이 아니라 비교적 밝은 검정(어두운 회색)이다. 만약 이 관면에 밝은 빛이 조사되고 있다면 표시화상의 칠흑으로 보이는 부위가 광반사의 영향으로 밝게 보이게 된다.

이와 같은 상태에서는 표시화상의 암부에 존재하는 미묘한 농담변화가 소실되고 계조가 없다고 판정해 버리게 된다. 그 결과 화상처리 등을 할 대 부족한 계조의 강조처리가 필요하다고 오해하여 그 보정이 과잉되어 나중에 하드 카피

출력했을 때에는 암부가 너무 밝아진다는 실패를 초래한다.

이것을 회피하려면 깜깜한 상태에서 디스플레이를 관찰해야 하지만 방을 암실로 하여 작업하는 것은 비현실적이다. 따라서 화상처리를 하는 PC 디스플레이에는 충분히 깊은 차광 후드를 장착하여 디스플레이 관면부만은 환경의 영향을 받기 어려운 저조도 상태로 할 것을 권장한다.

2.2.2 디스플레이의 단체 조정

오늘날의 PC용 컬러 디스플레이에는 몇 개의 하드웨어 조정기능이 마련되어 있다. 이러한 조정기능 중 화상처리, 특히 정확히 디지털 사진을 관찰하는 것을 목적으로 하는 경우에는 다음 세 가지 조정을 할 필요가 있다.

- 밝기(brightness) 조정
- 명암대비(contrast) 조정
- 컬러 밸런스(백색점 색온도) 조정

이러한 조정 기능은 디스플레이가 접속되어 있는 PC의 애플리케이션 소프트웨어의 영향을 받지 않고 PC측에서 송출한 표시용 화상신호에 대해 디스플레이가 어떻게 발광하는지를 결정한다.

(1) 밝기(brightness) 조정

'밝기(brightness) 조정'은 일명 '컷오프 조정'이라고도 하며 PC측에서 256계조의 칠흑신호, 즉 R=0, G=0, B=0이 송출될 대 디스플레이가 발광해야 하는 최소발광량의 상태로 조정한다. 다시 말해서 PC측에서 최소의 밝기 신호인 R=1, G=1, B=1이 송출될 때 원래 디스플레이가 가지고 있는 관면칠흑부보다 최소로 밝은 발광상태가 되도록 조정하는 것이다.

현실 조작에서는 완전한 칠흑인 R=0, G=0,

B=0의 화상을 배경으로 그 중심부에 R=8, G=8, B=8 정도의 조금 밝은 흑색의 임의 형상의 패턴을 묘사한 차트 화상을 표시해 두고 이것을 PC의 바탕화면에 조입한 상태로 한 다음 디스플레이 조작 패널의 밝기 조정기구를 조정한다(그림 2.1A 참조). 그리고 이 차트의 배경부와 패턴부의 경계가 보이기 시작하는 임계 상태로 조정한다.

이 컷오프 조정은 디스플레이 제조업체 등에서는 깜깜한 상태에서 계측기를 사용하여 수행하지만 일반 사용자의 디스플레이 운용 단계에서는 환경조명 및 필요에 따라 장착된 차광 후드를 부착한 상태에서 눈으로 보면서 조정하는 것을 권장하고 싶다. 왜냐하면 디스플레이를 관찰하는 것은 육안이고 설치환경 상태에서 필요한 상 정보를 시인할 수 있는 상태로 만드는 것이 현실적으로는 중요하기 때문이다.

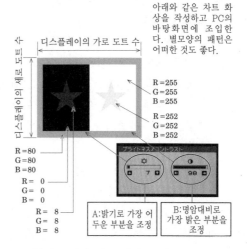

그림 2.1 밝기 및 명암대비 제어용 차트와 제어 화면

— 왼쪽 위와 같이 화상을 작성하고 PC 바탕화면에 조입한다. 오른쪽은 디스플레이 본체의 버튼 조작으로 호출한 제어 창. 각 사 기종에 따라 서로 다른 디자인이지만 조작은 동일하다. —

(2) 명암대비 조정

밝기 조정이 암부의 계조표시의 조정인 데 비해 명암대비 조정은 백색부의 광량을 조정하는 것이며 '게인(gain) 조정'이라고도 한다.

백색부의 조정에는 두 가지 의미가 있다. 첫째, PC측에서 송출해 온 가장 밝은 흰색, 즉 R=255, G=255, B=255와 그것보다 조금 어두운 흰색, 즉 R=254, G=254, B=254의 농담차(계조)가 포화상태가 되지 않고 구분하여 볼 수 있도록 조정한다. 둘째, 실제 운용상의 조정으로 이렇게 발광하고 있는 가장 밝은 흰색의 광량(휘도)을 곁에 놓인 컬러 프린트 같은 가장 밝은 흰색, 즉 하드 카피 용지의 백지부의 휘도와 유사하게 조정한다.

실제 조작에서는 R=255, G=255, B=255의 흰색 화상을 배경으로 R=252, G=252, B=252 정도의 다소 어두운 흰색 패턴을 가진 차트를 만들어(그림 2.1 차트 오른쪽 절반 참조) 이것을 PC의 바탕화면에 조입한 상태로 두고 디스플레이 조작 패널의 명암대비 조정기구를 조정한다(그림 2.1B 참조). 차트의 배경과 패턴의 경계를 육안으로 인식할 수 있는 상태, 역으로 말하면 포화되어 하얗게 지워지지 않은 상태로 만든다.

(3) 컬러 밸런스(백색점 색온도) 조정

컴퓨터 디스플레이는 적·녹·청이라는 빛의 삼원색을 발광하여 우리의 눈에 보이는 각종 컬러 상을 재생 표시한다. 전술한 '밝기(brightness)'와 '명암대비(contrast)' 조정기구는 디스플레이의 내부에서는 이 RGB 광을 동시에 같은 양만 조정한다. 이에 비해 컬러 밸런스(색온도) 조정에서는 전술한 명암대비 조정에 해당하는 조정을 RGB 개별적으로 수행한다. 이에 다라 백색표시 상태의 '흰색의 색조'

가 변화하게 된다. 즉, '화이트 밸런스 조정'이라는 것을 할 수 있다.

실제 조작에서는 두 가지 사고방식을 도입할 수 있다. 첫째, 백색부의 색온도를 D50 및 D65 등의 표준 백색 색온도로 조정하는 방법이다. 둘째, 백색부를 곁에 놓인 표준 광원으로 조명된 프린트 하드 카피의 용지의 색조에 근사하게 만드는 방법이다.

전자가 일반적이고 범용적이다. 복수의 조작자가 조직적으로 분업하여 컬러 화상처리 등을 진행하는 경우 상대에 대해 디스플레이 조정이나 환경조명 같은 사양 등을 밀집된 형태로 한꺼번에 관리할 수 없는 경우에 이용한다. 이에 비해 후자는 말하자면 폐쇄형 관리방법이라고도 할 수 있으며 자기자신 또는 한정된 직장 내에서 더 정밀하게 하드 카피의 색재현과 디스플레이 표시색을 합치시키고자 하는 경우에 이용한다. 예를 들어, 자사 내에서는 항상 다소 누르스름한 천의 의류 디자인을 하고 있고 그 미묘한 발색을 디스플레이상에서 정밀하게 관찰하려고 하는 경우에는 그 천의 색조와 디스플레이 백색부의 색조가 근사하게 되도록 조정한다.

디스플레이의 백색부는 표시화상의 도안 내용에도 의존하지만 전술한 색순응의 주된 요소가 된다. 특히 디스플레이를 관찰하는 시야각

내에 디스플레이의 백색부보다 밝은 발광색이 없는 경우 눈은 디스플레이의 백색광에 영향을 받아 색순응을 한다. 많은 디스플레이의 백색은 구입 시에는 D 65 내지 그것보다 높은 상관색온도 표시가 되어 있지만 이 상태에서는 하드 카피를 조명하는 환경광을 매우 높은 상관색온도로 하지 않는 한 색순응 요인과 측적 상의 정밀도 부족 요인이 되기 때문에 하드 카피와 고정도로 색을 일치시키는 것은 바람직 수 없다. 디스플레이의 백색 색온도를 하드 카피의 종이 바탕에 근접시키도록 조정하기만 하면 지금까지 색이 일치하지 않는다고 판정된 문제점을 단번에 해결할 수 있는 경우가 많다. 이 조정의 실제 조작은 다음과 같이 몇 가지 방법이 있다.

① 측정기를 사용한다. 디스플레이의 대략 전면에 백색을 표시해 두고 색채계나 색온도계 등을 사용하여 백색면의 상관색온도를 계측한다. 또는 디스플레이 제조업체나 타사에서 판매하고 있는 디스플레이 캘리브레이터를 사용하여 색온도를 측정한다.

전자의 경우 계측하면서 디스플레이 본체의 조작 버튼을 움직여 원하는 백색 색온도값이 되도록 설정한다(그림 2.2 참조).

후자의 경우 대부분의 캘리브레이터가 포함

그림 2.2 범용 색채계를 사용한 백색점 측정과 디스플레이 본체의 백색점 제어 화면
- 색채색차계를 사용하여 CRT 관면의 백색부의 CIE xy값을 측정하면서 디스플레이의 상관색온도 조정기능을 사용하여 xy값을 목표치로 설정한다.

그림 2.3 CRT 캘리브레이터
- GRETAG 사의 컬러 캘리브레이터. 부속 소프트웨어가 표시하는 백색이나 각 색에 동기하여 색채를 측정한다. 디스플레이를 캘리브레이션한다. -

된 소프트웨어와 연동하는 방식이며 소프트웨어 화면 상에 원하는 색온도를 설정해 두면 자동조정이 된다(그림 2.3 참조). 그러나 캘리브레이터를 사용한 자동조정이라 해도 하드웨어로서의 디스플레이 본체가 발광하는 발색을 조정하는 것이 아니라 PC측이 송출하는 신호를 조정하는 캘리브레이터도 있으며, 운영체제나 컬러 매니지먼트 시스템(후술) 등 PC측의 기본 설정이 잘못되어 있으면 올바른 설정이 아니어서 그것에 신경쓰지 않으므로 주의해야 한다.

② 육안으로 비교한다. 디스플레이의 곁에 미리 표준광원으로 조명한 표준적으로 사용하는 프린터 용지의 백지 등을 준비해 둔다. 그리고 디스플레이의 배경을 조금 어두운 회색으로 중앙 부근에는 디스플레이 면적의 4분의 1 정도 크기의 백색 패턴을 표시해 둔다. 그리고 디스플레이 본체의 조작 버튼을 움직여 양자의 백색 색조가 육안으로 비교하여 근사하도록 설정한다. 이 때 그림 2.4와 같이 흰색의 두꺼운 종이에 두 개의 구멍을 파고 개구부에서 백지와 디스플레이 백색을 비교관찰하면 작업성이 좋다.

계측기 없이 수치로 백색점 색온도를 정확히 조정할 수는 없지만, 육안에 의한 상대비교는 나름대로 정밀도를 가지고 있어 실질적으로 자신의 눈에서 양자가 일치하게 되므로 비교적 높은 정밀도를 낼 수 있다.

③ 디스플레이 본체의 조정기구의 색온도 수치를 믿는다. 최근의 디스플레이 본체에는 백색점 색온도를 버튼 조작으로 선택설정할 수 있는 기구가 설치되어 있다. 이 모드에 들어가면 디스플레이 상에 색온도 값이 표시되므로 원하는 값으로 설정한다.

이 방법은 디스플레이가 새 것인 동안에는 비교적 정밀하게 설정할 수 있지만 시간 경과에

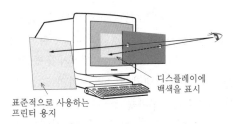

디스플레이에
백색을 표시

표준적으로 사용하는
프린터 용지

그림 2.4 육안 비교 관찰을 위한 연구
- 표준조명의 백지와 CRT 관면 백색부의 색조를 개구부에서 상대 관찰 -

따라 열화된 디스플레이의 경우 정밀도가 불안하다. 그러나 엄격하지 않은 표시와 프린트 결과의 일치가 그다지 필요하지 않은 경우 프린트를 조명하는 형광 램프의 상관색온도를 카탈로그 등에서 조사해 두고 그 값에 디스플레이의 백색 상관색온도 표시값을 맞추기만 해도 충분히 실용적이다.

2.2.3 디스플레이 표시 감마

디스플레이 본체의 조작기구를 사용하여 '밝기(brightness)', '명암대비(contrast)', '백색점 색온도(white balance)'를 조정하면 적어도 칠흑부의 휘도 및 가장 밝은 백색의 휘도와 색조는 이상적인 상태가 된다. 그러나 중간조의 휘도 및 그레이 밸런스를 완전히 조정할 수 있을지도 모른다. 대부분의 PC 디스플레이 본체에는 중간조의 휘도를 조정하는 기능은 내장되어 있지 않고 중간조는 PC 내의 그래픽 모드의 디스플레이에 대한 송출신호 자체를 조정함으로써 목적을 달성한다.

중간조의 휘도 및 그레이 밸런스 조정은 '표시 감마 특성의 조정'이라고도 한다. 표시 감마 특성이란 송출하는 디지털 데이터(0~255)와 디스플레이 상에서 얻어지는 휘도(CIE XYZ의 Y값[cd/m^2])과의 관계가 감마(γ) 함수로 표현한 2차함수 같은 형상이 되기 때문에 사용하고 있는 용어이다.

일반적으로 PC 디스플레이의 경우 송출 데이터(0~255)를 0~1로 정규화하여 2차원 좌표 y는 x의 1.8거듭제곱 또는 2.2거듭제곱이라는 관계가 되는 상태가 디스플레이의 표준적인 표시 감마이나. 전자를 '$\gamma=1.8$'의 상태, 후자를 '$\gamma=2.2$'의 상태라 한다. 디스플레이는 제조업체 출하 시에 $\gamma=2.2$로 조정되어 있으며, Windows OS의 PC는 $\gamma=2.2$가 표준이 되고 화상처리분야에서 많이 사용되는 Macintosh에서는 $\gamma=1.8$이 표준이다.

디스플레이의 표시 감마 산출에는 공업표준의 계산식이 존재하지만 그 방법은 복잡하고 일반적이지 않다. 간이로 조사하려면 RGB=32, 64, 96, 128, 159, 191, 223, 255의 8단계 회색 화상을 표시하고 각각 디스플레이 상에서의 휘도값을 계측한다. 그리고 송출한 RGB 값, 측정한 휘도값 모두 0~1 정규화(송출화상의 정규화 값은 순서대로 0.125, 0.25, 0.325, 0.5, 0.625, 0.75, 0.875, 1)로 해 두고 표계산 소

프트웨어 등을 사용하여 산포도 그래프로 하여 출력한다. 또한 같은 그래프 상에 $y=x^{1.8~2.2}$의 그래프 몇 개를 출력해 두고 비교하면 자신의 디스플레이의 감마 값을 대략 짐작할 수 있다(그림 2.5 참조). 또한 정규 디스플레이 표시 감마 값의 산출식은 IEC에 의해 규격화되어 있다.

2.3 화상처리에 의한 기본보정 •••

디지털 사진 화상을 적정하게 보정한다는 의미에는 많은 요소를 포함하고 있다. 촬영 시에 발생한 노출이나 화이트 밸런스의 결점을 보충하도록 보정하는 것, 촬영한 장면의 밝기나 색조를 눈으로 보았을 때처럼 보정하는 것, 촬영 장면을 눈으로 본 상태와는 다르지만 호감이 가는 인상으로 보정하는 것, 특정 프린트 출력 결과로 최고의 하드 카피가 되도록 보정하는 것 등은 모두가 '적정하게 보정'한다고 표현하는 말이다.

그리고 이 적정한 정도가 좋은지 여부를 판정하는 많은 기준은 사진작품의 관찰자의 주관에 의존하고 있어 정량화하기는 대단히 어렵다. 여기서는 일반적인 컬러 프린트 출력으로 파탄이 나지 않는 결과를 얻기 위한 기본적인 보정공정을 해설하고자 한다.

2.3.1 최종출력에서 한계 계조 특성 파악

컬러 프린터를 사용하여 디지털 사진을 적정하게 프린트하려면 이 컬러 프린터의 특성을 사전에 파악해 두고 이것에 알맞게 화상을 보정하는 것이 지름길이 된다. 컬러 프린터에는 각종 방식이 있지만 화상보정을 위해 파악해 두어야 하는 요건은 '한계계조특성', 즉 하얗게 포화되

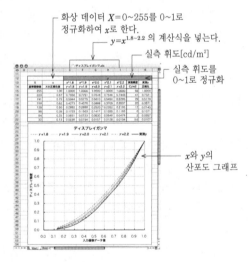

그림 2.5 표 계산 소프트에 의한 디스플레이 표시 감마(γ)의 간이 확인방법

그림과 같은 계산식을 넣어 산포도 그래프를 그린다. γ 1.8~2.2 중에서 어느 커브에 실제 디스플레이 γ가 가까운가를 조사한다.

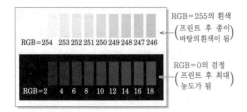

그림 2.6 한계계조치를 구하는 차트
- 하이라이트 영역과 섀도 영역의 계조값을 미소하게 변화시킨 스
텝 차트를 프린트하고 육안으로 계조를 분간할 수 있는 스텝의 계
조값을 구한다. -

어 버리지 않는 계조를 재현할 수 있는 가장 밝
은 한계의 계조값(타깃 하이라이트)과 까맣게
포화되어 버리지 않는 계조를 재현할 수 있는
가장 어두운 한계의 계조값(타깃 섀도)의 두 가
지 계조값을 조사해 두는 점이다.

그림 2.6과 같이 화상처리 소프트웨어에서
간단한 그레이 스텝 차트를 작성하고, 이것을
항상 사용하는 프린트 드라이버 설정 하에서 프
린트 출력하고, 약간 떨어진 위치에서 너무 자
세히 응시하지 말고 육안으로 보아서 타깃 하이
라이트와 타깃 섀도를 찾아낸다. 대부분의 컬러
프린터에서는 타깃 하이라이트는 대략 RGB
240~250의 값 또는 타깃 섀도는 RGB=5~10
의 값이 된다.

또한 이 조작을 하는 과정에서 중간쯤의 회색
(중간조)이 밝게 회색이 되지 않는 경우에는 타
깃 하이라이트와 타깃 섀도의 파악과 더불어 타
깃 그레이 밸런스도 파악해 두는 것이 좋다.

타깃 그레이 밸런스를 조사하는 색채계나 농
도측정기 등을 활용하지 않는 가장 현실적인 방
법은 그림 2.7과 같이 화상처리 소프트웨어의
감마 보정 파라미터(설정값)를 RGB 개별적으
로 세밀하게 보정한 그레이 스텝 차트를 준비하
고, 이 프린트 결과의 어느 것이 회색이 되는지
를 육안으로 판단하는 것이다. 이때 시판되는
그레이 스텝 차트 등과 비교 참조한다. 그리고

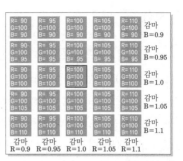

위 그림의 중심부와 같이 RGB 값
을 모두 100으로 한 사각형 패턴을
5×5 격자상에 배치하고 각각을
영역 선택한 상태에서 오른쪽 그림
과 같이 레벨 보정을 실행한다. 조
정 개소는 입력 레벨의 중간조(감
마 보정)이며 A를 적, 청으로 전환
하면서 B의 값이 위 그림의 감마
난과 같이 되도록 C의 슬라이더를
조정한다.

그림 2.7 그레이 밸런스를 구하는 차트
- RGB=100의 중간조 회색을 화상 중심에 배치하고 주변을 그림
과 같은 값으로 약간 그레이 밸런스를 틀어지게 하는 패턴을 배치한
다. 프린트 후 어느 패턴이 회색으로 보이는지를 육안으로 판정하여
이후의 화상처리의 지침으로 삼는다. -

그 그레이 스텝 차트의 RGB 계조값에서 G의
값에 대한 R나 B의 계조값의 차를 기억해 두고
화상 그레이 밸런스 보정 시(후술)에 그 차를
부여한다.

2.3.2 하이라이트와 섀도

(1) 하이라이트 보정

타깃 하이라이트와 타깃 섀도의 값이 정해지
면 화상보정 작업으로 이행한다. 촬영한 사진
중에서 하얗게 포화되지 않은(하얗게 지워지지
않은) 하이라이트를 찾아 그 부위의 RGB계조
값을 읽어낸다. 값이 사전에 정한 타깃 하이라
이트 값보다 작으면 타깃 하이라이트 값에 일치
하거나 근사하도록 하이라이트를 조정한다. 반
대로 값이 사전에 정한 타깃 하이라이트 값보다
크면 이미 노출과잉으로 촬영되어 있는 것을 의
미하므로 추가보정을 하지 않는다.

(2) 섀도 보정

촬영한 사진 중에서 검게 포화되지 않은(검게 칠해지지 않은) 섀도를 찾아내고 그 부위의 RGB 계조값을 읽어낸다. 값이 사전에 정한 타깃 섀도 값보다 크면 타깃 섀도 값에 일치하거나 근사하도록 섀도를 조정한다. 반대로 값이 사전에 정한 타깃 섀도 값보다 작으면 이미 노출부족으로 촬영되어 있는 것을 의미하므로 추가보정을 하지 않는다.

단, 디지털 카메라 화상에서는 카메라의 기종에 따라 노이즈 등의 영향을 받아 RGB 채널을 개별 타깃 섀도 값으로 준비하는 조작을 하면 부자연스러운 보정 결과가 되어 버리는 수가 있다. 이와 같은 경우에는 RGB의 계조값 중 가장 작은 값을 참조하면서 그 값이 타깃 섀도 값에 일치하도록 보정한다.

2.3.3 그레이 밸런스

하이라이트와 섀도의 보정을 마친 디지털 카메라 촬영화상은 그 단계에서 상당히 완성도가 높게 보정되어 있는 것이 일반적이다. 하지만 중간조 회색 부분에 그레이 밸런스의 편색이 보이는 경우 또는 사용하는 프린터의 그레이 밸런스가 RGB 개별적으로 감마 조정을 할 필요가 있는 경우에는 그레이 밸런스 보정을 추가한다

우선 먼저 참조할 회색으로 삼고자 하는 부위의 RGB 계조값을 읽어낸다. 일반적인 프린터라면 RGB의 각 값이 같은 값이면 프린트 후에 회색이 얻어진다. 그레이 밸런스 특성에 편색이 있는 프린터의 경우에는 그레이 밸런스 시험을 통해 G 값에 대한 R 값과 B 값의 차만 RGB 값으로 변화를 줌으로써 프린트 상에서 최적의 그레이 밸런스를 얻을 수 있다.

2.3.4 중간계조 보정과 콘트라스트 보정

지금까지 보정에 의해 대부분의 화상최적화 보정은 완성되었지만, 또한 전체의 밝기나 명암 대비 감을 조정할 경우에는 레벨 보정의 감마를 RGB 등량만 보정하는 방법과 톤 커브(tone curve) 보정으로 명암대비 감을 조정하는 방법이 일반적이며 화질에 큰 파탄을 일으키지 않는다.

2.3.5 색채 보정

화상 보정의 기본은 전술한 것처럼 하이라이트, 섀도, 중간조 3 요소의 보정에 있다. 이들 보정에 의해 대부분의 디지털 화상은 양질의 보정이 이루어지며 그 이상의 보정을 추가하는 것은 더 자의적이고 창작적인 경우가 된다.

제4의 보정은 컬러의 채도 가감처리로서 photoshop에서는 '색상·채도' 명령을 사용한다. 이를 실행하여 표시되는 동명의 대화상자에는 '색상', '채도', '명도' 3개의 슬라이더가 있다.

색상 슬라이더를 조작하면 화상 전체의 색조가 변화하지만 화이트 밸런스 보정에 의해 대부분의 화상은 적정한 색조로 보정되어 있으므로 색조를 더 창작적으로 변경하고자 하는 경우 이외에는 본 슬라이더를 사용할 필요가 없다.

명도 슬라이더는 화상의 밝기를 조정하는 것이지만 이것도 기본보정에 의해 적정하게 보정되어 있으므로 사용하지 않는다.

채도 슬라이더는 화상 내의 선명한 색조 도안에 대해 그것을 더 선명하게 또는 온화하게 보정한다. 채도보정은 컬러 화상 내의 모든 색상을 대상으로 하는 경우, 그림 2.8A부의 편집 대상 색상을 '마스터'로 해 두고 슬라이더를 조정한다. 화상 내의 붉은 색상만, 푸른 색상만 등에 대해 그 채도를 보정하고자 하는 경우에는

그림 2.8 색상 및 채도 대화상자에서 색상선택적
효과 영역을 지정하는 기능

그림 2.9 화상해상도 대화상자의 예

편집 대상 색상을 'red계', 'blue계' 등으로
설정하여 슬라이드를 조작한다. 대화상자의 그
림 중 B부의 스포이드 툴을 사용하여 화상 내
의 임의의 컬러를 클릭하고 어느 색상에 대해
효과를 줄 것인지 지정하는 것이 가능하다.

어느 방법으로 하든 채도보정은 너무 극단적
으로 보정하는 것은 화질열화를 현저하게 만들
기 때문에 피해야 한다. 또한 채도보정은 고채
도의 색조에 대해서는 색조를 포화시켜 버려 색
중에 존재하는 미묘한 농담변화가 없어지는 경
우도 있으므로 주의해야 한다.

2.4 출력 방식에 의존한 화상처리

2.4.1 화상의 변배처리(變倍處理)

디지털 화상의 변배처리에는 두 가지 사고방
식이 있다.

첫째, 화상의 픽셀 수(화상 데이터 크기)를 유
지한 상태에서 출력 시에 단위면적당 픽셀 밀
도, 즉 화상해상도를 변화시킴으로써 변배한다
는 사고방식이다. 둘째, 화상의 픽셀 수를 증가
또는 감소하고 출력 시에는 항상 일정한 픽셀
밀도(화상해상도)를 유지하여 출력한다는 사고
방식이다.

전자는 프린트 명령을 실행하는 단계에서 프
린터 드라이버의 대화상자에서 출력배율 값을

수치 지정하여 프린트하거나 화상해상도설정
대화상자에서 그림 2.9A부의 '화상 재 샘플링'
을 끄고 그림 B부의 화상해상도 값을 변경
한다. 후자의 경우 화상해상도 설정 대화상자에
서 '화상 샘플링'을 켜고 화상해상도 값을 변경
한다. 이 '화상 샘플링'을 '화상의 보간'이라
하며 화질을 가능하면 유지하여 변배 처리를 하
는 경우에 필수 기능이다.

(1) 화상의 보간

디지털 화상은 입력된 단계에서 그 한 변당
픽셀 수가 결정된다. 예를 들어, 4×5 인치의
사진을 800 dpi로 스캐너 입력하면 짧은 변에
는 4×800=3,200 픽셀, 긴 변에는 5×800=
4,000 픽셀의 총 픽셀 수가 된다. 디지털 카메
라에서는 원래 카메라 고유의 픽셀 수가 있으므
로 화상의 픽셀 수는 촬영 모드에 따라 결정
된다.

그런데 프린터 출력에서는 마무리 크기에 따
라 픽셀 부족을 보충(확대)하거나 과잉 픽셀을
줄일(축소) 필요가 있다. 이와 같은 처리를 '보
간(補間 : interpolation)'이라 한다.

픽셀 부족을 보충하는 경우 기존 픽셀을 참조
하여 새로 창출한 픽셀의 계조값을 추정하여 증
량보간 처리를 한다. 또한 과잉 픽셀을 줄이는
경우 기존 픽셀을 잘라낸다.

보간처리를 하여 같은 밀도로 픽셀을 함께 표

시하면 단위면적 내의 픽셀 수가 증가하거나 감소하고 상대적으로 화상이 축소되거나 확대되어 보이므로 보간은 '변배'라고도 할 수 있다. 또한 화상의 회전이나 변형처리를 하는 경우에도 보간처리가 적용된다.

보간처리를 하면 많든 적든 화질은 떨어진다. 보간처리에는 몇 가지 방법(알고리즘)이 있다.

(2) 출력에 필요한 화상해상도에 대한 보간

각종 출력장치에는 아래와 같이 장치의 독자적인 최적 화상해상도가 있다.

• 잉크젯 프린터의 경우 : 카탈로그 스펙 등을 참조하여 프린터의 '출력기 해상도'의 3~4분의 1의 값을 '화상해상도'로 한다.

[예] 출력기 해상도가 720 dpi라면 화상해상도는 360~240 ppi

• 승화형 프린터, 은염 프린터의 경우 : 출력기 해상도 자체를 화상해상도로 적용한다.

• 상업인쇄의 경우 : 인쇄물 상에 형성되는 망점의 피치(망점 선수)의 2배를 화상해상도로 한다.

[예] 망점 선수가 175선(lpi)이라면 화상해상도는 350 ppi

어떤 출력장치에 필요한 화상해상도를 알았다면 출력 대상 디지털 사진 화상의 해상도를

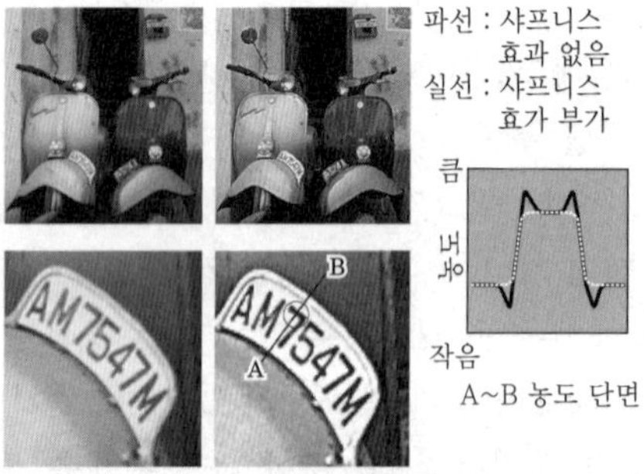

출력장치에 따른 화상해상도 값으로 변경해 본다. '폭', '높이' 난의 '단위' 팝업 메뉴에서 'inchs'나 'cm'를 선택하면 출력하려고 하는 작품이 어떤 크기로 하드 카피 지면 상에 출력되는지 알 수 있다.

만약 이 조작, 즉 필요한 화상해상도로 설정함으로써 출력 크기가 요구하는 크기보다 너무 작아지거나 너무 커지면 보간처리가 필요하다.

보간처리를 가하지 않고도 출력하는 방법도 있다.

화상의 '폭' 또는 '높이' 난의 마무리 크기의 값을 원하는 값으로 변경한다. 이것과 연동하여 '해상도' 난의 수치가 증가한다. 즉, 단위면적 내의 픽셀 밀도를 변화시키게 되어 결국 화상이 커지거나 작아진다. 그러나 이렇게 화상해상도를 변경한 경우 프린터에 따라서는 출력결과의 화질열화가 커질 수 있다. 왜냐하면 프린터를 제어하는 프린터 드라이버에서 프린터가 원래 필요로 하는 화상해상도에 대한 보간처리가 내부적으로 이루어지는데, 그 처리 알고리즘이 화상처리 소프트웨어의 화상보간 알고리즘만큼 높은 수준이 아닌 경우도 있기 때문이다.

가능한 한 화질을 유지하며 변배하여 프린트하고자 하는 경우에는 미리 화상처리 소프트웨어측에서 프린터가 필요로 하는 화상해상도를 유지한 상태에서 프린트 크기에 필요한 픽셀 수를 얻도록 보간처리를 하는 것이 바람직하다.

2.4.2 샤프니스 효과

샤프니스 효과란 화상의 명암차가 명료한 윤곽부분에 명시거리에 대한 시인한계 정도의 아주 세밀한 '테두리'를 그리는 처리를 말한다(그림 2.10 참조).

샤프니스 효과는 화상을 디스플레이나 하드 카피 같이 '보기'를 목적으로 출력할 때에는 꼭

파선 : 샤프니스 효과 없음
실선 : 샤프니스 효과 부가

큰
농도
작음

A~B 농도 단면

샤프니스 효과 없음　샤프니스 효과 부가 후

그림 2.10 샤프니스 처리의 원리와 처리 화상

필요하지만 2차원고로 컬러 슬라이드나 은염 프린트로 출력하고 나서 스캐너로 다시 읽는 경우나 과학적인 화상해석을 하는 경우에는 사용하지 말아야 한다.

디지털 사진 작품의 창작이 완결된 단계에서는 샤프니스 효과를 주지 않도록 해야 한다. 샤프니스 효과는 출력 크기에 따라 부여해야 하므로 작품의 사용 목적, 특히 출력 크기가 정해지고 나서 처리를 부가하는 것을 권장한다.

또한 원칙적으로 확대보간과 축소보간 모두 그 처리를 적용하기 전에 선명도를 높이는 샤프니스 효과를 적용해서는 안 된다. 샤프니스 효과를 적용한 화상에 대해 보간처리를 하면 현저한 '들쭉날쭉함'이나 보기 흉한 '두터운 테두리선'이 생긴다.

실제 보정작업 등에 대해서는 화상처리 소프트웨어의 해설서 등 전문서적을 참조한다.

[笠井 亨]

제3장

디지털 화상의 컬러 매니지먼트

3.1 장치의 색 재현 범위

디스플레이에 표시할 때 아름답고 빛나는 것 같은 주황색 또는 투명감이 있는 물색, 불꽃같은 빨강 등의 RGB 화상은 하드 카피 프린트했을 때 낙심할 만큼 칙칙한 발색이 되는 수가 있다.

이것은 디스플레이 표시가 발광색이고 프린트가 물체색이기 때문이다. 또한 프린터의 색재에 따라 재현가능한 '연색범위(gamut, 색역)'가 디스플레이의 재현가능한 연색범위보다 좁기 때문에 측색적으로 같은 색조를 물리적으로 표현 불가능하기 때문이다. 같은 상태는 디지털 카메라가 기록가능한 연색범위와 디스플레이 발색 사이 및 스캐너로 읽은 화상과 원본 화상 사이에도 발생한다.

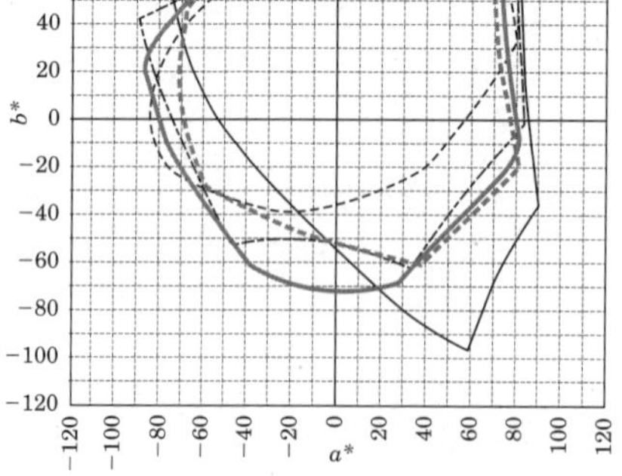

이와 같이 각각의 장치에는 특유의 연색범위가 존재한다. 이러한 연색범위는 주로 CIE 색도도 또는 CIE $L*a*b$ 표색계의 $a*b*$ 평면도로 표현한다. 그림 3.1은 어떤 디스플레이와 안료색재의 잉크젯 프린트, 염료색제의 잉크젯 프린트, 은염염료색재에 의한 디지털 프린트 및 상업 오프셋 인쇄물의 연색범위를 CIE $a*b*$ 평면에 표현한 것이다.

이와 같이 장치 간에 서로 다른 연색범위가 있는 경우 어떤 디지털 화상을 아무리 보정하여 출력해도 다른 발색이 되어 버려 피사체의 색을 정확히 재생하거나 소프트 카피와 하드 카피 사이의 색조를 일치시키기가 어렵게 된다.

그래서 최근 PC의 OS나 화상처리 소프트웨어 내에는 '컬러 매니지먼트 시스템(CMS)'으로 총칭되는 기구가 조입되고 장치 간의 색채 취급방법을 일원관리하게 되었다.

그림 3.1 CIE $L*a*b*$ 표색계에 대한 $a*b*$ 평면상에서의 각 장치의 연색범위

3.2 컬러 매니지먼트 시스템의 실체

PC에 내장되어 있는 컬러 매니지먼트 기능을 담당하는 소프트웨어는 Windows OS에서는 'ICM(Image Color Matching)', Macintosh

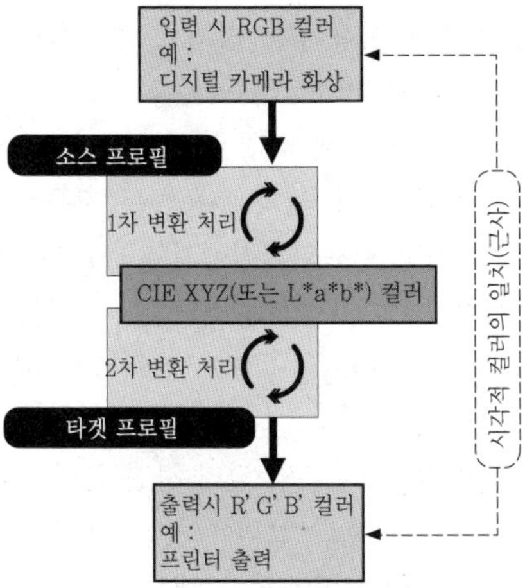

그림 3.2 컬러 매니지먼트의 처리 원리

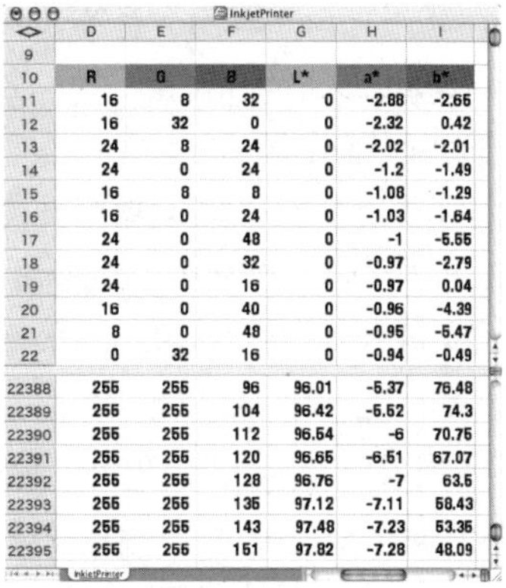

InkjetPrinter

	D	E	F	G	H	I
9						
10	R	G	B	L*	a*	b*
11	16	8	32	0	-2.88	-2.65
12	16	32	0	0	-2.32	0.42
13	24	8	24	0	-2.02	-2.01
14	24	0	24	0	-1.2	-1.49
15	16	8	8	0	-1.08	-1.29
16	16	0	24	0	-1.03	-1.64
17	24	0	48	0	-1	-5.55
18	24	0	32	0	-0.97	-2.79
19	24	0	16	0	-0.97	0.04
20	16	0	40	0	-0.96	-4.39
21	8	0	48	0	-0.95	-5.47
22	0	32	16	0	-0.94	-0.49
22388	255	255	96	96.01	-5.37	76.48
22389	255	255	104	96.42	-5.52	74.3
22390	255	255	112	96.54	-6	70.75
22391	255	255	120	96.65	-6.51	67.07
22392	255	255	128	96.76	-7	63.5
22393	255	255	135	97.12	-7.11	58.43
22394	255	255	143	97.48	-7.23	53.35
22395	255	255	151	97.82	-7.28	48.09

InkjetPrinter

그림 3.3 프로파일 내부의 기술 개념

컬러 프로파일의 내부에는 그림과 같이 RGB의 계조값에 대하여 실제로는 어떠한 $L^* a^* b^*$ 값이 얻어지는가를 기술한 표가 장입되어 있다.

OS에서는 'Color Sync' 라고 불리며 이것을 CMM(컬러 매니지먼트 모듈)이라고 총칭한다. 또한 Photoshop이나 InDesign, Illustrator 등 Adobe 사의 DTP(Desk Top Publishing) 계의 소프트웨어에는 OS에 장입되어 있는 CMM에는 의존하지 않고 그 소프트웨어를 사용하고 있는 동안에만 독자적인 CMM을 사용하게 되어 있다.

CMM은 PC에 설치되어 있고 장치마다 컬러 재현특성을 기술한 '컬러 프로필(color profile)' 이라는 파일을 바탕으로 어떤 장치의 색채정보를 가능하면 정확하게 다른 장치의 색채정보로 변환하는 처리를 담당하고 있다. 예를 들어, 디스플레이에 표시되어 있는 컬러를 어떤 프린터에서 정확하게 재생하려면 화상 데이터 내의 0~255의 RGB 계조값 조합과 디스플레이의 컬러 프로필을 대조하여 표시색이 CIE XYZ 색공간 상에서 어떤 값이 되는지를 산출한다.

또한 내부적으로 $L^*a^*b^*$ 정보로 변환한 후 출력에 이용하는 프린터의 컬러 프로필과 조합하여 프린터 드라이버에 송출해야 하는 R' G' B' =0~255의 별도 계조값으로 변환한다(그림 3.2). 이렇게 함으로써 디스플레이 표시 컬러와 프린트 상의 컬러는 어느 하나의 좁은 연색범위 내(공유연색 영역)에서는 대단히 정확히 일치한다.

XYZ 컬러 또는 $L^*a^*b^*$ 컬러로 변환된 이 상태를 '장치 비의존 컬러(device independent color)' 라 한다.

3.3 장치 프로필

통칭 '컬러 프로필' 은 각종 형식이 있지만 일반적으로는 국제기관인 ICC(International Color Consortium)이 정한 형식인 'ICC 장치 프로필' 이라는 것이 사용된다. 그 실태는 PC OS에 따라 저장되는 장소는 다르지만, 예를 들어 Windows XP의 경우 주로 'Windows /System 32/Color' 나 'Windows /System 32/Spool/Drivers /Color' 디렉터리에 확장자 '.icm' 또는 '.icc'로 저장되어 있다.

Macin-tosh OSX의 경우 주로 'Library/ Color -Sync/Profile' 디렉터리 및 'Users' 디렉터리 내의 같은 이름의 디렉터리 경로 내에 대량으로 문서 파일 형식으로 저장되어 있다. 또한 스캐너나 디지털 카메라 등의 입력기기, 디스플레이나 프린터 등의 출력기기 제조업체에서는 각 기기의 컬러 프로필이 제공되어 있다. 아울러 상업 인쇄를 하는 인쇄소나 여러 단체에서도 컬러 프로필이 제공되므로 사용자 자신이 프로필 생성 소프트웨어를 사용하여 만드는 것도 가능하다.

이러한 컬러 프로필은 각각 다른 장치의 컬러 특성을 기술하며 내부적으로는 가령 출력기기라면 장치의 컬러(RGB 및 CMYK의 계조값)와 출력되었을 때 얻어지는 CIE XYZ 또는 CIE $L*a*b*$의 측색값이 수천~수만 색의 조합 대응표와 같은 형태로 기술되어 있다(그림 3.3 참조).

3.4 렌더링 인텐트

CMM을 사용한 컬러 매니지먼트에서는 '렌더링 인텐트(rendering intent)'라는 어떤 컬러 매칭 처리를 하는 내부적인 연산방법의 전환 항목에 대해 기존 기능을 이해해 둘 필요가 있다.

렌더링 인텐트는 어떤 장치 연색영역과 다른 장치 연색영역 사이에서 컬러 매칭 변환처리를 할 때 원래 연색영역에 기술되어 있는 컬러 값 중 변환 대상의 연색영역에서는 재현할 수 없는 고채도의 색조에 대해 그것을 재현가능한 연색영역 내에 보정압축하는 계산방법이다. 그 방식은 대략 '지각적(명도유지) 변환', '상대적 변환', '채도유지 변환', '절대적 우선'의 네 가지가 존재하며 사용자가 임의로 전환하여 설정한다.

이들에 대한 상세 설명은 생략하지만 일반적으로 다음과 같이 해석 운용하는 것을 권장한다. 또한 일반 소프트웨어에서는 렌더링 인텐트를 '매칭 방법', '매칭 스타일', '개멋 매핑(gamut mapping)' 등으로 부르기도 한다.

(1) **지각적** 대부분의 컬러 사진 화상 같은 자연 화상에서 양호한 컬러 매칭 처리 결과를 얻을 수 있다. RGB 화상을 그대로 잉크젯 프린터 등으로 컬러 매칭 프린트하는 경우에 활용한다.

(2) **상대적** 변환 원본과 변환 대상의 연색 색역이 극단적으로 다른 경우, 즉 RGB 화상을 CMYK상으로 변환할 때 등에 양호한 컬러 매칭 처리결과를 얻을 수 있다.

(3) **절대적** 기록되어 있는 색조가 저채도 색뿐이고 변환 원본과 변환 대상의 연색 색역이 거의 같은 정도이며 측색적인 색채값을 가능하면 유지하려는 경우, 즉 RGB 화상을 다른 RGB 화상으로 변환하는 경우 등에 활용한다. 컬러 프로필 내에 기술되어 있는 백색 점색온도가 다른 경우에는 화상의 백색부에는 변환 원본의 백색 컬러가 변환 대상의 상관 색온도 하에서 착색되어 보이는 상태를 시뮬레이션한다.

(4) **채도 유지** 명도나 색상의 흐트러짐이 생겨도 고채도 색조의 선명함을 가능하면 유지하려는 경우에 활용한다. 예를 들어, 비즈니스 그래프나 애니메이션 셀 그림 등의 화상을 시인했을 때의 임팩트를 유지하여 컬러 프린트하는 경우에 적합하다.

3.5 컬러 매칭 처리 ● ● ●

컬러 프로필과 CMM을 활용하여 어떤 장치에서 얻어진 컬러를 다른 장치에 의해 재현하는 처리 전체를 '컬러 매칭' 처리라 한다. PC 내에서의 컬러 매칭은 사용자가 의식하지 않고 수행하는 것도 있지만 대부분의 경우 사용자 자신이 컬러 프로필을 지정하여 성립한다.

컬러 매칭을 하려면 '소스 프로필(별명 : 입력 프로필)'과 '타깃 프로필(별명 : 출력 프로필, 대상 프로필)'이라는 사고방식을 충분히 이해할 필요가 있다.

3.5.1 소스 프로필

소스 프로필이란 화상 데이터가 나온 곳을 나타낸다. 예를 들어, 어떤 디지털 카메라의 어떤 촬영 모드에서 촬영한 결과 얻어지는 화상 파일에는 해당 카메라의 해당 모드의 컬러 프로필이 적용된다. 단, 최근 디지털 카메라의 경우 표준화가 진행되어 있어, 통칭 'sRGB'라는 일반적인 그래픽 디스플레이 표시에 근사한 컬러 프로필 또는 Adobe사가 규격화하여 많은 프린터의 연색 범위를 대략 포괄하고 있는 통칭 'AdobeRGB'라는 컬러 프로필이 소스 프로필의 역할을 한다. 또한 2002년 이후 판매된 많은 디지털 카메라는 화상 파일 내에 촬영 시의 모드에 연동하여 sRGB나 AdobeRGB의 컬러 프로필이 내장되어 있으며 이것을 'Profile Embed'라 한다.

스캐너로 읽어 들인 화상 파일의 경우 서로 다른 두 가지 사고방식의 소스 프로필이 존재한다. 첫째, 스캐너 컬러 읽기 연색특성에 의한 것, 둘째 스캐너를 사용하는 소프트웨어나 디스플레이가 취급하는 컬러 표시 연색특성에 의한 것이다.

전자는 스캐너 자체의 컬러 읽기 특성이 반영된 것이다. 후자는 스캐너 조작 도중에 사용자가 디스플레이를 관찰하며 보정하여 읽은 경우이며 이미 스캐너 자체의 컬러 특성에서 벗어나 그 화상을 표시하고 있는 디스플레이 및 소프트웨어의 컬러 연색특성이 적용된다. 현재로서는 후자의 방법이 일반적이다.

어느 경우든 소스 프로필은 디지털 카메라의 경우 피사체의 측색적 정보인 $L*a*b*$(또는 CIE XYZ) 값이 RGB 데이터상에서는 어떤 수치로 기록되는지를 나타내며, 스캐너의 경우 원고상의 측색적 정보인 수치와 RGB 데이터 상 수치의 대응 또는 스캐너를 운용하여 조작자가 의사결정하는 장치상의 측색적 정보인 수치와 RGB 데이터 상 수치의 대응을 의미한다.

또한 자기 자신이 디지털 카메라 촬영이나 스캐너 입력을 한 것이 아니라 다른 사람으로부터 화상 데이터를 제공받은 경우에는 해당 화상 파일에 내장된 프로필을 소스 프로필로 삼는 것이 일반적이다. 특히 인쇄소 등에서 제공받은 화상 데이터로서 RGB 화상이 아니라 CMYK 화상인 경우에는 인쇄소의 인쇄기에 특화된 소스 프로필이 아니면 정확한 발색을 디스플레이에 표시하거나 다른 컬러 프린터로 프린트할 수 없으므로 반드시 화상 파일 내에 컬러 프로필을 내장하도록 해야 한다.

3.5.2 타깃 프로필

타깃 프로필은 화상을 출력하는 장치의 컬러 프로필을 말하며 최신 컬러 프로필을 각 사의 웹 페이지에서 다운로드할 수 있게 되어 있다. 예를 들어, 잉크젯 프린터라면 각 사에서 프린터, 용지, 잉크 카트리지 조합마다 컬러 프로필을 제공하고 있다. PC용 디스플레이도 특정 연색특성을 가진 장치이며 컬러 프로필이 존재한다.

단, 디스플레이의 컬러 프로필은 각각 디스플레이와 PC 및 그래픽 보드 등의 조합에 의해 특성이 달라지므로 사용자 자신이 컬러 프로필을 생성하는 쪽이 바람직하다. 이를 위해서는 디스플레이 캘리브레이터 등의 측정기기를 사용하여 프로필을 생성하거나 육안 평가 조정 후에 프로필을 생성하는 소프트웨어를 활용한다.

상업 인쇄물을 인쇄하는 인쇄소에서는 자사의 인쇄기에 대응하는 컬러 프로필을 제공하는 회사도 있으며 그렇지 않은 경우도 인쇄업계표준 컬러 프로필이 존재한다. 인쇄업계 표준 컬러 프로필로는 ISO/TC 130 일본 국내위원회가 책정한 'Japan Color'가 대표적이며 Adobe Photoshop이나 각종 화상처리 소프트웨어에도 이것에 해당하는 컬러 프로필이 내장되어 있다.

또한 일본잡지협회가 정리한 잡지광고의 표준적인 색을 확인하는 색교정을 위한 색기준으로 '잡지광고기준 컬러(JMPA 컬러)'가 존재하며 프린터 제조업체 등의 웹 사이트에서 컬러 프로필을 다운로드할 수 있게 되어 있다. 그 밖에 유럽의 인쇄표준 컬러 'Euroscale'이나 미국의 인쇄표준 'SWOP' 등 상업인쇄 분야에서는 각 국마다 또는 각 인쇄 잉크나 인쇄방식마다 컬러 프로필이 제공되고 있다.

다시 설명하지만 소스 프로필은 프린트나 표시를 위한 원본 화상의 0~255계조값의 RGB 삼원색의 조합에 따라 어떤 $L*a*b*$(또는 CIE XYZ) 컬러를 표현할 수 있는지를 정의하는 역할을 맡고 있으며, 타깃 프로필은 그 $L*a*b*$ 컬러 값을 표시하고 인쇄하기 위해 어떤 CMYK 값이나 $R'G'B'$ 값이 필요한지를 정의하는 역할을 담당한다는 것을 충분히 이해했으면 한다.

3.6 컬러 매칭 프린트

구체적인 컬러 매칭을 수행하는 경우는 크게 나누면 세 가지로 분류할 수 있다. 첫째, 디스플레이에 표시되어 있는 발색 상태와 프린트 결과를 일치(근사)시키는 경우이다.

둘째, 디지털 카메라 촬영에 의한 피사체의 실제 색조, 즉 촬영된 화상 데이터 내의 컬러 값($L*a*b*$)에 디스플레이 또는 프린트 결과를 일치(근사)시키는 경우. 셋째, 어떤 상업인쇄 결과(및 프린터 출력 결과)에 디스플레이 표시나 다른 프린터 출력 결과를 일치(근사)시키는 경우이다. 또한 제3의 경우는 그래픽 디자인이나 인쇄소 등에서는 업무로서 일상적으로 수행하고 있어 특별히 '컬러 프루프(색교정)'라고 부른다.

어느 경우든 컬러 매니지먼트 시스템에 대응하는 소프트웨어 및 컬러 매칭 처리에 대응하는 컬러 프린터가 필요하다는 것은 말할 것도 없다.

3.6.1 디스플레이와 프린트 결과의 컬러 매칭

디스플레이에 표시되어 있는 컬러 화상의 발색 상태와 컬러 프린트 결과를 일치(근사)시키는 경우 그림 3.4와 같이 세 가지 컬러 프로필이 관여한다. 첫째 컬러 프로필은 해당 화상 데이터의 소스 프로필이다. 그리고 둘째, 셋째 프로필은 둘이 다 타깃 프로필이며 하나는 디스플레이의 컬러 프로필, 또 하나는 프린터의 컬러 프로필이다.

프린트 결과는 적당하게 디스플레이 표시상태와 일치한 발색의 프린트가 된다. 단, 디지털 카메라 등으로 촬영한 컬러 화상 중 디스플레이의 연색범위를 초과한 고채도의 색조, 예를 들

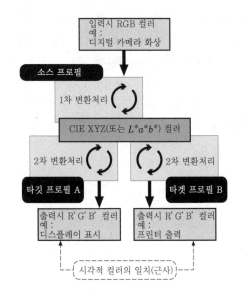

그림 3.4 소스 프로필과 두 타깃 프로필의 블록도

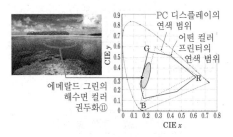

그림 3.5 CIE 색도도 상에서 디스플레이 표시로
재현되지 않는 시안(cyan)계의 색조영역

어 그림 3.5와 같이 시안(cyan)계의 고채도 컬러는 디스플레이에서는 표시되지 않지만 프린터의 연색범위 내에 있으므로 프린트 상에서는 정확하게 재현되기 때문에 디스플레이와 완전 일치한 상태는 아니다(권두화⑪).

3.6.2 피사체와 출력 결과의 컬러 매칭

디지털 카메라로 촬영한 피사체 컬러와 프린트 결과를 매칭시키는 구체적인 방법은 전술한 디스플레이와 프린트를 매칭시키는 수단과 거의 같다.

단, 대부분의 디지털 카메라는 피사체의 색조를 '충실하게 기록하는' 것이 아니라 누구나 느끼는 '호감이 가는 색조로 보정하여 기록'하게 되어 있기 때문에 주의해야 한다. 카메라측에서 피사체 색에 충실하게 기록하는 모드가 있는 경우에는 그 모드로 촬영하고 해당 모드에 대응한 소스 프로필을 작성해 둔다. 최선의 방법은 특정 촬영 환경에서 프로필 생성용 컬러 차트를 촬영하여 프로필 생성 소프트웨어로 디지털 카

메라의 컬러 프로필을 작성해 두는 것이다. 이 방법은 특히 의료나 제품 검사 등 촬영의 여러 조건을 고정할 수 있는 경우에 유효하며, 매우 높은 정밀도의 컬러 매칭 프린트(디스플레이 표시)를 얻을 수 있다. 또한 컬러 프로필 생성 소프트웨어를 가지고 있지 않은 경우에는 이러한 프로필을 작성하는 서비스를 제공하는 기업에 위탁하면 된다.

3.6.3 컬러 프루프로서의 컬러 매칭

어떤 화상을 상업 인쇄하는 경우 또는 나중에 다른 프린터에서 정식 출력할 경우 등에 그 출력결과를 하드 카피 상에서 사전에 시뮬레이션하는 작업을 '하드 카피 프루프'라 한다. Photoshop의 경우 'View/교정설정 메뉴/커스텀' 명령에 따라 표시된 대화상자의 '프로필' 난에 나중에 정식으로 사용할 프린터의 프로필(또는 인쇄소가 지정하는 프로필)을 지정한다. 그리고 'View 메뉴/색 교정'을 선택 상태로 해 놓으면 디스플레이 표시는 그 프린터 출력을 시뮬레이션한 '소프트 카피 프루프' 상태가 된다.

그 후 프린트할 때 프린트 드라이버 창을 호출하고 프린터측에서 전술한 '색보정 없이' 등으로 명명되어 있는 모드, 즉 화상처리 소프트웨어측에서 컬러 매칭 처리를 하고 프린터측에

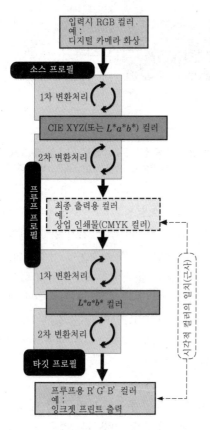

입력시 RGB 컬러.
예 :
디지털 카메라 화상

소스 프로필

1차 변환처리

CIE XYZ(또는 $L*a*b*$) 컬러

2차 변환처리

프루프 프로필

최종 출력용 컬러
예 :
상업 인쇄물(CMYK 컬러)

1차 변환처리

$L*a*b*$ 컬러

2차 변환처리

타깃 프로필

프루프용 R′G′B′ 컬러
예 :
잉크젯 프린트 출력

시각적 컬러의 일치(근사)

그림 3.6 프루핑 처리의 컬러 매칭 흐름

서는 아무런 추가 보정을 하지 않는 상태로 프린트한다. 이렇게 해서 화상처리 소프트웨어가 원래 화상을 일단 '교정설정'에서 지정한 컬러 프로필의 연색특성에 매칭하도록 컬러 변환하고 다시 자체 프린터에서 그 색조에 매칭하는 변환을 하는 2단계 컬러 매칭을 수행한나(그림 3.6 참조).

[笠井 亨]

부록
I

1. 관계법규의 체계
2. 관련법규 해설

1 관계법규의 체계

조명관련 법규의 종류는 전기관계 법규에 적지 않게 관련되어 있으며 아래와 같은 체계로 되어 있다.

전기사업법 ─┬─ 전기설비기술기준
　　　　　　└─ 내선규정

전기공사사(電氣公事士)법

건축기준법

소방법

공업표준화법 ─┬─ 국제표준화기구(ISO)
　　　　　　　├─ 국제전기표준회의(IEC)
　　　　　　　├─ 일본공업규격(JIS)
　　　　　　　├─ 국제규격(CIE 규격)
　　　　　　　├─ 조명학회 기술지침(JIEG)
　　　　　　　├─ 조명학회기술규격(JIEC, JIES)
　　　　　　　├─ 일본전구공업회규격(JEL)
　　　　　　　└─ 일본조명기구공업회규격(JIL)

■ 조명계를 둘러싼 관계법규

제조물책임법(PL법)　　1995년 7월 시행
광해대책 가이드라인(환경청)
　　　　　　　　　　　1998년 3월 발행
에너지 사용의 합리화에 관한 법률
　(에너지 절약법)　　1999년 재개정
고조파 가이드라인　　1997년 10월 시행
소방법　　　　　　　1999년 10월 시행
용기포장 리사이클법　2000년 4월 시행
건축기준법　　　　　2000년 6월 고시
그린 구입법　　　　　2001년 4월 시행
전기용품 안전법　　　2001년 4월 시행
PCB 폐기물 적정처리 특별조치법
　　　　　　　　　　　2001년 7월 시행

2 관련법규 해설

2.1 전기사업법

전기사업의 경영에 관한 사항, 그리고 전기시설의 보안에 관한 사항의 규정이며 전기관련 업계의 헌법이라고 할 수 있다.

2.2 전기설비기술기준(電技)

- 인체에 위해를 끼치고 물건에 손상을 주지 않을 것
- 다른 전기설비 기타 물건의 기능에 전기적 또는 자기적 장애를 주지 않을 것
- 전기 공급에 현저한 장애를 끼치지 않을 것

등을 위한 기본적인 기술기준이다.

2.3 내선규정

상기 전기(電技)의 내용을 더 구체적으로 자세히 기술한 민간규정으로 관계자에게 가장 널리 이용되고 있다.

2.4 전기용품 안전법

전기용품 단속법이 개칭된 것으로 '전기용품의 제조, 판매를 규제함과 동시에 전기용품의 안전성 확보에 대해 민간사업자의 자주적인 활동을 촉진함으로써 전기용품에 의한 위험 및 장애를 방지하는 것'을 목적으로 하고 있다.

마크를 표시해야 할 462품목(특정 112 품목, 일반 340 품목)이 결정되어 있다.

2.5 전기공사사(電氣公事士)법

제1종과 제2종이 있으며 전기공사에 종사하는 기술자의 자격 및 의무를 정하고 있다.

2.6 에너지 사용의 합리화에 관한 법률 (에너지 절약법)

2회에 걸쳐 개정된 것으로 개정 요점은 다음

세 가지이다.

- 특정 건축물의 추가(2000m² 이상) : 이전에는 사무실, 판매점포, 호텔 또는 여관이었는데 그것에 병원 또는 진료소, 학교가 새로 추가되었다.
- 건축설비의 추가 : 공조설비 외에 조명설비, 승강기, 급탕설비가 추가되었다.
- 에너지 절약 계획서 제출

■ 에너지 절약법 중에서 조명관련 항을 다음에 발췌한다.

(1) 공사에 관계된 조치 등(조명설비에 대해)

'준수해야 할 사항'……JIS Z 9110 조도기준에 의해 관리표준을 설정. 조광 등에 의해 과잉 조명을 없게 한다. 관리표준에 기초하여 조도를 정기적으로 계측하여 기록한다.

관리표준에 기초하여 정기적으로 보수 및 점검을 수행한다.

신설하는 경우 다음 사항 등의 조치를 강구함으로써 에너지의 효율적 이용을 실시할 것

- 전자안정기를 사용한 조명기구 등의 에너지 절약형 설비를 고려
- 청소, 광원의 교환 등 보수가 용이한 조명기구를 선택
- 설치 장소 등에 대해서도 보수성을 고려
- 광원의 발광효율, 점등회로 및 조명기구의 효율, 피조명 장소에 대한 조사효율도 포함한 종합적인 조명효율을 고려
- 고주파점등식 Hf 형광 램프, HID 램프 등 효율이 높은 광원을 사용한 조명기구의 채택을 검토
- 조명기구 및 설치장소의 크기 및 내장반사율에 의해 결정된 조명률을 포함한 종합적인 조명효율이 우수한 설비가 되도록 검토
- 주광 이용, 초기 조도 보정에 의해 전력절약을 꾀하도록 하기 위해 감광 가능한 조명기구의 선택이나 조명자동제어 장치의 채택을 검토
- 불필요한 장소 및 시간대의 소등 또는 감광을 위해 인체감지 장치의 설치, 타이머의 이용에 대해 검토

(2) 건축물에 관한 조치……에너지 소비계수(CEC/L)를 기준값 이하로 다음 사항에 유의하여 조명설비와 관련된 에너지의 효율적 이용을 꾀할 것

- 조명효율이 높은 조명기구를 채택한다.
- 에너지의 효율적 이용을 도모하는 적절한 제어 방법을 채택한다.
- 보수관리에 유의한 설치방법으로 한다.
- 조명설비의 배치, 조도의 설정, 내장마감의 선정 등을 적절히 수행한다.

2.7 제조물 책임법(PL법)

제품의 결함(설계, 제조, 표시)에 의해 소비자 또는 제3자가 생명, 재산 등에 피해를 입은 경우 피해자와 직접 계약 관계에 없는 제조자가 부담해야 할 법률상 배상책임을 결정한다.

〈적용되는 것〉
- 쥬스, 잼, 햄, 통조림, 가공식품 등
- 시스템 키친, 욕조, 조명기구 등 주택설비나 전기제품, 기계제품, 차 등
- 화장품, 혈액제제 등

〈적용되지 않는 것〉
- 야채, 과일, 육류, 어류 등 가공되지 않은 식품
- 주택, 빌딩 등 부동산
- 정보 서비스, 소프트웨어 등

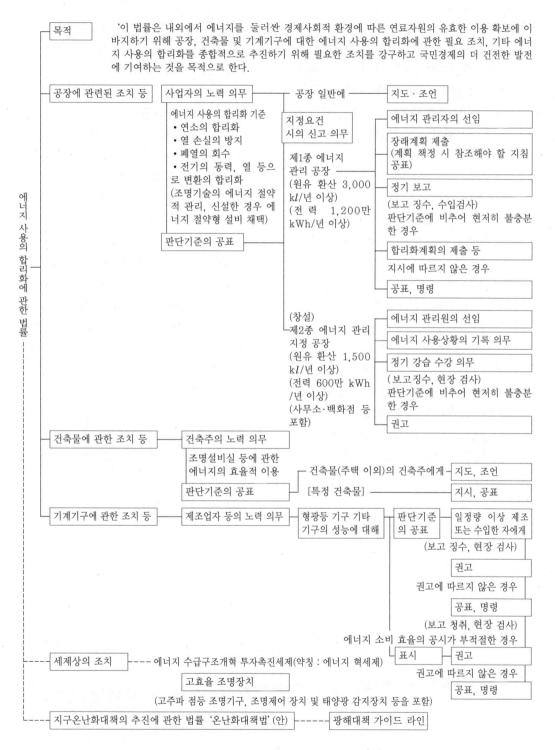

부도 에너지 사용의 합리화에 관한 법률

2.8 광해대책 가이드라인

환경청의 위탁을 받아 (재단법인)일본환경협회가 설치한 '광해대책검토회'에서 검토, 책정된 것으로 부적절한 조명에 의한 천체 관측, 동식물 생육 등에 대한 영향 방지, 양호한 조명환경의 실현을 도모하며 지구온난화 방지에도 이바지하는 것을 목적으로 한다.

내용으로는

광해(光害)의 정의
야간의 밝기 문제에 대해
지역특성에 따른 조명환경(4종류)에 대해
조명환경의 관계자
실외조명 등 가이드라인

등에 대해 추진을 제안하고 있다.

2.9 소방법(조명관련)

〈개정 포인트〉

(1) 유도등의 분류방법이 변경되었다. 표시면의 크기와 표면의 밝기에 따라 대형, 중형, 소형을 A급, B급, C급으로 했다. 또한 지금까지 특례로 인정되어 있던 고휘도 유도등이 추가되고 소형화 촉진을 지향하여 전진했다.

(2) 유도등의 설치 간격이 유도등의 급에 따라 결정된 보행거리를 바탕으로 결정되게 되었다.

2.10 건축기준법(조명관련)

(1) 일정 성능만 만족하면 다양한 재료, 설비, 구조 방법을 채택할 수 있는 규제방식(성능규제)이 도입되었다. 아울러 건축물 단체(單體)의 규제항목의 재평가가 이루어졌다. 비상용 조명장치에 대해서는 이전의 사양규정의 재평가가 이루어져 개정 고시되었다.

(2) '건축물의 부분'에 대해 형식적합 인정 및 제조사업자 인정의 제도가 창설되었다. 국토교통대신이 미리 일정한 건축기준에 적합한 것을 인정한 것에 대해서는 각 건축확인신청, 검사에서 간략화할 수 있는 것이다. 비상용 조명장치에 대해서도 인정대상의 '건축물 부분'으로 되었다.

참고문헌

• 照明專門講座テキスト, 照明學會(2002年 7月初版)
• 最近の照明界の話題, 照明學會(2002年 11月 スクーリンダ資料)
• 共生のあかり, 照明學會(1999年 3月)

부록
Ⅱ

부록 ①

전등 설비

1. 설계상의 검토사항

① 조도의 계산(각 실의 맞는 조도 선택, 조명 계산은 정확한가?)

② 계단, 복도 등의 점멸방식

③ 스위치, 위치 개소의 사용 편의에서의 검토

④ OA기기 사용에 따른 대응 Floor System의 적용여부

⑤ 방폭, 내산, 방수 등 기기의 필요성

⑥ 조광, 원격제어 설비의 필요성

⑦ 수분, 증기가 있는 장소의 전등회로의 별도설계 여부

⑧ 분기 회로의 단말까지의 거리, 전압 강하, 전선의 굵기 검토

⑨ 비상 조명의 필요 유무

⑩ 항공장해등의 필요 유무

⑪ 분전반의 제작내용 및 설치 위치 검토

- 부하 중심
- 상·하층의 연관
- Shaft의 위치
- 설치 구조체
- 일반 조명, 비상 조명의 겸용수용
- 3상전원, 단상전원의 겸용수용
- 외등용 ON-OFF 24 HR Timer의 수용
- 분전반 도장색과 설치 부취벽의 색채 마감 관계

⑫ 유도등의 필요 유무

⑬ 방전램프 등의 램프 시동 전류, 분기 개폐기, 자동점멸기 등의 정격 전류와의 검토

2. 건축관련 검토사항

① 조명계획의 전반적 검토
② 옥외(Site) 조명의 유무, 그 적용종류
③ 경사 천장의 유무 및 그 정도
④ 입간판, 광고등, 쇼윈도 등의 조명의 필요 검토
⑤ 소방법상 또는 건축법상의 무창층, 지하층에 대한 비상조명 설치 유무
⑥ 건축사 설계사무소와 건축마감 부분을 충분히 협의하여 조명 방식 선정 및 건축가의 의도 고려
⑦ 건축물의 용도에 맞는 조명 유무
⑧ 건축의 마감재료 고려(조명 연출)

【참고】 최근에는 조명이나 설치 형태에 따른 각종 배치기법을 살릴 수 있어 건축설계자와 잘 협의만 하면
참신한 조명 연출을 할 수 있으므로 기존의 사고를 바꾸어 폭넓은 설계를 해야 한다.

3. 시공상의 주의사항

① 전등분 전반
- 매입, 반매입 등 시공형태에 따라 거푸집, 보강철근 등은 실시했는가?
- 분전함 뒷면에 메탈라스 처리를 하여 미장공사에 지장없도록 처리했는가?
- 함의 설치상태(수평, 수직, 높이, 위치 등)는 양호한가?
- 접지는 좋은가. 각 함 내부에 NT, GT를 취부제작했는가?
- 각 단자의 나사 조임상태는 완전한가?
- 가터 내의 전선정리 상태는 완전한가?
  - 가터 폭:상부 150~250[mm], 하부 75~100[mm], 좌우 100[mm]
- 각 회로별 회로 명칭은 기입했는가?
- Panel의 Name Plate는 부착되었는가?
- Panel Door 이면에 배선 계통도를 보관하였는가?

② 조명 기구
- 조명 기구 취부용 천장 보강은 양호한가(천장의 처짐의 문제점은 없는가)?
- 방전램프용 안정기의 외함 및 등기구의 금속제 부분에 제3종 접지를 실시했는가?(대지 전압
  150[V] 미만 및 ELB 사용회로는 생략 가능하다)
- 기구 설치의 수직, 수평은 맞는가?
- 기구의 고정은 견고한가?
- 욕실, 주방 등의 기구는 방습인가?
- 안정기의 오결선은 없는가?

- 안정기의 과열현상은 없는가?
- 조명 기구 취부 전 회로와 조명 기구 개별 절연저항 시험은 실시했나?
- 등기구 취부위치 고려
- 등기구의 점멸방법 고려
- 매입 조명 기구의 위치에 덕트배관 등의 장애물이 없는지 또 취부했을 때 영향은 없는지 고려
- 대지전압 150[V] 이상의 기구에는 접지가 되거나 누전차단기로 보호되게 했는가?
- 기구의 중량, 기구의 취부방법 고려
- 기구의 취부위치는 램프교환에 지장이 없는가?
- 조명 기구는 현재 시중에서 쉽게 구할 수 있는 것인가?
- 특수 장소의 경우(냉동 창고, 수중등 등) 램프의 선정은 적정한가?
- 에너지 절감형 램프 및 등기구의 선정은 했는가?
- 소음 및 진동에 대한 대책은 했는가?

③ 배선 기구
- Switch는 지정한 위치에 부착하였는가?
- Box의 설치는 건축의 벽마감(미장, 돌붙임, 인테리어 등)에 대하여 고려했는가?
- Box의 설치 깊이가 너무 깊거나 기울어진 곳은 없는가?
- Box의 주변 마무리는 미려한가?
- 조명 기구의 리드선 길이는 적정한가?
- 박스 위치는 높이 등에 맞게 되었는가?
- 박스 내의 전선수는 적정한가?
- 스위치의 취부는 문의 뒷면에 가리게 되어 있지 않은가?
- 스위치 종류는 결정했는가?
  - 컬러 배선 기구
  - 램프 배선 기구
  - 리모트 컨트롤 시스템
- 점멸 방법은 발주자와 협의했는가?

④ 외등
- 외등의 목적은 충분히 검토했는가?
- 등기구 및 램프의 선정은 적정한가?

【참고】 외등은 설치환경에 따라 기구 및 램프가 달라져야 하기 때문에 설계 전 현장 조건을 충분히 파악한다.

- 등기구, 가로등주의 규격은 적절한가?
- 매설의 깊이는 적정한가(차량 : 1.2[m] 이상, 기타:0.6[m])?

- 배관의 연결부분은 방수에 대한 고려를 했는가?
- 배관은 수도관, 가스관 등과 이격은 규정대로인가?

　【참고】전기설비 기술기준 제156조 참조

- 핸드홀의 위치는 차량의 교통, 중량물 운반을 고려했는가?
- 외등의 기초 지수는 적정한가?

　【참고】초속 30[m/sec] 이상의 강풍에도 견딜 수 있도록 견고하게 설계되어 있는가?

- 기구의 접지는 표시했는가?

　【참고】외등은 일반인들에게 노출되어 있는 부분이므로 접지공사가 잘 되어야 한다.

- 기구의 취부 볼트는 녹이 안 쓰는 재질로 적용했는가?
- 케이블 규격과 전기공급 방식은 적정한가?

⑭ 항공장해등

- 항공장해등 설비의 규정에 맞게 설계했는가?

　【참고】항공법 제41조 참조

- 고광도 항공장해등, 중광도 항공장해등, 저광도 항공장해등 설비를 확인했는가?
- 항공장해등 설치위치는 적정한가?
- 항공장해등 설치 금구는 제3종 접지공사를 했는가?
- 항공장해등 조작 패널 등은 신뢰성 높은 제품으로 선정했는가?
- 조작 Panel의 설치 위치를 관리자가 항상 상주하는 위치에 설치했는가?

　【참고】예를 들어 APT의 관리실에 항공장해등 조작 패널을 설치할 경우 사람이 항상 상주하는 장소이
　　　　　므로 조작 Panel용 제어기의 선정시 주의해야 한다. 즉, 릴레이 종류는 소음이 발생하므로 전자
　　　　　스위치 소자 등을 이용한 저소음 고신뢰도의 Panel 선정이 중요하다.

- 취부금구 볼트 등은 녹방지 처리 제품으로 선정했는가?
- 건축물의 설치 장소에 대한 항공장해등 설치 조건을 국토해양부와 협의했는가?

부록 ②

터널조명 설계의 예

○○터널 개설공사 계산서

1. 터널 조명시설

(1) 설계 개요

본 설비는 ○○터널 개설공사(이하 본공사)에 신설되는 터널조명 및 터널 재방송설비를 시설하여 운행차량이 안전하고 쾌적한 주행이 될 수 있도록 하기 위한 시설로서 관련법규 및 규정에 따라 제반시설을 설계하며, 터널별 시설제원은 다음과 같다.

공 종	○○ 터널	비 고
① 터널연장	590〔m〕	
② 차선	왕복 2차선	
③ 일일교통량	4,767〔대/일〕	
④ 설계속도	50〔km/H〕	
전기설비 시설내용	적용여부	
① 터널 조명설비	○	
② 터널 접속도로 가로등설비	○	
③ 터널 무선중계장치설비(무선통신보조설비포함)	○	
④ 소화설비(소화기)	○	
⑤ 비상 전화설비	○	
⑥ 수동 통보기설비	○	
⑦ 비상콘센트설비	○	
⑧ 비상전원(UPS) 설비	○	

(2) 설계 기준

① 적용 규정

- 전기설비 기술기준령
- 내선 규정
- 한국산업규격(KS A)
- 전기안전 관리법
- 한전 전기공급 규정
- 도로시설 설치편람(건설교통부)
- 본 설계과업지시서
- 지자체의 조례규정 및 조례규칙
- 소방법, 소방법 시행령, 소방기술기준에 관한 규칙
- 도로터널 조명시설의 설계기준(건설교통부)
- 도로설계 요령 제4권(한국도로공사)
- 기타 관계법령 및 법규

(3) 공급전압 및 배선방식

① 한전으로부터 $3\phi 4W$ 380/220〔V〕 60〔Hz〕 2개 구좌로 공급받아 터널 시점에 설치된 터널등 제어반에 연결토록 한다.

② 요금은 종량제로 계약토록 한다.

③ 조명 부하 : $3\phi 4W$ 380/220〔V〕

제어 전원 : 220〔V〕 및 DC 24〔V〕

④ 터널 시점에 광도계를 설치하여 터널내 전구간의 조명등을 PLC와 광도 쎈서를 조합하여 ON−OFF 제어토록 한다.

⑤ 조명회로는 회로별 3상 4선 배선방식을 취하며 추후 원만한 유지보수 및 용이한 시공을 고려 HDG CABLE TRAY를 사용한 배선을 하였다.

⑥ 사용등 기구는 터널 특성을 고려하여 고압 나트륨 램프를 선정하였고 사용 광원의 전광속은 NH 100〔W〕＝9,000〔lm〕, NH 150〔W〕＝14,000〔lm〕이다.

(4) 조명설비

① 터널 조명설비

터널 조명설비는 일반도로와는 달리 주간 및 야간에 연속적으로 적정의 조명이 필요하고 특히 터널 외부 주변의 밝기에 따라 단계적인 조명제어가 적절히 이루어져야 경제성 및 차량 주행의 안전성을 기대 할 수 있으므로 설계속도, 교통량 및 터널내·외부의 주위 여건에 따라 설계한다.

㉮ 조도기준의 설정

　터널의 조도기준은 한국산업규격 "터널조명기준(KS A 3703)"과 도로 터널 조명시설의 설계기준을 적용하여 다음과 같이 설계하였다.

　터널 입구부는 주간에 외부 밝기에 대비하여 870[lx] 이상으로 시작하여 다음 부터 점차적으로 낮아져 일정구간(이행부, 완화부)이 지나면 기본 조명을 유지하게 되고 출구에 이르기전에 노면조도 870[lx] 정도의 조명설비를 시설한다. 야간에는 터널 입·출구부의 접속도로 조도보다 2배 정도의 조도를 유지하도록 하고 심야에는 야간 조명의 1/2의 되도록 격등제를 실시하여 경제성을 도모하도록 한다.

㉯ 조명기구 및 사용 광원

　조명기구는 방수, 방습 및 방진 특성이 양호하고 외관이 미려하며, 견고하여 수명이 반 영구적인 알미늄 주물제로 선정하며, 램프는 효율이 높고 매연 및 안개 등에서 투과율이 높으며 주위의 온도변화에 안정된 특성을 보이는 고압 나트륨 램프를 선정한다.

㉰ 조명설계

　— 조명기구 : 고압 나트륨용 터널등기구
　— 등기구 취부방법 : 노출
　— 사용광원 : NH150[W] = 14,000[lm], NH100[W] = 9,000[lm]
　— 등기구 설치 높이 : 4.8[m]
　— 설계조도

구 분	경계부 32[m]	이행부			완화부			기본부 232[m]	접속 도로부	야간	심야	비고
		1구간 24[m]	2구간 24[m]	3구간 24[m]	1구간 24[m]	2구간 24[m]	3구간 24[m]					
기준조도 [lx]	870	750	625	525	375	225	105	105	30	60	30	
계산조도 [lx]	999	791	688	584	377	273	170	170	32.5	66	33	

(5) 접속도로 가로등 설비

　야간에 터널 내부에서 보아 출입구측의 블랙홀 현상을 방지하기 위해서는 접속되는 도로에 조명이 필요하며 터널의 경우 연계도로 부분에 200[m] 정도 조명시설을 하였다.

　본 사업에서는 터널의 접속도로에 다음과 같이 조명설비를 하였다.

　• 기준조명 : 30[lx]

- 가로등주 : 8각 데이퍼 POLE, 용융아연도금
- 조명기구 : 세종로 대형
- 광   원 : 고압나트륨 램프
- 등주 높이 : 10〔m〕, 1.5〔m〕 암

(6) 종합 무선 중계장치 설비

터널 내에서의 라디오 방송 수신을 위해 재방송설비를 하였고 최근 사용이 일반화 되어있는 무선호출기등의 이용이 용이하도록 무선중계장치 설비를 시설토록 하였다.

설치 : FM, AM, 방송 및 이동통신(무선호출기)

- 보온 기밀함 내 FM, AM 수신장치를 내장하며, 보온 기밀함 및 수신 안테나는 터널 진입로의 적합한 위치에 설치토록 한다.

  AM : 2 CHANNEL

  FM : 4 CHANNEL

  PAGER UNIT : 160~170, 320~330MHz(WIDE BAND)

- 정전 및 사고를 대비 비상전원용 UPS에 연결한다.

(7) 소화 설비

도로 터널 안에서는 화재, 기타의 사고가 발생했을 때 신속하게 사고의 발생을 터널 관리소, 시청, 소방서등에 통보하고 즉각조치를 취하지 않으면 2차적 재해를 발생시킬 위험성이 있다. 특히, 화재 사고가 발생했을 경우 터널 안은 공간이 한정된 특수한 환경에 있으므로 뒤따르는 차량에 화재가 확산되어 큰 화재가 될 가능성이 있다. 따라서, 화재 발생에 대비하여 터널에는 다음과 같은 방재설비를 설치하여 화재시 초기 진화로서 시설물 유지 및 차량과 인명을 보호하는데 목적이 있다.

① 소화기

소규모 화재의 초기 소화를 목적으로 설치된 것이며, 기구의 운반과 취급이 간단 해야 한다. 터널내의 화재는 가솔린, 등유가 화재의 주 원인이 될 수 있고 자동차 화재의 특수성을 고려(B급 : 유류화재)하여 이에 적합한 ABC 분말 소화기(3 단위 : 3.3〔kg〕)를 설치도록 한다.

- 소화기 설치

터널 입출구 및 50미터 간격으로 설치(각 : 2EA)하고 소화기 함은 SUS 재질로써 비상전화, 비상 경보장치와 함께 설치토록 한다.

(8) 비상전화

비상전화는 일반 이용자가 정보를 정확하고 쉽게 통보할 수 있어야 하므로 한쪽 통

화방식보다 양쪽 통화방식이 적합하다고 할 수 있다. 또 전화의 종류, 형식 및 기종의
선정은 각 터널의 관리 체제에 따라서 비상 전화의 접수 방식이 다를 때가 있으므로
이에 적합하도록 발신위치 식별의 필요성을 고려해야 한다.

- 비상전화 설치

비상전화의 설치는 경제성을 고려함과 동시에 발견자의 보행거리를 최대
100[m]로 하기 때문에 설치 간격을 200[m]로 한다. 또한 터널 안의 소음을 차단
하고 연락을 확실하게 하기 위해 터널 옆벽에 벽체를 만들고 그 안에 전화기를 설
치한다.

(9) 비상경보

- 수동통보기

터널 내에서의 화재 또는 기타의 사고시 사고를 낸자 혹은 발견자가 신속히 수
동 조작을 해서 사고 발생을 터널 내부 및 입구에 알리며 이 비상 신호를 자동음
성 통보기에 연결하여 터널 관리사무소, 시청, 소방서 등에 음성으로써 자동 통보
토록 한다. 통보기는 터널내 50미터 간격으로 설치하고 비상벨은 터널 입구에 각
각 설치한다.

- 경보게시판

터널의 입구부근 혹은 터널안에 설치하고 터널안의 이상정보를 표시하는 것으로
터널밖의 주행차량의 진입을 막기 위한 것으로 "전광식" 또는 "자막식"등으로 설치
할 수 있다. 또한 터널입구의 가변(可變)표지판의 설치위치는 설계속도 80km/h
이상의 도로에서는 갱구앞 300m, 설계속도 80km/h 미만의 도로에서는 150m의
장소에 설치한다. 그러나 도로선형상 또는 부근의 장애물이 있을 경우에는 조건이
좋은 장소로서 설계속도 80km/h 이상의 도로에서는 갱구앞 220m, 설계속도
80km/h 미만의 도로에서는 110m의 장소에 설치하고 정전 및 사고를 대비 비상전
원용 UPS에 연결한다.

- 점멸등 또는 경고등

경보게시판 가까이에 적색등을 점등 또는 점멸시키고 이상사태가 발생했음을 운
전자에게 경고함과 동시에 게시판에 주의를 끌기 위한 것으로 정전 및 사고를 대
비 비상전원용 UPS에 연결한다.

- 경보음 신호발생장치

터널 안에서의 이상사태 발생시 사이렌, 경종 등의 청각 신호를 내어 운전자의
주의를 환기시키기 위한 장치로서 정전 및 사고를 대비 비상전원용 UPS에 연결
한다.

(10) 비상콘센트 설비

- 비상콘센트 설비는 소화활동 설비로서 화재시 소방대원의 원활한 소화진압 활동을 위해 설치한다.
- 비상콘센트 전원회로는 3상교류 380V와 단상교류 220V인 것으로서 그 공급용량은 3상교류의 경우 2〔kVA〕이상인 것과 단상교류의 경우 1.5〔kVA〕이상의 것으로 설치한다.
- 하나의 전용회로에 설치하는 비상콘센트는 10개 이하로 한다. 이 경우 전선의 용량은 각 비상콘센트(비상콘센트가 3개 이상인 경우에는 3개)의 공급용량을 합한 용량 이상인 것으로 한다.
- 비상콘센트는 50m마다 설치하고 바닥으로부터 높이 1m 이상, 1.5m 이하에 설치한다.
- 비상콘센트의 보호함에는 그 상부에 적색의 표시등을 설치한다.
- 정전 및 사고를 대비 비상전원용 UPS에 연결한다.

(11) 비상전원(UPS) 설비

- 정전 및 사고를 대비하여 비상전원용 UPS(380V/220V 3φ4W 20kVA 1대, 축전지 내장형)를 설치하여 야간 기본부 조명(8m 간격으로 점등)과 종합무선 중계장치, 소방용 비상콘센트 전원을(1시간 이상 가능) 공급하도록 한다.

2. 터널 조명 조도계산

(1) 터널 조명

① 설계

- 설계속도 : 50〔km/H〕
- 일일 교통량 : 4,767〔대/일〕
- 차도폭(W) : 7.5〔m〕
- 터널 연장 : 590〔m〕
- 도로 : 콘크리트
- 천장 마감 : 콘크리트
- 벽체 마감 : 백색 TILE

- 등기구 설치높이 : 4.8〔m〕
- 등기구 설치방법 : 벽체 노출
- 사용 광원 : 고압나트륨 램프
- 광속 : NH 150〔W〕=14,000〔lm〕, NH 100〔W〕=9,000〔lm〕
- 계산식

$$\frac{F}{S} = \frac{W \times k \times L}{N \times U \times M}$$

여기서 F : 광원의 평균광속〔lm〕

S : 등 설치간격〔m〕

W : 차도폭〔m〕

k : 평균조도 환산계수(콘크리트 포장이므로 = 15)

L : 노면 휘도〔cd/m^2〕

U : 조명률(0.37)

N : 조명기구 배치수(대칭배열=2, 중앙설치 및 지그재그 배치=1)

M : 보수율(0.6)

E : 필요조도(= $k \times L$)〔lx〕

- 조명률의 분류

구분	마 감 재 료			조 명 률		비 고
	노 면	천 장	벽 면	양측 배열	중앙 배열	
1	ASP 10%	적벽돌류 10%	적벽돌류 10%	0.30	0.35	
2	ASP 10%	적벽돌류 10%	Con'C 25%	0.32	0.37	
3	ASP 10%	Con'C 25%	Con'C 25%	0.34	0.39	
4	ASP 10%	Con'C 25%	타일류 50%	0.36	0.41	
5	Con'C 25%	적벽돌류 10%	적벽돌류 10%	0.31	0.36	
6	Con'C 25%	적벽돌류 10%	Con'C 25%	0.33	0.38	
7	Con'C 25%	Con'C 25%	Con'C 25%	0.35	0.40	
8	Con'C 25%	Con'C 25%	타일류 50%	<u>0.37</u>	0.42	
9	Con'C 25%	Con'C 25%	스텐판류 70%	0.40	0.45	

위의 표에 의하면 본 터널의 경우 콘크리트 노면과 천장은 콘크리트, 벽체는 백색타일을 이용해 마감하며 양측배열에 의하므로 조명률은 <u>0.37</u>이다.

- 보수율 참고값

교통량 [대/일] \ 터널의 상황	길이[m]	200[m] 이상		200[m] 미만		비 고
	오르구배[%]	2% 이상	2% 미만	2% 이상	2% 미만	
15,000 이상		0.40	0.45	0.45	0.50	
7,000 이상 ~ 15,000 미만		0.45	0.50	0.50	0.60	
7,000 미만		0.50	0.60	0.60	0.70	

　　위의 표에 의하면 정곡(남면)터널의 경우 구배 2% 미만, 길이 200[m] 이상 교통량 7,000[대/일] 미만 이므로 보수율 0.6을 적용한다.

② 계산

$$F = \frac{W \times E \times S}{U \times M \times N} = \frac{7.5 \times E \times S}{0.37 \times 0.6 \times 2} = 16.89 \times E \times S \, [\text{lm}]$$

㉮ 기본 조명

　　㉠ 야간 조명

- 설계조도 : 60[lx]
- 구간 : 조명제외 구간을 제외한 전구간
- $F = 16.89 \times E \times S = 16.89 \times 60 \times S = 1,013.4 \times S$

　　$\therefore S = \dfrac{F}{1,013.4}$ 에서 고압나트륨 램프 100[W](=9,000[lm])를 적용하면

　　$S = \dfrac{9,000}{1,013.4} = 8.88 \, [\text{m}]$

따라서 8[m]의 간격을 유지토록 한다.

- 상기 배치에 따른 조도를 계산하면

　　$E = \dfrac{9,000}{16.89 \times 8} = 66.6 \, [\text{lx}]$

- $\therefore$ 실제조도 : 66.6[lx]

㉯ 주간 경계부 조명

- 설계조도 : 870[lx]
- 구간 : 32[m]

$$F = \frac{W \times E \times S}{U \times M \times N} \text{ (lm)} = \frac{7.5 \times E \times S}{0.37 \times 0.6 \times 2} = 16.89 \times E \times S \text{(lm)}$$

• 8(m) 구간의 총광속은

$$F = 16.89 \times E \times S = 16.89 \times 870 \times 8 = 117,554.4 \text{(lm)}$$

고압나트륨 램프 150(W)=14,000(lm)을 적용하면

$$N = \frac{117,554.4}{14,000} = 8.4$$

배열관계상 기본 조명을 포함한 10개를 8(m) 사이에 다음과 같이 배치한다.

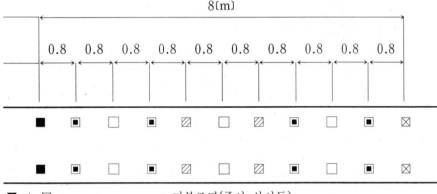

■ + ⊠   : 기본조명(주야 상시등)
■ + ⊠ + ▨   : 주간 흐린날 30% 조도 요구시 점등
■ + ⊠ + ▣   : 주간 흐린날 50% 조도 요구시 점등
■ + ⊠ + ▣ + ▨   : 주간 맑은날 75% 조도 요구시 점등
■ + ⊠ + ▣ + □ + ▨   : 주간 맑은날 100% 조도 요구시 점등
⊠   : 심야 소등

• 상기 배치에 따른 조도를 계산하면

주간 맑은날 100% 조명시 $E = \dfrac{14,000 \times 9 + 9,000}{16.89 \times 8} = 999 \text{(lx)}$

  * 기본 조명을 포함한 10등을 점등한다.

주간 맑은날 75% 조명시 $E = \dfrac{14,000 \times 6 + 9,000}{16.89 \times 8} = 688 \text{(lx)}$

  * 기본 조명을 포함한 7등을 점등한다.

주간 흐린날 50% 조명시 $E = \dfrac{14,000 \times 4 + 9,000}{16.89 \times 8} = 481 \text{(lx)}$

  * 기본 조명을 포함한 5등을 점등한다.

주간 흐린날 30% 조명시 $E = \dfrac{14,000 \times 2 + 9,000}{16.89 \times 8} = 273.8 \text{(lx)}$

* 기본 조명을 포함한 3등을 점등한다.

㉓ 주간 이행부(1구간) 조명

- 설계조도 : 750〔lx〕

- 구간 : 24〔m〕

$$F = \frac{W \times E \times S}{U \times M \times N} \text{〔lm〕} = \frac{7.5 \times E \times S}{0.37 \times 0.6 \times 2} = 16.89 \times E \times S \text{〔lm〕}$$

- 8〔m〕 구간의 총광속은

$$F = 16.89 \times E \times S = 16.89 \times 750 \times 8 = 101,340 \text{〔lm〕}$$

고압나트륨 램프 150〔W〕 = 14,000〔lm〕을 적용하면

$$N = \frac{101,340}{14,000} = 7.3$$

배열관계상 기본 조명을 포함한 8개를 8〔m〕 사이에 다음과 같이 배치한다.

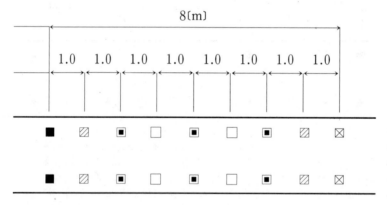

■ + ⊠   : 기본조명(주야 상시등)
■ + ⊠ + ▨   : 주간 흐린날 30% 조도 요구시 점등
■ + ⊠ + ▣   : 주간 흐린날 50% 조도 요구시 점등
■ + ⊠ + ▣ + ▨   : 주간 맑은날 75% 조도 요구시 점등
■ + ⊠ + ▣ + □ + ▨   : 주간 맑은날 100% 조도 요구시 점등
⊠   : 심야 소등

- 상기 배치에 따른 조도를 계산하면

주간 맑은날 100% 조명시 $E = \dfrac{14,000 \times 7 + 9,000}{16.89 \times 8} = 791.8 \text{〔lx〕}$

* 기본 조명을 포함한 8등을 점등한다.

주간 맑은날 75% 조명시 $E = \dfrac{14,000 \times 5 + 9,000}{16.89 \times 8} = 584.6 \text{〔lx〕}$

* 기본 조명을 포함한 6등을 점등한다.

주간 흐린날 50% 조명시 $E = \dfrac{14,000 \times 3 + 9,000}{16.89 \times 8} = 377.4 \text{〔lx〕}$

＊ 기본 조명을 포함한 4등을 점등한다.

주간 흐린날 30% 조명시 $E = \dfrac{14,000 \times 2 + 9,000}{16.89 \times 8} = 273.8$〔lx〕

＊ 기본 조명을 포함한 3등을 점등한다.

㉕ 주간 이행부(2구간) 조명

- 설계조도 : 625〔lx〕

- 구간 : 24〔m〕

$$F = \dfrac{W \times E \times S}{U \times M \times N} \text{〔lm〕} = \dfrac{7.5 \times E \times S}{0.37 \times 0.6 \times 2} = 16.89 \times E \times S \text{〔lm〕}$$

- 8〔m〕 구간의 총광속은

$$F = 16.89 \times E \times S = 16.89 \times 625 \times 8 = 84,450 \text{〔lm〕}$$

고압나트륨 램프 150〔W〕=14,000〔lm〕을 적용하면

$$N = \dfrac{84,450}{14,000} = 6.1$$

배열관계상 기본 조명을 포함한 7개를 8〔m〕 사이에 다음과 같이 배치한다.

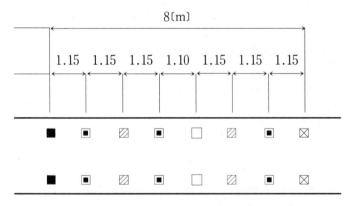

- 상기 배치에 따른 조도를 계산하면

주간 맑은날 100% 조명시 $E = \dfrac{14,000 \times 6 + 9,000}{16.89 \times 8} = 688.2$〔lx〕

＊ 기본 조명을 포함한 7등을 점등한다.

주간 맑은날 75% 조명시 $E = \dfrac{14,000 \times 5 + 9,000}{16.89 \times 8} = 584.6$〔lx〕

* 기본 조명을 포함한 6등을 점등한다.

주간 흐린날 50% 조명시 $E = \dfrac{14,000 \times 3 + 9,000}{16.89 \times 8} = 377.4 \text{[lx]}$

* 기본 조명을 포함한 4등을 점등한다.

주간 흐린날 30% 조명시 $E = \dfrac{14,000 \times 2 + 9,000}{16.89 \times 8} = 273.8 \text{[lx]}$

* 기본 조명을 포함한 3등을 점등한다.

㉺ 주간 이행부(3구간) 조명

- 설계조도 : 525[lx]
- 구간 : 24[m]

$$F = \frac{W \times E \times S}{U \times M \times N} \text{[lm]} = \frac{7.5 \times E \times S}{0.37 \times 0.6 \times 2} = 16.89 \times E \times S \text{[lm]}$$

- 8[m] 구간의 총광속은

$$F = 16.89 \times E \times S = 16.89 \times 525 \times 8 = 70,938 \text{[lm]}$$

고압나트륨 램프 150[W]=14,000[lm]을 적용하면

$$N = \frac{70,938}{14,000} = 5.1$$

배열관계상 기본 조명을 포함한 6개를 8[m] 사이에 다음과 같이 배치한다.

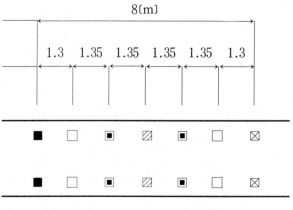

- ■ + ⊠ : 기본조명(주야 상시등)
- ■ + ⊠ + ▨ : 주간 흐린날 30% 조도 요구시 점등
- ■ + ⊠ + ▣ : 주간 흐린날 50% 조도 요구시 점등
- ■ + ⊠ + ▣ + ▨ : 주간 맑은날 75% 조도 요구시 점등
- ■ + ⊠ + ▣ + □ + ▨ : 주간 맑은날 100% 조도 요구시 점등
- ⊠ : 심야 소등

- 상기 배치에 따른 조도를 계산하면

주간 맑은날 100% 조명시 $E=\dfrac{14,000\times5+9,000}{16.89\times8}=584.6\,[\text{lx}]$

　　* 기본 조명을 포함한 6등을 점등한다.

주간 맑은날 75% 조명시 $E=\dfrac{14,000\times3+9,000}{16.89\times8}=377.4\,[\text{lx}]$

　　* 기본 조명을 포함한 4등을 점등한다.

주간 흐린날 50% 조명시 $E=\dfrac{14,000\times2+9,000}{16.89\times8}=273.8\,[\text{lx}]$

　　* 기본 조명을 포함한 3등을 점등한다.

주간 흐린날 30% 조명시 $E=\dfrac{14,000+9,000}{16.89\times8}=170.2\,[\text{lx}]$

　　* 기본 조명을 포함한 2등을 점등한다.

㉫ 주간 완화부(1구간) 조명

- 설계조도 : 375[lx]
- 구간 : 24[m]

$$F=\frac{W\times E\times S}{U\times M\times N}\,[\text{lm}]=\frac{7.5\times E\times S}{0.37\times0.6\times2}=16.89\times E\times S\,[\text{lm}]$$

- 8[m] 구간의 총광속은

$$F=16.89\times E\times S=16.89\times375\times8=50,670\,[\text{lm}]$$

고압나트륨 램프 150[W]=14,000[lm]을 적용하면

$$N=\frac{50,670}{14,000}=3.7$$

배열관계상 기본 조명을 포함한 4개를 8[m] 사이에 다음과 같이 배치한다.

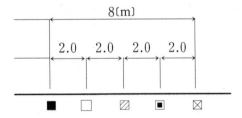

■ + ⊠ 　　　　　　　　　: 기본조명(주야 상시등)
■ + ⊠ + ▨ 　　　　　　 : 주간 흐린날 30% 조도 요구시 점등
■ + ⊠ + ▪ 　　　　　　 : 주간 흐린날 50% 조도 요구시 점등
■ + ⊠ + ▪ + ▨ 　　　 : 주간 맑은날 75% 조도 요구시 점등
■ + ⊠ + ▪ + □ + ▨ : 주간 맑은날 100% 조도 요구시 점등
⊠ 　　　　　　　　　　　: 심야 소등

- 상기 배치에 따른 조도를 계산하면

주간 맑은날 100% 조명시 $E = \dfrac{14,000 \times 3 + 9,000}{16.89 \times 8} = 377.4 \text{[lx]}$

  ＊ 기본 조명을 포함한 4등을 점등한다.

주간 맑은날 75% 조명시 $E = \dfrac{14,000 \times 2 + 9,000}{16.89 \times 8} = 273.8 \text{[lx]}$

  ＊ 기본 조명을 포함한 3등을 점등한다.

주간 흐린날 50% 조명시 $E = \dfrac{14,000 + 9,000}{16.89 \times 8} = 170.2 \text{[lx]}$

  ＊ 기본 조명을 포함한 2등을 점등한다.

주간 흐린날 30% 조명시 $E = \dfrac{14,000 + 9,000}{16.89 \times 8} = 170.2 \text{[lx]}$

  ＊ 기본 조명을 포함한 2등을 점등한다.

㉕ 주간 완화부(2구간) 조명

- 설계조도 : 225[lx]
- 구간 : 24[m]

$$F = \frac{W \times E \times S}{U \times M \times N} \text{[lm]} = \frac{7.5 \times E \times S}{0.37 \times 0.6 \times 2} = 16.89 \times E \times S \text{[lm]}$$

- 8[m] 구간의 총광속은

$F = 16.89 \times E \times S = 16.89 \times 225 \times 8 = 30,402 \text{[lm]}$

고압나트륨 램프 150[W] = 14,000[lm]을 적용하면

$N = \dfrac{30,402}{14,000} = 2.2$

배열관계상 기본 조명을 포함한 3개를 8[m] 사이에 다음과 같이 배치한다.

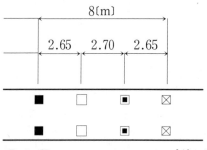

$\blacksquare + \boxtimes$: 기본조명(주야 상시등)

$\blacksquare + \boxtimes + \boxslash$: 주간 흐린날 30% 조도 요구시 점등

$\blacksquare + \boxtimes + \blacksquare$: 주간 흐린날 50% 조도 요구시 점등

$\blacksquare + \boxtimes + \blacksquare + \boxslash$: 주간 맑은날 75% 조도 요구시 점등

$\blacksquare + \boxtimes + \blacksquare + \square + \boxslash$: 주간 맑은날 100% 조도 요구시 점등

$\boxtimes$: 심야 소등

- 상기 배치에 따른 조도를 계산하면

  주간 맑은날 100% 조명시 $E=\dfrac{14,000\times2+9,000}{16.89\times8}=273.8\,(\text{lx})$

    * 기본 조명을 포함한 3등을 점등한다.

  주간 흐린날 50% 조명시 $E=\dfrac{14,000+9,000}{16.89\times8}=170.2\,(\text{lx})$

    * 기본 조명을 포함한 2등을 점등한다.

⑳ 주간 완화부(3구간) 및 기본부 조명

- 설계조도 : 105(lx)

- 구간 : 280(m)

  $$F=\frac{W\times E\times S}{U\times M\times N}\,(\text{lm})=\frac{7.5\times E\times S}{0.37\times0.6\times2}=16.89\times E\times S\,(\text{lm})$$

- 8(m) 구간의 총광속은

  $F=16.89\times E\times S=16.89\times105\times8=14,187.6\,(\text{lm})$

  고압나트륨 램프 150(W)=14,000(lm)을 적용하면

  $$N=\frac{14,187.6}{14,000}=1.1$$

배열관계상 기본 조명을 포함한 2개를 8(m) 사이에 다음과 같이 배치한다.

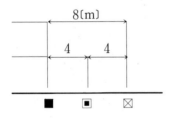

■ + ⊠   : 기본조명(주야 상시등)
■ + ⊠ + ⬚   : 주간 흐린날 30% 조도 요구시 점등
■ + ⊠ + ▣   : 주간 흐린날 50% 조도 요구시 점등
■ + ⊠ + ▣ + ⬚   : 주간 맑은날 75% 조도 요구시 점등
■ + ⊠ + ▣ + □ + ⬚   : 주간 맑은날 100% 조도 요구시 점등
⊠   : 심야 소등

- 상기 배치에 따른 조도를 계산하면

  주간 맑은날 100% 조명시 $E=\dfrac{14,000+9,000}{16.89\times8}=170.2\,(\text{lx})$

    * 기본 조명을 포함한 2등을 점등한다.

주간 흐린날 50% 조명시 $E = \dfrac{14,000 + 9,000}{16.89 \times 8} = 170.2[\text{lx}]$

* 기본 조명을 포함한 2등을 점등한다.

3. 터널접속도로의 가로등 조명시설

(1) 설계 기준
본 설계는 아래의 제반 규정에 준하여 설계한다.
① 전기설비 기술기준에 관한 규칙
② 전기통신설비 기준에 관한 규칙
③ 한국산업규격(KS A−3011, 3701, 3703)
④ 내선 규정
⑤ 전기 공급 규정
⑥ 기타 관계법규 및 지방조례 등

(2) 설계 개요
① 가로등 설비

터널 접속 도로에 필요한 조도를 유지하도록 가로등을 배치하고, 자동점멸 장치에 의한 계절별, 시간대별 점·소등 조절로 편리하고 경제적인 유지관리가 되도록 한다.

(3) 가로등 설비
본 터널 접속도로에 가로등을 설치하여 터널 입·출구 부근의 선형 및 다른 자동차의 상황을 명확하게 파악하고, 에너지 절감책을 감안하여 가장 적합한 조명설비가 되도록 한다.
① 대상지에 설치되는 가로등은 도로별 적정의 조도를 책정하여 운전자가 전방의 진행 방향 및 주위를 잘 볼 수 있고 불안감 없이 운전할 수 있도록 배치한다.
② 가로등에 사용하는 램프는 효율이 높고, 수명이 길며, 매연 및 안개에 투과성이 뛰어나고 두발에 대한 연색효과가 좋은 고압 나트륨램프를 선정한다.
③ 가로등주는 미려하고, 견고한 구조의 8각 데파폴을 사용하고, 도로폭에 따라 높이는 10m Pole을 사용한다.
④ 가로등의 배치는 등주의 높이와 도로폭을 고려하여 편측배열, 지그재그배열, 중

앙배열, 대칭배열을 검토한다.

⑤ 터널 접속도로 가로등은 터널 등 제어반에서 1ϕ 2W 220V로 공급받는 것으로 하였으며 한전 수전점으로부터 가로등 말단까지의 전압강하는 5% 이하가 되도록 한다.

⑥ 가로등의 점멸은 터널등 제어반내 Astro Dial 기능의 자동점멸기를 설치 가로등을 자동으로 점멸토록 한다.

⑦ 가로등주에는 추후 유지보수를 위해 안정기 박스내에 안전차단기를 등구별로 1개씩 설치한다.(MCB, 2P 30AF 15AT)

(4) 가로등 설계

① 조도 기준

조도는 KS A-3701에 준하며, 다음 부표-1, 2는 도로조명의 기준을 나타낸다.

부표-1 운전자에 대한 도로조명의 기준(KS A-3701)

도로의 종류	교통의 종류와 자동차 교통량	평균노면 휘도 Lr (cd/m^2)②	종합 균제도 U_0	차선측 균제도 U_i	눈부심 조절마크 G③
상·하행선이 분리되고, 교차부 모두 입체 교차되어 출입이 완전 제한되어 있는 도로	주로 야간의 자동차 교통량이 많은 고속 자동차 교통	2	0.4	0.7	6
자동차 교통전용의 중요한 도로 대부분의 속도가 느린 교통용으로 독립된 차선, 보행자의 도로등이 따른다.		2	0.4	0.7	5
중요한 도시부 및 지방부의 일반도로	주로 야간의 자동차 교통량이 많은 중속 자동차 또는 자동차 교통량이 많은 중속의 혼합교통	2	0.4	0.5	5
시가지 또는 상점가 내의 도로 또는 관청가로 통하는 도로 여기서 자동차 교통은 교통량이 많은 저속교통, 보행자 교통등과 혼합되어 있다.	주로 야간의 교통량이 매우 많고 그 대부분이 저속교통 또는 보행자인 혼합교통	2	0.4	0.5	4

주택지역(주택도로)과 상기한 도로를 결합한 도로	비교적 느린 제한 속도와 주로 야간, 중정도의 교통량이 있는 혼합교통(④)	1	0.4	0.5	4

(주) ② 도로주변외 조명환경이 어두운 경우에는 Lr의 값을 1/2로 하여도 좋다.
　③ 도로주변의 조명환경이 어두운 경우에는 G의 값을 1 증가시키는 것이 바람직히다.
　④ 교통량이 적은 경우에는 Lr의 값을 1/2로 하여도 좋다. 다만, (주)②의 규정에 관계없이 Lr의 값을 0.5cd/m² 미만으로는 할 수 없다. 상기 부표에 준하여 조도를 부표-2와 같이 한다.

부표-2

구　　분	터널 접속 도로
기준조도〔lx〕	30.0
계산조도〔lx〕	32.5

4. 터널접속도로 가로등 구간(200〔m〕)

① 차도폭(W) : 7.0〔m〕
② 배열 방식 : 편측
③ 광원 : NH 250〔W〕, 25,000〔lm〕
④ 등주(H) : 8각 테파폴 10〔m〕, 암 1.5〔m〕
⑤ 보수율(M) : 0.65
⑥ 오버행 : 고려하지 않는다.
⑦ 조명률(U) : 차도측(U_1)＝$\dfrac{7.0}{10}$＝0.7 ∴ (0.28)
⑧ 기준 조도 : 30〔lx〕
⑨ 경간(S) : $S=\dfrac{N \times F \times U \times M}{W \times E}=\dfrac{1 \times 25,000 \times 0.28 \times 0.65}{7.0 \times 30}=21.66$〔m〕
⑩ 설치간격(S) : 20〔m〕
⑪ 설계조도(E) : $E=\dfrac{N \times F \times U \times M}{W \times S}=\dfrac{1 \times 25,000 \times 0.28 \times 0.65}{7.0 \times 20}=32.5$〔lx〕

부록 ③

광원의 종류별 특성·용도·적정

〔광원의 종류별 특성 및 용도〕

명 칭	종류 및 특성	사용공간	전력〔W〕	전광속〔lm〕	평균수명〔hr〕
백열전구	• 투명, 유백색, 실리카 • 일반 백열전구 • 일반가정, 상업용 목적으로 경제적 사용 • 유백색, 실리카→눈부심, 그림자 방지	• 일반가정에 많이 사용 • 레스토랑	25 30 40 60 75 100 150 200	25〔W〕-230 30〔W〕-350 40〔W〕-430 60〔W〕-730 75〔W〕-960 100〔W〕-1,380 150〔W〕-2,220 200〔W〕-3,150	1,000~1,500
글로부형전구	• 직경에 따라 크기 다양 35~95〔mm〕 • 장식적 목적으로 많이 사용 • 눈부심 없이 부드러운 빛 발산	• 일반가정 현관부문 • 레스토랑	25 40 60 100	25〔W〕-230 40〔W〕-410 60〔W〕-685 100〔W〕-1,300	1,000~1,500
반사형전구	• 유리구 내부 상부에 반사기 처리 • 스포트용으로 다양하게 사용	• 효과적 조명을 요하는 방 • 넓은 공간 • show window • 판매장 • 접대실 • 아케이드	60 100 150	60〔W〕-530 100〔W〕-1,080 150〔W〕-1,520	1,000~1,500
반사형전구 (PAR/BEAM LAMP)	• 프레스된 유리구 상부에 반사처리 • spot용 • 바람, 비 등에 강하여 옥외용으로도 사용 가능 • cool par-lamp로 부터의 열발산을 25〔%〕 가까이 줄일 수 있음	• 열에 민감한 상업용 display • 일반 spot용 • 옥외용	60 80 120 300	60〔W〕-650 80〔W〕-820 120〔W〕-1,500 300〔W〕-3,000	1,500~2,000

명 칭	종류 및 특성	사용공간	전력 〔W〕	전광속 〔lm〕	평균수명 〔hr〕
다이크로익 할로겐 전구	• 다이크로의 반사판이 부착되어 광선에서 발생되는 열의 66%를 감소시킴 • 열에 민감한 전시물 조명용으로 이용됨 • 저볼트(12V)용으로 광도가 높음	• 백화점 • 미술관 • 박물관 • 보석점 • show window • display	50 75	*SP 20〔W〕−5°−10,000 50〔W〕−7°−15,000 75〔W〕−10°−17,500 *FL 20〔W〕−20°−1,000 50〔W〕−20°−2,800 40°−1,800 75〔W〕−20°−4,000	1,000
크립톤전구	• 에너지 효율이 좋아 백열전구에 비해 10〔%〕에너지 절전 • 작지만 백열전구에 비해 동등한 power로 일반 조명의 소비를 개선	• 일반가정 • 백화점 • show window • 전시장 • 레스토랑	40 60	40〔W〕−480 60〔W〕−810	2,000
할로겐전구	• 할로겐 gas의 순환을 이용 • 전구의 흑화방지 • 높은 효율, 뛰어난 연색성으로 각종 전시물의 하이라이트 악센트 조명으로 많이 사용	• 백화점 • 미술관 • 레스토랑 • 식품점 • 전시장 • 무대조명	50 75 100 150 250	*PIN 50〔W〕−950 75〔W〕−1,500 100〔W〕−2,200 *SINGLE−BASED 75〔W〕−1,050 100〔W〕−1,400 150〔W〕−2,500 250〔W〕−4,000	750~1,000
할로겐전구	• 빌딩의 외곽조명에 적합 • 실내, 외 등으로 다양하게 사용 • 많은 양의 광속발광	• 소규모 운동장 • 판매장 • show window • 빌딩 외곽	100 150 200 300 500	100〔W〕−1,500 150〔W〕−2,500 200〔W〕−3,200 300〔W〕−5,000 500〔W〕−9,500	1,500~2,000
할로스타	• 할로겐램프 특성과 동일 • 저전압 • 반사경과 램프가 거의 완벽한 광도로 조화를 이룸	• 백화점 • 보석점 • show window • 전시장 • display • rest & cafe	50	50〔W〕−2,500	2,000
콤팩트형 형광램프 (DULUX LAMP)	• 저압방전 소형 형광램프 instant start방식 • 높은 빛 발산의 효과의 비상한 질로 쾌적한 빛을 발산 • 일반 형광등보다 연색성 우수 • 한정공간 내 집중조도 • ballast 내장형	• 일반가정 • 판매장 • 호텔 • 레스토랑 • 작업실 • show case	5 7 9 11 13	*DULUX. PL 5〔W〕−250 7〔W〕−400 9〔W〕−500 11〔W〕−900 13〔W〕−900	5,000

명 칭	종류 및 특성	사용공간	전력〔W〕	전광속〔lm〕	평균수명〔hr〕
쌍둥이램프 (TWIN LAMP)	• 백열전구에 비해 열발생이 1/5	• 일반가정 • 판매장 • 호텔 • rest & cafe	27	27〔W〕−1,550	6,000
백연전구타입 콤팩트형 형광램프 (IL. TYPE COMPACT FL.)	• 높은 빛 발산의 효과와 비상한 질로 쾌적한 빛 발산 • IL전구에 비해 에너지 절전 • 장수명 • color : 주광색 　　　　　전구색	• 백화점 • 빌딩 lobby • 진열장 • officetel	17	17〔W〕−800	6,000
메탈할라이드램프	• 수은등의 연색성을 개선시키기 위해 할로겐 금속증기(옥화물) 주입 • 연색성 좋으나 광량 보존성 낮음	• 터널 • 일반공장 • 주차장 • 전시장 • 전시장 홀 • 학교, 도서관 • 병원복도 • 빌딩 내·외	100 250 400	100〔W〕−6,300 250〔W〕−17,000 400〔W〕−24,000	6,000~ 12,000

[용도별 적정 조도]

조도단계	단위 [lx]	적정 조도 범위 (lx)
주 택 (HOUSE)	야간 방범	10
	침실,거실,계단,통로전반	70~100
	식당전반	150~200
	오락, 휴식, 부엌전반	200~300
	조리, 식사	300~500
	세면, 화장	300~500
	독서, 학습	500~700
	재봉, 수예	1000~1500
사무실 (OFFICE)	현관,화장실,창고,실내비상계단	70~100
	계단,휴게실,보일러실	150~200
	강당,기계,엘리베이터	150~200
	금고,서고,식당	200~300
	전기기계,전자계산실,응접실	300~500
	회의중역사무실(b)	500~700
	계산,사무실(a),영업실	500~700
	설계,제도,Typing	1000~1500
호 텔 (HOTEL)	욕실,복도,계단	50~70
	객실전반	100~150
	오락실	150
	화장실,세면대	150~200
	로비,식당,연회장	200~300
	세면경,객실탁자	300~500
	현관,조리실,사무실	300~500
	프런트	1000~1500
음식점 (RESTAU- RANT)	세면실	150~200
	객실,현관	200~300
	화물접수대	300~500
	카운터	300~500
	식탁	300~500
	조리실	500~700
	집회실	500~700
	샘플케이스	2000~3000
백화점 · 패션점 (DEPART-M ENT STORE/ FASHION STORE)	일반층 전반,점내 전반	500~700
	중점층 전반	700~1000
	상점 내 일반,디자인코너	1000~1500
	중점 진열부분	1000~1500
	상점 내 중점부분	1000~1500
	중점 쇼윈도	2000~3000
	쇼윈도 일반	3000~5000

조도단계	단위 (Lux)	10	20	30	50	70	100	150	200	300	500	700	1000	1500	2000	3000	5,000
공 장 (FACTORY)	하적,옥내동력설비,창고				■												
	실내비상계단,화장실,세면대						■										
	복도,계단,출입구							■									
	공조기계실,전기실									■							
	포장,창고 내 검사										■						
	선별(b),시험(b),조립(b)												■				
	설계제도,선별(a),조립(a)													■			
	제어반,계기반														■		
미 술 박물관 (ART GALLERY, MUSEUM)	영상 전시장		■														
	수납고,복도,계단					■											
	식당,휴게실,실전반,표본							■									
	소집회실,세면대,화장실								■								
	공예물,일반진열등,동양화									■							
	회화,입구홀,연구조사실										■						
	서양화,조각(플라스틱)										■						
	모형 조형물,조각(금속)														■		
학 교 (SCHOOL)	비상계단,창고,차고			■													
	숙직,화장실,승강구,계단						■										
	강당,집회실,실내운동장							■									
	식당,교직원회의실								■								
	사무실,서고,미술공예 제작									■							
	도서열람,연구실										■						
	실험실습실,교실										■						
	전자계산,설계,제도실											■					
병 원 (HOSPITAL)	심야병실,복도		■														
	비상계단,복도				■												
	X선실,세면대,계단,욕실						■										
	약품창고,영안실,마취,청력실								■								
	X선실,병실,현관홀,재료실								■								
	사무실,병리,세균검사실,약국									■							
	간호원,연구회의,원장실										■						
	진찰,주사,창구사무												■				
	구급처치,부검,조제,수술실												■				
	시기능 검사실																■
스포츠 (실내) (SPORTS)	관람석(a)			■													
	관람석(b)					■											
	레크레이션									■							
	일반경기,(체조,수영,복싱, 테니스,탁구,농구,발레 등)												■				
	공식경기														■		

부록 ④ ▶ 한국산업규격

1. 조도 기준
(Recommended levels of illumination)   KS A 3011 : 1998

1. 적용 범위 이 규격은 다음 각 시설 인공 조명의 조도 기준에 대하여 규정한다.

2. 인용 규격 다음에 나타내는 규격은 이 규격에 인용됨으로써 이 규격의 규정 일부를 구성한다. 이러한 인용 규격은 그 최신판을 적용한다.

　　KS A 3701 도로 조명 기준

　　KS A 3703 터널 조명 기준

3. 조명 요소로서의 조도 인공 조명에 의하여 위의 각 시설 등의 장소를 밝혀, 보다 좋은 생활을 할 수 있는 환경이 되도록 하기 위하여는 일반적으로 다음 각 항에 대하여 고려하여야 한다.

a) 조도 및 그 분포

b) 눈 부 심

c) 그 림 자

d) 광   색

　이들 중 조명 설비의 설계에 있어서 우선 계산의 대상이 되는 조도에 대하여 그 기준을 나타낸다.

4. 소요 조도 각 시설의 조도는 표 2~11에 따른다.

　이 조도는 주로 시(視)작업면(특별히 시작업면의 지정이 없을 경우에는 바닥 위 85cm, 앉아서 하는 일일 경우에는 바닥 위 40cm, 복도·옥외 등은 바닥면 또는 지면)에 있어서의 수평면 조도를 나타내지만 작업 내용에 따라서는 수직면 또는 경사면의 조도를 표시하는 것도 있다.

　또 이 조도는 설비 당초의 값은 아니고, 항상 유지하여야만 하는 값을 나타낸다.

　국부 조명을 사용하여 기준 조도에 맞추는 경우, 전체 조명의 조도는 국부 조명에 의한 조도의 10% 이상 인 것이 바람직하다.

　또한 인접한 방, 방과 복도 사이의 조도차가 현저하지 않도록 한다.

5. 표준 조도 및 조도 범위 표준 조도 및 조도 범위는 표 1과 같다.

표 1 조도 분류와 일반 활동 유형에 따른 조도값

활동 유형	조도 분류	조도 범위[lx]	참고 작업면 조명 방법
어두운 분위기 중의 시식별 작업장	A	3－4－6	공간의 전반 조명
어두운 분위기의 이용이 빈번하지 않는 장소	B	6－10－15	
어두운 분위기의 공공 장소	C	15－20－30	
잠시 동안의 단순 작업장	D	30－40－60	
시작업이 빈번하지 않은 작업장	E	60－100－150	
고휘도 대비 혹은 큰 물체 대상의 시작업 수행	F	150－200－300	작업면 조명
일반 휘도 대비 혹은 작은 물체 대상의 시작업 수행	G	300－400－600	
저휘도 대비 혹은 매우 작은 물체 대상의 시작업 수행	H	600－1 000－1 500	
비교적 장시간 동안 저휘도 대비 혹은 매우 작은 물체 대상의 시작업 수행	I	1 500－2 000－3 000	전반 조명과 국부 조명을 병행한 작업면 조명
장시간 동안 힘드는 시작업 수행	J	3 000－4 000－6 000	
휘도 대비가 거의 안 되며 작은 물체의 매우 특별한 시작업 수행	K	6 000－10 000－15 000	

비 고 1. 조도 범위에서 왼쪽은 최저, 밑줄친 중간은 표준, 오른쪽은 최고 조도이다.
　　　 2. 장소 및 작업의 명칭은 가나다순으로 배열하고 동일행에 배열된 것은 상호 연관 정도를 고려하여 배열하였다.
　　　 3. 주에 관한 내용은 **표 11** 뒤에 기술하였다.

표 2 경 기 장

장소/활동	조도 분류	장소/활동	조도 분류
검 도(태권도 참조)		**궁 도**	
경 주(실외)		실 내	
경 마	D	경 기	
자동차 경주	D	사 선	F
자전거 경주		표 적([1])	G
경 기	D	레크리에이션	
레크리에이션	C	사 선	E
		표 적([1])	F
골 프		실 외	
그 린	D	경 기	
드라이빙 레인지		사선, 표적([1])	E
티에리어 이외	E	레크리에이션	
180m 지점([1])	E	사선, 표적([1])	D
티	D		
퍼팅 연습장	E	**권 투**(씨름 참조)	
페어웨이([1])	C		

표 2 경기장(계 속)

장소/활동	조도 분류	장소/활동	조도 분류
농 구		공식 경기 ……………………………………H	
공식 경기 ……………………………………H		관 람 석 ………………………………………D	
관 람 석 ……………………………………D		레크리에이션 …………………………………F	
레크리에이션 …………………………………E		일반 경기 ……………………………………G	
일반 경기 ……………………………………F			
		볼 링	
당 구		경 기	
경 기 ………………………………………G		레 인 ………………………………………F	
레크리에이션 …………………………………F		어프로치 ……………………………………E	
		핀(¹) ………………………………………G	
라 켓 볼(핸드볼 참조)		레크리에이션	
		레인, 어프로치 ………………………………E	
라크로스 ……………………………………F		핀(¹) ………………………………………F	
럭 비(축구 참조)		**사 격**	
		권총, 라이플	
레 슬 링(씨름 참조)		발사 지점 …………………………………F	
		사격장 전반 ………………………………E	
롤러 스케이트		표 적(¹) …………………………………H	
실 내		스키트, 트랩 사격	
공식 경기 …………………………………H		발사 지점 …………………………………D	
관 람 석 …………………………………D		표 적(¹) …………………………………F	
레크리에이션 ………………………………F			
일반 경기 …………………………………G		**소프트볼**	
실 외		관 람 석 ……………………………………C	
공식 경기 …………………………………G		레크리에이션	
관 람 석 …………………………………C		내 야 ……………………………………E	
레크리에이션 ………………………………E		외 야 ……………………………………D	
일반 경기 …………………………………F		일반 경기	
		내 야 ……………………………………F	
미식 축구		외 야 ……………………………………E	
(가장 가까운 사이드 라인에서 가장 먼 관객석까지의			
거리)		**수 영**	
고정 좌석 시설이 없는 경우…………………E		실 내	
15～30m ……………………………………F		레크리에이션 ………………………………F	
15m 이하 …………………………………G		풀장 바닥 …………………………………H	
30m 이상 …………………………………H		경 기 ……………………………………G	
		실 외	
배 구(농구 참조)		레크리에이션 ………………………………E	
		풀장 바닥 …………………………………G	
배드민턴		경 기 ……………………………………F	

표 2 경 기 장(계 속)

장소/활동	조도 분류	장소/활동	조도 분류
스케이트(롤러스케이트 참조)		관 람 석 ································C	
		연 습 ································D	
스 쿼 시(핸드볼 참조)		일 반 경 기 ························F	
스 키		**체 육 관**	
슬 로 프 ························B		리스트로 작성된 각 운동 참조	
		레크리에이션, 일반 운동 ······F	
씨 름			
공 식 경 기 ····················H		**체 조**	
관 람 석 ························D		공 식 경 기 ····················H	
연 습 ····························F		관 람 석 ························D	
일 반 경 기 ····················G		일 반 경 기 ····················G	
프 로 경 기 ····················I		집 단 체 조 ····················F	
아이스하키		**축 구**	
실 내		공 식 경 기 ····················G	
대학 경기, 프로 경기 ········H		관 람 석 ························C	
레크리에이션 ················F		레크리에이션 ··················E	
아마추어 경기 ················G		일 반 경 기 ····················F	
실 외			
대학 경기, 프로 경기 ········G		**탁 구**(배드민턴 참조)	
레크리에이션 ················E			
아마추어 경기 ················F		**태 권 도**	
		공 식 경 기 ····················H	
야 구		관 람 석 ························D	
관 람 석		연 습 ····························F	
경 기 중 ····················C		일 반 경 기 ····················G	
입·퇴장시 ··················D			
레크리에이션		**테 니 스**	
내 야 ························F		실 내	
외 야 ························E		경 기 ························H	
일 반 경 기		레크리에이션 ··············G	
내 야 ························H		실 외	
외 야 ························G		공 식 경 기 ················H	
프 로 경 기		관 람 석 ····················D	
내 야 ······················I		레크리에이션 ··············F	
외 야 ······················H		일 반 경 기 ················G	
운 동 장 ························D		**펜 싱**(태권도 참조)	
유 도(태권도 참조)		**필드 하키**(축구 참조)	
육상 경기(트랙, 필드)		**핸 드 볼**(축구 참조)	
공 식 경 기 ····················G			

표 3 공공 시설

장소/활동	조도 분류	장소/활동	조도 분류
간이 음식점, 레스토랑, 식당		**도 서 관**	
객실, 대합실, 현관	F	개인 열람실(판독 참조)	
계단, 복도	E	그림 열람실, 복사실, 지도실	
계산대(^{2}), 화물 접수대(^{2})	G	(표 7 사무실의 그래픽 설계 참조)	
세면장, 화장실	F	대 출 대	F
조 리 실	G	목록 제작실, 제책실, 책수선실	F
진 열 대(^{2})	H	서 가	
집회실, 식탁(^{2})	G	사용 적은 서가	D
		일반 장소	F
강당, 공회당		시청각실, 음향실	F
회 의(^{3})	E	열람실(판독 참조)	
사교 행사	D	카드 목록대	G
경찰서, 소방서		**모 텔**(호텔 참조)	
구치소, 취조실	F		
기록하는 곳	H	**무도장, 디스코텍**	D
소 방 서	F		
		미술관, 화랑(박물관 참조)	
공중 목욕탕			
계 산 대(^{2})	G	**미용실, 이발소**(^{5})	
보관실(^{2}), 신발장(^{2})	G	계단, 복도	E
복 도	E	계 산 대(^{2})	G
욕조, 탈의실	F	면도(^{2}), 세면(^{2}), 이발(^{2})	G
출 입 구	F	염색(^{2}), 메이크업(^{2}), 헤어스타일링(^{2})	H
화 장 실	F	화 장 실	F
극장(^{4}), 영화관(^{4})		**박 물 관**	
계단, 복도	E	계단, 복도	E
관 람 석		공예품(^{2}), 동양화(^{2}), 일반 진열품(^{2})	F
관객 이동시	F	교실, 소강당	F
상 영 중	A	매 점	G
기계실, 전기실	F	모형(^{2}), 조형물(^{2})	H
로비, 휴게실	F	미술품 진열실 전반	E
매 점	G	박제품(^{2}), 표본(^{2})	E
모니터실, 영사실		서 양 화(^{2})	G
상 영 중	C	세면장, 화장실	F
준 비 중	E	수 납 고	D
무대(^{2}), 작업장(^{2})	E	식 당	E
세면장, 화장실	F	연구실, 조사실	G
매표소(^{2}), 출입구	G	영상 전시부	C

표 3 공공 시설(계 속)

장소/활동	조도 분류
입구 홀 ················G	
조 각(²)	
돌, 금속 ················H	
플라스틱, 나무, 종이 ·········G	
서비스 공간	
계단, 복도, 엘리베이터 ·······C	
세면장, 화장실 ·············C	
이용객 운송, 화물 운송 ·······C	
여 관	
객 실	
전 반 ················E	
탁 자(²) ··············G	
계단, 복도, 로비 ···········E	
계산대(²), 프론트(²), 화물 접수대(²) ···G	
방 범 ················A	
사 무 실 ··············G	
세면 거울(²), (⁵) ··········G	
세면장, 화장실, 욕실 ·······E	
식당, 큰방 ··············F	
연 회 장(⁵) ············G	
주 방 ················G	
주 차 장 ··············G	
현 관 ················G	
요 양 원(표 6 병원의 보건소 참조)	
우 체 국(표 7 사무실 참조)	
유흥 음식점	
객 실	
전 반 ················E	
객실내 조리대(²) ··········F	
계단, 복도, 출입구, 현관 ·····E	
계산대(²), 화물 접수대(²) ·····G	
분위기를 주로 하는 바 ·······C	
세면장, 화장실 ············F	
식 탁(²) ··············G	
주 방 ················G	
카 바 레	

장소/활동	조도 분류
객석, 복도 ··············B	
음식 서비스 시설	
식 당	
출 납 계 ··············F	
세 척 ················E	
식 탁(⁶) ··············D	
주 방 ················G	
전 시 관(³) ············E	
종교 집회 장소	
건축적으로 풍부한 실내 장식이 있는	
좌석에서의 독서 ·········E	
현대적이고 실내 장식이 단순한 좌석에서의 독서 ···F	
액센트 조명 ·······독서의 3배 정도	
건축 조명 ·······독서의 25% 정도	
탈 의 실 ··············E	
판 독	
전기적 데이터 작업	
기 계 실	
기계 구역 ············E	
설비 서비스 ···········G	
테이프 저장, 활동적인 운전 구역 ····F	
도트 프린터	
새 리본 ·············F	
헌 리본 ·············G	
열전사 프린터 ··········G	
잉크젯 프린터 ··········F	
키보드 식별 ···········G	
CRT 화면(⁷), (⁸) ·······F	
복사물 작업	
건조 인쇄(Xerograph) ·····F	
등사 기계 ············F	
마이크로필름 판독기(⁷), (⁸) ·D	
복제 복사(⁹), 상세한 사진(⁸), 정전 복사,	
3차원 도면 생성 ·······G	
열전사(⁹), 저해상도 복사(⁹) ··H	
손으로 쓴 자료 작업(⁹)	

표 3 공공 시설(계 속)

장소/활동	조도 분류	장소/활동	조도 분류
볼 펜	F	전 반	E
연 필		탁 자(^{2})	G
경 심	H	계단, 복도	E
보 통 심	G	계산대, 프론트	H
연 심	F	로비, 식당, 홀	F
칠 판	G	목욕탕, 탈의실	E
인쇄물 작업		방 범	A
신문 용지	F	사무실, 화물 접수대	G
아 트 지(^{5})	F	세면 거울(^{2}), (^{5})	G
인쇄 원본	F	세면장, 화장실	F
전화번호부	G	연 회 장(^{5})	G
지 도	G	오 락 실	E
6포인트형(^{9})	G	정원 중점	E
8과 10포인트형(^{9})	F	주 방	G
		주 차 장	G
호 텔		현 관	G
객 실			

표 4 공 장

장소/활동	조도 분류	장소/활동	조도 분류
가구 제작, 실내 장식	H	산 란 실	
		기록과 계측	F
가금 사육 산업(낙농장 참조)		일반 작업	E
가공 공장			
검사소, 등급 판정소	G	**가죽 작업**	
도 살 장	E	감기, 광택내기, 압착	H
일반 장소	G	등급 분류	I
계란 취급, 포장, 수송		맞추기, 바느질, 절단, 접합	I
계란 저장소, 계란 하역장	E		
일반 세척	G	**가죽 제품 제조**	
품질 검사	G	마무리와 접합	G
기계 저장소(차고, 기계 보관소)	D	깎기, 무두질, 세척, 신장, 절단, 채우기	F
부 화 장			
계란 하역장	I	**건물 건축**(표 9 옥외 시설 참조)	
병아리 성감별	J		
부화기 내부	F	**건물 외부**(표 9 옥외 시설 참조)	
일반 장소	E		
사료 창고		**건축 철강 조립**	G
가 공	E		
곡물 사료 저장	E	**검 사**	
도표 작성 기록	F	거친 검사	F

표 4 공 장(계 속)

장소/활동	조도 분류	장소/활동	조도 분류
단순 검사	G	젖소 하반부	F
보통 검사	H	축 사	D
정밀 검사	I		
초정밀 검사	J	**낙농 제품 제조(우유 산업)**	
		검사, 계측, 실험실	G
고기 포장	F	계 량 실	
		저울 눈금면	G
기계 공장		전 반	F
단순 작업	F	냉각 설비, 보일러실	F
보통 작업	G	냉장 보관소, 병 보관소	F
정밀 작업	I	병 분류, 우유 주입	G
초정밀 작업	J	저온 살균기, 캔 세척기, 크림 분류기	F
		탱크, 용기	
낙 농 장		밝은 실내	E
기계 보관 구역(차고, 기계 보관소)	D	어두운 실내	G
농장 작업 구역			
거친 작업, 거친 기계 작업	F	**담배 제조**	
보통 작업, 보통 기계 작업	G	건조, 엽록 제거	F
사용 중인 저장 구역	D	등급 분류	H
일반적인 작업 구역	F		
사료주는 구역(방목 구역, 사료 통로, 축사)	E	**도 금**	F
사료 저장 구역			
곡물, 농축 사료		**모자 제조**	
곡물 저장통	C	경화, 세척, 염색, 장식, 정제	G
농축 저장 구역	D	봉 재	I
마 초		일반 작업장	H
건초 검사 구역	E		
건초 더미	C	**목 공**	
사 일 로	C	거친 작업	F
사일로실	E	아교칠, 화장판 가공	F
사료 처리 구역	D	마무리 정밀 작업	G
우유 가공 장비, 우유 저장실			
세척실, 탱크 내부	G	**발전소-내부(원자력 발전소 참조)**	
일반 장소, 적하단	E	가열기 층, 증발기 층	D
일반 작업장		갱도, 배관, 터널	D
농장 사무실		계기 영역	E
(표 3 공공 시설의 판독 참조)		기체 배출기 층	D
펌 프 실	E	냉난방 설비	D
화 장 실(서비스 공간 참조)		방문자 갱도	E
착유 구역(착유실, 축사)		버너단, 석탄 분쇄기	E
일반 장소	E	보일러단, 석탄 취급 시설, 증기관과 조절판	D

표 4 공 장(계 속)

장소/활동	조도 분류	장소/활동	조도 분류
송풍기단	E	설탕 정제	
수소 및 이산화탄소 기기실	E	등급 분류	G
수처리 구역	F	색상 검사	H
실 험 실	G		
압축기, 탱크, 펌프	E	세탁과 프레스 산업	
전 지 실	F	개조, 수선	H
제 어 실	F	검사, 얼룩 제거	I
조 정 실		프 레 싱	H
배선 구역, 제어반	F	드라이 클리닝, 물세탁	G
비상 조명	E	분류, 조사	G
운 전 실	G		
차폐벽실	E	세 탁 소	
침전기실	D	검 량	F
콘덴서실	D	다 림 질	F
터 빈 실	F	분 류	G
통신 장비실	F	세 탁	F
		세탁기 프레스 마무리 작업	G
발전소-외부(옥외 시설 참조)		표 만들기, 표지 부착	F
보석, 시계 제조	I	시 험	
		일반 시험	F
봉 제 품		정밀 시험	H
개면, 수령, 원자재 저장, 적재, 포장	G		
검단, 검포	K	신발 제조	
검사, 바느질, 방치짓기, 선모, 셰이딩,		가 죽	
옷맞춰보기	I	검 사	I
기계 수리소	I	재봉, 절단	I
디케이팅, 스펀지, 측정	G	제 작	H
완제품 보관[10]	H	고 무	
줄솔기, 트리밍 준비	H	세척, 절단, 코팅	F
컴퓨터 디자인, 컴퓨터 패턴 제작	D	제 작	G
편 성	H		
프레싱, 디자인, 바느질, 전면 공정[11]		안전 조명(시각적인 인지를 요구하는 장소)	
커팅[11](컴퓨터 커팅 포함), 패턴 제작, 표식	H	위험한 장소	
		활동 정도 낮음	22Lᵢₓ
비누 제조	F	활동 정도 높음	54Lᵢₓ
		일반 장소	
서비스 공간		활동 정도 낮음	5.4Lᵢₓ
계단, 복도	D	활동 정도 높음	11Lᵢₓ
세면장, 화장실	E		
엘리베이터, 여객 수송, 화물 수송	D	야 적 장(옥외 시설 참조)	

표 4 공 장(계 속)

장소/활동	조도 분류	장소/활동	조도 분류
양 조 장	F	인쇄 및 식자	G
		전기 제판	H
용 접		뒷받침 붙이기, 세척	F
일반 작업	F	마무리, 순차 지정, 주형 정리, 주형 제작	G
정밀 수작업	J	아연 도금, 전기 도금, 판목 제작	F
		활자 주조	
원자력 발전소(발전소 참조)		끝손질, 주형 제작	G
디젤 발전기 건물, 연료 관리소 건물	F	주 조	G
가스없는 건물, 보조 건물, 비제어 접근 영역	E	활자 조립 분류	F
방사물처리 건물, 원자로 건물	F		
제거 접근 영역		**자동차 수리소**	
공학적 안전 장비	F	기 록	F
실 험 실	G	수 리	G
의 료 실	H	통행 구역	E
저 장 실	E		
		재료 처리	
유리 제조		분류, 재고 조사	F
검사, 에칭, 장식	H	트럭 내부, 하역, 화물차	E
유릭 가공	F	포장, 표 부착	F
유리 제조 구역	E		
정밀 가공	G	**저장실, 창고**	
		많이 사용하는 곳	
의류 제조(봉제품 참조)		거칠고 무거운 품목	E
개면, 선모	F	작은 품목	F
검 단	K	많이 사용하지 않는 곳	D
검 포	I		
권사, 디케이팅, 스펀지, 측정	F	**전기 설비 제조**	
바느질, 커팅	I	절연, 코일링	G
방치짓기, 셰이딩, 스티칭, 옷맞춰보기	F	주 입	F
본뜨기, 트리밍 준비, 줄솔기	G		
수령, 하역	F	**점토와 콘크리트 제품**	
작 업 장	H	건조로실, 분쇄	E
프 레 싱	H	세척, 압착, 조형	F
		압착식 여과	E
인쇄 산업		채색과 광택내기	
사진 제판		거친 작업	G
교정쇄, 마무리, 순차 지정	G	정밀 작업	H
마스킹, 색 입히기	G		
발판 제작, 식각, 판목 제작	F	**제과 공장**	
인쇄 공장		고형 과자	
검사 및 교정	H	조형, 혼합	F

표 4 공 장(계 속)

장소/활동	조도 분류	장소/활동	조도 분류
분류, 주형으로 절단	G	검사, 장식	H
상자 작업장	F	절단, 제책, 천공	G
손 장 식	F	접기, 접합, 풀칠	F
초콜렛 제조			
분 쇄	G	**조 립**	
일반 작업	F	거친 작업	F
크림 제조	F	단순 작업	G
포 장	G	보통 작업	H
		정밀 작업	I
제 과 점(빵제조)		초정밀 작업	J
검사실, 발효실, 오븐실, 제조실, 혼합실	F		
장 식		**조 정 실**(발전소─내부 참조)	
기계 작업	F		
수 작 업	G	**종이 상자 제조**	G
포 장	F		
		주물 공장	
제 분 소		검 사	
복도, 승강기, 저장통 검사, 차폐벽, 청소, 통로	F	미 세 품	I
압분, 정제, 채질	G	보 통 품	H
제품 제어	H	담금질(화로), 세척, 침정	F
포 장	F	미세 절단, 연마	H
		용 선 로	E
제 재 소		주 형	
기계 보관소	D	대 형 품	G
목재 창고	E	보 통 품	H
분류 작업대		철심 제조	
거친 재목 분류	F	박 판	H
재목 등급 분류	H	보 통 판	G
적 재 실(작업 영역)	G		
전 반	C	**천 제 품**	
톱 작업 장소		바느질, 커팅	I
전 반	D	천 검포	K
톱질 부위	G	프 레 싱	H
통나무 갑판	D		
		철 공 소	G
제 지			
검사, 권지기, 실험실	H	**축전지 제조**	F
교반, 목록 제작, 분쇄	F		
일반 작업	G	**텍스 타일 공장**	
		가 공	
제 책		검포([12]), ([13])	I

표 4 공 장(계 속)

장소/활동	조도 분류	장소/활동	조도 분류
직물 가공([12])(샌퍼라이징, 스웨딩, 캘린더링, 화학 처리)	G	조 리	
직물 염색(날염)	F	예비 분류	
직물 준비(누임, 머서화 가공, 발호, 표백, 털태우기)	F	살구, 복숭아	F
스테이플 파이버 준비		토 마 토	G
선모([12]), 옷본 증감법([12])	G	절단, 씨제거	G
스톡 염색, 틴팅	F	최종 분류	G
얀 제조		통조림 견본 조사	H
개면, 북침, 연신(길링, 핀드래프팅), 카딩([14]), 코밍([14])	F	통조림 제조	
정 방(캡정방, 가연, 텍스처 가공), 조사(스러빙)	G	수 작 업	F
얀 준비		싱크 포장	F
가연, 권사, 길링, 자동 경사, 자동 통경	G	컨베이어 벨트 작업	G
경 사(빔가호)([12])	H		
직물 제조		**파워 플랜트**(발전소 참조)	
검 포([12])	I		
제직, 편성, 터프팅	H	**판 금**	
		선 긋기	H
통조림 및 저장 식료품		일반 작업	G
용기 취급		주석판 검사	H
검 사	H		
상표 부착과 포장	F	**페인트 산업**	
통조림 정리기	G	건조, 문지르기, 분사, 스텐실, 일반 수작업, 침액	F
원료 등급 분류	F	정밀 수작업	G
색상 등급 분류, 절단실	H	처리 공정	F
토 마 토	G	초정밀 수작업	I
		혼합 비교	H
		폭발물 제조	F

표 5 교 통

장소/활동	조도 분류	장소/활동	조도 분류
공항 청사		화 장 실	E
A급 청사(1일 이용객 1만명 이상)			
검사대, 체크인 카운터	H	**공항 터미널**(수송 터미널 참조)	
대합실, 안내 카운터, 중앙홀	G		
수화물 처리장, 승강장, 통로	F	**도로 수송 기관**	
화 장 실	F	광고판, 독서([9])	D
B급 청사(1일 이용객 1만명 미만)		비 상 구(학교 버스)	B
검사대, 체크인 카운터	G	승강단과 인접한 지면, 매표소	C
대합실, 안내 카운터, 중앙홀	F	일반 조명(좌석 선정 및 이동 위한)	
수화물 처리장, 승강장, 통로	E	도시 정류장 시내 버스 및 시외 버스, 이동 중 학교 버스	C

표 5 교 통(계 속)

장소/활동	조도 분류	장소/활동	조도 분류
정류장 학교 버스	D	작업대(^{2}), 조종 탁자(^{2}), 해도대 위(^{2})	F
지방 정류장 시외 버스	A	공작 기계 작업면	
후면 조정 광고판(철도 수송 기관 참조)		일반 작업	G
		정밀 작업	H
부 두		공작소, 기관실, 배선실, 밸브 조작 장소, 보일러실,	
여객 버스, 카페리 버스		비상 발전기실, 자이로실, 전화 교환실, 주방	E
승강용 시설	F	구명정 부착 장소	C
에이프런	E	구명정 진수면(해면상)	A
임해 도로		기관 제어실, 무선실, 선장실, 진찰실, 하역 제어실	F
기 타 부	C	도서실, 라운지, 레크리에이션실, 미용 및 이발실,	
주 요 부	D	식당, 휴게실	F
주 차 장		선내 통로	D
일반 장소	C	세면장, 목욕탕, 화장실	D
차량 적은 곳	B	세면장 및 욕실 거울(^{2}), 세탁기실	E
위 험 물		송유 펌프실, 엘리베이터 기계실, 전동 발전기실,	
급유기 부근, 에이프런	E	전동기실, 전지실	D
선창, 임해 도로	C	외부 통로	
야 드		일반 장소	C
사용 적은 장소	C	통행량 적은 곳	B
일반 장소	D	조타실, 해도실	D
일반 화물, 컨테이너 버스		창 고	
야 드		냉동 화물, 식료품, 화물	C
사용 적은 장소	C	일 반	D
일반 장소	D	출 입 구	E
에이프런	E		
임해 도로		**선적 및 하역**	
기 타 부	C	플 랫 폼	F
주 요 부	D	화물차 내부	E
주 차 장			
일반 장소	C	**수송 터미널**	
차량 적은 곳	B	대기실, 라운지, 승차 지역, 휴게실	E
		수하물 보관소	F
선 박		승차권 판매대	G
갑 판		중 앙 홀	D
자동차 갑판	D		
하역 작업	C	**역, 정거장, 터미널**(수송 터미널 참조)	
객실, 병실, 사무실, 선원실, 선장 침실,			
침대 베개밑(^{2})	E	**역 사**	
객실 탁자 위(^{2}), 사무용 책상(^{2}), 조리대(^{2})	F	A급역(승객수가 15만 이상)	
전 조 실	D	개 집찰구(^{2}), 정산 창구(^{2}), 출찰 창구(^{2})	H
계기판(^{2}), 기관 조작 장소(^{2}), 무선실 작업 탁자(^{2}),		사무실, 안내소, 역장실, 중앙홀	G

표 5 교 통(계 속)

장소/활동	조도 분류	장소/활동	조도 분류
세면장, 화장실	F	서비스 지역	B
수 소화물, 지붕밑, 통로	F	주 유 기	D
승 강 장		진 입 로	A
지붕없는 장소		차 도	B
승객 적은 장소	B	어두운 배경	
일반 장소	C	건 물 면(유리 제외)	C
지붕있는 장소	F	서비스 지역	A
주 차 장	E	주 유 기	D
B급역(승객수가 1만 이상 15만 미만)		진입로, 차도	B
개 집찰구(²), 정산 창구(²), 출찰 창구(²)			
승객 적은 장소	G	**주 차 장**	
일반 장소	H	실내, 지하	
대합실, 중앙홀		기계식 주차 장치 출입구	F
승객 적은 장소	F	주차 위치	
일반 장소	G	일반 장소	D
세면장, 화장실	E	출입 많은 장소	E
승 강 장		차 도	
지붕없는 장소		일반 장소	E
승객 적은 장소	B	차량 많은 장소	F
일반 장소	C	실 외	
지붕있는 장소	E	버스 터미널, 트럭 터미널	
안 내 소	F	일반 장소	D
주 차 장	D	차량 많은 장소	E
통 로	E	부속 시설(공공, 레저, 상업용)	
C급역(승객수가 1만 미만)		이용 적은 장소	B
개 집찰구(²), 사무실, 출찰 창구	F	일반 장소	C
대 합 실	E	유료 주차장	
세면장, 화장실	D	대 규 모	D
승 강 장		소 규 모	C
지붕없는 장소		주차 지역(고속도로)	C
승객 적은 장소	A	휴 게 소(고속도로)	D
일반 장소	B		
지붕있는 장소	E	**준 설**	A
주 차 장			
일반 장소	C	**철도 수송 기관**	
차량 적은 곳	B	객차 연결 복도, 승·하차, 좌석 통로	C
통 로	E	광 고 판	D
		광 고 판(후면 조명)	860cd/m²
주 유 소		독 서	D
밝은 배경		식당, 주방	E
건 물 면(유리 제외)	D	침대 객차	

표 5 교 통(계 속)

장소/활동	조도 분류	장소/활동	조도 분류
독 서	D	항 공 기	
일반 조명	C	객 실	
화 장 실	D	독 서	D
		일반 장소	B

표 6 병 원

장소/활동	조도 분류	장소/활동	조도 분류
병 원		약국, 제제실([2]), 조제실([2])	H
간호원실, 연구실, 원장실, 의사실, 회의실	H	약품 창고	F
계 단	E	영 안 실	E
기 공 실([2])		주 사 실([2])	H
일반 작업	G	주 차 장	E
정밀 작업	H	중앙 재료실, 동위 원소실	G
기 록 실	F	진 료 실	E
내시경 검사실([15]), 안과 암실([15]), X선 투시실	E	탈의실, 욕실, 세면장, 화장실, 오물실, 세탁장	E
눈 검사실		현 관 홀	H
검 사(안과)([16])	K	회 복 실	E
진 단([2])	H		
대합실, 면회실	F	**보 건 소**	
도 서 실	H	강당, 대합실	F
동 물 실	D	검사실, 진료실, 처치실	
마 취 실	E	검 사([2])	H
멸균실, 물리 치료실, 운동 기계실, 육아실,		눈 진 단([2])	H
청력 검사실, X선실	F	예방 접종([2]), 주사([2])	H
복 도		일반 진료	G
병 동	E	계측실, 소독실, 심전도실	G
심야의 병동	A	도 서 실	G
외 래	F	보건부실, 소장실, 의사실, 통제실, 회의실	G
병리 세균 검사실, 부검실([2]), 분만실([2]), 수술실([17]),		복 도	E
응급실([2]), 진찰실, 처치실	H	사 무 실	
병 실		전 반	G
붕대 교환([2])	G	창구 사무([2])	H
심 야	A	상 담 실	F
일 반	F	숙 직 실	E
침대 독서([2])	F	전 시 실	F
비상 계단	D	화 장 실	E
사 무 실	H	X 선 실	E
생리 검사실, 일반 검사실	G		
숙 직 실	E	**서비스 공간**	
식당, 주방	G	계단, 복도, 엘리베이터	E
암 실	D	세면장, 화장실	E

표 7 사 무 실

장소/활동	조도 분류	장소/활동	조도 분류
그래픽 설계		VDT가 있는 공간 ······	F
그래프, 사진([8]) ······	G		
색상 선택([18]) ······	H	**서비스 공간**	
설계와 예술품 제작 ······	H	계단, 복도, 엘리베이터 ······	E
세밀한 일 ······	G	세면장, 화장실 ······	E
해도와 지도 그리기 ······	H		
		은 행	
법 정		로 비	
좌 석 ······	E	탁 상 ······	F
활동 영역([9]) ······	G	일 반 ······	E
		금전 출납 창구 ······	G
사 무 실(키보드, VDT조명)			
도 서 실(표 3 공공 시설 도서관 참조)		**제 도**	
로비, 응접실, 휴게실 ······	E	고명도 대비 소재([9]) ······	G
시청각실 ······	F	밝은 테이블 ······	E
오프셋 인쇄와 복사실 ······	F	암갈색 물감 인쇄, 저명도 대비 소재 ······	H
우편물 분류 ······	G	청 사 진 ······	G
일반 개인 사무실(표 3 공공 시설 판독 참조)			
제 도 실(제도 참조)		**회 계**(표 3 공공 시설 판독 참조)	
키보드 식별 ······	G		
회 계(표 3 공공 시설 판독 참조)		**회 의 실** ······	F
회 의 실 ······	F		

표 8 상 점

장소/활동	조도 분류	장소/활동	조도 분류
가전 제품 판매점		일반부 전반, 점포내 진열([2]), 중점부 전반,	
상담 코너([2]) ······	H	특매장 전반 ······	H
연출 진열부 전반 ······	F	장식창 중점([2]), 점포내 중점 진열([2]) ······	I
장식창 전반, 점포내 전반(연출 진열),		전 시([2]) ······	I
점포내 진열([2]), 진열 상품 중점([2]) ······	H		
장식창 중점([2]), 점두 진열([2]) ······	I	**서 점**(가전 제품 판매점 참조)	
귀금속 판매점		**수 예 점**	
디자인 코너([2]) ······	G	상담 코너([2]) ······	G
상담 코너([2]), 접대 코너 ······	G	장식창 전반, 점포내 진열 중점([2]) ······	H
일반 진열([2]), 점포내 중점 진열([2]) ······	H	점포내 전반, 점포내 진열([2]) ······	G
장식창 중점([2]) ······	I	특별부 전반 ······	E
점포내 전반 ······	F		
		슈퍼마켓(편의점)	
백 화 점		점포내 전반	
상담 코너([2]), 안내 코너([2]) ······	H	교외 상점 ······	G

표 8 상 점(계 속)

장소/활동	조도 분류	장소/활동	조도 분류
도심 상점 ·················H		장식창 중점(2) ·················I	
특별 진열부(2) ·················I		점포내 전반 ·················F	
시계 판매점		**일반 공통 사항**	
디자인 코너(2) ·················H		계단, 복도 ·················F	
장식창 중점(2) ·················I		계산대(2), 포장대(2) ·················H	
점포내 전반, 특별부 진열(2) ·················G		상담실, 응접실 ·················F	
중점 진열(2) ·················H		세면장, 화장실 ·················F	
특별부 전반 ·················F		에스컬레이터, 엘리베이터 홀 ·················H	
		장 식 창	
식 품 점		야 간	
점두(2), 중점 부분(2) ·················G		대도시 도심	
점포내 전반 ·················F		일 반·················G	
중점 진열(2) ·················H		특 별·················I	
		대도시 외곽 및 중소 도시	
악 기 점(가전 제품 판매점 참조)		일 반·················F	
		특 별·················H	
안 경 점(시계 판매점 참조)		주 간	
		일 반·················G	
양 판 점(백화점 참조)		특 별·················I	
		점포내 전반 ·················E	
예술품 판매점(귀금속 판매점 참조)		진 열 부	
		최 중 점(2) ·················I	
육아용품점		중 점(2) ·················H	
상담 코너(2) ·················G		일 반(2) ·················F	
장식장 중점(2), 전시(2) ·················H		휴 게 실 ·················E	
점포내 전반 ·················G			
		잡 화 점(식품점 참조)	
의류용 장신구 판매점(시계 판매점 참조)			
		주방 기구 판매점(육아용품점 참조)	
의류 판매점			
디자인 코너(2) ·················G		**카메라 판매점**(수예점 참조)	
상담 코너(2), 접대 코너(2)·················G			
갱 의 실·················G		**화훼 전문점**(수예점 참조)	
일반 진열(2), 점포내 중점 진열(2) ·················H			

표 9 옥외 시설

장소/활동	조도 분류	장소/활동	조도 분류
간 판		주위 조도 수준	휘도
광 고(게시판, 벽보판 참조)		낮 음 ·················160cd/m²	
내부 조명 도로 간판		중 간 ·················350cd/m²	

표 9 옥외 시설(계 속)

장소/활동	조도 분류	장소/활동	조도 분류
높 음 600cd/m²		변 전 소	
외부 조명 도로 간판		수평적인 일반 지역 C	
주위 조도 수준 조도		수직적인 작업 ....D	
낮 음 ....60~150Lux		보일러 지역	
중 간 ....150~250Lux		계단, 플랫폼 ....D	
높 음 ....250~500Lux		일반 지역 C	
		지하실, 침전기, FD와 ID팬 ....D	
건 물(건축중)		수력 발전	
굴착 공사 C		계단, 발전소 지붕, 플랫폼 ....D	
일반 건축 ....E		방류 및 취수 지역 ....A	
		연료 취급	
건물 외부		가스 측정, 펌프, 하역 ....D	
입 구 ....D		석탄 저장소, 재 버리는 곳 ....A	
통 로 ....D		저장 탱크 ....B	
건물 배경 ....B		컨베이어 C	
		주 차 장	
게시판, 벽보판		보조 주차장 ....B	
밝은 배경		중앙 주차장 C	
밝은 표면 ....G		출 장 소	
어두운 표면 ....H		수평적인 일반 지역 C	
어두운 배경		수직적인 작업 ....D	
밝은 표면 ....F		취수 구조물	
어두운 표면 ....G		덱 및 레이다운 영역 ....D	
		밸브 구역 C	
공 원		취수 구역 ....A	
전 반 ....B		터빈 지역	
주된 장소 C		건물 주위 C	
		계단(19), 입구(19), 플랫폼(19), 하역장 ....D	
광고 사인(게시판, 벽보판 참조)		터빈 및 히터덱 ....D	
교도소 구내 ....D		석탄 저장소 ....A	
교통 관계 광장		야 적 장 ....D	
매우 복잡한 장소 ....D			
복잡한 장소 C		정 원(20)	
일반 장소 ....B		길, 집밖, 층계 ....B	
		강조한 나무, 꽃밭, 석조 정원 ....D	
발전소-외부		대 촛 점 ....E	
냉각 탑		배경-관목, 나무, 담장, 벽 C	
팬덱, 플랫폼, 계단, 밸브 지역 ....D		소 촛 점 ....F	
펌프 지역 C		전반 조명 ....A	

표 9 옥외 시설(계 속)

장소/활동	조도 분류	장소/활동	조도 분류
제 재 소		**채 석 장** ·· D	
껍질 제거 ·· F		**투광 조명**	
나무 토막 보관 더미 ···················· C		밝은 환경	
재목 취급 지역, 통나무 기중기, 통나무 운반 ········ C		밝은 표면 ·································· E	
재목 하역 지역 ······························ D		보통 표면 ·································· F	
재목 처리, 톱질, 통나무 갑판 ········ E		어두운 표면 ······························ G	
		어두운 환경	
조 선 소		밝은 표면 ·································· B	
건 조 장 ·· F		보통 표면 ·································· C	
도 로 ·· E		어두운 표면 ······························ D	
일반 지역 ·· D			

표 10 주 택

장소/활동	조도 분류	장소/활동	조도 분류
공공 주택 공용 부분		공부(^{2}), 독서(^{2}) ······················ H	
계단, 복도 ·· E		놀 이(^{2}) ······································ F	
관리 사무실 ······································ G		전 반 ·· E	
구내 광장 ·· A		대 문[현관(바깥쪽) 참조]	
로비, 집회실 ···································· F		벽 장 ·· D	
비상 계단, 차고, 창고 ···················· D		서 재	
세 탁 장 ·· F		공부(^{2}), 독서(^{2}) ···················· H	
엘리베이터, 엘리베이터 홀 ············ F		전 반 ·· E	
		욕실, 화장실 ···································· E	
주 택		응 접 실	
가사실, 작업실		소파(^{2}), 장식 선반(^{2}), 테이블(^{2})(^{21}) ·············· F	
공 작(^{2}) ······································ G		전 반 ·· D	
바느질(^{2}), 수예(^{2}), 재봉(^{2}) ·········· H		정 원	
세 탁(^{2}) ······································ F		방 범 ·· A	
전 반 ·· E		식사(^{2}), 파티(^{2}) ······················ E	
객 실		테라스 전반 ·································· D	
앉아 쓰는 책상(^{2}) ···················· F		통 로(^{2}) ·································· B	
전 반 ·· D		주 방	
거 실		식탁(^{2}), 조리대(^{2}) ·················· G	
단란(^{2}), 오락(^{2}) ···················· F		싱 크 대(^{2}) ······························ F	
독서(^{2}), 전화(^{2}), 화장(^{2})(^{5}) ·········· G		전 반 ·· E	
수예(^{2}), 재봉(^{2}) ···················· H		차 고	
전 반 ·· D		전 반 ·· D	
계단, 복도		점검(^{2}), 청소(^{2}) ···················· G	
심 야 ·· A		침 실	
전 반 ·· D		독서(^{2}), 화장(^{2}) ···················· G	
공 부 방		심 야 ·· A	

표 10 주 택(계 속)

장소/활동	조도 분류	장소/활동	조도 분류
전 반	C	현 관(바깥쪽)	
현 관(안쪽)		문패(^{2}), 우편 접수(^{2}), 초인종(^{2})	D
거 울(^{2})	G	방 범	A
신발장(^{2}), 장식대(^{2})	F	통 로(^{2})	B
전 반	E		

표 11 학 교

장소/활동	조도 분류	장소/활동	조도 분류
실 내		제 도 실	
강당, 집회실	F	일반 제도	G
계단, 복도, 승강구	G	정밀 제도	H
공 임 실	G	창고, 차고	D
교 실(칠판)	G	컴퓨터실	
교직원실, 사무실, 수위실, 회의실	F	일반 작업	G
급식실, 식당, 주방	F	판독 작업	H
도서 열람실		탈 의 실	E
도서 열람(^{2})	H	휴 게 실	F
전 반	F		
두 건물을 잇는 복도	E	**실 외**	
방송실, 전화 교환실	F	구내 통로	
보 건 실	F	일반 장소	B
비상 계단	D	통행 적은 곳	A
서 고	F	농구장, 배구장	E
세면장, 화장실	E	수 영 장	E
숙 직 실	E	야 구 장(^{22})	
실내 체육관	F	육상 경기장, 축구장, 럭비장	D
실험 실습실		체 조 장	D
일 반	G	테니스 코트	E
재봉(^{2}), 정밀(^{2})	H	핸드볼장	D
연 구 실			
정밀 실험(^{2})	H	**서비스 공간**	
천 평 실(^{2})	G	계단, 복도, 엘리베이터	C
인 쇄 실	F	세면장, 화장실	C

주(^{1}) 수직면 조도
(^{2}) 국부 조명을 하여 기준 조도에 맞추어도 좋다.
(^{3}) 전시용 고조도 설비 포함
(^{4}) 무대 조명은 포함되지 않는다.
(^{5}) 주로 사람에 대하여 수직면 조도로 한다.
(^{6}) 음식 서비스 혹은 음식 선택 장소에는 더 높은 조도를 준비
(^{7}) 빛이 유리면에 반사될 수 있으므로 적절한 조도를 얻기 위하여 가중치를 줄일 수 있음.

(⁸) 특히 반사가 심하므로 직사광을 차단하거나 작업 방향을 변경할 필요가 있다.

(⁹) 빛의 반사가 작업에 심각한 영향을 미치는 경우, 대책을 세워야 한다.

(¹⁰) 색 지각이 중요한 경우 조도 범위 I를 사용한다.

(¹¹) 수작업 절단기의 경우 국부 조명에 의한 더 높은 조도 필요

(¹²) 특별한 시작업의 경우 더 높은 조도가 필요하므로 보조 조명이 공간에 제공되어야 한다.

(¹³) 광원의 색 온도가 색 지각에 중요하다.

(¹⁴) 조도를 유지하기 위하여 추가 조명이 필요하다.

(¹⁵) 0Lux까지 조광이 가능하도록 한다.

(¹⁶) 50Lux까지 조광 가능한 것이 바람직하다.

(¹⁷) 수술시의 조도는 수술대 위의 지름 30cm 범위에서 무영등에 의하여 20 000Lux 이상으로 한다.

(¹⁸) 색 지각을 위하여는 광원색의 분광 분포가 중요하다.

(¹⁹) 혹은 인접 장소 조도의 20% 이상

(²⁰) 반사율 25%(식물과 일반적인 실외 표면 반사율)에 기초한 값. 동일한 밝기로 조명되는 물체의 조도는 반사 정도에 따라 조절되어야 한다. 회미한 테라스 혹은 실내에서 보는 경우 만족할 만한 조도 패턴을 제공한다. 어두운 곳에서 보는 경우에는 적어도 50%로 감소 혹은 강조 조명이 필요한 경우는 2배가 되어야 한다.

(²¹) 전반 조명의 조도에 대하여 국부적으로 여러 배 밝은 장소를 만들어 실내에 명암의 변화를 주며 평탄한 조명으로 되지 않는 것을 목적으로 한다.

(²²) 표 2의 야구 조도 참조

조 도 기 준 해 설

1. 배 경 이 해설은 조도 기준에 관련된 사항을 설명하는 것으로서 규격의 일부는 아니다.

우리나라의 대표적인 국가 규격인 한국산업규격은 권장 규정이다. 한국산업규격을 제외한 제 규정은 각 행정 부서에서 필요에 따라 선진국의 규정을 준용하여 적절히 규정한 것이다. 이들 각 규정 간에 일치하지 않는 항목이 있고, 규정의 내용이 간단하여 적용이 힘든 것이 있다. 한편 우리나라의 국가 규격인 한국산업규격의 조도 기준은 일본의 국가 규격인 **JIS Z 9110**을 원용하여 제정된 것이며 일본의 조도 기준은 미국의 조도 기준에서 허용 범위의 최저값을 조도 기준으로 정하고 있다. 대만의 조도 기준도 미국의 조도 기준을 원용한 일본의 조도 기준을 그대로 원용하고 있다.

미국의 조도 기준은 정상 시력의 청년을 대상으로 한 것으로 조도 범위와 최저 추천 조도를 제시하고 있으며, 시작업에 영향을 미치는 다른 요인 즉, 작업자의 나이, 작업에 요구되는 정밀도, 그리고 대상의 휘도 대비 들에 대하여 각각 가중치를 계산하여 기준 조도 설정에 적용함으로써, 더욱 구체적인 기준 조도를 제시하고 있다.

영국의 조도 기준은 시작업의 난이도에 의하여 결정되며, 그 위에 휘도 대비가 낮은 작업일 경우에는 적용 단계를 1단계씩 차례로 증가시킨다.

독일의 기준 조도는 옥내 조명, 병원 조명, 스포츠 조명, 항만 조명, 지하철 조명과 도로 조명으로 용도에 따라 분류하고, 실내 조도의 단계를 시작업의 정도에 따라 정하고 있다.

다시 말해서 우리나라의 조도 기준은 미국의 조도 기준을 원용한 일본의 규격을 그대로 따른 것이다. 그러므로 우리나라 사람들의 심리, 생리적인 고유 체질과 우리 나라의 문화적·경제적 상황 등이 고려된 명실공히 국가 규격인 **KS** 조도 기준의 설정이 오랜 소망이기도 하였다.

본 조도 기준은 서울대학교 지철근 교수 연구실이 1986~1988년의 2년간에 걸쳐 실시한 "건물의 전기 설비 설계 기준을 위한 조사 연구" 결과를 토대로 하였다. 조도 기준에 관한 실험은 평균 20세 정도의 남녀 대학생 40명을 대상으로 2년간에 걸쳐서 실시하였다.

실험으로는 실제 작업과 말소 작업 방법을 병행하였으며, 실제 작업은 대상물의 크기와 조도의 관계를 관찰한 것으로, 대상물로 사용된 한자의 크기는 인쇄체 7, 9, 11, 13, 15급이고, 말소 작업에서는 지름이 3, 4, 5, 6mm의 랜돌트 링(Landolt ring)을 사용하고, 각 실험에 사용된 조도 단계는 50, 100, 150, 300, 600, 1 000lx 이다. 그리고 각 실험에서 대상물의 특정 크기와 특정 조도하에서의 피실험자의 작업에 대한 시각 평가와 작업에서의 오차, 또한 작업에 요하는 시간 등을 측정하였다. 또한 작업 단계를 초정밀, 정밀, 보통, 단순 및 거친 작업 등으로 분류하여, 한자의 크기와 랜돌트 링의 크기를 대치시켜서 실험 결과를 작업 단계별로 다시 정리하여, 각 작업 단계별의 조도에 따른 시각 평가, 소요 시간 등을 구한 것이다. 실제 작업에서의 시각 평가는 심리적 만족도를 의미하므로 이를 토대로 현재의 사용 조도의 실태 조사 결과와 현재의 경제력 등을 참고하여 기준 조도를 설정하고 또한 말소 작업에서의 소요 시간이 피로도와 비례하므로 이것을 이용하여 기준 조도 적용에 의한 생산성 향상을 구한 것이다. 본 실험에 의한 기준 조도의 설정은 미국 규격에서와 같이 시작업자의 연령, 작업의 속도(정확도) 그리고 작업 대상물의 휘도 대비 등이 고려된 가중치를 고려하여, 추천 조도 범위 내에서는 비교적 적정한 조도를 택할 수 있는 미국식 가중치법을 사용할 수 있도록 하였다.

작업의 등급에 따라 새로 설정된 기준 조도는, 다음 **해설 표 1**과 같다.

해설 표 1 기준 조도

기준 조도 \ 작업 등급	최저 허용 조도[lx]	표준 기준 조도[lx]	최고 허용 조도[lx]
초 정 밀	1 500	2 000	3 000
정 밀	600	1 000	1 500
보 통	300	400	600
단 순	150	200	300
거 친	60	100	150

새로 설정된 기준 조도를 비교하면 대체로 미국 조도 기준의 최저 허용값인 일본 조도 기준에 가깝다.

각국의 기준 조도를 비교하면 **해설 표 2**와 같다.

조도 분류의 값 중 E~H의 범위는 실험에 의한 **해설 표 1**의 범위를 따랐으며, A~D, I~K는 Weber-Fechner의 법칙에 따라 **해설 표 1**로부터 유추하였다.

해설 표 2 각국의 기준 조도

기준 조도 \ 작업 등급	국 가 별	최저 허용 조도[lx]	표준 기준 조도[lx]	최고 허용 조도[lx]
초 정 밀	미 국	2 000	3 000	5 000
	일 본	1 500	2 000	3 000
	한 국	1 500	2 000	3 000
정 밀	미 국	1 000	1 500	2 000
	일 본	750	1 000	1 500
	한 국	600	1 000	1 500
보 통	미 국	500	750	1 000
	일 본	300	500	750
	한 국	300	400	600
단 순	미 국	200	300	500
	일 본	150	200	300
	한 국	150	200	300
거 친	미 국	100	150	200
	일 본	75	100	150
	한 국	60	100	150

각 국의 조도 기준을 조사한 결과 크게 분류하면 작업 장소에 따른 분류와 작업 종류에 따른 분류를 따르고 있음을 알 수 있었다. 작업 장소에 따른 분류는 이용자가 적용하기에는 편리하나 내용이 방대하게 되며, 작업 종류에 따른 분류는 규정은 간단하나 이용자가 적용하는 데 어려움이 있다고 사료된다. 전자를 따르는 조도 기준은 기존의 **KS A 3011**(1991), 일본, 미국 및 독일 기준 등이며, 후자를 따르는 조도 기준은 국제조명위원회 및 영국이고, 오스트레일리아는 주로 전자를 따르면서 후자를 보완하여 사용하고 있다. 본 조도 기준에서는 대분류로는 작업 장소에 따른 분류를 따르고 소분류에서는 작업 종류에 따른 분류를 적용하여, 이용의 편리함과 내용의 간결화를 도모하였다. 그리고 새로 출현되고, 수요가 격증하고 있는 사무 자동화 기기 작업에 대한 기준 조도를 추가하였다.

각 국의 조도 기준의 대분류 및 중분류의 개수는 **해설 표 3**에 비교한다. 본 해설에서 사용하는 **KS**는 **KS A 3011**(1991)을 이용한 것이다.

본 조도 기준을 개정 전의 **KS A 3011**(1991)과 비교하여 보면, 대분류는 14개에서 10개로 줄었으며, 중분류는 53개에서 181개로, 소분류는 780여개에서 1 400여개로 증가하였다. 따라서 개정 전에 비하여 적용상의 모호함을 크게 줄였다.

해설 표 3 각국 조도 기준의 분류 개수 비교

규 격	KS	JIS	CIE	IES	AS	BS	DIN
대분류(개)	14	13	3	5	7	4	19
중분류(개)	53	51	9	237	94	26	130

각국의 조도 기준의 대분류의 종류와 각각의 중분류 개수는 **해설 표 4**와 같다.

해설 표 4 각국 조도 기준의 대분류 종류 및 중분류 개수

a) **KS**

대 분 류	중분류 개수
a) 사 무 실	1
b) 공 장	1
c) 학 교	2
d) 병원, 보건소	2
e) 상점, 백화점, 기타	8
f) 미술관, 박물관, 공공 회관, 숙박 시설, 공중 목욕탕, 미용·이발소, 음식점, 흥행장	8
g) 주택, 공동 주택의 공용 부분	2
h) 역 사	3
i) 통로, 광장, 공원	3
j) 주 차 장	2
k) 부 두	3
l) 운동장, 경기장	15
m) 선 박	1
n) 공항 청사	2

b) **JIS**

대 분 류	중분류 개수
a) 사 무 실	1
b) 공 장	1
c) 학 교	2
d) 병원, 보건소	2
e) 상점, 백화점, 기타	8
f) 미술관, 박물관, 공공 회관, 숙박 시설, 공중 목욕 탕, 미용·이발소, 음식점, 흥행장	8
g) 주택, 공동 주택의 공용 부분	2
h) 역 사	3
i) 통로, 광장, 공원	3
j) 주 차 장	2
k) 부 두	3
l) 운동장, 경기장	15
m) 선 박	1

c) **CIE**

대 분 류	중분류 개수
a) 별로 사용하지 않는 장소 혹은 단순한 모임이 필 요한 장소의 전반 조명	3
b) 작업실의 전반 조명	3
c) 정밀한 시작업의 부가 조명	3

d) **IES**

대 분 류	중분류 개수
a) 상업, 주거, 공공 집회 장소	56
b) 공 장	92
c) 옥외 시설	31
d) 경기장 및 레크리에이션 지역	53
e) 교통 수단	5

e) **AS**

대 분 류	중분류 개수
a) 일반적인 건물 지역	9
b) 상업 건물 및 제조 공정	58
c) 공공 건물 및 교육 기관	8
d) 사 무 실	4
e) 병원 및 의료 기관	2
f) 상점 및 주택	2
g) 사람이 많이 출입하는 장소	11

f) **BS**

대 분 류	중분류 개수
a) 작업 장소	16
b) 접대 및 순환 공간	2
c) 주거 공간	1
d) 기타 공간	6

비 고 1. BS(British Standard)에는 별도의 추천 조도가 없고, 몇
개의 예제와 추천 조도 약산법이 있다.

2. 위 도표는 DD(Drafts for Development) 73으로 주광과
인공 조명으로 제공해야 할 추천 조도에 대한 분류이다.

g) **DIN**

대 분 류	중분류 개수
a) 공공 장소	6
b) 건물 내 통로	5
c) 사무실 및 기타 사무 공간	8
d) 화학 공업, 합성(인조) 물질 및 탄성 고무 제품	7
e) 시멘트 공업, 요업 및 유리 공업	6
f) 야금 공장, 강철 공장 및 압연 공장, 대형 주조 (주물) 공장	5
g) 금속 가공 및 세공	16
h) 발 전 소	8
i) 전기 공업	4
j) 장신구(보석) 및 시계 공업	3
k) 목재 가공	7
l) 제지 및 종이 가공, 인쇄 공업	8
m) 가죽 공업	6
n) 섬유(직물)제조 및 가공	9
o) 식품 및 기호품 공업	7
p) 도매 및 소매	2
q) 수공업 및 공예	7
r) 서비스업	4
s) 옥외 작업장 및 작업 통행 구역	12

2. 도로조명 기준
(Lighting for Roads)

KS A 3701 : 1991

(1996 확인)

1. **적용 범위** 이 규격은 터널을 제외한 도로 조명의 질적기준에 대하여 규정한다.
2. **용어의 뜻** 이 규격에서 사용하는 주된 용어의 뜻은 **KS C 8008**(조명 용어)에 따르는 외에 다음과 같다.

  2.1 **도로 관계**

  (1) **도 로** 일반적으로 통행을 위해 제공되어 있는 시설.

  (2) **도로 이용자** 도로를 이용하는 보행자 및 차량의 운전자.

  (3) **일 반 부** 도로의 노폭이나 모양이 급변하거나, 교통이 교차, 합류·분류되지 않은 도로 부분.

  (4) **차도 노폭** 차량전용 통행에 제공하는 것을 목적으로 하는 도로부분의 노폭.

  (5) **시 환 경** 도로 이용자의 시야 안에 들어오는 환경.

  2.2 **조명 관계**

  (1) **노면 휘도** 운전자 눈의 위치에서 본 전방 60 m 에서 160 m 까지 범위의 차도노폭 내의 휘도.

  (2) **종합 균제도** 노면상의 대상물을 보는 방법을 좌우하는 노면 휘도 분포의 균일한 정도를 나타내는 휘도의 비.

  (3) **차선축 균제도** 전방노면의 눈에 보이는 밝기 분포의 균일한 정도를 나타내는 휘도의 비.

  (4) **눈부심 조절 마크** 도로 조명에 따른 불쾌한 눈부심의 규제 정도를 수치적으로 나타낸 것. 그 값이 클수록 눈부심은 줄어든다.

  (5) **폴 조명방식** 폴에 조명기구를 설치하고, 도로를 따라서 폴을 배치하여 조명하는 방식.

  (6) **하이마스트 조명방식** 높은 마스트에 조명기구를 설치하고, 적은 개수로 넓은 범위를 조명하는 방식.

  (7) **구조물 설치 조명방식** 도로상 또는 도로 가까이에 구축된 구축물에 직접 조명기구를 설치하여 조명하는 방식.

  (8) **커티너리 조명방식** 도로상에 커티너리선을 설치하고 조명 기구를 매달아 조명하는 방식.

  (9) **조명기구의 배열** 도로에 이어진 조명기구의 배열 방법. 여기에는 한쪽 배열, 지그재그 배열, 마주보기 배열 등이 있다.

  (10) **조명기구의 배치** 조명기구의 설치 높이, 오버행, 경사 각도 및 간격에 따라 정하는 조명기구의 배치 방법.

  (11) **조명기구의 간격** 도로의 중심선상을 따라 측정한 인접 조명기구의 수평 거리.

  (12) **한쪽 배열** 조명기구를 도로의 한쪽에 배열하는 방법.

  (13) **지그재그 배열** 조명기구를 도로의 양쪽에 서로 엇갈리게 배열하는 방법.

  (14) **마주보기 배열** 조명기구를 도로의 양쪽에 마주보도록 배열하는 방법.

관련 규격 : KS A 3011 조도 기준

　　　　　　 KS A 3703 터널 조명 기준

　　　　　　 KS C 7611 도로 조명 기구

　　　　　　 KS C 8008 조명 용어

3. **도로 조명의 목적** 도로 조명은 주로 야간에 도로 이용자의 시환경을 개선하여 안전하고 원활·쾌적한 도로 교통을 확보하는 것을 목적으로 한다.

4. **도로 조명의 요건** 도로 조명의 설계에 있어서는 조명의 대상이 되는 도로 이용자의 종류에 따라 다음 조명 요건에 유의하여야 한다.

　4.1 **자동차의 운전자에 대한 요건** 자동차 및 원동기가 붙은 자전거의 운전자가 주체가 되는 도로는 다음 요건을 만족하여야 한다.

　　(1) 운전자의 방향에서 본 노면 휘도가 충분히 높고, 되도록 일정할 것.

　　(2) 조명기구의 눈부심이 운전자에게 불쾌감을 주지 않도록 충분히 제한되어 있을 것.

　　(3) 조명기구의 배치·배열이 전방 도로 선모양의 변화, 교차점, 합류점·분류점 등 특수한 곳의 유무와 그 차선 구조 등을 운전자가 착오없이 전달하는 것일 것.

　　(4) 조명 시설이 도로나 그 주변의 경관을 해치지 않는 것일 것.

　4.2 **보행자에 대한 요건** 보행자 및 자전거 (이하 보행자라 한다) 가 주체가 되는 도로는 다음 요건을 만족하여야 한다.

　　(1) 보행자가 보는 노면의 조도가 충분히 밝고, 되도록 일정할 것.

　　(2) 도로상의 연직면 조도가 충분히 밝고, 서로간의 보행자를 알아볼 수 있을 것.

　　(3) 조명기구의 눈부심이 보행자에게 불쾌감을 주지 않도록 충분히 제한되어 있을 것.

　　(4) 광원색이 환경에 적합한 것이며, 그 연색성이 양호한 것일 것.

　　(5) 조명시설이 도로 및 그 주변의 경관을 해치지 않는 것일 것.

5. **도로 조명의 기준** 도로에 설치하는 도로 조명은 대상이 되는 도로 이용자의 종류, 도로의 종류, 교통량, 자동차의 일반적인 주행 속도, 도로 주변의 다른 조명의 설치 상황 등에 따라 다음 각 항에 정하는 기준 모두에 적합한 것이 바람직하다.

　5.1 **운전자에 대한 도로의 조명 기준** 운전자에 대한 도로의 조명 기준은 도로 일반부의 직선부·곡선부 및 특수한 곳, 각각에 대하여 다음에 따른다.

　　5.1.1 **일반부의 직선부** 일반부의 직선부 도로에 대한 조명 기준은 다음에 따른다.

　　(1) **평균 노면 휘도 (L_r)** 운전자의 위치에서 본 마른 노면의 평균 노면 휘도 (L_r) 가 유지해야 할 값은 도로의 종류에 따라 **부표1**에 나타낸 값 이상으로 한다. 평균 노면 휘도의 측정은 **부속서**에 따른다.

　　(2) **종합 균제도 (U_o) 및 차선축 균제도 (U_l)** 마른 노면의 운전자가 본 종합 균제도 (U_o) 및 차선축 균제도 (U_l) 는 도로의 종류에 따라 **부표1**에 나타낸 값 이상으로 한다. 다만 U_o 는 노면상에서의 최소 휘도 (L_{min}) 와 평균 노면 휘도 (L_r) 의 비 (L_{min}/L_r), U_l 은 차선의 중심선 상에서의 최소 휘도 (L_2) 와 동일한 차선의 중심선 상에서의 최대 휘도 (L_1) 의 비 (L_2/L_1) 로 한다. 이들 최대 휘도 및 최소 휘도 (이들을 부분 휘도라 한다) 의 측정은 **부속서**에 따른다.

　　(3) **눈부심 조절 마크 (G)** 도로의 종류에 따라 다음 식으로 계산되는 조명 시설의 눈부심 조절 마크 (G) 는 **부표1**에 나타내는 값 이상이 되는 것이 바람직하다.

　　　　$G = SLI + 0.97 \log L_r + 4.41 \log h' - 1.46 \log p$

　　　　여기에서 　SLI : 조명기구의 고유 눈부심 지수

　　　　　　　　　L_r : 평균 노면 휘도 ($\mathrm{cd/m^2}$)

　　　　　　　　　h' : 관측자의 눈 위치에서 조명기구까지의 높이 즉

　　　　　　　　　(조명기구의 설치높이) -1.5 (m)

　　　　　　　　　p : 도로 구간 1 km 당 조명기구의 수 (대)

　　(4) **조명 방식** 조명 방식은 폴 조명방식을 원칙으로 한다. 다만, 도로의 구조, 교통상황 등에 따라 하이마스트 조명방식, 구조물 설치 조명방식, 커터너리 조명방식 등을 사용 또는 병용하여도 좋다.

(5) **광 원** 사용하는 광원은 다음 모든 사항을 고려하여 도로의 종류, 목적, 입지 조건 등에 따라 적당한 것을 선정하는 것으로 한다.

(a) 램프 및 안정기를 포함한 종합 효율

(b) 수명 및 광속 유지율

(c) 광원색 및 연색성

(6) **조명 기구** 조명기구는 원칙적으로 KS C 7611 (도로 조명 기구) 에 규정하는 조명기구로 하고, 도로의 종류에 따라 **부표 1** 에 나타낸 눈부심의 제한 조건을 만족할 수 있는 것을 선정, 사용하여야 한다.

(7) **조명기구의 배치·배열** 조명기구의 배치·배열은 도로 노폭, 단면 구조에 따라 다음에 따른다 (**부도 1** 참조).

(a) **조명기구의 설치 높이 (H)** 조명기구의 설치 높이 (H) 는 원칙적으로 10 m 이상으로 한다. 다만, 도로 구조 및 다른 구조물과의 위치 관계, 다른 도로에 대한 눈부심 방지 등 조명 효과를 유지하기 위해 제한할 필요가 있을 경우와 공항 부근 등 법령 등에 따라 제한되어 있는 경우에는 이 제한에 따르지 않는다. 노폭이 동일하고 연속되는 도로의 조명기구 설치 높이 (H) 는 일정하게 하는 것을 원칙으로 한다.

(b) **조명기구의 배열** 조명기구의 배열은 도로의 단면 구조, 차도부분 노폭 (W), 조명 기구의 배광 등에 따라 한쪽 배열, 지그재그 배열, 마주보기 배열 중에서 적당한 것을 사용하는 것으로 한다. 도로의 단면구조 및 차도부분 노폭 (W) 에 따라서는 이들을 조합하여도 좋다.

(c) **조명기구의 오버행 (Oh)** 조명 기구의 오버행 (Oh) 은 가능한 한 짧게 하는 것이 바람직하다. 다만, 도로를 따라 도로조명의 빛을 차단하는 수목이 있을 경우에는 이 제한에 따르지 않는다.

연속되는 도로의 조명 시설에서 오버행 (Oh) 은 일정하게 하는 것을 원칙으로 한다.

(d) **조명기구의 경사 각도 (θ)** 조명기구의 경사 각도 (θ) 는 원칙적으로 0 도 이상 5 도 이하로 한다.

(e) **조명기구의 간격 (S)** 조명기구의 간격 (S) 은 그 설치 높이 (H), 배열에 따라 5.1.1. (2) 에 나타낸 종합 균제도 (U_0) 및 차선축 균제도 (U_l) 의 기준을 만족하는 것이어야 한다.

5.1.2 일반부의 곡선부 일반부 곡선부 ([1]) 의 도로 조명 기준은 다음에 따른다.

주 ([1]) 곡선부란 곡률반지름이 1000 m 이하인 도로 부분을 말한다.

(1) **조명의 일반적 기준** 조명기구의 배열, 조명기구의 간격 (S) 을 제외한 조명의 기준은 5.1.1 에 준하는 것으로 한다.

(2) **조명기구의 배열 및 간격 (S)** 곡선부에서 조명기구의 배열은 여기에 연속되는 직선부 (이하 직선부라 한다) 의 조명기구 배열에 따르고 또, 조명기구의 간격 (S) 은 그 곡률 반지름에 따르며 직선부의 간격에 비례하여 축소하여야 한다.

곡률반지름이 매우 작은 곡선부 또는 급격한 굴곡부에서는 조명기구의 간격 (S) 을 축소하는 것과 함께, 조명기구의 배열때문에 그 급격한 곡선부 또는 굴곡부의 존재, 도로 선모양의 변화 상태에 대한 판단 착오가 일어나지 않도록 유의하여야 한다.

5.1.3 특수한 곳 특수한 곳의 조명기준은 5.1.1 에 따른다. 다만, 다음 (1) ~ (9) 와 같은 특수한 곳에 대하여는 다음의 요건을 만족하여야 한다.

(1) **교차점, 합류점·분류점** 교차점, 합류점·분류점 부근에서 조명기구의 배치·배열은 도로 조명의 일반적 효과에 더해서 방향을 변환하고 있는 자동차 진행방향의 전방을 조명함과 동시에 교차점에 접근하고 있는 자동차의 운전자가 교차점이 있다는 것, 교차점 내에서 일시적으로 정지하고 또는 진행하고 있는 다른 자동차의 존재, 진행 상태를 충분히 전방 위치에서 보고 알 수 있도록 하여야 한다. 단순한 교차점에서의 조명기구 표준 배치의 보기를 **부도 2** 에 나타낸다.

선모양 구조가 복잡한 교차점 또는 합류점·분류점의 조명기구 배치·배열에 있어서는 이들에 접근하는 자동차의 운전자가 이들의 선모양, 진행 방향, 교통신호 등을 오인하지 않도록 이들에 접근하는 도로의 각 위치에서 투시도에 의해 조명기구의 배치를 검토하는 것이 바람직하다.

(2) **횡단 보도** 횡단 보도 부근에서 조명기구의 배치·배열은 횡단 중 및 횡단하려고 하는 보행자의 상황을 자동차 운전자가 잘 보고 확인할 수 있도록 유의하여야 한다. 횡단 보도에서의 조명 기구의 표준배치 보기를 **부도 3**에 나타낸다.

(3) **다 리** 다리의 조명은 여기에 연속되는 도로에 설치해야 할 조명을 준용한다. 다만, 필요에 따라서 다리의 구조 및 다리 모양과 조화될 수 있는 조명기구를 사용할 수 있다. 다만, 그 배광은 KS C 7611에 따라야 한다.

(4) **철도 건널목** 전후의 도로에 조명이 설비된 철도 건널목 안 및 그 부근 조명의 표준 배치는 5.1.3 (2)를 준용한다. 다만, 사용하는 조명기구는 철도 차량의 승무원에 대한 눈부심을 되도록 줄일 수 있도록 유의하여야 한다.

(5) **입체 교차부** 입체 교차부 및 그 부근 도로의 조명 기준은 **5.1.1** 및 **5.1.2**를 준용한다. 다만, 교차하는 복수 도로의 조명이 입체 교차부를 통행하는 자동차의 운전자에게 불쾌한 눈부심을 주거나 선모양을 잘못 유도하지 않도록 유의한다. 입체 교차부에 터널 또는 이것에 준하는 구조물이 있는 경우에 KS A 3703(터널 조명 기준)을 준용한다.

(6) **노폭이 급변하는 곳** 노폭이 급변하는 곳, 특히 도로 노폭이 줄어드는 장소 부근에서 조명기구의 배치·배열은 도로 조명의 일반적 효과에 더해서 노폭이 급변하는 곳의 상황을 자동차 운전자가 멀리서도 잘 보고 알 수 있도록 하여야 한다.

(7) **선모양이 급변하는 곳** 평면 선모양이 급변하는 곳 부근에서 조명기구의 배치·배열은 5.1.2에 준하는 것으로 한다. 종단 선모양이 급변하는 곳의 부근에서의 조명 기구의 배열은 도로 조명의 일반적 효과에 더해서 선모양이 급변하는 것을 자동차 운전자가 멀리서도 잘 보고 알 수 있도록 하여야 한다.

(8) **버스 정거장** 버스 정거장 부근의 조명기구 배치·배열은 도로 조명의 일반적 효과에 더해서 버스 정거장의 존재와 그 부근의 상황을 자동차 운전자가 멀리서도 잘 보고 알 수 있도록 하여야 한다.

(9) **주차장 및 휴게 시설** 주차장 및 휴게 시설 안에서 자동차 및 보행자의 안전을 확보할 수 있도록 하는 것으로 하며, 유지해야 할 조도는 KA A 3011(조도 기준)의 주차장 항을 준용하여야 한다.

5.2 보행자에 대한 도로의 조명 기준 보행자에 대한 도로의 조명은 다음 기준에 모두 적합한 것이 바람직하다.

(1) **조 도** 보행자가 사용하는 도로에 유지해야 할 조도는 (야간의) 보행자 교통량, 지역 및 장소에 따라서 **부표 2**에 나타낸 값 이상으로 한다. 다만, 자전거 보관소의 조도는 교통량이 많은 도로의 조도에 준하여야 한다.

(2) **조명 방식** 조명 방식은 폴 조명방식을 원칙으로 한다. 다만, 도로의 구조 및 교통 상황 등에 따라서는 구조물 설치 조명 방식을 사용 또는 병용하여도 좋다.

(3) **광 원** **5.1.1 (5)**에 준하여 적당한 광원을 선정한다.

(4) **조명 기구** 조명기구는 KS C 7611을 준용한다.

(5) **조명기구의 배치·배열**

  (a) 원칙적으로 조명 기구의 설치 높이는 4 m 이상, 보행자가 사용하는 도로 부분 노폭의 1.0배 이상으로 한다.

  (b) 조명기구의 배열은 한쪽 배열을 원칙으로 한다.

  (c) 조명기구의 간격은 원칙적으로 설치 높이의 5배 이하의 거리로 한다.

6. 조명 시설의 유지 및 관리 조명시설은 다음 모든 사항에 유의하여 유지 및 관리하는 것이 바람직하다.

(1) 광원의 점등 상태 점검

(2) 광원의 개별적 집단 교환

(3) 조명기구의 설치 상태 점검

(4) 조명용 폴의 점검, 수리

(5) 배선 및 점멸 장치의 점검, 수리

(6) 조명기구의 청소

부표 1 운전자에 대한 도로 조명의 기준

도로의 종류	교통의 종류와 자동차 교통량	평균노면 휘도 L_r[2] (cd/m^2)	종합 균제 도 U_0	차선축 균 제도 U_l	눈부심 조 절마크 G[3]
상하선이 분리되고 교회부는 모두 입체교차로서, 출입이 완전히 제한 되어 있는 도로	주로 야간의 자동차 교통량이 많은 고속 자동차 교통	2	0.4	0.7	6
자동차 교통전용의 중요한 도로. 대부분 의 경우 속도가 느린 교통용으로 독립된 차선, 보행자용의 도로 등을 수반한다.		2	0.4	0.7	5
중요한 도시부 및 지방부의 일반도로	주로 야간의 자동차 교통량이 많은 중속 자동차 교통 또는 자동차 교통량이 많은 중속의 혼합교통	2	0.4	0.5	5
시가지 혹은 상점가 내의 도로 또는 관청가로 통하는 도로. 여기서는 자동차 교통은 교통량이 많은 저속교통, 보행자 교통 등과 혼합되어 있다.	주로 야간의 교통량이 매우 많고 그 대부 분이 저속교통 또는 보행자인 혼합교통	2	0.4	0.5	4
주택지역(주택도로)과 위의 도로를 연결하는 도로	비교적 느린 제한속도와 주로 야간, 중정도의 교통량이 있는 혼합교통[4]	1	0.4	0.5	4

주[2] 도로 주변의 조명환경이 어두운 경우에는 L_r의 값을 $\frac{1}{2}$로 하여도 좋다.

[3] 도로 주변의 조명환경이 어두운 경우에는 G의 값을 1증가시키는 것이 바람직하다.

[4] 교통량이 적은 경우에는 L_r의 값을 $\frac{1}{2}$로 하여도 좋다. 다만, 주[2]의 규정에 관계없이 L_r의 값을 0.5 cd/m^2미만으로는 할 수 없다.

부표 2 보행자에 대한 도로 조명의 기준

야간의 보행자 교통량	지 역	조 도(lx)	
		수평면조도[5]	연직면조도[6]
교통량이 많은 도로	주택 지역	5	1
	상업 지역	20	4
교통량이 적은 도로	주택 지역	3	0.5
	상업 지역	10	2

주[5] 수평면 조도는 보도의 노면상 평균 조도.

[6] 연직면 조도는 보도의 중심선 상에서 노면으로부터 1.5 m 높이의 도로축과 직각인 연직면상의 최소 조도.

부도 1-1 조명 기구의 설치 높이, 오버행 및 경사 각도

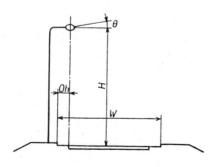

W : 차도부 노폭(m)

H : 조명기구의 설치 높이(m)

Oh : 오 버 행(m)

θ : 경사 각도(도)

부도 1-2 조명기구의 배열

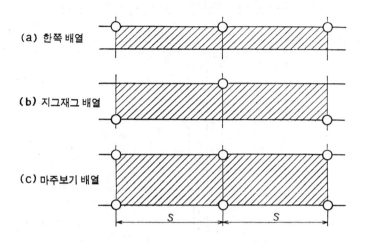

(a) 한쪽 배열

(b) 지그재그 배열

(c) 마주보기 배열

S : 조명기구의 간격 (m)

부도 2-1 같은 정도의 노폭을 갖는 도로의 ＋자로 조명기구의 배치 보기

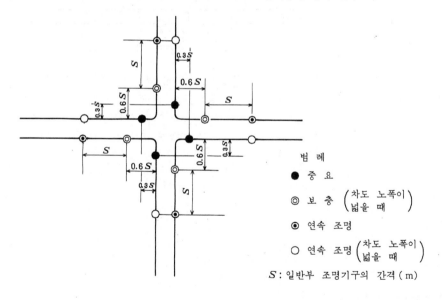

범 례

● 중 요

◎ 보 충 $\left(\begin{array}{l}\text{차도 노폭이}\\\text{넓을 때}\end{array}\right)$

◉ 연속 조명

○ 연속 조명 $\left(\begin{array}{l}\text{차도 노폭이}\\\text{넓을 때}\end{array}\right)$

S : 일반부 조명기구의 간격 (m)

부도 2-2 T자로에서 조명기구의 배치보기

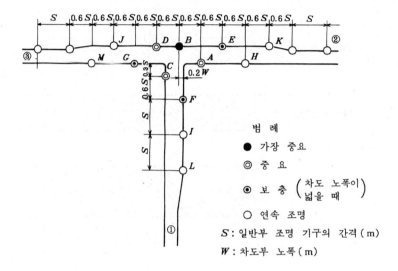

부도 3 횡단보도 부근 조명기구의 배치 보기 (일반부에 조명시설이 없을 경우)

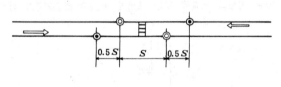

범 례

◎ 중 요

◉ 보 충 (차도 노폭이 넓을 때)

S : 일반부 조명 기구의 간격 (m)

부속서 노면휘도 측정 방법

1. **적용 범위** 이 **부속서**는 노면의 평균 휘도(평균 노면 휘도) 및 부분 휘도의 측정 방법에 대하여 규정한다.

2. **평균 휘도의 측정 방법**

   2.1 **측정 범위 및 측정 대상** 측정 범위는 특별히 지정하지 않는 한 휘도계의 전방 60 m 에서 160 m 범위 차도의 마른 노면으로 한다. 측정 대상에는 분리대 등 차가 통행하지 않는 도로의 부분은 포함하지 않는 것으로 하고 분리대 등이 있는 도로에서는 분리대 등에서 분리된 노면 개개에 대하여 독립적으로 측정하는 것으로 한다.

   2.2 **휘 도 계** 측정에 사용하는 휘도계는 **부속서 그림 1**의 보기와 같이 측정 대상 노면의 투시도 모양과 일치하는 사다리꼴의 측정 시야를 갖는 평면 휘도계로 한다. 다만, 지름 6분 이하, 2분 이상인 원형의 측정 시야를 갖는 보통 휘도계를 사용하여도 좋다.

   2.3 **휘도계의 기본 위치**

   (1) 평면 휘도계를 사용하는 경우에는 측정에 사용하는 평균 휘도계의 헤드 기본위치는 노면상의 높이 1.5 m, 측정하려는 노면의 노폭 왼쪽에서 $\frac{1}{4}$ 되는 지점을 원칙으로 한다(**부속서 그림 1** 참조).

   (2) 보통 휘도계를 사용하는 경우에는 휘도계의 헤드 기본위치는 노면상의 높이 1.5 m, **2.4**에 정한 노면상의 격자 교점(측정점)에서 도로의 축과 평행인 거리 90 m 의 위치로 한다.

   2.4 **측정 방법**

   (1) 평균 휘도계를 사용하여 평균 노면 휘도를 측정하는 경우에는 측정 대상의 노면 부분과 휘도계의 측정 시야를 정확히 일치시킨 다음, 도로를 따라 배열되어 있는 조명기구의 열의 어느 하나를 임의로 선정하여 **부속서 그림 2**의 보기와 같이 연속하여 배열되어 있는 2개의 조명기구의 사이에 있는 노면의 구간(표준 구간이라 한다)을 4분할하고, 사다리꼴 측정시야의 밑변을 이 4분할한 각 선과 일치시키면서 **부속서 그림 2**의 A, B, C, D의 측정 영역 각각에 대응하는 평균 휘도를 측정한다. 이 경우, **부속서 그림 1**에서와 같이 사다리꼴 측정시야의 밑변과 휘도계 헤드와의 거리는 60 m 로 한다. 이들 4회의 평균 휘도 산술평균을 평균 노면 휘도로 한다.

   (2) 보통 휘도계를 사용하여 평균 노면 휘도를 측정하는 경우에는 **2.1**의 규정에 관계없이 평균 노면 휘도 측정 대상으로 하는 노면을 포함한 임의의 표준 구간을 하나, (1)에 준하여 선정하고, 이 구간의 노면 휘도의 평균치를 평균 노면 휘도로 한다.

   평균 노면 휘도의 측정에 있어서는 이 표준 구간의 노면을 도로의 길이 방향 및 나비 방향으로 각각 등간격의 격자로 분할하고 이 교점을 측정점으로 하여, 그 노면 휘도를 측정한다. 이 경우, 휘도계의 위치는 측정점에서 90 m 로 일정하게 하여 휘도계의 측정축을 도로의 축과 나란히 하면서 측정점의 장소에 따라 노면상을 전후·좌우로 이동시켜 각 격자상의 측정점 휘도를 측정하고, 그 값의 상가 평균치를 평균 노면 휘도로 한다.

3. **부분 휘도의 측정 방법**

   3.1 **대상 범위 및 측정 대상** 특별히 지정하지 않는 한, 노면상, 도로의 길이방향으로 3 m, 나비방향으로 0.3 m 크기를 갖는 마른 노면으로 한다.

   3.2 **휘 도 계** 평균 노면 휘도에 사용하는 휘도계를 준용한다. 평균 휘도계를 사용하는 경우에는 **부속서 그림 3**의 보기와 같은 사다리꼴 또는 이것과 거의 같은 형의 대형 사다리꼴과 일치하는 측정 시야를 갖는 평균 휘도계를 원칙으로 한다. 보통 휘도계를 사용할 경우에는 시각 지름 6분의 측정 시야를 갖는 것을 원칙으로 한다.

   3.3 **휘도계의 기본 위치** 노면상 1.5 m 의 위치로 하고, 측정점을 통하는 도로의 축과 평행한 선상, 측정점에서 90 m 되는 점을 원칙으로 한다. 다만, 평균 휘도계를 사용하는 경우에는 측정 시야의 크기에 따라 휘도계 헤드의 높이를 낮추고 이것과 비례적으로 측정점까지의 거리를 축소하여도 좋다(노면에 대한 측정

각을 약 1도로 할 것).

보통 휘도계를 사용하는 경우에는 시각 지름 6분의 원형시야에 대하여는 휘도계 헤드를 노면상 0.15 m 의 높이로 하고, 측정점에서 7.5 m 의 거리에서 측정한다.

3.4 측정 방법 노면상의 휘도 분포를 측정하는 경우 그 측정 방법은 사용하는 휘도계의 종류에 관계없이 **2.4 (2)** 의 보통 휘도계를 사용하여 평균 노면 휘도를 측정하는 방법을 준용한다. 다만, 평균 휘도계를 사용하는 경우에는 측정 시야를 측정 대상의 노면 부분에 정확히 일치시키는 것으로 한다.

최대 또는 최소 휘도를 측정하는 경우에는 평균 휘도의 대상이 되는 노면 전체를 시감각적으로 관측하여 가장 밝게 또는 가장 어둡게 보이는 장소 부근의 몇 점에서 그 범위 크기의 노면 휘도를 측정한다.

4. 측정시의 유의 사항

(1) 공기 중의 먼지, 안개, 연기 등에 의해 측정 결과에 오차가 생기는 수가 있으므로 주의를 요한다.

(2) 사용하는 휘도계는 분광 감도, 직선성, 편광 특성, 온도 특성, 습도 특성 등 보통 휘도계에 요구되는 특성을 만족하는 것이어야 한다.

부속서 그림 1 평균 노면 휘도의 측정 시야 보기

부속서 그림2 평균 노면 휘도의 측정 방법

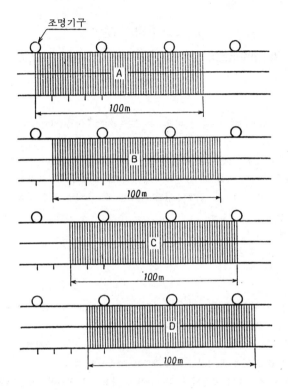

부속서 그림3 부분 휘도의 측정 시야의 보기

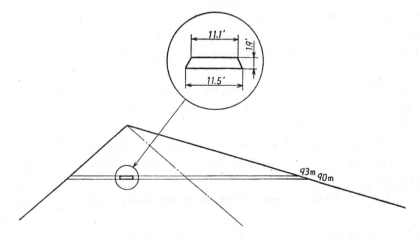

3. 터널조명 기준
(Recommendation for lighting of traffic tunnels)

KS A 3703 : 1992

(1999 확인)

1. **적용 범위** 이 규격은 주로 자동차 교통에 이용되는 도로 터널(이하 터널이라 한다)의 조명에 관한 질적 기준에 대하여 규정한다.

비 고 1. 이 규격에 정하는 질적 기준이란, 터널에 접근·진입하고, 통과하는 자동차 운전자의 시각에 일어나는 복잡한 지각 특성의 변화 및 심리적 반응과 터널 고유의 환경조건을 고려하여 자동차를 안전하게 운전하기 위하여 조정하는 것이 바람직한 터널 내 및 터널 전후 접속도로의 조명에 대한 조명공학적인 기초적 조건을 말한다.

　　 2. 이 규격의 관련규격은 다음과 같다.

　　　 KS A 3701　도로 조명 기준

　　　 KS C 8008　조명 용어

2. **용어의 정의** 이 규격에서 사용하는 주된 용어의 정의는 **KS C 8008**에 따르는 외에 다음과 같다.

(1) **터널 관계** 터널 관계에 대하여는 다음에 따른다.

　(a) **설계 속도** 해당 터널을 설계할 때 사용한 자동차의 속도, km/h로 표시한다.

　(b) **교 통 량** 도로의 어떤 단면을 일정시간에 통과하는 자동차의 대수.

　(c) **건축 한계** 도로상에서 자동차나 보행자의 통행안전을 확보하기 위하여, 어떤 일정한 나비, 높이의 범위 내에서 장해가 되는 것은 두어서는 안된다는 공간 확보의 한계.

　(d) **시 거** 차도의 중심선 상 1.2 m의 높이에서 해당 차선의 중심선 상에 있는 높이 10 cm 인 장해물의 꼭대기를 식별할 수 있는 거리를 해당 차선의 중심선을 따라 측정한 길이.

(2) **조명 관계** 조명 관계에 대하여는 다음에 따른다.

　(a) **노면 휘도** 운전자의 눈 위치로부터 각 1도에서 본 전방 주시점 부근의 노면 휘도.

　(b) **야외 휘도** 터널 입구에서 시거만큼 앞쪽에 있는 운전자의 눈 위치에서 본, 터널을 중심으로 한 시각지름 20도인 시야의 평균휘도.

　(c) **연속 조명** 터널, 교량 등을 제외한 도로의 단로부에 연속적으로 설치하는 조명시설.

　(d) **반 짝 임** 일련의 광원으로부터 빛이 비교적 작은 주기로 눈에 들어올 경우, 정상적이 아닌 자극으로서 느끼는 현상.

　(e) **눈 부 심** 과잉의 휘도 또는 과잉의 휘도 대비로 인한 **불쾌감 또는** 시각기능의 저하를 가져오는 시지각,

　(f) **조명기구의 배열** 터널에 따른 조명기구의 배열 방법. 여기에는 마주보기 배열, 지그재그 배열, 한쪽 배열 중앙 배열 등이 있다.

　(g) **조명기구의 배치** 조명기구의 부착 높이, 간격 및 배열에 따라 정해지는 조명기구의 배치방법.

3. **터널 조명의 계획에서 유의사항** 터널 조명의 계획에서 유의사항은 다음과 같다.

(1) **입구부근의 시야상황** 터널에 근접하고 있는 자동차 운전자의 시야 내 천공, 노면 등의 인공 구조물, 입구부근의 지물·경사면 등의 휘도와 그들이 시야 내에 차지하는 비율.

(2) **구조 조건** 터널 단면의 모양, 전체길이, 터널 내 도로의 평면·종단선형, 노면·벽면·천장면의 표면상태· 반사율 등.

(3) **교통 상황** 설계 속도, 교통량, 통행 방식, 대형차의 혼입률 등.

(4) **환기 상황** 배기 설비의 유무, 환기 방식, 터널 내 공기의 투과율 등.

(5) **유지관리 계획** 청소 방법, 청소 빈도 등.

(6) **부대 시설의 상황** 교통안전 표지, 도로 표지, 교통 신호기, 소화기, 긴급 전화, 라디오 청취시설, 대피소, 소화전 등.

4. 터널 조명의 요건

4.1 운전자의 보는 방법 터널 및 터널 전후의 접속도로에는 자동차의 운전자가 노면 상의 장해물 등을 발견하고, 사고의 위험으로부터 방지하기 위하여 충분한 시각 인지성을 주는 조명을 설치한다.

4.2 운전자의 쾌적성 운전자의 쾌적성은 다음에 따른다.

(1) **운전시의 안심감** 자동차 운전자가 전방 도로의 상황에 대하여 안심하고 자동차를 주행시키기 위하여 터널 내의 노면이나 벽면은 밝고, 또한 그 밝기가 거의 균일한 상태로 조명되는 것이 바람직하다.

(2) **운전시의 불쾌감** 터널 내의 조명시설은 자동차의 운전자에게 불쾌감이 생길 만한 눈부심이 생기지 않도록 하는 동시에 주행하고 있는 자동차 내로 입사하는 빛이 운전자에게 불쾌한 반짝임이 생길 만한 빛의 변동이 생기지 않도록 하는 것이 바람직하다.

4.3 유도성 확보와 조명 조건 터널 내의 조명기구 배치에서는 터널 내의 노면·벽면을 충분한 휘도가 되도록 조명하는 동시에 부착높이를 노면에 대하여 일정하게 하고, 도로의 선형을 따르도록 하여 자동차 운전자가 전방 도로의 선형 변화를 정확하게 판단할 수 있도록 한다.

5. 조명 설계의 일반 원칙

5.1 터널 조명의 구성

5.1.1 기능적 구성 터널 조명은 **그림 1**과 같이 터널 내에 설치하는 조명과, 터널 전후의 접속도로에 설치하는 조명에 따라 구성한다.

터널 내에 설치하는 조명은 그 기능에 따라 기본조명, 입구조명 및 출구조명으로 구성한다.

터널 전후의 접속도로에 설치하는 조명은 그 기능에 따라 입구부 접속도로의 조명과 출구부 접속도로의 조명으로 구성한다.

비 고 1. 기본조명이란, 주야간에 터널 내에서의 운전자의 시각 인지성을 확보하기 위하여 터널 전체길이에 걸쳐서 거의 균일한 휘도를 확보하는 조명을 말한다.

2. 입구조명이란, 주간에 터널 입구부근에서의 시각적 문제를 해결함을 목적으로 기본조명에 부가하여 설치하는 조명을 말한다. 입구조명은 **그림 2**와 같이 경계부, 이행부 및 완화부로 구성된다.

3. 출구조명이란, 주간에 터널 출구를 통해 보이는 야외의 높은 휘도의 눈부심에 의하여 일어나는 시각적 문제를 해결하기 위하여 필요에 따라 기본조명에 부가하여 설치하는 조명을 말한다.

4. 입구부 접속도로의 조명은 야간에 터널 입구 부근의 상황, 터널 내외에서 도로폭의 변화 등을 자동차 운전자가 시인할 수 있도록 터널 입구부의 접속도로에 설치하는 조명을 말한다.

5. 출구부 접속도로의 조명은 야간에 터널 출구에 접근하고 있는 자동차 운전자가 밝은 터널의 내부에서 터널에 접속하는 어두운 도로의 선형 변화 등을 충분히 전방에서 시인할 수 있도록 터널 출구부의 접속도로에 설치하는 조명을 말한다.

a) 일방교통인 경우

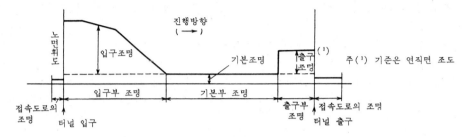

（b） 대면교통인 경우

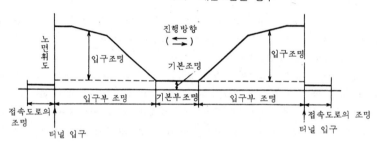

그림 1 터널 조명의 구성

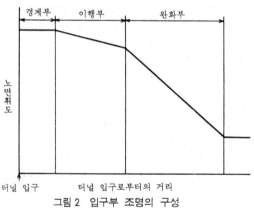

그림 2 입구부 조명의 구성

5.1.2 터널 내 조명의 구간적 구성 터널 내의 조명은 **그림** 1과 같이 입구부 조명, 기본부 조명 및 출구부 조명의 3개의 구간으로 구성한다.

비 고 1. 입구부 조명이란, 입구조명이 설치되어 있는 구간의 조명을 말하며, 기본조명과 입구조명으로 구성된다.

2. 기본부 조명이란, 터널이 일방교통인 경우에는 입구조명의 끝과 출구조명의 시작 사이（출구조명이 없을 때는 터널 출구까지의 구간）의 조명을, 또 터널이 대면교통인 경우에는 2개 입구조명 끝 사이의 조명을 말하며, 기본조명만으로 구성된다.

3. 출구부 조명이란, 출구조명이 설치되어 있는 구간의 조명을 말하며, 기본조명과 출구조명으로 구성된다.

5.2 **램프·조명기구** 램프는 효율, 광색, 연색성, 동정특성, 주위온도 특성, 수명 등이 터널 조명에 적합한 것을, 조명기구는 배광, 눈부심 제어, 조명률, 구조 등이 터널 조명에 적합한 것을 사용한다.

5.3 조명기구의 배치 및 배열 조명기구의 배치 및 배열은 원칙적으로 노면 위 4m 이상으로 하고, 건축 한계에 접촉되지 않는 위치에 부착하는 것으로 하며, 노면 및 벽면의 휘도분포가 거의 균일해지도록 하고, 또 자동차 운전자에게 불쾌한 반짝임이 발생하지 않도록 한다.

6. 터널조명의 기준

6.1 기본부 조명 기본부 조명의 평균 노면휘도는 설계속도에 따라 **표 1**과 같이 한다.

표 1 기본부 조명의 평균 노면휘도

설계 속도 km/h	평균 노면휘도 cd/m²
100	9.0
80	4.5
60	2.3
40	1.5

비 고 1. 교통량이 많고, 터널 내의 공기 투과율이 낮을 경우에는 평균 노면휘도를 이 값보다 높게 하는 것이 바람직하다.

2. 교통량이 적고, 터널 내의 공기 투과율이 높을 경우에는 평균 노면휘도를 이 값보다 낮게 하는 것이 바람직하다.

3. 벽면의 평균휘도는 평균 노면휘도의 1.5배 이상의 값으로 하는 것이 바람직하다.

비 고 야간에는 이 값을 저감할 수 있다. 다만, 그 최저치는 설계속도가 80 km/h 이상인 경우에는 1.0 cd/m², 설계속도가 60 km/h 이하인 경우에는 0.7 cd/m²로 한다.

또, 접속하는 도로에 연속 조명이 설치되어 있을 경우에는 야간의 평균 노면휘도는 접속하는 도로의 평균 노면휘도의 2배 이상의 값으로 하는 것이 바람직하다.

6.2 입구부 조명 입구부 조명은 다음에 따른다.

(1) 경계부의 노면휘도는 터널 입구 부근의 운전자 시야상황에 따라 정해지는 야외휘도의 연간 출현비도를 고려하여 설정되는 값에, 설계속도에 따라 정해지는 계수를 곱한 값으로 한다.

(2) 이행부 및 완화부의 노면휘도는 경계부의 노면휘도 값을 100%로 하여, **그림 3**과 같이 터널 입구로부터의 거리에 따라 감소시키고, 기본부 조명의 노면휘도 값에 매끄럽게 접속하는 것으로 한다.

(3) 입구부 조명의 노면휘도는 계절, 기후 및 시각에 따른 야외휘도의 변동에 따라 조절하는 것이 바람직하다.

(4) 입구부 조명의 노면휘도는 교통상황에 따라 증감할 수 있다.

(5) 운전자의 시야상황에 따라 정해지는 야외휘도의 연간 **출현빈도**에 따라 설정되는 값은 **표 2**를 표준으로 한다.

(6) 경계부의 노면휘도 값을 구하기 위하여 곱하는 계수는 **표 3**에 따르는 것이 바람직하다.

(7) 입구부 조명의 벽면 휘도는 그 위치에서 노면휘도 값의 1.5배 이상의 값으로 하는 것이 바람직하다.

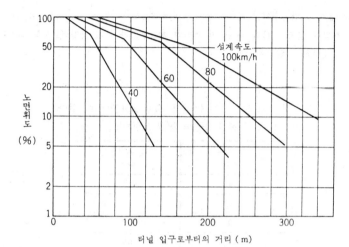

그림 3 터널 입구부의 노면휘도

표 2 설정되는 야외휘도

설계속도 km/h	20 도 시야(2) 내에 접하는 공간의 비율 %							
	20 이상		20~10		10~5		5 미만	
	주위의 상황 단위: cd/m²							
	밝음	보통	밝음	보통	밝음	보통	밝음	보통
100 80	6 000	5 000	5 000	3 000	4 000	2 500	4 000	2 000
60 40	5 000	4 000	4 000	2 500	3 000	2 000	3 000	1 500

주(2) 이 시야는 터널 입구에서 시거만큼 앞쪽에 있는 운전자가 터
널을 볼 경우의 것이다.

비 고 1. 주위상황이 밝다는 것은 터널 입구부근의 지물이 흰색, 회색
등의 반사율이 높을 경우를 말하며, 입구부근에 장기간 적
설상태가 계속되는 경우도 여기에 포함된다.

2. 주위의 상황이 보통이란, 상기 이외의 경우를 말한다.

표 3 야외휘도에 곱하는 계수

설계속도 km/h	계 수
100	0.07
80	0.05
60	0.04
40	0.03

6.3 출구부 조명 출구부 조명은 그림 4와 같이 터널 내부로부터 그 출구를 향해 70 m에 걸쳐서 터널 내부로부터 출구부를 통해 측정한 야외휘도 값의 $\frac{1}{10}$ 이상의 값인 연직면 조도를 주는 것을 원칙으로 한다.

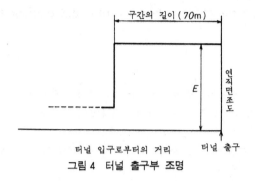

구간의 길이 (70m)

연직면 조도

E

터널 입구로부터의 거리   터널 출구

그림 4 터널 출구부 조명

6.4 터널 접속도로의 조명 야간에 터널 접속도로의 터널 출입구 부근의 구간에 설치하는 도로조명 기준은 KS A 3701을 원칙으로 한다.

6.5 정전시 비상용 조명 200 m 이상의 터널에서는 원칙적으로 정전시에 대비하여 예비전원에 의한 비상용 조명을 할 수 있도록 설계되어야 한다.

7. 유지 및 관리 터널의 조명설비는 사용에 따라 램프 및 조명기구 특성의 노화·오손, 수명·파손 등에 따른 기능의 정지 등이 생기지 않도록 다음 사항에 유의하고, 적절히 관리유지하는 것이 바람직하다.

(1) 점등 상태

(2) 조명기구 및 자동 조광장치의 부착상황

(3) 조명기구의 오염상황

(4) 노면, 벽면의 휘도 또는 조도

8. 기 타

(1) **부대시설과의 관계** 터널 내의 교통안전 표지, 교통 신호기, 도로표지 등이 있을 경우에는 이들의 효과를 방해하지 않도록 충분한 주의를 하여야 한다.

　　　또한, 소화기, 비상전화, 대피소 등이 있을 때에도 명확하게 볼 수 있도록 조명을 고려할 필요가 있다.

(2) **감광 조명** 조명설계에서 사용에 따른 광원 및 조명기구의 광속 저하, 터널면의 오염 등에 의한 감광보상을 충분히 고려하여야 한다.

4. 옥외 테니스 코트 및 옥외 야구장의 조명 기준
(Lighting for outdoor tennis courts and outdoor baseball fields)

KS A 3704 : 1999

1. 적용 범위 이 규격은 옥외 테니스 코트 및 옥외 야구장의 조명 기준에 대하여 규정한다.

비 고 이 규격 중 〔 〕 안의 단위 및 수치는 종래 단위에 따른 것이다.

2. 인용 규격 다음에 나타내는 규격은 이 규격에 인용됨으로써 이 규격의 규정 일부를 구성한다. 이러한 인
용 규격은 그 최신판을 적용한다.

　　KS C 1601　조 도 계

　　KS C 7612　조 도 측 정 방 법

　　KS C 8008　조 명 용 어

3. 정 의 이 규격에서 사용하는 주요 용어의 정의는 **KS C 8008**에 따른다.

4. 조명의 실시 요건

4.1 조사 사항 시설의 조명을 계획할 때에는 다음 사항을 사전에 조사한다.

a) **시설의 구조** 시설의 모양, 치수 및 경기면의 면수, 재질, 색, 반사율 등, 펜스의 유무, 펜스가 있는 경우는
　　그 배치, 구조, 치수, 색, 반사율 등, 그리고 조명 기구가 부착 가능한 위치 등

b) **이용의 내용** 경기용인가 레크리에이션용인가의 구별, 텔레비전 촬영을 하는 경우가 있는가의 구별

c) **시설의 환경** 주택지, 도로, 철도, 비행장 등이 근접해 있는지의 여부 및 그 위치 관계

d) **기상 조건** 강설, 염해, 강풍 등의 상황

e) **전원의 상황** 전기 방식, 사용 전압, 주파수, 전력 용량 등

4.2 조명의 설계 스포츠 조명의 설계를 할 때에는 다음 사항에 유의한다.

a) **조도 및 균일도** 경기면에는 충분한 조도를 주고, 양호한 균일도를 확보한다.

b) **글레어(눈부심)** 경기에 중대한 지장을 초래하지 않도록 조명 기구로부터의 직접적인 눈부심이 가능한 한
　　낮아지게 배려한다.

　　　　또 프로 경기나 공식 경기를 하는 시설에서는 불쾌한 눈부심을 적게 하는 것이 바람직하다.

c) **스트로보스코프 현상** 방전 램프를 상용 주파수(60Hz)에서 점등하는 경우의 스트로보스코프 현상을 가능
　　한 한 낮게 한다.

d) **광 원** 다음 사항을 고려하여 적절한 것을 선택한다.

　1) 램프 효율(방전등의 경우는 안정 기구 손실을 포함한 종합 효율)

　2) 수명 및 광속 유지율

　3) 광원색 및 연색성

e) **기 타** 다음 사항에 대하여도 고려한다.

　1) 자연 환경에 적합한 공사 재료 및 공사 방법의 선택

　2) 유지 보수 및 관리의 용이성

3) 경 제 성

4) 미 관

5) 보안 조명

6) 예비 회로

5. 조명의 기준

5.1 테니스 코트의 조명

5.1.1 조명 범위 테니스 코트의 조명 범위는 펜스, 스탠드 등으로 둘러싸인 테니스 경기를 위해 사용되는 경기면 전체로 한다. 다만 조도의 측정·평가(기준 조도의 설정, 조도 측정, 조도 균일도의 계산 등)를 하는 경우의 대상 범위는 **그림 1**과 같다.

단위 : m

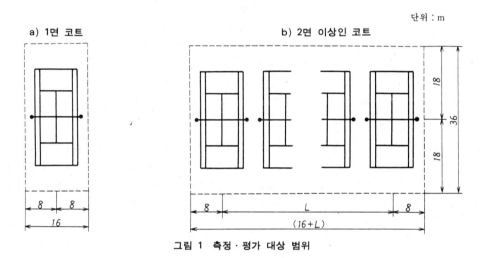

그림 1 측정·평가 대상 범위

5.1.2 조도 및 균일도 테니스 코트 경기면의 평균 조도(수평면 조도) 및 그 균일도는 **표 1**에 표시하는 값으로 한다.

또한 조도의 측정 방법은 **부속서**에 따른다.

표 1 수평면 조도의 평균값 및 균일도

운동 경기 구분	수평면 조도	
	평균값 lx	균일도([1])
공식 경기([2])	1 000 이상	0.65 이상
일반 경기([3])	500 이상	0.50 이상
레크리에이션([4])	250 이상	0.50 이상

주([1]) 수평면 조도의 균일도는 식(1)에 따른다.

$$U_h = \frac{E_{h\ min}}{E_{h\ ave}} \quad \cdots\cdots\cdots\cdots\cdots \quad (1)$$

여기에서 U_h : 수평면 조도의 균일도

$E_{h\ min}$: 수평면 조도의 최소값(lx)

$E_{h\ ave}$: 수평면 조도의 평균값(lx)

([2]) 경기 성적이 공인 기록으로서 남겨지는 경기

([3]) 공식 경기 이외의 경기

([4]) 여가를 즐기기 위하거나 건강 증진을 위한 운동

비 고   텔레비전 촬영을 위한 조도 및 균일도는 6.을 참 조할 것.

5.1.3 조명 기구의 배치   테니스 코트의 조명에 있어서, 조명 기구는 원칙적으로 사이드 라인과 평행하게 배치하는 것으로 한다. 다만 다수의 코트가 병렬로 연속하여 있는 경우에는 베이스 라인 후방의 코트 중간에 닿는 위치에, 2면 코트가 세로로 연속하는 경우에는 평행하게 코트마다 경계 부근에 배치해도 좋다. 배치의 사례를 **그림 2**에 나타낸다.

단위 : m

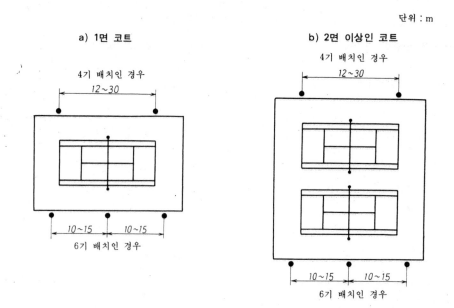

그림 2 조명 기구의 배치 사례

단위 : m

c) **3면 코트**

4기 배치인 경우

12~30

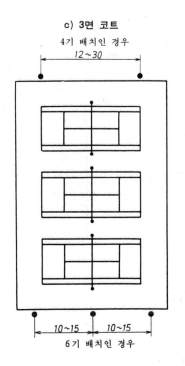

10~15   10~15

6기 배치인 경우

d) **4면 이상 병렬로 연속하는 코트**

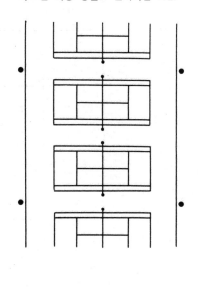

e) **2면 코트가 세로 연속하는 코트**

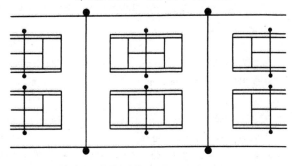

그림 2   조명 기구의 배치 사례(계 속)

f) 텔레비전 촬영을 하는 경우  단위 : m

4기 배치의 경우

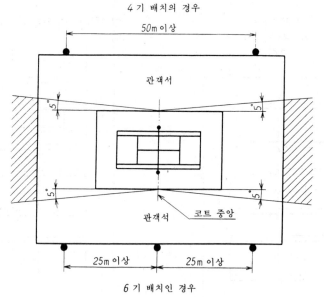

6기 배치인 경우

비 고 1. ●는 조명 기구의 설치 위치를 표시한다.
2. ▨는 설치해서는 안 되는 구역을 표시한다.

그림 2 조명 기구의 배치 사례(계 속)

5.1.4 조명 기구의 부착 높이 테니스 코트에서 조명 기구 최하단의 부착 높이는 식(2) 또는 식(3)에 의해 결정한다.

(공식 경기 및 일반 경기)

$$H_1 \geqq 7 + 0.4L \quad \cdots\cdots\cdots\cdots\cdots\cdots\cdots\cdots (2)$$

다만 최저 높이는 12m로 한다.

(레크리에이션)

$$H_2 \geqq 3 + 0.4L \quad \cdots\cdots\cdots\cdots\cdots\cdots\cdots\cdots (3)$$

다만 최저 높이는 8m로 한다.

여기에서 H_1 : 공식 경기, 일반 경기의 경우, 조명 기구 최하단의 부착 높이(m)

H_2 : 레크리에이션의 경우, 조명 기구 최하단의 부착 높이(m)

L : **그림 3 a), b), c), d)**에 표시하는 조명 기구의 부착 간격(m)

단위 : m

a) 횡단도(2면 코트의 사례)

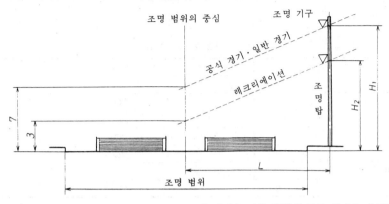

b) 사이드 라인과 평행하게 배치하는 경우

c) 베이스 라인 후방의 코트 사이에 배치하는 경우

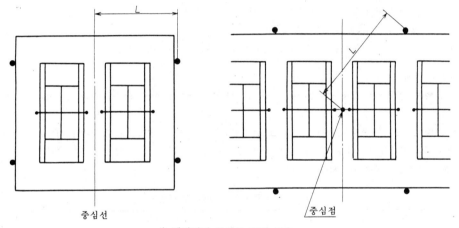

d) 텔레비전 촬영을 위한 경우

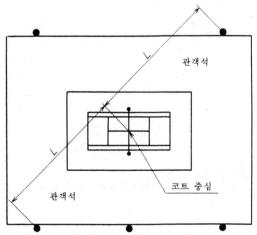

비 고 ●는 조명 기구의 설치 위치를 표시한다.

그림 3 조명 기구의 부착 높이

5.1.5 조명 기구 테니스 코트의 조명에 사용하는 조명 기구는 투광기로 하고, 일반적으로 **표 2**에 따라 선정하는 것으로 한다.

표 2 조명 기구의 선정

운동 경기 구분	면 수	투광기의 배광 종류		
		협 각 형([5])	중 각 형([6])	광 각 형([7])
공식 경기([2])	1면	○	◎	
	2면 이상	○	◎	
일반 경기([3])	1면		◎	○
	2면 이상	○	◎	○
레크리에이션([4])	1면		○	◎
	2면 이상		◎	○

주([5]) 빔의 열림(최대 광도의 $\frac{1}{10}$까지)이 30° 미만인 것.

　([6]) 빔의 열림이 30° 이상, 60° 미만인 것.

　([7]) 빔의 열림이 60° 이상인 것.

비 고 ◎는 주로 사용하는 것, ○는 필요에 따라 사용하는 것을 표시한다.

5.2 야구장의 조명

5.2.1 조명 범위 야구장의 조명 범위는 펜스 또는 스탠드로 둘러싸인 야구 경기를 위해 사용되는 경기면 전체로 한다.

5.2.2 조도 및 균일도 야구장 경기면의 평균 조도(수평면 조도) 및 그 균일도는 **표 3**에 표시하는 값으로 한다. 다만 내야와 외야의 조도비는 2 : 1을 넘지 않는 것이 바람직하다.

　또한 조도의 측정 방법은 **부속서**에 따른다.

표 3 수평면 조도의 평균값 및 균일도

운동 경기 구분		수평면 조도			
		평 균 값 lx		균 일 도([1])	
		내 야([8])	외 야([9])	내 야([8])	외 야([9])
경 식	프로야구	2 000 이상	1 200 이상	0.75 이상	0.65 이상
	공식 경기([2])	1 500 이상	800 이상	0.75 이상	0.65 이상
	일반 경기([3])	750 이상	400 이상	0.65 이상	0.50 이상
연 식	공식 경기([2])	750 이상	400 이상	0.65 이상	0.50 이상
	일반 경기([3])	500 이상	300 이상	0.50 이상	0.40 이상
	레크리에이션([4])	300 이상	150 이상	0.50 이상	0.30 이상

주([8]) 여기서 말하는 내야는 다이아몬드를 포함한 파울 라인 바깥쪽 5m에서 외야 방향으로 40m를 취한 정사각형 내로 한다.

　([9]) 외야는 경기면 전체에서 내야를 제외한 나머지로 한다.

비 고 텔레비전 촬영을 위한 조도 및 균일도는 6.을 참조할 것.

5.2.3 조명 기구의 배치 야구장의 조명에 있어서 조명 기구의 배치는 원칙적으로 **그림 4**에 표시한 6곳으로 한다.

　또한 **그림 4**의 사선 부분은 조명 기구를 설치해서는 안 되는 구역을 표시한다.

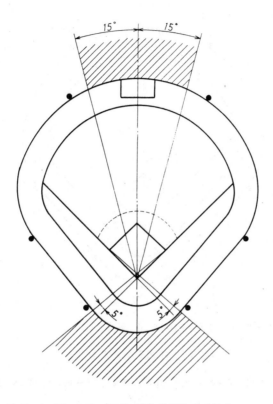

비 고 1. ●는 조명 기구의 설치 위치를 표시한다.

2. ▨는 설치해서는 안 되는 구역을 표시한다.

그림 4 조명 기구의 배치

5.2.4 조명 기구의 부착 높이 야구장의 조명에 있어서 조명 기구 최하단의 부착 높이는 식(4)에 의해 결정한다. **그림 5**에 표시하는 치수 L은 각 내외야의 조명 기구의 위치를 대각선으로 연결한 긴 쪽을 취하는 것으로 한다. 다만 제반 사항에 따라 계산 높이를 확보할 수 없을 경우에는 계산값의 80% 높이까지 완화할 수 있다.

(조명 기구의 부착 높이)

$$H \geqq 0.4 \times \frac{L}{2} \quad \cdots\cdots (4)$$

여기에서 H: 조명 기구 최하단의 부착 높이(m)

L: 조명 기구의 간격(m)

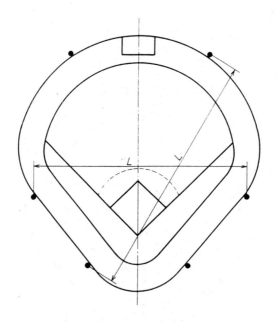

비 고 ●은 조명 기구의 설치 위치를 표시한다.

그림 5 조명 기구의 부착 높이

5.2.5 조명 기구 야구장의 조명에 사용하는 조명 기구는 투광기로 하고, 일반적으로 **표 4**에 따라 선정하는 것으로 한다.

표 4 조명 기구의 선정

운동 경기 구분		투광기의 배광 종류		
		협 각 형[5]	중 각 형[6]	광 각 형[7]
경 식	프로야구	◎	○	○
	공식 경기[2]	◎	○	○
	일반 경기[3]	○	◎	○
연 식	공식 경기[2]	○	◎	○
	일반 경기[3]	○	◎	○
	레크리에이션[4]	○	○	◎

비 고 ◎는 주로 사용하는 것, ○는 필요에 따라 사용하는 것을 표시한다.

6. 텔레비전 촬영을 위한 조명의 기준

6.1 테니스 코트의 조명

6.1.1 조도 및 균일도 조도 및 균일도는 표 5에 표시하는 값으로 한다.

또한 조도의 측정 방법은 **부속서**에 따른다.

표 5 조도의 평균값 및 균일도

조도의 종류	평 균 값 lx	균 일 도[10]
수직면 조도[11]	1 000 이상	0.30 이상
수평면 조도[12]	1 000 이상	0.50 이상

주[10] 균일도는 식(5) 및 식(6)에 따른다.

수직면 조도의 균일도 $U_v = \dfrac{E_{v\ min}}{E_{v\ max}}$ ············ (5)

여기에서 U_v : 수직면 조도의 균일도

$E_{v\ min}$: 수직면 조도의 최소값(lx)

$E_{v\ max}$: 수직면 조도의 최대값(lx)

수평면 조도의 균일도 $U_h = \dfrac{E_{h\ min}}{E_{h\ max}}$ ············ (6)

여기에서 U_h : 수평면 조도의 균일도

$E_{v\ min}$: 수평면 조도의 최소값(lx)

$E_{v\ max}$: 수평면 조도의 최대값(lx)

주[11] 카메라가 있는 쪽의 수직면 조도를 가리키고, 지상 1.5m의 위치로 한다.

[12] 지상면의 수평면 조도로 한다.

참 고 관객석의 조명 : 카메라가 있는 쪽을 향한 관객석으로, 경기면에 인접하는 부분의 수직면 조도는 **표 5**에 규정하는 값의 0.25배 정도를 확보하는 것이 바람직하다.

6.1.2 플리커의 감소 방전 램프를 사용하는 경우에는 텔레비전의 화면상에 나타나는 플리커(어른거림) 현상을 감소시키기 위해서 삼상 전원에 접속하는 등의 대책을 강구하여야 한다.

6.1.3 광원색 및 연색성 광원색 및 연색성은 **표 6**에 표시하는 값으로 한다.

표 6 광원색 및 연색성

광 원 색	색온도 3 000~6 000K의 범위
연 색 성	평균 연색 평가수 65 이상

6.2 야구장의 조명

6.2.1 조도 및 균일도 조도 및 균일도는 **표 7**에 표시하는 값으로 한다.

또한 조도의 측정 방법은 **부속서**에 따른다.

표 7 조도의 평균값 및 균일도

조도의 종류	평 균 값 lx		균 일 도[10]	
	내 야 ([b])	외 야 ([9])	내 야 ([b])	외 야 ([9])
수직면 조도[11]	1 000 이상	750 이상	0.30 이상	0.30 이상
수평면 조도[12]	1 500 이상	800 이상	0.50 이상	0.50 이상

참 고 관객석의 조명 : 카메라가 있는 쪽을 향하는 관객석으로, 경기면에 인접하는 부분의 수직면 조도는 **표 7**에 규정하는 값의 0.25배 정도를 확보하는 것이 바람직하다.

6.2.2 플리커의 감소 6.1.2를 적용한다

6.2.3 광원색 및 연색성 광원색 및 연색성은 **표 8**에 표시하는 값으로 한다.

표 8 광원색 및 연색성

광 원 색	색온도 3 000~6 000K의 범위
연 색 성	평균 연색 평가수 55 이상

7. 유지 및 관리 조명 설비의 유지 및 관리를 위해 정기적으로 다음 작업을 한다.

a) 점등 상태의 점검

b) 램프의 교환

c) 안정기의 교환(별도 설치형에 한한다)

d) 청 소

e) 조명 기구의 점검

f) 조명탑의 점검·보수

g) 배선 및 점멸 장치의 점검·보수

h) 조도의 측정(**부속서**에 따른다.) 및 기록

부속서 조도 측정 방법

1. 적용 범위 이 부속서는 테니스 코트 및 야구장의 수평면 조도 및 수직면 조도의 측정 방법에 대하여 규정
한다. 또 이 부속서에 규정한 이외의 조도 측정의 일반적인 사항은 KS C 7612의 규정에 따른 것으로 한다.

　또한 사용하는 조도계는 KS C 1601에서 정하는 일반형 AA급 또는 동등 이상의 성능을 가진 것으로 한다.

2. 조도 측정 방법

2.1 측정 범위 조도의 측정 범위는 다음에 표시한 것같이 정한다.

a) 테니스 코트는 코트를 중심으로 한 16×36m로 한다. 테니스 코트가 2면 이상 있는 경우에는 각 코트마다
같은 측정 범위를 설정한다.

b) 야구장에 대해서는 내야의 측정 범위는 다이아몬드를 포함한 파울 라인의 바깥쪽 5m에서 외야 방향으로
40m를 취한 정사각형으로 한다. 외야의 측정 범위는 내야를 제외한 경기면 전체로 한다.

2.2 측 정 점

a) 테니스 코트는 **부속서 그림 1**에 표시한 50점을 표준으로 한다.

단위 : m

부속서 그림 1　테니스 코트의 측정점

b) 야구장은 **부속서 그림 2**를 참고로 한다.

　내야는 5m를 기본적으로 한 81점으로 하고, 외야는 내야의 측정 간격의 2배인 10m를 기본 간격으로 한
각 분할선의 교점으로 한다. 다만 그 교점과 펜스까지의 거리가 5m 미만의 경우는 측정하지 않아도 된다.

단위 : m

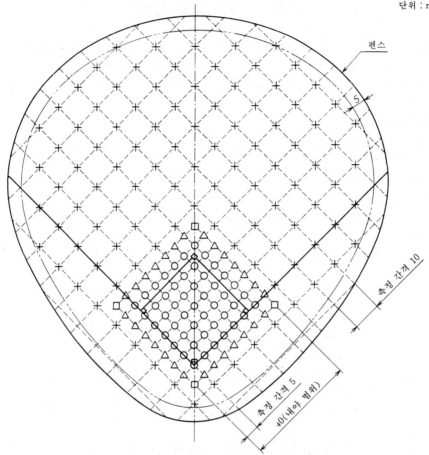

부속서 그림 2 야구장의 측정점

2.3 수평면 조도의 측정 2.2에 표시한 측정점의 지면상 15cm 이하의 수평면 조도를 측정한다.

2.4 수평면 조도의 평균값 수평면 조도의 평균값의 계산은 다음에 따른다.

a) 테니스 코트

$$\text{평균 조도} = \frac{1}{144}\left(\sum_{i=1}^{4}E_\Box i + 2\sum_{i=1}^{22}E_\triangle i + 4\sum_{i=1}^{24}E_\circ i\right) \quad\cdots\cdots\cdots\cdots\cdots (1)$$

b) 야구장

$$\text{내야 평균 조도} = \frac{1}{256}\left(\sum_{i=1}^{4}E_\Box i + 2\sum_{i=1}^{28}E_\triangle i + 4\sum_{i=1}^{49}E_\circ i\right) \quad\cdots\cdots\cdots\cdots (2)$$

$$\text{외야 평균 조도} = \frac{\sum_{i=1}^{n}E_+ i}{n(\text{측정 점수})} \quad\cdots\cdots\cdots\cdots\cdots\cdots (3)$$

여기에서 $E_\Box$: 구석점의 조도(lx)

$E_\triangle$: 가장자리점의 조도(lx)

$E_\circ$: 내점의 조도(lx)

E_+ : 야구장 외야의 측정점의 조도(lx)

2.5 수직면 조도의 측정 텔레비전 촬영을 하는 경기장에서는 다음에 표시하는 측정점에서 수직면 조도를 측정한다.

a) 테니스 코트는 **2.2**에 표시하는 측정점의 지면상 1.5m의 수직면 조도를 측정한다.

수직면 조도의 측정 방향은 **부속서 그림 3**에 표시하는 4방향으로 한다.

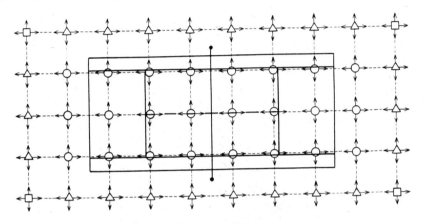

비 고   화살표는 조도계의 수광면의 방향을 표시한다.

부속서 그림 3   수직면 조도의 측정 방향(테니스 코트)

b) 야구장은 **2.2**에 표시한 측정점 중 **부속서 그림 4**에 표시한 내야, 외야 모두 10m 간격의 측정점에서 지면상 1.5m의 수직면 조도를 측정한다. 수직면 조도의 측정 방향은 **부속서 그림 4**에 표시한 4방향으로 한다.

비 고 1. 조명 설비 및 측정 영역이 중심선에 대해서 모두 대칭이 되는 경우에는 대칭인 어느 한 면에 대해서 측정을 하고, 다른 부분을 생략해도 좋다.

2. 유지 및 관리의 참고로 하는 경우에는 대표적인 여러 곳의 조도를 측정하여 전체의 조도 추이를 판단하여도 된다.

단위 : m

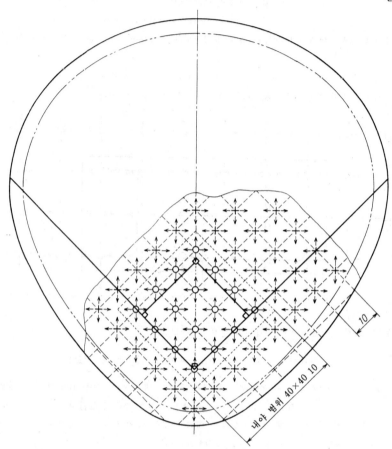

비 고 화살표는 조도계의 수광면의 방향을 표시한다.

부속서 그림 4 수직면 조도의 측정 방향(야구장)

옥외 테니스 코트 및 옥외 야구장의 조명 기준 해 설

이 해설은 본체 및 부속서에 규정한 사항 및 이것에 관련한 사항을 설명하는 것으로 규격의 일부는 아니다.

규격 개정의 목적 및 경위 국민의 체력 조성에 대한 관심이 고조되고, 또 여가의 활용이나 지역 주민의 공감대 조성의 수단으로 스포츠를 도입할 기회가 많아지게 된 것을 배경으로 하여, 스포츠에 전념하는 사람의 수는 해마다 증가의 길을 걸어 왔다. 이에 대해서 이용할 수 있는 스포츠 시설의 절대수가 부족하므로 조명 설비를 정비하여 이용 시간을 연장한다는 방책이 만들어지고, 야간 이용자가 안전하고 쾌적하게 스포츠 시설을 이용할 수 있도록 하기 위한 적절한 조명 설비가 필요 불가결하게 되었다.

그런데 우리 나라에는 스포츠 시설의 건설 계획에서 참고로 해야 할 규격으로, 밝기의 기준[**KS A 3011**(조도 기준)]이 있을 뿐 올바른 스포츠 조명 설비의 방식에 대하여 전문적 견지에서 논의되고, 정해진 기준이나 지침 없이 부적합한 조명 설비 계획이 실시되고 일부에는 위험한 사태도 일어날 수 있는 것이 걱정된다.

한편 세계적으로는 국제조명위원회(이하 **CIE**라 한다)에서 몇 종류인가의 스포츠 조명의 방식을 표시하는 기술위원회의 보고가 출판되어 있고, 국제적인 부합화를 꾀하여 한국의 스포츠 조명 설비의 질적 수준을 향상시킬 필요가 있었다.

그래서 당시 가장 널리 보급되어 있던 테니스 및 야구를 하기 위한 조명 설비 기준으로서, **KS A 3704**-1990[옥외 스포츠 시설의 조명 기준(테니스 코트·야구장)]이 제정되었다.

그 후 스포츠의 텔레비전 중계가 활발히 행해지게 되고, 양질의 화상을 얻기 위한 조명 설비가 요구됨과 동시에 1989년에는 **CIE**에서 텔레비전 촬영을 하기 위한 스포츠 조명 가이드(**CIE** Publication No. 83 "Guide for the lighting of sports events for colour television and film systems")가 출판되어 이들 상황에 입각하여 텔레비전 중계에 대비하고 아울러, 이 규격과 밀접한 관계를 가진 상기의 스포츠 조명 기준과 부합화시키는 것을 목적으로 하여, 텔레비전 촬영을 위한 조명 기준의 항목을 새로 추가하는 형태로 이 규격을 개정하기에 이르렀다.

또한 그 이외에도 조도값을 하한값으로 표시하는 것, 운동 경기 구분의 정의를 주기하는 것, 야구장의 조도 측정 간격을 개정하는 것 등, 이 규격의 이용자로부터의 요구 사항을 참고로 하여 알기 쉽고, 사용하기 쉬운 것으로 개정하였다.

아울러 규격의 적용 범위를 명확히 하기 위해 규격 명칭을 "옥외 테니스 코트 및 옥외 야구장의 조명 기준"으로 하였다.

1. 적용 범위 이 규격은 주로 일반 시민이 이용하는 옥외 스포츠 시설을 대상으로 하는 것으로, 더욱 고도의 기량을 가진 경기자를 위한 전용 시설에도 적용할 수 있도록 배려하였다.

또한 조명 계획은 조명탑을 설치하는 경우에 대하여 정하고 있으나, 적절한 높이를 가진 지붕 등이 있는 경우에는 이것을 이용하여 나열식으로 조명 기구를 배치하는 방법의 채용을 방해하는 것은 아니다.

규격의 제정시에는 **KS A 3011** 외에 **CIE**에서 출판되고 있는 기술위원회 보고 **CIE** Publication No. 42, 1978 "Lighting for Tennis" 및 컬러 텔레비전 촬영을 위한 조명 기준에 대해서는, 이 보고 **CIE** Publication No. 83, 1978 "Guide for the lighting of sports events for colour television and film systems"를 참고로 하였다.

이 규격 이외에 야구와 유사한 경기로서 소프트볼이 있으나, 규모가 다를 뿐 야구장과 같은 방식으로 조명을 생각하면 좋고, 내야 면적을 30×30m로 하고, 조도를 **KS A 3011**에 기초하여 설정하고, 조명 설비를 하면 좋다.

또한 건축기준법에 기초한 비상용 조명 설비 및 소방법에 기초한 유도등 설비에 대해서는 이 규격의 적용 범위에는 포함하지 않았다.

3. 정 의 용어는 **KS C 8008**(조명 용어)에 따른다.

4. 조명의 실시 요건

4.1 조사 사항 스포츠 시설의 조명 설계를 하는데 있어서 본체에 있는 사항에 대하여 사전에 조사하고, 조명 설계의 자료로 하는 것이 필요하다.

a) 시설의 구조 본체에 있는 조사 항목은 조명의 계획상 모두 중요하고 서로 관련된 항목이다. 시설의 모양, 치수, 경기면 수 등은 조명 기구의 배치나 부착 높이에 관계되고, 그 밖의 항목에 대해서도 조명의 질을 좋게 하기 위해서 충분히 조사할 필요가 있다.

b) 이용의 내용 모든 스포츠 시설을 높은 수준으로 조명하는 것은 경제적이 아니므로, 운동 경기 구분(프로 경기~레크리에이션의 구분)에 따른 조도 및 조도 균일도를 설정한다.

또한 텔레비전 촬영을 하는 경우는 그에 따른 설정을 할 필요가 있다.

c) 시설의 환경 스포츠 시설을 둘러싼 환경에는 여러 가지가 있고, 조명 계획에 있어서는 주위 환경의 조명 영향에 대하여 조사하고, 도로, 철도, 항공 등의 교통 기관에 눈부심을 주거나, 주변 주민에게 영향을 주는 장외(場外) 빛의 누설을 강력히 제한하는 노력도 필요하다.

d) 기상 조건 염해를 받기 쉬운 지구, 강풍이 많이 부는 지역, 눈이 많이 오는 곳 등, 조명 기자재의 환경 영향 및 강도에 대한 검토가 필요하다.

e) 전원의 상황 단상 전원 또는 삼상 전원의 구분, 사용 전압과 주파수는 **3.2 c)**의 스트로보스코프 현상의 저감, 안정기의 선정 등에 관계한다.

4.2 조명의 설계

a) 조도 및 균일도 스포츠 조명은 경기자, 경기 관계자 및 고객에 대해서 다음과 같은 조건을 정비하고, 경기 전체를 지장 없이 볼 수 있도록 하는 것이 중요하고, 그를 위해서 스포츠 시설 내의 경기면과 그 소요 공간에 충분한 조도와 양호한 조도 균일도를 주는 것이 필요하다.

1) 경기자의 움직임이나 표정, 경기면, 볼(이하 대상물이라 한다.)의 존재를 명확히 지각할 수 있을 것.

2) 보는 대상물 상호의 위치 관계나 거리를 명확히 보고 인지할 수 있을 것.

3) 보는 대상물의 이동 방향이나 이동 속도를 바르게 식별할 수 있을 것.

b) 눈 부 심 조명 기구에서 눈에 들어오는 빛이 많아지면 경기자·심판·관객 등의 시력을 저하시키거나, 불쾌감을 주거나 하는 눈부심이 생기는 경우가 있다. 눈부심에 대해서는 감능(減能) 눈부심과 불쾌 눈부심의 2가지가 있다.

1) 감능 눈부심은 공간을 날아가는 대상물을 경기자가 쫓는 경우, 광원의 높은 휘도가 직접 눈에 들어 온 경우에 생긴다. 그와 같은 경우는 대상물이 한 눈에 볼 수 없게 되거나 하는 경우가 있다. 이것을 조금이라도 줄이기 위해서는 조명 기구의 선정, 조명탑의 배치, 부착 높이, 조사(照射) 방향 등에 대해서, 특별히 신중한 검토가 필요하다.

2) 불쾌 눈부심의 정도는 눈부심 지수, 즉 **해설 식 1**의 평가식과, **해설 식 2, 3**의 보조식 및 **해설 표 1**에서 계산, 예측할 수 있다. 예측되는 눈부심 지수가 70 이상, 즉 불쾌 눈부심의 정도가 "방해가 된다"보다 큰 경우에는 "허용할 수 있는 한계"까지 줄이기 위해서 조명 기구의 선정, 조명 기구의 배치, 부착 높이, 조사 방향 등에 대하여 검토하는 것이 바람직하다.

눈부심 지수를 구하는 관측 위치와 관측 방위는 **해설 그림 1**의 1)과 2)를 참고로 하면 좋다.

또한 **해설 식 1**은 **CIE**가 참가국의 찬성을 얻어 보고서로서 출판한 "Glare Evaluation Systems for Outdoor Sports and Area Lighting"에서 추천하고 있는 것으로, 이 해설에서는 실용성과 국제적인 정합에 입각한 것으로서 표시하였다.

$$\text{눈부심 지수} = 27 + 24 \ \log \left(\frac{L_{vl}}{L_{ve}^{0.9}} \right) \quad \cdots\cdots\cdots\cdots\cdots\cdots\cdots \ \text{해설 식 1}$$

여기에서 L_{vl} : 조명 기구의 직접 광에 의해 생긴 광막 휘도(cd/m²)

L_{ve} : 경기면의 반사광에 의해 생긴 광막 휘도(cd/m²)

$$L_{vl} = 10 \sum_{i=1}^{n} \left(\frac{E_v}{\theta\,i^2} \right) \quad \cdots\cdots\cdots\cdots\cdots\cdots\cdots \ \text{해설 식 2}$$

여기에서 E_v : i번째의 조명 기구에 의한 관측 방위를 향한 눈의 위치에서의 수직면 조도(lx)

θ_i : i번째의 조명 기구와 눈을 연결하는 직선이 관측 방위를 이루는 각(도)

n : 조명 기구의 수

$$L_{ve} = 0.035 \times E_h \times \frac{\rho}{\pi} \quad \cdots\cdots\cdots\cdots\cdots\cdots\cdots \ \text{해설 식 3}$$

여기에서 E_h : 경기면의 평균 조도(수평면 조도)(lx)

ρ : 경기면의 평균 반사율

π : 원주율(3.14)

해설 표 1 눈부심 지수와 불쾌 눈부심의 정도

눈부심 지수	불쾌 눈부심의 판정
90	참을 수 없다(unbearable)
70	방해가 된다(disturbing)
50	허용할 수 있는 한계(just admissible)
30	그다지 신경쓰지 않는다(noticeable)
10	신경쓰지 않는다(unnoticeable)

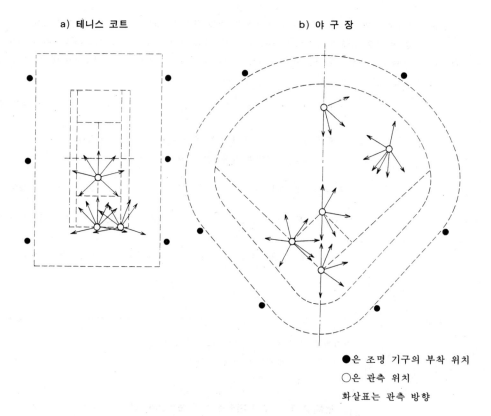

a) 테니스 코트   b) 야 구 장

●은 조명 기구의 부착 위치
○은 관측 위치
화살표는 관측 방향

해설 그림 1 눈부심 지수를 계산할 때의 관측 위치와 관측 방위

c) **스트로보스코프 현상** 상용 주파수(60Hz)에서 점등된 방전 램프에 의한 조명 아래에서는 움직임이 격한 보이는 대상물이 계속적으로 움직이듯이 보이는 스트로보스코프 현상이 생기는 경우가 있다. 이 스트로보스코프 현상은 경기나 관전에 지장을 주거나, 텔레비전이나 사진의 화질을 저하시키는 일이 있으므로 적어도 공식 경기·일반 경기 및 텔레비전 촬영을 하기 위한 조명 설비에서는 동일 장소를 조명하는 인접한 방전 램프를 삼상 전원의 각각 다른 상에 접속하는 것 등에 의하여 방지한다.

d) **광 원** 스포츠 시설의 조명에 이용할 수 있는 광원에는 백열 전구에서 대용량의 방전 램프까지 각종의 것을 생각할 수 있으나, 경제성과 유지 관리의 손쉬움에서 고효율로 광속 유지율이 좋고, 수명이 긴 방전 램프가 적합하다. 그 중에서도 메탈 핼라이드 램프, 고압 나트륨 램프 및 고압 수은 램프가 적합하다. 텔레비전 촬영을 하는 시설에서는 특히 연색성의 향상과 플리커[**해설 6. b)**를 참조] 현상 방지를 위해 백열 전구(할로겐 전구를 포함)를 혼용하는 경우도 있다.

메탈 핼라이드 램프(고연색성 메탈 핼라이드 램프 $Ra = 90$ 이상도 포함)는 효율, 수명 및 연색성이 뛰어나고, 단독으로 사용하는 경우에 적합하다. 일반적인 고압 나트륨 램프는 특히 효율과 광속 유지율에 뛰어나고 수명도 길어 경제적인 램프이지만, 약간 연색성이 떨어지므로 레크리에이션 시설 이외에는 일반적으로 메탈 핼라이드 램프와의 혼광 조명으로 하는 것이 좋다. 이들의 램프는 용량(W)의 종류가 많고, 또 투명형과 확산형이 있으므로 배광 제어의 자유도 높고, 시설의 규모에 관계 없이 사용할 수 있다. 형광 수은 램프는 긴 수명으로 안정한 특성을 가지고 범용성은 높으나, 확산형이므로 저조도의 시설에서 사용하면 좋다.

또한 형광 램프(FL)는 효율 연색성은 뛰어나지만, 1등당의 광속이 앞에서 설명한 메탈 핼라이드 램프,

고압 나트륨 램프 및 고압 수은 램프에 비하여 낮으므로, 기구의 부착 높이가 낮은 테니스 코트에서 사용 되는 일도 있다. 그러나 저온 환경에서는 정격값의 광속을 얻을 수 없으므로 램프의 표면 온도를 적절한 값으로 유지하는 것이 가능하도록 된 조명 기구와 조합시켜 사용할 필요가 있다.

e) **기 타**

1) **자연 환경에 적합한 공사 재료 및 공사 방법의 선택** 스포츠 시설에 있어서 동결, 적설 하중 및 풍압 하중을 고려하여, 충분한 기계적 강도와 절연 내력을 가진 조명 기재·배선 재료의 선정과 공사 방법의 검토가 필요하다.

2) **유지 및 관리의 용이함** 조명 설비는 사용 중의 램프 광속의 감쇠, 조명 기구와 램프의 오염 등에 의해 조도가 저하하고, 그대로 방치하면 50% 이하가 되는 경우도 있으므로 정기적인 유지 보수 작업이 필요 하다. 따라서 유지 보수가 쉬운 설비로 하는 배려가 필요하다.

3) **경 제 성** 조명 범위가 크고 조도도 높은 것에서 조명을 위해서는 큰 전력을 필요로 하므로, 전력 절약화, 인원 절감화 등을 꾀하고 초기 설비비만이 아니라, 유지 관리비도 적극 절감하도록 충분히 배려할 필요 가 있다.

4) **미 관** 주간의 조명 설비는 대단히 눈에 띄는 존재이다. 조명탑의 모양과 색채는 전체의 경관을 손상 하지 않도록 디자인적으로 뛰어나도록 고려한다.

5) **보안 조명** 공식 경기나 다수의 관객을 수용하는 시설은 혼란이나 사고 방지를 위한 전 점등시의 1% 이상의 조도 확보가 바람직하다.

또한 경기 종료 후의 설비 수납, 청소 등을 위해서는 일부의 조명 기구를 점등할 수 있도록 배려할 필요가 있다.

6) **예비 회로** 텔레비전 촬영이나 개최사를 위한 조명 설비를 가설할 수 있도록 예비 회로를 확보하여 두 면 편리하다.

5. 조명의 기준

5.1 테니스 코트의 조명

5.1.1 조명 범위 테니스 코트의 조명 범위는 코트 및 그 주변(경기를 하기 위해 필요한 공간)을 포함한 전체 의 경기면과 그 소요 공간이고, 이 범위에 충분한 빛이 존재하는 것이 중요하다. 그러나 조도의 측정이나 평 가해야 할 범위를 무제한으로 확대하는 것은 실용적이지 않으므로, **그림 1**에 표시한 것과 같이 측정·평가를 하는 경우의 대상 범위를 규정하였다.

5.1.2 조도 및 균일도 테니스 코트에 있어서는 보는 대상이 볼이나 사람의 얼굴이고 경기자의 통상 시선의 방향은 거의 수평에 가까우므로, 지표면의 조도보다 오히려 공간의 조도나 빛의 방향이 중요하다. 그러나 그 표현 방법과 평가 방법은 아직 충분히 명확하지 않고, 이후의 과제로 해야 하는 것이 많다. 이를 위해 이 규 격에서는 현실적 대응으로서 조명 계산, 측정 등을 하는데 있어 취급이 쉬운 수평면 조도로 규정하는 것으로 하고, **KS A 3011**에 정해진 값의 중간값을 취하고 하한을 끌어올렸다. 관객석이 있는 시설에 있어서 관객석 의 조도에 대해서는 특별히 규정하지 않았으나, 필요한 경우에는 **KS A 3011**에 정해진 값을 채용하면 된다.

또한 **표 1**에 표시한 평균 조도는 그 시설에서 유지해야 할 값이지, 준공시의 초기값을 표시하는 것은 아니 다. 만약 수직면 조도를 검토하는 경우에는 지표면상 1.5m가 교차하는 4방향의 조도 중, 적어도 어느 1방향의 평균값이 지표면의 수평면 조도 평균값의 $\frac{1}{2}$ 이상을 얻을 수 있는 것이 바람직하다.

양호한 가시 환경을 위해서는 충분한 조도를 얻음과 동시에 조도 분포의 변화가 매끄러운 것도 중요하다. 조도 균일도(**표 1**)는 이것을 목적으로 하여 규정한 것으로 목표값이 정해져 있다.

5.1.3 조명 기구의 배치 테니스 코트의 조명에 있어서 일반적으로 채용되는 조명 기구의 배치 방식에는 **해설**

그림 2에 표시하는 2종류의 방식이 있다.

사이드 배치는 경기자의 시선 방향과 조명 기구의 조사(照射) 방향이 직교하므로, 눈부심이 적고 부착 높이도 비교적 낮게 할 수 있다. 코너 배치는 경기 방향의 수직면 조도를 얻기 쉽다는 이점이 있으나, 반면 경기자의 시선 방향에 조명 기구가 있으므로 눈부심이 생기기 쉽고, 따라서 조명 기구의 부착 높이를 높게 해야 한다는 결점도 있다.

CIE 보고 "Lighting for tennis(1978)" (테니스 코트의 조명)에서는 사이드 배치를 장려하고 있고, 국제적인 부합화를 꾀하는 의미에서 이 규격에서는 "사이드 라인과 평행하게 배치한다"는 것을 원칙으로 하였다. 다만 다수의 코트가 연속하고 있고, 1~3면 단위로 조명 설비의 점멸 제어를 할 필요가 있는 경우, 코트간에 조명 기구를 배치하는 것에 문제가 있는 경우에는 어쩔 수 없는 방법으로 **그림 2 d)**에 표시하듯이 "베이스 라인 후방의 코트 중간"에 배치할 수 있는 것으로 하였다.

또한 2면 코트가 세로로 연속하는 코트 배치의 경우는 경제성에서 **그림 2 e)**에서 표시하듯이, 2면마다 경계 부근에 공용 폴(pole)을 배치할 수 있는 것으로 하였다.

위와 같이 텔레비전 촬영을 하지 않는 일반적인 코트에 있어서 조명 기구의 배치는 경기자에 대한 볼이나 네트, 상대 경기자 등의 보는 법을 최중점으로 하여 고려하면 좋으나, 텔레비전 촬영을 하는 경우에는 카메라 방향에서의 보는 법을 충분히 고려해야 한다.

텔레비전 촬영을 하는 경우의 주카메라의 위치는 통상 베이스 라인의 후방이고, 네트를 끼워서 상대하는 선수를 바라보는 위치에 있다. 따라서 일반적인 사이드 배치를 채용한 경우에는 바로 앞의 경기자의 뒷면은 어두운 그림자가 비쳐 경기자가 보는 방향이나 화면 내의 휘도 분포에 좋지 않은 경우가 생길 우려가 있다. 이와 같은 상태를 피하기 위해서는 베이스 라인 후방의 경기면보다 더욱 후방으로 내려간 위치에 조명 기구를 배치하고, 카메라 방향에서 본 경기자의 뒷면에 충분히 조명을 줄 필요가 있다.

따라서 텔레비전 촬영을 하는 경우의 조명 기구의 배치는 일반적인 배치와 다르고, 조명 기구간의 거리를 경기면의 범위를 초월해 배치하는 것이 가능한 것으로 하였다. 폴 사이의 거리는 관객석의 배치 등에 따라 제약되는 값이므로 최소값만을 나타냈다.

또한 지붕이 붙은 관객석 등이 있고, 규정의 높이를 만족하는 경우는 지붕에 배치해도 좋고, 폴 간격의 규정에 관계 없이 연속적으로 배치해도 좋다. 베이스 라인의 후방에 조명 기구를 배치하면 텔레비전 카메라 방향으로의 수직면 조도는 얻기 쉬우나, 경기자에 대한 눈부심이 증가하고 경기에 지장을 줄 우려도 있으므로, 조명 기구를 배치해서는 안 되는 범위를 설정하였다.

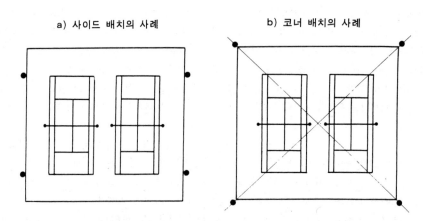

a) 사이드 배치의 사례   **b) 코너 배치의 사례**

해설 그림 2   일반적인 조명 기구의 배치 방식

5.1.4 조명 기구의 부착 높이 조명 기구의 부착 높이의 결정 방법은 **CIE** 보고에 따라 공식 경기, 일반 경기 및 레크리에이션의 경기 수준에 따라 식(2) 또는 식(3)을 사용하여 구하기로 하였다.

이 계산식은 일반적인 투광기를 사용하는 경우의 식이지만, **해설 5.1.5**에 기재한 테니스 코트 전용 투광기를 사용하는 경우에 있어서도 가능한 한 이 식에 따르는 것이 바람직하다.

5.1.5 조명 기구 투광기는 반사경이나 렌즈를 단독 또는 병용하여 광원에서 방사되는 광속을 일정 범위 내에 구속시켜 투사하는 조명 기구의 일종이다. 그 방사광의 범위를 좁게 한 것, 즉 빔의 열림이 작은 것을 협각형이라 하고, 원거리 지점 또는 좁은 면적을 조명하는데 적합하고, 그 범위가 넓은 것, 즉 빔의 열림이 큰 것을 광각형이라 하며, 근거리 지점을 조명하는데 적합하다. 중각형이라 칭해지는 것은 그 중간적 존재이다.

또한 빔의 열림은 기준축(기구 중심축)의 광도의 $\frac{1}{10}$의 값을 연결한 선분이 투광기를 바라보는 각도의 것으로, 협각형에서는 약 30°까지, 중각형에서는 약 30°에서 60°까지, 광각형은 60° 이상의 빔 열림을 가진다고 생각하면 된다. 조명 설계상은 이 각도의 경계값에 대해서는 그다지 구애받을 필요는 없다.

표 2는 이와 같은 배광 특성을 고려하여 책정한 선정표이지만, 어디까지나 일반적인 원칙을 나타내는 것이고, 시설 고유의 조건에 따라 조명 기구를 적절히 사용하는 것이 중요하다. 실제의 시설에 있어서는 **표 1**의 조도와 균일도를 만족시키는 것이 중요하고, 그를 위해서 **표 2**와 같이 되지 않는 것이 있어도 어쩔 수 없다.

아울러 일반적인 투광기와는 모양을 달리 하는 테니스 코트 전용에 배광 제어된 전용 투광기(대략 상자형으로 조사 각도를 임의로 설정할 수 없는 고정된 것이 많다.)가 있으나, 이 종류의 조명 기구를 사용하는 것도 가능하다.

5.2 야구장의 조명

5.2.2 조도 및 균일도 야구장의 조도는 테니스 코트와 대체로 같으므로, 여기서는 서로 다른 점만을 이하에 서술한다.

야구장의 운동 경기 구분(표 3)에 "공식 경기"를 추가하기로 하였다. 이것은 올림픽의 경기 종목이 된 것, 또 현실에 공식 경기가 되는 경기가 행해지는 것, 그리고 다른 스포츠의 경기 구분과 야구만이 상위하고 있던 것을 배려한 것이다.

경기면의 평균 조도는 내야와 외야의 조도가 같은 수준인 것이 이상적이나, 내외야에서의 볼의 스피드나 공의 빈도를 고려하여, 내야와 외야의 조도에 차이를 설정하였다. 이것은 경기면 전체의 조도 분포도 음미해야 하는 것을 나타내고 있다. 양호한 경기 환경을 얻기 위해서는 내야와 외야의 설계 조도의 비를 2 : 1 정도 이내로 하고, 내야에서 외야로의 조도 분포의 변화를 원활히 할 필요가 있다.

따라서 통상 배터리 사이라고 불리는 부분이 외야와 비교하여 지나치게 높은 것은 바람직하지 않으므로, 이 부분을 내야에 포함하고, 굳이 조도 구분을 만들지 않았다.

또한 통칭 내야 잔부라 불리는 부분에 대해서도 경기가 외야와 같다고 여겨지므로, 외야의 조도를 적용하는 것으로 하고 조도 구분을 만들지 않았다.

5.2.3 조명 기구의 배치 야구장에 있어서 조명 기구의 배치는 평균 조도, 조도 균일도 및 눈부심이 적절한 상태가 되도록 결정해야만 한다. 그 중에서도 특히 눈부심에는 충분히 주의를 기울인 배치로 하여야 한다.

야구 경기에 있어서는 던지고, 치고, 잡는 일련의 동작 속에서 경기자의 시선은 모든 방향을 향하기 때문에 조명 기구가 설치되어 있는 한, 어딘가 시선 속에 들어가는 것은 피할 수 없다. 그래서 볼의 움직임을 가장 정확히 파악할 필요가 있는 경기자나 정위치에 있는 경기자가 조명 기구를 시선 중에 넣을 기회가 가능한 한 적어지도록 하는 위치를 선정하여 조명 기구를 설치할 필요가 있다. 볼의 움직임을 특히 정확히 파악할 필요가 있는 경기자로서는 다음과 같은 경기자를 들 수 있다.

a) 타자, 포수, 심판 투수가 던지는 구근(球筋)이 잘 보일 것.

b) 투 수 던진 볼의 구근이 잘 보일 것.

c) **야수, 심판** 　타자가 친 볼의 방향이 잘 보일 것.

이들 경기자의 통상 시선 방향에 닿는 백네트 후방 주변과 백스크린 주변에는 조명 기구를 배치해서는 안 된다.

또한 2루에서 1루, 3루에서 1루라는 중요한 수비 위치간의 송구나 포구시에 야수 정면이나 배면에 조명 기구가 배치되어 있지 않은 것이 바람직하다. 이 경우 피해야 할 범위로서는 백스크린외 표준 나비(본루에서 2루를 바라보고 좌우 약 5°의 나비)를 참고로, 중요한 방향을 향하여 좌우 5°로 하였다. 다만 1루와 3루를 연결하는 방향의 피해야 할 범위에 대해서는 경기면에 얼룩이 생긴다고 생각되는 경우는 좌우 2°까지 완화해도 좋다(**해설 그림 3** 참조).

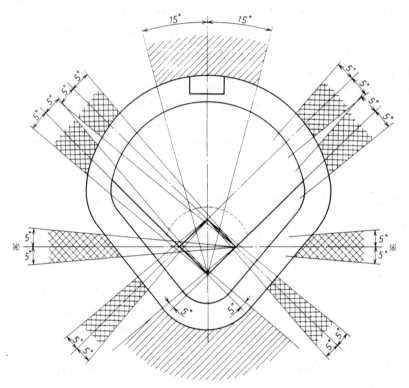

▨는 설치해서는 안 되는 구역

▩는 설치를 피하는 것이 바람직한 구역

※는 좌우 2°까지 완화해도 좋은 구역

해설 그림 3　조명 기구의 배치를 피해야 할 구역

이와 같이 이상적으로는 피해야 할 구역은 다수 있으나, 야구장의 입지 조건에 따라서는 조명탑 설치가 가능한 장소에 제한이 있고, 이상적인 위치에 설치할 수 없는 경우가 있다. 그리고 본체에서는 가장 장해가 크다고 생각되는 2곳을 피해야 할 위치로서 규정하였다. 조명탑 위치에 전혀 제한이 없는 경우에는 **해설 그림 3**을 적용하는 것이 바람직하다.

또한 지표면에 강한 그림자가 생기지 않도록 하고, 공간의 조도 분포를 양호하게 하기 위해서 조명 기구는 6곳에 배치하는 것을 원칙으로 하였다. 레크리에이션 시설에서는 여러 가지 이유에 의해서 조명 기구의 배치

수량을 어쩔 수 없이 줄이는 경우는 적어도 4곳 이상에 배치할 필요가 있다. 이 경우의 배치 예를 **해설 그림 4**에 표시한다.

5.2.4 조명 기구의 부착 높이 조명 기구의 배치가 적절해도 부착 높이가 지나치게 낮으면 인접하는 2개의 조명 기둥 사이가 어두워지고, 광원이 경기자나 관객의 시야 내에 들어가 눈부심이 생겨 경기 관람이 어렵고, 때로는 놓치는 일이 있다. 그래서 조명 기구의 부착 높이가 어느 정도 높아 눈부심을 저감하고, 방향이 다른 빛이 적합한 각도로 혼합되도록 하여야 한다.

이 기준에서는 조명 기구의 부착 높이는 식(4)에 따라 구하기로 하였다.

또한 레크리에이션 시설에서는 어쩔 수 없는 이유에서 조명 기구의 배치를 4곳으로 하는 경우의 부착 높이도 6곳의 경우와 같이 식(4)에 의해 구하는 것이 바람직하다. 이 경우의 L을 취하는 법은 **해설 그림 5**에 따른 것으로 한다.

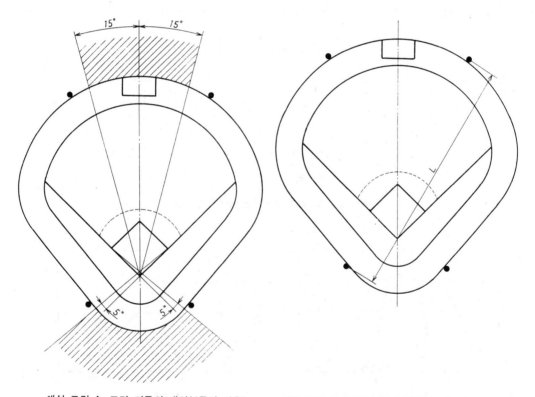

해설 그림 4 조명 기구의 배치(4곳의 경우)　　　**해설 그림 5 조명 기구의 부착 높이(4곳의 경우)**

5.2.5 조명 기구 **표 4**에 표시한 투광기의 선정 기준은 테니스 코트의 경우와 마찬가지로 일반적인 원칙을 표시한 것이다. **표 3**의 평균 조도, 조도 균일도를 만족시키는 것이 중요하고, 그를 위해서는 반드시 **표 4**와 같이 되지 않는 것도 어쩔 수 없다. 시설 고유의 조건에 따라 조명 기구를 적절히 나누어 사용하는 것이 중요하다(해설 5.1.5 참조).

6. 텔레비전 촬영을 위한 조명의 기준 텔레비전 촬영을 하는 경우에는 경기를 위한 조명과 아울러, 텔레비전 촬영을 위한 조명상의 특별한 조건이 요구된다. 텔레비전 카메라의 특성인 래티튜드(흑백의 재현 범위), 화이트 밸런스에 따른 제어 방식, SN비(신호 대 잡음비), 피사계 심도 등은 인간의 눈에 비해 불충분한 곳이 있

으므로 조명의 질과 양을 좋게 할 필요가 있다.

컬러 텔레비전 카메라(해설 그림 6)은 고유의 분광 감도 특성(해설 그림 7)을 가진 광전 변환 장치로, 피사체에서의 색광은 렌즈를 통하여 3색 분해 광학계에 들어가고, 상대값을 가진 3개의 컬러 채널[적(R)·녹(G)·청(B)]의 전기 신호로 변환된다. 이 3개의 컬러 채널의 상호 관계는 전기적으로 화이트 밸런스 조정(카메라를 백색면을 향하여 R·G·B의 신호 출력을 조성한다.)이나 촬상관 특성 등을 보정한 후에 신호를 매트릭스 변환하고, 해설 그림 8에 나타내는 스펙트럼 3자극값과 등가적인 곡선으로 조정하여 송신에 상태가 좋은 형태(NTSC 방식)로 보내고 있다. 이 전기 신호의 화이트 밸런스 조정과 매트릭스 변환이 텔레비전 화면의 색재현의 기본적인 요소가 된다.

컬러 텔레비전 카메라가 양호한 화질을 확보하기 위해서는 화질을 결정하는 성능으로서 SN비, 잔상, 색재현, 해상도, 래티튜드 등이 문제가 되고 운용, 조작상에서 피사계 심도가 문제가 된다. 피사체에 닿는 조명의 성능으로서는 색온도, 연색성, 조화된 광량 및 플리커의 유무 등이 문제가 된다.

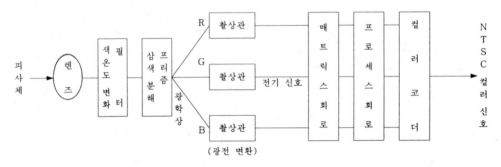

해설 그림 6 컬러 텔레비전 카메라의 구성

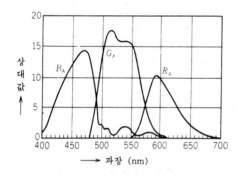

해설 그림 7 컬러 텔레비전 카메라의
분광 감도 특성

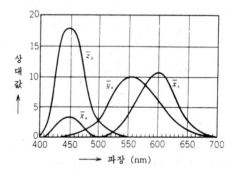

해설 그림 8 CIE 표색계에 있어서의
스펙트럼 3자극값
(시각에 따른다.)

a) 조도 및 균일도

1) 조도의 결정 요소　텔레비전 방송에서는 경기를 측면에서 촬영하는 일이 많으므로 수직면 조도가 중요하다. 카메라의 감도는 주로 렌즈의 조임과 촬상관(촬상 디바이스)의 감도 및 SN비에 의해 결정되지만, 통상 사용되는 텔레비전 카메라에서는 휘도 신호에서 SN비 50dB 이상을 얻기 위해서 촬상관의 광전면

조도에서 약 4lx를 필요로 한다(카메라의 타입에 따른다.)

또한 렌즈의 조임은 피사계 심도에 크게 영향을 주고, 촬영 거리가 멀고, 망원 렌즈를 조여 충분한 피사계 심도를 얻어 촬영하는 경우에 수직면 조도를 높게 할 필요가 있다.

그리고 경기의 종류에 따라 촬영 대상물의 움직임의 스피드, 크기에서도 영향을 받으므로, 빠른 움직임이나, 작은 물체를 촬영하기 위해서는 수직면 조도를 한층 높게 할 필요가 있다.

2) 소요 조도 텔레비전 촬영에 필요한 수직면 조도는 해설 식 4를 사용하여 산출한다.

$$E_v = \phi_k(S) \cdot k^2 \cdot [4(1+V)^2 / F_{PH} \cdot R \cdot T] \quad \cdots\cdots\cdots\cdots\cdots\cdots\cdots\cdots \text{해설 식 4}$$

여기에서 E_v : 수직면 조도(lx)

$\phi_k(S)$: S인 SN비를 얻는데 필요한 렌즈의 투과 광속(lm)

k : 조임(f값)

V : 확대율(실제로는 V≪1이므로 무시해도 좋다.)

F_{PH} : 광 도전면의 면적(m²)

R : 기준 백색의 반사율(0.6)

T : 렌즈의 투과율(0.7)

해설 식 4를 사용한 계산 결과를 해설 표 2에 표시한다.

해설 표 2 텔레비전 촬영에 있어서의 수직면 조도의 계산값

조임(f값)	2	2.8	4	5.6
수직면 조도 lx	375	750	1 500	3 000

경기장에 있어서 "카메라가 있는 쪽에 대한 수직면 조도"란 통상의 텔레비전 중계되는 경우의 메인 카메라가 설치되는 쪽을 말한다.

3) 균 일 도 텔레비전 카메라의 특성인 래티튜드(흑백의 재현 범위)는 40 : 1로 그 범위 내에 피조사면의 휘도를 수용하는데는 휘도차가 보다 작은 것이 요구되기 때문에 최대값과 최소값의 비로 균일도를 결정한다.

b) 플리커의 감소 텔레비전과 같이 움직임을 표현하는 화상 시스템에서는 단위 시간에 몇 장의 정지 그림을 전송하는 방법을 채택하지만, 이 1초간에 보내는 정지 화상(필름의 코마 수에 상당)을 텔레비전에서는 프레임 주파수(프레임 수/초)라 부른다. 피사체의 운동을 원활히 재현하기 위해서는 프레임 주파수를 많게 하면 좋으나, 그러면 전송하는 신호 대역이 넓어진다. 이 때문에 광전 변환의 과정에서 1장의 화상을 거친 주사(走査)의 2장의 화상으로 분해하고, 겉보기상의 상수(像數)를 늘리는 주사 방식(인터레이스 방식)을 채용한다. 이 매초의 상수와 텔레비전 화면의 잔광이 운동하는 피사체의 원활함과 텔레비전 화면의 플리커에 관계하는 거친 주사에 의한 매초의 상수를 필드 주파수(필드/초)라 하고, 한국의 표준 방식의 텔레비전에서는 필드 주파수 60Hz, 프레임 주파수 30Hz의 인터레이스를 채용하고 있다.

텔레비전 촬영을 하기 위해서 단상의 상용 전원에서 방전 램프를 점등하여 조명하면, 그 전원 주파수와 같은 램프의 발광 주파수와 텔레비전의 필드 주파수(60Hz)와의 간섭이 일어나고, 텔레비전 화면에 나타나는 플리커가 된다.

이 플리커를 감소시키기 위해서는 방전 램프를 삼상 전원에 접속하는 등의 대책이 필요하다.

c) 광원색 및 연색성 광원색은 색온도가 3 000~6 000K의 범위 내에 있고, 연색 평가수가 높은 것이 바람직하다. 텔레비전 방송을 하는 경우의 스포츠 조명에 관한 **CIE** Publ. No. 83에서는 평균 연색 평가수 $Ra \geq$ 65를 권장한다. 테니스 코트 조명에는 이 값을 채용하였다. 야구장 조명에 대해서는 한국의 경우, 각종 광원을 조합시켜 사용하는 것을 고려하고, 그 경우에도 지장이 없는 실제적인 값으로서 $Ra \geq 55$로 하였다.

최근의 연색성 평가의 확인 시험에서는 HDTV에 있어서 바람직한 색재현을 얻는 광원색의 평균 연색

평가수 Ra의 값이 80 이상인 것이 바람직하다고 밝혀졌다.

7. 유지 및 관리 조명 설비의 유지 및 관리는 설비를 안전하게 운용하고, 조명 효과를 최대한으로 발휘시키는데 있어서 대단히 중요한 작업이다.

a) **점등 상태의 점검** 램프를 정상으로 동작시켜, 적절한 광속과 수명을 유지하기 위해서는 적절한 입력 전압으로 사용할 필요가 있다.

일반적으로 입력 전압의 변동 범위는 정격의 ±6% 이내로 되어 있다. 입력 전압이 이 범위보다 지나치게 적으면 램프가 시동하지 않거나 밝기가 저하하고, 지나치게 높은 경우에는 램프나 안정기에 사고를 일으키는 일이 있다.

b) **램프의 교환** 램프는 사용하는 사이에 광속이 감쇠하고, 충분한 광속을 유지하는 것이 불가능해자거나, 점등 불능이 되는 경우도 있다. 이와 같은 경우에는 신속히 교환하는 것이 중요하다.

c) **안정기의 교환(별도 설치형에 한함)** 장기간 사용하고, 절연이 저하된 안정기는 교환한다. 다만 조명 기구에 내장된 안정기의 개·보수는 금지되어 있으므로, 별치형의 안정기에 한한다. 교환 주기의 기준은 **KS C 8008**에 따른다.

안정기에는 전원 주파수에 적합한 것을 선택하지 않으면 밝기나 수명에 영향을 주고, 램프나 안정기가 파손할 위험도 있으므로, 교환시에는 주의를 요한다.

d) **청 소** 먼지 등이 조명 기구의 반사경이나 전면 유리에 부착하면 조명 효율이 저하되므로, 정기적으로 청소를 할 필요가 있다. 청소의 빈도는 환경에 따라 다르나, 적어도 연 1회 정도의 청소를 실시하는 것이 바람직하다.

청소 방법은 먼지 등이 부착한 정도의 가벼운 오염 등의 경우에는 걸레를 사용하여 물로 닦아내면 좋고, 배기 가스, 매연 등으로 더렵혀진 경우에는 중성 세제를 사용하여 세정한 후, 깨끗한 물에 세제를 충분히 넣어 닦을 필요가 있다.

또한 세정시에는 충전 부분에 물방울이 떨어지지 않도록 주의하고, 만일 충전 부분을 적신 경우에는 충분히 건조시켜 두어야 한다.

e) **조명 기구의 점검** 조명 기구의 조사 방향이 적절하지 않으면 충분한 조명 효과는 얻을 수 없다. 준공시에 설정된 조사 각도가 청소나 램프 교환 작업에 의해 움직이지 않는지, 또는 가구나 안정기 등의 부착 볼트에 느슨함이 없는가를 점검한다.

f) **조명 기둥의 점검·보수** 옥외의 시설에서 철제 기둥을 사용하는 경우, 육안에 의한 정기 점검을 하고 도막의 박리, 녹, 기초부와 접합부의 결합 등이 발생한 곳을 발견하면 즉시 보수하는 것이 중요하다.

g) **배선 및 점멸 장치의 점검·보수** 전기 설비의 누전이나 감전 등의 우려가 있는 곳은 조기에 발견하고, 즉시 보수하는 것이 중요하다.

또한 점멸 장치 등에 전자 접촉기를 사용하는 것은 접점의 오염, 접촉 불량을 일으키는 것이 있으므로, 정기적으로 점검, 보수할 필요가 있다. 전기적인 점검의 빈도는 연 1회 이상하여야 한다.

h) **조도의 측정(부속서에 따른다.) 및 기록** 측정 영역 내의 대표적인 몇 곳을 선정하고, 연 1회 이상의 조도 측정을 하는 것이 바람직하다. 측정 결과는 관리 대장에 기입하고, 조도 저하의 상황에서 램프의 열화나 조명 기구의 오염의 정도를 알고, 설계시에 계획된 조도를 유지하도록 관리하여야 한다.

부속서 조도 측정 방법 해 설

1. 적용 범위 조도 측정의 일반 원칙에 대해서는 **KS C 7612**(조도 측정 방법)에 표시되어 있으므로 이것을 준용하는 것으로 하고, 이 **부속서**에서는 본체에 규정한 다음 시설의 수평면 조도와 수직면 조도의 평균값이나 조도 균일도를 구할 때의 조도 측정 방법에 대하여 규정하기로 하였다.

a) 테니스 코트

b) 야 구 장

또한 조도계는 소정의 성능을 가진 것으로서 **KS C 1601**(조도계)에 규정되어 있는 "일반형 AA급 또는 이 것 이상의 성능"으로 하였다.

2. 조도 측정 방법

2.1 측정 범위 측정 범위는 본체에 표시한 조명 범위로 하였다.

2.2 측 정 점 측정점은 그 수가 적을수록 측정 작업량은 적어지는 반면 측정 오차가 커지므로, 측정 오차와 측정 작업량에서 적절한 수를 설정할 필요가 있다. 이것에 대해서 **KS C 7612**의 **해설**을 참조하고, 이 규격에 적용하면 측정 간격을 조명 기구의 부착 높이의 0.3~0.7배를 취하고 측정 점수를 30~50점으로 하면 실용상 문제는 없다.

또한 야구장에 있어서 펜스 5m 미만에 대해서는 측정점으로 하지 않아도 좋은 것은, 펜스에 의한 그림자의 영향을 피할 것을 고려한 것에 따른다.

2.3 수평면 조도의 측정 지면 또는 지면상 15cm 이하의 수평면 조도를 측정한다고 규정한 것은 조도계에 두 께가 있는 것을 고려한 것에 따른다.

2.5 수직면 조도의 측정 수직면 조도의 측정에서 측정 위치를 지표면상 1.5m로 규정한 것은 피대상물이 되는 경기자의 얼굴 위치를 고려한 것에 따른다.

수직면 조도의 측정 방향을 **부속서 그림 3** 및 **부속서 그림 4**에 표시한 것과 같이 4방향으로 한 것은 텔레비전 카메라의 설치 위치와 촬영 방향을 고려한 것에 따른다. 즉, 수직면 조도의 측정 방향은 모든 텔레비전 카메라에 면한 방향으로 하는 것이 이상적이나, 실제로는 텔레비전 카메라의 설치 위치와 촬영 방향이 일정하지 않으므로 일치시키는 것은 곤란하고, 또 4방향에서 측정하면 실용적으로는 충분하다고 생각할 수 있기 때문이다.

5. 옥외 스포츠 시설의 조명기준
(육상 경기장, 축구장, 럭비장)
Lighting for Outdoor Sports
(Track and Field, Soccer Field, Rugby Field)

KS A 3705 : 1990
(1995 확인)

1. **적용 범위** 이 규격은 옥외 스포츠 시설(육상 경기장, 축구장, 럭비장 및 이들의 겸용시설)(이하 스포츠 시설이라 한다)의 조명기준에 대하여 규정한다.

2. **조명의 실시 요건**

2.1 **조사 사항** 스포츠 시설의 조명(이하 스포츠 조명이라 한다)을 계획하는 데는 다음 사항을 사전에 조사한다.

(1) **스포츠 시설의 종류**

(a) 육상경기, 축구, 럭비 등의 전용 경기장인지 겸용 경기장인지의 구별.

(b) 공식 경기용인지 레크리에이션용인지 등의 구별.

(c) 경기를 텔레비전 방송하는 경우가 있는지의 구별.

(2) **시설의 구조** 모양, 치수 및 그라운드 표면의 종류(색채, 반사율 등).

(3) **시설의 환경** 근접하는 주택지, 농지 등의 구별 및 비행장, 철도, 도로 등 시설의 유무.

(4) **기상 조건** 강설, 염해, 강풍의 상황 등.

(5) **전원 상황** 배전선의 상황과 그 용량, 전압 및 주파수.

2.2 **조명의 설계**

2.2.1 **조도와 그 균일도** 경기면과 그 필요한 공간에는 충분한 조도를 주어 양호한 균일도를 확보한다.

2.2.2 **글 레 어** 경기에 중대한 지장을 초래하는 일이 없도록 글레어는 되도록 낮아지게 배려한다.

2.2.3 **스트로보스코프 효과** 방전등을 교류(60 Hz)로 점등하는 경우에는 스트로보스코프 효과를 되도록 낮게한다.

2.2.4 **광 원** 광원은 다음 모든 사항을 고려하여 적절한 것을 선정한다.

(1) 램프 효율(방전등에서는 안정기를 포함하는 종합효율).

(2) 수명 및 광속 유지율

(3) 광원색 및 연색성

2.2.5 **기 타** 다음 사항에 대하여도 고려한다.

(1) 보수·관리의 용이성

(2) 경 제 성

(3) 정전에 대한 대응

관련 규격 : KS C 7612 조도 측정 방법

(4) 미 관

(5) 장래의 증설 계획

3. 조명의 기준 스포츠 시설의 조명설비는 스포츠의 종류, 경기구분에 따라 다음 각 항에 정한 기준에 적합하여야 한다.

(1) 조명 범위 조명범위는 경기면 전체로 하고, 조도의 측정·평가(기준조도의 설정, 조도측정, 조도 균일도의 계산 등)를 하는 경우의 대상범위도 똑같이 한다.

또한, 여기에서 말하는 경기면은 다음 범위를 표시한다.

(a) 육상 경기장 트랙 및 거기에 둘러싸인 범위. 다만, 트랙의 바깥쪽에 경기시설이 있는 경우는 그 경기시설 전체를 포함한다.

(b) 축 구 장 터치 라인과 골 라인으로 둘러싸인 범위.

(c) 럭 비 장 터치 라인과 데드볼 라인으로 둘러싸인 범위.

(2) 조 도 스포츠 시설 경기면의 수평면 조도의 평균치 및 그 균일도는 **표 1**에 표시하는 값으로 한다.

표 1 조도와 균일도([1])

경기 구분	수평면 조도의 평균치 lx	조도 균일도([2])
공식 경기	750~300	0.50 이상
일반 경기	300~150	0.40 이상
레크리에이션	150~100	0.25 이상

주([1]) 텔레비전 촬영을 위한 조도와 그 균일도에 대하여는 **4.**를 참조할 것.

([2]) 조도 균일도는 수평면 조도의 최소치/수평면 조도의 평균치를 표시한다.

(3) 조명기구의 선정 스포츠 시설에 사용하는 조명기구는 투광기로 하고 원칙적으로 **표 2**에 따라 선정한다.

표 2 조명 기구

경기구분·조명기구의 배치		투광기의 배광		
		좁은각 배광	중간각 배광	넓은각 배광
공식경기 및 일반경기	코너 배치([3])	◎	○	○
	사이드 배치([4])	○	◎	○
레크리에이션		○	○	◎

주([3]) 경기면 4구석 근방에 조명기구를 배치하는 방법.

([4]) 경기면 길이 방향을 따라 조명기구를 배치하는 방법.

비 고 ◎ : 주로 사용하는 것   ○ : 보조적으로 사용하는 것

(4) 조명기구의 배치 스포츠 조명에서의 조명기구 배치는 다음 각 항에 정하는 대로 한다.

(a) 육상 경기장 및 겸용 경기장(육상경기, 축구, 럭비)인 경우 원칙적으로 **그림 1**에 표시하는 사이드 배치(8곳)로 한다.

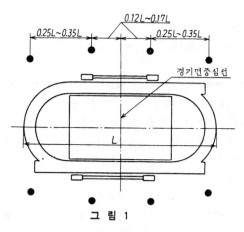

그 림 1

비 고 ●표는 조명기구의 설치위치

(b) **축구 전용 경기장인 경우** 원칙적으로 **그림 2**에 표시하는 코너 배치(4곳) 또는 **그림 3**에 표시하는 사이드 배치(8곳)로 한다.

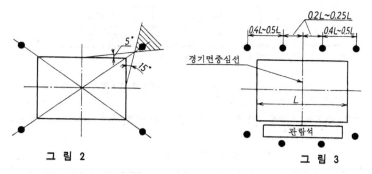

그 림 2

비 고 1. ●표는 조명기구의 설치위치
      2. 조명기구는 사선 내에 배치한다.

그 림 3

비 고 ●표는 조명기구의 설치위치

(c) **럭비 전용 경기장인 경우** 원칙적으로 **그림 4**에 표시하는 사이드 배치(8곳)로 한다.

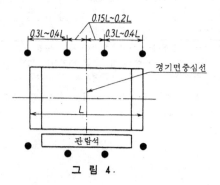

그 림 4.

비 고 ●표는 조명기구의 설치위치

(5) 조명기구의 부착높이 스포츠 조명에서 조명기구 부착높이는 원칙적으로 사이드 배치인 경우에는 식 (1) 및 **그림 5~7**을 사용하고 코너 배치인 경우에는 식(2)와 **그림 8** 및 **그림 9**를 사용하여 결정한다.

(a) 사이드 배치인 경우

$$0.35 L_1 \leq H \leq 0.6 L_1$$

또한

$$L_2 \leq H \leq 4 L_2 \qquad \cdots\cdots\cdots\cdots\cdots\cdots\cdots\cdots\cdots (1)$$

여기에서 L_1 : 경기면 중심선에서 최하단 조명기구까지의 수평거리 (m)

L_2 : 경기면 끝에서 최하단 조명기구까지의 수평거리 (m)

H : 최하단 조명기구의 부착높이 (m)

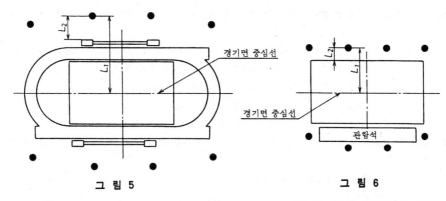

그 림 5

비 고 ●표는 조명기구의 설치위치

그 림 6

비 고 ●표는 조명기구의 설치위치

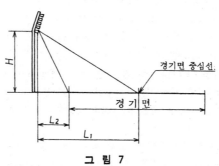

그 림 7

(b) 코너 배치인 경우

$$0.35 L_1 \leq H \leq 0.6 L_1$$

또한

$$H \leq 3 L_2 \qquad \cdots\cdots\cdots\cdots\cdots\cdots\cdots\cdots\cdots (2)$$

여기에서 L_1 : 경기면 중심선에서 최하단 조명기구까지의 수평거리 (m)

L_2 : 경기면 끝에서 최하단 조명기구까지의 수평거리 (m)

H : 최하단 조명기구의 부착높이 (m)

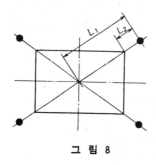

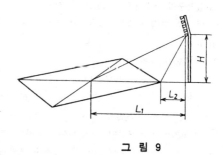

그 림 8 그 림 9

비 고 ●표는 조명기구의 설치위치

4. 텔레비전 촬영을 위한 조명의 기준 텔레비전 촬영을 하는 스포츠 시설의 조명설비는 다음 각 항에 정하는 기준에 적합한 것으로 한다.

(1) 조 도 카메라가 있는 쪽으로 지상 1.5 m 인 위치의 연직면 조도 평균치는 1000 lx 이상으로 하고 수평면 조도와 연직면 조도의 관계는 식 (3)에 표시하는 대로 한다.

$$\frac{1}{2} \leq Eh_{ave.} / Ev_{ave.} \leq 2 \quad \cdots\cdots\cdots\cdots\cdots\cdots\cdots\cdots\cdots\cdots\cdots (3)$$

여기에서 $Eh_{ave.}$: 수평면 조도의 평균치 (lx)

$Ev_{ave.}$: 연직면 조도의 평균치 (lx)

(2) 조도의 균일도 수평면 조도 및 연직면 조도의 균일도는 각각 식 (4) 및 식 (5)에 표시하는 대로 한다.

$$\text{수평면 조도의 균일도} : Eh_{min.} / Eh_{max.} \geq \frac{1}{2} \quad \cdots\cdots\cdots\cdots\cdots\cdots (4)$$

$$\text{연직면 조도의 균일도} : Ev_{min.} / Ev_{max.} \geq \frac{1}{3} \quad \cdots\cdots\cdots\cdots\cdots\cdots (5)$$

여기에서 $Eh_{min.}$: 수평면 조도의 최소치 (lx)

$Eh_{max.}$: 수평면 조도의 최대치 (lx)

$Ev_{min.}$: 연직면 조도의 최소치 (lx)

$Ev_{max.}$: 연직면 조도의 최대치 (lx)

(3) 플리커의 감소 방전등을 사용하는 경우에는 텔레비전 화면 상에 나타나는 플리커 (어른거림)를 감소시키기 위하여 3 상전원에 접속하는 등의 대책을 강구한다.

(4) 광원의 색온도와 연색성 광원은 색온도가 3000~6000 K 이고 평균 연색 평가수 $Ra \geq 55$ 인 것을 사용한다.

다만, 2 종 이상의 광원을 혼용하여 이 값을 만족시켜도 좋다.

(5) 관람석의 조명 관람석이나 경기면 주변을 촬영하는 것을 고려하여 카메라가 있는 쪽으로의 관람석 연직면 조도는 경기면의 0.25 배 정도로 한다.

5. 유지 및 관리 조명설비의 유지 및 관리를 위해 정기적으로 다음 작업을 한다.

(1) 점등상태의 점검

(2) 램프의 교환

(3) 청 소

(4) 조명기구의 점검

(5) 조명기둥의 점검·보수

(6) 배선 및 점멸장치의 점검·보수

(7) 조도의 측정 (**부속서**에 따른다) 및 기록

부 속 서 조 도 측 정 방 법

1. **적용 범위** 이 **부속서**는 육상 경기장, 축구장 및 럭비장의 수평면 조도와 연직면 조도의 측정방법에 대하여 규정한다. 이 **부속서**에서 규정한 이외의 조도 측정 일반 원칙은 **KS C 7612**(조도 측정 방법)에 따른다.

2. **조도 측정 방법**

2.1 **측정 영역** 조도의 측정영역은 경기면 전체로 한다.

2.2 **측 정 점** **부속서 그림 1~3**에 예시하는 것과 같이 우선 필드의 중심에서 긴축 방향으로 18 m를 기본간격으로 하는 분할선을 긋고, 다음에 짧은 방향으로 9 m를 기본간격으로 하는 분할선을 그어서 각 분할선의 교점을 구한다. 육상 경기장에서는 각 분할선의 교점 137점을 표준 측정점으로 하고, 축구장에서는 63점을, 럭비장에서는 81점을 각각 표준 측정점으로 한다.

2.3 **수평면 조도의 측정** 2.2에 표시한 측정점의 지면 또는 지면상 15 cm 이하의 수평면 조도를 측정한다.

2.4 **연직면 조도의 측정** 2.2에 표시한 측정점의 지면상 1.5 m인 위치의 연직면 조도를 측정한다. 연직면 조도의 측정방향은 **부속서 그림 4**에 표시하는 4방향으로 한다.

    비 고 1. 조명시설 및 측정영역이 함께 중심선에 대하여 대칭이 되는 경우에는 대칭된 어느 1면에 대하여 측정을 하고 다른 부분을 생략하여도 좋다.
           2. 보수·관리를 목적으로 하는 경우에는 대표적인 몇 점의 조도를 측정하여 전체 조도의 추이를 판단하여도 좋다.

부속서 그림 1 육상 경기장

단위 : m

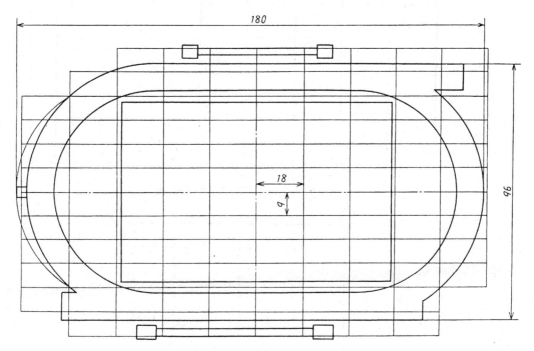

부속서 그림 2 축 구 장

단위 : m

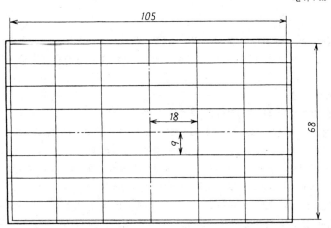

부속서 그림 3 럭 비 장

단위 : m

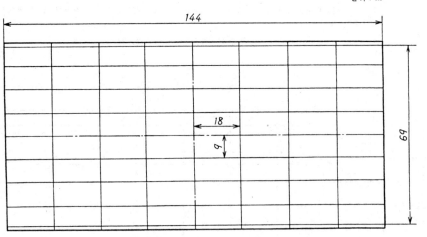

부속서 그림 4 연직면 조도의 측정방향

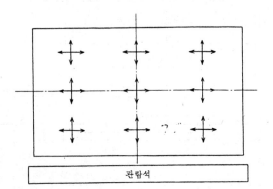

부록 ⑤ ▶ 구역공간법 조명률표

Coefficients of Utilization, Wall Luminance Coefficients, Ceiling Cavity Luminance Coefficients, Luminaire Spacing Criteria and Maintenance Categories Typical Luminaires

Typical Luminaire	Typical Intensity Distribution and Per Cent Lamp Lumens		ρcc →	80			70			50			30			10			0		ρcc →
			ρw →	50	30	10	50	30	10	50	30	10	50	30	10	50	30	10	0	WDRC	ρw →
	Maint. Cat.	SC	RCR ↓	Coefficients of Utilization for 20 Per Cent Effective Floor Cavity Reflectance (ρfc = 20)																	RCR ↓
1	V	1.5	0	.87	.87	.87	.81	.81	.81	.70	.70	.70	.59	.59	.59	.49	.49	.49	.45		
			1	.71	.66	.62	.65	.61	.58	.55	.52	.49	.46	.44	.42	.38	.36	.34	.30	.368	1
			2	.60	.53	.48	.55	.50	.45	.47	.42	.38	.39	.35	.32	.31	.29	.26	.23	.279	2
			3	.52	.44	.38	.48	.41	.36	.40	.35	.31	.33	.29	.26	.27	.24	.21	.18	.227	3
			4	.45	.37	.32	.42	.35	.29	.35	.30	.25	.29	.25	.21	.23	.20	.17	.14	.192	4
			5	.40	.32	.27	.37	.30	.25	.31	.25	.21	.26	.21	.18	.21	.17	.14	.12	.166	5
			6	.35	.28	.23	.33	.26	.21	.28	.22	.18	.23	.19	.15	.19	.15	.12	.10	.146	6
			7	.32	.25	.19	.29	.23	.18	.25	.20	.16	.21	.16	.13	.17	.13	.11	.09	.130	7
			8	.29	.22	.17	.27	.20	.16	.23	.17	.14	.19	.15	.12	.15	.12	.09	.07	.117	8
			9	.26	.19	.15	.24	.18	.14	.21	.16	.12	.17	.13	.10	.14	.11	.08	.07	.107	9
Pendant diffusing sphere with incandescent lamp	35½% ↓ 45% ↑		10	.24	.17	.13	.22	.16	.12	.19	.14	.11	.16	.12	.09	.13	.10	.08	.06	.098	10
2	II	N.A.	0	.83	.83	.83	.72	.72	.72	.50	.50	.50	.30	.30	.30	.12	.12	.12	.03		
			1	.72	.69	.66	.62	.60	.57	.43	.42	.40	.26	.25	.25	.10	.10	.10	.03	.018	1
			2	.63	.58	.54	.54	.50	.47	.38	.35	.33	.23	.22	.20	.09	.09	.08	.02	.015	2
			3	.55	.49	.45	.47	.43	.39	.33	.30	.28	.20	.19	.17	.08	.07	.07	.02	.013	3
			4	.48	.42	.37	.42	.37	.33	.29	.26	.23	.18	.16	.15	.07	.06	.06	.02	.012	4
			5	.43	.36	.32	.37	.32	.28	.26	.23	.20	.16	.14	.12	.06	.06	.05	.01	.011	5
			6	.38	.32	.27	.33	.28	.24	.23	.20	.17	.14	.12	.11	.06	.05	.04	.01	.010	6
			7	.34	.28	.23	.30	.24	.21	.21	.17	.15	.13	.11	.09	.05	.04	.04	.01	.009	7
			8	.31	.25	.20	.27	.21	.18	.19	.15	.13	.12	.10	.08	.05	.04	.03	.01	.008	8
			9	.28	.22	.18	.24	.19	.16	.17	.14	.11	.10	.09	.07	.04	.03	.03	.01	.008	9
Concentric ring unit with incandescent silvered-bowl lamp	83% ↓ 3½% ↑		10	.25	.20	.16	.22	.17	.14	.16	.12	.10	.10	.08	.06	.04	.03	.03	.01	.007	10
3	IV	1.3	0	.99	.99	.99	.97	.97	.97	.93	.93	.93	.89	.89	.89	.85	.85	.85	.83		
			1	.87	.84	.81	.85	.82	.79	.82	.79	.77	.79	.76	.74	.76	.74	.72	.71	.323	1
			2	.76	.70	.65	.74	.69	.65	.71	.67	.63	.69	.65	.62	.66	.63	.60	.59	.311	2
			3	.66	.59	.54	.65	.59	.53	.62	.57	.53	.60	.56	.52	.58	.54	.51	.49	.288	3
			4	.58	.51	.45	.57	.50	.45	.55	.49	.44	.53	.48	.44	.51	.47	.43	.41	.264	4
			5	.52	.44	.39	.51	.44	.38	.49	.43	.38	.47	.42	.37	.46	.41	.37	.35	.241	5
			6	.46	.39	.33	.46	.38	.33	.44	.38	.33	.43	.37	.33	.41	.36	.32	.31	.221	6
			7	.42	.34	.29	.41	.34	.29	.40	.33	.29	.39	.33	.29	.38	.32	.28	.27	.203	7
			8	.38	.31	.26	.37	.31	.26	.36	.30	.26	.35	.30	.25	.34	.29	.25	.24	.187	8
			9	.35	.28	.23	.34	.28	.23	.33	.27	.23	.32	.27	.23	.32	.26	.23	.21	.173	9
Porcelain-enameled ventilated standard dome with incandescent lamp	0% ↓ 83½% ↑		10	.32	.25	.21	.32	.25	.21	.31	.25	.21	.30	.24	.21	.29	.24	.20	.19	.161	10
4	V	1.3	0	.89	.89	.89	.85	.85	.85	.77	.77	.77	.70	.70	.70	.63	.63	.63	.60		
			1	.77	.74	.71	.74	.71	.68	.67	.65	.63	.61	.59	.57	.55	.54	.53	.50	.264	1
			2	.68	.63	.59	.65	.61	.57	.59	.56	.53	.54	.51	.49	.49	.47	.45	.42	.224	2
			3	.61	.55	.50	.58	.53	.48	.53	.49	.45	.49	.45	.42	.44	.42	.39	.37	.197	3
			4	.54	.48	.43	.52	.46	.42	.48	.43	.39	.44	.40	.37	.40	.37	.34	.32	.176	4
			5	.49	.42	.38	.47	.41	.37	.43	.38	.35	.40	.36	.33	.37	.33	.31	.29	.159	5
			6	.44	.38	.33	.43	.37	.32	.39	.34	.31	.36	.32	.29	.34	.30	.27	.26	.145	6
			7	.40	.34	.30	.39	.33	.29	.36	.31	.27	.33	.29	.26	.31	.27	.25	.23	.133	7
			8	.37	.31	.27	.36	.30	.26	.33	.28	.25	.31	.27	.24	.29	.25	.22	.21	.124	8
			9	.34	.28	.24	.33	.27	.24	.31	.26	.22	.29	.24	.21	.27	.23	.20	.19	.115	9
Prismatic square surface drum	18½% ↓ 60½% ↑		10	.32	.26	.22	.30	.25	.21	.28	.24	.21	.27	.23	.20	.25	.21	.19	.17	.108	10
5	IV	0.8	0	1.19	1.19	1.19	1.16	1.16	1.16	1.11	1.11	1.11	1.06	1.06	1.06	1.02	1.02	1.02	1.00		
			1	1.08	1.05	1.03	1.06	1.03	1.01	1.02	1.00	.98	.98	.97	.95	.95	.93	.92	.90	.241	1
			2	.99	.94	.89	.97	.92	.88	.93	.90	.86	.90	.87	.84	.88	.85	.83	.81	.238	2
			3	.90	.84	.79	.88	.83	.78	.86	.81	.77	.83	.79	.76	.81	.77	.74	.73	.227	3
			4	.82	.75	.70	.81	.75	.70	.79	.73	.69	.77	.72	.68	.75	.71	.67	.66	.215	4
			5	.76	.68	.63	.75	.68	.63	.73	.67	.62	.71	.66	.62	.69	.65	.61	.59	.202	5
			6	.70	.62	.57	.69	.62	.57	.67	.61	.57	.66	.60	.56	.64	.60	.56	.54	.191	6
			7	.65	.57	.52	.64	.57	.52	.62	.56	.52	.61	.56	.52	.60	.55	.51	.50	.180	7
			8	.60	.53	.48	.59	.53	.48	.58	.52	.48	.57	.52	.47	.56	.51	.47	.46	.169	8
			9	.56	.49	.44	.55	.49	.44	.54	.48	.44	.53	.48	.44	.52	.47	.44	.42	.160	9
R-40 flood without shielding	0% ↓ 100% ↑		10	.52	.46	.41	.52	.45	.41	.51	.45	.41	.50	.45	.41	.49	.44	.41	.39	.152	10
6	IV	0.7	0	1.01	1.01	1.01	.99	.99	.99	.94	.94	.94	.90	.90	.90	.87	.87	.87	.85		
			1	.95	.93	.91	.93	.91	.89	.89	.88	.87	.86	.85	.84	.83	.82	.82	.80	.115	1
			2	.89	.86	.83	.87	.84	.82	.85	.82	.80	.82	.80	.79	.80	.78	.77	.76	.115	2
			3	.83	.80	.77	.82	.79	.76	.80	.77	.75	.78	.76	.74	.76	.74	.72	.71	.113	3
			4	.79	.74	.71	.78	.74	.71	.76	.73	.70	.74	.71	.69	.73	.70	.68	.67	.110	4
			5	.74	.70	.67	.74	.69	.66	.72	.68	.66	.71	.68	.65	.69	.67	.65	.63	.107	5
			6	.70	.66	.62	.70	.65	.62	.68	.65	.62	.67	.64	.61	.66	.63	.61	.60	.104	6
			7	.67	.62	.59	.66	.62	.59	.65	.61	.58	.64	.60	.58	.63	.60	.57	.57	.100	7
			8	.63	.59	.56	.63	.58	.55	.62	.58	.55	.61	.58	.55	.60	.57	.55	.54	.097	8
			9	.60	.56	.53	.60	.56	.53	.59	.55	.52	.58	.55	.52	.58	.54	.52	.51	.094	9
R-40 flood with specular anodized reflector skirt; 45° cutoff	0% ↓ 85% ↑		10	.57	.53	.50	.57	.53	.50	.56	.52	.50	.56	.52	.50	.55	.52	.49	.48	.091	10

Continued

80			70			50			30			10			80			70			50			30			10		
50	30	10	50	30	10	50	30	10	50	30	10	50	30	10	50	30	10	50	30	10	50	30	10	50	30	10	50	30	10
Wall Exitance Coefficients for 20 Per Cent Effective Floor Cavity Reflectance (ρ_{FC} = 20)															Ceiling Cavity Exitance Coefficients for 20 Per Cent Floor Cavity Reflectance (ρ_{FC} = 20)														
															.423	.423	.423	.361	.361	.361	.246	.246	.246	.142	.142	.142	.045	.045	.045
.328	.187	.059	.311	.178	.056	.280	.161	.051	.252	.145	.047	.226	.131	.042	.422	.396	.373	.361	.340	.321	.247	.234	.222	.142	.135	.129	.046	.044	.042
.275	.150	.046	.259	.143	.044	.231	.129	.040	.205	.115	.036	.181	.102	.032	.417	.379	.347	.357	.327	.300	.245	.226	.209	.141	.131	.123	.045	.043	.040
.240	.128	.038	.226	.121	.036	.200	.108	.033	.176	.097	.030	.154	.085	.026	.412	.367	.332	.353	.317	.287	.242	.220	.202	.140	.128	.119	.045	.042	.039
.214	.111	.033	.201	.105	.031	.177	.094	.028	.155	.083	.025	.135	.073	.022	.406	.358	.321	.348	.309	.279	.239	.215	.196	.138	.126	.116	.045	.041	.038
.193	.098	.028	.181	.093	.027	.160	.083	.024	.139	.073	.022	.120	.064	.019	.400	.350	.314	.343	.303	.273	.236	.212	.193	.137	.124	.114	.044	.041	.038
.176	.088	.025	.165	.084	.024	.145	.074	.022	.126	.066	.019	.109	.057	.017	.394	.344	.309	.338	.298	.269	.234	.209	.190	.135	.123	.113	.044	.040	.037
.162	.080	.023	.152	.076	.022	.133	.067	.019	.116	.059	.017	.100	.052	.015	.388	.339	.305	.334	.294	.266	.231	.206	.188	.134	.122	.112	.043	.040	.037
.150	.073	.021	.140	.069	.020	.123	.062	.018	.107	.054	.016	.092	.047	.014	.383	.335	.302	.330	.291	.264	.228	.204	.187	.133	.120	.111	.043	.039	.037
.139	.067	.019	.131	.064	.018	.115	.057	.016	.099	.050	.014	.085	.043	.013	.378	.332	.300	.326	.288	.262	.226	.202	.186	.131	.119	.111	.043	.039	.037
.130	.062	.017	.122	.059	.016	.107	.052	.015	.093	.046	.013	.080	.040	.011	.374	.328	.298	.322	.285	.260	.223	.201	.185	.130	.119	.110	.042	.039	.037
															.796	.796	.796	.680	.680	.680	.464	.464	.464	.267	.267	.267	.085	.085	.085
.226	.128	.041	.195	.111	.035	.137	.078	.025	.083	.048	.015	.034	.020	.006	.790	.772	.756	.676	.663	.651	.462	.456	.450	.266	.264	.262	.085	.085	.085
.207	.114	.035	.179	.099	.030	.126	.070	.022	.077	.043	.013	.031	.018	.006	.784	.755	.731	.671	.650	.632	.460	.450	.441	.265	.262	.258	.085	.085	.084
.191	.102	.030	.165	.088	.027	.116	.063	.019	.071	.039	.012	.029	.016	.005	.778	.743	.715	.667	.641	.620	.458	.445	.435	.265	.260	.256	.085	.084	.084
.177	.092	.027	.153	.080	.024	.108	.057	.017	.066	.035	.011	.027	.014	.004	.773	.734	.703	.664	.634	.611	.456	.442	.430	.264	.259	.255	.085	.084	.084
.164	.084	.024	.142	.073	.021	.100	.052	.015	.061	.032	.010	.025	.013	.004	.768	.726	.696	.660	.629	.605	.455	.439	.427	.263	.258	.253	.085	.084	.084
.153	.077	.022	.133	.067	.019	.094	.048	.014	.057	.030	.009	.023	.012	.004	.764	.721	.690	.656	.624	.601	.453	.437	.425	.263	.257	.253	.085	.084	.083
.143	.071	.020	.124	.062	.018	.088	.044	.013	.054	.027	.008	.022	.011	.003	.759	.716	.686	.653	.621	.598	.451	.435	.423	.262	.256	.252	.085	.084	.083
.134	.066	.018	.116	.057	.016	.082	.041	.012	.050	.026	.007	.020	.010	.003	.755	.712	.683	.650	.618	.595	.450	.434	.422	.262	.256	.252	.085	.084	.083
.126	.061	.017	.109	.053	.015	.077	.038	.011	.047	.024	.007	.019	.010	.003	.751	.709	.680	.647	.615	.593	.448	.432	.421	.261	.255	.251	.085	.084	.083
.119	.057	.016	.103	.050	.014	.073	.036	.010	.045	.022	.006	.018	.009	.003	.747	.706	.678	.644	.613	.592	.447	.431	.421	.261	.255	.251	.084	.084	.083
															.159	.159	.159	.136	.136	.136	.093	.093	.093	.053	.053	.053	.017	.017	.017
.248	.141	.045	.242	.138	.044	.231	.133	.042	.221	.128	.041	.212	.123	.040	.150	.130	.113	.128	.112	.097	.088	.077	.067	.050	.045	.039	.016	.014	.013
.240	.131	.040	.235	.129	.040	.225	.125	.039	.216	.121	.038	.208	.117	.037	.143	.110	.082	.123	.095	.071	.084	.066	.050	.048	.038	.029	.016	.012	.009
.225	.120	.036	.220	.118	.036	.212	.115	.035	.204	.112	.034	.196	.109	.034	.137	.095	.062	.118	.082	.054	.081	.057	.038	.047	.033	.022	.015	.011	.007
.209	.109	.032	.205	.107	.032	.197	.105	.031	.190	.102	.031	.184	.100	.030	.131	.084	.048	.113	.073	.042	.077	.051	.030	.045	.030	.018	.014	.010	.006
.194	.099	.029	.191	.098	.029	.184	.096	.028	.177	.094	.028	.171	.092	.028	.125	.076	.039	.108	.065	.034	.074	.046	.024	.043	.027	.014	.014	.009	.005
.181	.091	.026	.177	.090	.026	.171	.088	.026	.166	.086	.025	.160	.084	.025	.119	.069	.032	.103	.060	.028	.071	.042	.020	.041	.025	.012	.013	.008	.004
.168	.083	.024	.165	.082	.023	.160	.081	.023	.155	.079	.023	.150	.078	.023	.114	.063	.027	.098	.055	.024	.068	.038	.017	.039	.023	.010	.013	.007	.003
.157	.077	.022	.155	.076	.022	.150	.075	.021	.145	.074	.021	.141	.072	.021	.109	.058	.024	.093	.050	.021	.065	.035	.015	.038	.021	.009	.012	.007	.003
.147	.071	.020	.145	.071	.020	.141	.070	.020	.136	.068	.020	.133	.067	.019	.103	.054	.021	.089	.047	.018	.062	.033	.013	.036	.019	.008	.012	.006	.003
.138	.066	.018	.136	.066	.018	.132	.065	.018	.129	.064	.018	.125	.063	.018	.099	.051	.018	.085	.044	.016	.059	.031	.011	.034	.018	.007	.011	.006	.002
															.290	.290	.290	.248	.248	.248	.169	.169	.169	.097	.097	.097	.031	.031	.031
.243	.138	.044	.232	.132	.042	.211	.121	.039	.192	.111	.036	.175	.101	.033	.283	.264	.247	.242	.227	.213	.166	.156	.147	.095	.090	.085	.031	.029	.028
.216	.118	.036	.206	.114	.035	.187	.104	.032	.170	.095	.030	.154	.087	.027	.276	.246	.221	.236	.212	.191	.162	.147	.133	.093	.085	.078	.030	.028	.025
.196	.104	.031	.187	.100	.030	.170	.092	.028	.154	.085	.026	.140	.077	.024	.269	.233	.204	.231	.201	.177	.158	.139	.124	.092	.081	.073	.029	.026	.024
.180	.093	.027	.171	.090	.027	.156	.083	.025	.142	.076	.023	.128	.070	.021	.263	.223	.192	.226	.192	.167	.155	.134	.117	.090	.079	.069	.029	.026	.023
.166	.084	.024	.158	.081	.024	.144	.075	.022	.131	.069	.021	.119	.064	.019	.257	.215	.183	.221	.186	.160	.152	.130	.113	.088	.076	.067	.028	.025	.022
.154	.077	.022	.147	.074	.021	.134	.069	.020	.122	.064	.019	.111	.058	.017	.252	.208	.177	.216	.180	.154	.149	.126	.109	.087	.074	.065	.028	.024	.021
.143	.071	.020	.137	.068	.019	.125	.063	.018	.114	.059	.017	.104	.054	.016	.246	.203	.173	.212	.176	.151	.146	.123	.107	.085	.073	.063	.027	.024	.021
.134	.066	.018	.129	.063	.018	.118	.059	.017	.108	.055	.016	.098	.050	.015	.242	.199	.169	.208	.172	.148	.144	.121	.105	.084	.071	.062	.027	.023	.021
.126	.061	.017	.121	.059	.017	.111	.055	.016	.102	.051	.015	.093	.047	.014	.237	.195	.166	.204	.169	.145	.142	.119	.103	.083	.070	.061	.027	.023	.020
.119	.057	.016	.114	.055	.015	.105	.051	.014	.096	.048	.014	.088	.044	.013	.233	.192	.164	.201	.167	.143	.139	.117	.102	.081	.069	.061	.026	.023	.020
															.190	.190	.190	.163	.163	.163	.111	.111	.111	.064	.064	.064	.020	.020	.020
.220	.125	.040	.213	.122	.039	.200	.115	.037	.189	.109	.035	.178	.103	.033	.174	.157	.141	.149	.135	.122	.102	.093	.084	.059	.054	.049	.019	.017	.016
.212	.116	.036	.206	.114	.035	.195	.109	.034	.185	.104	.033	.176	.099	.031	.161	.132	.107	.138	.114	.093	.095	.079	.065	.055	.046	.038	.018	.015	.012
.202	.107	.032	.197	.105	.032	.187	.101	.031	.178	.098	.030	.170	.094	.029	.151	.114	.084	.130	.098	.073	.089	.068	.051	.051	.040	.030	.017	.013	.010
.191	.099	.029	.186	.098	.029	.178	.094	.028	.170	.091	.028	.163	.089	.027	.142	.100	.067	.122	.086	.058	.084	.060	.041	.049	.035	.024	.016	.011	.008
.180	.092	.027	.176	.091	.026	.169	.088	.026	.162	.086	.025	.156	.083	.025	.135	.088	.055	.116	.077	.047	.080	.053	.033	.046	.031	.020	.015	.010	.007
.171	.086	.024	.167	.084	.024	.161	.082	.024	.155	.080	.024	.149	.078	.023	.128	.080	.045	.110	.069	.039	.076	.048	.028	.044	.028	.017	.014	.009	.005
.162	.080	.023	.158	.079	.022	.153	.077	.022	.147	.075	.022	.142	.074	.022	.121	.072	.038	.104	.063	.033	.072	.044	.024	.042	.026	.014	.014	.008	.005
.153	.075	.021	.150	.074	.021	.145	.073	.021	.140	.071	.021	.136	.070	.020	.115	.066	.033	.099	.058	.029	.069	.040	.020	.040	.024	.012	.013	.008	.004
.145	.070	.020	.143	.070	.020	.138	.068	.019	.134	.067	.019	.130	.066	.019	.110	.061	.029	.095	.053	.025	.066	.037	.018	.038	.022	.011	.012	.007	.003
.138	.066	.018	.136	.066	.018	.132	.065	.018	.128	.064	.018	.124	.062	.018	.105	.057	.025	.091	.050	.022	.063	.035	.016	.037	.021	.009	.012	.007	.003
															.162	.162	.162	.138	.138	.138	.094	.094	.094	.054	.054	.054	.017	.017	.017
.139	.079	.025	.133	.076	.024	.123	.070	.022	.113	.065	.021	.104	.060	.019	.144	.133	.124	.123	.115	.106	.084	.079	.074	.049	.046	.043	.016	.015	.014
.132	.072	.022	.127	.070	.022	.119	.066	.020	.110	.062	.019	.103	.058	.018	.131	.112	.097	.112	.097	.084	.077	.067	.059	.044	.039	.034	.014	.013	.011
.126	.067	.020	.122	.065	.020	.114	.062	.019	.107	.059	.018	.101	.056	.017	.120	.096	.078	.102	.083	.067	.070	.058	.047	.041	.034	.028	.013	.011	.009
.119	.062	.018	.116	.061	.018	.110	.058	.017	.104	.056	.017	.098	.053	.016	.110	.084	.063	.095	.072	.055	.065	.050	.039	.038	.029	.023	.012	.010	.008
.114	.058	.017	.111	.057	.017	.105	.055	.016	.100	.053	.016	.095	.051	.015	.103	.074	.052	.088	.064	.045	.061	.044	.032	.035	.026	.019	.011	.009	.006
.109	.055	.016	.106	.054	.015	.101	.052	.015	.097	.050	.015	.093	.049	.014	.096	.066	.044	.083	.057	.038	.057	.040	.027	.033	.023	.016	.011	.008	.005
.104	.052	.015	.102	.051	.014	.098	.049	.014	.094	.048	.014	.090	.047	.014	.091	.059	.037	.078	.051	.032	.054	.036	.023	.031	.021	.014	.010	.007	.004
.100	.049	.014	.098	.048	.014	.094	.047	.013	.090	.046	.013	.087	.045	.013	.086	.054	.032	.074	.047	.028	.051	.033	.020	.030	.019	.012	.010	.006	.004
.096	.046	.013	.094	.046	.013	.091	.045	.013	.087	.044	.013	.084	.043	.012	.081	.049	.027	.070	.043	.024	.049	.030	.017	.028	.018	.010	.009	.006	.003
.092	.044	.012	.091	.044	.012	.088	.043	.012	.085	.042	.012	.082	.041	.012	.077	.045	.024	.067	.039	.021	.046	.028	.015	.027	.016	.009	.009	.005	.003

Continued

Typical Luminaire	Typical Intensity Distribution and Per Cent Lamp Lumens	Maint. Cat.	SC	RCR ↓	pcc → 80, pw 50	80 30	80 10	70 50	70 30	70 10	50 50	50 30	50 10	30 50	30 30	30 10	10 50	10 30	10 10	0	WDRC	RCR ↓
7 — EAR-38 lamp above 51 mm (2'') diameter aperture (increase efficiency to 54½% for 76 mm (3'') diameter aperture)*	0%↑ 43½%↓	IV	0.7	0	.52	.52	.52	.51	.51	.51	.48	.48	.48	.46	.46	.46	.45	.45	.45	.44		0
				1	.49	.48	.47	.48	.47	.46	.46	.45	.45	.44	.44	.43	.43	.43	.42	.41	.055	1
				2	.46	.44	.43	.45	.44	.43	.44	.43	.42	.43	.42	.41	.41	.41	.40	.39	.054	2
				3	.43	.41	.40	.43	.41	.40	.42	.40	.39	.41	.39	.38	.40	.39	.38	.37	.053	3
				4	.41	.39	.37	.41	.39	.37	.40	.38	.37	.39	.37	.36	.38	.37	.36	.35	.052	4
				5	.39	.37	.35	.39	.37	.35	.38	.36	.35	.37	.36	.34	.36	.35	.34	.34	.051	5
				6	.37	.35	.33	.37	.35	.33	.36	.34	.33	.35	.34	.33	.35	.34	.32	.32	.049	6
				7	.35	.33	.31	.35	.33	.31	.34	.33	.31	.34	.32	.31	.33	.32	.31	.30	.048	7
				8	.34	.31	.30	.33	.31	.30	.33	.31	.30	.32	.31	.29	.32	.31	.29	.29	.046	8
				9	.32	.30	.28	.32	.30	.28	.31	.30	.28	.31	.29	.28	.31	.29	.28	.26	.045	9
				10	.31	.28	.27	.31	.28	.27	.30	.28	.27	.30	.28	.27	.30	.28	.27	.26	.043	10
8 — Medium distribution unit with lens plate and inside frost lamp	0%↑ 54½%↓	V	1.0	0	.65	.65	.65	.63	.63	.63	.60	.60	.60	.58	.58	.58	.55	.55	.55	.54		0
				1	.59	.57	.56	.58	.56	.55	.56	.54	.53	.53	.52	.52	.52	.51	.50	.48	.133	1
				2	.54	.51	.49	.53	.50	.48	.51	.49	.47	.49	.47	.46	.48	.46	.45	.44	.130	2
				3	.49	.46	.43	.48	.45	.43	.47	.44	.42	.45	.43	.41	.44	.42	.41	.40	.123	3
				4	.45	.41	.38	.44	.41	.38	.43	.40	.38	.42	.39	.37	.41	.39	.37	.38	.116	4
				5	.41	.37	.35	.41	.37	.34	.40	.36	.34	.39	.36	.34	.38	.35	.33	.32	.109	5
				6	.38	.34	.31	.38	.34	.31	.37	.33	.31	.36	.33	.31	.35	.33	.31	.30	.103	6
				7	.35	.31	.29	.35	.31	.29	.34	.31	.28	.34	.30	.28	.33	.30	.28	.27	.097	7
				8	.33	.29	.26	.32	.29	.26	.32	.28	.26	.31	.28	.26	.31	.28	.26	.25	.092	8
				9	.31	.27	.24	.30	.27	.24	.30	.26	.24	.29	.26	.24	.29	.26	.24	.23	.087	9
				10	.29	.25	.22	.28	.25	.22	.28	.25	.22	.27	.24	.22	.27	.24	.22	.21	.082	10
9 — Recessed baffled downlight, 140 mm (5 ½'') diameter aperture—150-PAR/FL lamp	0%↑ 68½%↓	IV	0.5	0	.82	.82	.82	.80	.80	.80	.76	.76	.76	.73	.73	.73	.70	.70	.70	.69		0
				1	.78	.77	.75	.76	.75	.74	.74	.73	.72	.71	.70	.70	.69	.68	.68	.67	.051	1
				2	.74	.72	.71	.73	.71	.70	.71	.70	.68	.69	.68	.67	.67	.66	.66	.65	.050	2
				3	.71	.69	.67	.71	.68	.67	.69	.67	.66	.67	.66	.65	.66	.65	.64	.63	.049	3
				4	.69	.66	.64	.68	.66	.64	.67	.65	.63	.66	.64	.63	.64	.63	.62	.61	.048	4
				5	.67	.64	.62	.66	.63	.62	.65	.63	.61	.64	.62	.61	.63	.61	.60	.59	.047	5
				6	.64	.62	.60	.64	.61	.60	.63	.61	.59	.62	.60	.59	.61	.60	.59	.58	.045	6
				7	.63	.60	.58	.62	.60	.58	.61	.59	.57	.61	.59	.57	.60	.58	.57	.56	.044	7
				8	.61	.58	.56	.60	.58	.56	.60	.58	.56	.59	.57	.56	.59	.57	.56	.55	.043	8
				9	.59	.56	.55	.59	.56	.55	.58	.56	.54	.58	.56	.54	.57	.55	.54	.54	.042	9
				10	.58	.55	.53	.57	.55	.53	.57	.55	.53	.56	.54	.53	.56	.54	.53	.52	.041	10
10 — Recessed baffled downlight, 140 mm (5½'') diameter aperture—75ER30 lamp	0%↑ 85%↑	IV	0.5	0	1.01	1.01	1.01	.99	.99	.99	.95	.95	.95	.91	.91	.91	.87	.87	.87	.85		0
				1	.96	.94	.93	.94	.93	.91	.91	.89	.88	.88	.87	.86	.85	.84	.83	.82	.085	1
				2	.91	.88	.86	.90	.87	.85	.87	.85	.83	.84	.83	.81	.82	.81	.80	.79	.084	2
				3	.87	.83	.81	.86	.83	.80	.83	.81	.79	.81	.79	.78	.80	.78	.77	.75	.082	3
				4	.83	.79	.76	.82	.79	.76	.80	.77	.75	.79	.76	.74	.77	.75	.73	.72	.080	4
				5	.79	.76	.73	.79	.75	.72	.77	.74	.72	.76	.73	.71	.75	.72	.71	.70	.078	5
				6	.76	.72	.70	.76	.72	.69	.74	.71	.69	.73	.71	.68	.72	.70	.68	.67	.076	6
				7	.73	.69	.67	.73	.69	.67	.72	.69	.66	.71	.68	.66	.70	.68	.66	.65	.073	7
				8	.71	.67	.64	.70	.67	.64	.69	.66	.64	.69	.66	.64	.68	.65	.63	.62	.071	8
				9	.68	.64	.62	.68	.64	.62	.67	.64	.62	.66	.63	.61	.66	.63	.61	.60	.069	9
				10	.66	.62	.60	.66	.62	.60	.65	.62	.59	.64	.61	.59	.64	.61	.59	.58	.067	10
11 — Wide distribution unit with lens plate and inside frost lamp	0%↑ 53½%↓	V	1.4	0	.63	.63	.63	.62	.62	.62	.59	.59	.59	.57	.57	.57	.54	.54	.54	.53		0
				1	.57	.55	.54	.56	.54	.53	.54	.52	.51	.52	.51	.50	.50	.49	.48	.47	.153	1
				2	.51	.48	.46	.50	.48	.45	.48	.46	.44	.47	.45	.43	.45	.44	.42	.41	.150	2
				3	.46	.42	.40	.45	.42	.39	.44	.41	.39	.42	.40	.38	.41	.39	.37	.36	.142	3
				4	.42	.38	.35	.41	.37	.34	.40	.36	.34	.39	.36	.33	.37	.35	.33	.32	.133	4
				5	.38	.34	.30	.37	.33	.30	.36	.33	.30	.35	.32	.30	.34	.32	.29	.28	.124	5
				6	.34	.30	.27	.34	.30	.27	.33	.29	.27	.32	.29	.27	.31	.28	.26	.25	.117	6
				7	.31	.27	.24	.31	.27	.24	.30	.27	.24	.29	.26	.24	.29	.26	.24	.23	.109	7
				8	.29	.25	.22	.28	.24	.22	.28	.24	.22	.27	.24	.22	.27	.24	.21	.20	.103	8
				9	.26	.22	.20	.26	.22	.20	.26	.22	.20	.25	.22	.19	.25	.22	.19	.19	.097	9
				10	.24	.21	.18	.24	.20	.18	.24	.20	.18	.23	.20	.18	.23	.20	.18	.17	.091	10
12 — Recessed unit with dropped diffusing glass	1½%↑ 50½%↓	V	1.3	0	.62	.62	.62	.60	.60	.60	.57	.57	.57	.54	.54	.54	.52	.52	.52	.51		0
				1	.52	.50	.48	.51	.49	.47	.49	.47	.45	.46	.45	.43	.44	.43	.42	.40	.256	1
				2	.45	.41	.38	.44	.40	.37	.42	.39	.36	.40	.37	.35	.38	.36	.34	.33	.222	2
				3	.39	.35	.31	.38	.34	.31	.37	.33	.30	.35	.32	.29	.33	.31	.28	.27	.195	3
				4	.35	.30	.26	.34	.29	.26	.32	.28	.25	.31	.27	.25	.29	.27	.24	.23	.173	4
				5	.31	.26	.22	.30	.25	.22	.29	.25	.22	.28	.24	.21	.26	.23	.21	.20	.154	5
				6	.28	.23	.19	.27	.22	.19	.26	.22	.19	.25	.21	.19	.24	.21	.18	.17	.139	6
				7	.25	.20	.17	.25	.20	.17	.24	.20	.17	.23	.19	.16	.22	.19	.16	.15	.127	7
				8	.23	.18	.15	.22	.18	.15	.22	.18	.15	.21	.17	.15	.20	.17	.14	.13	.116	8
				9	.21	.16	.14	.21	.16	.13	.20	.16	.13	.19	.16	.13	.18	.15	.13	.12	.107	9
				10	.19	.15	.12	.19	.15	.12	.18	.15	.12	.18	.14	.12	.17	.14	.12	.11	.099	10

Coefficients of Utilization for 20 Per Cent Effective Floor Cavity Reflectance (ρfc = 20)

* Also, reflector downlight with baffles and inside frosted lamp.

Continued

80			70			50			30			10			80			70			50			30			10		
50	30	10	50	30	10	50	30	10	50	30	10	50	30	10	50	30	10	50	30	10	50	30	10	50	30	10	50	30	10
Wall Exitance Coefficients for 20 Per Cent Effective Floor Cavity Reflectance (ρ_{FC} = 20)															Ceiling Cavity Exitance Coefficients for 20 Per Cent Floor Cavity Reflectance (ρ_{FC} = 20)														
															.083	.083	.083	.071	.071	.071	.048	.048	.048	.028	.028	.028	.009	.009	.009
.069	.039	.012	.066	.038	.012	.061	.035	.011	.056	.032	.010	.051	.030	.010	.074	.069	.064	.063	.059	.055	.043	.041	.038	.025	.023	.022	.008	.008	.007
.065	.036	.011	.063	.035	.011	.058	.032	.010	.054	.030	.010	.050	.028	.009	.067	.058	.050	.057	.050	.043	.039	.034	.030	.023	.020	.018	.007	.006	.006
.062	.033	.010	.060	.032	.010	.056	.030	.009	.052	.029	.009	.049	.027	.008	.061	.050	.040	.052	.043	.035	.036	.030	.025	.021	.017	.014	.007	.006	.005
.059	.031	.009	.057	.030	.009	.054	.028	.009	.051	.027	.008	.048	.026	.008	.056	.043	.033	.048	.037	.029	.033	.026	.020	.019	.015	.012	.006	.005	.004
.056	.029	.008	.054	.028	.008	.052	.027	.008	.049	.026	.008	.046	.025	.007	.052	.038	.027	.045	.033	.024	.031	.023	.017	.018	.013	.010	.006	.004	.003
.053	.027	.008	.052	.026	.008	.050	.025	.007	.047	.025	.007	.045	.024	.007	.049	.034	.023	.042	.029	.020	.029	.020	.014	.017	.012	.008	.005	.004	.003
.051	.025	.007	.050	.025	.007	.048	.024	.007	.046	.023	.007	.044	.023	.007	.046	.030	.019	.039	.026	.017	.027	.018	.012	.016	.011	.007	.005	.004	.002
.049	.024	.007	.048	.024	.007	.046	.023	.007	.044	.022	.006	.043	.022	.006	.043	.027	.017	.037	.024	.014	.026	.017	.010	.015	.010	.006	.005	.003	.002
.047	.023	.006	.046	.023	.006	.044	.022	.006	.043	.021	.006	.041	.021	.006	.041	.025	.014	.035	.022	.013	.024	.015	.009	.014	.009	.005	.005	.003	.002
.045	.022	.006	.045	.022	.006	.043	.021	.006	.041	.021	.006	.040	.020	.006	.039	.023	.013	.034	.020	.011	.023	.014	.008	.014	.008	.005	.004	.003	.002
															.104	.104	.104	.088	.088	.088	.060	.060	.060	.035	.035	.035	.011	.011	.011
.121	.069	.022	.117	.067	.021	.110	.063	.020	.104	.060	.019	.098	.057	.018	.095	.085	.077	.081	.073	.066	.055	.050	.046	.032	.029	.027	.010	.009	.009
.116	.063	.019	.113	.062	.019	.107	.059	.018	.101	.057	.018	.096	.054	.017	.088	.072	.058	.075	.062	.051	.052	.043	.035	.030	.025	.021	.010	.008	.007
.110	.058	.017	.107	.057	.017	.102	.055	.017	.097	.053	.016	.092	.051	.016	.082	.062	.046	.070	.053	.040	.048	.037	.028	.028	.022	.016	.009	.007	.005
.103	.054	.016	.101	.053	.016	.097	.051	.015	.092	.050	.015	.088	.048	.015	.077	.054	.036	.066	.047	.032	.046	.033	.022	.026	.019	.013	.008	.006	.004
.098	.050	.014	.096	.049	.014	.092	.048	.014	.088	.046	.014	.084	.045	.014	.073	.048	.030	.063	.042	.026	.043	.029	.018	.025	.017	.011	.008	.006	.004
.092	.046	.013	.091	.046	.013	.087	.045	.013	.084	.043	.013	.081	.042	.013	.069	.043	.025	.060	.038	.021	.041	.026	.015	.024	.015	.009	.008	.005	.003
.088	.043	.012	.086	.043	.012	.083	.042	.012	.080	.041	.012	.077	.040	.012	.066	.039	.021	.057	.034	.018	.039	.024	.013	.023	.014	.008	.007	.005	.003
.083	.041	.011	.082	.040	.011	.079	.039	.011	.076	.039	.011	.074	.038	.011	.063	.036	.018	.054	.031	.016	.037	.022	.011	.022	.013	.007	.007	.004	.002
.079	.038	.011	.078	.038	.011	.075	.037	.011	.073	.036	.010	.070	.036	.010	.060	.033	.016	.052	.029	.014	.036	.020	.010	.021	.012	.006	.007	.004	.002
.075	.036	.010	.074	.036	.010	.072	.035	.010	.069	.035	.010	.067	.034	.010	.057	.031	.014	.049	.027	.012	.034	.019	.008	.020	.011	.005	.006	.004	.002
															.131	.131	.131	.112	.112	.112	.076	.076	.076	.044	.044	.044	.014	.014	.014
.090	.051	.016	.086	.049	.016	.077	.044	.014	.069	.040	.013	.062	.036	.012	.115	.108	.102	.099	.093	.088	.068	.064	.061	.039	.037	.035	.012	.012	.011
.083	.046	.014	.079	.044	.013	.072	.040	.013	.066	.037	.012	.060	.034	.011	.103	.091	.082	.088	.078	.070	.060	.054	.049	.035	.032	.029	.011	.010	.009
.077	.041	.012	.074	.040	.012	.068	.037	.011	.063	.034	.011	.058	.032	.010	.092	.078	.066	.079	.067	.058	.054	.047	.040	.031	.027	.024	.010	.009	.008
.072	.038	.011	.070	.036	.011	.065	.034	.010	.060	.032	.010	.056	.030	.009	.083	.067	.055	.072	.058	.048	.049	.040	.034	.028	.024	.020	.009	.008	.007
.068	.035	.010	.066	.034	.010	.062	.032	.009	.058	.030	.009	.054	.029	.009	.076	.059	.046	.065	.051	.040	.045	.035	.028	.026	.021	.017	.008	.007	.006
.064	.032	.009	.062	.031	.009	.059	.030	.009	.055	.029	.008	.052	.028	.008	.070	.052	.039	.060	.045	.034	.041	.031	.024	.024	.018	.014	.008	.006	.005
.061	.030	.009	.059	.030	.008	.056	.028	.008	.053	.027	.008	.051	.026	.008	.064	.046	.033	.055	.040	.029	.038	.028	.020	.022	.016	.012	.007	.005	.004
.058	.028	.008	.057	.028	.008	.054	.027	.008	.052	.026	.008	.049	.025	.007	.060	.041	.029	.052	.036	.025	.036	.025	.018	.021	.015	.011	.007	.005	.003
.056	.027	.008	.054	.026	.007	.052	.026	.007	.050	.025	.007	.048	.024	.007	.056	.037	.025	.048	.032	.022	.033	.023	.015	.019	.013	.009	.006	.004	.003
.053	.026	.007	.052	.025	.007	.050	.025	.007	.048	.024	.007	.046	.023	.007	.053	.034	.022	.045	.030	.019	.032	.021	.014	.018	.012	.008	.006	.004	.003
															.162	.162	.162	.139	.139	.139	.095	.095	.095	.054	.054	.054	.017	.017	.017
.123	.070	.022	.117	.067	.021	.107	.061	.020	.097	.056	.018	.088	.051	.016	.144	.134	.126	.123	.115	.108	.084	.079	.075	.048	.046	.043	.016	.015	.014
.115	.063	.019	.110	.061	.019	.102	.057	.018	.094	.053	.016	.086	.049	.015	.129	.113	.100	.110	.097	.086	.076	.067	.060	.044	.039	.035	.014	.013	.011
.108	.058	.017	.104	.056	.017	.097	.052	.016	.090	.049	.015	.084	.046	.014	.117	.097	.081	.100	.083	.070	.069	.058	.049	.040	.034	.029	.013	.011	.009
.102	.053	.016	.099	.052	.015	.092	.049	.015	.087	.046	.014	.081	.044	.013	.106	.084	.066	.091	.072	.057	.063	.050	.040	.036	.029	.024	.012	.010	.008
.096	.049	.014	.094	.048	.014	.088	.046	.014	.083	.044	.013	.079	.042	.013	.098	.073	.055	.084	.063	.048	.058	.044	.034	.034	.026	.020	.011	.008	.007
.092	.046	.013	.089	.045	.013	.085	.043	.013	.080	.042	.012	.076	.040	.012	.091	.065	.046	.078	.056	.040	.054	.039	.029	.031	.023	.017	.010	.008	.006
.087	.043	.012	.085	.042	.012	.081	.041	.012	.077	.040	.012	.074	.038	.011	.084	.058	.039	.073	.050	.034	.050	.035	.024	.029	.021	.015	.009	.007	.005
.084	.041	.011	.082	.040	.011	.078	.039	.011	.075	.038	.011	.072	.037	.011	.079	.052	.034	.068	.045	.030	.047	.032	.021	.027	.019	.013	.009	.006	.004
.080	.039	.011	.078	.038	.011	.075	.037	.011	.072	.036	.010	.069	.035	.010	.074	.048	.030	.064	.041	.026	.044	.029	.018	.026	.017	.011	.008	.006	.004
.077	.037	.010	.075	.036	.010	.072	.036	.010	.070	.035	.010	.067	.034	.010	.070	.044	.026	.061	.038	.023	.042	.027	.016	.025	.016	.010	.008	.005	.003
															.101	.101	.101	.087	.087	.087	.059	.059	.059	.034	.034	.034	.011	.011	.011
.131	.074	.024	.127	.072	.023	.120	.069	.022	.114	.066	.021	.108	.062	.020	.094	.084	.074	.080	.072	.064	.055	.049	.044	.032	.029	.026	.010	.009	.008
.126	.069	.021	.123	.068	.021	.117	.065	.020	.111	.062	.020	.106	.060	.019	.088	.070	.056	.075	.061	.048	.052	.042	.034	.030	.024	.020	.010	.008	.006
.119	.064	.019	.117	.062	.019	.111	.060	.018	.107	.058	.018	.102	.057	.017	.083	.061	.043	.071	.052	.037	.049	.036	.026	.028	.021	.015	.009	.007	.005
.113	.059	.017	.110	.058	.017	.106	.056	.017	.101	.054	.016	.097	.053	.016	.079	.053	.034	.067	.046	.030	.046	.032	.021	.027	.019	.012	.009	.006	.004
.106	.054	.016	.104	.053	.016	.100	.052	.015	.096	.051	.015	.093	.050	.015	.075	.048	.028	.064	.041	.024	.044	.029	.017	.026	.017	.010	.008	.006	.003
.100	.050	.014	.098	.050	.014	.095	.049	.014	.091	.047	.014	.088	.048	.014	.071	.043	.023	.061	.037	.020	.042	.026	.014	.024	.015	.008	.008	.005	.003
.095	.047	.013	.093	.046	.013	.090	.045	.013	.087	.044	.013	.084	.044	.013	.068	.039	.019	.058	.034	.017	.040	.024	.012	.023	.014	.007	.008	.005	.002
.090	.044	.012	.088	.043	.012	.085	.043	.012	.082	.042	.012	.080	.041	.012	.065	.036	.016	.056	.031	.014	.039	.022	.010	.022	.013	.006	.007	.004	.002
.085	.041	.011	.083	.041	.011	.081	.040	.011	.078	.039	.011	.076	.039	.011	.062	.034	.014	.053	.029	.013	.037	.020	.009	.022	.012	.005	.007	.004	.002
.081	.039	.011	.079	.038	.011	.077	.038	.011	.075	.037	.011	.073	.037	.010	.059	.031	.013	.051	.027	.011	.035	.019	.008	.021	.011	.005	.007	.004	.002
															.112	.112	.112	.095	.095	.095	.065	.065	.065	.037	.037	.037	.012	.012	.012
.187	.106	.034	.182	.104	.033	.174	.100	.032	.167	.096	.031	.160	.093	.030	.108	.094	.080	.092	.080	.069	.063	.055	.048	.036	.032	.028	.012	.010	.009
.168	.092	.028	.164	.090	.028	.157	.087	.027	.150	.084	.026	.144	.082	.026	.104	.081	.062	.089	.070	.053	.061	.048	.037	.035	.028	.022	.011	.009	.007
.151	.081	.024	.148	.079	.024	.142	.077	.023	.136	.074	.023	.130	.072	.022	.100	.072	.050	.086	.062	.043	.059	.043	.030	.034	.025	.018	.011	.008	.006
.138	.072	.021	.135	.070	.021	.129	.068	.020	.124	.066	.020	.119	.065	.020	.096	.065	.042	.083	.057	.036	.057	.039	.026	.033	.023	.015	.011	.008	.005
.126	.064	.019	.123	.063	.018	.118	.062	.018	.113	.060	.018	.109	.058	.018	.092	.060	.036	.079	.052	.032	.055	.036	.022	.032	.021	.013	.010	.007	.004
.116	.058	.017	.113	.057	.016	.109	.056	.016	.105	.054	.016	.101	.053	.016	.088	.056	.032	.076	.048	.028	.052	.034	.020	.030	.020	.012	.010	.007	.004
.107	.053	.015	.105	.052	.015	.101	.051	.015	.097	.050	.014	.094	.049	.014	.085	.052	.030	.073	.045	.026	.050	.032	.018	.029	.019	.011	.009	.006	.004
.100	.049	.014	.098	.048	.014	.094	.047	.013	.091	.046	.013	.087	.045	.013	.081	.049	.027	.070	.043	.024	.048	.030	.017	.028	.018	.010	.009	.006	.003
.093	.045	.013	.091	.044	.012	.088	.043	.012	.085	.043	.012	.082	.042	.012	.078	.047	.026	.067	.040	.022	.046	.028	.016	.027	.017	.009	.009	.006	.003
.087	.042	.012	.086	.041	.012	.083	.040	.011	.080	.040	.011	.077	.039	.011	.075	.044	.024	.064	.039	.021	.045	.027	.015	.026	.016	.009	.008	.005	.003

Continued

Coefficients of Utilization for 20 Per Cent Effective Floor Cavity Reflectance ($\rho_{FC} = 20$)

13 — Bilateral batwing distribution—clear HID with dropped prismatic lens
Typical Intensity Distribution and Per Cent Lamp Lumens: 2½↑, 71%↓
Maint. Cat. V; SC N.A.

ρ_{CC}→	80			70			50			30			10			0	WDRC
ρ_W→ / RCR↓	50	30	10	50	30	10	50	30	10	50	30	10	50	30	10	0	
0	.87	.87	.87	.85	.85	.85	.80	.80	.80	.76	.76	.76	.73	.73	.73	.71	
1	.75	.72	.69	.73	.70	.68	.70	.67	.65	.66	.64	.63	.63	.62	.60	.59	.312
2	.66	.60	.56	.64	.59	.55	.61	.57	.54	.58	.55	.52	.56	.53	.51	.49	.279
3	.58	.51	.47	.56	.51	.46	.54	.49	.45	.51	.47	.44	.49	.46	.43	.41	.251
4	.51	.44	.39	.50	.44	.39	.48	.42	.38	.46	.41	.37	.44	.40	.37	.35	.226
5	.45	.39	.34	.44	.38	.33	.42	.37	.33	.41	.36	.32	.39	.35	.32	.30	.206
6	.41	.34	.29	.40	.33	.29	.38	.33	.28	.37	.32	.28	.35	.31	.28	.26	.188
7	.37	.30	.26	.36	.30	.25	.35	.29	.25	.33	.28	.25	.32	.28	.24	.23	.173
8	.33	.27	.23	.33	.27	.22	.31	.26	.22	.30	.25	.22	.29	.25	.22	.20	.159
9	.30	.24	.20	.30	.24	.20	.29	.23	.20	.28	.23	.19	.27	.22	.19	.18	.148
10	.28	.22	.18	.27	.22	.18	.26	.21	.18	.26	.21	.17	.25	.20	.17	.16	.138

14 — Clear HID lamp and glass refractor above plastic lens panel
Typical Intensity Distribution and Per Cent Lamp Lumens: 0%↑, 66%↓
Maint. Cat. V; SC 1.3

ρ_{CC}→	80			70			50			30			10			0	WDRC
ρ_W→ / RCR↓	50	30	10	50	30	10	50	30	10	50	30	10	50	30	10	0	
0	.78	.78	.78	.77	.77	.77	.73	.73	.73	.70	.70	.70	.67	.67	.67	.66	
1	.71	.69	.67	.69	.67	.65	.67	.65	.63	.64	.63	.61	.62	.61	.60	.58	.188
2	.64	.60	.57	.62	.59	.56	.60	.57	.55	.58	.56	.54	.56	.54	.53	.51	.183
3	.57	.53	.49	.56	.52	.49	.54	.51	.48	.53	.50	.47	.51	.49	.46	.45	.173
4	.52	.47	.43	.51	.46	.43	.49	.46	.42	.48	.45	.42	.47	.44	.41	.40	.161
5	.47	.42	.38	.46	.42	.38	.45	.41	.38	.44	.40	.37	.43	.40	.37	.35	.151
6	.43	.38	.34	.42	.38	.34	.41	.37	.34	.40	.36	.34	.39	.36	.33	.32	.141
7	.39	.34	.31	.39	.34	.31	.38	.34	.30	.37	.33	.30	.36	.33	.30	.29	.132
8	.36	.31	.28	.36	.31	.28	.35	.31	.28	.34	.30	.27	.34	.30	.27	.26	.124
9	.34	.29	.25	.33	.28	.25	.32	.28	.25	.32	.28	.25	.31	.28	.25	.24	.117
10	.31	.26	.23	.31	.26	.23	.30	.26	.23	.30	.26	.23	.29	.25	.23	.22	.110

15 — Enclosed reflector with an incandescent lamp
Typical Intensity Distribution and Per Cent Lamp Lumens: 0%↑, 71½%↓
Maint. Cat. V; SC 1.4

ρ_{CC}→	80			70			50			30			10			0	WDRC
ρ_W→ / RCR↓	50	30	10	50	30	10	50	30	10	50	30	10	50	30	10	0	
0	.85	.85	.85	.83	.83	.83	.80	.80	.80	.76	.76	.76	.73	.73	.73	.72	
1	.77	.75	.73	.76	.74	.72	.73	.71	.69	.70	.69	.67	.67	.66	.65	.64	.189
2	.70	.66	.63	.68	.65	.62	.66	.63	.60	.64	.61	.59	.61	.60	.58	.56	.190
3	.63	.58	.54	.62	.57	.54	.60	.56	.53	.58	.54	.52	.56	.53	.51	.50	.183
4	.56	.51	.47	.56	.51	.47	.54	.50	.46	.52	.49	.46	.51	.48	.45	.44	.174
5	.51	.46	.42	.50	.45	.41	.49	.44	.41	.48	.44	.40	.46	.43	.40	.39	.164
6	.46	.41	.37	.46	.41	.37	.45	.40	.36	.43	.39	.36	.42	.39	.36	.34	.155
7	.42	.37	.33	.42	.37	.33	.41	.36	.33	.40	.36	.32	.39	.35	.32	.31	.146
8	.39	.33	.30	.38	.33	.29	.37	.33	.29	.37	.32	.29	.36	.32	.29	.28	.137
9	.36	.30	.27	.35	.30	.27	.35	.30	.27	.35	.30	.26	.34	.30	.26	.25	.129
10	.33	.28	.24	.33	.28	.24	.32	.27	.24	.31	.27	.24	.31	.27	.24	.23	.122

16 — "High bay" narrow distribution ventilated reflector with clear HID lamp
Typical Intensity Distribution and Per Cent Lamp Lumens: 1½%↑, 77%↓
Maint. Cat. III; SC 0.7

ρ_{CC}→	80			70			50			30			10			0	WDRC
ρ_W→ / RCR↓	50	30	10	50	30	10	50	30	10	50	30	10	50	30	10	0	
0	.93	.93	.93	.90	.90	.90	.86	.86	.86	.82	.82	.82	.78	.78	.78	.77	
1	.86	.84	.82	.84	.82	.80	.80	.79	.78	.77	.76	.75	.74	.74	.73	.71	.138
2	.79	.76	.73	.78	.75	.72	.75	.73	.71	.73	.71	.69	.70	.69	.67	.66	.136
3	.74	.70	.66	.73	.69	.66	.70	.67	.65	.68	.66	.63	.66	.64	.62	.61	.132
4	.69	.64	.61	.68	.64	.60	.66	.62	.60	.64	.61	.59	.63	.60	.58	.57	.126
5	.64	.60	.56	.63	.59	.56	.62	.58	.55	.60	.57	.55	.59	.56	.54	.53	.120
6	.60	.55	.52	.60	.55	.52	.58	.54	.51	.57	.54	.51	.56	.53	.50	.49	.115
7	.57	.52	.49	.56	.52	.48	.55	.51	.48	.54	.50	.48	.53	.50	.47	.46	.109
8	.53	.49	.45	.53	.48	.45	.52	.48	.45	.51	.47	.45	.50	.47	.44	.43	.104
9	.51	.46	.43	.50	.46	.43	.49	.45	.42	.48	.45	.42	.48	.44	.42	.41	.100
10	.48	.43	.40	.48	.43	.40	.47	.43	.40	.46	.42	.40	.45	.42	.40	.39	.095

17 — "High bay" intermediate distribution ventilated reflector with clear HID lamp
Typical Intensity Distribution and Per Cent Lamp Lumens: 1%↑, 76%↓
Maint. Cat. III; SC 1.0

ρ_{CC}→	80			70			50			30			10			0	WDRC
ρ_W→ / RCR↓	50	30	10	50	30	10	50	30	10	50	30	10	50	30	10	0	
0	.91	.91	.91	.89	.89	.89	.85	.85	.85	.81	.81	.81	.78	.78	.78	.76	
1	.83	.81	.79	.81	.79	.77	.78	.76	.75	.76	.74	.73	.72	.71	.70	.68	.187
2	.75	.71	.68	.74	.70	.67	.71	.68	.65	.68	.66	.64	.66	.64	.62	.61	.189
3	.68	.63	.59	.67	.62	.59	.65	.61	.58	.62	.59	.57	.61	.58	.56	.54	.183
4	.62	.56	.52	.61	.56	.52	.59	.54	.51	.57	.53	.50	.55	.52	.50	.48	.174
5	.56	.50	.46	.55	.50	.46	.54	.49	.45	.52	.48	.45	.51	.47	.44	.43	.165
6	.51	.46	.41	.51	.45	.41	.49	.44	.41	.48	.44	.40	.47	.43	.40	.39	.155
7	.47	.41	.37	.46	.41	.37	.45	.40	.37	.44	.40	.37	.43	.39	.37	.35	.147
8	.43	.38	.34	.43	.37	.34	.42	.37	.33	.41	.36	.33	.40	.36	.33	.32	.138
9	.40	.35	.31	.40	.34	.31	.39	.34	.31	.38	.34	.30	.37	.33	.30	.29	.131
10	.37	.32	.28	.37	.32	.28	.36	.31	.28	.35	.31	.28	.35	.31	.28	.27	.124

18 — "High bay" wide distribution ventilated reflector with clear HID lamp
Typical Intensity Distribution and Per Cent Lamp Lumens: ½%↑, 77½%↓
Maint. Cat. III; SC 1.5

ρ_{CC}→	80			70			50			30			10			0	WDRC
ρ_W→ / RCR↓	50	30	10	50	30	10	50	30	10	50	30	10	50	30	10	0	
0	.93	.93	.93	.91	.91	.91	.87	.87	.87	.83	.83	.83	.79	.79	.79	.78	
1	.84	.81	.79	.82	.80	.78	.79	.77	.75	.76	.74	.73	.73	.72	.70	.69	.217
2	.75	.71	.67	.74	.70	.66	.71	.68	.65	.68	.66	.63	.66	.64	.62	.60	.219
3	.67	.62	.57	.66	.61	.57	.64	.59	.56	.61	.58	.55	.59	.56	.54	.52	.211
4	.60	.54	.50	.59	.54	.49	.57	.52	.48	.55	.51	.48	.54	.50	.47	.46	.200
5	.54	.48	.43	.53	.47	.43	.52	.46	.42	.50	.45	.42	.49	.45	.41	.40	.189
6	.49	.42	.38	.48	.42	.38	.47	.41	.37	.45	.41	.37	.44	.40	.37	.35	.177
7	.44	.38	.34	.44	.38	.33	.42	.37	.33	.41	.36	.33	.40	.36	.33	.31	.166
8	.40	.34	.30	.40	.34	.30	.39	.33	.30	.38	.33	.29	.37	.32	.29	.28	.158
9	.37	.31	.27	.37	.31	.27	.36	.30	.27	.35	.30	.26	.34	.29	.26	.25	.148
10	.34	.28	.24	.34	.28	.24	.33	.28	.24	.32	.27	.24	.31	.27	.24	.22	.138

Continued

80			70			50			30			10			80			70			50			30			10		
50	30	10	50	30	10	50	30	10	50	30	10	50	30	10	50	30	10	50	30	10	50	30	10	50	30	10	50	30	10
Wall Exitance Coefficients for 20 Per Cent Effective Floor Cavity Reflectance (ρ_{FC} = 20)															Ceiling Cavity Exitance Coefficients for 20 Per Cent Floor Cavity Reflectance (ρ_{FC} = 20)														
															.159	.159	.159	.136	.136	.136	.093	.093	.093	.053	.053	.053	.017	.017	.017
.238	.135	.043	.232	.132	.042	.220	.126	.040	.210	.121	.039	.201	.116	.038	.152	.134	.117	.130	.115	.101	.089	.079	.070	.051	.046	.041	.016	.015	.013
.218	.119	.037	.212	.117	.036	.202	.113	.035	.193	.108	.034	.185	.105	.033	.146	.116	.091	.125	.100	.079	.086	.069	.055	.050	.040	.032	.016	.013	.010
.200	.106	.032	.195	.105	.031	.186	.101	.031	.178	.098	.030	.171	.095	.029	.141	.103	.074	.121	.089	.064	.083	.062	.045	.048	.036	.026	.015	.012	.009
.184	.096	.028	.180	.094	.028	.172	.091	.027	.165	.089	.027	.158	.086	.026	.135	.094	.062	.116	.081	.054	.080	.056	.038	.046	.033	.022	.015	.011	.007
.170	.087	.025	.167	.086	.025	.160	.083	.024	.153	.081	.024	.147	.079	.024	.130	.086	.054	.111	.075	.047	.077	.052	.033	.044	.031	.020	.014	.010	.006
.158	.079	.023	.155	.078	.023	.149	.076	.022	.143	.074	.022	.137	.072	.021	.125	.080	.048	.107	.069	.042	.074	.049	.030	.043	.029	.018	.014	.009	.006
.147	.073	.021	.144	.072	.021	.139	.070	.020	.133	.068	.020	.128	.067	.020	.120	.075	.044	.103	.065	.038	.071	.046	.027	.041	.027	.016	.013	.009	.005
.138	.067	.019	.135	.067	.019	.130	.065	.019	.125	.063	.018	.121	.062	.018	.115	.071	.041	.099	.061	.035	.068	.043	.025	.040	.025	.015	.013	.008	.005
.129	.063	.017	.127	.062	.017	.122	.060	.017	.118	.059	.017	.114	.058	.017	.111	.067	.038	.095	.058	.033	.066	.041	.024	.038	.024	.014	.012	.008	.005
.122	.058	.016	.119	.058	.016	.115	.056	.016	.111	.055	.016	.107	.054	.015	.106	.064	.038	.092	.056	.031	.064	.039	.022	.037	.023	.013	.012	.008	.004
															.126	.126	.126	.107	.107	.107	.073	.073	.073	.042	.042	.042	.013	.013	.013
.161	.091	.029	.156	.089	.028	.148	.085	.027	.140	.081	.026	.133	.077	.025	.116	.103	.092	.099	.089	.079	.068	.061	.055	.039	.035	.032	.013	.011	.010
.154	.085	.026	.151	.083	.026	.143	.080	.025	.136	.077	.024	.130	.074	.023	.109	.087	.069	.093	.075	.060	.064	.052	.042	.037	.030	.024	.012	.010	.008
.146	.078	.023	.143	.076	.023	.136	.074	.022	.130	.071	.022	.125	.069	.021	.102	.075	.054	.088	.065	.046	.060	.045	.033	.035	.026	.019	.011	.009	.006
.138	.072	.021	.135	.070	.021	.129	.068	.020	.124	.066	.020	.119	.065	.020	.097	.066	.042	.083	.057	.037	.057	.040	.026	.033	.023	.015	.011	.008	.005
.130	.066	.019	.127	.065	.019	.122	.063	.019	.117	.062	.018	.113	.060	.018	.092	.059	.034	.079	.051	.030	.054	.036	.021	.032	.021	.013	.010	.007	.004
.122	.061	.018	.120	.061	.017	.115	.059	.017	.111	.058	.017	.107	.056	.017	.087	.053	.028	.075	.046	.025	.052	.032	.018	.030	.019	.010	.010	.006	.003
.115	.057	.016	.113	.056	.016	.109	.055	.016	.106	.054	.016	.102	.053	.016	.083	.048	.024	.072	.042	.021	.050	.029	.015	.029	.017	.009	.009	.006	.003
.109	.053	.015	.107	.053	.015	.104	.052	.015	.100	.051	.015	.097	.050	.015	.080	.045	.021	.068	.039	.018	.047	.027	.013	.028	.016	.008	.009	.005	.003
.103	.050	.014	.102	.050	.014	.098	.049	.014	.095	.048	.014	.093	.047	.014	.076	.041	.018	.065	.036	.016	.045	.025	.011	.026	.015	.007	.009	.005	.002
.098	.047	.013	.097	.047	.013	.094	.046	.013	.091	.045	.013	.088	.044	.013	.073	.039	.016	.063	.033	.014	.043	.024	.010	.025	.014	.006	.008	.005	.002
															.137	.137	.137	.117	.117	.117	.080	.080	.080	.046	.046	.046	.015	.015	.015
.167	.095	.030	.162	.092	.029	.152	.087	.028	.144	.083	.027	.136	.079	.025	.126	.113	.102	.108	.097	.087	.074	.067	.060	.043	.039	.035	.014	.012	.011
.163	.089	.027	.159	.088	.027	.151	.084	.026	.143	.080	.025	.137	.077	.024	.118	.096	.077	.101	.082	.066	.069	.057	.046	.040	.033	.027	.013	.011	.009
.157	.083	.025	.153	.082	.025	.146	.079	.024	.139	.076	.023	.133	.074	.023	.112	.083	.059	.096	.071	.051	.066	.049	.036	.038	.029	.021	.012	.009	.007
.149	.077	.023	.146	.076	.023	.139	.074	.022	.134	.072	.022	.128	.070	.021	.106	.073	.047	.091	.063	.041	.063	.044	.029	.036	.026	.017	.012	.008	.006
.141	.072	.021	.138	.071	.021	.133	.069	.020	.128	.067	.020	.123	.066	.020	.101	.065	.038	.087	.056	.033	.060	.039	.023	.035	.023	.014	.011	.008	.005
.134	.067	.019	.131	.066	.019	.126	.065	.019	.122	.063	.019	.117	.062	.018	.096	.059	.032	.083	.051	.028	.057	.036	.020	.033	.021	.012	.011	.007	.004
.127	.063	.018	.124	.062	.018	.120	.061	.017	.116	.059	.017	.112	.058	.017	.092	.054	.027	.079	.047	.023	.055	.033	.017	.032	.019	.010	.010	.006	.003
.120	.059	.016	.118	.058	.016	.114	.057	.016	.110	.056	.016	.107	.055	.016	.088	.049	.023	.076	.043	.020	.052	.030	.014	.030	.018	.009	.010	.006	.003
.114	.055	.015	.112	.055	.015	.108	.054	.015	.105	.053	.015	.102	.052	.015	.084	.046	.020	.072	.040	.018	.050	.028	.013	.029	.017	.007	.009	.005	.002
.108	.052	.014	.106	.051	.014	.103	.051	.014	.100	.050	.014	.097	.049	.014	.081	.043	.018	.069	.037	.016	.048	.026	.011	.028	.016	.007	.009	.005	.002
															.158	.158	.158	.135	.135	.135	.092	.092	.092	.053	.053	.053	.017	.017	.017
.147	.084	.026	.141	.081	.026	.131	.075	.024	.121	.070	.022	.112	.065	.021	.144	.133	.122	.123	.114	.105	.084	.078	.073	.049	.045	.042	.016	.015	.014
.140	.077	.024	.136	.075	.023	.127	.070	.022	.118	.066	.021	.111	.063	.020	.133	.113	.097	.114	.097	.084	.078	.067	.058	.045	.039	.034	.014	.013	.011
.133	.071	.021	.129	.069	.021	.121	.066	.020	.114	.063	.019	.107	.059	.018	.123	.099	.079	.106	.085	.068	.073	.059	.048	.042	.035	.028	.013	.011	.009
.126	.066	.019	.123	.064	.019	.116	.061	.018	.110	.059	.018	.104	.056	.017	.116	.087	.066	.099	.075	.057	.068	.053	.040	.039	.031	.024	.013	.010	.008
.120	.061	.018	.117	.060	.017	.111	.058	.017	.105	.055	.016	.100	.053	.016	.109	.078	.056	.094	.068	.049	.064	.047	.034	.037	.028	.020	.012	.009	.007
.114	.057	.016	.111	.056	.016	.106	.054	.016	.101	.052	.015	.096	.051	.015	.103	.071	.048	.089	.062	.042	.061	.043	.030	.035	.025	.018	.011	.008	.006
.108	.053	.015	.106	.053	.015	.101	.051	.015	.097	.050	.014	.092	.048	.014	.098	.065	.042	.084	.057	.037	.058	.040	.026	.034	.023	.016	.011	.008	.005
.103	.050	.014	.101	.050	.014	.097	.048	.014	.093	.047	.014	.089	.046	.013	.093	.060	.038	.080	.052	.033	.056	.037	.023	.032	.022	.014	.010	.007	.005
.098	.048	.013	.096	.047	.013	.093	.046	.013	.089	.045	.013	.086	.043	.013	.089	.056	.034	.077	.049	.030	.053	.034	.021	.031	.020	.013	.010	.007	.004
.094	.045	.013	.092	.045	.012	.089	.043	.012	.086	.042	.012	.082	.041	.012	.086	.053	.031	.074	.046	.027	.051	.032	.019	.030	.019	.012	.010	.006	.004
															.153	.153	.153	.131	.131	.131	.089	.089	.089	.051	.051	.051	.016	.016	.016
.171	.098	.031	.166	.095	.030	.156	.089	.029	.146	.084	.027	.137	.080	.026	.140	.127	.115	.120	.109	.099	.082	.075	.068	.047	.043	.040	.015	.014	.013
.168	.092	.028	.163	.090	.028	.154	.086	.027	.146	.082	.026	.138	.078	.025	.131	.108	.089	.113	.093	.077	.077	.064	.053	.044	.037	.031	.014	.012	.010
.161	.086	.026	.157	.084	.025	.149	.081	.025	.142	.078	.024	.135	.075	.023	.124	.094	.070	.106	.081	.061	.073	.056	.043	.042	.033	.025	.014	.011	.008
.153	.080	.023	.149	.078	.023	.143	.076	.023	.136	.073	.022	.130	.071	.022	.118	.083	.057	.101	.072	.050	.069	.050	.035	.040	.029	.021	.013	.010	.007
.145	.074	.021	.142	.073	.021	.136	.071	.021	.130	.069	.020	.125	.067	.020	.112	.075	.048	.096	.065	.041	.066	.045	.029	.038	.027	.017	.012	.009	.006
.138	.069	.020	.135	.068	.020	.129	.066	.019	.124	.065	.019	.120	.063	.019	.107	.068	.041	.092	.059	.035	.063	.041	.025	.037	.024	.015	.012	.008	.005
.131	.065	.018	.128	.064	.018	.123	.062	.018	.119	.061	.018	.114	.059	.017	.102	.063	.035	.088	.055	.031	.061	.038	.022	.035	.023	.013	.011	.007	.004
.124	.061	.017	.122	.060	.017	.117	.059	.017	.113	.057	.017	.109	.056	.016	.098	.058	.031	.084	.051	.027	.058	.036	.019	.034	.021	.012	.011	.007	.004
.118	.057	.016	.116	.056	.016	.112	.055	.016	.108	.054	.015	.104	.053	.015	.094	.055	.028	.081	.047	.024	.056	.033	.017	.033	.020	.010	.011	.006	.003
.112	.054	.015	.110	.053	.015	.106	.052	.015	.103	.051	.015	.100	.050	.014	.090	.051	.026	.078	.045	.022	.054	.031	.016	.031	.019	.009	.010	.006	.003
															.154	.154	.154	.132	.132	.132	.090	.090	.090	.052	.052	.052	.017	.017	.017
.188	.107	.034	.183	.104	.033	.172	.099	.032	.162	.094	.030	.154	.089	.029	.143	.128	.115	.122	.110	.099	.084	.076	.068	.048	.044	.040	.015	.014	.013
.186	.102	.031	.181	100	.031	.172	.095	.030	.163	.092	.029	.155	.088	.028	.135	.109	.087	.115	.094	.076	.079	.065	.053	.046	.038	.031	.015	.012	.010
.178	.095	.028	.174	.093	.028	.166	.090	.027	.158	.087	.027	.152	.084	.026	.128	.095	.068	.110	.082	.059	.075	.057	.042	.043	.033	.024	.014	.011	.008
.170	.088	.026	.166	.087	.026	.159	.084	.025	.152	.082	.025	.146	.079	.024	.122	.084	.055	.105	.073	.048	.072	.051	.034	.042	.030	.020	.013	.010	.007
.161	.082	.024	.157	.081	.024	.151	.079	.023	.145	.076	.023	.139	.074	.022	.117	.076	.045	.100	.065	.039	.069	.046	.028	.040	.027	.017	.013	.009	.005
.152	.076	.022	.149	.075	.022	.143	.073	.021	.138	.072	.021	.133	.070	.021	.112	.069	.038	.096	.060	.033	.066	.042	.024	.038	.025	.014	.012	.008	.005
.143	.071	.020	.141	.070	.020	.136	.069	.020	.131	.067	.020	.126	.066	.019	.107	.064	.033	.092	.055	.029	.064	.039	.020	.037	.023	.012	.012	.007	.004
.136	.066	.019	.133	.066	.019	.129	.064	.018	.124	.063	.018	.120	.062	.018	.102	.059	.029	.088	.051	.026	.061	.036	.018	.036	.021	.011	.011	.007	.004
.128	.062	.017	.126	.062	.017	.122	.060	.017	.118	.059	.017	.114	.058	.017	.098	.055	.026	.085	.048	.023	.059	.034	.016	.034	.020	.010	.011	.007	.003
.122	.058	.016	.120	.058	.016	.116	.057	.016	.112	.056	.016	.109	.055	.016	.094	.052	.024	.081	.045	.021	.056	.032	.015	.033	.019	.009	.011	.006	.003

Continued

Typical Intensity Distribution and Per Cent Lamp Lumens. Coefficients of Utilization for 20 Per Cent Effective Floor Cavity Reflectance ($\rho_{FC} = 20$).

19 — "High bay" intermediate distribution ventilated reflector with phosphor coated HID lamp. Maint. Cat. III, SC 1.0, 6½%↑, 75½%↓

pcc→	80			70			50			30			10			0	WDRC
pw→ / RCR	50	30	10	50	30	10	50	30	10	50	30	10	50	30	10	0	
0	.96	.96	.96	.93	.93	.93	.88	.88	.88	.83	.83	.83	.78	.78	.78	.76	
1	.88	.86	.83	.86	.83	.81	.81	.79	.78	.77	.75	.74	.73	.72	.71	.69	.187
2	.80	.76	.73	.78	.74	.71	.74	.71	.69	.71	.68	.66	.68	.66	.64	.62	.168
3	.73	.68	.64	.71	.67	.63	.68	.64	.61	.65	.62	.60	.63	.60	.58	.56	.162
4	.67	.61	.57	.65	.60	.57	.63	.59	.55	.60	.57	.54	.58	.55	.52	.51	.155
5	.61	.56	.52	.60	.55	.51	.58	.53	.50	.56	.52	.49	.54	.50	.48	.46	.147
6	.57	.51	.47	.56	.50	.48	.54	.49	.45	.52	.48	.45	.50	.46	.44	.42	.139
7	.52	.47	.43	.51	.46	.42	.50	.45	.42	.48	.44	.41	.47	.43	.40	.39	.132
8	.49	.43	.39	.48	.42	.39	.46	.42	.38	.45	.41	.38	.44	.40	.37	.36	.125
9	.45	.40	.36	.45	.39	.36	.43	.39	.35	.42	.38	.35	.41	.37	.34	.33	.118
10	.42	.37	.33	.42	.37	.33	.41	.36	.33	.39	.35	.32	.38	.35	.32	.31	.112

20 — "High bay" wide distribution ventilated reflector with phosphor coated HID lamp. Maint. Cat. III, SC 1.5, 12%↑, 69%↓

RCR	80:50	80:30	80:10	70:50	70:30	70:10	50:50	50:30	50:10	30:50	30:30	30:10	10:50	10:30	10:10	0	WDRC
0	.93	.93	.93	.90	.90	.90	.83	.83	.83	.77	.77	.77	.72	.72	.72	.69	
1	.85	.82	.80	.82	.79	.77	.76	.74	.73	.71	.70	.69	.66	.65	.62	.56	.168
2	.76	.72	.69	.74	.70	.67	.69	.66	.64	.65	.63	.61	.61	.59	.58	.56	.168
3	.69	.64	.60	.67	.62	.59	.63	.59	.56	.59	.56	.54	.56	.54	.51	.49	.163
4	.62	.57	.52	.61	.55	.51	.57	.53	.50	.54	.51	.48	.51	.48	.46	.44	.156
5	.57	.51	.46	.55	.50	.46	.52	.48	.44	.49	.46	.43	.47	.44	.41	.39	.148
6	.52	.45	.41	.50	.45	.40	.48	.43	.39	.45	.41	.38	.43	.40	.37	.35	.141
7	.47	.41	.37	.46	.40	.36	.44	.39	.35	.42	.37	.34	.40	.36	.33	.32	.133
8	.43	.37	.33	.42	.36	.33	.40	.35	.32	.38	.34	.31	.37	.33	.30	.29	.126
9	.40	.34	.30	.39	.33	.29	.37	.32	.29	.35	.31	.28	.34	.30	.27	.26	.120
10	.37	.31	.27	.36	.30	.27	.34	.29	.25	.33	.28	.25	.31	.28	.25	.23	.114

21 — "Low bay" rectangular pattern, lensed bottom reflector unit with clear HID lamp. Maint. Cat. V, SC 1.8, 0%↑, 68½%↓

RCR	80:50	80:30	80:10	70:50	70:30	70:10	50:50	50:30	50:10	30:50	30:30	30:10	10:50	10:30	10:10	0	WDRC
0	.82	.82	.82	.80	.80	.80	.76	.76	.76	.73	.73	.73	.70	.70	.70	.68	
1	.73	.70	.68	.71	.69	.67	.68	.66	.64	.65	.64	.62	.63	.62	.61	.59	.231
2	.64	.60	.56	.63	.59	.55	.60	.57	.54	.58	.55	.53	.56	.54	.52	.50	.227
3	.56	.51	.47	.55	.51	.47	.53	.49	.46	.52	.48	.45	.50	.47	.44	.43	.213
4	.50	.44	.40	.49	.44	.40	.48	.43	.39	.46	.42	.39	.44	.41	.38	.37	.199
5	.45	.39	.34	.44	.38	.34	.42	.38	.34	.41	.37	.33	.40	.36	.33	.32	.184
6	.40	.34	.30	.39	.34	.30	.38	.33	.29	.37	.33	.29	.36	.32	.29	.28	.171
7	.36	.30	.26	.36	.30	.26	.35	.29	.26	.34	.29	.26	.33	.29	.25	.24	.159
8	.33	.27	.23	.32	.27	.23	.31	.26	.22	.31	.26	.23	.30	.26	.23	.21	.148
9	.30	.24	.20	.29	.24	.20	.29	.24	.20	.28	.23	.20	.27	.23	.20	.19	.138
10	.27	.22	.18	.27	.22	.18	.26	.22	.18	.26	.21	.18	.25	.21	.18	.17	.129

22 — "Low bay" lensed bottom reflector unit with clear HID lamp. Maint. Cat. V, SC 1.9, 3%↑, 68%↓

RCR	80:50	80:30	80:10	70:50	70:30	70:10	50:50	50:30	50:10	30:50	30:30	30:10	10:50	10:30	10:10	0	WDRC
0	.83	.83	.83	.81	.81	.81	.77	.77	.77	.73	.73	.73	.70	.70	.70	.68	
1	.72	.69	.66	.70	.67	.65	.67	.64	.62	.63	.62	.60	.60	.59	.57	.56	.302
2	.62	.57	.53	.61	.56	.52	.58	.54	.50	.55	.52	.49	.52	.50	.47	.46	.279
3	.54	.48	.43	.53	.47	.43	.50	.45	.41	.48	.44	.40	.46	.42	.39	.38	.253
4	.47	.41	.36	.46	.40	.35	.44	.39	.35	.42	.37	.34	.40	.36	.33	.31	.229
5	.42	.35	.30	.41	.34	.30	.39	.33	.29	.37	.32	.29	.36	.31	.28	.26	.208
6	.37	.30	.26	.36	.30	.25	.35	.29	.25	.33	.28	.25	.32	.27	.24	.23	.189
7	.33	.27	.22	.33	.26	.22	.31	.26	.22	.30	.25	.21	.29	.24	.21	.19	.173
8	.30	.24	.19	.29	.23	.19	.28	.23	.19	.27	.22	.19	.26	.22	.18	.17	.159
9	.27	.21	.17	.27	.21	.17	.26	.20	.17	.25	.20	.17	.24	.19	.16	.15	.147
10	.25	.19	.15	.24	.19	.15	.24	.18	.15	.22	.18	.15	.22	.18	.15	.13	.137

23 — Wide spread, recessed, small open bottom reflector with low wattage diffuse HID lamp. Maint. Cat. IV, SC 1.7, 0%↑, 56%↓

RCR	80:50	80:30	80:10	70:50	70:30	70:10	50:50	50:30	50:10	30:50	30:30	30:10	10:50	10:30	10:10	0	WDRC
0	.67	.67	.67	.65	.65	.65	.62	.62	.62	.60	.60	.60	.57	.57	.57	.56	
1	.60	.58	.56	.58	.57	.55	.56	.55	.53	.54	.53	.52	.52	.51	.50	.49	.177
2	.53	.49	.46	.52	.48	.46	.50	.47	.45	.48	.46	.44	.46	.44	.43	.42	.179
3	.46	.42	.39	.46	.42	.38	.44	.41	.38	.42	.40	.37	.41	.39	.37	.35	.172
4	.41	.36	.33	.40	.36	.33	.39	.35	.32	.38	.34	.32	.37	.34	.31	.30	.161
5	.37	.32	.28	.36	.31	.28	.35	.31	.28	.34	.30	.27	.33	.30	.27	.26	.150
6	.33	.28	.24	.32	.28	.24	.31	.27	.24	.30	.27	.24	.30	.26	.24	.23	.139
7	.30	.25	.21	.29	.25	.21	.28	.24	.21	.28	.24	.21	.27	.23	.21	.20	.129
8	.27	.22	.19	.26	.22	.19	.26	.22	.19	.25	.21	.19	.24	.21	.19	.18	.120
9	.25	.20	.17	.24	.20	.17	.24	.20	.17	.23	.19	.17	.22	.19	.17	.16	.112
10	.22	.18	.15	.22	.18	.15	.22	.18	.15	.21	.18	.15	.21	.17	.15	.14	.105

24 — Open top, indirect, reflector type unit with HID lamp (mult. by 0.9 for lens top). Maint. Cat. VI, SC N.A., 78%↑, 0%↓

RCR	80:50	80:30	80:10	70:50	70:30	70:10	50:50	50:30	50:10	30:50	30:30	30:10	10:50	10:30	10:10	0	WDRC
0	.74	.74	.74	.63	.63	.63	.43	.43	.43	.25	.25	.25	.08	.08	.08	.00	
1	.64	.62	.59	.55	.53	.51	.38	.36	.35	.22	.21	.20	.07	.07	.07	.00	.000
2	.56	.52	.48	.48	.45	.42	.33	.31	.29	.19	.18	.17	.06	.06	.06	.00	.000
3	.49	.44	.40	.42	.38	.35	.29	.26	.24	.17	.15	.14	.05	.05	.05	.00	.000
4	.43	.38	.34	.37	.33	.29	.26	.23	.20	.15	.13	.12	.05	.04	.04	.00	.000
5	.38	.33	.28	.33	.28	.25	.23	.20	.17	.13	.12	.10	.04	.04	.03	.00	.000
6	.34	.28	.24	.29	.25	.21	.20	.17	.15	.12	.10	.09	.04	.03	.03	.00	.000
7	.31	.25	.21	.26	.22	.18	.18	.15	.13	.10	.09	.08	.03	.03	.03	.00	.000
8	.28	.22	.18	.24	.19	.16	.16	.13	.11	.10	.08	.07	.03	.03	.02	.00	.000
9	.25	.20	.16	.21	.17	.14	.15	.12	.10	.09	.07	.06	.03	.02	.02	.00	.000
10	.23	.17	.14	.20	.15	.12	.14	.11	.09	.08	.06	.05	.03	.02	.02	.00	.000

Continued

80			70			50			30			10			80			70			50			30			10		
50	30	10	50	30	10	50	30	10	50	30	10	50	30	10	50	30	10	50	30	10	50	30	10	50	30	10	50	30	10
Wall Exitance Coefficients for 20 Per Cent Effective Floor Cavity Reflectance (ρ_{FC} = 20)															Ceiling Cavity Exitance Coefficients for 20 Per Cent Floor Cavity Reflectance (ρ_{FC} = 20)														
															.207	.207	.207	.177	.177	.177	.121	.121	.121	.069	.069	.069	.022	.022	.022
.176	.100	.032	.168	.096	.030	.154	.088	.028	.141	.081	.026	.128	.074	.024	.194	.180	.168	.166	155	.144	.113	.106	.100	.065	.062	.058	.021	.020	.019
.170	.093	.029	.163	.090	.028	.150	.084	.026	.139	.078	.024	.128	.073	.023	.184	.160	.140	.157	.138	.121	.108	.095	.085	.062	.055	.050	.020	.018	.016
.162	.086	.026	.156	.083	.025	.145	.078	.024	.135	.074	.023	.125	.069	.021	.175	.145	.121	.150	.125	.105	.103	.087	.074	.060	.051	.043	.019	.017	.014
.153	.080	.023	.148	.078	.023	.138	.073	.022	.129	.069	.021	.121	.066	.020	.168	.134	.107	.144	.116	.093	.099	.081	.066	.057	.047	.039	.018	.015	.013
.145	.074	.021	.141	.072	.021	.132	.069	.020	.124	.065	.019	.116	.062	.019	.162	.125	.097	.139	.108	.085	.096	.075	.060	.055	.044	.035	.018	.014	.012
.138	.069	.020	.133	.067	.019	.126	.064	.019	.118	.061	.018	.111	.058	.017	.156	.118	.090	.134	.102	.078	.093	.071	.055	.054	.042	.033	.017	.014	.011
.131	.065	.018	.127	.063	.018	.120	.060	.017	.113	.058	.017	.106	.055	.016	.151	.112	.084	.130	.097	.073	.090	.068	.052	.052	.040	.031	.017	.013	.010
.124	.061	.017	.120	.059	.017	.114	.057	.016	.108	.055	.016	.102	.052	.015	.147	.107	.080	.126	.093	.069	.087	.065	.049	.051	.038	.029	.016	.013	.010
.118	.057	.016	.115	.056	.016	.109	.054	.015	.103	.052	.015	.098	.050	.014	.142	.103	.076	.123	.089	.066	.085	.063	.047	.049	.037	.028	.016	.012	.009
.112	.054	.015	.109	.053	.015	.104	.051	.014	.099	.049	.014	.094	.047	.014	.138	.099	.073	.119	.086	.064	.083	.061	.046	.048	.036	.027	.016	.012	.009
															.244	.244	.244	.209	.209	.209	.143	.143	.143	.082	.082	.082	.026	.026	.026
.183	.104	.033	.174	.099	.032	.157	.090	.029	.141	.081	.026	.127	.073	.024	.232	.218	.205	.199	.187	.177	.136	.129	.122	.078	.075	.071	.025	.024	.023
.177	.097	.030	.168	.093	.029	.153	.085	.026	.139	.078	.024	.126	.071	.023	.223	.199	.178	.191	.171	.154	.131	.118	.107	.076	.069	.063	.024	.022	.021
.168	.090	.027	.161	.086	.026	.148	.080	.024	.135	.074	.023	.123	.068	.021	.216	.184	.159	.185	.159	.138	.127	.111	.097	.073	.065	.057	.024	.021	.019
.160	.083	.024	.154	.080	.024	.141	.075	.022	.130	.070	.021	.119	.065	.020	.209	.173	.146	.180	.150	.127	.124	.104	.089	.071	.061	.053	.023	.020	.017
.152	.077	.022	.146	.075	.022	.135	.070	.021	.125	.066	.020	.115	.061	.018	.204	.165	.136	.175	.143	.119	.121	.100	.084	.070	.059	.050	.023	.019	.016
.144	.072	.021	.139	.070	.020	.129	.066	.019	.119	.062	.018	.110	.058	.017	.199	.158	.129	.171	.137	.112	.118	.096	.080	.068	.056	.047	.022	.018	.016
.137	.068	.019	.132	.066	.019	.123	.062	.018	.114	.058	.017	.106	.055	.016	.194	.153	.124	.167	.132	.108	.115	.093	.076	.067	.055	.045	.022	.018	.015
.130	.063	.018	.125	.062	.017	.117	.058	.017	.109	.055	.016	.101	.052	.015	.190	.148	.120	.163	.128	.104	.113	.090	.074	.066	.053	.044	.021	.017	.015
.124	.060	.017	.119	.058	.016	.112	.055	.016	.104	.052	.015	.097	.049	.014	.186	.144	.116	.160	.125	.101	.111	.088	.072	.065	.052	.043	.021	.017	.014
.118	.056	.016	.114	.055	.015	.106	.052	.015	.100	.049	.014	.093	.047	.013	.182	.141	.114	.157	.122	.099	.109	.086	.071	.063	.051	.042	.021	.017	.014
															.130	.130	.130	.112	.112	.112	.076	.076	.076	.044	.044	.044	.014	.014	.014
.186	.106	.033	.181	.103	.033	.172	.099	.032	.164	.094	.030	.156	.091	.029	.122	.107	.094	.104	.092	.081	.071	.063	.056	.041	.037	.033	.013	.012	.011
.181	.099	.030	.177	.097	.030	.169	.094	.029	.162	.091	.028	.155	.088	.028	.115	.090	.069	.099	.078	.060	.068	.054	.042	.039	.031	.025	.013	.010	.008
.171	.091	.027	.168	.090	.027	.161	.087	.026	.154	.085	.026	.148	.082	.025	.110	.078	.053	.094	.067	.046	.065	.047	.032	.037	.027	.019	.012	.009	.006
.161	.084	.025	.158	.083	.024	.152	.081	.024	.146	.078	.024	.141	.076	.023	.105	.069	.041	.090	.060	.036	.062	.042	.025	.036	.024	.015	.012	.008	.005
.151	.077	.022	.148	.076	.022	.143	.074	.022	.138	.073	.022	.133	.071	.021	.100	.062	.033	.086	.053	.029	.059	.037	.020	.034	.022	.012	.011	.007	.004
.142	.071	.020	.139	.070	.020	.134	.069	.020	.130	.067	.020	.126	.066	.020	.096	.056	.027	.082	.049	.024	.057	.034	.017	.033	.020	.010	.011	.007	.003
.133	.066	.019	.131	.065	.019	.127	.064	.018	.122	.063	.018	.119	.062	.018	.092	.051	.023	.079	.045	.020	.054	.031	.014	.032	.018	.009	.010	.006	.003
.125	.061	.017	.123	.061	.017	.119	.060	.017	.116	.059	.017	.112	.058	.017	.088	.047	.020	.075	.041	.017	.052	.029	.012	.030	.017	.007	.010	.006	.002
.118	.057	.016	.116	.057	.016	.113	.056	.016	.109	.055	.016	.106	.054	.016	.084	.044	.017	.072	.038	.015	.050	.027	.011	.029	.016	.006	.009	.005	.002
.112	.053	.015	.110	.053	.015	.107	.052	.015	.104	.051	.015	.101	.051	.015	.080	.041	.015	.069	.036	.013	.048	.025	.010	.028	.015	.006	.009	.005	.002
															.156	.156	.156	.133	.133	.133	.091	.091	.091	.052	.052	.052	.017	.017	.017
.230	.131	.041	.224	.128	.041	.213	.122	.039	.203	.117	.038	.194	.112	.036	.149	.131	.115	.128	.113	.099	.087	.078	.069	.050	.045	.040	.016	.014	.013
.216	.118	.036	.210	.116	.036	.201	.112	.035	.192	.108	.034	.183	.104	.033	.144	.114	.089	.124	.099	.077	.085	.068	.054	.049	.040	.032	.016	.013	.010
.200	.106	.032	.195	.104	.031	.186	.101	.031	.178	.098	.030	.171	.094	.029	.139	.102	.073	.119	.088	.063	.082	.061	.044	.047	.036	.026	.015	.012	.009
.184	.096	.028	.180	.094	.028	.172	.091	.027	.165	.089	.027	.158	.086	.026	.134	.093	.061	.115	.080	.053	.079	.056	.038	.046	.033	.022	.015	.011	.007
.170	.087	.025	.166	.085	.025	.159	.083	.024	.153	.081	.024	.147	.078	.024	.129	.086	.054	.111	.074	.047	.077	.052	.033	.044	.030	.020	.014	.010	.006
.158	.079	.023	.154	.078	.022	.148	.076	.022	.142	.074	.022	.137	.072	.021	.124	.080	.048	.107	.069	.042	.074	.049	.030	.043	.029	.018	.014	.009	.006
.147	.072	.021	.144	.072	.020	.138	.070	.020	.132	.068	.020	.127	.066	.019	.120	.075	.044	.103	.065	.039	.071	.046	.027	.041	.027	.016	.013	.009	.005
.137	.067	.019	.134	.066	.019	.129	.064	.018	.124	.063	.018	.119	.061	.018	.115	.071	.041	.099	.062	.036	.069	.043	.026	.040	.026	.015	.013	.008	.005
.128	.062	.017	.125	.061	.017	.121	.060	.017	.116	.058	.017	.112	.057	.016	.111	.068	.039	.095	.059	.034	.066	.041	.024	.039	.024	.014	.012	.008	.005
.120	.058	.016	.118	.057	.016	.113	.056	.016	.109	.054	.015	.106	.053	.015	.107	.065	.037	.092	.056	.032	.064	.040	.023	.037	.023	.014	.012	.008	.005
															.107	.107	.107	.091	.091	.091	.062	.062	.062	.036	.036	.036	.011	.011	.011
.146	.083	.026	.142	.081	.026	.135	.077	.025	.128	.074	.024	.122	.071	.023	.099	.088	.077	.085	.075	.067	.058	.052	.046	.033	.030	.027	.011	.010	.009
.145	.079	.024	.141	.078	.024	.135	.075	.023	.129	.072	.023	.123	.070	.022	.094	.074	.057	.080	.064	.049	.055	.044	.034	.032	.026	.020	.010	.008	.007
.138	.074	.022	.136	.073	.022	.130	.070	.021	.125	.068	.021	.120	.066	.021	.090	.064	.043	.077	.055	.038	.053	.038	.026	.030	.022	.016	.010	.007	.005
.131	.068	.020	.128	.067	.020	.123	.065	.020	.119	.064	.019	.114	.062	.019	.086	.056	.034	.074	.049	.029	.051	.034	.021	.029	.020	.012	.009	.006	.004
.123	.063	.018	.121	.062	.018	.116	.061	.018	.112	.059	.018	.108	.058	.017	.082	.050	.027	.070	.044	.024	.048	.031	.017	.028	.018	.010	.009	.006	.003
.116	.058	.017	.114	.057	.017	.110	.056	.016	.106	.055	.016	.102	.054	.016	.078	.046	.022	.067	.040	.020	.046	.028	.014	.027	016	.008	.009	.005	.003
.109	.054	.015	.107	.053	.015	.103	.052	.015	.100	.051	.015	.097	.050	.015	.075	.042	.019	.064	.036	.017	.044	.026	.012	.026	.015	.007	.008	.005	.002
.102	.050	.014	.101	.050	.014	.097	.049	.014	.094	.048	.014	.091	.047	.014	.071	.039	.016	.062	.034	.014	.043	.024	.010	.025	.014	.006	.008	.005	.002
.096	.047	.013	.095	.046	.013	.092	.045	.013	.089	.045	.013	.087	.044	.013	.068	.036	.014	.059	.031	.012	.041	.022	.009	.024	.013	.005	.008	.004	.002
.091	.044	.012	.090	.043	.012	.087	.043	.012	.084	.042	.012	.082	.041	.012	.065	.034	.013	.058	.029	.011	.039	.021	.008	.023	.012	.005	.007	.004	.002
															.743	.743	.743	.635	.635	.635	.433	.433	.433	.249	.249	.249	.080	.080	.080
.201	.114	.036	.172	.098	.031	.117	.067	.022	.068	.039	.013	.022	.013	.004	.737	.721	.707	.631	.619	.609	.431	.426	.421	.248	.247	.245	.080	.079	.079
.184	.101	.031	.158	.087	.027	.108	.060	.019	.062	.035	.011	.020	.011	.004	.732	.706	.685	.627	.608	.592	.430	.421	.413	.248	.245	.242	.079	.079	.079
.170	.091	.027	.146	.078	.024	.100	.054	.017	.058	.032	.010	.019	.010	.003	.727	.695	.670	.623	.600	.581	.428	.417	.408	.247	.243	.240	.079	.079	.079
.156	.082	.024	.135	.071	.021	.093	.049	.015	.054	.029	.009	.017	.009	.003	.723	.687	.660	.620	.594	.573	.426	.414	.404	.247	.242	.239	.079	.079	.079
.147	.075	.022	.126	.065	.019	.087	.045	.013	.050	.027	.008	.016	.009	.003	.718	.681	.653	.617	.589	.568	.425	.411	.401	.246	.242	.238	.079	.079	.078
.137	.069	.020	.117	.059	.017	.081	.042	.012	.047	.024	.007	.015	.008	.002	.714	.676	.648	.614	.585	.564	.423	.410	.399	.246	.241	.237	.079	.079	.078
.128	.063	.018	.110	.055	.016	.076	.038	.011	.044	.023	.007	.014	.007	.002	.710	.671	.644	.611	.582	.562	.422	.408	.398	.245	.240	.237	.079	.079	.078
.120	.059	.016	.103	.051	.014	.071	.036	.010	.042	.021	.006	.013	.007	.002	.706	.668	.642	.608	.579	.559	.421	.407	.397	.245	.240	.236	.079	.079	.078
.113	.054	.015	.097	.047	.013	.067	.033	.009	.039	.020	.006	.013	.006	.002	.703	.665	.639	.605	.577	.558	.419	.406	.396	.244	.240	.236	.079	.079	.078
.106	.051	.014	.091	.044	.012	.063	.031	.009	.037	.018	.005	.012	.006	.002	.699	.662	.638	.603	.575	.556	.418	.405	.395	.244	.239	.236	.079	.079	.078

Continued

Coefficients of Utilization for 20 Per Cent Effective Floor Cavity Reflectance (ρfc = 20)

25 — Porcelain-enameled reflector with 35°CW shielding (Maint. Cat. II, SC 1.3; 22½↑, 65%↓)

ρcc →	80			70			50			30			10			0	WDRC	RCR ↓
ρw → / RCR ↓	50	30	10	50	30	10	50	30	10	50	30	10	50	30	10	0		
0	.99	.99	.99	.94	.94	.94	.85	.85	.85	.77	.77	.77	.69	.69	.69	.65		0
1	.87	.84	.81	.83	.80	.77	.75	.73	.71	.68	.66	.65	.62	.60	.58	.56	.236	1
2	.77	.71	.67	.73	.68	.64	.67	.63	.60	.60	.58	.55	.55	.53	.51	.48	.220	2
3	.68	.62	.56	.65	.59	.54	.59	.55	.51	.54	.50	.47	.49	.46	.44	.41	.203	3
4	.61	.54	.48	.58	.52	.47	.53	.48	.44	.48	.44	.41	.44	.41	.38	.35	.186	4
5	.54	.47	.42	.52	.46	.41	.48	.42	.38	.44	.39	.36	.40	.36	.33	.31	.170	5
6	.49	.42	.37	.47	.40	.36	.43	.38	.34	.40	.35	.32	.36	.33	.30	.27	.157	6
7	.45	.37	.32	.43	.36	.32	.39	.34	.30	.36	.32	.28	.33	.29	.26	.24	.145	7
8	.41	.34	.29	.39	.33	.28	.36	.31	.27	.33	.29	.25	.31	.27	.24	.22	.135	8
9	.37	.31	.26	.36	.30	.25	.33	.28	.24	.31	.26	.23	.28	.24	.22	.20	.126	9
10	.34	.28	.24	.33	.27	.23	.31	.25	.22	.28	.24	.21	.26	.22	.20	.18	.118	10

26 — Diffuse aluminum reflector with 35°CW shielding (Maint. Cat. II, SC 1.5/1.3; 17%↑, 66%↓)

RCR ↓	50	30	10	50	30	10	50	30	10	50	30	10	50	30	10	0	WDRC	RCR ↓
0	.95	.95	.95	.91	.91	.91	.83	.83	.83	.76	.76	.76	.69	.69	.69	.66		0
1	.85	.82	.79	.81	.79	.76	.75	.73	.71	.69	.67	.66	.63	.62	.61	.58	.197	1
2	.75	.71	.67	.72	.68	.65	.67	.63	.61	.62	.59	.57	.57	.55	.53	.51	.194	2
3	.67	.61	.57	.65	.59	.55	.60	.56	.52	.55	.52	.49	.51	.49	.46	.44	.184	3
4	.60	.54	.49	.58	.52	.48	.54	.49	.45	.50	.46	.43	.46	.43	.41	.39	.173	4
5	.54	.47	.43	.52	.46	.42	.49	.43	.40	.45	.41	.38	.42	.39	.36	.34	.162	5
6	.49	.42	.37	.47	.41	.37	.44	.39	.35	.41	.37	.33	.38	.35	.32	.30	.151	6
7	.44	.38	.33	.43	.37	.32	.40	.35	.31	.38	.33	.30	.35	.31	.28	.27	.141	7
8	.40	.34	.29	.39	.33	.29	.37	.31	.28	.34	.30	.27	.32	.28	.26	.24	.132	8
9	.37	.31	.26	.36	.30	.26	.34	.29	.25	.32	.27	.24	.30	.26	.23	.21	.124	9
10	.34	.28	.24	.33	.27	.23	.31	.26	.23	.29	.25	.22	.28	.24	.21	.19	.117	10

27 — Porcelain-enameled reflector with 30°CW × 30°LW shielding (Maint. Cat. II, SC 1.0; 23½↑, 57%↓)

RCR ↓	50	30	10	50	30	10	50	30	10	50	30	10	50	30	10	0	WDRC	RCR ↓
0	.91	.91	.91	.86	.86	.86	.77	.77	.77	.68	.68	.68	.61	.61	.61	.57		0
1	.80	.77	.75	.76	.74	.71	.69	.67	.65	.61	.59	.58	.55	.54	.53	.50	.182	1
2	.71	.67	.63	.68	.64	.60	.61	.58	.55	.55	.53	.51	.50	.48	.46	.43	.174	2
3	.63	.58	.53	.60	.55	.51	.55	.51	.47	.50	.46	.44	.45	.42	.40	.38	.163	3
4	.57	.51	.46	.54	.49	.44	.49	.45	.41	.45	.41	.38	.41	.38	.35	.33	.151	4
5	.51	.45	.40	.49	.43	.39	.45	.40	.36	.41	.37	.34	.37	.34	.31	.29	.140	5
6	.46	.40	.35	.44	.38	.34	.41	.36	.32	.37	.33	.30	.34	.30	.28	.26	.130	6
7	.42	.36	.31	.40	.35	.30	.37	.32	.29	.34	.30	.27	.31	.28	.25	.23	.121	7
8	.38	.32	.28	.37	.31	.27	.34	.29	.26	.31	.27	.24	.29	.25	.23	.21	.113	8
9	.35	.29	.25	.34	.28	.25	.31	.27	.23	.29	.25	.22	.27	.23	.21	.19	.106	9
10	.33	.27	.23	.31	.26	.22	.29	.24	.21	.27	.23	.20	.25	.21	.19	.17	.099	10

28 — Diffuse aluminum reflector with 35°CW × 35°LW shielding (Maint. Cat. II, SC 1.5/1.1; 17%↑, 56½↓)

RCR ↓	50	30	10	50	30	10	50	30	10	50	30	10	50	30	10	0	WDRC	RCR ↓
0	.83	.83	.83	.79	.79	.79	.72	.72	.72	.65	.65	.65	.59	.59	.59	.56		0
1	.74	.72	.70	.71	.69	.67	.65	.63	.62	.59	.58	.57	.54	.53	.52	.50	.160	1
2	.66	.62	.59	.64	.60	.57	.58	.56	.53	.54	.51	.49	.49	.47	.46	.44	.158	2
3	.59	.54	.50	.57	.53	.49	.53	.49	.46	.48	.46	.43	.45	.42	.40	.38	.150	3
4	.53	.48	.44	.51	.46	.42	.47	.43	.40	.44	.41	.38	.40	.38	.36	.34	.141	4
5	.48	.42	.38	.46	.41	.37	.43	.39	.35	.40	.36	.33	.37	.34	.32	.30	.132	5
6	.44	.38	.34	.42	.37	.33	.39	.35	.31	.36	.33	.30	.34	.31	.28	.27	.124	6
7	.40	.34	.30	.38	.33	.29	.36	.31	.28	.33	.30	.27	.31	.28	.25	.24	.116	7
8	.36	.31	.27	.35	.30	.26	.33	.28	.25	.31	.27	.24	.29	.25	.23	.21	.109	8
9	.33	.28	.24	.32	.27	.24	.30	.26	.23	.28	.24	.22	.26	.23	.21	.19	.102	9
10	.31	.25	.22	.30	.25	.22	.28	.24	.21	.26	.22	.20	.25	.21	.19	.18	.096	10

29 — Metal or dense diffusing sides with 45°CW × 45°LW shielding (Maint. Cat. II, SC 1.1; 39%↑, 32%↑)

RCR ↓	50	30	10	50	30	10	50	30	10	50	30	10	50	30	10	0	WDRC	RCR ↓
0	.75	.75	.75	.69	.69	.69	.57	.57	.57	.46	.46	.46	.37	.37	.37	.32		0
1	.66	.64	.62	.61	.59	.57	.51	.50	.48	.42	.41	.40	.33	.33	.32	.28	.094	1
2	.59	.55	.52	.54	.51	.48	.46	.43	.41	.38	.36	.34	.30	.29	.28	.25	.091	2
3	.52	.48	.44	.48	.44	.41	.41	.38	.35	.34	.32	.30	.27	.26	.25	.22	.085	3
4	.47	.42	.38	.43	.39	.35	.37	.33	.31	.31	.28	.26	.25	.23	.22	.19	.079	4
5	.42	.37	.33	.39	.34	.31	.33	.30	.27	.28	.25	.23	.23	.21	.20	.17	.073	5
6	.38	.33	.29	.35	.31	.27	.30	.27	.24	.25	.23	.21	.21	.19	.18	.16	.068	6
7	.35	.29	.26	.32	.28	.24	.28	.24	.21	.23	.21	.19	.19	.17	.16	.14	.063	7
8	.32	.26	.23	.29	.25	.22	.25	.22	.19	.22	.19	.17	.18	.16	.15	.13	.059	8
9	.29	.24	.21	.27	.23	.20	.23	.20	.17	.20	.17	.15	.17	.15	.13	.12	.056	9
10	.27	.22	.19	.25	.21	.18	.22	.18	.16	.19	.16	.14	.16	.14	.12	.11	.052	10

30 — Same as unit #29 except with top reflectors (Maint. Cat. IV, SC 1.0; 6%↑, 46%↑)

RCR ↓	50	30	10	50	30	10	50	30	10	50	30	10	50	30	10	0	WDRC	RCR ↓
0	.61	.61	.61	.58	.58	.58	.55	.55	.55	.51	.51	.51	.48	.48	.48	.46		0
1	.54	.52	.50	.52	.50	.49	.49	.47	.46	.46	.45	.43	.43	.42	.41	.40	.159	1
2	.48	.45	.42	.46	.44	.41	.44	.41	.39	.41	.39	.38	.39	.37	.36	.34	.145	2
3	.43	.39	.36	.42	.38	.35	.39	.36	.34	.37	.35	.33	.35	.33	.31	.30	.132	3
4	.39	.35	.32	.38	.34	.31	.36	.32	.30	.34	.31	.29	.32	.30	.28	.27	.121	4
5	.35	.31	.28	.34	.30	.27	.32	.29	.26	.30	.27	.25	.29	.27	.25	.24	.111	5
6	.32	.28	.25	.31	.27	.25	.30	.26	.24	.28	.25	.23	.27	.25	.23	.22	.102	6
7	.29	.25	.22	.29	.25	.22	.27	.24	.22	.26	.23	.21	.25	.23	.21	.20	.095	7
8	.27	.23	.20	.27	.23	.20	.25	.22	.20	.24	.21	.19	.23	.21	.19	.18	.088	8
9	.25	.21	.19	.25	.21	.18	.24	.20	.18	.23	.20	.18	.22	.19	.17	.16	.083	9
10	.23	.20	.17	.23	.19	.17	.22	.19	.17	.21	.18	.16	.20	.18	.16	.15	.077	10

Continued

80			70			50			30			10			80			70			50			30			10		
50	30	10	50	30	10	50	30	10	50	30	10	50	30	10	50	30	10	50	30	10	50	30	10	50	30	10	50	30	10
Wall Exitance Coefficients for 20 Per Cent Effective Floor Cavity Reflectance (ρ_{FC} = 20)															Ceiling Cavity Exitance Coefficients for 20 Per Cent Floor Cavity Reflectance (ρ_{FC} = 20)														
															.339	.339	.339	.290	.290	.290	.198	.198	.198	.114	.114	.114	.036	.036	.036
.243	.138	.044	.230	.131	.042	.206	.118	.038	.184	.106	.034	.163	.095	.031	.329	.311	.293	.282	.267	.253	.193	.183	.175	.111	.106	.102	.036	.034	.033
.228	.125	.038	.216	.119	.037	.195	.108	.034	.174	.098	.031	.156	.088	.028	.322	.290	.264	.276	.250	.228	.189	.173	.150	.109	.101	.093	.035	.033	.030
.212	.113	.034	.202	.108	.032	.182	.098	.030	.163	.090	.027	.146	.081	.025	.315	.275	.244	.270	.238	.212	.185	.165	.148	.107	.096	.087	.034	.031	.020
.197	.102	.030	.187	.098	.029	.169	.090	.027	.153	.082	.025	.137	.074	.023	.308	.264	.231	.265	.228	.200	.182	.159	.141	.105	.093	.083	.034	.030	.027
.183	.093	.027	.175	.090	.026	.158	.082	.024	.143	.075	.022	.129	.069	.021	.302	.255	.221	.260	.221	.192	.179	.154	.136	.104	.091	.081	.033	.030	.027
.171	.086	.025	.163	.082	.024	.148	.076	.022	.134	.070	.020	.121	.064	.019	.297	.248	.214	.255	.215	.186	.176	.151	.132	.102	.089	.078	.033	.029	.026
.160	.079	.022	.153	.076	.022	.139	.070	.020	.126	.065	.019	.114	.059	.017	.291	.243	.209	.250	.210	.182	.173	.148	.129	.101	.087	.077	.032	.028	.025
.150	.073	.021	.144	.071	.020	.131	.065	.019	.119	.060	.017	.107	.055	.016	.286	.238	.205	.246	.206	.179	.170	.145	.127	.099	.085	.076	.032	.028	.025
.141	.068	.019	.135	.066	.018	.123	.061	.017	.112	.056	.016	.101	.052	.015	.281	.234	.202	.242	.203	.176	.168	.143	.125	.098	.084	.075	.032	.028	.025
.133	.064	.018	.128	.062	.017	.117	.057	.016	.106	.053	.015	.096	.048	.014	.277	.230	.199	.239	.200	.174	.165	.141	.124	.097	.083	.074	.031	.027	.024
															.286	.286	.286	.244	.244	.244	.167	.167	.167	.096	.096	.096	.031	.031	.031
.209	.119	.038	.198	.113	.036	.178	.102	.033	.159	.092	.029	.142	.082	.027	.275	.259	.244	.235	.222	.210	.161	.153	.145	.093	.088	.084	.030	.028	.027
.200	.110	.034	.191	.105	.032	.173	.096	.030	.156	.087	.027	.140	.079	.025	.267	.239	.216	.229	.206	.187	.157	.143	.130	.090	.083	.076	.029	.027	.025
.190	.101	.030	.181	.097	.029	.164	.089	.027	.149	.082	.025	.135	.075	.023	.260	.225	.197	.223	.194	.171	.153	.135	.120	.088	.079	.071	.028	.026	.023
.178	.093	.027	.170	.089	.026	.156	.083	.025	.142	.076	.023	.129	.070	.021	.254	.214	.184	.218	.185	.159	.150	.129	.112	.087	.076	.068	.028	.025	.022
.168	.085	.025	.161	.082	.024	.147	.077	.023	.134	.071	.021	.123	.065	.020	.248	.206	.174	.213	.178	.151	.147	.124	.107	.085	.073	.063	.027	.024	.021
.158	.079	.023	.151	.076	.022	.139	.071	.021	.127	.066	.019	.116	.061	.018	.243	.199	.167	.209	.172	.145	.144	.121	.103	.084	.071	.061	.027	.023	.020
.148	.073	.021	.142	.071	.020	.131	.066	.019	.120	.062	.018	.110	.057	.017	.238	.193	.162	.205	.168	.141	.142	.118	.100	.082	.069	.060	.027	.023	.020
.140	.068	.019	.135	.066	.019	.124	.062	.018	.114	.058	.017	.105	.054	.016	.234	.189	.158	.201	.164	.138	.139	.115	.098	.081	.068	.058	.026	.022	.019
.132	.064	.018	.127	.062	.017	.118	.058	.016	.108	.054	.016	.100	.051	.015	.229	.185	.155	.197	.160	.135	.137	.113	.096	.080	.067	.057	.026	.022	.019
.125	.060	.017	.121	.058	.016	.112	.055	.015	.103	.051	.015	.095	.048	.014	.225	.182	.153	.194	.158	.133	.135	.111	.095	.079	.066	.056	.025	.022	.019
															.334	.334	.334	.286	.286	.286	.195	.195	.195	.112	.112	.112	.036	.036	.036
.210	.119	.038	.197	.113	.036	.173	.099	.032	.151	.087	.028	.131	.076	.025	.325	.308	.294	.278	.265	.253	.190	.182	.175	.109	.105	.102	.035	.034	.033
.199	.109	.033	.187	.103	.032	.166	.092	.029	.146	.082	.026	.127	.072	.023	.317	.290	.267	.272	.249	.231	.186	.173	.161	.107	.100	.094	.034	.032	.031
.186	.099	.030	.176	.094	.028	.156	.085	.026	.138	.076	.023	.121	.067	.021	.311	.276	.249	.266	.238	.215	.183	.165	.151	.106	.097	.089	.034	.031	.029
.174	.090	.027	.164	.086	.025	.146	.078	.023	.130	.070	.021	.115	.062	.019	.305	.266	.236	.261	.230	.205	.180	.160	.144	.104	.094	.085	.033	.031	.028
.162	.083	.024	.154	.079	.023	.137	.072	.021	.122	.065	.019	.108	.058	.017	.299	.258	.227	.257	.223	.198	.177	.156	.139	.103	.091	.083	.033	.030	.027
.152	.076	.022	.144	.073	.021	.129	.066	.019	.115	.060	.018	.102	.054	.016	.294	.251	.221	.253	.218	.192	.174	.152	.136	.101	.090	.081	.033	.029	.027
.143	.071	.020	.135	.067	.019	.122	.062	.018	.109	.056	.016	.097	.050	.015	.289	.246	.216	.249	.213	.188	.172	.149	.133	.100	.088	.079	.032	.029	.026
.134	.066	.018	.128	.063	.018	.115	.057	.016	.103	.052	.015	.091	.047	.014	.284	.241	.212	.245	.209	.185	.169	.147	.131	.099	.087	.078	.032	.028	.026
.127	.061	.017	.120	.059	.016	.109	.054	.015	.097	.049	.014	.087	.044	.013	.280	.238	.209	.241	.206	.182	.167	.145	.129	.097	.086	.077	.032	.028	.026
.120	.057	.016	.114	.055	.015	.103	.050	.014	.092	.046	.013	.082	.041	.012	.276	.234	.207	.238	.204	.180	.165	.143	.128	.096	.085	.077	.031	.028	.025
															.268	.268	.268	.229	.229	.229	.156	.156	.156	.090	.090	.090	.029	.029	.029
.180	.103	.032	.170	.097	.031	.151	.087	.028	.134	.077	.025	.118	.068	.022	.259	.245	.232	.221	.210	.200	.151	.144	.138	.087	.084	.080	.028	.027	.026
.173	.095	.029	.164	.090	.028	.146	.081	.025	.131	.073	.023	.116	.066	.021	.251	.227	.207	.215	.196	.179	.148	.135	.125	.085	.079	.073	.027	.025	.024
.163	.087	.026	.155	.083	.025	.139	.076	.023	.125	.069	.021	.112	.062	.019	.245	.215	.191	.210	.185	.165	.144	.129	.116	.083	.075	.068	.027	.024	.022
.153	.080	.023	.146	.076	.023	.132	.070	.021	.119	.064	.019	.107	.058	.018	.240	.205	.179	.206	.177	.156	.141	.124	.110	.082	.072	.065	.026	.024	.021
.144	.074	.021	.138	.071	.021	.125	.065	.019	.113	.060	.018	.102	.054	.016	.235	.198	.171	.202	.171	.148	.139	.120	.105	.080	.070	.062	.026	.023	.020
.136	.068	.019	.130	.065	.019	.118	.060	.018	.107	.056	.016	.097	.051	.015	.230	.192	.165	.198	.166	.143	.136	.116	.101	.079	.068	.060	.026	.022	.020
.128	.063	.018	.122	.061	.017	.111	.056	.016	.101	.052	.015	.092	.048	.014	.226	.187	.160	.194	.162	.139	.134	.114	.099	.078	.067	.059	.025	.022	.019
.121	.059	.017	.116	.057	.016	.106	.053	.015	.096	.049	.014	.087	.045	.013	.222	.183	.156	.191	.159	.136	.132	.111	.097	.077	.066	.058	.025	.022	.019
.114	.055	.015	.109	.053	.015	.100	.050	.014	.091	.046	.013	.083	.042	.012	.218	.180	.154	.188	.156	.134	.130	.110	.095	.076	.065	.057	.025	.021	.019
.108	.052	.014	.104	.050	.014	.095	.047	.013	.087	.043	.012	.079	.040	.011	.214	.177	.152	.185	.153	.132	.128	.108	.094	.075	.064	.056	.024	.021	.019
															.433	.433	.433	.370	.370	.370	.253	.253	.253	.145	.145	.145	.046	.046	.046
.180	.102	.032	.163	.093	.030	.132	.076	.024	.103	.060	.019	.077	.044	.014	.426	.411	.399	.364	.353	.343	.249	.243	.237	.143	.141	.138	.046	.045	.045
.168	.092	.028	.153	.084	.026	.125	.069	.022	.098	.055	.017	.074	.042	.013	.419	.396	.377	.359	.341	.326	.246	.236	.227	.142	.137	.133	.046	.044	.043
.157	.083	.025	.143	.077	.023	.117	.063	.019	.093	.051	.016	.070	.039	.012	.414	.385	.362	.355	.332	.314	.244	.231	.220	.141	.135	.130	.045	.044	.042
.146	.076	.022	.133	.070	.021	.109	.058	.017	.087	.047	.014	.066	.036	.011	.409	.376	.351	.351	.325	.305	.241	.227	.215	.140	.133	.127	.045	.043	.042
.136	.069	.020	.125	.064	.019	.102	.053	.016	.082	.043	.013	.063	.034	.010	.404	.370	.344	.347	.320	.299	.239	.223	.211	.139	.131	.125	.045	.043	.041
.127	.064	.018	.117	.059	.017	.096	.049	.014	.077	.040	.012	.059	.031	.009	.400	.364	.339	.344	.315	.295	.237	.221	.209	.138	.130	.124	.044	.042	.041
.119	.059	.017	.109	.055	.016	.091	.046	.013	.073	.037	.011	.056	.029	.009	.396	.360	.335	.341	.312	.292	.235	.219	.207	.137	.129	.123	.044	.042	.041
.112	.055	.015	.103	.051	.014	.085	.043	.012	.069	.035	.010	.053	.027	.008	.392	.356	.331	.338	.309	.289	.234	.217	.205	.136	.128	.122	.044	.042	.040
.106	.051	.014	.097	.047	.013	.081	.040	.011	.065	.033	.009	.051	.026	.007	.388	.353	.329	.335	.306	.287	.232	.215	.204	.135	.127	.122	.044	.042	.040
.100	.048	.013	.092	.044	.012	.077	.037	.011	.062	.031	.009	.048	.024	.007	.385	.350	.327	.332	.304	.286	.230	.214	.203	.134	.127	.121	.044	.042	.040
															.145	.145	.145	.124	.124	.124	.085	.085	.085	.049	.049	.049	.016	.016	.016
.142	.081	.026	.137	.078	.025	.127	.073	.023	.117	.068	.022	.108	.063	.020	.139	.128	.118	.119	.110	.102	.081	.076	.070	.047	.044	.041	.015	.014	.013
.132	.072	.022	.127	.070	.022	.118	.066	.020	.109	.061	.019	.102	.058	.018	.134	.116	.100	.115	.099	.087	.079	.069	.060	.045	.040	.035	.015	.013	.012
.122	.065	.019	.118	.063	.019	.109	.059	.018	.102	.056	.017	.095	.053	.016	.129	.106	.088	.111	.092	.077	.076	.064	.054	.044	.037	.032	.014	.012	.010
.113	.059	.017	.109	.057	.017	.102	.054	.016	.095	.051	.015	.089	.048	.015	.125	.099	.080	.107	.086	.070	.074	.060	.049	.043	.035	.029	.014	.011	.010
.105	.054	.016	.102	.052	.015	.095	.050	.015	.089	.047	.014	.083	.044	.013	.121	.094	.074	.104	.081	.065	.071	.057	.046	.041	.033	.027	.013	.011	.009
.098	.049	.014	.095	.048	.014	.089	.046	.013	.083	.043	.013	.078	.041	.012	.117	.090	.070	.101	.078	.061	.069	.054	.043	.040	.032	.026	.013	.010	.008
.092	.045	.013	.089	.044	.013	.084	.042	.012	.079	.040	.012	.074	.038	.011	.114	.086	.067	.098	.075	.058	.068	.052	.041	.039	.031	.024	.013	.010	.008
.086	.042	.012	.084	.041	.012	.079	.039	.011	.074	.038	.011	.070	.036	.010	.111	.083	.064	.095	.072	.058	.066	.051	.040	.038	.030	.024	.012	.010	.008
.081	.039	.011	.079	.039	.011	.074	.037	.010	.070	.035	.010	.066	.034	.010	.106	.080	.062	.093	.070	.054	.064	.049	.038	.037	.029	.023	.012	.010	.008
.077	.037	.010	.075	.036	.010	.071	.035	.010	.067	.033	.009	.063	.032	.009	.105	.078	.060	.091	.068	.053	.063	.048	.037	.037	.028	.022	.012	.009	.007

Continued

Typical Luminaire	Typical Intensity Distribution and Per Cent Lamp Lumens		ρcc →	80			70			50			30			10		0	WDRC	ρcc →
	Maint. Cat.	SC	ρw → / RCR ↓	50	30	10	50	30	10	50	30	10	50	30	10	50	30	10	0		ρw → / RCR ↓
31 — 150 mm × 150 mm (6 × 6") cell parabolic wedge louver—multiply by 1.1 for 250 × 250 mm (10 × 10") cells	IV (0%↑ 58%↓)	1.5/1.2	0	.69	.69	.69	.67	.67	.67	.64	.64	.64	.62	.62	.62	.59	.59	.59	.58		0
			1	.62	.61	.59	.61	.59	.58	.59	.57	.56	.57	.55	.54	.55	.54	.53	.52	.159	1
			2	.56	.53	.50	.55	.52	.50	.53	.50	.48	.51	.49	.47	.49	.48	.46	.45	.160	2
			3	.50	.46	.43	.49	.46	.43	.48	.44	.42	.46	.43	.41	.45	.42	.41	.39	.155	3
			4	.45	.41	.37	.44	.40	.37	.43	.39	.36	.42	.38	.36	.40	.38	.36	.34	.147	4
			5	.40	.36	.32	.40	.36	.32	.39	.35	.32	.38	.34	.32	.37	.34	.31	.30	.139	5
			6	.37	.32	.29	.36	.32	.28	.35	.31	.28	.34	.31	.28	.33	.30	.28	.27	.131	6
			7	.33	.29	.25	.33	.28	.25	.32	.28	.25	.31	.28	.25	.30	.27	.25	.24	.123	7
			8	.30	.26	.23	.30	.26	.22	.29	.25	.22	.28	.25	.22	.28	.25	.22	.21	.115	8
			9	.28	.23	.20	.27	.23	.20	.27	.23	.20	.26	.23	.20	.26	.22	.20	.19	.109	9
			10	.26	.21	.18	.25	.21	.18	.25	.21	.18	.24	.21	.18	.24	.20	.18	.17	.102	10
32 — 2-lamp, surface mounted, bare lamp unit—photometry with 460 mm (18") wide panel above luminaire—lamps on 150 mm (6") centers	I (9½%↑ 78%↓)	1.3	0	1.02	1.02	1.02	.99	.99	.99	.92	.92	.92	.86	.86	.86	.81	.81	.81	.78		0
			1	.85	.80	.76	.82	.78	.74	.76	.73	.70	.71	.68	.66	.67	.64	.62	.60	.467	1
			2	.72	.65	.59	.70	.63	.58	.65	.60	.55	.61	.56	.52	.57	.53	.50	.47	.387	2
			3	.63	.55	.48	.60	.53	.47	.56	.50	.45	.53	.47	.43	.49	.45	.41	.38	.331	3
			4	.55	.46	.40	.53	.45	.39	.50	.43	.37	.46	.41	.36	.43	.38	.34	.32	.289	4
			5	.49	.40	.34	.47	.39	.33	.44	.37	.32	.41	.35	.31	.39	.33	.29	.27	.255	5
			6	.43	.35	.29	.42	.34	.29	.40	.33	.28	.37	.31	.27	.35	.30	.26	.23	.228	6
			7	.39	.31	.25	.38	.30	.25	.36	.29	.24	.34	.28	.23	.32	.26	.22	.20	.206	7
			8	.36	.28	.22	.35	.27	.22	.33	.26	.21	.31	.25	.21	.29	.24	.20	.18	.188	8
			9	.33	.25	.20	.32	.25	.20	.30	.24	.19	.28	.23	.18	.27	.22	.18	.16	.173	9
			10	.30	.23	.18	.29	.22	.18	.28	.21	.17	.26	.21	.17	.25	.20	.16	.14	.159	10
33 — Luminous bottom suspended unit with extra-high output lamp	VI (66%↑ 12%↓)	N.A.	0	.77	.77	.77	.68	.68	.68	.50	.50	.50	.34	.34	.34	.19	.19	.19	.12		0
			1	.67	.64	.61	.59	.56	.54	.43	.42	.41	.29	.29	.28	.17	.16	.16	.10	.048	1
			2	.58	.54	.50	.51	.48	.44	.38	.36	.34	.26	.24	.23	.14	.14	.13	.08	.045	2
			3	.51	.46	.42	.45	.41	.37	.33	.30	.28	.23	.21	.19	.13	.12	.11	.07	.041	3
			4	.45	.39	.35	.40	.35	.31	.30	.26	.24	.20	.18	.17	.11	.10	.10	.06	.037	4
			5	.40	.34	.30	.35	.30	.26	.26	.23	.20	.18	.16	.14	.10	.09	.08	.05	.034	5
			6	.36	.30	.25	.31	.26	.23	.24	.20	.17	.16	.14	.12	.09	.08	.07	.04	.031	6
			7	.32	.26	.22	.28	.23	.20	.21	.18	.15	.15	.12	.11	.08	.07	.06	.04	.028	7
			8	.29	.23	.19	.26	.21	.17	.19	.16	.13	.13	.11	.09	.08	.06	.06	.03	.026	8
			9	.26	.21	.17	.23	.18	.15	.17	.14	.12	.12	.10	.08	.07	.06	.05	.03	.024	9
			10	.24	.19	.15	.21	.17	.13	.16	.13	.10	.11	.09	.07	.06	.05	.04	.03	.022	10
34 — Prismatic bottom and sides, open top, 4-lamp suspended unit—see note 7	VI (33%↑ 50%↓)	1.4/1.2	0	.91	.91	.91	.85	.85	.85	.74	.74	.74	.64	.64	.64	.54	.54	.54	.50		0
			1	.80	.77	.74	.75	.72	.70	.65	.63	.61	.57	.55	.54	.49	.47	.47	.43	.179	1
			2	.70	.65	.61	.66	.62	.58	.58	.54	.52	.50	.48	.46	.43	.42	.40	.37	.166	2
			3	.62	.56	.51	.58	.53	.49	.51	.47	.44	.45	.42	.39	.39	.37	.35	.32	.153	3
			4	.55	.49	.44	.52	.46	.42	.46	.41	.38	.40	.37	.34	.35	.32	.30	.27	.140	4
			5	.49	.43	.38	.47	.41	.36	.41	.37	.33	.36	.33	.30	.32	.29	.26	.24	.129	5
			6	.45	.38	.33	.42	.36	.32	.37	.33	.29	.33	.29	.26	.29	.26	.23	.21	.119	6
			7	.40	.34	.29	.38	.32	.28	.34	.29	.26	.30	.26	.23	.26	.23	.21	.19	.111	7
			8	.37	.30	.26	.35	.29	.25	.31	.26	.23	.28	.24	.21	.24	.21	.19	.17	.103	8
			9	.34	.27	.23	.32	.26	.22	.29	.24	.21	.25	.22	.19	.22	.19	.17	.15	.096	9
			10	.31	.25	.21	.29	.24	.20	.26	.22	.19	.23	.20	.17	.21	.18	.15	.14	.090	10
35 — 2-lamp prismatic wraparound—see note 7	V (11½%↑ 58½%↓)	1.5/1.2	0	.81	.81	.81	.78	.78	.78	.72	.72	.72	.66	.66	.66	.61	.61	.61	.59		0
			1	.71	.68	.66	.68	.66	.63	.63	.61	.59	.58	.57	.56	.54	.53	.52	.50	.223	1
			2	.63	.58	.55	.60	.56	.53	.56	.53	.50	.52	.50	.47	.48	.46	.45	.43	.201	2
			3	.56	.50	.46	.54	.49	.45	.50	.46	.43	.47	.43	.41	.43	.41	.39	.37	.183	3
			4	.50	.44	.40	.48	.43	.39	.45	.40	.37	.42	.38	.35	.39	.36	.34	.32	.167	4
			5	.45	.39	.34	.43	.38	.34	.40	.36	.32	.38	.34	.31	.35	.32	.30	.28	.153	5
			6	.40	.34	.30	.39	.34	.30	.37	.32	.28	.34	.31	.27	.32	.29	.26	.25	.142	6
			7	.37	.31	.27	.35	.30	.26	.33	.29	.25	.31	.27	.24	.30	.26	.23	.22	.131	7
			8	.33	.28	.24	.32	.27	.23	.30	.26	.23	.29	.25	.22	.27	.24	.21	.20	.122	8
			9	.31	.25	.21	.30	.25	.21	.28	.24	.20	.27	.23	.20	.25	.22	.19	.18	.114	9
			10	.28	.23	.19	.27	.22	.19	.26	.21	.18	.24	.21	.18	.23	.20	.17	.16	.107	10
36 — 2-lamp prismatic wraparound—see note 7	V (24%↑ 50%↓)	1.2	0	.82	.82	.82	.77	.77	.77	.69	.69	.69	.61	.61	.61	.53	.53	.53	.50		0
			1	.71	.67	.65	.67	.64	.61	.59	.57	.55	.52	.51	.49	.46	.45	.44	.40	.234	1
			2	.62	.57	.53	.59	.54	.51	.52	.49	.46	.46	.44	.41	.41	.39	.37	.34	.194	2
			3	.55	.49	.45	.52	.47	.43	.46	.42	.39	.41	.38	.36	.37	.34	.32	.30	.168	3
			4	.49	.43	.39	.47	.41	.37	.42	.37	.34	.37	.34	.31	.33	.30	.28	.26	.150	4
			5	.44	.38	.34	.42	.36	.32	.38	.33	.30	.34	.30	.27	.30	.27	.25	.23	.135	5
			6	.40	.34	.29	.38	.32	.28	.34	.30	.26	.31	.27	.24	.28	.25	.22	.20	.123	6
			7	.36	.30	.26	.35	.29	.25	.31	.27	.23	.28	.25	.22	.25	.22	.20	.18	.112	7
			8	.33	.27	.23	.32	.26	.23	.29	.24	.21	.26	.23	.20	.24	.21	.18	.17	.104	8
			9	.30	.25	.21	.29	.24	.20	.26	.22	.19	.24	.20	.18	.22	.19	.16	.15	.097	9
			10	.28	.23	.19	.27	.22	.18	.25	.20	.17	.22	.19	.16	.20	.17	.15	.14	.090	10

Coefficients of Utilization for 20 Per Cent Effective Floor Cavity Reflectance (ρFC = 20)

Continued

80			70			50			30			10			80			70			50			30			10		
50	30	10	50	30	10	50	30	10	50	30	10	50	30	10	50	30	10	50	30	10	50	30	10	50	30	10	50	30	10
Wall Exitance Coefficients for 20 Per Cent Effective Floor Cavity Reflectance (ρ_{FC} = 20)															Ceiling Cavity Exitance Coefficients for 20 Per Cent Floor Cavity Reflectance (ρ_{FC} = 20)														
															.111	.111	.111	.094	.094	.094	.064	.064	.064	.037	.037	.037	.012	.012	.012
.138	.078	.025	.134	.076	.024	.126	.072	.023	.119	.069	.022	.113	.065	.021	.102	.091	.081	.087	.078	.070	.060	.054	.048	.034	.031	.028	.011	.010	.009
.136	.074	.023	.132	.073	.022	.126	.070	.022	.120	.067	.021	.114	.065	.020	.095	.077	.061	.082	.066	.053	.056	.046	.037	.002	.027	.022	.010	.009	.007
.130	.069	.021	.127	.068	.021	.122	.066	.020	.117	.064	.020	.112	.062	.019	.090	.066	.047	.077	.057	.041	.053	.040	.028	.031	.023	.017	.010	.008	.005
.124	.065	.019	.122	.064	.019	.117	.062	.018	.112	.060	.018	.108	.058	.018	.086	.058	.037	.074	.050	.032	.051	.035	.023	.029	.021	.013	.009	.007	.004
.118	.060	.017	.115	.059	.017	.111	.058	.017	.107	.056	.017	.103	.055	.017	.082	.052	.030	.070	.045	.026	.049	.031	.018	.028	.018	.011	.009	.006	.004
.112	.056	.016	.109	.055	.016	.105	.054	.016	.102	.053	.016	.098	.052	.015	.078	.047	.024	.067	.041	.021	.046	.028	.015	.027	.017	.009	.009	.005	.003
.106	.052	.015	.104	.052	.015	.100	.051	.015	.097	.050	.014	.094	.049	.014	.075	.043	.021	.064	.037	.018	.044	.026	.013	.026	.015	.008	.008	.005	.003
.100	.049	.014	.098	.048	.014	.095	.047	.014	.092	.047	.013	.089	.046	.013	.072	.040	.018	.062	.034	.015	.043	.024	.011	.025	.014	.007	.008	.005	.002
.095	.046	.013	.093	.045	.013	.090	.045	.013	.087	.044	.013	.085	.043	.012	.068	.037	.015	.059	.032	.013	.041	.022	.010	.024	.013	.006	.008	.004	.002
.090	.043	.012	.088	.043	.012	.086	.042	.012	.083	.041	.012	.081	.041	.012	.066	.034	.014	.057	.030	.012	.039	.021	.008	.023	.012	.005	.007	.004	.002
															.239	.239	.239	.205	.205	.205	.140	.140	.140	.080	.080	.080	.026	.026	.026
.345	.196	.062	.335	.191	.061	.318	.182	.058	.302	.174	.056	.287	.166	.054	.236	.209	.185	.202	.180	.159	.138	.123	.110	.080	.071	.064	.025	.023	.021
.300	.164	.050	.292	.161	.049	.276	.153	.048	.262	.147	.046	.248	.140	.044	.230	.189	.154	.197	.163	.133	.135	.112	.093	.078	.065	.054	.025	.021	.018
.267	.142	.043	.259	.139	.042	.245	.133	.040	.232	.127	.039	.220	.122	.038	.224	.174	.135	.192	.150	.117	.132	.104	.082	.076	.061	.048	.024	.020	.016
.240	.125	.037	.233	.122	.036	.220	.117	.035	.209	.112	.034	.198	.107	.033	.217	.163	.122	.186	.141	.106	.128	.098	.075	.074	.058	.044	.024	.019	.015
.218	.111	.032	.212	.109	.032	.200	.104	.031	.190	.100	.030	.180	.096	.029	.210	.154	.113	.180	.134	.099	.124	.093	.070	.072	.055	.041	.023	.018	.014
.199	.100	.029	.194	.098	.028	.183	.094	.027	.174	.090	.027	.165	.087	.026	.203	.147	.107	.175	.128	.093	.121	.089	.066	.070	.053	.039	.023	.017	.013
.184	.091	.026	.179	.089	.025	.169	.086	.025	.160	.082	.024	.152	.079	.023	.197	.141	.103	.169	.123	.089	.117	.086	.063	.068	.051	.038	.022	.017	.012
.170	.083	.023	.166	.082	.023	.157	.078	.022	.149	.075	.022	.141	.073	.021	.191	.137	.099	.164	.118	.086	.114	.083	.061	.066	.049	.037	.021	.016	.012
.158	.077	.021	.154	.075	.021	.146	.072	.021	.139	.070	.020	.132	.067	.019	.185	.132	.096	.160	.115	.084	.111	.081	.060	.064	.048	.036	.021	.016	.012
.148	.071	.020	.144	.070	.019	.137	.067	.019	.130	.065	.018	.124	.062	.018	.180	.129	.094	.155	.112	.082	.108	.079	.058	.063	.046	.035	.020	.015	.012
															.653	.653	.653	.558	.558	.558	.381	.381	.381	.219	.219	.219	.070	.070	.070
.206	.117	.037	.181	.103	.033	.133	.077	.024	.090	.052	.017	.049	.029	.009	.647	.631	.616	.553	.541	.530	.378	.372	.367	.218	.215	.213	.070	.069	.069
.191	.104	.032	.167	.092	.028	.124	.069	.021	.084	.047	.015	.047	.026	.008	.641	.615	.593	.549	.529	.512	.376	.366	.357	.217	.213	.209	.070	.069	.068
.176	.094	.028	.155	.083	.025	.115	.062	.019	.078	.043	.013	.043	.024	.007	.636	.603	.577	.545	.521	.501	.374	.362	.351	.216	.211	.207	.069	.069	.068
.163	.085	.025	.144	.075	.022	.107	.057	.017	.072	.039	.012	.040	.022	.007	.631	.595	.567	.542	.514	.493	.373	.358	.347	.216	.210	.205	.069	.068	.067
.152	.077	.022	.133	.069	.020	.099	.052	.015	.067	.036	.011	.038	.020	.006	.627	.588	.560	.538	.509	.487	.371	.356	.344	.215	.209	.204	.069	.068	.067
.141	.071	.020	.124	.063	.018	.093	.047	.014	.063	.033	.010	.035	.019	.006	.623	.583	.554	.535	.505	.483	.369	.353	.342	.214	.208	.203	.069	.068	.067
.132	.065	.018	.116	.058	.017	.087	.044	.013	.059	.030	.009	.033	.017	.005	.618	.578	.551	.532	.501	.480	.367	.352	.340	.214	.207	.202	.069	.068	.067
.124	.060	.017	.109	.054	.015	.081	.041	.012	.055	.028	.008	.031	.016	.005	.614	.575	.548	.529	.499	.478	.366	.350	.339	.213	.206	.202	.069	.068	.067
.116	.056	.016	.103	.050	.014	.077	.038	.011	.052	.026	.007	.029	.015	.004	.611	.572	.545	.526	.496	.476	.364	.349	.338	.212	.206	.201	.069	.068	.067
.109	.052	.015	.097	.047	.013	.072	.035	.010	.049	.025	.007	.028	.014	.004	.607	.569	.544	.523	.494	.474	.363	.348	.337	.212	.206	.201	.069	.068	.067
															.409	.409	.409	.350	.350	.350	.239	.239	.239	.137	.137	.137	.044	.044	.044
.226	.129	.041	.210	.120	.038	.181	.104	.033	.154	.089	.028	.129	.075	.024	.401	.383	.367	.343	.329	.316	.235	.226	.219	.135	.131	.127	.043	.042	.041
.210	.115	.035	.196	.108	.033	.169	.094	.029	.145	.081	.025	.122	.069	.022	.394	.365	.340	.337	.314	.294	.231	.217	.205	.133	.126	.120	.043	.041	.039
.195	.104	.031	.182	.098	.029	.158	.086	.026	.135	.074	.023	.115	.063	.020	.388	.351	.322	.332	.303	.279	.228	.211	.196	.132	.123	.116	.042	.040	.038
.182	.094	.028	.170	.089	.026	.147	.078	.023	.127	.068	.021	.107	.058	.018	.382	.341	.310	.328	.295	.269	.225	.205	.190	.130	.120	.112	.042	.039	.037
.169	.086	.025	.158	.081	.024	.138	.072	.021	.119	.063	.019	.101	.054	.016	.376	.333	.301	.323	.288	.262	.223	.201	.185	.129	.118	.110	.042	.039	.036
.158	.079	.023	.148	.075	.022	.129	.066	.019	.111	.058	.017	.095	.050	.015	.371	.327	.295	.319	.283	.257	.220	.198	.182	.128	.116	.108	.041	.038	.036
.148	.073	.021	.139	.069	.020	.121	.061	.018	.105	.054	.016	.089	.046	.014	.366	.321	.290	.315	.279	.253	.218	.195	.179	.126	.115	.107	.041	.038	.035
.139	.068	.019	.130	.064	.018	.114	.057	.016	.099	.050	.014	.084	.043	.013	.361	.317	.286	.311	.275	.250	.215	.193	.177	.125	.114	.106	.041	.037	.035
.131	.063	.018	.123	.060	.017	.108	.053	.015	.093	.047	.013	.080	.041	.012	.357	.313	.284	.308	.272	.247	.213	.191	.176	.124	.113	.105	.040	.037	.035
.123	.059	.016	.116	.056	.016	.102	.050	.014	.089	.044	.012	.076	.038	.011	.353	.310	.281	.304	.269	.246	.211	.189	.174	.123	.112	.104	.040	.037	.035
															.221	.221	.221	.189	.189	.189	.129	.129	.129	.074	.074	.074	.024	.024	.024
.202	.115	.036	.193	.110	.035	.178	.102	.033	.163	.094	.030	.150	.087	.028	.213	.198	.183	.183	.170	.158	.125	.117	.109	.072	.068	.064	.023	.022	.021
.186	.102	.031	.178	.098	.030	.164	.091	.028	.151	.085	.027	.139	.079	.025	.207	.181	.160	.177	.156	.138	.121	.108	.096	.070	.063	.056	.022	.020	.018
.172	.091	.027	.165	.088	.027	.153	.083	.025	.141	.077	.024	.130	.072	.022	.201	.169	.144	.172	.146	.125	.118	.101	.087	.068	.059	.051	.022	.019	.017
.159	.083	.024	.153	.080	.024	.142	.075	.022	.131	.071	.021	.121	.066	.020	.196	.160	.133	.168	.138	.115	.115	.096	.081	.067	.056	.048	.021	.018	.016
.148	.076	.022	.143	.073	.021	.133	.069	.020	.123	.065	.019	.114	.061	.018	.191	.153	.125	.164	.132	.109	.113	.092	.077	.065	.054	.045	.021	.018	.015
.139	.069	.020	.134	.068	.019	.124	.064	.019	.115	.060	.018	.107	.056	.017	.186	.147	.119	.160	.127	.104	.110	.089	.073	.064	.052	.044	.021	.017	.014
.130	.064	.018	.125	.062	.018	.117	.059	.017	.108	.056	.016	.101	.052	.015	.182	.142	.115	.156	.123	.100	.108	.087	.071	.063	.051	.042	.020	.017	.014
.122	.060	.017	.118	.058	.016	.110	.055	.016	.102	.052	.015	.095	.049	.014	.178	.138	.112	.153	.120	.097	.106	.084	.069	.062	.050	.041	.020	.016	.014
.115	.056	.016	.111	.054	.015	.104	.051	.015	.097	.048	.014	.090	.046	.013	.174	.135	.109	.150	.117	.095	.104	.082	.068	.060	.049	.040	.020	.016	.013
.108	.052	.014	.105	.051	.014	.098	.048	.014	.092	.046	.013	.086	.043	.012	.170	.132	.107	.147	.115	.094	.102	.081	.066	.059	.048	.040	.019	.016	.013
															.324	.324	.324	.277	.277	.277	.189	.189	.189	.108	.108	.108	.035	.035	.035
.232	.132	.042	.219	.125	.040	.196	.112	.036	.175	.101	.032	.155	.090	.029	.318	.300	.284	.272	.257	.244	.186	.177	.169	.107	.102	.098	.034	.033	.032
.204	.112	.034	.193	.106	.033	.172	.096	.030	.152	.086	.027	.134	.076	.024	.312	.283	.260	.267	.244	.224	.183	.169	.157	.105	.098	.092	.034	.032	.030
.185	.098	.029	.174	.093	.028	.155	.084	.026	.137	.075	.023	.121	.067	.021	.305	.271	.244	.262	.234	.211	.180	.163	.148	.104	.095	.087	.033	.031	.029
.169	.088	.026	.160	.083	.025	.142	.075	.022	.126	.067	.020	.111	.060	.018	.300	.262	.233	.257	.226	.202	.177	.158	.143	.102	.092	.084	.033	.030	.028
.156	.079	.023	.147	.076	.022	.131	.068	.020	.116	.061	.018	.102	.055	.016	.294	.255	.225	.253	.220	.196	.174	.154	.138	.101	.090	.082	.033	.029	.027
.144	.072	.021	.136	.069	.020	.122	.062	.018	.108	.056	.016	.095	.050	.015	.289	.249	.220	.249	.216	.191	.172	.151	.135	.100	.089	.080	.032	.029	.027
.134	.066	.019	.127	.063	.018	.114	.057	.017	.101	.052	.015	.089	.046	.014	.285	.244	.216	.245	.212	.188	.169	.148	.133	.098	.087	.079	.032	.029	.026
.126	.061	.017	.119	.059	.017	.107	.053	.015	.095	.048	.014	.084	.043	.012	.280	.240	.212	.241	.208	.185	.167	.146	.131	.097	.086	.078	.031	.028	.026
.118	.057	.016	.112	.055	.015	.100	.050	.014	.089	.045	.013	.079	.040	.012	.276	.237	.210	.238	.205	.183	.165	.144	.130	.096	.085	.078	.031	.028	.026
.111	.053	.015	.106	.051	.014	.095	.046	.013	.084	.042	.012	.075	.038	.011	.272	.234	.208	.235	.203	.181	.163	.143	.129	.095	.084	.077	.031	.028	.026

Continued

Typical Luminaire	Maint. Cat.	SC	RCR	ρcc 80 ρw 50	30	10	70 50	30	10	50 50	30	10	30 50	30	10	10 50	30	10	0 / 0	WDRC	RCR
37 2-lamp diffuse wraparound—see note 7	V	1.3	0	.52	.52	.52	.50	.50	.50	.46	.46	.46	.43	.43	.43	.39	.39	.39	.38		0
8%↑ 37½%↓			1	.44	.42	.40	.42	.40	.39	.39	.37	.36	.36	.35	.33	.33	.32	.31	.30	.201	1
			2	.38	.35	.32	.37	.33	.31	.34	.31	.29	.31	.29	.27	.28	.27	.25	.24	.171	2
			3	.33	.29	.26	.32	.28	.25	.29	.26	.24	.27	.25	.22	.25	.23	.21	.20	.149	3
			4	.29	.25	.22	.28	.24	.21	.26	.23	.20	.24	.21	.19	.22	.20	.18	.17	.132	4
			5	.26	.22	.19	.25	.21	.18	.23	.20	.17	.21	.18	.16	.20	.17	.15	.14	.117	5
			6	.23	.19	.16	.22	.18	.16	.21	.17	.15	.19	.16	.14	.18	.15	.13	.12	.106	6
			7	.21	.17	.14	.20	.16	.14	.19	.15	.13	.17	.15	.12	.16	.14	.12	.11	.096	7
			8	.19	.15	.12	.18	.15	.12	.17	.14	.12	.16	.13	.11	.15	.12	.11	.10	.088	8
			9	.17	.14	.11	.17	.13	.11	.16	.13	.10	.15	.12	.10	.14	.11	.09	.09	.081	9
			10	.16	.12	.10	.15	.12	.10	.14	.11	.09	.14	.11	.09	.13	.10	.09	.08	.075	10
38 4-lamp, 610 mm (2′) wide troffer with 45° plastic louver—see note 7	IV	1.0	0	.60	.60	.60	.58	.58	.58	.56	.56	.56	.53	.53	.53	.51	.51	.51	.50		0
0%↑ 50%↓			1	.53	.51	.49	.52	.50	.49	.50	.48	.47	.48	.47	.46	.46	.45	.44	.43	.168	1
			2	.47	.44	.42	.46	.43	.41	.44	.42	.40	.43	.41	.39	.41	.40	.38	.37	.159	2
			3	.42	.38	.36	.41	.38	.35	.40	.37	.35	.39	.36	.34	.37	.35	.34	.32	.146	3
			4	.38	.34	.31	.37	.34	.31	.36	.33	.30	.35	.33	.30	.34	.32	.30	.29	.135	4
			5	.34	.30	.27	.34	.30	.27	.33	.29	.27	.32	.29	.27	.31	.28	.26	.25	.124	5
			6	.31	.27	.24	.31	.27	.24	.30	.27	.24	.29	.26	.24	.28	.26	.24	.23	.114	6
			7	.29	.25	.22	.28	.24	.22	.28	.24	.22	.27	.24	.21	.26	.23	.21	.20	.106	7
			8	.26	.22	.20	.26	.22	.20	.25	.22	.20	.25	.22	.20	.24	.21	.19	.19	.099	8
			9	.24	.21	.18	.24	.21	.18	.24	.20	.18	.23	.20	.18	.23	.20	.18	.17	.092	9
			10	.23	.19	.17	.22	.19	.17	.22	.19	.16	.22	.19	.16	.21	.18	.16	.16	.086	10
39 4-lamp, 610 mm (2′) wide troffer with 45° white metal louver—see note 7	IV	0.9	0	.55	.55	.55	.54	.54	.54	.51	.51	.51	.49	.49	.49	.47	.47	.47	.46		0
0%↑ 46%↓			1	.49	.48	.46	.48	.47	.46	.46	.45	.44	.45	.44	.43	.43	.42	.42	.41	.137	1
			2	.44	.42	.40	.43	.41	.39	.42	.40	.38	.40	.39	.37	.39	.38	.37	.36	.131	2
			3	.40	.37	.34	.39	.36	.34	.38	.36	.33	.37	.35	.33	.36	.34	.32	.32	.122	3
			4	.36	.33	.30	.36	.33	.30	.35	.32	.30	.34	.31	.29	.33	.31	.29	.28	.113	4
			5	.33	.30	.27	.33	.29	.27	.32	.29	.27	.31	.28	.26	.30	.28	.26	.25	.104	5
			6	.30	.27	.24	.30	.27	.24	.29	.26	.24	.29	.26	.24	.28	.25	.24	.23	.097	6
			7	.28	.25	.22	.28	.24	.22	.27	.24	.22	.26	.24	.22	.26	.23	.22	.21	.090	7
			8	.26	.23	.20	.26	.22	.20	.25	.22	.20	.25	.22	.20	.24	.22	.20	.19	.085	8
			9	.24	.21	.19	.24	.21	.19	.23	.20	.18	.23	.20	.18	.23	.20	.18	.18	.079	9
			10	.23	.19	.17	.22	.19	.17	.22	.19	.17	.22	.19	.17	.21	.19	.17	.16	.075	10
40 Fluorescent unit dropped diffuser, 4-lamp 610 mm (2′) wide—see note 7	V	1.2	0	.73	.73	.73	.71	.71	.71	.68	.68	.68	.65	.65	.65	.62	.62	.62	.60		0
1%↑ 60½%↓			1	.63	.60	.58	.62	.59	.57	.59	.57	.55	.56	.55	.53	.54	.53	.51	.50	.259	1
			2	.55	.51	.47	.54	.50	.46	.51	.48	.45	.49	.46	.44	.47	.45	.43	.42	.236	2
			3	.48	.43	.39	.47	.42	.39	.45	.41	.38	.43	.40	.37	.42	.39	.36	.35	.212	3
			4	.43	.37	.33	.42	.37	.33	.40	.36	.32	.39	.35	.32	.37	.34	.31	.30	.191	4
			5	.38	.33	.29	.37	.32	.28	.36	.31	.28	.35	.31	.28	.33	.30	.27	.26	.173	5
			6	.34	.29	.25	.34	.29	.25	.33	.28	.24	.31	.27	.24	.30	.27	.24	.23	.158	6
			7	.31	.26	.22	.31	.26	.22	.30	.25	.22	.29	.25	.21	.28	.24	.21	.20	.144	7
			8	.28	.23	.20	.28	.23	.20	.27	.23	.19	.26	.22	.19	.25	.22	.19	.18	.133	8
			9	.26	.21	.18	.26	.21	.18	.25	.21	.17	.24	.20	.17	.24	.20	.17	.16	.123	9
			10	.24	.19	.16	.24	.19	.16	.23	.19	.16	.23	.19	.16	.22	.19	.16	.15	.115	10
41 Fluorescent unit with flat bottom diffuser, 4-lamp 610 mm (2′) wide—see note 7	V	1.2	0	.69	.69	.69	.67	.67	.67	.64	.64	.64	.61	.61	.61	.59	.59	.59	.58		0
0%↑ 57½%↓			1	.60	.58	.55	.59	.57	.55	.56	.55	.53	.54	.53	.51	.52	.51	.50	.49	.227	1
			2	.52	.49	.45	.51	.48	.45	.49	.48	.44	.47	.45	.43	.46	.44	.42	.40	.214	2
			3	.46	.41	.38	.45	.41	.37	.43	.40	.37	.42	.39	.36	.40	.38	.35	.34	.196	3
			4	.41	.36	.32	.40	.35	.32	.39	.34	.31	.37	.34	.30	.36	.33	.30	.29	.178	4
			5	.36	.31	.28	.36	.31	.27	.35	.30	.27	.33	.30	.27	.32	.29	.26	.25	.162	5
			6	.33	.28	.24	.32	.27	.24	.31	.27	.24	.30	.26	.23	.29	.26	.23	.22	.148	6
			7	.30	.25	.21	.29	.25	.21	.28	.24	.21	.28	.24	.21	.27	.23	.21	.20	.136	7
			8	.27	.22	.19	.27	.22	.19	.26	.22	.19	.25	.21	.19	.25	.21	.19	.17	.126	8
			9	.25	.20	.17	.25	.20	.17	.24	.20	.17	.23	.20	.17	.23	.20	.17	.16	.116	9
			10	.23	.18	.15	.23	.18	.15	.22	.18	.15	.22	.18	.15	.21	.18	.15	.14	.108	10
42 Fluorescent unit with flat prismatic lens, 4-lamp 610 mm (2′) wide—see note 7	V	1.4/1.2	0	.75	.75	.75	.73	.73	.73	.70	.70	.70	.67	.67	.67	.64	.64	.64	.63		0
0%↑ 63%↓ 60°			1	.67	.64	.62	.65	.63	.61	.63	.61	.59	.60	.59	.58	.58	.57	.56	.55	.208	1
			2	.59	.56	.52	.58	.55	.52	.56	.53	.51	.54	.52	.49	.52	.50	.48	.47	.199	2
			3	.53	.48	.45	.52	.48	.44	.50	.46	.43	.48	.45	.43	.47	.44	.42	.41	.186	3
			4	.47	.42	.38	.46	.42	.38	.45	.41	.38	.44	.40	.37	.42	.39	.37	.35	.172	4
			5	.43	.37	.34	.42	.37	.33	.41	.36	.33	.39	.36	.33	.38	.35	.32	.31	.160	5
			6	.39	.33	.30	.38	.33	.29	.37	.32	.29	.36	.32	.29	.35	.31	.29	.27	.148	6
			7	.35	.30	.26	.35	.30	.26	.34	.29	.26	.33	.29	.26	.32	.28	.26	.24	.138	7
			8	.32	.27	.24	.32	.27	.23	.31	.26	.23	.30	.26	.23	.29	.26	.23	.22	.128	8
			9	.30	.25	.21	.29	.24	.21	.28	.24	.21	.28	.24	.21	.27	.24	.21	.20	.120	9
			10	.27	.22	.19	.27	.22	.19	.26	.22	.19	.26	.22	.19	.25	.22	.19	.18	.113	10

Coefficients of Utilization for 20 Per Cent Effective Floor Cavity Reflectance (ρfc = 20)

Continued

80			70			50			30			10			80			70			50			30			10		
50	30	10	50	30	10	50	30	10	50	30	10	50	30	10	50	30	10	50	30	10	50	30	10	50	30	10	50	30	10
Wall Exitance Coefficients for 20 Per Cent Effective Floor Cavity Reflectance (ρ_{FC} = 20)															Ceiling Cavity Exitance Coefficients for 20 Per Cent Floor Cavity Reflectance (ρ_{FC} = 20)														
															.147	.147	.147	.125	.125	.125	.085	.085	.085	.049	.049	.049	.016	.016	.016
.162	.092	.029	.156	.089	.028	.145	.083	.027	.136	.078	.025	.127	.073	.024	.144	.131	.120	.123	.113	.103	.084	.077	.071	.048	.045	.041	.016	.014	.013
.144	.079	.024	.139	.076	.024	.129	.072	.022	.120	.068	.021	.112	.064	.020	.141	.121	.104	.120	.104	.090	.083	.072	.063	.048	.042	.037	.015	.014	.012
.130	.069	.021	.125	.067	.020	.116	.063	.019	.108	.059	.018	.101	.056	.017	.137	.113	.094	.118	.098	.081	.081	.068	.057	.047	.040	.034	.015	.013	.011
.118	.061	.018	.114	.059	.018	.106	.056	.017	.098	.053	.016	.092	.050	.015	.134	.107	.087	.115	.093	.076	.079	.065	.053	.046	.038	.032	.015	.012	.010
.108	.055	.016	.104	.053	.016	.097	.050	.015	.090	.048	.014	.084	.045	.013	.130	.103	.083	.112	.089	.072	.077	.062	.051	.045	.037	.030	.014	.012	.010
.099	.050	.014	.096	.048	.014	.089	.046	.013	.083	.043	.013	.077	.041	.012	.127	.099	.079	.109	.086	.069	.075	.060	.049	.044	.035	.029	.014	.012	.010
.092	.045	.013	.088	.044	.013	.083	.042	.012	.077	.039	.011	.072	.037	.011	.124	.096	.077	.107	.083	.067	.074	.059	.047	.043	.034	.028	.014	.011	.009
.085	.042	.012	.082	.041	.011	.077	.038	.011	.072	.036	.010	.067	.034	.010	.121	.094	.075	.104	.081	.065	.072	.057	.046	.042	.034	.028	.014	.011	.009
.080	.038	.011	.077	.037	.011	.072	.036	.010	.067	.034	.010	.063	.032	.009	.118	.092	.074	.102	.079	.064	.071	.056	.046	.041	.033	.027	.013	.011	.009
.075	.036	.010	.072	.035	.010	.067	.033	.009	.063	.031	.009	.059	.030	.009	.116	.090	.072	.100	.078	.063	.069	.055	.045	.040	.032	.027	.013	.011	.009
															.095	.095	.095	.082	.082	.082	.056	.056	.056	.032	.032	.032	.010	.010	.010
.135	.077	.024	.132	.075	.024	.125	.072	.023	.119	.069	.022	.114	.066	.021	.089	.078	.069	.076	.067	.059	.052	.046	.041	.030	.027	.024	.010	.009	.008
.128	.070	.022	.125	.069	.021	.120	.066	.021	.114	.064	.020	.109	.062	.020	.084	.066	.051	.072	.057	.044	.049	.039	.031	.028	.023	.018	.009	.007	.006
.120	.064	.019	.117	.063	.019	.112	.061	.018	.108	.059	.018	.103	.057	.018	.079	.057	.039	.068	.049	.034	.047	.034	.024	.027	.020	.014	.009	.006	.005
.112	.058	.017	.109	.057	.017	.105	.056	.017	.101	.054	.016	.097	.053	.016	.075	.050	.031	.065	.043	.027	.044	.030	.019	.026	.018	.011	.008	.006	.004
.104	.053	.015	.102	.052	.015	.098	.051	.015	.094	.050	.015	.091	.049	.015	.071	.045	.025	.061	.039	.022	.042	.027	.016	.024	.016	.009	.008	.005	.003
.097	.049	.014	.095	.048	.014	.092	.047	.014	.089	.046	.014	.086	.045	.013	.068	.041	.021	.058	.035	.018	.040	.025	.013	.023	.014	.008	.008	.005	.003
.091	.045	.013	.089	.045	.013	.086	.044	.013	.083	.043	.012	.081	.042	.012	.065	.037	.018	.056	.032	.015	.038	.023	.011	.022	.013	.007	.007	.004	.002
.086	.042	.012	.084	.041	.012	.081	.041	.012	.079	.040	.012	.076	.039	.011	.062	.034	.015	.053	.030	.013	.037	.021	.009	.021	.012	.006	.007	.004	.002
.081	.039	.011	.079	.039	.011	.077	.038	.011	.075	.037	.011	.072	.037	.011	.059	.032	.013	.051	.027	.012	.035	.019	.008	.020	.011	.005	.007	.004	.002
.076	.037	.010	.075	.036	.010	.073	.036	.010	.071	.035	.010	.069	.035	.010	.056	.029	.012	.048	.026	.010	.033	.018	.007	.020	.011	.004	.006	.003	.001
															.088	.088	.088	.075	.075	.075	.051	.051	.051	.029	.029	.029	.009	.009	.009
.115	.065	.021	.112	.064	.020	.106	.061	.019	.100	.058	.019	.095	.055	.018	.081	.072	.064	.069	.062	.055	.048	.043	.038	.027	.025	.022	.009	.008	.007
.109	.060	.018	.107	.059	.018	.102	.056	.018	.097	.054	.017	.092	.052	.016	.076	.061	.048	.065	.052	.042	.045	.036	.029	.026	.021	.017	.008	.007	.006
.103	.055	.016	.100	.054	.016	.096	.052	.016	.092	.050	.015	.088	.049	.015	.072	.053	.037	.061	.045	.032	.042	.031	.023	.024	.018	.013	.008	.006	.004
.096	.050	.015	.094	.049	.015	.090	.048	.014	.086	.046	.014	.083	.045	.014	.068	.046	.030	.058	.040	.026	.040	.028	.018	.023	.016	.011	.007	.005	.004
.090	.046	.013	.088	.045	.013	.085	.044	.013	.081	.043	.013	.078	.042	.013	.064	.041	.024	.055	.036	.021	.038	.025	.015	.022	.015	.009	.007	.005	.003
.084	.042	.012	.083	.042	.012	.080	.041	.012	.077	.040	.012	.074	.039	.012	.061	.037	.020	.052	.032	.017	.036	.022	.012	.021	.013	.007	.007	.004	.002
.079	.039	.011	.078	.039	.011	.075	.038	.011	.073	.037	.011	.070	.036	.011	.058	.034	.017	.050	.029	.015	.034	.021	.010	.020	.012	.006	.006	.004	.002
.075	.037	.010	.074	.036	.010	.071	.035	.010	.069	.035	.010	.067	.034	.010	.055	.031	.015	.047	.027	.013	.033	.019	.009	.019	.011	.005	.006	.004	.002
.071	.034	.010	.070	.034	.010	.067	.033	.009	.065	.033	.009	.063	.032	.009	.052	.029	.013	.045	.025	.011	.031	.018	.008	.018	.010	.005	.006	.003	.002
.067	.032	.009	.066	.032	.009	.064	.031	.009	.062	.031	.009	.060	.030	.009	.050	.027	.011	.043	.023	.010	.030	.016	.007	.017	.010	.004	.006	.003	.001
															.123	.123	.123	.105	.105	.105	.072	.072	.072	.041	.041	.041	.013	.013	.013
.196	.111	.035	.191	.109	.035	.182	.105	.033	.174	.101	.032	.167	.097	.031	.118	.102	.089	.101	.088	.076	.069	.060	.053	.040	.035	.031	.013	.011	.010
.181	.099	.030	.177	.098	.030	.170	.094	.029	.163	.091	.029	.156	.088	.028	.113	.087	.066	.096	.075	.057	.066	.052	.040	.038	.030	.023	.012	.010	.008
.167	.089	.027	.163	.087	.026	.156	.085	.026	.150	.082	.025	.144	.080	.025	.108	.077	.052	.092	.066	.045	.063	.046	.032	.037	.027	.019	.012	.009	.006
.153	.080	.023	.150	.079	.023	.144	.076	.023	.139	.074	.022	.133	.072	.022	.103	.069	.042	.088	.059	.037	.061	.041	.026	.035	.024	.015	.011	.008	.005
.141	.072	.021	.139	.071	.021	.133	.069	.020	.128	.068	.020	.124	.066	.020	.098	.062	.036	.085	.054	.031	.058	.038	.022	.034	.022	.013	.011	.007	.004
.131	.066	.019	.128	.065	.019	.124	.063	.018	.119	.062	.018	.115	.061	.018	.094	.057	.031	.081	.050	.027	.056	.035	.019	.032	.020	.011	.010	.007	.004
.122	.060	.017	.119	.060	.017	.115	.058	.017	.111	.057	.017	.107	.056	.016	.090	.053	.027	.077	.046	.024	.053	.032	.017	.031	.019	.010	.010	.006	.003
.114	.056	.016	.112	.055	.016	.108	.054	.015	.104	.053	.015	.101	.052	.015	.086	.049	.024	.074	.043	.021	.051	.030	.015	.030	.018	.009	.010	.006	.003
.106	.051	.014	.105	.051	.014	.101	.050	.014	.098	.049	.014	.095	.048	.014	.082	.046	.022	.071	.040	.019	.049	.028	.014	.029	.017	.008	.009	.005	.003
.100	.048	.013	.098	.048	.013	.095	.047	.013	.092	.046	.013	.089	.045	.013	.079	.044	.021	.068	.038	.018	.047	.027	.013	.027	.016	.008	.009	.005	.003
															.110	.110	.110	.094	.094	.094	.064	.064	.064	.037	.037	.037	.012	.012	.012
.174	.099	.031	.170	.097	.031	.162	.093	.030	.155	.089	.029	.149	.086	.028	.104	.090	.078	.089	.077	.067	.061	.053	.046	.035	.031	.027	.011	.010	.009
.165	.090	.028	.161	.089	.027	.155	.086	.027	.149	.083	.026	.143	.081	.025	.099	.076	.057	.085	.065	.049	.058	.045	.034	.033	.026	.020	.011	.009	.007
.153	.082	.024	.150	.080	.024	.144	.078	.024	.139	.076	.023	.134	.074	.023	.094	.066	.043	.081	.057	.037	.056	.039	.026	.032	.023	.015	.010	.007	.005
.142	.074	.022	.139	.073	.022	.134	.071	.021	.129	.069	.021	.124	.068	.021	.090	.058	.034	.077	.050	.029	.053	.035	.021	.031	.021	.012	.010	.007	.004
.131	.067	.019	.129	.066	.019	.124	.065	.019	.120	.063	.019	.116	.062	.019	.086	.052	.027	.074	.045	.024	.051	.032	.017	.029	.018	.010	.009	.006	.003
.122	.061	.018	.120	.061	.017	.116	.059	.017	.112	.058	.017	.108	.057	.017	.082	.047	.023	.070	.041	.020	.048	.029	.014	.028	.017	.008	.009	.006	.003
.114	.056	.016	.112	.056	.016	.108	.055	.016	.104	.054	.016	.101	.053	.015	.078	.043	.019	.067	.038	.017	.046	.026	.012	.027	.016	.007	.009	.005	.002
.106	.052	.015	.104	.051	.015	.101	.051	.014	.098	.050	.014	.095	.049	.014	.074	.040	.017	.064	.035	.014	.044	.024	.010	.026	.014	.006	.008	.005	.002
.100	.048	.013	.098	.048	.013	.095	.047	.013	.092	.046	.013	.090	.046	.013	.070	.037	.015	.061	.032	.013	.042	.023	.009	.025	.013	.005	.008	.004	.002
.094	.045	.012	.092	.045	.012	.090	.044	.012	.087	.043	.012	.085	.043	.012	.067	.035	.013	.058	.030	.011	.040	.021	.008	.023	.013	.005	.008	.004	.002
															.120	.120	.120	.103	.103	.103	.070	.070	.070	.040	.040	.040	.013	.013	.013
.168	.096	.030	.164	.093	.030	.156	.089	.029	.148	.085	.027	.141	.082	.026	.112	.099	.087	.096	.085	.075	.065	.058	.052	.038	.034	.030	.012	.011	.010
.161	.088	.027	.157	.087	.027	.150	.083	.026	.143	.080	.025	.137	.078	.024	.105	.083	.064	.090	.072	.056	.062	.050	.039	.036	.029	.023	.011	.009	.007
.152	.081	.024	.148	.079	.024	.142	.077	.023	.136	.075	.023	.131	.072	.022	.100	.072	.049	.086	.062	.043	.059	.043	.030	.034	.025	.018	.011	.008	.006
.142	.074	.022	.139	.073	.022	.134	.071	.021	.128	.069	.021	.124	.067	.020	.095	.063	.039	.082	.055	.034	.056	.038	.024	.032	.022	.014	.010	.007	.005
.133	.068	.020	.131	.067	.020	.126	.065	.019	.121	.064	.019	.117	.062	.019	.091	.057	.031	.078	.049	.027	.054	.034	.019	.031	.020	.011	.010	.007	.004
.125	.063	.018	.123	.062	.018	.118	.061	.018	.114	.059	.017	.110	.058	.017	.086	.051	.026	.074	.044	.023	.051	.031	.016	.030	.018	.010	.010	.006	.003
.117	.058	.016	.115	.057	.016	.111	.056	.016	.108	.055	.016	.104	.054	.016	.082	.047	.022	.071	.041	.019	.049	.028	.014	.028	.017	.008	.009	.005	.003
.110	.054	.015	.109	.053	.015	.105	.052	.015	.102	.052	.015	.099	.051	.015	.079	.043	.019	.068	.037	.016	.047	.026	.012	.027	.016	.007	.009	.005	.002
.104	.050	.014	.102	.050	.014	.099	.049	.014	.096	.048	.014	.093	.047	.014	.075	.040	.017	.065	.035	.014	.045	.024	.010	.026	.014	.006	.008	.005	.002
.098	.047	.013	.097	.047	.013	.094	.046	.013	.091	.045	.013	.089	.045	.013	.072	.037	.015	.062	.032	.013	.043	.023	.009	.025	.014	.005	.008	.004	.002

Continued

Typical Luminaire	Typical Intensity Distribution and Per Cent Lamp Lumens		ρcc →	80			70			50			30			10			0		ρcc →	
	Maint. Cat.	SC	ρw →	50	30	10	50	30	10	50	30	10	50	30	10	50	30	10	0	WDRC	pw →	RCR ↓
			RCR ↓	Coefficients of Utilization for 20 Per Cent Effective Floor Cavity Reflectance (ρFC = 20)																		
43 4-lamp, 610 mm (2') wide unit with sharp cutoff (high angle—low luminance) flat prismatic lens—see note 7	V	1.4/1.3	0	.78	.78	.78	.76	.76	.76	.73	.73	.73	.70	.70	.70	.67	.67	.67	.66		1
			1	.71	.68	.66	.69	.67	.65	.66	.65	.63	.64	.63	.61	.62	.61	.60	.58	.181	1
			2	.63	.60	.57	.62	.59	.56	.60	.57	.55	.58	.56	.54	.56	.54	.52	.51	.180	2
			3	.57	.52	.49	.56	.52	.48	.54	.51	.48	.52	.49	.47	.51	.48	.46	.45	.173	3
			4	.51	.46	.43	.50	.46	.42	.49	.45	.42	.47	.44	.41	.46	.43	.41	.39	.164	4
			5	.46	.41	.37	.46	.41	.37	.44	.40	.37	.43	.39	.36	.42	.39	.36	.35	.154	5
			6	.42	.37	.33	.41	.37	.33	.40	.36	.33	.39	.35	.32	.38	.35	.32	.31	.145	6
			7	.38	.33	.29	.38	.33	.29	.37	.32	.29	.36	.32	.29	.35	.32	.29	.28	.136	7
			8	.35	.30	.26	.35	.30	.26	.34	.29	.26	.33	.29	.26	.32	.29	.26	.25	.127	8
			9	.32	.27	.24	.32	.27	.24	.31	.27	.24	.31	.27	.24	.30	.26	.24	.22	.120	9
			10	.30	.25	.22	.30	.25	.22	.29	.25	.22	.28	.24	.22	.28	.24	.21	.20	.113	10
44 Bilateral batwing distribution—louvered fluorescent unit	IV	N.A.	0	.71	.71	.71	.70	.70	.70	.66	.66	.66	.64	.64	.64	.61	.61	.61	.60		1
			1	.64	.62	.60	.63	.61	.60	.60	.59	.58	.58	.57	.56	.56	.55	.54	.53	.167	1
			2	.57	.54	.51	.56	.53	.51	.54	.52	.50	.52	.50	.48	.51	.49	.47	.46	.170	2
			3	.51	.47	.44	.50	.46	.43	.49	.45	.43	.47	.44	.42	.46	.43	.41	.40	.165	3
			4	.46	.41	.38	.45	.41	.37	.44	.40	.37	.42	.39	.36	.41	.38	.35	.33	.157	4
			5	.41	.36	.33	.40	.36	.32	.39	.35	.32	.38	.35	.32	.37	.34	.31	.30	.148	5
			6	.37	.32	.28	.36	.32	.28	.35	.31	.28	.34	.31	.28	.34	.30	.28	.27	.139	6
			7	.33	.29	.25	.33	.28	.25	.32	.28	.25	.32	.27	.25	.30	.27	.24	.23	.130	7
			8	.30	.26	.22	.30	.25	.22	.29	.25	.22	.28	.25	.22	.28	.24	.22	.21	.122	8
			9	.28	.23	.20	.27	.23	.20	.27	.23	.20	.26	.22	.20	.25	.22	.19	.18	.115	9
			10	.25	.21	.18	.25	.21	.18	.25	.20	.18	.24	.20	.18	.23	.20	.18	.17	.108	10
45 Bilateral batwing distribution—4-lamp, 610 mm (2') wide fluorescent unit with flat prismatic lens and overlay—see note 7	V	N.A.	0	.57	.57	.57	.56	.56	.56	.53	.53	.53	.51	.51	.51	.49	.49	.49	.48		1
			1	.50	.48	.46	.49	.47	.45	.47	.45	.44	.45	.43	.42	.43	.42	.41	.40	.204	1
			2	.43	.40	.37	.42	.39	.36	.40	.38	.35	.39	.37	.34	.37	.35	.34	.33	.192	2
			3	.37	.33	.30	.37	.33	.30	.35	.32	.29	.34	.31	.29	.33	.30	.28	.27	.175	3
			4	.33	.28	.25	.32	.28	.25	.31	.27	.24	.30	.27	.24	.29	.26	.24	.23	.159	4
			5	.29	.24	.21	.28	.24	.21	.27	.24	.21	.26	.23	.20	.25	.23	.20	.19	.145	5
			6	.26	.21	.18	.25	.21	.18	.24	.21	.18	.24	.20	.18	.23	.20	.17	.16	.132	6
			7	.23	.19	.16	.23	.18	.15	.22	.18	.15	.21	.18	.15	.21	.17	.15	.14	.122	7
			8	.21	.17	.14	.20	.16	.14	.20	.16	.14	.19	.16	.13	.19	.16	.13	.12	.112	8
			9	.19	.15	.12	.19	.15	.12	.18	.14	.12	.18	.14	.12	.17	.14	.12	.11	.104	9
			10	.17	.13	.11	.17	.13	.11	.17	.13	.11	.16	.13	.11	.16	.13	.10	.10	.096	10
46 Bilateral batwing distribution—one-lamp, surface mounted fluorescent with prismatic wraparound lens	V	N.A.	0	.87	.87	.87	.84	.84	.84	.77	.77	.77	.72	.72	.72	.66	.66	.66	.64		1
			1	.75	.72	.69	.72	.69	.66	.67	.64	.62	.62	.60	.59	.57	.56	.54	.52	.296	1
			2	.65	.60	.56	.63	.58	.54	.58	.54	.51	.54	.51	.48	.50	.47	.45	.43	.261	2
			3	.57	.51	.46	.55	.49	.45	.51	.46	.42	.47	.43	.40	.44	.41	.38	.36	.232	3
			4	.50	.44	.39	.48	.42	.38	.45	.40	.36	.42	.38	.34	.39	.35	.32	.30	.209	4
			5	.45	.38	.33	.43	.37	.32	.40	.35	.31	.37	.33	.29	.35	.31	.28	.26	.189	5
			6	.40	.33	.28	.39	.32	.28	.36	.31	.26	.34	.29	.25	.31	.27	.24	.22	.172	6
			7	.36	.29	.25	.35	.29	.24	.32	.27	.23	.30	.26	.22	.28	.24	.21	.19	.158	7
			8	.33	.26	.22	.31	.25	.21	.29	.24	.20	.28	.23	.20	.26	.22	.19	.17	.146	8
			9	.30	.23	.19	.29	.23	.19	.27	.22	.18	.25	.21	.17	.24	.20	.17	.15	.135	9
			10	.27	.21	.17	.26	.21	.17	.25	.20	.16	.23	.19	.16	.22	.18	.15	.13	.126	10
47 Radial batwing distribution—4-lamp, 610 mm (2') wide fluorescent unit with flat prismatic lens—see note 7	V	1.7	0	.71	.71	.71	.69	.69	.69	.66	.66	.66	.63	.63	.63	.61	.61	.61	.60		1
			1	.62	.59	.57	.60	.58	.56	.58	.56	.54	.55	.54	.52	.53	.52	.51	.50	.251	1
			2	.53	.49	.46	.52	.48	.45	.50	.47	.44	.48	.45	.43	.46	.44	.42	.41	.237	2
			3	.46	.41	.37	.45	.41	.37	.44	.40	.36	.42	.39	.36	.40	.38	.35	.34	.216	3
			4	.41	.35	.31	.40	.35	.31	.38	.34	.30	.37	.33	.30	.36	.32	.30	.28	.196	4
			5	.36	.30	.26	.35	.30	.26	.34	.29	.26	.33	.29	.26	.32	.28	.25	.24	.178	5
			6	.32	.27	.23	.31	.26	.23	.31	.26	.22	.29	.25	.22	.29	.25	.22	.21	.162	6
			7	.29	.24	.20	.28	.23	.20	.28	.23	.19	.27	.22	.19	.26	.22	.19	.18	.149	7
			8	.26	.21	.17	.26	.21	.17	.25	.20	.17	.24	.20	.17	.24	.20	.17	.16	.137	8
			9	.24	.19	.15	.24	.19	.15	.23	.18	.15	.22	.18	.15	.22	.18	.15	.14	.127	9
			10	.22	.17	.14	.22	.17	.14	.21	.17	.14	.20	.16	.14	.20	.16	.14	.12	.118	10
48 2-lamp fluorescent strip unit	I	1.6/1.2	0	1.01	1.01	1.01	.96	.96	.96	.87	.87	.87	.79	.79	.79	.72	.72	.72	.68		1
			1	.84	.79	.75	.80	.76	.72	.72	.69	.66	.65	.63	.60	.59	.57	.55	.52	.414	1
			2	.72	.65	.59	.68	.62	.57	.62	.57	.52	.56	.52	.48	.50	.47	.44	.41	.343	2
			3	.62	.54	.48	.59	.52	.46	.53	.47	.42	.48	.43	.39	.43	.39	.36	.33	.293	3
			4	.54	.46	.39	.52	.44	.38	.47	.40	.35	.42	.37	.33	.38	.34	.30	.27	.255	4
			5	.48	.40	.33	.46	.38	.32	.41	.35	.30	.38	.32	.28	.34	.29	.26	.23	.225	5
			6	.43	.35	.29	.41	.33	.28	.37	.31	.26	.34	.28	.24	.30	.26	.22	.20	.202	6
			7	.38	.30	.25	.37	.29	.24	.34	.27	.22	.31	.25	.21	.28	.23	.19	.17	.182	7
			8	.35	.27	.22	.33	.26	.21	.31	.24	.20	.28	.22	.18	.25	.21	.17	.15	.166	8
			9	.32	.24	.19	.30	.24	.19	.28	.22	.18	.26	.20	.16	.23	.19	.15	.13	.152	9
			10	.29	.22	.17	.28	.21	.17	.26	.20	.16	.24	.18	.15	.22	.17	.14	.12	.140	10

Continued

80			70			50			30			10			80			70			50			30			10		
50	30	10	50	30	10	50	30	10	50	30	10	50	30	10	50	30	10	50	30	10	50	30	10	50	30	10	50	30	10
Wall Exitance Coefficients for 20 Per Cent Effective Floor Cavity Reflectance (ρ_{FC} = 20)															Ceiling Cavity Exitance Coefficients for 20 Per Cent Floor Cavity Reflectance (ρ_{FC} = 20)														
															.125	.125	.125	.107	.107	.107	.073	.073	.073	.042	.042	.042	.013	.013	.013
.156	.089	.028	.152	.087	.028	.143	.082	.026	.136	.078	.025	.128	.074	.024	.115	.103	.092	.098	.088	.079	.067	.061	.055	.039	.035	.032	.012	.011	.010
.153	.084	.026	.149	.082	.025	.142	.079	.024	.135	.076	.024	.129	.073	.023	.108	.087	.069	.092	.075	.060	.063	.052	.042	.037	.030	.024	.012	.010	.008
.146	.078	.023	.143	.076	.023	.136	.074	.022	.130	.071	.022	.125	.069	.021	.102	.075	.053	.087	.065	.046	.060	.045	.032	.035	.026	.019	.011	.008	.006
.139	.072	.021	.136	.071	.021	.130	.069	.021	.125	.067	.020	.120	.065	.020	.097	.066	.042	.083	.057	.036	.057	.040	.026	.033	.023	.015	.011	.008	.005
.131	.067	.019	.129	.066	.019	.124	.064	.019	.119	.063	.019	.115	.061	.018	.092	.059	.034	.079	.051	.029	.055	.035	.021	.032	.021	.012	.010	.007	.004
.124	.062	.018	.122	.061	.018	.117	.060	.017	.113	.059	.017	.109	.057	.017	.088	.053	.028	.076	.046	.024	.052	.032	.017	.030	.019	.010	.010	.006	.003
.117	.058	.016	.115	.057	.016	.111	.056	.016	.107	.055	.016	.104	.054	.016	.084	.048	.024	.072	.042	.021	.050	.029	.015	.029	.017	.009	.009	.006	.003
.111	.054	.015	.109	.054	.015	.105	.053	.015	.102	.052	.015	.099	.051	.015	.080	.045	.020	.069	.039	.018	.048	.027	.013	.028	.016	.007	.009	.005	.002
.105	.051	.014	.103	.050	.014	.100	.050	.014	.097	.049	.014	.094	.048	.014	.077	.041	.018	.066	.036	.015	.046	.025	.011	.027	.015	.006	.009	.005	.002
.100	.048	.013	.098	.047	.013	.095	.047	.013	.092	.046	.013	.090	.045	.013	.073	.039	.016	.063	.034	.014	.044	.024	.010	.026	.014	.006	.008	.005	.002
															.114	.114	.114	.097	.097	.097	.066	.066	.066	.038	.038	.038	.012	.012	.012
.144	.082	.026	.140	.080	.025	.132	.076	.024	.125	.072	.023	.118	.069	.022	.105	.094	.084	.090	.080	.072	.061	.055	.050	.035	.032	.029	.011	.010	.009
.142	.078	.024	.139	.076	.024	.132	.073	.023	.126	.071	.022	.120	.068	.021	.099	.079	.063	.085	.068	.054	.058	.047	.038	.033	.027	.022	.011	.009	.007
.137	.073	.022	.134	.072	.022	.128	.069	.021	.123	.067	.021	.118	.065	.020	.094	.068	.048	.080	.059	.042	.055	.041	.029	.032	.024	.017	.010	.008	.006
.131	.068	.020	.128	.067	.020	.123	.065	.019	.118	.063	.019	.113	.062	.019	.089	.060	.038	.077	.052	.033	.053	.036	.023	.030	.021	.014	.010	.007	.004
.124	.063	.018	.122	.062	.018	.117	.061	.018	.113	.059	.018	.109	.058	.017	.085	.054	.030	.073	.046	.026	.050	.032	.019	.029	.019	.011	.009	.006	.004
.117	.059	.017	.115	.058	.017	.111	.057	.017	.107	.056	.016	.104	.055	.016	.082	.049	.025	.070	.042	.022	.048	.029	.015	.028	.017	.009	.009	.006	.003
.111	.055	.016	.109	.054	.015	.105	.053	.015	.102	.052	.015	.099	.051	.015	.078	.044	.021	.067	.039	.018	.046	.027	.013	.027	.016	.008	.009	.005	.003
.105	.051	.014	.103	.051	.014	.100	.050	.014	.097	.049	.014	.094	.048	.014	.075	.041	.018	.064	.036	.016	.044	.025	.011	.026	.015	.007	.008	.005	.002
.100	.048	.013	.098	.048	.013	.095	.047	.013	.092	.046	.013	.089	.045	.013	.071	.038	.016	.062	.033	.014	.043	.023	.010	.025	.014	.006	.008	.005	.002
.094	.045	.013	.093	.045	.013	.090	.044	.012	.088	.044	.012	.085	.043	.012	.068	.036	.014	.059	.031	.012	.041	.022	.009	.024	.013	.005	.008	.004	.002
															.092	.092	.092	.078	.078	.078	.053	.053	.053	.031	.031	.031	.010	.010	.010
.153	.087	.027	.149	.085	.027	.143	.082	.026	.137	.079	.025	.131	.076	.025	.087	.075	.064	.074	.064	.055	.051	.044	.038	.029	.026	.022	.009	.008	.007
.145	.079	.024	.142	.078	.024	.136	.076	.024	.131	.074	.023	.126	.071	.023	.084	.063	.047	.072	.055	.040	.049	.038	.028	.028	.022	.016	.009	.007	.005
.135	.072	.022	.132	.071	.021	.127	.069	.021	.123	.067	.021	.118	.065	.020	.080	.055	.035	.069	.048	.030	.047	.033	.021	.027	.019	.013	.009	.006	.004
.125	.065	.019	.123	.064	.019	.118	.063	.019	.114	.061	.018	.110	.060	.018	.077	.049	.027	.066	.042	.024	.045	.029	.017	.026	.017	.010	.008	.006	.003
.116	.059	.017	.114	.058	.017	.110	.057	.017	.106	.056	.017	.102	.055	.016	.073	.044	.022	.063	.038	.019	.043	.026	.014	.025	.016	.008	.008	.005	.003
.107	.054	.015	.106	.053	.015	.102	.052	.015	.099	.051	.015	.096	.050	.015	.070	.040	.018	.060	.035	.016	.042	.024	.011	.024	.014	.007	.008	.005	.002
.100	.049	.014	.098	.049	.014	.095	.048	.014	.092	.047	.014	.089	.046	.014	.067	.037	.015	.057	.032	.013	.040	.022	.010	.023	.013	.006	.007	.004	.002
.093	.046	.013	.092	.045	.013	.089	.044	.013	.086	.044	.013	.084	.043	.013	.064	.034	.013	.055	.029	.012	.038	.021	.008	.022	.012	.005	.007	.004	.002
.087	.042	.012	.086	.042	.012	.083	.041	.012	.081	.041	.012	.079	.040	.012	.061	.031	.012	.052	.027	.010	.036	.019	.007	.021	.011	.004	.007	.004	.001
.082	.039	.011	.081	.039	.011	.079	.038	.011	.076	.038	.011	.074	.037	.011	.058	.029	.010	.050	.026	.009	.035	.018	.006	.020	.011	.004	.007	.003	.001
															.236	.236	.236	.201	.201	.201	.138	.138	.138	.079	.079	.079	.025	.025	.025
.247	.140	.044	.238	.136	.043	.221	.127	.040	.205	.118	.038	.191	.111	.036	.230	.210	.193	.196	.181	.166	.134	.124	.115	.077	.072	.067	.025	.023	.022
.224	.123	.038	.216	.119	.037	.201	.112	.035	.187	.105	.033	.174	.098	.031	.224	.193	.167	.192	.166	.144	.131	.115	.101	.076	.067	.059	.024	.022	.019
.205	.109	.033	.198	.106	.032	.184	.100	.030	.171	.094	.029	.160	.088	.027	.218	.180	.150	.187	.155	.130	.128	.108	.091	.074	.063	.054	.024	.020	.018
.188	.098	.029	.182	.095	.028	.169	.090	.027	.158	.085	.026	.147	.080	.024	.213	.170	.138	.182	.147	.120	.125	.103	.084	.073	.060	.050	.023	.020	.016
.174	.089	.026	.168	.086	.025	.157	.082	.024	.146	.077	.023	.136	.073	.022	.207	.163	.130	.178	.141	.113	.123	.098	.080	.071	.058	.047	.023	.019	.016
.161	.081	.023	.156	.079	.023	.146	.075	.022	.136	.071	.021	.127	.067	.020	.202	.157	.124	.174	.136	.108	.120	.095	.076	.069	.056	.045	.022	.018	.015
.150	.074	.021	.145	.072	.021	.136	.069	.020	.127	.065	.019	.119	.062	.018	.197	.152	.120	.169	.131	.104	.117	.092	.074	.068	.054	.044	.022	.018	.015
.140	.069	.019	.136	.067	.019	.127	.063	.018	.119	.060	.017	.111	.057	.017	.192	.147	.117	.166	.128	.102	.115	.090	.072	.067	.053	.043	.022	.017	.014
.132	.064	.018	.127	.062	.017	.119	.059	.017	.112	.056	.016	.105	.053	.015	.188	.144	.114	.162	.125	.100	.112	.088	.071	.065	.052	.042	.021	.017	.014
.124	.059	.016	.120	.058	.016	.112	.055	.016	.106	.052	.015	.099	.050	.014	.184	.141	.112	.158	.122	.098	.110	.086	.070	.064	.051	.041	.021	.017	.014
															.114	.114	.114	.097	.097	.097	.066	.066	.066	.038	.038	.038	.012	.012	.012
.188	.107	.034	.184	.105	.033	.176	.101	.032	.169	.097	.031	.162	.094	.030	.108	.093	.080	.092	.080	.069	.063	.055	.047	.036	.032	.028	.012	.010	.009
.179	.098	.030	.176	.097	.030	.169	.094	.029	.162	.091	.028	.156	.088	.028	.103	.079	.058	.089	.068	.050	.061	.047	.035	.035	.027	.020	.011	.009	.007
.167	.089	.027	.163	.087	.026	.157	.085	.026	.151	.083	.025	.146	.081	.025	.099	.068	.043	.085	.059	.038	.058	.041	.026	.034	.024	.016	.011	.008	.005
.154	.080	.024	.151	.079	.023	.145	.077	.023	.140	.075	.023	.136	.074	.022	.095	.060	.034	.081	.052	.029	.056	.036	.021	.032	.021	.012	.010	.007	.004
.142	.073	.021	.140	.072	.021	.135	.070	.021	.130	.069	.020	.126	.067	.020	.091	.054	.027	.078	.047	.024	.054	.033	.017	.031	.019	.010	.010	.006	.003
.132	.066	.019	.130	.065	.019	.125	.064	.019	.121	.063	.018	.117	.062	.018	.086	.049	.023	.074	.043	.020	.051	.030	.014	.030	.018	.008	.010	.006	.003
.123	.061	.017	.121	.060	.017	.117	.059	.017	.113	.058	.017	.110	.057	.017	.082	.045	.019	.071	.039	.017	.049	.027	.012	.028	.016	.007	.009	.005	.002
.115	.056	.016	.113	.055	.016	.109	.055	.016	.106	.054	.015	.103	.053	.015	.078	.042	.017	.068	.036	.014	.047	.025	.010	.027	.015	.006	.009	.005	.002
.107	.052	.014	.106	.051	.014	.102	.051	.014	.099	.050	.014	.097	.049	.014	.075	.039	.015	.064	.034	.013	.045	.024	.009	.026	.014	.005	.008	.005	.002
.101	.048	.013	.099	.048	.013	.096	.047	.013	.094	.046	.013	.091	.046	.013	.071	.036	.013	.061	.032	.011	.043	.022	.008	.025	.013	.005	.008	.004	.002
															.325	.325	.325	.278	.278	.278	.189	.189	.189	.109	.109	.109	.035	.035	.035
.335	.191	.060	.323	.184	.058	.299	.172	.055	.277	.160	.051	.257	.149	.048	.321	.295	.272	.275	.253	.234	.188	.174	.162	.108	.101	.094	.035	.032	.030
.293	.161	.049	.282	.155	.048	.260	.145	.045	.241	.135	.042	.222	.126	.040	.316	.275	.241	.270	.237	.208	.185	.164	.145	.107	.095	.085	.034	.031	.028
.262	.139	.042	.251	.135	.040	.232	.126	.038	.214	.117	.036	.197	.109	.034	.309	.261	.222	.265	.225	.192	.182	.156	.135	.105	.091	.080	.034	.030	.026
.236	.123	.036	.226	.119	.035	.209	.111	.033	.192	.103	.031	.177	.096	.029	.303	.250	.209	.260	.216	.182	.179	.150	.128	.103	.088	.076	.033	.029	.025
.215	.109	.032	.206	.106	.031	.190	.099	.029	.175	.092	.027	.161	.086	.026	.296	.241	.201	.254	.209	.175	.175	.146	.123	.101	.086	.073	.033	.028	.024
.197	.099	.028	.189	.095	.027	.174	.089	.026	.160	.083	.024	.147	.078	.023	.289	.234	.195	.249	.203	.169	.172	.142	.120	.100	.084	.071	.032	.027	.024
.181	.090	.025	.174	.087	.025	.161	.081	.023	.148	.076	.022	.136	.071	.021	.283	.228	.190	.244	.198	.166	.168	.139	.117	.098	.082	.070	.032	.027	.023
.168	.082	.023	.162	.080	.022	.149	.075	.021	.137	.070	.020	.126	.065	.019	.277	.224	.187	.239	.194	.163	.165	.136	.115	.096	.080	.069	.031	.026	.023
.157	.076	.021	.151	.073	.021	.139	.069	.020	.128	.064	.018	.118	.060	.017	.272	.219	.184	.234	.190	.160	.162	.134	.114	.095	.079	.068	.031	.026	.023
.147	.070	.020	.141	.068	.019	.130	.064	.018	.120	.060	.017	.111	.056	.016	.267	.216	.182	.230	.187	.159	.160	.132	.113	.093	.078	.067	.030	.026	.022

Continued

Typical Luminaire	Typical Intensity Distribution and Per Cent Lamp Lumens		pcc →	80			70			50			30			10			0	WDRC	pcc →
			pw →	50	30	10	50	30	10	50	30	10	50	30	10	50	30	10	0		pw →
	Maint. Cat. / SC		RCR ↓	Coefficients of Utilization for 20 Per Cent Effective Floor Cavity Reflectance (pfc = 20)																	RCR ↓
49	I 1.4/1.2	12° / 85°	0	1.13	1.13	1.13	1.09	1.09	1.09	1.01	1.01	1.01	.94	.94	.94	.88	.88	.88	.85		0
			1	.95	.90	.86	.92	.87	.83	.85	.82	.78	.79	.76	.74	.74	.72	.69	.66	.464	1
			2	.82	.74	.68	.79	.72	.66	.73	.68	.63	.68	.64	.60	.63	.60	.56	.53	.394	2
			3	.71	.62	.55	.69	.61	.54	.64	.57	.52	.59	.54	.49	.55	.51	.47	.44	.342	3
2-lamp fluorescent strip unit with 235° reflector fluorescent lamps			4	.62	.53	.46	.60	.52	.45	.56	.49	.43	.52	.46	.41	.49	.44	.40	.37	.300	4
			5	.55	.46	.39	.54	.45	.39	.50	.43	.37	.47	.40	.36	.44	.38	.34	.32	.267	5
			6	.50	.41	.34	.48	.40	.33	.45	.38	.32	.42	.36	.31	.39	.34	.30	.27	.240	6
			7	.45	.36	.30	.43	.35	.29	.41	.34	.28	.38	.32	.27	.36	.30	.26	.24	.218	7
			8	.41	.32	.26	.40	.32	.26	.37	.30	.25	.35	.29	.24	.33	.27	.23	.21	.199	8
			9	.37	.29	.24	.36	.28	.23	.34	.27	.22	.32	.26	.22	.30	.25	.21	.19	.183	9
			10	.34	.26	.21	.33	.26	.21	.32	.25	.20	.30	.24	.20	.28	.23	.19	.17	.170	10

Typical Luminaires	pcc →	80			70			50			30			10			0
	pw →	50	30	10	50	30	10	50	30	10	50	30	10	50	30	10	0
	RCR ↓	Coefficients of utilization for 20 Per Cent Effective Floor Cavity Reflectance, pfc															

50 — Single row fluorescent lamp cove without reflector, mult. by 0.93 for 2 rows and by 0.85 for 3 rows.

RCR	80 (50/30/10)			70 (50/30/10)			50 (50/30/10)		
1	.42	.40	.39	.36	.35	.33	.25	.24	.23
2	.37	.34	.32	.32	.29	.27	.22	.20	.19
3	.32	.29	.26	.28	.25	.23	.19	.17	.16
4	.29	.25	.22	.25	.22	.19	.17	.15	.13
5	.25	.21	.18	.22	.19	.16	.15	.13	.11
6	.23	.19	.16	.20	.16	.14	.14	.12	.10
7	.20	.17	.14	.17	.14	.12	.12	.10	.09
8	.18	.15	.12	.16	.13	.10	.11	.09	.08
9	.17	.13	.10	.15	.11	.09	.10	.08	.07
10	.15	.12	.09	.13	.10	.08	.09	.07	.06

Coves are not recommended for lighting areas having low reflectances.

51 — pcc from below ~65%. Diffusing plastic or glass.
1) Ceiling efficiency ~60%; diffuser transmittance ~50%; diffuser reflectance ~40%. Cavity with minimum obstructions and painted with 80% reflectance paint—use pc = 70.
2) For lower reflectance paint or obstructions—use pc = 50.

RCR	70 (50/30/10)			50 (50/30/10)		
1	.60	.58	.56	.58	.56	.54
2	.53	.49	.45	.51	.47	.43
3	.47	.42	.37	.45	.41	.36
4	.41	.36	.32	.39	.35	.31
5	.37	.31	.27	.35	.30	.26
6	.33	.27	.23	.31	.26	.23
7	.29	.24	.20	.28	.23	.20
8	.26	.21	.18	.25	.20	.17
9	.23	.19	.15	.23	.18	.15
10	.21	.17	.13	.21	.16	.13

52 — pcc from below ~60%. Prismatic plastic or glass.
1) Ceiling efficiency ~67%; prismatic transmittance ~72%; prismatic reflectance ~18%. Cavity with minimum obstructions and painted with 80% reflectance paint—use pc = 70.
2) For lower reflectance paint or obstructions—use pc = 50.

RCR	70 (50/30/10)			50 (50/30/10)			30 (50/30/10)		
1	.71	.68	.66	.67	.66	.65	.65	.64	.62
2	.63	.60	.57	.61	.58	.55	.59	.56	.54
3	.57	.53	.49	.55	.52	.48	.54	.50	.47
4	.52	.47	.43	.50	.45	.42	.48	.44	.42
5	.46	.41	.37	.44	.40	.37	.43	.40	.36
6	.42	.37	.33	.41	.36	.32	.40	.35	.32
7	.38	.32	.29	.37	.31	.28	.36	.31	.28
8	.34	.28	.25	.33	.28	.25	.32	.28	.25
9	.30	.25	.22	.30	.25	.21	.29	.25	.21
10	.27	.23	.19	.27	.22	.19	.26	.22	.19

53 — pcc from below ~45%. Louvered ceiling.
1) Ceiling efficiency ~50%; 45° shielding opaque louvers of 80% reflectance. Cavity with minimum obstructions and painted with 80% reflectance paint—use pc = 50.
2) For other conditions refer to Fig. 6–18.

RCR	50 (50/30/10)			10 (50/30/10)		
1	.51	.49	.48	.47	.46	.45
2	.46	.44	.42	.43	.42	.40
3	.42	.39	.37	.39	.38	.36
4	.38	.35	.33	.36	.34	.32
5	.35	.32	.29	.33	.31	.29
6	.32	.29	.26	.30	.28	.26
7	.29	.26	.23	.28	.25	.23
8	.27	.23	.21	.26	.23	.21
9	.24	.21	.19	.24	.21	.19
10	.22	.19	.17	.22	.19	.17

Continued

80			70			50			30			10			80			70			50			30			10		
50	30	10	50	30	10	50	30	10	50	30	10	50	30	10	50	30	10	50	30	10	50	30	10	50	30	10	50	30	10
Wall Exitance Coefficients for 20 Per Cent Effective Floor Cavity Reflectance (ρ_{FC} = 20)															Ceiling Cavity Exitance Coefficients for 20 Per Cent Floor Cavity Reflectance (ρ_{FC} = 20)														
															.280	.280	.280	.239	.239	.239	.163	.163	.163	.094	.094	.094	.030	.030	.030
.357	.203	.064	.346	.197	.063	.326	.187	.060	.307	.177	.057	.290	.168	.054	.275	.247	.222	.235	.212	.191	.161	.140	.132	.093	.084	.077	.030	.027	.025
.316	.173	.053	.306	.169	.052	.288	.160	.050	.271	.152	.048	.256	.145	.046	.268	.224	.188	.230	.193	.162	.157	.134	.113	.091	.078	.066	.029	.025	.022
.284	.151	.045	.275	.147	.044	.259	.140	.043	.243	.133	.041	.229	.127	.039	.261	.208	.166	.224	.180	.144	.154	.125	.101	.089	.073	.060	.028	.024	.019
.257	.134	.039	.249	.130	.039	.234	.124	.037	.221	.118	.036	.208	.113	.034	.253	.196	.152	.217	.169	.132	.150	.118	.093	.086	.069	.055	.028	.022	.018
.235	.120	.035	.227	.117	.034	.214	.111	.033	.202	.106	.032	.190	.101	.030	.246	.186	.142	.211	.161	.123	.145	.112	.087	.084	.066	.052	.027	.022	.017
.215	.108	.031	.209	.106	.030	.197	.101	.029	.185	.096	.028	.175	.092	.027	.239	.178	.135	.205	.154	.117	.142	.108	.083	.082	.064	.049	.027	.021	.016
.199	.098	.028	.193	.096	.027	.182	.092	.027	.172	.088	.026	.162	.084	.025	.232	.172	.130	.199	.149	.113	.138	.104	.080	.080	.061	.048	.026	.020	.016
.185	.090	.025	.180	.088	.025	.169	.085	.024	.160	.081	.023	.151	.077	.023	.225	.166	.126	.194	.144	.109	.134	.101	.078	.078	.060	.046	.025	.020	.015
.172	.083	.023	.168	.082	.023	.158	.078	.022	.150	.075	.021	.141	.072	.021	.219	.161	.122	.189	.140	.107	.131	.099	.076	.076	.058	.045	.025	.019	.015
.162	.077	.022	.157	.076	.021	.149	.073	.020	.140	.070	.020	.133	.067	.019	.214	.157	.120	.184	.137	.105	.128	.096	.074	.074	.057	.044	.024	0.19	.015

54

910 mm x 910 mm (3' x 3') fluorescent troffer with 1220 mm (48") lamps mounted along diagonals—use units 40, 41 or 42 as appropriate

55

610 mm x 610 mm (2' x 2') fluorescent troffer with two "U" lamps—use units 40, 41 or 42 as appropriate

Tabulation of Luminous Intensities Used to Compute Above Coefficients
Normalized Average Intensity (Candelas per 1000 lumens)

Angle ↓	Luminaire No.													
	1	2	3	4	5	6	7	8	9	10	11	12	13	14
5	72.5	6.5	256.0	238.0	808.0	1320.0	695.0	374.0	2680.0	2610.0	208.0	152.0	190.0	316.0
15	72.5	8.0	246.0	264.0	671.0	1010.0	630.0	357.0	1150.0	1200.0	220.0	148.0	196.0	311.0
25	72.5	9.5	238.0	248.0	494.0	584.0	286.0	305.0	209.0	411.0	254.0	141.0	199.0	301.0
35	72.5	10.0	238.0	191.0	340.0	236.0	88.0	212.0	13.5	97.0	220.0	125.0	212.0	271.0
45	72.5	8.0	203.0	122.0	203.0	22.0	5.0	81.0	0	15.0	130.0	106.0	206.0	156.0
55	72.0	6.5	168.0	62.5	91.0	0	0	40.5	0	0	59.0	87.5	125.0	63.0
65	71.5	4.5	130.0	45.5	33.0	0	0	20.5	0	0	26.0	69.5	68.5	31.5
75	70.5	2.5	34.0	38.0	12.5	0	0	9.5	0	0	11.0	47.0	41.5	17.5
85	70.0	2.0	7.0	32.0	4.0	0	0	2.5	0	0	3.5	23.5	26.0	4.0
95	67.0	15.0	0	28.0	0	0	0	0	0	0	0	9.5	12.5	0
105	62.5	147.0	0	28.0	0	0	0	0	0	0	0	4.5	6.0	0
115	58.0	170.0	0	41.0	0	0	0	0	0	0	0	1.0	3.5	0
125	54.5	168.0	0	42.5	0	0	0	0	0	0	0	0	1.5	0
135	51.0	183.0	0	33.0	0	0	0	0	0	0	0	0	0	0
145	48.0	159.0	0	22.5	0	0	0	0	0	0	0	0	0	0
155	46.5	139.0	0	9.0	0	0	0	0	0	0	0	0	0	0
165	45.0	94.5	0	3.0	0	0	0	0	0	0	0	0	0	0
175	44.0	50.5	0	1.0	0	0	0	0	0	0	0	0	0	0

Angle ↓	Luminaire No.													
	15	16	17	18	19	20	21	22	23	24	25	26	27	28
5	288.0	999.0	470.0	294.0	576.0	274.0	203.0	136.0	155.0	0	263.0	246.0	284.0	244.0
15	321.0	775.0	384.0	282.0	519.0	302.0	192.0	151.0	169.0	0	258.0	260.0	262.0	248.0
25	331.0	475.0	344.0	294.0	426.0	344.0	194.0	171.0	185.0	0	236.0	264.0	226.0	242.0
35	260.0	188.0	290.0	294.0	274.0	321.0	252.0	175.0	188.0	0	210.0	248.0	187.0	218.0
45	202.0	90.5	210.0	246.0	127.0	209.0	230.0	182.0	162.0	0	163.0	192.0	145.0	152.0
55	114.0	32.0	86.5	137.0	69.5	45.5	119.0	158.0	119.0	0	98.0	98.0	83.0	70.0
65	13.5	8.5	18.0	26.0	20.0	8.0	52.5	90.0	57.0	0	55.5	32.5	36.5	26.0

Continued

Angle ↓	Luminaire No.													
	15	16	17	18	19	20	21	22	23	24	25	26	27	28
75	6.0	6.0	5.0	6.5	2.5	3.0	21.0	41.0	4.5	0	29.5	12.5	18.5	10.0
85	2.0	1.0	1.0	1.0	1.5	2.5	3.5	17.0	0	0	11.0	4.0	5.5	3.0
95	1.0	0.5	0.5	0.5	0.5	3.5	0	8.0	0	19.0	8.0	3.5	3.5	2.5
105	0	0.5	0.5	0.5	0.5	8.0	0	7.0	0	64.0	14.5	6.5	11.0	8.0
115	0	0.5	0.5	0.5	4.5	15.5	0	7.0	0	212.0	21.5	12.0	21.0	13.0
125	0	1.0	0.5	0.5	10.5	22.5	0	5.0	0	205.0	31.0	21.5	34.5	24.0
135	0	1.5	1.0	0.5	18.5	29.0	0	0	0	160.0	47.0	33.5	51.5	36.0
145	0	8.0	3.0	1.5	20.5	33.5	0	0	0	128.0	59.5	50.0	71.5	49.5
155	0	8.5	8.0	7.5	32.0	42.0	0	0	0	115.0	82.5	70.5	92.0	70.0
165	0	0.5	0.5	0.5	33.0	27.5	0	0	0	106.0	105.0	92.0	109.0	88.5
175	0	0.5	0.5	0.5	16.5	2.5	0	0	0	102.0	111.0	102.0	115.0	95.5

Angle ↓	Luminaire No.																				
	29	30	31	32	33	34	35	36	37	38	39	40	41	42	43	44	45	46	47	48	49
5	189.0	270.0	218.0	199.0	41.5	194.0	210.0	206.0	107.0	272.0	312.0	218.0	206.0	253.0	288.0	197.0	90.0	132.0	135.0	157.0	238.0
15	176.0	249.0	220.0	194.0	38.5	192.0	211.0	199.0	104.0	244.0	268.0	207.0	202.0	249.0	284.0	196.0	104.0	144.0	142.0	156.0	232.0
25	147.0	200.0	224.0	184.0	35.5	187.0	212.0	185.0	98.5	202.0	213.0	187.0	183.0	236.0	271.0	199.0	125.0	181.0	167.0	153.0	218.0
35	110.0	144.0	222.0	170.0	32.5	169.0	204.0	158.0	90.0	156.0	148.0	164.0	162.0	214.0	246.0	235.0	140.0	202.0	171.0	147.0	200.0
45	64.0	86.5	187.0	154.0	29.0	123.0	164.0	108.0	79.5	106.0	87.0	135.0	133.0	172.0	190.0	223.0	131.0	173.0	151.0	137.0	176.0
55	34.5	53.5	99.0	137.0	22.0	77.5	78.5	51.5	66.5	68.0	51.0	106.0	104.0	95.5	97.0	99.5	104.0	113.0	120.0	122.0	149.0
65	20.5	34.0	15.5	117.0	14.5	37.5	36.5	35.5	52.0	42.0	30.0	74.0	70.5	45.0	25.0	18.5	65.5	63.0	82.0	104.0	119.0
75	10.0	20.5	3.5	88.5	7.0	18.5	26.0	34.5	36.0	21.5	15.5	42.5	36.5	19.0	6.0	3.0	27.5	42.5	41.5	79.0	86.5
85	2.5	10.0	1.0	59.0	2.0	10.5	17.5	32.0	21.5	6.0	4.0	15.5	7.0	7.0	2.5	0.5	8.0	27.5	7.5	52.5	50.5
95	4.0	7.0	0	49.5	11.0	14.5	15.5	32.5	14.5	0	0	5.5	0	0	0	0	0	23.0	0	45.0	32.5
105	19.0	8.5	0	32.5	49.5	40.0	22.0	49.0	14.5	0	0	2.5	0	0	0	0	0	31.0	0	43.5	27.5
115	40.5	9.5	0	6.5	96.0	57.0	27.0	49.0	14.0	0	0	0	0	0	0	0	0	30.0	0	38.5	22.0
125	67.0	10.0	0	0	130.0	68.5	23.0	44.5	13.0	0	0	0	0	0	0	0	0	19.5	0	33.0	17.5
135	93.0	11.0	0	0	155.0	71.5	18.5	36.0	12.0	0	0	0	0	0	0	0	0	10.0	0	27.0	13.5
145	117.0	11.0	0	0	172.0	67.5	12.0	28.5	10.0	0	0	0	0	0	0	0	0	7.5	0	20.0	10.5
155	136.0	11.5	0	0	183.0	65.0	7.5	24.0	8.5	0	0	0	0	0	0	0	0	4.5	0	13.0	7.5
165	151.0	12.0	0	0	189.0	67.5	4.5	21.0	6.5	0	0	0	0	0	0	0	0	1.5	0	7.0	5.0
175	155.0	13.0	0	0	201.0	73.5	4.0	18.0	5.5	0	0	0	0	0	0	0	0	0	0	2.5	2.5

REFERENCES

1. Lambert, J. H. 1892. *Lamberts Photometrie (Photometria, sive De mensura et gradibus luminis, colorum et umbrae).* E. Anding, trans. Leipzig: W. Engelmann.
2. DiLaura, D. L. 1975. On the computation of equivalent sphere illumination. *J. Illum. Eng. Soc.* 4(2):129–149.
3. Hamilton, D. C., and W. R. Morgan. 1952. *Radiant-Interchange Configuration Factors.* Technical Note 2836. Washington: National Advisory Committee for Aeronautics.
4. Siegel, R., and J. R. Howel. 1980. *Thermal radiation heat transfer.* 2nd ed. New York: McGraw-Hill.
5. IES. Design Practice Committee. 1970. General procedure for calculating maintained illumination. *Illum. Eng.* 65(10):602–617.
6. Yamauti, Z. 1924. *Geometrical calculation of illumination due to light from luminous sources of simple forms.* Researches of the Electrotechnical Laboratory, 148. Tokyo: Electrotechnical Laboratory.
7. Fock, V. 1924. Zur Berechnung der Beleuchtungsstärke. *Z. Phys.* 28:102–113.
8. Mistrick, R. G., and C. R. English. 1990. A study of near-field indirect lighting calculations. *J. Illum. Eng. Soc.* 19(2):103–112.
9. Levin, R. E. 1971. Photometric characteristics of light controlling apparatus. *Illum. Eng.* 66(4):205–215.
10. Lautzenheiser, T., G. Weller, and S. Stannard. 1984. Photometry for near field applications. *J. Illum. Eng. Soc.* 13(2):262–269.
11. Stannard, S., and J. Brass. 1990. Application distance photometry. *J. Illum. Eng. Soc.* 1918(1):39–46.
12. Ngai, P. Y., J. X. Zhang, and F. G. Zhang. 1992. Near-field photometry: Measurement and application for fluorescent luminaires. *J. Illum. Eng. Soc.* 21(2):68–83.
13. Yamauti, Z. 1932. *Theory of field of illumination.* Researches of the Electrotechnical Laboratory, 339. Tokyo: Electrotechnical Laboratory.
14. Gershun, A. 1939. The light field. P. Moon and G. J. Timoshenko, trans. *J. Math. Phys.* 18(2):51–151.
15. Murray-Coleman, J. F., and A. M. Smith. 1990. The automated measurement of BRDFs and their application to luminaire modeling. *J. Illum. Eng. Soc.* 19(1):87–99.
16. Moon, P. 1940. On interreflections. *J. Opt. Soc. Am.* 30(5):195–205.
17. Moon, P. 1941. Interreflections in rooms. *J. Opt. Soc. Am.* 31(5):374–382.
18. IES. Committee on Standards of Quality and Quantity for Interior Illumination. 1946. The interreflection method of predetermining brightness and brightness ratios. *Illum. Eng.* 41(5):361–385.
19. Moon, P., and D. E. Spencer. 1950. Interreflections in coupled enclosures. *J. Franklin Inst.* 250(2):151–166.

부록 ⑥ ▶ 3배광법 조명률표

(조명 기구의 조명률, 감광보상률 및 취부 간격)

배광 / 설치간격	조명기구	감광보상률(D) 보수상태 상/중/하	실지수	천장 0.75 벽 0.5	0.3	0.1	천장 0.50 벽 0.5	0.3	0.1	천장 0.30 벽 0.3	0.1
간접 ↑0.80 ↓0 S≤1.2H		전구 1.5 1.8 2.0	J	16	13	11	12	10	08	06	05
			I	20	16	15	15	13	11	08	07
			H	23	20	17	17	14	13	10	08
			G	28	24	20	20	17	15	11	10
			F	29	26	22	22	19	17	12	11
		형광등 1.6 2.0 2.4	E	32	29	26	25	21	19	13	12
			D	36	32	30	26	24	22	15	14
			C	38	35	32	28	25	24	16	15
			B	42	39	36	30	29	27	18	17
			A	44	41	39	33	30	29	19	18
반간접 ↑0.70 ↓0.10 S≤1.2H		전구 1.4 1.5 1.8	J	18	14	12	14	11	09	09	07
			I	22	19	17	17	15	13	10	09
			H	26	22	19	20	17	15	12	10
			G	29	25	22	22	19	17	14	12
			F	32	28	25	24	21	19	15	14
		형광등 1.6 1.8 2.0	E	35	32	29	27	24	21	17	15
			D	39	35	32	29	26	24	19	18
			C	42	38	35	31	28	27	20	19
			B	46	42	39	34	31	29	22	21
			A	48	44	42	36	33	31	23	22
전반 확산 ↑0.40 ↓0.40 S≤1.2H		전구 1.4 1.5 1.7	J	24	19	16	22	18	15	16	14
			I	29	25	22	27	23	20	21	19
			H	33	28	26	30	26	24	24	21
			G	37	32	29	33	29	26	26	24
			F	40	36	31	36	32	29	29	26
		형광등 1.4 1.5 1.7	E	45	40	36	40	36	33	32	29
			D	48	43	39	43	39	36	34	33
			C	51	46	42	45	41	38	37	34
			B	55	50	48	49	45	42	40	38
			A	57	53	49	51	47	44	41	40
반직접 ↑0.25 ↓0.55 S≤H		전구 1.3 1.5 1.7	J	26	22	19	24	21	18	19	17
			I	33	28	26	30	26	24	25	23
			H	36	32	30	33	30	28	28	26
			G	40	36	33	36	33	30	30	29
			F	43	39	35	39	35	33	33	31
		형광등 1.3 1.5 1.8	E	47	44	40	43	39	36	36	34
			D	51	47	43	46	42	40	37	37
			C	53	49	45	48	44	42	42	37
			B	57	53	50	51	47	45	43	41
			A	59	55	52	53	49	47	47	43
직접 ↑0 ↓0.75 S≤1.3H		전구 1.3 1.5 1.7	J	34	29	26	34	29	26	29	26
			I	43	38	35	42	37	05	37	34
			H	47	43	40	46	43	40	42	40
			G	50	47	44	49	46	43	45	43
			F	52	50	47	51	49	46	48	46
		형광등 1.5 1.8 2.0	E	58	55	52	57	54	51	53	51
			D	62	58	56	60	59	56	57	56
			C	64	61	58	62	60	58	59	58
			B	67	64	62	65	63	61	62	60
			A	68	66	64	66	64	63	64	63
직접 ↑0 ↓0.60 S≥0.9H		전구 1.4 1.5 1.7	J	63	63	32	29	27	32	29	27
			I	29	27	39	37	35	39	36	35
			H	36	34	42	40	39	41	40	38
			G	40	38	45	44	42	44	43	41
			F	42	41	48	46	44	46	44	43
		형광등 1.4 1.6 1.8	E	50	49	47	49	48	46	47	46
			D	54	51	50	52	51	49	50	49
			C	55	53	51	54	52	52	51	50
			B	56	54	54	55	53	52	52	52
			A	58	55	54	56	54	53	54	52

조명기구	배광 기구효율	보수율 기구간격 최대한	반사율 천장[%]	80			70			50			30	
			벽[%]	50	30	10	50	30	10	50	30	10	30	10
			바닥[%]	10 % * 3										
			실지수	조명률 U [%]										
반매입 노출형	9[%] 82[%] 기구효율 91[%]	보수율 양 0.75 중 0.67 부 0.60 기구간격 최대한 1.4 H	0.06(J)	29	23	18	2	22	18	22	18			
			0.08(I)	37	30	25	36	30	25	36	30	25	29	25
			1.00(H)	44	36	31	43	36	31	42	35	31	35	31
			1.25(G)	50	43	37	49	42	37	48	42	37	41	37
			1.50(F)	54	48	42	54	47	42	52	45	42	45	41
			2.00(E)	61	54	49	60	54	49	58	52	48	51	48
			2.50(D)	65	59	54	64	59	54	62	57	53	58	53
			3.00(C)	68	62	57	66	61	56	64	59	56	58	55
			4.00(B)	73	68	63	71	67	63	69	65	62	64	61
			5.00(A)	76	72	68	75	71	68	72	69	67	68	66
직부 횡부 코브 조명		보수율 양 0.60 중 0.50 부 0.40	0.06(J)	11	09	06	09	07	06	07	05	04		
			0.08(I)	15	12	10	13	10	08	09	07	06		
			1.00(H)	18	15	12	16	13	10	10	09	07		
			1.25(G)	22	18	16	20	16	14	13	11	10		
			1.50(F)	25	21	19	21	19	17	15	13	11		
			2.00(E)	29	26	22	25	22	20	17	15	11		
			2.50(D)	33	30	28	28	26	24	20	19	17		
			3.00(C)	35	32	30	31	28	26	21	20	19		
			4.00(B)	36	34	32	32	30	28	22	21	20		
			5.00(A)	39	38	36	35	34	32	24	23	23		
매입 하면 루버	0[%] 64[%] 기구효율 64[%]	보수율 양 0.71 중 0.67 부 0.63 기구간격 최대한 0.8 H	0.06(J)	31	27	24	30	26	24	30	25	23	25	22
			0.08(I)	38	34	31	38	34	30	37	33	30	32	29
			1.00(H)	43	39	35	43	38	35	42	38	35	37	34
			1.25(G)	48	43	40	47	43	40	46	43	40	42	39
			1.50(F)	51	47	44	50	47	44	49	46	44	45	42
			2.00(E)	55	52	49	55	51	48	53	50	48	49	47
			2.50(D)	58	55	52	57	54	52	56	54	53	51	49
			3.00(C)	60	57	55	59	56	54	58	55	53	53	51
			4.00(B)	62	60	58	61	59	57	60	58	57	56	55
			5.00(A)	64	62	60	63	61	59	61	60	58	58	56
루버 천장 (루버알루미늄백색마감)		보수율 양 0.71 중 0.63 부 0.56	0.06(J)	19	16	15	19	16	15					
			0.08(I)	23	20	19	23	20	19					
			1.00(H)	25	22	21	25	22	21					
			1.25(G)	27	25	24	26	35	24					
			1.50(F)	30	26	25	29	26	25					
			2.00(E)	32	30	29	31	30	29					
			2.50(D)	33	31	30	32	31	30					
			3.00(C)	34	32	32	33	32	31					
			4.00(B)	35	34	33	34	33	32					
			5.00(A)	36	35	34	35	34	33					
다운 라이트 루버 백열 전구	0[%] 55[%] 기구효율 55[%]	보수율 양 0.71 중 0.67 부 0.63 기구간격 최대한 0.8 H	0.06(J)	30	28	26	29	27	26	28	27	26	27	27
			0.08(I)	35	34	32	34	33	32	33	32	32	32	32
			1.00(H)	40	38	34	37	36	36	36	35	35	35	34
			1.25(G)	42	40	38	39	39	38	38	37	37	37	36
			1.50(F)	42	41	39	41	40	39	40	39	38	39	38
			2.00(E)	45	44	42	43	42	42	42	41	40	40	40
			2.50(D)	46	45	43	45	44	43	44	43	42	42	42
			3.00(C)	47	46	44	46	45	44	45	44	43	43	43
			4.00(B)	48	47	45	47	45	45	46	44	44	44	43
			5.00(A)	48	47	46	47	46	46	46	45	44	44	44
노출형	31[%] 61[%] 기구효율 92[%]	보수율 양 0.80 중 0.75 부 0.70 기구간격 최대한 1.4 H	0.06(J)	24	18	13	24	18	13	23	17	13	17	13
			0.08(I)	32	24	19	31	24	19	30	23	18	22	18
			1.00(H)	38	30	25	39	29	23	35	28	23	27	22
			1.25(G)	45	36	30	43	35	29	39	33	28	31	27
			1.50(F)	50	41	34	48	40	33	44	37	32	35	30
			2.00(E)	56	48	41	54	46	40	50	44	38	40	38
			2.50(D)	62	54	47	59	52	46	54	48	43	45	41
			3.00(C)	66	58	52	63	56	50	57	52	47	47	44
			4.00(B)	71	65	59	68	62	57	62	57	53	52	49
			5.00(A)	75	70	65	72	67	62	65	61	58	56	53

조명기구	배광 기구효율	보수율 기구간격 최대한	반사율	천장[%] 80 / 벽[%] 50	80 / 30	80 / 10	70 / 50	70 / 30	70 / 10	50 / 50	50 / 30	50 / 10	30 / 30	30 / 10
			바닥[%]	10 % * 3										
			실지수	조 명 률 U [%]										
노출형 37[%] / 56[%] 기구효율 93[%]	보수율 양 0.80 중 0.75 부 0.70	기구간격 최대한 1.4 H	0.06(J)	24	18	13	24	18	13	23	17	13	17	13
			0.08(I)	32	24	19	31	24	19	30	23	18	22	18
			1.00(H)	38	30	24	39	29	23	35	28	23	27	22
			1.25(G)	45	36	30	43	35	29	39	33	28	31	27
			1.50(F)	50	41	34	48	40	33	44	37	32	35	30
			2.00(E)	56	48	41	54	40	46	50	44	38	40	38
			2.50(D)	62	54	47	59	52	46	54	48	43	45	41
			3.00(C)	66	58	52	63	56	50	57	52	47	47	44
			4.00(B)	71	65	59	68	62	57	62	57	53	52	49
			5.00(A)	75	70	65	72	67	62	65	61	58	56	53
매입형, 하면 개방 0[%] / 87[%] 기구효율 87[%]	보수율 양 0.75 중 0.70 부 0.65	기구간격 최대한 1.4 H	0.06(J)	30	24	20	29	22	18	25	20	16	18	15
			0.08(I)	39	32	27	37	31	26	33	28	23	25	21
			1.00(H)	47	39	33	44	37	32	39	33	29	29	26
			1.25(G)	54	46	40	51	44	39	45	39	35	34	31
			1.50(F)	59	52	46	55	49	43	49	43	39	38	34
			2.00(E)	66	59	54	62	56	51	54	50	46	43	39
			2.50(D)	71	64	59	66	61	56	58	54	50	46	43
			3.00(C)	73	68	63	69	64	60	61	57	53	49	46
			4.00(B)	78	74	69	73	69	65	64	61	58	52	50
			5.00(A)	80	77	73	77	73	70	67	64	62	56	54
하면, 플라스틱 2[%] / 45[%] 기구효율 47[%]	보수율 양 0.70 중 0.65 부 0.55	기구간격 최대한 1.2 H	0.06(J)	18	15	13	18	15	13	18	15	13	15	13
			0.08(I)	24	20	18	23	20	18	22	20	17	19	17
			1.00(H)	27	24	21	27	24	21	26	23	21	23	21
			1.25(G)	31	27	25	30	27	25	29	26	25	26	24
			1.50(F)	33	30	27	33	30	27	32	29	27	29	27
			2.00(E)	35	32	29	35	32	29	33	31	29	30	29
			2.50(D)	37	35	32	37	34	32	36	33	32	33	31
			3.00(C)	40	38	36	40	37	35	38	36	35	36	35
			4.00(B)	42	40	38	41	40	38	40	39	37	38	37
			5.00(A)	43	42	40	43	41	39	42	40	39	40	39
반사갓 0[%] / 79[%] 기구효율 79[%]	보수율 양 0.75 중 0.70 부 0.65	기구간격 최대한 1.3 H	0.06(J)	28	23	20	28	23	20	27	23	20	23	20
			0.08(I)	36	31	27	36	31	27	35	31	27	30	27
			1.00(H)	43	37	33	42	37	33	41	37	33	36	33
			1.25(G)	49	44	40	49	43	40	48	43	39	42	39
			1.50(F)	54	48	44	53	48	44	52	48	44	47	44
			2.00(E)	59	55	51	59	55	51	58	54	50	53	50
			2.50(D)	65	60	56	64	59	56	68	58	55	58	55
			3.00(C)	68	63	60	67	63	59	65	62	60	61	58
			4.00(B)	72	68	65	71	67	64	69	64	64	65	63
			5.00(A)	75	72	69	74	71	68	72	68	68	68	67
루미너스 시일링	보수율 양 0.70 중 0.65 부 0.55		0.06(J)	26	21	17								
			0.08(I)	33	27	24								
			1.00(H)	38	33	29								
			1.25(G)	43	37	34								
			1.50(F)	46	41	38								
			2.00(E)	51	46	43								
			2.50(D)	54	50	47								
			3.00(C)	56	52	50								
			4.00(B)	59	56	54								
			5.00(A)	61	58	56								
다운 라이트 유리 백열 전구 0[%] / 50[%] 기구효율 50[%]	보수율 양 0.71 중 0.67 부 0.63	기구간격 최대한 0.8 H	0.06(J)	28	24	21	26	23	20	25	22	19	21	19
			0.08(I)	33	30	26	32	29	26	31	28	26	28	26
			1.00(H)	36	33	31	35	32	30	34	32	30	31	30
			1.25(G)	38	36	33	38	35	32	37	35	32	34	32
			1.50(F)	41	38	35	40	37	35	39	37	35	35	35
			2.00(E)	44	43	40	43	41	39	42	40	39	40	39
			2.50(D)	47	45	43	46	44	42	45	43	42	43	42
			3.00(C)	48	46	44	48	46	44	46	45	44	44	43
			4.00(B)	50	48	46	50	48	46	48	47	46	46	45
			5.00(A)	51	50	49	51	49	48	50	48	47	47	46

루미너스 시일링 비고: 내천장 75[%], 플라스틱 패널 부과율 70[%]. 형광등 사이 및 패널과의 간격은 다음과 같이 한다. S/L, 1.5 패널병의 조도차 및 패널의 취부 제거를 고려해서 L은 300[mm]이상으로 한다.

		ρ_3	0.3					0.1			
		ρ_1	0.8			0.5		0.8	0.5		0.3
		ρ_2	0.8	0.5	0.3	0.5	0.3	0.3	0.5	0.3	0.3
		k									
A. 직접조명형 위에 0~10% 아래에 100~90%	**A1** 0~30° 70% 30~90° 30%	0.6	0.93	0.74	0.70	0.74	0.69	0.70	0.72	0.68	0.68
		0.8	1.01	0.82	0.77	0.81	0.76	0.77	0.80	0.76	0.75
		1	1.05	0.88	0.82	0.86	0.82	0.82	0.84	0.81	0.80
		1.25	1.10	0.93	0.88	0.91	0.87	0.86	0.88	0.85	0.84
		1.5	1.13	0.97	0.92	0.94	0.90	0.89	0.92	0.88	0.87
		2	1.17	1.03	0.97	0.99	0.95	0.93	0.95	0.92	0.90
		2.5	1.20	1.07	1.01	1.03	0.98	0.96	0.97	0.94	0.93
		3	1.21	1.10	1.05	1.05	1.00	0.98	0.98	0.96	0.95
		4	1.24	1.15	1.10	1.08	1.03	1.00	1.00	0.98	0.97
		5	1.25	1.17	1.13	1.10	1.06	1.01	1.01	0.99	0.98
	A2 0~60° 80% 60~90° 20%	0.6	0.63	0.39	0.33	0.39	0.33	0.34	0.37	0.33	0.32
		0.8	0.78	0.53	0.45	0.51	0.45	0.45	0.50	0.45	0.44
		1	0.88	0.62	0.54	0.60	0.54	0.53	0.58	0.53	0.52
		1.25	0.95	0.71	0.63	0.68	0.62	0.62	0.66	0.60	0.60
		1.5	1.02	0.78	0.70	0.76	0.69	0.68	0.72	0.68	0.66
		2	1.10	0.89	0.81	0.85	0.78	0.77	0.80	0.77	0.74
		2.5	1.14	0.96	0.88	0.91	0.85	0.83	0.85	0.82	0.80
		3	1.17	1.01	0.94	0.95	0.89	0.87	0.88	0.86	0.84
		4	1.21	1.07	1.01	1.00	0.95	0.92	0.93	0.90	0.89
		5	1.23	1.12	1.06	1.03	0.98	0.95	0.96	0.93	0.92
	A3 0~30° 10% 30~90° 90%	0.6	0.51	0.23	0.17	0.24	0.16	0.18	0.22	0.16	0.16
		0.8	0.65	0.36	0.27	0.36	0.28	0.28	0.34	0.28	0.25
		1	0.76	0.47	0.36	0.45	0.37	0.37	0.42	0.36	0.35
		1.25	0.87	0.57	0.48	0.54	0.46	0.47	0.52	0.45	0.44
		1.5	0.95	0.66	0.56	0.62	0.55	0.55	0.60	0.53	0.52
		2	1.05	0.79	0.69	0.75	0.67	0.68	0.72	0.66	0.64
		2.5	1.11	0.88	0.79	0.83	0.76	0.76	0.79	0.74	0.72
		3	1.15	0.94	0.86	0.89	0.82	0.81	0.83	0.78	0.77
		4	1.20	1.03	0.95	0.95	0.89	0.88	0.89	0.85	0.84
		5	1.23	1.09	1.01	1.00	0.94	0.92	0.92	0.88	0.88
B. 반직접 조명형 위에 10~40% 아래에 90~60%	**B2** 0~60° 37% 120~180° 24% 60~120° 39%	0.6	0.57	0.28	0.22	0.26	0.21	0.23	0.26	0.21	0.20
		0.8	0.62	0.36	0.29	0.34	0.27	0.30	0.33	0.27	0.26
		1	0.70	0.43	0.35	0.39	0.32	0.35	0.38	0.31	0.30
		1.25	0.76	0.50	0.41	0.44	0.37	0.40	0.43	0.36	0.34
		1.5	0.82	0.56	0.47	0.48	0.42	0.45	0.47	0.40	0.37
		2	0.90	0.65	0.56	0.55	0.48	0.54	0.53	0.47	0.42
		2.5	0.95	0.72	0.62	0.60	0.53	0.60	0.57	0.51	0.46
		3	0.99	0.77	0.68	0.64	0.57	0.65	0.60	0.55	0.50
		4	1.04	0.86	0.77	0.70	0.63	0.71	0.65	0.60	0.55
		5	1.07	0.91	0.84	0.73	0.67	0.75	0.68	0.64	0.58
	B3 0~60° 50% 60~120° 33% 120~180° 17%	0.6	0.53	0.27	0.22	0.27	0.21	0.22	0.26	0.21	0.20
		0.8	0.66	0.39	0.32	0.36	0.30	0.31	0.35	0.29	0.28
		1	0.75	0.47	0.39	0.43	0.36	0.38	0.42	0.36	0.34
		1.25	0.82	0.55	0.46	0.50	0.43	0.45	0.48	0.42	0.40
		1.5	0.88	0.61	0.52	0.55	0.49	0.51	0.54	0.47	0.45
		2	0.96	0.72	0.63	0.64	0.58	0.60	0.61	0.56	0.52
		2.5	1.02	0.80	0.71	0.70	0.64	0.67	0.66	0.61	0.57
		3	1.05	0.85	0.76	0.74	0.68	0.71	0.69	0.65	0.60
		4	1.09	0.92	0.84	0.79	0.74	0.77	0.74	0.70	0.65
		5	1.12	0.97	0.89	0.83	0.78	0.81	0.76	0.73	0.68
	B4 0~60° 40% 60~120° 52% 120~180° 8%	0.6	0.51	0.25	0.18	0.24	0.18	0.19	0.23	0.18	0.17
		0.8	0.62	0.34	0.26	0.32	0.25	0.26	0.31	0.25	0.24
		1	0.71	0.41	0.32	0.38	0.31	0.32	0.37	0.30	0.29
		1.25	0.78	0.48	0.39	0.44	0.37	0.39	0.43	0.35	0.34
		1.5	0.83	0.54	0.45	0.49	0.41	0.44	0.47	0.40	0.38
		2	0.91	0.64	0.54	0.57	0.49	0.52	0.55	0.47	0.45
		2.5	0.96	0.72	0.61	0.63	0.55	0.59	0.59	0.53	0.49
		3	0.99	0.77	0.67	0.67	0.59	0.63	0.63	0.57	0.52
		4	1.04	0.85	0.75	0.72	0.66	0.69	0.67	0.62	0.57
		5	1.07	0.90	0.81	0.76	0.70	0.73	0.70	0.66	0.60

	ρ_3	0.3					0.1			
	ρ_1	0.8			0.5		0.8	0.5		0.3
	ρ_2	0.8	0.5	0.3	0.5	0.3	0.3	0.5	0.3	0.3
	k									
C2	0.6	0.51	0.26	0.21	0.23	0.18	0.20	0.23	0.19	0.18
	0.8	0.62	0.36	0.29	0.32	0.26	0.28	0.31	0.26	0.24
	1	0.70	0.44	0.35	0.38	0.32	0.34	0.37	0.31	0.28
	1.25	0.77	0.50	0.41	0.43	0.37	0.41	0.42	0.36	0.33
	1.5	0.83	0.56	0.47	0.47	0.41	0.46	0.46	0.40	0.36
	2	0.91	0.66	0.57	0.55	0.48	0.55	0.53	0.46	0.41
	2.5	0.96	0.74	0.64	0.60	0.54	0.61	0.57	0.51	0.46
	3	0.99	0.79	0.69	0.63	0.58	0.66	0.60	0.55	0.48
	4	1.04	0.87	0.78	0.69	0.64	0.72	0.64	0.60	0.53
C. 전반확산조명형	5	1.07	0.92	0.84	0.72	0.67	0.76	0.67	0.63	0.55
C3	0.6	0.47	0.21	0.14	0.20	0.13	0.15	0.19	0.14	0.13
	0.8	0.58	0.30	0.22	0.27	0.21	0.22	0.26	0.20	0.19
	1	0.66	0.37	0.28	0.32	0.26	0.27	0.32	0.25	0.23
	1.25	0.73	0.43	0.33	0.38	0.30	0.33	0.36	0.29	0.27
	1.5	0.78	0.49	0.39	0.43	0.35	0.38	0.41	0.33	0.31
	2	0.87	0.60	0.49	0.51	0.43	0.47	0.49	0.41	0.37
	2.5	0.92	0.68	0.57	0.56	0.49	0.54	0.54	0.46	0.42
	3	0.96	0.74	0.63	0.60	0.53	0.59	0.57	0.50	0.46
위에 40~60%	4	1.01	0.82	0.72	0.66	0.60	0.66	0.62	0.56	0.51
아래에 60~40%	5	1.05	0.87	0.78	0.70	0.64	0.70	0.65	0.60	0.54
C4	0.6	0.47	0.21	0.14	0.19	0.14	0.16	0.19	0.14	0.14
	0.8	0.57	0.30	0.21	0.26	0.20	0.22	0.25	0.19	0.18
	1	0.65	0.36	0.27	0.31	0.24	0.27	0.30	0.23	0.21
	1.25	0.72	0.42	0.32	0.36	0.29	0.32	0.35	0.28	0.25
	1.5	0.77	0.48	0.37	0.40	0.33	0.36	0.39	0.32	0.28
	2	0.85	0.58	0.46	0.47	0.39	0.45	0.46	0.38	0.33
	2.5	0.90	0.65	0.54	0.53	0.45	0.51	0.50	0.43	0.38
	3	0.94	0.71	0.60	0.57	0.50	0.56	0.53	0.47	0.41
	4	0.99	0.79	0.70	0.63	0.56	0.64	0.58	0.53	0.46
	5	1.02	0.84	0.75	0.66	0.60	0.68	0.62	0.56	0.49
D2	0.6	0.47	0.20	0.14	0.17	0.12	0.15	0.17	0.12	0.11
	0.8	0.55	0.28	0.21	0.24	0.18	0.21	0.24	0.18	0.16
	1	0.63	0.36	0.27	0.29	0.23	0.27	0.29	0.22	0.20
	1.25	0.70	0.43	0.33	0.34	0.28	0.33	0.33	0.27	0.24
	1.5	0.76	0.49	0.39	0.39	0.32	0.39	0.37	0.31	0.27
	2	0.84	0.59	0.49	0.46	0.39	0.48	0.44	0.37	0.31
	2.5	0.90	0.67	0.57	0.51	0.44	0.54	0.48	0.42	0.35
	3	0.93	0.72	0.63	0.55	0.49	0.59	0.51	0.46	0.39
D. 반간접조명형	4	0.99	0.81	0.72	0.60	0.54	0.66	0.55	0.51	0.43
	5	1.02	0.86	0.78	0.63	0.58	0.70	0.58	0.54	0.45
D3	0.6	0.44	0.19	0.13	0.17	0.11	0.14	0.16	0.12	0.10
	0.8	0.55	0.27	0.19	0.23	0.17	0.20	0.22	0.16	0.15
	1	0.63	0.34	0.25	0.28	0.22	0.25	0.27	0.21	0.18
	1.25	0.69	0.42	0.32	0.33	0.26	0.32	0.32	0.26	0.22
	1.5	0.75	0.48	0.38	0.37	0.31	0.37	0.36	0.30	0.25
	2	0.82	0.58	0.48	0.44	0.38	0.46	0.42	0.36	0.30
	2.5	0.88	0.66	0.56	0.49	0.44	0.53	0.46	0.41	0.34
	3	0.92	0.72	0.62	0.53	0.48	0.58	0.50	0.45	0.36
위에 60~90%	4	0.97	0.80	0.71	0.58	0.53	0.65	0.54	0.50	0.40
아래에 40~10%	5	1.00	0.85	0.77	0.61	0.57	0.69	0.57	0.53	0.42
D4	0.6	0.43	0.17	0.12	0.16	0.095	0.12	0.15	0.10	0.095
	0.8	0.53	0.25	0.17	0.21	0.14	0.17	0.20	0.14	0.13
	1	0.61	0.31	0.22	0.25	0.19	0.21	0.24	0.17	0.16
	1.25	0.68	0.38	0.28	0.30	0.23	0.27	0.29	0.22	0.19
	1.5	0.72	0.43	0.33	0.34	0.27	0.32	0.33	0.26	0.22
	2	0.80	0.53	0.42	0.41	0.34	0.41	0.40	0.33	0.27
	2.5	0.86	0.61	0.50	0.46	0.39	0.48	0.44	0.38	0.31
	3	0.90	0.67	0.56	0.50	0.43	0.53	0.48	0.42	0.34
	4	0.96	0.75	0.65	0.56	0.49	0.60	0.52	0.47	0.38
	5	0.99	0.81	0.72	0.59	0.53	0.65	0.55	0.51	0.41

C2: 60~120° 31%　0~60° 36%　120~180° 33%
C3: 60~120° 54%　0~60° 30%　120~180° 16%
C4: 60~120° 52%　0~60° 26%　120~180° 22%
D2: 60~120° 37%　0~60° 23%　120~180° 40%
D3: 60~120° 40%　0~60° 20%　120~180° 40%
D4: 60~120° 51%　0~60° 17%　120~180° 32%

		ρ_3	0.3					0.1			
		ρ_1	0.8			0.5		0.8	0.5		0.3
		ρ_2	0.8	0.5	0.3	0.5	0.3	0.3	0.5	0.3	0.3
		k									
E. 간접조명형	E2	0.6	0.39	0.14	0.095	0.11	0.06	0.10	0.12	0.08	0.05
		0.8	0.48	0.21	0.14	0.15	0.095	0.14	0.16	0.10	0.065
		1	0.56	0.28	0.20	0.18	0.13	0.19	0.19	0.13	0.085
		1.25	0.62	0.35	0.26	0.22	0.17	0.25	0.22	0.16	0.11
		1.5	0.68	0.41	0.31	0.26	0.20	0.30	0.25	0.19	0.13
		2	0.76	0.51	0.41	0.32	0.26	0.40	0.30	0.25	0.16
		2.5	0.81	0.59	0.49	0.36	0.31	0.47	0.34	0.29	0.18
	90~150° 80% 150~180° 20%	3	0.85	0.65	0.55	0.39	0.34	0.52	0.37	0.32	0.20
		4	0.90	0.72	0.64	0.43	0.39	0.58	0.40	0.36	0.22
		5	0.93	0.77	0.70	0.45	0.42	0.63	0.43	0.39	0.24
위에 90~100% 아래에 10~0%	E3	0.6	0.41	0.16	0.08	0.13	0.06	0.085	0.13	0.06	0.05
		0.8	0.49	0.21	0.12	0.16	0.085	0.13	0.15	0.095	0.065
		1	0.55	0.27	0.17	0.149	0.12	0.17	0.18	0.12	0.08
		1.25	0.61	0.32	0.23	0.22	0.16	0.23	0.21	0.15	0.10
		1.5	0.73	0.38	0.28	0.25	0.19	0.28	0.24	0.18	0.12
		2	0.73	0.48	0.37	0.31	0.24	0.37	0.29	0.23	0.15
		2.5	0.79	0.56	0.45	0.35	0.28	0.43	0.33	0.27	0.17
		3	0.83	0.62	0.52	0.38	0.32	0.48	0.35	0.30	0.19
		4	0.88	0.70	0.61	0.42	0.37	0.55	0.39	0.35	0.21
	90~150° 90% 150~180° 10%	5	0.91	0.75	0.68	0.44	0.40	0.60	0.42	0.38	0.23

■ 불투명   ▢ 진한 반투명   ▨ 엷은 반투명 또는 투명, 유색, 형판 유리

루버 천장의 조명률

반사율[%] 천장		80			60			40			20			0
벽		60	40	20	60	40	20	60	40	20	60	40	20	0
BZ분류 바닥		20			20			20			20			0
B Z 1	실지수 .50	0.56	0.48	0.42	0.55	0.47	0.42	0.54	0.46	0.42	0.52	0.46	0.41	0.38
	.70	0.70	0.62	0.56	0.68	0.61	0.55	0.66	0.60	0.55	0.65	0.59	0.54	0.51
	1.00	0.83	0.75	0.69	0.80	0.73	0.68	0.78	0.72	0.67	0.76	0.71	0.67	0.63
	1.50	0.94	0.87	0.82	0.91	0.85	0.81	0.88	0.83	0.79	0.85	0.81	0.78	0.74
	2.00	1.00	0.94	0.89	0.96	0.91	0.87	0.93	0.89	0.86	0.90	0.87	0.84	0.80
	3.00	1.06	1.02	0.98	1.02	0.98	0.95	0.98	0.95	0.93	0.95	0.92	0.90	0.87
	4.00	1.09	1.06	1.03	1.05	1.02	1.00	1.01	0.99	0.97	0.97	0.96	0.94	0.90
	5.00	1.11	1.08	1.06	1.07	1.04	1.02	1.02	1.01	0.99	0.99	0.97	0.96	0.92
	7.00	1.13	1.11	1.09	1.09	1.07	1.05	1.04	1.03	1.02	1.00	0.99	0.98	0.94
	10.00	1.15	1.14	1.12	1.10	1.09	1.08	1.06	1.05	1.04	1.02	1.01	1.00	0.96
B Z 2	실지수 .50	0.52	0.43	0.37	0.51	0.43	0.37	0.50	0.42	0.37	0.48	0.41	0.37	0.33
	.70	0.66	0.57	0.51	0.64	0.56	0.50	0.62	0.55	0.50	0.61	0.54	0.49	0.46
	1.00	0.79	0.71	0.65	0.77	0.70	0.64	0.74	0.68	0.63	0.72	0.67	0.62	0.58
	1.50	0.91	0.84	0.78	0.88	0.82	0.77	0.85	0.80	0.76	0.82	0.78	0.74	0.70
	2.00	0.98	0.92	0.86	0.94	0.89	0.85	0.91	0.86	0.83	0.88	0.84	0.81	0.77
	3.00	1.05	1.00	0.96	1.00	0.96	0.93	0.97	0.93	0.91	0.93	0.91	0.88	0.84
	4.00	1.08	1.04	1.01	1.04	1.01	0.98	1.00	0.97	0.95	0.96	0.94	0.92	0.88
	5.00	1.10	1.07	1.04	1.06	1.03	1.01	1.01	0.99	0.97	0.98	0.96	0.94	0.90
	7.00	1.13	1.10	1.08	1.08	1.06	1.04	1.03	1.02	1.00	0.99	0.98	0.97	0.93
	10.00	1.15	1.13	1.11	1.10	1.08	1.07	1.05	1.04	1.03	1.01	1.00	0.99	0.95
B Z 3	실지수 .50	0.48	0.38	0.32	0.46	0.37	0.31	0.45	0.37	0.31	0.43	0.36	0.31	0.27
	.70	0.61	0.51	0.44	0.59	0.50	0.44	0.57	0.49	0.43	0.55	0.48	0.43	0.39
	1.00	0.75	0.65	0.58	0.72	0.64	0.57	0.69	0.62	0.57	0.67	0.61	0.56	0.52
	1.50	0.87	0.79	0.73	0.84	0.77	0.71	0.81	0.75	0.70	0.78	0.73	0.69	0.65
	2.00	0.96	0.87	0.82	0.91	0.85	0.80	0.87	0.82	0.78	0.86	0.80	0.76	0.72
	3.00	1.02	0.97	0.92	0.98	0.93	0.90	0.94	0.90	0.87	0.90	0.87	0.85	0.81
	4.00	1.06	1.02	0.98	1.02	0.98	0.95	0.98	0.95	0.92	0.94	0.92	0.89	0.85
	5.00	1.09	1.05	1.02	1.04	1.01	0.98	1.00	0.97	0.95	0.96	0.94	0.92	0.88
	7.00	1.12	1.09	1.06	1.07	1.04	1.02	1.02	1.00	0.99	0.98	0.97	0.95	0.91
	10.00	1.14	1.12	1.10	1.09	1.07	1.05	1.04	1.03	1.01	1.00	0.99	0.98	0.93
B Z 4	실지수 .50	0.45	0.35	0.28	0.43	0.34	0.28	0.42	0.34	0.28	0.41	0.33	0.28	0.24
	.70	0.58	0.47	0.40	0.56	0.46	0.40	0.54	0.45	0.39	0.52	0.44	0.39	0.35
	1.00	0.71	0.61	0.54	0.69	0.60	0.530	0.66	0.58	0.52	0.63	0.57	0.52	0.47
	1.50	0.85	0.76	0.69	0.81	0.73	.67	0.78	0.71	0.66	0.75	0.69	0.65	0.60
	2.00	0.92	0.84	0.78	0.88	0.82	0.76	0.85	0.79	0.75	0.81	0.77	0.73	0.68
	3.00	1.00	0.94	0.89	0.96	0.91	0.87	0.92	0.88	0.84	0.88	0.85	0.82	0.78
	4.00	1.05	1.00	0.96	1.00	0.96	0.93	0.96	0.93	0.90	0.92	0.90	0.87	0.83
	5.00	1.08	1.03	1.00	1.03	0.99	0.96	0.98	0.96	0.93	0.94	0.92	0.90	0.86
	7.00	1.11	1.07	1.04	1.06	1.03	1.01	1.01	0.99	0.97	0.97	0.95	0.94	0.89
	10.00	1.13	1.11	1.08	1.08	1.06	1.04	1.03	1.02	1.00	0.99	0.98	0.96	0.92
B Z 5	실지수 .50	0.42	0.31	0.25	0.40	0.31	0.25	0.39	0.30	0.24	0.37	0.30	0.24	0.20
	.70	0.54	0.43	0.36	0.52	0.42	0.35	0.50	0.41	0.35	0.48	0.40	0.34	0.30
	1.00	0.68	0.57	0.49	0.64	0.55	0.48	0.62	0.53	0.47	0.59	0.52	0.46	0.42
	1.50	0.81	0.71	0.64	0.77	0.69	0.62	0.74	0.67	0.61	0.71	0.65	0.60	0.55
	2.00	0.89	0.80	0.73	0.85	0.77	0.71	0.81	0.75	0.70	0.77	0.72	0.68	0.63
	3.00	0.98	0.91	0.85	0.93	0.88	0.83	0.89	0.84	0.80	0.85	0.81	0.78	0.73
	4.00	1.03	0.97	0.92	0.98	0.93	0.89	0.94	0.90	0.86	0.90	0.87	0.84	0.79
	5.00	1.06	1.01	0.97	1.014	0.97	0.93	0.96	0.93	0.90	0.92	0.90	0.87	0.83
	7.00	1.10	1.05	1.02	1.04	1.01	0.98	0.99	0.97	0.95	0.95	0.93	0.91	0.87
	10.00	1.12	1.09	1.06	1.06	1.04	1.02	1.02	1.00	0.99	0.97	0.96	0.94	0.90

[표] 조명기구 유지등급(시간경과와 먼지열화요인 계수 값)

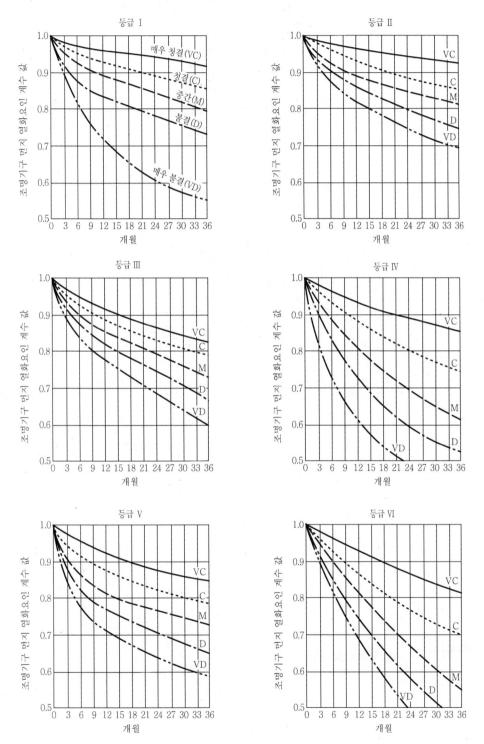

〔표〕 시간경과와 조명기구 먼지열화율〔%〕

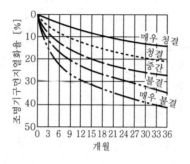

〔표〕 전압변동에 의한 광출력의 변화

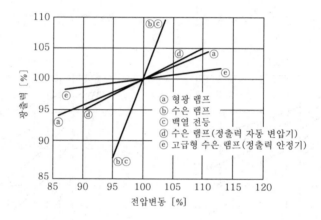

찾아보기

ㅎ

조명 핸드북

2010. 3. 4. 초 판 1쇄 발행
2020. 2. 3. 초 판 2쇄 발행

편자 | 照明学会
감역자 | 조계술 · 양준석 · 서범관
역자 | 박한종 · 이도희
펴낸이 | 이종춘
펴낸곳 | **BM** ㈜도서출판 **성안당**

주소 | 04032 서울시 마포구 양화로 127 첨단빌딩 3층(출판기획 R&D 센터)
| 10881 경기도 파주시 문발로 112 출판문화정보산업단지(제작 및 물류)

전화 | 02) 3142-0036
| 031) 950-6300
팩스 | 031) 955-0510
등록 | 1973. 2. 1. 제406-2005-000046호
출판사 홈페이지 | **www.cyber.co.kr**
ISBN | 978-89-315-2654-7 (13560)
정가 | 49,000원

이 책을 만든 사람들
기획 | 최옥현
진행 | 박경희
교정 · 교열 | 이태원
전산편집 | 김인환
표지 디자인 | 임진영
홍보 | 김계향
국제부 | 이선민, 조혜란, 김혜숙
마케팅 | 구본철, 차정욱, 나진호, 이동후, 강호묵
제작 | 김유석

■ **도서 A/S 안내**

성안당에서 발행하는 모든 도서는 저자와 출판사, 그리고 독자가 함께 만들어 나갑니다.
좋은 책을 펴내기 위해 많은 노력을 기울이고 있습니다. 혹시라도 내용상의 오류나 오탈자 등이 발견되면 **"좋은 책은 나라의 보배"**로서 우리 모두가 함께 만들어 간다는 마음으로 연락주시기 바랍니다. 수정 보완하여 더 나은 책이 되도록 최선을 다하겠습니다.
성안당은 늘 독자 여러분들의 소중한 의견을 기다리고 있습니다. 좋은 의견을 보내주시는 분께는 성안당 쇼핑몰의 포인트(3,000포인트)를 적립해 드립니다.
잘못 만들어진 책이나 부록 등이 파손된 경우에는 교환해 드립니다.